건축가라면 알아야 할

건축시공 도해집

Building Construction Illustrated

건축가라면 알아야 할

건축시공 도해집

Building Construction Illustrated

Sixth Edition

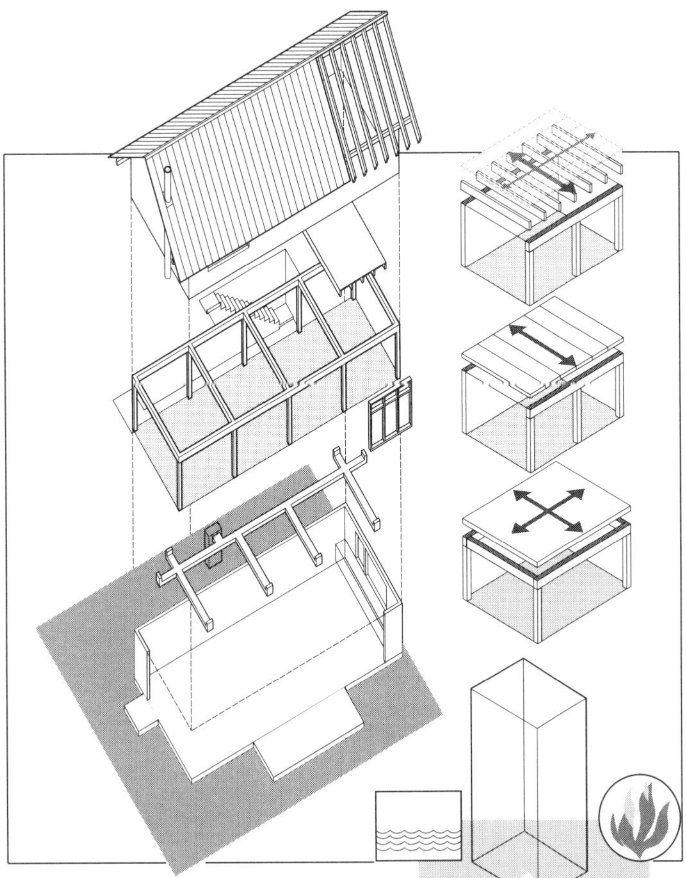

Francis D. K. Ching 저
김훈 · 이광현 · 이근택 옮김

Spacetime

미터법 등가

국제단위계(SI)는 국제적으로 인정되는 물리적 단위의 그룹으로, 미터, 킬로그램, 초, 암페어, 켈빈과 칸델라를 길이, 질량, 시간, 전류, 온도 및 광도의 기본 단위로 사용한다. 독자들이 국제단위계를 익힐 수 있도록 다음 규칙에 따라 이 책 전체에서 미터법 등가 수치가 제공된다.

- 괄호 안의 모든 수는 별도로 명시되지 않는 한 밀리미터를 표시한다.
- 3인치 이상의 치수는 가장 가까운 5mm의 배수로 반올림한다.
- 공칭 치수는 그대로 변환된다. 예를 들어, 공칭 2×4는 실제 $1^1/_2$"×$3^1/_2$"치수이며, 이에 대한 등가 수치가 38×90이더라도 51×100으로 변환된다.
- 다른 모든 경우에 미터법 측정 단위가 지정된다.
- 미터법 변환 계수는 A.08 - A.09를 참조.

일러두기

1. 이 책은 2019년 출간된 Francis D. K. Ching, 『Building Construction Illustrated』, the sixth edition, Wiley의 번역이다. 본문에서 특별히 지정하지 않는 경우, '지금' 의 시점은 2019년이다.

2. 본 번역본은 원서의 체제를 존중하였다. 서문, 본문, 부록 색인의 순서이다. 번역진이 추가한 역주는 각 페이지 하단과 여백에 정리하였으며, 번역진의 서문은 저자 서문 바로 뒤에 배치하였다.

3. 번역진은 이 책이 건축학 전공 학부생 고학년 수준에서 이해할 수 있는 수준으로 가능한 장황하지 않게 필요한 정보를 역주에 담고자 노력하였다. 본문이나 부록에서 내용이 겹치지 않는 선에서 직관적 이해를 도울 수 있도록 작성하였다.

4. 원서의 제목을 그대로 옮기면 '건축시공 도해' 정도가 될 수 있으나 어감이 다소 딱딱하여 설계 및 시공 이외의 관련 전공자의 접근이 다소 어려울 수 있겠다는 생각에서 적절하지 않다고 판단하였다. 제목에 '건축가라면 알아야 할' 을 추가한 이유는 이 때문이다. 여기서 건축가의 개념은 건축 및 건축 관련 분야의 전공자 또는 종사자를 의미하는 넓은 의미로 사용하였다.

5. 번역진이 확인 가능한 본문의 모든 건축용어는 번역어휘가 명쾌하게 결정되지 않은 경우, 사전의 교차 검증, 서적 및 논문 제목 검색을 통한 용례 및 빈도 확인, 사전 간 우선순위 설정 등을 통해 번역어를 판단하고, 이 과정에서도 결정하기 어려운 경우 또는 많이 쓰이는 용어가 2개 이상으로 중복되는 경우에는 "/" 기호를 써서 동시에 표기하였다. 또한 드물게 해당 범주나 위계를 표현해야 하는 경우에는 "( )"기호로 뒤에 덧붙여 표기하였다. 색인에서도 이 원칙을 유지하였다. 용어 번역에는 인터넷 사전(영어, 국어, 일어, 중국어)과 현대건축관련용어편찬위원회, 『건축용어사전』, 성안당, 2019., 김대연, 『그림으로 보는 건축시공 용어사전』, 성안당, 2016., AIA, 『건축 그래픽 스탠다드』, 엠지에이치북스, 2019., 및 동일한 내용의 온라인 사이트인 graphicstandards.com, 대한건축학회 온라인 건축용어사전 dict.air.or.kr을 참조하였다. 논문을 통한 검색은 건축도시연구 정보센터의 온라인 사이트 auric.or.kr과 한국 교육 학술정보원에서 운영하는 온라인 riss.kr을 통하여 진행하였다. 사전끼리는 건축학회 온라인 사이트을 우선하고, 그 뒤에 건축용어 사전, 마지막에 일반 사전을 두어 번역어휘를 결정하였다.

6. 인명, 지명, 단체 명은 외래어 표기법을 따르는 것을 원칙으로 하였다. 단체 명의 경우 가급적 국내 연구에서 표기된 내용을 따라 기술하였다. 한국어로 2가지 이상으로 옮긴 이력이 있을 경우 그 빈도와 유사성을 기준으로 적용하였다.

7. 참고 문헌 중 국내에 번역된 것들은 역주에서 별도로 설명하였다.

건축시공에 대한 삽화가 포함된 지침으로 되어있는 본 도서의 첫 번째 판본은 1975년에 출간되어, 건축 전공학생과 업계종사자에게 건물이 어떻게 세워지는가에 대한 기본적인 원칙을 소개해 왔다. 이 책은 설계와 시공 사이의 관계를 이해하는 시각적 접근 방식의 출발점이 되었다.

1991년에 나온 2판에서는 구조용 강재, 철근 콘크리트 및 커튼월 시스템을 추가하여 건축시공에 대한 보다 광범위한 개관을 제시했다. 2001년 3판은 건축시공의 기본 원칙에 대한 이해하기 쉬운 소개의 성격을 보강하고, 구조적 원칙, 요소 및 시스템에 대한 확장된 논의를 통합하면서 처음 두 개의 판본에서 미진했던 도판의 형식과 구성을 개선했다. 또한, 미국장애인법 접근성 지침과 건축 정보를 조직화하기 위해 미국건설시방서협회(CSI)에서 구축한 마스터포맷™ 시스템을 참조하였다.

2008년에 출간된 4판은 1장에서 LEED 친환경 건축물 등급 제도를 소개하고 해당하는 경우의 특정 LEED 기준을 참조했다. 마스터포맷 시스템의 2004년 판에 해당하는 부문 번호로 업데이트하고, 국제 건축 규정(IBC)의 2006년 판의 요구사항을 준수하였다. 2014년의 5판은 최신 LEED 기준과 CSI 마스터포맷 시스템을 참조하면서 조명 기술에 대한 정보와 건물의 에너지 사용량을 줄이는 방법을 업데이트했다. 이러한 추가사항 중 많은 것들이 점진적이고, 미세한 범주에 해당하지만, 현명하고 지속 가능한 구축을 위한 지속적인 노력의 일환이 되었다.

지난 5개의 판본을 거쳐 이번 6판에서도 건물과 부지를 환경에 민감한 방식으로 계획하고 개발하여 맥락과 기후에 대응하고, 능동 환경제어 시스템에 대한 의존도를 낮춰 에너지 소비를 낮추려는 태도를 유지하였다. 그런 이유로 이 판본은 최신 LEED 기준과 CSI 마스터포맷 시스템의 2016 버전을 참조하여 지속 가능한 설계 및 시공에 대한 논의를 확장한다. 또한, 2018년 판 국제 건축 규정에 대한 참조 사항을 업데이트하면서 안전유리 시공 시 요구되는 주요사항을 도해로 표현하고, 새로운 범주의 대형 목재제품 들을 소개하였다.

모든 건축 자재와 건축 기술을 다루는 것은 거의 불가능하다. 하지만 여기서 제시된 정보는 오늘날 직면하는 대부분의 주거 및 상업용 건축 상황에 적용할 수 있다. 건술 기술은 건축 재료, 제품, 개발 표준에 지속해서 적응하고 있다. 변경되지 않는 것은 건물 요소의 기초가 되는 기본 원칙과 각 시스템이 시공 과정에서 조립체로 구성되는 방법이다. 본 도해집은 건물의 계획, 설계 및 시공에서 접하게 되는 새로운 정보를 평가하고 적용할 때 지침이 되는, 이러한 원칙들에 중점을 두었다.

각각의 건물 요소, 구성요소 또는 시스템은 최종 용도의 차원에서 설명하였다. 특정한 형태, 특성, 기능 및 가용성은 제조업체 및 지역에 따라 다르다. 따라서 재료 또는 제품을 사용하는 경우에는 제조업체의 권장 사항을 따르고, 계획한 건물의 용도와 위치에 적용되는 건축법 요구사항에 섬세한 주의를 기울이는 것이 언제나 중요하다. 이 핸드북에 포함된 정보의 적합성을 판단하는 것은 사용자의 책임이다. 필요한 경우 전문가의 조언을 구해야 한다.

역자 서문

"번역은 반역이다"라는 말이 있다. 16세기 이탈리아까지 올라가는 이 표현의 원문은 Traduttore, traditore로, 직역에 가깝게 옮겨보면 "번역자, 반역자" 정도의 의미가 될 것이다. 원문과는 다르지만, 군더더기 없고, 의미도 잘 전달된다. 오히려 원어 속, 비슷한 발음의 단어를 이용한 말장난이 번역문에도 같은 자음을 유지하는 방식으로 전해진다. 스스로 번역이 반역이 아닐 수 있다는 선언이 숨어 있는 셈이다.

이 책을 처음 접한 것은 7년 전이다. 기존의 도면이나 현행 법령, 설치기준들을 거푸 뒤적여봐도 어떻게 해야 할지 모르는 부분은 계속 나오는데, 그때그때 찾아볼 수 있는 책이 너무 귀했다. 다행히 소개를 통해 받아본 것이 이 책의 4판이다. 들고 다니기 적당한 두께에 건축용어 사전 없이도 스마트폰 인터넷 사전의 도움을 받으면 도면 표기 내용과 현장 용어, 영문 표현 사이의 빈틈을 메꾸며 작업을 진행할 수 있다는 점이 마음에 들었다. 무엇보다 불안감을 없애고 작업에 신뢰도를 높이면서 설계를 할 수 있다는 점이 좋았다. 그러면서 왜 대한민국에서는 이런 내용을 다루는 책이 없을까 하는 아쉬움이 많았다. 많은 대학 건축 및 건축관련 학과/학부에서 건축학교육 인증기준에 맞춰 강의를 진행하고 있다. 그러다 보니 이전보다 실무, 기술적 부문에 대한 요구사항이 대폭 늘어나고 있다. 번역자 또한 고학년 학생들을 대상으로 실시설계 관련 내용을 가르치면서, 이전에 느꼈던 아쉬움이 생생하게 올라왔다. 재료에도 너무 치우치지 않고, 시공 쪽만 너무 깊게 다루지 않으며, 최신 기술이나 경향보다는 건축가가 현장에서 마주치는 낯선 상황에서 머릿속에 있어야 하는 원칙들을 알려줄 만한 기술서가 모국어로 있어야 함을 절감하고 있었다.

번역 제안을 받고 수락했을 때 느꼈던 설렘과 기대감이 생생하다. 착수 후 몇 페이지 지나지 않아 번역이 아니라 용어 정리 또는 사전 편찬 작업에 가까울지도 모르겠다는 불안감이 설렘을 잠식했고, 장 하나가 끝났을 때 불안감은 현실로 확정되었다. 여러 차례의 교차 확인에도 번역 기준이 간결하지 못함을 고백하지 않을 수 없다. 가능하면 같은 어휘는 일대일로 옮기는 것을 원칙으로 하였으나, 기존의 사전이나 서적, 연구 등에서 사용되는 다른 표현이 우세하다면 선례를 우선하여 옮기고 필요에 따라 주도적인 표현을 같이 쓰면서, 추가로 영어 표현을 병기하였다. 선례를 따르면서 발생하는 문제, 즉 같은 단어를 복합 용어에 따라 다르게 번역하거나, 원문의 여러 단어를 같은 한국어로 옮겨야 하는 등, 번역 기준에 대한 설명이 필요한 경우에는 역주를 통해서 이해를 돕고자 하였다. 직관적이고 현장에 적용하기 쉬운 용어번역이 되지 못한 부분이 있다면, 일차적으로는 번역의 선례와 사전의 어휘가 턱없이 부족하다는 것을 이유로 내세울 수도 있겠지만, 적절한 어휘를 제시하지 못한 번역진의 한계도 적지 않다. Solid를 속이 찬 부재를 뜻하는 중실(中實)로 번역한 것은 한국어, 중국어, 일본어 건축 사전을 검토하고 여러 차례 번복하였음에도 불구하고 번역진의 한계로 볼 수 있는 대표적인 예이다. 번역 기준에 대한 추가적인 내용은 별도의 일러두기를 통해서 확인할 수 있다. 세 명의 번역진은 별도의 책임 분야를 나누지 않고, 공동으로 번역하고, 같이 검토하였다. 번역진의 기여도는 동일하며, 이름 표기는 기여도가 아닌 가나다 순으로 하였음을 밝힌다.

번역진은 실무에 종사하는 건축가는 물론, 건축을 전공하는 학부생들을 염두에 두며 작업을 진행하였다. 건축은 결국 건물을 짓는 일이며, 아무리 영롱한 개념이나 정교한 이론이라 할지라도 시공과정에서 구현되지 않으면 사용자에게 전달될 수 없다. 본 저작을 통해 건축이라는 실체성을 잘 이해하고 있는 아름답고 건강한 작업이 늘기를 기대한다. 또한, 국내의 훌륭하고 치열한 저자에 의해 다른 나라의 기준을 번역하는 작업이 아닌 우리 기준에 맞춰 정리하는 작업이 하루빨리 진행되길 간절히 바란다.

이 번역이 반역이 안 되도록 도와주신 분들이 많다. 기회를 제공해 주신 스페이스타임, 편집과 가필, 수정을 정확히 반영한 담당자에게 깊은 감사를 전한다. 작업을 응원해주신 동료와 가족에게도 미안함과 고마움을 표한다.

1

건축 부지

건축은 여러 분야와 관계를 맺는다. 건축 계획안은 사회 문화적, 경제적, 정치적 요구에 부응하여 다양한 인간 활동들을 수용하고, 지원하며 영감을 고취하는 것을 고려하여 진행하지만, 건물은 개발 기회와 제약이 동시에 있는 자연환경 및 건조 환경 속에서 짓게 된다. 그러므로 건물의 설계와 시공을 계획할 때에는 부지에서 드러나는 맥락들의 힘을 신중히 고려해야 한다.

부지의 미시기후, 지형, 자연 서식지 모두는 설계 과정의 초기 단계에서 디자인 결정에 영향을 미친다. 인간의 안락함을 높이고, 에너지와 물적 자원을 보존하기 위해, 반응성이 있고 지속 가능한 디자인은 장소의 고유한 특성을 존중하고 건물의 형태와 터 잡기를 주변 풍경에 맞게 조정하며, 현장에서의 태양 경로, 돌풍 및 수류를 고려한다.

환경적 요인들 외에도 용도지역 조례의 규제 요인들이 있다. 이를 통해 기존의 토지이용 패턴을 고려하고, 부지에서 수용 가능한 용도들과 활동들을 규정할 뿐 아니라 건축 매스의 크기와 형상 및 부지 내에 건물이 놓일 수 있는 위치를 규정한다.

환경 및 규제요인이 개발이 일어나는 장소와 방법에 영향을 미치는 것처럼, 건물의 시공, 용도 및 유지관리는 운송 체계, 각종 공공 서비스및 기타 서비스에 대한 수요를 발생시킨다. 우리가 직면한 근본적인 문제는 이러한 서비스 체계의 용량을 초과하거나 너무 많은 에너지를 소비하거나, 환경 피해를 유발하지 않으면서 부지가 얼마나 많은 개발을 지속할 수 있는지에 대한 것이다.

지속가능성에 대한 논의 없이는 부지의 이러한 맥락적 힘들에 대한 고려와 건물디자인을 진행할 수 없다.

1987년, 노르웨이의 전 총리인 그로 할렘 브런트랜드가 의장을 맡은 환경과 개발을 위한 유엔 세계 위원회United Nations World Commission on Environment and Development는 우리 공동의 미래Our Common Future라는 보고서를 발표했다. 그 결과 보고서는 지속 가능한 개발을 "미래 세대가 자신의 필요를 충족시킬 수 있는 능력을 훼손시키지 않으면서 현재의 요구를 충족시키는 개발형태"라고 정의했다.

기후변화와 자원고갈로 나타난 환경문제에 대한 인식이 높아짐에 따라 지속가능성은 건축설계 산업이 운영되는 방식을 결정하는 중요한 문제가 되었다. 지속가능성은 필연적으로 범위가 넓어서 우리가 자원을 관리하고 지역사회를 구축하는 방법에 영향을 미치며, 이 문제는 개발의 사회적, 경제적 및 환경적 영향을 고려하고 정부와 비정부 기관뿐만 아니라 기획자, 건축가, 개발업자, 건물 소유자, 계약자, 제조업체의 전폭적인 참여를 요구하는 전체론적인 접근 방식을 요구한다.

지속가능성은 개발을 통해 유발되는 부정적인 환경 영향을 최소화하기 위해 재료, 에너지 및 공간 자원의 사용에서 효율성과 절제를 강조한다. 지속 가능한 방식으로 건물을 짓기 위해서는 구상에서부터 기존 건물의 리노베이션 과정과 지역 사회와 도시의 재구성뿐 아니라 신축건물의 부지, 설계, 건설, 사용 및 유지관리에 이르기까지 건물 생애주기 전반에 걸쳐 의사결정, 행동과 사건의 예측 가능하고 포괄적인 결과에 주의를 기울여야 한다.

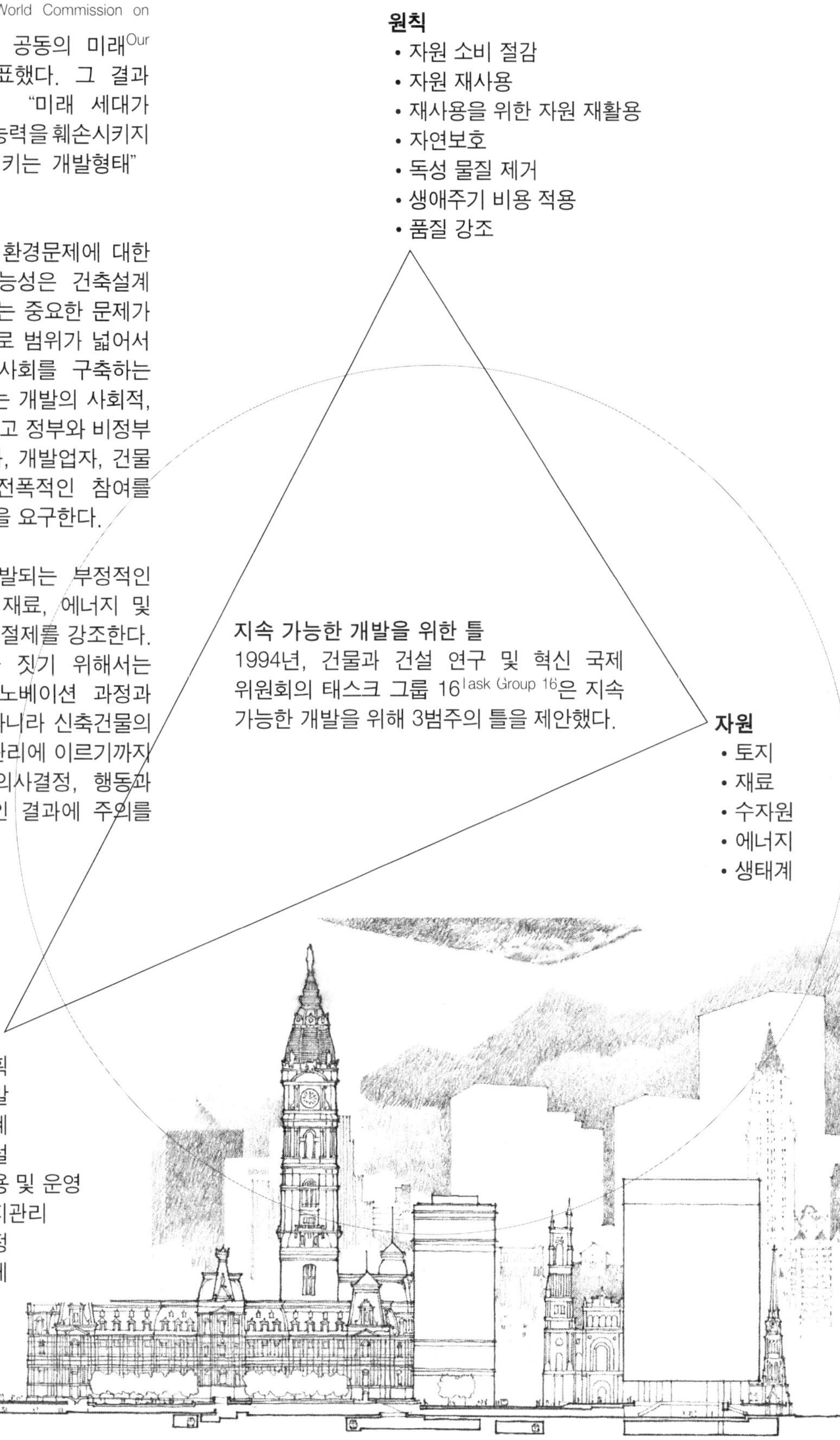

지속 가능한 개발을 위한 틀
1994년, 건물과 건설 연구 및 혁신 국제 위원회의 태스크 그룹 16Task Group 16은 지속 가능한 개발을 위해 3범주의 틀을 제안했다.

"친환경 건축물"과 "지속 가능한 디자인"이라는 용어는 환경에 민감한 방식으로 설계한 건물을 설명하기 위해 종종 같은 의미로 사용된다. 그러나 지속가능성은 친환경 건축물이라는 개념을 포괄하는 개발에 대한 시스템 전반에 접근하는 방식을 취하지만, 동시에 더 광범위한 사회적, 윤리적, 경제적 문제들을 건축의 공동체적 맥락과 함께 다루기도 한다. 지속가능성의 필수 요소인 친환경 건축물은 생태학 기반의 원리를 사용하여 자원-효율적인 방식으로 양호한 환경을 제공하고자 한다.

LEED®

친환경 건축물은 에너지 절약 및 친환경 디자인 리더쉽 Leadership in Energy and Environmental Design(LEED®)의 친환경 건축물 인증제도 Green Building Rating SystemTM와 같은 기준에 의해 제어되는 경우가 늘고 있다. 이는 환경적으로 지속 가능한 시공을 위해 필요한 정량적이고 측정 가능한 기준을 제시하는 인증 시스템으로, 미국 친환경 건축물 위원회 U.S. Green Building Council(USGBC)에 의해 회원들—연방/주/지방기관, 공급 업체, 건축가, 엔지니어, 도급업자와 건물 소유주—간의 합의로 개발되었고, 새로운 정보와 피드백에 따라 지속해서 평가되고 개선되고 있다. 등급체계가 처음 개발된 것은 미국이었지만, 참조된 표준에 대해 지방과 지역적 동등성을 허용하기 때문에 현재 135개국 이상의 국가에서 사용하고 있다.

다양한 건축과 프로젝트 유형들의 요구사항을 충족시키기 위해 여러 리드(LEED) 인증제도가 사용될 수 있다.

- 건축설계와 시공을 위한 리드 버전—신축 및 대대적 리노베이션
- 실내공간설계와 시공을 위한 리드 버전 4[1]—실내 공간
- 건물 운영과 유지관리를 위한 리드 버전 4—개선 중인 기존 건물
- 대규모 단지개발을 위한 리드 버전 4—새로운 토지개발 및 재개발 사업

각 등급 제도는 코어와 외피 개발, 학교, 소매점, 데이터 센터, 창고와 유통 센터, 접객업소 및 의료 시설과 같은 특정한 최종 용도에 맞게 요구사항을 조정하는 몇 가지 변형이 있을 수 있다.

신축을 위한 LEED 인증제도는 9가지의 주요 개발 영역들을 다룬다.

1. 통합 프로세스
디자인 프로세스 초기에 에너지 및 수자원 시스템 분석에 대한 보상을 제공한다.

2. 위치 및 교통
기존 개발 패턴 내에서 간결한 개발을 촉진해 민감한 부지를 보호하고 새로운 기반시설과 하드스케이프 hardscape[2]를 만드는 데 따르는 물질적이고 생태적 비용을 회피할 수 있는 지표들이다. 보행로와 자전거 도로의 개발, 대중교통 접근성과 지역 사회 서비스 및 편의 시설에 대한 근접성과 같은 자가용 승용차 사용에 대한 현실적인 대안을 장려한다. 그리고 친환경 차량 사용을 옹호한다.

3. 지속 가능한 대지
시공 오염을 최소화하는 저영향 개발 방법를 사용하고 환경에 민감한 지역을 보호하며 손상된 서식지를 복원하고 우수 유출을 관리하기 위해 대지의 자연수 수문학을 존중하여 열섬과 광공해의 효과를 줄이는 개발에 적합한 현장을 선택하도록 권장한다.

1) 리드 버전 4 LEED v4는 2013년 말에 출시된 최신 버전이며 2016년 10월 31일 기준으로 LEED Online에 등록할 수 있는 유일한 버전이다.
2) 공원이나 정원과 같은 공간에서 단단한 재료로 만든 포장 및 담장 따위의 조경 요소.

4. 수자원 효율성

수자원 효율성water Efficiency은 용수 절약 설비의 사용, 우수 수확, 하수 운반용 중수(中水)graywater[3]의 재활용, 관개 필요성을 감소시키는 자연경관의 통합, 현장 폐수 처리 시스템으로 마시는 물 수요를 낮추고 폐수 발생을 줄이는 방식을 촉진한다.

5. 에너지 및 대기

전반적인 에너지 수요를 줄이고 에너지 획득 및 사용상의 효율을 높이는 설계를 장려함으로써 에너지를 총체적인holistic 방식으로 다룬다. 화석 연료 에너지 사용과 관련된 환경적, 경제적인 영향을 줄이기 위해 재생할 수 있고 오염이 없는 에너지원을 늘린다. 또한, 이러한 에너지원을 통해 오존층 파괴와 지구온난화를 조장하는 배출을 최소화한다.

6. 재료 및 자원

공급망과 사용에서 재활용 및 폐기에 이르기까지 생애주기 전체에 걸쳐 재료와 제품의 무게, 부피나 독성을 줄임으로써 폐기물을 최소화한다. 이것은 새로운 재료의 생산과 운송을 줄이기 위해 기존 재료를 재사용하고 재고를 쌓는 것, 매립지에 들어가는 폐기물을 줄이기 위해 재료를 재활용하고, 화석 연료 에너지에 대한 실행 가능한 대안으로 폐기물에너지 솔루션을 개발한다.

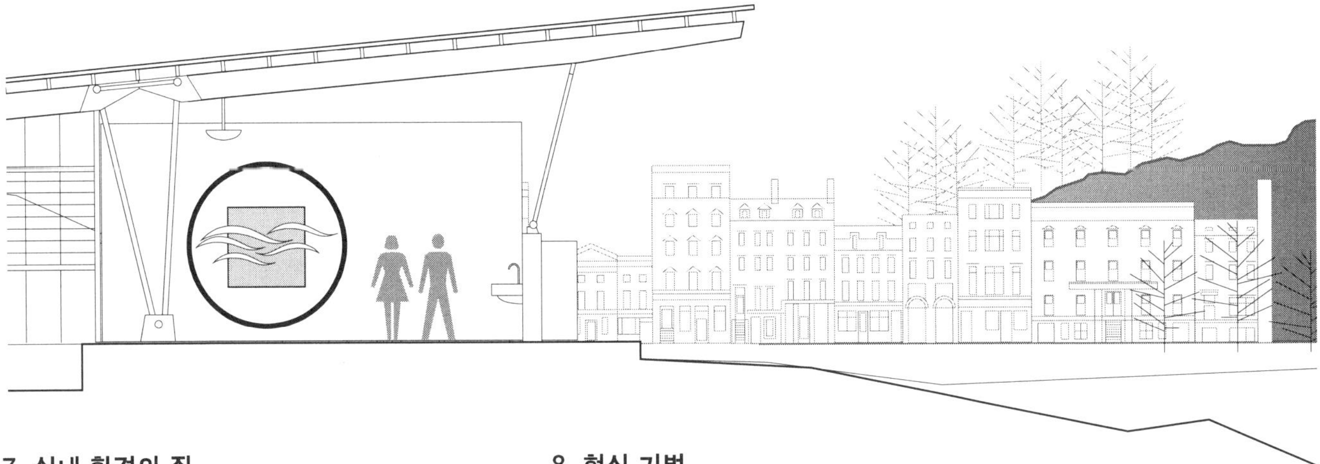

7. 실내 환경의 질

실내 공기 질을 개선하고, 실내 공간의 채광을 최대화하며, 조명 및 열쾌적 시스템을 작업요구사항과 선호에 맞게 사용자가 제어할 수 있도록 한다. 잠재적으로 위험한 입자와 화학 오염물 즉, 접착제와 코팅에 함유된 휘발성 유기 화합물(VOC)과 복합 목제 제품의 요소-포름알데히드 수지와 같은 것들로부터 건물 이용자의 노출을 최소화한다.

8. 혁신 기법

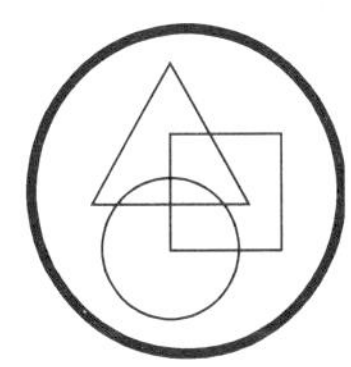

LEED 친환경 건축물 인증제도에서 설정한 요구사항보다 높게 성취된 혁신에 대한 보상 또는 LEED 친환경 건축물 인증제도에서 구체적으로 다루지 않은 건축물 범주에서 혁신적인 건축 특성과 지속 가능한 설계 전략이 있을 경우 이에 대한 보상을 의미한다.

9. 지역 우선순위

지리적으로 구체적이고 지역적인 환경 우선순위를 다루는 관행의 우대책을 제공한다.

3) 정화 처리로 재이용되는 부엌 · 욕실 등에서의 배수

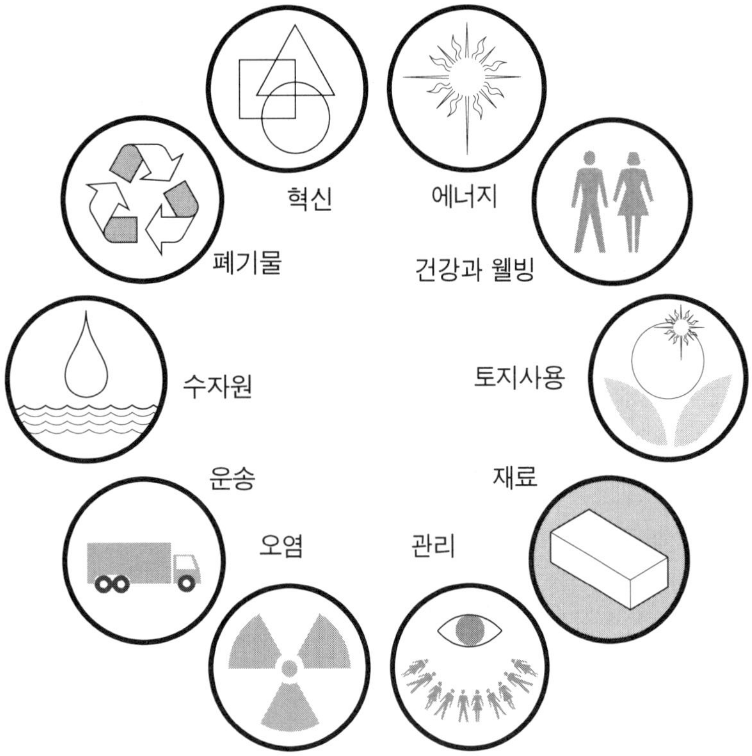

BREEAM 인증 시스템의 준수범주

브리엄[4)]BREEAM

또 하나의 친환경 인증제도는 건축물 환경영향 평가방법 연구Building Research Environment Assessment Method(브리엄BREEAM)이다. 마스터플랜으로 계획된 지역사회, 건축물과 대대적 리노베이션 작업의 지속 가능성과 환경성과를 측정하고 평가하기 위해 영국건설연구소Building Research Establishment(BRE)에서 확립한 시스템이다. 1990년에 시작된 이 인증 시스템은 가장 오래되고 가장 널리 채택된 친환경 인증 시스템 중 하나로 유럽에서 광범위하게 사용되고 있으며, 전 세계적으로도 시공현장에서 시행되고 있다.

BREEAM은 개념부터 시공 및 사용에 이르기까지 생애주기 성능을 평가하고 다음 영역에서 품질과 성능 기준이 충족되었다는 증거를 요구한다. 관리, 건강과 웰빙, 에너지, 운송, 수자원, 재료, 폐기물, 토지사용land use, 오염 및 혁신.

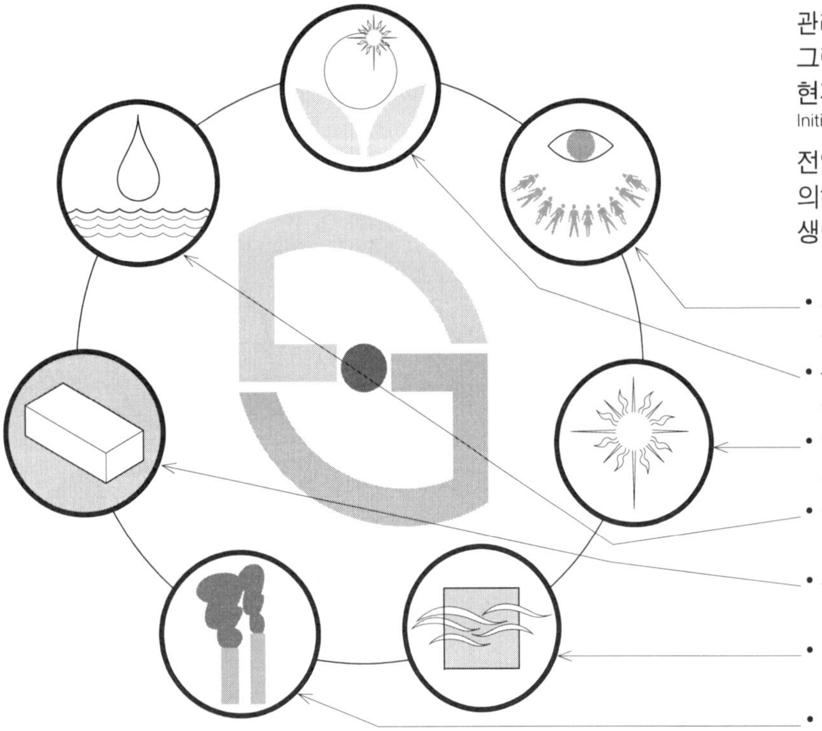

그린 글로브 등급제도Green Globes

그린 글로브 등급제도는 친환경 건물 설계, 운영과 관리를 위한 온라인 대화식 평가 및 등급제도이다. 그린 글로브 제도는 브리엄 제도에서 시작되었지만, 현재 미국에서는 그린 빌딩 이니셔티브Green Building Initiative(GBI)에 의해 관리되고, 캐나다에서는 전액 비영리 자회사인 GB 이니셔티브 캐나다에 의해 관리되고 있다. 이 제도는 7가지 영역에서 생애주기 평가life-cycle assessment에 중점을 둔다.

- 사업 관리project management: 통합적 설계 프로세스, 성능 목표, 환경관리
- 부지: 생태 영향, 우수 관리, 조경, 외부 광공해
- 에너지: 측정과 검증, 조명, HVAC 시스템과 제어장치, 재생 에너지
- 수자원: 소비, 물 집약적 용법, 처리, 대체 공급원, 관개
- 재료와 자원: 건축물 조립체, 재사용, 폐기물, 자원 보존
- 배기가스emissions: 오존층 파괴 가능성, 지구 온난화 가능성
- 실내 환경: 환기, 조명 설계 및 방식, 열 쾌적성, 음 쾌적성

4) 1990년 영국의 건축연구환경연구소(BRE)에 의해 만들어진 건축 연구환경평가방법 BREEAM은 세계적으로 가장 먼저 시작된 친환경 건축물 평가 기준이다. BREEAM은 영국뿐만 아니라 덴마크, 오스트리아, 스페인, 네덜란드, 스웨덴, 노르웨이 등 77개 나라에서 국제적으로 사용되고 있다. BREEAM은 계획 범위에 따라 평가 기준이 크게 네 가지로 분류된다. 넓은 범위의 마스터플랜을 평가하는 BREEAM Communities와 신축건물을 평가하는 BREEAM New Construction, 사용 중인 건물을 평가하는 BREEAM In-use, 그리고 건물의 재정비 및 개선에 대해 평가하는 BREEAM Refurbishment and Fit-out이 있다. 그 중 BREEAM New Construction에서 평가되는 건물 유형은 크게 상업 시설, 비주거 공공시설, 시설, 기타의 4가지로 분류된다.

패시브 하우스

패시브 하우스passivhaus는 유럽에서 개발된 기준으로, 실내 환경의 질을 위해 신선한 공기를 공급하는 열회수 환기시스템heatrecovery ventilation system과 뛰어난 열효율thermal performance과 기밀성airtightness을 결합하여 초 저에너지 건물ultra-low-energy building를 만들어 낸다. 목표는 난방과 냉방에 매우 적은 에너지를 사용하면서 높은 수준의 사용자 만족도를 제공하는 것이다. 이름으로는 주로 주거부문에서의 적용을 의미하지만, 이 기준의 원칙은 상업, 산업과 공공건물에도 적용할 수 있다.

패시브 하우스는 예측 설계목표—제곱미터(㎡) 당 120kWh의 최대 에너지 수요(제곱 피트 당 11.1kWh)—와 침투율의 실제 성능 목표-50Pa 에서 시간당 0.60 공기 변화를 넘지 않지 않을 것을 포함하고 있다. 후자(실제 성능 목표)는 에너지 사용량 증가의 주요 원인인 침투를 제한하기 위해 매우 세밀하게 시공해야 한다.

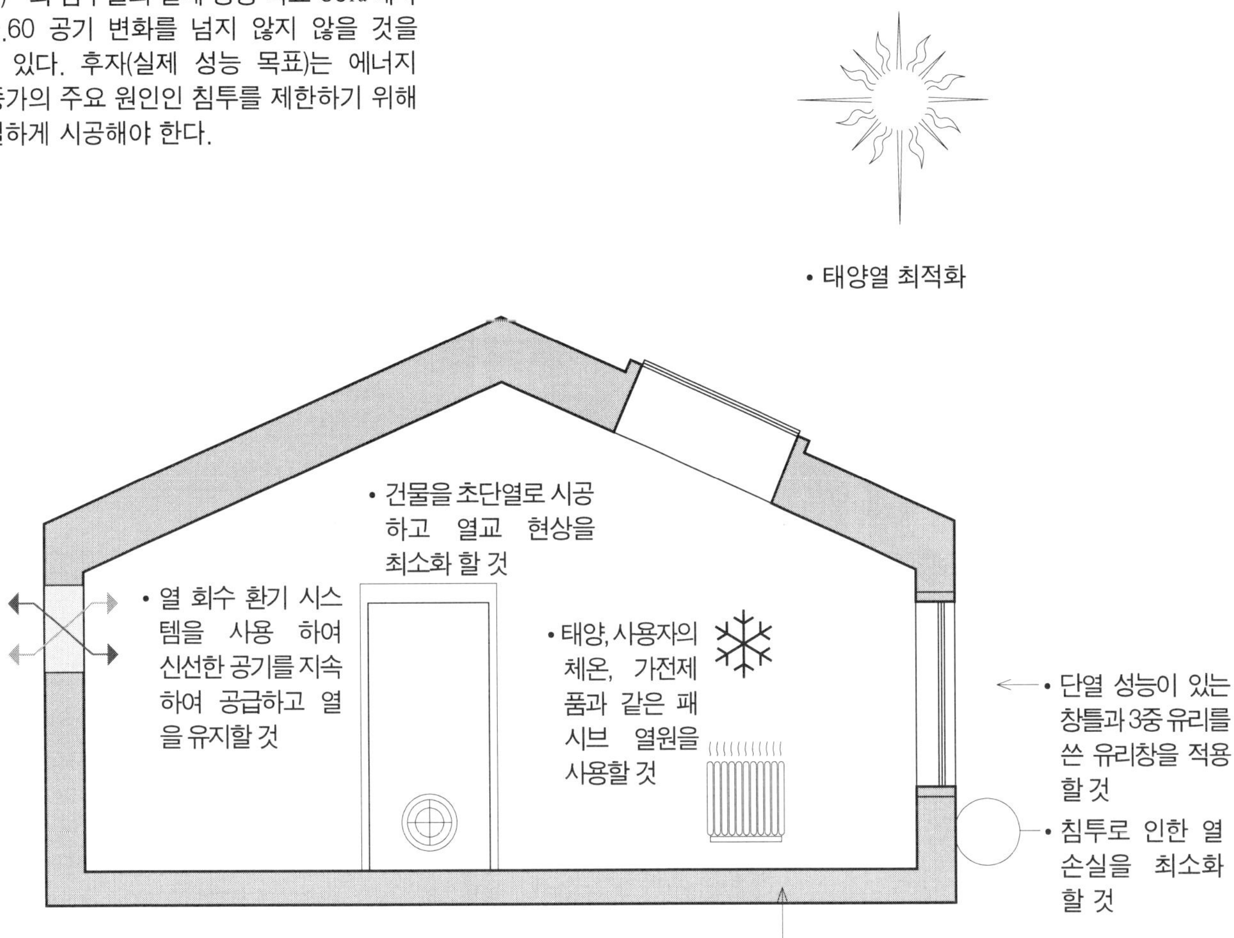

패시브 하우스 전략

1.08 친환경 건축물 기준

리빙 빌딩 챌린지

리빙 빌딩 챌린지Living Building Challenge는 2006년에 만들어졌으며, 국제 생활 미래연구소International Living Future Institute의 유지관리 하에 건물에서 인프라, 조경 및 근린지역에 이르기까지 모든 규모의 개발을 다루고 있다. 리빙 빌딩 챌린지는 최소 12개월 이상의 지속적인 사용기간 동안 순 에너지 사용 제로, 순 용수사용량 제로와 현장 자체 폐기물 완전 처리에 대한 내용 등에서 다른 기준들과 차별된다. 또한, 이 기준에는 부지선택과 보존, 재료선택 및 건강과 같은 다른 친환경 건축물 분야의 과감한 요구 사항들도 포함되어 있다. 친환경 건축물 디자인의 주요 영역으로 아름다움과 형평성을 포함하고 있다는 점은 주목할 만하다.

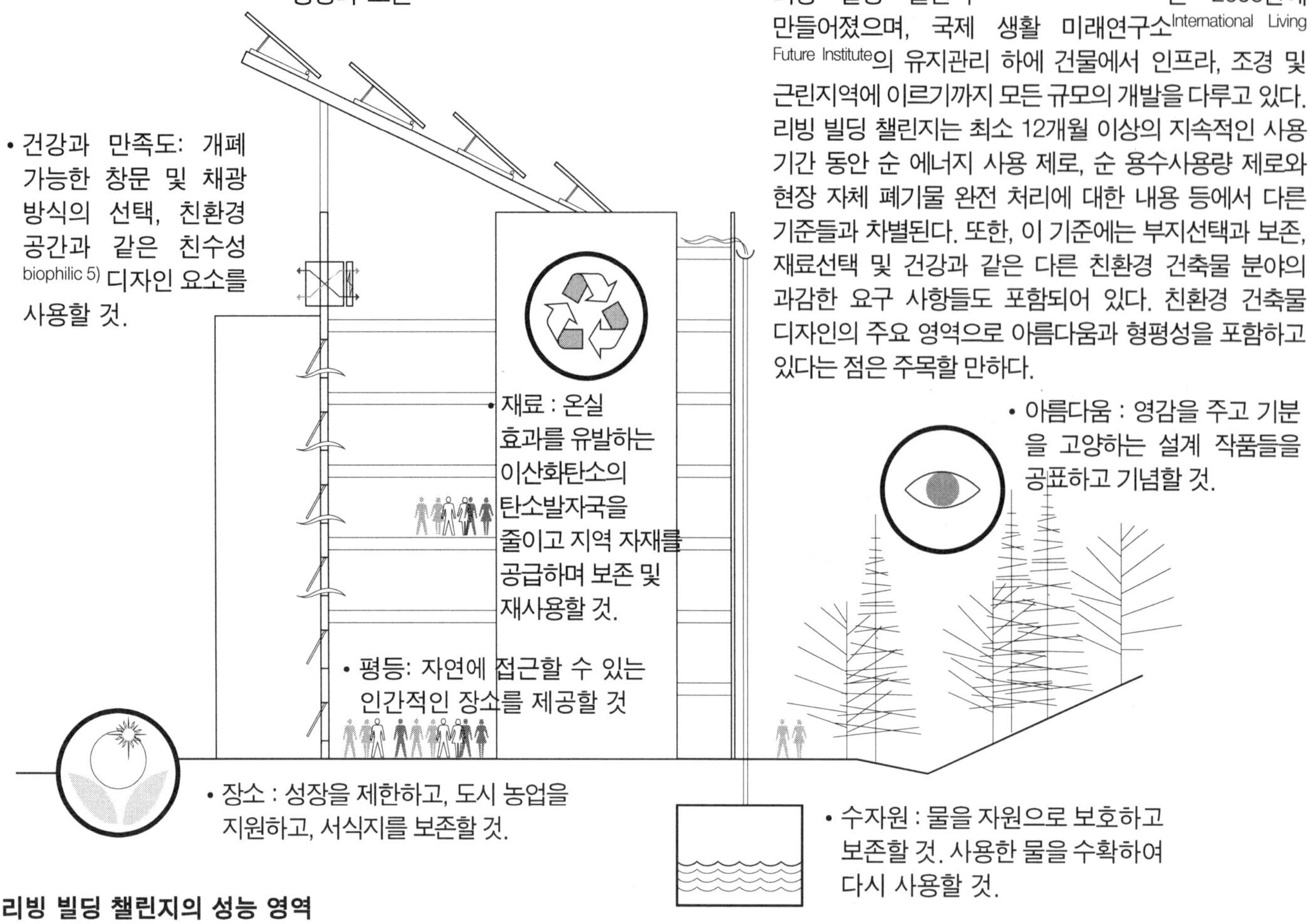

리빙 빌딩 챌린지의 성능 영역

5) 친수성 디자인은 건축 산업에서 직접 자연, 간접 자연 및 공간 및 장소 조건을 사용하여 자연환경에 대해 거주자와의 연결성을 높이기 위해 사용되는 개념이다.

국제 건축 규정

국제 건축 규정(IBC)는 국제 규정 위원회(ICC)에서 개발, 게시 및 유지 관리하는 포괄적인 모델 코드(표준규정)로, 미국의 대부분 관할권에서 기본 규정으로 채택되어 있다. 국제 건축 규정(IBC)과 관련 규정은 국제 에너지 보존 규정International Energy Conservation Code의6) 에너지 보존 요구 사항, 국제 기계 규정International Mechanical Code의 환기 요구사항 및 국제 배관 규정의 수질보존 요구사항을 포함하여 광범위한 친환경 규정이 포함되어 있다.

국제 규정 위원회(ICC)는 2010년에 미국 건축가 협회(AIA), 미국 친환경 건축물 위원회(USGBC), 미국 난방 냉동 공조 기술자 협회(ASHRAE), 미국 조명 기술자 협회(IES) 및 미국재료시험협회 국제 사무국7)과 공동으로 국제 친환경 건축 규정(IGCC)을 발표했다. 국제 친환경 건축 규정(IGCC)은 ICC의 일련의 건축 법규 전체와 호환되며 상업용과 주거용 건축의 지속가능한 건설을 지원하기 위한 것이다.

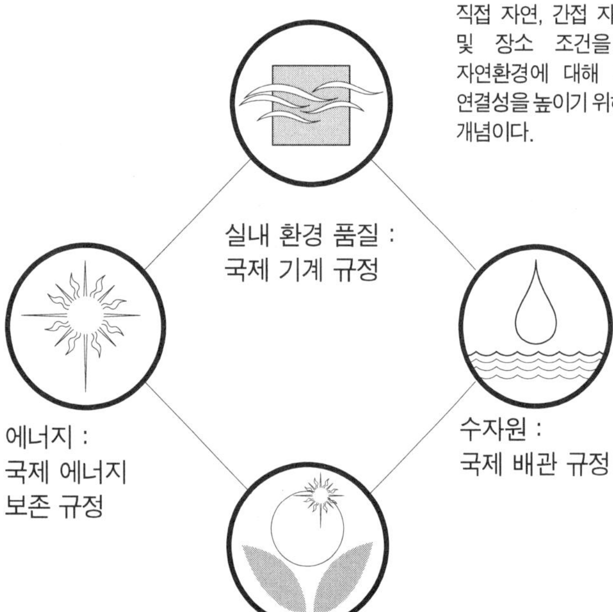

6) 국제 에너지 보존 규정(International Energy Conservation Code)은 2000년 국제 규정 위원회(International Code Council)에서 만든 건축 규정이다.

7) 이전에 미국재료시험협회American Society for Testing and Materials로 알려진 ASTM International은 광범위한 재료, 제품, 시스템 및 서비스에 대한 자발적 합의 기술 표준을 개발 및 게시하는 국제 기준 조직이다. 약 12,575 개의 ASTM 자발적 합의 기준이 전 세계적으로 운영되고 있다.

복원력 설계[8]

지진, 홍수, 산불 또는 기타 재난으로 사람이 살 수 없게 된다면, 규정에 따라 건립되어 편안하고 에너지 효율이 높은 건물에서 생활하거나 일하는 것은 중요하지 않을 수 있다. 이러한 가능성으로 인해 복원력 설계 분야가 탄생하게 되었다. 복원력 설계 협회는 복원력 설계를 "해수면 상승, 폭염 빈도 증가 및 지역 가뭄을 포함한 기후변화에 의한 장기적인 변화뿐만 아니라 자연재해와 인공재해 및 교란disturbance[9]에 대응하기 위하여, 건축물, 조경, 근린사회와 지역을 대상으로 하는 의도적인 설계" 로 규정하고 있다. 이를 통해 자연재해를 처리하고 전력 또는 열 손실 기간이 길어질 때 생활 가능한 조건을 유지할 수 있도록 건물을 설계, 시공 및 개조하는 것을 목표로 삼고 있다.

복원력 설계의 원칙과 전략은 건축물뿐만 아니라 지역 사회 및 지역에도 적용되며, 가능한 재해와 교란의 특성이 지역에 따라 다를 수 있다는 이해에 기반하고 있다. 예를 들어, 어떤 지역에서는 강풍과 홍수가 문제지만, 다른 지역에서는 눈보라와 큰 온도변화가 더 큰 잠재적 문제가 될 수 있다. 또 다른 지역에서는 지진 활동이 주요 관심사일 수 있다.

지속 가능한 설계와 복원력 설계의 원칙과 전략이 때때로 상충하는 것처럼 보일 수도 있지만, 여전히 겹치는 부분이 많다.

8) 복원력resilient은 변화하는 조건에 적응하고 스트레스나 방해에 직면했을 때, 기능과 활력을 유지하거나 회복할 수 있는 능력으로, 요란 또는 중단 후에 회복할 수 있는 기능이다. 개인, 가정, 지역 사회 및 지역 등 다양한 수준에서 복원력을 통해 자연재해, 정전 또는 기타 일반적으로 사용 가능한 서비스 중단이 발생할 때 살기 좋은 조건을 유지할 수 있다. 기후변화와 관련하여 지구 온난화로 예상되는 광범위한 지역적 영향에 대한 적응을 포함한다. 강렬한 폭풍, 강수, 해안 및 계곡 홍수, 일부 지역에서 길고 더 심한 가뭄, 산불, 영구 동토층, 더 따뜻한 온도 및 정전. 복원성 디자인 이러한 취약점에 대응하여 건물, 풍경, 지역 사회 및 지역을 디자인하는 것이다. 참조 https://www.resilientdesign.org

9) 요란(지층에 변형을 가져오는 운동 또는 저기압에 따른 공기의 흐름)을 뜻하기도 한다.

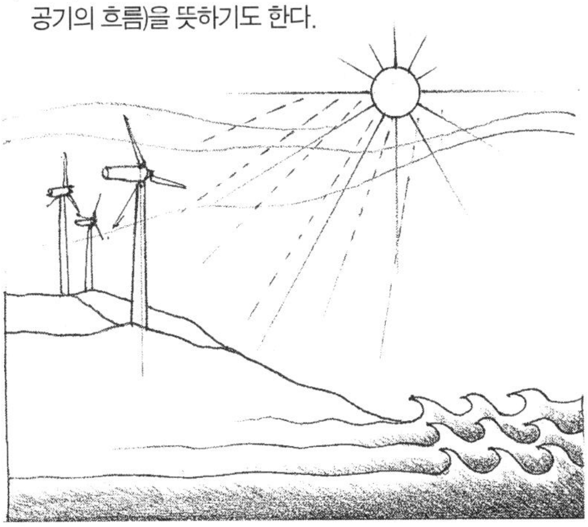

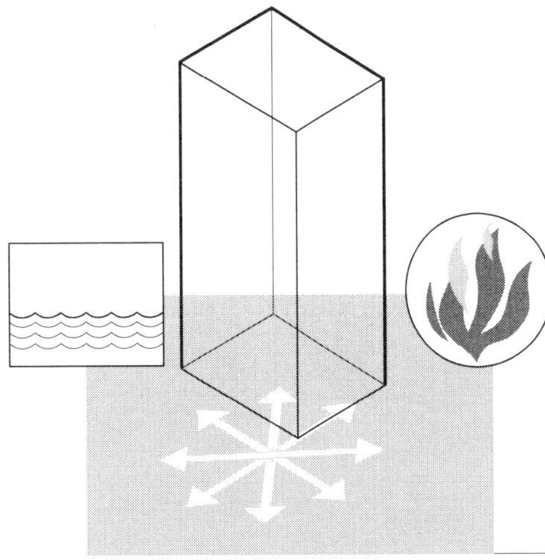

복원력 설계

- 식수, 안전한 공기, 거주자 건강, 음식과 같은 인간의 생존을 위해 필요한 보급은 공평하게 할 것.
- 전기, 급수, 교통과 같은 것들에 대한 요구에는 다양한 시스템을 중복하여 마련해 놓을 것.
- 냉난방에 패시브 방식의 사용에 중점을 둘 것.
- 복잡하고 지속적인 유지관리가 필요한 것보다는 간단하고 융통성 있는 방식을 적용할 것.
- 가능한 재난/교란에 대응하여 설계할 때에는 지역에서 일어나는 구체적인 상황에 대비해야 한다.
- 가능한 재난과 장기적인 마모 및 열화를 견딜 수 있는 내구성과 견고성을 고려하여 설계할 것.
- 시간이 지나면서 겹치거나 새롭게 적용되는 용도에 적응할 수 있도록 설계할 것.

- 독자적인 에너지 및 수자원 공급 방안을 마련할 것.
- 현지에서 공급되거나, 재생 가능하거나, 또는 재활용된 재료와 제품을 사용할 것.
- 현지에서 사용 가능한 기술 역량들을 적용할 것.

지속 가능한 설계

- 에너지 수요를 줄이고, 효율적 사용을 늘릴 것.
- 재생 가능하고, 오염이 없는 에너지원을 늘릴 것.
- 식수에 대한 수요와 폐수의 발생을 줄일 것.
- 개인 차량 사용에 대한 현실적 대안을 제시할 것.
- 서식지와 브라운필드brownfields를[10] 복원하고 환경에 민감한 지역을 보호할 것.
- 부지의 자연적 수문학 특성을 존중할 것.
- 기존 개발 패턴 내에서 간결한 개발을 장려할 것.
- 내부 공기의 질을 개선하고, 실내공간의 자연 채광을 최대화하며, 조명 및 열쾌적 시스템을 사용자가 제어할 수 있도록 할 것.

10) 활동이 미미하거나 폐쇄된 산업 지역을 말하나 최근에는 환경오염 때문에 재개발이나 산업 지역 확장 등의 도시계획이 복잡하게 얽혀 있는 지역을 의미하는 경우가 많아졌다.

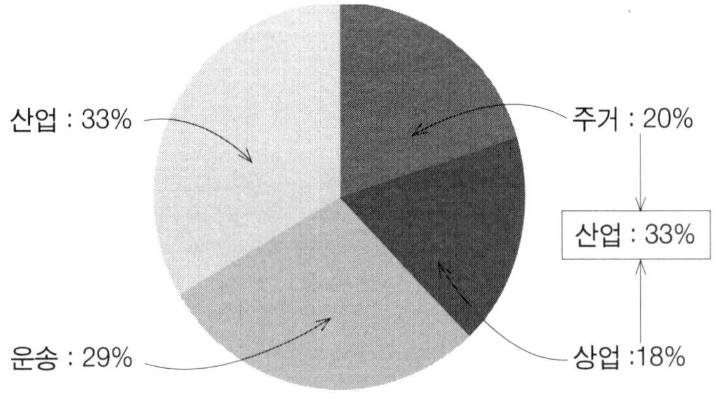

2017년 부문별 미국의 에너지 소비량
출처 : 미국 에너지 정보국U.S. Energy Information Administration

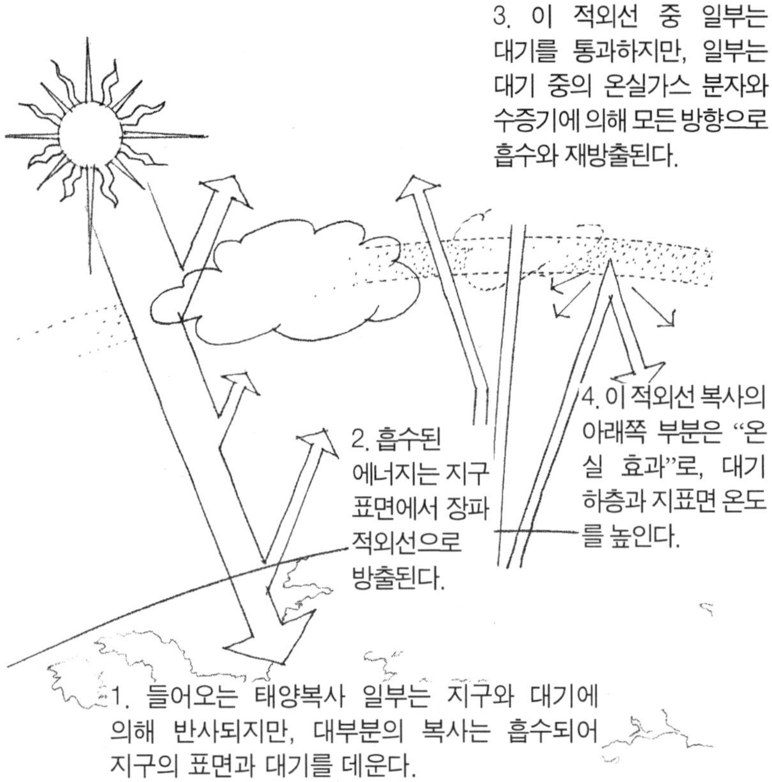

기후변화와 기후 온난화
이산화탄소, 메탄 및 아산화질소와 같은 온실 가스는 대기로 방출되는 배기가스이다. CO_2는 미국 온실가스 배출량의 가장 큰 부분을 차지하며, 화석 연료 사용은 CO_2 배출의 주요 원천이 된다.

건축 2030은 "지구 기후변화를 해결하기 위한 노력의 목적으로 건축과 계획 분야에서 정보를 제공하고 혁신적인 해결책을 마련하는 것"을 사명으로 삼는 친환경 건축 지지 단체이다. 이 단체의 설립자인 뉴멕시코의 건축가 에드워드 마즈리아Edward Mazria는 건물이 매년 전체 미국 에너지 소비와 온실가스(GHG) 배출량 중 약 40%를 차지하고 있다는 미국 에너지 정보 관리국 U.S. Energy Information Administration의 데이터의 신뢰도를 지적했다. 그는 도시 건설 환경이 연간 글로벌 온실가스 배출량의 75%를 차지한다고 믿고 있다. 그러므로 배기가스 제거는 기후변화를 해결하는데 중요한 이슈이다.

지속 가능한 설계에 대한 논의와 관련이 있는 내용은 건물 부문의 에너지 소비 대부분이 재료 생산이나 건설 과정이 아니라 건물 난방, 냉방 및 조명과 같은 운영 과정에서 발생한다는 점이다. 이것은 건물을 사용하고 유지관리하면서 발생하는 에너지 소비와 배출되는 온실가스를 줄이려면 건물을 적절하게 디자인하고, 형상을 만들고, 배치하고, 자연 난방, 냉방, 환기 및 채광 전략을 통합적으로 적용해야 함을 의미한다.

2006년에 건축 2030은 2030 챌린지를 발표했다. 이에 따르면 2030년까지 모든 신축건물, 신개발 및 대대적 리노베이션 공사가 탄소 중립적이어야 한다(건축 및 운영에 화석 연료 온실가스(GHG[11]) 방출 에너지를 사용하지 않음). 이 목표를 달성하기 위해 2030 챌린지는 모든 신축건물이 화석 연료 에너지를 일반적으로 소비하는 양의 절반 미만으로 사용하고, 기존 건물에서는 동일한 면적을 앞서 언급한 에너지 소비 기준을 충족시키기 위해 매년 리노베이션해야 한다고 주장한다.

건물이 온실가스를 배출하는 화석 연료의 소비를 줄이는 방법에는 두 가지가 있다. 패시브 기법에 따른 접근은 건물을 설계, 배치 및 방향 설정하는 데 기후를 고려하여 작업하고, 패시브 냉방과 난방 기법을 사용하여 전체 에너지 요구량을 줄이는 것이다. 액티브 기법에 따른 접근은 지역에서 풍부하게 이용할 수 있는 재생 가능 자원(태양, 바람, 지열, 저충격 수력, 바이오매스 및 바이오 가스)으로부터 건물 자체적으로 에너지를 획득하거나 생성하는 능력을 향상하는 것이다. 에너지 절약과 재생 에너지 생성 간에 적절하고 비용-효율적인 균형을 이루는 것이 목표이지만, 에너지가 재생 가능한 자원에서 나올 수 있다는 사실과 관계없이, 에너지 사용을 최소화하는 것이 첫 번째 필수 단계이다.

11) 온실가스greenhouse gas

부지분석site analysis은 맥락적 힘을 연구하는 과정이다. 맥락적 힘은 건물의 위치를 잡고, 공간을 배치하여 방향을 정하고, 건물로 둘러싸인 공간의 형상과 특성을 드러내며, 경관과의 관계를 설정하는 방법에 영향을 미친다. 모든 대지 조사는 사이트의 물리적인 자료를 수집하는 것에서 시작한다.

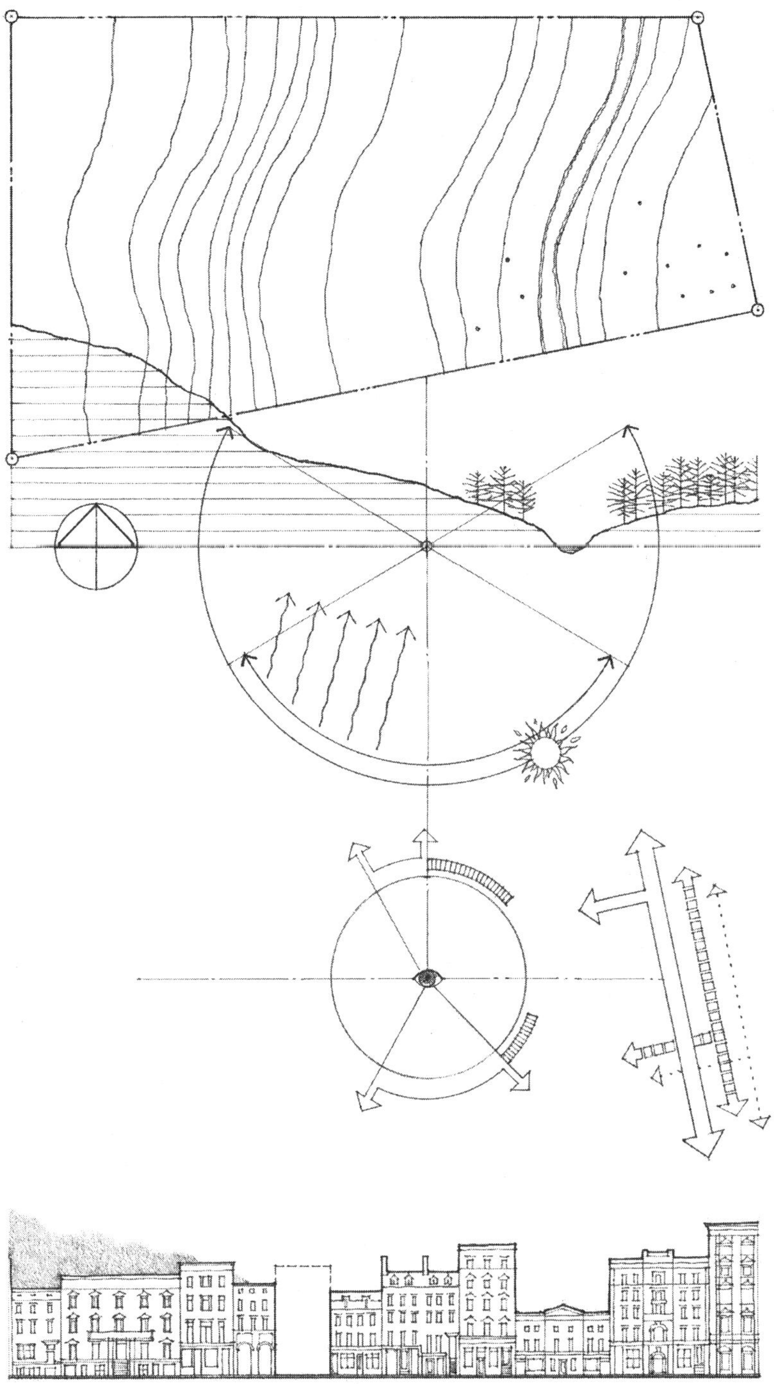

- 법정 경계legal boundaries에 따라 대지 영역과 형상을 그린다.
- 건축선 후퇴, 기존 지역권 및 통행권을 표시한다.
- 원하는 경우, 건물 프로그램, 부지 편의시설과 향후 증축에 필요한 면적과 부피를 추정한다.

- 지면 경사와 심토 상태를 분석하여 건축과 야외 활동에 적합한 영역을 잡는다.
- 개발에 적합하지 않을 수도 있는 가파른 경사와 중간 경사를 식별한다.
- 해당하는 경우 배수장으로 사용하기에 적합한 토양 영역을 찾는다.
- 기존 배수 체계를 매핑한다. (LEED SS 크레딧Credit 4 : 우수 관리)
- 지하수면water table의 표고를 결정한다.
- 과도한 지표수 유출, 범람 또는 침식이 있는 지역을 식별한다.

- 기존 나무와 토종 식물 중 보존해야 하는 것들을 찾는다.
- 습지, 개울, 유역, 범람원과 같은 기존 수역과 해안선 중 보호해야 하는 부분은 도표로 표시를 남긴다. (LEED SS 크레딧 2 : 부지 개발-서식지 보호 또는 복원)

- 기후 조건 매핑: 태양 경로, 주도 풍향 및 예상 강우량
- 지세와 일조권(solar access)상의 인접 구조물의 영향, 주도풍 및 잠재적인 눈부심(글레어) 요소의 영향을 고려한다.
- 태양복사는 잠재적 에너지원으로 평가한다.

- 공공도로와 대중교통 정류장에서 접근 가능한 지점을 결정한다. (LEED LT 크레딧 5 : 양질의 교통수단 연계성)
- 이 접근 지점에서 건물 출입구까지 보행자와 차량을 기준으로 설정 가능한 동선 경로를 연구한다.
- 공공 서비스의 가용성을 확인한다. : 급수본관, 오수거와 우수거, 가스관선, 전력선, 전화 및 통신케이블 선로
- 경찰 및 방화와 같은 다른 관급 서비스에 대한 접근성을 결정한다.

- 바람직한 조망과 불쾌감을 주는 조망의 범위를 식별한다.
- 혼잡 및 소음의 잠재적 이유를 찾는다.
- 제안된 토지 이용방식과 인접 대지의 토지이용이 양립 가능한 것인지 평가한다.
- 보존이 필요한 문화적 역사적 자원을 매핑한다.
- 근린지역이나 해당 지역의 기존 규모와 특성이 건물 설계에 어떤 영향을 미칠 것인지 고려한다.
- 공공, 상업, 의료 및 위락시설과의 근접성을 매핑한다. (LEED LT 크레딧 1 : 근린개발지를 위한 LEED, LT 크레딧 4 : 주변 밀도 및 다양한 용도)

1.12 토양

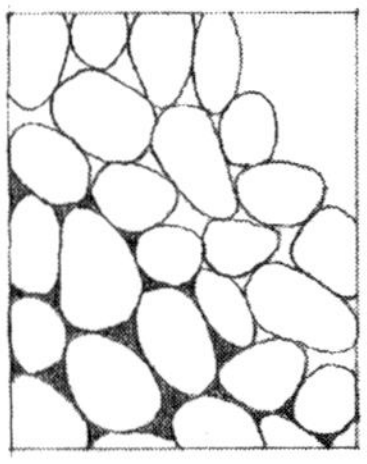

• 자갈

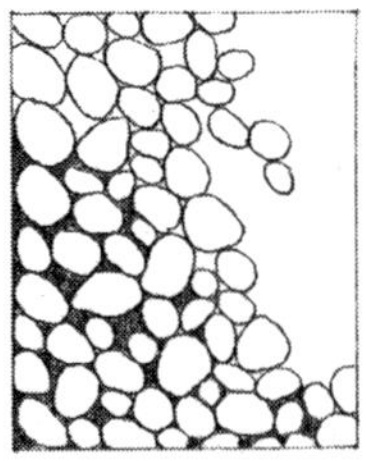

• 모래

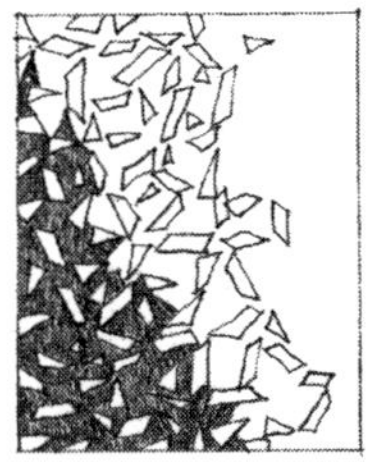

• 점토

토양soil에는 조립질 토양과 세립질 토양이 있다. 조립질 토양은 육안으로 볼 수 있는 비교적 큰 입자로 구성된 자갈과 모래가 포함되어 있다. 실트와 점토 같은 세립질 토양은 훨씬 작은 입자로 구성되어 있다. 미국재료시험협회(ASTM)의 통합 토양분류체계Unified Soil Classification System는 자갈, 모래, 실트 및 점토를 물리적 구성과 특성에 따라 토양 유형들로 세분화하고 있다. 다음 표를 참조할 것

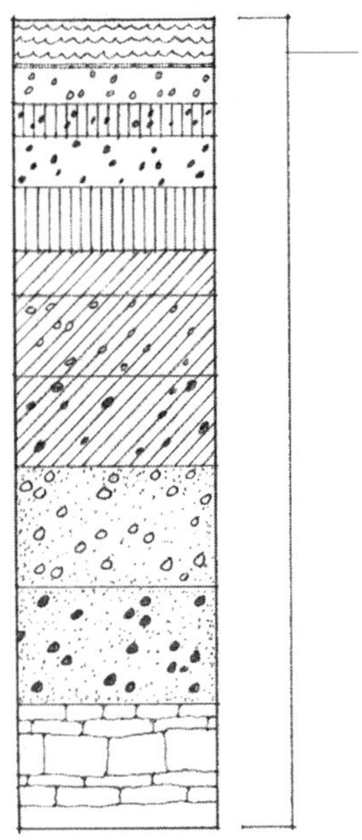

건축 현장에 깔린 토양은 실제로 겹겹이 겹쳐진 층들로 구성될 수 있으며, 각 층은 풍화 또는 퇴적에 의해 생겨난 혼합된 토양 유형들을 포함하고 있다. 지질 공학 기술자는 수평선이라고 불리는 이러한 층이나 지층의 연속을 묘사하기 위해, 시굴갱이나 시험 시추에서 수집한 정보를 사용하여 지표면에서 밑단 재료까지의 토양 수직 단면도인 토층 단면을 작성한다.

건축 구조체가 온전히 서 있느냐는 결국 기초 밑에 있는 토양이나 암석을 적재할 때의 안정성과 강도에 달려 있다. 상토의 성층(成層), 구성과 밀도, 입자 크기의 변화 및 지하수의 유무는 기초 재료로서 토양의 적합성을 결정하는데 중요한 요소들이다. 단독주택 이외의 다른 건물을 설계할 때는 지질 공학 기술자를 통해 지질 조사를 착수하는 것이 좋다.

지질 조사(CSI 마스터포맷™ 02 32 00)은 토양의 구조, 전단 저항과 압축강도, 수분 함량과 투수성 및 하중 하에서 예상되는 압밀 범위와 비율을 이해하기 위해, 최대 10ft(3m) 깊이의 시굴갱을 파거나 더 깊은 시험 시추를 통해 드러난 토양 분석과 시험을 포함한다. 이 정보로부터, 지질 공학 기술자는 제안된 기초시스템에 적재된 예상 총침하total settlement와 부동침하differential settlement를 측정할 수 있다.

토양 분류*		기호	설명	추정 지지력†		동결작용에 대한 민감성	투수성 배수
				psf‡	kPa		
자갈	깨끗한 자갈	GW	입도 분포가 양호한 자갈	10,000	479	해당 없음	탁월함
6.4 - 76.2 mm		GP	입도 분포가 불량한 자갈	10,000	479	해당 없음	탁월함
	입도밀도가 고운 자갈	GM	실트질이 섞인 자갈	5000	239	약간 정도	부족함
		GC	점토질이 섞인 자갈	4000	192	약간 정도	부족함
모래	깨끗한 모래	SW	입도분포가 양호한 모래	7500	359	해당 없음	탁월함
0.05 - 6.4 mm		SP	입도분포가 불량한 모래	6000	287	해당 없음	탁월함
	입도밀도가 고운 모래	SM	실트질이 섞인 모래	4000	192	약간 정도	양호함
		SC	점토질이 섞인 모래	4000	192	중간 정도	부족함
실트	LL〉50§	ML	무기질 실트	2000	96	매우 높은 정도	부족함
0.002 - 0.05 mm		CL	무기질 점토	2000	96	중간 정도	불침투성
& 점토	LL〈50§	OL	유기질 실트-점토	매우 부족		높은 정도	불침투성
〈0.002 mm		MH	가소성 무기질 실트	2000	96	매우 높은 정도	부족함
		CH	가소성 무기질 점토	2000	96	중간 정도	불침투성
		OH	유기질 점토와 실트	매우 부족		중간 정도	불침투성
고유기질 흙		Pt	토탄(Peat)	부적당		약간 정도	부족함

* 미국재료시험협회의 통합 토양분류체계를 바탕으로 함

† 허용 가능한 베어링 용량에 대해서는 지질 공학자 및 건축법에 문의할 것.

‡ 1 psf = 0.0479 kPa

§ LL = 액체 한계 : 토양이 플라스틱 상태에서 액체 상태로 흘러가는 건조 중량의 백분율로 표현된 수분 함량

토양의 허용 지지력은 기초가 토양 질량에 수직 또는 측면으로 부과할 수 있는 최대 단위 압력이다. 지질 공학 조사와 시험 과정이 없는 경우 건축 법규는 다양한 토양 분류에 대해 보수적인 하중 지지 값을 사용하도록 허용할 수 있다. 고부하 용량의 토양은 문제가 거의 없지만 저부하 용량의 토양은 특정 유형의 기초와 하중 분배 패턴을 사용하도록 지정하거나, 궁극적으로는 건물형태와 배치까지 지정할 수 있다.

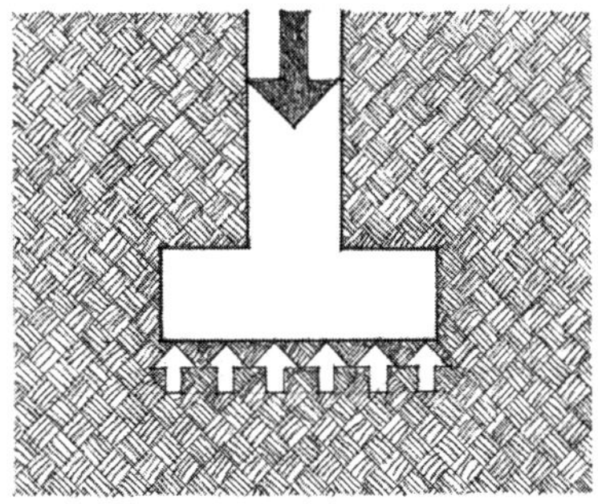

밀도는 사질토의 지지력을 결정하는 중요한 요소이다. 표준관입시험은 시추공 바닥에서 사질토의 밀도와 일부 점토의 농도를 측정하여 표준 토양 채취기를 전진시키기 위해 망치로 필요한 타격 횟수를 기록한다. 경우에 따라 최적의 수분 함량을 달성하기 위해 전압, 다지기 또는 담금에 의한 압밀 작업을 진행하며, 이는 상토의 밀도를 증가시킬 수 있다.

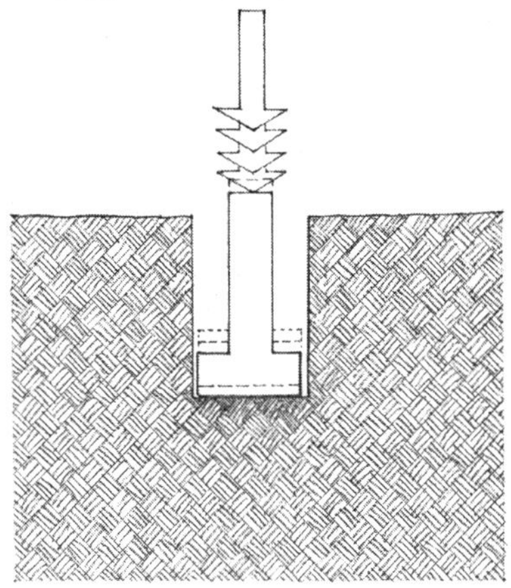

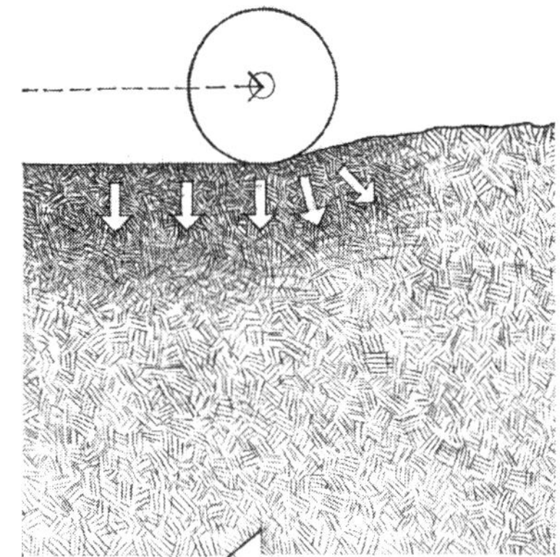

조립질 토양은 공극 공간의 비율이 상대적으로 낮으며 실트나 점토보다 기초로 더 안정적이다. 특히 점토 토양은 수분함량 변화에 따라 수축/팽창하기 때문에 불안정한 경향이 있다. 불안정한 토양은 공학적으로 정교하고 큰 비용이 드는 기초방식을 적용하지 않으면 부지에 건설을 진행하지 못할 수도 있다.

토양의 전단 강도는 응집력과 내부 마찰의 결합 효과로 인해 외력이 가해질 때 변위에 저항하는 능력에 대한 척도이다. 경사지와 평지 굴착 중, 측면에 제한을 가하지 않은 토양은 횡방향 변위가 일어날 가능성이 있다. 점토와 같은 점성토는 측면에 제한을 두지 않은 경우에도 강도를 유지한다. 자갈, 모래 또는 일부 실트와 같은 사질토는 전단 저항에 대한 구속력이 필요하며, 마찰안식각이 비교적 얕다.

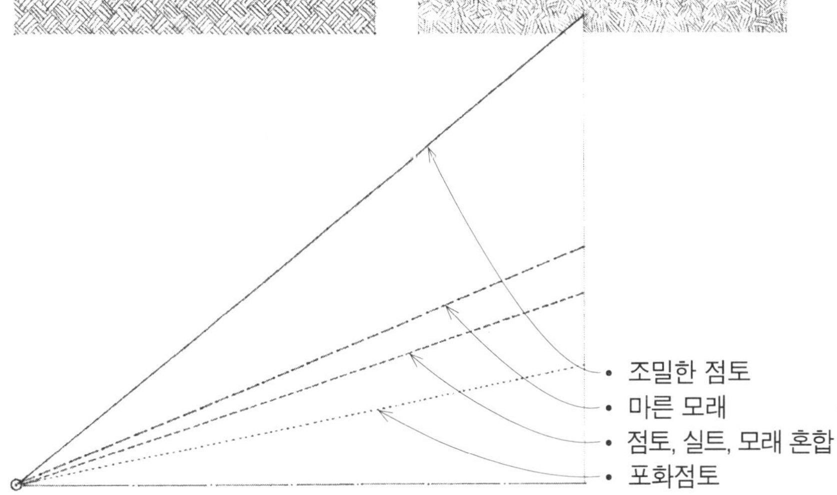

나부지 bare soil 12) 제방의 마찰안식각 Angle of Repose

지하수면은 토양이 지하수로 포화되는 물의 높이이다. 일부 건축 부지는 지하수 수위가 계절에 따라 달라질 수 있다. 존재하는 모든 지하수는 토양의 지지력 감소를 피하고 지하실로의 누수 가능성을 최소화하기 위해 기초시스템에서 배수되어야 한다. 조립질 토양은 세립질 토양 보다 투수성이 높고 배수가 용이하며 동결 작용에 덜 민감하다.

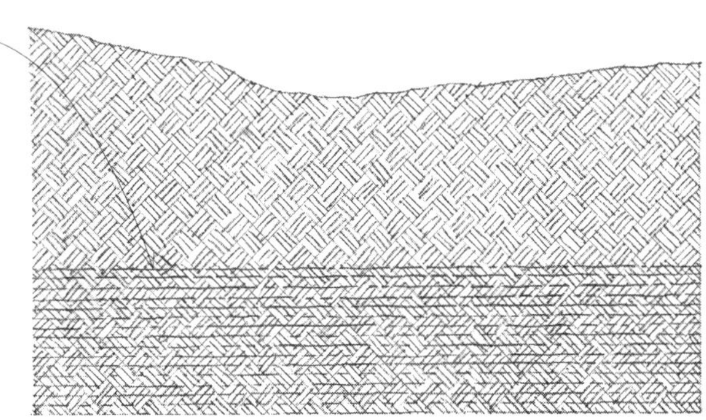

12) 농업 분야에서는 건축물이 없는 토지로 공적 부담은 있으나 사적 부담이 없는 토지로 나지(裸地)로 옮기고 있으며, 부동산 분야에서는 나무나 풀이 없이 흙이 그대로 드러난 땅으로 나부지[裸垈地]로 옮기고 있다. 여기서는 부지의 개념이 들어 있는 나부지로 번역하였다.

1.14 지형

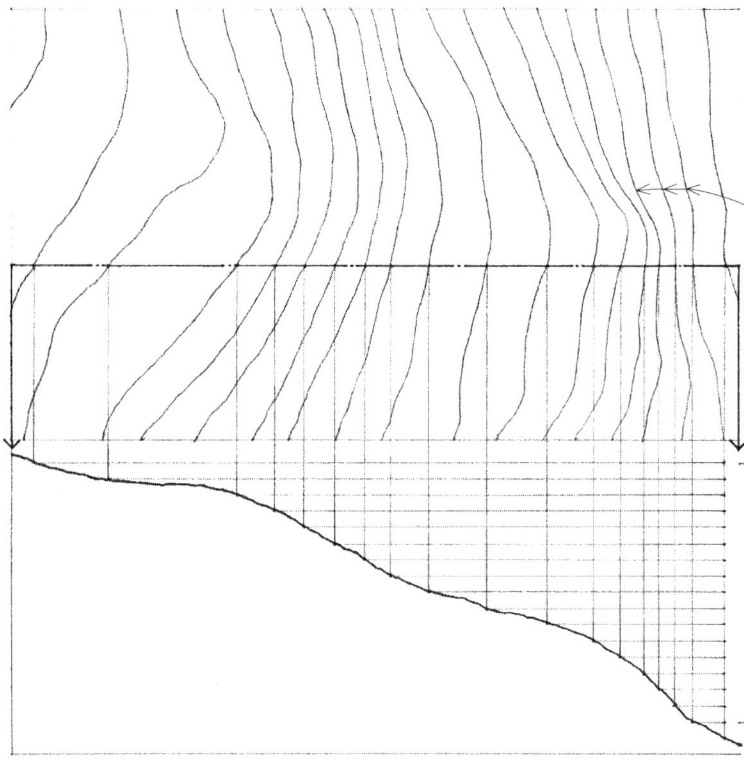

지형topography은 부지의 지표면 특징의 구성configuration을 말하며, 부지 건설과 부지 개발 위치와 방법에 영향을 미친다. 부지 지형에 대한 건물 설계의 반응을 연구하려면, 일련의 부지 단면 또는 등고선이 있는 대지계획을 사용할 수 있다.

등고선contour lines은 자료 또는 수준점bench mark상의 등고점들points of equal elevation을 연결하는 가상의 선이다. 각 등고선의 궤적은 해당 고도에서의 토지의 형상을 나타낸다. 등고선은 항상 연속적이며 서로 교차하지 않으며 수직면을 가로질러 자를 때만 평면도와 일치한다.

등고선 간격contour interval은 지형도 또는 배치도에서 인접한 두 개의 등고선으로 표시되는 고도 차이를 나타낸다. 사용되는 간격은 도면 축척, 부지 크기 및 지형 특성에 따라 결정된다. 넓이가 넓고 경사가 얕을수록 등고선 사이의 간격이 더 크다. 가파른 경사의 부지일 경우, 20' 또는 40'(5m 또는 10m) 등고선 간격을 사용할 수 있다. 상대적으로 점진적인 경사를 갖는 작은 부지의 경우, 1', 2' 또는 5'(0.5m 또는 1.0m) 등고선이 필요할 수 있다.

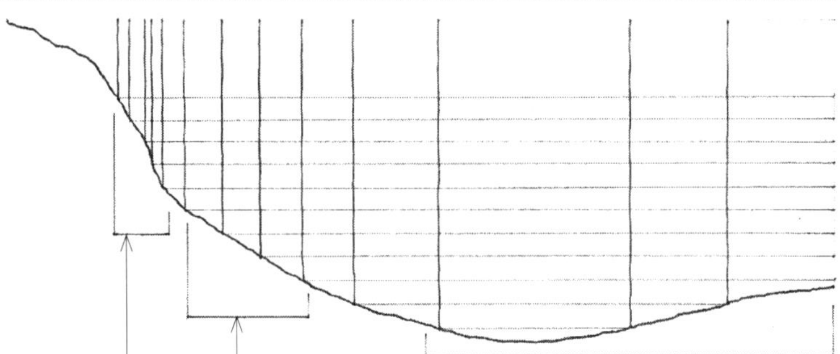

등고선의 수평 간격과 형상을 읽어 부지의 지형 특성을 식별할 수 있다.

- 멀리 떨어진 등고선은 상대적으로 평평하거나 완만하게 경사진 표면을 나타낸다.
- 등간격 등고선은 일정한 경사를 나타낸다.
- 촘촘한 간격의 등고선은 고도가 비교적 가파르게 오르는 것을 나타낸다.
- 등고선이 낮은 고도를 가리킬 때 능선을, 높은 고도를 가리킬 때 계곡을 나타낸다.

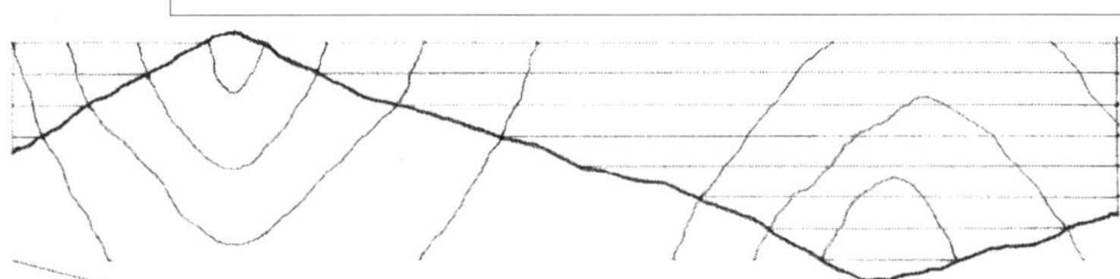

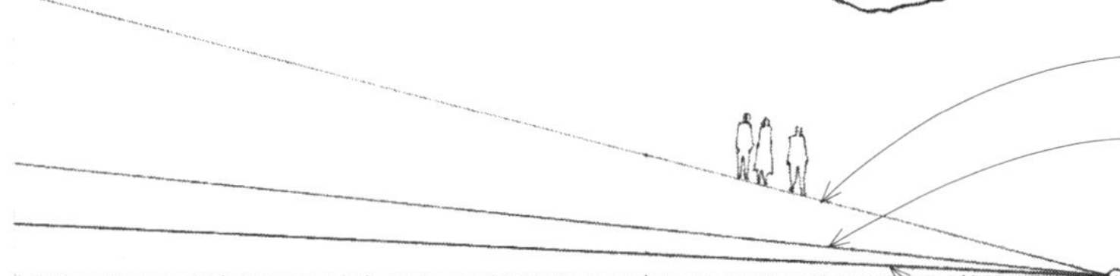

- 경사(%) = [상승 고도 (v) / 수평거리 (h)] x100

두 등고선 사이의 지면 경사는 상승고도와 두 등고선 사이의 수평거리의 함수이다.

- 25%가 넘는 지면 경사는 침식되기 쉬워 쌓아 올리기 어렵다.
- 10%가 넘는 지면 경사는 야외 활동에 사용하기 어렵고 건설비용이 많이 든다.
- 5%~10%의 지면 경사는 비공식 야외 활동에 적합하며 큰 어려움 없이 지을 수 있다.
- 최대 5%의 지면 경사면은 대부분의 야외 활동에 사용할 수 있으며 비교적 쉽게 지을 수 있다.

생태학적 이유뿐만 아니라 심미적이고 경제적인 이유로, 부지를 개발하는 일반적인 의도는 자연 지형 경사와 부지의 미시기후를 이용하면서 기존 지형과 특성의 교란을 최소화하는 것이다.

- 부지 개발과 건설은 부지의 자연 배수 패턴과 인접 건물들의 교란을 최소화해야 한다.
- 지형을 수정할 때, 지표수와 지하수의 배수를 위한 설비를 포함해야 한다.
- 기초와 부지 개발 건설에 필요한 절토량과 성토량을 동일하게 하려고 시도해야 한다.
- 침식이나 미끄러지기 쉬운 가파른 경사면에는 건물을 피해야 한다.
- 습지대와 다른 야생동물 서식지는 보호가 필요할 수 있고 부지의 건설 가능 영역을 제한할 수 있다.
- 범람원flood plain이나 그 근처에 있는 부지의 건축 제한에 특히 주의해야 한다.

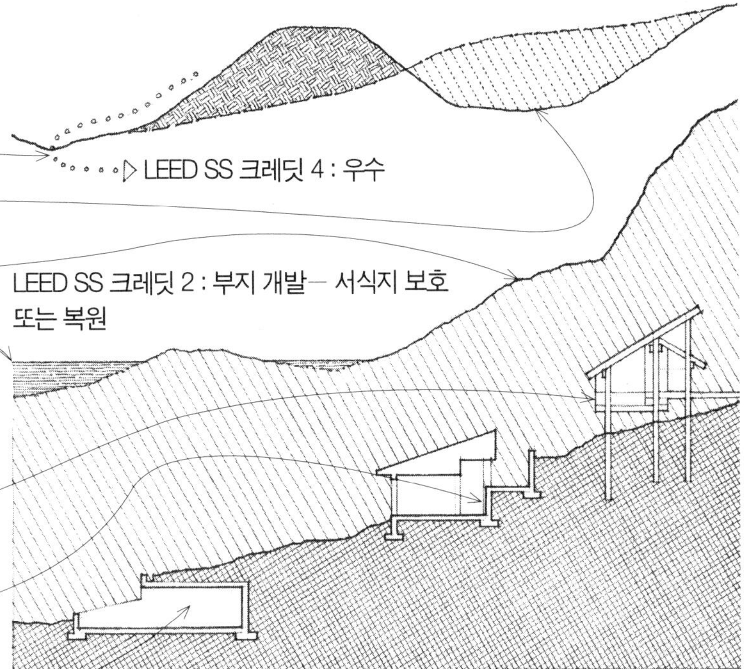

- 장대 기둥이나 피어 기초에 구조물을 높이면 자연 지형과 기존 초목의 교란이 최소화된다.
- 계단식 경사지 조성 또는 경사면을 따라 구조물의 계단식 구성은 굴착과 옹벽 또는 벤치 테라싱bench terracing [13] 사용이 필요하다.
- 구조물을 경사면으로 자르거나 부분적으로 지하에 위치시키면 극한 온도가 조절되고 바람에 대한 노출 및 한랭 기후에서의 열 손실이 최소화된다.

부지의 미시기후는 지표면의 높이, 지형의 특성과 방위 및 수역의 존재에 의해 영향을 받는다.

- 대기 온도는 고도에 따라 감소한다.
  —고도가 400'(122m)마다 약 1°F (0.56°C) 내린다.
- 따뜻한 공기는 상승한다.
- 무겁고 차가운 공기는 저지대에 가라앉는다.

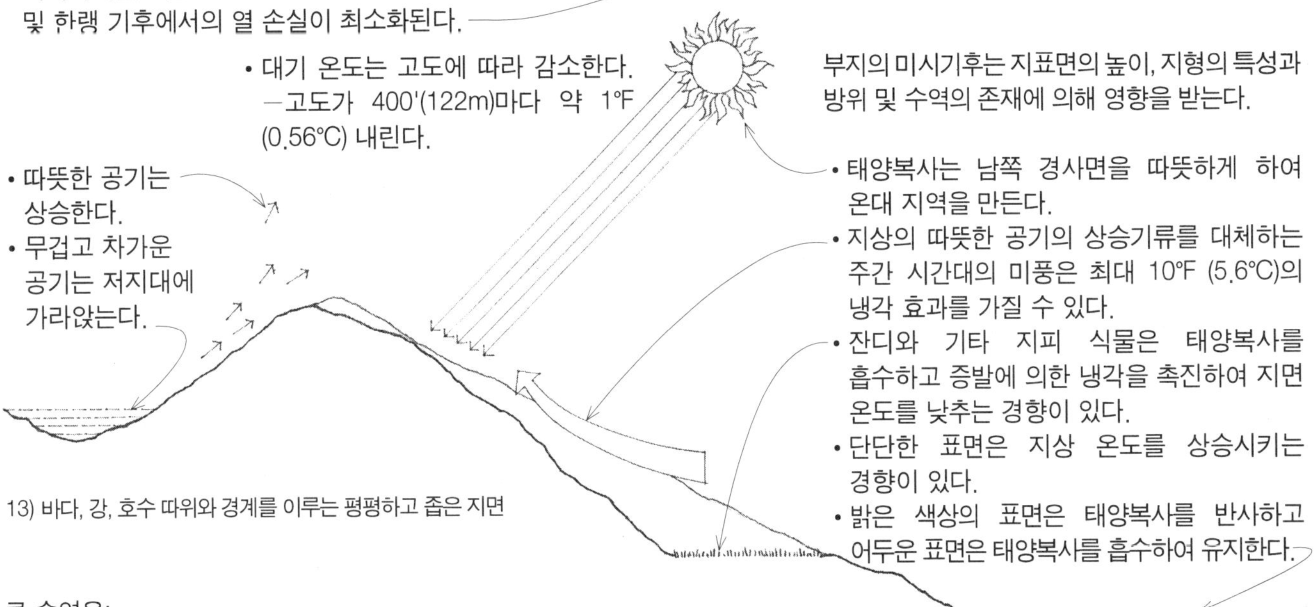

- 태양복사는 남쪽 경사면을 따뜻하게 하여 온대 지역을 만든다.
- 지상의 따뜻한 공기의 상승기류를 대체하는 주간 시간대의 미풍은 최대 10°F (5.6°C)의 냉각 효과를 가질 수 있다.
- 잔디와 기타 지피 식물은 태양복사를 흡수하고 증발에 의한 냉각을 촉진하여 지면 온도를 낮추는 경향이 있다.
- 단단한 표면은 지상 온도를 상승시키는 경향이 있다.
- 밝은 색상의 표면은 태양복사를 반사하고 어두운 표면은 태양복사를 흡수하여 유지한다.

LEED SS 크레딧 5: 열섬 저감

13) 바다, 강, 호수 따위와 경계를 이루는 평평하고 좁은 지면

큰 수역은:

- 열저장체heat reservoirs의 역할을 하면서 지역 온도의 변화를 완화한다.
- 일반적으로 낮에는 지면보다 시원하고 밤에는 따뜻하여 수역 쪽으로 부는 산들바람을 일으킨다.
- 일반적으로 겨울에는 지면보다 더 따뜻하고 여름에는 더 시원하다.
- 고온 건조한 기후에서는 증발 냉각 효과를 위해 심리적으로나 물리적으로 작은 수역도 바람직하다.

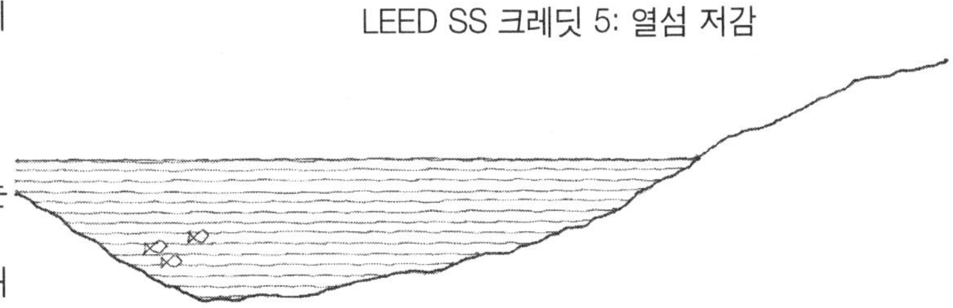

CSI 마스터포맷 31 10 00 : **부지 정리**
CSI 마스터포맷 31 20 00 : **흙 운반**
CSI 마스터포맷 32 70 00 : **습지대**

1.16 식재

식재plant materials는 에너지 보존, 경관 보호나 경관 차단, 소음 완화, 침식 지연 및 건물을 부지에 시각적으로 연결하는 기능적인 이점과 미적인 이점을 제공한다. 조경에서 식재의 선택과 사용에 고려해야 할 요소들은 다음과 같다.

- 나무 구조와 모양
- 계절에 따른 나뭇잎의 밀도, 표면특성 및 나뭇잎의 색
- 성장 속도 또는 성장률
- 다 자랐을 때의 높이와 나뭇잎이 펼쳐지는 모양
- 토양, 수자원, 햇빛 및 온도 범위에 대한 요구 사항
- 뿌리 부분의 깊이와 넓이

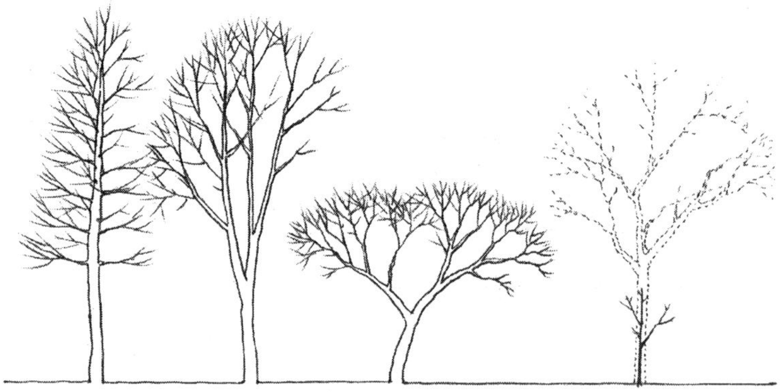

- 나무와 다른 식물은 기후에 따라 형태를 조정한다.

LEED SS 크레딧 4 : 우수 관리
LEED SS 크레딧 5 : 열섬 저감
LEED WE 크레딧 1 : 실외용수 사용량 절감

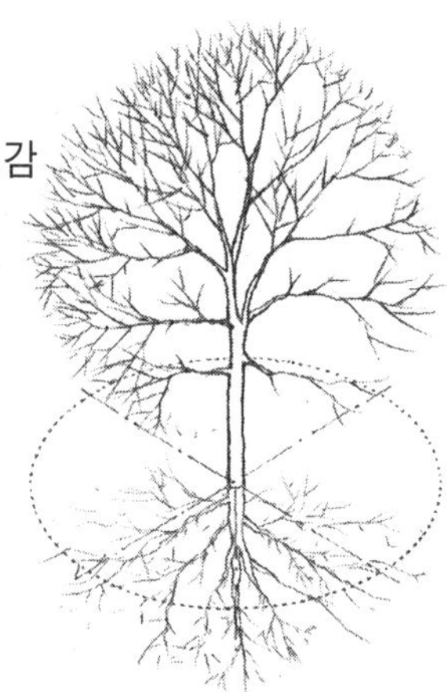

- 가능하면 기존의 건강한 나무와 토종 식재는 보존해야 한다. 시공 중 부지 높이에 변경을 가할 때, 기존 나무는 나무 상부 지름과 동일한 면적으로 보호되어야 한다. 건물에 너무 가까이 심어진 나무의 뿌리 시스템은 기초시스템을 건드릴 수 있다. 뿌리의 구조는 지하 송전선을 침범할 수도 있다.
- 식물의 생명을 유지하려면 토양이 수분을 흡수하고 적당한 영양분을 공급할 수 있어야 하며, 공기가 통하고 농축 염분이 없어야 한다.

잔디와 기타 지피 식물 :
- 태양복사를 흡수하고 증발에 의한 냉각을 촉진하면 공기 온도를 낮출 수 있다.
- 토양 제방의 안정화 및 침식 방지에 도움이 된다.
- 공기와 물로 토양의 투수성을 높인다.

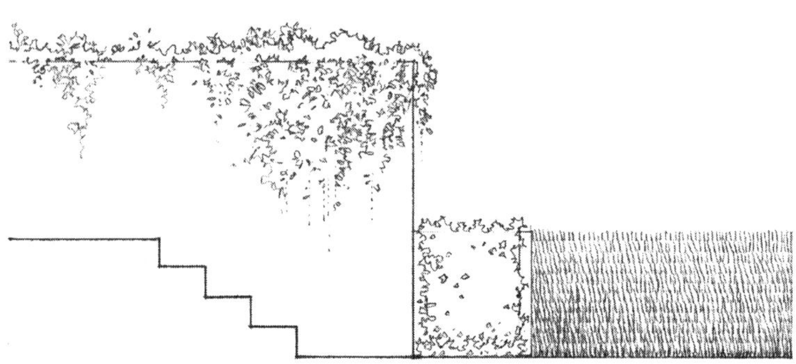

- 덩굴은 그늘을 제공하고 증발로 근접 환경을 냉각시켜 햇볕에 찐 벽을 통해 열전달을 줄일 수 있다.

CSI 마스터포맷 32 90 00 : 식재

나무는 다음과 같은 방식으로 건물의 근접 환경에 직접적인 영향을 미친다.

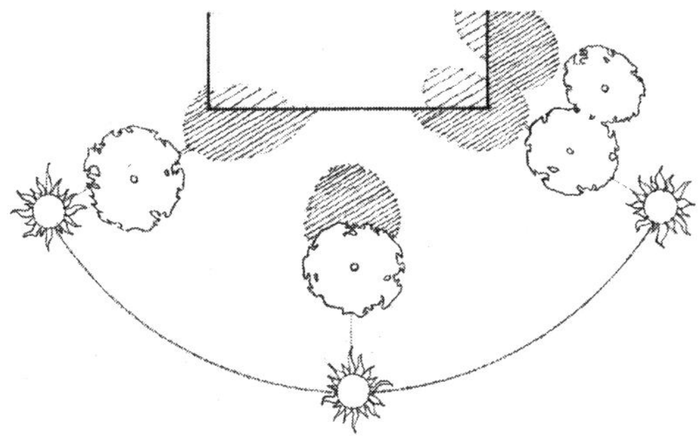

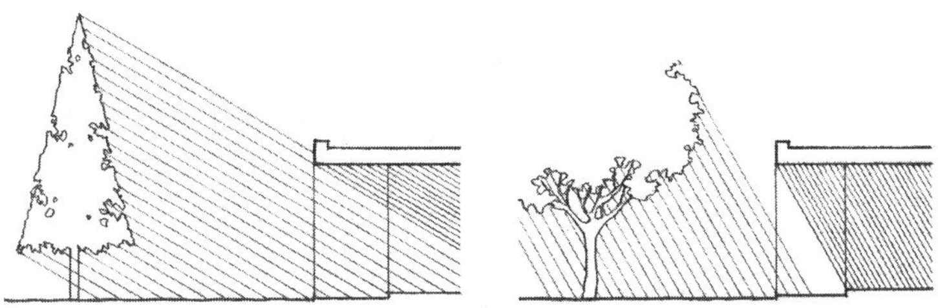

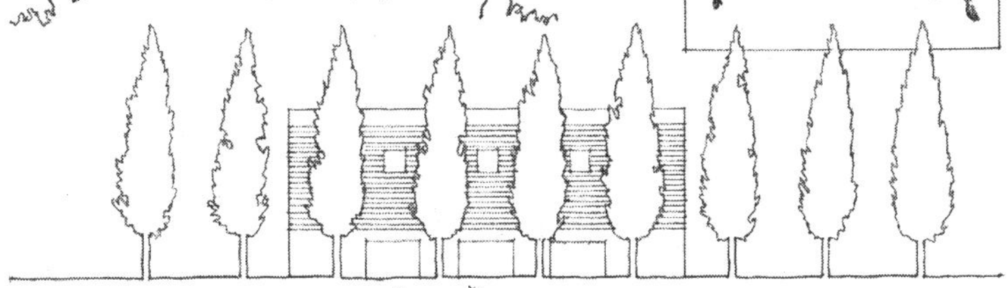

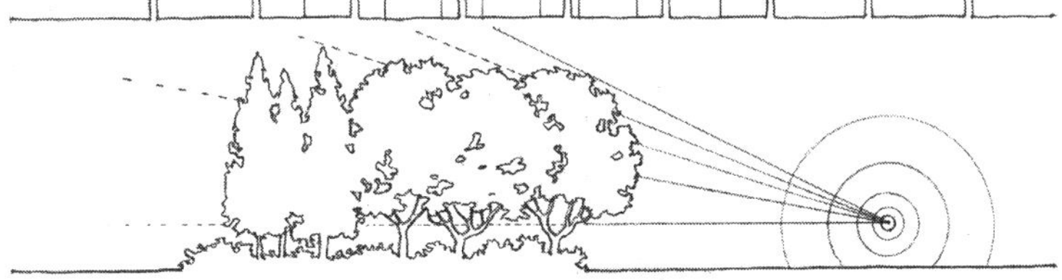

음영[shade]의 제공

나무로 인해 막히거나 걸러지는 태양복사량은 다음과 같은 조건에 따라 좌우된다.

- 태양 방위
- 건물 또는 실외공간에 대한 근접성
- 형상, 퍼지는 범위 및 높이
- 나뭇잎과 가지의 밀도

- 나무는 햇빛이 낮고 긴 그림자를 드리우는 아침 동안 남동부와 늦은 오후 동안 남서부에서 가장 효과적으로 건물이나 실외공간을 그늘지게 한다.
- 남쪽을 향한 돌출부[overhangs]는 태양이 높고 짧은 그림자를 드리우는 한낮에 매우 효율적인 음영을 제공한다.
- 낙엽수는 여름에는 그늘과 눈부심을 방지하고 겨울에는 태양 광선이 가지 구조를 통과할 수 있도록 한다.
- 상록수는 일 년 내내 그늘을 제공하고 겨울에는 눈부심을 줄인다.

바람막이 역할

- 상록수는 효과적인 바람막이[windbreaks]를 형성하여 겨울 동안 건물의 열 손실을 줄일 수 있다.
- 식재의 나뭇잎은 바람에 날리는 먼지를 줄인다.

공간의 규정

- 나무는 활동과 움직임에 적합한 야외 공간을 만들 수 있다.

경관 주시 또는 경관 차단

- 나무는 바람직한 경관을 만들 수 있다.
- 나무는 바람직하지 않은 경관을 차폐하여 야외 공간에 프라이버시를 제공할 수 있다.

소음 감쇠

- 낙엽수와 상록수의 조합은 특히 흙더미와 결합할 때 공기 중에 떠다니는 소리를 차단하고 감쇠시키는 데 매우 효과적이다.

대기 질 개선

- 나무는 잎에 미립자 물질을 가두어, 비가 오는 동안 지면으로 씻겨 내려가게 한다.
- 나뭇잎 자체로 가스와 기타 오염물질을 흡수할 수 있다.
- 광합성 과정[photosynthetic process]은 연기와 다른 냄새를 신진대사[14)]를 통해 분해할 수 있다.

토양 안정화

- 나무의 뿌리 구조는 토양을 안정화하여 물과 공기에 대한 토양의 투수성을 높이고 침식을 방지한다.

14) 생물체가 몸 밖으로부터 섭취한 영양 물질을 몸 안에서 분해하고, 합성하여 생체 성분이나 생명 활동에 쓰는 물질이나 에너지를 생성하고 필요하지 않은 물질을 몸 밖으로 내보내는 작용. 물질대사라고도 한다.

건물과 공간의 위치, 형태 및 방위는 햇빛의 열적, 위생적, 심리적 이점을 활용해야 한다. 그러나 태양복사solar radiation는 부지의 위도와 기후에 따라 유익 여부가 갈린다. 건물 설계를 계획할 때, 목표는 태양복사가 유익한 열을 받지 못하는 기간underheated periods과 태양복사를 피해야 하는 과열 기간overheated periods 사이의 균형을 유지하는 것이다.

하늘을 통과하는 태양 이동 경로path of the sun는 건물 부지의 계절과 위도에 따라 다르다. 건물 설계에 대한 잠재적인 태양열취득solar heat gain과 음영 요건을 계산하기 전에, 특정 부지에 대한 일사각solar angles의 범위는 기상연감weather almanac이나 기상국weather service bureau에서 구해야 한다.

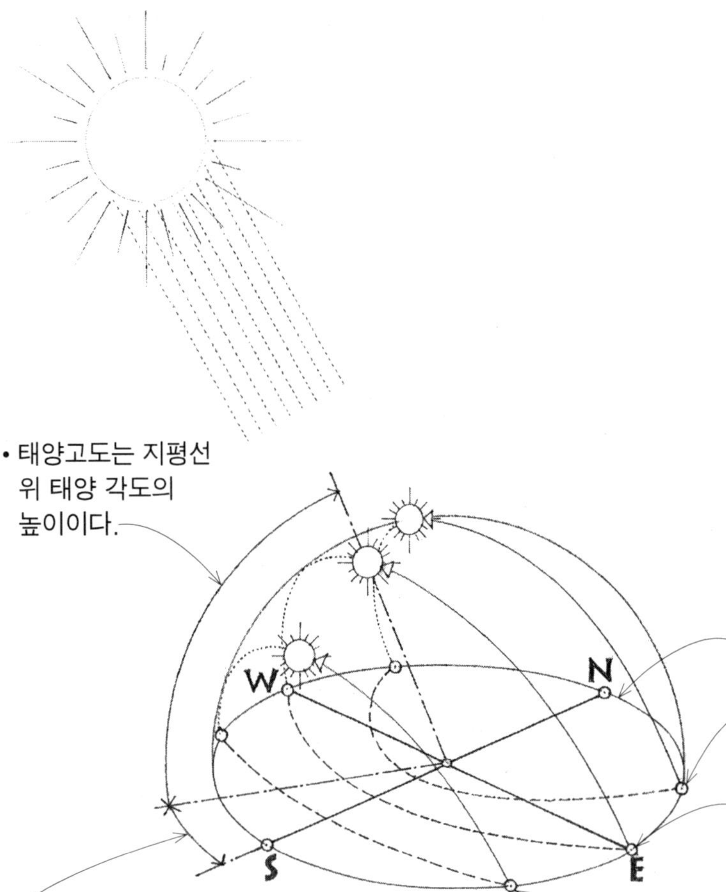

태양 경로 다이어그램

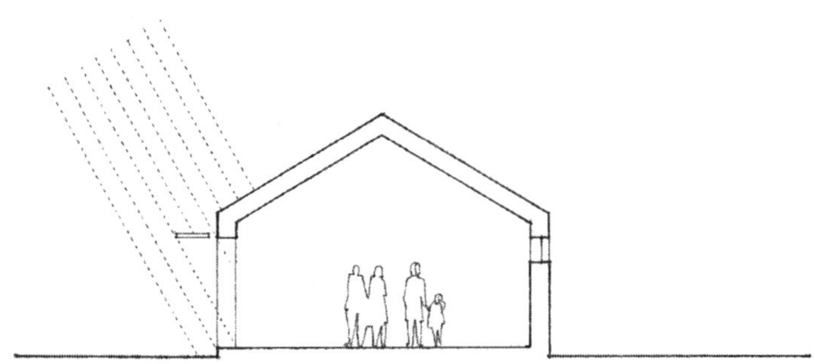

대표적인 일사각

북위	대표 도시	정오 태양고도		해돋이 & 해맞이의 방위각*	
		12. 22	3. 21/9. 22	12. 22	6. 21
48°	Seattle	18°	42°	54°	124°
44°	Toronto	22°	46°	56°	122°
40°	Denver	26°	50°	58°	120°
36°	Tulsa	30°	54°	60°	118°
32°	Phoenix	34°	58°	62°	116°

*방위각은 남동쪽이 일출이고, 남서쪽이 일몰이다.

다음은 다양한 기후 지역에서 단독 건물에 권장되는 건물형태와 배향이다. 제시된 자료는 여러 가지 맥락적 사항과 프로그램상의 요구 사항이 함께 고려돼야 하는 내용이다.

서늘한 지역
건물의 표면적을 최소화하면 저온에 노출되는 것을 줄일 수 있다.
- 태양복사의 흡수를 최대화할 것.
- 복사, 전도, 증발에 의한 열 손실을 줄일 것
- 바람 보호wind protection 장치를 제공할 것.

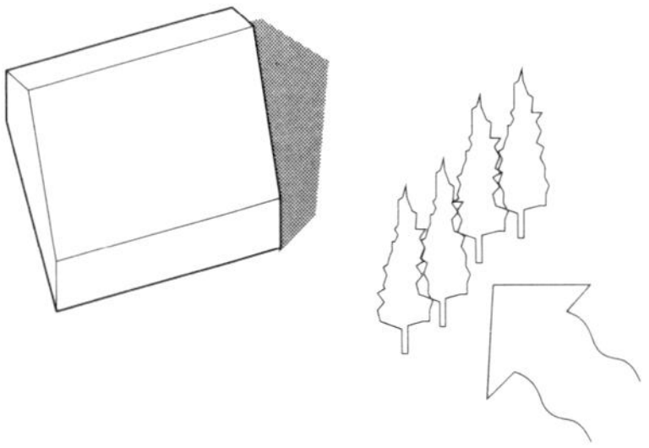

온난 지역
동서축을 따라 건물형태를 길게 하면 남향 벽을 최대화할 수 있다.
- 남측 노출보다 일반적으로 여름에 더 덥고 겨울에 더 차가운, 동쪽과 서측 노출을 최소화할 것.
- 계절에 따라 음영 보호와 태양열취득의 균형을 유지할 것.
- 더운 날씨에는 공기 이동을 장려하고, 추운 날씨에는 바람으로부터 보호할 것.

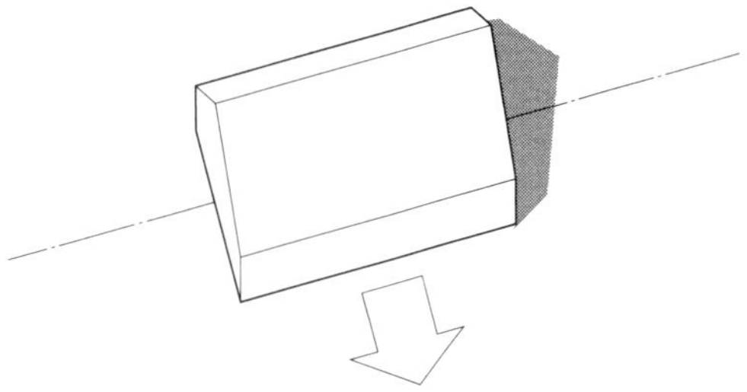

고온 건조 지역
건물형태는 중정 공간을 둘러싸야 한다.
- 태양열취득 및 과 전도성 열취득을 줄일 것.
- 수역과 식재를 활용하여 증발에 의한 냉각을 촉진할 것.
- 창문과 실외공간에 일사 차양을 설치할 것.

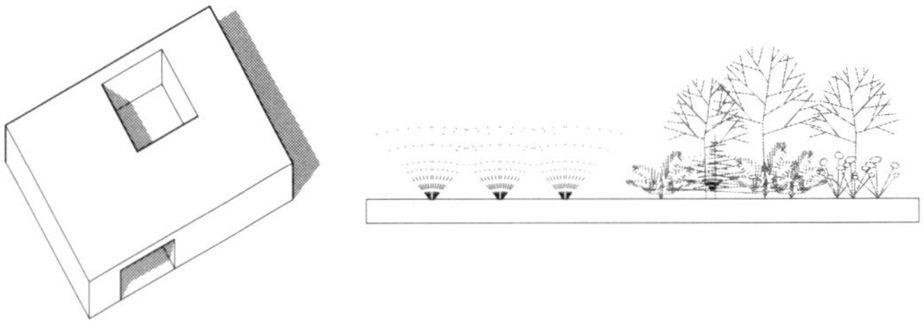

고온다습 지역
동서축을 따라 길게 늘인 형태의 건물은 동쪽과 서쪽 노출을 최소화한다.
- 태양열취득을 최소화할 것
- 바람을 이용하여 증발에 의한 냉각을 촉진할 것.
- 창문과 실외공간에 일사 차양을 설치할 것.

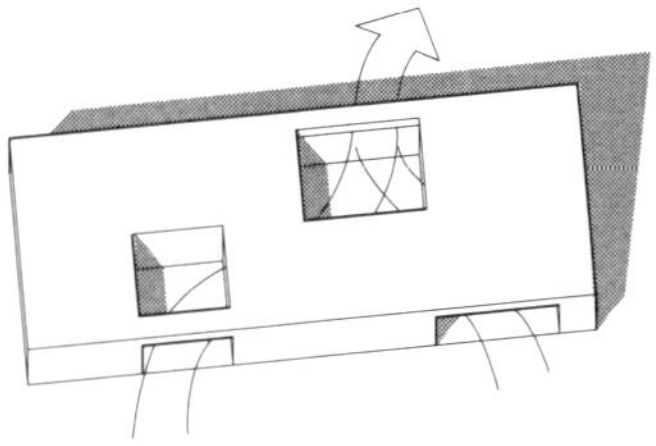

LEED EA 크래딧 2 : 에너지 성능 최적화

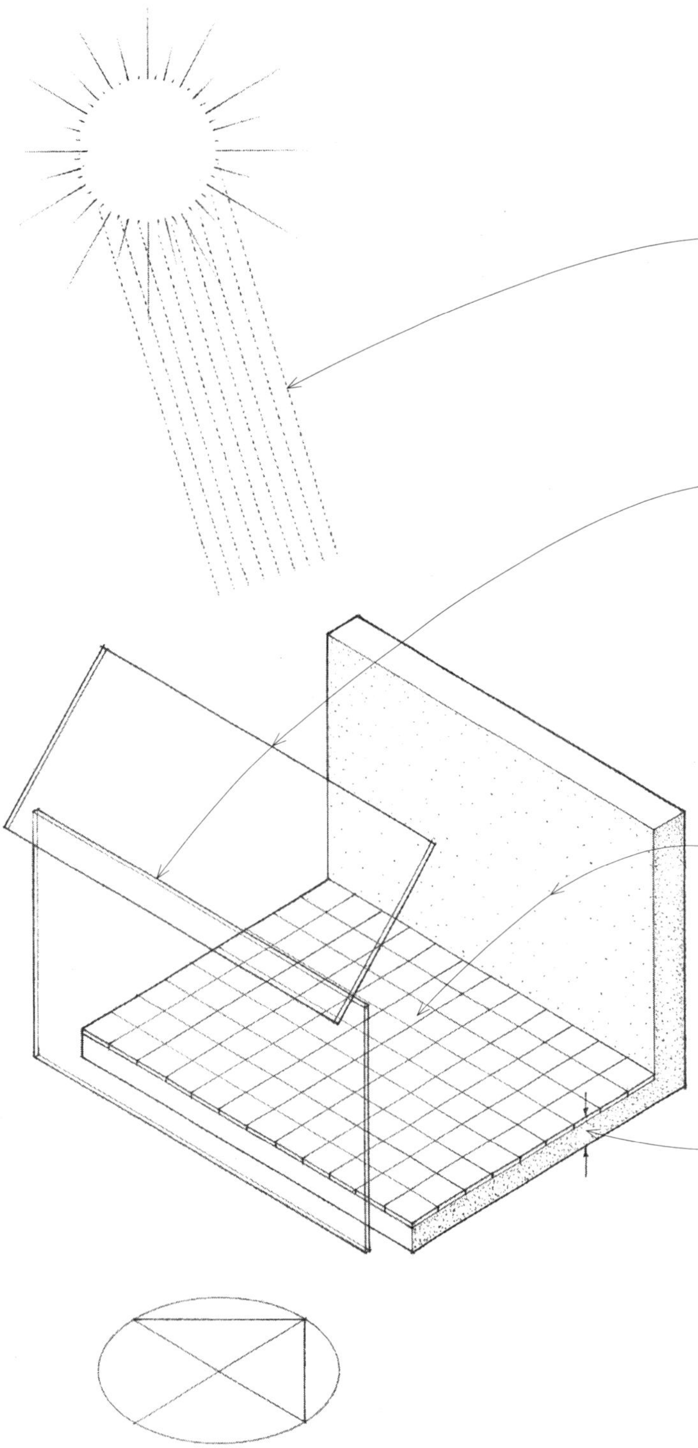

패시브 태양열 난방passive solar heating은 에너지가 추가로 필요한 기계 장치에 의지하지 않고 태양에너지를 사용하여 건물의 내부 공간을 난방하는 것을 말한다. 패시브 태양열 방식은 태양에너지의 수집, 저장, 분배와 제어를 위해 전도, 대류 및 복사의 자연스러운 열전달 과정에 의존한다.

- 태양 상수는 지구에서 태양으로부터 받은 복사에너지의 평균율로, 시간당 평방피트 단위로 430 Btu(1353W/m^3/hr)와 같으며, 건물에 대한 태양복사의 영향을 계산하는 데 사용된다.

대부분의 패시브 태양열 시스템에는 두 가지의 필수 요소가 있다.

1. 태양열 수집을 위한 적도를 향하는 유리 또는 투명 플라스틱
   - 유리 면적은 평균 실외 겨울 온도와 예상되는 열 손실에 따라, 한랭 기후에는 바닥면적의 30%~50%, 온대 기후에는 바닥면적의 15%~25%로 한다.
   - 투과체Glazing material는 태양 자외선으로 인한 열화에 강해야 한다.
   - 야간 열 손실을 최소화하기 위해서는 복층유리와 단열재가 필요하다.
2. 태양열 노출을 최대로 하기위한 열 수집, 저장 및 분배용 열용량
   - 축열 재료에는 콘크리트, 벽돌, 석재, 타일, 다진 흙, 모래 및 물 또는 기타 액체가 있다. 또한 공융염과 파라핀 같은 상변화 물질phase-change materials도 가능하다.
   - 콘크리트 : 12"~18"(305~455)
   - 벽돌 : 10"~14"(255~355)
   - 어도비adobe 벽돌 8"~12"(200~305)
   - 물 : 6"(150) 이상
   - 어두운색 표면은 밝은 색 표면보다 더 많은 태양복사를 흡수한다.

- 환기구vents, 감쇠기dampers, 이동식 단열 패널movable insulation panels 및 차양 장치shading devices는 열 분배heat distribution의 균형을 유지하는 데 도움이 될 수 있다.

태양, 내부 공간 및 열수집 방식 간의 관계를 기반으로 한 패시브 태양열 난방을 달성할 수 있는 방식에는 직접 열취득, 간접 열취득 및 분리 열취득의 세 가지가 있다.

LEED EA 크레딧 5 : 재생가능 에너지 생산
LEED EA 크레딧 7 : 친환경 전력 및 탄소 상쇄

CSI 마스터포맷 23 56 00: 태양에너지 난방 장비

직접 열취득

직접 열취득 방식은 내부 공간 내에서 직접 열을 수집한다. 공간에 통합되는 저장 질량의 표면적은 공간 전체 표면적의 50%~66%이어야 한다. 냉방기에는 작동 가능한 창문과 벽을 사용하여 은 자연 환기 또는 유도 환기를 한다.

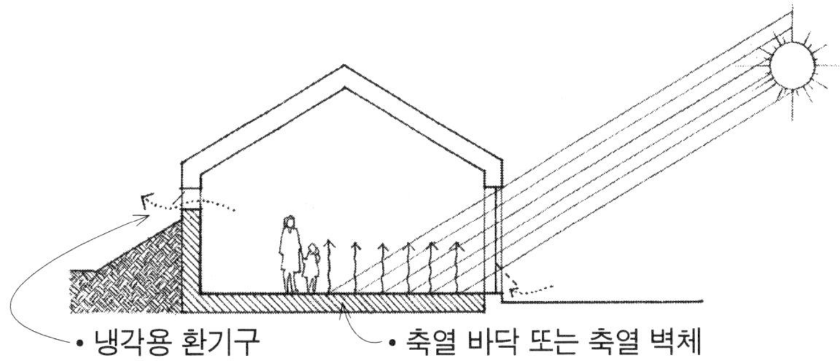

간접 열취득

간접 열취득 방식은 건물 외피에서 열취득을 제어한다. 태양복사는 1차적으로 콘크리트나 벽돌로 된 트롬브 벽체Trombe wall[15] 또는 태양과 생활공간 사이에 물을 채운 통이나 튜브로 구성한 드럼벽과 같은 열용량에 닿게 된다. 흡수된 태양에너지는 전도에 의해 벽을 통과한 다음 복사와 대류에 의해 생활공간으로 이동한다.

15) 입사된 햇빛으로부터 열에너지를 흡수하기 위해 석조 외벽 바깥쪽에 유리로 덮은 벽체 형식. 흡수된 에너지는 축열된 석조 벽체를 통해 내부로 방출된다.

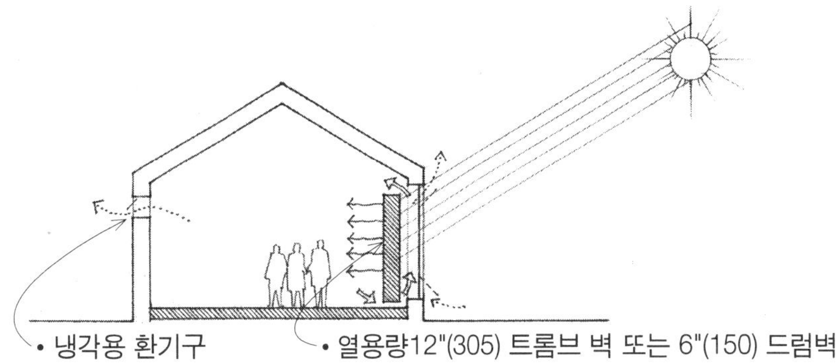

부착형 온실

선룸sunroom[16] 혹은 일광욕실solarium[17]은 간접 열취득을 위한 또 다른 매체이다. 열용량이 높은 바닥을 지닌 부착형 온실은 필요에 따라 열을 끌어오는 축열벽에 의해 주생활 공간과 분리된다. 냉각을 위해 부착형 온실은 외부로 환기할 수 있다.

16) sunroom은 태양에 노출될 수 있도록 주로 유리로 지어진 일광욕실이다.

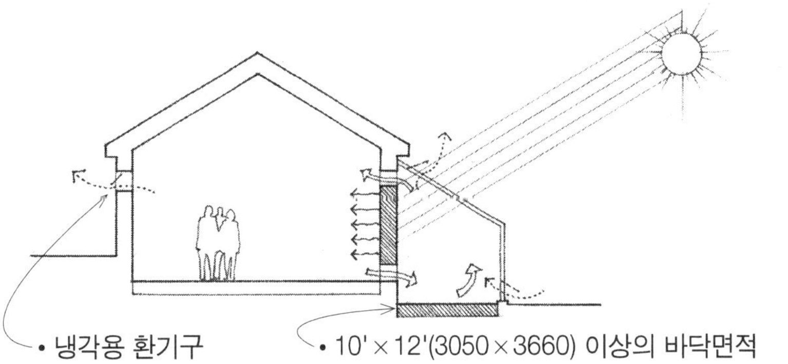

옥상 수공간

또 다른 형식의 간접 열취득 방식은 옥상 수공간으로, 태양에너지를 흡수하고 저장하는 액체 열용량 역할을 한다. 밤에는 단열 패널을 위로 올려 저장된 열이 실내 공간 쪽으로 복사되도록 한다. 여름에는 이 과정을 반대로 하여, 낮에 흡수된 내부 열을 밤에 공중으로 복사할 수 있도록 한다.

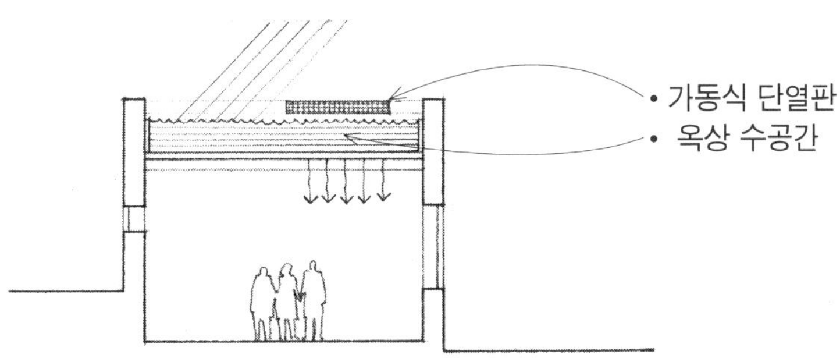

분리 열취득

분리 열취득방식은 가열되는 공간에서 떨어져 태양열 복사를 모으고 저장한다. 집열기 내의 공기 또는 물이 태양열로 따뜻해지면, 열이 제공될 공간으로 상승하거나 필요할 때까지 열용량에 저장된다. 동시에, 더 차가운 공기 또는 물은 축열기의 바닥에서 당겨져 자연 대류 순환이 일어난다.

17) green house 또는 glass enclosure로 알려진 solarium은 전체를 유리로 만든 선룸이다.

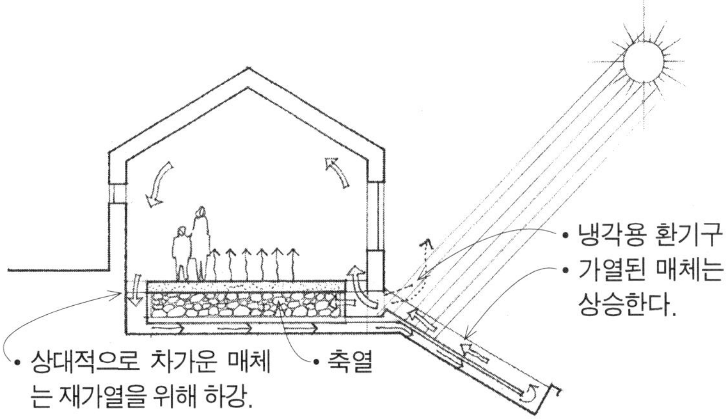

차양 장치는 따뜻한 날씨에 눈부심과 과도한 태양열취득을 줄이기 위해 창문과 기타 유리면을 직사광선으로부터 보호한다. 그 효과는 해당일과 해당 계절에 따라 결정되는 태양고도와 방위각과 차양 형태와 방향에 의해 결정된다. 외부 장치는 외벽이나 외부 창에 닿을 수 있기 전에 태양광선을 차단하기 때문에 실내 공간 내에 설치하는 장치보다 더욱 효율적이다.

여기에서는 기본 유형의 일사 차폐 장치들이 설명되어 있다. 차양의 형태, 방향, 재료 및 구조는 특정 상황에 따라 다를 수 있다. 건물 파사드를 디자인할 때, 패턴, 질감 및 리듬의 시각적 특성과 드리우는 그림자를 고려해야 한다.

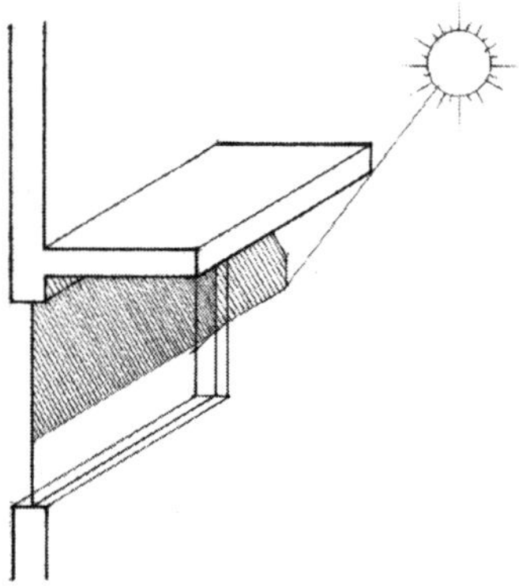

- 수평 돌출부horizontal overhangs는 남쪽일 때 가장 효과적이다.

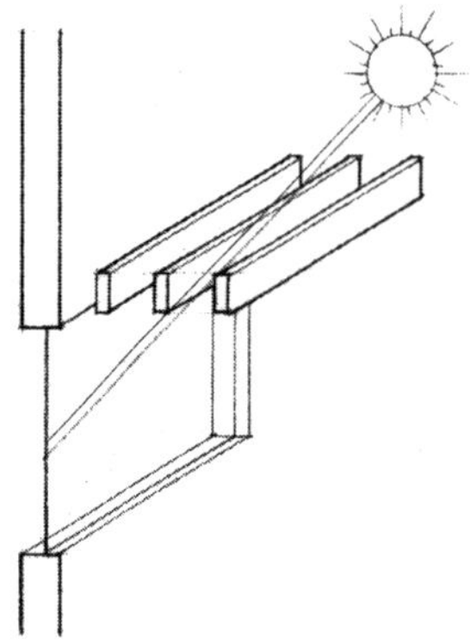

- 벽에 평행한 수평 루버horizontal louvers는 벽 근처에서 공기 순환을 허용하고 전도성 열 획득을 줄인다.
- 루버는 수동으로 작동하거나 일사각에 맞게 시간 또는 광전제어(입사광의 변화가 제어 기능에 효과를 주는 제어)를 통해 자동으로 조절될 수 있다.

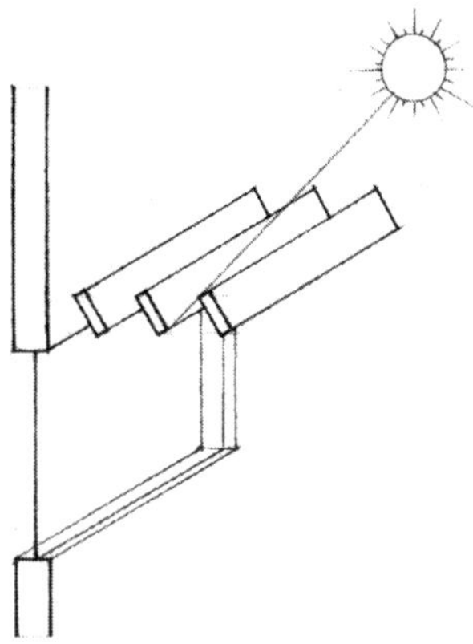

- 비스듬히 기운 루버는 벽에 평행한 것보다 더 많은 보호 기능을 제공한다.
- 각도는 일사각의 범위에 따라 다르다.

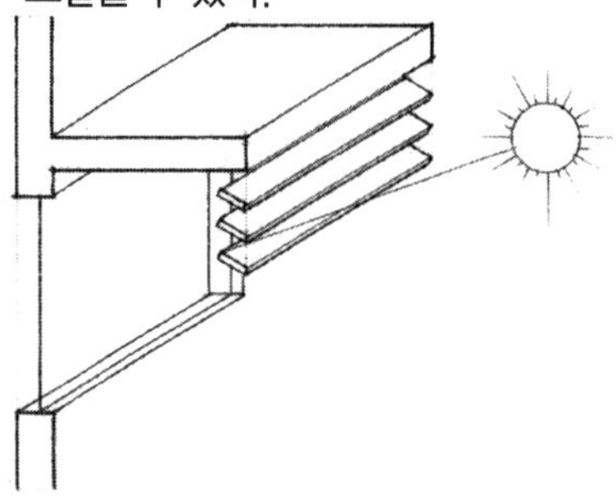

- 속이 찬 돌출부에 걸린 루버는 낮은 태양각으로부터 보호가 가능하다.
- 루버가 시야를 방해할 수 있다.

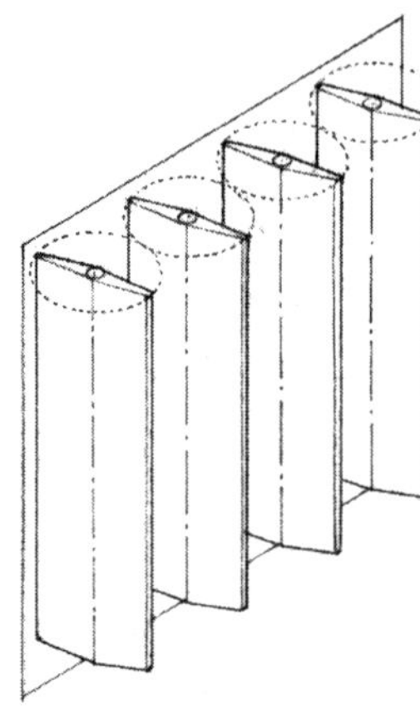

- 수직 루버는 동쪽 또는 서쪽에 가장 효과적이다.
- 루버는 수동으로 조작하거나 일사각에 맞게 시간 또는 광전제어를 통해 자동으로 조절될 수 있다.
- 벽에서 거리를 두고 설치하면 전도성 열취득을 줄일 수 있다.

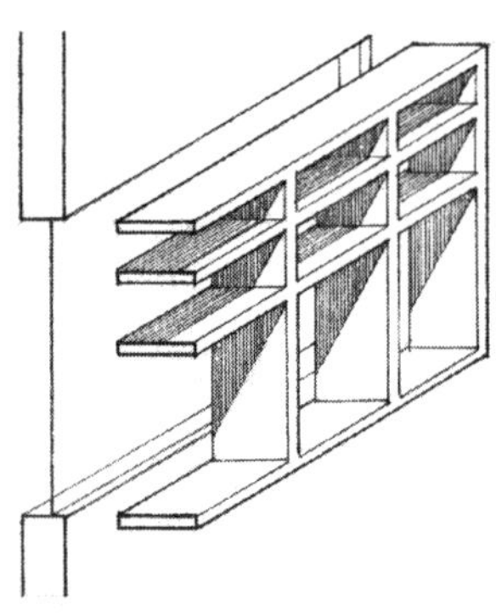

- 격자 루버eggcrates는 수평 및 수직 루버의 음영 특성을 결합하여 음영 비율이 높다.
- 때로는 브리즈 솔레일이라고 불리며, 고온의 기후에서 매우 효율적이다.

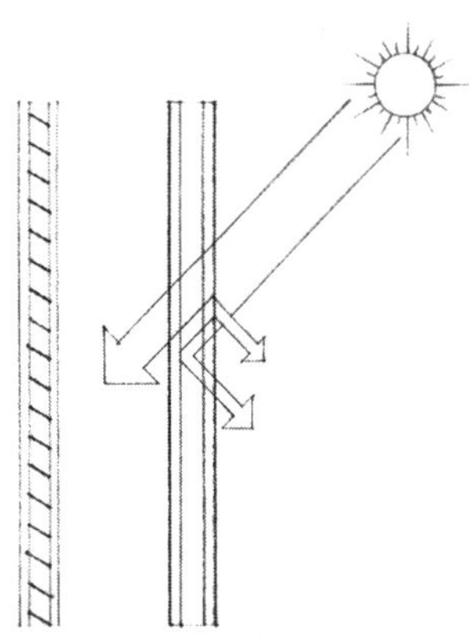

- 블라인드와 롤스크린은 반사율에 따라 최대 50%의 태양복사를 감소시킬 수 있다.
- 열선흡수 유리는 표면에 도달한 태양복사를 최대 40%까지 흡수할 수 있다.

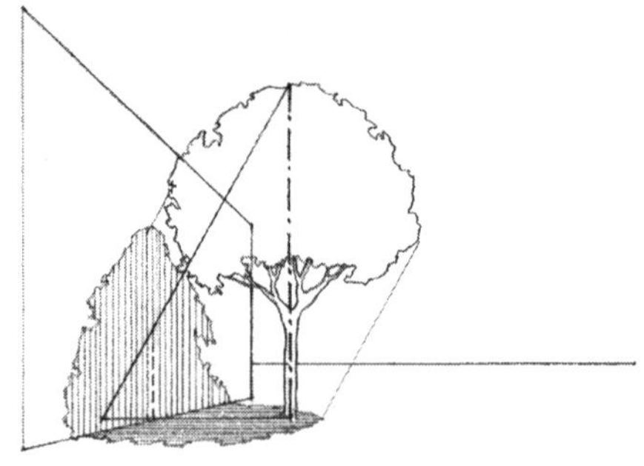

- 나무 및 인접 구조물은 근접성, 높이 및 방향에 따라 그늘을 제공할 수 있다.

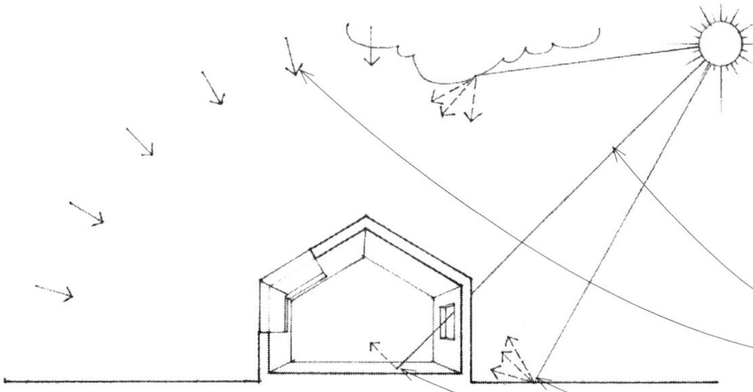

태양복사solar radiation는 건물 내부 공간에 열뿐만 아니라 빛을 제공한다. 주광daylight은 심리적 이점뿐만 아니라 인공조명에 필요한 에너지양을 줄이는 데 실용적인 유용성을 지니고 있다. 강렬한 직사광선은 시간대, 계절 및 장소에 따라 다르지만, 운량(雲量) cloud cover,[18] 안개 및 강수에 따라 흩어지거나, 지상과 다른 주변 표면에서 반사될 수도 있다.

- 직사광선
- 공기 분자에 의해 반사, 확산하는 천공광
- 지상 및 인접 구조물의 외부 반사율
- 실내 표면으로부터의 내부 반사율

- 북쪽을 향한 창문은 부드럽고 확산된 천공광을 끌어들인다.

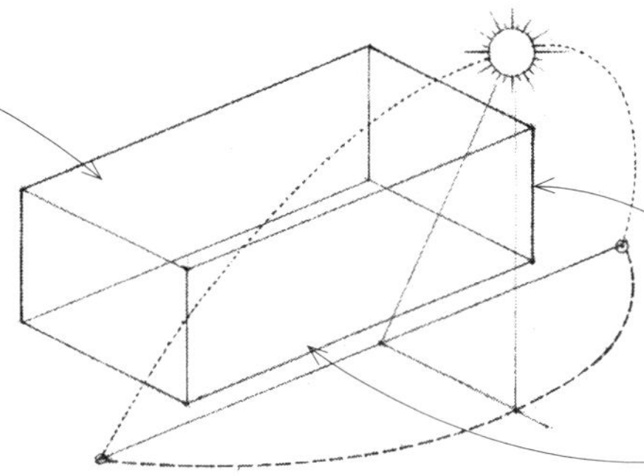

한 공간에서의 채광daylighting의 양과 질은 창 개구부의 크기와 방향, 유리의 투과율, 실내 표면과 실외 표면의 반사율 및 돌출부와 근처 나무에 의한 일사 차폐에 의해 결정된다.

- 동쪽과 서쪽을 향한 창문에서 이른 아침과 늦은 오후의 눈부신 태양을 피하기 위해서는 차양 장치가 필요하다.
- 수평 차양 장치가 태양복사와 눈부심glare를 제어할 수 있는 경우 남쪽을 향한 창문은 이상적인 채광원이 된다.

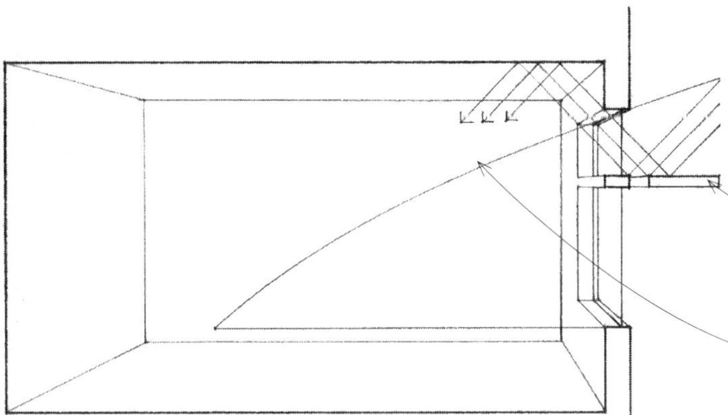

LEED EQ 크레딧 7: 주광

채광에 의해 제공되는 조도level of illumination는 내부 공간을 투과함에 따라 감소한다. 일반적으로 창이 크고 높을수록 더 많은 채광이 가능하다.

- 광선반light shelves은 직사광선으로부터 유리창을 막고, 방의 천장으로 주광을 반사한다. 쭉 늘어선 평행하고 불투명한 흰색 루버 역시 일사 차폐와 함께, 확산된 주광을 내부로 반사할 수 있다.
- 유용한 경험칙; 주광이 창 높이의 두 배 깊이까지 작업을 위한 조명에 효과적일 수 있다.
- 공간의 천장과 뒷벽은 주광의 반사와 분포에서 옆벽이나 바닥보다 더 효과적이다. 밝은 색상의 표면은 빛을 보다 효율적으로 반사 및 산란시키지만, 광택이 나는 표면의 면적이 크게 되면 눈부심을 유발할 수 있다.
- 반투명 유리로 된 천창은 과도한 열취득 없이 상부로부터 공간으로 효과적인 채광을 할 수 있다.
- 지붕 모니터창roof monitors는[19] 주광을 공간 안으로 끌어들이는 또 다른 수단이다.

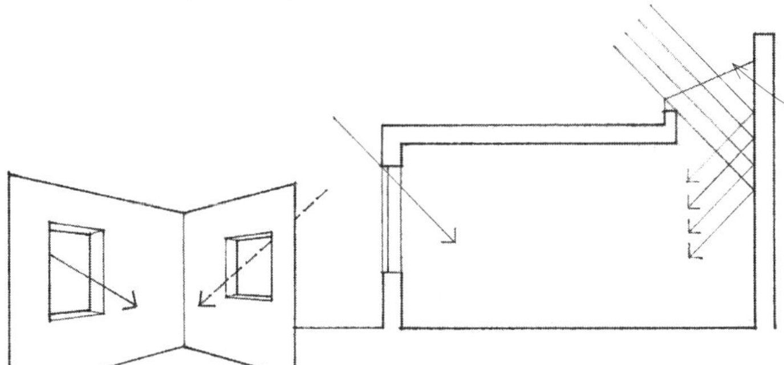

- 추가적인 반사 및 조명을 위해서는 창을 옆벽에 인접한 위치에 설치할 것

과도하게 밝은 빛은 눈부심과 시력 저하로 이어질 수 있다. 차양 장치를 사용하고 작업 표면의 적절한 방향을 조정하여 채광이 최소 두 방향에서 공간으로 들어갈 수 있게 하면 눈부심을 제어할 수 있다.

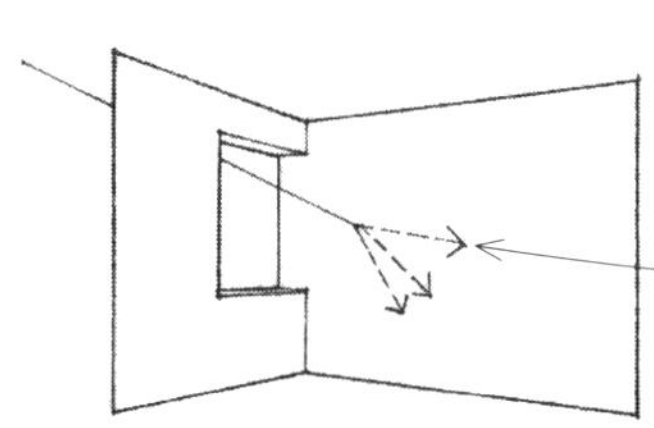

- 균형 잡힌 채광을 위해서는 채광이 최소한 두 방향에서 공간을 투과하도록 할 것.

18) 구름으로 가려진 하늘의 비율

19) 지붕에 있는 돌출형 채광창.

건축 부지building site에서 예측되는 연간 및 계절 강수량precipitation은 건물의 지붕 구조 설계와 시공, 건축자재 선택 및 외벽 조립체 디테일에 영향을 미친다. 또한, 건립된 지붕 영역과 포장된 표면에서 비가 내리고 눈이 녹으면 부지에서 배수해야 빗물storm water 양이 증가하게 된다.

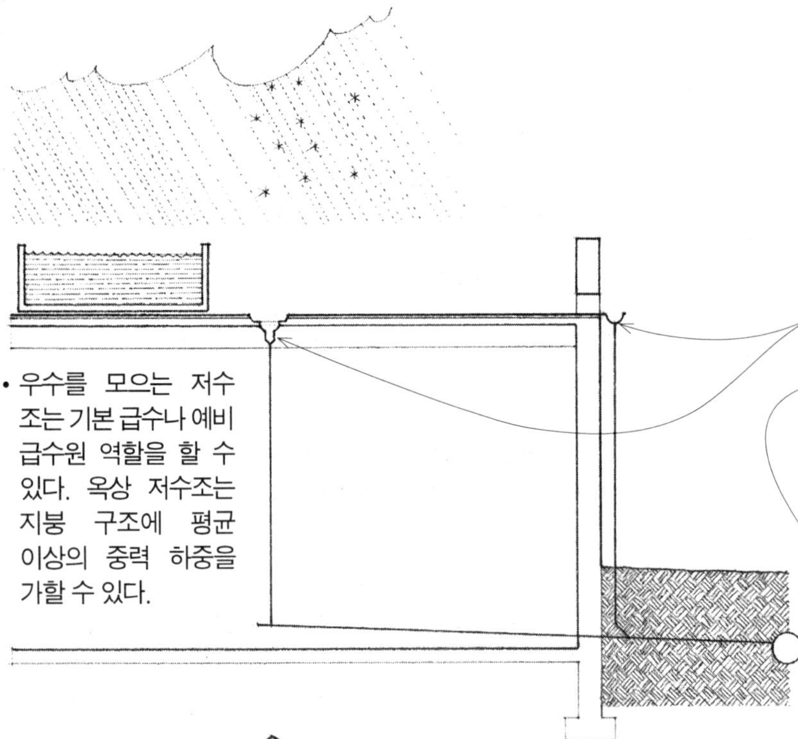

- 우수를 모으는 저수조는 기본 급수나 예비 급수원 역할을 할 수 있다. 옥상 저수조는 지붕 구조에 평균 이상의 중력 하중을 가할 수 있다.

- 평지붕은 지붕 안쪽에 배수관을 두거나, 지붕 주변으로 배수구를 설치해야 한다.
- 1차 지붕 배수구가 막혀 물이 갇힐 수 있을 경우, 2차 비상 범람 옥상 배수관이나 배수구가 필요하다.
- 한랭 기후에서는 평지붕에 무거운 설하중이 가해질 수 있다. 이러한 눈은 추가적인 단열재 층의 역할을 할 수 있다.

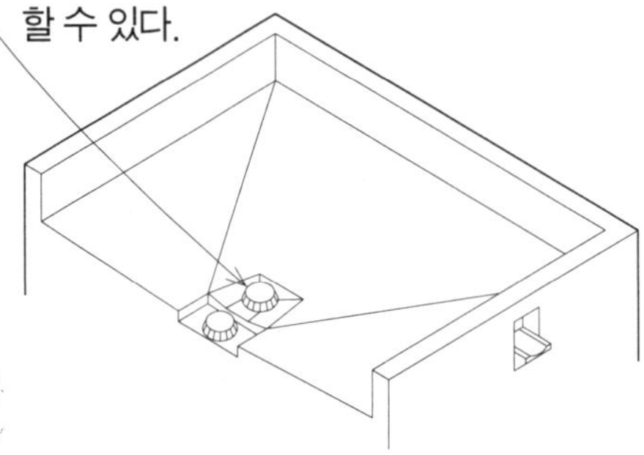

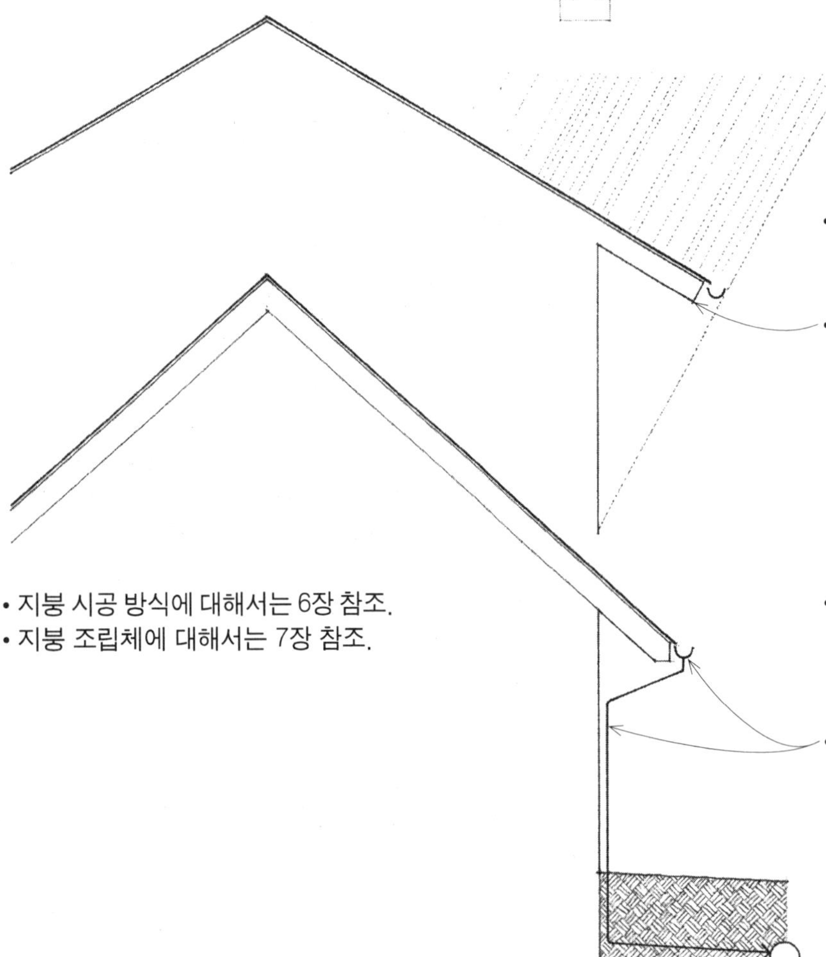

- 완만한 경사 지붕에서 비는 쉽게 흐르지만, 눈은 남아 있을 수 있다.
- 돌출부overhangs는 태양과 비의 기상 영향으로부터 건물 외벽을 보호한다.

- 지붕 시공 방식에 대해서는 6장 참조.
- 지붕 조립체에 대해서는 7장 참조.

- 가파른 경사 지붕에서 우수는 빨리 흘러내린다. 경사각이 60°보다 크면 눈도 쉽게 밑으로 떨어진다.
- 배수로(홈통)gutters와 하관downspouts은 우수관storm sewer에 이어지거나 자유낙하를 통해 부지 위에 있는 유출구outfall로 우수를 흘려보낸다.

부지 개발은 기존의 배수 패턴을 교란하여 지붕 공사가 이뤄진 영역과 포장된 표면에서 물 흐름을 추가 생성시킬 수 있다. 모든 상황에서 부지의 자연 수문학의 중단을 막고 투수성 포장재과 식재 지붕 같은 방법으로 침투를 촉진하는 방법이 권장되며, 대부분은 법령으로 의무화된다. 신축으로 인한 침식, 과도한 지표수의 발생, 지하수의 과도한 집수를 방지하기 위해서는 반드시 부지 배수가 이뤄져야 한다.

부지 배수에는 지하배수 방식과 지표배수 방식의 두 가지 기본유형이 있다. 지하배수는 우수 하수도 시스템 또는 부지의 낮은 지점에서 자연 유출로 지하수를 배수처리 지점으로 운반하는 배관망으로 구성된다. 과도한 지하수는 기초 토양의 내하력을 감소시키고 건물 기초의 수압을 증가시킬 수 있다. 지하수면 가까이 또는 아래에 있는 지하층 구조물에는 방수가 필요하다.

지표 배수는 우수와 기타 지표수를 자연 배수 패턴이나 시의 우수관망storm sewer system으로 전환하기 위한 부지의 땅고르기grading와 표면 작업surfacing을 의미한다. 지표 유출량이 우수관망의 용량을 초과할 경우, 저장 연못holding pond이[20]이 필요할 수 있다.

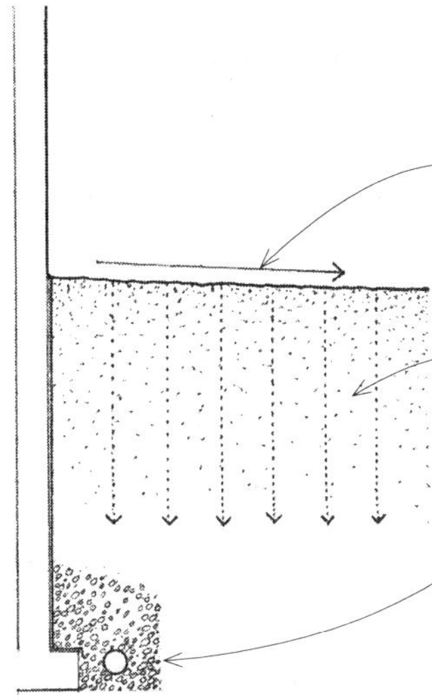

- 마감 지반면는 건물에서 지표수를 배수할 수 있도록 최소 5% 경사져야 한다. 불침투성 표면의 경우 최소 2%.
- 지하수는 주로 기공토porous soil를 통해 흘러나온 지표수로 구성된다.
- 기초 배수 시스템. 3.14을 참조.

지표 배수 경사
- 잔디밭과 들판 : 1.5%~10% 권장
- 포장된 주차 공간 : 2%~3% 권장

- 저습지는 지표수의 유출을 유도하거나 우회하도록 설계된 두 개의 지면 경사 교차로 형성된 낮게 꺼진 부분이다. 식재 저습지는 침투를 증가시킬 수 있다.
- 잔디 저습지swales : 1.5%~2% 권장
- 포장 저습지 : 4%~6% 권장
- 배수구 유역은 지하층 또는 포장된 영역에서 지표수를 모은다.
- 드라이웰/건정dry wells은 자갈이나 잡석이 늘어 서 있는 배수구로 지표수를 받아 지하의 흡수성 땅에 스며들게 한다.

- 지하 수원과 보호되어야 할 구역 사이에는 장막배수curtain drain 혹은 차집배수intercepting drain를 설치할 수 있다.
- 장막배수의 한 종류는 잡석암거french drain로, 느슨한 돌이나 바위 조각으로 지면에 채워진 도랑(trench)으로 구성된다.

- 빗물 배수조catch basins는 지표수의 유출을 위한 용기이다. 지하 배수관으로 들어가기 전에 무거운 침전물을 모으는 용기 또는 오수통이 있다.
- 지하 배수로culverts는 도로나 보도 아래를 지나가는 배수구나 통로이다.

- 집수 지역catchment areas은 연못과 습지와 같은 외관과 기능을 할 수 있도록 설계할 수 있다.
- 인공 습지constructed wetlands는 폐수 처리와 수질 개선에 자연적인 과정을 활용하도록 고안, 설계 및 건설된다.

LEED SS 크레딧 4: 우수 관리

20) 인공재료로 위를 덮어 조성하는 경우에 드물게 지연 수조라는 명칭도 쓰인다.

CSI 마스터포맷 32 70 00 : **습지대**
CSI 마스터포맷 33 40 00 : **우수 설비**

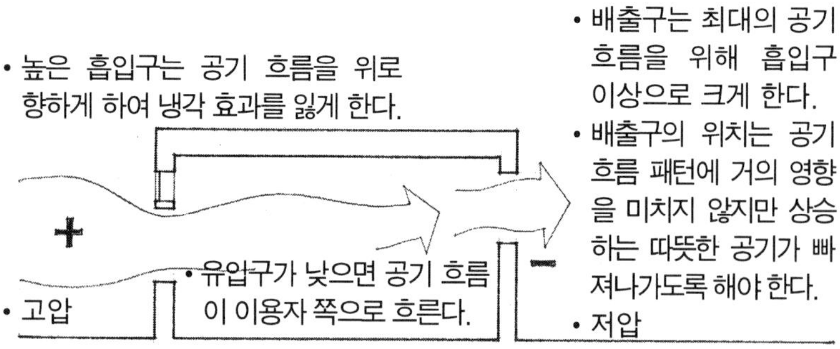

주도풍prevailing wind의 방향과 속도는 기후에 상관없이 부지의 중요한 고려사항이다. 바람의 계절별, 일별 변화는 따뜻한 날씨에 실내공간과 중정을 환기하고, 날씨가 추울 때는 열손실을 일으키며, 건물 구조에 횡하중을 가할 잠재적 가능성까지 신중히 고려해야 한다.

실내공간의 바람에 의한 환기wind-induced ventilation는 건강과 악취 제거에 필요한 공기 교환을 도와준다. 더운 날씨, 특히 습한 기후에 환기는 대류 또는 증발 냉각에 유용하다. 또한, 자연 환기는 기계식 팬과 장비에 필요한 에너지를 줄여준다. (LEED EQ 크레딧 1 : 실내 공기질 향상 전략)

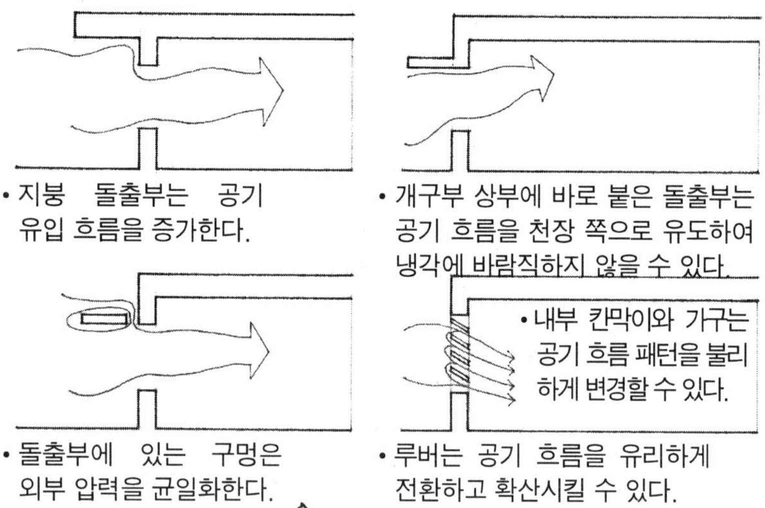

건물을 통과하는 공기 이동은 기압과 온도 차로 발생한다. 공기 흐름의 결과로 나타나는 패턴은 공기 속도보다 건물의 기하학적 형상과 방향에 의해 더 많은 영향을 받는다.

습기를 제거하고 결로를 방지하려면 은폐된 지붕과 좁은 공간을 환기해야 한다. 또한, 더운 날씨에 다락방을 환기하면 상부의 복사열취득을 줄일 수 있다.

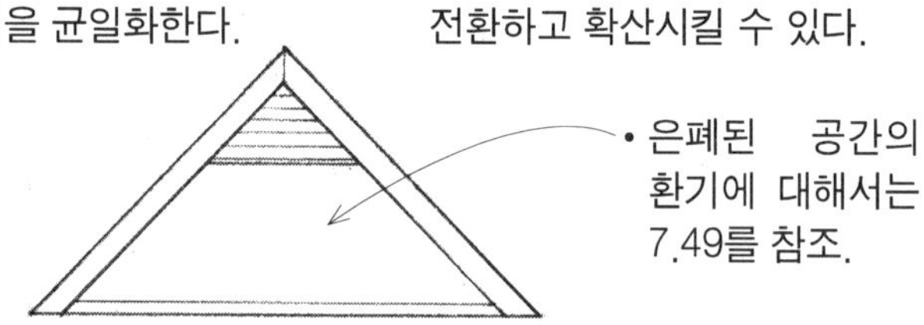

추운 기후에서는 냉풍에 대비한 완충장치를 갖추어 내부 공간으로의 침투를 줄이고 열 손실을 줄여야 한다. 바람막이windbreaks는 제방earth berm, 정원 벽 또는 빽빽한 나무 형식일 수 있다. 바람막이는 바람이 가려지는 쪽에서 풍속을 낮추고 상대적으로 평온한 지역을 만들어 낸다. 이러한 바람 그림자wind shadow의 범위는 바람막이의 높이, 깊이 및 밀도, 바람의 방향과 풍속에 따라 다르다.

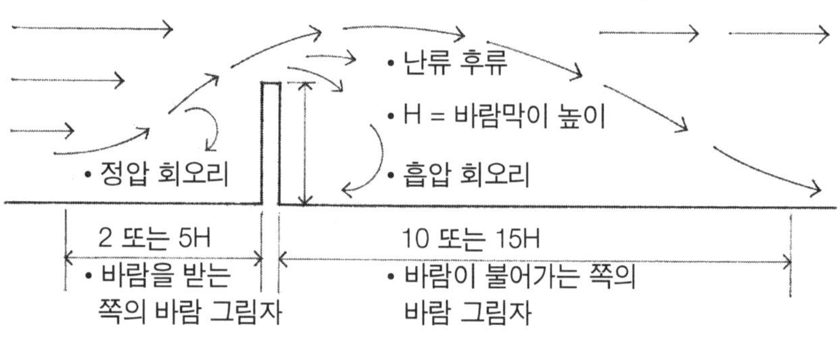

• 부분적으로 관통할 수 있는 방풍 스크린windscreen은 압력 차이가 적어, 바람이 불어가는 쪽에 바람 그림자를 크게 생성한다.

건물의 구조, 구성요소 및 피복재는 바람으로 인한 전복, 부양 및 미끄러짐sliding을 견딜 수 있도록 고정되어야 한다. 건물이 표면과 30°를 넘는 경사로 바람을 맞게 되면 표면에 정압positive pressure이 발생한다. 반대로 측면이나 바람이 불어가는 쪽의 건물 표면은 부압negative pressure 또는 흡압을 일으킨다. 또한 30° 보다 낮은 경사를 갖는 지붕 표면에는 바람 부는 방향의 수직으로 압력을 발생한다. 풍력에 대한 자세한 내용은 2.11을 참조할 것.

소리는 발생원과 경로가 필요하다. 차량 통행, 항공기 및 기타 기계류로 인해 원하지 않는 외부 소리이나 소음이 발생할 수 있다. 그것들이 만들어 내는 소리 에너지는 지속해서 확장되는 파동으로, 발생원 바깥쪽 모든 방향으로 공기를 통해 이동한다. 그러나 이러한 소리 에너지는 광역에 걸쳐 분산되어 강도가 약해진다. 따라서 외부 소음의 영향을 줄이기 위해 가장 먼저 고려해야 할 사항은 건물을 가능한 한 소음 발생원에서 멀리 떨어진 곳에 배치하는 것이다. 부지의 위치나 크기로 이것이 불가능하다면 다음과 같은 방식으로 건물의 내부 공간을 소음원으로부터 차단할 수 있다.

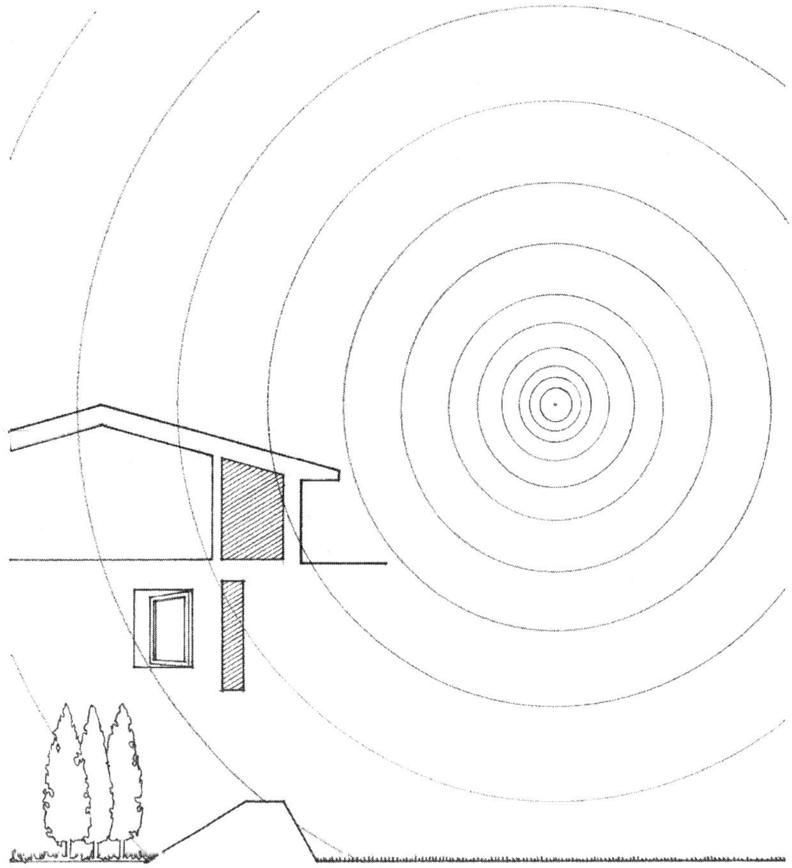

- 기계, 서비스 공간 및 설비 공간과 같이 소음이 허용될 수 있는 건물 구역을 완충장치로 사용
- 공기와 구조를 통해 전달되는 소리를 줄이도록 설계한 재료와 시공 조립재를 사용
- 바람직하지 않은 소음원으로부터 거리를 두도록 문과 창문의 방향을 결정할 것
- 제방과 같은 물리적 매스를 소음원과 건물 사이에 배치
- 소리의 확산 및 산란에 효과적일 수 있는 나무와 관목을 조밀하게 실재할 것.
- 단단하고 반사가 잘되는 포장면보다는 흡수력이 높은 잔디 또는 기타 지피 식물의 식재

대지 계획site planning의 중요한 측면은 건물의 내부 공간을 부지의 쾌적 요소와 특징에 맞춰 조정하는 것이다. 적절한 방향이 주어지면, 이러한 공간 내에서 창 개구부는 자연 채광과 환기에 필요한 요구 사항 들을 충족시킬 뿐만 아니라 바람직한 조망을 드러내고, 프레임을 잡을 수 있도록 배치해야 한다. 부지 위치에 따라 이러한 조망은 자연에 근접하거나 멀 수도 있다. 심지어 바람직한 조망이 존재하지 않더라도 조경을 통해 건축부지 building site 내에서 양호한 전망을 만들 수 있다.

LEED EQ 크레딧 8: 우수한 조망

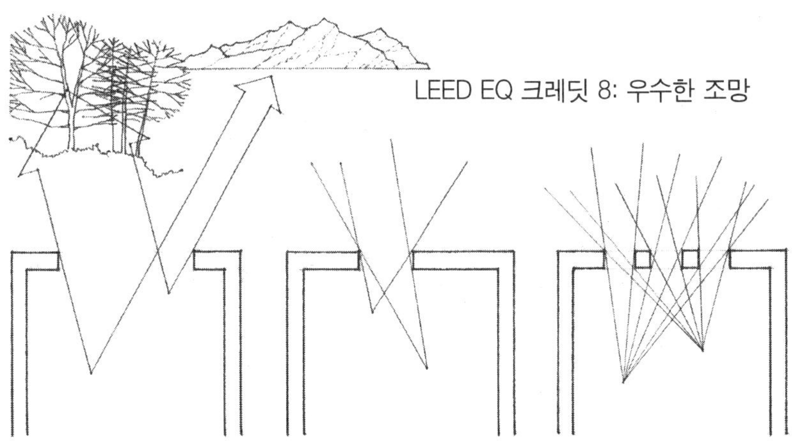

• 확장적 조망 • 제한적 조망 • 여과된 조망

창문은 조망 특성과 벽체 골조를 구성하는 방식에 따라 여러 가지 방법으로 벽 안쪽에 낼 수 있다. 또한, 창문의 크기와 위치가 공간의 질과 실내 채광, 그리고 열손실 및 열취득 가능성에 영향을 미친다는 사실을 유의해야 한다.

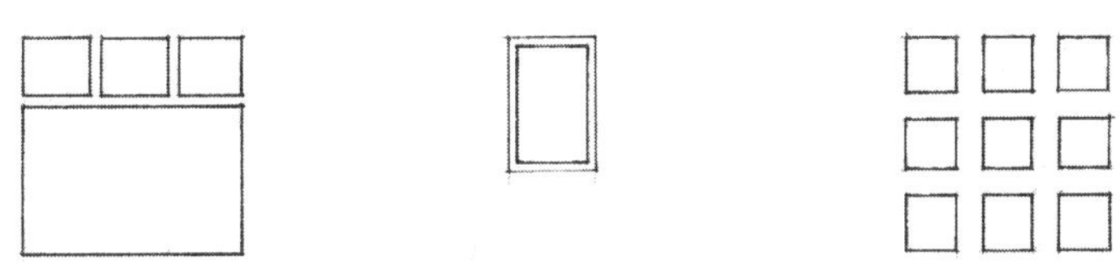

- 남측을 향한 창문은 채광을 수용하면서 효과적으로 차양을 드리울 수 있다.
- 북측을 향한 창문은 서늘한 기후일 경우, 차가운 겨울바람에 노출된다.
- 동쪽과 서쪽을 향한 창문은 과열의 원인이 되며, 효과적으로 그림자를 만들어 내기 어렵다.

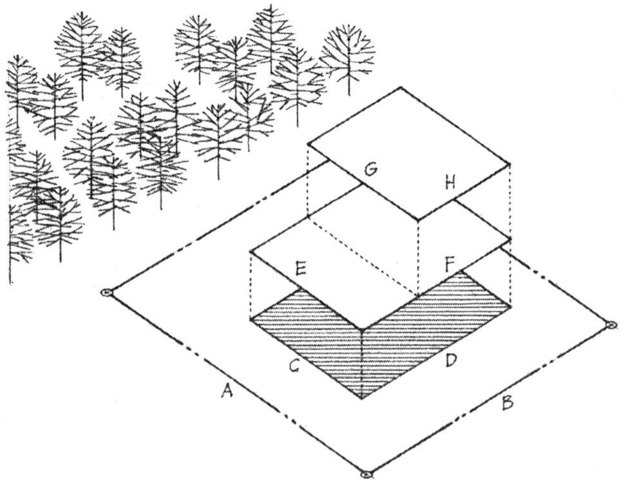

- 법정 건폐율 = (C × D) / (A × B)
- 법정 용적률 = [(C × D) + (E × F) + (G × H)] / (A × B)

용도지역 조례는 지방 자치 단체나 토지이용 구역 내에서 성장을 관리하고, 토지 이용 패턴을 규제하고, 건물 밀도를 제어하며, 적절한 서비스와 편의시설이 있는 지역으로 직접 개발하고, 환경에 민감한 지역을 보호하고 (일반 개발이 금지된) 공공용지를 보존하기 위해 제정한다.

단일 건물 부지의 경우, 용도지역 조례는 해당 부지에서 발생할 수 있는 활동 유형과 혹은 그러한 활동들을 수용하도록 구성된 건물 모두를 규제한다. 특별한 유형의 용도지역 조례는 계획단위 개발로, 상당히 넓은 토지를 단일 개체로 개발하여 건축물의 배치, 집단화, 규모 및 용도에 유연성을 추가할 수 있다.

용도지역 조례를 통해 건물의 허용 가능한 규모와 형상을 제한하는 방법을 이해하는 것이 중요하다. 대부분 건물은 그 규모의 다양한 측면을 구체적으로 명시하여 직접 규제된다.

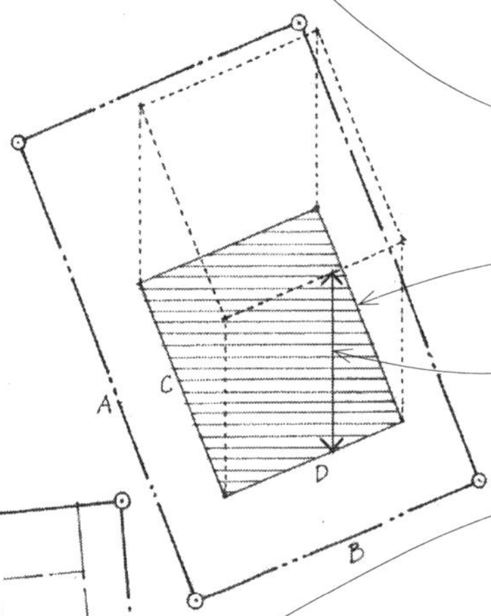

- 건축이 가능한 부지 면적과 시공 가능한 총 연면적은 부지 면적에 대한 백분율로 표시된다.
- 건물의 최대 폭과 깊이는 부지 치수의 백분율로 표시된다.
- 용도지역 조례는 이외에도 건물의 높이를 지정한다.

- 법정 종횡비 = C/A 또는 D/B

건물의 규모와 형상은 환기, 채광, 일조 및 프라이버시를 위해 대지경계선에서 구조물까지의 최소거리를 지정하는 식으로 간접적으로 제어된다.

- 건축선 후퇴
- 건축가능 면적

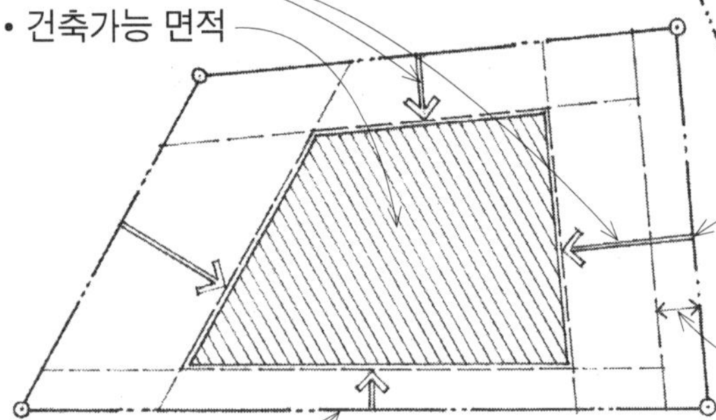

- 대지 경계선

기존 지역권 및 통행권은 부지의 건축가능 면적을 추가로 제한할 수 있다.

- 지역권easement은21) 통행권 또는 빛과 공중에 대한 접근으로 한 쪽 당사자가 다른 쪽의 토지를 제한적으로 사용할 수 있는 법적 권리이다.
- 통행권right-of-way은 공익공간의 경계선utility lines22)으로의 접근 또는 건설과 유지관리와 같은 것으로 다른 당사자의 토지를 횡단할 수 있는 개인 또는 공공에 부여되는 법적 권리이다.

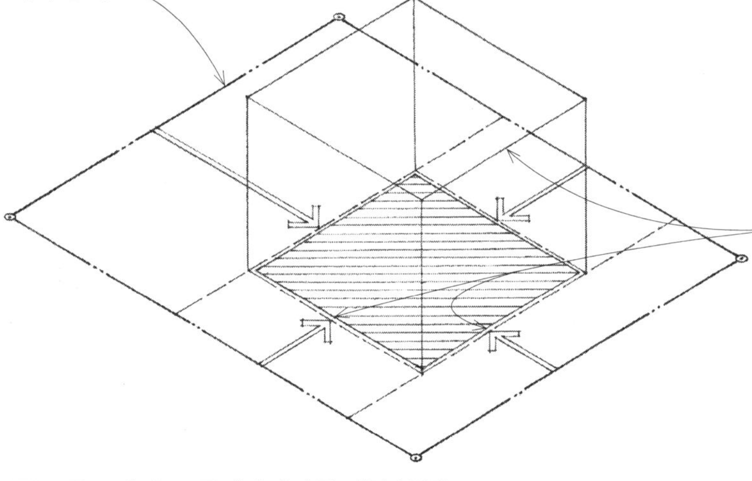

용도 유형과 밀도에 대한 제한과 함께, 위의 모든 요구 사항들은 최대 크기에 대한 3차원 건물의 외피를 규정한다. 특정 요구 사항들에 대해서는 해당 용도지역 조례를 참조

LEED LT 크레딧 2: 근린개발지를 위한 LEED
LEED SS 크레딧 1: 부지평가

21) 타인의 토지를 특정목적으로 이용할 수 있는 경우를 포함하는 법률 용어
22) (수도, 전기, 가스 같은) 공익사업의 공간의 경계선

용도지역 조례상의 일반적인 요구사항에 포함되지 않는 예외와 허용조건들이 있다. 정상적인 건축선 후퇴 요건에 관한 예외조항은 다음과 같다.

- 지붕 돌출부, 처마 돌림띠cornice, 돌출창 및 발코니와 같은 건축부 위의 돌출
- 저층 데크, 울타리, 분리된 간이차고 또는 차고와 같은 부속 건축물
- 기존의 인접 구조물에 설치한 이전 건물

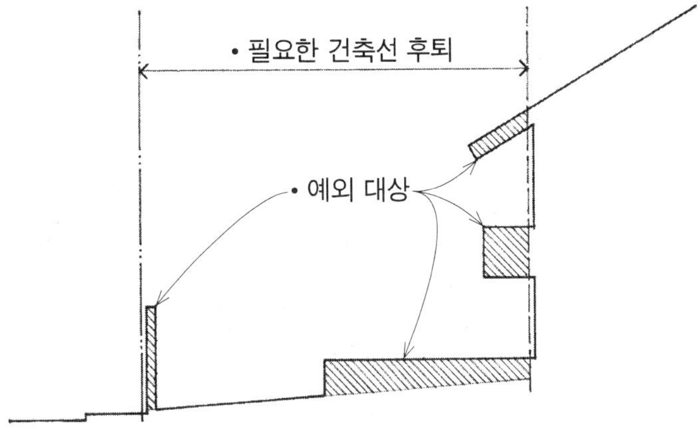

경사부지 또는 공공 공지public open spaces에 인접한 부지에서는 종종 예외상황이 발생한다.

- 경사진 지붕, 굴뚝 및 기타 지붕 돌출부는 일반적인 높이제한normal height limitation 너머로 올라갈 수 있다.
- 높이 제한은 부지 경사와 직접 관련이 있을 수 있다.
- 경사 부지나 공공용지open space 전면 부지의 경우, 후퇴setback 요건을 줄일 수 있다.

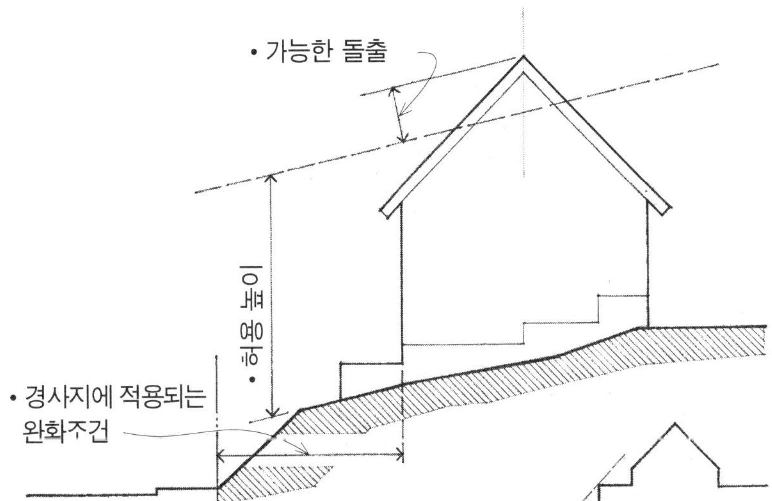

적절한 채광, 환기 및 여유공간을 제공하고 거리풍경과 보행자 환경을 개선하기 위해 다음과 같은 요구사항이 있을 수 있다.

- 일반인이 이용할 수 있는 공공용지 (LEED SS 크레딧 3 : 공공용지)
- 건축물이 특정 높이 이상으로 올라가면 추가적인 후퇴
- 공공용지 전면에 있는 건물 파사드의 모듈비율
- 차량 접근 및 노외 주차

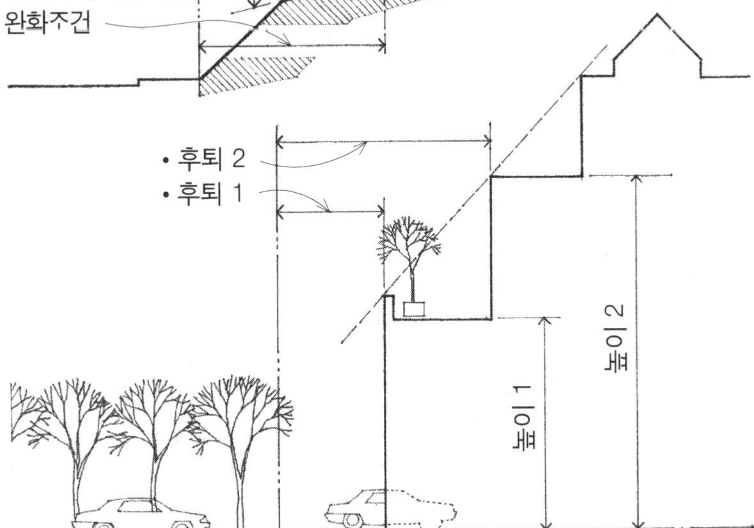

용도지역 조례는 규제 변동을 요청하는 절차뿐만 아니라 특정용도 범주들에만 적용되는 요건들을 포함할 수도 있다.

- 토지사용 제한조약restrictive covenants은 토지에 할애할 수 있는 용도를 명시하는 토지 소유자들 간의 합의로서 당사자의 행위를 제한하는 증서 조항이다. 인종 및 종교적 제한은 법적으로 강요할 수 없다.

건물배치 방식과 시공 방식에 영향을 미치는 다른 규제 장치regulatory instruments가 존재한다. 일반적으로 건축 법규라고 하는 이러한 법령들은 다음의 관계를 설정한다.

- 건물 사용occupancy 유형
- 구조와 건축물의 내화등급
- 건물의 허용 높이와 바닥면적 및 주변 구조물과의 분리

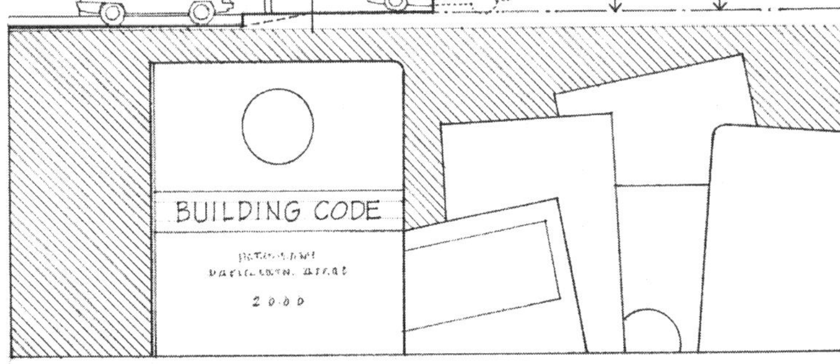

- 건축 법규에 대한 자세한 내용은 2.07을 참조.

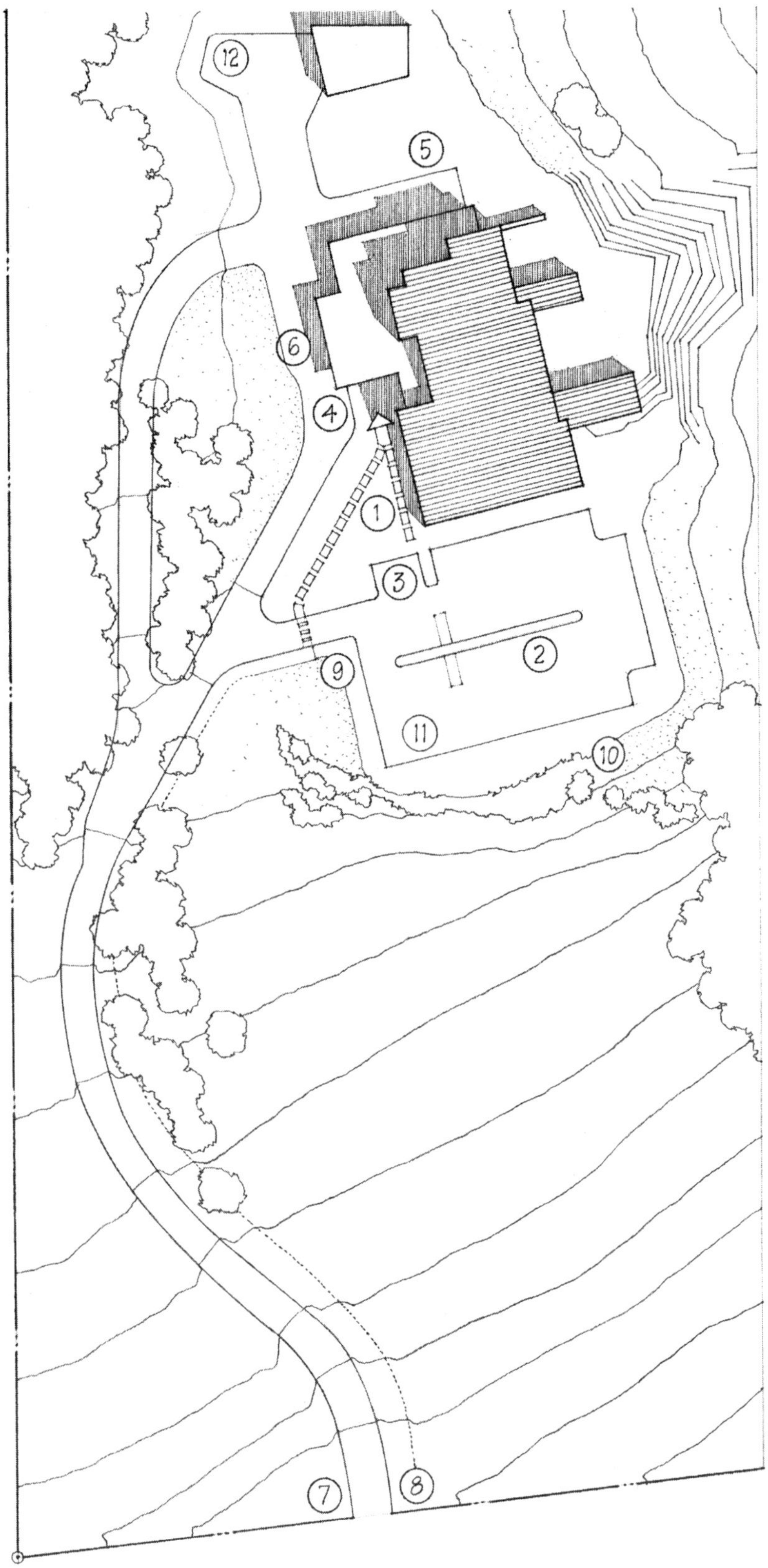

보행자, 자동차 및 서비스 차량에 대한 진입 및 순환을 제공하는 것은 대지계획의 중요한 측면으로, 부지의 건물 위치와 출입구 방향에 영향을 미친다. 여기와 다음 페이지 내용은 보도, 도로 및 지상 주차에 필요한 공간을 추정하여 배치하기 위한 기본 기준들이다.

1. 보행자가 안전하고 편리하게 접근할 수 있도록 하고, 주차장이나 대중교통 정류장에서 차도 횡단을 최소화하면서 건물 출입구로 이동할 수 있어야 한다.
2. 건물 사용 유형과 총 유닛 수/총 바닥면적을 고려하여 용도지역 조례에서 요구하는 주차 대수와 공간을 결정한다.
3. 지방법, 주법 또는 연방법에서 요구하는 접근 가능한 주차 대수와 경사 연석curb cuts [23], 경사로ramp로 및 건물 출입구에 접근하는 경로paths의 수를 결정한다.
4. 해당하는 경우 버스 및 기타 대중교통 차량을 위한 적재 구역loading zones을 제공한다.
5. 보행자 및 자동차 통행과 서비스 및 트럭 적재 구역은 분리한다.
6. 소방차 및 구급차와 같은 응급 차량에 대한 접근동선을 확보한다.
7. 경사 연석에 필요한 너비와 위치, 공공 도로 교차로와의 적절한 거리를 설정한다.
8. 공공 도로로 진입하는 차량의 시야를 확실히 확보한다.
9. 필요한 경우 주차장 출입 통제를 계획한다.
10. 조경을 위한 공간을 제공한다. 용도지역 조례에 따라 주차 구역의 선별이 필요할 수도 있다.
11. 배수를 위해 포장된 산책로와 주차 구역에 경사를 둔다.
12. 한랭 기후에서는 제설 장비를 위한 공간을 확보한다.

• 알바 알토Alvar Aalto가 설계한 카레 주택Carre House의 배치도에서 수정된 그림.

23) 연석(緣石)은 보행자나 자전거를 자동차로부터 보호하고 차도를 이탈한 차량의 진행 방향을 변환시키는 등의 역할을 하며, 차도와 보도를 구분하기 위하여 차도에 접하여 설치하는 경계석으로 높이의 제한이 있다. 경사 연석은 횡단보도나 인도 모서리 부에서 자전거 내지는 휠체어의 접근성을 확보하기 위해 모서리를 깎아서cut 짧은 경사로로 쓸 수 있도록 기울어진 연석을 의미한다.

CSI 마스터포맷 32 10 00 : 기층Bases, 자갈다짐 및 포장
CSI 마스터포맷 32 30 00 : 부지 개선

- 도로면 위쪽으로 최소 7' 6"(2285)의 여유 공간 확보
- 도로와 주차영역과의 충돌을 최소화할 것.
- 노면 결빙상태일 때 문제가 생기는 영역은 정지 마찰력traction을 부여할 것
- 배수를 위한 최소 경사 0.5%, 선호 경사 1.5%

보행자 보도

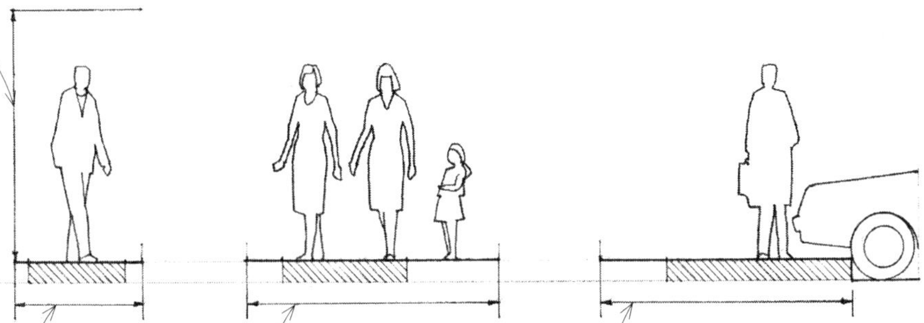

- 계단참당 최소 3개의 챌판
- 4개 이상의 챌판이 있거나 빙판이 있는 계단에는 난간이 필요

외부 계단

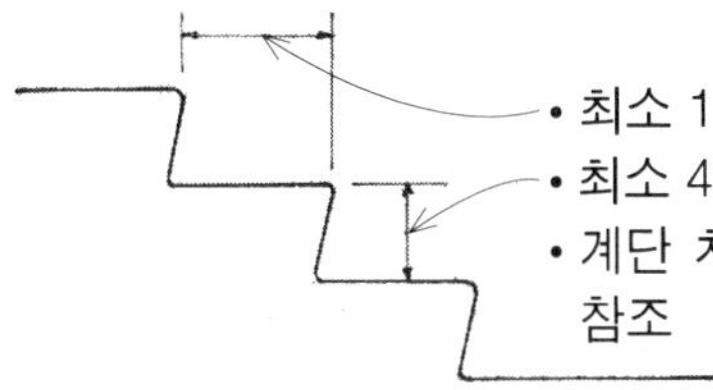

- 벤치, 쓰레기통 및 조명과 같은 편의시설을 제공할 것.

자전거 도로

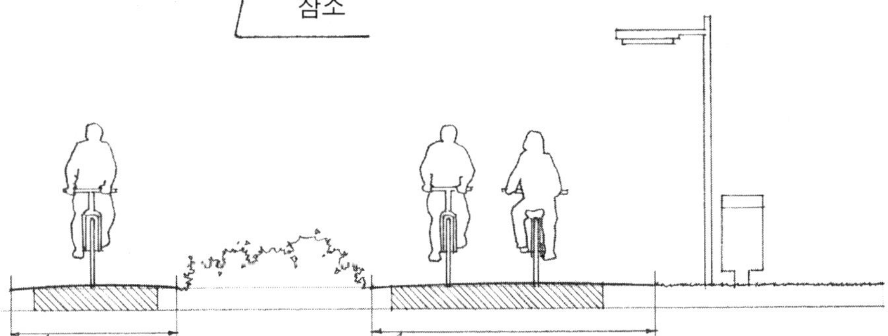

- 불규칙한 표면은 휠체어 통행을 방해할 수 있으므로 피할 것.
- 지반면 높이 변화가 있고, 차량이 지나가는 위험지역에서는 시각장애인을 위해 촉각으로 감지할 수 있는 경고 띠를[24] 설치한다.
- 일반적인 ADA 접근성 지침은 A.03을 참조

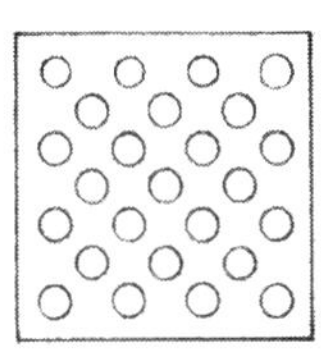

24) 점자 블록braille block 등이 이에 해당한다.

25) 앞서 언급된 경사 연석과 같은 의미로 쓰일 때가 많다. 엄밀히 구분하면 경사연석은 연석만으로 경사를 주는 개념에 가깝다면, 연석 경사로는 연석 전후로 보도블록을 낮추거나 도로 부분을 높이는 방식으로 경사로를 조성하는 방식에 조금 더 가깝다.

미국장애인법(ADA) 접근성 지침

- 접근 가능한 경로가 연석을 가로지르는 모든 곳에는 연석 경사로curb ramps가[25] 필요
- 경사로 표면은 안정적이고 견고하며 미끄럼 방지slip-resistant 처리가 되어있어야 한다.
- 일반적으로 보행이 경사로를 가로질러 발생하지 않는 곳에서는 돌림 연석returned curbs이[26] 허용될 수 있다.

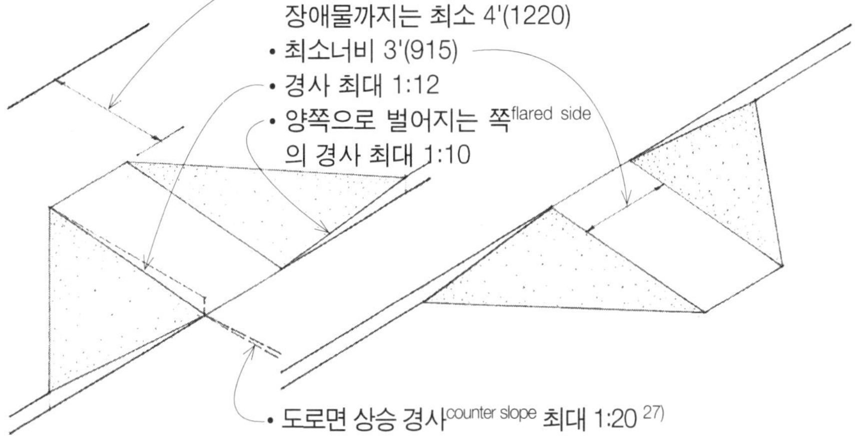

연석 경사로

26) 보통 모따기, 모깎기, 3 중심 호의 방식으로 모서리를 처리한다.

27) 차도 배수를 위해 보통 인도 차도 연접부를 낮게 하여 배수로를 설치하므로 이 부분의 경사가 있는 것이 일반적이다.

1.32 차량 동선

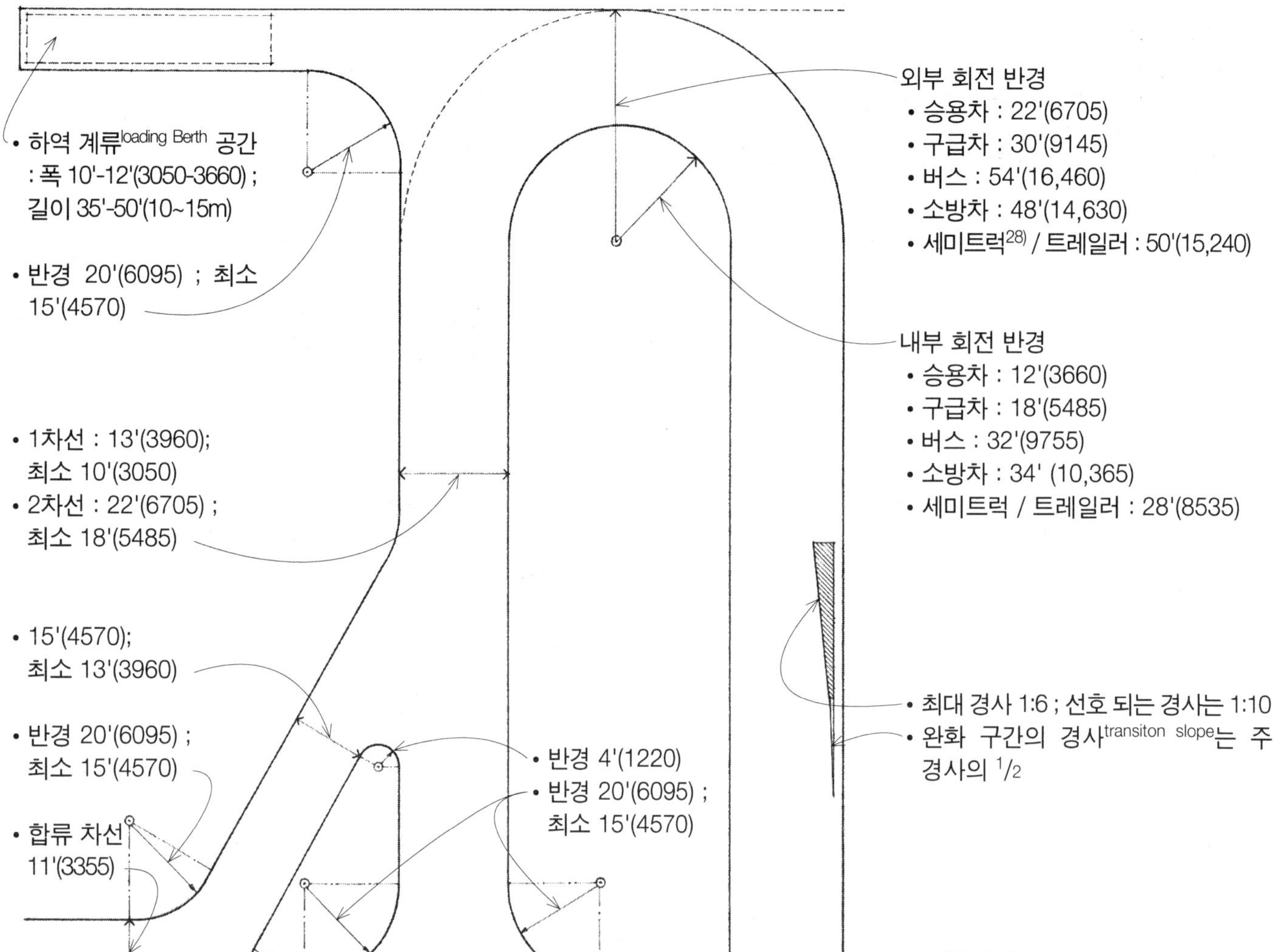

사도Private Roadways

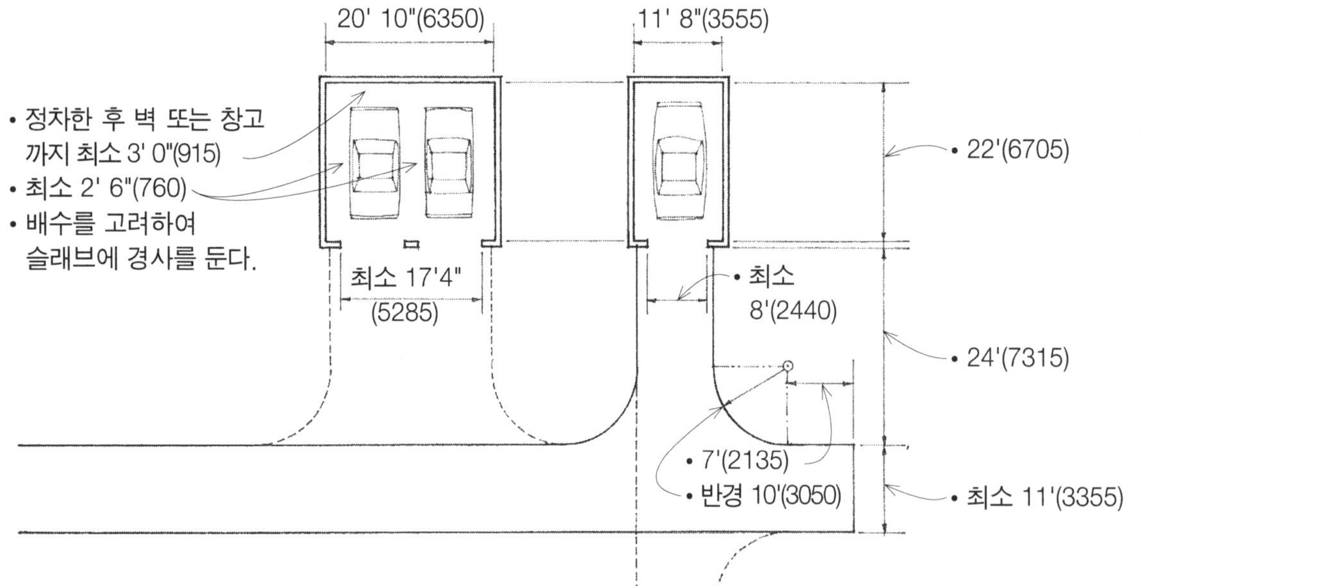

주거용 주차 진입구와 차고

28) 차륜이 18인치 급의 중소 규모 트럭

차량 크기

- 경차: 5' 8"×16' 0"(1725×4875)
- 일반 차량: 6' 6"×18' 0"(1980×5485)

주차 공간

- 일반 차량 : 8'6"~9'0"(2590~2745)×18'0"~20'0"(5485~6095)
- 경차: 8' 0"(2440)×16' 0"(4875)

- 배수용 경사 1%~5%; 2%~3% 권장

- 전기 자동차 충전소가 제공되는 곳에서는 NFPA 70[29]에 따라 설치되고 UL 2202[30] 및 UL 2594[31]에 따라 표시되어 라벨을 붙여야 한다.

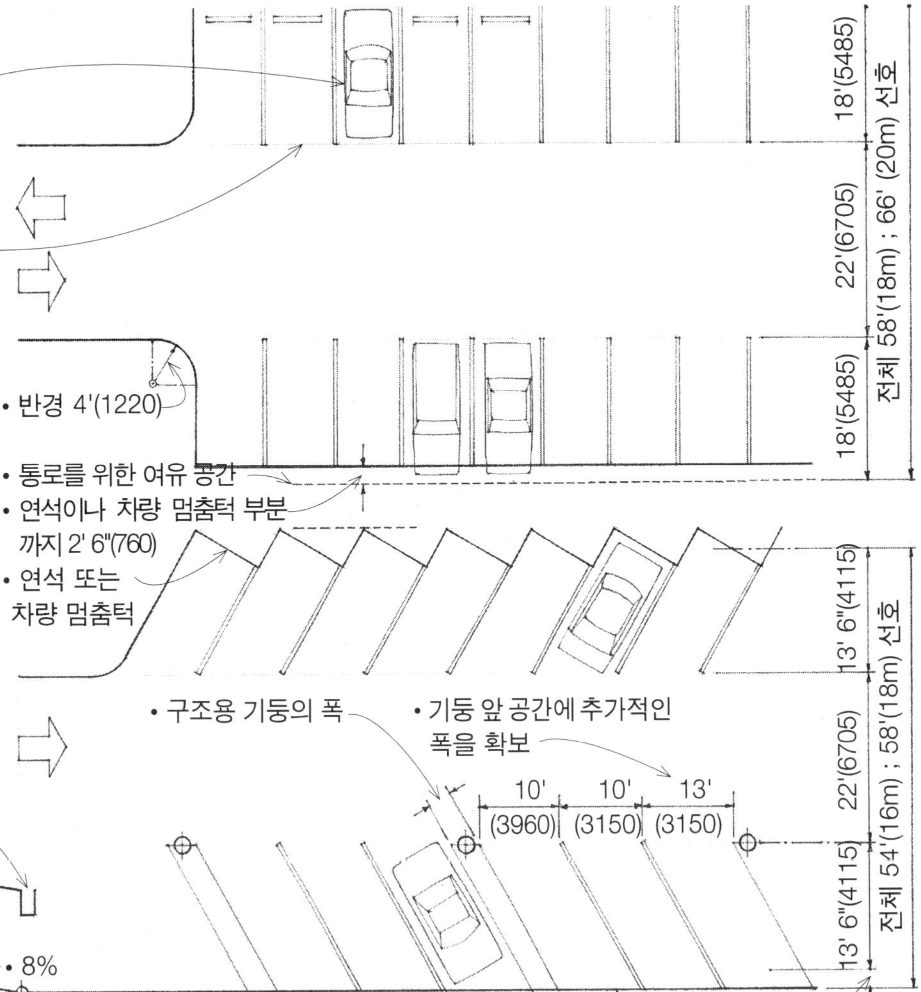

주차 구획

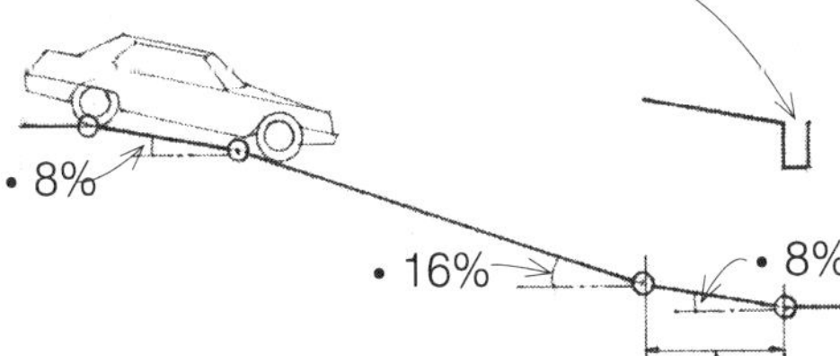

- 완화 구간의 경사는 경사로 전체 경사의 1/2, 완화 구간의 수평 길이는 10'(3050)

차고 경사로

- 최소 너비 8'(2440)
- 장애인 주차 공간 통로 최소 폭 5' (1525) ; 장애인용 주차 공간 두 곳에서 공유할 수 있다.
- 국제 공용의 상징이 있는 표지판으로 장애인용 주차 공간을 구분한다.

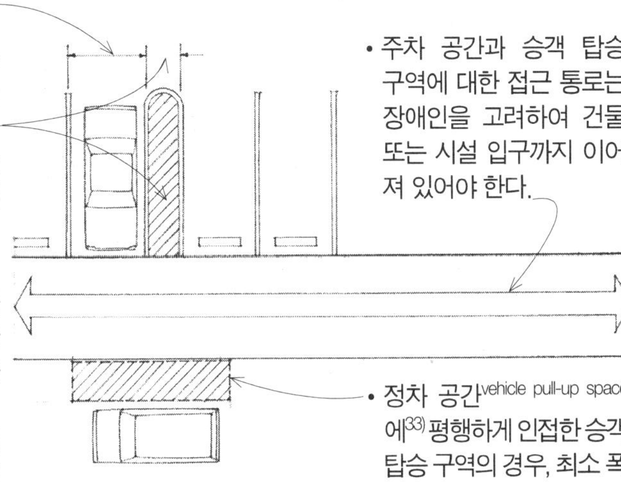

- 주차 공간과 승객 탑승 구역에 대한 접근 통로는 장애인을 고려하여 건물 또는 시설 입구까지 이어져 있어야 한다.
- 정차 공간vehicle pull-up space에[33] 평행하게 인접한 승객 탑승 구역의 경우, 최소 폭 5' (1525) 출입 통로, 길이 20' (6m)로 한다.

- 지방법, 주법 및 연방법은 접근 가능한 공간의 필요한 수를 규제한다.
- 건물 입구에서 가장 가깝고 접근하기 쉬운 위치에 장애인용 주차 공간을 설치한다.
- 접근 통로와 공간의 최대 경사 1:50

- 의무적인 장애인용 주차 구획 6개마다 적어도 한 곳은 승합차van로[32] 접근 가능해야 한다.
- 승합차 주차가 가능한 장애인용 주차 구획은 최소너비 11'(3350), 적어도 5'(1525) 너비의 출입 통로 및 8' 2"(2490)의 순 높이clear height를 확보해야 한다.

ADA 접근성 지침

29) 미국전기규범National Electric Code (NFPA-70)
30)미국 보험협회 안전 시험소Underwriters' Laboratories (UL) 전기차 충전 시스템 및 장비 기준
31) UL 전기차 공급 장비 기준
32) 밴의 정확한 개념은 뒷부분에 지붕이 덮인 유개 화물차로, 여기서는 좌석을 늘려 승객 수송용으로 만든 것을 의미한다.
33) 짧은 시간 멈추어 있는 것. 한국의 도로교통법에서는 자동차가 5분을 초과하지 않고 멈추어 있는 상태를 이른다.

1.34 비탈면 보호

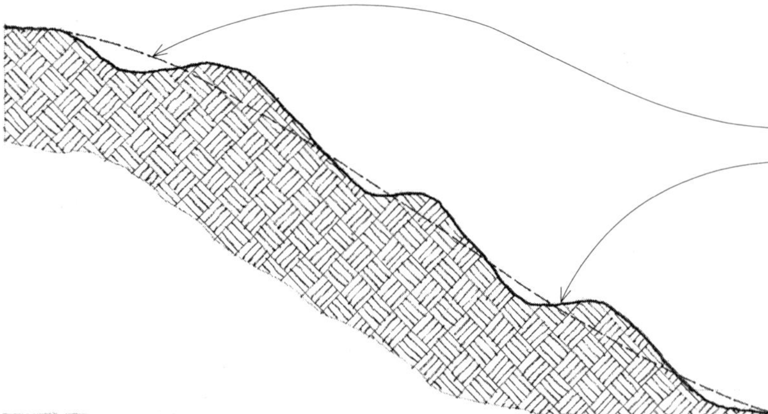

지표수의 유출로 침식되는 경사면은 안정화 수단이 필요하다. 다음과 같은 경우 안정화가 필요하지 않을 수 있다:

- 경사면 상단에서 유출수를 우회
- 유출 속도를 줄이기 위해 연속된 테라스를 조성

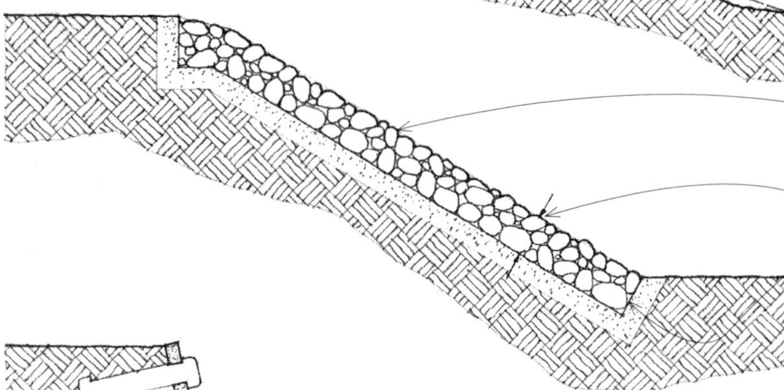

침식으로부터 제방을 보호하는 주된 기계적 수단은 잡석토대[riprap] 또는 개비온/돌망태[gabions]의 호안

- 잡석토대[riprap]는 침식을 방지하기 위해 제방 경사면에 놓인 불규칙적으로 놓인 돌의 층으로, 임의 크기의 잡석[broken stones]을 사용한다
- 층의 깊이는 가장 큰 석재보다 깊어야 한다.
- 배수를 위해 여과 직물[filter fabric] 또는 분급된[graded] 모래와 자갈을 사용.

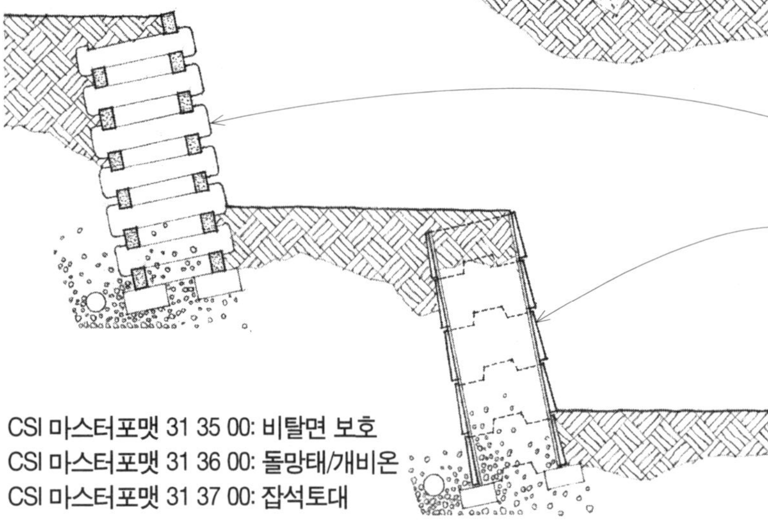

방틀 옹벽[cribbing] 또는 공동일체식 옹벽[bin walls] 역시 가파른 제방을 유지, 보호할 수 있다.

- 방틀 옹벽[cribbing]은 강재, 콘크리트 또는 목재로 된 사각형 부재로 직각의 구획[cellular]을 짜서 만든 골조[framework]로 안에는 흙이나 돌을 채워 넣는다.
- 공동일체식 옹벽[bin walls]은 모듈식으로 맞물린 프리캐스트 콘크리트 유닛들을 쌓고 내부의 빈 곳을 쇄석[crushed stone]이나 자갈로 채워서 형성한 중력옹벽[gravity retaining wall]의 일종이다.

CSI 마스터포맷 31 35 00: 비탈면 보호
CSI 마스터포맷 31 36 00: 돌망태/개비온
CSI 마스터포맷 31 37 00: 잡석토대

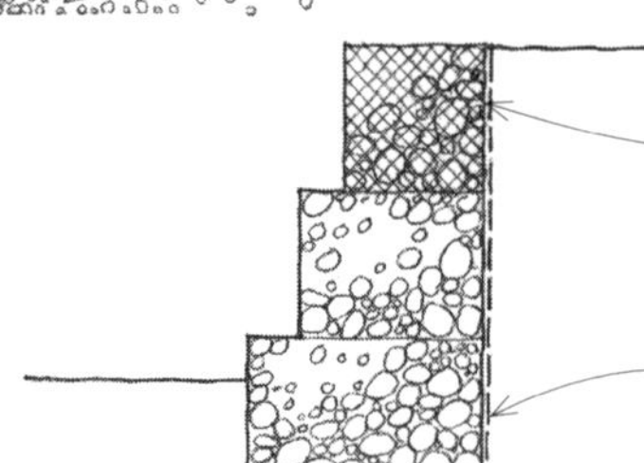

- 개비온/돌망태는 아연도금 또는 PVC 코팅된 철사 바구니에 돌을 채운 것으로, 아치대[abutment34)] 또는 옹벽 구조물을 구성하거나 제방을 안정화하기 위해 잡석토대처럼 적용한다.
- 배수를 위해 여과 직물[filter fabric] 또는 분급된[graded] 모래와 자갈을 사용.

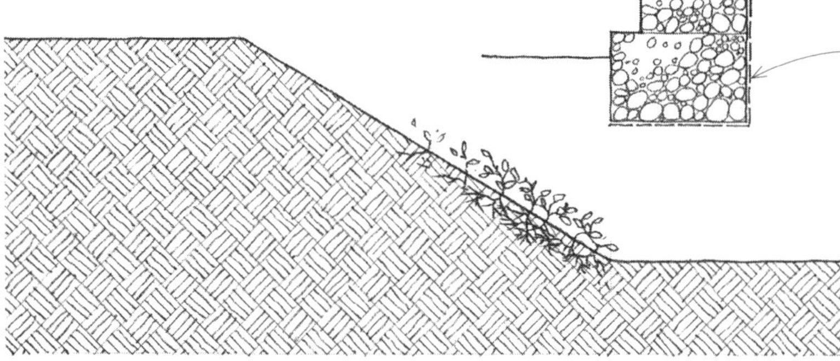

안정화하기 위한 자연적 수단에는 토양보호 식물[soil binder]이 포함된다. 토양보호 식물은 촘촘한 뿌리 망으로 토양과 결합하여 침식을 억제하거나 방지하는 지피 식물[ground cover]을 의미한다.

34) 아치나 볼트 또는 지주 형태의 양 끝을 지지하는 것의 총칭. 홍예받이 또는 아치받이, 교대로 칭하기도 한다.

원하는 지면 고도의 변화가 토양의 마찰 안식각을 초과할 때는 경사면 변화의 오르막 쪽에 있는 흙더미를 막기 위해 옹벽이 필요하다.

옹벽은 토양에 횡방향으로 걸리는 압력에 견디도록 설계 및 시공해야 한다. 이러한 주동 토압[active earth pressure]은 상부 지반면에서는 0이고 벽체 가장 낮은 곳에서는 최댓값을 보이며 깊이에 비례하여 증가한다. 전압력[total pressure] 또는 추력[thrust]은 벽 아래쪽에서 위로 1/3 지점에서 삼각분포[triangular distribution] 패턴의 중심을 통해 작용하는 것으로 추정한다.

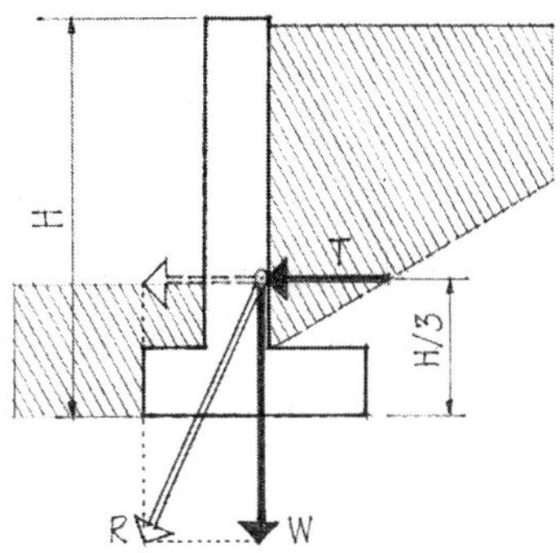

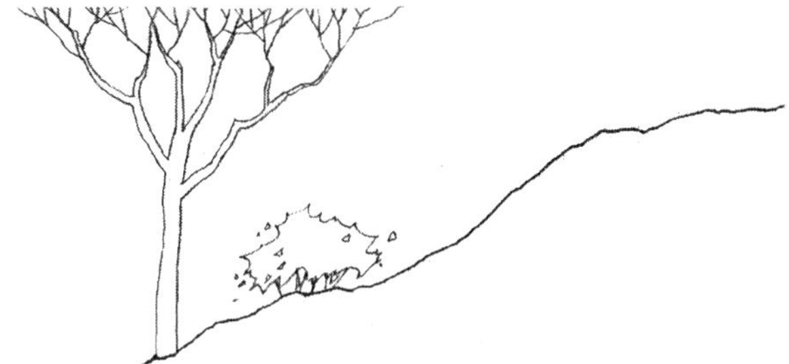

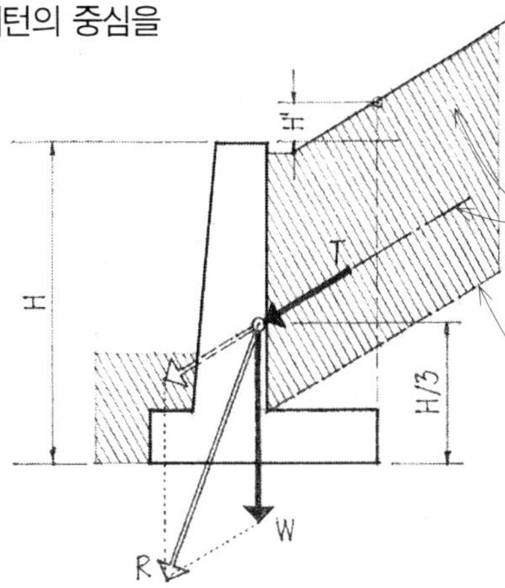

• 재하[surcharge]35)는 옹벽 상부의 흙이 그러하듯 추가적인 하중이다. 추력선은 재하 경사와 평행하다.

• 대부분의 토양 안식각은 33°로 가정.
나부지 제방의 마찰 안식각에 대해서는 1.13을 참조

• $T = 0.286 \times SH^2/2$

• $T = 0.833 \times S(H+H')^2/2$
(재하가 걸리는 옹벽의 경우)

• T = 전압력 또는 추력

• S = 옹벽에 압력을 가하는 토양의 무게; 일반적으로 100 pcf (1600kg/㎥)
• W = 단면의 중심을 통해 작용하는 벽의 복합 중량
• R = T와 W의 결과치

옹벽은 전도[overturning], 수평 방향의 미끄러짐[sliding], 과도한 침하작용[settling]으로 파손될 수 있다.

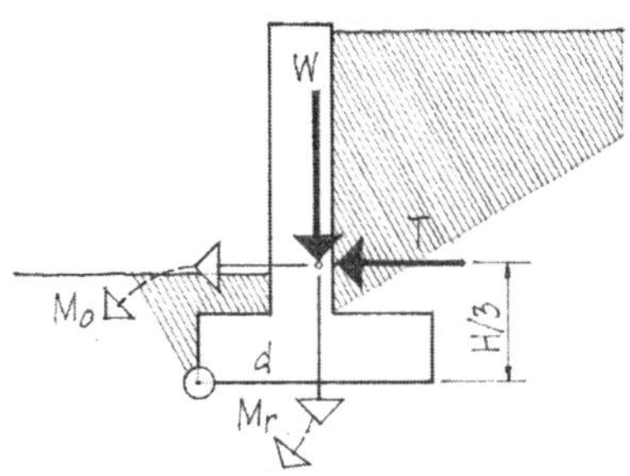

• 추력은 옹벽 토대 돌출부[toe of base] 주변에서 벽을 전도하려는 힘이다.
• 옹벽의 전도를 막기 위해서는, 벽의 복합 중량에 대한 저항 모멘트(Mr)와 토대 뒤축[heel of base]에 있는 지지력[soil bearing](W × d)이 토양 압력(T × H/3)에 의해 생성되는 전도 모멘트(Mo)에 대응해야 한다. 안전계수를 2로 하여 Mr ≥ 2Mo가 되도록 할 것.

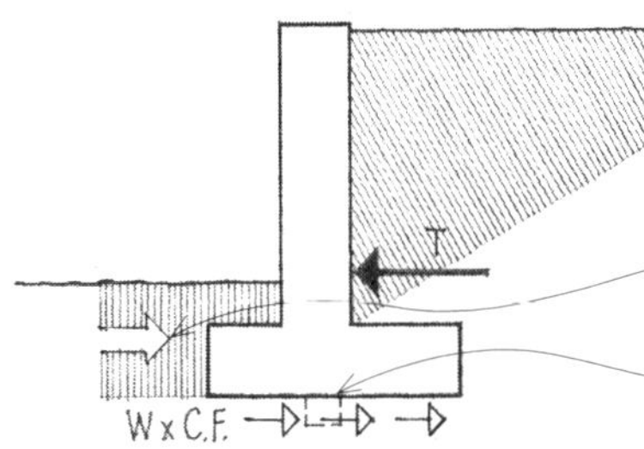

• 옹벽이 미끄러지는 것을 방지하기 위해, 벽의 복합 중량과 벽을 지지하는 토양의 마찰계수의 곱(W × C.F.)이 수평 추력(T)에 대응해야 한다. 안전계수를 1.5로 하여 W × C.F. ≥ 1.5T가 되도록 할 것.
• 벽의 아래쪽에 접하는 토양의 수동압[passive pressure] 횡방향 추력(T)에 저항하는데 도움이 된다.
• 키(산지)[key] 역시 옹벽의 미끄러짐 저항을 증가시킨다.
• 평균 마찰계수[coefficients of friction] : 자갈 0.6; 실트/건조 점토 0.5; 모래 0.4; 젖은 점토 0.3

• 옹벽이 침하하는 것을 방지하기 위해 수직력[vertical force](W)은 지지력(B.C.)을 초과해서는 안 된다. 여기서 W=벽의 무게+옹벽 기초 위에서 지지하는 토양의 무게에 재하가 걸린 벽체에 생성되는 토양 추력의 수직 성분을 더한 값이다. 안전계수를 1.5로 하여 B.C. ≥ 1.5 W/A가 되도록 할 것.

CSI 마스터포맷 32 32 00: 옹벽

35) 굴착 근처의 지면에 작용하는 수직 하중

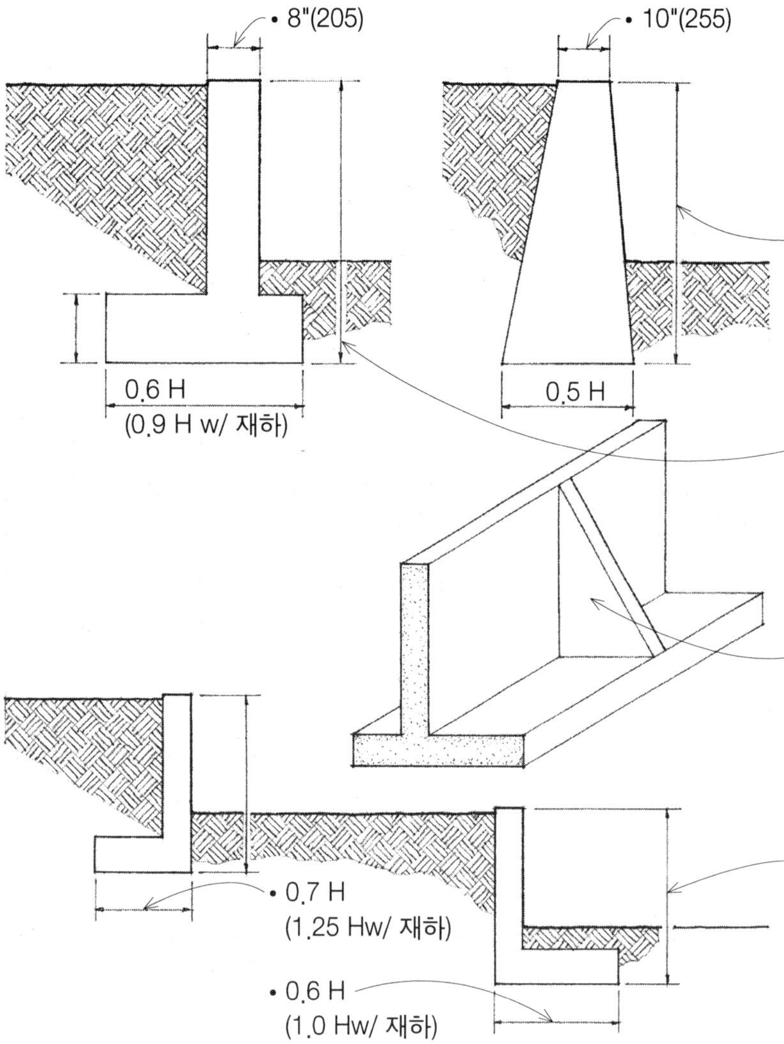

철근 콘크리트 옹벽

아래의 비율지침은 예비설계에만 적용할 것. 특히 옹벽이 불량 토양poor soil에 지어지거나, 재하 또는 활하중이 적용될 때, 죄종 설계에 대해서는 구조 기술자에게 문의할 것.

중력식 옹벽

중력식 옹벽gravity retaining wall은 순 중량과 매스의 볼륨을 통해 전도와 미끄러짐을 방지한다. 높이 10'(3048) 미만의 구조물을 유지하기 위해 사용될 수 있다.

T형 캔틸레버 옹벽

철근 콘크리트로 만든 T자 모양의 단면을 가진 캔틸레버 옹벽은 최대 높이 20'(6095)의 까지 가능하다. 이보다 높을 때에는 부벽counterfort walls을 쓴다.

부벽식 옹벽

부벽은 삼각형 형상의 버팀벽을 옹벽에 수직으로 교차하여 강도를 높이고, 옹벽 기초의 무게를 늘리는 방식을 활용한다. 부벽은 벽 높이의 절반 간격으로 일정하게 배치한다.

L형 캔틸레버 옹벽

L형 캔틸레버 옹벽L-type cantilevered wall은 벽이 대지 경계선 또는 기타 장애물과 접할 때 사용한다.

- 배터batter는 벽이 올라 갈 때 뒤로 경사진 면 또는 그 경사를 말하며 앞으로 기울어지는 면에 대한 착시에 대한 부분을 상쇄하여 교정한다.
- 두께 10"(255) 이상의 벽에는 온도 철근temperature bar을[36] 사용.
- 구조용 강재로 만든 보강근
- 푸팅은 동결심도 아래 또는 더 낮은 지면보다 2'(610) 아래 중 더 낮은 쪽으로 내려 가야한다.

- 벽 뒤의 수압 축적을 완화하기 위해 배수 시스템이 필요할 수 있다.
- 여과 직물 또는 다공성 자갈로 뒤채움한 배수매트
- 중심 간격 4'-6'(1220-1830)마다 설치한 직경 2"(51) 크기의 배수공weepholes 또는 벽에서 유출구 쪽으로 기울어진 유공 배수관perforated drainpipe
- 최소 2"(51)
- 최소 3"(75)
- 중심 간격 25'(7620) 마다 수직 조절줄눈control joints을 두고, 조절줄눈 4개마다 수직 팽창줄눈expansion joints을 설치.

CSI 마스터포맷 32 32 13: 현장타설 콘크리트 옹벽

36) 콘크리트 내 온도 변화에 따른 수축 균열을 최소화하기 위해 배치하는 보조 철근.

비교적 낮은 옹벽에는 목재와 콘크리트,
벽돌/석조 조적재를 사용할 수 있다.

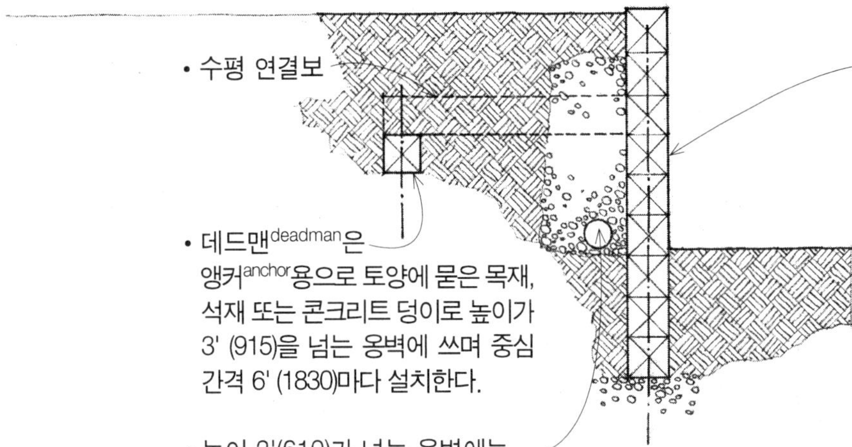

수평 목축

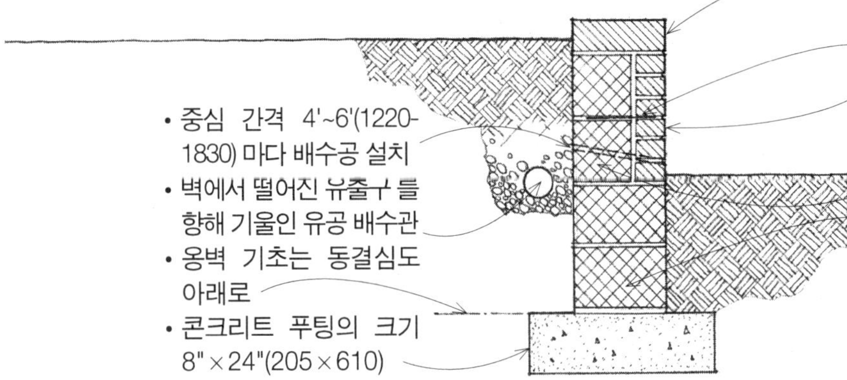

벽돌단판 벽brick veneer wall

건식 석벽dry stone wall

37) 암거는 물을 대거나 빼기 위해 땅속 혹은 구조물 아래쪽에 낸 배수장치를 의미한다. 잡석암거는 맹암거stone filled drain의 일종으로 cobb drain(cobb;왕자갈, 잡석), French drain, rubble drain(rubble : 거친돌 잡석)과 크게 구분 짓지 않고 사용된다.

CSI 마스터포맷 32 32 19 : 조적 유닛 옹벽
CSI 마스터포맷 32 32 29 : 제재목 옹벽

포장paving은 부지에서 보행자나 차량 통행을 위한 마모표면wearing surface이다. 포장은 복합구조로, 포장의 두께와 시공방식은 버텨야 할 교통량과 하중의 유형 및 강도, 지반subgrade의[38] 지지력 및 투수성과 직접 연관된다.

CSI 마스터포맷 32 10 00 : 기층, 자갈다짐 및 포장

- 포장도로는 교통량에 의해 마모되는 과정에서 기층을 보호하고 하중을 기층 구조에 전달한다. 포장유형에는 가요성flexible 포장과 강성rigid 포장이 있다.
- 기층은 분극이 잘된 골재로 구성한 기초foundation로, 포장도로의 하중을 지반으로 전달한다. 기층은 또한 모세 현상으로 물이 위로 올라오는 것을 방지한다. 고강도 하중을 고려해야 할 때는—쇄석crushed stone과 같은 조골재로 만든—추가적인 기층이 필요할 수 있다.
- 최종적으로 포장하중을 버텨야 하는 지반은 원상토undisturbed soil 또는 압축하여 채운 토양compacted fill로 구성해야 한다. 침투로 인하여 수분이 들어갈 수 있으므로 배수 방향으로 경사를 줘야 한다.

가요성 포장은 모래 설치토대(깔모래) 위에 콘크리트, 벽돌, 또는 석재 유닛 포장재를 까는 방식으로 진행된다. 모래 밑깔개는 복원력이 있으면서 하중을 지반에 분산시킨다. 가요성 포장은 포장재의 수평 거동을 제한하기 위해 목재, 강재, 석재, 조적재나 콘크리트로 된 가장자리가 필요하다. 특수하게 설계한 단위 포장재는 투수성 내지는 투과성 포장에 적용되어 강수로 인한 빗물이 밑에 있는 지하수가 있는 기층reservoir base까지[39] 스며들게 하여 유출수가 아래쪽 토양에 침투하거나 암거를 통해 제거될 수 있도록 한다.

(LEED SS 크레딧 4: 우수 관리)

강성 포장은 철근 콘크리트 슬래브 또는 콘크리트 슬래브 위에 모르타르를 바른 포장 유닛을 예로 들 수 있다. 강성포장은 내부로 하중을 분산시킨 후, 넓은 영역에 걸친 지반으로 전달한다. 가장자리를 따라 기층재료를 확장하고 보강하는 작업이 필요하다. 표면 질감이 거친 포장에는 더 가파른 구배가 필요할 수 있다.

38) 깊이는 약 1m이며, 자연 지반을 이용하는 경우와 흙 쌓기를 하여 만드는 경우가 있으나, 두 가지 모두 롤러로 단단하게 다져야 한다. 불량 토양에서는 좋은 토질의 흙과 교체하기도 한다.

- 배수를위한 최소 경사 1%; 거친 질감의(표면 높낮이 차이가 큰) 포장에는 더 가파른 구배가 필요할 수 있다.

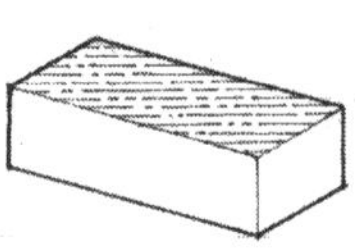

- 벽돌 포장재 : 4"×4", 8", 12"; 두께 1"-2" (100×100, 205, 305; 두께 25-57)

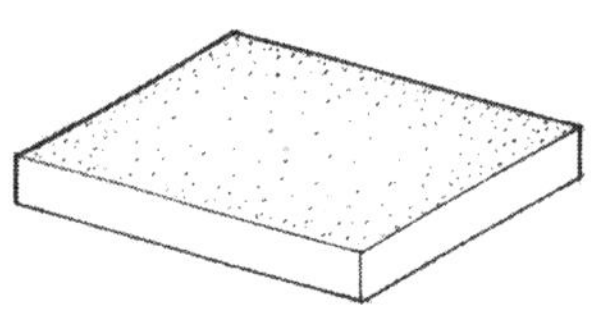

- 콘크리트 단위 포장재 : 정사각형 12", 18", 24"; 두께 $1^1/_2$"-3"(305, 455, 610 정사각형; 38-75 두께)

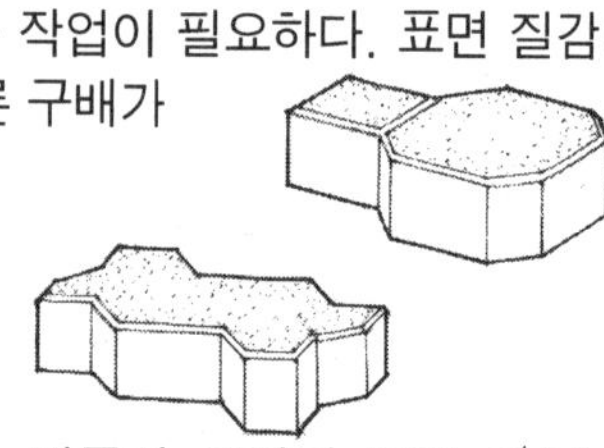

- 맞물림 포장재 두께 $2^1/_2$"-$3^1/_2$"(64-90)

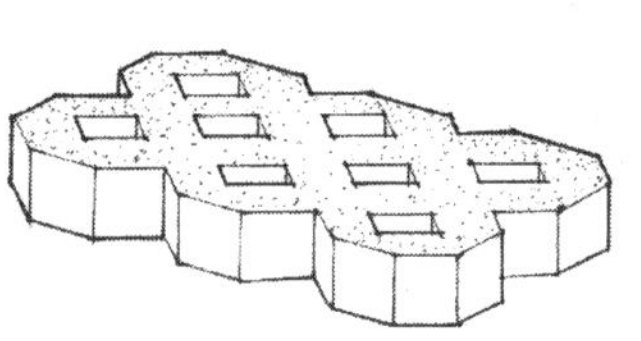

- 격자형 블록 또는 잔디 블록 두께 $3^1/_2$"(90)

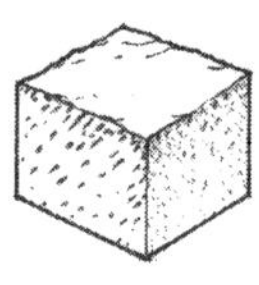

- 화강암 코블(율석): 4" 또는 6" 사각형; 두께 6 "(100 또는 150 정사각형; 두께 150)

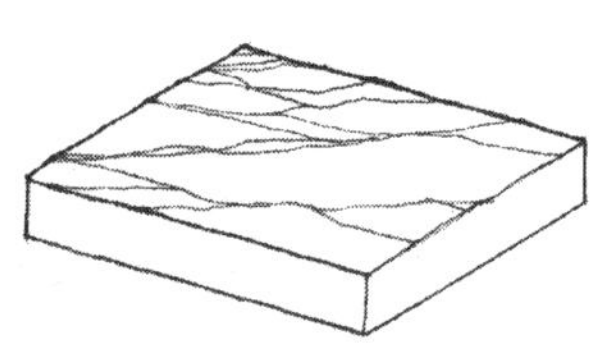

- 마름돌: 너비와 길이는 다양; 두께는 1"-2"(25-51)

포장 재료

- 모양, 크기, 색상, 질감, 흡수성, 압축강도 및 설치 권장 사항에 대해서는 현지 공급 업체에 문의할 것.

39) 대수층 또는 지하 자유수면으로 이해해도 무방하다. 이는 지하수에 의해 포화상태에 있는 투수층으로 지하수가 있는 지층을 의미한다.

• 단위 길이면 쌓기

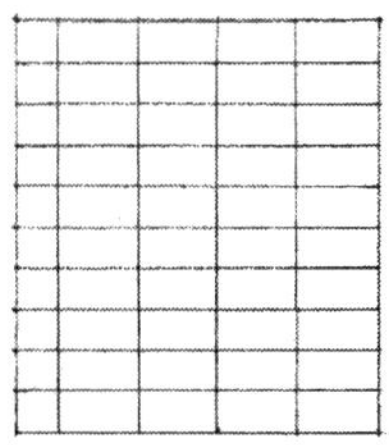

• 통줄눈 쌓기

• 단위 바구니 엮기 쌓기

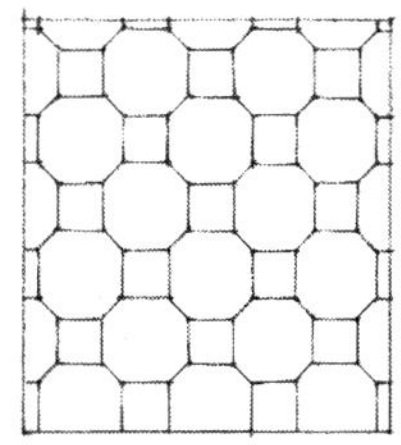

• 맞물린 바구니 엮기 쌓기

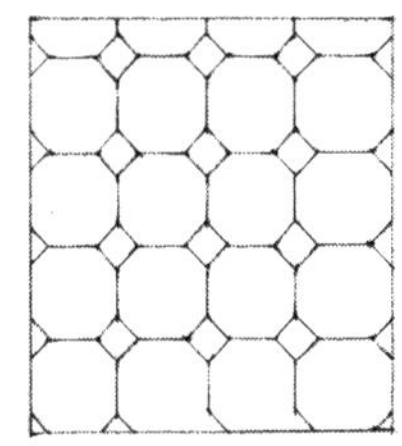

• 팔각형-점 쌓기

• 로마 코블 쌓기

• 대소높이 바른층 쌓기

• 단위 헤링본 쌓기

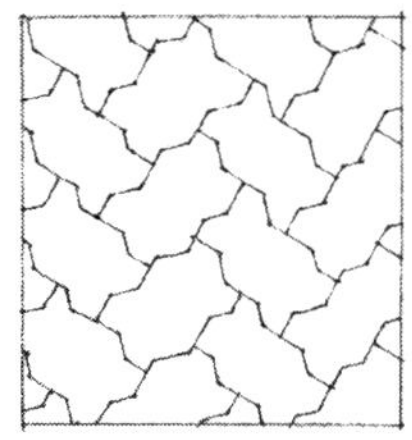

• 맞물린 헤링본 쌓기

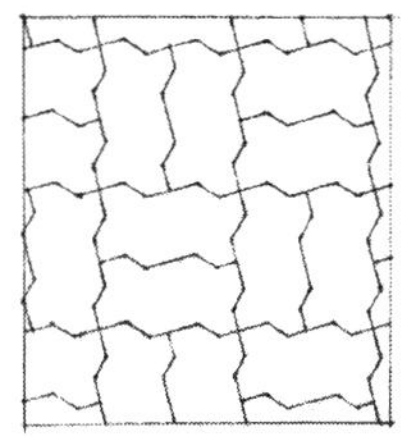

• 맞물린 바구니 엮기 쌓기

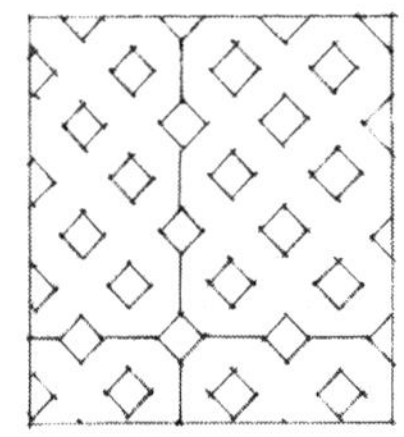

• 잔디 블록

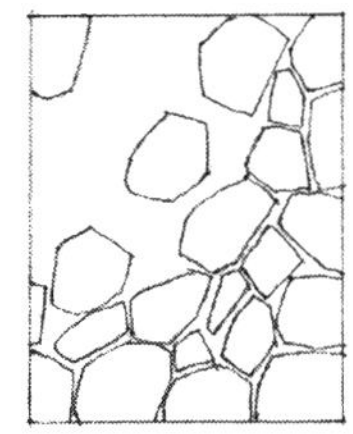

• 막 쌓기

포장 패턴

• 가장자리에 놓거나 평평하게 놓은 깔 모르타르 상부의 포장 유닛
• 콘크리트 푸팅; 동결심도가 푸팅보다 깊다면 푸팅 하부에 자갈을 깔 것

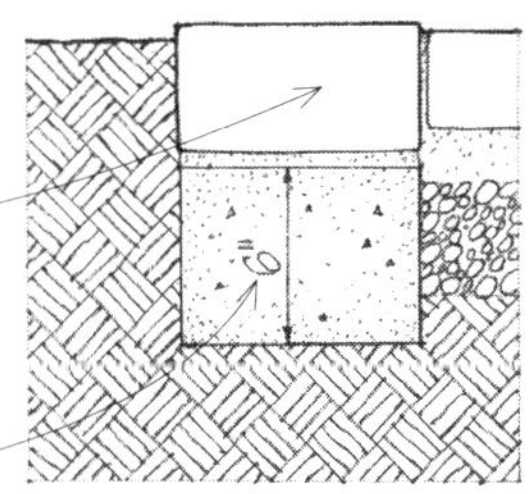

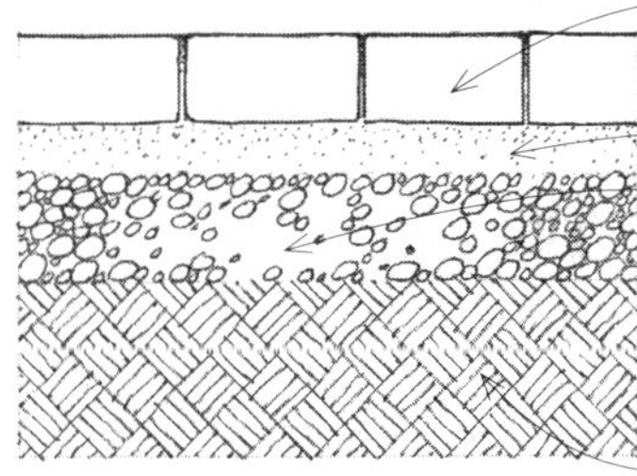

• 손으로 힘껏 모래를 쓸어주는 방식의 이음을 적용한 단위 포장재
• 모래 설치 토대(깔모래) 1"-2"(25-51)
• 교통량이 많은 지역이나 팽창성 토양 상부에서는 2"-6"(51-150) 두께의 압축 골재 층이 필요
• 압축 지반 또는 원상토

가요성 포장의 기층

• 깔 모르타르에 수직으로 놓은 포장 유닛; 포장재 높이의 1/2까지 높여 연석처럼 쓸 수 있다.
• 콘크리트 푸팅

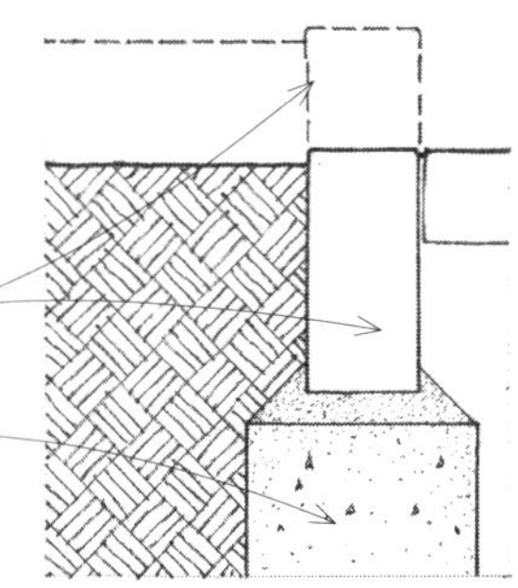

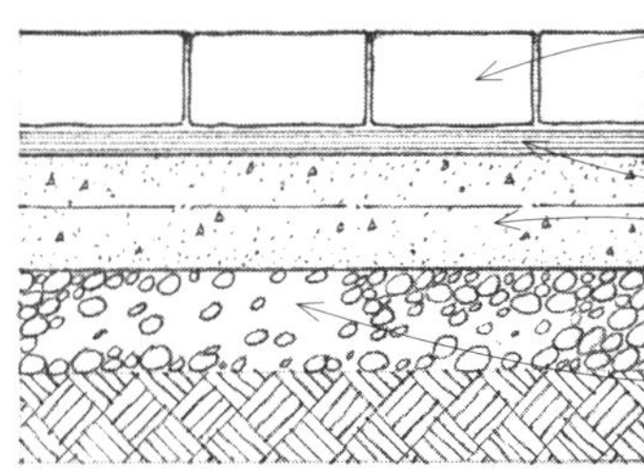

• 벽돌 또는 콘크리트 포장재
• 역청질 설치토대 3/4"(19)
• 콘크리트 슬래브 4"-6"(100-150)
• 필요한 경우 압축 골재 사용

강성포장의 기층

• 압력 처리한 2×, 4× 또는 6× 목재 가장자리 또는 연석
• 나무 조각, 쇄석, 또는 콩자갈로 된 2"(51) 두께의 층
• 토양-시멘트 혼합물 또는 쇄석으로 된 2"(51) 두께의 기층
• 압력 처리한 2×2 또는 2×4 목재 말뚝; 길이는 24"(610)로 하여 중심 간격 3'~4'(915~1220)마다 설치

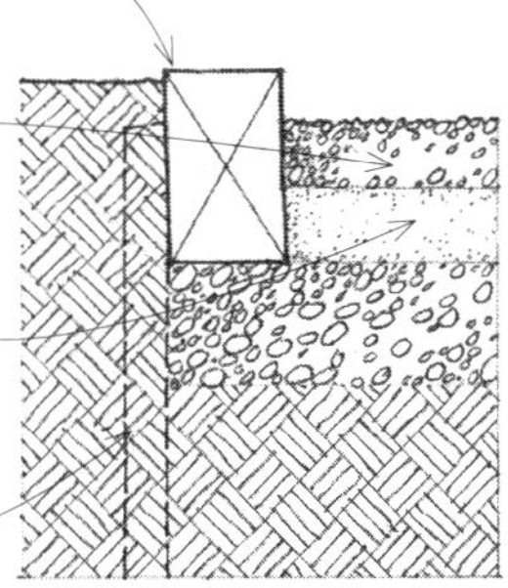

가장자리 조건

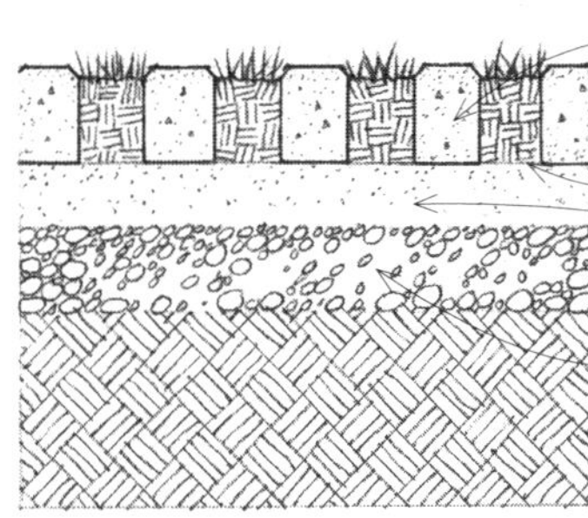

• 잔디블록
• 잔디 또는 지피식물용 표토 혼합물
• 깔모래 2"(51)
• 압축 골재 2"-6"(51-150)

포장 세부사항

1.40 대지계획/배치도

대지계획/배치도site plan는 대지의 기존 자연환경 및 건조 기물 특징을 도해하고, 이러한 기존의 특징과 연관하여 제안된 시공에 대한 설명을 포함하고 있다. 일반적으로 기술자의 토지 특징을 기반으로 하며, 건축도서에서 필수적인 부분이다. 완성된 대지계획/배치도에는 다음 항목이 포함된다.

1. 부동산 소유주의 이름과 주소
2. 소유주의 거주지와 다를 경우 부동산 주소[40]

3. 부동산에 적용되는 법률적 기술내용
4. 토지 측량land survey의 출처와 일시
5. 대지경계에 대한 설명 : 부지 경계선의 치수, 북쪽에 대한 방위, 모서리각도 및 곡선 반지름
6. 대지경계가 도서와 실제가 다를 경우 계약 및 프로젝트의 제한사항
7. 방위표와 축척
8. 신축 위치와 표고에 대한 참조점을 정립하는 수준점bench mark의 위치와 설명

9. 인접 도로, 골목길 및 기타 공공 통행권의 식별과 치수
10. 부지를 가로지르는 지역권easements 또는 공공 통행권rights-of-way의 위치와 치수
11. 용도지역 조례에서 요구되는 후퇴 치수

12. 기존 구조물의 위치와 크기 및 신축에 필요한 철거에 대한 기술내용
13. 지붕 돌출부 및 기타 돌출부를 포함하여 시공을 위해 제안된 구조물의 위치, 모양 및 크기
14. 기존 및 제안된 포장 보행로, 차량진입로drive 및 주차 구역의 위치 및 치수
15. 기존 공공설비의 위치 : 급수본관, 오수거 및 우수거, 가스관, 전력선, 전화선 및 케이블선, 소화전 및 제안된 연결 지점
16. 기존 및 새로운 등고선, 시공 또는 땅고르기 작업grading operations 완료 후 차량진입로, 보행로, 잔디밭 또는 기타 개선된 표면의 마감 지반면
17. 기존 식재 중 남길 것과 제거해야 할 것
18. 배수용 저습지, 개울, 범람원flood plains, 수원지watersheds 또는 연안선shorelines과 같은 기존 수역
19. 울타리, 옹벽 및 식목과 같은 제안 된 조경 부문; 광범위한 경우 조경 및 기타 부지 개선 사항이 별도의 대지계획에 표시할 수 있다.

20. 관련 도면 및 세부 사항에 대한 참조 사항

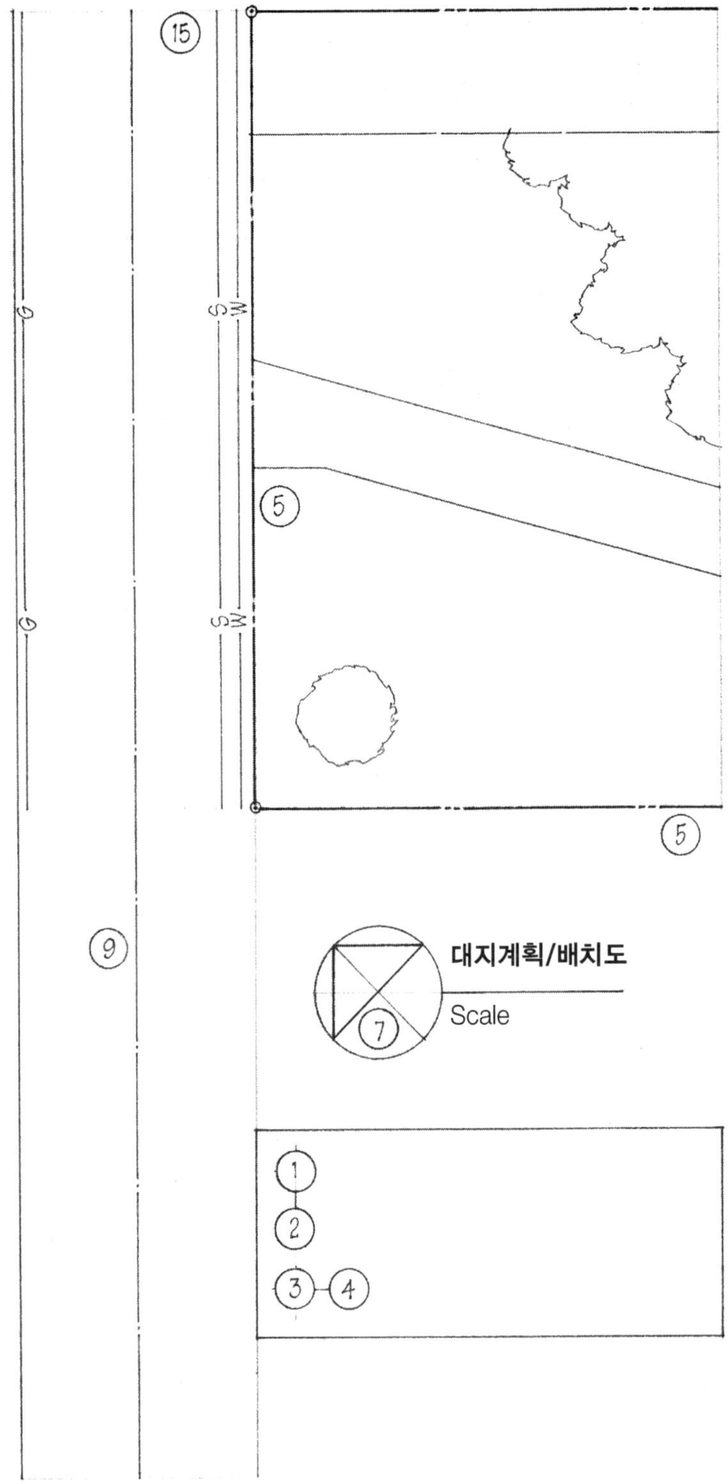

40) 토지이용계획 및 행위 제한 정보, 규제사항 등

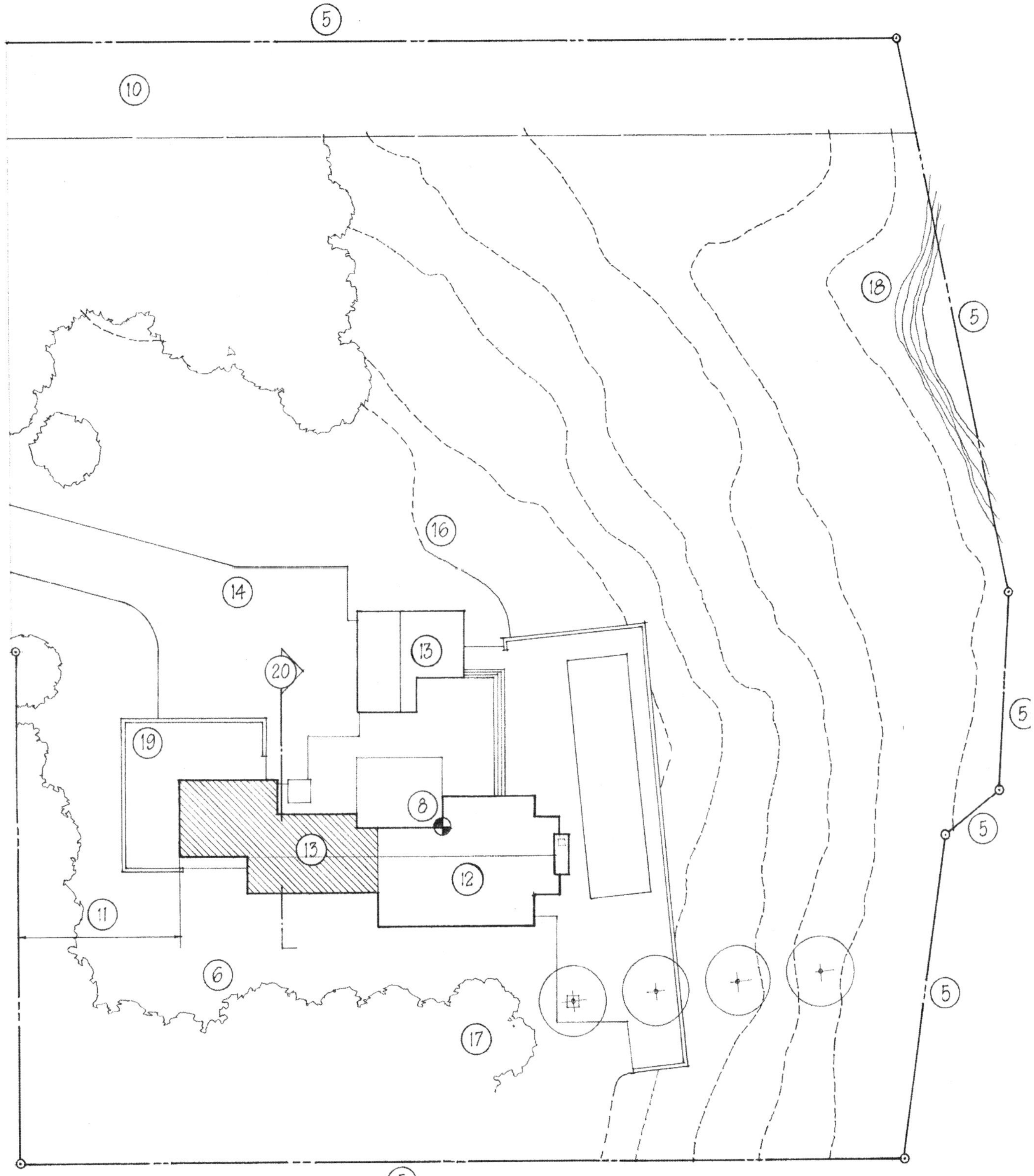
5
10
18
5
16
14
13
20
5
19
8
5
13
12
11
6
5
17
5

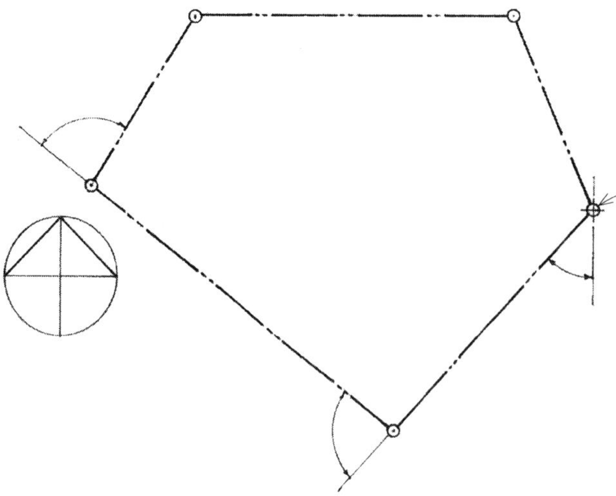

대지 적용 법률 설명서는 토지의 특정 구획에 대한 위치와 경계로 구성된다. 이 도서는 부지경계 조서 또는 사각측량 시스템을 기반으로 하거나 기록된 구획도를 참조하여 만든다.

- 부지경계 조서는 알려진 기준점에서 시작하여 출발지로 돌아올 때까지 접시 가장자리를 둘러싼 토지구획의 각 경계선의 코스와 길이를 나타낸다.
- 토지측량조서는 구역 설정과 계획위원회 승인, 완화 및 제한, 그리고 세분화를 위한 거리, 블록 및 각 부지의 구분선을 포함하여 지대 또는 토지구획의 위치, 경계 및 치수, 그리고 각 부지의 번호와 치수를 설명하는 법적 문서이다.

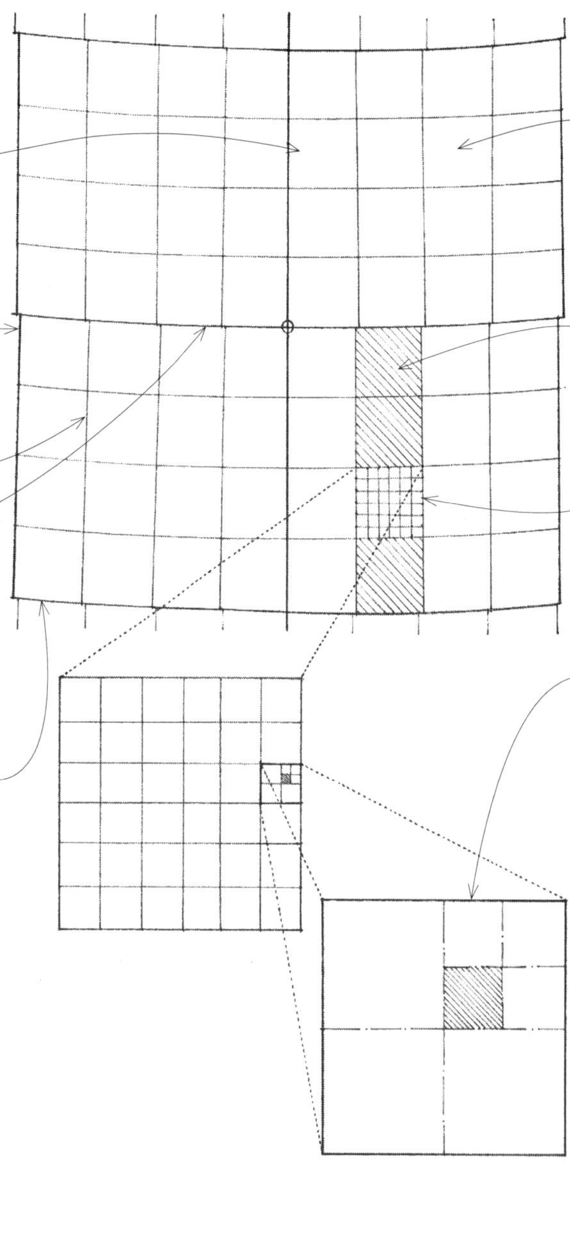

- 주 자오선은 넓은 면적의 토지에 대한 실질적인 주요 지형지물에 설정한 남북 방향의 기준선이다.
- 지표 자오선[guide meridians]는 주 자오선을 동서로 24 마일(38.62km) 간격으로 한 수정선[correction lines] 사이에 있는 남북 기준선이다.
- 경선 간 지구선[range lines 41)]은 지표 자오선 사이에 6 마일 (9.66km) 간격으로 있는 남북 기준선이다.
- 동서 기준선
- 수정선[correction lines]는 자오선 수렴을 수정하고 동서 간 거리를 균등하게 하도록 기준선의 북쪽과 남쪽에 24 마일 (38.62km) 간격으로 위치한 동서 기준선이다.

41) 타운십[township]의 동서의 경계를 정하는 남북으로 뻗은 평행선의 하나

- 사각측량 시스템[rectangular system of survey]은 규준 자오선과 지표 자오선[principal and guide meridians] 및 동서 기준선의 수정된 그리드를 기반으로 한다.
- 경선 간 지구[range]는 지표 자오선에서 동쪽 또는 서쪽으로 번호가 매겨진 일련의 분할 중 하나이며 기준선에서 북쪽 또는 남쪽으로 번호가 매겨진 일련의 타운십/군구[townships]로 구성된다.
- 타운십/군구[townships]는 36개의 섹션(지구)[section]으로 구성된 약 6평방마일(93.2㎢)의 토지 면적 단위이다.
- 섹션(지구)[section]은 36개의 번호로 구분되는 타운십/군구[townships]의 하부단위로 약 1 평방마일 (2.59㎢ 또는 640 에이커)의 크기이다. 더 나아가 1/2, 1/4 및 1/8의 크기로 세분하기도 한다.

2

건축술

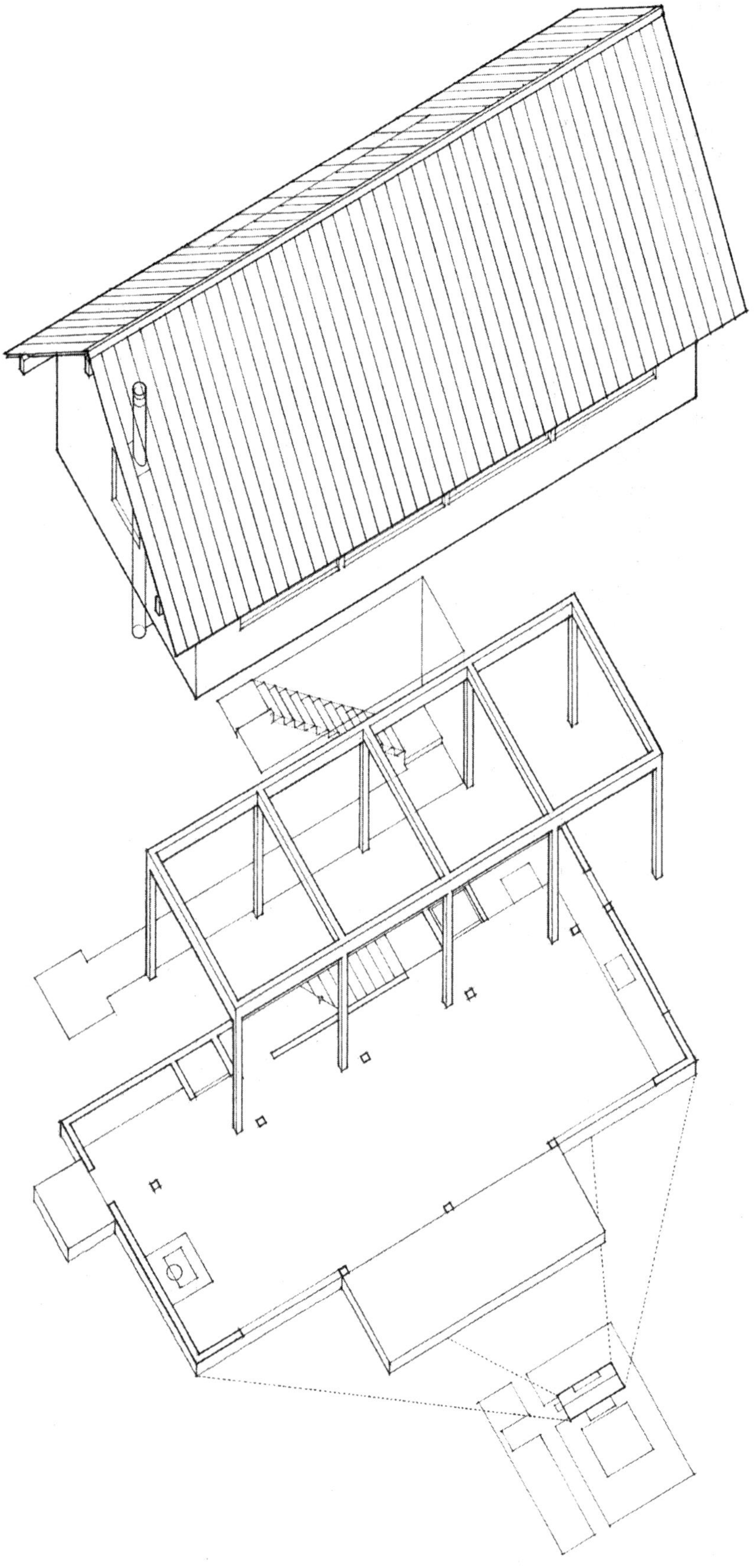

건축과 건물의 시공architecture and building construction은 반드시 같을 필요는 없다. 다양한 재료, 요소 및 구성요소를 조립하는 방법에 대한 이해가 설계와 시공 과정에서 같이 필요할 따름이다. 그러나 이러한 이해를 통해 건축을 구현할 수는 있지만, 그 말이 건축의 질적 측면을 보장한다는 말은 아니다. 건축시공에 대한 실무 지식은 건축을 실행하는 과정에서 중요한 요소 중 하나일 뿐이다. 우리가 건축architecture을 건축술art of building의 차원으로 이야기할 때는 물리적인 시공 시스템 외에도 다음과 같은 개념적 질서 체계가 고려돼야 한다.

- 건물 실내공간의 규정, 축척, 비율 및 조직
- 축척과 치수에 따른 인간 활동의 배열ordering
- 목적과 용도에 따른 건물 공간의 기능적 조닝functional zoning
- 건물 실내를 통한 수평 및 수직 이동 경로에 대한 접근방법 및 방식
- 감각을 통해 취득하는 건물의 특징: 형태, 공간, 빛, 색상, 질감 및 패턴
- 자연환경 및 건조 환경 내 통합적 구성요소로서 해석된 건물

이 책에서 우리에게 가장 관심이 있는 부분은 건물의 지각적이고 개념적인 순서를 정의, 구성 및 강화하는 물리적 시스템이다.

시스템이란 매우 복잡하고 통합된 전체를 형성하여 공통의 목적을 부여하는 상호 관련되거나 상호 의존적인 부분들의 집합으로 정의될 수 있다. 건물은 건물 전체의 3차원 형태와 공간 구성뿐만 아니라 반드시 서로 관련되고, 조정되며 통합되어야 하는 다수의 시스템과 하부 시스템들의 물리적 구현으로 이해할 수 있다.

구조 시스템

건물 구조 시스템structural system은 부재의 허용응력을 초과하지 않고 가해진 중력과 측면 하중을 지지하고 지면으로 전달하도록 설계 및 시공한 것이다.

- 상부 구조superstructure는 기초 위에 있는 건물의 수직 확장 부분이다.
- 기둥, 보, 및 내력벽은 바닥 및 지붕 구조를 지지한다.
- 하부 구조substructure는 건물 기초를 형성하는 아래쪽 구조이다.

차폐 시스템

차폐 시스템enclosure system은 지붕, 외벽, 창문 및 문으로 구성된 건물의 외장shell 또는 외피envelope이다.

- 지붕과 외벽은 악천후로부터 실내공간을 보호하고 습기, 열 및 공기 흐름을 건물 조립체construction assemblies의 각 층을 통해 습기, 열 및 공기 흐름을 제어한다.
- 외벽과 지붕 역시 소음을 줄이고, 건물 거주자에게 보안과 프라이버시를 제공한다.
- 문은 물리적 접근을 가능하게 한다.
- 창문은 빛, 공기 및 조망에 대한 접근을 제공한다.
- 실내 벽체와 칸막이벽은 실내공간을 공간 단위로 세분한다.

기계 시스템

건물의 기계 시스템mechanical systems은 건물에 필수적인 서비스를 제공한다.

- 급수 시스템water supply system은 사람의 소비와 위생설비에 쓰이는 음용수를 제공한다.
- 하수 처리 시스템sewage disposal system은 건물에서 유체 폐기물과 유기물을 제거한다.
- 난방, 환기, 공기조절 시스템은 거주자의 환경 편의를 위해 건물 실내공간을 제어한다.
- 전기 시스템electrical system은 건물의 전력 공급을 제어, 계측 및 보호하고, 전원, 조명, 보안 및 통신 시스템을 위해 안전한 방식으로 분배한다.
- 수직 운송 시스템vertical transporting systems은 중층과 고층 빌딩에서 사람과 물품을 어느 층에서 다른 층으로 운반한다.
- 소방 시스템Firefighting systems은 화재를 감지하고 진압한다.
- 폐기물 처리 시스템waste disposal systems 및 재활용 시스템recycling systems 역시 필요할 수 있다.

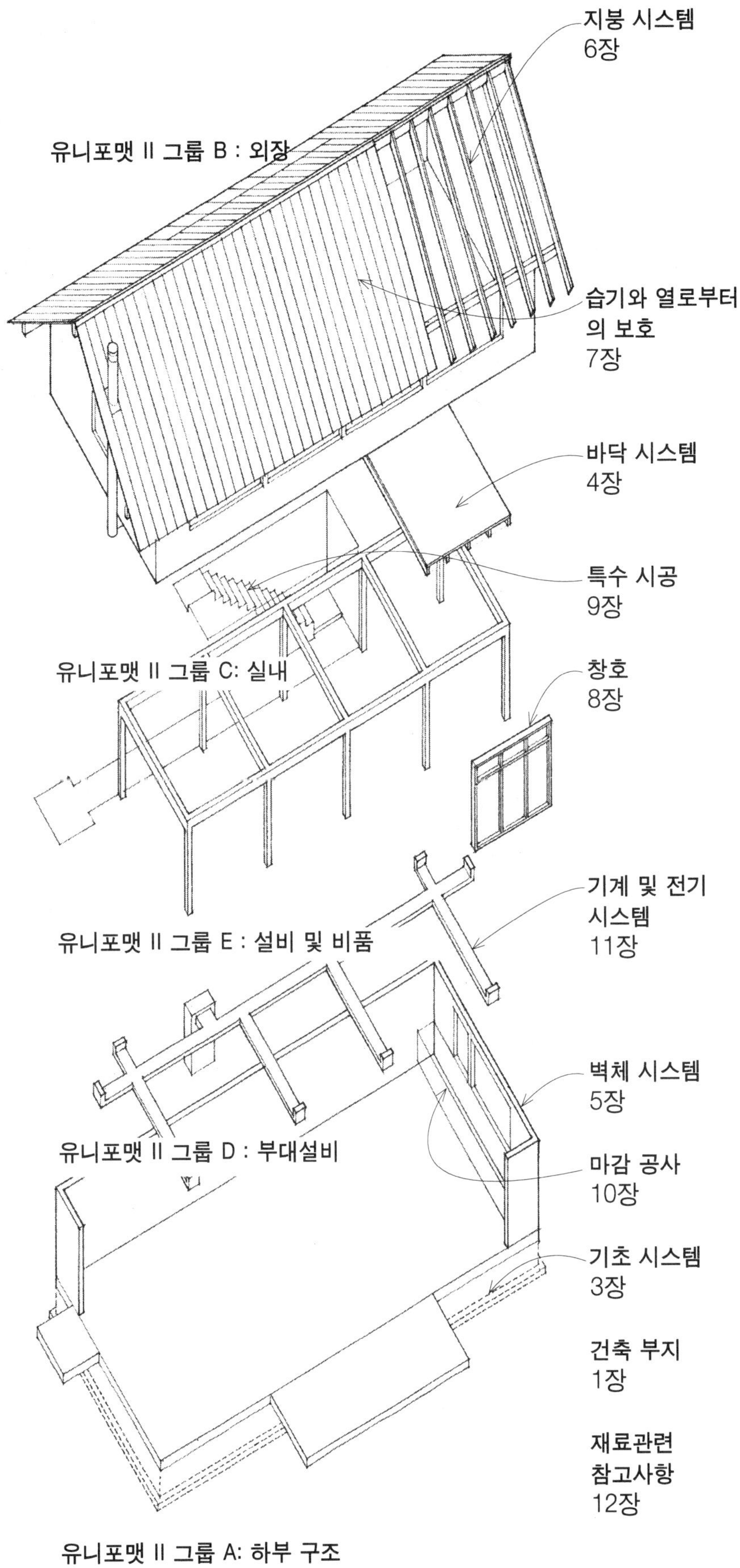

2.04 빌딩 시스템

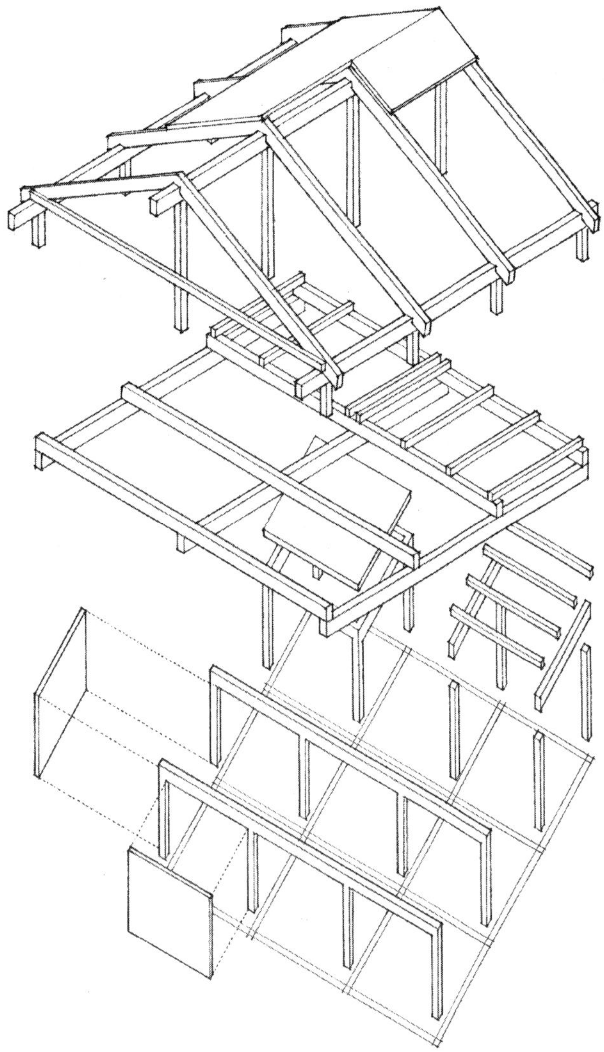

시공 중 여러 빌딩 시스템을 선택, 조립 및 통합하는 방식에는 다음과 같은 요소들을 고려해야 한다.

성능요구사항performance requirements

- 구조적 적합성structural compatibility, 통합integration 및 구조적 안전safety
- 내화fire resistance, 화재 예방prevention 및 화재 안전
- 시공 조립체의 허용 두께 또는 바람직한 두께
- 건물 조립체를 통한 열 및 공기 흐름 제어
- 수증기의 이동migration 및 결로/응결condensation 제어
- 온도와 습도 변화에 따른 침하settlement, 구조적 처짐deflection 및 팽창/수축으로 인한 건물 거동
- 소음감소noise reduction1), 방음sound isolation 및 음향 프라이버시acoustical privacy
- 마모, 부식 및 풍화weathering에 대한 내성
- 마감, 청결 및 유지 관리상의 요구 사항
- 사용상의 안전

심미적 가치aesthetic qualities

- 건물 부지, 인접 건물 및 근린지역과 바람직한 관계
- 형태, 매스, 색상, 패턴, 선호하는 질감과 디테일의 특성

규제 및 제한사항regulatory constraints

- 용도지역 조례 및 건축법 준수

경제적 고려사항

- 자재, 이송transportation, 장비equipment 및 인건비로 구성된 초기 비용
- 초기 비용뿐만 아니라 유지관리와 운영비용, 에너지 소비, 유효 수명, 철거와 교체 비용 및 투자비용에 대한 이자를 포함한 생애주기 비용life-cycle costs

환경에 미치는 영향

- 부지 계획과 건물 설계를 통한 에너지와 자원의 보존
- 기계 시스템의 에너지 효율
- 자원 효율적이며 독성이 없는 재료의 사용
- 1.03-1.08. 을 참조.

> • 미국 산업안전 및 보건에 관한 법률U.S. Occupational Health and Safety Administration (OSHA)은 작업장 설계에 대한 규제와 건물 시공에 필요한 안전기준을 설정한다.

건설 실무construction practice

- 안전성 요구 사항
- 허용 공차allowable tolerances와 적절한 부재 교합 appropriate fit
- 산업표준 및 보증에 부합하는 규격 적합성conformance
- 제작소shop와 현장field 사이의 작업 분담
- 노동 분업 및 건축무역 사이의 조정
- 예산의 제약
- 요구되는 시공 장비
- 요구되는 공사 기간
- 악천후에 대한 대비

1) 소음감소(NR)는 두 공간 사이의 음압 레벨의 실제 차이를 일컫는다. 공통 벽체를 비롯하여 바닥, 천장, 외부 경로, 문 및 기타 측면 경로를 포함하여 공간(개별실) 상이의 중간에 있는 모든 소리 경로에 의해 차단되는 소리의 양이다.

페이지 1.05-1.08에는 여러 친환경 건축물 기준과 등급제도green building standards and rating systems가 요약되어 있으며, 여기에는 입지 기준siting criteria, 양질의 교통 체계quality transit로의 접근, 서식지 및 예민한 토지sensitive lands의 보호와 같은 설계 과정과 맥락적 요인들의 관리가 포함되어 있다. 이 페이지와 다음 페이지는 주로 LEED™ 선행 조건prerequisites와 평가 항목 범주credit categories로 구성된, 건물과 건물 시스템의 설계와 시공에 중점을 둔 특성들에 방점을 찍고 있다.

전반적인 목표는 건물의 환경 영향environmental impact을 줄이고 장수명의 유용한 건물을 제공하고, 건물 거주자에게 건강하고 편안한 환경을 제공하는 것이다.

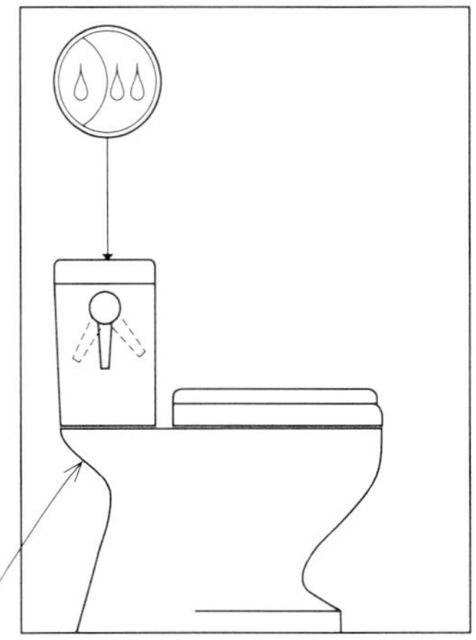

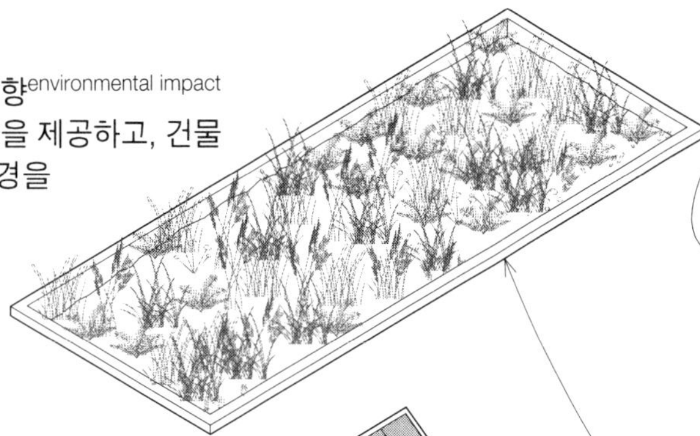

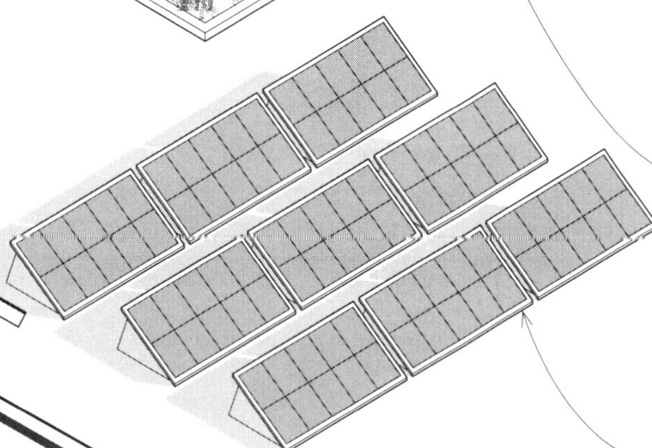

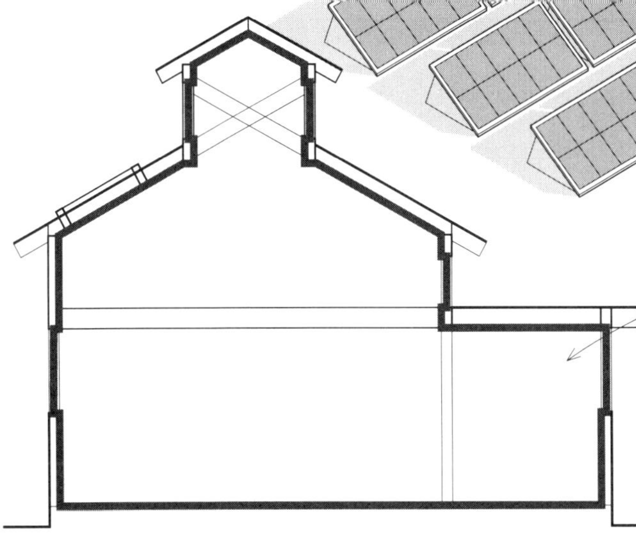

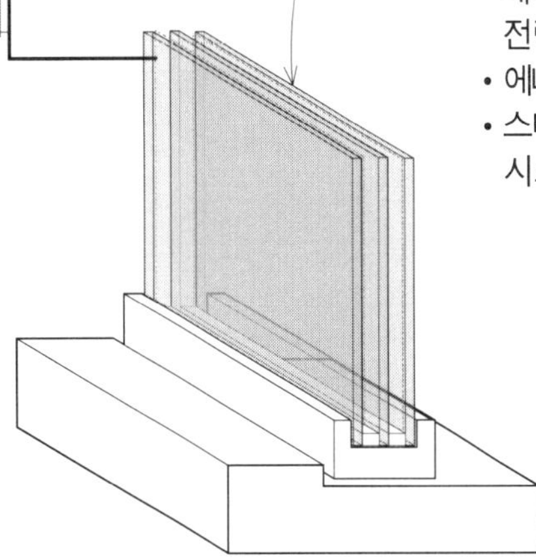

수자원 효율성
- 절수 설비water-saving fixtures를 지정할 것.
- 변기와 싱크대에서 음용수 사용을 제한할 것.
- 수세식 변기와 조경에 쓰는 물은 폐수를 재활용할 것.
- 조경에 쓰는 물은 우수를 모아 사용할 것.
- 빗물 유출을 줄이기 위해 빗물 정원rain garden과 투수성 포장permeable paving을 포장재를 쓸 것

에너지 및 대기
- 현장에서 재생 가능한 에너지를 생성할 것.
- 건물 외피의 열 성능과 기밀성airtightness을 높일 것.
- 고성능 유리 시공방식glazing systems을 사용할 것.
- 문과 창틀에 열차단재thermal breaks를 적용할 것.
- 패시브 냉난방과 자연 환기를 위한 전략을 구현할 것.
- 에너지 효율이 높은 조명을 지정할 것.
- 스마트 제어가 되는 고효율 HVAC 시스템을 채택할 것.

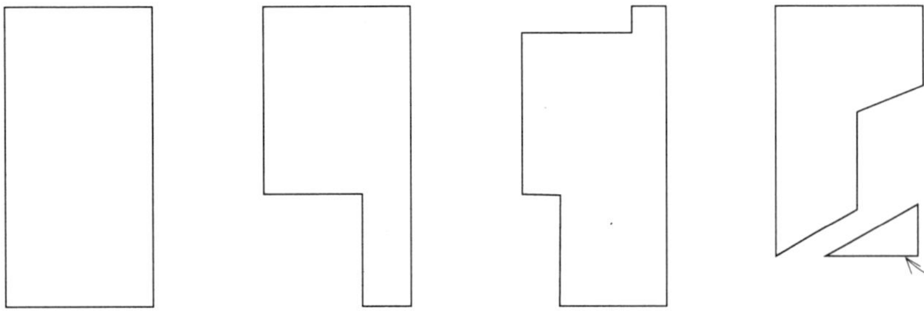

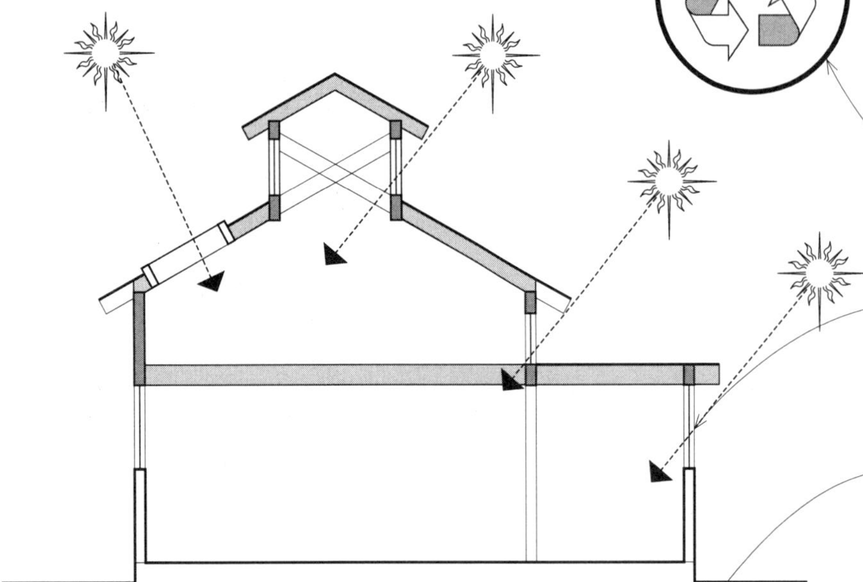

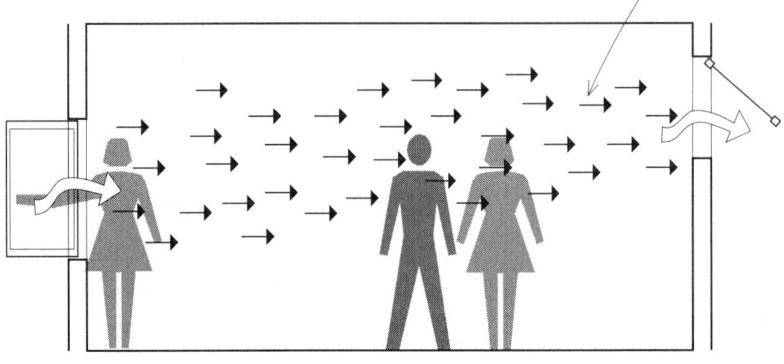

재료 및 자원

- 재료 낭비를 줄이기 위한 계획과 설계
- 탄소 발자국carbon footprint이 적은 재료와 제품을 지정할 것.
- 해당 지방이나 지역 출처의 재료 중 재활용했거나 신속히 재생할 수 있는 것을 선택할 것.
- 기존에 남아 있는 건물의 생애 주기를 연장할 것.
- 재료를 분해하여 재활용할 수 있도록 분해를 고려하여 설계할 것.
- 재활용품을 수집 및 보관할 수 있도록 할 것.

실내 환경의 질

- 창 크기 조정과 배치를 통해 채광을 제어할 것.
- 조광기dimmers2), 타이머 및 사용자 감지기occupancy sensors로 전기 조명을 제어할 것.
- 실내 공기 질을 개선하기 위해 자연 환기를 최대화할 것.
- 부력 기반 환기buoyancy-driven ventilation를 위해 태양광 발전을 이용한 통기장치solar venting를 고려할 것.
- 저 휘발성 유기 화합물(VOC) 방출 제품과 재료를 지정할 것.
- 한여름 냉방부하가 가장 많은 기간 동안 태양열취득을 제어할 것.
- 겨울철 태양을 활용하여 계절적인 열 수요를 줄일 것.
- 우수한 조망을 향해 개방하거나 만들 것.
- 음향을 개선하고 소음 공해를 줄일 것.

2) 전등의 밝기를 조절하는 장치

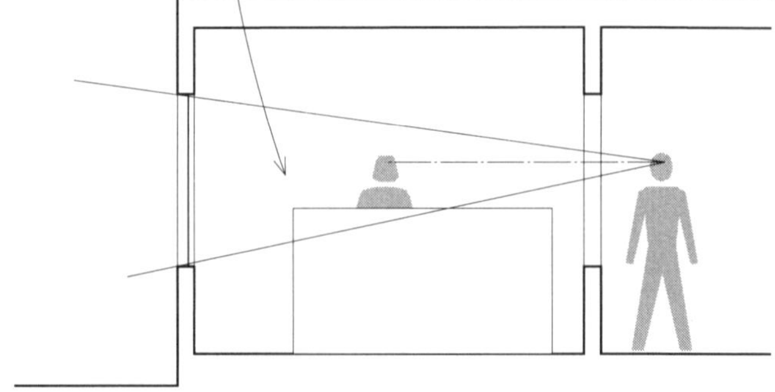

건축 법규building codes는 공공의 안전, 건강 및 복지를 보호하기 위해 건물의 설계, 시공, 변경과 보수를 규제하도록 지방 정부 기관에 의해 채택되어 시행되고 있다. 일반적으로 건물의 사용 공간occupancy과 건축 유형, 시공재료와 방법에 대한 최소 기준 및 구조 안전과 화재 안전에 대한 시방서를 토대로 요구 사항을 설정한다. 법규는 본질에서부터 지시적이지만 성능 기준에 관한 내용도 포함되어 있다. 성능 기준은 원하는 결과를 얻기 위한 수단에 관한 내용은 기술하지 않으며, 단지 특정 구성요소 또는 시스템이 어떻게 작동해야 하는지를 규정한다. 그 규정은 재료나 구성요소에서 요구되는 특성과 제품 성능을 입증하는데 필요한 시험 방법을 나타내기 위해, 미국 재료 시험 협회American Society for Testing and Materials (ASTM), 미국 국립 표준 협회American National Standards Institute(ANSI) 및 기타 기술 협회와 무역 협회에서 설정한 기준을 종종 참조한다.

표준규정model code

표준규정은 규정 관련 공무원, 재료 및 생명안전 전문가, 전문 학회professional societies, 관련 업계종사자 협회trade associations로 구성된 국가 조직에 의해 개발된 건축 규정으로, 지자체는 법적 강제력이 있는 규정으로 채택한다. 지역의 요구 사항이나 관심사를 해결하기 위해 특정 조항을 수정하거나 내용을 추가해야 할 경우, 해당 자치 단체가 표준 규정을 수정하여 별도로 제정할 수 있다.

국제 건축 규정® International Building Code®

20세기 초부터 미국의 여러 지역에서 사용하기 위해, 건축공무원 및 규정 관리자 협회Building Officials and Code Administrators International, Inc. (BOCA), 국제 건축공무원 대표자 회의International Conference of Building Officials (ICBO) 및 남부 건축법 회의Southern Building Code Conference(SBCC) 등 3가지 주요 표준규정이 개발되었다. 1994년에는 이 표준규정들을 통합하여, 포괄적이고 잘 조율된 국가 표준규정 세트를 개발하기 위해 목적으로 국제 규정 위원회International Code Council(ICC)를 구성하였다. 2000년 국제 규정 위원회(ICC)는 국제 건축 규정International Building Code® 초판(제1판)을 발행하였다.

이전 표준규정과 마찬가지로 국제 건축 규정(IBC)은 용도use와 사용 공간occupancy의 범주를 정의하고 건물의 용도와 사용과 관련된 시공 유형에 따라 높이와 면적을 제한하는 규정에서부터 시작하여, 내화성과 가연성fire resistance and combustibility의 차이를 기준으로 5가지의 시공 유형을 규정하고 있다. 또한, 이 규정은 내부 마감재, 화재 예방과 생명안전 시스템, 비상 탈출, 접근성, 실내 환경, 에너지 효율, 외벽과 지붕 조립체, 구조 설계, 건축 재료, 엘리베이터와 운송 시스템 및 막 구조와 온실과 같은 특수 건축 유형들에 관한 조항이 포함되어 있다.

사용 공간 또는 용도
• 2.09를 참조

시공 유형
• 2.08을 참조

→ **최대 높이와 면적**

동반 규정 Companion Codes

International Residential Code®(IRC)은 단독 1세대와 2세대 주택 및 타운하우스에 대해 높이가 3층이 넘지 않으며 별도의 출구 수단을 가지도록 규정하고 있다. International Existing Building Code®[3]은 기존 시설의 변경, 수선 및 리노베이션에 대한 규정으로, 기존 건물의 역사적 보존 및 지속 가능한 재사용의 중요성이 증가함에 따라 등장하였다. 다른 동반 규정에는International Energy Conservation Code®, International Fire Code®, International Green Construction Code®, International Mechanical Code® 및International Plumbing Code® 등이 있다.

기타 주요 규정

미국방화협회National Fire Protection Association(NFPA)는 국제 건축법의 대안으로 새로운 표준 건축규정model building code인 NFPA 5000을 개발했다. 미국방화협회(NFPA)는 이 외에도 다른 규정 문서를 게시하고 있다.

- NFPA-70®: 국제 전기 규정National Electric Code, 조명, 열 및 전력에 전기를 사용하여 발생하는 위험으로부터 사람의 안전과 건물 및 그 내용물의 보호에 관한 내용을 다룬다.
- NFPA-101®: 생명안전 규정Life Safety Code. 화재 안전, 화재, 연기와 가스로 인한 위험 방지, 화재 감지와 경보 시스템, 소화 시스템 및 비상 탈출에 대한 최소 요건을 설정하고 있다.
- NFPA-13 : 소방 스프링클러 설치에 관한 내용을 다룬다.

연방법 요구사항federal requirements

지역에서 채택한 표준규정 외에도 특정 연방법 내에 시설의 설계와 시공에서 고려해야 하는 요구 사항들이 있다.

- 1990년 미국장애인법Americans with Disabilities Act(ADA)은 신체장애와 특정 정신 장애가 있는 사람들이 건물을 이용할 수 있도록 요구하는 연방 시민권에 속하는 제정법(의회 통과법률)federal civil-rights legislation이다. ADA 접근성 지침(2010 ADA 접근성 설계 기준Standards for Accessible Design)은 독립 정부 기관인 전미 접근성 위원회[4]U.S. Access Board에서 유지관리하고 규정은 미국 법무부에서 관리한다. 연방 시설은 건축 장애물법Architectural Barriers Act(ABA)에 따라 발행된 기준을 준수해야 한다. 가장 최근 업데이트에서, 접근성 위원회는 미국장애인법(ADA) 지침을 건축 장애물법(ABA)에서 다루는 시설에 대한 지침과 결합하여 ADA-ABA 접근성 지침이라는 이름으로 공동 발표했다. 또한, 미국 접근성 위원회와 국제 규정 위원회(ICC)는 협력하여 미국장애인법(ADA)과 건축 장애물법(ABA)의 지침과 국제 건축 규정International Building Code의 접근성 조항을 조율했다.
- 1988년 연방 공정 주택법Federal Fair Housing Act(FFHA)에는 1991년 3월 13일 이후 건설된 4개 이상의 주거 유닛으로 이루어진 주거단지가 장애인이 사용하기에 적합하도록 설계 및 시공해야 함을 요구하는 미국 주택·도시개발부Department of Housing and Urban Development(HUD) 규정이 포함되어 있다.

3) 이 규정은 기존 건물 및 역사적 의미가 있는 건물에 대하여 사용 변경, 수선, 증축 및 변경 관련 규정을 다룬다. 이 규정의 적용을 받게 되면 다른 법규에 포함된 건축 요구 사항을 완전히 준수하지 않으면서 적절한 수준의 안전을 달성할 수 있게 된다.

4) 전미 접근성 위원회는 접근 가능한 설계와 건설 환경, 교통, 통신, 의료 진단 장비 및 정보 기술에 대한 접근성 지침 및 표준 개발을 통해 장애인에 대한 평등을 촉진하는 연방 기관이다.

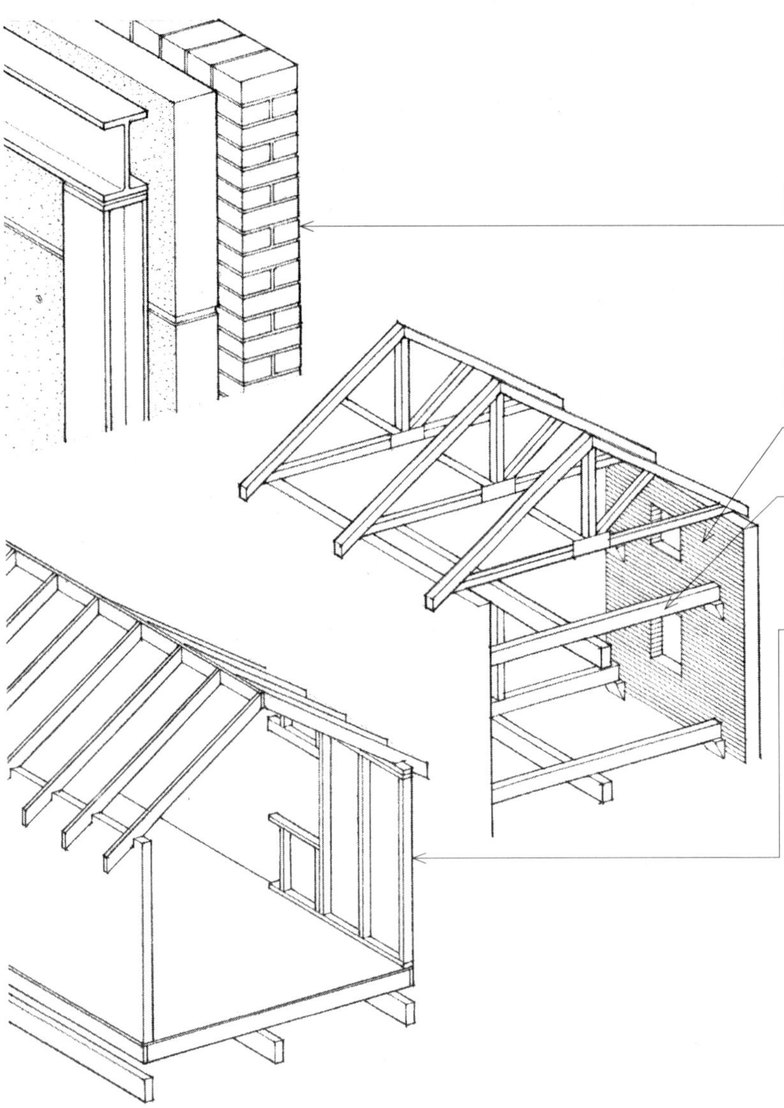

국제 건축 규정(IBC)은 구조 골조structural frame, 외부 및 내부 내력벽, 비내력벽 및 칸막이벽, 바닥 및 지붕 조립체 등 주요 요소의 내화성에 따라 건물의 시공 유형을 분류한다.

- 유형 I 건물은 주요 건축 부재를 콘크리트, 벽돌 또는 철골과 같은 불연 재료noncombustible materials로 구성한다. 건물의 기본 구조에 보조적으로 쓰는 경우 일부 가연성 재료를 허용할 수 있다.
- 유형 II 건물은 주요 건물 부재에 대한 내화 등급 요구수준이 낮은 점을 제외하면 유형 I 건물과 유사하다.
- 유형 III 건물은 불연성 외벽에, 주요 내부 부재에는 법규에서 허용하는 모든 재료를 쓸 수 있다.
- 유형 IV 건물(중목Heavy Timber, HT)은 불연성 외벽에, 주요 내부 부재는 최소 규격이 정해진 중실solid 목재나 집성재laminated wood로 구성하며, 숨겨진 공간concealed space이 없어야 한다.
- 유형 V 건물은 구조부재, 외벽 및 내벽에 법규가 허용하는 모든 재료를 쓸 수 있다.
- 유형 V-보호 구조물은 실내 비내력벽과 칸막이벽을 제외하고 모든 주요 건축 부재가 1시간 내화 구조여야 한다.
- 유형 V-비보호 구조물은 법규를 통해 대지 경계선 또는 같은 부지의 인접한 건물에 근접성을 고려하여 외벽을 보호해야 하는 경우를 제외하면 내화성에 대한 요구 사항이 없다.

- 아래 표에 다양한 시공 유형에 필요한 주요 건물 부재의 내화 등급을 요약하였다. 구체적인 요구 사항은 국제 건축 규정 표 601을 참조할 것.
- 대표적인 시공 조립체에 요구되는 내화 등급은 부록을 참조.

내화 등급 요구 사항(시간)

시공 유형	유형 I		유형 II		유형 III		유형 IV	유형 V	
	A	B	A	B	A	B	HT	A	B
건축 부재									
주요구조골조	3	2	1	0	1	0	HT	1	0
내력벽									
외벽	3	2	1	0	2	2	2	1	0
내벽	3	2	1	0	1	0	1/HT	1	0
비내력벽	사용 유형에 따라 다름		시공 유형		대지경계선상의 위치		인접 구조물과의 거리		
바닥구조	2	2	1	0	1	0	HT	1	0
지붕 구조	$1^1/_2$	1	1	0	1	0	HT	1	0

국제 건축 규정(IBC)은 시공 유형과 사용공간 분류에 따라 건물의 층수, 최대 높이와 면적을 제한하여 내화정도, 건물 규모 및 사용 공간 속성 사이의 본질적인 관계를 표현한다. 건물이 클수록 사용자의 수가 많아지고 사용방식이 위험할수록 시설의 내화성이 높아진다. 그 목적은 건물을 화재로부터 보호하고 거주자의 안전한 대피와 화재 진압 대응을 위해 충분히 오래 화재를 진압하는 것이다. 건물에 자동 소화 스프링클러 장치가 설치되어 있거나 방화벽을 이용하여 규모 제한이 초과하지 않는 구역으로 나눌 때는 제한된 것보다 더 크게 규모를 잡을 수 있다.

- 방화벽fire walls은 건물의 한 부분에서 다른 부분으로 화재가 확산하는 것을 방지하기에 충분한 내화 등급을 확보해야 한다. 또한, 기초에서 건물 지붕 위의 패러핏 또는 불연성 지붕의 밑면까지 연속되게 설치해야 한다. 방화벽의 모든 개구부는 벽 길이에 대한 일정 비율로 제한되며 자동식 방화문, 방화창 조립체, 공기 덕트의 경우 화재와 방연 댐퍼dampers로 보호해야 한다.

- 방화구획은 복합 건축물에서 하나의 사용 공간에서 다른 사용 공간으로 화재가 확산하는 것을 방지하기 위한 내화성 수직/수평 구조를 말한다.

- 방화 이격 거리fire separation distance는 대지 경계선 또는 인접 건물과 지정된 내화성 등급의 외벽 사이에 필요한 공간을 말한다.

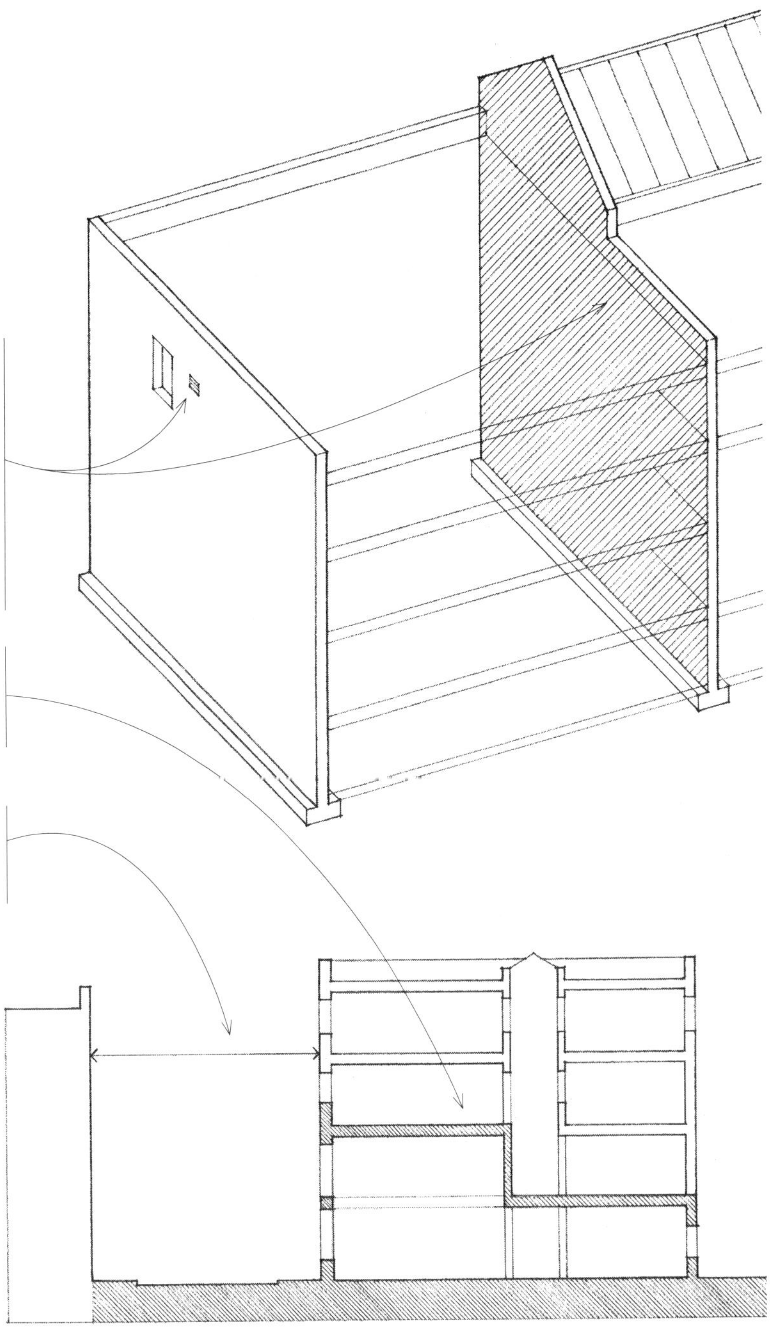

사용 공간 분류의 예시

A **집회**assembly
오디토리엄, 극장, 스타디움

B **사업**business
사무실, 실험실 및 고등 교육 시설

E **교육**educational
보육 시설 및 12학년 이하의 학교

F **공장**factories
가공, 조립 또는 제조 시설

H **유해물질 사용**hazardous uses
유해물질 특정 속성을 활용하고 상당한 양을 다루는 시설

I **보호**institutional
병원, 요양원 및 소년원 시설과 같은 감독이 필요한 사용자를 위한 시설

M **상업**mercantile
상품 전시 및 판매를 위한 매장

R **주거**residential
주택, 아파트 및 호텔

S **보관**storage
창고시설

2.10 건물에 가해지는 하중

거주 공간을 둘러싸는 건물의 구조 시스템은 정하중static Loads과 동하중dynamic Loads 이라는 두 가지 유형의 하중을 지지할 수 있어야 한다.

정하중

정하중은 크기나 위치의 급격한 변동 없이 최댓값에 도달할 때까지 구조물에 천천히 가해지는 것으로 상정한다. 정하중 하에서 구조물은 천천히 반응하고 정적인 힘이 최대일 때 변형이 최고점에 도달한다.

- 고정 하중dead loads은 구조물의 수직 방향에서 아래로 작용하는 정하중으로 구조물의 자중과 구조물에 영구적으로 부착된 건물 요소, 고정물 및 장비의 무게로 구성된다.

- 활하중live loads은 적재, 눈이나 물, 또는 이동 장비로 인해 구조물에 가해지는 이동 하중 또는 이동 가능한 하중으로 이뤄진다. 활하중은 일반적으로 수직으로는 아래로 작용하지만 이동 하중의 동적 특성을 반영하여 수평으로 작용할 수도 있다.

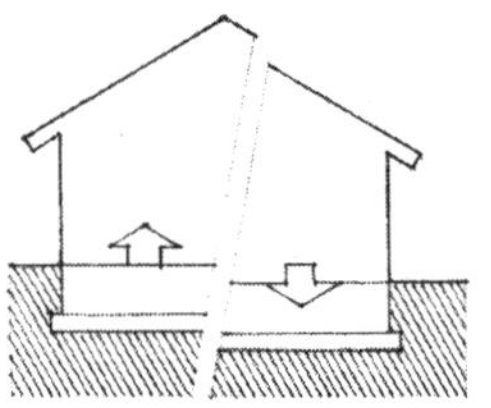

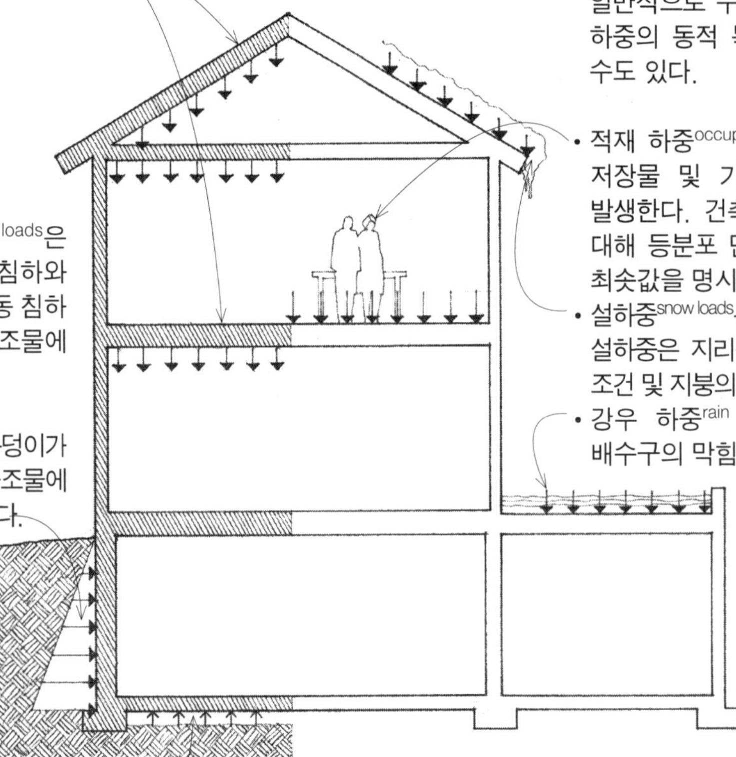

- 적재 하중occupancy loads은 건물 내의 사람, 가구, 저장물 및 기타 유사한 품목의 무게로 인해 발생한다. 건축법은 다양한 용도와 사용공간에 대해 등분포 단위 하중uniformly distributed unit loads의 최솟값을 명시하고 있다.
- 설하중snow loads은 지붕에 쌓인 눈의 무게로 생성된다. 설하중은 지리적 위치, 부지가 노출된 정도, 바람 조건 및 지붕의 기하학적 특징에 따라 다르다.
- 강우 하중rain loads은 지붕의 형태 또는 처짐, 배수구의 막힘으로 지붕에 물이 고여 발생한다.

- 침하 하중settlement loads은 지지토양 일부의 침하와 그에 따른 기초의 부동 침하differential settlement로 구조물에 작용한다.

- 지압ground pressure은 흙덩이가 수직으로 버티는 구조물에 수평으로 가하는 힘이다.

- 수압water pressure은 지하수가 기초시스템에 가하는 수력hydraulic force이다.

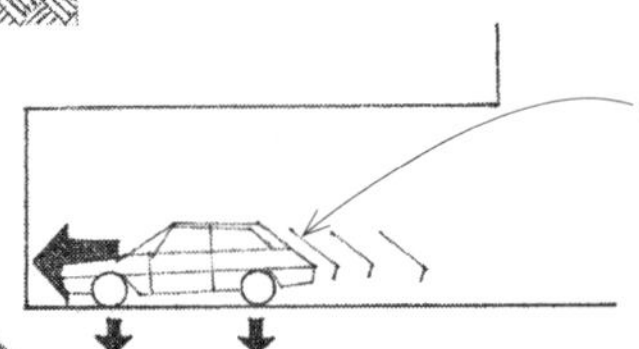

- 충격 하중impact loads은 움직이는 차량, 장비 및 기계류로 인한 짧은 기간의 운동 하중kinetic load이다. 건축법은 이 하중을 정하중으로 취급하며, 정하중static load 값을 증폭시켜, 충격하중 내의 동적 특성을 보완한다.

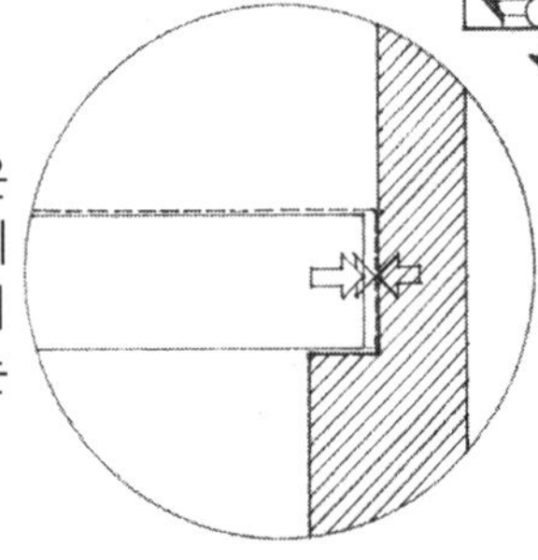

- 열응력thermal stresses은 열팽창 또는 수축에 제약을 받는 재료에서 발생하는 압축 또는 인장 응력이다.

동하중

동하중dynamic loads은 구조에 갑자기 가해지며, 크기와 작용 지점이 급격히 변경되는 경우가 많다. 동하중 하에서 구조물은 질량과 관계하여 관성력이 발생하며 최대 변형은 가해진 힘의 최대 크기와 반드시 일치하지는 않는다. 동하중의 두 가지 주요 유형은 풍하중과 지진하중이다.

풍하중은 수평 방향의 하중으로 가정하며, 움직이는 공기덩어리air mass의 운동에너지에 의해 생겨나는 힘이다.

- 건물의 구조, 구성요소 및 피복재는 바람에 의한 미끄러짐sliding, 부양uplift 또는 전도overturning에 견디도록 설계해야 한다.

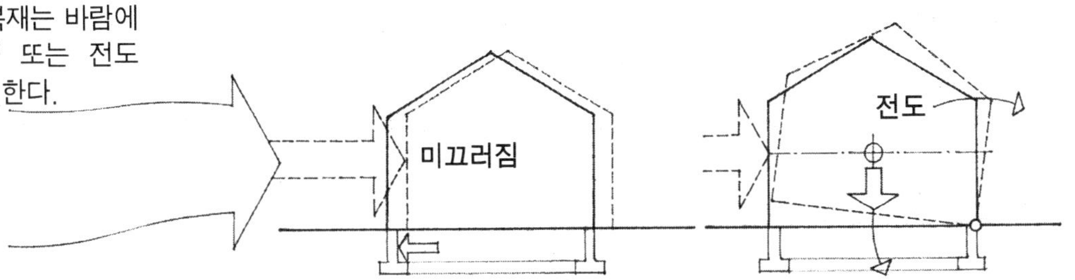

- 총 풍하중total wind loads은 제곱피트 당 풍하중에 바람을 받는 수직면에 투영된 건물/구조물의 면적을 곱하여 결정된다.
- 바람은 수평 방향으로만 이동하고, 풍압은 고려되는 표면에 수직으로만 작용하는 것으로 가정한다.
- 바람은 정압positive pressure과 흡입 또는 부압negative pressure을 발생시킬 수 있으므로, 풍력에 저항하는 힘은 표면에 수직 방향이어야 한다.

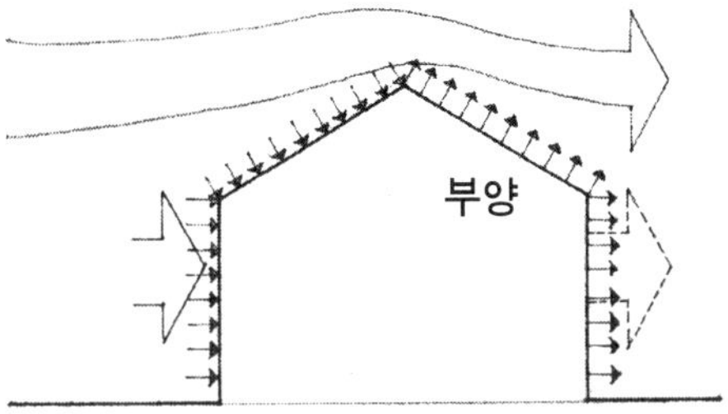

- 설계 풍압design wind pressure은 기준 풍압과 같은 임계 풍속critical wind velocity으로 인한 구조물 외부 표면의 등가 정압equivalent static pressure에 대한 최소의 설계값으로, 노출 조건, 건물 높이, 돌풍 및 충돌 기류에 대한 구조물의 기하학적 특성과 방향의 영향을 설명하기 위해 여러 계수coefficients로 수정된다.
- 건물의 큰 적재하중, 잠재적으로 위험성을 가진 물질, 또는 허리케인이나 지진 발생 시의 본질적 속성에 기인하는 하나의 중요 요인이 건물에 가해지는 바람 또는 내진력에 대한 설계값design value을 증가시킬 수 있다.

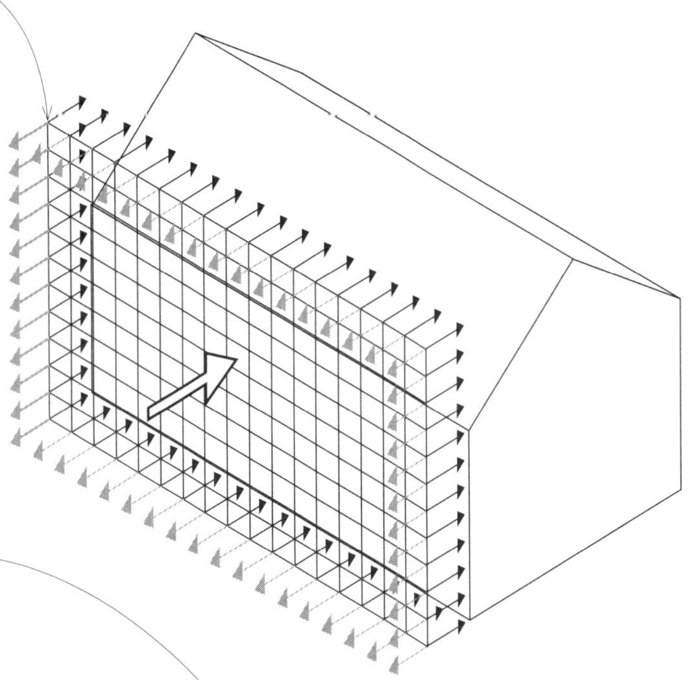

- 플러터(명룡)flutter는 바람의 공기 역학적 영향으로 인한 유연한 케이블 또는 막 구조membrane structure의 급한 떨림rapid oscillations을 말한다.
- 높고 세장한 건물, 특이하거나 복잡한 형상의 구조물, 떨리기 쉬운 가볍고 유연한 구조물은 풍압 분포에 어떻게 반응하는지 조사하기 위해 풍동테스트 또는 컴퓨터 모델링이 필요하다.

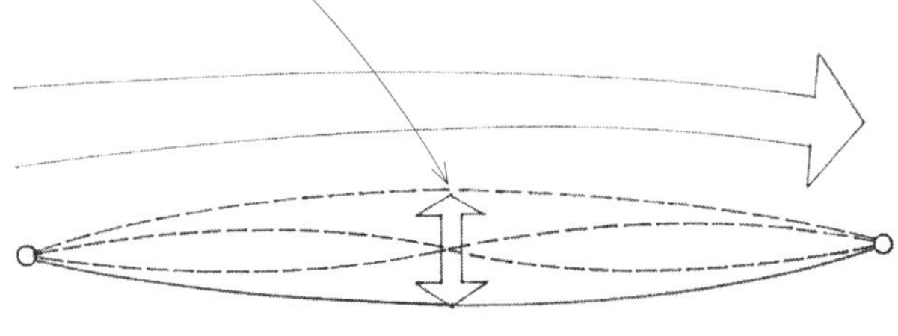

지진은 단층선fault lines에 따라 판이 갑작스럽게 움직여 지구 표면earth's crust에서 발생하는 일련의 종횡의longitudinal and transverse 진동으로 구성된다. 지진 충격은 파도의 형태로 지표면을 따라 전파되고 근원지와의 거리에 따라 대수적으로logarithmically 감쇠한다. 이러한 지반에 생기는 진동은 본질에서부터 3차원이지만 수평 구성요소가 구조 설계에 더 중요한 것으로 가정한다. 구조물의 수직 방향의 내사vertical load-carrying 요소는 일반적으로 추가적인 수직 하중에 견디기 위해 상당한 예비력을 가진다.

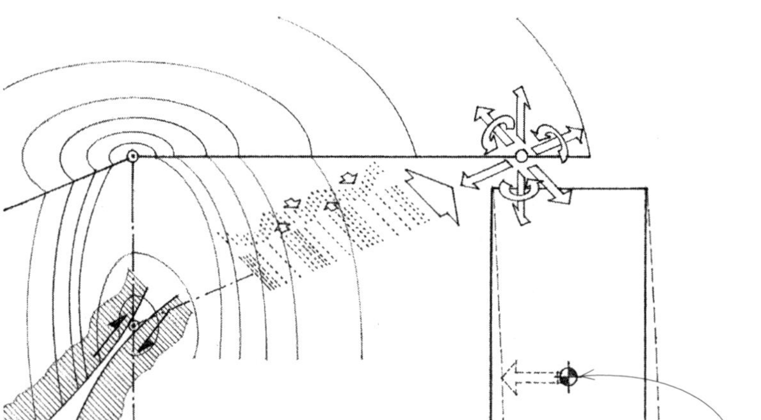

내진력seismic forces은 구조물에서 시간에 따라 반응하는 지반 움직임에 의해 생기는 진동으로 구조물에서 생성된다. 지면 운동으로 생성되는 응답은 다음에 따라 다르다.

- 지반 움직임에 의해 생기는 진동의 지진 규모, 지속기간 및 고조파 포함 정도
- 구조물의 동적 특성(크기, 구성 및 강성); 그리고
- 구조물을 지지하는 토양의 종류와 특성

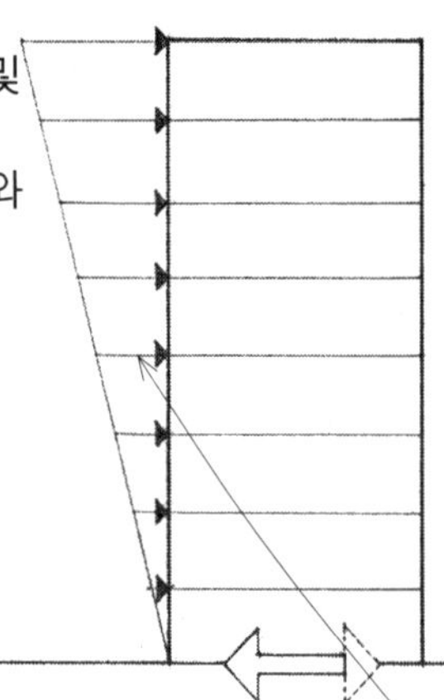

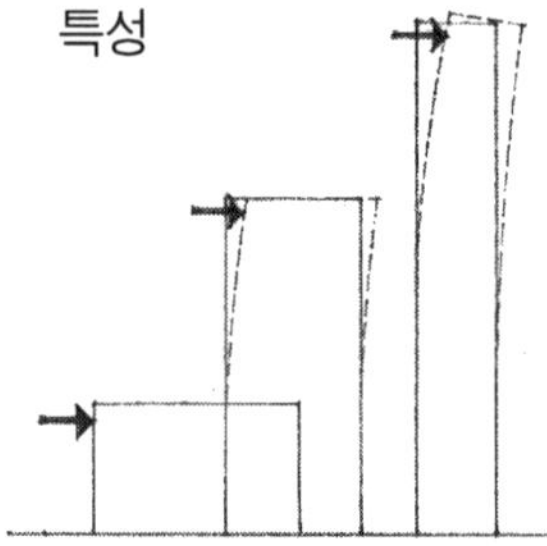

- 구조물의 자연 주기는 밑면base 위의 높이와 가해진 힘의 방향에 평행한 치수에 따라 달라진다. 비교적 강성인 구조물은 빠르게 떨리고 짧은 주기를 갖지만, 유연한 구조물은 더 느리게 떨리고 더 긴 주기를 가진다.

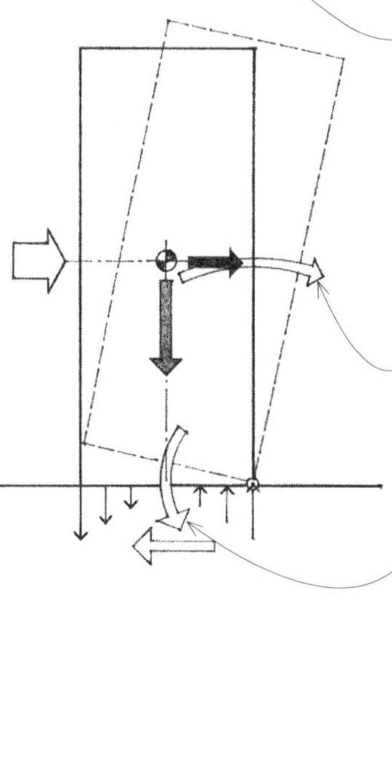

- 모든 구조물에는 적재의 위험군과 부지에서 예상되는 지진동earthquake ground motion(지진에 의해서 지반에 생기는 진동)의 심각성을 기준으로 내진설계 범주seismic design category가 지정된다. 이 분류는 허용 가능한 구조 시스템, 높이와 기하학적 불규칙성에 대한 제한과 필요한 횡력 분석 유형을 결정하는 데 사용한다.
- 특정 유형의 구조물, 특히 목재 골조로 된 거주지와 저층의 경량의 상업용 건물에서는 단순화된 횡력 절차를 사용할 수 있다.
- 구조물의 상부 매스는 지진동으로 밑면이 변환되는 동안 정지 상태를 유지하는 경향이 있으므로 관성력을 발생시킨다. 뉴턴의 제2 운동법칙Newton's second law에서 이 힘은 질량과 가속도의 곱과 같다.

- 밑면 전단력base shear은 수평 방향으로 작용하는 것으로 가정하는 구조물의 전체 측면 내진력에 대한 최소 설계값이다. 지진대에서 지반에 생기는 진동의 특성과 강도, 기초 밑의 토양 종단형상 유형, 적재 유형, 질량 분포와 구조물의 강성 및 구조물의 자연 주기—한 번의 완전한 떨림(진동)oscillation에 필요한 시간—를 반영하기 하는 여러 계수를 구조물의 총 고정하중에 곱하여 계산한다.
- 밑면 전단력은 일반 구조물의 밑면 위에 둔 수평 격벽에 분배되며, 각 층의 바닥 중량과 밑면과의 거리에 비례한다.
- 고층 구조물, 불규칙한 형상이나 골조 시스템이 있는 구조물 또는 지진 하중 하에서 파손이나 붕괴하기 쉬운 연성 토양 또는 소성 토양soft or plastic soils에 구축된 구조물에 대해 더욱 복잡한 동적 해석이 필요하다.
- 지반면 위에 거리를 두고 가해진 횡하중은 구조물 밑면에서 전도 모멘트overturning moment를 일으킨다. 평형을 이루기 위해 전도 모멘트는 외부의 복원 모멘트와, 전단벽shear walls 및 기둥에서 발생한 힘으로 발생하는 내부의 저항 모멘트로 균형을 이뤄야 한다.
- 복원 모멘트restoring moment는 전도가 발생하는 곳과 같은 회전지점에 작용하는 구조물에 고정하중으로 제공된다. 건축 법규는 일반적으로 복원 모멘트가 전도 모멘트overturning moment보다 최소 50% 이상 클 것을 요구하고 있다.

다음은 구조 시스템이 건물에 작용하는 모든 힘을 해결하고 지면으로 전달하는 방식에 대한 간략한 소개이다. 건물의 구조 설계와 분석에 대한 자세한 내용은 참고문헌을 참조할 것.

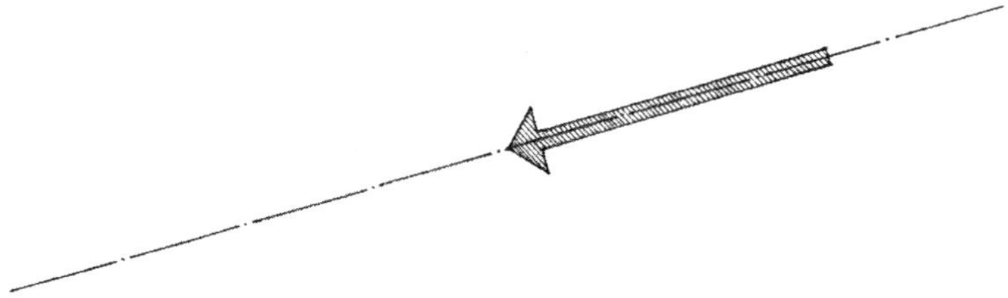

힘[force]은 물체[body]의 형상 또는 거동에 변화를 주는 영향 요소이다. 크기와 방향을 모두 갖는 벡터량[vector quantity]으로 간주하며, 화살표로 표시한다. 이때 길이는 힘의 크기에 비례하고 공간 속 정위[orientation]로 힘의 방향을 나타낸다. 강체[rigid body]에 작용하는 단일 힘은 힘의 외부 효과를 변경하지 않고 작용선을 따라 어디에서나 작용하는 것으로 간주할 수 있다. 둘 이상의 힘은 다음과 같은 방식으로 연계될 수 있다.

- 공선력[collinear forces]은 직선을 따라 발생하며, 벡터 합은 동일한 작용선을 따라 걸리는 힘 크기의 대수적 합이다.

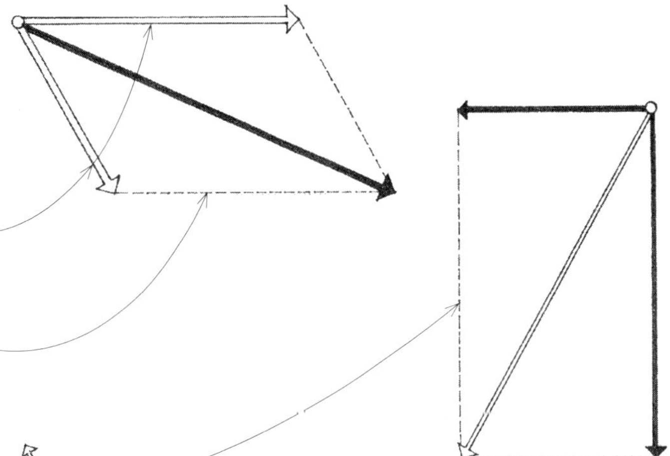

- 동시작용력[concurrent forces]은 공통점에서 교차하는 작용선을 가지며, 그 벡터의 합은 여러 힘의 벡터를 적용할 때 강체에 동일한 효과를 생성한다.
- 평행사변형 법칙[parallelogram law]에 따르면 벡터 합 또는 2개의 동시작용력[concurrent forces]의 결과는 추가되는 2개의 힘 벡터를 인접 변으로 하는 평행사변형의 대각선으로 설명할 수 있다.
- 비슷한 방식으로, 임의의 단일 힘은 초기 힘과 동일한 강체에 순 유효 길이[net effect]를 갖는 둘 이상의 동시작용력으로 분해될 수 있다. 구조 분석의 편의상, 이들은 일반적으로 초기 힘의 직사각형 또는 데카르트 좌표로 해석된 구성요소[Cartesian components]이다.
- 다각형법[polygon method]은 각 힘 벡터를 연속적으로 그려서, 앞의 머리 부분에 각각 꼬리를 두고 여러 동시작용력[concurrent forces]의 동일 평면계 벡터 총합을 찾아서 다각형을 완성하는 그래픽 기법이다. 그 다각형은 첫 번째 꼬리에서 마지막 벡터의 머리까지 확장되는 합력[resultant force]을 나타내는 벡터이다.

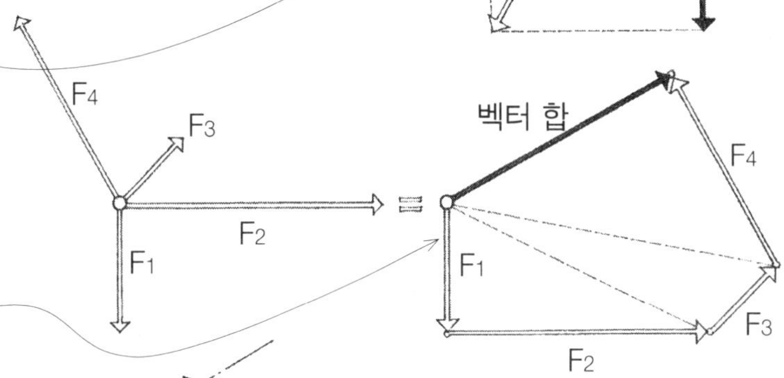

- 비동시작용력[nonconcurrent forces]은 공통점에서 교차하지 않는 작용선을 가지며, 벡터 합은 단일 힘으로 원래 힘의 집합과 동일한 물체의 병진(수평이동)[translation]과 회전을 유발한다.
- 모멘트[moment]는 점이나 선을 중심으로 물체를 회전시키는 힘이며, 힘과 모멘트 팔 길이[moment arm]의 곱과 크기가 같고 시계 방향 또는 시계 반대 방향으로 작용한다.

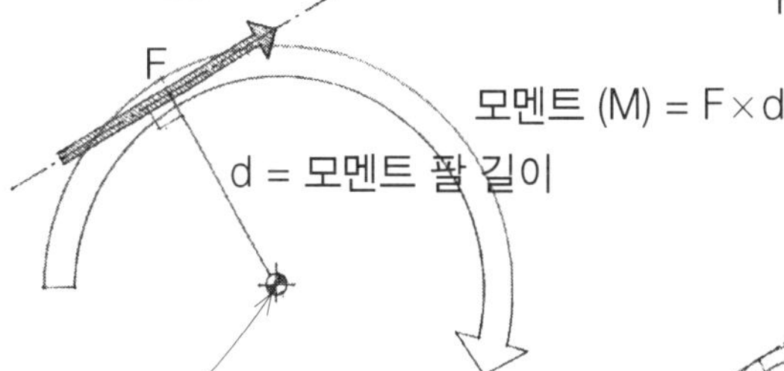

- 짝힘[couple]은 두 개의 동일한 평행 힘이 반대 방향으로 작용하는 힘 시스템이며, 회전하려는 경향은 있지만 병진하지는 않는다. 짝힘의 모멘트는 힘들 중 하나와 두 힘 사이의 수직거리의 곱과 크기가 같다.

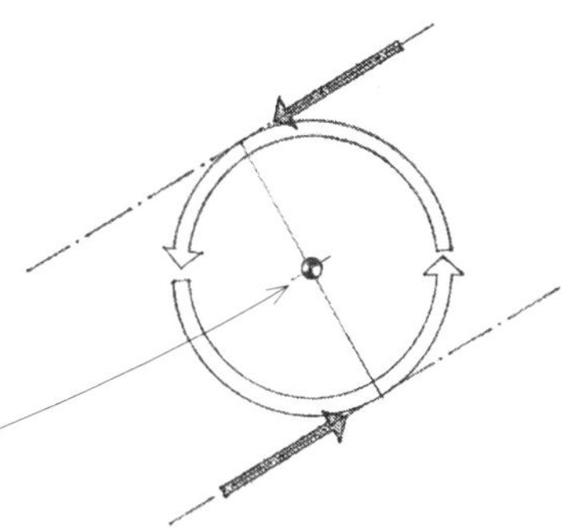

2.14 구조적 평형

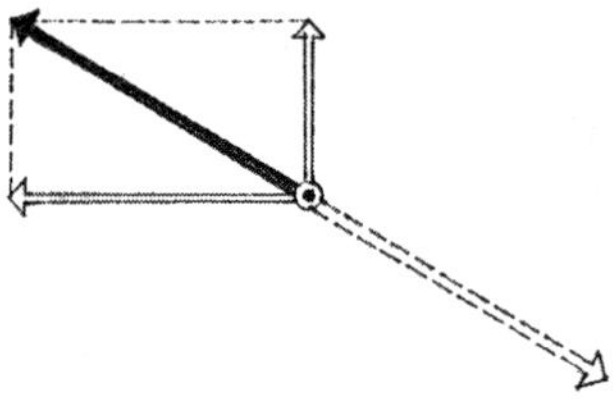

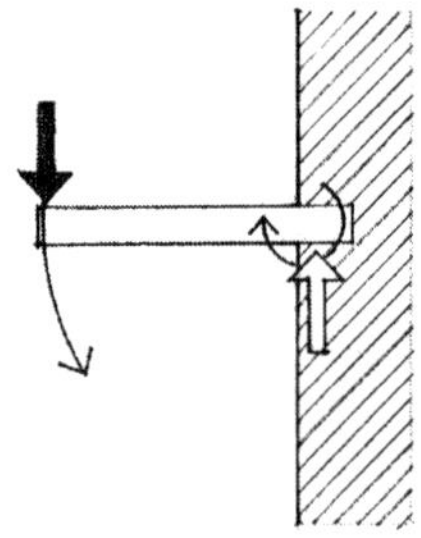

힘의 크기, 방향과 작용점, 그리고 평형 상태를 이루기 위한 해결책과 같은 것이 구조 설계와 분석의 우선적인 관심사이다. 평형은 서로 반대 힘들의 동등한 작용으로 인한 균형 상태 또는 정지 상태이다. 즉, 각 구조 요소가 하중을 받을 때, 그 지지 요소들은 같은 크기의 반대 방향 힘으로 반응해야 한다. 강체[rigid body]가 평형 상태가 되려면 두 가지 조건이 필요하다.

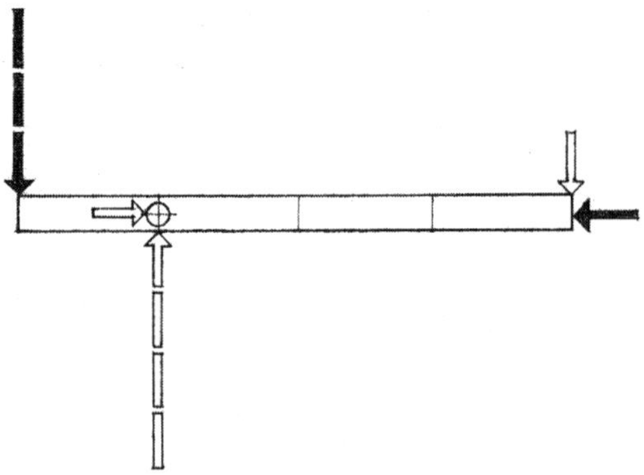

- 첫째, 작용하는 모든 힘의 벡터 총합이 0과 같아야 병진 평형[translational equilibrium]을 보장할 수 있다: $\Sigma F_x = 0$; $\Sigma F_y = 0$; $\Sigma F_z = 0$.
- 둘째, 임의의 점이나 선에 대한 모든 힘의 모멘트 대수 총합은 0과 같아야 회전 평형[rotational equilibrium]을 보장할 수 있다: $\Sigma M = 0$.

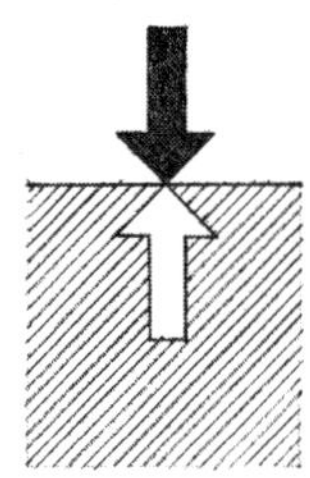

- 뉴턴의 운동 제3법칙[Newton's third law of motion]인 작용과 반작용 법칙에 따르면 물체에 작용하는 모든 힘에 대해 물체는 원래 힘과 동일한 작용선을 따라 반대 방향으로 동일한 크기의 힘이 가해진다.

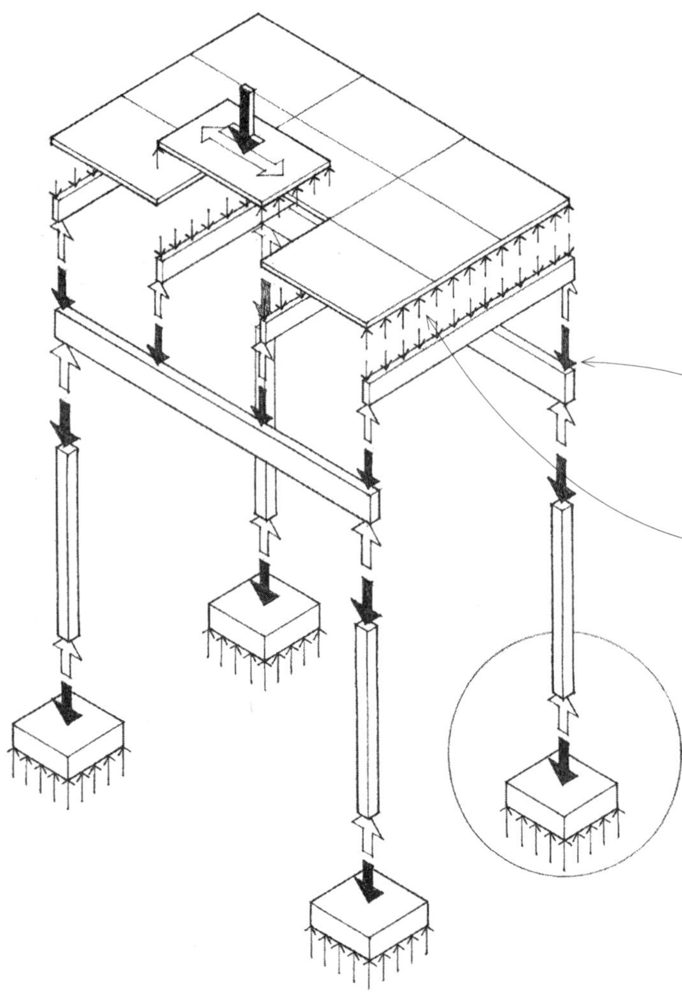

- 보가 기둥에 있거나 기초에 기둥이 있을 때와 같이 집중 하중[concentrated load]은 지지 구조 요소의 매우 작은 영역이나 특정 지점에 작용한다.
- 바닥 데크나 장선에 작용하는 활하중 또는 벽에 걸리는 풍하중의 경우와 같이 등분포 하중[uniformly distributed load]은 지지 구조 요소의 길이나 영역에 걸쳐 적용되는 균일한 크기의 하중이다.

- 자유 물체도[free-body diagram]는 물체 또는 구조물의 분리된 부분에 작용하는 작용과 반력의 전체 시스템을 그래픽으로 표현한 것이다. 구조 시스템의 모든 기본적인 부분은 그 부분의 평형을 유지하는데 필요한 반작용이 일어난다. 이는 더 큰 시스템이 전체 평형을 유지하는 역할을 하는 지지대에서 반작용이 일어나는 것과 같은 원리이다.

기둥은 주로 부재의 단부에 가해지는 축 방향 압축 하중을 지지하도록 설계한, 강성을 가지고 비교적 세장한 구조부재이다. 상대적으로 짧고 두꺼운 기둥은 좌굴보다는 파쇄crushing가 원인이 되어 파손failure이 일어난다. 축 방향 하중의 직접적 응력이 횡단면 재료의 압축강도를 초과하면 파손이 일어난다. 그러나 편심 하중으로 휨bending이 발생하면 단면 응력 분포가 고르지 않을 수 있다.

- 단면 핵 영역kern area은 기둥이나 벽의 수평 단면의 중앙 영역으로, 압축응력만 단면에 존재하는 경우 모든 압축 하중의 합이 통과해야 한다. 이 영역을 벗어나 압축 하중을 가하면 단면에 인장 응력이 발생한다.

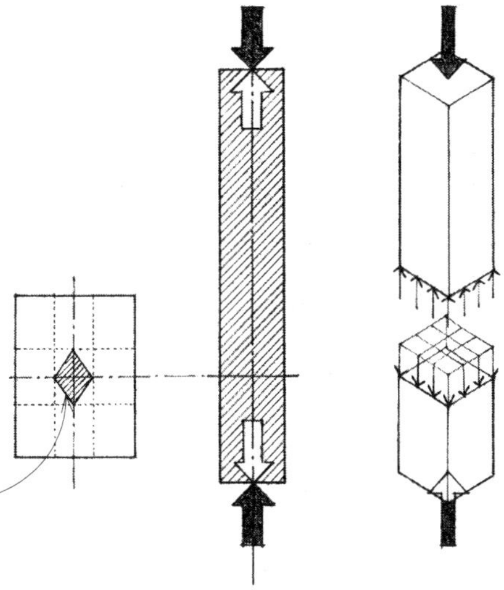

- 외력은 구조 요소들 내에서 내부 응력을 생성한다.

길고 세장한 기둥은 파쇄보다는 좌굴buckling로 인해 파손되기 쉽다. 좌굴은 세장한 구조부재가 재료의 항복 응력에 도달하기 전에 축 방향 하중 작용으로 갑작스럽게 측면 또는 비틀림의 불안정성이 발생한 것을 의미한다. 좌굴 하중 하에서 기둥은 측면으로 편향되기 시작하여 원래의 선형 상태를 복원하는데 필요한 내력을 생성할 수 없다. 하중이 더 추가되면 구부러져서 붕괴가 발생할 때까지 기둥은 더 편향되게 된다. 기둥의 세장비slenderness ratio5) 가 높을수록 임계 응력critical stress6)이 낮아 좌굴이 일어나기 쉽다. 기둥 설계 시 주요 목표는 유효 길이effective length를 단축하거나 횡단면의 회전 반경radius of gyration을 최대화하여 세장비를 줄이는 것이다.

- 기둥의 세장비slenderness ratio는 유효 길이(L)와 가장 작은 회전 반경(r)의 비율이다. 따라서 비대칭적인 기둥 단면의 경우 좌굴은 약축weaker axis 주위 또는 최소 치수least dimension 방향에서 일어나는 경향이 있다.

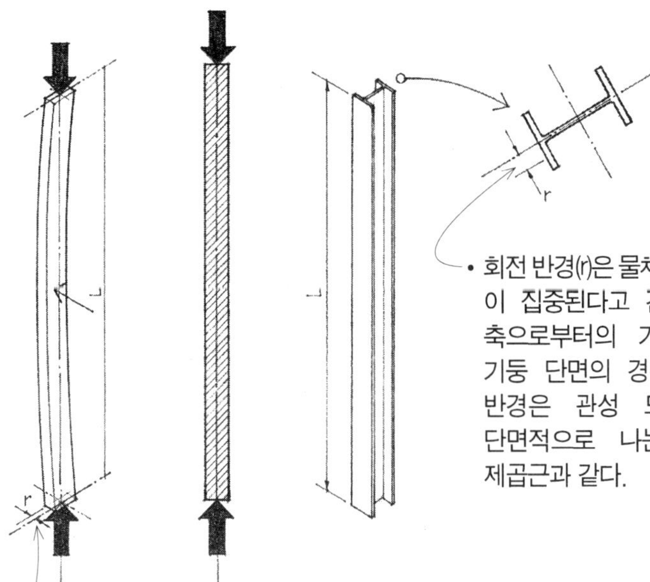

- 회전 반경(r)은 물체의 질량이 집중된다고 간주하는 축으로부터의 거리이다. 기둥 단면의 경우 회전 반경은 관성 모멘트를 단면적으로 나눈 값의 제곱근과 같다.

- 유효 길이는 좌굴이 발생하는 기둥의 변곡점inflection points 사이의 거리이다. 기둥 일부가 좌굴하더라도 파손은 기둥 전체에서 일어난다.
- 유효 길이 계수effective length factor(k)는 유효 길이를 결정하기 위해 종료 조건에 따라 기둥의 실제 길이를 수정하기 위한 계수이다. 예를 들어, 긴 기둥의 양쪽 끝을 고정하면 유효 길이가 절반으로 줄어들고 내하력load-carrying capacity은 4배로 증가한다.

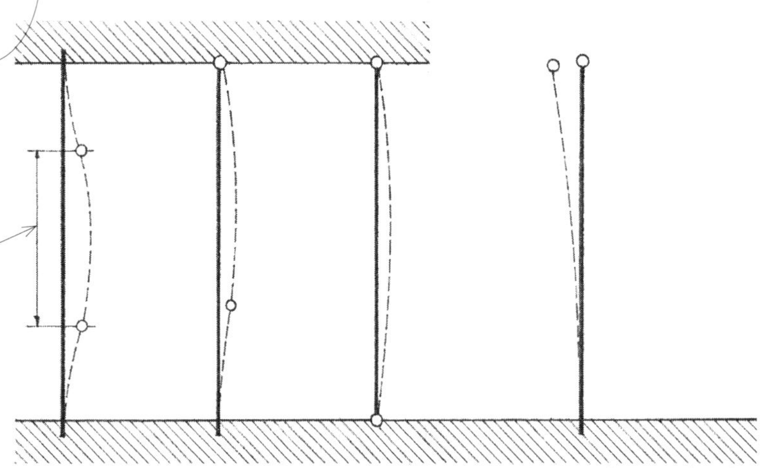

- 양쪽 고정단; k=0.5
- 한쪽은 핀 고정, 한쪽은 고정단; k=0.7
- 양쪽 핀 고정; K=1.
- 한쪽은 자유단, 한쪽은 고정단; k=2.0

5) 기둥이 하중에 견디는 정도를 나타내는 값으로 길이를 단면의 회전 반지름으로 나누어 구하는데, 값이 적을수록 큰 하중에 강하다.
6) 물체가 파괴되지 아니하고 견딜 수 있는 최대의 변형력

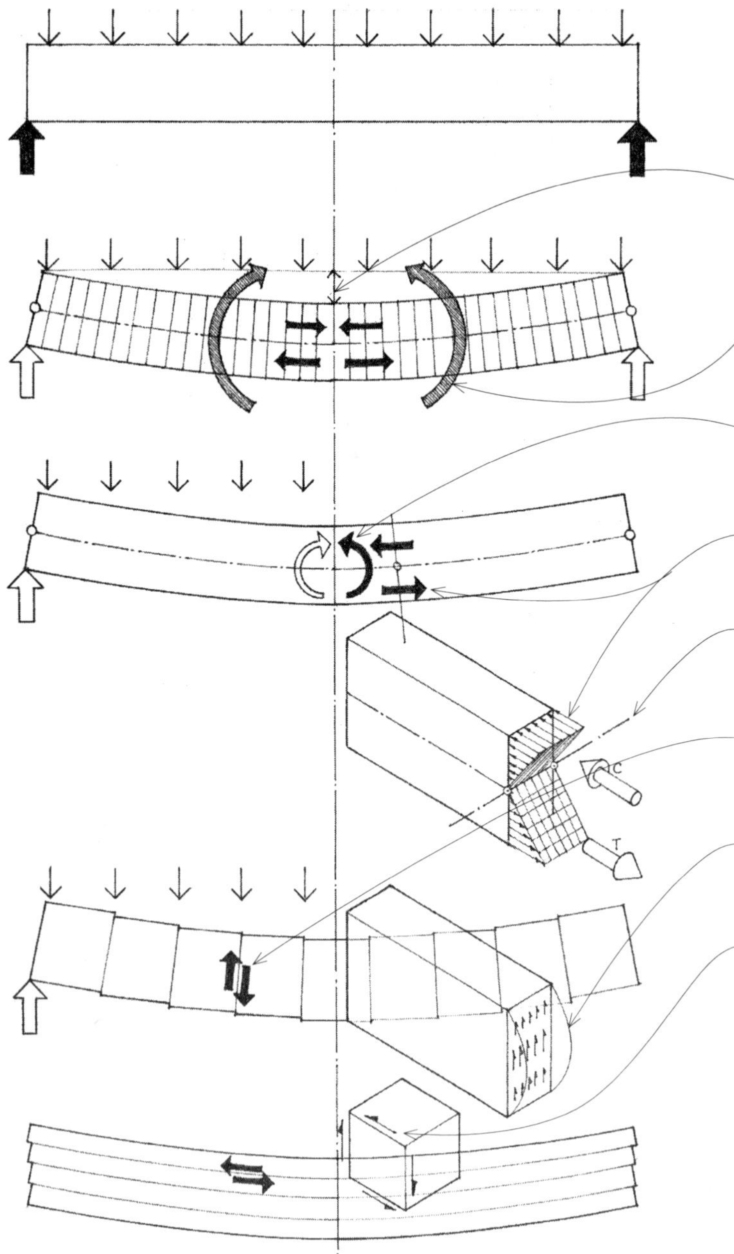

보는 공간을 가로질러 횡 하중transverse loads을 지지대에 이동시켜 전달하도록 설계된 견고한 구조 부재이다. 비동시 작용력nonconcurrent forces 패턴은 보의 휨과 처짐에 영향을 미치며, 재료의 내력으로 견뎌야 한다.

- 처짐deflection은 횡 하중에서 양단에 걸친 부재spanning member가 진로를 이탈하는 수직거리로, 하중과 경간에 따라 증가하고 단면의 관성모멘트나 재료의 탄성 계수 증가에 따라 감소한다.
- 휨 모멘트bending moment는 구조의 일부가 회전하거나 휘는 경향이 있는 외부 모멘트로, 계획하고 있는 구간의 중립축에 대한 모멘트의 대수적 합과 같다.
- 저항 모멘트resisting moment는 휨 모멘트와 크기가 같고 방향이 반대인 내부 모멘트로, 계획하고 있는 단면의 평형을 유지하기 위한 짝힘으로 생성된다.
- 휨 응력bending stress은 횡력에 저항하는 구조 부재의 단면에서 발생하는 압축과 인장 응력의 결합이며 중립축에서 가장 먼 표면의 최댓값을 가진다.
- 중립축neutral axis은 휨을 받기 쉬운 보나 다른 부재의 단면 중심을 통과하는 가상의 선이며 휨응력은 발생하지 않는다.
- 횡전단transverse shear은 단면의 한쪽 면에 대한 횡력의 대수적 합과 동일한 휨을 받는 보 또는 다른 부재의 단면에서 발생한다.
- 수직 전단 응력vertical shearing stress은 횡 전단에 견디도록 발생하여 중립축에서 최댓값을 지니며 외부 표면을 향하여 비선형적으로 감소한다.
- 수평 혹은 수직 전단 응력horizontal or longitudinal shearing stress은 횡 하중 하에서 보의 수평면을 따라 미끄러짐을 방지하며, 해당 지점의 수직 전단 응력과 동일한 지점에서 발생한다.

보의 효율은 가능한 최소 면적으로 필요한 관성 모멘트 또는 단면 계수를 부여하도록 횡단면을 구성함으로써 증가하는데, 대개는 최대 휨 응력이 발생하는 말단에서 대부분의 재료로 단면을 깊게 함으로써 증가한다. 예를 들어, 보 경간을 반으로 줄이거나 보 너비를 두 배로 늘리면 휨응력은 2를 인자로 하여 줄어들고, 보 춤을 두 배로 늘리면 4를 인자로 하여 줄어든다.

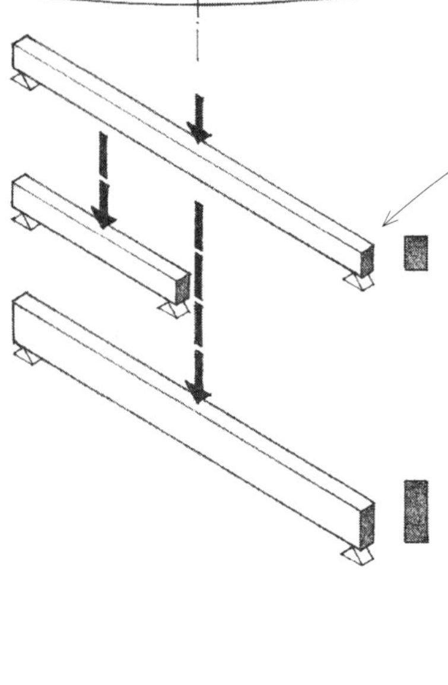

- 관성 모멘트moment of inertia는 입자의 점질량에 동일 평면상의 회전축으로부터의 거리를 제곱한 수를 곱한 것을 입자의 수만큼 합친 값이다.[7] 이는 구조 부재의 단면 영역이 어떻게 분포되어 있는지를 나타내는 기하학적 특성이며, 재료의 고유한 물리적 특성은 반영되지 않는다.
- 단면 계수section modulus는 단면의 기하학적 특성으로 단면의 관성모멘트를 중립축에서 가장 먼 표면까지의 거리로 나눈 값으로 정의된다.

7) 동일계의 관성모멘트 값은 입자의 점질량과 위치에 따라 달라지는 회전축으로부터의 거리를 곱한 것이다. 불연속체 일 때는 급수 또는 수열의 합이지만 연속체인 강체에서는 적분 값으로 표현한다.

- 단순보simple beam는 양쪽 끝에 있는 지지대 위에 놓여 있다. 끝은 자유롭게 회전하여 모멘트 저항이 없다. 정적으로 결정되는 구조물과 마찬가지로 단순보에 대한 모든 반작용, 전단력 및 모멘트의 값은 횡단면 형상과 재료와는 무관하다.

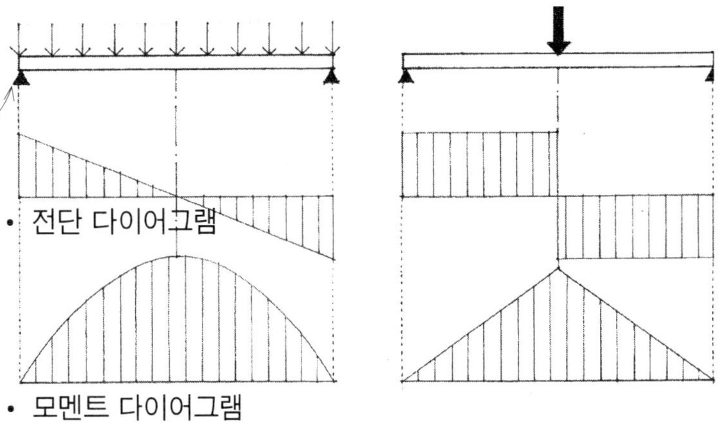

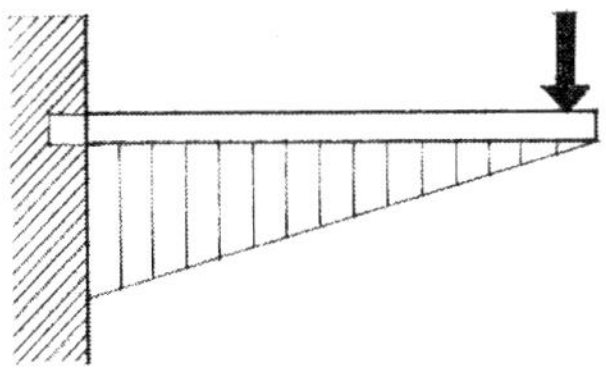

- 캔틸레버cantilever는 한쪽 끝만 고정단으로 지지하는 돌출보 또는 기타 강성 구조 부재이다.
- 돌출 보overhanging beam는 지지대들 중 하나를 넘어 뻗어나가는 단순보이다. 돌출부는 지지대 위의 캔틸레버 밑면에서 부negative 모멘트를 증가시키는 반면 중간 지점에서는 정positive 모멘트를 감소시킨다. 등분포하중을 가정할 때 지지대 위의 모멘트 크기가 같고 중간 경간 모멘트와 방향이 반대인 위치는 경간의 약 3/8 지점이다.

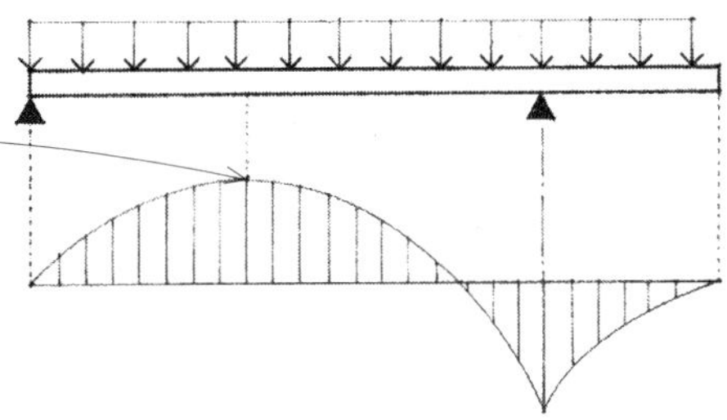

- 양단 돌출 보double overhanging beam는 양쪽 지지부 너머로 뻗어 나가는 단순보이다. 균일하게 분포된 등분포 하중으로 가정하면, 가정하면, 지지대 위의 모멘트가 중간 경간 모멘트와 같고 반대인 위치는 경간의 약 1/3 정도이다.

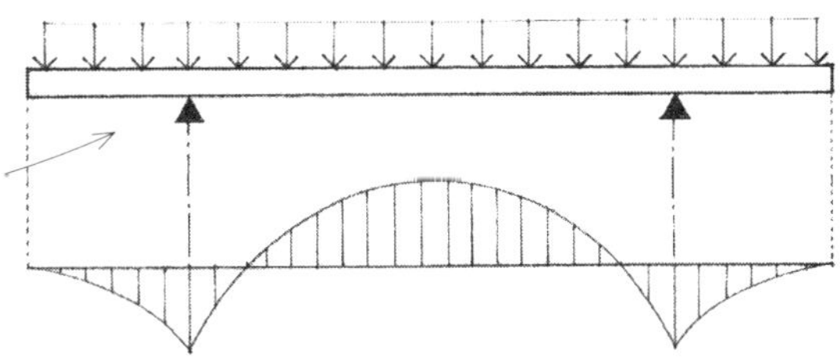

- 고정단 보fixed-end beam는 양단에서 병진(수평이동, translation)과 회전을 억제한다. 고정단 끝부분은 휨 응력을 전달하고 보의 강성을 높여 최대 처짐 값을 줄인다.
- 조경간[8]suspended span은 제로(0) 모멘트 지점에 핀으로 고정된 시공 이음이 있는 두 개의 인접한 경간의 돌출부로 지지가 되는 단순보이다.
- 연속보continuous beam는 비슷한 경간과 하중을 갖는 일련의 단순보에 비해 더욱 큰 강성과 더욱 작은 모멘트를 전개하기 위해 두 개 이상의 지지대 위로 뻗어간다. 고정단 및 연속보는 모든 반력, 전단력 및 모멘트 값이 경간과 하중만이 아니라, 보의 단면형상 및 재료에 따라 달라지는 불확실한 구조이다.

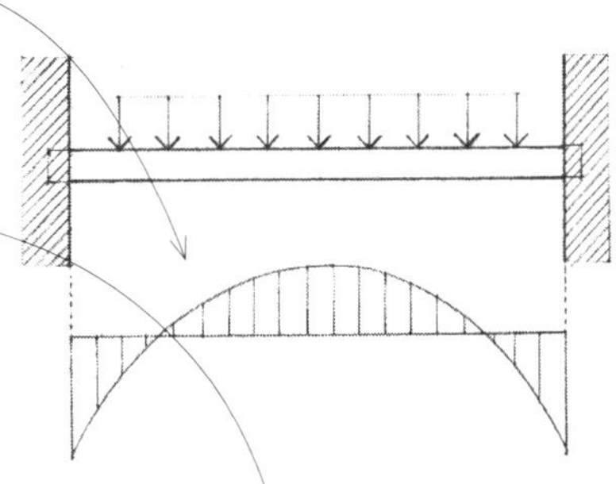

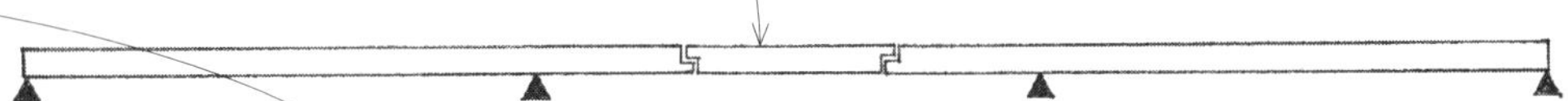

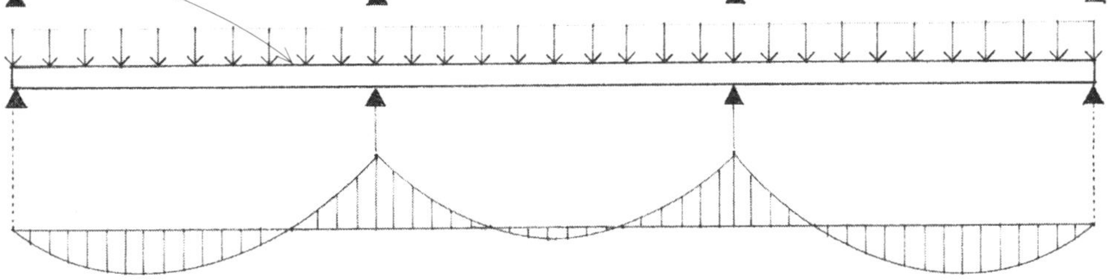

8) 중간 경간에 두 힌지를 둔 겔버교에서 두 힌지 사이의 거리 또는 그 부분의 공간

2.18 트러스

트러스는 삼각형의 기하학적 강성에 기초한 구조 프레임이며 축 방향 인장 또는 압축만을 받는 선형 부재들로 이루어진다.

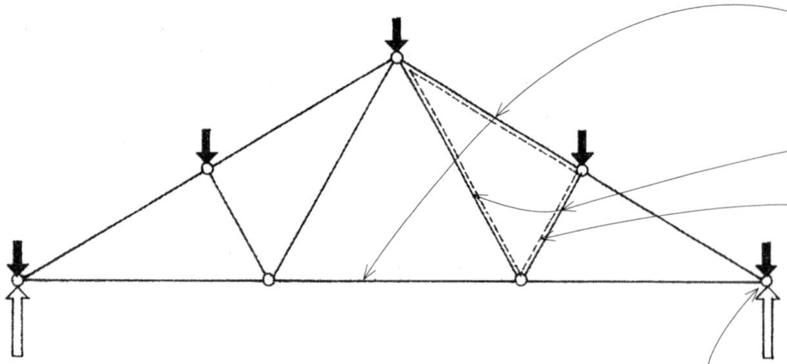

- 상현재와 하현재[top and bottom chords]는 단부에서 단부로 연장되고 웹(복부재)[web] 부재로 연결되는 트러스의 주요 부재이다.
- 웹(복부재)은 트러스의 상현재와 하현재를 연결하는 부재들을 통합하는 시스템이다.
- 패널(격간)[panel]은 현[chord]의 두 절점과 반대쪽 현의 상응하는 이음 또는 이음매 한 쌍 사이의 트러스 웹 안쪽 공간을 지칭한다.
- 힐[heel]은 트러스의 아래쪽에서 지지하는 단부이다.

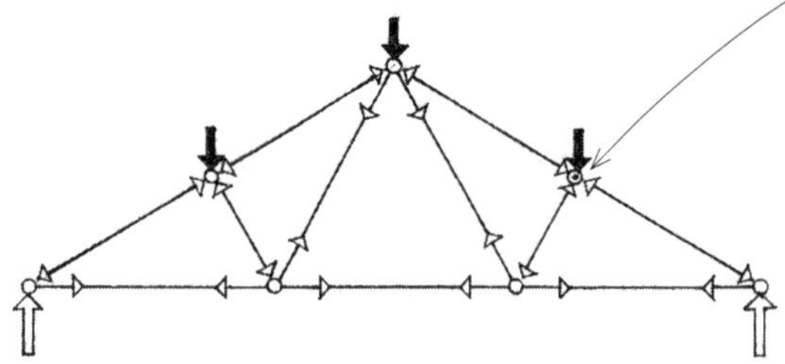

- 절점[panel point]은 주요 웹 부재와 현 사이의 이음부이다. 트러스 부재가 축 방향 인장 또는 압축에만 적용되는 경우 트러스는 절점[panel point]에만 하중이 실려야 한다. 2차 응력이 발생하지 않도록 하려면 트러스 부재의 중심축과 이음부의 하중이 같은 지점을 통과해야 한다.

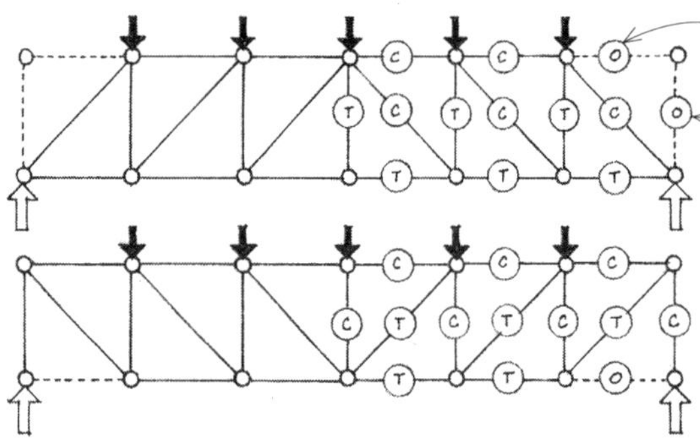

- 영 부재[zero-force members]는 이론적으로 직접 하중을 전달하지 않는다. 영 부재를 뺀다고 트러스 구성의 안정성이 떨어지지는 않는다.
- 트러스와 트러스 구성 유형에 대해서는 6.09를 참조

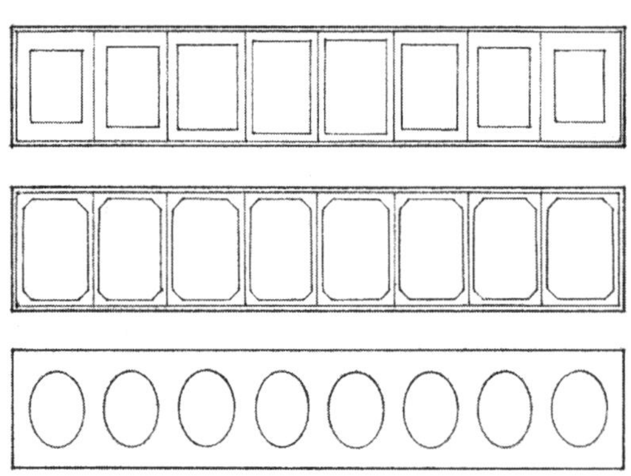

- 비렌딜 트러스[9)][vierendeel trusses]는 수직 웹(복부재) 부재가 평행한 상현재와 하현재에 강접으로 연결된 프레임 보 구조이다. 비렌딜 트러스는 부재가 축이 아닌 방향의[nonaxial] 휨력을 받기 때문에 진정한 트러스는 아니다.

9) 벨기에의 아서 비렌딜이 고안하였다.

단순히 두 개의 기둥으로 지지하는 보는 보강되지 않는 한, 횡력을 견딜 수 없다. 기둥과 보를 연결하는 이음부가 힘과 모멘트를 모두 견딜 수 있는 경우, 조립부는 강접 골조가 된다. 단단한 이음이 부재 단부가 자유롭게 회전하는 것을 억제하기 때문에 가해진 하중은 골조의 모든 부재에서 축방향 휨력과 전단력을 생성한다. 또한, 수직 하중은 강접 골조의 단부에서 수평 추력을 발생시킨다. 강접 골조는 정적으로 불확정하고 평면에서만 고정된다.

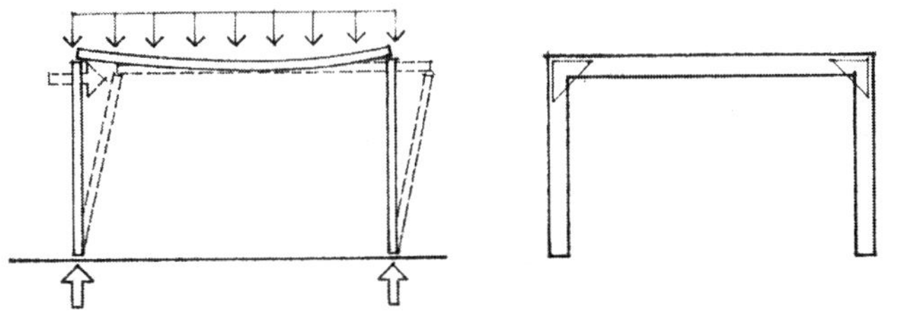

- 고정 접합 골조fixed frame는 고정 접합부로 지지대에 연결한 강접 골조rigid frame이다. 고정 접합 골조는 힌지 접합 골조hinged frame보다 처짐deflection에 더 강하지만 침하와 열팽창 및 수축에 더 민감하다.
- 힌지 접합 골조hinged frame는 핀 이음으로 지지대에 연결되는 강접 골조이다. 핀 이음은 지지대 침하로 긴장이 생기면 골조가 하나의 단위로 회전하고, 온도변화로 응력이 생기면 약간 구부러지도록 하여 높은 휨 응력이 발생하는 것을 방지한다.
- 3 힌지 골조는 핀 이음을 한 지지대와 두 개의 강접 단면을 연결한 구조적 조립체이다. 고정형이나 한지형 골조보다 처짐에 더 민감하지만 3 힌지 골조는 지지대 침하와 열응력thermal stresses의 영향을 최소화한다. 3개의 핀 이음 골조는 정정 구조물[10)] statically determinate structure로 해석할 수 있다.

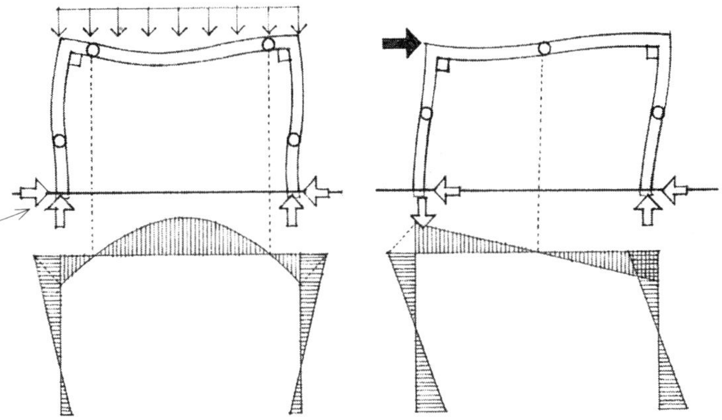

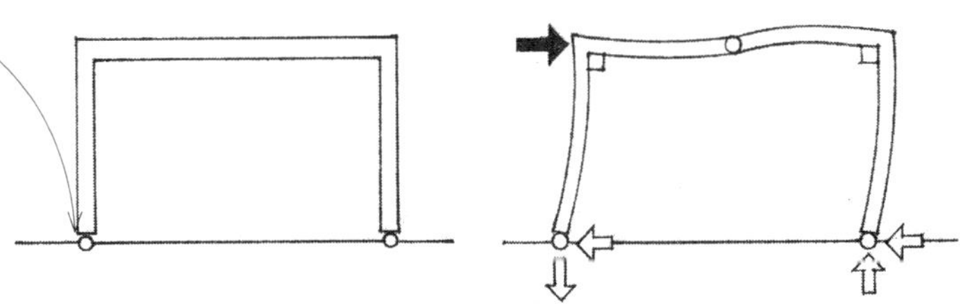

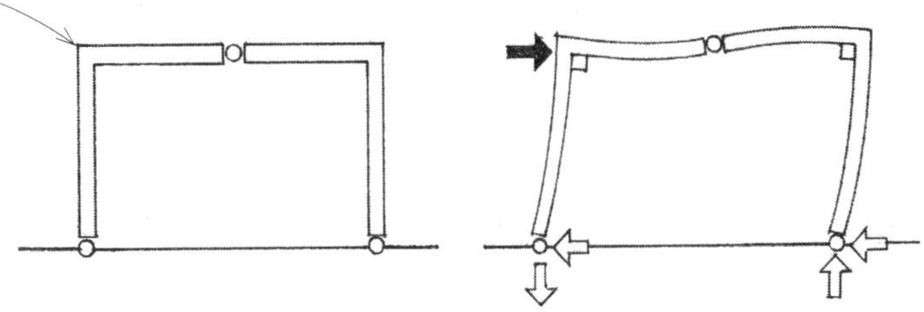

두 개의 기둥과 하나의 보로 규정된 평면을 채우면, 압축력을 지면에 전달하면서 길고 세장한 기둥 역할을 하는 내력벽loadbearing wall이 된다. 내력벽은 동일 평면상에 작용하는 등분포하중을 버틸 때 가장 효과적이며 평면에 수직인 힘에 가장 취약하다. 측면 안정성을 위해 내력벽은 벽기둥pilasters, 교차벽cross walls, 횡 방향 강접 골조 또는 수평 슬래브가 있는 버팀대 설치butressing에 의존해야 한다.

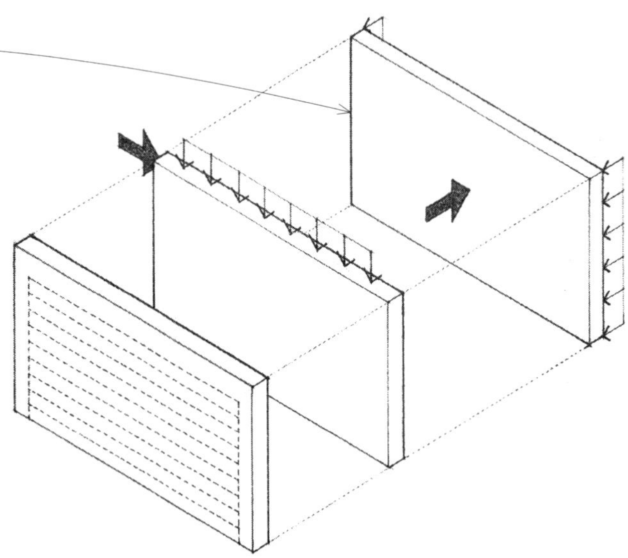

내력벽의 개구부는 구조 건전성structural integrity을 약화시킨다. 상인방lintel 또는 아치arch는 문 또는 창 개구부 위의 하중을 지탱해야 하며 압축응력이 개구부 주변을 벽의 인접 부분으로 흐르도록 해야 한다.

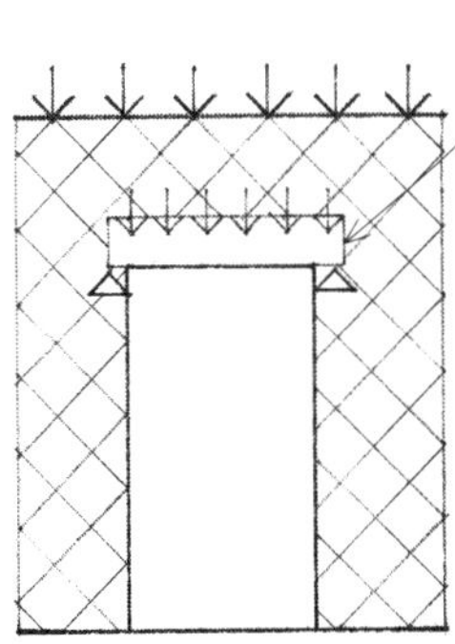

10) 정정 보 · 정정 라멘 · 정정 트러스 · 정정 아치 등이 있다.

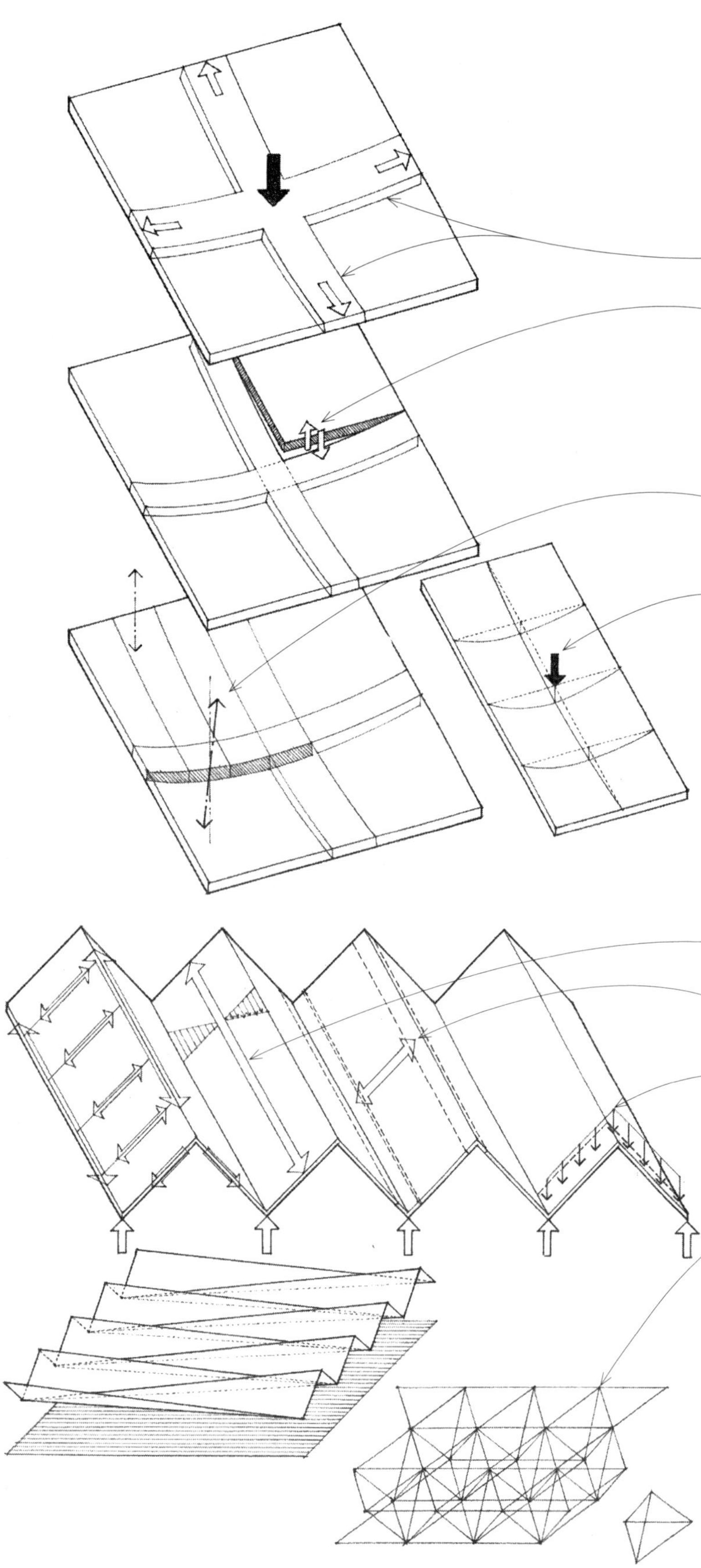

CSI 마스터포맷™ 13 32 00: 스페이스 프레임

평판 구조plate structures는 일반적으로 지지대까지 가장 짧고 가장 높은 강성을 보이는 경로shortest and stiffest routes를 따르는 하중과 함께 가해진 하중을 다방향 패턴으로 분산시키는 강접, 평면, 일체식 구조rigid, planar, usually monolithic structures이다. 평판 구조의 일반적인 사례는 철근 콘크리트 슬래브이다.

평판plate은 길이를 따라 지속해서 상호 연결되는 일련의 인접한 보 스트립beam strips으로 생각할 수 있다. 적용된 하중이 하나의 보 스트립을 구부리며 전달됨에 따라, 처진 스트립에서 인접한 스트립으로 전달되는 수직 전단에 의해 하중이 전체 판으로 분산된다. 또한, 하나의 보 스트립이 휘어지면 가로 스트립이 비틀어지며 비틀림 저항이 판의 전체 강성을 증가시킨다. 따라서 휨과 전단이 하중이 실린 보 스트립 방향으로 하중을 전달하는 동안, 전단과 비틀림은 하중을 스트립에 직각으로 전달한다.

판plate은 2방향 구조로 작동하도록 정사각형 또는 거의 정사각형에 가까운 형태여야 한다. 판이 직사각형에 가까운 형태가 되면 양방향 작동이 감소하고 짧은 평판 스트립이 더 단단해지고 하중의 더 많은 부분을 버티기 때문에 더 짧은 방향에 걸친 1방향 구조에서 일어나는 현상이 두드러진다.

절판 구조folded plate structures는 경계를 따라 견고하게 결합한 얇고 깊은 요소들로 구성되며 측면 좌굴에 대해 서로를 지지하기 위해 예리한 각도로 결합한다. 각 면은 세로 방향에서 보처럼 작동한다. 짧은 방향에서는 단단한 지지대 역할을 하는 접힌 각 면에 의해 경간span이 줄어든다. 가로 스트립은 접는 지점에서 지지하는 연속보처럼 작동한다. 수직 격벽diaphragms 또는 강접 골조는 접힌 측면의 변형에 대해 절판folded plate을 강화한다. 그 결과 단면의 강성으로 인해 절판이 비교적 긴 거리에 걸쳐 있을 수 있다.

스페이스 프레임space frame은 짧은 강성의 선형 요소로 삼각형을 구성하고, 이를 3차원 유닛으로 구축한 후 유닛을 반복적으로 전개한 것으로, 축 장력이나 압축만을 받는다. 스페이스 프레임의 가장 단순한 공간 유닛은 4개의 이음과 6개의 구조 부재를 지닌 사면체이다. 스페이스 프레임의 구조적 거동은 평판구조의 구조적 거동과 유사하기 때문에 지지 베이는 2방향 구조로 작동하도록 정사각형 또는 거의 정사각형에 가까운 형태여야 한다. 지지대의 지지 영역을 확대하면 전단이 전달되는 부재의 수가 증가하고 부재들의 힘은 감소한다. 스페이스 프레임에 대한 자세한 내용은 6.10을 참조할 것.

기둥, 보, 슬래브 및 내력벽의 주요 구조 요소를 사용하여 거주 공간의 크기를 규정하고 둘러쌀 수 있는 기본 구조 단위structural unit를 형성할 수 있다. 이러한 구조 단위는 건물의 구조 시스템과 공간 구성을 위한 기본 건물 블록이 된다.

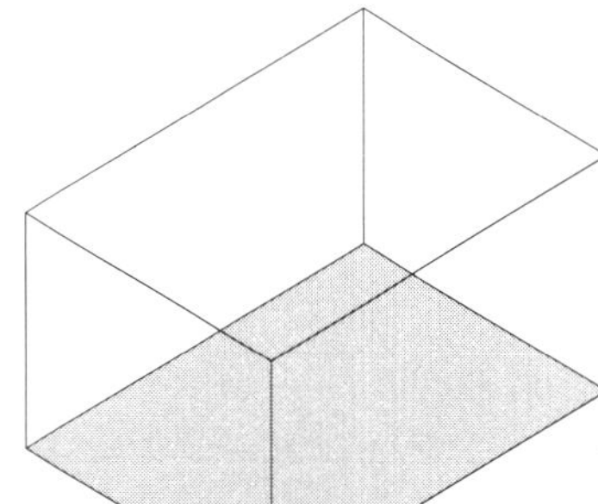

공간 볼륨

지지방식 선택support options

보 또는 거더를 지지하는 두 개의 기둥은 인접한 공간을 분리하고 결합하는 개방적 구조틀open framework을 만든다. 물리적 은신처와 시각적 프라이버시를 위한 차폐 공간enclosure은 구조 골조로 지지하거나 자중을 지지할 수 있는 방식 중 하나를 채택하여 비내력벽을 설치해야 한다.

기둥은 집중하중을 지지한다. 기둥 수가 증가하고 기둥 간격이 감소함에 따라 지지면supporting plane은 점점 중실(속이 차 있음)solid하게 되며, 분산 하중을 지지하는 내력벽의 성격에 가까워진다.

내력벽은 지지대를 제공할 뿐만 아니라 바닥 영역을 별개의 특정 공간으로 나눈다. 벽 양쪽에 있는 공간을 연결하는 데 필요한 개구부는 구조 건전성structural integrity을 약화하는 경향이 있다.

기둥과 보의 골조와 내력벽 모두는 결합되어 여러 공간 구성을 전개하는데 사용될 수 있다.

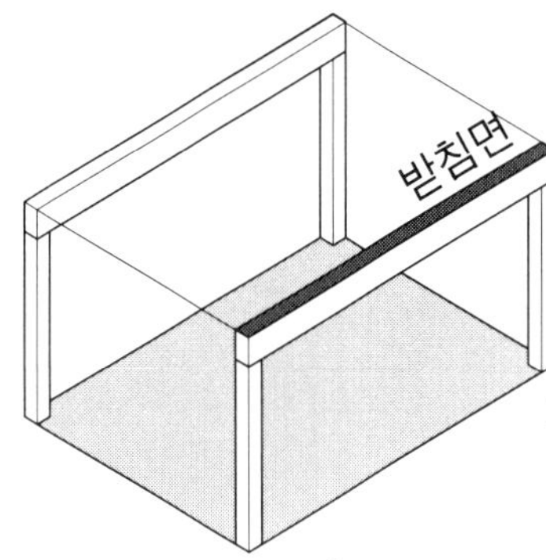

기둥과 거더

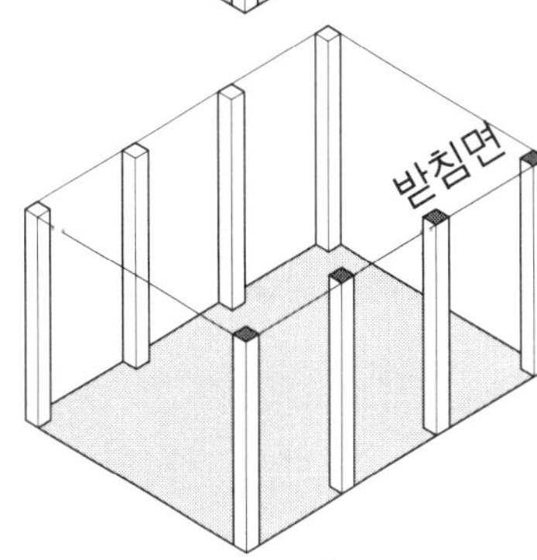

기둥열의 구성

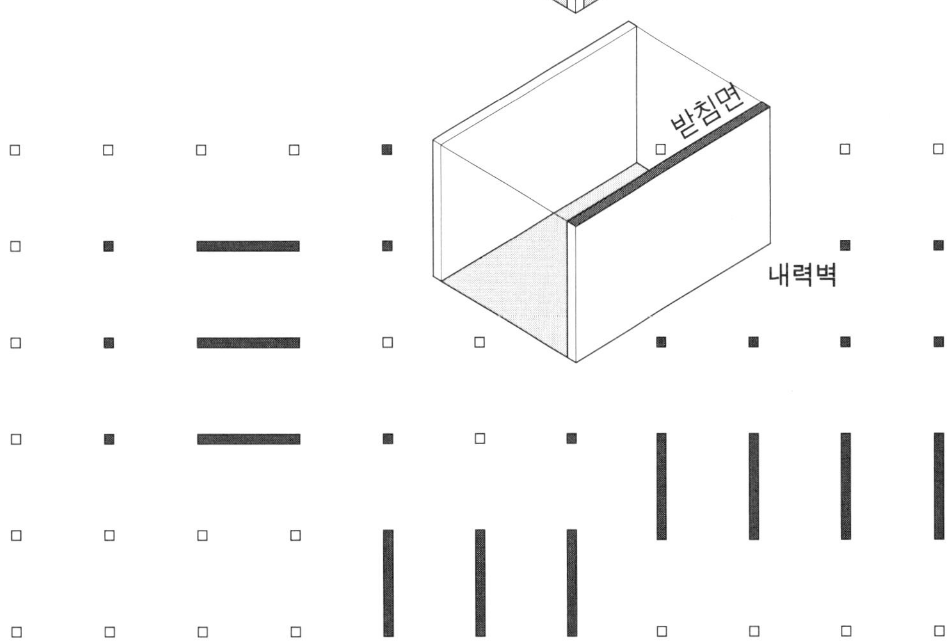

내력벽

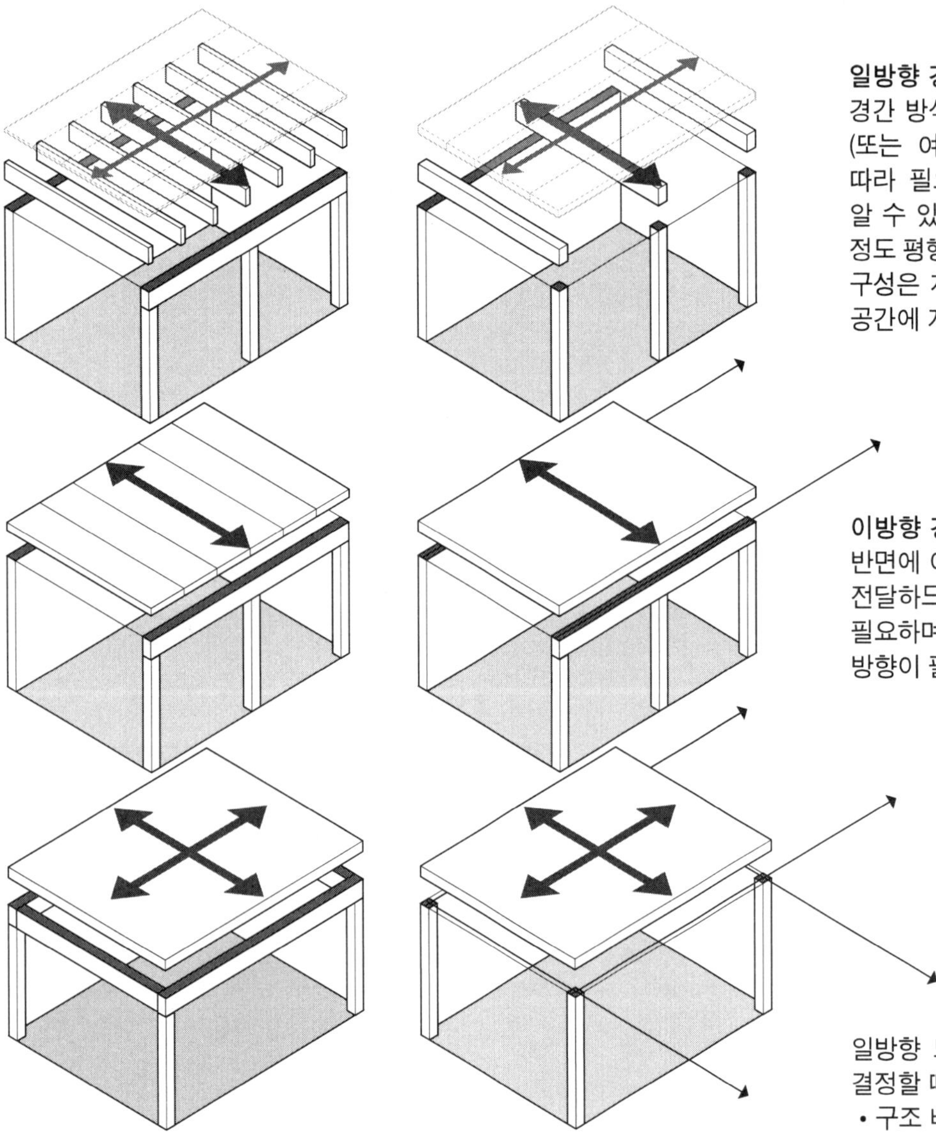

경간을 확보하는 방식

공간 볼륨volume을 만들려면 기둥 및 보 골조, 내력벽 또는 이들의 조합과 같이 수직으로 놓인 지지 평면이 최소 2개 필요하다. 변덕스러운 날씨와 폐쇄감sense of enclosure에 대비한 은신처를 제공하려면 지지 시스템 사이의 공간을 연결한 일종의 경간 방식이 필요하다. 두 지지면 사이의 공간을 확보하는 기본 방식을 고려해 보면, 가해진 힘이 지지 면에 분산되는 방식과 경간 방식의 형식을 모두 고려해야 한다.

일방향 경간 방식

경간 방식은 가해진 힘을 한 방향 또는 두 방향(또는 여러 방향)으로 전달하고 분배하는지에 따라 필요한 지지 패턴이 결정된다. 이름에서 알 수 있듯이, 일방향 방식은 가해진 힘을 어느 정도 평행한 한 쌍의 지지 면에 전달한다. 이러한 구성은 자연스럽게 공간 단위의 양면을 인접한 공간에 개방하여 강력한 방향성을 제공한다.

이방향 경간 방식

반면에 이방향 방식은 가해진 힘을 두 방향으로 전달하므로 두 세트의 지지면 또는 기둥이 필요하며, 서로 어느 정도 수직인 힘의 전달 방향이 필요하다.

일방향 또는 이방향 방식을 사용할 지 여부를 결정할 때 여러 변수를 고려해야 한다.

- 구조 베이의 치수, 축척 및 비율
- 사용되는 구조 재료
- 시공된 조립체의 깊이

수평 요소들의 경간 확보 역량은 수직 지지의 간격을 결정한다. 구조 요소의 경간과 간격 사이의 이러한 근본적인 관계는 건물의 구조 방식으로 규정된 공간 치수와 축척에 영향을 준다. 결국, 구조 베이bays의 치수와 비율은 공간 프로그램상의 요구 사항과 관련이 있어야 한다.

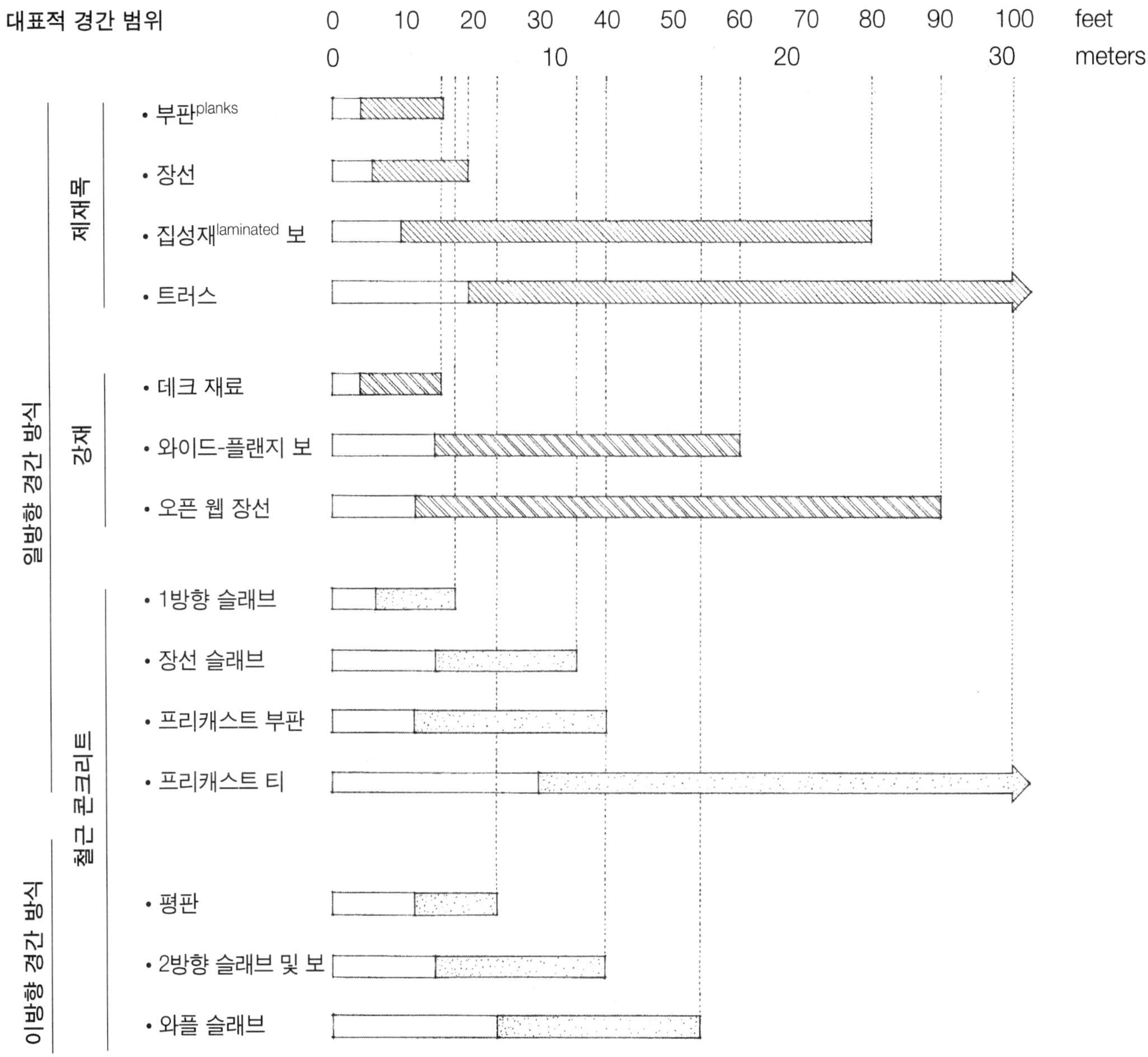

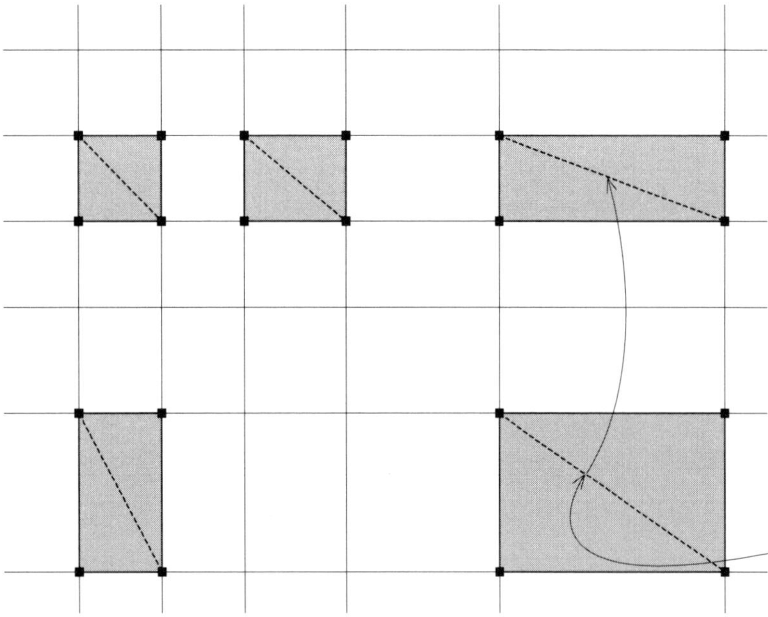

구조 시스템에 대한 주요 지점과 지지선은 일반적인 그리드를 규정한다. 그리드의 임계점은 기둥과 내력벽이 보와 다른 수평 경간 요소에서 하중을 모으고 이러한 하중을 지반 기초에 수직으로 전달하는 지점이다.

구조 격자의 고유한 기하학적 질서는 건물 설계의 기능적인 공간 조직에 착수, 이를 보강하는 설계 과정에서 사용할 수 있다. 구조 격자를 전개할 때 건축 아이디어, 프로그램 활동의 수용 및 구조 설계에 미치는 영향에 대해 고려해야 하는 중요 특성들이 있다.

비율

구조 베이의 비율은 수평 경간 방식의 재료와 구조 선택에 영향을 미치고 제한한다. 일방향 방식이 유연하고 정사각형 또는 직사각형 구조 베이의 어느 방향으로든 확장할 수 있지만 이방향 방식은 정사각형이나 거의 정사각형인 베이를 확장하는데 가장 적합하다.

치수

구조 베이의 치수는 수평 경간의 방향과 길이 모두에 분명히 영향을 미친다.

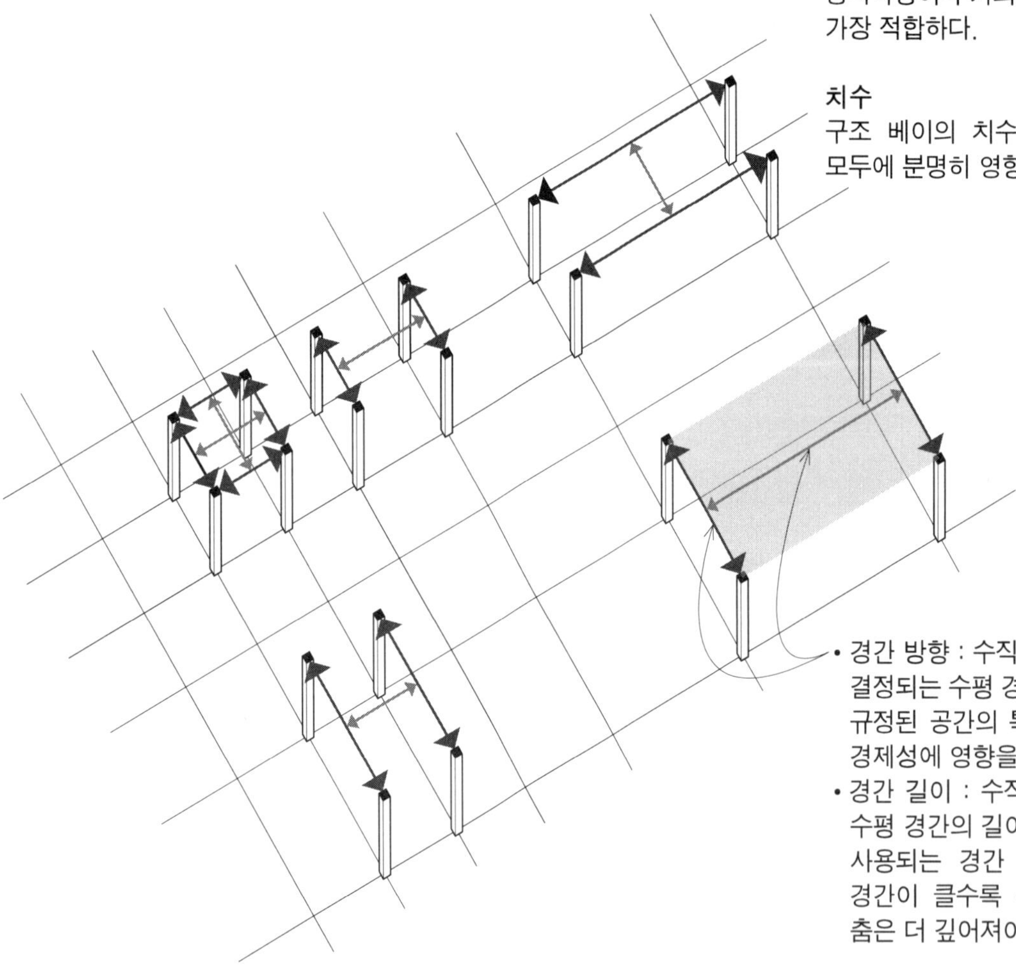

- 경간 방향 : 수직 지지 면의 위치와 방향에 따라 결정되는 수평 경간의 방향은 공간 구성의 성격, 규정된 공간의 특질, 그리고 어느 정도 시공의 경제성에 영향을 미친다.
- 경간 길이 : 수직 지지 면의 경간 확보 방식은 수평 경간의 길이를 결정하며, 이는 재료선택과 사용되는 경간 방식의 유형에 영향을 준다. 경간이 클수록 경간 확보 방식에서 적용하는 춤은 더 깊어져야 한다.

규모scale

우리는 사물의 상대적인 크기를 인식하거나 판단하는 방법을 설명하기 위해 대규모/소규모, 입자가 고움(작음)fine/거칠음(큼)coarse과 같은 용어를 사용한다. 구조 격자를 전개할 때, 우리가 정상이라고 생각할 수 있는 것과 비교하여 베이bays의 크기와 비율의 상대적인 고움과 거칠음을 판단하여 그 규모를 언급할 수 있다. 구조 격자의 규모는 다음과 관련이 있다.

- 수용할 활동의 유형;
- 특정 경간 방식에 부합하는 효율적인 경간 범위; 그리고
- 건축 부지의 기초 토양 속성

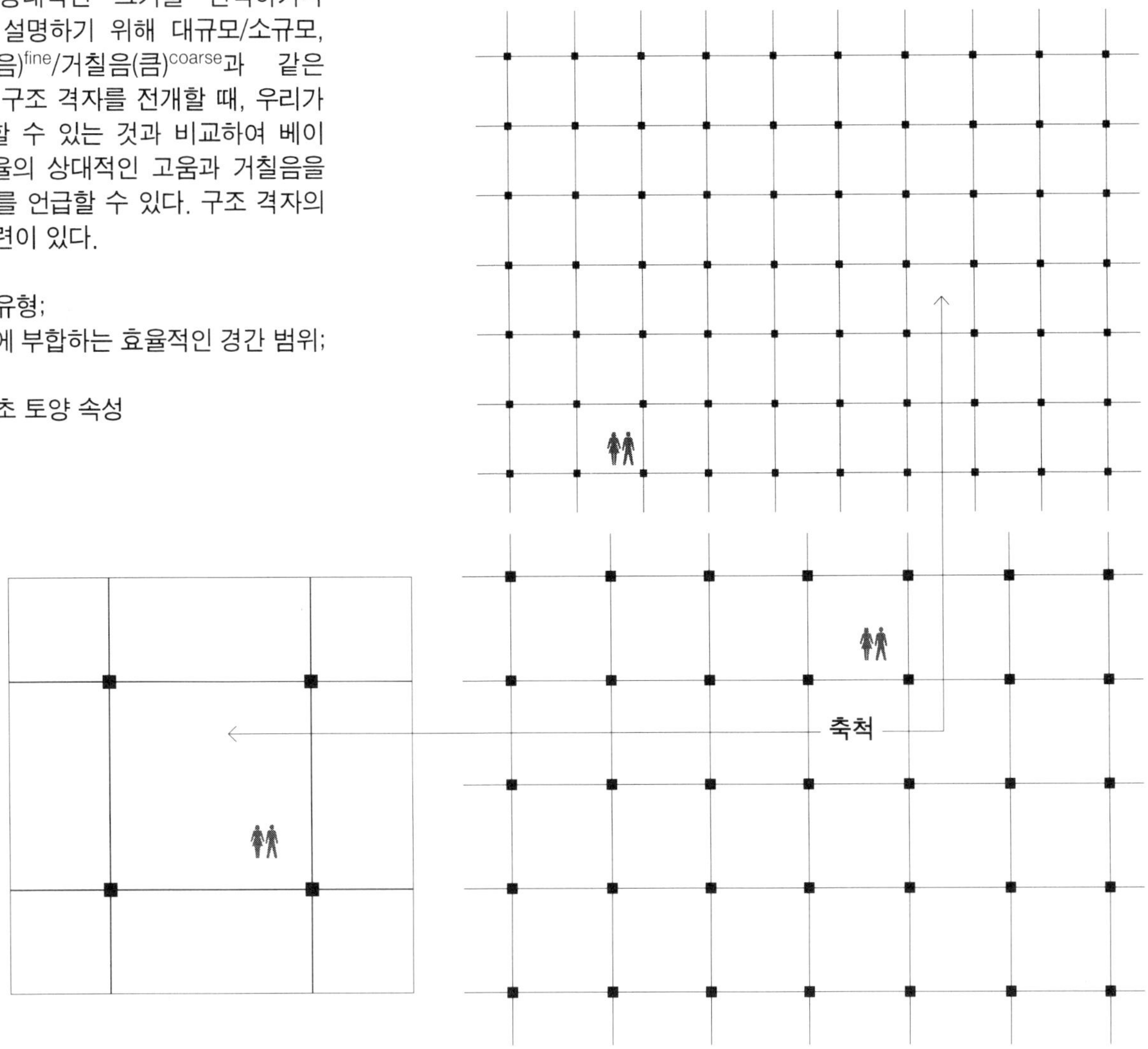

규모의 또 다른 양상은 사용되는 부재들의 상대적 크기이다. 일부 구조는 비교적 큰 부재를 사용하여 집중하중을 전달하는, 본질에서부터 집중적인 성격이 강한 방식을 채택하는 반면, 어떤 구조는 다수의 작은 부재에 하중을 분산시켜 지탱하게 하는, 분산적인 방식을 적용한다.

일부 구조 방식의 최종 속성은 경간 요소들의 방향, 크기 및 배열로 결정되는 흐름의 결grain이다.

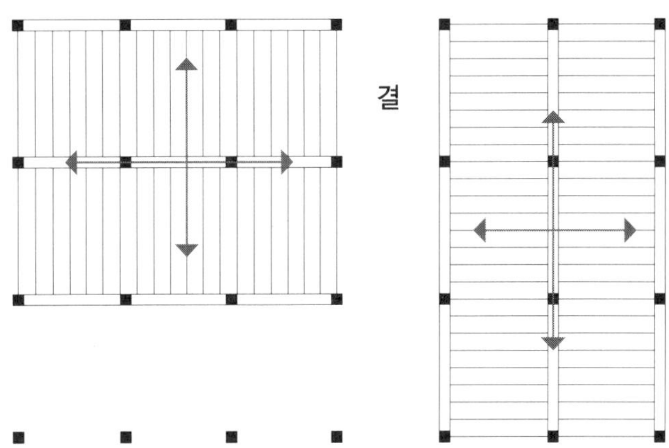

수평 격벽

- 평평하고 깊은 보의 역할을 하는 강성의 바닥 구조는 수직 전단 벽, 가새 골조 또는 강접 골조에 횡하중을 전달한다.

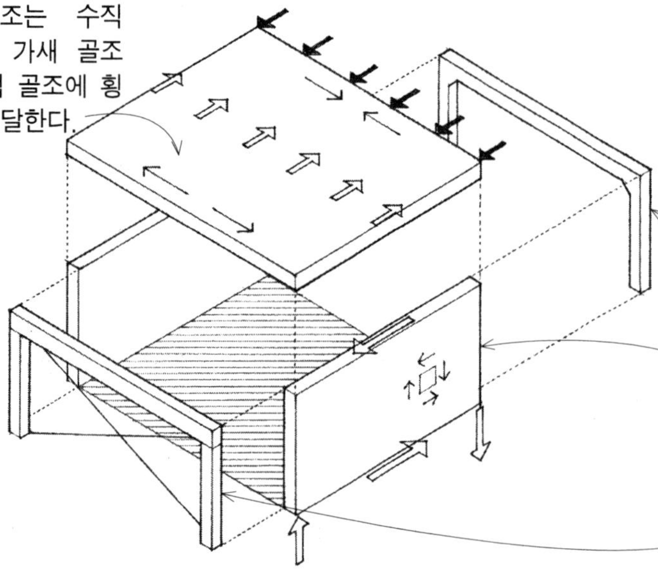

건물의 구조 요소는 가능한 모든 하중의 조건에서 안정적인 구조를 형성하기 위해 크기가 부여되고, 구성되며 결합하여야 한다. 따라서 구조 방식은 수직 중력 하중을 전달할 뿐만 아니라 횡력의 모든 방향에서 올 수 있는 풍력과 지진력을 견딜 수 있도록 설계해야 한다. 다음은 횡적 안정성을 보장하기 위한 기본 메커니즘이다.

강접 골조

- 부재 간 결합각 변화를 견딜 수 있는 강성 이음을 한 철골 또는 철근 콘크리트 골조

전단 벽

- 형상 변화에 견디고 횡하중을 지반 기초로 전달할 수 있는 목재, 콘크리트 또는 조적 벽

가새 골조

- 대각선 부재로 보강된 목재 또는 철골조

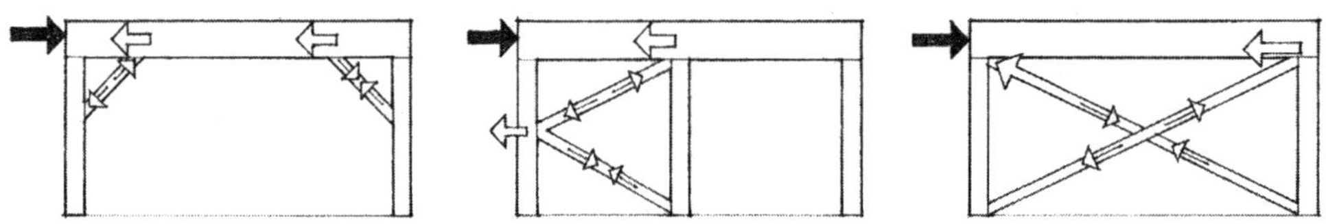

- 중간가새(무릎가새)
- K 가새
- 십자가새

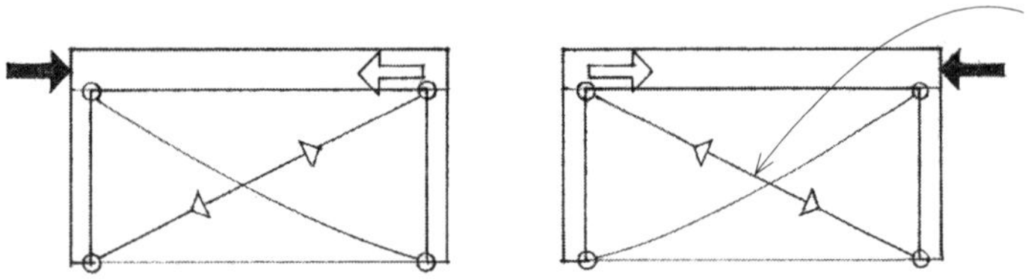

- 케이블 가새[cable bracing]를 사용하는 경우 양쪽의 횡력에 맞서 구조를 안정시키기 위해 두 개의 케이블이 필요하다. 각 방향에 대해 하나의 케이블은 장력에 효과적으로 작동하는 반면에 다른 케이블은 단순히 좌굴이 일어난다. 강성 가새를 사용하는 경우 단일 부재로 구조를 안정화할 수 있으므로 어느 정도 잉여[redundancy]가[11] 수반된다.

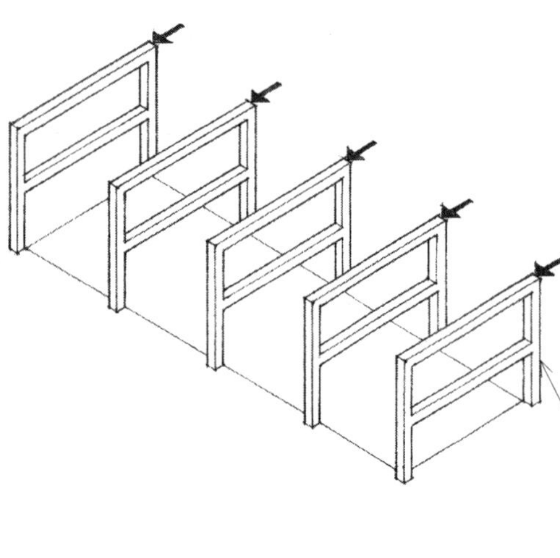

이러한 방식들 모두는 구조를 안정화하기 위해 단독으로 또는 조합하여 사용할 수 있다. 3가지 수직 방식 중에서 강접 골조가 효율성이 가장 떨어지는 경향이 있다. 그러나 가새 골조[braced frames]를 병용하면 강접 골조의 유용성을 높일 수 있다. 또한, 전단 벽이 인접한 공간들 사이에서 원하지 않는 장벽이 될 때는 강접 골조로 개구부를 어렵지 않게 확보할 수 있다.

횡력[lateral forces]은 직사각형 건물의 짧은 방향에서 더 중요한 경향이 있으며 일반적으로는 더 효율적인 전단벽 또는 가새 골조를 짧은 방향에서 사용한다. 긴 방향에서는 횡력 저항 요소들이 사용될 수 있다.

- 벤트 골조[bents]는 골조 구조물의 길이를 가로지르는 수직과 횡(측면) 하중을 전달하도록 설계된 가새 골조 또는 강접 골조이다.

11) 부정정 구조물에서 제거해도 구조체의 안정을 유지할 수 있는 부재 또는 반력, 응력을 포괄하는 개념

파괴를 일으키는 비틀림 효과를 방지하기 위해 횡력을 받는 구조는 가능한 한 일치하는 질량중심과 저항을 사용하여 대칭으로 배치되고 보강해야 한다. 비정형적 구조물irregular structures의 비대칭 배열구성은 일반적으로 횡력의 비틀림 효과를 판단하기 위해 동적 분석이 필요하다.

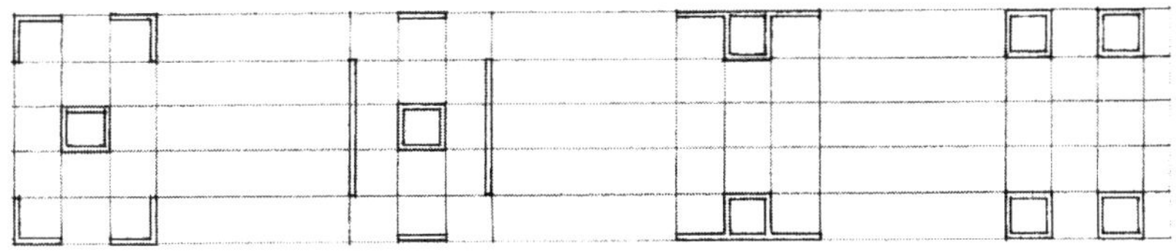

비정형 구조물은 질량 또는 횡력 저항 요소의 비대칭 배열, 연성층soft story 혹은 약층weak story, 불연속적 전단벽 또는 격벽과 같은 다양한 평면이나 수직적 비정형성을 특징으로 한다.

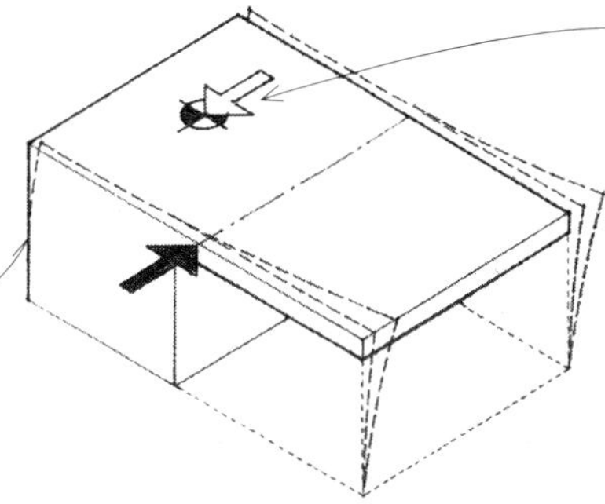

- 비틀림 비정형torsional irregularity은 질량 또는 횡력 저항 요소의 비대칭 배열을 의미하며, 결과적으로 질량과 저항의 중심이 일치하지 않게 된다.

- 저항 중심center of resistance은 횡력 작용lateral forces acts에 대한 전단 반력shear reaction이 작용하는 횡력 저항 시스템lateral force-resisting system의 수직 요소 중심이다.

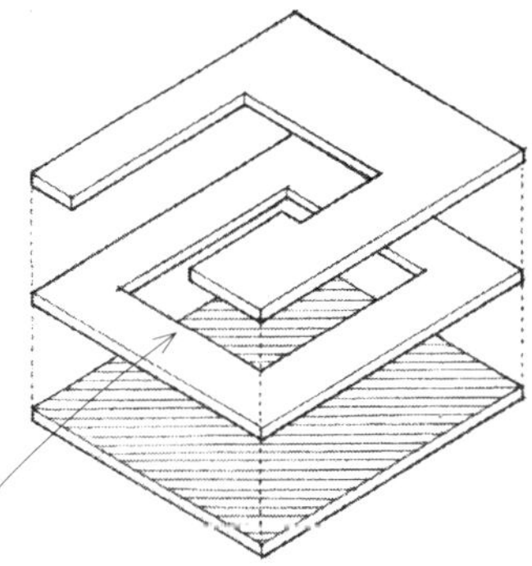

- 안으로 굽은 모서리reentrant corner는 주어진 방향의 평면 치수보다 바깥쪽에 더 큰 모서리 돌출부를 갖는 구조의 평면 구성이다. 안으로 굽은 모서리는 구조물의 다른 부분들 사이에서 차등거동을 생성하는 경향이 있어 모서리에 국부 응력이 집중된다. 건물을 더 단순한 형상으로 분리하는 내진 이음seismic joint을 제공하거나, 건물을 모서리에서 더 강하게 결합하거나, 모서리를 벌리는 것으로 해결한다.
- 내진 이음은 인접한 건물 매스들을 물리적으로 분리하여 각각의 진동 거동이 자유롭게, 서로 독립적으로 발생할 수 있게 한다.

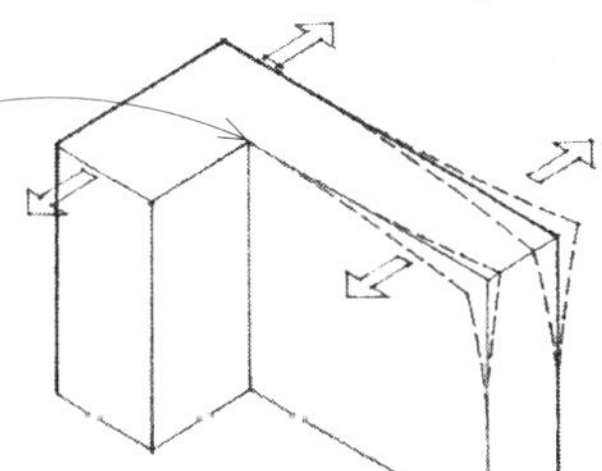

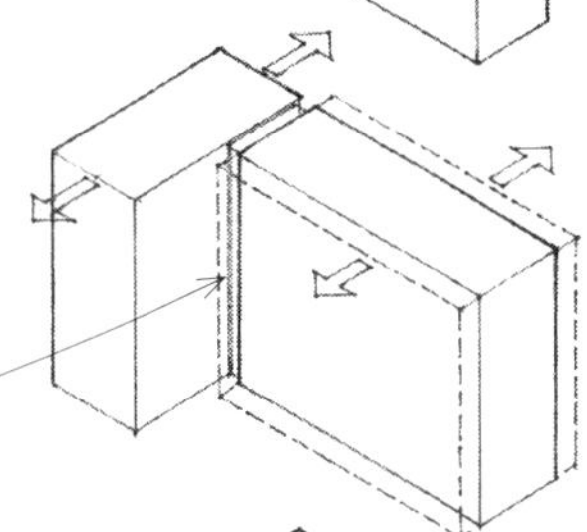

- 불연속 격벽discontinuous diaphragm은 절개영역cutout 또는 개방된 영역이 넓거나, 위아래 층보다 강도가 현저히 낮은 수평 격벽이다.

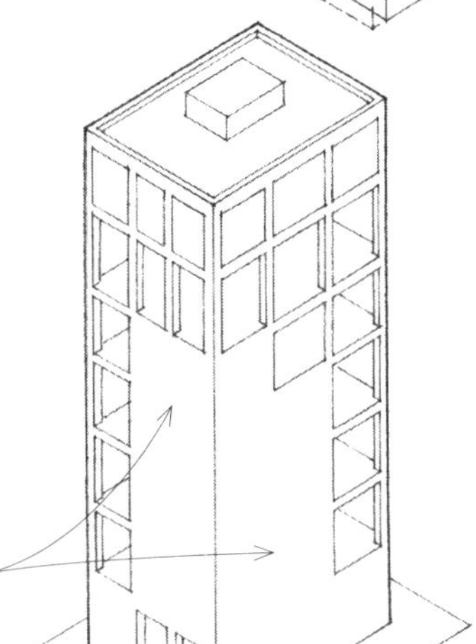

- 불연속 전단벽discontinuous shear wall에서는 상쇄값offset이 크다. 즉, 같은 방식이면 횡적 응력에 대해 수평 치수가 크게 변한다.

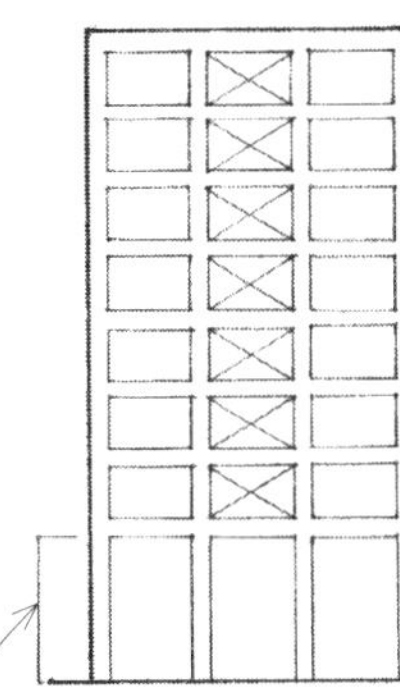

- 연성층 혹은 약층은 상층보다 측면 강성 또는 강도가 현저히 낮다.

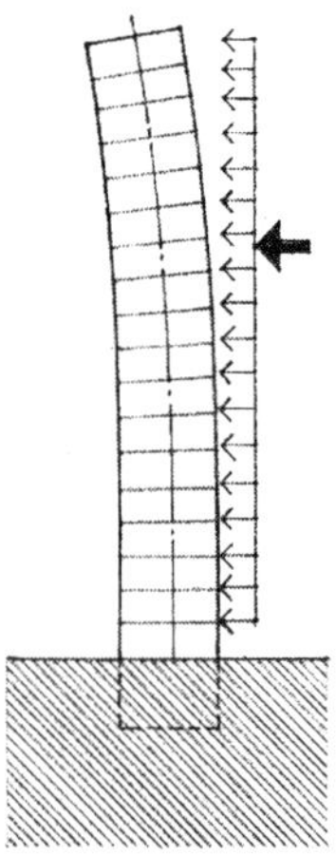

고층 건물은 특히 횡력의 영향을 받기 쉽다. 강접 골조rigid frame는 측면 안정성을 달성하기에는 가장 효율적이지 못한 방법이며 저층에서 중층까지의 구조에만 적합하다. 건물의 높이가 증가함에 따라 대각선 가새+강접 코어와 같이, 부가적인 가새 장치로 강접 골조를 보완해야 한다. 효율적인 고층 구조의 유형은 단단한 바닥 격벽으로 내부적으로 보강하여 외주부에서 횡력에 저항하는 튜브 구조이다. 그 구조는 본질적으로 횡력에 저항하는 캔틸레버식 상자형 보 역할을 한다.

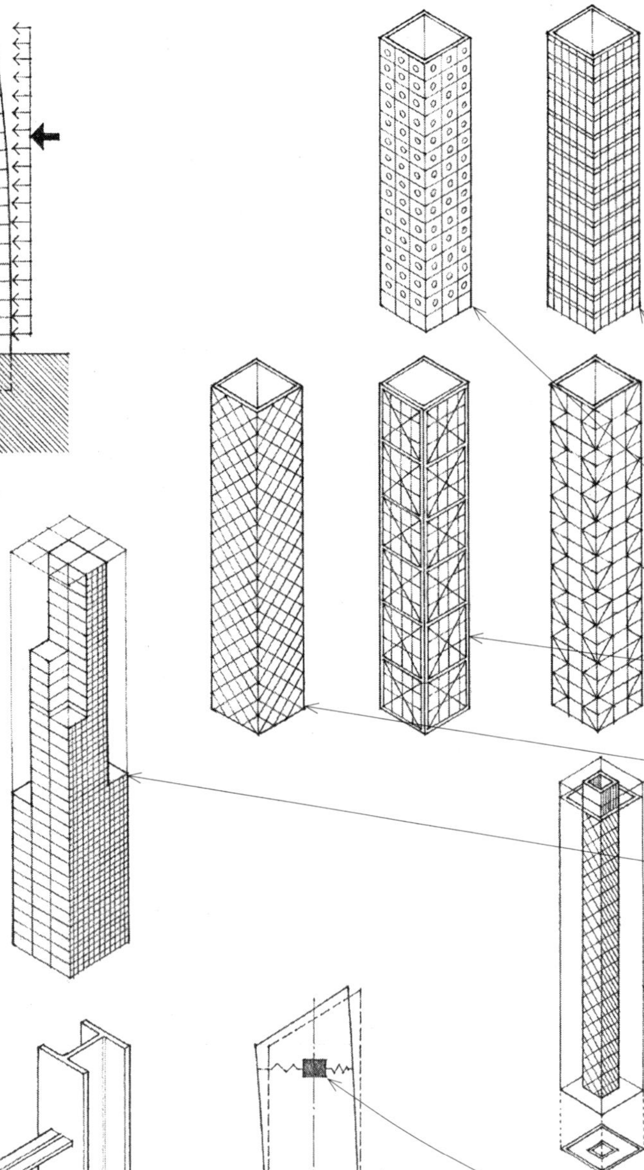

- 골조 튜브 구조framed tube에는 깊은 스팬드럴 보spandrel beams[12]로 견고하게 연결된 주변 기둥들이 밀접하게 배치되어 있다.
- 다공성 셸 튜브 구조perforated shell tube에는 개구부에 의해 천공된 표면적이 30 % 미만인 외주부 전단벽perimeter shear walls이 있다.
- 가새 튜브 구조braced tube는 대각선 가새 방식으로 함께 결속한 골조 구조이다.
- 트러스 튜브 구조trussed tube에는 대각선 또는 교차 가새로 함께 결속한, 넓은 간격의 기둥들로 이루어진 트러스 벽 골조가 있다.
- 래티스 트러스 튜브 구조latticed truss tube는 수직기둥이 없는 대신, 좁은 간격의 외주부 대각선 골조가 있다.
- 번들 튜브 구조bundled tubes는 서로 직접 연결되어 있는 좁은 튜브의 조립체로, 지면에서 캔틸레버형의 여러 개의 셀을 모아놓은 상자형 거더(박스거더)처럼 작동하는 모듈형 구조를 형성한다. 더 큰 횡력 저항이 필요한 고층 구조물의 하부에는 더 많은 튜브를 두는 경우도 있다.
- 이중튜브 구조tube-in-tube structure에는 횡력에 저항할 때 전단 강성을 개선하기 위해 외주부 튜브 말고도 내부 가새 코어를 추가로 설치한다.

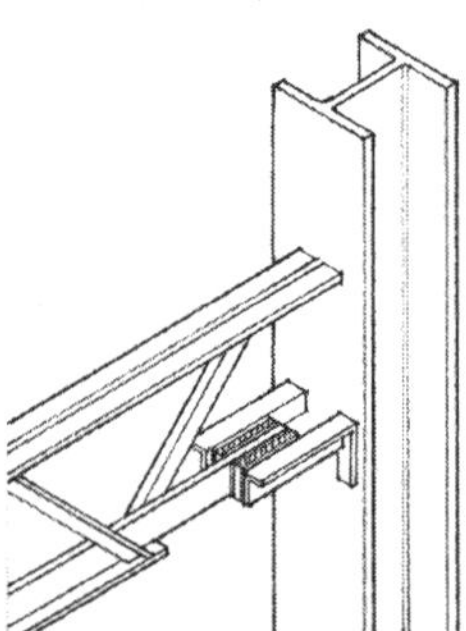

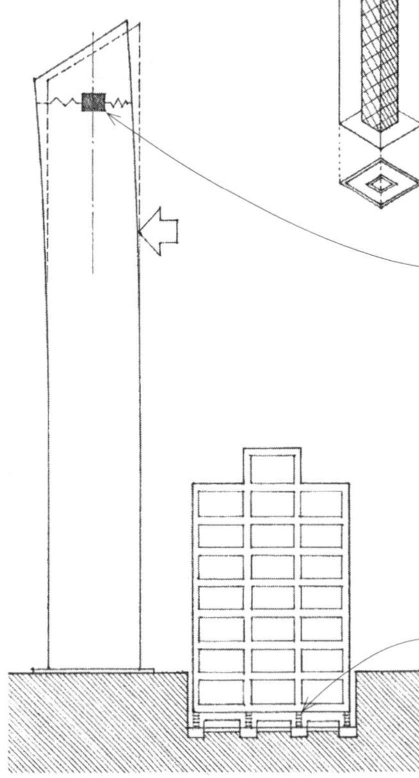

감쇠 장치damping mechanisms는 일반적으로 구조 이음부에 설치되어 바람 또는 지진력으로 생성된 에너지를 흡수하고, 진동vibration 또는 떨리는 거동oscillatory motions을 점진적으로 감소시키거나 제거하여, 파괴적인 공명 발생을 방지하는 점탄성 장치viscoelastic devices다.

- 내부 감쇠internal damping는 응력을 받는 재료의 내부 마찰(이력 감쇠hysteresis damping[13]), 움직이는 두 부분 간의 마찰(마찰형 감쇠frictional damping) 또는 실리콘 오일(점성 감쇠viscous damping)와 같은 유체의 점성 저항으로 건물이 탄성이나 소성 변형을 겪을 때 자연스럽게 발생하는 감쇠이다.

- 동조 질량 감쇠기tuned mass damper는 롤러(돌림판, rollers) 위에 장착되고 스프링 감쇠 장치가 있는 고층 건물 상부에 부착된 무거운 매스로, 정지 상태를 유지하여 건물 움직임을 방해하고 분산시키려는 관성적 경향이 있다.
- 기초 격리base isolation는 상부 구조물이 강체로 떠오를 수 있도록 감쇠 장치를 사용하여 건물 바닥을 지면에서 이격하고 지면의 진동과 다르도록 구조물의 자연 진동주기를 변경하여 파괴적인 공명 발생을 방지한다.

다이어그리드diagrid(대각선 그리드)는 특별히 결합된 교점nodes에 연결된 대각선 부재들의 삼각형 골조이며 중력뿐만 아니라 횡력에도 견딜 수 있다. 이러한 외부 골조는 내부 지지대의 수를 줄여 공간과 건물 재료를 절감하고 내부 공간 구성에 더 큰 유연성을 제공한다.

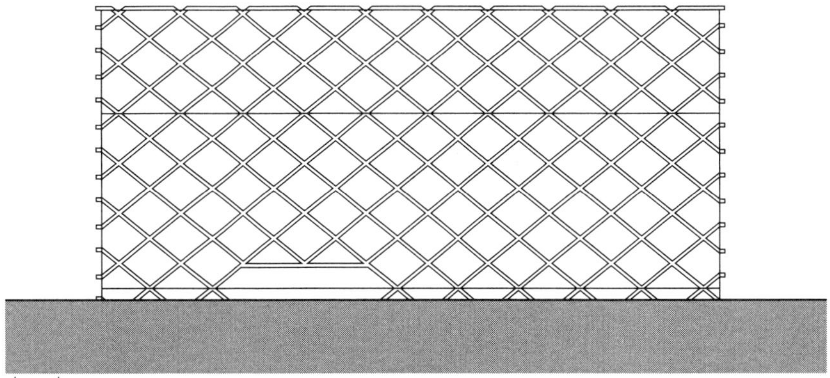

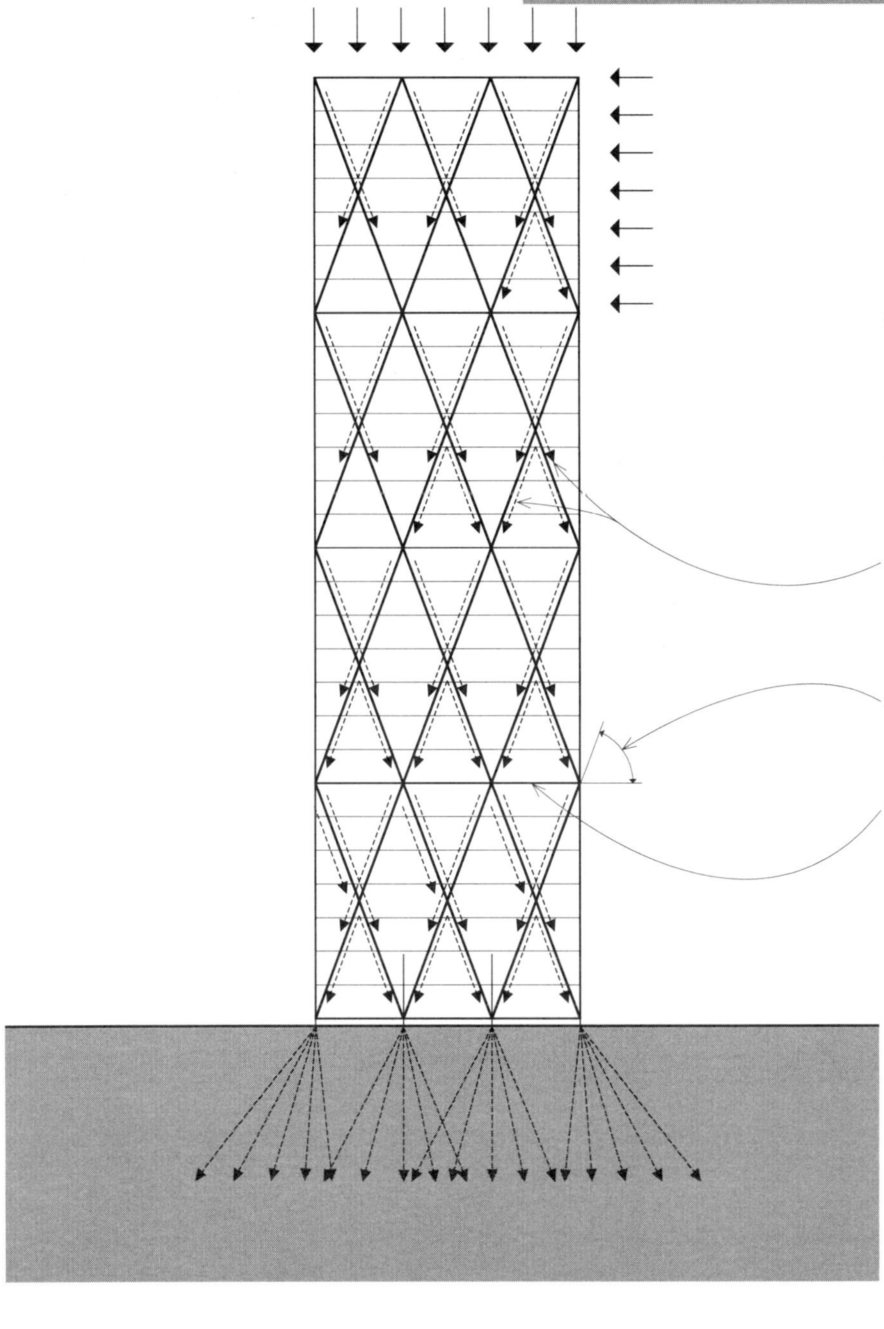

- 다이어그리드(대각선 그리드)는 어떤 방향으로든 하중에 저항하는 강성 셸shell 구조의 연속성과 개별 요소들을 사용하여 제공되는 시공성을 결합한다.
- 다이어그리드 구조의 가장 일반적인 재료는 강재지만, 콘크리트와 목재로도 가능하다.
- 각 대각선은 지반에 연속적인 하중 경로load path를 제공하는 것으로 볼 수 있다. 가능한 하중 경로의 수로 인해 고도의 잉여redundancy가 발생한다.
- 대각선의 최적 각도는 건물 높이에 따라 다르며 일반적으로 60°에서 70° 사이로 한다.
- 수평 고리는 삼각형 부재를 함께 결속하여 3차원 골조의 좌굴을 방지한다.

12) 건축물의 구조를 이루는 보의 하나로 철골조 건축물 따위에서 각 층의 바닥 뼈대의 외곽을 이루는 들보
13) 하중 변형 곡선이 루프를 그림으로써 진동 에너지가 흡수되어 진동이 감쇠하는 것을 말한다.

최근에는 고층 건물의 설계와 시공에 다이어그리드의 삼각형 골조를 적용하고 있다. 다이어그리드는 드리프트drift와 전도 모멘트의 효과에 저항하기 위해 전단강성과 휨강성bending rigidity을 제공한다. 또한, 잉여정도가 높아 국부적인 구조적 파손이 일어나더라도 여러 경로를 통해 하중을 전달할 수 있다.

- 구조적으로 효율성이 있어 다이아그리드는 다른 유형의 고층 구조물보다 일반적으로 강재가 덜 들어간다.
- 다이어그리드구조 방식은 다양한 개방형 평면을 수용할 수 있다. 서비스 코어 외에 일반 평면에는 내부 기둥과 기타 구조 요소를 두지 않을 수 있다.
- 디자인 연구에 따르면 고층에서 초고층 사이의 고층 건물에는 가변각 다이어그리드variable-angle diagrids를 사용하는 것으로 나타난다. 폭 종횡비width aspect ratios가 7보다 크면 구조적 효율성이 매우 높아진다. 높이가 어느 정도 되는 건물에는 균일각 다이어그리드를 사용하는 것으로 나타난다. 폭 종횡비가 7보다 낮으면 필요한 강재의 총량을 줄인다.

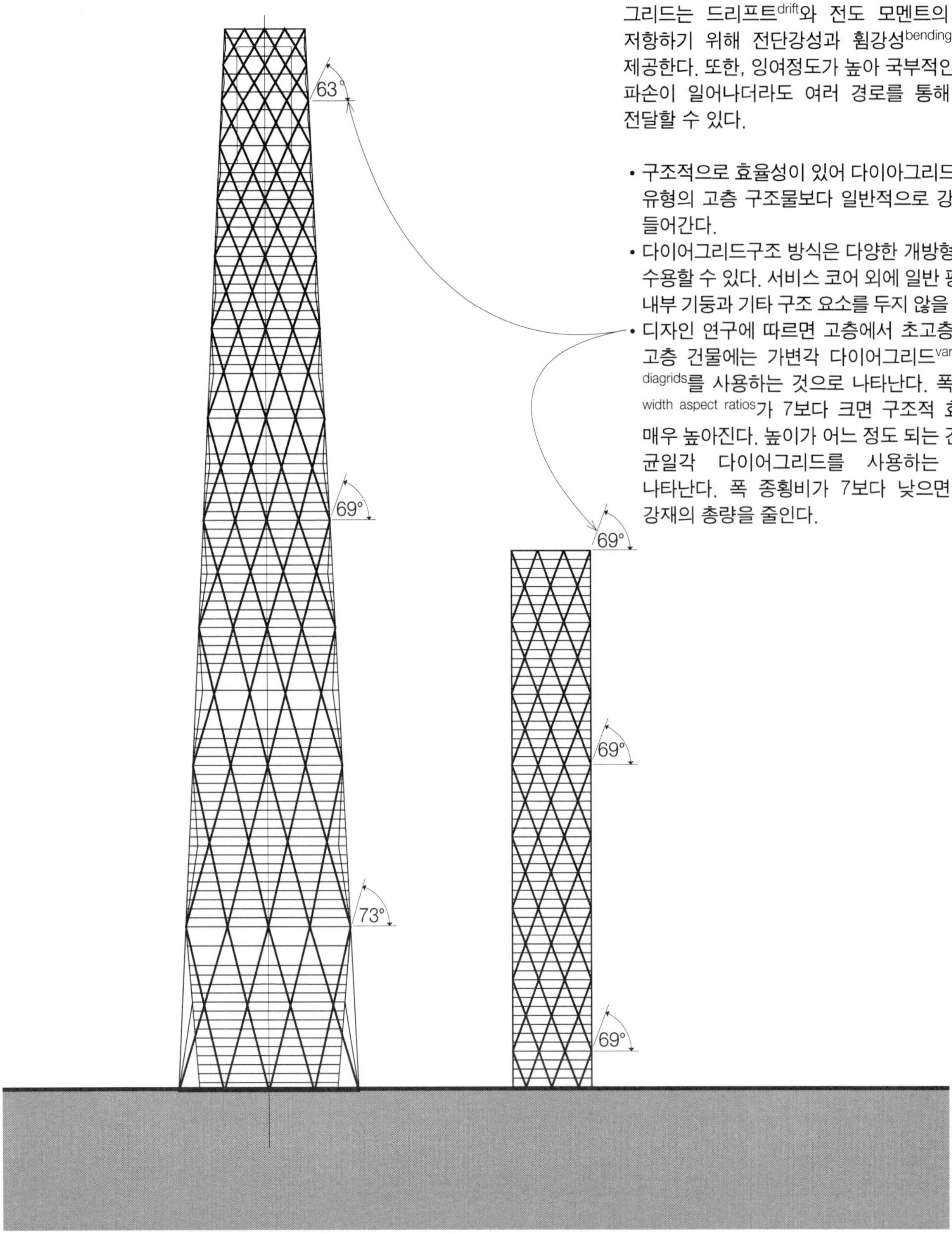

기둥, 보, 슬래브 및 내력벽은 직선형 건물에서 생성할 수 있는 기하학적 특징을 드러내는, 가장 일반적인 구조 요소이다. 그러나 공간을 확장하고 둘러싸는 다른 방법들도 있다. 이러한 방법들은 일반적으로 형태 활성 요소들로서, 형상과 기하학을 통해 이어진 간격에 재료를 효율적으로 사용한다. 이 책의 범위에서는 벗어나지만, 다음 절에서 간략하게 설명하였다.

아치arches는 주로 축 방향 압축으로 수직 하중을 지지하도록 설계된 개구부에 걸쳐 있는 곡선 구조이다. 아치는 지지 하중의 수직력을 경사진 구성요소로 변환하고 아치 길 양쪽에 있는 아치대abutments에 전달한다.

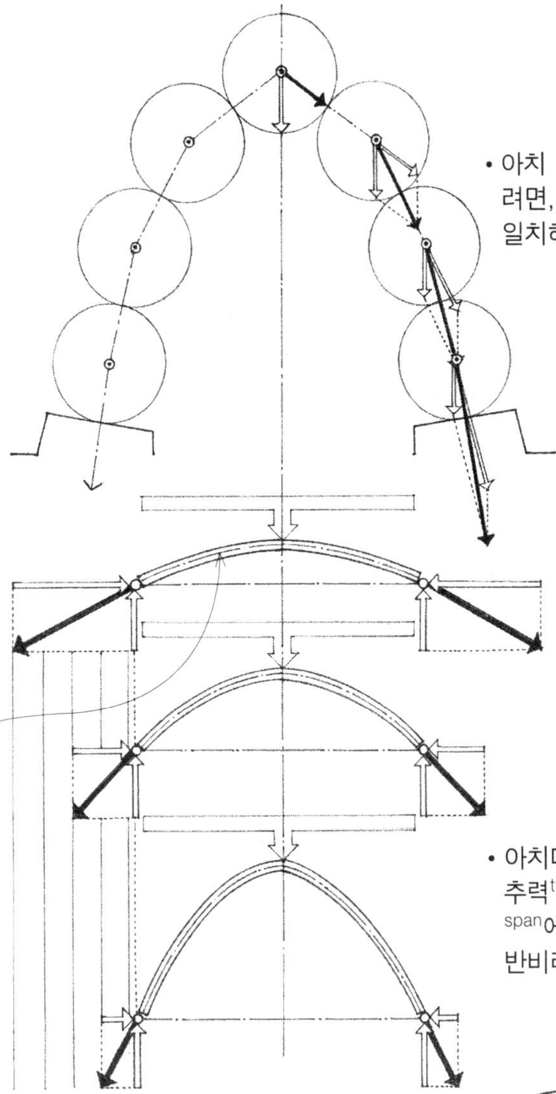

- 아치 전체에서 휨을 없애려면, 추력선이 아치 축과 일치해야 한다.

- 조적식 아치masonry arches는 개별 쐐기 형상의 석재 또는 벽돌 홍예석voussoir으로 구성되어 있다. 조적식 아치에 대한 자세한 내용은 5.20을 참조.
- 강성 아치rigid arches는 약간의 휨 응력을 전달할 수 있는 목재, 강철 또는 철근 콘크리트의 곡선 강성 구조물로 구성된다.

- 아치대에서 아치형 구조의 추력thrust은 총 하중과 경간span에 비례하고 상승에 반비례한다.

볼트vault는 석재, 벽돌 또는 철근 콘크리트의 아치형 구조로, 홀, 실 또는 전체나 부분적으로 밀폐된 공간 위의 천장이나 지붕을 형성한다. 볼트가 3차원으로 확장된 아치처럼 작동하기 때문에 아치작용arching action으로 불리는 바깥쪽 추력에 대응하기 위해 세로 방향의 지지벽으로 버티도록 한다.

- 배럴 볼트barrel vaults의 단면은 반원형이다.

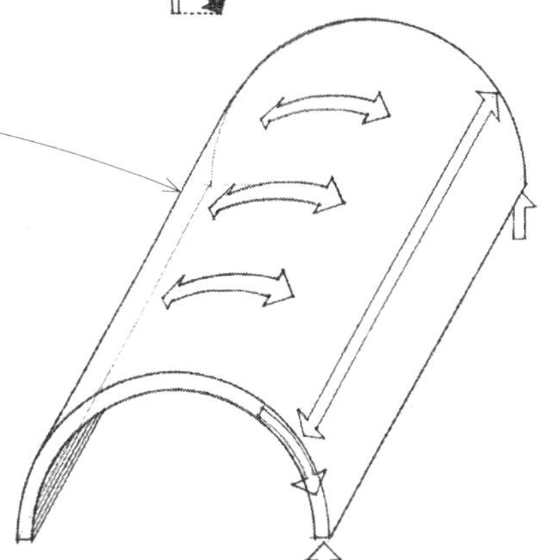

- 그로인 볼트/크로스 볼트groin or cross vaults는 두 볼트의 수직 교차로 형성된 복합 볼트로, 그로인groins이라 불리는 아치형 대각선 모서리를 형성한다.

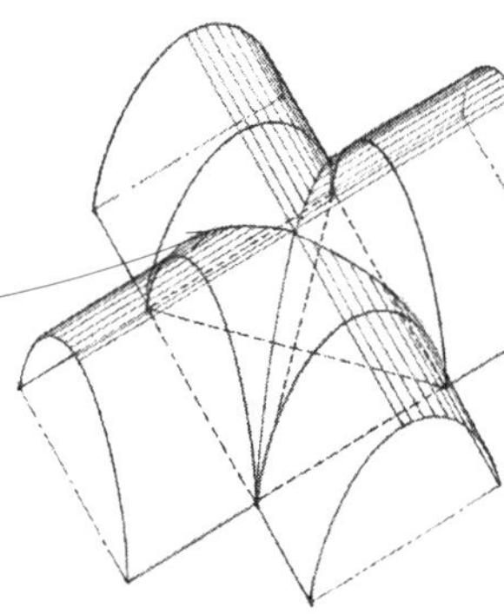

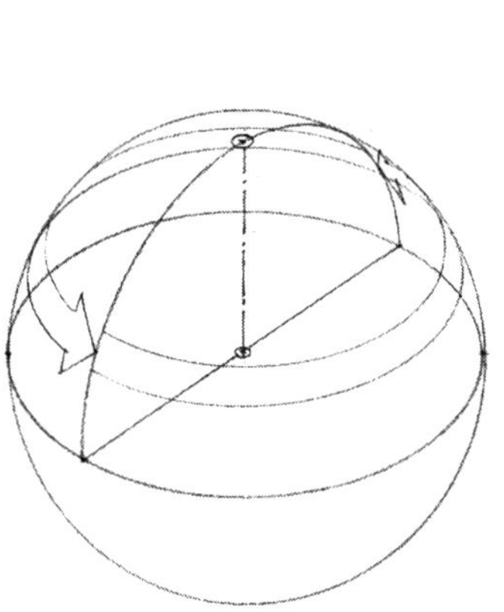

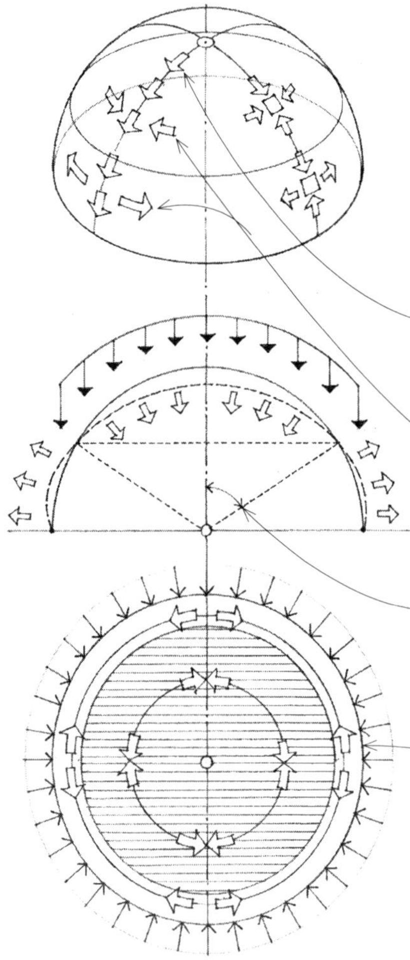

돔[dome]은 원형 평면을 지니고 있고 적층 블록, 철근 콘크리트와 같은 연속적인 강성 재료 또는 지오데식 돔[geodesic dome14)]의 경우와 같이 짧은 선형 요소로 구성된 구형 표면 구조이다. 돔은 정점부[crown] 근처에서 압축되고 하부에서 인장되는 원주 방향의 힘이 전개된다는 점을 제외하면 회전시킨 아치와 비슷하다.

- 돔 표면을 통해 절단된 수직 단면에 작용하는 자오선 방향의 힘[meridional force]은 항상 최대 수직 하중 하에서 압축된다.
- 돔 셸에 있는 자오선 띠의 평면 이탈 움직임을 억제하는 후프에 작용하는 힘[hoop forces]은 상부 구역에서 압축되고 하부 구역에서 인장된다.
- 압축 후프에 작용하는 힘에서 인장 후프에 작용하는 힘으로의 전환은 수직축에서 45°~60°의 각도에서 일어난다.
- 인장 링[tension ring]은 자오선 방향의 힘 바깥쪽 구성요소들을 포함하도록 돔 바닥(밑면)을 둘러싸고 있다. 콘크리트 돔에서 이 링은 링과 셸의 서로 다른 탄성 변형으로 인한 휨 응력을 처리하기 위해 두껍게 하고 철근으로 보강한다.

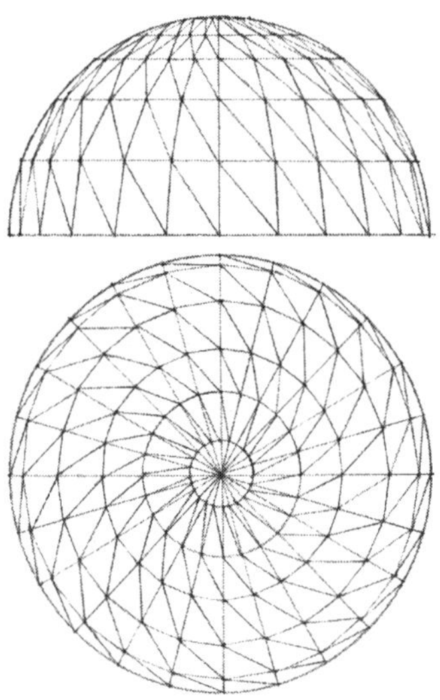

- 슈베들러 돔[Schwedler domes]은 위도선과 경도선을 따르는 부재와, 삼각법[triangulation]을 완료하는 대각선들로 구성한 강재 돔 구조이다.

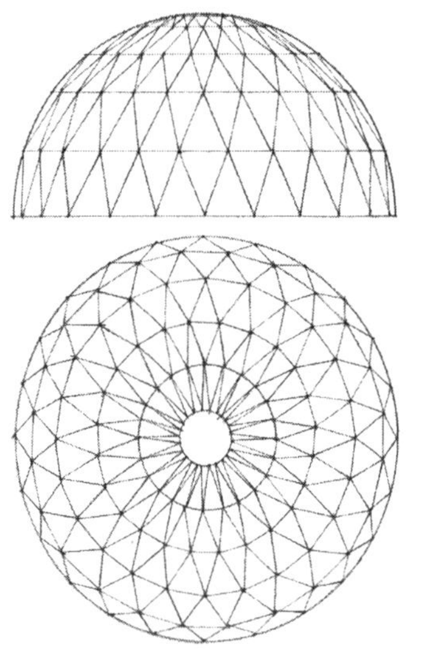

- 래티스 돔[lattice domes]은 위도의 원을 따르는 부재와 일련의 이등변 삼각형을 형성하는 대각선으로 구성한 강재 돔 구조이다.

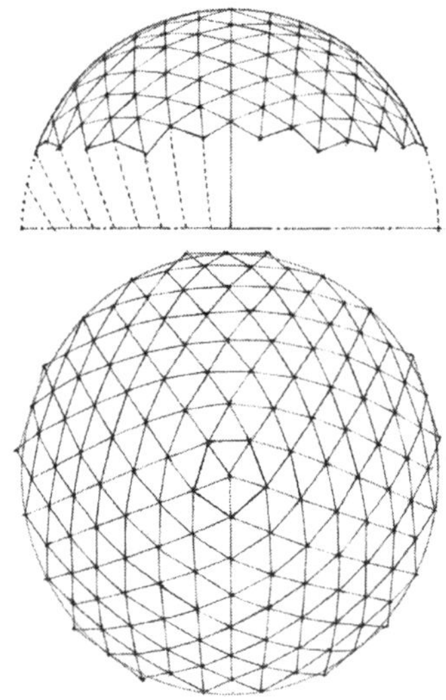

- 지오데식 돔은 60°에서 교차하는 3개의 주요 원 집단을 따르는 부재가 있는 강철 돔 구조로 돔 표면을 일련의 정삼각형[equilateral spherical triangles]으로 세분한다.

14) 리처드 벅민스터 풀러(1895~1983)가 개발한 측지선 돔. 자기 보강성[self-reinforcing] 삼각형 단면을 기본으로 하고 있다. 또한, 표면 비율의 용적을 극대화하고, 하중을 잘 견디면서 조립이 빠르며, 강한 바람에 견딜 수 있다.

CSI 마스터포맷 13 33 00: 지오데식 구조

셸은 일반적으로 철근 콘크리트로 구성된 곡선형의 얇은 판구조이다. 셸은 면 내부에 작용하는 압축, 인장 및 전단응력과 같은 막 응력membrane stresses에 적용된 힘을 전달하도록 형상을 잡고 있다. 셸을 균일하게 적용하면 상대적으로 큰 힘을 지탱할 수 있다. 그러나 셸은 얇으므로 휨 저항이 거의 없고 집중하중에는 적합하지 않다.

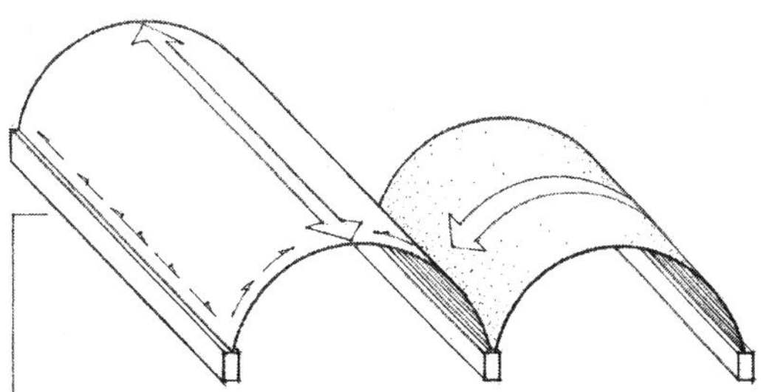

- 배럴 셸barrel shells은 원통형 셸 구조이다. 배럴 셸의 길이가 가로 경간의 3배 이상이면 세로 방향으로 걸쳐 있는 곡선 단면이 있는 깊은 보처럼 작동한다. 상대적으로 짧은 경우 아치와 같은 움직임을 나타낸다. 아치형 동작의 바깥쪽 추력을 상쇄시키려면 결착 철tie rods [15] 또는 가로 강접 구조가 필요하다.

- 수평 이동 곡면transitional surfaces은 직선을 따라, 또는 2차원 곡선 위로 2차원 곡선을 미끄러뜨려서sliding 생성한다.

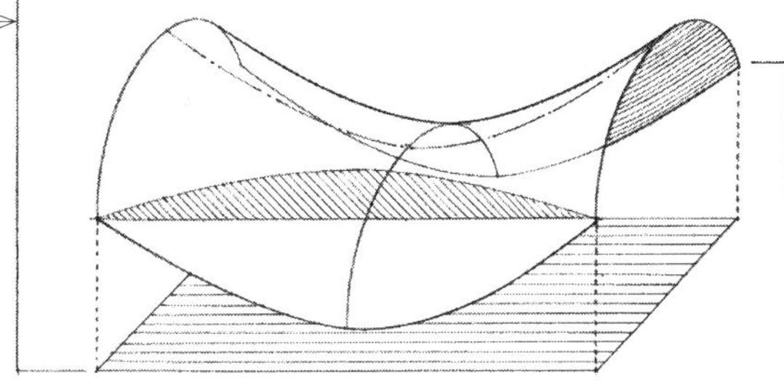

- 쌍곡 포물면hyperbolic paraboloid은 위쪽 곡률이 있는 포물선을 따라 아래쪽 곡률이 있는 포물선을 미끄러뜨리거나 두 개의 기울어진 선상의 단부에 있는 직선 일부를 미끄러뜨려 생성되는 표면이다. 그것은 수평이동면과 선직면으로 간주할 수 있다.

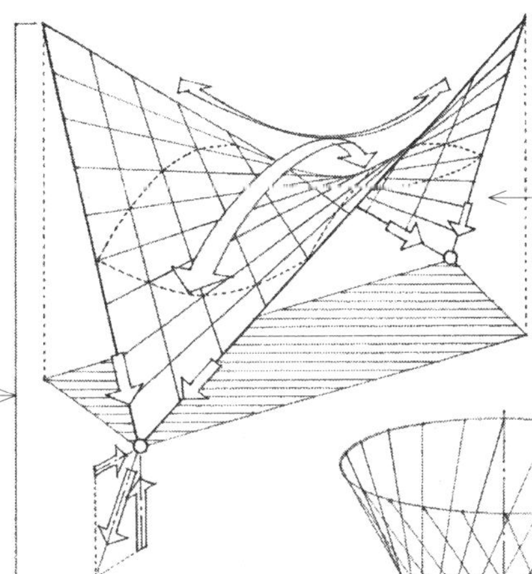

- 안장형 곡면saddle surfaces은 한 방향으로 상향 곡률이 있고 수직 방향으로 하향 곡률이 있다. 안장형 곡면의 셸 구조에서 아래쪽 곡률 구역은 아치와 같은 작용이 있지만, 위쪽 곡률 구역은 케이블 구조처럼 작동한다. 표면의 가장자리가 지지되지 않는 경우, 보와 같은 작동이 일어날 수 있다.

- 선직면ruled surface은 직선을 움직여 생성한다. 직선기하학의 속성이 있어서 선직면은 일반적으로 회전면이나 수평 이동 곡면에 비해 형태를 잡고 시공하기 용이하다.

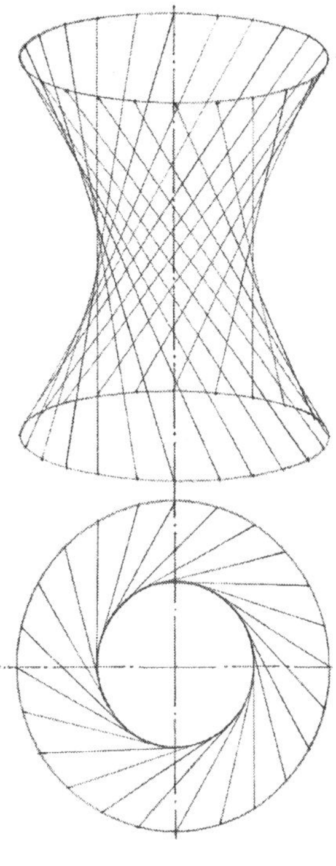

- 1엽 쌍곡면one-sheet hyperboloid은 두 개의 수평 원에서 경사진 선의 일부를 미끄러뜨려 생성된 선직면이다. 수직 단면은 쌍곡선이다.

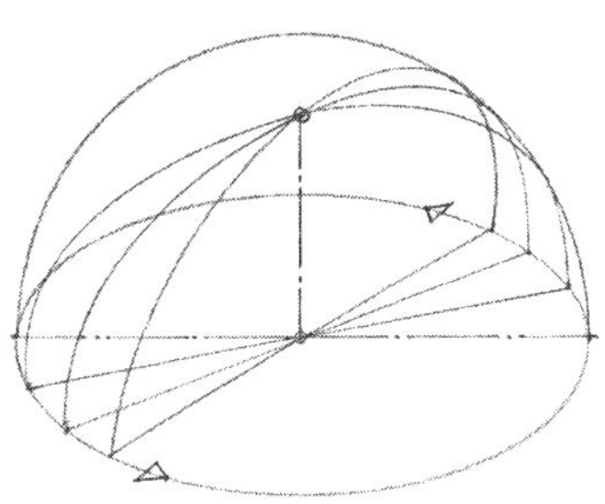

- 회전면rotational surfaces은 축을 중심으로 평면 곡선을 회전하여 생성한다. 구형, 타원형 및 포물선 돔이 여기에 속한다.

15) 구조의 결착재(結着材)로 쓰는 철봉으로 특히 지붕틀이나 아치 따위의 하단이 벌어지지 않게 죄고 있는 것.

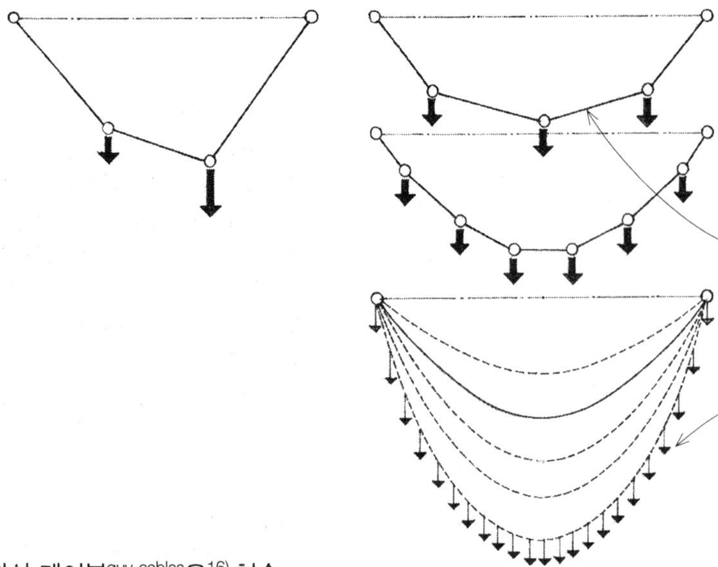

케이블 구조cable structures는 케이블을 주요지지 수단으로 사용한다. 케이블은 인장 강도가 높지만, 압축이나 휨에는 견디지 못하기 때문에 순전히 인장력만을 이용해야 한다. 집중하중을 받을 때 케이블의 형상은 직선 부분으로 구성된다. 균일하게 분산된 하중 하에서는 역궁inverted arch 형상을 취한다.

- 삭상funicular shape은 외부 힘의 크기와 위치에 직접 반응하여 자유롭게 변형되는 케이블로 가정된 형상이다. 케이블은 적용된 하중의 작용에 따라 항상 그 모양을 조정하여 순수한 인장력을 유지한다.
- 현수선catenary은 같은 수직선에 있지 않은 두 지점에서 자유롭게 매달려 있는 매우 유연하고 균일한 케이블로 가정된 곡선이다. 수평 등분포하중의 경우 곡선은 포물선과 유사하다.

현수구조suspension structures는 작용 하중을 직접 지지하기 위해, 압축 부재 사이에 매달린 프리스트레스 케이블망을 활용한다.

- 지선 케이블guy cables은[16] 현수 또는 사장 케이블 구조cable-stayed structures에서 추력의 수평 구성요소를 흡수하고 힘을 지반 기초로 전달한다.
- 장대mast는 현수 또는 사장 케이블 구조의 수직 또는 경사진 압축 부재로, 주요 지선 케이블의 수직력 구성 요소의 합을 지탱한다. 장대를 기울이면 수평 케이블 추력의 일부를 감당하여 지선 케이블의 힘을 줄일 수 있다.

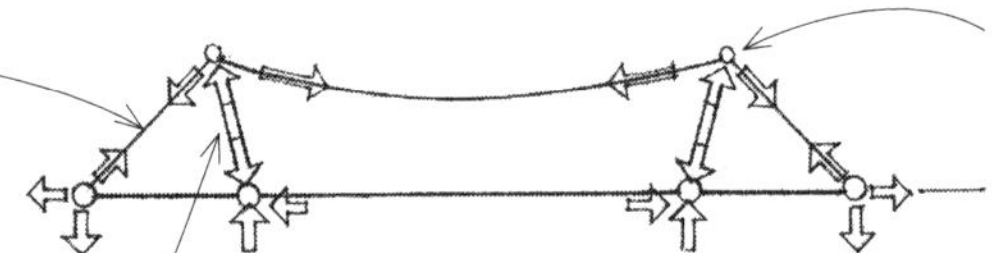

- 단일 곡률 구조single-curvature structure는 평행한 일련의 케이블을 사용하여 곡면을 형성하는 보나 판을 지지한다. 바람의 공기 역학적 효과로 유발된 플러터(명룡)flutter에 민감한 속성은 구조물의 고정하중을 증가시키거나, 가로 방향 지선 케이블을 활용하여 주요 케이블을 지면에 고정하는 방식으로 줄일 수 있다.

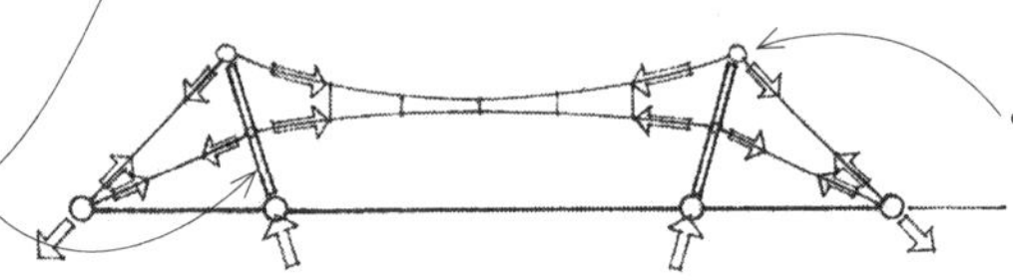

- 이중 케이블 구조double-cable structures는 서로 다른 곡률을 지닌 상부와 하부 케이블 조합으로, 시스템을 더 견고하고 플러터(명룡)flutter에 강하게 만들기 위해 묶음이나 압축 지주struts로 미리 장력을 가한다.

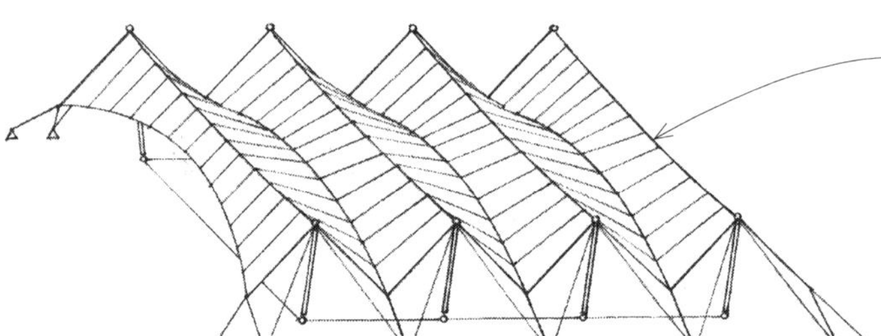

- 이중 곡률 구조double-curvature structures는 서로 다른—때로는 반대되는 곡률을 가지는—케이블을 교차시켜 생성되는 영역field으로 구성된다. 각 케이블 세트는 서로 다른 자연 진동주기를 가지므로 플러터에 더 강한 자체 감쇠 시스템self-dampening system을 갖추게 된다.

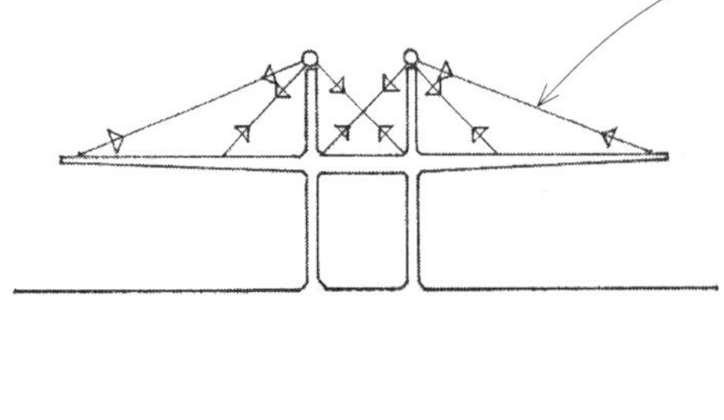

- 사장 케이블 구조cable-stayed structures에는 평행 또는 방사형 패턴으로 배열된 수평으로 걸친 부재들을 지지하기 위해 케이블이 확장되는 수직 또는 경사 장대mast가 있다.

16) 지지하는 데 사용되는 케이블, 와이어 또는 로프(특히 텐트)

CSI 마스터포맷 13 31 23 : 인장 직물 구조

막membranes은 주로 인장 응력의 발생을 통해 하중을 전달하는 얇고 유연한 곡면이다. 기둥 사이에 매달리거나 늘어뜨리거나 공기압으로 지지할 수 있다.

텐트 구조tent structures는 외부에서 가해지는 힘으로 사전 응력을 받고 예상되는 모든 하중 조건에서 팽팽하게 유지되는 막구조membrane structures이다. 막 구조가 극도로 높은 인장력을 피하기 위해서는 반대 방향에서 상대적으로 큰 곡률을 지녀야 한다.

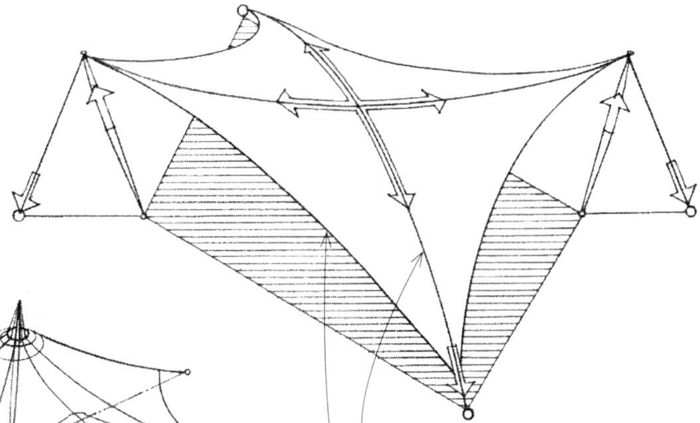

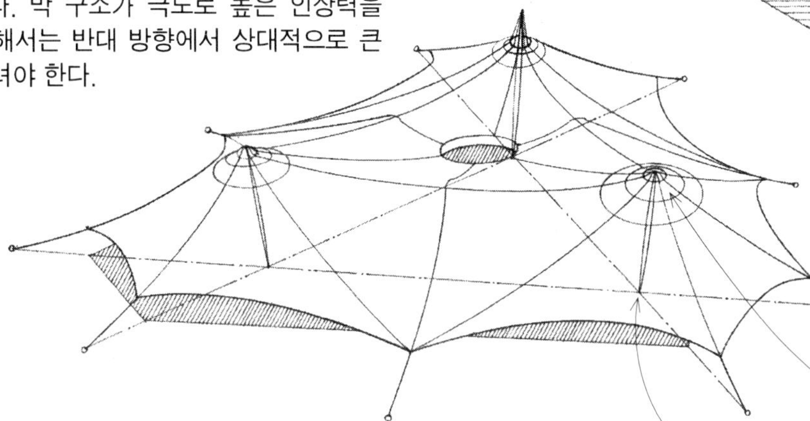

- 막과 강재 케이블은 인장력을 통해 외부 하중을 장대와 지면앵커ground anchors로 전달한다.
- 가장자리 보강 케이블reinforcing edge cables은 텐트 구조에서 자유롭게 거동하는 가장자리의 강도를 높인다.
- 막은 보강 케이블 루프로 장대 지지대에 결속하거나 분배 캡cap 위로 잡아당길 수 있다.
- 장대masts는 압축 하중 하에서 좌굴을 방지하도록 설계한다.

공기막 구조pneumatic structures는 압축공기의 압력으로 바람과 눈의 부하에 대해 장력을 가하여 안정화하는 막 구조다. 막은 일반적으로 실리콘과 같은 합성 재료로 코팅된 직조 직물 또는 유리섬유 직물이다. 반투명 막은 자연조명을 제공하고 겨울에는 태양복사를 모으고 밤에는 실내공간을 식힌다. 반사막reflective membranes은 태양열취득을 감소시킨다. 직물 안감liner은 구조의 열저항을 개선하기 위해 공기층air space을 붙잡고 있게 할 수 있다.

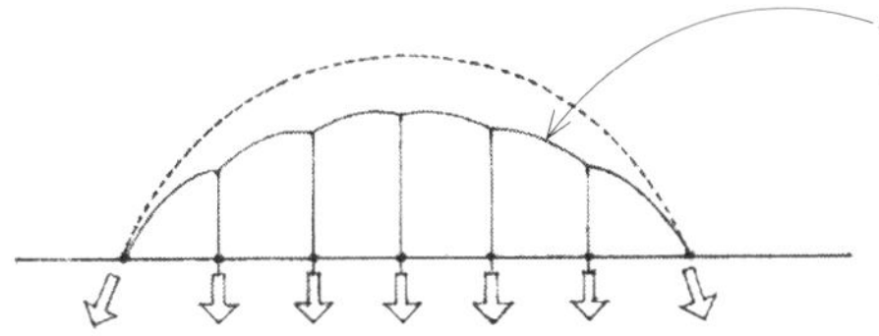

- 일부 단일 공기막 구조는 팽창력에 의해 인장력에 놓인 케이블망을 사용하여 막이 자연적으로 부풀어 오른 단면형상으로 커지는 것을 억제한다.

공기막 구조에는 단일 공기막 구조와 공기 주입식 구조의 두 가지 종류가 있다.

- 단일 공기막구조air-supported structures는 정상 대기압보다 약간 높은 내부 공기압으로 지지하는 단일 막 구성으로 누출을 방지하기 위해 주변부를 따라 단단히 고정하고 밀봉상태를 유지한다. 내부 공기압을 유지하기 위해 입구에 기밀식 출입구air locks가 필요하다.

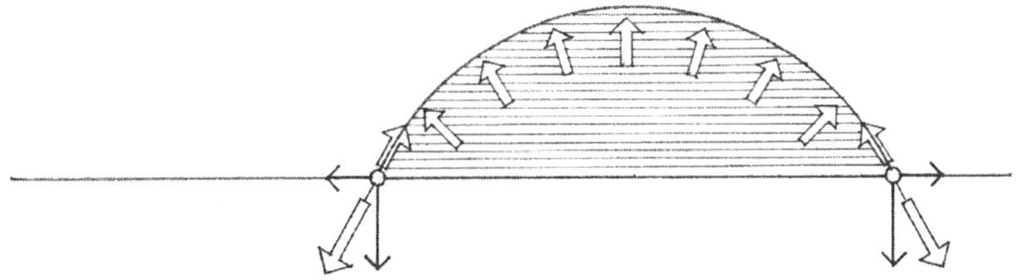

- 공기 주입식 구조air-inflated structures는 부풀린 건물 요소들 내의 가압 공기로 지지한다. 밀폐된 건물 공기의 양은 정상적인 대기압에서 유지되는 반면에 이러한 요소들은 기존 방식으로 하중을 전달하도록 형성된다. 이중 막 구조의 가운데 부분이 불룩해지는 경향은 압축 링이나 내부 타이 또는 격벽으로 제한한다.

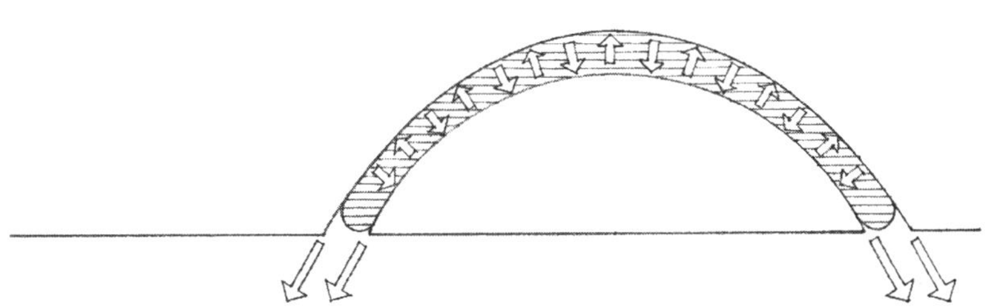

CSI 마스터포맷 13 31 13: 단일 공기막 직물 구조

2.36 이음 및 접합

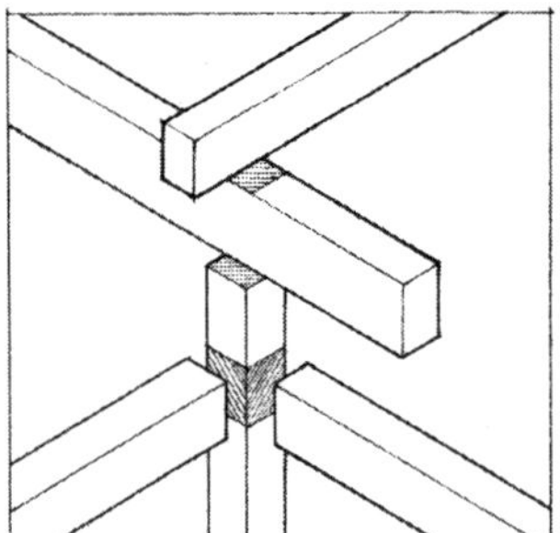
맞댐 이음

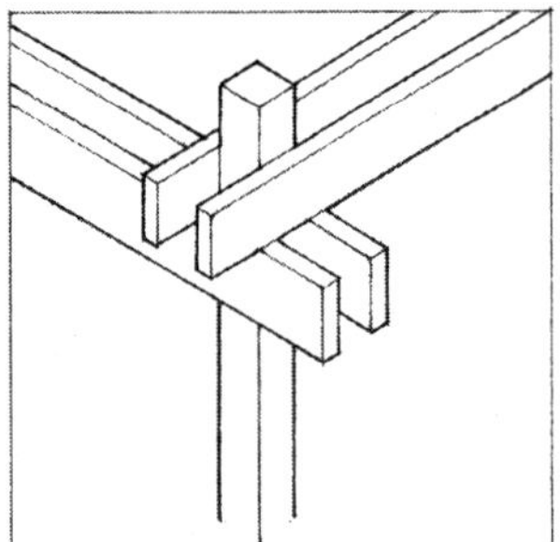
맞물림 이음 / 겹침 이음

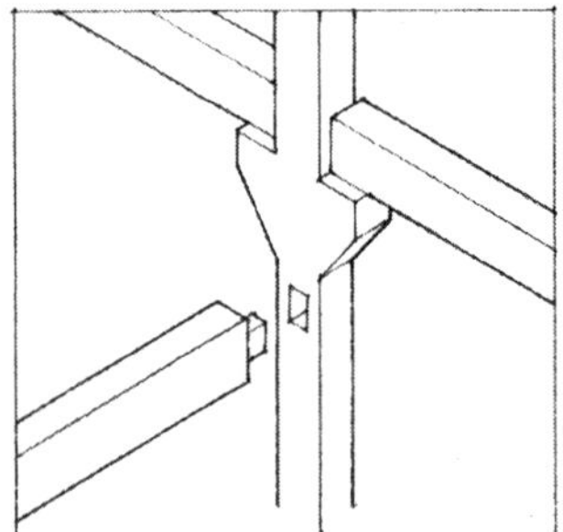
몰드성형 이음 / 형재 이음

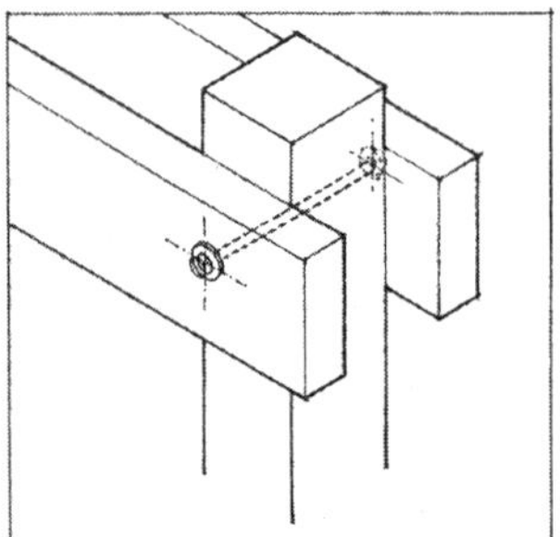
지점 접합 방식:볼트

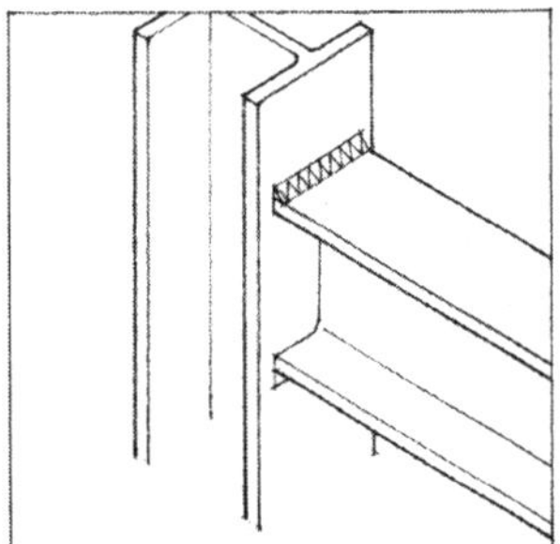
선접합방식 : 용접

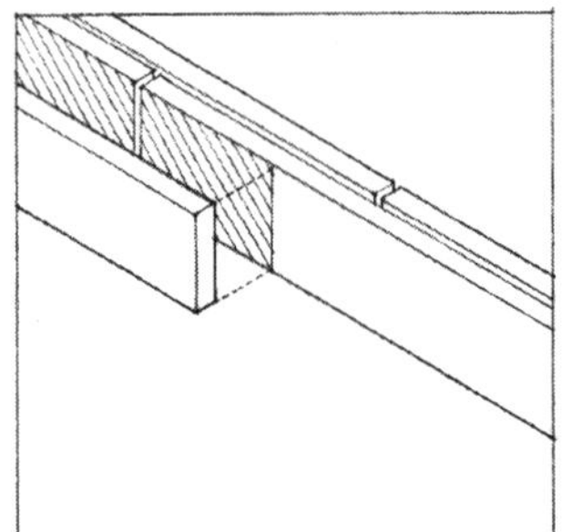
면접합방식 : 접착제

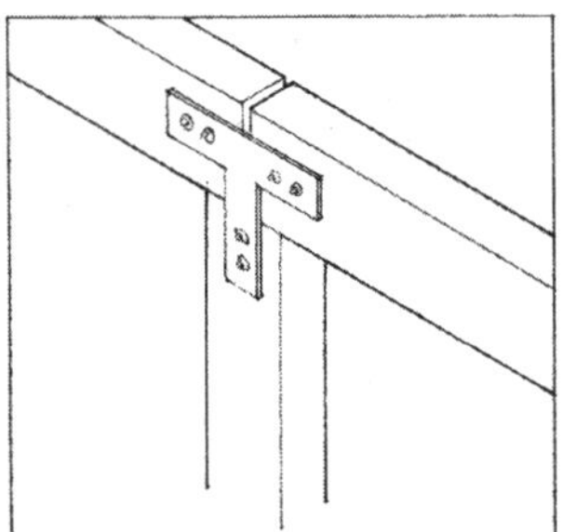
볼트 접합

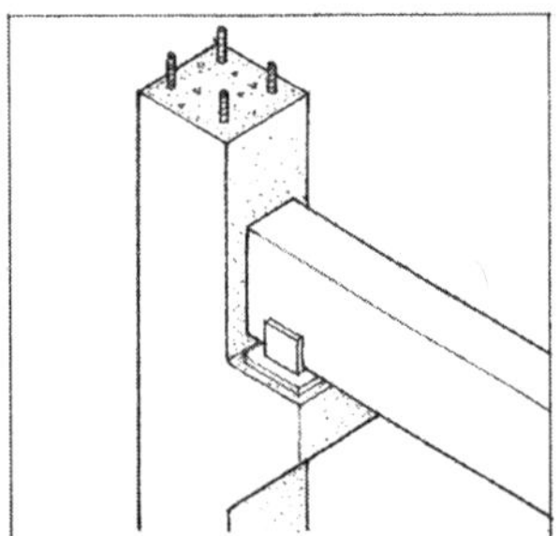
프리캐스트 콘크리트 접합

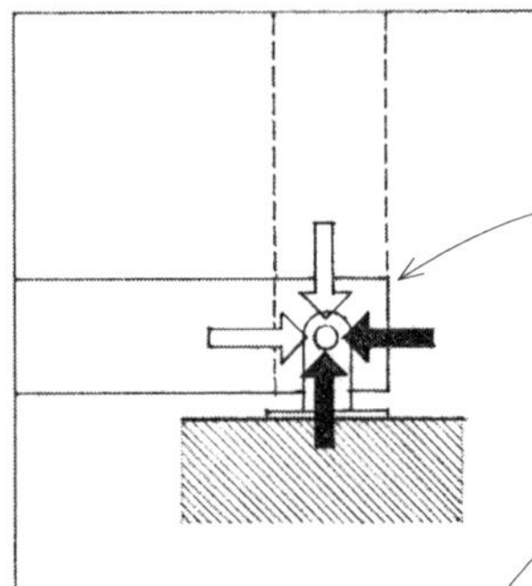

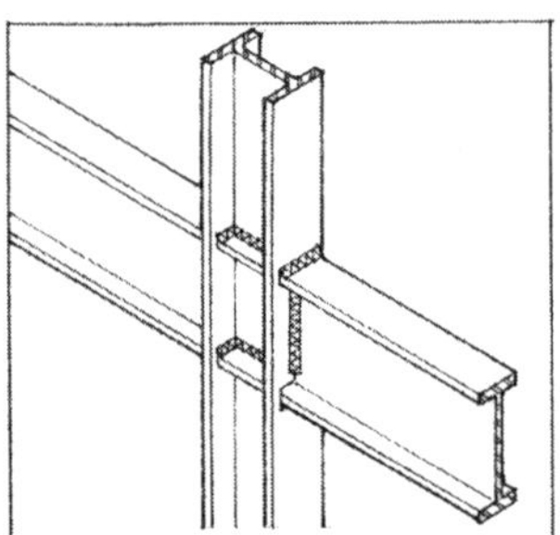
강재 용접 접합

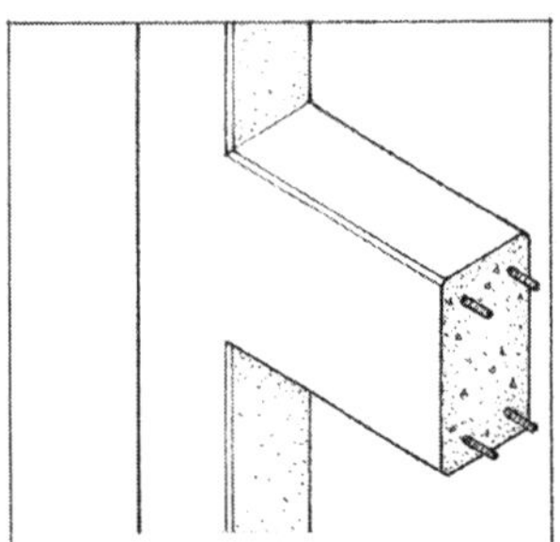
철근콘크리트

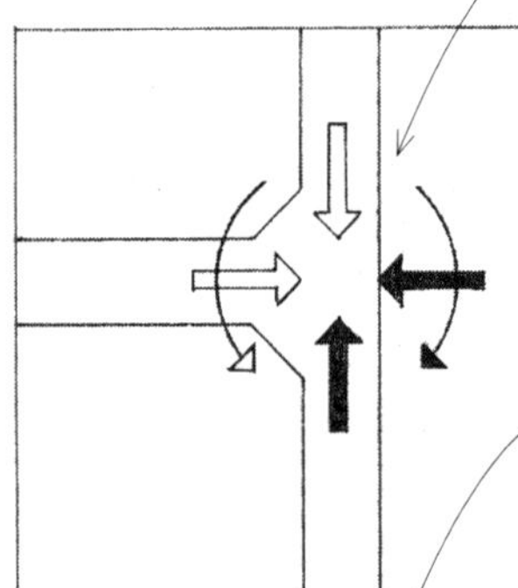

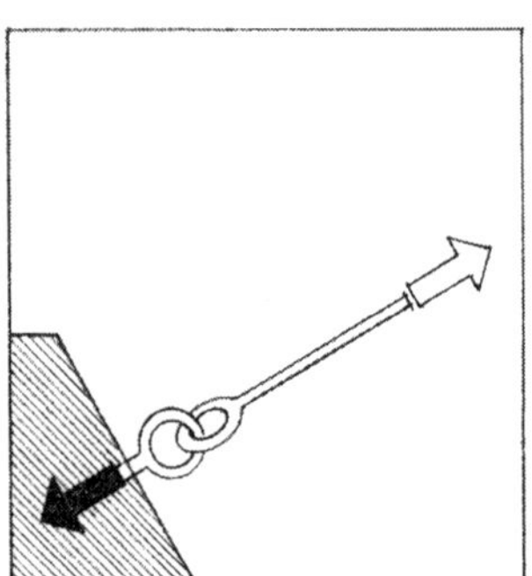

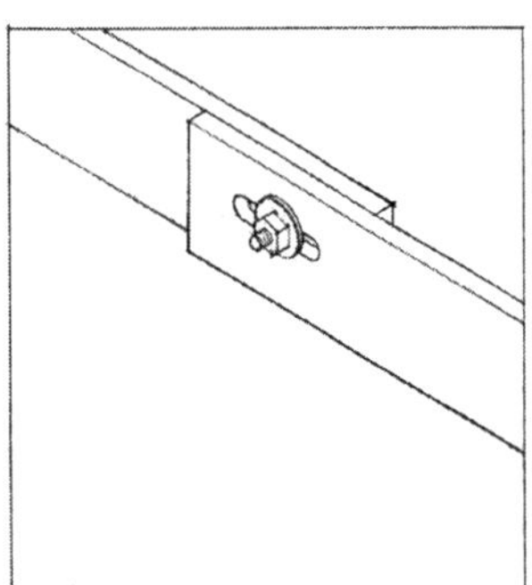

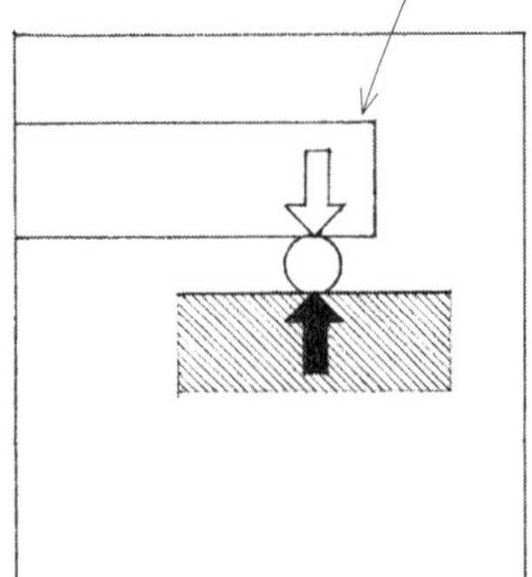

힘이 한 구조 요소에서 다음 요소로 전달되는 방식과 구조 시스템이 전체적으로 수행되는 방식은 사용되는 이음과 접합 유형에 따라 크게 달라진다. 구조 요소는 세 가지 방법으로 서로 결합할 수 있다. 맞댐 이음butt joints을 사용하면 요소 중 하나가 연속될 수 있으며 일반적으로 접합을 만들기 위해 세 번째 매개 요소가 필요하다. 겹침 이음overlapping joints을 사용하면 접합된 모든 요소가 서로를 우회하고 이음에 걸쳐 연속될 수 있다. 결합 요소들은 또한 구조적 접합을 형성하도록 금형으로 성형하거나 형재로 다듬을 수 있다.

구조 요소를 결합하는데 사용되는 접합구connectors는 점, 선, 면의 형식을 취한다. 선과 면 접합방식의 유형은 회전에 저항하지만 지점 접합구point connectors는 넓은 표면적에 반복하여 분산하지 않는 한 회전에 저항하지 못한다.

- 핀접합pinned joints은 이론적으로 회전을 허용하지만 모든 방향으로의 수평이동에는 저항한다.

- 강접합rigid 또는 고정접합fixed joints은 결합한 요소 간의 결합각을 유지하고 모든 방향으로의 회전과 수평 이동을 억제하며 힘과 모멘트에 모두 저항한다.

- 롤러 접합roller joints은 회전을 허용하지만, 면에 수직 또는 멀어지는 방향으로의 수평이동에는 저항한다. 이 접합은 핀이나 고정 접합만큼 자주 건물 건설에 사용되지 않지만 이음이 구조 요소의 확장과 수축을 허용해야 할 때 유용하다.

- 케이블 정착cable anchorage은 회전을 허용하지만, 케이블 방향으로만 수평 이동에 저항한다.

3
기초 시스템

기초foundation는 건물의 하부구조substructure로서 지면 아래 일부 또는 전체에 건설되는 건물의 가장 낮은 부분이다. 기초의 일차적인 기능은 상부구조를 지지하고 고정하는 것이며, 그 하중을 지면에 안전하게 전달하는 것이다. 기초는 건물 하중의 분배와 해결에 중요한 연결고리 역할을 하므로, 기초시스템은 상부구조superstructure의 형태와 배열을 모두 수용하고 아래의 다양한 토양, 암석 및 물 조건에 대응하도록 설계해야 한다.

기초의 주요 하중은 상부 구조물에 수직으로 작용하는 고정하중과 활하중의 조합이다. 또한, 기초시스템은 바람에 의한 미끄러짐, 전도와 부양에 대비하여 상부구조를 고정하고, 지진의 갑작스러운 지면 거동을 견뎌내야 하며, 주변 흙더미와 지하수가 지하 벽에 가하는 압력에 저항해야 한다. 어떤 경우에는 기초시스템이 아치형이나 인장형 구조의 추력에 대항해야 할 수도 있다.

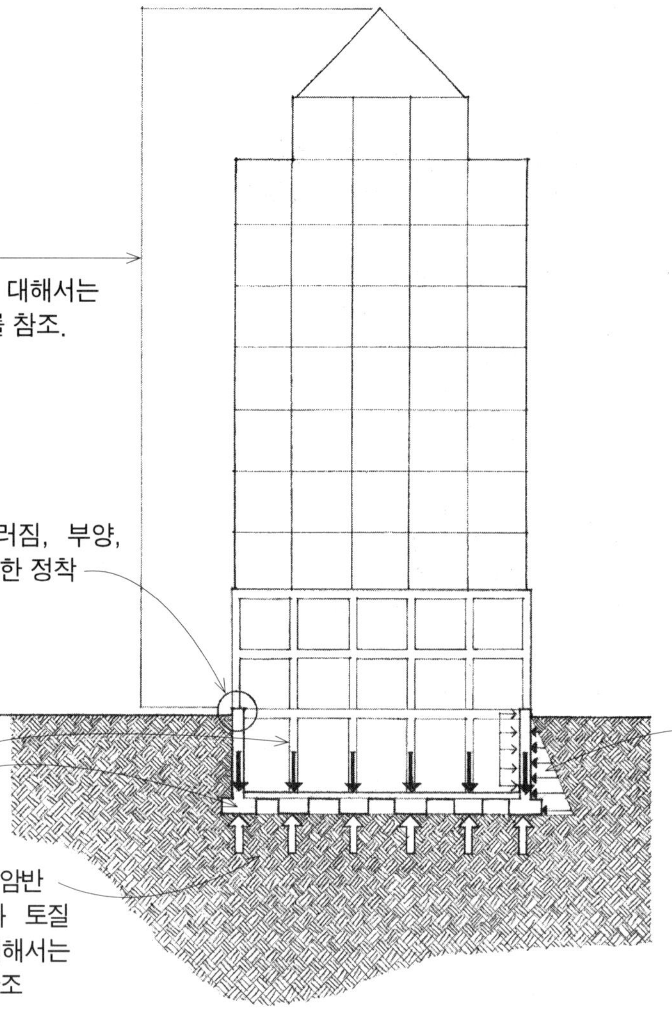

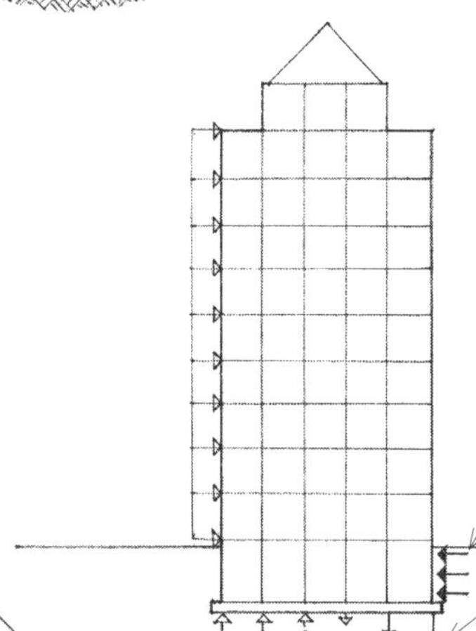

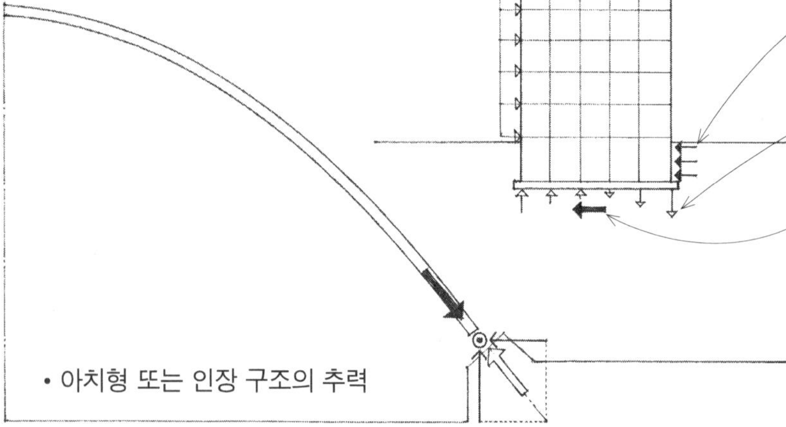

침하settlement란 기초 아래의 토양이 하중을 받아 압밀되어 구조물이 점차 가라앉는 것이다. 건축물을 시공할 때, 기초에 실리는 하중이 증가하여 공기나 물이 함유된 토양 공극의 양이 감소함에 따라 일부 침하가 일어날 수 있다. 이러한 압밀consolidation은 보통 경미하지만, 거친 모래와 자갈 같은 조밀한 입상토dense, granular soils에서는 꽤 빠르게 진행된다. 기초 토양foundation soil이 습기와 점착성이 있는 점토cohesive clay로서 인상(비늘 형태) 구조scale-like structure와 공극void 비율이 상대적 큰 점토일 경우, 압밀consolidation은 상당히 클 수 있고 더 오랜 기간에 걸쳐 천천히 일어날 수 있다.

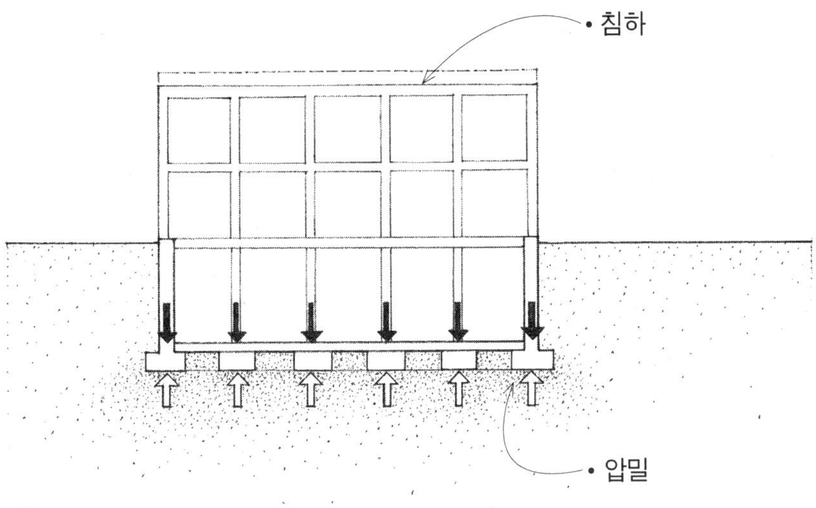

적절히 설계되어 시공된 기초시스템은 어떤 침하가 발생하든 최소한이 되거나 구조물의 모든 부분에 균일하게 분포되도록 하중을 분산해야 한다. 이것은 지지력bearing capacity을 초과하지 않고 단위 면적당 동일한 하중을 지지토양이나 지지 암반으로 전달되도록 기초 지지대를 배치하여 균형 있게 함으로써 가능해진다.

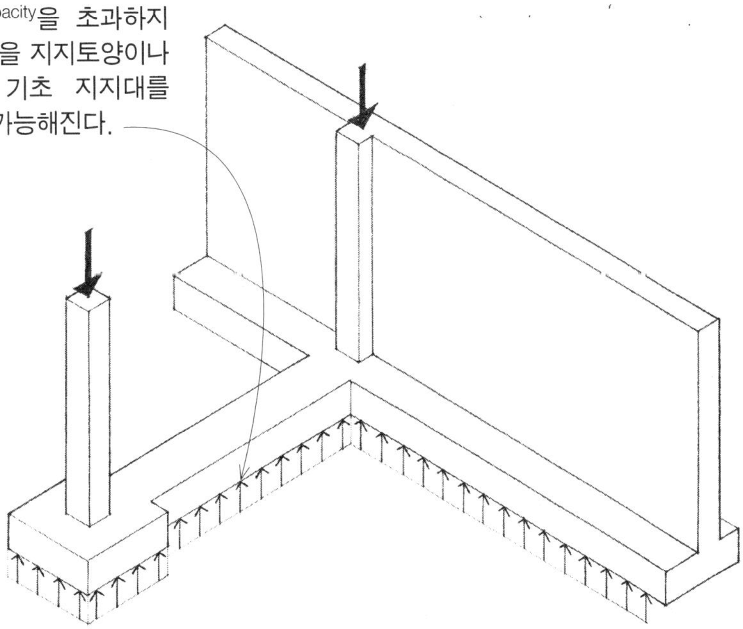

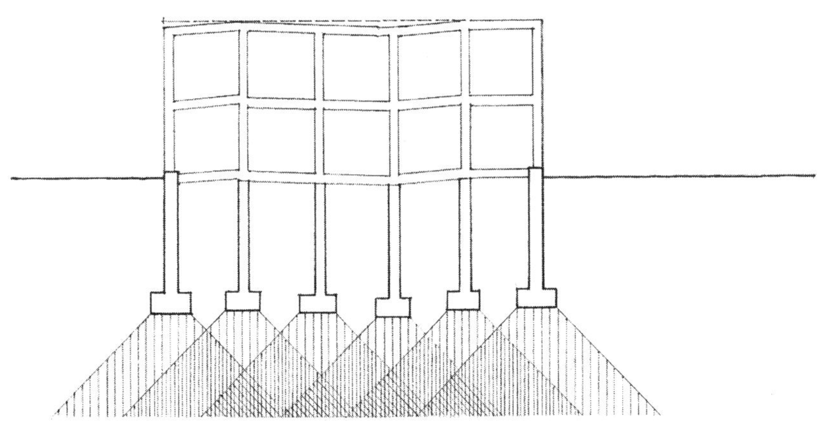

부동침하differential settlement는 기초 토양foundation soil의 불균일한 압밀로 인해 구조물 내 서로 다른 부분이 다르게 침하하는 것을 말한다. 부동침하는 건물을 뒤틀리게 하여 건물의 바닥, 구조 또는 마감에 균열이 발생하게 할 수 있으며, 극단적인 경우 건물의 구조 건전성을 저해할 수 있다.

기초는 내력벽, 기둥, 피어pier의 조합을 활용하여 건물 하중을 지면에 직접 전달한다. 이러한 구조 요소들은 다양한 유형의 하부 구조를 형성할 수 있다.

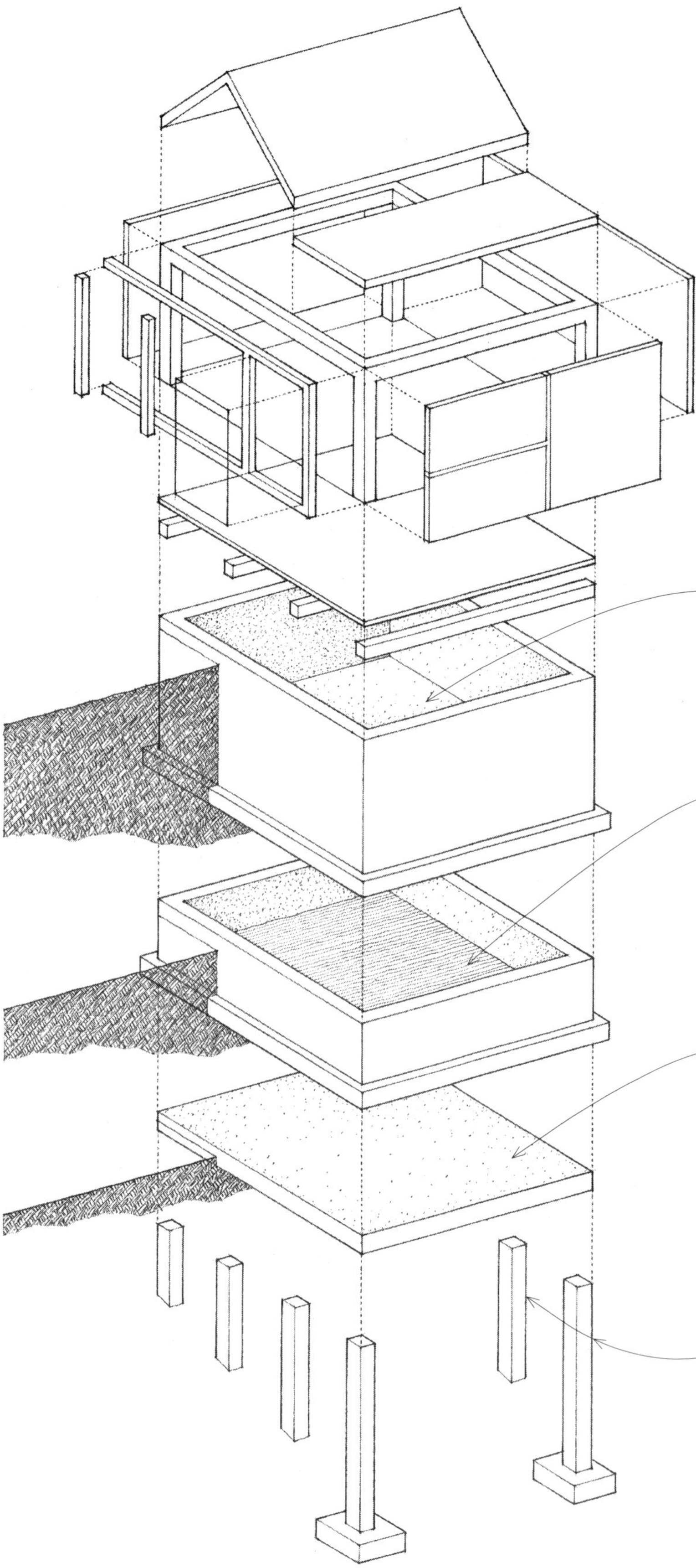

- 전체 또는 일부가 지면 아래에 있는 지하실에는 주변 흙을 지탱하고 위에 있는 상부구조의 외벽과 기둥을 지지하기 위해 연속 기초 벽 foundation wall이 필요하다.
- 연속 기초벽이나 교각piers으로 둘러싸인 크롤 스페이스crawl spaces는 기계, 전기 및 배관설비의 통합과 접근을 위해 1층 아래 공간에 자리한다.
- 지면에서 직접 지지하여 벽과 기둥 하중을 전달하도록 두꺼워진 콘크리트 지면 슬래브 concrete slabs-on-grade는 동결된 지면이 거의 발생하지 않거나 전혀 발생하지 않는 기후에서 1층과 2층 구조를 위한 경제적인 기초와 바닥 시스템을 제공한다.
- 독립된 피어나 장대pole로 구성한 격자는 지상 표면 위에 상부구조를 올릴 수 있다.

기초 시스템은 얕은 기초shallow foundations와 깊은 기초deep foundations의 두 가지 범주로 분류할 수 있다.

얕은 기초

적절한 지지력의 안정된 토양이 상대적으로 지표면 근처에 있는 경우 얕은 기초 또는 확대 기초spread foundations를 사용한다. 그러한 기초들은 하부 구조의 가장 낮은 부분 바로 아래에 놓이며 수직 압력에 의해 건물 하중을 지지토양으로 직접 전달한다.

깊은 기초

기초 밑에 깔린 토양이 불안정하거나 지지력이 부족할 경우 깊은 기초를 사용한다. 그러한 기초들은 부적합한 토양을 통해 아래로 뻗어 내려가면서, 상부구조 아래에 있는 암석층 또는 조밀한 모래와 자갈층과 같은 적합한 지지층bearing stratum에 건물 하중을 전달한다.

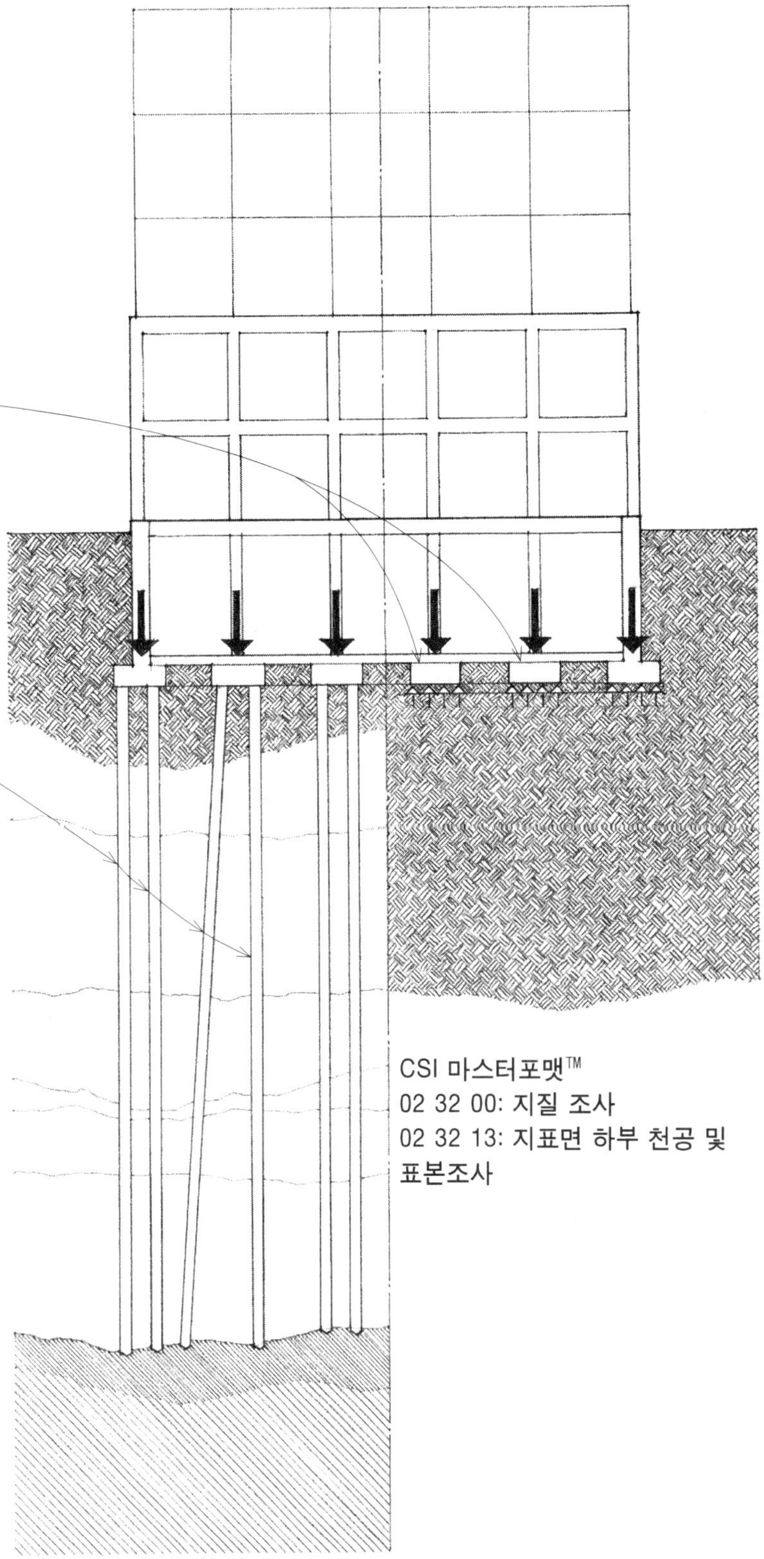

CSI 마스터포맷™
02 32 00: 지질 조사
02 32 13: 지표면 하부 천공 및 표본조사

건물의 기초시스템 유형을 선택하여 설계할 때 고려해야 할 요소는 다음과 같다.

- 건물 하중의 패턴과 크기
- 지표 및 또는 지하수 조건
- 부지의 지형
- 주변 건물에 미치는 영향
- 건축법 요구 사항
- 시공방법 및 위험요소

기초시스템의 설계에는 자격을 갖춘 구조 기술자의 전문적인 분석과 설계가 필요하다. 안정토양stable soil에 단독주택 이외의 것을 설계할 때에는 건축설계에 필요한 기초시스템의 유형과 크기를 결정하기 위하여 지질 기사에게 지질 조사를 착수하도록 하는 것이 바람직하다.

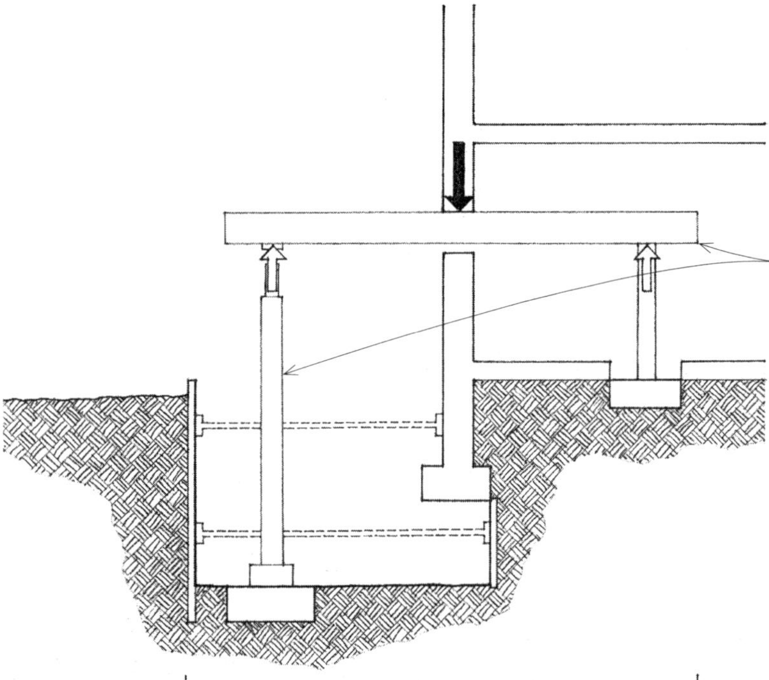

언더피닝/밑이음underpinning이란 기존 건물의 기초를 다시 세우거나 강화하는 과정을 의미하며, 또는 인접 건물의 새로운 땅파기가 기존 기초보다 더 깊을 때 기초를 연장하는 과정을 뜻한다.

- 기존 기초를 수선, 보강하거나 더 깊게 조성할 때, 일시적 지지를 하려면 수평보needle beams가 기초 벽foundation wall을 통과하도록 하여 유압잭과 흙막이shores에[1] 의해 버티게 한다.

1) 건물 내에서 슬래브를 버티는 개념으로 쓰이는 부재는 동바리로 구분하여 번역하였다.

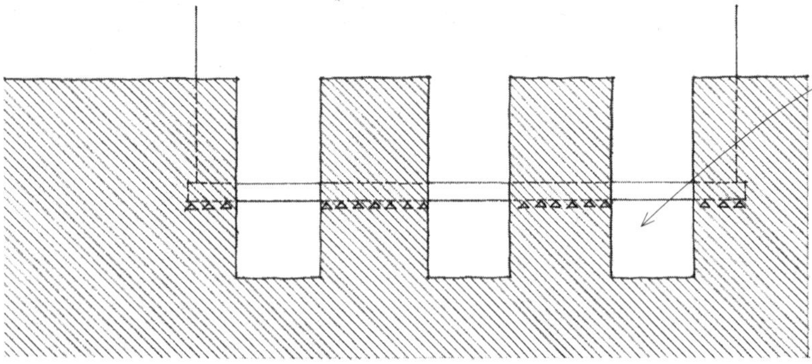

- 일시적으로 지지하는 또 다른 방법은 기존 기초 아래를 새로운 푸팅(기초) 높이까지 간헐적으로 현장진입 피트intermittent pits를 위한 터파기를 하는 것이다. 새로운 기초벽체와 기초 단면을 배치한 후, 전체 벽이 깊어질 때까지 구덩이를 추가로 판다.

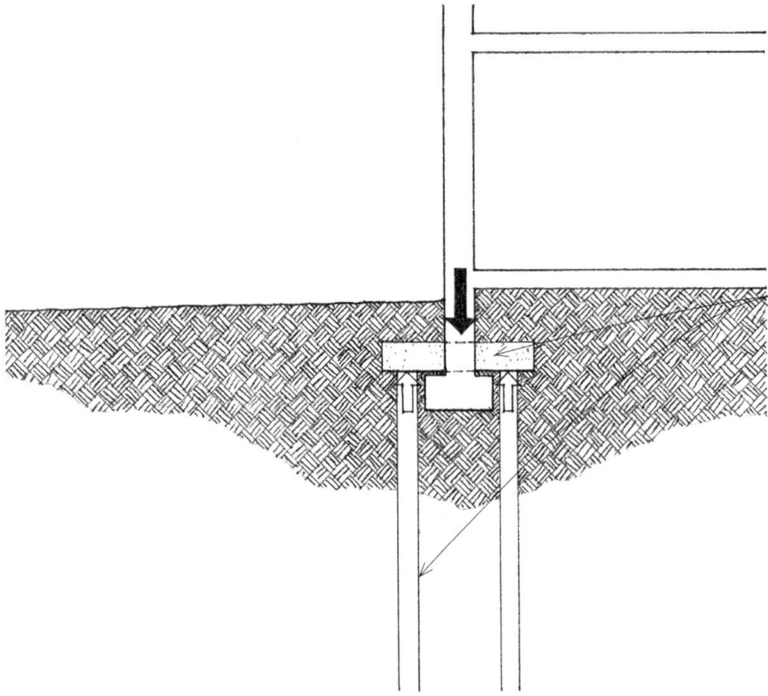

- 새로운 기초벽체를 확장하여 새로운 푸팅(기초)을 배치하는 대안은 기존 기초의 양쪽에 말뚝기초piles나 잠함기초caissons를 건설하고 기초벽체의 부분을 제거하여 철근 콘크리트 말뚝 캡pile cap으로 교체하는 것이다.

건축 부지가 충분히 넓어 굴착 측면이 토양의 안식각보다 작은 각도로 벤치 계단식 또는 경사지로 조성할 수 있을 경우, 지지 구조는 필요 없다. 그러나 깊은 굴착부 측면이 토양의 안식각을 초과하게 되면, 영구적인 건축이 설치되기 전까지 일시적으로 지면을 가새를 대어 받치거나 흙막이로 지지해야 한다.

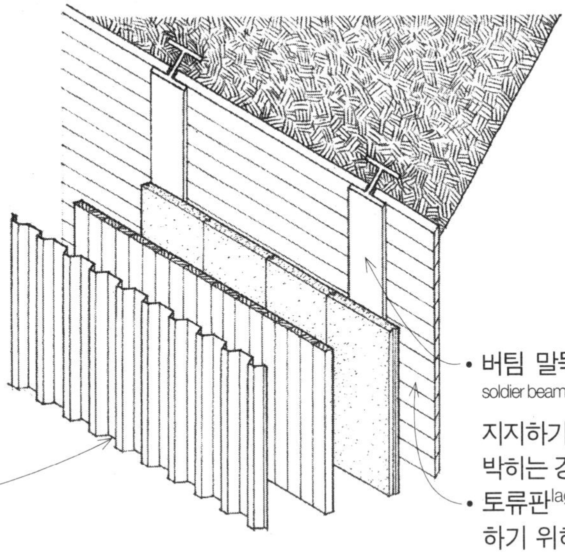

- 널말뚝sheet piling은 지면을 유지하고 물이 굴착으로 스며드는 것을 방지하기 위해 수직으로 나란히 구동되는 목재, 강재 또는 프리캐스트 콘크리트 부판으로 구성된다. 강재와 프리캐스트 콘크리트 널말뚝sheet piling은 건물 하부 구조 일부로서 고정될 수도 있다.
- 버팀 말뚝soldier piles 혹은 솔저빔soldier beams은 수평 토류 판lagging을 지지하기 위해 지면 에 수직으로 박히는 강철 H-형강이다.
- 토류판lagging은 굴착면을 유지하기 위해 나란히 결합된 무거운 목재 부판planks을 말한다.

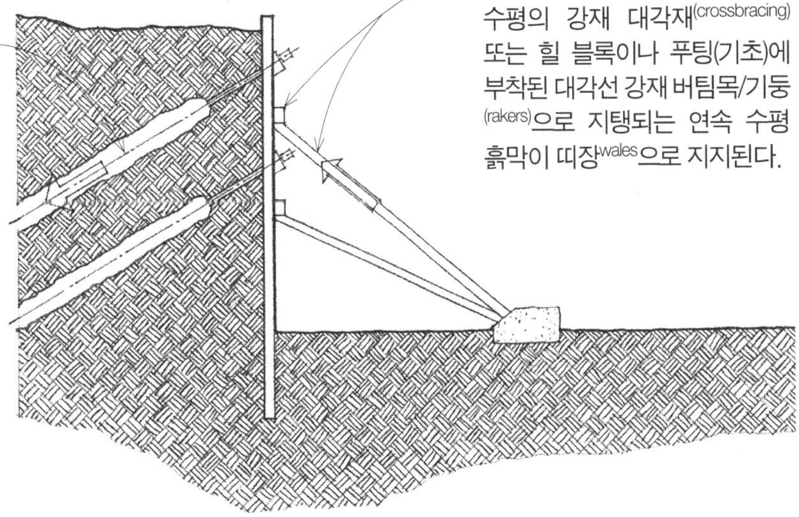

- 널말뚝sheet piling과 솔저빔은 수평의 강재 대각재(crossbracing) 또는 힐 블록이나 푸팅(기초)에 부착된 대각선 강재 버팀목/기둥(rakers)으로 지탱되는 연속 수평 흙막이 띠장wales으로 지지된다.
- 대각재crossbracing 또는 버팀목/기둥rakers이 굴착 또는 시공 작업에 방해가 될 때 타이백tiebacks을 사용하여 암석 또는 토양 앵커anchors, (CSI: 31 51 00)에 고정할 수 있다. 타이백tiebacks은 널말뚝 작업을 통해 미리 뚫은 구멍과 암석 또는 적절한 토양층에 삽입한 강재 케이블 또는 긴장재tendon로 구성되며, 압력을 가하면서 그라우트를 충전하여 암석이나 토양층에 정착하고 유압잭으로 포스트 텐션post-tension[2]을 가한다. 그런 다음 타이백을 연속적인 수평 강재 흙막이 띠장wales에 단단히 고정한다.

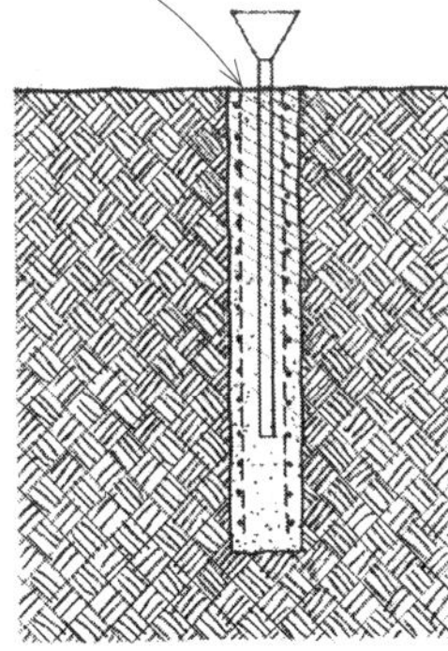

- 슬러리 월slurry wall(CSI: 31 56 00)은 트렌치에 타설된 콘크리트 벽으로 흙막이널sheet 역할을 하며 영구적인 기초벽체 기능을 할 때가 많다. 짧은 길이로 트렌치를 굴착하고 측면 벽이 무너지지 않도록 벤토나이트[3]와 물로 이루어진 트렌치를 슬러리로 채운 후, 철근을 설치한다. 그런 다음에는 트레미tremie[4]를 이용하여 콘크리트를 아래쪽에서부터 부어 올리면서 슬러리를 대체한다.

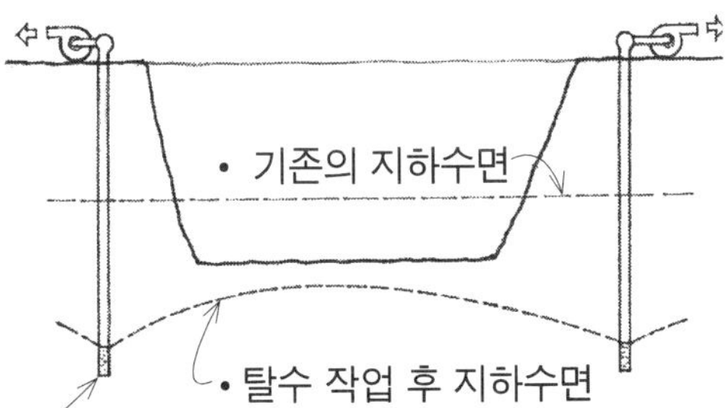

- 탈수dewatering(CSI: 31 23 19)는 지하수면을 낮추거나 굴착을 통해 지하수가 채워지지 않도록 하는 과정을 의미한다. 탈수는 주변 지역으로부터 물을 모아서 펌프로 퍼낼 수 있도록 웰포인트wellpoints라 불리는 천공된 관을 지면에 삽입하고 이관에서 물을 흡수하는 방식으로 진행한다.

CSI 마스터포맷 31 50 00: 굴착부 지지와 보호

2) 굳은 콘크리트 내에 인장력을 가하면서 강선을 긴장하여 프리스트레스를 도입하는 방식.
3) 화산재의 풍화로 된 점토의 일종
4) 트레미tremie는 통상, 방수관 250mm이고 내부 직경(150 내지 300)에 대해 위쪽은 원통형 깔때기가 달려 있다. 끝에 느슨한 플러그 또는 밸브가 있을 수 있다. 트레미는 콘크리트가 흐르는 동안 콘크리트와 물이 접촉하여 혼합물에서 시멘트가 유실되는 것을 방지하는 방식으로 콘크리트를 지중이나 수중에 타설하는 데 사용된다.

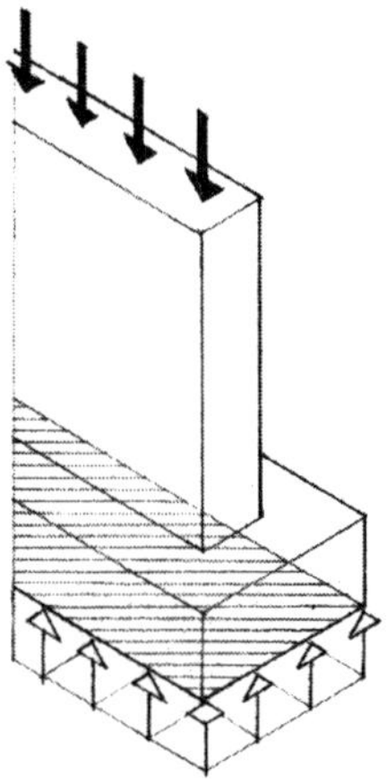

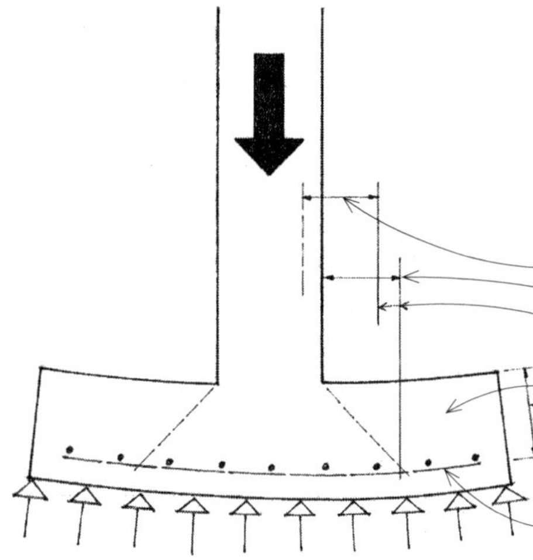

얕은 기초의 가장 낮은 부분은 확대 기초spread footings이다. 확대 기초는 토양의 허용지지력allowable bearing capacity을 초과하지 않을 정도로 넓은 토양 영역에 하중을 분산시키기 위해 측면으로 확장된다. 필요한 접지면적contact area은 전달되는 힘의 크기와 지지 흙더미soil mass의 허용지지력의 지수와 같다.

- 단위 조적 벽체의 경우의 d
- 콘크리트 벽체일 경우의 d
- 전단 임계단면critical sections
- 압축
- d=유효깊이
- 인장

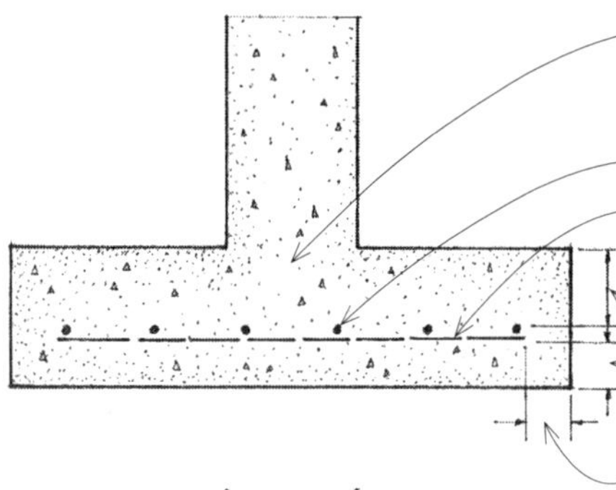

- 28일 최소 압축강도가 2500psi(17kPa)인 콘크리트
- 길이 방향 온도 보강근longitudinal temperature reinforcement
- 인장 철근tensile reinforcement: 확대 기초가 기초벽체 두께의 절반 이상을 돌출하여 휨을 받을 때 필요
- 강재 철근 위로 최소 6"(150)
- 철근과 콘크리트 표면 사이에는 최소 3"(75) 두께의 피복

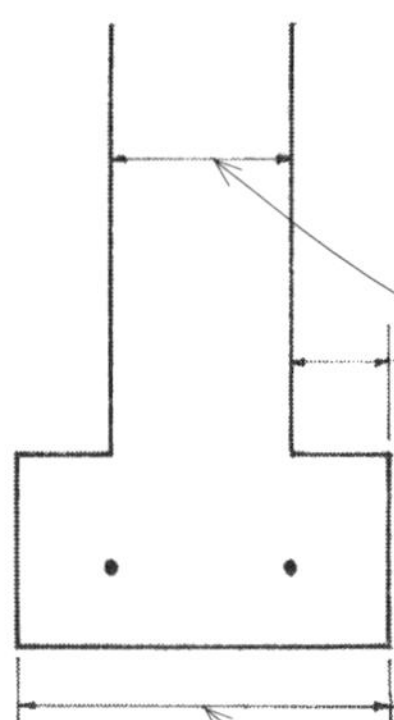

경량골조의 푸팅(기초)이 안정적이고 비응집성인 토양 위에 있고, 선형 피트 당 2000파운드(29 kN/m) 미만의 연속 하중을 전달하는 경우 다음과 같은 단면 비율을 지닐 수 있다.

- 2개 바닥을 지탱하는 콘크리트 또는 단위 조적 기초벽의 두께(T): 최소 8"(205)
- 돌출부 = 1/2T
- 푸팅(기초) 두께 = T
- 푸팅(기초) 너비 = 2T

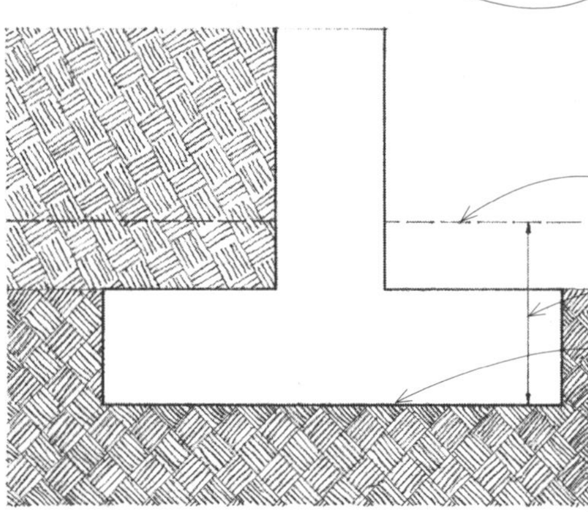

건축 법규는 추운 날씨에 지하수가 얼고 팽창하여 땅의 부품heaving 효과가 발생할 때, 이를 최소화하기 위해 건축 법규는 건물 현장에서 예상되는 동결이 발생하는 깊이 이하로 푸팅(기초)을 배치할 것을 요구한다.

- 동결심도frostline는 토양이 얼거나 서리가 땅을 관통하는 평균 깊이이다.
- 12"(305)

침하settlement를 최소화하기 위해 푸팅(기초)은 항상 유기물질이 없는 안정된 원상토undisturbed soil에 놓여야 한다. 이것이 불가능할 경우, 수분함량을 제어하고 특수하게 설계한 충전재를 이용하여 8"~12"(205~305) 두께로 압축한 층을 통해, 추가 깊이를 구성할 수 있다.

확대 기초 spread footings의 가장 일반적인 형태는 줄기초 strip footings와 독립기초 isolated footings이다.

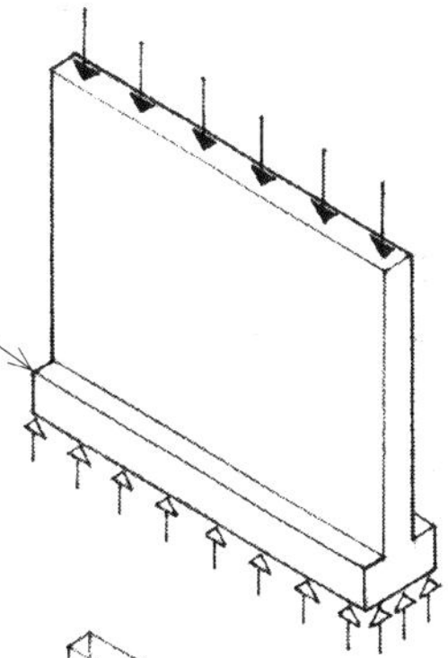

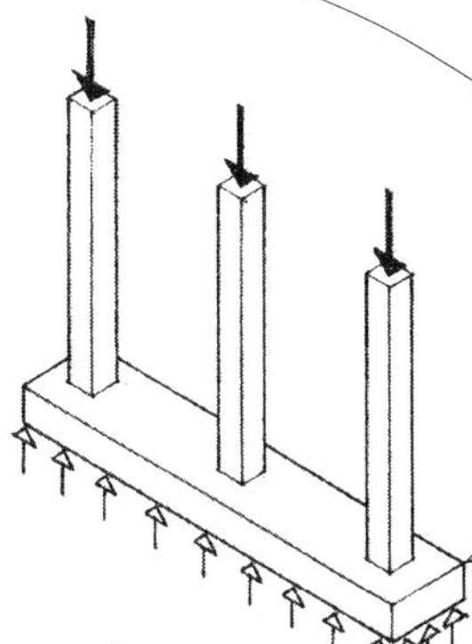

- 줄기초는 기초벽체를 지지하는 연속된 확대기초이다.

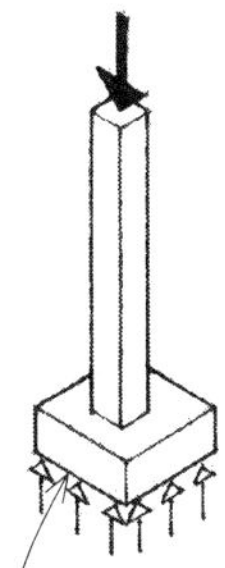

- 독립기초 Isolated footing는 독립형 기둥과 피어를 지지하는 개별의 확대 기초다.

다른 유형의 확대 기초는 다음을 포함한다.

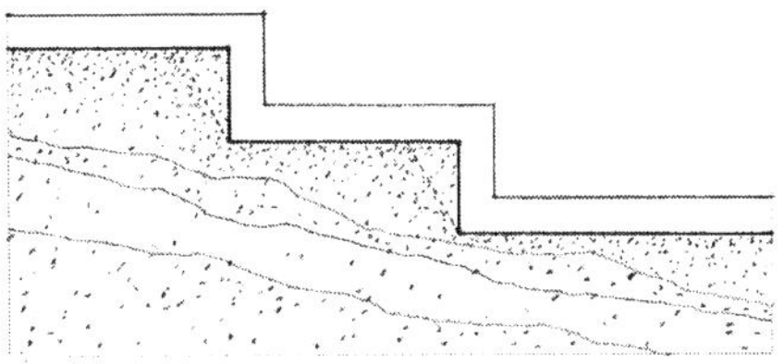

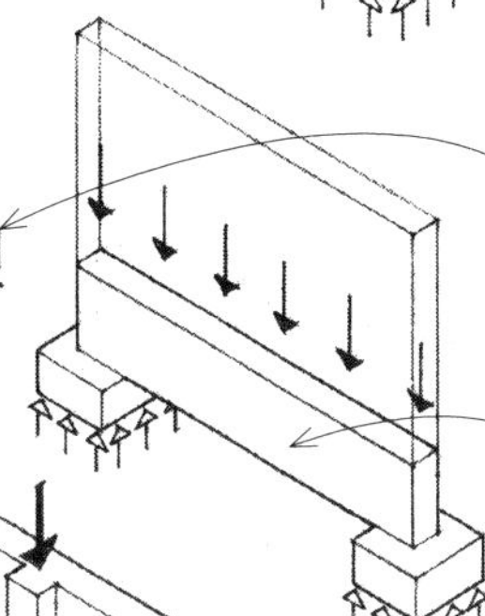

- 계단식 기초 stepped footings는 경사 지면을 수용하고 건물 주변의 모든 지점에서 필요한 깊이를 유지하기 위해 단계별로 레벨을 변경하는 줄기초이다.
- 연속 기초 continuous footing는 일련의 기둥을 지지하도록 확장된 철근 콘크리트 기초이다.
- 지중보 grade beam는 지반 높이 또는 그 근처에 있는 내력벽을 지지하고 하중을 독립기초, 피어 또는 말뚝에 전달하는 철근 콘크리트 보이다.

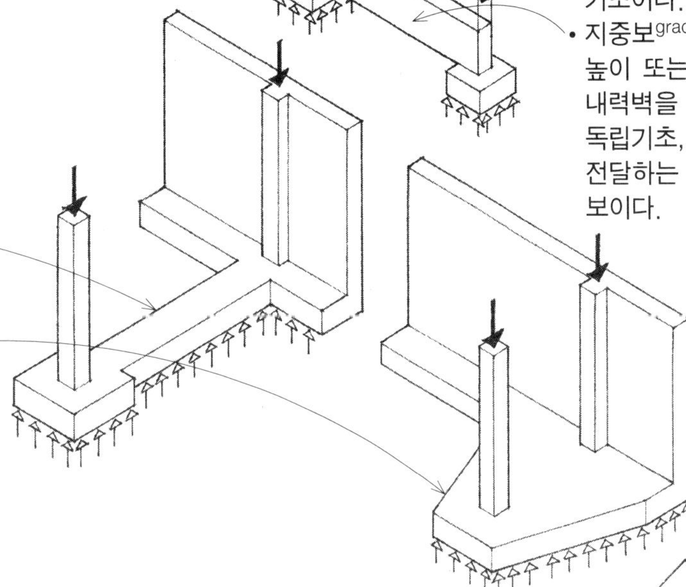

- 캔틸레버 기초 cantilever footing 혹은 띠 기초 strap footing는 비대칭 하중의 균형을 맞추기 위해 연결보 tie beam에 의해 다른 기초에 연결되는 기둥 기초로 이뤄진다.
- 복합기초 combined footing는 내부 기둥 하중을 지지하도록 확장된 주변 기초벽체 또는 기둥에 대한 철근 콘크리트 기초이다.
- 기초가 대지 경계선에 접할 때는 캔틸레버 복합기초 cantilever and combined footings를 사용할 때가 많다. 이 조건에서는 대칭적으로 하중을 받는 푸팅(기초)을 구축하는 것이 가능하지 않기 때문에, 비대칭적인 하중 조건이 발생시킬 수 있는 회전 또는 부동침하 differential settlement를 방지하기 위해서는 균일한 토압을 생성하도록 연속 기초와 캔틸레버 기초의 균형을 잡으며 설치한다.

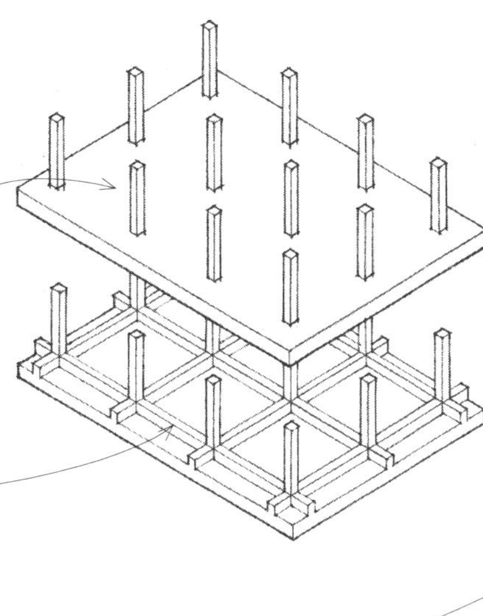

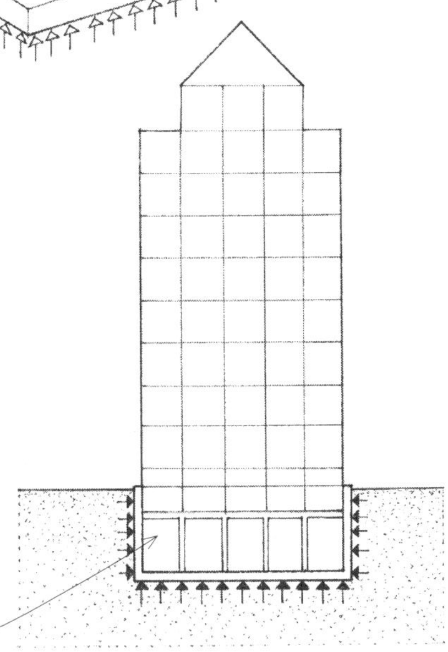

- 매트 기초 혹은 온통 기초 mat or raft foundation는 두껍고 육중한 철근 콘크리트 슬래브로, 다수의 기둥이나 건물 전체를 지탱하는 하나의 단일 푸팅(기초) 역할을 한다. 기초 토양 foundation soil의 허용 지지력 allowable bearing capacity이 건물 하중에 비해 낮고 내부 기둥 푸팅(기초)이 너무 커져서 단일 슬래브로 병합하는 것이 훨씬 경제적일 때 사용한다. 매트 기초는 리브, 보 또는 벽의 격자망으로 강성을 확보할 수 있다.
- 항복 현상이 일어나는 토양에는 플로팅 기초/뜬기초 floating foundation를 사용한다. 이 기초는 굴착된 토양의 무게가 지지하는 시공체의 무게와 같거나 더 클 수 있을 만큼 충분히 깊게 매트기초를 설치한다.

3.10 기초 벽체

기초벽체는 위의 상부구조를 지지하며 부분적/전체적으로 지면 아래 지하층basement 이나 크롤 스페이스를 에워싼다. 상부구조의 수직 하중 외에도, 기초벽체는 주동 토압active earth pressure을 견디고 풍력과 지진력seismic forces에 대해 상부구조를 고정할 수 있도록 설계 및 시공이 이뤄져야 한다.

- 벽체 시스템
- 바닥 시스템

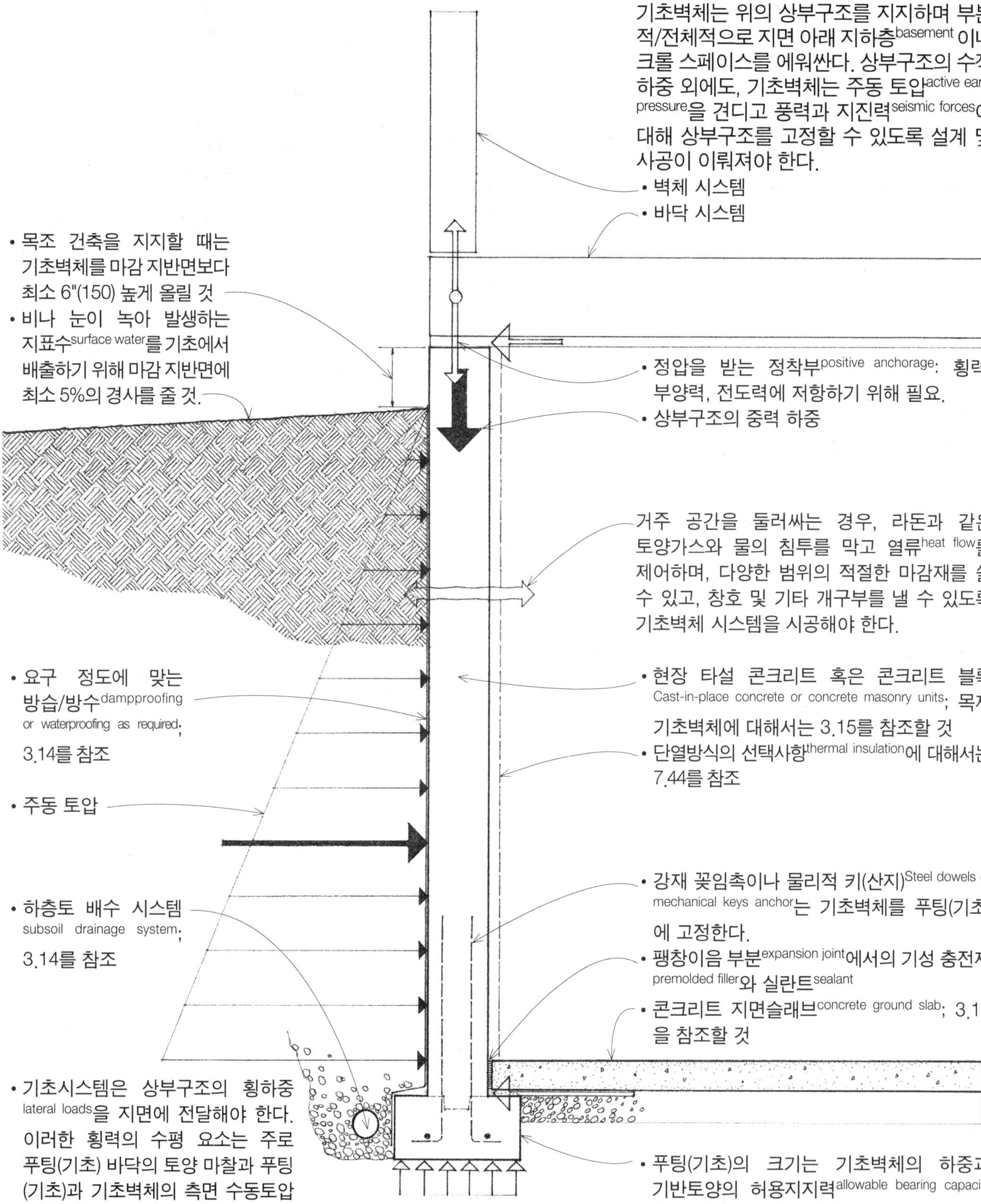

- 목조 건축을 지지할 때는 기초벽체를 마감 지반면보다 최소 6"(150) 높게 올릴 것
- 비나 눈이 녹아 발생하는 지표수surface water를 기초에서 배출하기 위해 마감 지반면에 최소 5%의 경사를 줄 것.
- 정압을 받는 정착부positive anchorage: 횡력, 부양력, 전도력에 저항하기 위해 필요.
- 상부구조의 중력 하중

거주 공간을 둘러싸는 경우, 라돈과 같은 토양가스와 물의 침투를 막고 열류heat flow를 제어하며, 다양한 범위의 적절한 마감재를 쓸 수 있고, 창호 및 기타 개구부를 낼 수 있도록 기초벽체 시스템을 시공해야 한다.

- 요구 정도에 맞는 방습/방수dampproofing or waterproofing as required; 3.14를 참조
- 현장 타설 콘크리트 혹은 콘크리트 블록Cast-in-place concrete or concrete masonry units; 목재 기초벽체에 대해서는 3.15를 참조할 것
- 단열방식의 선택사항thermal insulation에 대해서는 7.44를 참조
- 주동 토압
- 강재 꽂임촉이나 물리적 키(산지)Steel dowels or mechanical keys anchor는 기초벽체를 푸팅(기초)에 고정한다.
- 하층토 배수 시스템subsoil drainage system; 3.14를 참조
- 팽창이음 부분expansion joint에서의 기성 충전재premolded filler와 실란트sealant
- 콘크리트 지면슬래브concrete ground slab; 3.18을 참조할 것
- 기초시스템은 상부구조의 횡하중lateral loads을 지면에 전달해야 한다. 이러한 횡력의 수평 요소는 주로 푸팅(기초) 바닥의 토양 마찰과 푸팅(기초)과 기초벽체의 측면 수동토압passive soil pressure의 결합을 통해 주로 전달된다.
- 푸팅(기초)의 크기는 기초벽체의 하중과 기반토양의 허용지지력allowable bearing capacity 등을 기반으로 하여 결정한다.

연속적인 기초벽체와 피어로 둘러싸인 크롤 스페이스crawl spaces는 기계, 전기 및 배관 설비를 통합하고 접근할 수 있는 공간을 1층 아래에 제공한다.

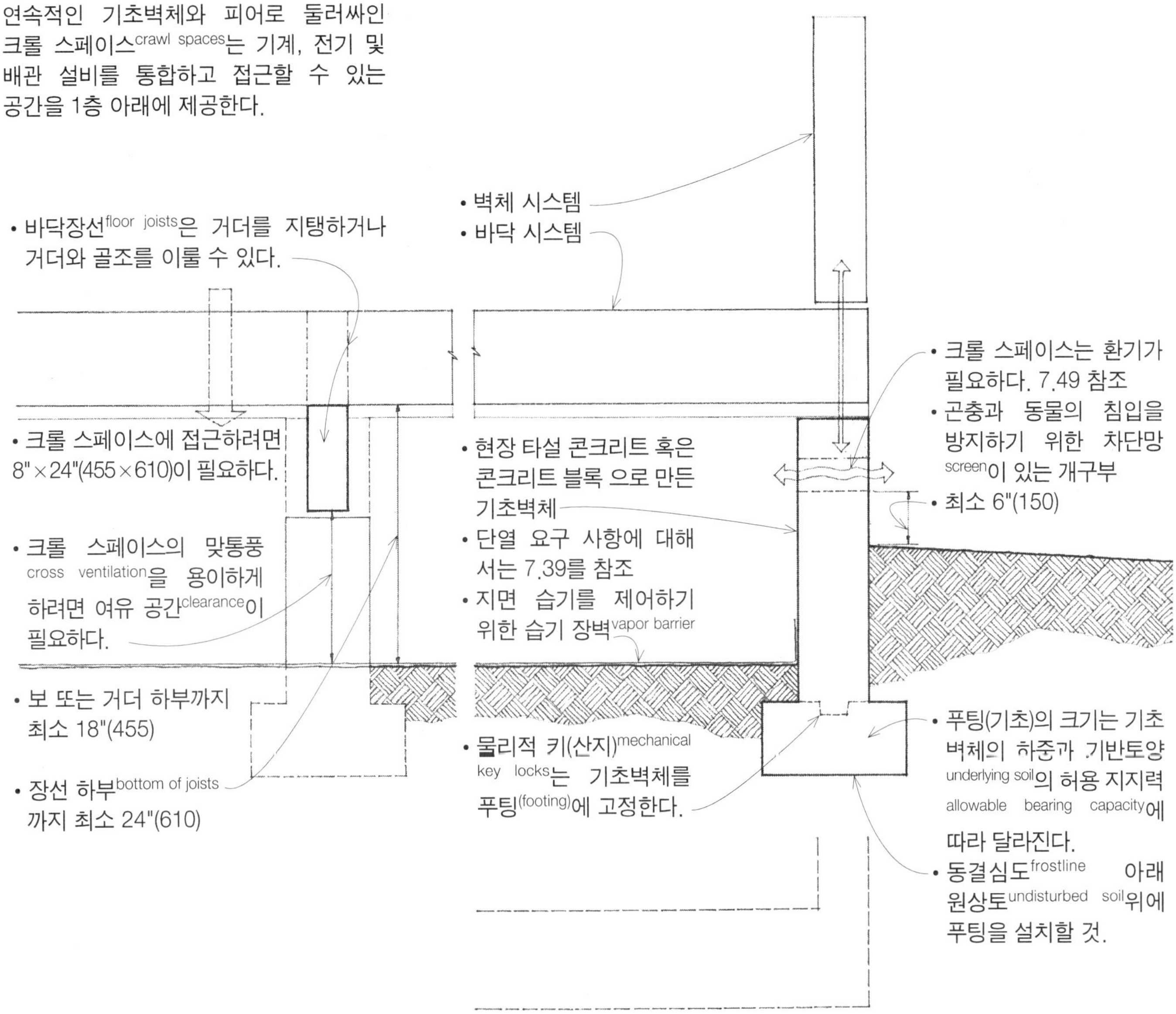

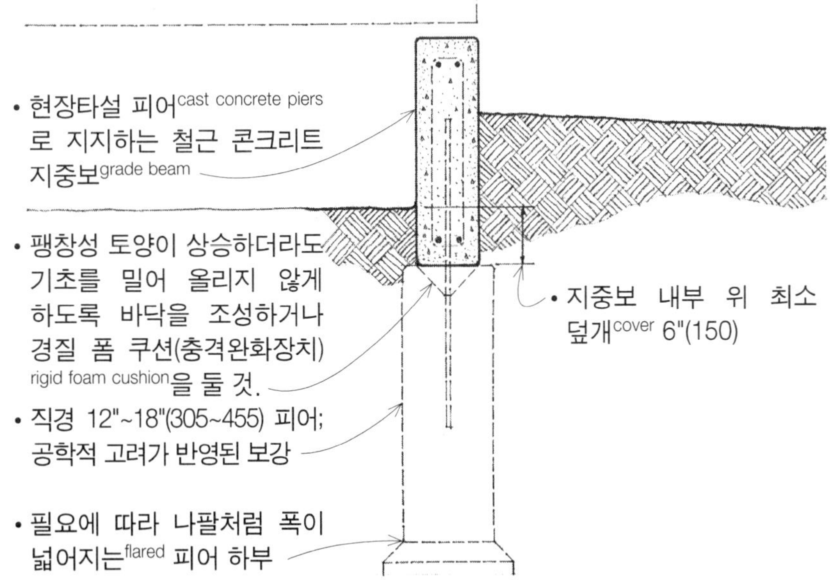

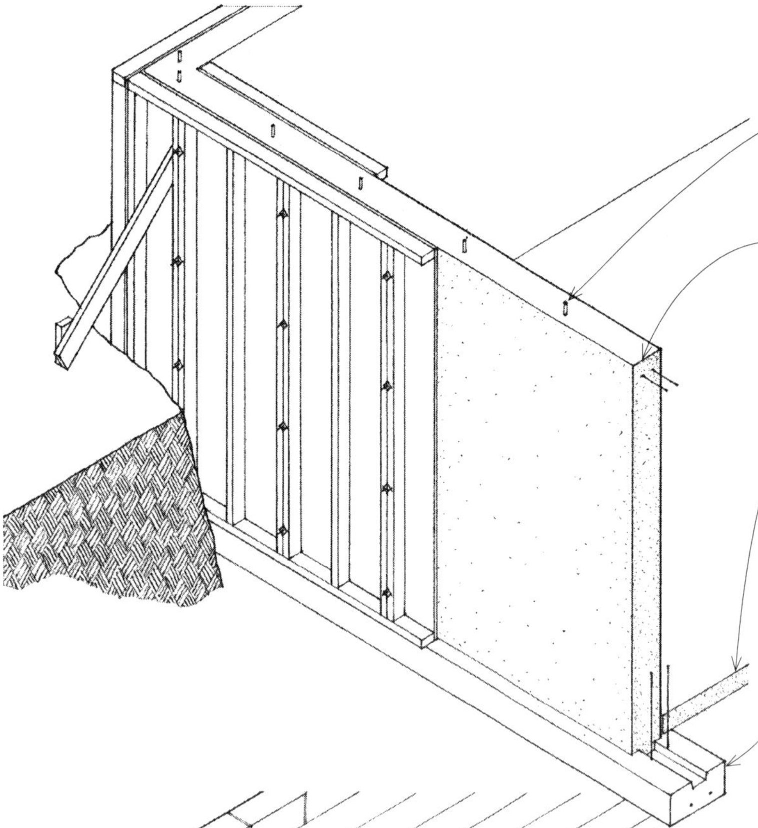

콘크리트 기초벽체

현장 콘크리트 기초벽체는 콘크리트를 타설하기 위한 거푸집과 접근할 수 있는 공간이 필요하다.

- 경량골조 시공의 토대판sill plates용 앵커볼트는 Anchor bolts; 3.13과 4.28을 참조할 것

- 최소 벽체 두께 8"(205)
- 공학 분석의 요구에 따른 수평/수직 보강은 배근: 5.06을 참조할 것.

- 콘크리트 지반슬래브concrete ground slab; 3.18을 참조

- 콘크리트 푸팅concrete footing; 3.08-3.09를 참조할 것.
- 강재 꽂임촉dowels은 기초벽체를 푸팅에 고정
- 키(산지)는 횡방향 미끄러짐slippage에 대해 추가적인 저항을 제공한다.

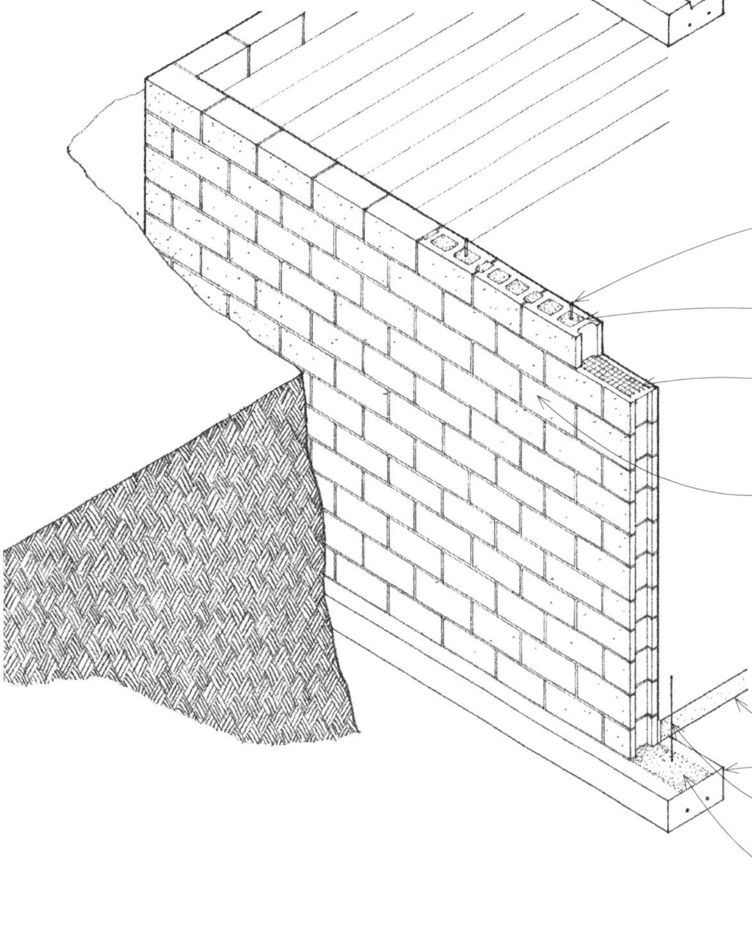

콘크리트 블록 기초벽체

콘크리트 블록 기초벽체는 취급하기 쉬운 소형 부재를 활용하며 거푸집 작업이 필요하지 않다. 콘크리트 블록은 모듈식 재료이므로 모든 주요 치수는 표준 콘크리트 블록의 8"(205) 모듈을 기준으로 해야 한다.

- 경량 골조공사의 토대판용 앵커볼트; 3.13과 4.28을 참조할 것

- 가장 위에 깔리는 블록 층top course 내부 빈 공간cells은 그라우팅 충전.
- 그라우팅이 흘러내리는 것을 제한하기 위해 스크린으로 막을 것
- M 유형이나 S 유형의 모르타르와 길이쌓기running bond로 싸인 블록 유닛
- 최소 공칭 벽체 두께 8"(205)

- 공학적 요구에 따라 그라우팅 충전한 내부 공간과 수평 결합 보의 수직 보강근
- 조적 벽체의 보강에 대해서는 5.18을 참조할 것.
- 콘크리트 지반 슬래브; 3.18을 참조

- 콘크리트 푸팅/기초; 3.08-09를 참조
- 강재 꽂임촉은 기초벽체를 푸팅/기초에 고정한다.
- 거친 기초roughened footing 위 모르타르만 이용한 이음full mortar joint.

CSI 마스터포맷 03 30 00 : 현장 타설 콘크리트
CSI 마스터포맷 04 20 00 : 조적 유닛

기초벽체의 상단은 상부구조의 벽체와 바닥 시스템을 받치고 지지하며 고정receive, support, and anchor할 준비가 되어있어야 한다.

- 토대판sill plate 앵커 또는 꺾쇠holddowns는 상승하는 바람이나 지진력에 대비해서 벽체와 바닥 골조를 기초에 고정시키는데 필요하다.

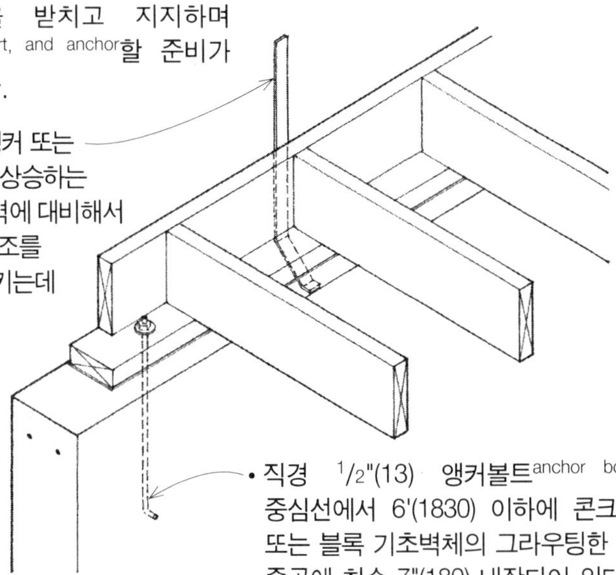

- 직경 1/2"(13) 앵커볼트anchor bolts는 중심선에서 6'(1830) 이하에 콘크리트 또는 블록 기초벽체의 그라우팅한 내부 중공에 최소 7"(180) 내장되어 있다. 각 단부의 12"(305) 이내에 각 토대 당 최소 2개의 볼트, 지진구역 3과 4에 대해서는 보다 엄격한 요구 사항이 존재한다.

목재장선

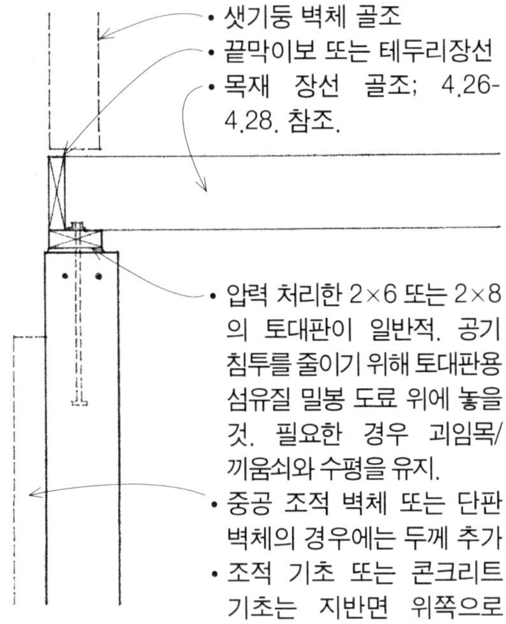

- 샛기둥 벽체 골조
- 끝막이보 또는 테두리장선
- 목재 장선 골조; 4.26-4.28. 참조.
- 압력 처리한 2×6 또는 2×8의 토대판이 일반적. 공기 침투를 줄이기 위해 토대판용 섬유질 밀봉 도료 위에 놓을 것. 필요한 경우 괴임목/끼움쇠와 수평을 유지.
- 중공 조적 벽체 또는 단판 벽체의 경우에는 두께 추가
- 조적 기초 또는 콘크리트 기초는 지반면 위쪽으로 외벽과 연속될 수 있다. 5.23-5.24. 참조.

- 압력 처리한 목재를 사용하지 않는 경우에는, 콘크리트 또는 조적 벽체에 들어가는 목재 보의 상단, 측면 및 끝단에 최소 1/2"(13)의 빈틈air space을 둘 것. 시공의 편의를 위해 추가적인 공간이 필요할 수 있다.

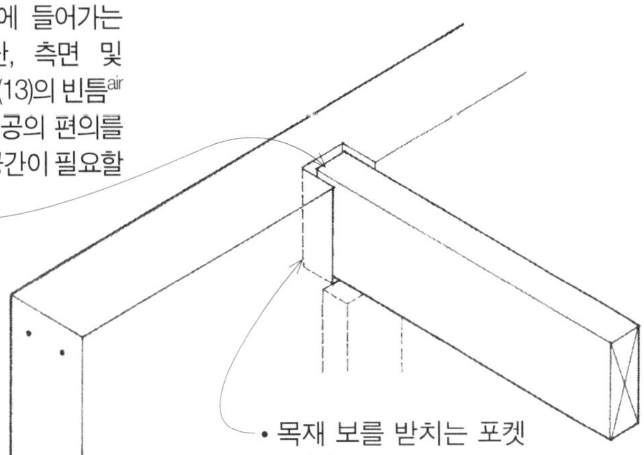

- 목재 보를 받치는 포켓pocket

목재보

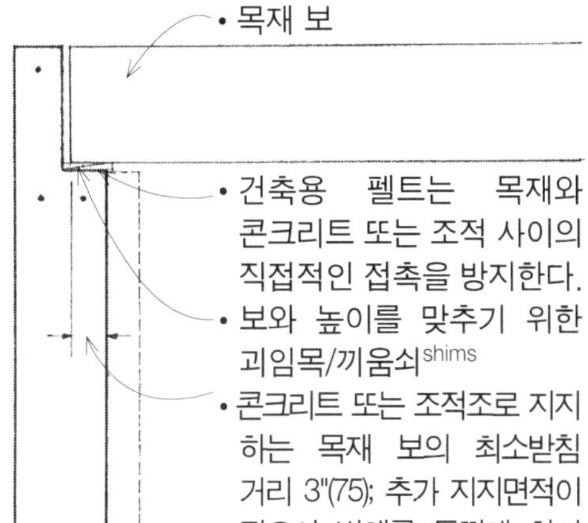

- 목재 보
- 건축용 펠트는 목재와 콘크리트 또는 조적 사이의 직접적인 접촉을 방지한다.
- 보와 높이를 맞추기 위한 괴임목/끼움쇠shims
- 콘크리트 또는 조적조로 지지하는 목재 보의 최소받침거리 3"(75); 추가 지지면적이 필요시 벽체를 두껍게 하여 벽기둥/붙임기둥를 형성할 것.

- 콘크리트 기초벽체 또는 조적벽의 연속 연결보bond beam에 고정된 강재 베이스플레이트base plates

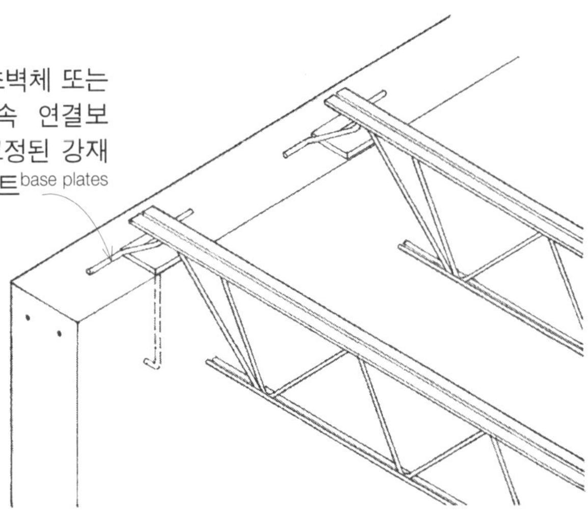

오픈웹 강재 장선

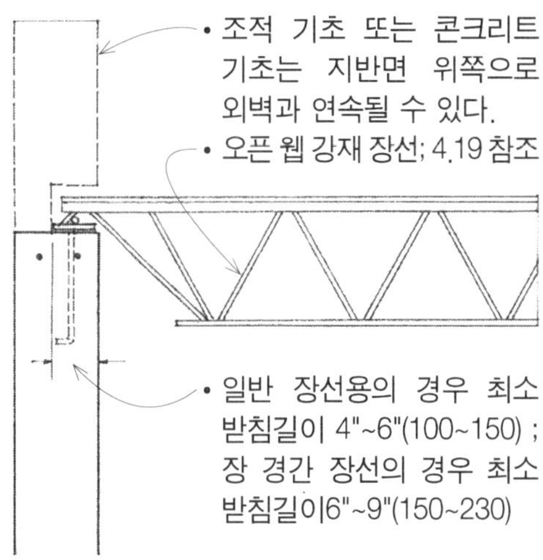

- 조적 기초 또는 콘크리트 기초는 지반면 위쪽으로 외벽과 연속될 수 있다.
- 오픈 웹 강재 장선; 4.19 참조
- 일반 장선용의 경우 최소 받침길이 4"~6"(100~150) ; 장 경간 장선의 경우 최소 받침길이6"~9"(150~230)

심토subsoil 조건에서 지하수면groundwater table의 정수압hydrostatic pressure이 발생하지 않는 것으로 나타나면, 기초벽체에 방습dampproofing을 적용한다. 지하수면에서 정수압hydrostatic pressure에 노출될 경우 기초벽체는 방수처리waterproofing 해야 한다. 일부 건축 법규는 지반면 아래 거주 공간을 둘러싸는 모든 기초벽체를 방수하도록 요구하고 있다.

심토배수subsoil drainage 시스템은 기초에서 물을 모으고, 우수거storm sewer, 드라이웰(건정)dry well, 또는 부지의 낮은 고도의 자연 유출구natural outfall로 물을 돌리는 데 필요하다.

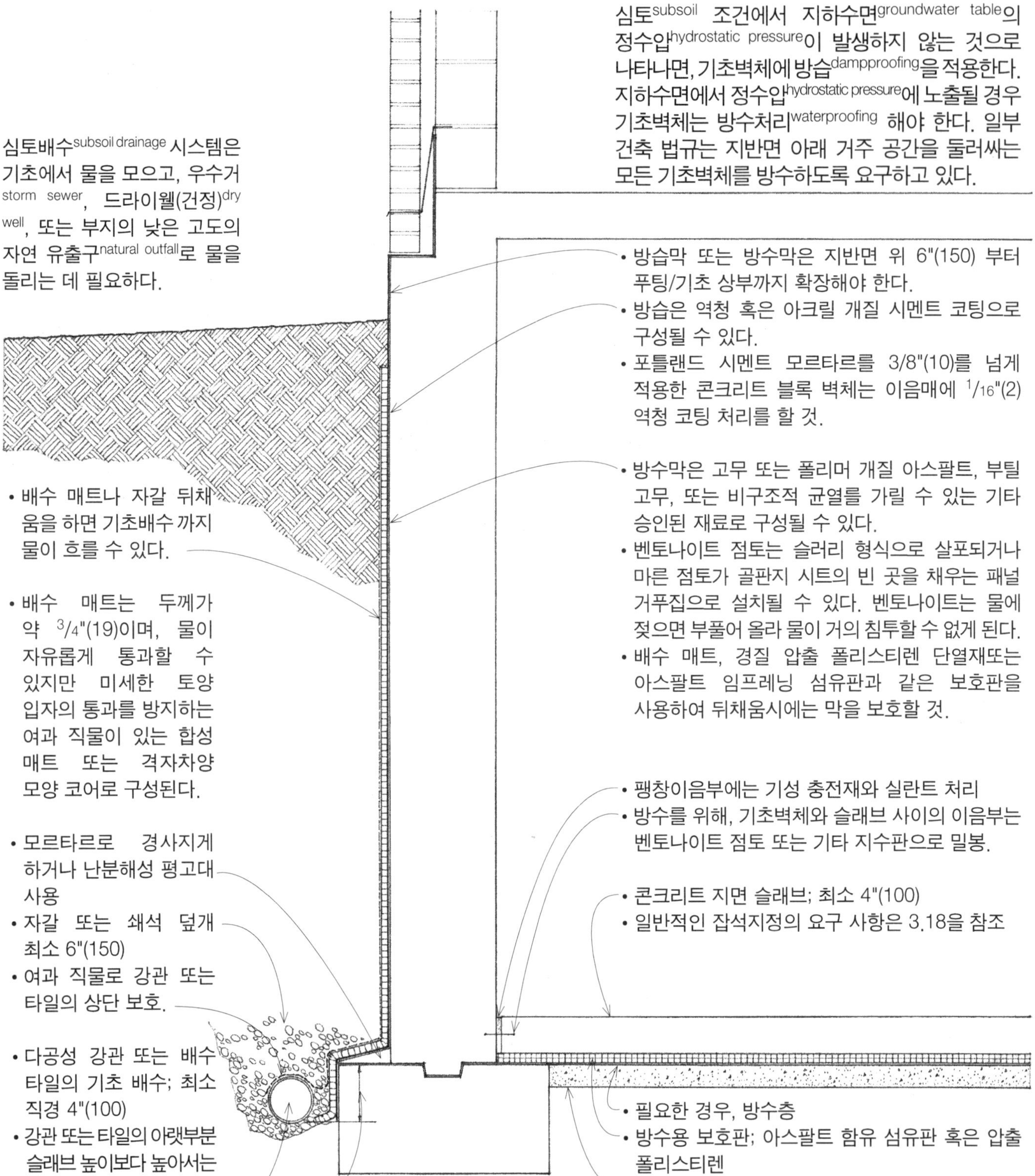

- 방습막 또는 방수막은 지반면 위 6"(150) 부터 푸팅/기초 상부까지 확장해야 한다.
- 방습은 역청 혹은 아크릴 개질 시멘트 코팅으로 구성될 수 있다.
- 포틀랜드 시멘트 모르타르를 3/8"(10)를 넘게 적용한 콘크리트 블록 벽체는 이음매에 1/16"(2) 역청 코팅 처리를 할 것.

- 방수막은 고무 또는 폴리머 개질 아스팔트, 부틸 고무, 또는 비구조적 균열를 가릴 수 있는 기타 승인된 재료로 구성될 수 있다.
- 벤토나이트 점토는 슬러리 형식으로 살포되거나 마른 점토가 골판지 시트의 빈 곳을 채우는 패널 거푸집으로 설치될 수 있다. 벤토나이트는 물에 젖으면 부풀어 올라 물이 거의 침투할 수 없게 된다.
- 배수 매트, 경질 압출 폴리스티렌 단열재또는 아스팔트 임프레닝 섬유판과 같은 보호판을 사용하여 뒤채움시에는 막을 보호할 것.

- 배수 매트나 자갈 뒤채움을 하면 기초배수까지 물이 흐를 수 있다.

- 배수 매트는 두께가 약 3/4"(19)이며, 물이 자유롭게 통과할 수 있지만 미세한 토양 입자의 통과를 방지하는 여과 직물이 있는 합성 매트 또는 격자차양 모양 코어로 구성된다.

- 팽창이음부에는 기성 충전재와 실란트 처리
- 방수를 위해, 기초벽체와 슬래브 사이의 이음부는 벤토나이트 점토 또는 기타 지수판으로 밀봉.

- 콘크리트 지면 슬래브; 최소 4"(100)
- 일반적인 잡석지정의 요구 사항은 3.18을 참조

- 모르타르로 경사지게 하거나 난분해성 평고대 사용
- 자갈 또는 쇄석 덮개 최소 6"(150)
- 여과 직물로 강관 또는 타일의 상단 보호.

- 다공성 강관 또는 배수 타일의 기초 배수; 최소 직경 4"(100)
- 강관 또는 타일의 아랫부분 슬래브 높이보다 높아서는 안 된다. 우수거, 드라이웰(건정) 또는 부지의 자연 유출구의 배수 경사
- 최소 2"(51)

- 필요한 경우, 방수층
- 방수용 보호판; 아스팔트 함유 섬유판 혹은 압출 폴리스티렌
- 무근 콘크리트로 만든 버림콘크리트mudslab는 방수막이 지면 슬래브 아래에서 연속되거나 불안정한 토양에 작업면을 제공하기 위해 사용된다.

CSI 마스터포맷 07 10 00 : 방습 및 방수
CSI 마스터포맷 33 41 13 : 기초 배수

방부처리목재 기초시스템은 지하실과 크롤 스페이스 구조에 모두 사용될 수 있다. 벽면은 현장에서 만들거나 공장에서 제작하여 시간을 줄일 수 있다. 기초시스템을 제작하는 데 사용되는 모든 목재와 합판은 지면 접촉 용도로 승인된 방부제를 사용하여 압축처리해야 한다. 현장에서 가공한 모든 부위는 동일한 방부제로 처리해야 한다. 모든 금속 패스너는 스테인리스강 또는 용융 아연도금 강재로 만들어야 한다.

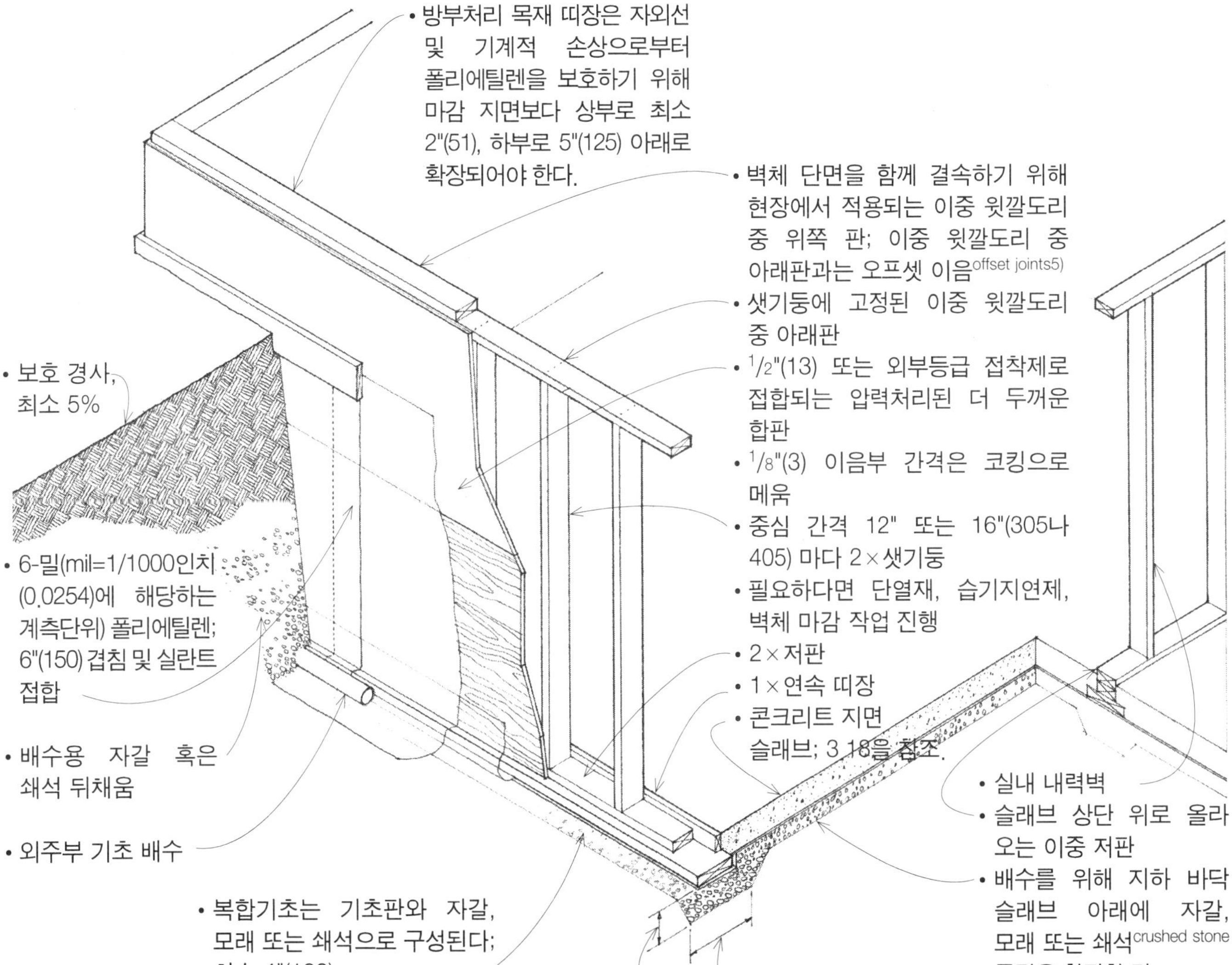

5) 부재 단부 위치를 어긋나게 하여 통줄눈이 생기지 않도록 하는 이음.

3.16 기둥-기초 접합부

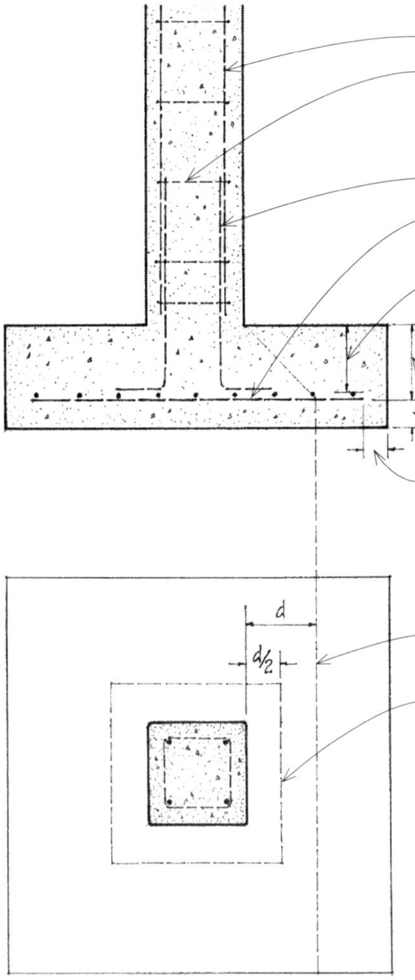

- 수직 보강근
- 횡보강근
- 콘크리트 기둥 디테일에 대해서는 5.04를 참조.
- 강재꽂임촉을 통해 기둥을 기초에 고정
- 같은 간격으로 배치한 이방향 보강근
- 철근 위로 최소 6"(150)
- d = 유효춤
- 콘크리트가 지면에 닿아 영구적으로 노출될 때 철근 보호를 위한 최소 피복두께 3"(75)
- 일방향 전단을 위한 위험단면
- 이방향 전단을 위한 위험단면

철근 콘크리트 기둥

A = P/S 여기서:

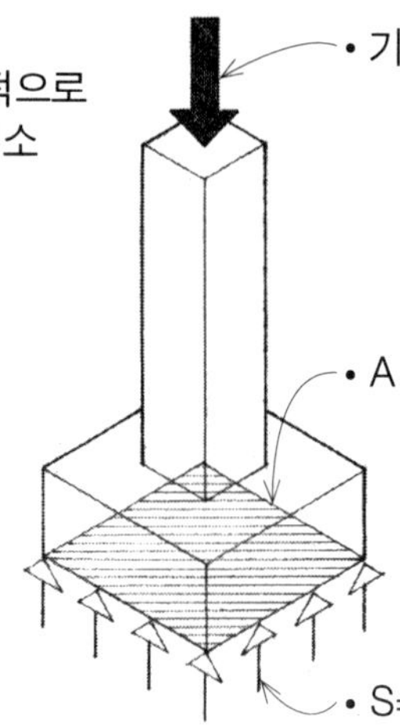

- 기둥하중(파운드)
- A = 기초접지면적
- S=지지력; 1psf =0.0479 kPa

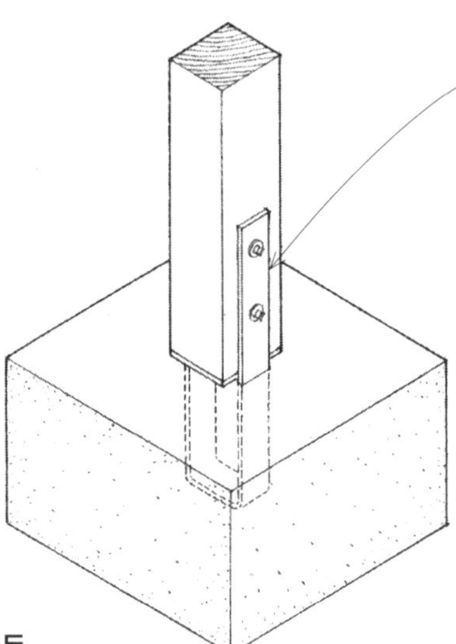

- 다양한 전용 주초base를 사용할 수 있다. 허용 가능한 하중과 설치 세부 사항은 제조업체에 문의할 것. 기둥 베이스는 특정 설계 조건을 충족시키도록 제작될 수 있다.
- 나무 기둥 주초의 접합부는 5.50을 참조할 것.

나무 기둥

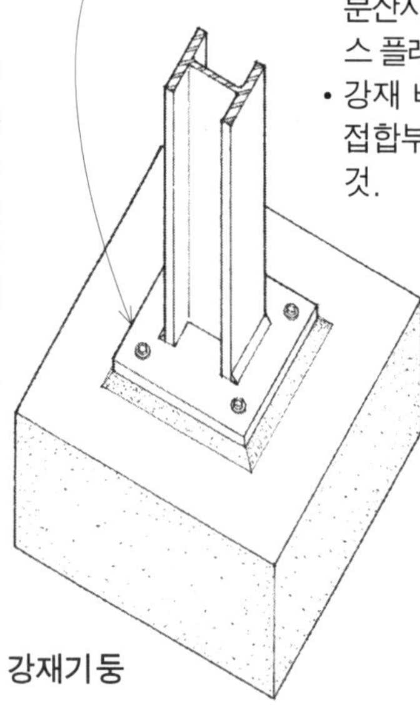

- 콘크리트의 허용응력를 초과하지 않을 정도로 넓은 면적에 기둥 하중 을 분산시키려면 강재 베이스 플레이트가 필요하다.
- 강재 베이스 플레이트의 접합부는 5.38을 참조할 것.

강재기둥

CSI 마스터포맷 03 30 00 : 현장 타설 콘크리트
CSI 마스터포맷 03 31 00 : 구조용 콘크리트

100%를 초과하는 지반 경사면 위 또는 인접한 구조물과 기초는 다음 요건을 준수해야 한다.

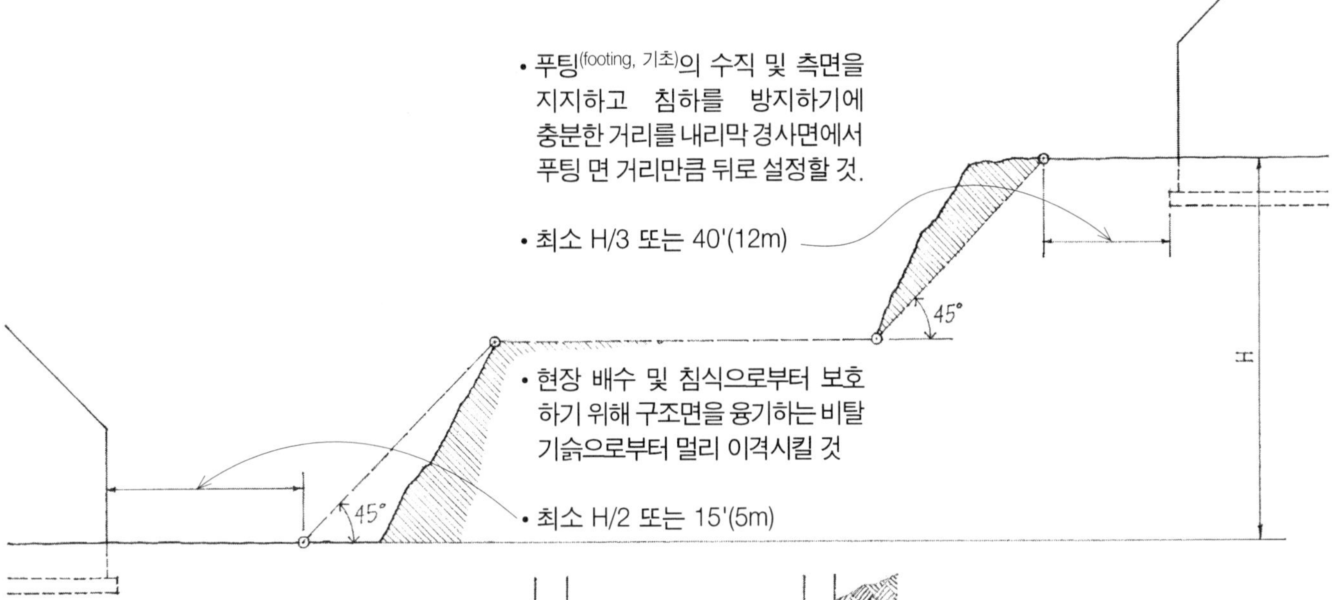

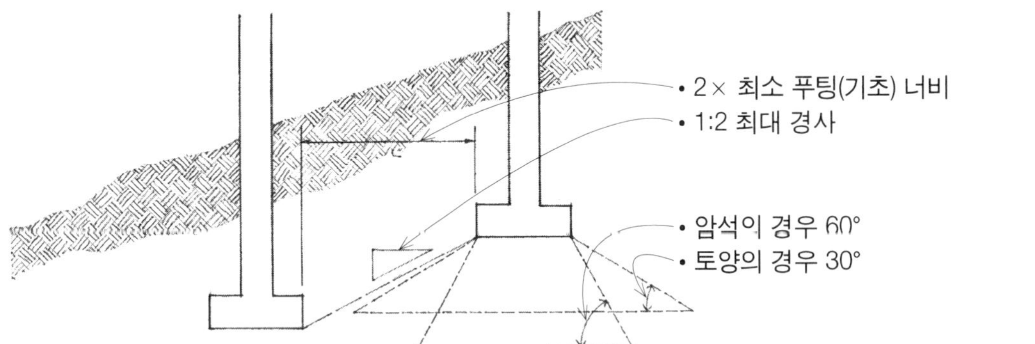

서로 다른 높이에 있는 촘촘한 간격의 푸팅 또는 인접 푸팅은 토양응력 겹침overlapping soil stresses을 유발할 수 있다.

• 지표면ground surface이 토양이나 암석의 지지력 프리즘bearing prism을 침범하지 않아야 한다.

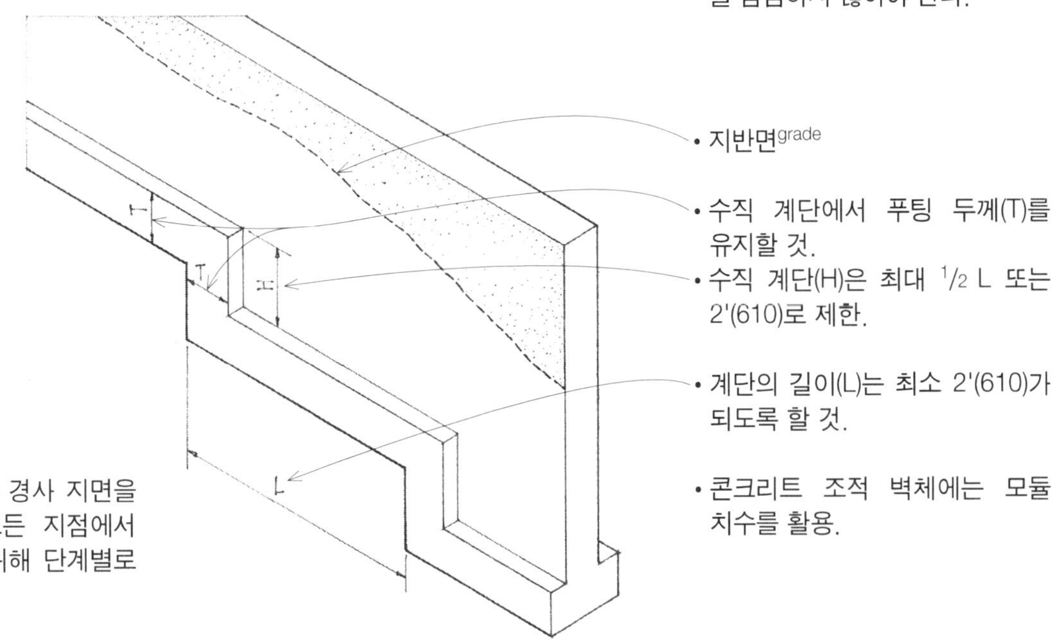

계단식 기초stepped footings는 경사 지면을 수용하고 건물 주변의 모든 지점에서 필요한 깊이를 유지하기 위해 단계별로 높이 차이를 둔다.

3.18 콘크리트 지면 슬래브

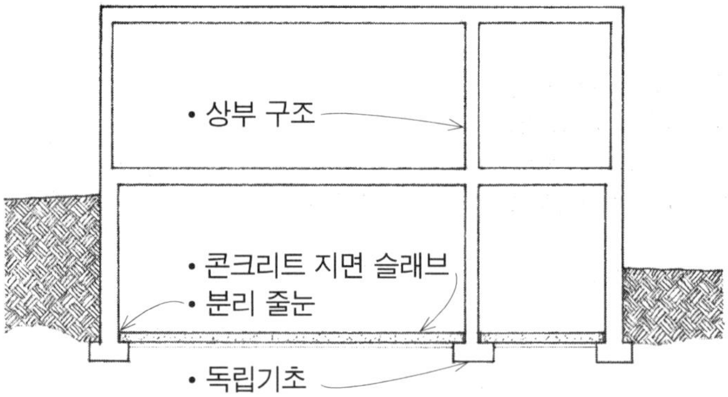

콘크리트 슬래브는 바닥과 기초시스템을 결합하는 역할을 하도록 지반면 또는 지반면 근처에 놓일 수 있다. 콘크리트 슬래브의 적합성은 부지의 지리적 위치, 지형, 토양 특성 및 상부구조 설계에 따라 달라진다.

콘크리트 지면 슬래브는 수평적이고, 안정적이며, 균일한 밀도 또는 유기물를 포함하지 않는 적당하게 압축된 하부 토양의 지지가 필요하다. 낮은 지지력의 토양이나 고도의 압축성 / 팽창성토양 위에 놓일 때 콘크리트 지반 슬래브를 매트 기초 혹은 온통 기초로 설계해야 하며, 이를 위해서는 자격을 갖춘 구조 기술자의 전문적인 분석과 설계가 필요하다.

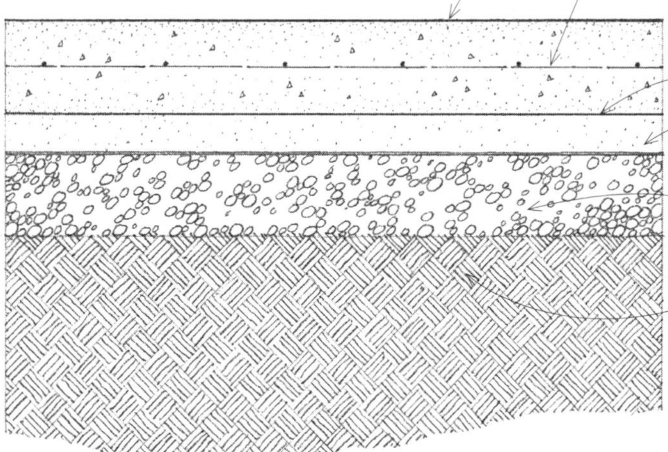

• 최소 4"(100) 슬래브 두께; 필요한 두께는 예상사용과 하중 조건에 따라 달라진다.
• 슬래브의 중간 깊이 또는 약간 위로 설정된 와이어 패브릭 보강은 열응력, 수축 균열및 토양층의 미미한 차등 거동을 제어한다; 정상 바닥 하중보다 더 무거운 하중을 버텨야 하는 슬래브의 경우 보강근을 격자형으로 설치하는 것이 필요할 수 있다.
• 수축 균열을 줄이기 위해 유리, 강철 또는 폴리프로필렌 섬유의 혼화제를 콘크리트 혼합물에 첨가할 수 있다.
• 콘크리트 첨가제는 표면경도와 내마모성를 증가시킬 수 있다.
• 6-밀(mil) (0.15) 폴리에틸렌 수분장벽
• 미국콘크리트학회American Concrete Institute는 양생시 콘크리트 여분의 물을 흡수하기 위해 수분 장벽 위에 2"(51)의 모래를 쌓을 것을 권장한다.
• 지하수의 모세관 상승capillary rise을 방지하기 위한 자갈 또는 쇄석crushed stone의 잡석지정base course; 최소 4"(100)
• 안정적이고 균일하게 밀집된 기층토양soil base; 토양 안정성, 지지력 및 수분침투water penetration 저항성을 높이기 위해 압축이 필요할 수 있다.

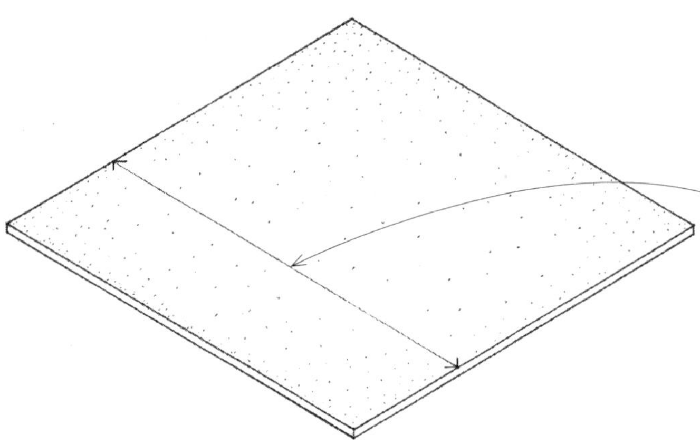

최대 슬래브 치수 feet (m)	**와이어 간격** inches (mm)	**와이어 크기** (number)
최대 45(14)	6×6 (150×150)	W1.4×W1.4
45-60 (14 - 18)	6×6	W2.0×W2.0
60-75 (18 - 22)	6×6	W2.9×W2.9

CSI 마스터포맷 03 30 00 : 현장 타설 콘크리트
CSI 마스터포맷 03 31 00 : 구조용 콘크리트

콘크리트 지면 슬래브의 평면 거동을 견디기 위해서는 분리 줄눈isolation joints, 시공 줄눈construction joints, 조절 줄눈control joints 등 3가지 유형의 이음/줄눈joint을 제작 또는 시공할 수 있다.

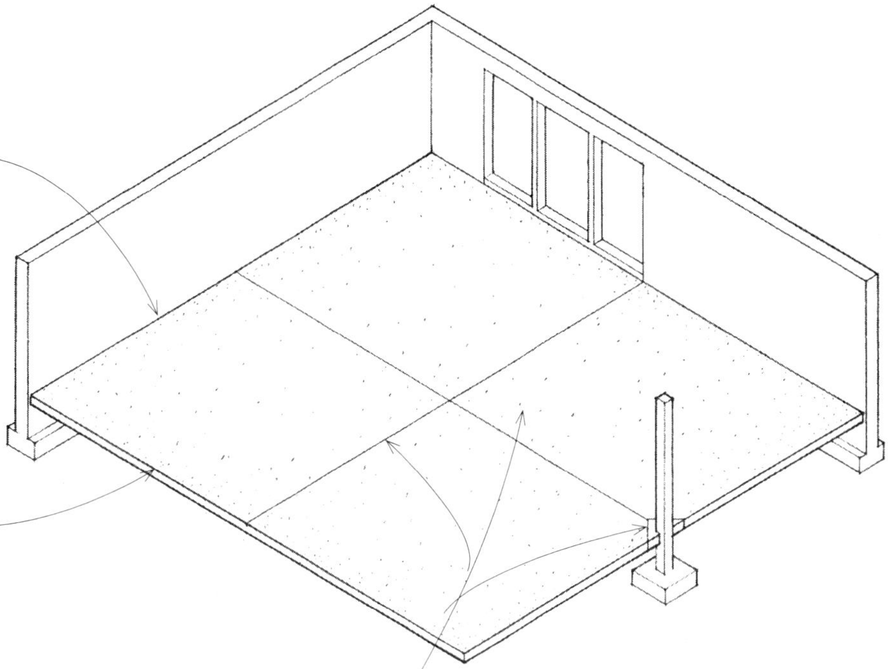

분리 줄눈

흔히 팽창줄눈/이음expansion joints이라고 불리는 분리 줄눈isolation Joints은 콘크리트 슬래브와 인접한 기둥 및 건물의 벽 사이에서 일어나는 거동을 수용한다.

시공줄눈

시공 줄눈construction joints은 공사를 중단하고 나중에 계속할 수 있는 장소를 제공한다. 또한 분리 줄눈, 조절 줄눈의 역할도 하는 줄눈으로, 인접 슬래브 단면의 수직적인 차등 거동을 방지하기 위해 산지key나 꽂임촉dowel으로 처리할 수 있다.

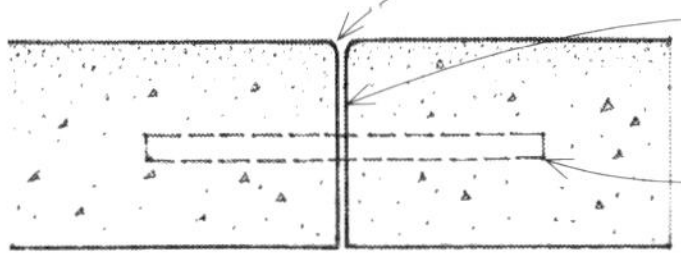

- 반경 1/8"(3)
- 인접 부재 간 접합이 생기지 않도록 할 것
- 수직적인 차등 거동을 방지하는 데 필요한 경우 표면을 코팅한 꽂임촉 또는 산지이음 시공

조절줄눈

조절 줄눈은 약한 선을 만들어 인장 응력으로 일어날 수 있는 균열이 미리 정해진 선을따라 일어나도록 유도한다. 불규칙한 슬래브 모양을 정사각형 또는 직사각형 단면으로 분해하는 경우 중심 간격 15'-20'(4570~6100)마다 노출콘크리트 표면에 배치한다.

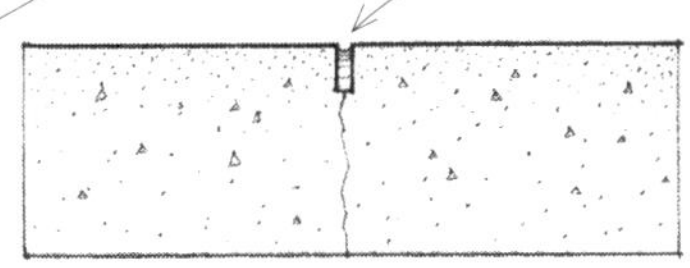

- 1/8"(3) 폭과 슬래브 춤 1/4의 톱 절단 줄눈sawn joint; 줄눈판joint filler7) 을 끼워 넣는다.

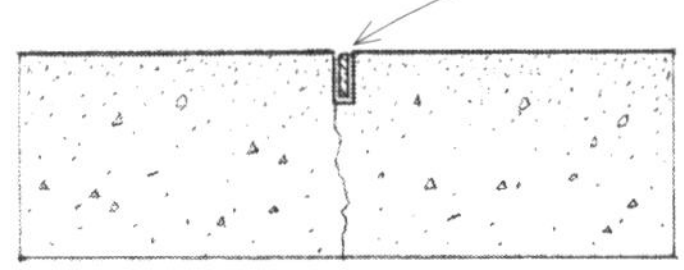

- 콘크리트 타설 시 1/8"(3)의 기성 스트립 또는 금속 스트립 삽입; 표면과 같은 높이로 마감.

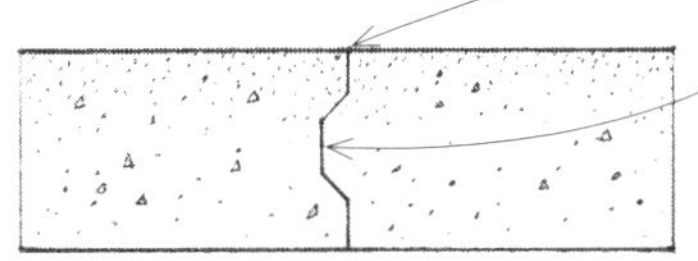

- 산지이음
- 기성의 금속/플라스틱 재료를 사용, 혹은 양생제curing compound를 한쪽 면에 도포하여 인접 부재 간 접합을 방지할 것.

7) 콘크리트판의 이음의 줄눈에 넣는 판. 콘크리트판의 팽창·수축에 순응하여 응력을 완화시키며 또한 줄눈에 이물이 들어가는 것을 막고 주입 줄눈재를 지지한다.

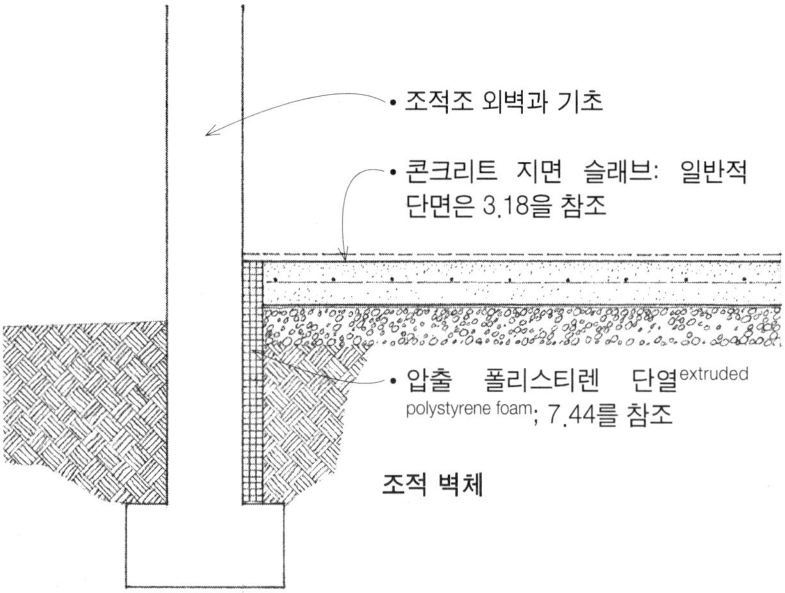

조적 벽체

위의 상부구조에서 기초 토양foundation soil으로 하중을 전달하려면 독립기초 혹은 슬래브와 일체화된 기초integral footings가 필요하다

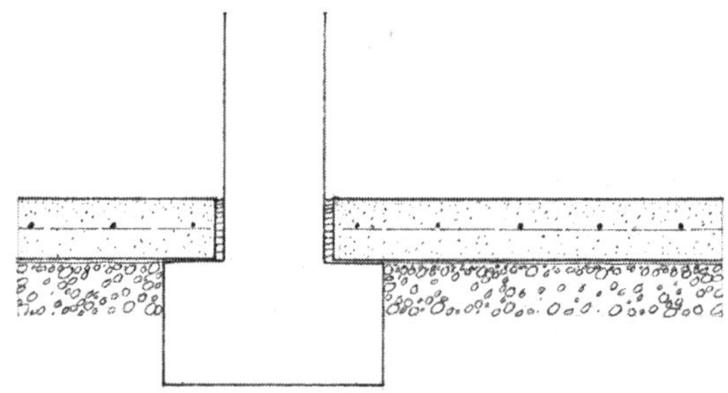

• 내력벽/기둥이 중량 혹은 집중 하중을 전달할 때 단독기초를 사용해야 한다.

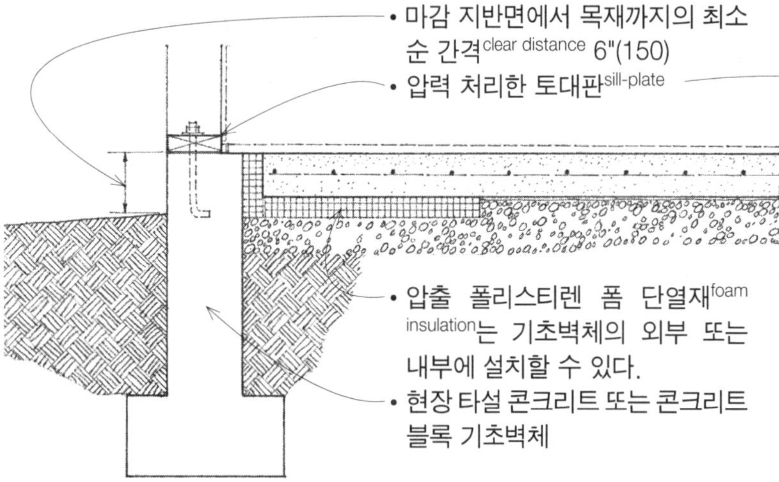

샛기둥 벽체

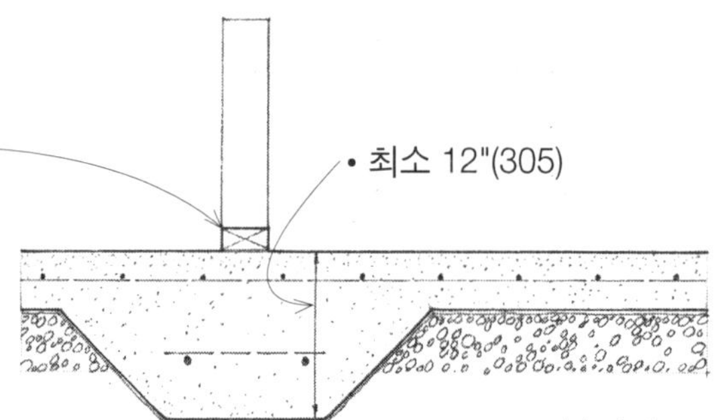

• 콘크리트 지면 슬래브는 내력 칸막이 또는 기둥을 지지하도록 두껍게 하여 하중을 기반토양에 전달할 수 있다.

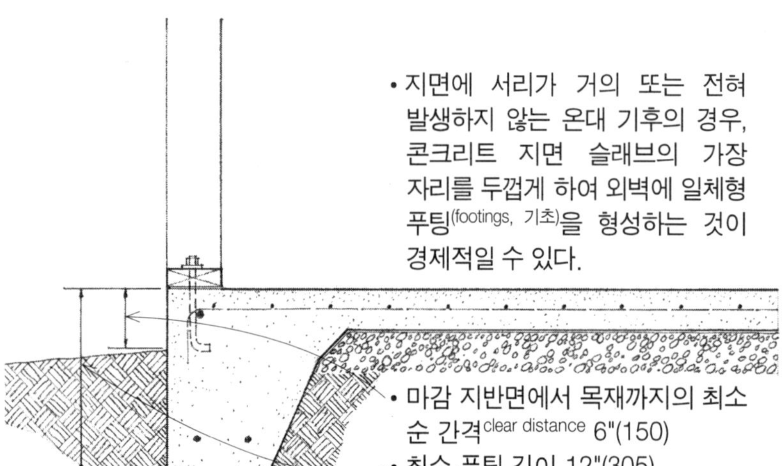

모서리를 두껍게thickened edge 시공한 슬래브

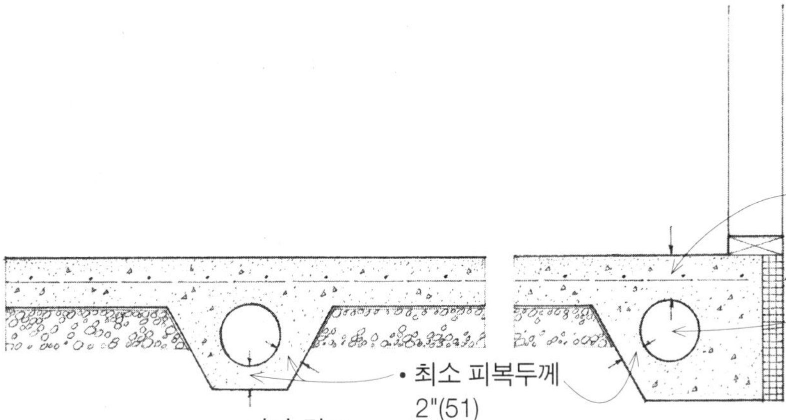

난방 덕트

• 최소 피복두께 $2^{1}/_{2}$"(64)
• 외주부 단열
• 단열 공기 덕트

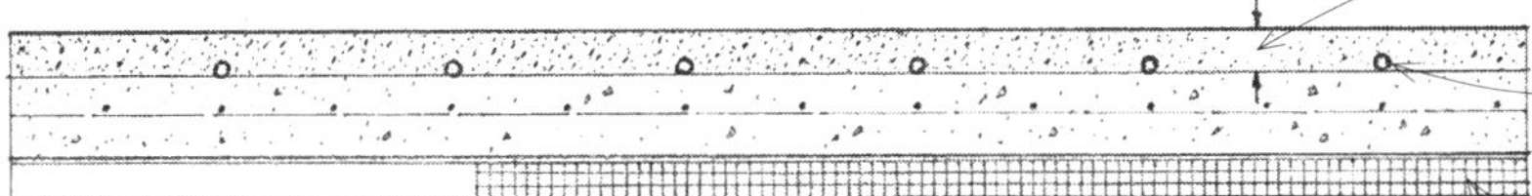

난방(온수)파이프 매립

• $1^{1}/_{2}$"~ 3"(40~75) 피복두께
• 구리 또는 폴리 뷰틸렌poly butylene 소재의 파이프; 시공줄눈을 통과하는 지점에서 이동할 수 있도록 할 것
• 단열재는 슬래브 아래쪽에 설치할 것을 권장.

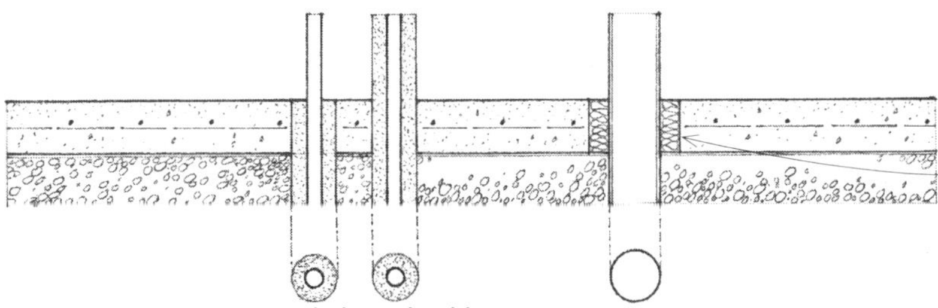

파이프 관통부

• 발포 플라스틱 파이프의 단열은 콘크리트 슬래브에서 급수와 하수 배관을 떼어 놓는 개념으로 진행한다.

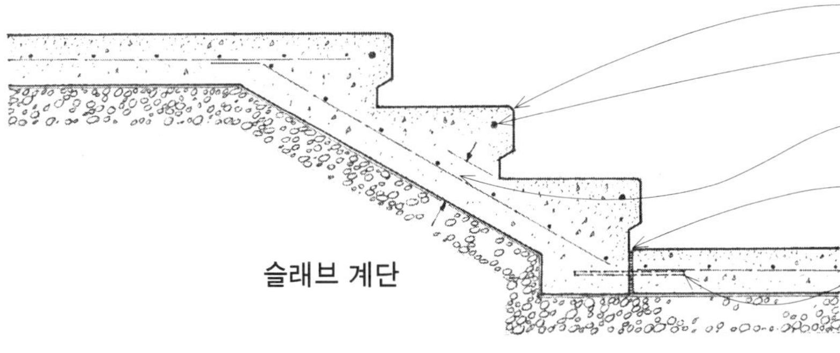

슬래브 계단

• 혹은 모깎기radius edge
• 계단 코 부위의 배근; 피복두께 $1^{1}/_{2}$"(38)
• 최소 두께 4"(100)
• 팽창 줄눈 또는 시공줄눈
• 수직적인 차등 거동을 방지하기 위해 외부 코팅한 꽂임촉 혹은 전단키(산지)를 사용.

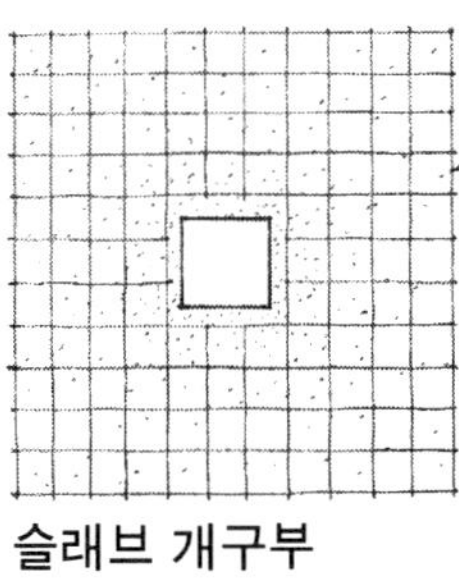

슬래브 개구부

• 슬래브 개구부가 12"(305) 보다 큰 경우, 개구부의 모든 면에서 2'(610) 정도의 철망wire mesh 보강을 두 번째 배근 층까지 확대하여 설치할 것.

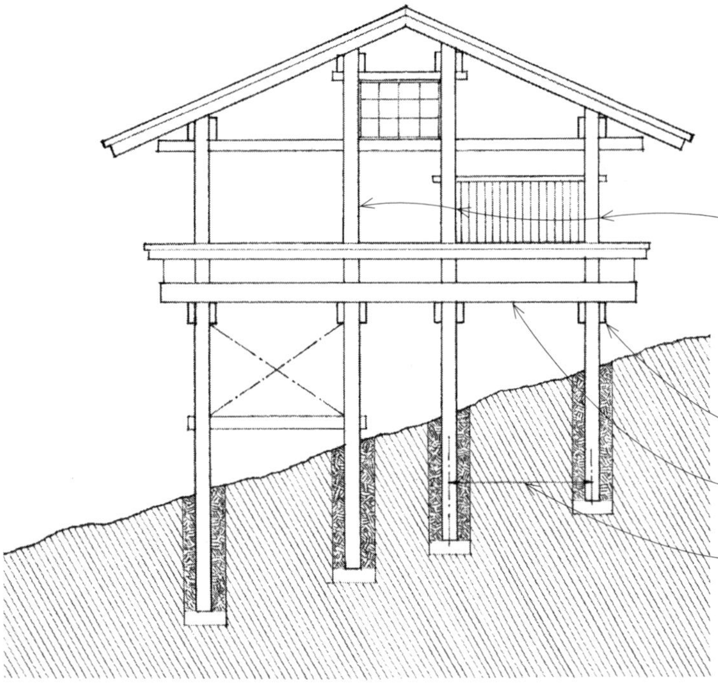

장대 기초pole foundations는 목재 구조물을 지면 위로 올리고, 최소한의 굴착이 요구될 때 쓴다. 부지의 자연적 특징과 기존 배수 패턴을 보존한다. 가파른 경사지와 주기적으로 홍수가 발생하는 지역에 건립될 때 특히 유용하다.

방부 처리된 장대는 일반적으로 보-장선 골조 패턴에 의해 규정된 그리드를 따라 배치된다. 이 장대의 간격으로 보-장선 경간과 지지해야 하는 수직 하중을 결정한다.

- 직경 6"~12"(150~305) 장대; 부패와 벌레의 침투insect infestation로부터 보호되도록 방부처리 할 것. 장대는 상부구조의 내하력 골조를 형성하기 위해 수직으로 연장되거나 전형적인 플랫폼 골조를 지지하기 위해 1층 레벨에서 끝낼 수 있다.
- 속이 차 있거나(중실)solid, 간격 목재 보spaced wood beams; 배면 경간backspan의 $^1/_4$로 돌출부를 제한할 것
- 지역 기후 조건에 따라 바닥, 벽 및 지붕에 단열 처리할 것
- 최대 144 sf (13.4㎡)까지 바닥과 지붕 영역을 지지할 수 있음. 이를 위해 장대를 6~12'(1830~3660) 간격으로 둘 것.

장대는 수작업 또는 파워 오거 작업으로 파낸 구멍에 설치한다. 적당한 매립길이embedment length, 적절한 되메우기 및 적절한 접합은 장대 구조가 측면 풍력과 지진력에 필요한 강성과 저항력을 지니는 데 필요하다. 필요한 매립 길이는 다음 상황에 따라 달라진다:

- 부지 경사
- 하층토subsurface soil 조건
- 장대 간격
- 장대의 고정 간 높이unsupported height
- 지진대

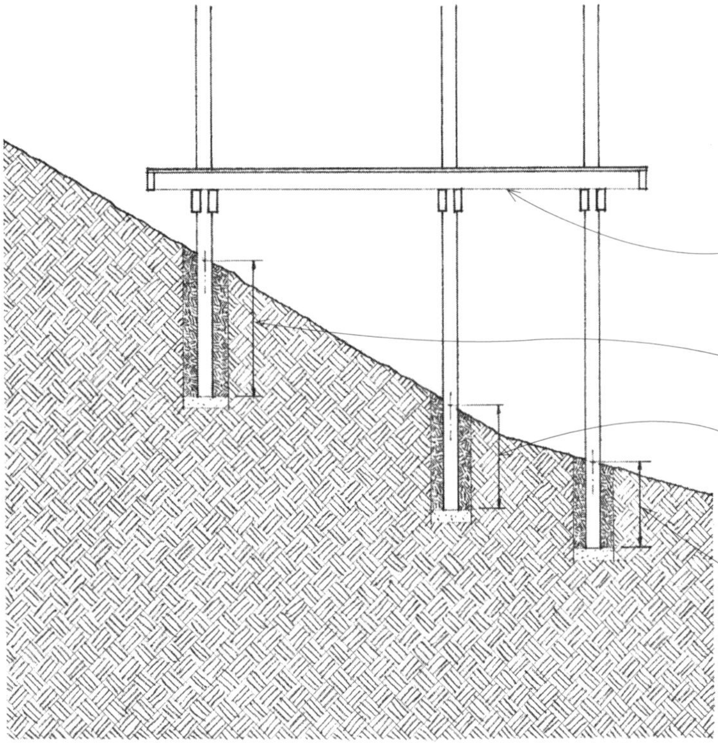

- 바닥은 오르막 장대의 강성을 구조물의 나머지 부분으로 전달하기 위해 격벽으로 설계, 시공되어야 한다.

급경사지 매립 길이

- 오르막 쪽 장대uphill poles는 고정 간 높이가 더 짧지만 구조물에 필요한 강성을 지니기 위해서는 더 깊은 매립이 필요하다.
- 내리막 쪽 장대downhill poles의 경우 4'~7'(1220mm-2135)

평평한 경사지의 매립 길이

- 4'~5'(120~1525)

암석 경사면과 같이 필요한 매립이 불가능한 경우 턴버클turnbuckles이 있는 강봉 대각재crossbracing 또는 콘크리트나 조적조의 전단벽shear wall을 사용하여 횡적 안정성을 부여할 수 있다.

- 장대 구조물을 설계하고 시공할 때, 특히 강풍 또는 홍수가 발생할 수 있는 가파른 경사 부지에 건립할 때는 자격을 갖춘 구조 기술자와 상담할 것

CSI 마스터포맷 06 13 16 : 장대 시공

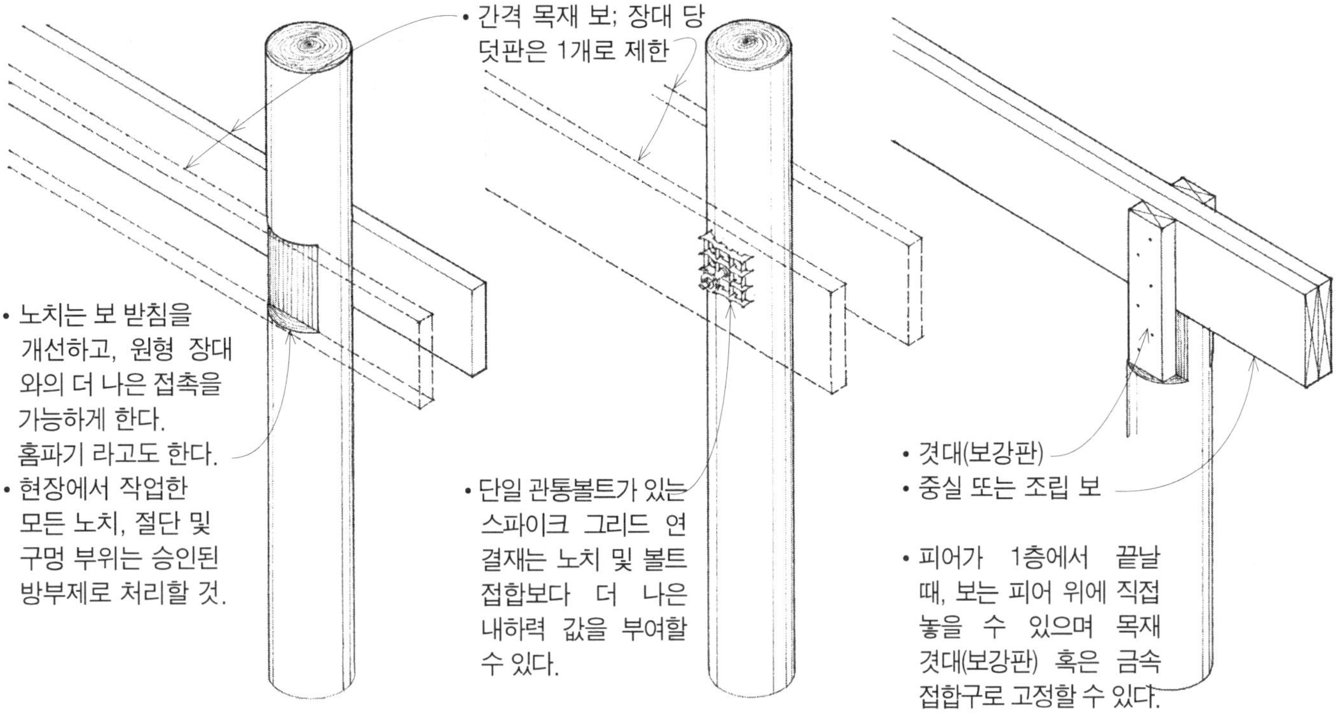

간격재 보Spaced beams는 방부 처리된 장대의 측면에 관통볼트로 고정되며, 이것은 상부구조에 대해 내하력을 가진 골조를 형성하도록 연속된다.

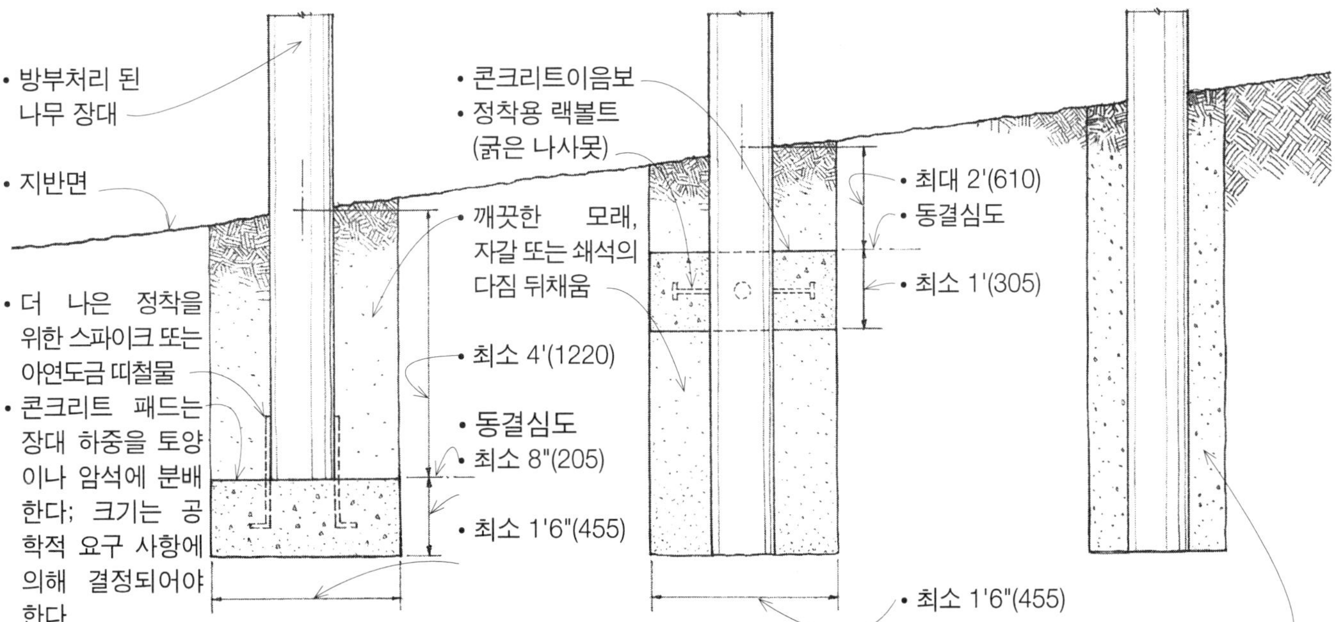

장대는 콘크리트 푸팅(footing, 기초)이나 네클리스necklace, 또는 암석에 직접 받쳐서 하중을 분산시킬 수 있다. 콘크리트 패드concrete pads와 이음보collars는 장대와 토양 접촉면을 증가시키고 그 하중을 더 넓은 영역에 걸쳐 분산시킨다.

• 콘크리트 또는 흙시멘트 혼합물soil-cement mixture의 뒤채움Backfilling은 요구되는 매립 길이를 줄일 수 있다; 이 뒤채움은 평균 토양average soil 혹은 평균 이하 토양below-average soil이 있는 급경사지에서 필요할 수 있다.

3.24 깊은 기초

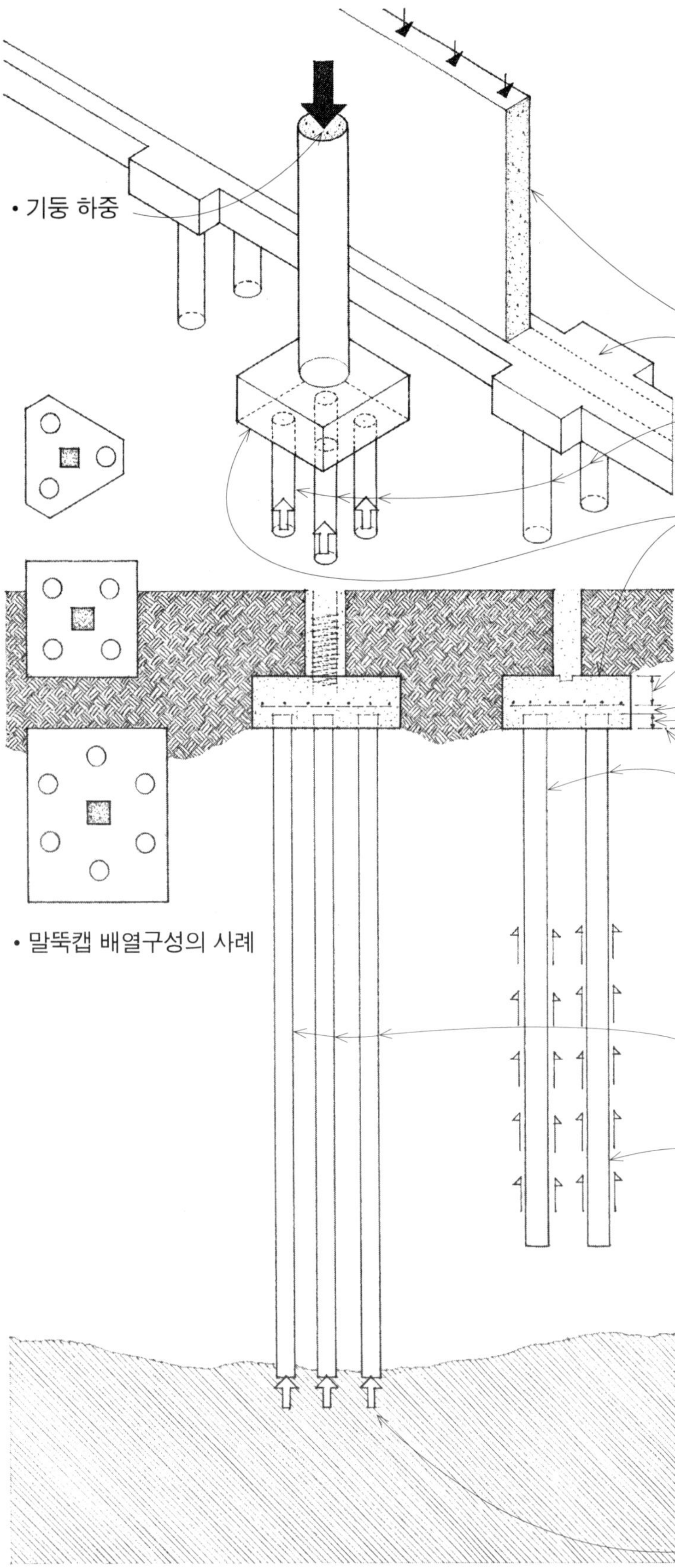

깊은 기초는 부적절하거나 불안정한 토양을 통해 아래로 확장하는 기초이다. 이를 통해 건물 하중은 상부구조 아래에 있는 암석층이나 조밀한 모래 또는 자갈층과 같이 좀 더 적절한 지지층으로 전달된다. 깊은 기초의 두 가지 주요 유형은 말뚝 기초와 잠함 기초다.

말뚝기초pile foundation는 건물 하중을 적절한 지지층으로 전달하기 위해 선단지지 혹은 마찰 말뚝end-bearing 또는 friction piles, 말뚝캡pile caps, 연결보tie beams로 구성한 시스템이다.

- 내력벽
- 일체형 말뚝캡이 있는 철근 콘크리트 지중보 혹은 연결보grade or tie beam
- 말뚝은 보통 중심에서 2'6"~4'0"(760~1220)의 간격을 두고 2개 이상의 무리clusters로 구동된다.
- 철근 콘크리트 말뚝캡은 기둥이나 지중보에서 받는 하중을 말뚝 사이에 균등하게 분산시키기 위해 말뚝캡과 결합한다.

- 기둥 하중에 따라 다름; 최소 12"(305)
- 3"(75)
- 6"(150)
- 동결심도 아래에 설치

- 방부 처리된 제재목timber 장대도 가능하지만, 대형 건물의 경우 강철 H-형강, 콘크리트 충전 말뚝 또는 프리캐스트 철근 콘크리트 또는 프리스트레스트 콘크리트 소재의 말뚝이 더 일반적이다.
- 말뚝은 항타기를 이용하여 땅에 박는다. 항타기는 말뚝을 제자리에 들어 올리는 양중기를 지지할 수 있도록 높게 올라가는 구조물과, 말뚝박기 해머, 그리고 해머 경로를 유도하는 수직 레일이나 리드로 구성되어 있다.
- 선단지지 말뚝은 지지를 위해 기초 아래의 토양이나 암석의 내력 저항에 주로 의존한다. 주변 흙더미는 긴 압축 부재의 횡적 안정성을 제공한다.
- 마찰말뚝은 주로 주변 흙더미의 마찰 저항으로 지지한다. 말뚝 측면과 말뚝이 구동되는 토양 사이에 발생하는 표면 마찰은 말뚝 측면에 대한 토양의 접착력과 주변 흙더미의 전단 강도에 의해 제한된다.
- 허용 말뚝 하중은 말뚝에 허용되는 최대 축방향 및 횡방향 하중을 말하며, 이는 동역학적 지지력 공식, 정적 재하시험또는 기초 토양의 지질 조사에 의해 결정된다.
- 말뚝 이심률은 계획 위치 또는 수직에서 말뚝의 편차를 말하는 것으로, 허용 하중의 감소를 초래할 수 있다.

- 토양 또는 암석의 지지층

- 제재목 말뚝은 통상 마찰 말뚝으로 작동하는 통나무이다. 이 말뚝은 종종 말뚝의 몸통이 갈라지거나 부서지는 것을 막기 위해 강재 말뚝 슈와 항타 밴드를 장착한 상태에서 설치된다.
- 복합말뚝은 콘크리트 상부 단면을 갖는 제재목 말뚝과 같이 2개의 재료로 만든 말뚝이다. 이를 통해 지하수면 위에 있는 말뚝 부위가 수면 위로 말뚝 일부가 열화되는 것을 방지할 수 있다.
- H형강 말뚝은 강철 H-형강으로 만들지만, 때로는 부식 방지를 위해 지하수면 아래로는 콘크리트로 둘러싸기도 한다. H-형강은 항타 과정에서 용접할 수 있으므로, 말뚝의 길이를 자유롭게 결정할 수 있다.
- 강관 말뚝은 중량의 강관으로 안쪽에는 콘크리트를 채워 넣고, 아래쪽은 무거운 강판이나 강재 말뚝끝으로 되어 있으며 개폐할 수 있다. 개방형 강관 말뚝일 경우에는 콘크리트를 채우기 전에 사전점검과 굴착이 필요하다.
- 프리캐스트 콘크리트 말뚝은 원형, 정사각형 또는 다각형 단면으로 되어있고, 안쪽 코어를 비운 상태로 만들기도 한다. 프리스트레스 콘크리트로 만들 때가 많다.

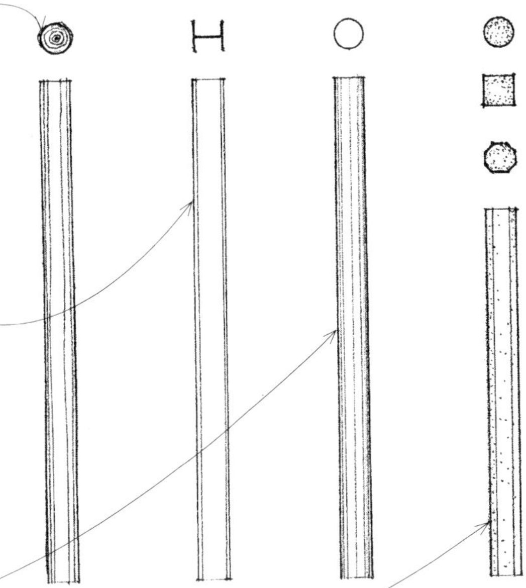

- 현장 타설 콘크리트 말뚝은 콘크리트를 지면의 샤프트[shaft](수직 통로)에 넣어 시공한다. 콘크리트 말뚝은 케이싱이 설치되거나 케이싱이 설치되지 않을 수도 있다.

- 케이싱 말뚝(유각말뚝)은 필요한 저항을 충족시킬 때까지 강관 또는 케이싱을 지면에 밀어 넣은 다음 콘크리트로 채우는 방식으로 시공한다. 케이싱은 보통 구획된 원통형 강재로, 강성을 높이기 위해 파형으로 주름을 잡거나 한쪽의 지름을 좁혀 가늘어지게 만들기도 한다. 중량의 강관 또는 코어로 구성한 맨드릴(심봉)을 얇은 벽 케이싱에 삽입하여 항타 과정에서 붕괴되지 않도록 한 후 콘크리트를 케이싱에 넣기 전에 빼내는 방식으로 작업할 수 있다.

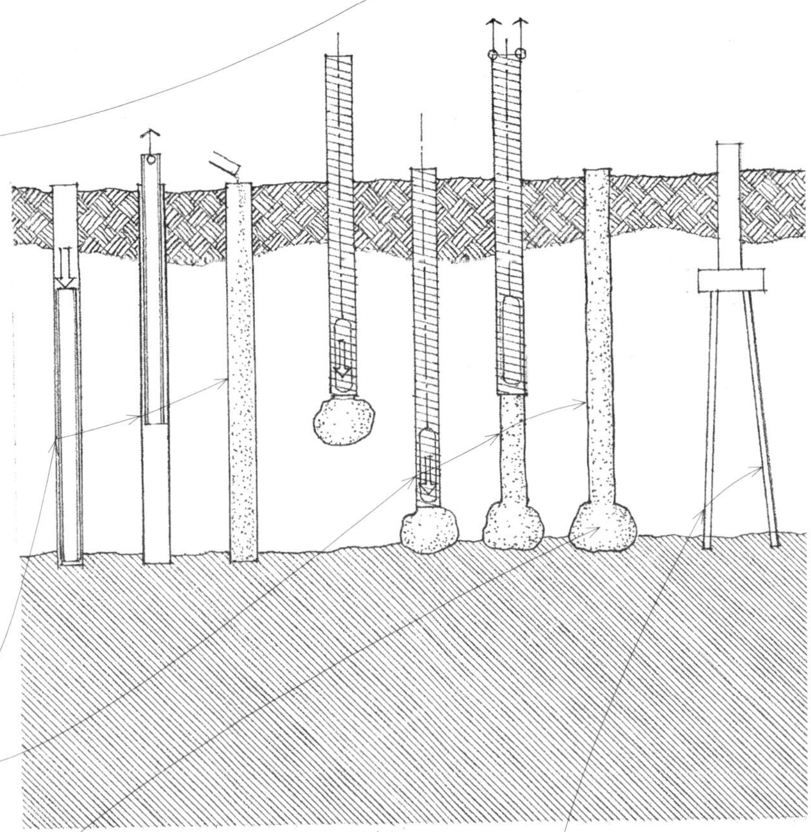

- 케이싱 없이 타설되는 무각말뚝은 필요한 저항을 충족시킬 때까지 콘크리트 플러그를 강철 케이싱과 함께 지면에 밀어 넣어 항타한 후 케이싱을 빼내었을 때 콘크리트를 그 자리에 밀어 넣는 방식으로 시공한다.
- 페디스털말뚝은 말뚝의 지지면적을 늘리고 압축으로 지지층을 강화하기 위해 확장된 기초를 가진 무각말뚝이다. 그 기초는 케이싱 바닥에 있는 콘크리트를 주변 토양으로 밀어내면서 형성된다.

- 마이크로파일은 고용량 드릴을 이용하여 작은 직경 [5"~12"(125~305)]로 뚫어서 현장에서 충전하는 말뚝으로, 강재 보강이 일반적이다. 이 말뚝은 기존 건축물에 대한 진동과 교란을 최소화하면서 사실상 어떤 지면 상태에서도 설치할 수 있기 때문에 도시화한 지역이나 접근이 제한된 위치의 기초와 언더피닝이나 긴급 보수에 자주 사용된다.

CSI 마스터포맷 31 62 00: 항타 말뚝
CSI 마스터포맷 31 63 00: 매립 말뚝

3.26 잠함 기초/케이슨 기초

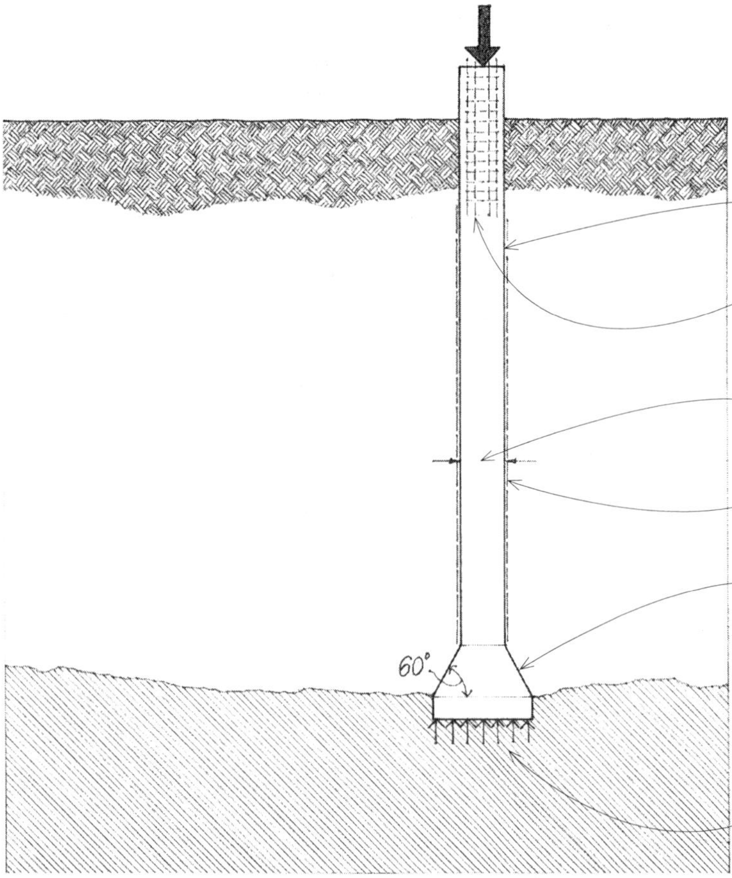

케이슨caissons은 수작업이나 대형 오거를 이용하여 적합한 지지층까지 샤프트를 굴착한 후, 콘크리트로 채워서 만드는 현장 타설의, 무근 또는 철근 콘크리트 피어이다. 이러한 이유 때문에 드릴 말뚝 또는 드릴 피어piers(교각)라고도 말한다.

- 케이슨
- 샤프트shaft 상부의 철근보강은 횡력 또는 기둥에 걸리는 편심하중eccentric column loading으로 야기되는 휨에 대한 추가적인 저항을 제공한다.
- 보링boring은 일반적으로 아래쪽을 검사할 수 있도록 지름 2' 6"(760) 이상으로 한다.
- 굴착 중에 샤프트(shaft)에서 물, 모래 또는 흐르는 충전물을 밀봉하기 위해 임시 케이싱temporary casing이 필요할 수 있다.
- 케이슨의 기층base은 종bell 모양으로 확대되어 지지면적을 늘리고 토양이 팽창하더라도 케이슨의 상승을 저지할 수 있다. 종bell은 접을 수 있는 날을 가진 어스 오거earth auger에 버킷bucket[8]을 부착하거나 수작업으로 굴착하여 만들 수 있다.
- 토양 또는 암석의 적절한 지지층

8) 크레인 등의 끝에 달린 양동이같이 생긴 것

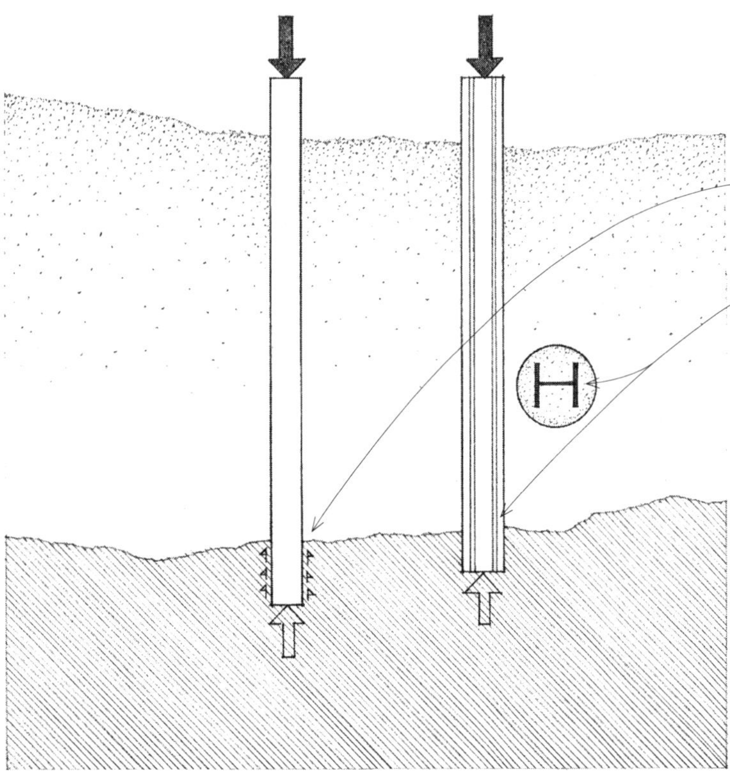

- 매립 케이슨socketed caissons은 추가적인 마찰 지지를 얻기 위해 단단한 암석층에 시추한다.
- 암반 케이슨rock caissons은 콘크리트로 채워진 강관 케이싱 안에 강철 H-형강 코어를 가진 매립 케이슨이다.

CSI 마스터포맷 31 64 00 : 케이슨

4

바닥 시스템

4.02 바닥 시스템

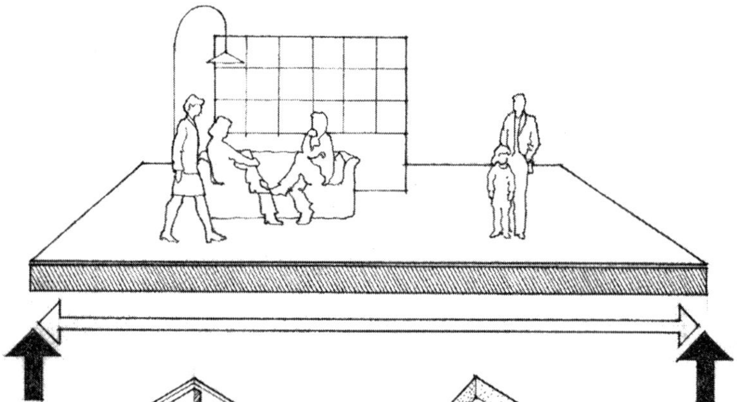

바닥 시스템은 활하중live loads—사람, 가구 및 이동식 장비—과 고정하중dead loads—바닥구조 자체의 무게—를 모두 지지해야 하는 수평면이다. 바닥 시스템은 보와 기둥 또는 내력벽loadbearing walls로 공간을 가로질러 수평으로 하중을 전달해야 한다. 또한, 강성이 있는 바닥면은 전단벽shear walls에 횡력을 전달하므로, 얇고 넓은 보 역할을 하는 수평 격벽horizontal diaphragms의 역할을 하도록 설계할 수 있다.

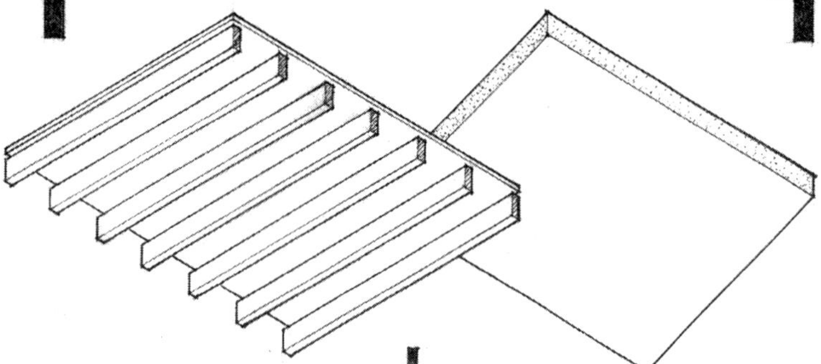

바닥 시스템은 덮개sheathing 또는 데크 면을 올린 선형 보와 장선beams and joists 체계로 구성하거나, 또는 거의 균질한 철근 콘크리트 슬래브로 구성할 수 있다. 바닥 시스템의 춤depth은 반드시 구조용 베이bay의 크기와 비율 및 사용재료의 강도와 직접적인 관계가 있다. 또한, 바닥면 내의 캔틸레버와 개구부의 크기 및 위치도 바닥 지지대 배치에서 고려되어야 한다. 바닥구조의 가장자리 조건과 가장자리가 기초와 벽체 시스템에 결합하는 방식은 건물의 구조적 건전성과 물리적 외양에 모두 영향을 미친다.

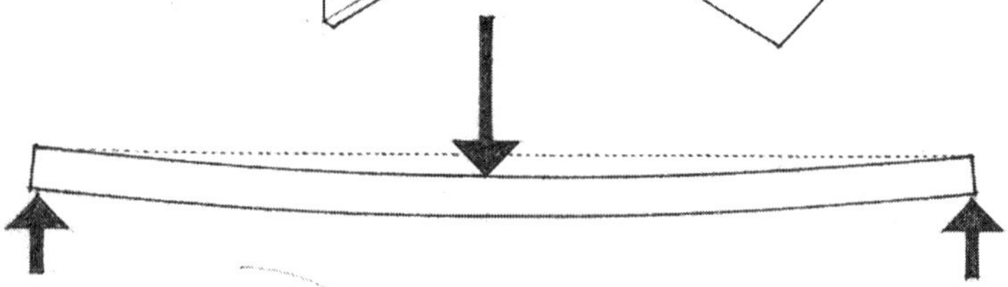

바닥 시스템은 이동하중moving load을 안전하게 지지해야 하므로 탄성과 강성을 가지고 있어야 한다. 과도한 처짐deflection과 진동이 마감 바닥재와 천장재에 미치는 유해한 영향과 인간의 쾌적함에 대한 우려로 인해, 휨보다는 처짐이 중요한 제어 대상이 된다.

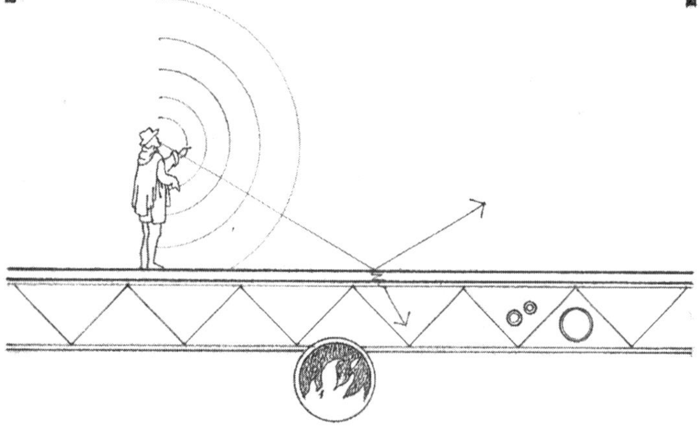

바닥 시스템 내에 기계 배관과 전기배선을 수용할 필요가 있다면 바닥 구조물의 춤과 그 안에 있는 중공 공간cavities에 설치 가능하다. 거주 공간을 층층이 쌓은 바닥 시스템의 경우에는 공기와 구조를 통해 전달되는 소음의 차단과 조립체의 내화 등급을 추가로 고려해야 한다.

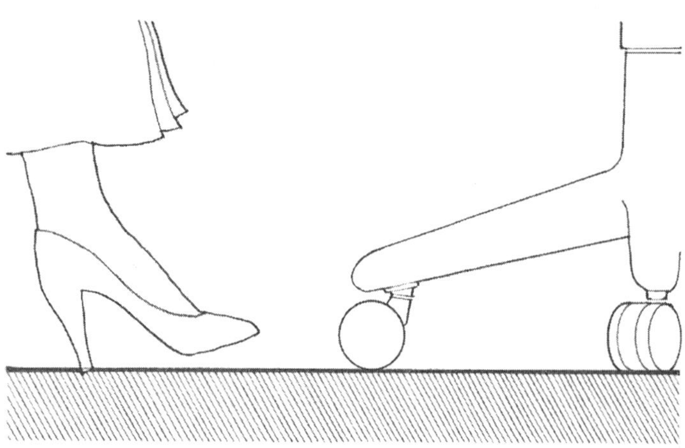

외부 데크를 제외하고 바닥 시스템은 일반적으로 날씨에 노출되지 않지만, 교통량을 감당해야 하므로, 바닥 마감 및 바닥 지지방식을 선택할 때에는 내구성, 내마모성 및 유지관리의 요구 사항을 고려한다.

콘크리트 바닥구조

- 현장 타설 콘크리트 바닥 슬래브는 경간과 타설 거푸집에 따라 분류한다; 4.05-4.07을 참조.
- 프리캐스트 콘크리트 부판precast concrete planks은 보 또는 내력벽으로 지지할 수 있다.

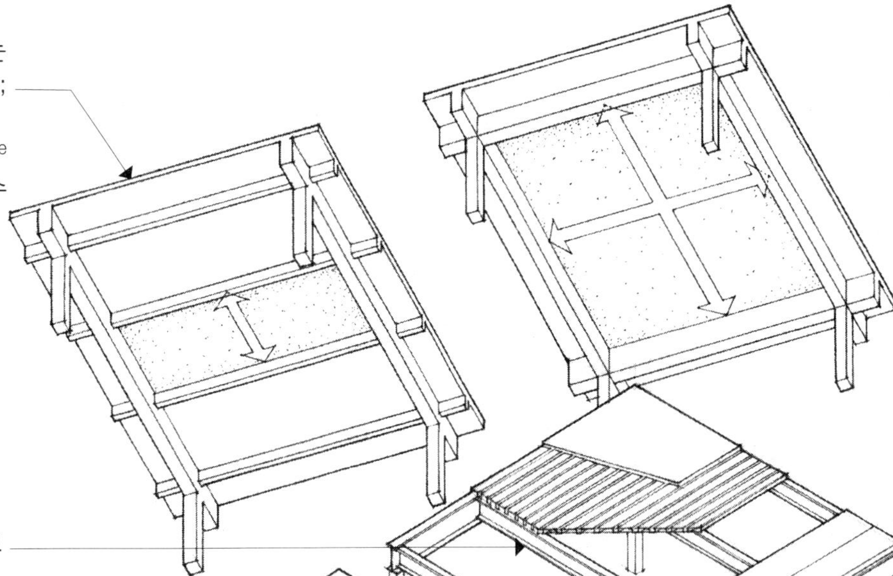

강재바닥 구조

- 강재 보는 강재 데크 또는 프리캐스트 콘크리트 부판을 지지한다.
- 보는 거더, 기둥 또는 내력벽으로 지지할 수 있다.
- 보 골조는 일반적으로 강재 골조 시스템과 일체화된다.

- 촘촘한 간격의 경량 또는 오픈 웹 장선은 보 또는 내력벽으로 지지할 수 있다.
- 강재 데크나 목재 부판은 비교적 경간이 짧다.
- 장선은 돌출 가능성이 제한적이다.

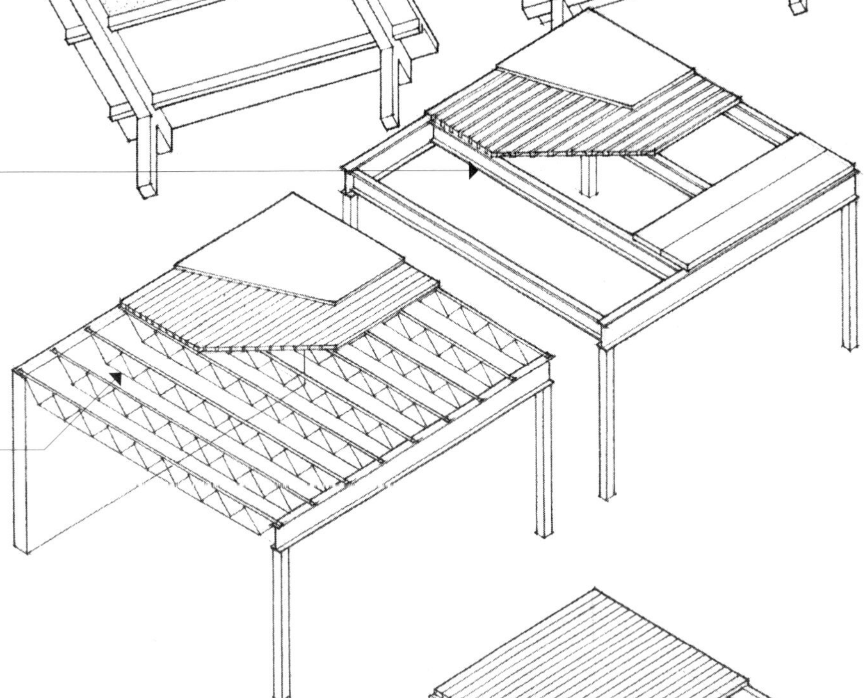

목재 바닥구조

- 목재 보는 구조용 부판, 데크 또는 패널을 지지한다.
- 보는 거더, 기둥 또는 내력벽으로 할 수 있다.
- 집중 하중이 발생하고, 바닥에 개구부가 있을 때는 골조를 추가해야 한다.
- 바닥구조의 하부는 노출할 수 있다; 적용 여부는 선택사항이다.

- 비교적 작고 간격이 촘촘한 장선은 보 또는 내력벽으로 지지할 수 있다.
- 바탕바닥subflooring, 밑깔개underlayment 및 천장 마감재의 경간은 비교적 짧다.
- 장선 골조는 형상shape과 형태form에 융통성이 있다.

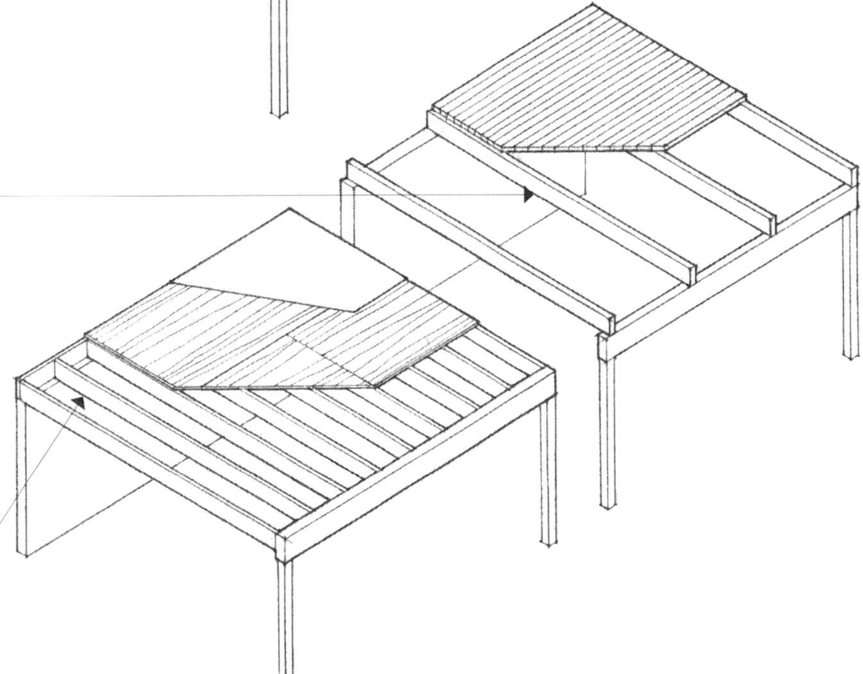

철근 콘크리트 보는 가해지는 힘에 종방향 철근과 복철근이 함께 작용하여 저항하도록 설계한다. 현장 타설 콘크리트 보는 거의 항상 슬래브와 함께 거푸집을 만들고, 설치된다. 슬래브 일부가 보의 일체적 부분으로 작용하기 때문에 보의 춤은 슬래브 상단까지의 높이로 측정한다.

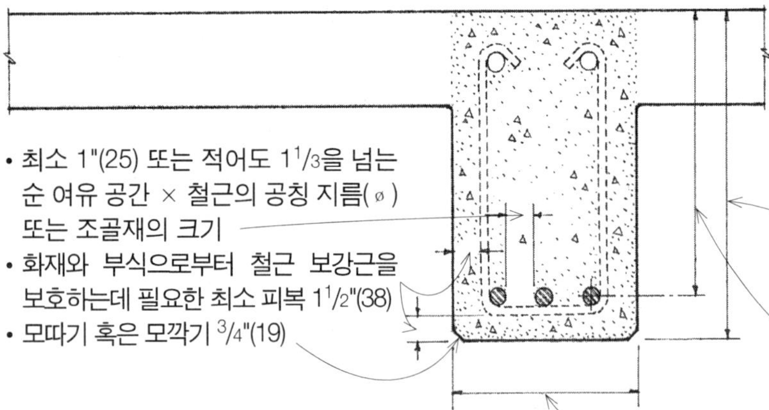

- 최소 1"(25) 또는 적어도 $1^1/_3$을 넘는 순 여유 공간 × 철근의 공칭 지름(ø) 또는 조골재의 크기
- 화재와 부식으로부터 철근 보강근을 보호하는데 필요한 최소 피복 $1^1/_2$"(38)
- 모따기 혹은 모깍기 $^3/_4$"(19)

- 보춤은 2"(51) 단위로 변경
- 콘크리트 보 춤의 추정용 경험칙: 경간의 $^1/_{16}$
- 유효춤은 압축면에서 인장력 보강 중심까지 측정한다.
- 보 폭은 2" 또는 3"(50 또는 75) 배수로 보 춤의 $^1/_3$~$^1/_2$이다.
- 보 폭은 기둥의 폭과 같거나 그 이상이어야 한다.
- 될 수 있으면 보 크기를 변경하기보다는 배근에 변화를 주어 필요한 보강을 한다.

- 보강 철근은 구조적 연속성을 위해 기둥 지지대 안팎으로 연장하여 정착에 필요한 매립 길이까지 전개한다.
- 접합부의 휨 모멘트를 최소화하기 위해 기둥, 보, 슬래브 및 벽 사이의 연속성 이 필요하다. 콘크리트 구조에서는 연속성을 쉽게 얻을 수 있으므로 3개 이상의 경간에 걸쳐 지속하는 구조물이 통상 가장 효율적이다.

- 상부근은 위로 휘려 하는 부모멘트를 받는 콘크리트 보의 단면에서 인장보강의 역할을 하는 세로 철근을 말한다. 보 춤이 제한되고 압축응력을 처리할 콘크리트 영역이 부족할 때도, 상부근이 필요할 수 있다.

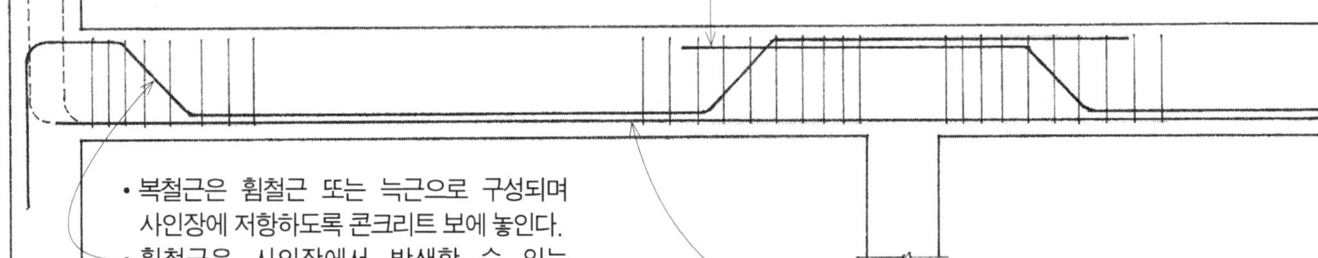

- 복철근은 휨철근 또는 늑근으로 구성되며 사인장에 저항하도록 콘크리트 보에 놓인다.
- 휨철근은 사인장에서 발생할 수 있는 균열에 직각 및 교차하는 콘크리트 보의 축으로 30° 이상 각도로 휘어진 세로 철근을 말한다.
- 늑근stirrups은 사인장의 수직 구성요소에 저항하도록 콘크리트 보의 세로 보강근에 직각으로 놓여진 U자형 또는 폐쇄 루프 철근 중 하나이다.

- 하부철근은 정압 모멘트를 받는 콘크리트 보의 단면에서 인장 보강근 역할을 하는 세로 철근을 말한다.
- 트러스 근은 콘크리트 보의 반전 지점에서 위아래로 구부러진 세로 철근을 말한다.

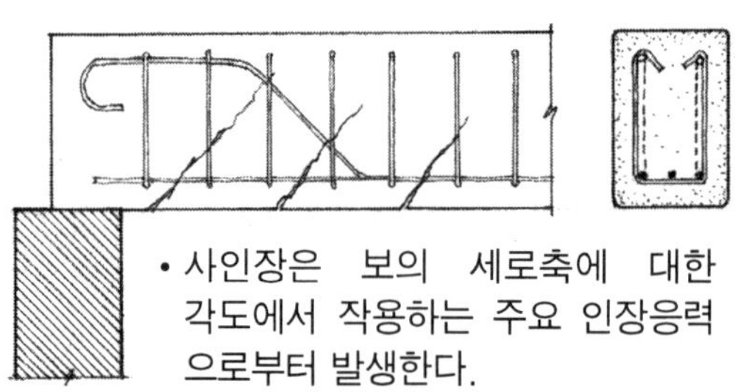

- 사인장은 보의 세로축에 대한 각도에서 작용하는 주요 인장응력으로부터 발생한다.

- 후크는정착을위해동등한매립 길이를 생기게 하도록 구부린 인장철근의 끝부분이다. 표준 후크는 산업표준에 따라 철근 끈 부분에 철근 지름에 따른 반지름에 따른 산업표준에 부합하도록 보강 철근 끝에서 90°, 135° 또는 180°로 휜 부분이다.

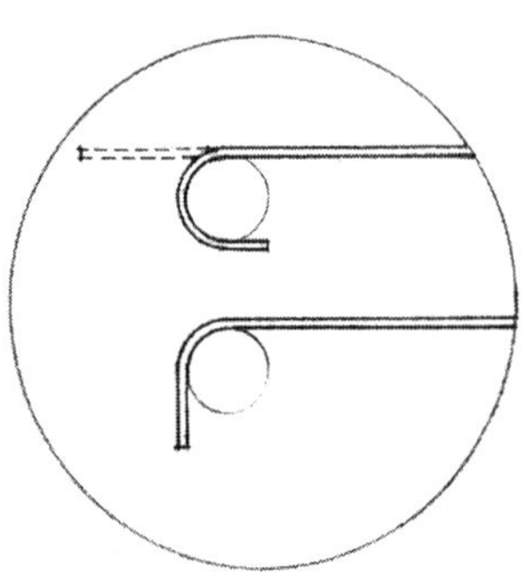

콘크리트 슬래브는 구조 베이의 1방향 또는 2방향에 걸쳐 보강된 판 구조물이다. 모든 보강의 필요한 크기, 간격 및 배치에 대해서는 구조 기술자에게 문의하고 건축법규를 참조할 것.

CSI 마스터포맷™ 03 20 00 : **콘크리트 철근 보강**
CSI 마스터포맷 03 30 00 : **현장 타설 콘크리트**
CSI 마스터포맷 03 31 00 : **구조용 콘크리트**

1방향 슬래브

1방향 슬래브는 균일하게 두껍고, 한 방향으로 보강되며, 평행하게 놓인 지지 보와 일체화된다.

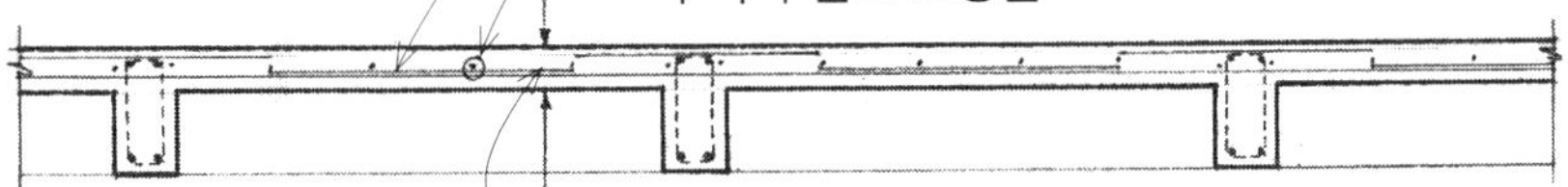

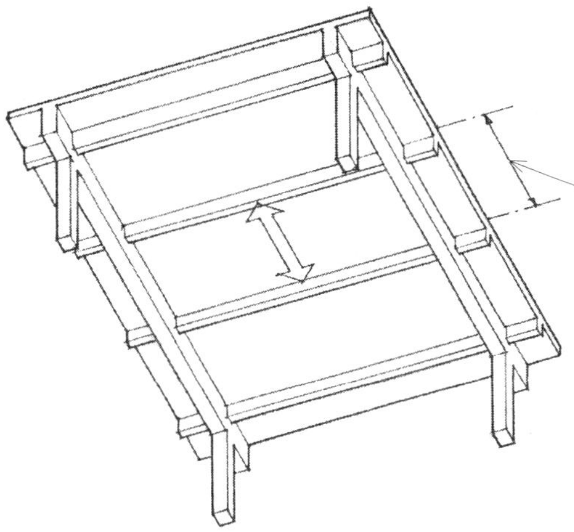

- 인장보강근
- 주요 인장보강근의 직각방향인 수축과 온도 보강근
- 두께 추정에 대한 경험칙: 바닥 슬래브의 경우 경간의 1/30; 지붕 슬래브의 경우 최소 4"(100), 경간의 1/36
- 6'-18'(1,830-5,490)의 비교적 짧은 경간에 걸친 가벼운 하중에서 중간 하중에 적합
- 슬래브는 보 또는 내력벽에 의해 양쪽에서 지지된다. 보는 거더 또는 기둥으로 지지한다.

1방향 장선 슬래브

장선 슬래브 또는 리브 슬래브는 촘촘한 간격으로 나란히 놓인 장선과 통합하도록 타설하며, 장선은 평행한 보에 의해 지지된다. 연속해서 놓인 T자형 보로 설계한 장선 슬래브는 1방향 슬래브보다 더 긴 경간과 무거운 하중에 적합하다.

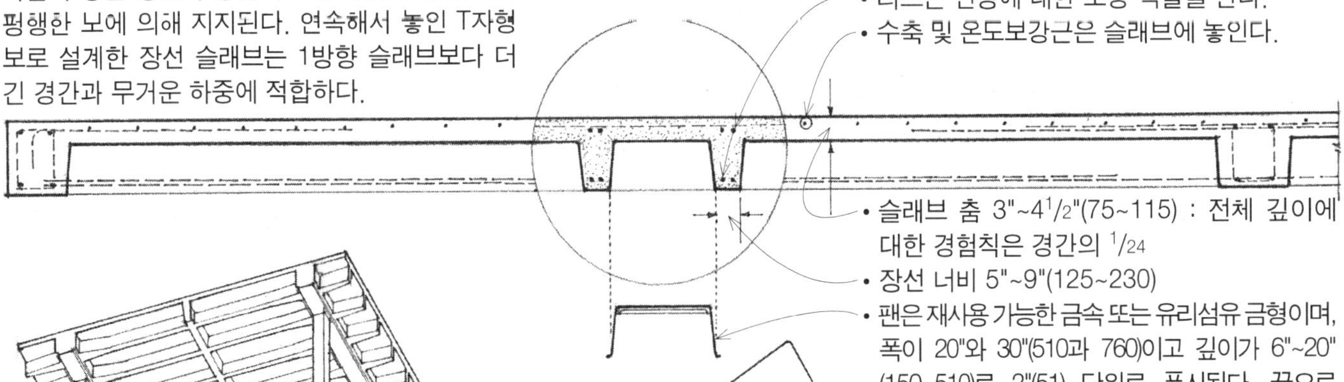

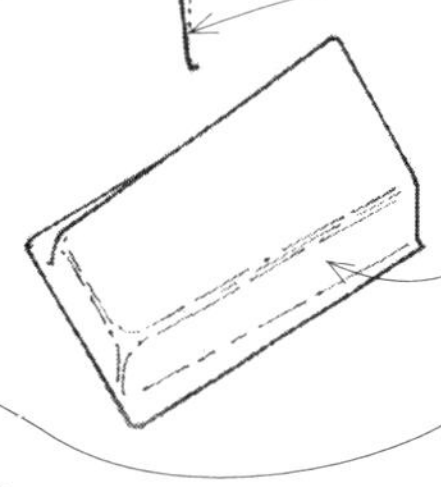

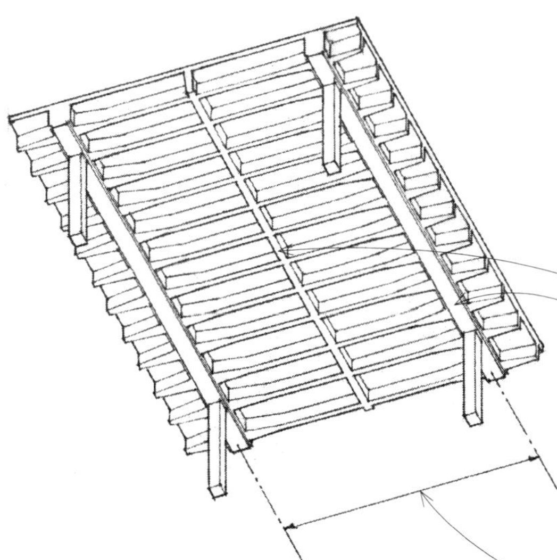

- 리브는 인장에 대한 보강 역할을 한다.
- 수축 및 온도보강근은 슬래브에 놓인다.
- 슬래브 춤 3"~4 1/2"(75~115) : 전체 깊이에 대한 경험칙은 경간의 1/24
- 장선 너비 5"~9"(125~230)
- 팬은 재사용 가능한 금속 또는 유리섬유 금형이며, 폭이 20"와 30"(510과 760)이고 깊이가 6"~20"(150~510)로 2"(51) 단위로 표시된다. 끝으로 갈수록 좁아지는 측면은 쉬운 탈형을 위한 것이다.
- 끝으로 갈수록 좁아지는 형태로 인해 장선 끝을 두껍게 하여 전단 저항성을 높이게 된다.
- 분배 리브는 가능한 하중 집중을 더 큰 영역에 분산되도록 장선에 수직으로 형성된다: 20'~30'(6m~9m) 사이의 경간에 필요하며, 30'(9m) 보다 더 큰 경간에 설치할 때는 분배 리브의 중심 간격이 15'(4.5m)를 넘지 않도록 한다.
- 장선밴드는 폭이 넓고, 춤이 얕은 보이다. 춤이 장선과 동일하기 때문에 경제적이다.
- 15'~36'(4m~10m) 범위의 경간에 걸쳐 경하중에서 중간 활하중에 적합; 포스트텐션으로 더 긴 경간이 가능

- 건축 재료로서 콘크리트에 대한 논의는 12.04-12.05를 참조할 것.

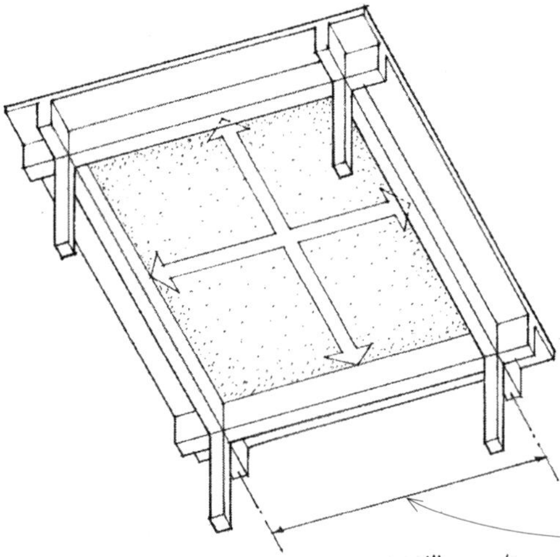

2방향 슬래브 및 보

균일한 두께의 2방향 슬래브는 2방향에서 보강될 수 있으며, 정사각형 또는 거의 정사각에 가까운 베이의 4면 모두에 지지 보와 기둥을 통합하여 타설할 수 있다. 2방향 슬래브와 보 구조는 중간 경간과 무거운 하중 또는 횡력에 대한 높은 저항이 필요한 경우에 효과적이다. 그러나 경제성을 위해 2방향 슬래브는 보통 보가 없는 평판구조/플랫 슬래브와 무량판/플랫 플레이트로 시공한다.

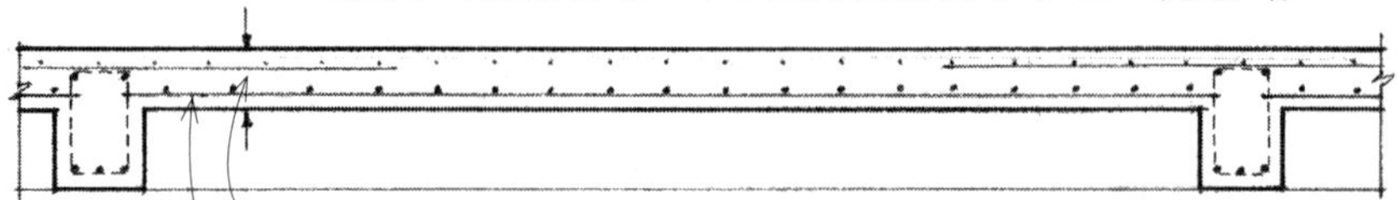

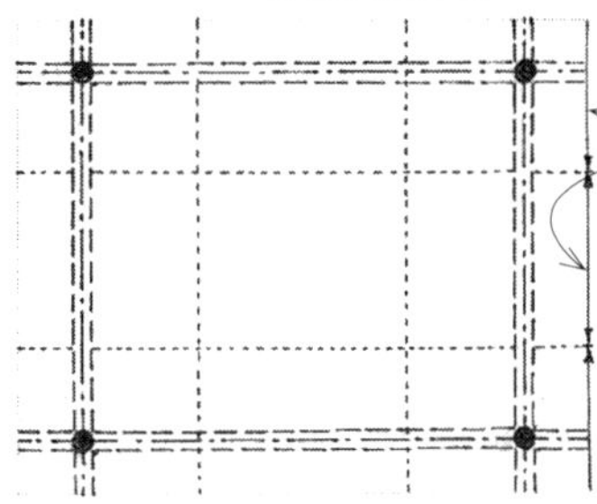

- 최소 슬래브 춤 4"(100) ; 슬래브 춤에 대한 경험칙: 슬래브 둘레의 1/180
- 인장 보강근
- 정사각형 혹은 거의 정사각형 베이bays에 걸쳐 있을 때 가장 효율적이며, 15'~40'(4.6m~12m) 경간의 중간에서 무거운 하중을 전달하는 데 적합하다.
- 보강 철근의 배치를 단순화하려면, 2방향 슬래브는 기둥과 중간 스트립strips로 나누어지며, 그 안에서는 피트 당 모멘트가 일정한 것으로 가정한다.
- 연속 슬래브continuous slab는 주어진 방향에서 3개 이상의 지지대에 걸쳐 확장하는 구조 유닛으로, 분리된 채로 연속되는 단순 지지 슬래브보다 휨 모멘트가 적다.

2방향 와플 슬래브

와플 슬래브는 2방향의 리브로 보강한 2방향 콘크리트 슬래브이다. 와플 슬래브는 평판구조/플랫 슬래브 보다 더 무거운 하중을 전달할 수 있고 더 긴 경간을 확보할 수 있다.

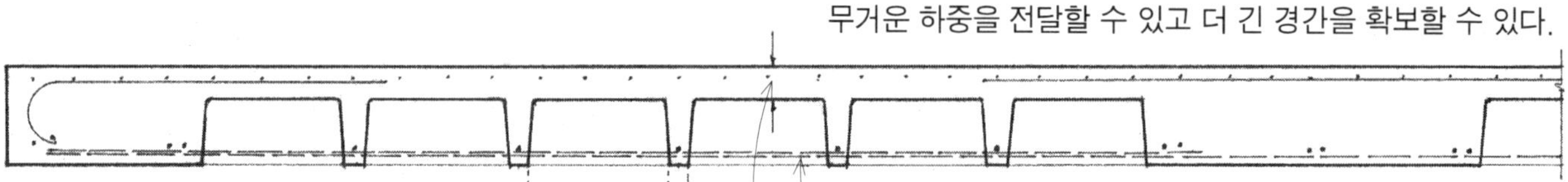

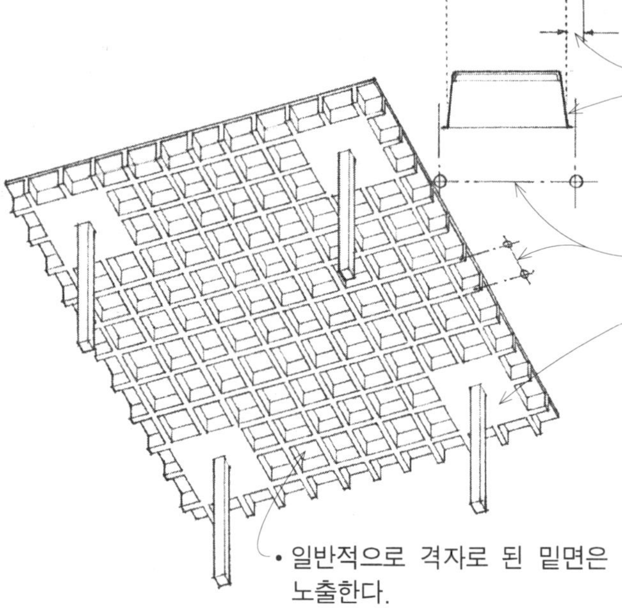

- 일반적으로 격자로 된 밑면은 노출한다.

- 인장 보강근
- 슬래브 춤 3"~4 1/2"(75~115); 총 춤에 대한 경험칙: 경간의 1/24
- 리브 폭 5" 또는 6"(125 또는 150)
- 정사각 금속 또는 섬유 유리 돔 거푸집은 너비 19"와 30"(485와 760) 그리고 8"~20"(205~510) 춤에서 유용할 수 있으며 2"(51) 단위로 표시하며 더 큰 크기도 가능하다. 끝으로 갈수록 좁아지는 측면은 쉬운 탈형을 위한 것이다.
- 19"(485) 돔과 5"(125) 리브는 2'(610) 모듈을 생성한다; 30"(760) 돔과 6"(150) 리브는 3"(915) 모듈을 생성한다.
- 더 큰 전단 강도와 모멘트 저항력을 위해 기둥 지지대 부분은 돔 거푸집을 생략하여 중실한 상부heads로 한다; 중실한 슬래브의 범위는 경간과 하중 상태에 따라 다르다.
- 24'~54'(7m~16m) 경간에 적합; 포스트텐션으로 더 긴 경간이 가능.
- 최대 효율을 위해, 베이는 가능한 한 정사각형 또는 거의 정사각형이어야 한다. 와플 슬래브는 주요 경간의 1/3까지 2방향으로 효율적인 캔틸레버를 할 수 있다. 캔틸레버가 없는 경우, 가장자리는 돔 거푸집을 생략하고 슬래브밴드slab band로 한다.[1]

1) 장선 밴드와 유사한 개념으로 이해할 수 있다.

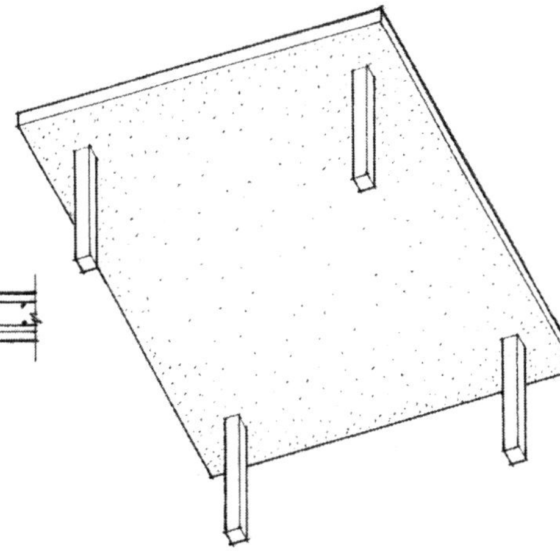

2방향 무량판구조/플랫 플레이트

무량판구조/플랫 플레이트란 둘 이상의 방향에서 철근으로 보강하고, 보 또는 거더 없이 기둥으로 직접 지지하는 균일한 두께의 콘크리트 슬래브를 말한다. 조형의 단순성, 바닥에서 바닥까지의 낮은 높이 및 기둥 배치의 유연성으로 인해 무량판구조는 아파트와 호텔 건축에 실용적이다.

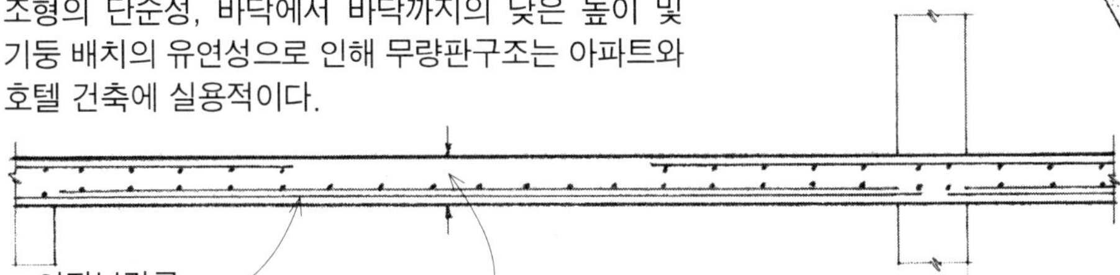

- 인장보강근
- 슬래브 춤 5"~12"(125~305) ;
  슬래브 춤에 대한 경험칙: 경간의 1/33
- 비교적 짧은 경간인 12~24'(3.6~7m)에 걸쳐 있는 가벼운 활하중에서부터 중간 하중까지 적합
- 일반 기둥 그리드가 가장 적합하지만, 기둥 배치에 약간의 유연성이 있을 수 있다.
- 기둥 위치에서의 전단은 무량판구조/플랫 플레이트의 두께를 결정한다.
- 펀칭 전단은 철근 콘크리트 슬래브에서 기둥의 반력에 의해 발생하는 잠재적으로 높은 전단 응력이다.

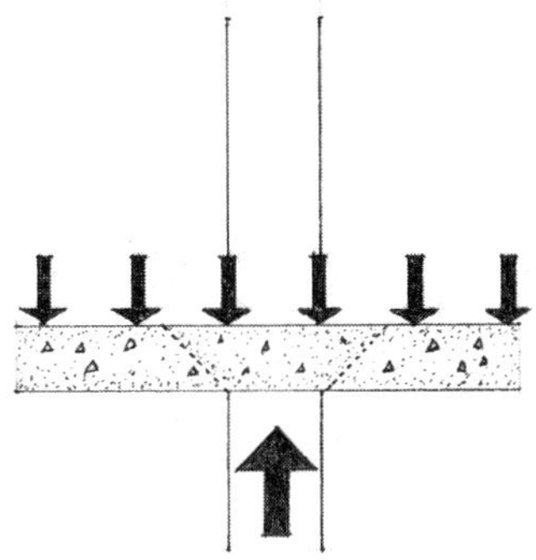

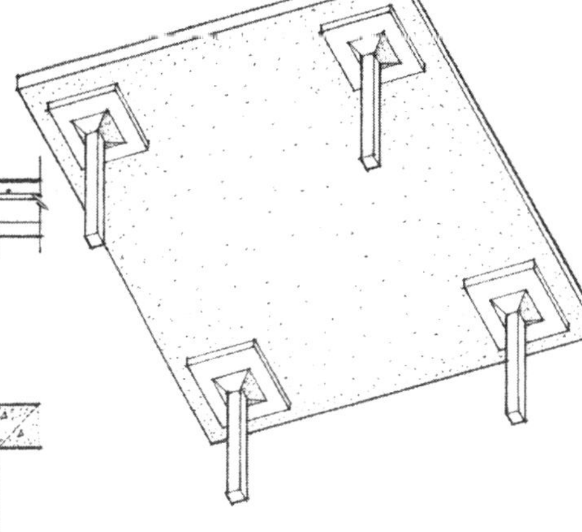

2방향 평판/플랫 슬래브 구조

평판/플랫 슬래브 구조는 전단 강도와 모멘트 저항력을 높이기 위해 기둥 지지대에서 두꺼워진 평판이다.

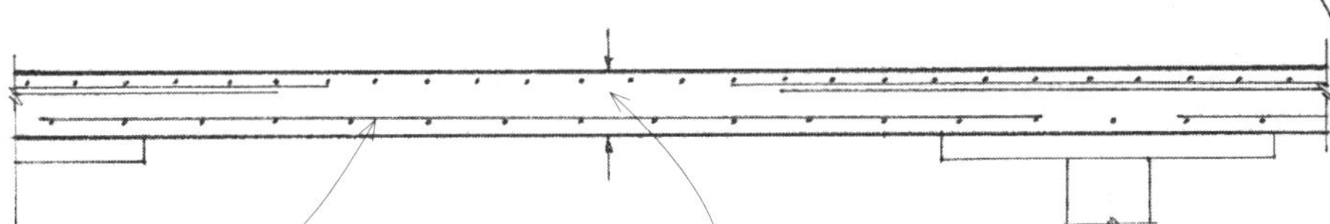

- 인장보강근
- 일반적인 슬래브 춤 6"~12"(150~305) ;
  슬래브 춤에 대한 경험칙: 경간의 1/36
- 드롭 패널은 펀칭 전단에 대한 저항을 높이기 위해 기둥 상부 주위가 두껍게 된 평판구조의 일부이다.
- 드롭 패널의 최소 돌출: 0.25×슬래브 두께
- 드롭 패널의 최소 폭: 0.33 경간
- 전단 저항의 증가를 위해 드롭 패널 대신 또는 드롭 패널과 함께 주두을 사용할 수 있다.
- 20~40'(6m~12m)의 비교적 무거운 하중과 경간에 적합

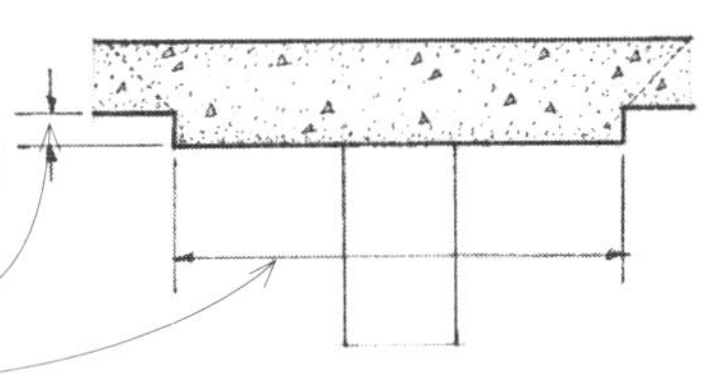

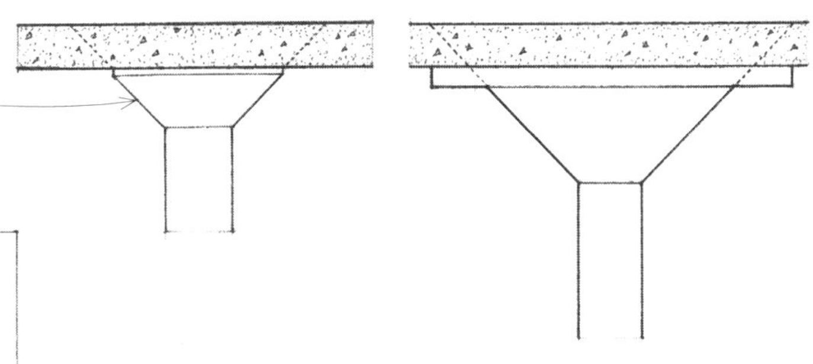

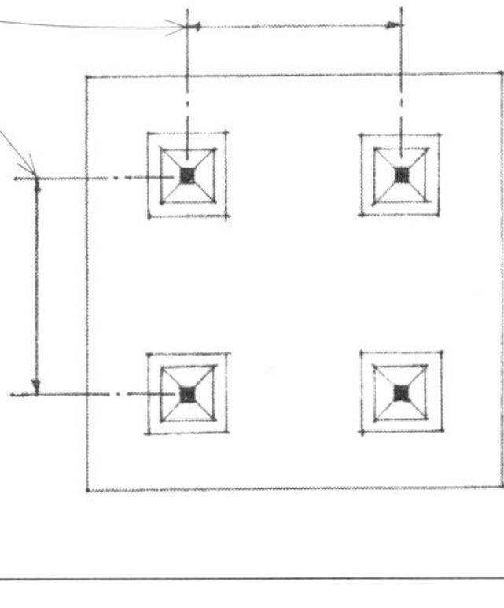

프리스트레스트 콘크리트prestressed concrete는 탄성한계elastic limit 내에서 고강도 강재 긴장재steel tendons를 프리텐션방식 또는 포스트텐션방식posttensioning으로 적용하여 사용하중service load에 능동적으로 저항하도록 보강한 콘크리트이다. 긴장재tendons의 인장응력tensile stresses은 콘크리트로 전달되어 휨부재flexural member의 전체 단면이 압축된다. 그 결과로 발생하는 압축응력은 가해진 하중의 인장 휨 응력tensile bending stresses을 상쇄시켜 프리스트레스트 부재가 동일한 크기, 비율 및 무게의 전통적인 보강 부재보다 처짐이 덜하고, 더 긴 경간 또는 더 큰 내하 능력을 확보할 수 있게 한다.

프리스트레스를 적용하는 두 가지 유형의 기법이 있다. 프리텐션방식은 프리캐스트 공장에서 수행되고, 포스트텐션방식은 주로 건물 현장에서 수행된다. 특히 구조 단위가 너무 커서 공장에서 현장까지 운송될 수 없을 때, 포스트텐션 방식을 적용한다.

프리텐션 방식

프리텐션 방식pretensioning은 콘크리트를 타설하기 전에 철근 긴장재를 늘려 콘크리트 부재에 프리스트레스를 주는 방식이다.

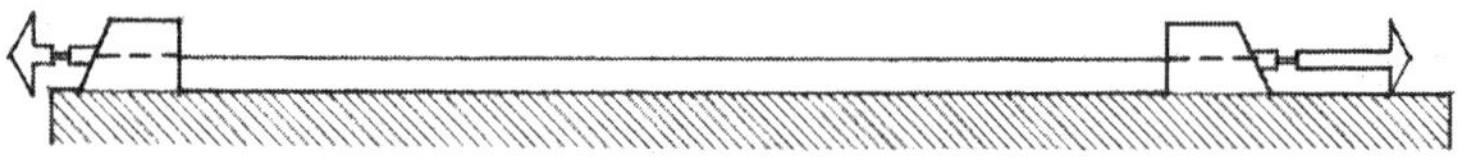

• 미리 결정된 인장력tensile force이 형성될 때까지, 강재 긴장재steel tendons는 먼저 두 받침대abutments 사이에 있는 타설대casting bed를 가로질러 늘려 놓는다.

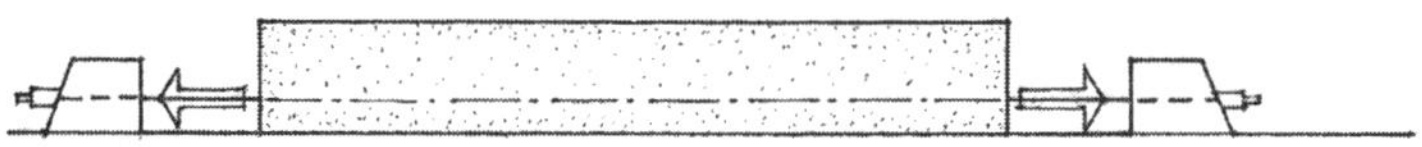

• 그런 다음 콘크리트를, 잡아당긴 긴장재stretched tendons가 있는 채로 거푸집에 타설하고 완전히 경화시킨다. 긴장재는 휨 자체로 발생하는 최대 압축응력을 줄이기 위해 편심으로 배치된다.

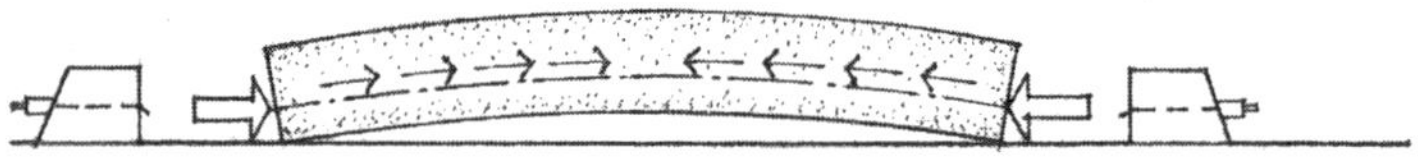

• 긴장재가 절단되거나 풀리게 되면, 긴장재의 인장 응력은 부착 응력bond stresses를 통해 콘크리트로 전달된다. 프리스트레스방식의 편심 작용은 부재의 경미한 상향 곡률이나 캠버camber[2]을 생성한다.

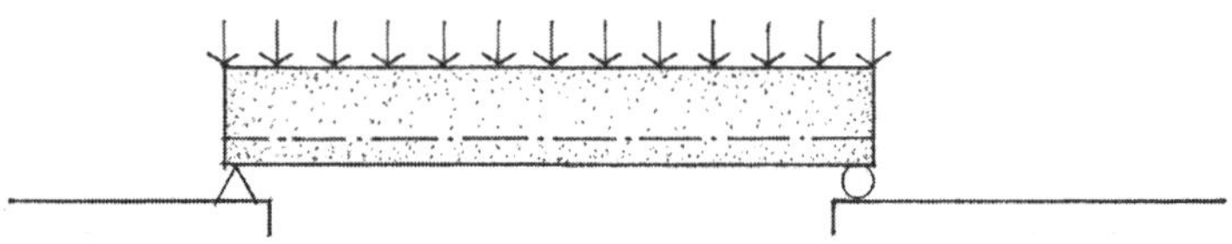

• 하중을 받는 부재의 처짐은 부재의 위쪽 곡률을 균등하게 만드는 경향이 있다.

2) 위로 솟아오른 형상을 의미. 다양한 곡률과 형태가 있다.

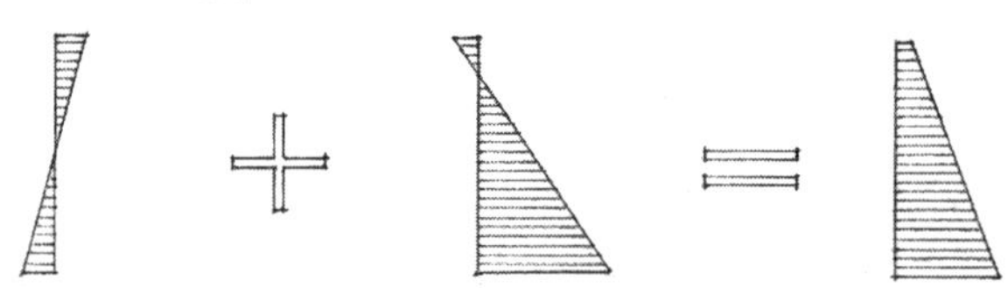

• 고정하중 응력

• 프리스트레스에 의한 응력

• 고정 응력과 프리스트레스의 결합에 의한 응력

• 고정하중과 프리스트레스에 의한 응력

• 활하중 응력

• 최종 결합 응력

• 콘크리트의 탄성 압축 또는 크리프creep[3], 강재 긴장재의 이완, 마찰손실, 및 정착 기구에서의 미끄러짐 등의 복합적인 영향으로 초기 프리스트레스의 일정량이 손실된다.

3) 재료에 일정한 응력을 장시간 가해 두었을 때, 시간 경과와 함께 변형되고, 변형도가 증가하는 현상.

CSI 마스터포맷 03 38 00 : 포스트텐션 콘크리트
CSI 마스터포맷 03 40 00 : 프리캐스트 콘크리트

• 초고강도 강으로 만든 긴장재는 와이어 케이블, 묶음 가닥 또는 철근의 형태일 수 있다.

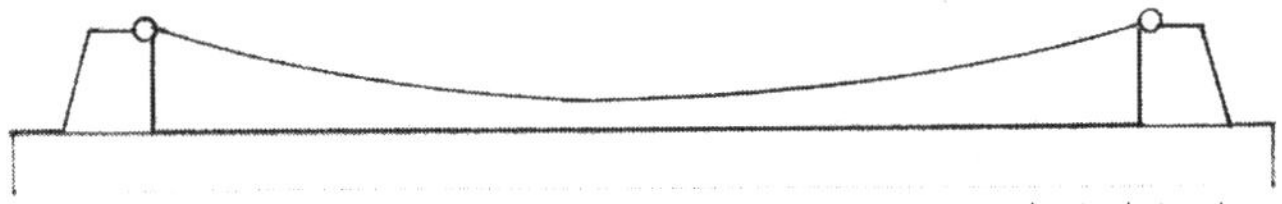

• 응력을 받지 않은 강재 긴장재unstressed steel tendons는 보 또는 슬래브 거푸집slab forms 내부에서 늘어뜨린 상태로 있다. 콘크리트 타설 동안 접착되지 않게 하도록 코팅하거나 덮개를 씌운다.

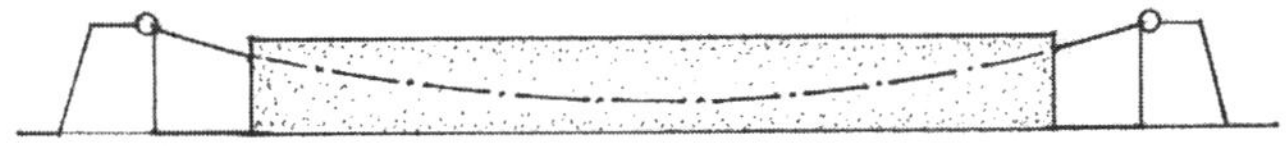

• 콘크리트를 양생한 후, 필요한 힘이 형성될 때까지 강재 긴장재를 한쪽 끝에 고정하고 다른 쪽 끝의 콘크리트에 잭으로 잡아당겨 슬래브를 들어 올린다.

포스트텐션방식

포스트텐션방식은 콘크리트가 굳은 뒤에 철근 긴장재에 인장력을 주어 콘크리트 부재에 프리스트레스를 주는 방식이다.

• 포스트텐션 부재posttensioned members는 탄성압축elastic compression, 수축, 크리프creep 등으로 인해 시간이 지남에 따라 짧아지는 경향이 있다. 이러한 변화의 영향을 받는 인접 요소는 포스트텐션방식의 공정이 완료된 후 시공되어야 하며 팽창이음expansion joints이 있는 포스트텐션 부재로부터 이격되어야 한다.

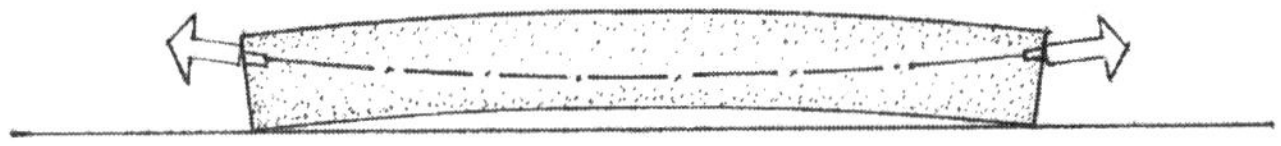

• 그런 다음, 긴장재tendons는 잭 끝단에 단단히 고정되고 잭은 제거된다. 포스트텐션방식 공정 후 강재 긴장재는 결합하지 않은 상태로 두거나 피복을 입힌 긴장재 주변의 환상 공간annular spaces에 그라우트를 주입하여 주변 콘크리트와 결합할 수 있다.

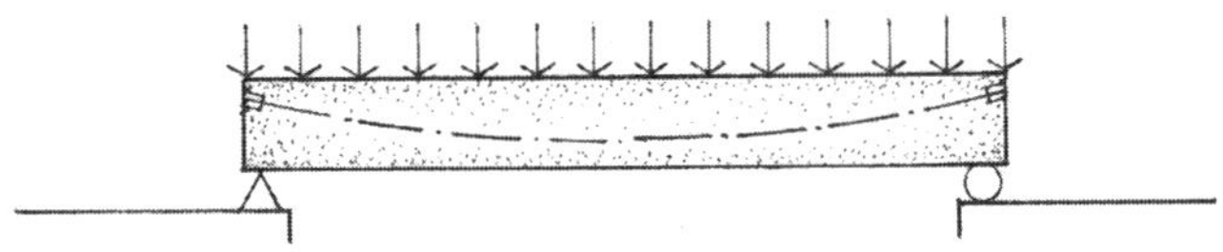

• 하중을 받는 부재의 처짐deflection은 부재의 위쪽 곡률을 균등하게 만들려는 경향이 있다.

• 하중 평형load balancing은 늘어뜨린 긴장재로 콘크리트 부재에 프리스트레스를 가하는 개념으로, 이론적으로는 주어진 하중 조건에서 처짐이 0인 상태가 된다.
• 늘어뜨린 긴장재draped tendons는 등분포 중력 하중의 모멘트 다이어그램을 반영하는 포물선 궤적을 가지고 있다. 인장되면 긴장재는 부재 길이에 따라 적용된 휨 모멘트의 변화에 반응하는 가변 편심variable eccentricity을 생성한다.
• 강하식 긴장재depressed tendons는 직선 부분segments이 있는 늘어뜨린 긴장재의 곡선과 비슷하다. 그것들은 프리스트레스 방식의 힘이 긴장재를 늘어뜨릴 수 없으므로 프리텐션 방식의 과정에서 사용된다. 하프 긴장재harped tendons는 다양한 경사를 가진 일련의 강하식 긴장재이다.

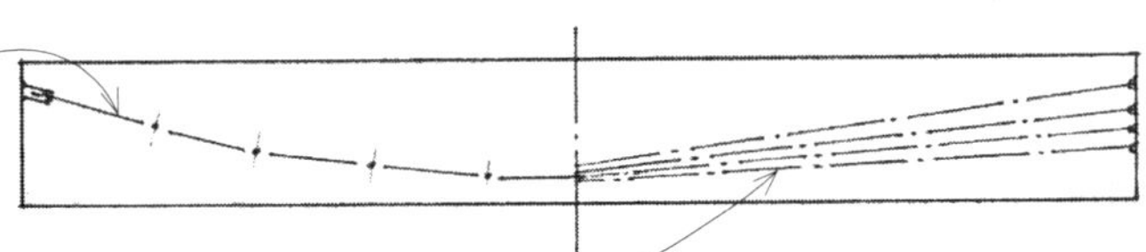

굳지 않은 콘크리트는 경화되어 스스로 지탱할 수 있을 때까지 거푸집으로 형태를 잡고 지지해야 한다. 이 거푸집 공사는 콘크리트 덩어리가 가할 수 있는 상당한 무게와 유체 압력 때문에 공학적 요구를 반영하여 별도의 구조 시스템으로 설계되는 경우가 종종 있다.

- 장선과 와플 슬래브를 형성하는데 전용 시스템이 사용된다.
- 경제성을 위해 가능하면 표준형식을 반복하여 사용해야 한다.

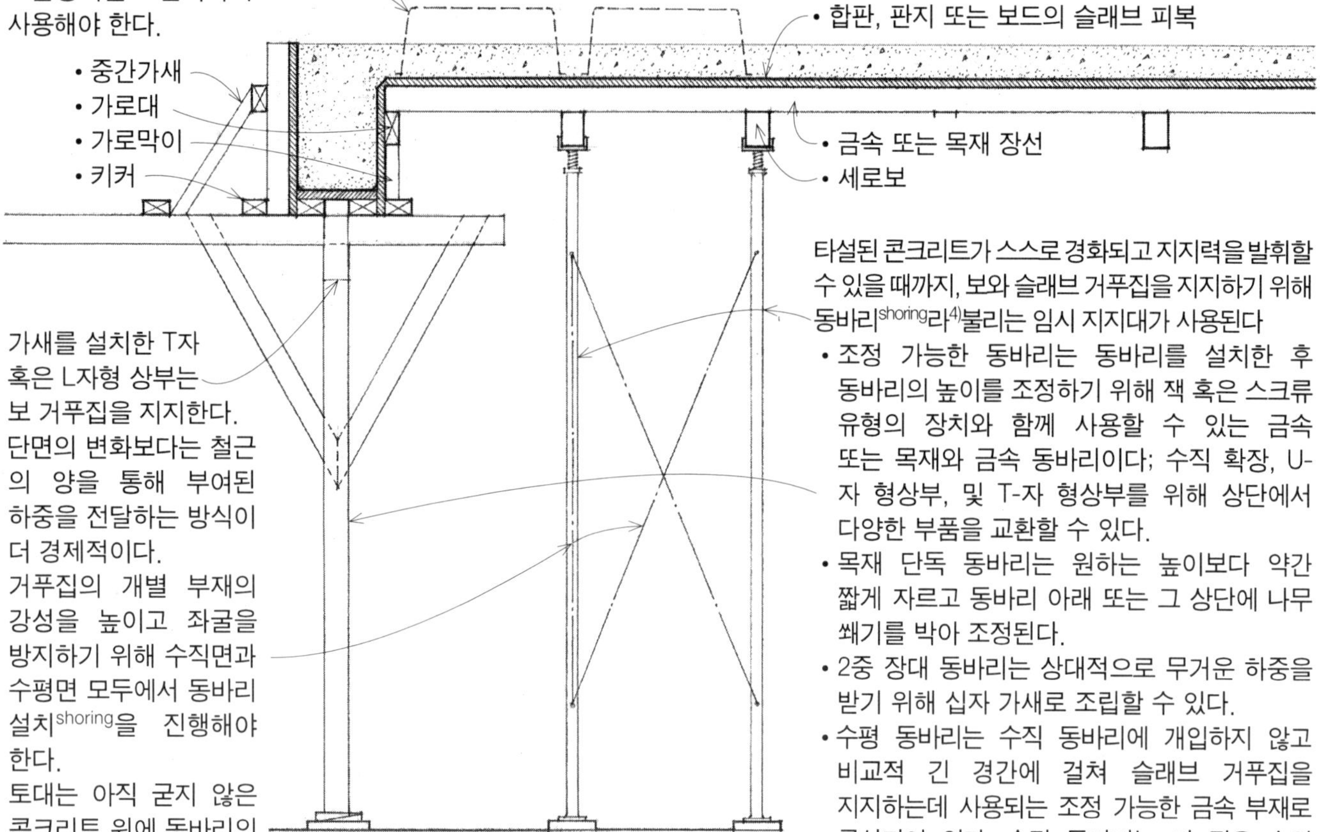

- 중간가새
- 가로대
- 가로막이
- 키커
- 합판, 판지 또는 보드의 슬래브 피복
- 금속 또는 목재 장선
- 세로보

- 가새를 설치한 T자 혹은 L자형 상부는 보 거푸집을 지지한다.
- 단면의 변화보다는 철근의 양을 통해 부여된 하중을 전달하는 방식이 더 경제적이다.
- 거푸집의 개별 부재의 강성을 높이고 좌굴을 방지하기 위해 수직면과 수평면 모두에서 동바리 설치shoring을 진행해야 한다.
- 토대는 아직 굳지 않은 콘크리트 위에 동바리의 하중을 분산시키는 데 필요할 수 있다.

타설된 콘크리트가 스스로 경화되고 지지력을 발휘할 수 있을 때까지, 보와 슬래브 거푸집을 지지하기 위해 동바리shoring라[4]불리는 임시 지지대가 사용된다

- 조정 가능한 동바리는 동바리를 설치한 후 동바리의 높이를 조정하기 위해 잭 혹은 스크류 유형의 장치와 함께 사용할 수 있는 금속 또는 목재와 금속 동바리이다; 수직 확장, U-자 형상부, 및 T-자 형상부를 위해 상단에서 다양한 부품을 교환할 수 있다.
- 목재 단독 동바리는 원하는 높이보다 약간 짧게 자르고 동바리 아래 또는 그 상단에 나무 쐐기를 박아 조정된다.
- 2중 장대 동바리는 상대적으로 무거운 하중을 받기 위해 십자 가새로 조립할 수 있다.
- 수평 동바리는 수직 동바리에 개입하지 않고 비교적 긴 경간에 걸쳐 슬래브 거푸집을 지지하는데 사용되는 조정 가능한 금속 부재로 구성되어 있다. 수평 동바리는 더 적은 수의 수직 동바리가 필요하며, 각각 상대적으로 더 큰 하중을 버티고 작업을 위한 공간을 남겨두지만, 각 수직 지지대는 더 큰 하중의 집중을 버틴다.
- 콘크리트 슬래브나 보가 자체 하중을 전달할 수 있을 정도로 충분히 양생한 후에는 원래의 거푸집을 제거하고 콘크리트가 최대 강도에 도달할 때까지 슬래브나 보가 다시 동바리로 처리된다.

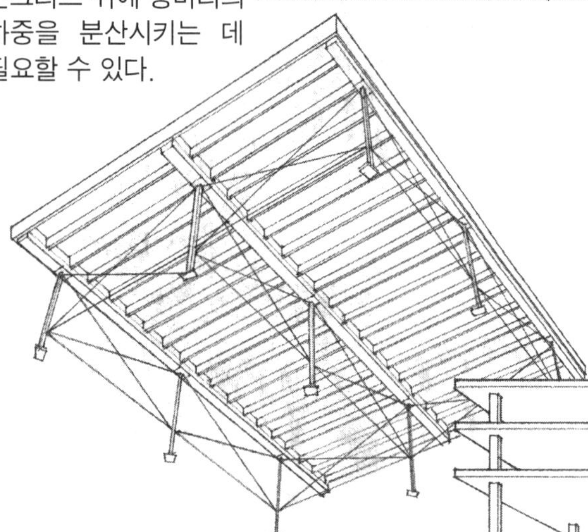

- 콘크리트 기둥과 벽에 필요한 거푸집 공사는 5.07-5.08을 참조할 것.

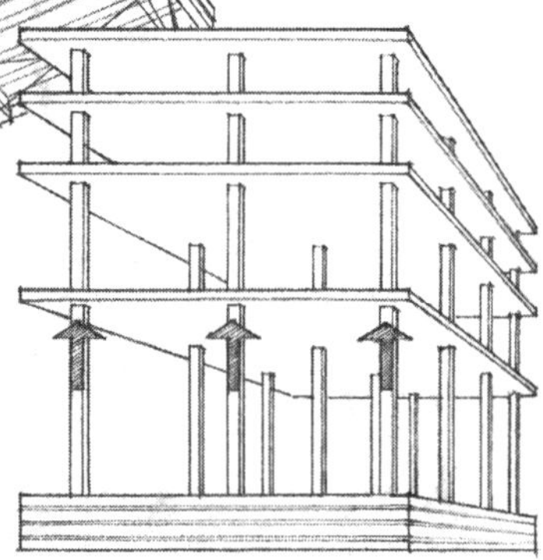

- 플라잉 폼은 다층 건물의 콘크리트 바닥과 지붕을 건설할 때 크레인으로 이동할 수 있는 지지 트러 스, 보 또는 비계scaffolding가 일체화되어 있는 대형 거푸집이다.
- 리프트 슬래브 구조lift-slab construction는 모든 수평 슬래브를 지면에서 타설하고 양생이 진행되면, 유압잭에 의해 정해진 위치로 들어 올리는 방식으로 다층 건물을 시공하는 공법이다.

CSI 마스터포맷 03 10 00: 콘크리트 거푸집 작업 및 부속품(액세서리)

4) 굴착부위를 지지하는 shore는 흙막이로 구분하여 번역하였다.

프리캐스트 콘크리트 슬래브, 보 및 T 형강(structural tees)은 현장 타설 콘크리트, 프리캐스트 콘크리트 또는 조적 내력벽이나 강재, 현장 타설 콘크리트 또는 프리캐스트 콘크리트 골조로 지지될 수 있는 1방향 경간 단위spanning units이다. 이 프리캐스트 단위는 정규 밀도normal-density 또는 구조용 경량 콘크리트로 제조되며, 구조적 효율성을 더 높이기 위해 프리스트레스 처리되어 깊이가 더 줄어들고, 무게가 감소하며, 경간이 더 길어진다.

프리캐스트 유닛은 공장 밖에서 타설하고 증기 경화되어 건설 현장으로 운송된 후, 크레인을 사용하여 고정 부품으로 제자리에 설치된다. 이 장치(단위)의 크기와 비율은 운송수단에 따라 제한될 수 있다. 공장 환경에서 제작하게 되므로 일관된 품질의 강도, 내구성 및 마감 품질을 가질 수 있으며 현장 거푸집 공사가 필요하지 않게 된다.
그러나 표준화된 단위의 모듈 특성은 불규칙한 건물 모양에 적합하지 않을 수도 있다.

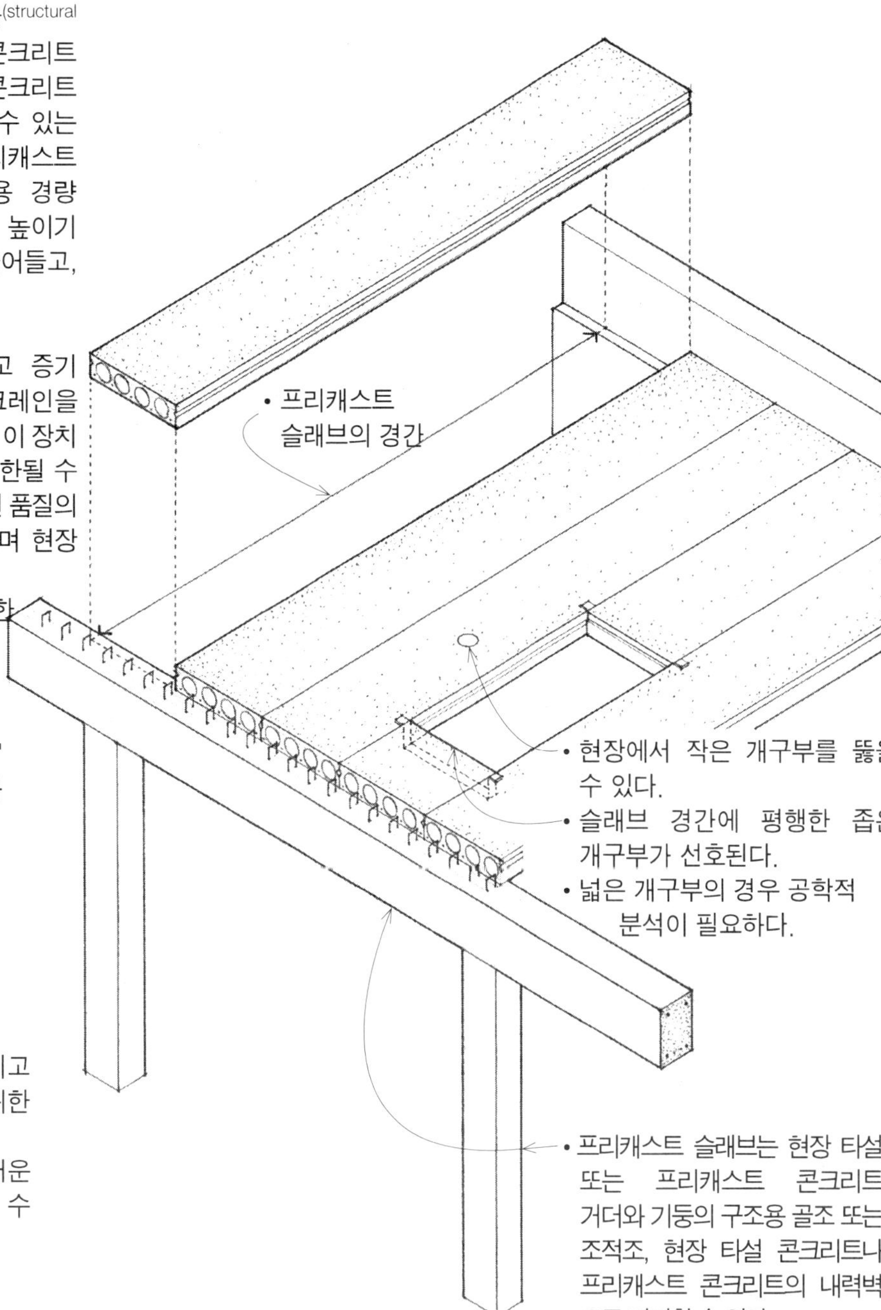

- 프리캐스트 슬래브의 경간
- 현장에서 작은 개구부를 뚫을 수 있다.
- 슬래브 경간에 평행한 좁은 개구부가 선호된다.
- 넓은 개구부의 경우 공학적 분석이 필요하다.
- 프리캐스트 슬래브는 현장 타설 또는 프리캐스트 콘크리트 거더와 기둥의 구조용 골조 또는 조적조, 현장 타설 콘크리트나 프리캐스트 콘크리트의 내력벽으로 지지할 수 있다.

- 강재 직물 또는 철근으로 보강된 2"~3½" (51~90) 콘크리트 토핑은 프리캐스트 유닛과 접합하여 복합구조 유닛을 형성한다.
- 그라우트 키(산지)

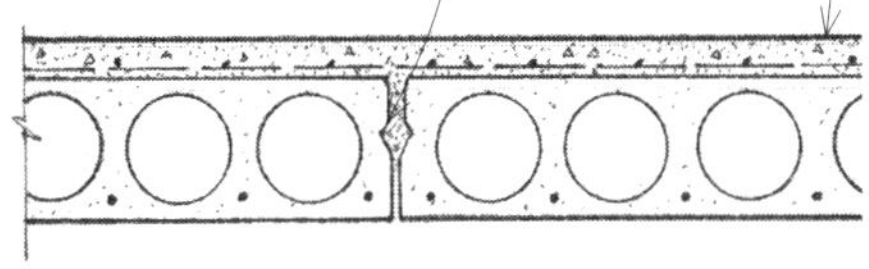

- 토핑은 또한 표면의 불규칙성을 숨기고 슬래브의 내화 등급을 높이며 배선을 위한 바닥 밑 관로underfloor conduit을 수용한다.
- 바닥재를 패드와 카펫으로 할 때, 매끄러운 표면을 가진 유닛을 쓰면 토핑을 생략할 수 있다.

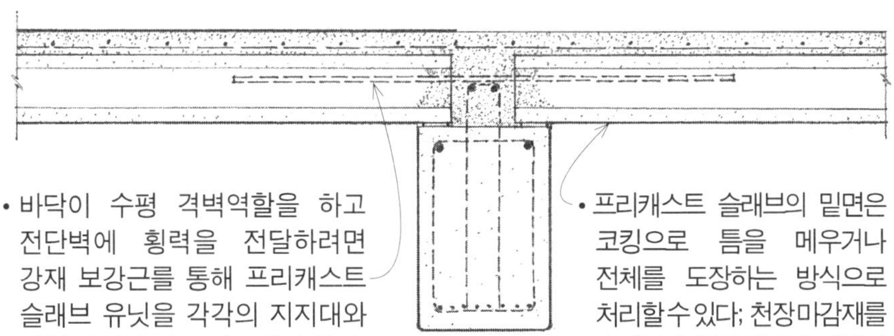

- 바닥이 수평 격벽역할을 하고 전단벽에 횡력을 전달하려면 강재 보강근를 통해 프리캐스트 슬래브 유닛을 각각의 지지대와 받침 단부에 서로 결속해야 한다.
- 프리캐스트 슬래브의 밑면은 코킹으로 틈을 메우거나 전체를 도장하는 방식으로 처리할수있다; 천장마감재를 슬래브에 적용하거나 달반자의 형식으로 매달 수도 있다.

CSI 마스터포맷 03 40 00: 프리캐스트 콘크리트
CSI 마스터포맷 03 50 00: 타설용 데크와 밑깔개

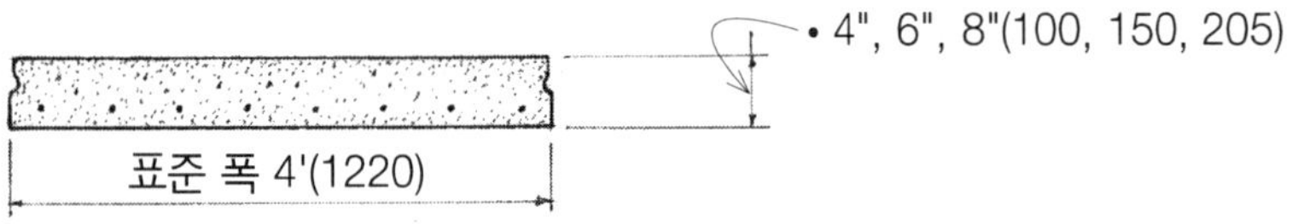

중실 평판 슬래브

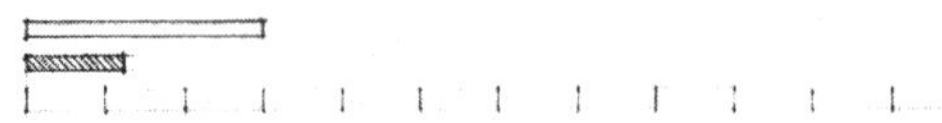

- 경간 범위 12~24'(3.6m~7m)
- 춤에 대한 경험칙: 경간의 1/40

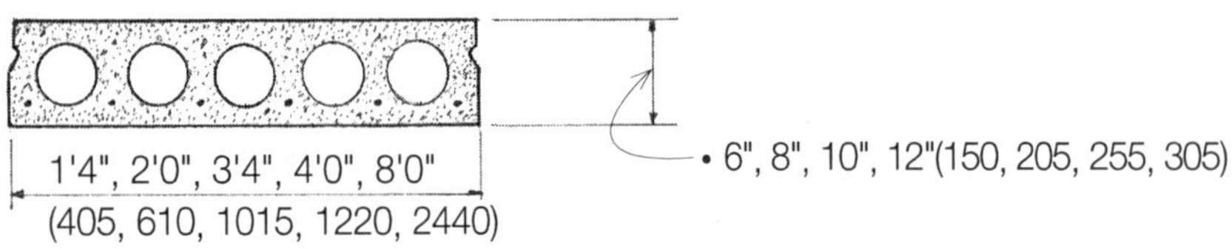

중공 슬래브

- 경간 범위 12'~40'(3.6m~12m)
- 춤에 대한 경험칙: 경간의 1/40

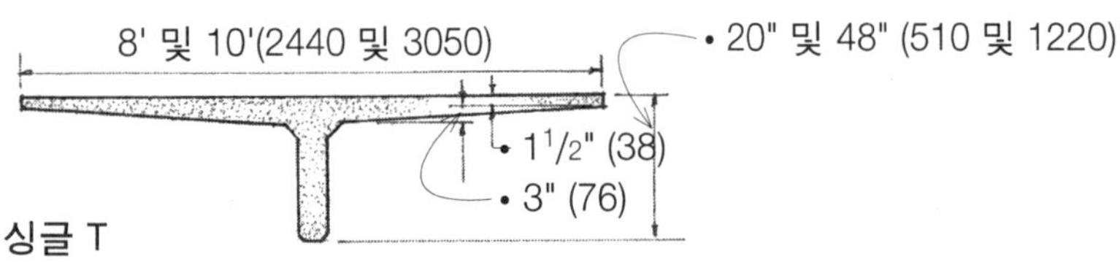

싱글 T

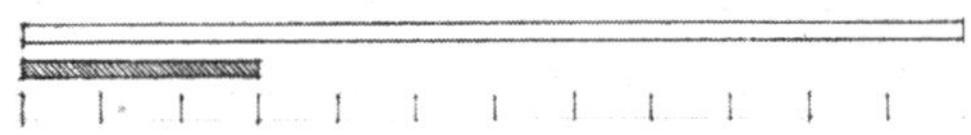

- 경간 범위 30'~120' (9m~36m)
- 춤에 대한 경험칙: 경간의 1/30

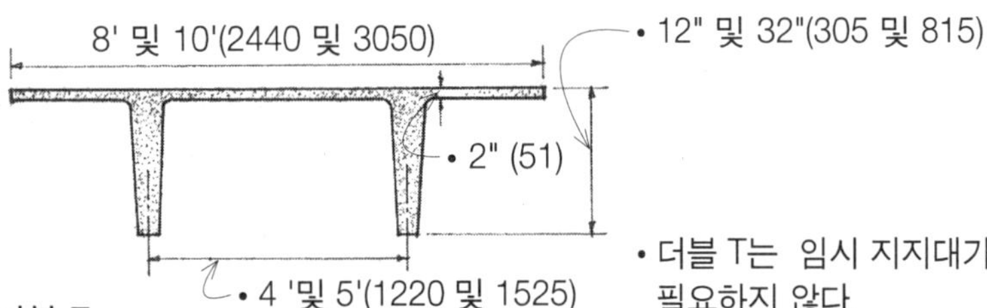

더블 T

- 더블 T는 임시 지지대가 필요하지 않다.

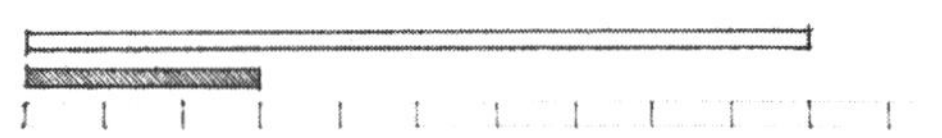

- 경간 범위 30'~100'(9m~30m)
- 춤에 대한 경험칙: 경간의 1/28

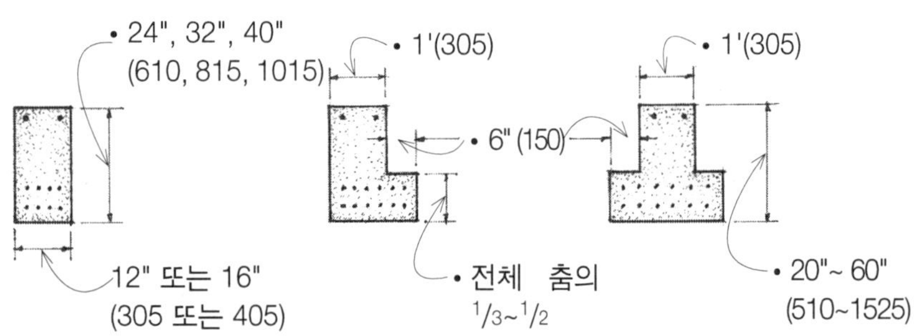

장방형 보 L형 보 역 T보

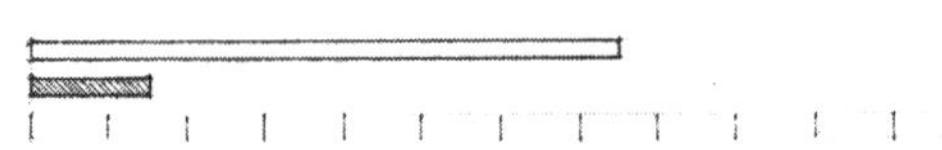

- 경간 범위 15'~75'(4.5m~22m)
- 춤에 대한 경험칙: 경간의 1/15

- 예비로 크기를 잡을 때만 표시된 경간 범위를 사용할 것. 크기, 정확한 치수, 접합 세부 사항 및 경간-하중 표span-load tables에 대한 사용 가능 여부에 대해서는 제조업체에 문의할 것.

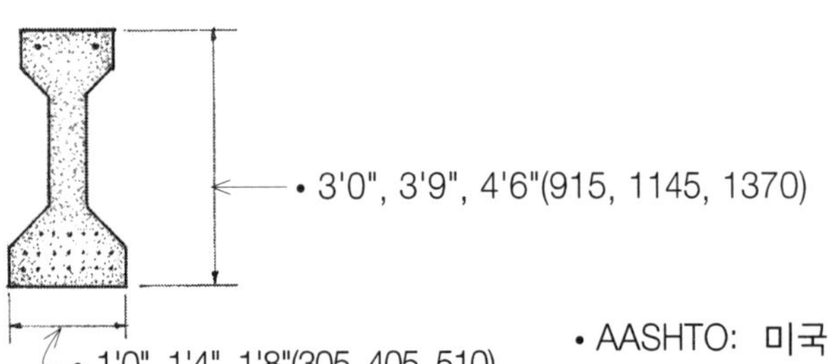

AASHTO 거더

- AASHTO: 미국 주립 고속도로 및 교통 공무원 협회
- 원래는 교량 구조용으로 설계되었지만, 건축시공에 쓰일 때가 있다.

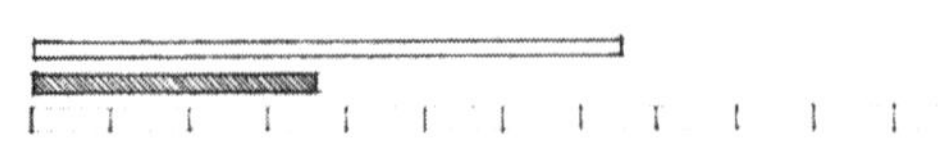

- 경간 범위 36'~60'(10m~18m)

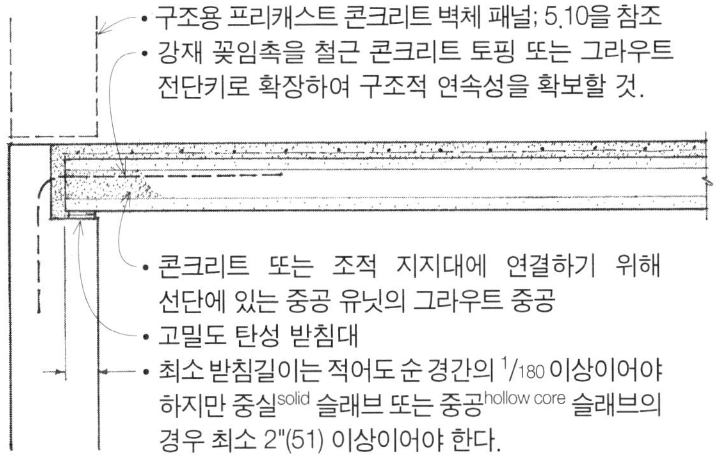

- 구조용 프리캐스트 콘크리트 벽체 패널; 5.10을 참조
- 강재 꽂임촉을 철근 콘크리트 토핑 또는 그라우트 전단키로 확장하여 구조적 연속성을 확보할 것.
- 콘크리트 또는 조적 지지대에 연결하기 위해 선단에 있는 중공 유닛의 그라우트 중공
- 고밀도 탄성 받침대
- 최소 받침길이는 적어도 순 경간의 1/180 이상이어야 하지만 중실solid 슬래브 또는 중공hollow core 슬래브의 경우 최소 2"(51) 이상이어야 한다.

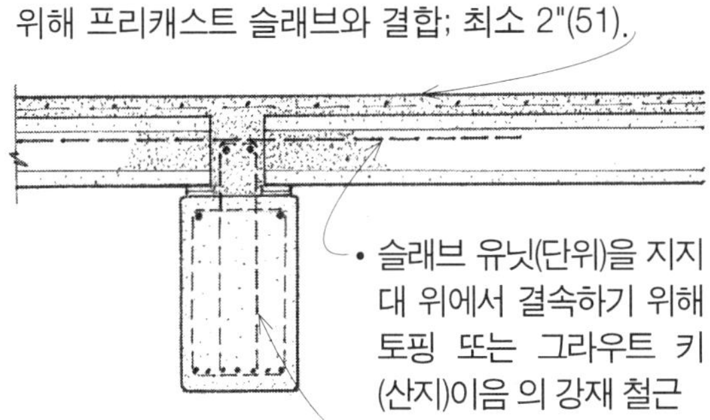

- 용접된 와이어 패브릭 또는 철근으로 보강된 현장 타설 콘크리트 토핑, 복합구조 유닛을 형성하기 위해 프리캐스트 슬래브와 결합; 최소 2"(51).
- 슬래브 유닛(단위)을 지지대 위에서 결속하기 위해 토핑 또는 그라우트 키(산지)이음 의 강재 철근
- 콘크리트 보의 늑근 또는 강재 보의 샛기둥은 토핑으로 연결될 때까지 돌출된다.

프리캐스트 슬래브

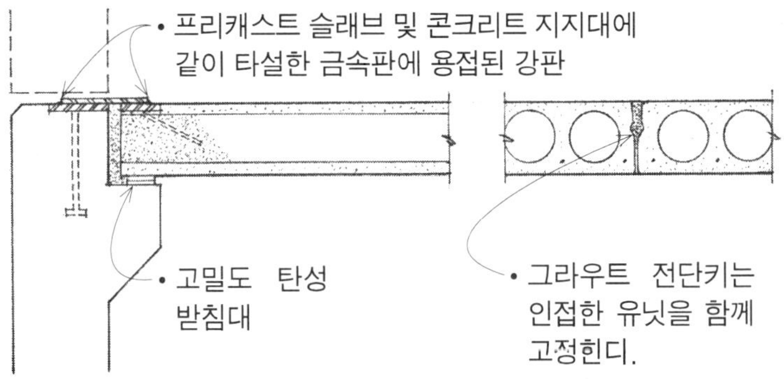

- 프리캐스트 슬래브 및 콘크리트 지지대에 같이 타설한 금속판에 용접된 강판
- 고밀도 탄성 받침대
- 그라우트 전단키는 인접한 유닛을 함께 고정힌디.

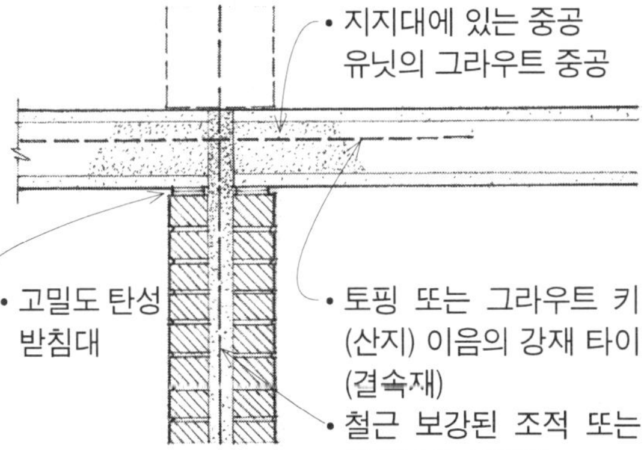

- 지지대에 있는 중공 유닛의 그라우트 중공
- 고밀도 탄성 받침대
- 토핑 또는 그라우트 키(산지) 이음의 강재 타이(결속재)
- 철근 보강된 조적 또는 콘크리트 내력벽

프리캐스트 슬래브

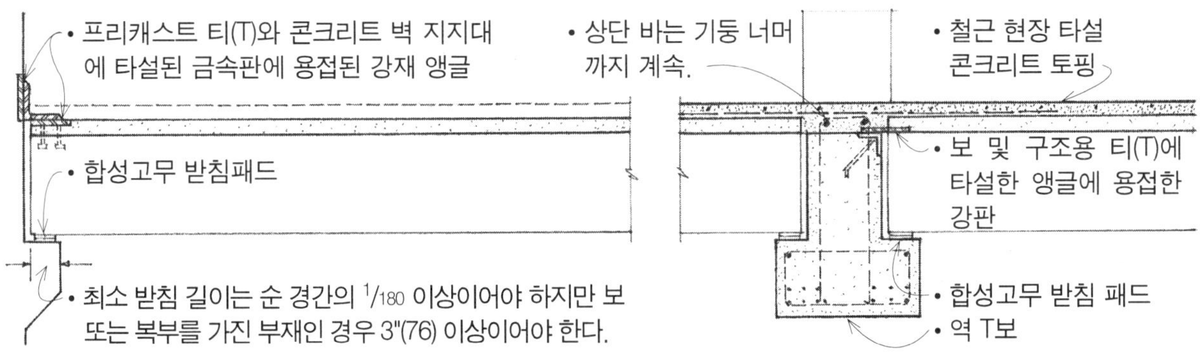

- 프리캐스트 티(T)와 콘크리트 벽 지지대에 타설된 금속판에 용접된 강재 앵글
- 합성고무 받침패드
- 최소 받침 길이는 순 경간의 1/180 이상이어야 하지만 보 또는 복부를 가진 부재인 경우 3"(76) 이상이어야 한다.
- 상단 바는 기둥 너머까지 계속.
- 철근 현장 타설 콘크리트 토핑
- 보 및 구조용 티(T)에 타설한 앵글에 용접한 강판
- 합성고무 받침 패드
- 역 T보

프리캐스트 구조

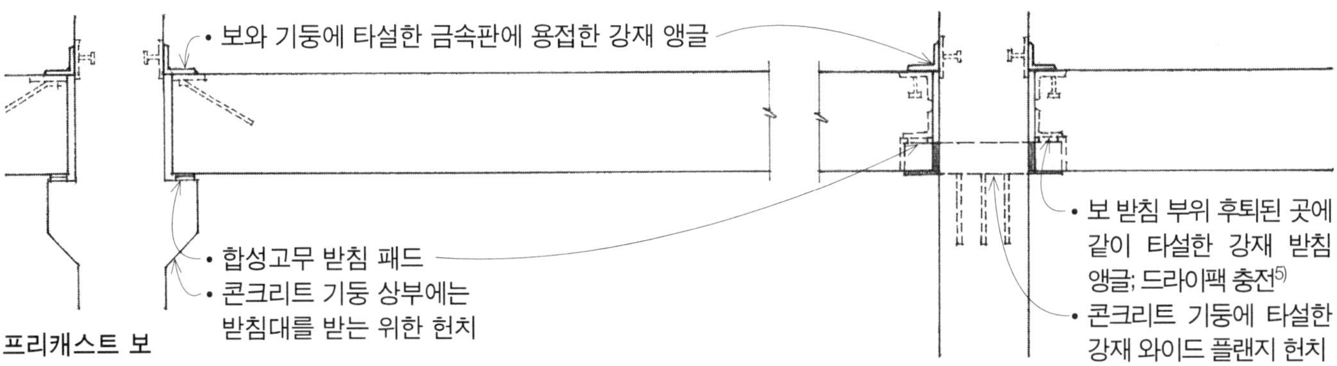

- 보와 기둥에 타설한 금속판에 용접한 강재 앵글
- 합성고무 받침 패드
- 콘크리트 기둥 상부에는 받침대를 받는 위한 헌치
- 보 받침 부위 후퇴된 곳에 같이 타설한 강재 받침 앵글; 드라이팩 충전[5]
- 콘크리트 기둥에 타설한 강재 와이드 플랜지 헌치

프리캐스트 보

5) 된 비빔 모르타르를 채워 넣는 것. 혹은 그렇게 작업한 부분

4.14 구조용 강재 골조시공

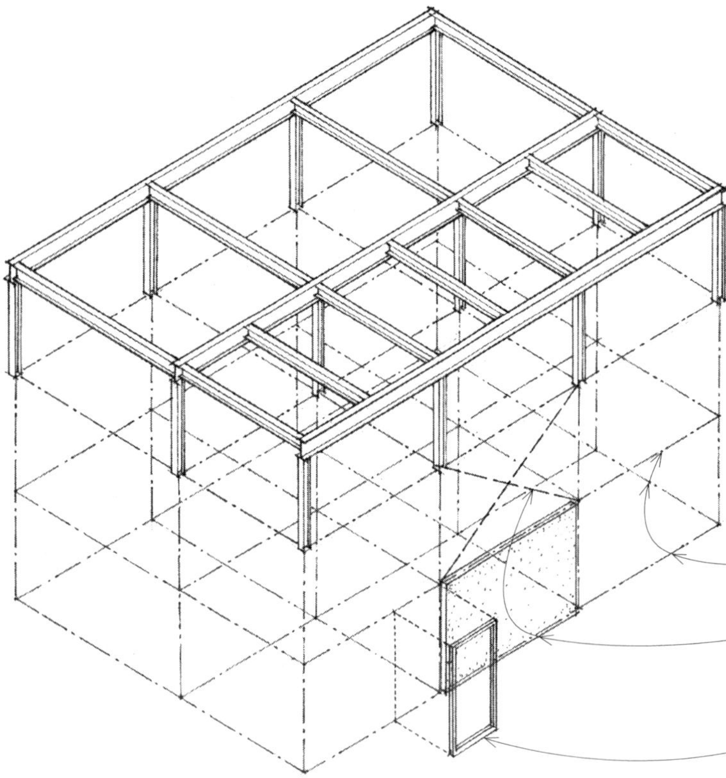

구조용 강재로 제작된 거더, 보 그리고 기둥은 단층 건물에서 초고층 건물에 이르는 크기가 다양한 구조물의 골조틀skeleton frame을 구성하는 데 사용된다. 구조용 강재는 현장작업이 어려우므로 일반적으로 제작공장fabrication shop에서 설계 사양에 따라 절단, 성형 및 천공작업을 진행한다. 이로 인해 구조 골조를 상대적으로 빠르고 정밀하게 시공할 수 있다. 구조용 강재는 불연성 구조로 노출될 수 있지만, 화재 시 강도를 급격히 잃을 수 있으므로, 내화 구조로 적합하려면 내화 등급을 확보할 수 있는 조립방식이나 코팅fire-rated assemblies or coatings이 필요하다. 노출된 조건에서는 내식성corrosion resistance도 필요하다. 건축 자재로서의 강재에 대한 논의는 12.08을 참조할 것; 내화 강재 조립체assemblies에 대해서는 부록을 참조.

- 강재 골조시공은 거더와 보 지지대가 일정한 그리드를 따라 배치됐을 때 가장 효율적이다.
- 횡방향의 풍력 또는 지진력에 대해서는 전단벽, 대각선 가새 또는 모멘트 저항 접합부로 구성된 견고한 골조시공을 적용하여 저항한다.
- 비내력벽 또는 칸막이벽 선택사항에 대해서는 7.24를 참조할 것.

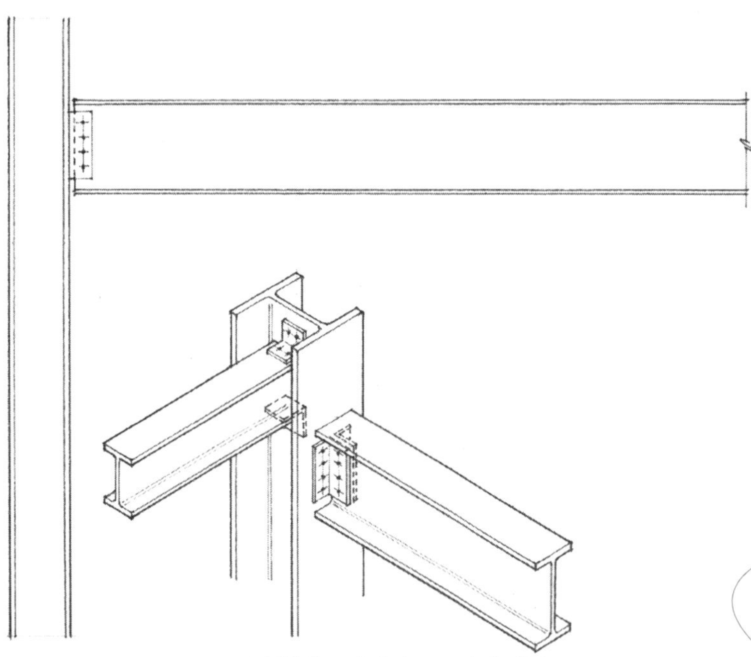

- 콘크리트로 충전한 금속 바닥 데크; 4.22 참조

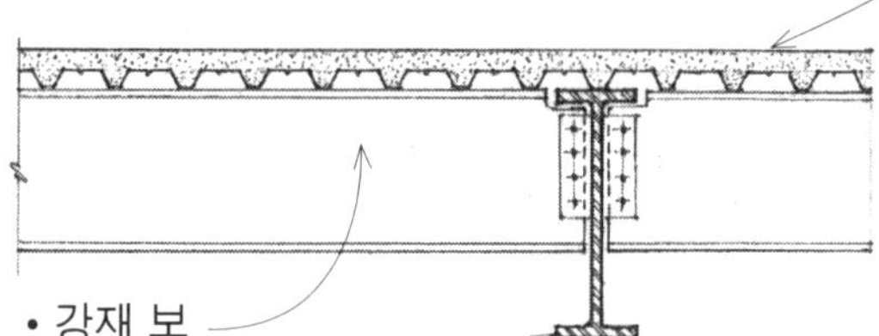

- 강재 보
- 강재 거더

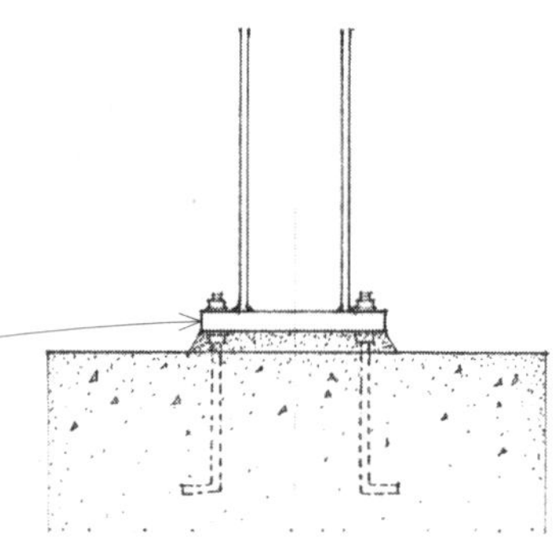

- 접합부는 일반적으로 강재 앵글, 티(T) 또는 플레이트와 같은 하중 이동이 가능한 요소들을 사용한다. 리벳으로 고정할 수도 있지만, 볼트로 고정되거나 용접하는 경우가 더 많다.
- 콘크리트 또는 벽돌로 지탱할 때, 강재 보받침판은 기둥이나 보에 의해 부과되는 집중하중을 분산시켜 결과적으로 발생하는 단위 지지압력(지압)이 지지 재료에 대한 허용 단위 응력을 초과하지 않도록 할 필요가 있다.

CSI 마스터포맷 05, 12, 00: 구조 강재 골조시공

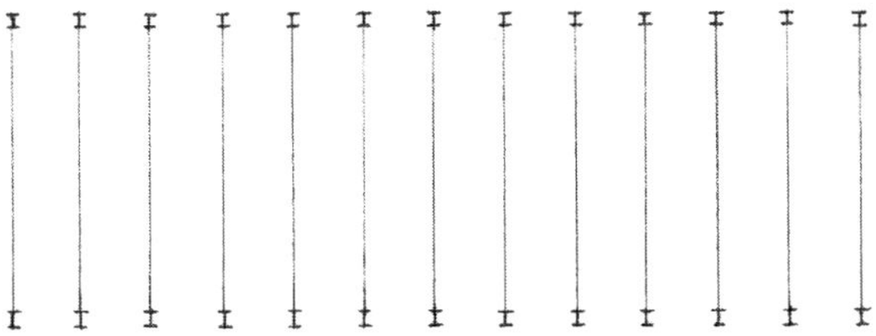

- 외부 기둥 각각의 쌍은 장 경간 보 또는 거더를 지지한다. 이 시스템은 길고 좁은 건물에, 특히 무주 공간이 필요할 경우 적합하다.

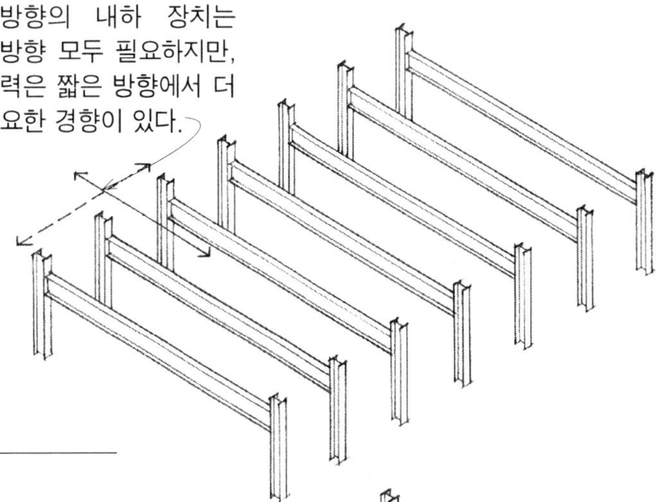

- 횡방향의 내하 장치는 양방향 모두 필요하지만, 횡력은 짧은 방향에서 더 중요한 경향이 있다.

1방향 보 시스템

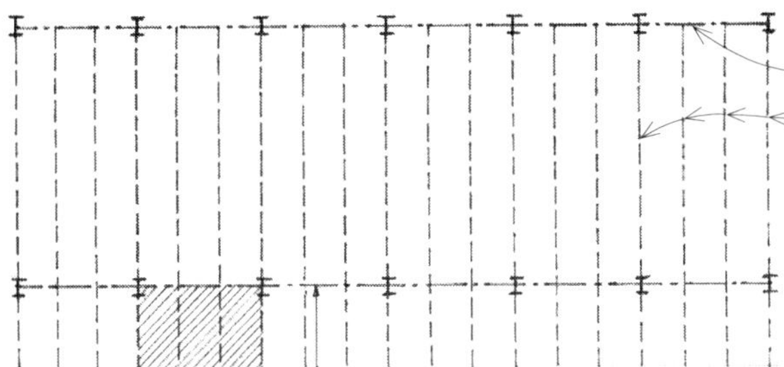

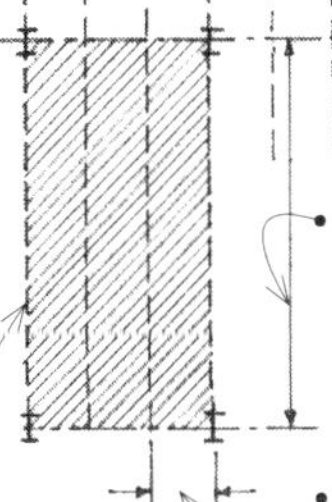

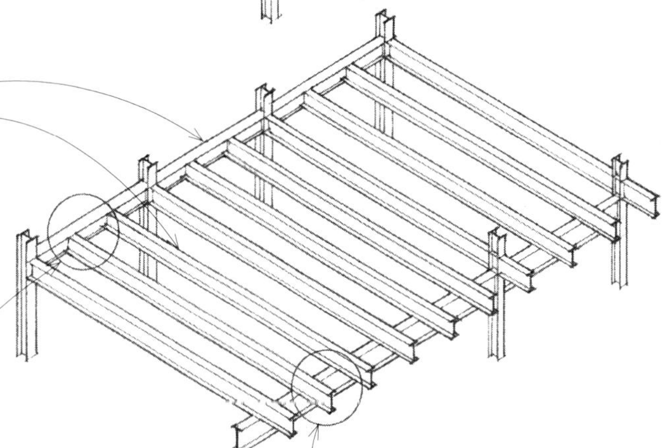

- 거더
- 보

- 보편적인 보 경간의 범위는 20'~32'(6m~10m)이다. 이 범위를 초과하면 무게 면에서 유리한 오픈 웹 강재 장선이 경제적인 대안이 된다.
- 보는 적용된 하중의 크기와 바닥 데크의 가능 경간 길이에 따라 6'~15'(1830~4570) 간격으로 배치된다.
- 강재 골조는 장방형 베이 유닛을 활용해야 하며, 비교적 가벼운 하중을 받는 보는 무거운 하중을 받는 거더보다 더 긴 경간으로 하는 것이 가능하다.
- 보를 거더 안쪽으로 해서 골조를 짜면 바닥의 춤을 최소화할 수 있다. 일부 기계 설비는 보 웨브로 절단된 구멍을 통과할 수 있지만, 크기가 있는 배관/배선은 아래쪽 달반자 공간에서 수용한다.
- 2단 배치방식은 바닥 깊이를 상당히 증가시키지만 기계 설비를 위한 공간을 더 많이 제공한다.
- 건물의 짧은 축을 지나는 거더는 구조물의 횡적 안정성에 기여할 수 있다.

2방향 보 시스템

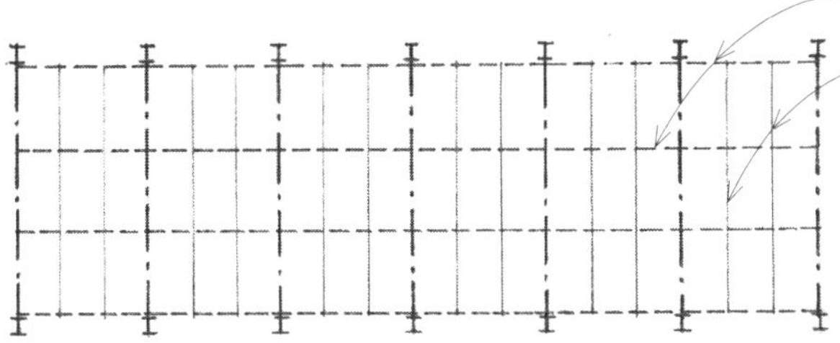

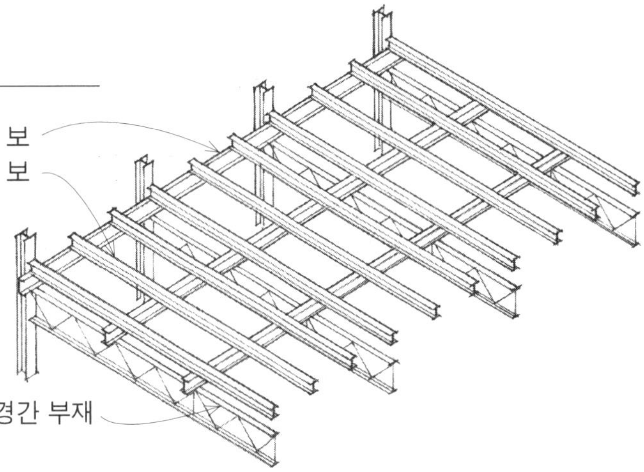

- 1차 보
- 2차 보
- 장 경간 부재

- 규모가 큰 무주 공간이 필요할 경우, 장-경간 플레이트 거더 또는 트러스를 사용한다. 트러스와 플레이트 거더는 1차 보를 지탱하고, 그다음에는 2차 보가 깔린 층을 지지한다.

삼중 보 시스템

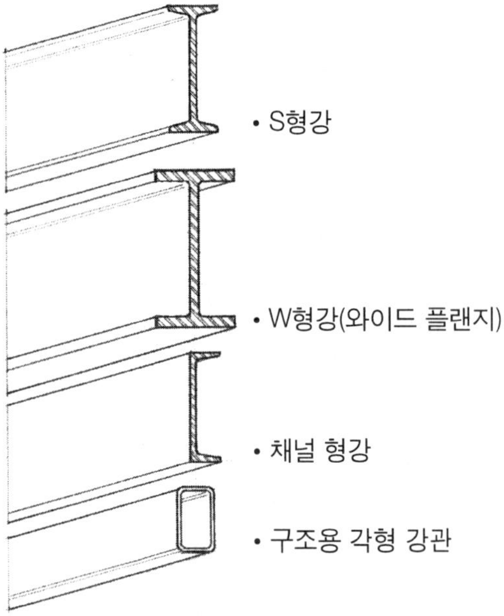

- 구조적으로 더 효율적인 와이드플랜지 강재(W)는 주로 기존의 I형 강재 보(S)을 대체한다. 또한 채널(C) 형강, 구조용 각형강관 또는 합성형강으로 보를 제작할 수 있다.
- 깊이(춤) 추정을 위한 경험칙:
  보는 경간의 1/20,
  거더는 경간의 1/15
- 폭 = 깊이의 1/3~1/2
- 일반 목표general objective는 허용응력의 한계 내에서 그리고 의도된 용도에 대한 과도한 처짐deflection 없이 휨과 전단력에 저항하는 가장 가벼운 강재 형강을 사용하는 것이다.
- 재료비 외에 추가로 건립에 필요한 노무비용labor costs을 고려해야 한다.

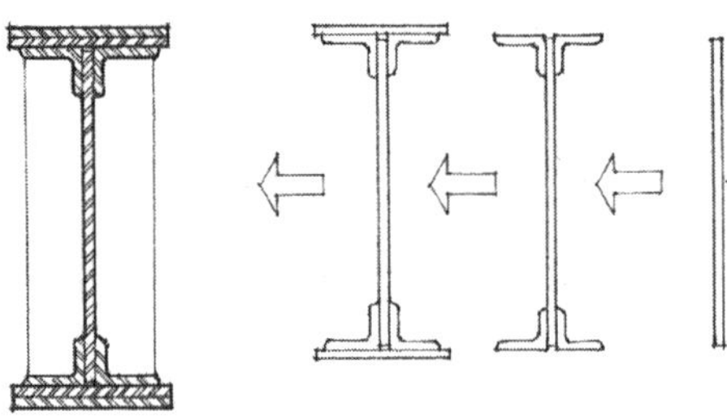

- 플레이트 거더는 용접이나 리벳으로 연결된 평판 또는 형상으로 구성된다. 웹 플레이트(복부판)는 플레이트 거더의 복부를 형성하고 플랜지 앵글은 상단과 하단 플랜지를 형성한다. 전단 플레이트(전단판)는 전단 응력에 대한 저항력을 높이기 위해 거더의 복부에 고정될 수 있다.
- 커버 플레이트는 높은 휨 응력이 발생하는 영역에서 플레이트 거더의 플랜지에 고정되어 단면 계수를 증가시킨다.

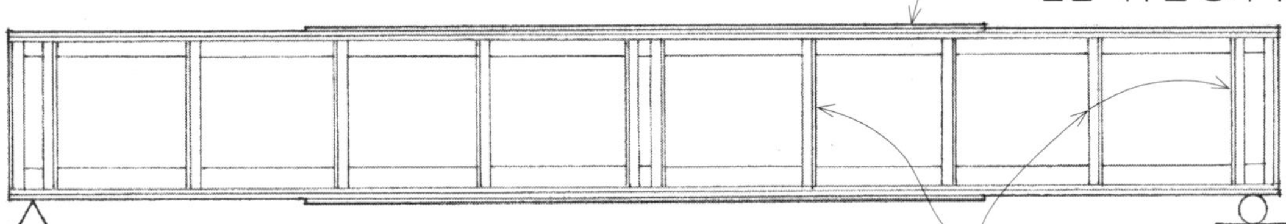

- 스티프너 앵글/보강 산형강은 웹 플레이트의 각 측면에 고정되어 좌굴을 방지한다; 하중점 스티프너는 지지점 또는 집중하중에 배치한다; 중간 스티프너는 대각선 방향의 압축응력에 대한 저항을 높이기 위해 하중점 스티프너 사이에 배치한다.

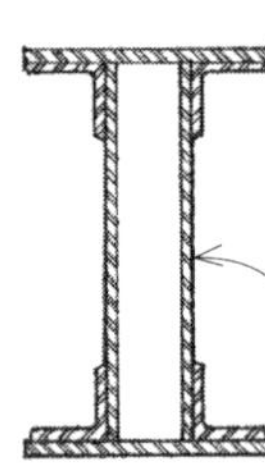

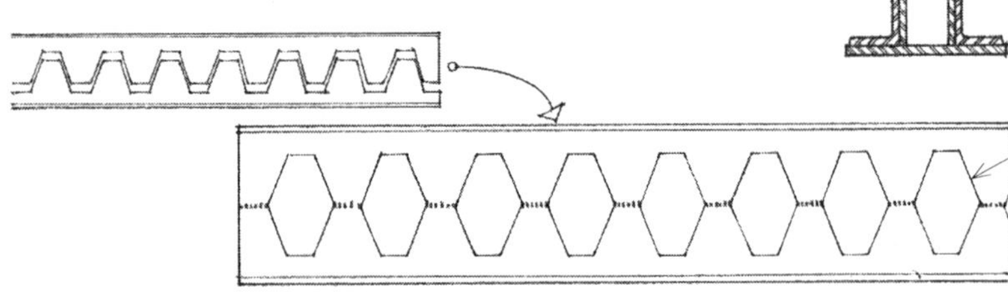

- 박스 거더는 형강들을 조립하여 제작하며, 속이 빈 직사각형 단면을 지니고 있다.
- 허니컴 보castellated beams는 길이 방향으로 지그재그 절단을 한 와이드 플랜지 형강의 복부를 길입방향으로 나눈 다음 양쪽 반쪽을 튀어나온 부분peaks에서 함께 용접하여 무게를 늘리지 않고 춤만 늘리는 식으로 제작한다.

다양한 유형의 접합구 및 볼트와 용접의 다양한 조합을 사용하여 강재 접합부를 만들 수 있는 여러 방법이 있다. 강재 형강 속성과 치수, 보와 기둥을 위한 허용 하중표, 볼트 및 용접 연결부에 대한 요구 사항은 미국 강구조협회American Institute of Steel Construction's의(AISC's) 강구조 공사 매뉴얼을 참조할 것. 강도 및 강성 외에도, 접합부는 제작 및 설치의 경제성과 구조물이 시야에 노출되는 경우 외관 측면에서도 고려해야 한다.

접합 강도는 부재의 크기와 연결 티(T), 앵글 또는 플레이트plates는 물론 사용되는 볼트나 용접의 외형에 따라 다르다. 미국 강구조협회(AISC)는 부재의 크기와 접합 방법을 제어하는 세 가지 유형의 강재 골조를 정의하고 있다: 즉, 모멘트 접합, 전단 접합 및 반 강접 접합

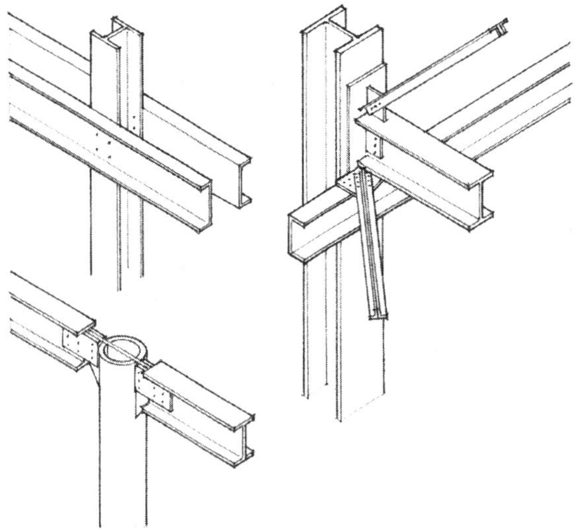

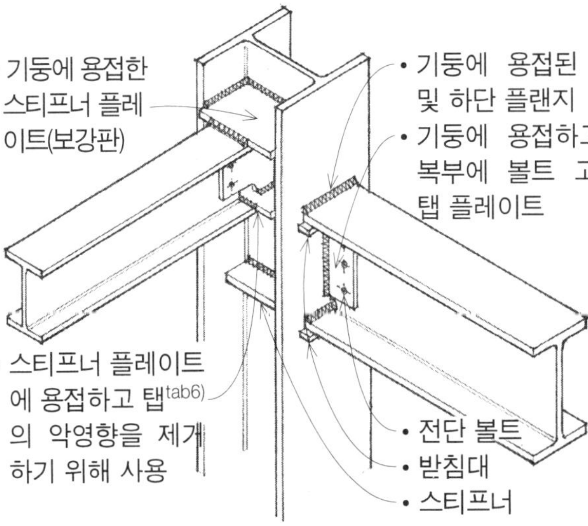

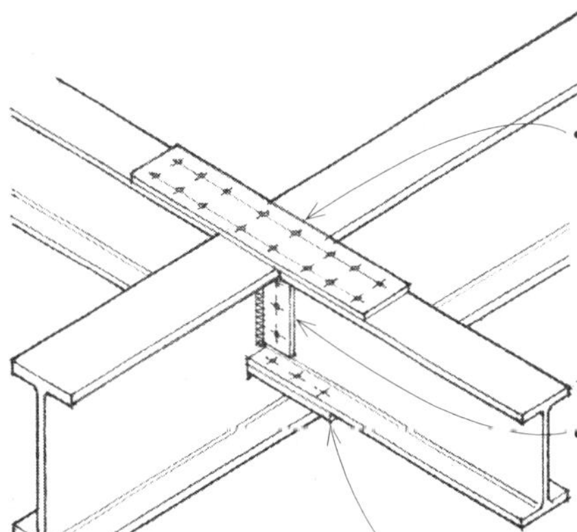

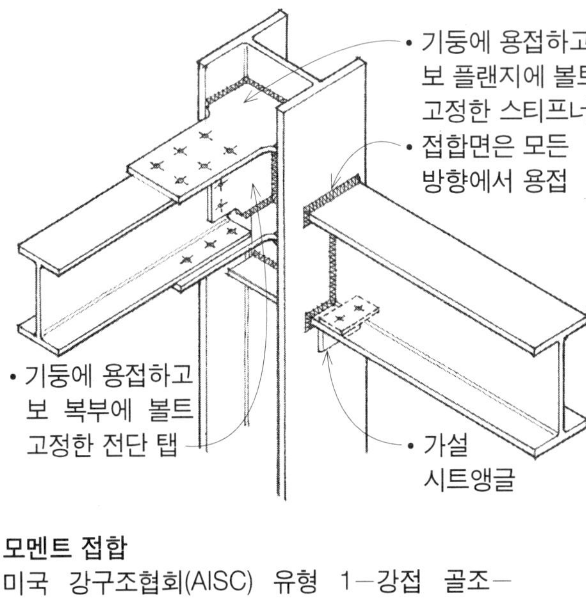

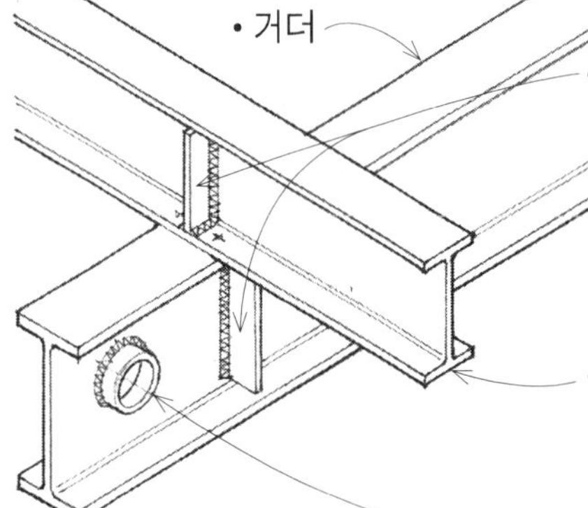

모멘트 접합

미국 강구조협회(AISC) 유형 1—강접 골조—접합부는 보 플랜지와 기둥에 용접되거나 볼트로 고정된 플레이트로 인해 특정 저항 모멘트를 발현하는 것이 일반적이다. 이로 인해 하중을 받는 동안 원래의 각도를 유지할 수 있다.

6) 응력을 전달하는 중요한 이음에서 홈 용접의 경우 용접 개시점 및 크레이터의 악영향을 제거하기 위해 사용

강재 보 접합부

• 가구식 접합framed connection은 보의 복부를 더블 앵글 또는 단일 탭 플레이트를 사용하여 지지 기둥이나 거더에 용접 하거나 볼트로 고정하여 만든 전단 저항 강재 접합 방식이다.

• 기둥과 보의 복부에 용접되거나 볼트로 고정된 더블앵글

• 안정화 앵글

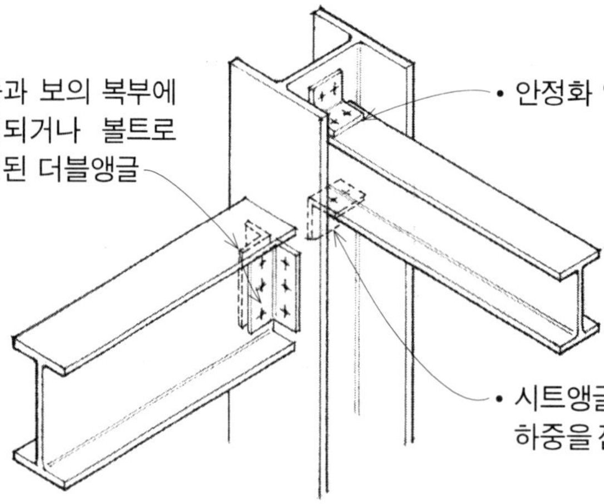

• 시트앵글은 전단 하중을 전달한다.

• 받침접합seated connection은 아래의 시트앵글과 상부의 안정화 앵글을 사용하여 보의 플랜지를 지지 기둥에 용접하거나 볼트로 고정하여 만든 전단 저항 강재 접합 방식이다.

• 받침접합은 큰 보의 반력에 저항하도록 강성을 높일 수 있으며 시트앵글의 수평 구성요소 바로 아래에 수직 플레이트 또는 한 쌍의 앵글로 강성을 높이는 것이 일반적이다.

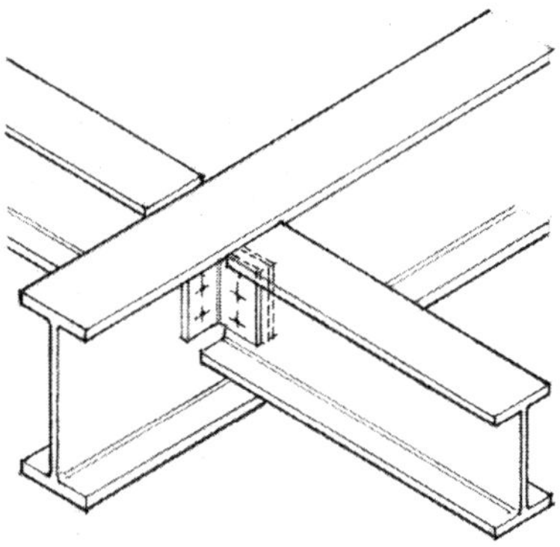

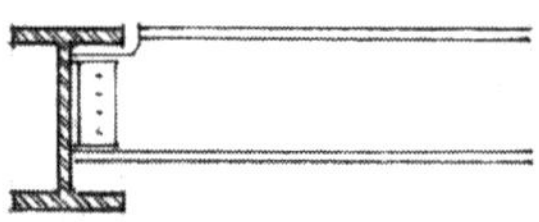

• 거더와 보의 웹(복부)에 볼트 또는 용접으로 결합한 앵글; 보의 윗면이 거더의 윗면과 민면으로 연결되어야 하므로, 보의 플랜지 일부는 제거하고 결합한다.

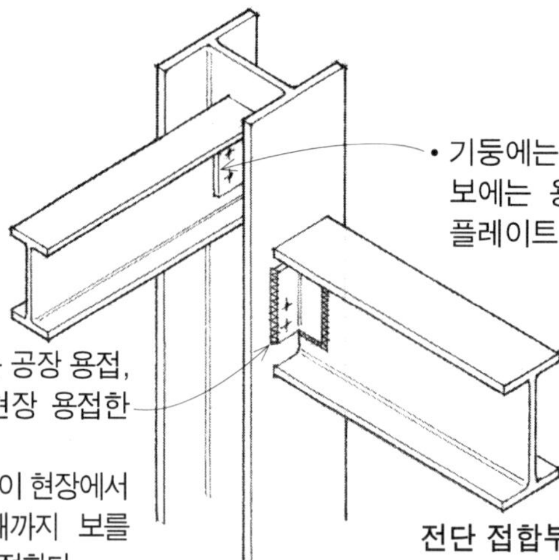

• 기둥에는 용접하고, 보에는 용접하는 탭 플레이트

• 보 복부에는 공장 용접, 기둥에는 현장 용접한 더블앵글

• 볼트는 용접이 현장에서 이루어질 때까지 보를 제자리에 고정한다.

전단 접합부

미국 강구조협회(AISC) 유형 2—단순 골조—접합은 전단에만 저항하며, 중력 하중 하에서는 자유롭게 회전한다. 구조물의 횡적 안정성을 위해서는 전단벽 또는 대각선 가새가 필요하다.

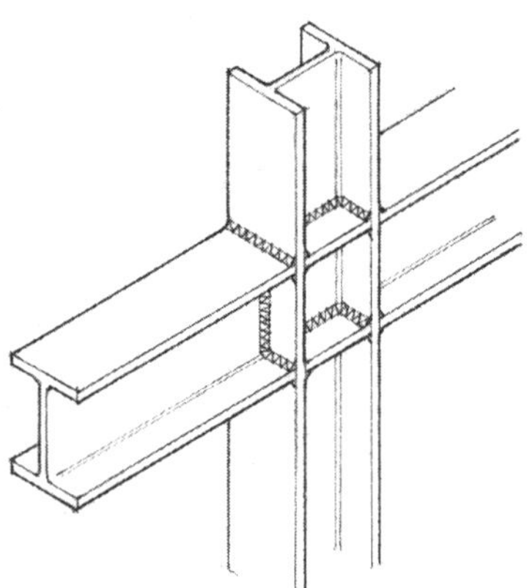

• 전 용접 연결은 심미적으로 만족스럽지만, 제작비용이 매우 많이 든다.

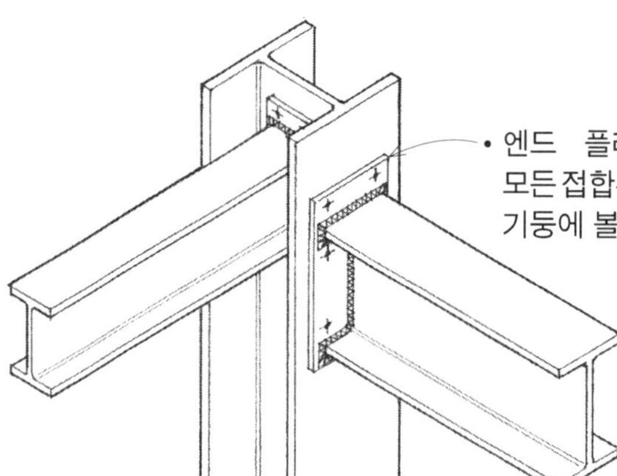

• 엔드 플레이트/단부 평판은 모든 접합부에서 보에 용접되고 기둥에 볼트로 고정한다.

반 강접 접합semi rigid connection

미국 강구조협회(AISC) 유형 3—반-강접 골조—접합은 보와 거더 접합에 제한적이지만 모멘트 저항 능력을 갖춘 것으로 알려져 있다.

오픈 웹 장선은 트러스 웹(복부)을 지닌 경량의 공장 조립 강부재이다. K 계열 장선은 상현과 하현 사이의 지그재그 패턴으로 실행되는 단일 휨 부재로 구성된 웹(복부)을 가지고 있다. LH계열 및 DLH계열의 장선은 하중과 경간의 증가를 위해 더 무거운 웹(복부) 및 현재(弦材)를 가지고 있다.

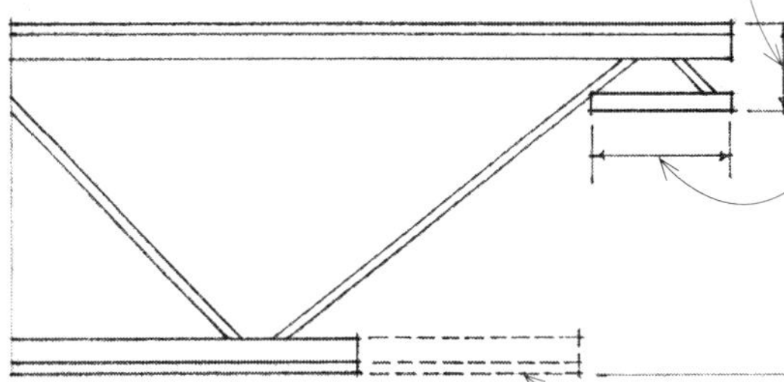

- K 계열의 경우 $2^{1}/_{2}$"(64); LH/DLH 계열의 경우 5"(125); DLH 18 및 19의 경우 $7^{1}/_{2}$"(1190)
- 최소 받침 길이: K계열 : 조적조에서 4"~6"(100~150); 강재 LH/DLH에서 2 $^{1}/_{2}$"(65): 조적조에서 6"~12"(150~305); 강재에서 4"(100)
- 천장에 직접 부착하기 위한 하현재 연장; 정사각형끝 장선을 사용할 수 있다.

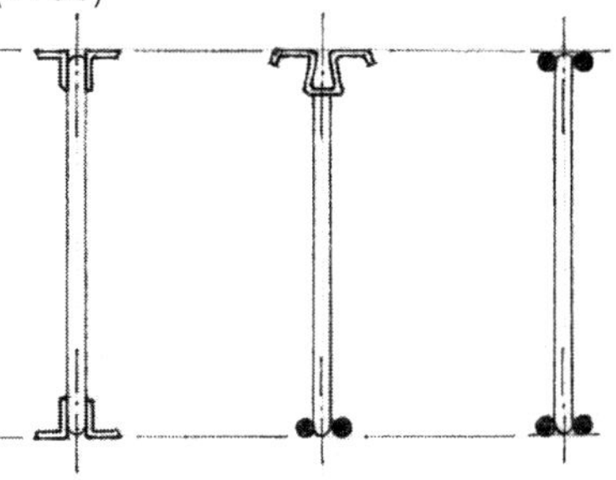

- 오픈 웹 강재 정선의 단면 형상은 제조업체에 따라 다르다.

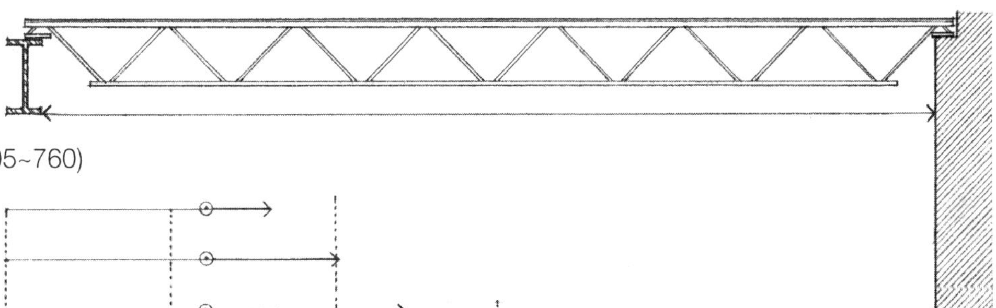

오픈 웹 장선의 경간범위

- K 계열 표준 장선; 춤 8"~ 30"(205~760)

8K1	12'~16'	(4~5 m)
10K1	12'~20'	(4~6 m)
12K3	12'~24'	(4~7 m)
14K4	16'~28'	(5~9 m)
16K5	16'~32'	(5~10 m)
18K6	20'~36'	(6~11 m)
22K9	24'~42'	(7~13 m)
24K9	24'~48'	(7~15 m)
28K10	28'~54'	(9~16 m)
30K12	32'~60'	(10~18 m)

- LH-계열 장 경간 장선; 깊이 18"~48"(455~1220)

18LH5	28'~36'	(9~11 m)
24LH7	36'~48'	(11~15 m)
28LH9	42'~54'	(13~16 m)
32LH10	54'~60'	(16~18 m)

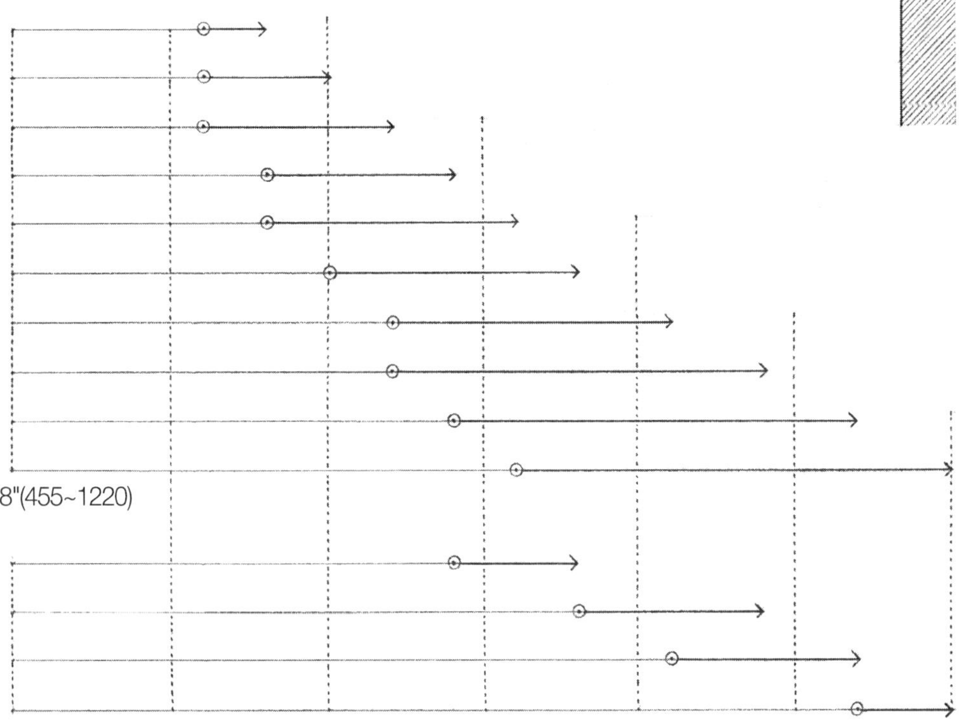

- 지정 현chord designation
- 장선 계열series
- 공칭 장선 춤(인치단위)
- 모든 장선의 유형에 대한 사양과 전체 하중표에 대해서는 강재장선협회Steel Joist Institute에 문의할 것

- DLH-계열의 춤이 깊은 장경간 장선은 52"~72"(1320~1830)의 춤으로 제공되며 최대 144' (44m)까지 경간을 뻗을 수 있다.

CSI 마스터포맷 05 20 00 : 금속 장선
CSI 마스터포맷 05 21 00 : 강재 장선 골조

4.20 오픈 웹 장선 골조

• 바닥 데크는 장선 진행 방향에 직각으로 놓는다.

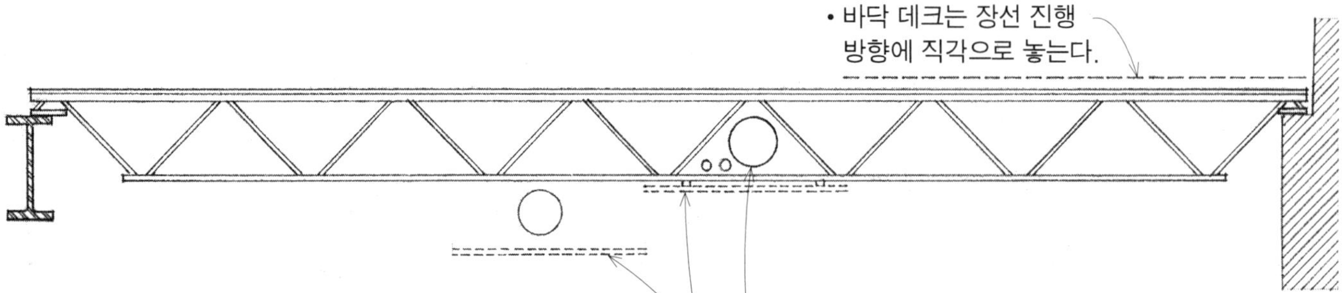

• 오픈 웹 강재 장선은 조적 또는 철근 콘크리트의 내력벽 또는 오픈 웹 장선의 더 무거운 버전인 강재 보 또는 장선 거더로 지지할 수 있다.
• 오픈 웹, 즉 개방된 복부는 기계 설비를 통과시킬 수 있다.
• 천장은 하현 부에 부착되거나 설비를 위한 추가 공간이 필요할 경우 매달 수 있다; 또한, 천장을 생략하여 장선과 바닥 데크를 노출할 수도 있다.
• 내화 등급은 바닥과 천장 조립체의 화재등급에 따라 다르다; 부록을 참조
• 장선의 간격은 바닥 하중의 크기, 데크 재료의 가능 경간 길이, 장선의 내하력 및 원하는 바닥 시공 춤과 관련이 있다.
• 2'~10'(610~3050) 간격; 대형 건물에서는 일반적으로 4'(1220) 간격
• 장선 간격은 장선 깊이의 24배를 초과하지 않아야 한다.

• 바닥 데크는 장선 사이의 빈 곳에 걸쳐 있다.
• 바닥 데크는 다음과 같이 구성할 수 있다.
  • 콘크리트로 충전한 금속 데크
  • 프리캐스트 콘크리트 부판
  • 못치기 가능한 상현재 또는 네일러(못치기 받침목)가 필요한 합판 패널 또는 목재 부판

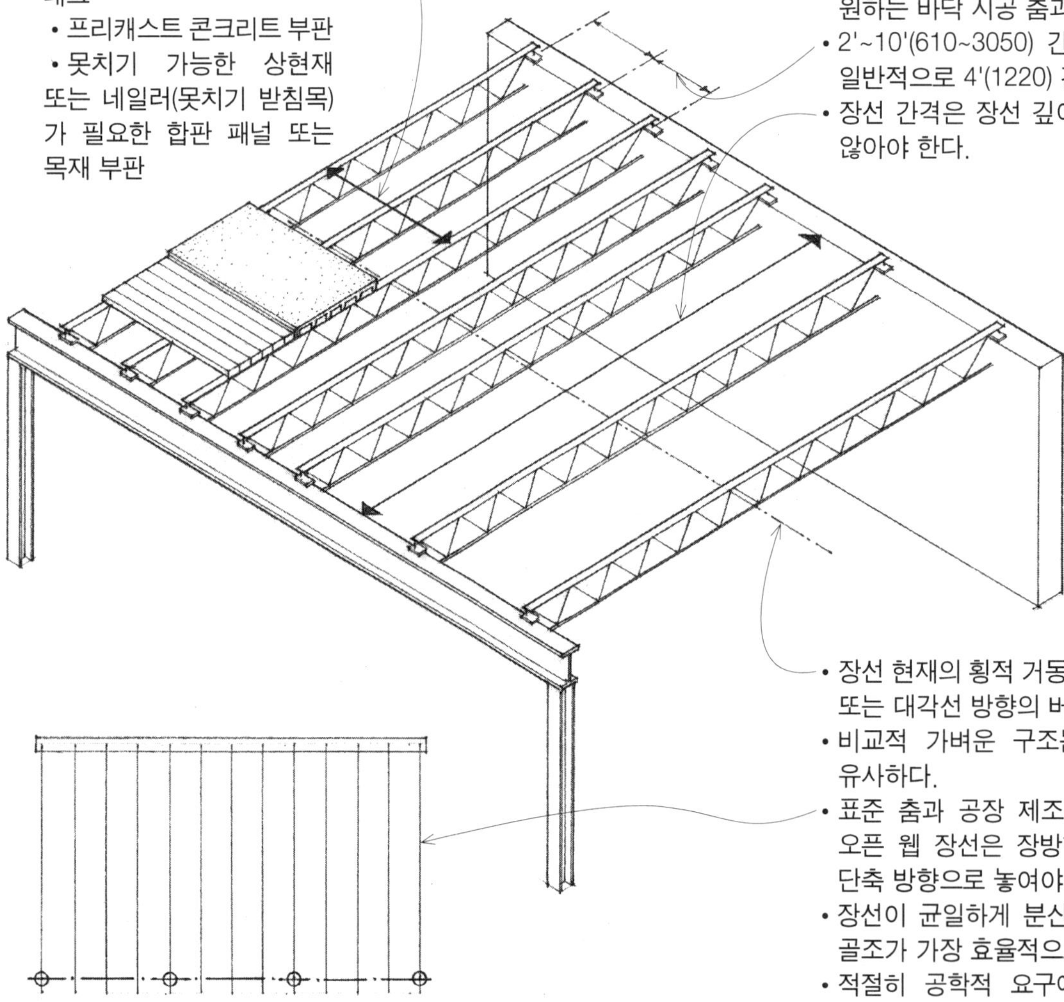

• 장선 현재의 횡적 거동을 방지하기 위한 수평 또는 대각선 방향의 버팀재
• 비교적 가벼운 구조는 목재 장선 골조와 유사하다.
• 표준 춤과 공장 제조를 통한 길이로 인해, 오픈 웹 장선은 장방형 베이rectangular bays에 단축 방향으로 놓여야 한다.
• 장선이 균일하게 분산된 하중을 지탱할 때, 골조가 가장 효율적으로 작동한다.
• 적절히 공학적 요구에 맞춰 설계할 경우, 집중하중은 장선의 절점 위에서 받을 수 있다.

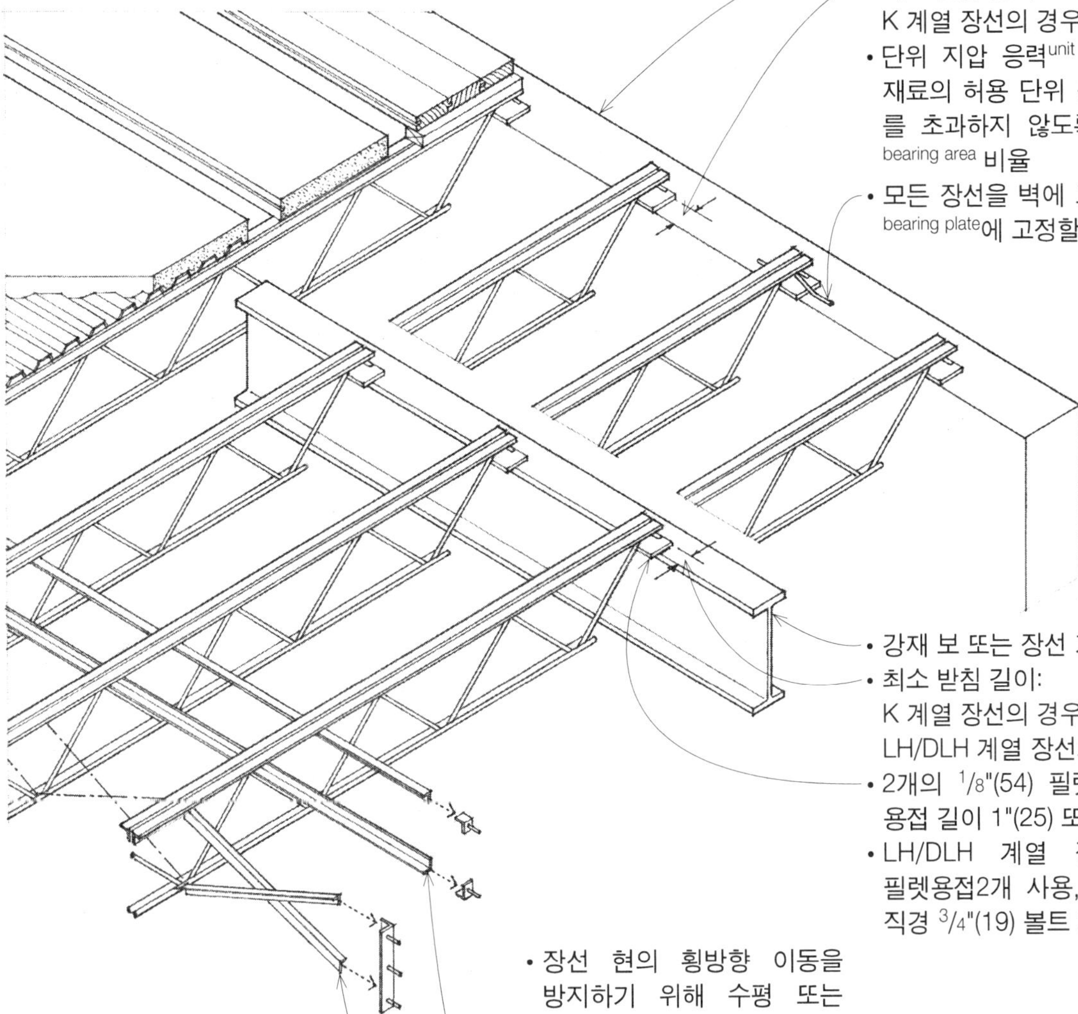

- 철근 콘크리트 또는 조적 내력벽
- 최소 받침 길이:
  K 계열 장선의 경우 4"~6"(100~150)
- 단위 지압 응력unit bearing stress이 벽체 재료의 허용 단위 응력allowable unit stress를 초과하지 않도록 하는 부담 면적bearing area 비율
- 모든 장선을 벽에 고정된 강재 받침판bearing plate에 고정할 것.

- 강재 보 또는 장선 거더
- 최소 받침 길이:
  K 계열 장선의 경우 $2\frac{1}{2}$"(65)
  LH/DLH 계열 장선의 경우 4"(100)
- 2개의 $\frac{1}{8}$"(54) 필렛용접(모살용접)fillet welds, 용접 길이 1"(25) 또는 직경 $\frac{1}{2}$"(13) 볼트
- LH/DLH 계열 장선의 경우, $\frac{1}{4}$"(57) 필렛용접2개 사용, 용접 길이 2"(51) 또는 직경 $\frac{3}{4}$"(19) 볼트 2개

- 장선 현의 횡방향 이동을 방지하기 위해 수평 또는 사선 버팀재가 필요하다.
- 버팀재는 장선 경간과 현의 크기에 따라 중심 간격 10'~20'(3050~6095)마다 설치.
- 수평 버팀재 앵글은 상현부와 하현부에 용접한다.
- LH/DLH 계열 장선의 경우 사선 버팀재 앵글을 사용할 것.
- 조적벽 또는 강재 테두리보에 고정된 클립 앵글에는 용접 또는 볼트 버팀재 사용.

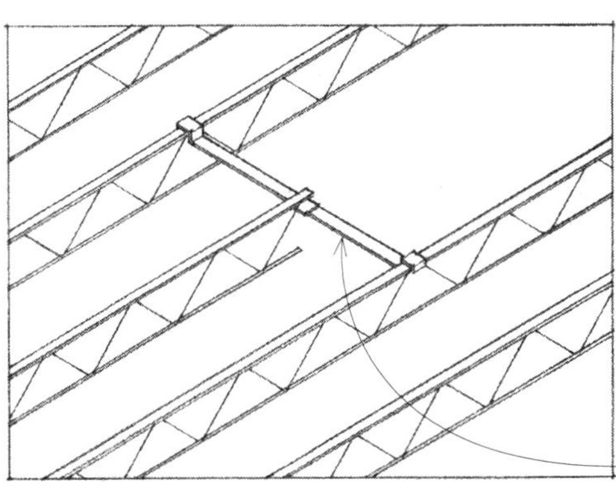

- 작은 개구부는 트리머 장선으로 지지하는 강재앵글 헤더(끝막이보)로 구성할 수 있다. 큰 개구부는 구조용 강재 골조가 필요하다.
- 반장선을 지지하는 헤더(끝막이장선)Header

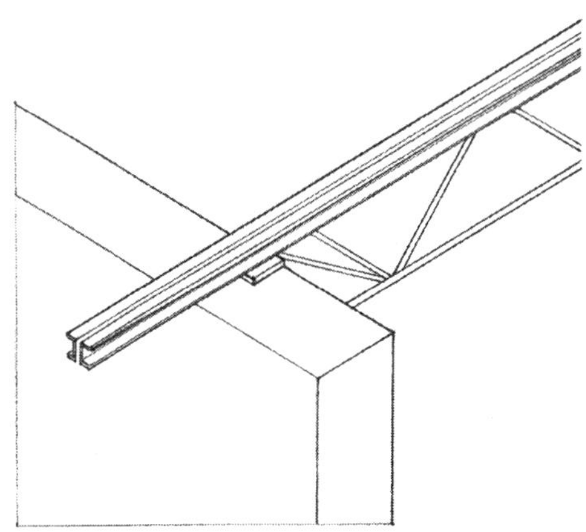

- 상현부를 확장 시 제한적인 돌출부가 가능
- 강재 앵글이나 채널 형강channel sections의 확장된 단부는 짧은 돌출부에 사용할 수 있다. K 계열 장선의 경우 돌출부는 300psf(1psf=0.479kPa)의 허용 하중을 지닌 5'6"(1675)로 연장할 수 있다.

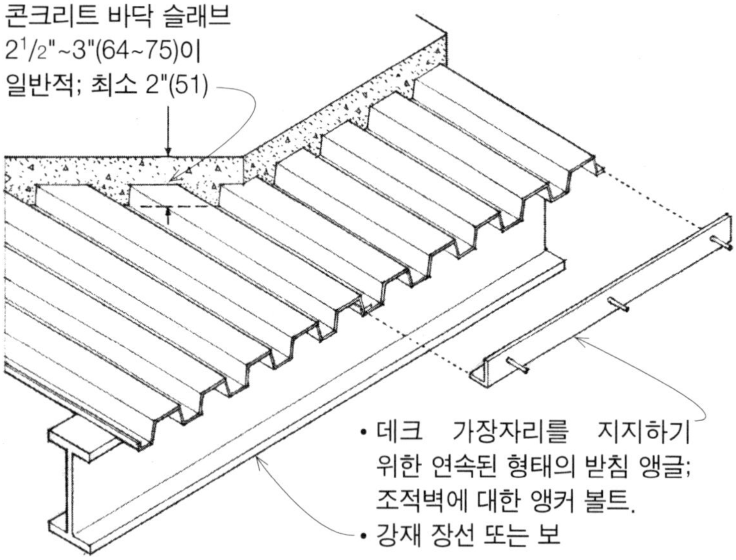

금속 데크의 시공은 강성과 가능 경간 길이를 증가시키기 위해 파형을 준 데크를 사용한다. 바닥 데크은 시공 중 작업 플랫폼 역할을 하며 현장 타설 콘크리트 슬래브의 거푸집 역할도 병행한다.

- 데크 패널은 데크를 지지하는 강재 장선이나 보에 퍼들용접 또는 전단스터드로 고정한다.
- 패널은 나사, 용접 또는 버튼 펀칭 돌출잇기button punchingstanding seams로[7] 측면을 따라 서로 고정된다.
- 데크가 구조 격벽 역할을 하면서 횡방향 하중을 전단벽으로 전달하려면, 데크의 가장자리 주변을 강재 지지대에 용접해야 한다. 이때 추가로 지지대와 측면 겹침 고정의 보다 엄격한 요구사항이 적용될 수 있다.

금속 데크 시공에는 주요 유형이 세 가지 있다.

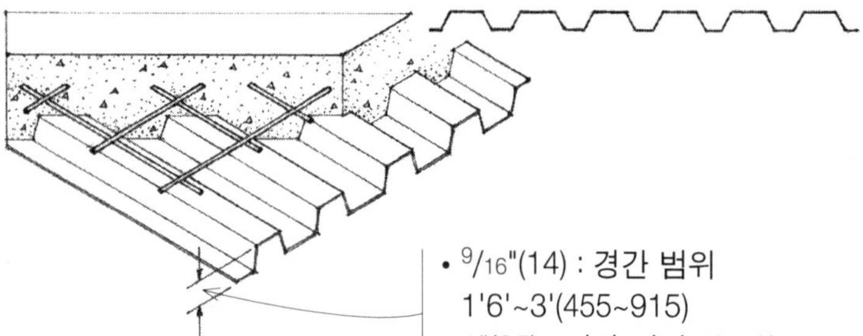

거푸집 데크

- 거푸집 데크form decking는 슬래브가 자체 및 활하중을 지탱할 수 있을 때까지 철근 콘크리트 슬래브의 영구적인 거푸집 역할을 한다.

7) 금속 사이의 미끄러짐을 방지하기 위해 서로 밀착되는 두 개 이상의 금속을 한꺼번에 펀칭기로 뚫고(버튼펀칭), 이를 마감면에 수직으로 세운 후 한쪽 방향으로 접어서 (돌출잇기) 만드는 부재 결합 방식

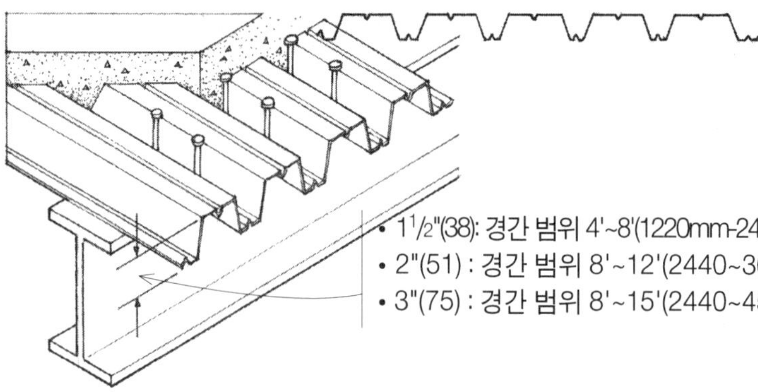

복합 데크

- 복합 데크는 볼록한 리브 패턴으로 접합된 콘크리트 슬래브의 인장보강근 역할을 한다. 콘크리트 슬래브와 바닥 보 또는 장선 사이의 복합작용은 데크를 통해 전단스터드를 아래 지지 보에 용접하여 얻을 수 있다.

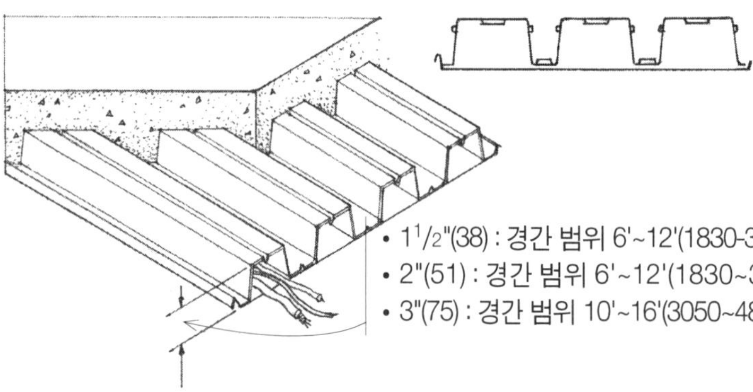

셀룰러 데크

- 셀룰러 데크는 파형강판을 평 강판에 용접하여 전기 및 통신 배선을 위해 쭉 연결된 공간 또한 궤도를 포함하여 만들어진다. 특정 부위를 제거하면 바닥 콘센트나 통신 연결구outlets를 설치할 수 있다. 천공된 셀을 유리 섬유로 채우면, 흡음천장acoustic ceiling 역할을 할 수 있다.

- 전체 춤에 대한 경험칙: 경간의 $^1/_{24}$
- 패턴, 너비, 길이, 게이지, 마감 및 허용 경간에 대해서는 제조업체에 문의할 것.

CSI 마스터포맷 05 30 00 : 금속 데크 시공

경량형강 장선은 냉간압연 강판 혹은 띠강으로 제조한다. 그 결과 강재 장선은 더 가볍고, 치수가 더 안정적이며, 목재장선보다 더 긴 경간이 가능하다. 하지만 더 많은 열을 전도하고 가공과 제조에 더 많은 에너지가 필요하다. 냉간 압연 강재 장선은 경량화, 불연성화, 방습 등의 바닥구조이며, 쉽게 절단되므로 간단한 공구로 조립할 수 있다. 목재 경량 골조구조와 마찬가지로 이 골조는 각종 설비와 단열재를 위한 공간을 포함하고 있으며 다양한 마감재를 적용할 수 있다.

- 공칭 춤 : 6", 8", 10", 12", 14" (150, 205, 255, 305, 355)
- 플랜지 폭: $1\frac{1}{2}$", $1\frac{3}{4}$", 2", $2\frac{1}{2}$"(38, 45, 51, 64)
- 게이지 : 14~22

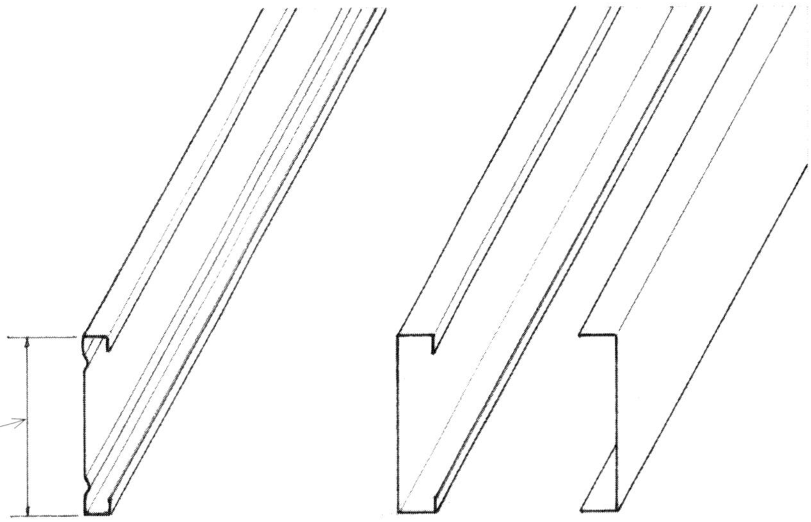

- 네스터블nestable
- C 장선/ 리프 ㄷ형강 장선
- 트랙 유형 장선 /경 ㄷ형강 장선

경량형강 장선의 종류

- 사전에 천공처리한 구멍은 장선 무게를 줄이고 배관, 배선 및 스트랩 버팀대의 통과를 허용한다.

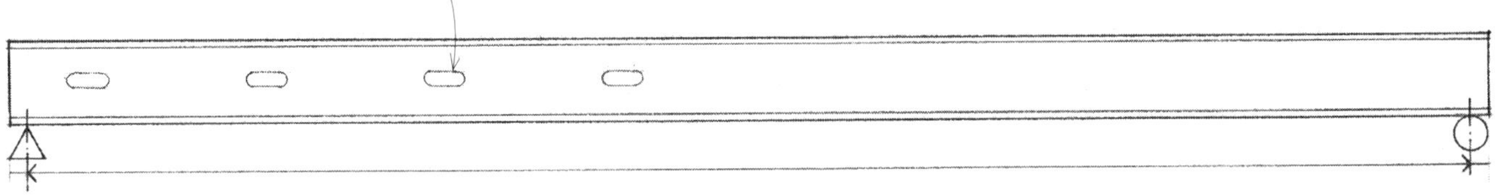

경량형강 장선의 경간범위

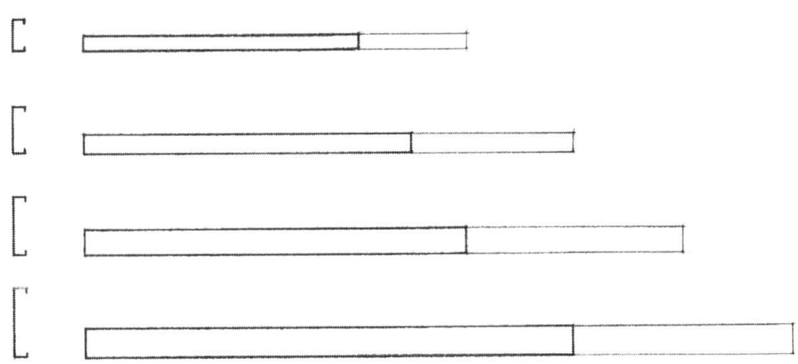

- 6"(150) 장선 10'~14'(3050~4265)
- 8"(205) 장선 12'~18'(3660~5485)
- 10"(255) 장선 14'-22'(4265-6705)
- 12"(305) 장선 18'~26'(5485~7925)

- 장선 춤 추정을 위한 경험칙 : 경간의 1/20
- 정확한 장선 치수, 골조 디테일, 허용 경간 및 허용 하중allowable spans and loads에 대해서는 제조업체에 문의할 것.

CSI 마스터포맷 05 40 00 : 냉간 압연 금속의 골조작업
CSI 마스터포맷 05 42 00 : 냉간 압연 금속 장선의 골조작업

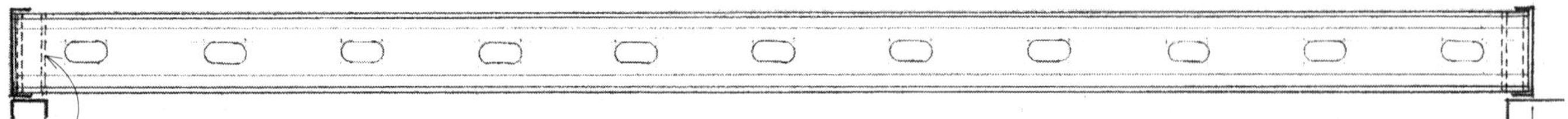

• 장선 끝이나 내부 지지대와 같이 집중하중이 장선 웹(복부)을 손상할 수 있는 경우 웹 스티프너 web stiffeners 가 필요하다.

• 장선은 금속 샛기둥벽체 metal stud wall 나 콘크리트 또는 조적 기초벽체에 의해 지지할 수 있다.
• 장선 끝의 최소 받침 길이 1 1/2"(38); 내부 지지대의 최소 받침 길이 3"(75)

• 금속 데크 또는 목재 패널 바탕바닥 subflooring 위의 철근 콘크리트

경량형강 강재 장선은 목재 장선 골조와 유사한 방식으로 배치 및 조립한다.
• 장선은 바닥 데크의 적용 하중 크기와 가능 경간 길이 spanning capability 에 따라 중심에서 16", 24", 48"(405, 610, 1220) 간격으로 배치한다.
• 접합부는 전기 또는 공압 공구 pneumatic tool 로 삽입한 직결나사 self-drilling, 자동 태핑나사 self-tapping screws 또는 공압 공구용 핀 pneumatically driven pins 로 만든다; 용접 접합도 가능

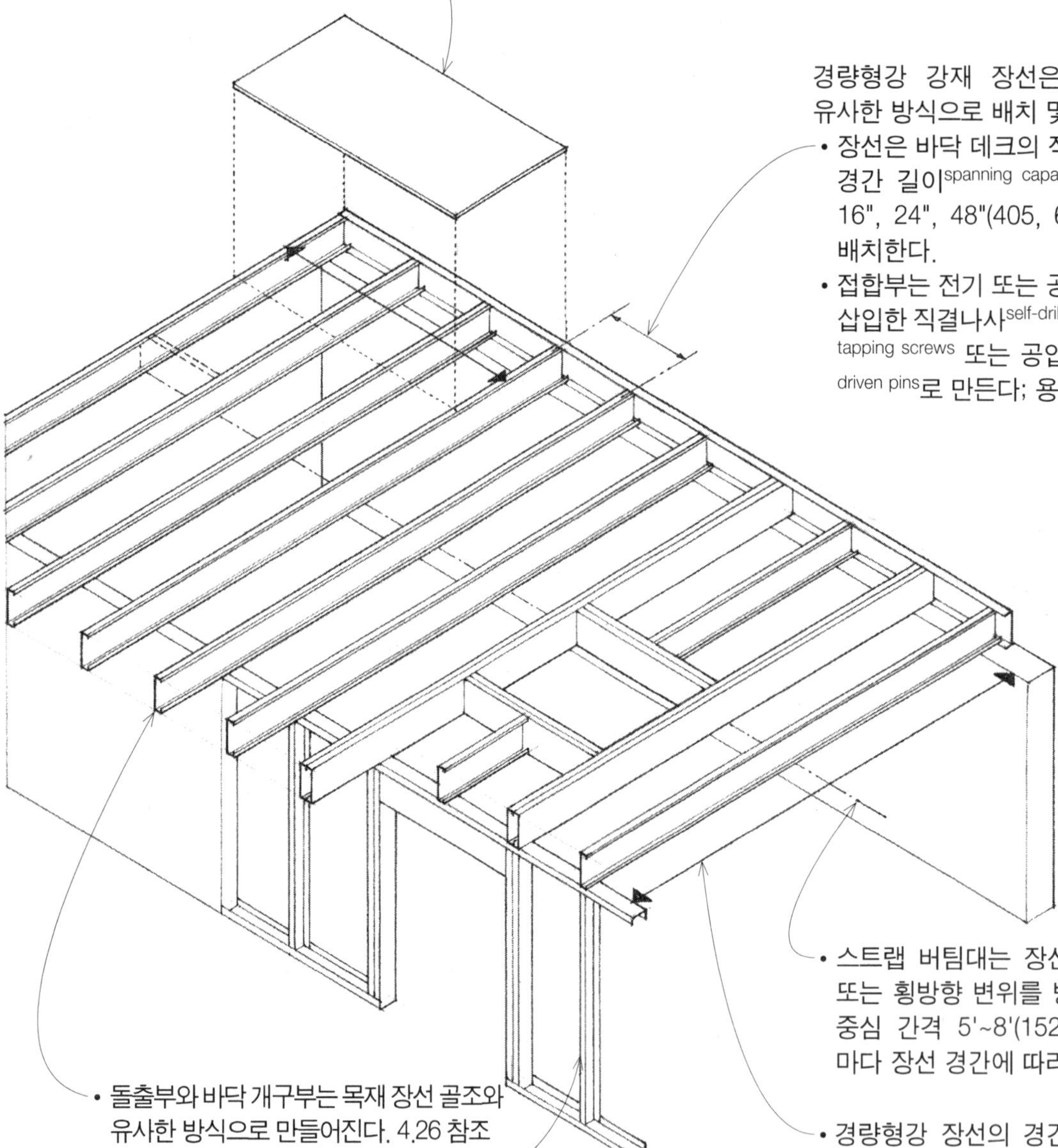

• 스트랩 버팀대는 장선의 회전 또는 횡방향 변위를 방지한다; 중심 간격 5'~8'(1525~2440)마다 장선 경간에 따라 설치

• 돌출부와 바닥 개구부는 목재 장선 골조와 유사한 방식으로 만들어진다. 4.26 참조
• 금속 샛기둥 벽체 골조에 대해서는 5.39를 참조.

• 경량형강 장선의 경간 범위에 대해서는 4.23을 참조할 것.

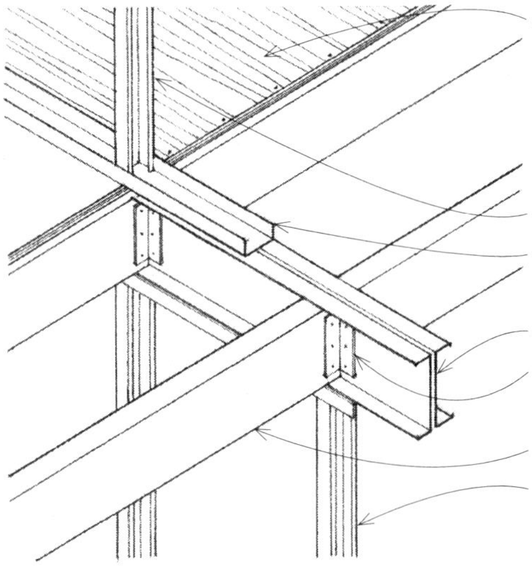

내부 받침

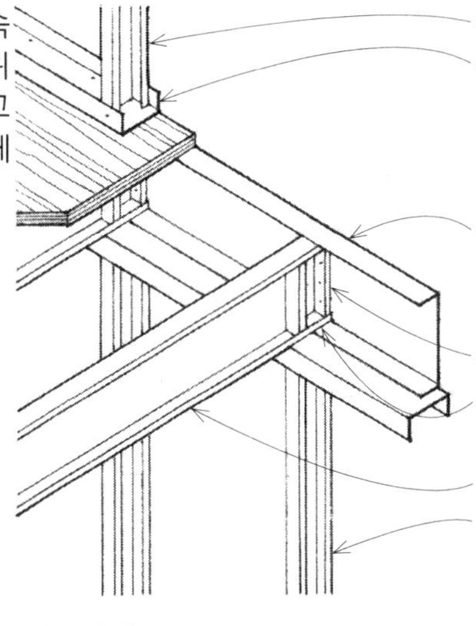

외부 받침

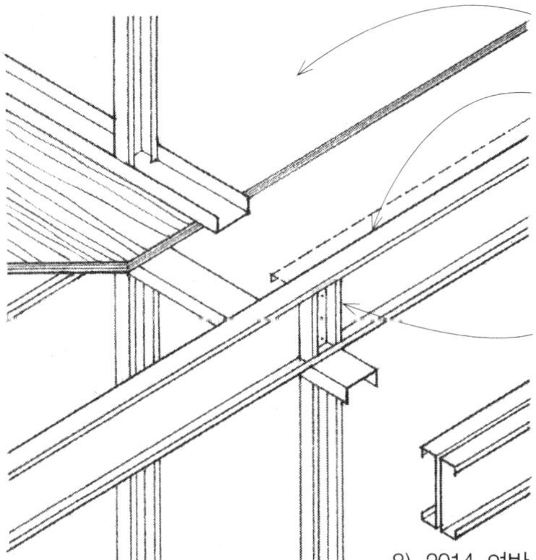

내부 받침

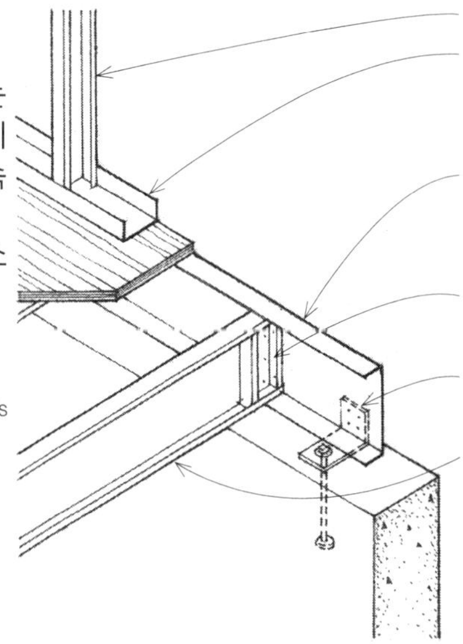

외부 받침

8) 2014 연방 건축 규정(FBC)에 따르면, 칸막이벽 위치가 변경될 수 있는 용도의 공간에서 지정된 활하중이 80psf(3.83kN/㎡)를 초과하지 않는 한, 칸막이벽 하중을 등분포 하중 15psf(0.72kN/㎡) 이상으로 설정하여 건축도서에 반영해야 한다.

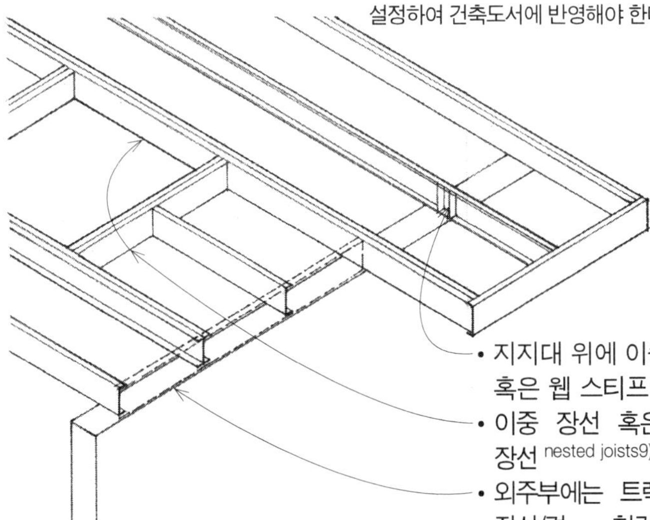

바닥 돌출부 및 개구부

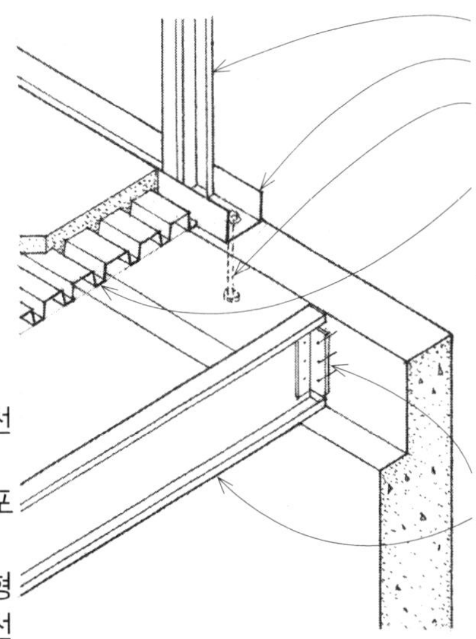

외부 받침

9) 웹을 바깥쪽으로 하여 내부에 빈 곳이 생기도록 결합한 이중 장선

목재 장선 바닥은 목재 경량 골조구조의 필수 하부체계이다. 장선에 사용되는 규격 제재목은 쉽게 작업할 수 있으며 간단한 도구로 현장에서 신속하게 조립할 수 있다. 목재 패널 피복이나 바탕바닥과 함께, 목재 장선은 시공을 위한 동일 높이의 작업 플랫폼을 형성한다. 적절하게 공학적 요구사항을 반영할 경우, 결과적인 바닥구조는 횡방향 하중을 전단벽에 전달하는 구조적 격벽 역할을 할 수 있다; 구체적인 요구 사항은 건축 법규를 참조할 것.

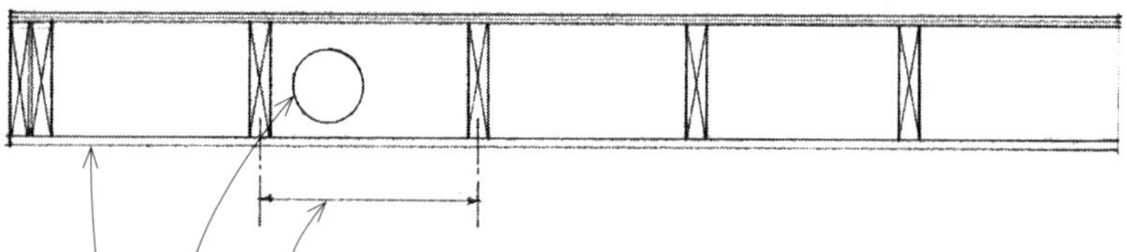

- 장선은 적용된 하중의 크기와 바탕바닥의 가능 경간 길이에 따라 중심간격 12", 16", 또는 24"(305mm, 405 또는 610)마다 배치한다.
- 중공 부분cavities은 배관, 배선 및 단열재를 수용할 수 있다.
- 천장은 장선에 직접 적용하거나, 더 낮은 위치에 달반자로 매달거나 장선에 수직인 기계설비의 배관/배선mechanical runs을 숨길 수 있다.

- 목재 경량골조는 가연성이기 때문에 내화등급은 바닥 마감재와 천장재에 따라 좌우된다.
- 목재 경량골조는 부식 및 벌레 침투에 대한 민감성이 높으므로 정압의 부지 배수, 지면과의 적절한 분리, 압력 처리된 목재의 적절한 사용 및 밀폐된 공간의 응결 제어 목적의 환기를 반드시 고려해야 한다.
- 건축 재료로서의 목재에 대한 논의는 12.11-12.12를 참조할 것.

- 트랙 유형 벽체 골조에 추가 지지를 제공하기 위해 끝 장선 두께를 두 배로 늘릴 수 있다.

- 장선 끝에 필요한 횡방향 지지
- 테두리 장선 혹은 헤더(끝막이보)headers

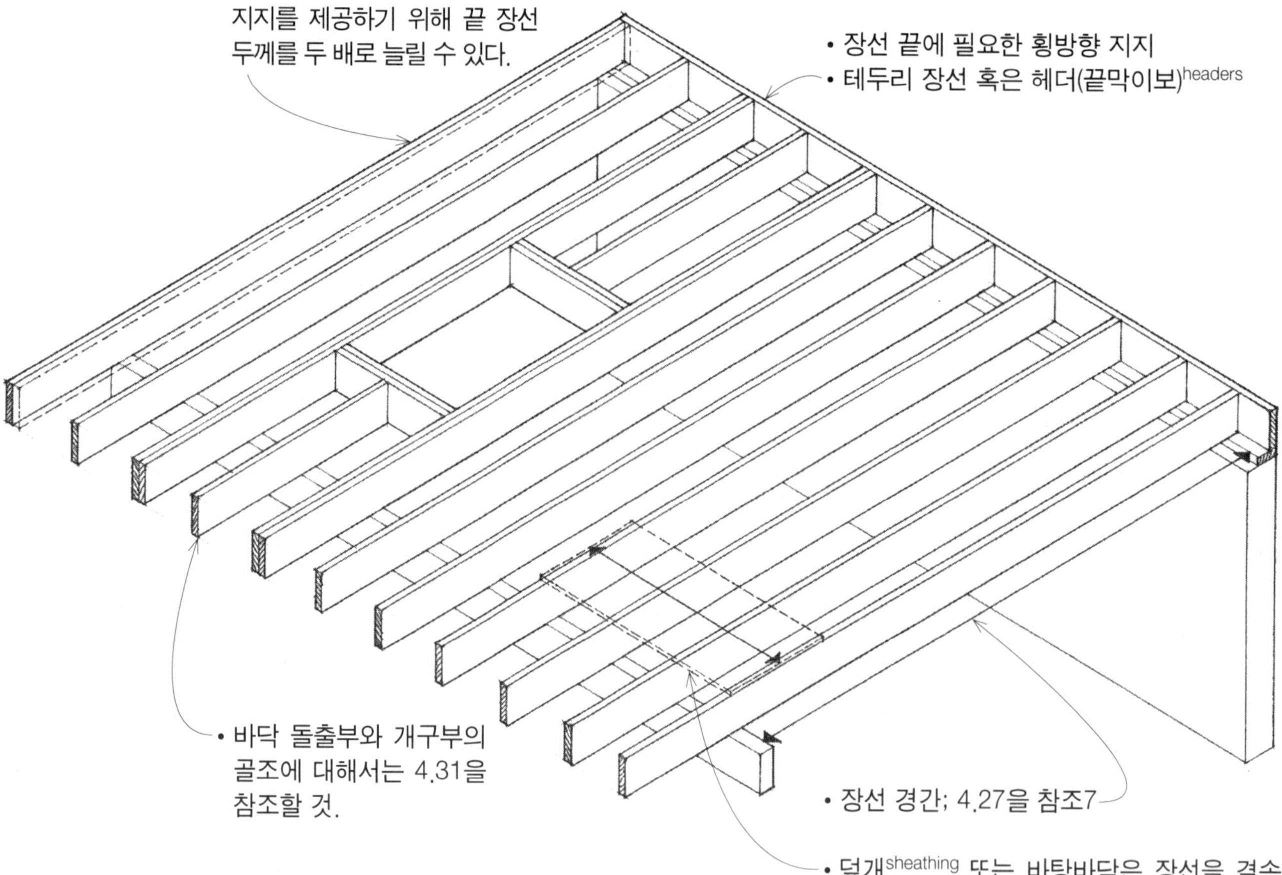

- 바닥 돌출부와 개구부의 골조에 대해서는 4.31을 참조할 것.

- 장선 경간; 4.27을 참조7

- 덮개sheathing 또는 바탕바닥은 장선을 결속하여 비틀림과 좌굴을 방지한다; 4.32를 참조
- 마감 바닥재finish flooring는 목재 패널 또는 바탕바닥subfloor10)위에 놓인다; 일부 바닥 마감재는 밑깔개underlayment가 필요할 수 있다.

CSI 마스터포맷 06 10 00: 바탕 목공
CSI 마스터포맷 06 11 00: 목재 골조

10) 마감의 바탕이 되는 바닥의 총칭으로, 목조 바닥일 경우에는 거친 바닥rough floor라고도 한다.

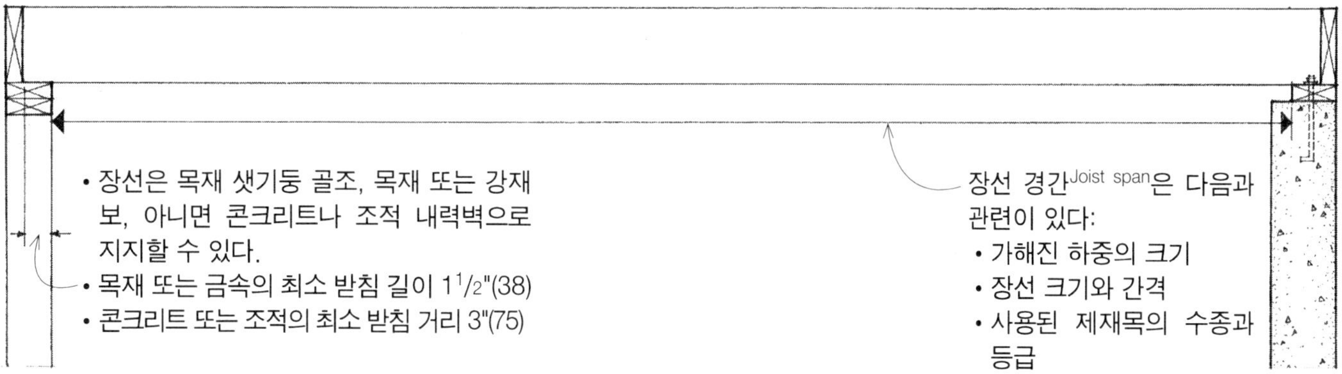

- 장선은 목재 샛기둥 골조, 목재 또는 강재 보, 아니면 콘크리트나 조적 내력벽으로 지지할 수 있다.
- 목재 또는 금속의 최소 받침 길이 $1^{1}/_{2}$"(38)
- 콘크리트 또는 조적의 최소 받침 거리 3"(75)

장선 경간Joist span은 다음과 관련이 있다:

- 가해진 하중의 크기
- 장선 크기와 간격
- 사용된 제재목의 수종과 등급
- 원하는 용도에서 허용되는 처짐

목재장선의 경간 범위

- 2×6 최대 10'(3050)
- 2×8 8'~12'(2440~3660)
- 2×10 10'~14'(3050~4265)
- 2×12 12'~18'(3660~5485)

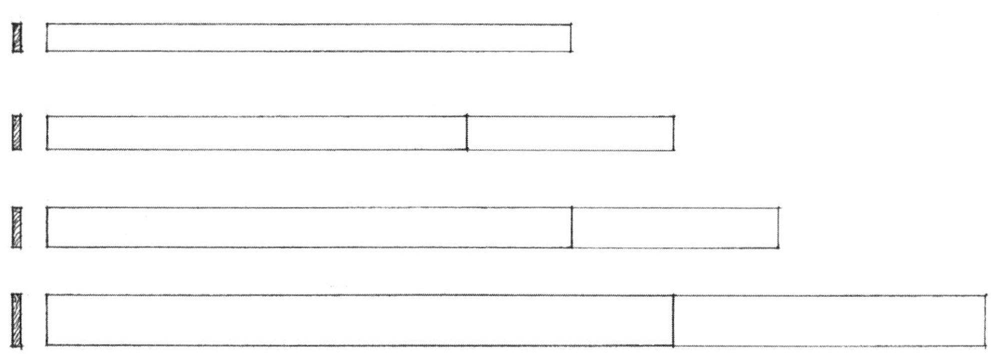

- 장선 춤 추정에 대한 경험칙: 경간의 $^{1}/_{16}$
- 장선 처짐은 경간의 $^{1}/_{360}$을 초과해서는 안 된다.
- 응력을 받는 장선 골조는 강성stiffness이 강도strength보다 중요하다.
- 전반적인 시공 춤이 조절 가능하다면, 간격과 춤을 늘린 장선이 좁은 간격과 낮은 춤의 장선보다 강성이 높다.
- 적층 단판 제재목laminated veneer lumber 장선의 크기와 경간에 대해서는 제조업체에 문의할 것

버팀재bridging는 8'(240) 간격으로 각 장선 사이의 목재 또는 금속 십자가재crossbracing, 혹은 전체 깊이의 가로막이blocking로 구성한다. 장선 깊이가 두께의 6배 이상이면 일부 건축 법규에 따라 버팀재가 필요할 수 있다. 단, 장선 끝이 회전에 대해 횡방향으로 지지되고 상단 압축 가장자리가 외장 재료 또는 바탕바닥에 의해 제한되는 경우에는 필요하지 않은 경우가 일반적이다.

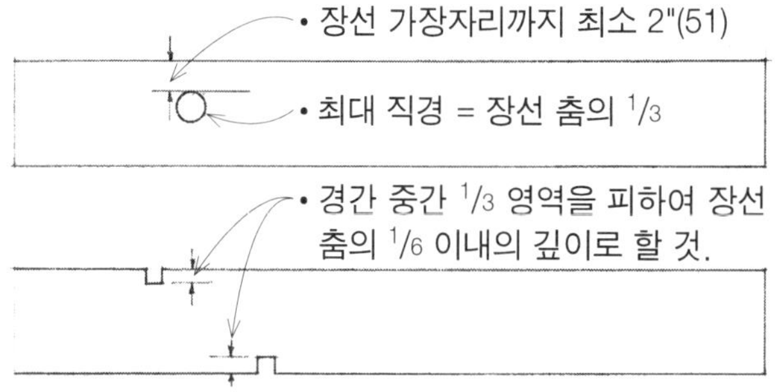

- 장선 가장자리까지 최소 2"(51)
- 최대 직경 = 장선 춤의 $^{1}/_{3}$
- 경간 중간 $^{1}/_{3}$ 영역을 피하여 장선 춤의 $^{1}/_{6}$ 이내의 깊이로 할 것.

배관과 전기배선 작업plumbing and electrical lines이 바닥 장선을 통과할 수 있도록 하려면 위에서 설명한 지침에 따라 작업을 할 수 있다.

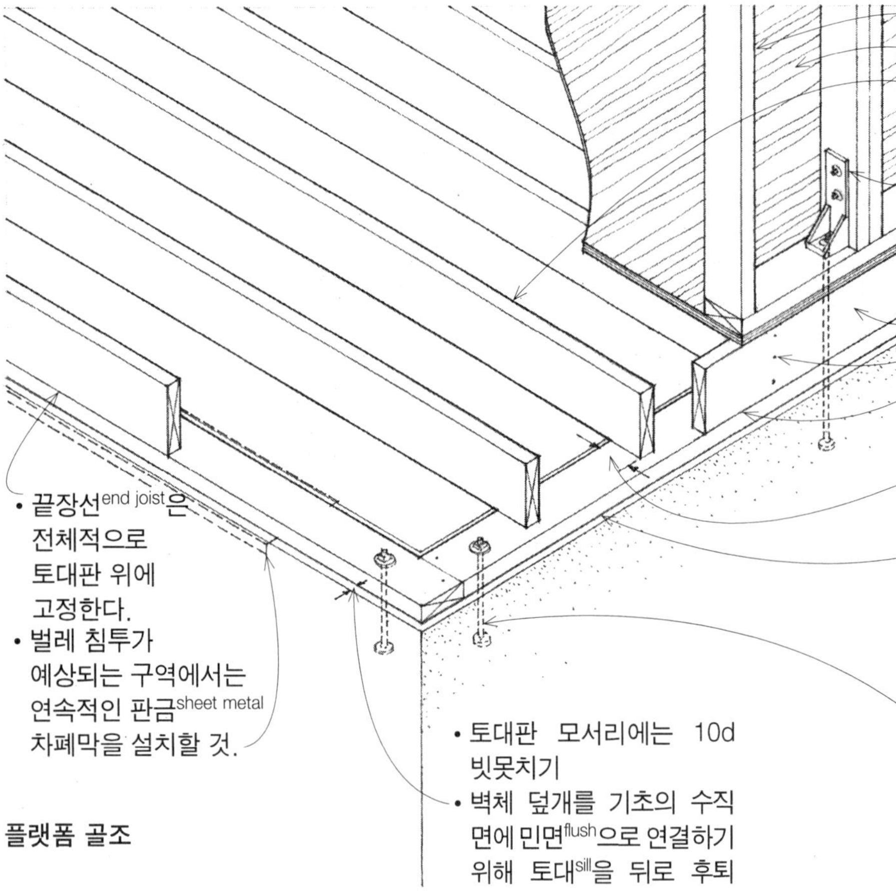

- 목재 샛기둥 벽체골조; 5.43-5.45를 참조
- 바탕바닥; 4.32를 참조
- 목재 장선
- 토대판 앵커 또는 홀드다운(꺾쇠) holddowns 은 상승풍 uplifting wind 또는 지진력 seismic forces 으로부터 벽과 바닥 골조를 기초에 고정하기 위해 필요할 수 있다.
- 테두리장선 혹은 헤더
- 16d
- 중심 간격 16"(405) 마다 빗못치기
- 최소 받침 길이 1 1/2"(38)
- 8d 3개, 빗못치기
- 압력 처리한 2×6 또는 2×8 목재 토대판
- 토대판은 바닥과 벽체 하중을 기초에 전달한다; 섬유질 하인방밀봉제(씰 실러)를 겹쳐 외기 침투를 줄일 것; 필요한 경우 끼움쇠를 쓰고 수평 유지
- 직경 1/2"(13) 앵커볼트를 중심 간격 6'(1830)마다 배치; 최소 2개의 볼트로 하인방 부재 하나당 부재 양 끝에서 각각 12"(305)를 넘지 않는 범위 내에서 고정; 지진대 3과 4에 속한다면 보다 엄격한 요구 사항을 적용한다.
- 하인방은 더 큰 강성을 위해 부재 2개를 겹칠 수 있다; 중심 간격 24"(610) 마다 10d 못으로 엇갈려치기; 모서리는 겹치게 할 것.
- 끝장선 end joist 은 전체적으로 토대판 위에 고정한다.
- 벌레 침투가 예상되는 구역에서는 연속적인 판금 sheet metal 차폐막을 설치할 것.
- 토대판 모서리에는 10d 빗못치기
- 벽체 덮개를 기초의 수직면에 민면 flush 으로 연결하기 위해 토대 sill 을 뒤로 후퇴시킬 수 있다.

플랫폼 골조

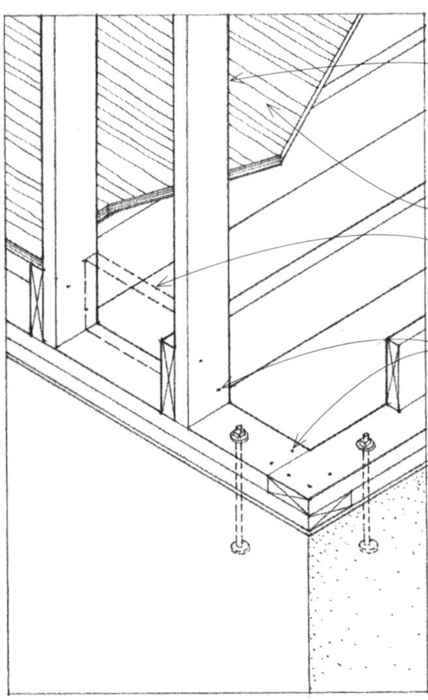

- 벽체 샛기둥은 이중 토대판 위에 바로 설치하며, 장선에는 수직못치기로, 토대에는 빗못치기로 고정한다.
- 바탕바닥
- 속이 찬(중실) 부재로 만든 가로막이는 방화 칸막이 역할을 한다.
- 10d

벌룬 프레임

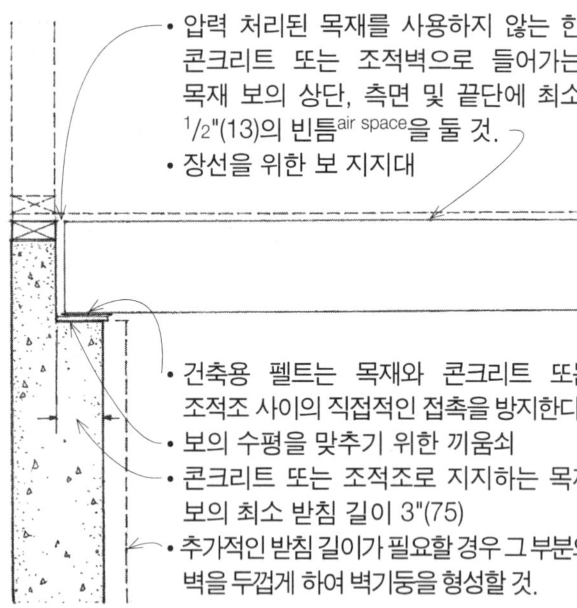

- 압력 처리된 목재를 사용하지 않는 한 콘크리트 또는 조적벽으로 들어가는 목재 보의 상단, 측면 및 끝단에 최소 1/2"(13)의 빈틈 air space 을 둘 것.
- 장선을 위한 보 지지대
- 건축용 펠트는 목재와 콘크리트 또는 조적조 사이의 직접적인 접촉을 방지한다.
- 보의 수평을 맞추기 위한 끼움쇠
- 콘크리트 또는 조적조로 지지하는 목재 보의 최소 받침 길이 3"(75)
- 추가적인 받침 길이가 필요할 경우 그 부분의 벽을 두껍게 하여 벽기둥을 형성할 것.

보 포켓

- 벌룬 프레임과 플랫폼 골조에 대한 자세한 내용은 5.41-5.42를 참조할 것.

목재 장선은 목재 또는 강재 보steel beams로 지지할 수 있다. 두 경우 모두 보의 높이는 둘레 부분 토대판의 조건perimeter sill condition과 보가 바닥 장선을 지지하는 방법에 따라 조정되어야 한다. 나무는 결grain에 수직으로 수축하기 쉽다. 이러한 이유로 바닥면 침하subsidence of the floor plane를 방지하기 위해 토대판 상태와 장선-보 접합 모두에 대한 목재 시공 부의 총 깊이가 같아야 한다.

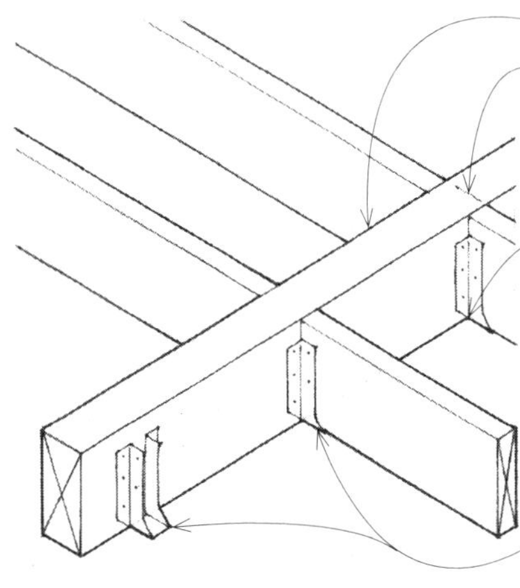

장선받이joist hangers가 있는 목재 보

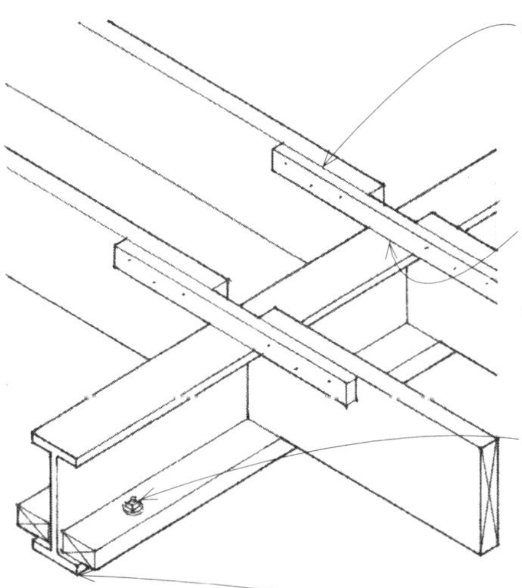

가로대ledger를 덧댄 강재 보

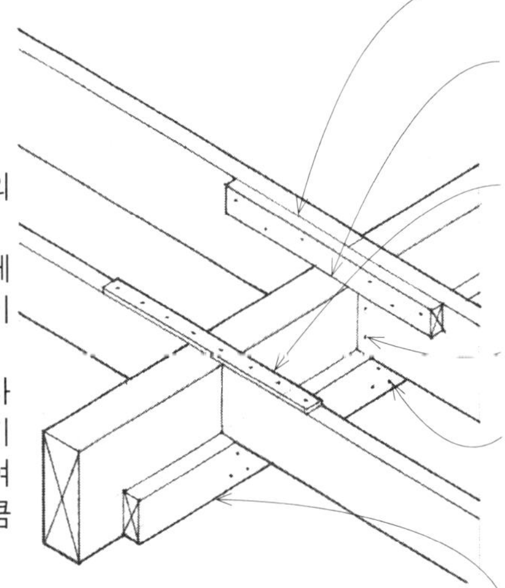

가로대를 덧댄 목재 보

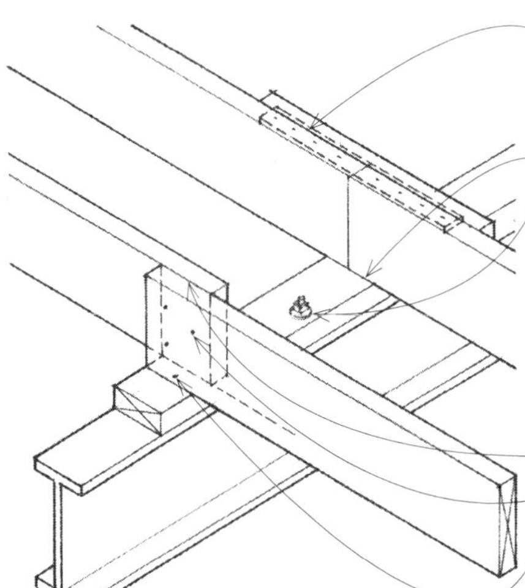

장선 아래 강재 보

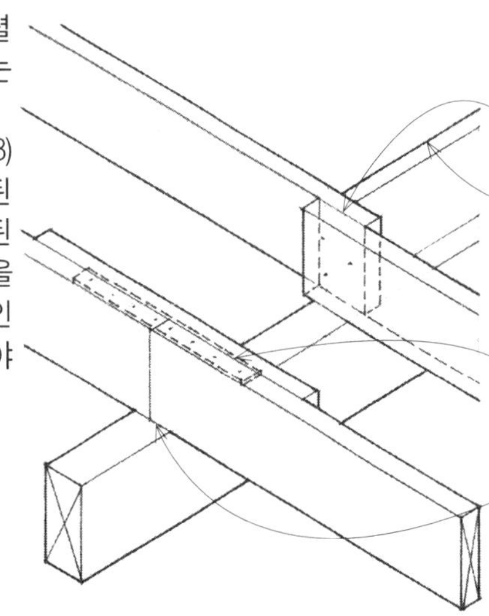

겹치거나 덧댄 장선이 있는 목재 보

4.30 목재 장선 골조

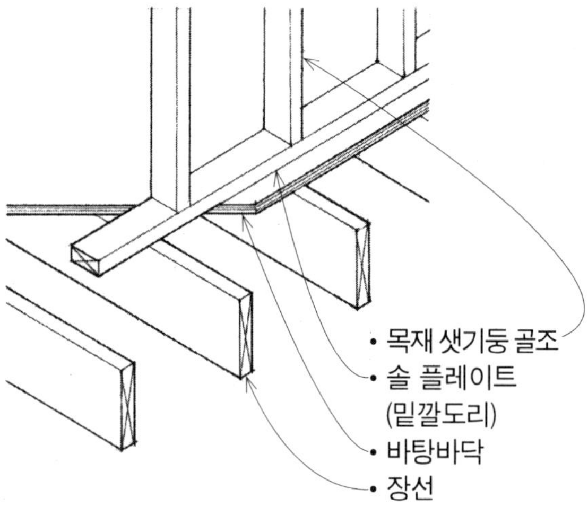

장선에 수직인 받침 없는 칸막이벽—
아래쪽에 칸막이벽 없음

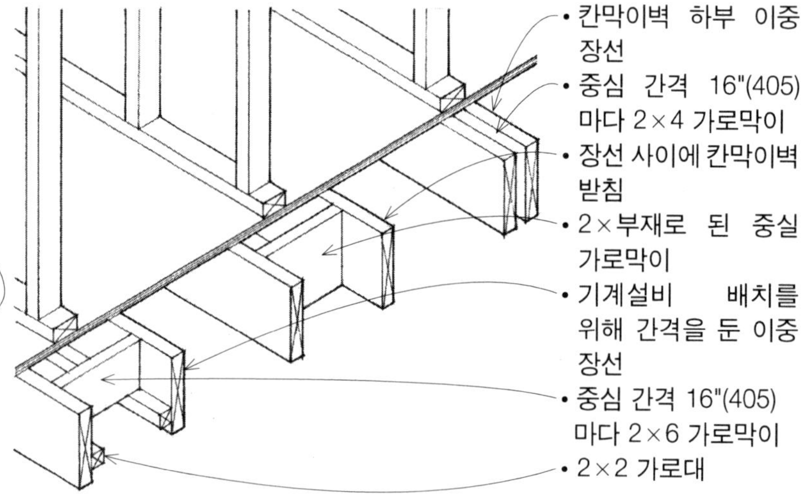

장선과 평행한 받침 없는 칸막이벽—
아래쪽에 칸막이벽 없음

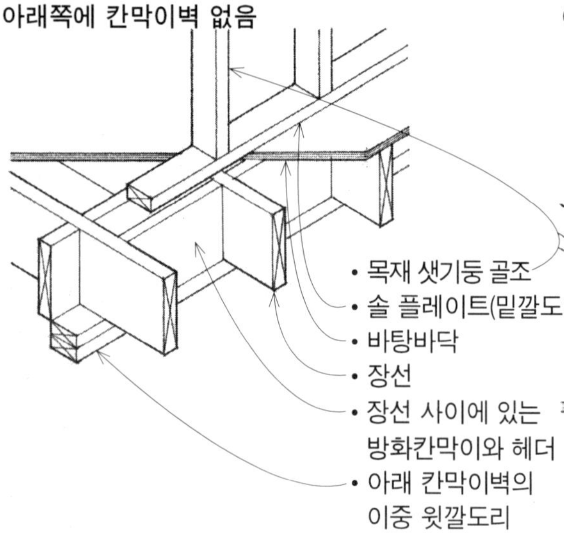

장선에 수직인 받침이 있는 칸막이벽

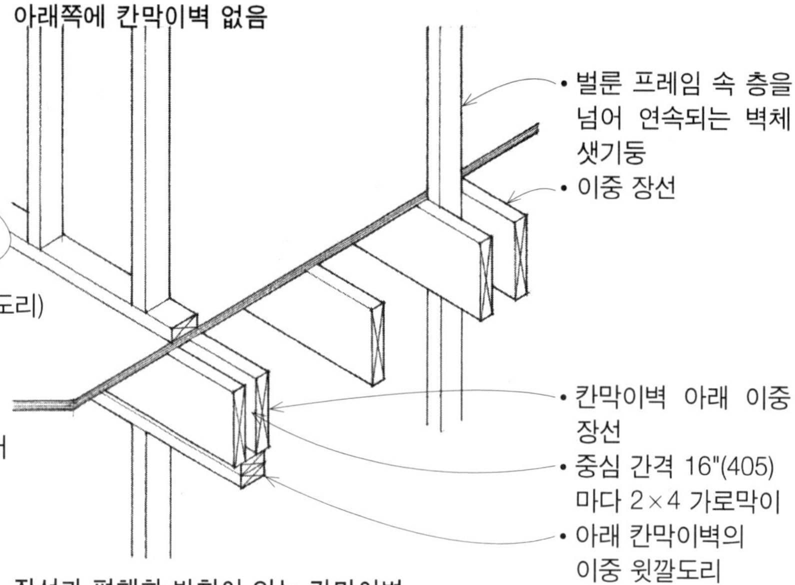

장선과 평행한 받침이 있는 칸막이벽

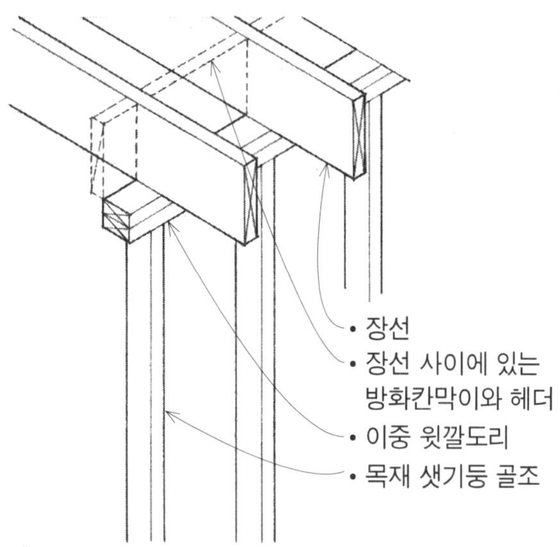

장선에 수직인 받침 있는 칸막이벽—
위쪽에 칸막이벽 없음

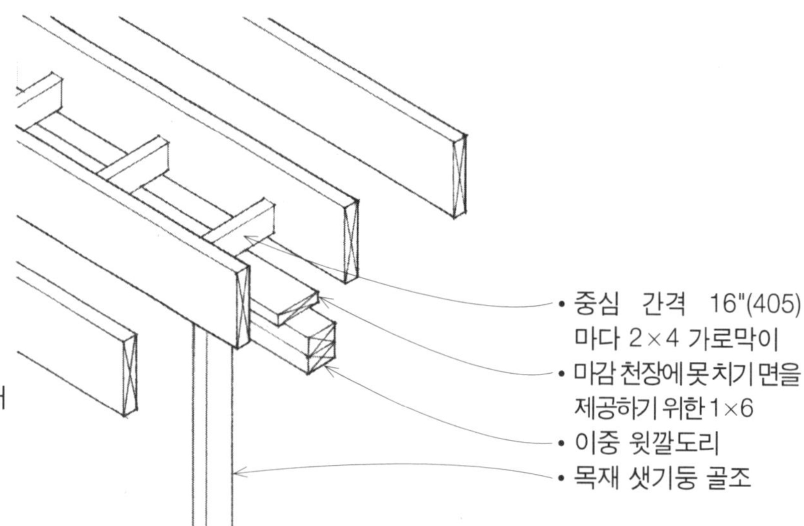

장선과 평행한 받침 없는 칸막이벽—
위쪽에 칸막이벽 없음

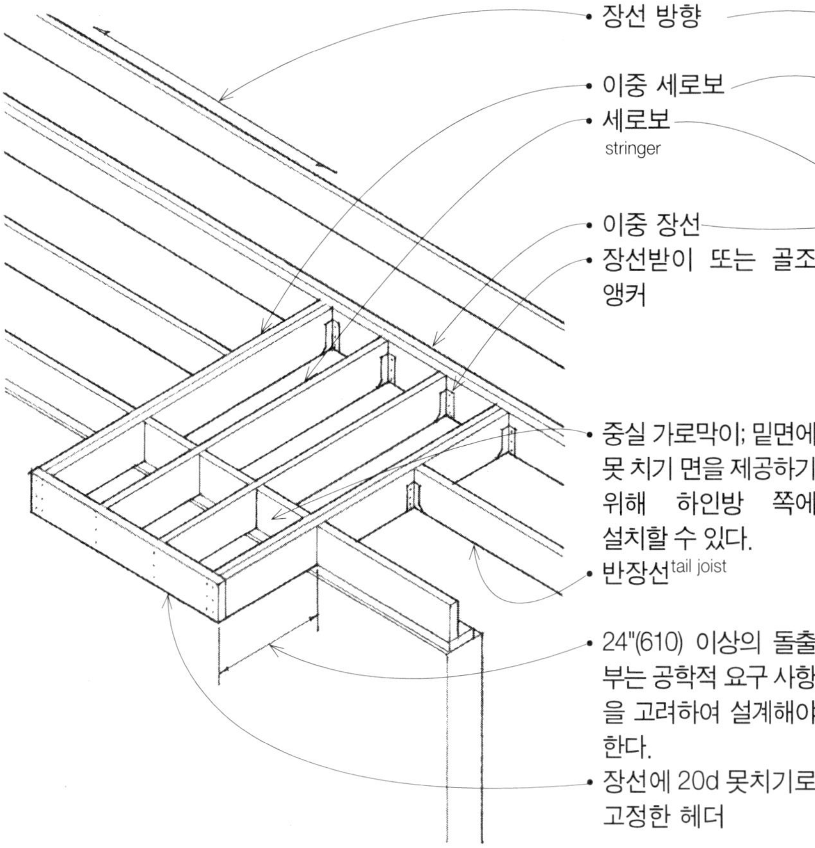

장선에 수직인 바닥 돌출부

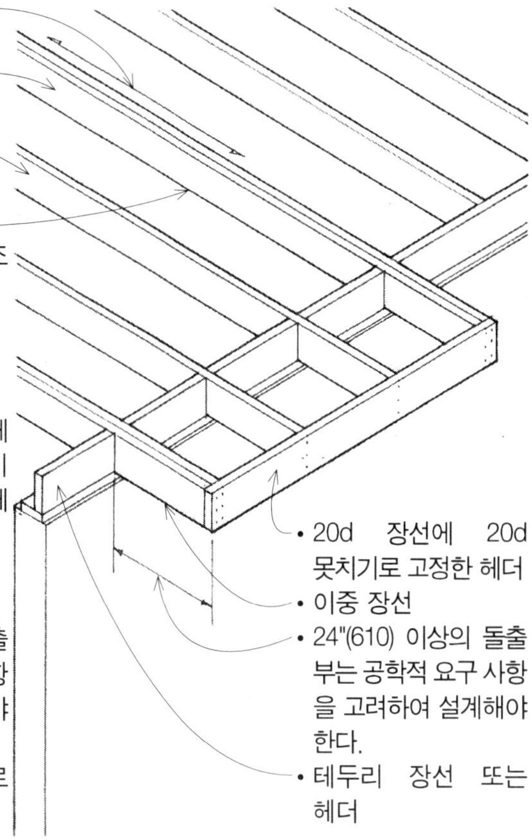

장선에 평행한 바닥 돌출부

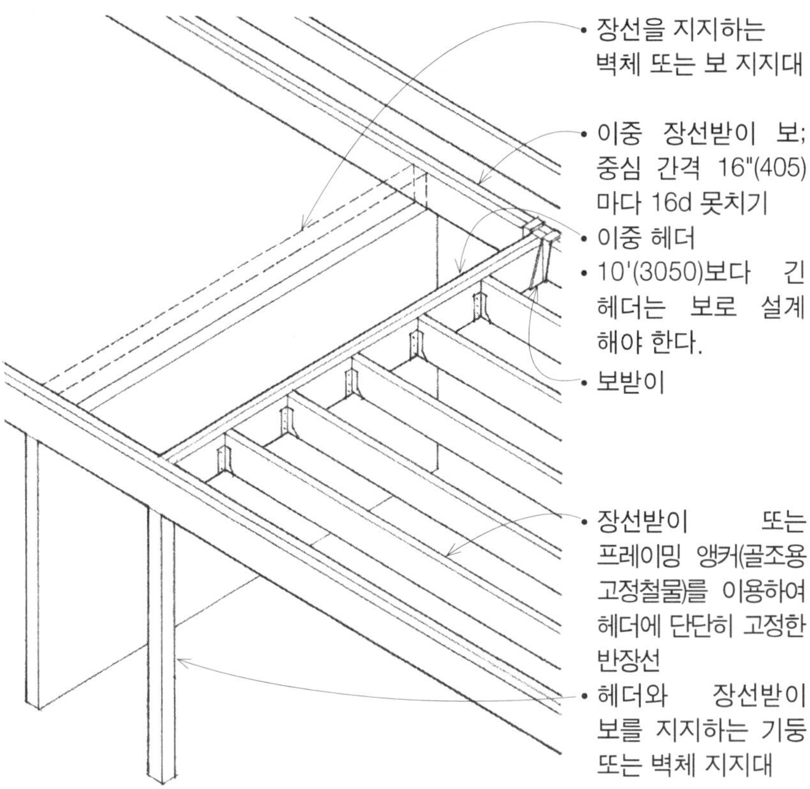

바닥 개구부—장선에 수직

바닥 개구부—장선에 평행

바탕바닥	두께 인치*	경간 등급	경간 인치(mm)
패널 바탕바닥			
등급용	5/8	32/16	16 (405)
덮개	1/2, 5/8	36/16	16 (405)
구조1	5/8, 3/4, 7/8	42/20	20 (510)
구조2	3/4, 7/8	48/24	24 (610)
밑깔개			
밑깔개	1/4	바탕바닥 패널 위	
c-c ext. grade	3/8	바탕바닥 보드 위	
옹이구멍을 보수한 외부시공용도 등급			
바탕바닥-밑깔개 복합			
APA 등급용	5/8	16	16 (405)
1겹 바닥 시공용도 합판	5/8, 3/4	20	20 (510)
등급	3/4, 7/8, 1	24	24 (610)
2 - 4 - 1	1 1/8	48	48 (1220)

*미터법 환산 수치:
- 1/2" (13)
- 5/8" (16)
- 3/4" (19)
- 7/8" (22)
- 1" (25)
- 1 1/2" (29)

11) APA 등급 1겹바닥 시공용도 합판 중심 간격 48 (APA RATED STURD-I-FLOOR 48 oc)를 의미한다. 2-4-1은 노출 1 내구성 등급을 가진 1 1/8 인치 두께의 모든 단판 패널이다. 중심 간격 32" (2x 이상) 또는 중심 간격 48"(2x 이상) 이상을 지지하는 1겹바닥용으로 설계되었다. 2-4-1은 무거운 목재 지붕 공사에도 제혀쪽매 이음으로 지정사항을 준수한다면 사용할 수 있다.

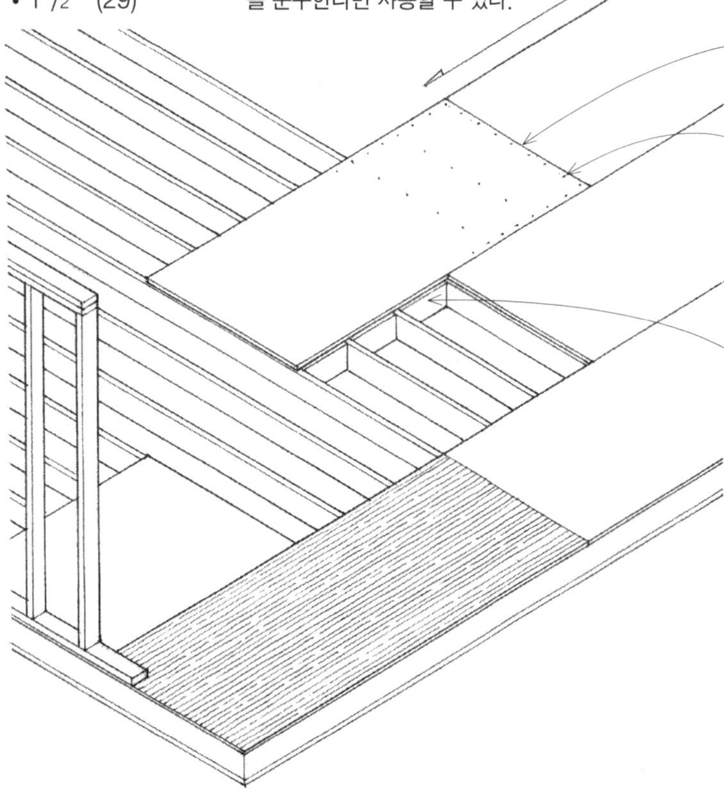

바탕 바닥재subflooring는 바닥 장선에 걸쳐 있는 구조 재료로, 시공 시 작업 플랫폼 역할을 하며, 마감 바닥재의 바탕을 제공한다. 또한, 장선과 바탕바닥 조립체는 승인된 표준에 따라 구성되는 경우 횡력을 전단벽에 전달하기 위한 구조 격벽 역할도 할 수 있다. 요구 사항에 대해서는 건축 법규를 참조할 것.

- 바탕바닥재는 일반적으로 합판으로 구성되지만, 승인된 표준에 따라 제조될 경우 배향성 스트랜드보드oriented strand board(OSB), 웨이퍼보드 및 파티클보드와 같은 비단판 패널 재료를 사용할 수 있다. 미국합판협회American Plywood Association(APA)에 문의할 것.
- 경간 등급은 각 패널 뒷면에 있는 등급직인의 일부이다. 첫 번째 숫자는 지붕 덮개에 대한 최대 서까래 간격을 나타내고 두 번째 숫자는 바탕바닥(재)의 최대 장선 간격을 나타낸다.
- 25/32"(20) 목재 마루널이 장선에 수직으로 놓여 있는 경우 경간은 24"(610)로 할 수 있다.
- 밑깔개는 비구조적 바닥재를 직접 사용하기 위해 충격하중에 대한 저항과 매끄러운 표면을 제공한다; 보드 또는 패널 바탕바닥(재) 위에 별도의 층으로 적용하거나 바탕바닥 패널과 같은 두께로 결합할 수 있다; 바닥이 비정상적인 수분 상태에 노출될 경우 외부 등급 접착제(노출/Exposure 1) 또는 외부 등급 합판을 사용한 패널을 쓸 것.

바탕바닥 패널 및 밑깔개

- 표시된 경간은 긴 치수를 장선에 수직으로 하여 두 개 이상의 경간에 걸쳐 연속적으로 놓이는 것을 전제로 한다.
- 장선 방향과 평행한 이음부는 서로 어긋나게 배치
- 패널 제조업체에서 별도로 권장하는 수치가 없다면 이음부 간격은 1/8"(3); 밑깔개의 경우에는 맞댐 이음butt joints 사이 간격 1/32"(1)
- 가장자리를 따라서, 중심 간격 6"(150) 마다 못치기; 중간 지지대를 따라서 중심 간격 12"(305) 마다 못치기; 2-4-1패널[11]의 경우 가장자리/중간 지지대를 따라 중심 간격 6" (150) 마다 못치기
- 두께가 3/4"(19)인 경우 6d 링 섕크 못 또는 8d 보통못을 사용하고 두께 7/8"(22) 이상의 패널에는 8d 링 섕크 못 또는 보통못을 사용할 것.
- 가장자리 아래에 가로막이를 제공하거나 패널 옆면을 제혀쪽매로 할 것; 바탕바닥 이음에서 밑깔개 이음이 일치하지 않고 어긋난 경우에는 필요하지 않다.

바탕바닥-밑깔개 복합 패널을 바닥 장선에 접착하면 패널이 장선과 함께 작용하여 일체형 T-형보 유닛을 형성할 수 있다. 이 응용 시스템은 바닥 크리프와 삐걱거림을 줄이고, 바닥의 강성을 개선하여, 때에 따라 허용 장선 경간을 늘린다. 물론 이러한 이점은 적용의 성격에 따라 다르다. 접착 외에도 패널은 전동식 고정 장치 또는 6d 링 또는 나사 섕크 못으로 고정한다. 자세한 권장 사항은 미국합판협회American Plywood Association(APA)에 문의할 것.

CSI 마스터포맷 06 16 23 : 바탕바닥(재); 06 16 26 : 밑깔개

조립식의prefabricated, 규격 단위로per-engineered 만들어진 목재 장선/트러스가 바닥 골조의 시공 영역에서 규격 제제목dimension lumber의 자리를 점점 더 차지하고 있다. 제재목sawn lumber보다 일반적으로 가볍고 치수가 안정적이며, 더 큰 춤과 길이로 제작되어 더 긴 경간에 적용할 수 있기 때문이다.

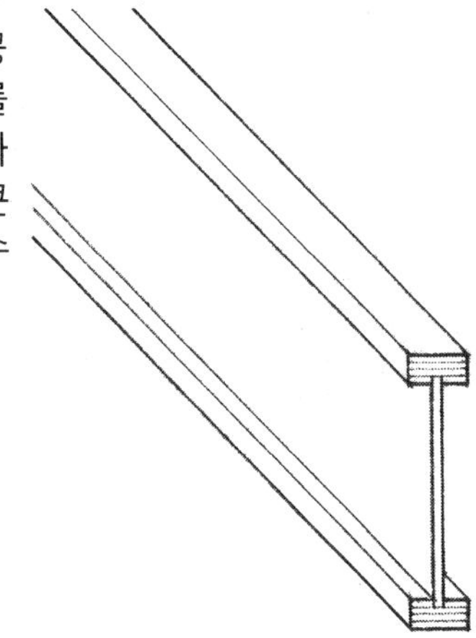

- I-형 장선은 단일 합판 또는 배향성 스트랜드 보드oriented strand board(OSB)로 웹(복부)을 만들고, 그 상단과 하단 가장자리에 제제목 또는 적층 단판 제제목으로 만든 플랜지를 결합하여 만든다.

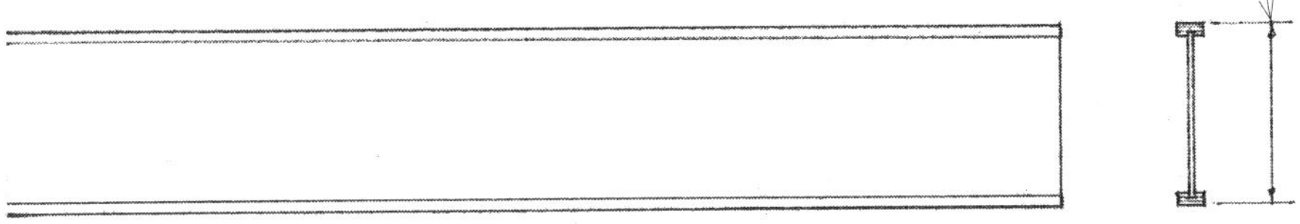

- 공칭 춤 10"~6"(255~406)
- I-형 장선의 경간 범위 :
  - 10"(255) 춤은 최대 16'(4875)까지 가능
  - 12"(305) 춤은 최대 19'(5790)까지 가능
  - 14"(355) 춤은 최대 22'(6705)까지 가능
  - 16"(405) 춤은 최대 25'(7620)까지 가능
- 상업용 건축의 경우 12"~24"(305~610) 범위 춤을 적용
- 경간 20'~60'(6m~18m)

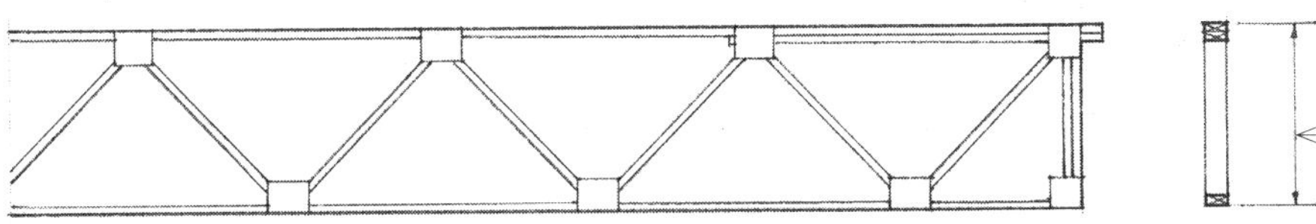

- 2×4 현과 복부재를 톱니 플레이트 접합구로 결합
- 춤 12"~ 24"(305~610)
- 경간 40'~ 60'(12m~18m)

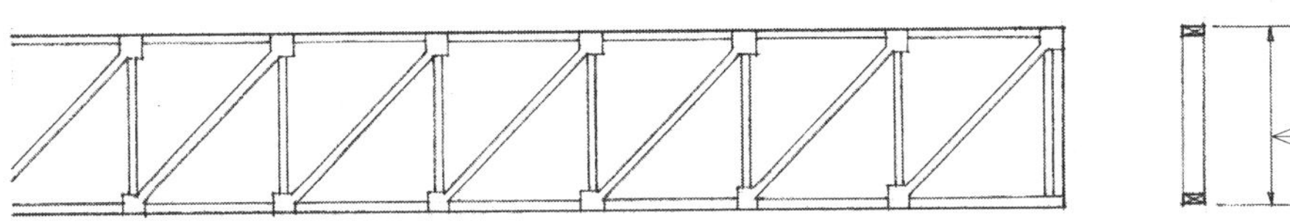

- 목재 현과 수직재를 대각선 복부재 (강재)로 결합
- 춤 12"~ 24"(305~610)
- 경간 40'~80'(12m~24m)

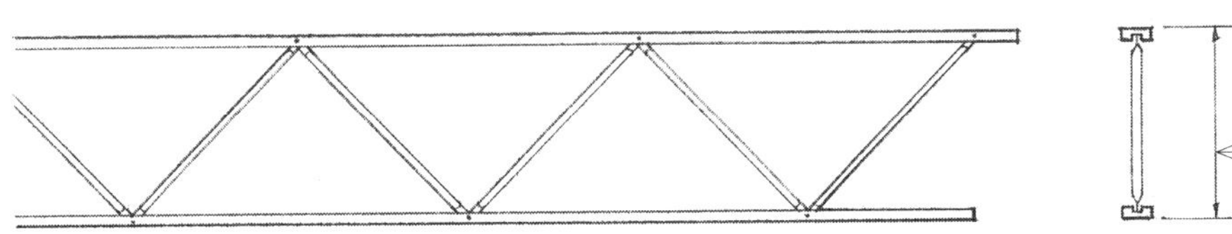

- 목재 현을 직경 1"~1$\frac{1}{2}$"(25~38) 각형 강관 복부재와 결합
- 최대 춤 40"(1065) 까지
- 경간 40'~80'(12m~24m)

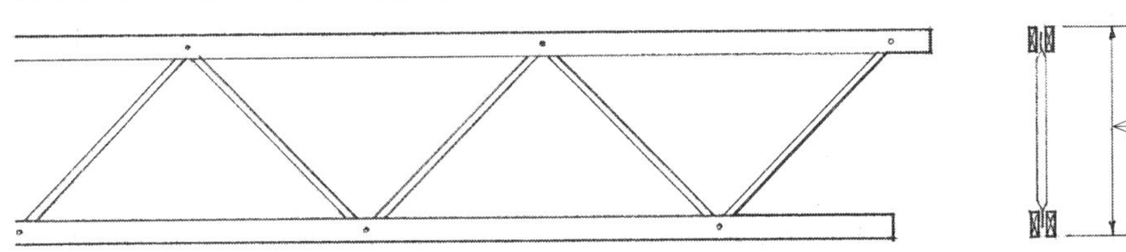

- 현 2개를 직경 2"(51) 강재 웹과 결합
- 최대 춤 60"(1525) 까지
- 경간 60'~ 100'(18m~30m)

- 트러스 장선의 춤 추정에 대한 경험칙 : 경간의 $^{1}/_{18}$
- 웹의 개구부를 통해 전기와 기계를 위한 배관/배선이 통과할 수 있다.
- 사용 가능한 길이와 춤, 권장 간격 및 허용 경간 및 필요한 내력 조건에 대해서는 제조업체에 문의할 것.

조립식 바닥 장선이나 트러스의 정확한 형태는 제조업체에 따라 다르지만, 바닥을 골조에 배치하는 방식은 원칙적으로 기존의 목재 장선 골조와 유사하다. 장 경간과 단순한 평면 계획에 가장 적합하다; 복잡한 바닥 배치는 시공이 어려울 수 있다.

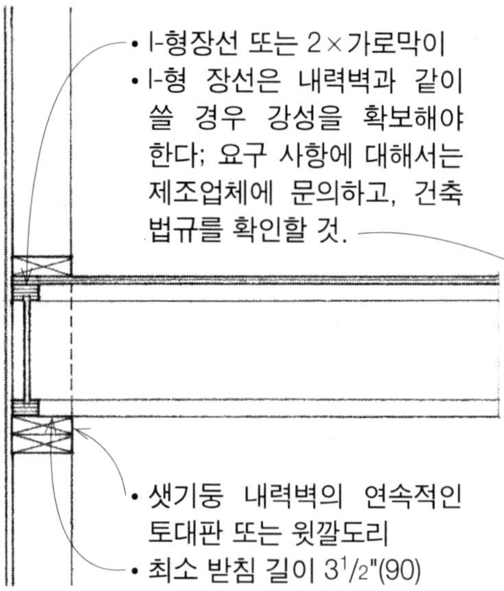

I-형장선 @ 외부

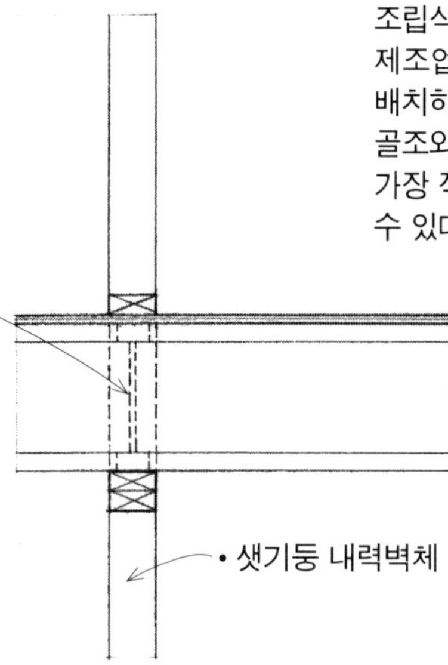

I 장선 @ 내부

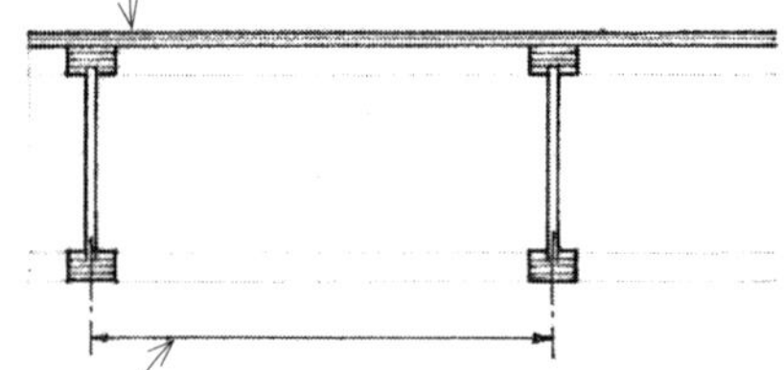

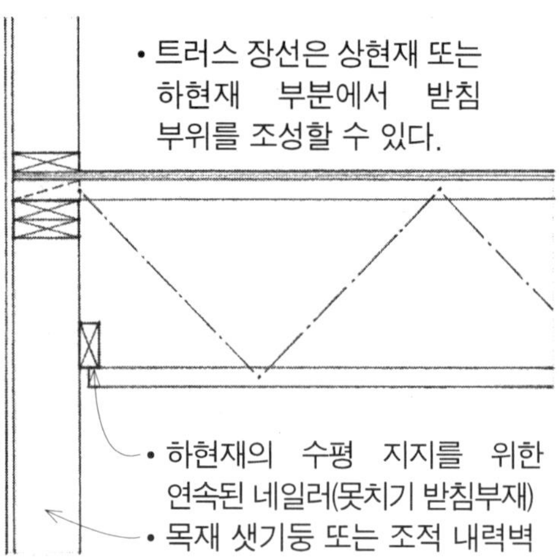

상현재 받침

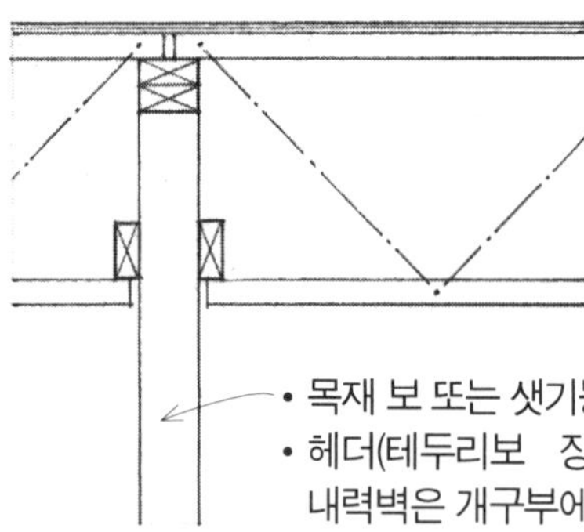

상현재 받침 @ 내부

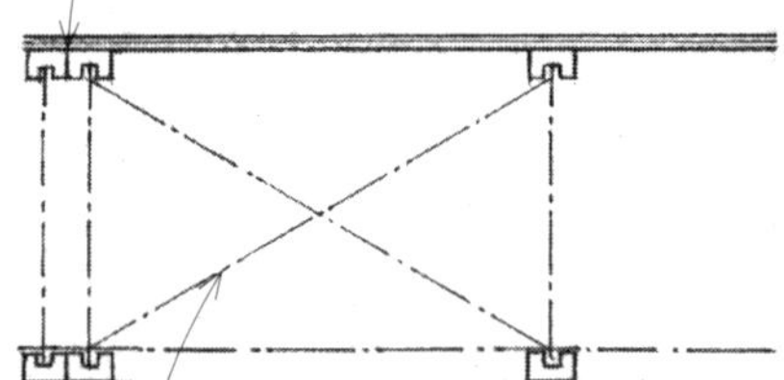

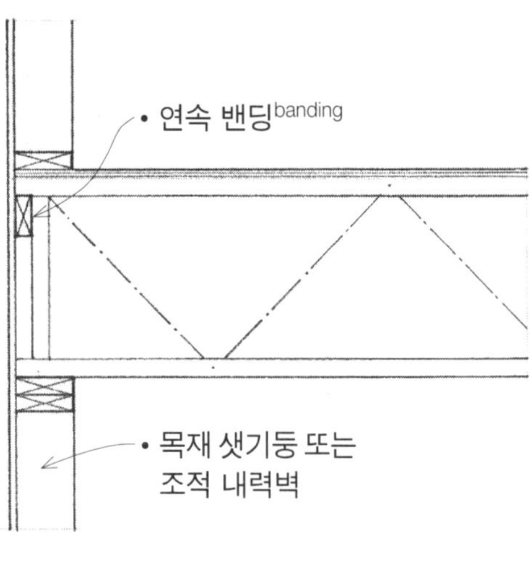

하현재 받침

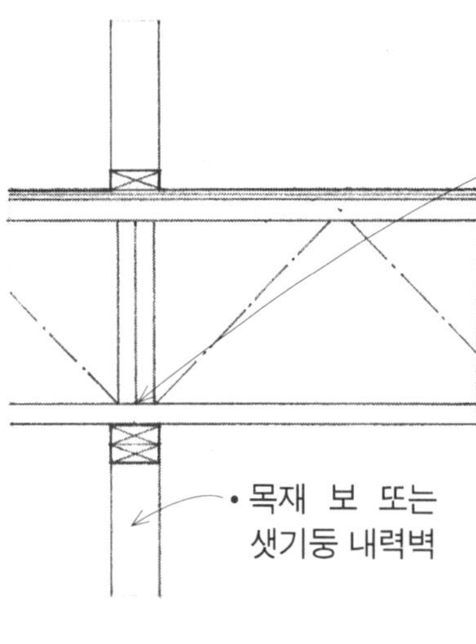

하현재 받침 @ 내부

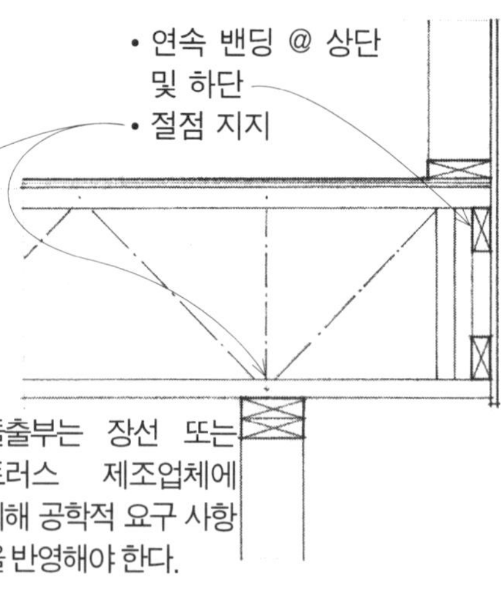

하현재 받침 @ 돌출부

중실 제재목solid timber

목재 보의 선택할 때는 다음 사항을 고려해야 한다: 목재 종류, 구조 등급, 탄성 계수, 허용 가능한 휨과 전단 응력 값, 그리고 의도한 용도에 허용되는 최소 처짐. 또한, 정확한 적재 조건과 사용되는 접합부의 유형에 주의를 기울여야 한다. 더 자세한 경간과 하중 표의 출처에 대해서는 참고문헌을 확인할 것.

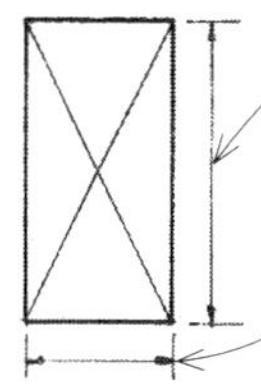

- 목재 보의 추정 춤에 대한 경험칙: 경간의 $^1/_{15}$
- 보 폭 = 보 춤의 $^1/_3$ ~ $^1/_2$
- 처짐을 경간의 $^1/_{360}$로 제한

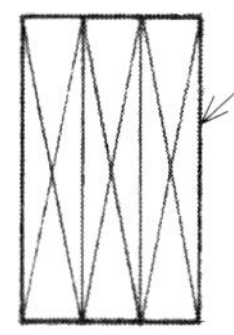

조립보

- 적층 부재에 라미네이션 접합이 없을 경우 부재의 강도는 개별 부재의 강도 합계와 같다.
- 부재 2개 조립 : 중심 간격 16"(405) 마다 10d 엇갈려치기 + 2개의 10d로 각각 끝에 못치기
- 부재 3개 이상 조립 : 중심 간격 32"(815) 마다 20d 엇갈려 치기 + 2개의 20d로 각각 끝에 못치기

상자형 보

- 2개 이상의 합판이나 배향성 스트랜드 보드 웹(복부)에 제제목 또는 적층 단판 목재로 만든 플랜지를 접착하여 제작.
- 공학적 요구사항을 잘 적용하면 90'(27m) 경간까지 가능

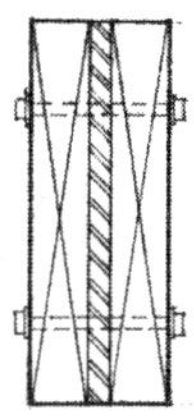

겹들보flitch beam

- 목재를 가장자리에 설치하고 또는 부재 단면에 나란히 볼트로 결합하여 고정한 보
- 공학적 요구 사항을 반영해야 함.

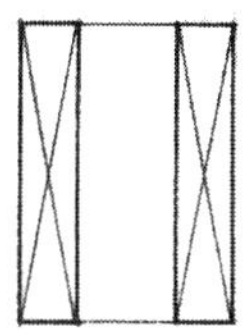

간격재 보spaced beam

- 개별 부재가 일체형 유닛으로 작동할 수 있도록 블록화되고 촘촘한 간격으로 못치기를 한다.

집성목재Glue Laminated Timber

집성목재(CSI 마스터포맷 06 18 00)는 일반적으로 모든 합판의 결(섬유 방향)이 평행한 상태에서 제어된 조건으로 접착제로 응력 등급 목재를 적층하여 만든다. 규격 제재목dimension lumber보다 일반적으로 허용 가능한 단위 응력, 개선된 외양 및 다양한 단면형상의 가용성 측면에서 장점이 있다. 집성목재는 원하는 길이로 거멀이음(스카프 이음)scarf joint 이나 빗살이음finger joints으로 횡단면에서 잇거나end-joined, 더 큰 폭이나 춤을 만들기 위해 단면접착edge-glued 처리할 수도 있다.

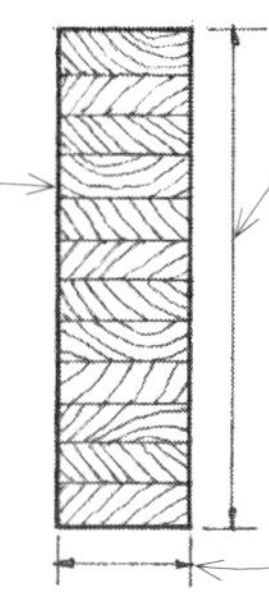

- 공학적 요구 사항이 반영되면 경간을 최대 80' (24m) 까지 연장할 수 있다.
- 접착제 적층 보의 추정 춤(깊이)에 대한 경험칙: 경간의 $^1/_2$
- 보 폭 = 보 춤의 $^1/_4$ ~ $^1/_3$

평행스트랜드목재

평행스트랜드목재parallel strand lumber(PSL)는 방수 접착제를 이용하여 길고 좁은 목재 스트랜드를 열과 압력 하에서 서로 접합시켜 만든 구조용 목재 제품이다. 평행스트랜드목재는 팔랄람Parallam이라는 상표로 시판되고 있으며, 기둥과 보 구조에서 보와 기둥, 경량 골조구조에서 보, 헤더(끝막이보), 상인방으로 사용된다.

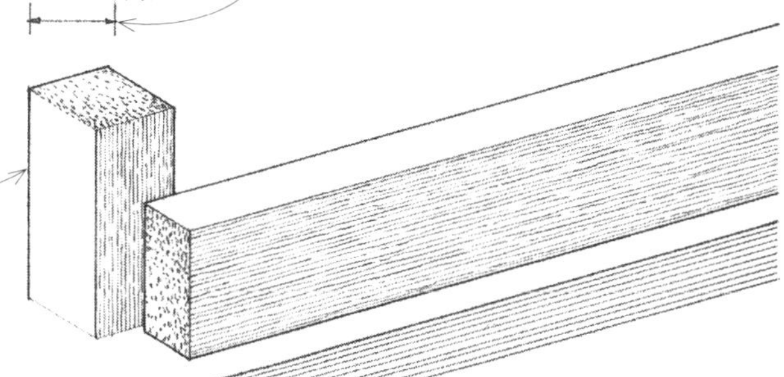

단판적층재

단판적층재laminated veneer lumber(LVL)는 방수 접착제를 사용하여 열과 압력을 가하면서 목재 단판층을 접합하여 만든 구조용 목재 제품이다. 모든 단판의 결을 동일한 길이 방향으로 놓은 결과, 가장자리 하중을 받는 보 또는 면 하중을 받는 부판으로 만들 때 강도 측면에서 효율성이 높은 제품이 되었다. 단판적층재는 마이크로램과 같은 다양한 브랜드 이름으로 판매되며, 헤더(끝막이보)와 보 또는 조립식 목재 I-형 장선의 플랜지로 사용된다.

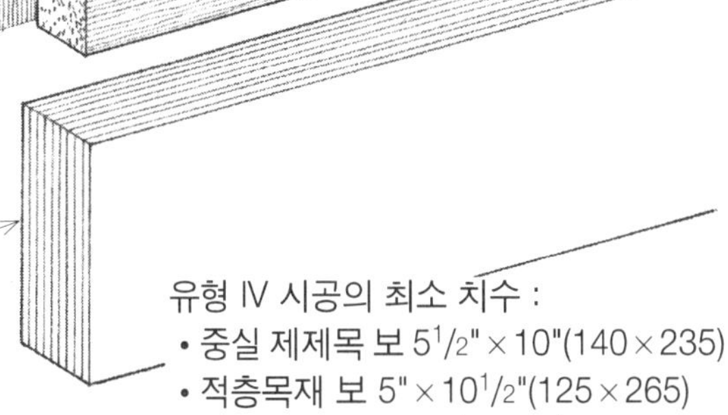

유형 Ⅳ 시공의 최소 치수 :

- 중실 제제목 보 5$^1/_2$" × 10"(140 × 235)
- 적층목재 보 5" × 10$^1/_2$"(125 × 265)
- 구조용 복합보 5$^1/_4$" × 9$^1/_2$"(135mm × 240))

목재 대 목재, 목재 대 금속 및 목재 대 조적조 접합부에 사용되는 금속 부착물은 다양하게 제조된다. 여기에는 장선과 보받이, 기둥 밑면과 캡, 골조 앵글과 앵커, 그리고 바닥 결속 및 홀드다운 꺾쇠 등이 포함된다. 세부적인 형상과 크기, 허용 가능 하중 및 고정 요건에 대해서는 제조업체에 문의할 것. 저항 또는 전달되는 하중의 크기에 따라 연결재는 못을 박거나 볼트로 고정될 수 있다.

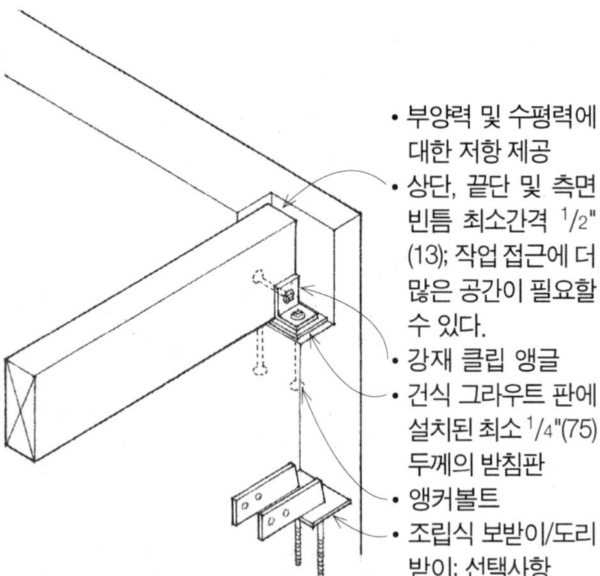

조적조 또는 콘크리트 벽체 지지대

기초벽체 지지대

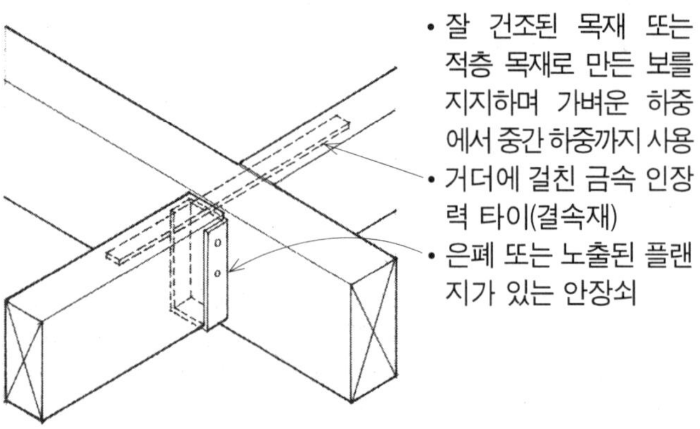

거더 지지대

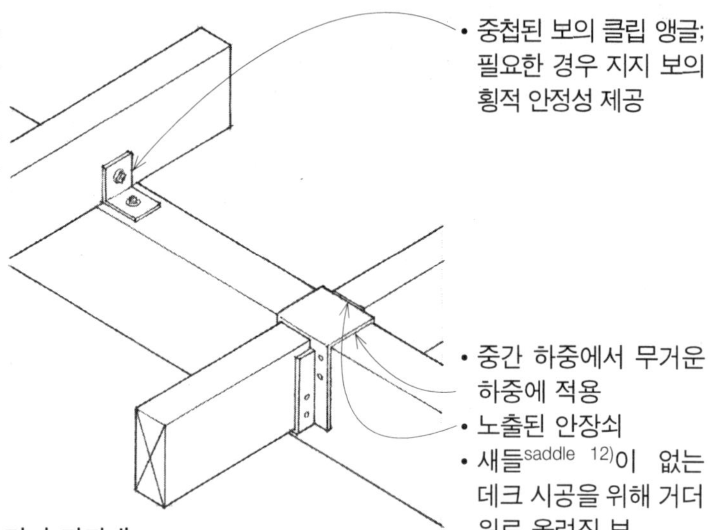

거더 지지대

12) 상부구조 결합을 위해 기둥이나 보 위에 부착하는 브라켓 형식의 철물

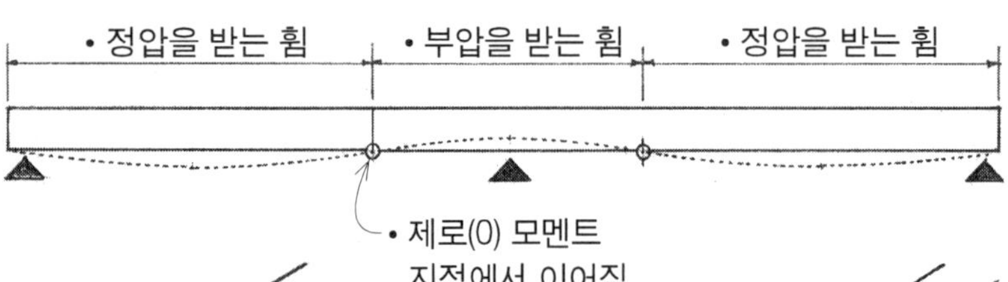

연속경간은 단순 경간보다 더 균일한 응력을 발생시켜 재료를 효율적으로 사용할 수 있다. 모든 (덧판을 이용한) 이음부는 내부 지지대 양쪽에 있는 경간의 약 1/4 ~ 1/3의 최소 휨 응력 지점에 있어야 한다.

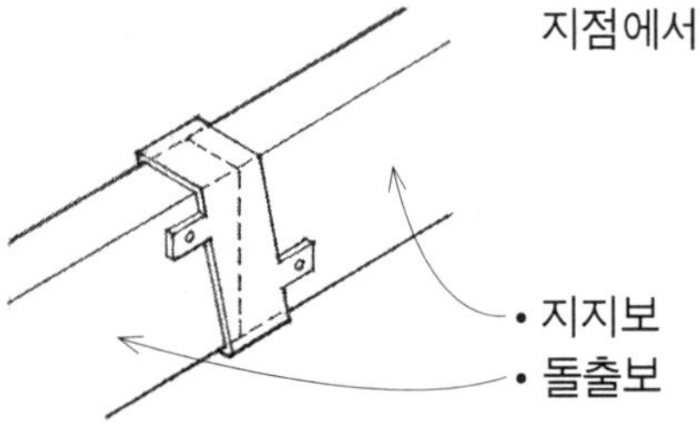

강재 덧판 접합구

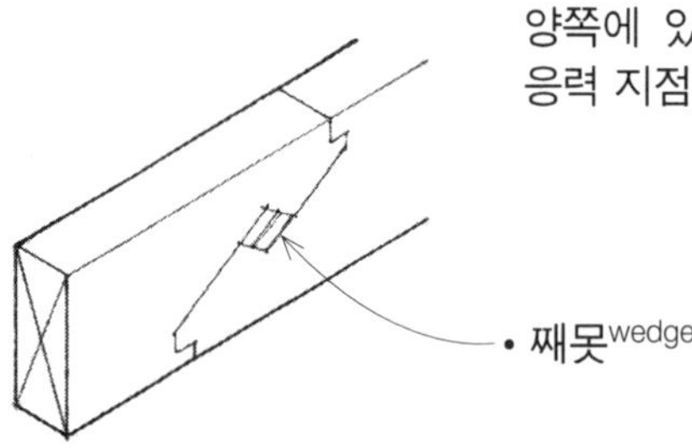

빗걸이 이음mortise Splice

접합부에 필요한 볼트 크기와 수는 부재의 두께, 목재의 종류, 목재의 결과 관련된 하중의 크기와 방향, 그리고 금속 접합구의 사용에 따라 달라진다. 단위내력당 더 큰 응력을 발생시킬 수 있는 전단 플레이트 또는 분할-링 접합구split-ring connectors는 관통볼트through bolts의 필요한 수를 수용하기에 면적이 충분하지 않을 때 사용될 수 있다. 분할-링과 전단 플레이트 접합구와 볼트 간격 지침에 대해서는 5.49를 참조할 것.

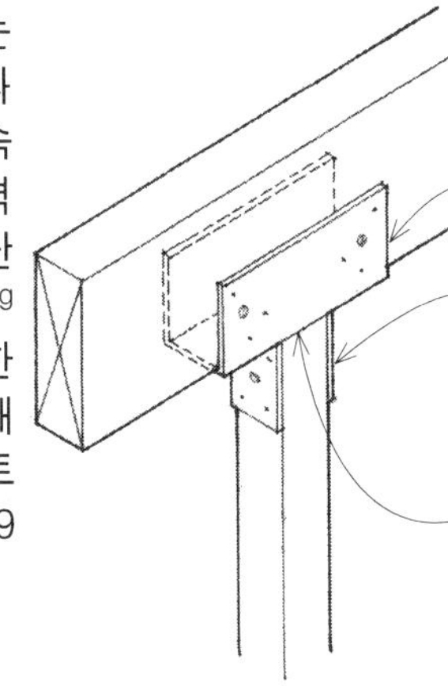

노출 기둥 캡Cap

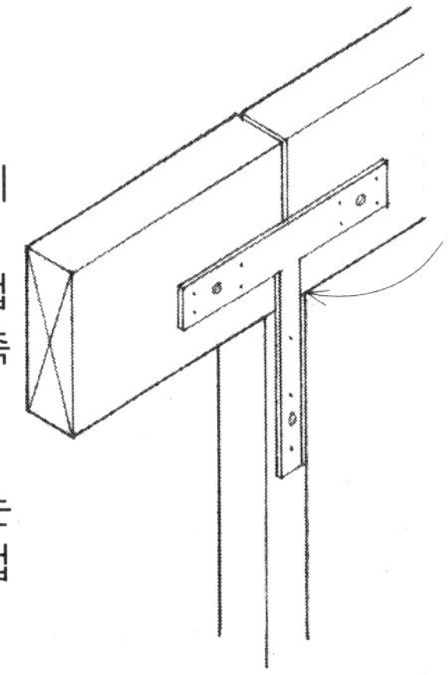

노출된 T-형 스트랩

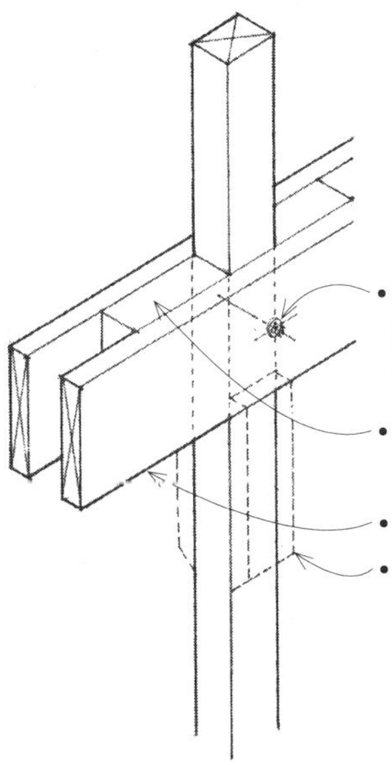

연속 기둥

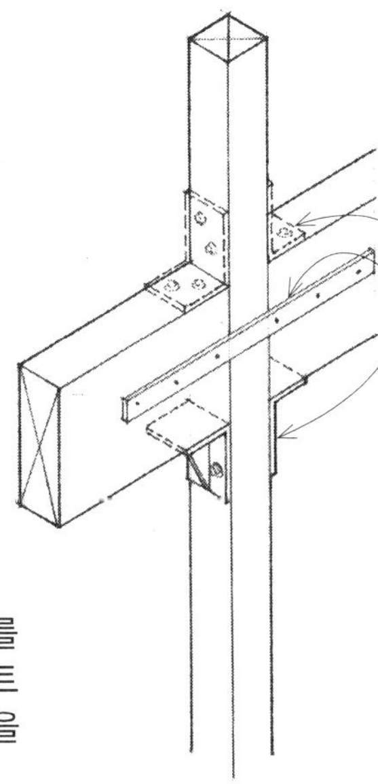

연속 기둥

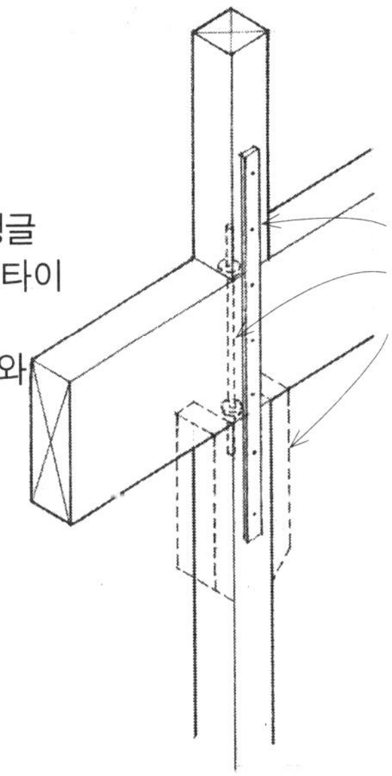

연속 보

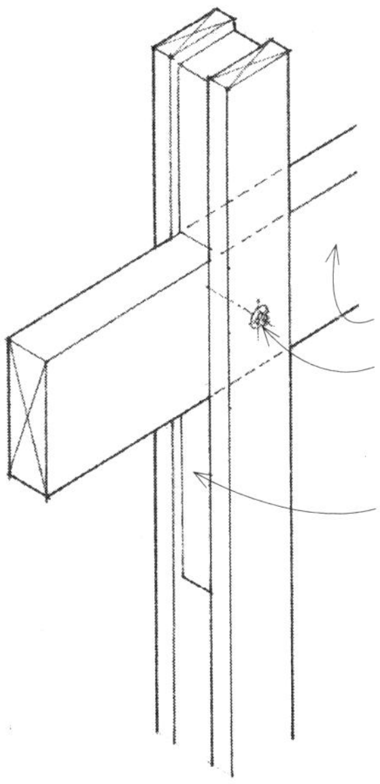

간격재 기둥

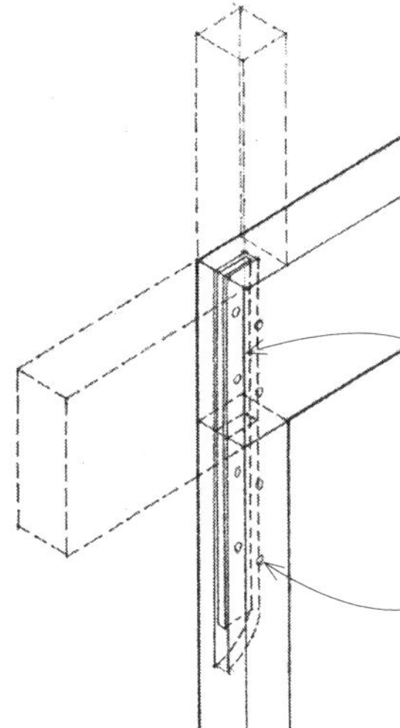

숨겨진 접합부

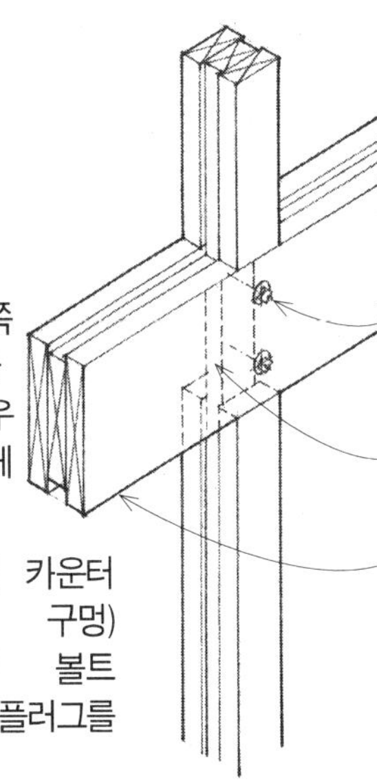

맞물린 접합부

13) 위쪽을 원뿔형 등으로 구멍을 넓히는 작업 또는 그 구멍 자체를 의미한다. 주로 못, 나사, 볼트 등의 윗부분을 돌출되지 않게 하도록 적용한다.

• 목재 데크의 구조 바닥면
• 기타 옵션: 2-4-1 합판, 조립식 응력외피stressed-skin패널 또는 대형 목재mass timber 패널.
4.39-4.42 를 참조할 것.

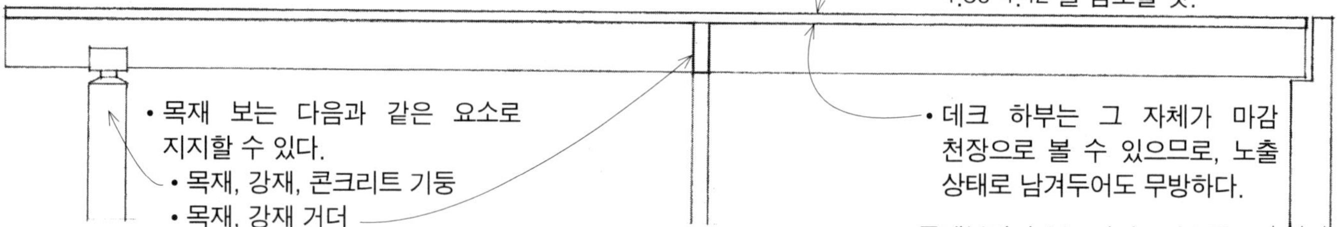

• 목재 보는 다음과 같은 요소로 지지할 수 있다.
  • 목재, 강재, 콘크리트 기둥
  • 목재, 강재 거더
  • 콘크리트, 조적조 내력벽
• 받침 면적bearing area은 보와 보 받침 재료의 허용 압축응력을 초과하지 않도록 충분해야 한다.

• 데크 하부는 그 자체가 마감 천장으로 볼 수 있으므로, 노출 상태로 남겨두어도 무방하다.

목재부판과-보 바닥 시스템wood plank-and-beam floor systems은 일반적으로 골격 골조구조를 형성하기 위해 장대post/기둥column14) 격자와 함께 사용된다. 큰 부재를 적은 수로 사용하는 방식을 적용하면 경간을 늘릴 수 있으므로, 자재비용과 인건비 절감에 대한 잠재적 가능성을 확보한다.

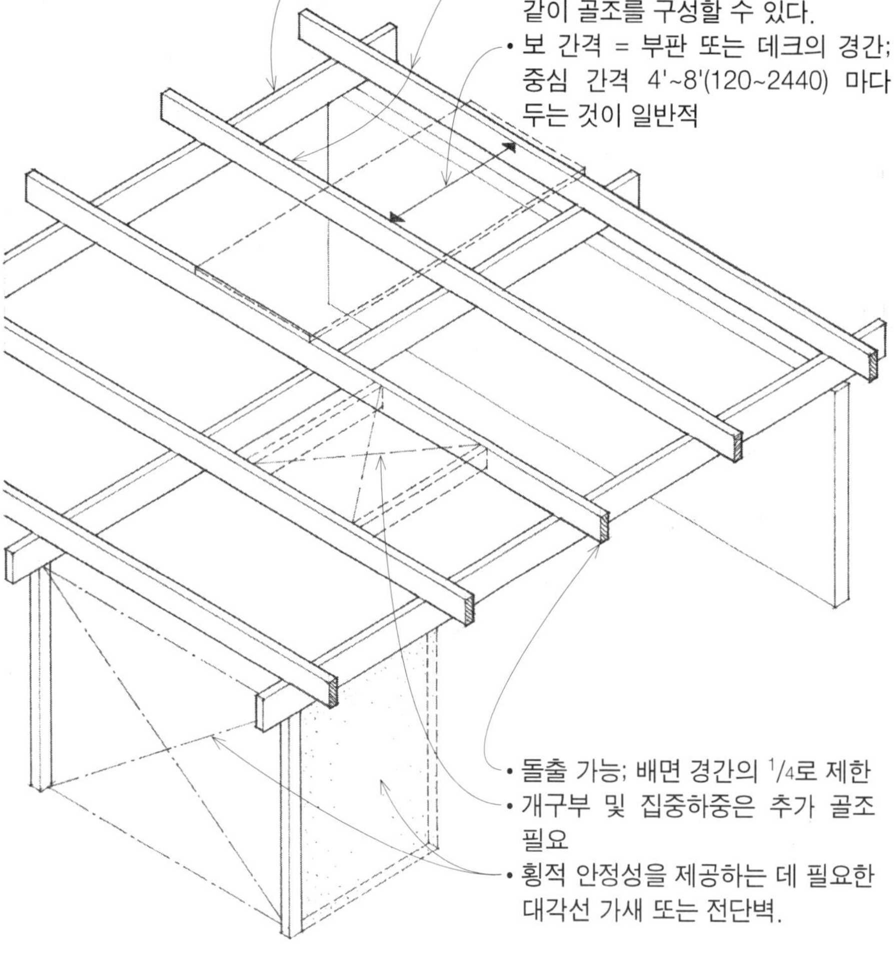

• 1차 보
• 2차보는 데크 경간을 줄이기 위해 1차 보 위에 얹거나 1차 보 안쪽으로 같이 골조를 구성할 수 있다.
• 보 간격 = 부판 또는 데크의 경간; 중심 간격 4'~8'(120~2440) 마다 두는 것이 일반적
• 돌출 가능; 배면 경간의 $^1/_4$로 제한
• 개구부 및 집중하중은 추가 골조 필요
• 횡적 안정성을 제공하는 데 필요한 대각선 가새 또는 전단벽.

• 부판-보 골조plank-and-beam framing는 등분포로 가해지는 중간 정도의 하중을 지탱할 때 가장 효과적이다; 집중하중은 골조를 추가해야 할 수 있다.
• 흔히 그렇듯, 이 구조 시스템을 노출하는 경우에는 사용되는 목재의 종류와 등급, 특히 보-보/보-기둥 접합부에서의 이음의 디테일, 제작 품질에 세심한 주의를 기울여야 한다.
• 부판-보 골조는 중목 구조로 간주할 수 있다. 이때, 구조물은 불연성, 내화성 외벽과 부재로 지지하고, 데크는 건축 법규에 명시된 최소 크기 요건을 충족해야 한다.
• 이 시스템은 충격 음향 전달 민감성susceptibility이 있어 소음 제어가 어렵고, 단열, 배관, 배선 및 덕트 설비 구조를 위한 은폐 공간이 구조 속성상 부족할 수밖에 없다는 단점이 있다.

14) 일반적으로 column이 지붕이나 보와 같은 상부구조를 지지하는 직립구조의 성격이 강하다면, post는 땅에서부터 돌출된 긴 수직재의 의미가 강하다. 본문에서는 크게 구분하여 쓰지 않고 있으나, 번역에서는 장대(post/mast) 기둥(post/column)으로 나누어 번역하였으며, post와 column을 구분하여 번역해야 할 경우에는 제한적으로 장대post와 기둥column으로 구분하였다.

CSI 마스터포맷 06 13 00: 중목구조
CSI 마스터포맷 06 15 00: 목재 데크

부판-보 골조 시스템에서, 보의 지지 격자 supporting grid는 구조적 및 시각적 이유에서 필요한 내부 칸막이 배치와 신중하게 통합되어야 한다. 일반적으로 이 시스템에서 칸막이벽 대부분은 비내력이며 그림과 같이 배치될 수 있다. 그러나 내력 칸막이벽이 필요한 경우, 그것들은 기초벽체까지 계속 내려가거나 부과된 하중을 지탱할 수 있을 만큼 충분히 큰 보위에 직접 배치되어야 한다.

목재 데크

- 부판에 직각으로 놓인 목재 마룻널
- 복원력과 얇은 시멘트 바탕 타일마감에 필요한 밑깔개
- 목재 샛기둥
- 솔 플레이트(밑깔도리)
- 바닥 데크에 수직인 비내력 칸막이벽의 하중은 부판부 전체에 고르게 분산된다.
- 바닥 데크와 평행한 칸막이 벽은 부판 아래 또는 위 중 하나를 지지할 수 있다.
- 보는 지지를 위해 기둥 또는 기타 보와 함께 통합된 골조를 구성해야 한다.
- 돌출부는 제한적으로 가능

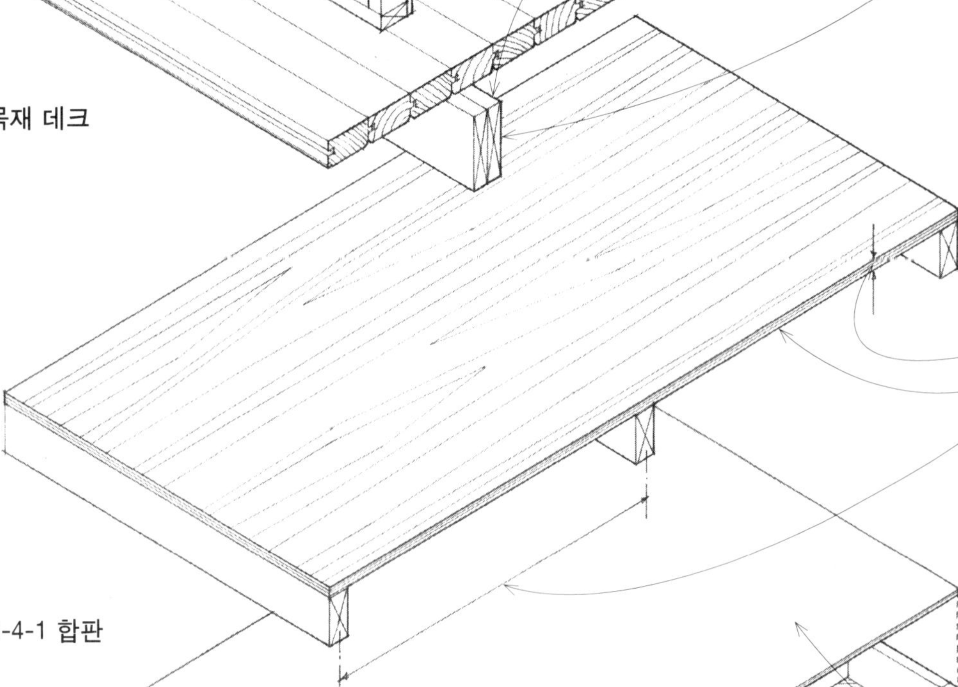

2-4-1 합판

- 바탕바닥-밑깔개 결합
- 두께 $1^{1}/_{8}$"(29)
- 제혀쪽매 처리한 가장자리 단면
- 경간은 4'(1220) 까지 가능
- 치장합판face ply을 보에 수직으로 2 경간에 걸치고, 합판끼리는 엇갈린staggered 횡단면 이음end joints 처리
- 돌출부 불가능

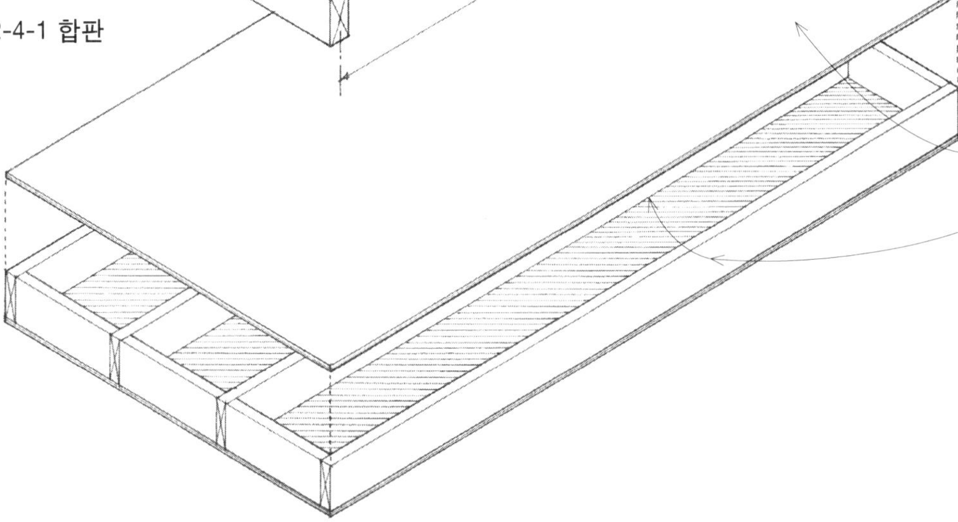

응력외피 패널

- 응력외피 패널은 열과 압력을 가한 목재 세로보stringers와 십자가새에 접착제로 접합된 합판면으로 구성된다. 합판면과 목재 세로보는 합판이 집중하중 분산과 거의 모든 휨응력에 저항하는데, 개념적으로는 연달아 놓인 I-형 보와 비슷한 역할을 한다.
- 패널은 단열, 습기지연제 및 내부 마감을 하나의 구성요소로 통합한다.
- 돌출부는 제한적으로 가능

4.40 목재 데크

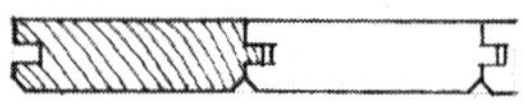

- 중실
- 공칭 2×6, 2×8

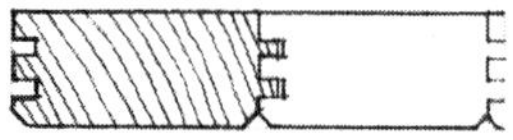

- 중실
- 공칭 3×6, 4×6

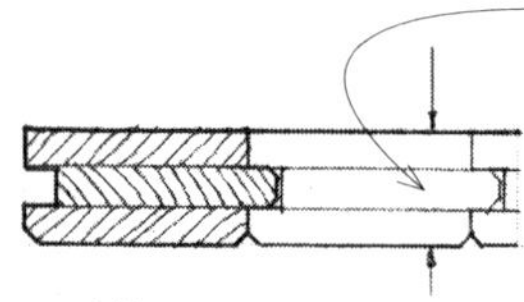

- 적층
- 공칭 3×6, 3×8, 3×10; 4×6, 4×8; 6×6, 6×8

- 데크 춤 추정을 위한 경험칙 : 경간의 $^{1}/_{30}$
- 데크 경간의 $^{1}/_{240}$로 처짐 제한.
- 사용 가능한 크기 및 허용가능 경간에 대해서는 제조업체에 문의할 것.

목재 데크의 유형

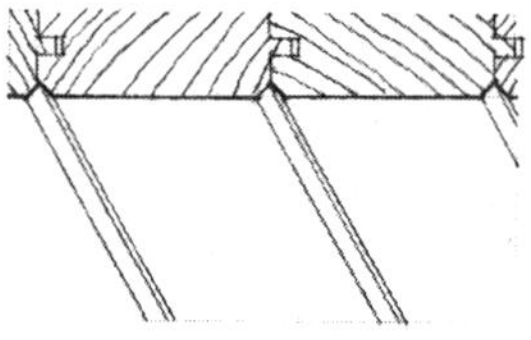

- 제혀쪽매(V자형 홈)

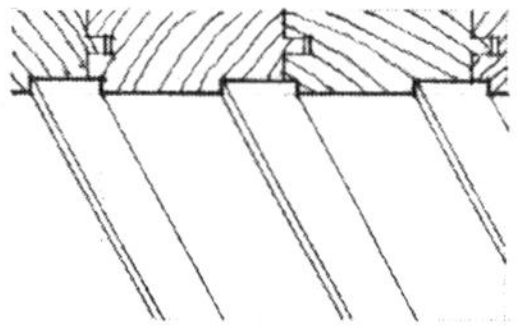

- 제혀쪽매(채널 홈)

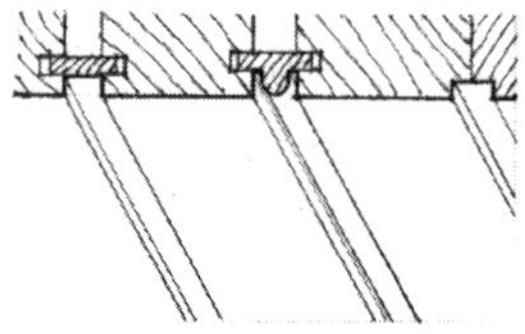

- 딴혀쪽매(박판/성형 박판 시공)

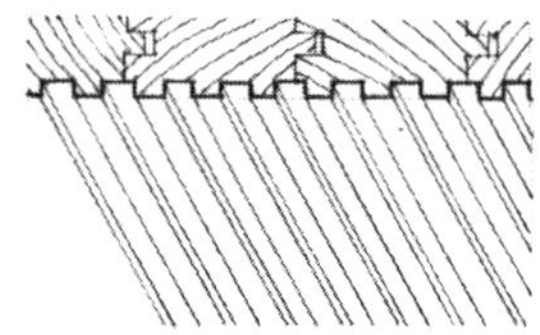

- 제혀쪽매(물결줄무늬)

노출된 천장의 표면 패턴

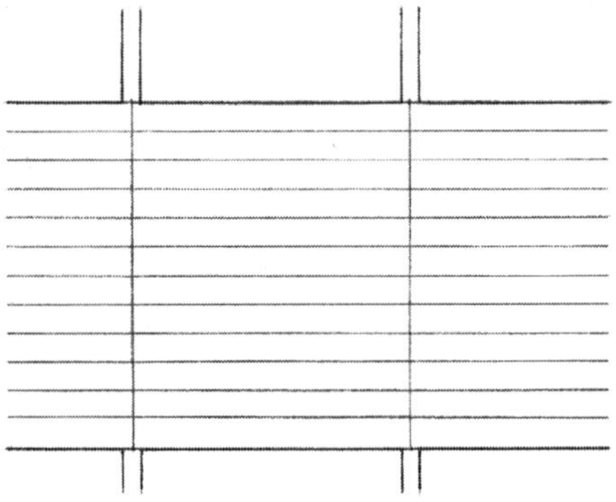

단순 경간

- 부판 양단에서 단순 지지. 주어진 하중에 대해 가장 많은 처짐이 있다.

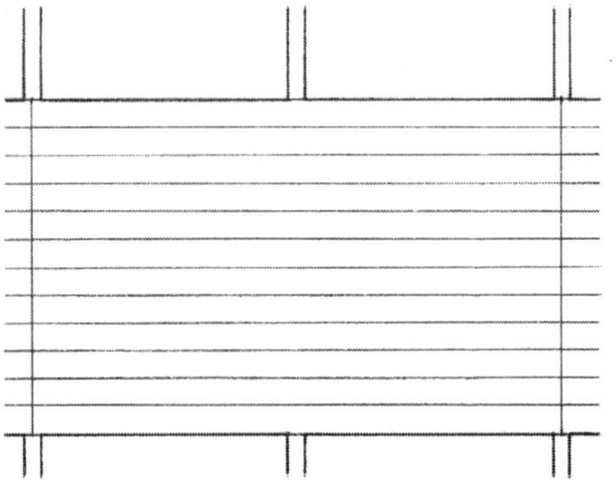

2간 경간

- 주어진 길이의 재료를 구조상 가장 효율적으로 사용하는 방식

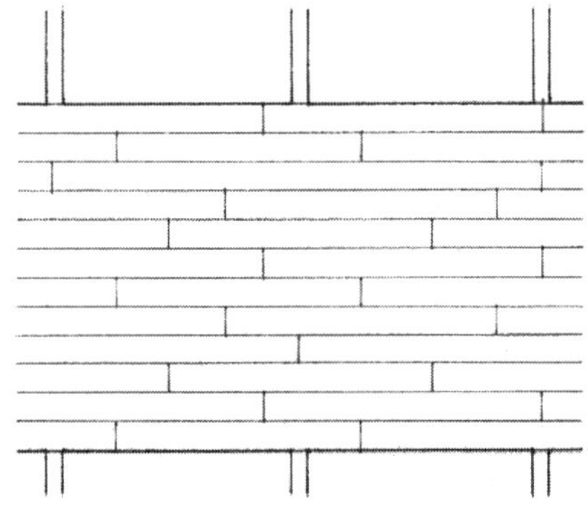

연속경간

- 부판은 4개 이상의 지지대에 연속적으로 걸쳐 있다.
- 임의의 길이로 하면 재료 낭비를 줄일 수 있다.
- 부판 배열을 신중하게 제어해야 한다.
- 인접한 가로 층course은 횡단면 이음으로 하고 간격은 최소 2'(610)
- 같은 일반선general line에 있는 이음부는 반드시 적어도 하나의 지지대에 놓여야 한다.
- 인접하지 않은 줄row의 이음은 12"(305) 또는 2줄의 부판으로 분리
- 각각의 가로층에서는 지지대 사이에 오직 하나의 이음부만 구성
- 각 부판은 적어도 하나의 지지대에 놓여야 한다.
- 마지막 경간에서는 부판의 $^{1}/_{3}$은 이음이 없어야 한다.

경간 유형

- 2× 데크는 최대 6'(1830)까지 가능
- 3× 데크는 6'~10'(1830~3050)까지 가능
- 4× 데크는 10'~14'(3050~4265)까지 가능
- 6× 데크는 12'~20'(3655~6095)까지 가능

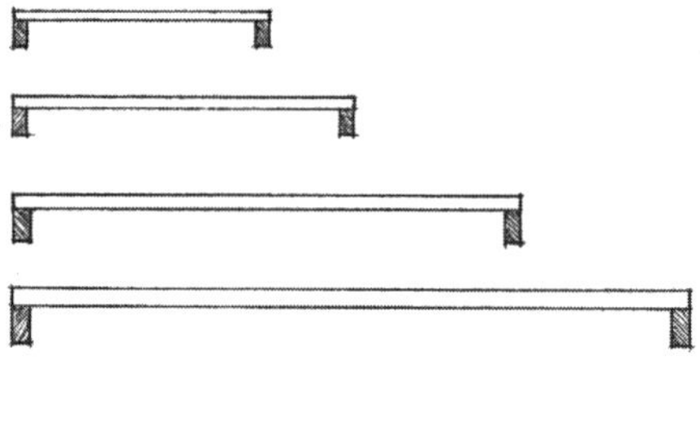

경간 범위

CSI 마스터포맷 06 15 00 : 목재 데크

대형 목재mass timber를 이용한 다양한 제품을 사용하여 바닥보가 지지하는 경간을 이을 수 있다. 여기에는 교차 집성재cross-laminated timber(CLT), 못고정 집성재nail-laminated timber(NLT), 꽂임촉 고정 집성재dowel-laminated timber (DLT) 등이 포함된다. 이 재료를 사용하여 최소 3 1/2"(90) 두께로 은폐된 공간이 없는 구조물일 경우 IV형식(중목heavy timber) 구조로 간주할 수 있다.

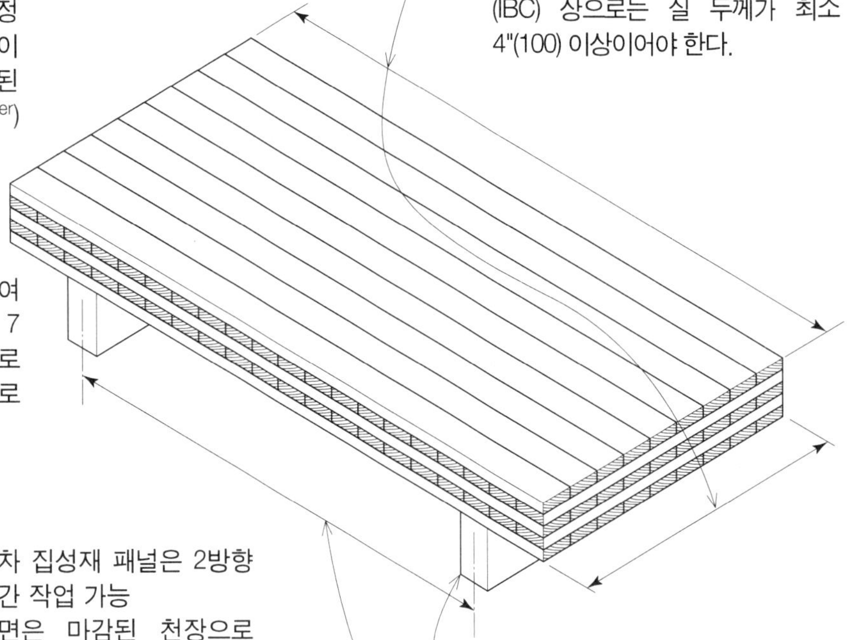

- 폭 2'~10'(1980~2440) 및 최대 길이 60'(18290)
- 두께 3"-12"(75-305) ; 국제건축규정(IBC) 상으로는 실 두께가 최소 4"(100) 이상이어야 한다.
- 지지 보는 중실 제재목, 집성목재, 또는 구조용 복합재로 제작할 수 있다
- 3단 패널은 경간 최대 10'(3050)까지.
- 5단 패널은 경간 최대 15' (4570)까지.
- 7단 패널은 경간 최대 18' (5485)까지.

교차집성재(CLT)

교차 집성재(CLT)는 공학적 요구를 고려하여 만들어진 조립식 목재 제품이다. 3단, 5단 또는 7단으로 규격 제재목dimension lumber을 직각 방향으로 쌓고, 이를 접착제와 열을 가해 접착한 것으로 구조용 패널로 쓸 수 있다.

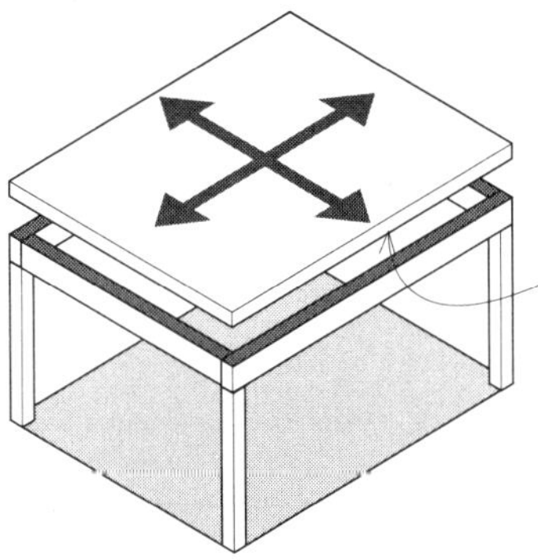

- 교차 집성재 패널은 2방향 경간 작업 가능
- 밑면은 마감된 천장으로 간주하여 노출된 상태로 남길 수 있다.

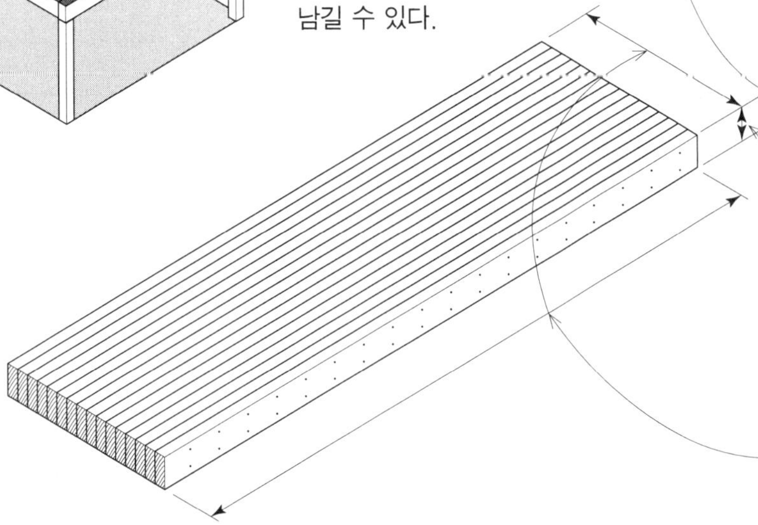

- 가장자리의 2×4s 경간 범위 10'~14'(3050~4265)
- 가장자리의 2×6s 경간 범위 12'~20'(3660~6095)
- 최대 폭 12'(3660) 및 길이 100'(30 480) ; 운송 및 설치 제약에 의해서만 제한됨

못고정 집성재

못고정 집성재(NLT)는 가장자리에 2× 규격 제재목dimension lumber을 쌓고 조립체를 못이나 나사로 고정해 더 큰 구조 요소를 만드는 방식으로 만든다.

- 두께 3 1/2"-12"(90-305)

- 표준 규격 제재목과 함께 현장에서 조립 가능함.
- 횡방향 하중을 위해 이음부를 섬세하게 처리해야 한다.
- 적층 방향에 수직 또는 수평 방향으로 다양한 곡면curved surface을 제작할 수 있다.

꽂임촉 고정 집성재

꽂임촉 고정 집성재(DLT)는 가장자리에 2× 규격 제재목을 배치하고(NLT와 같은) 목재 꽂임촉과 함께 마찰 결합friction-fitting으로 만들어진다.

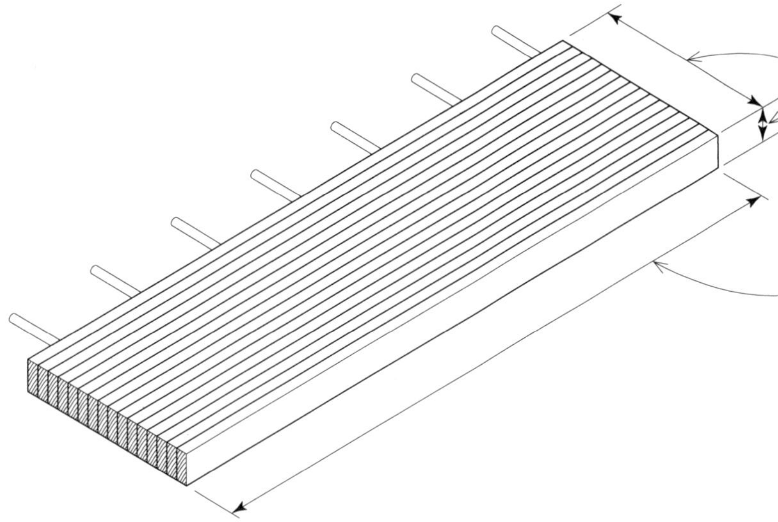

- 최대 폭 12'(3660)
- 두께 3 1/2"-14"(90-355)
- 최대 길이 60'(18290)

- 가장자리 2×4s 경간 범위 10'~12'(3050~3660)
- 가장자리 2×6s 경간 범위 112'~16'(3660~4875)
- 가장자리 2×8s 경간 범위 116'~20'(4875~6095)
- 가장자리 2×10s 경간 범위 120'~26'(6095~7925)
- 가장자리 2×12s 경간 범위 126'~30'(7925~9145)

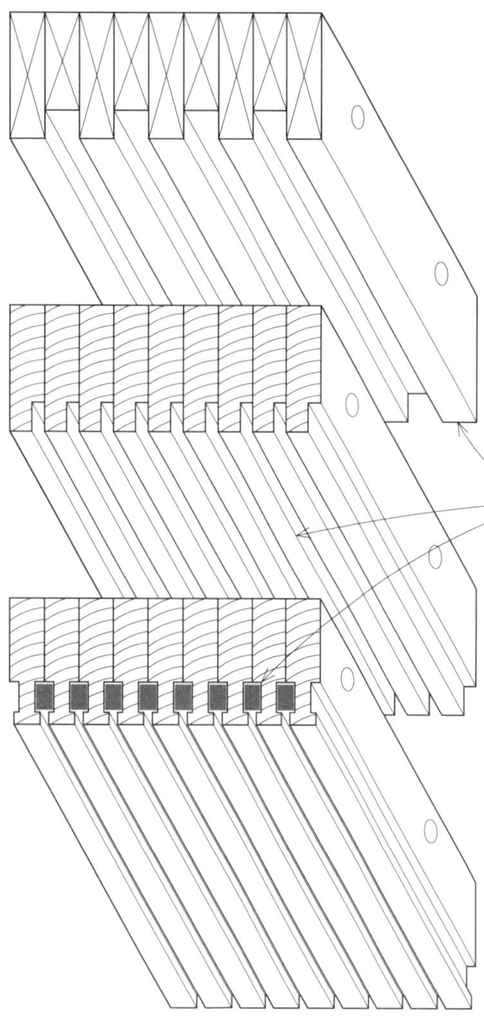

- 소리를 흡수하는 불연성 섬유질 단열재를 사용하여 음향효과가 있는 다양한 단면형상이 가능하다.

- 패널 상단에 여러 층의 합판을 적용하여 2방향 경간 작업이 가능
- 집성재-콘크리트 복합재는 구조성능을 최적화하고 층간 음향 분리를 개선한다.

5
벽체 시스템

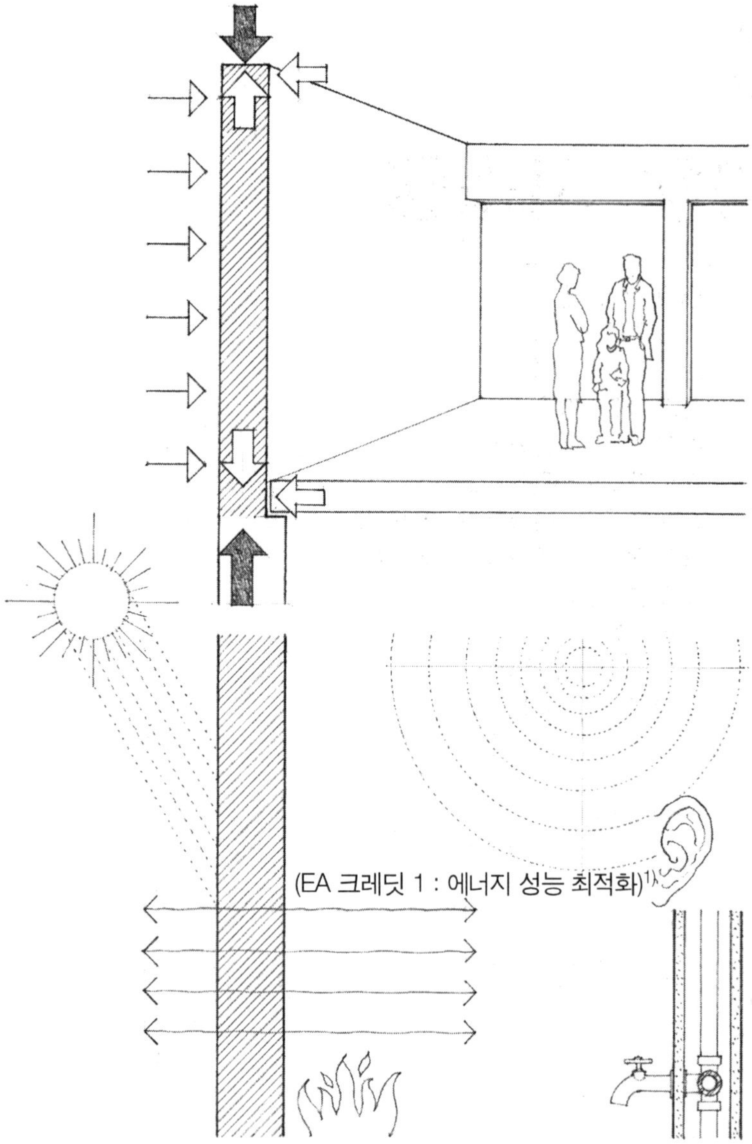

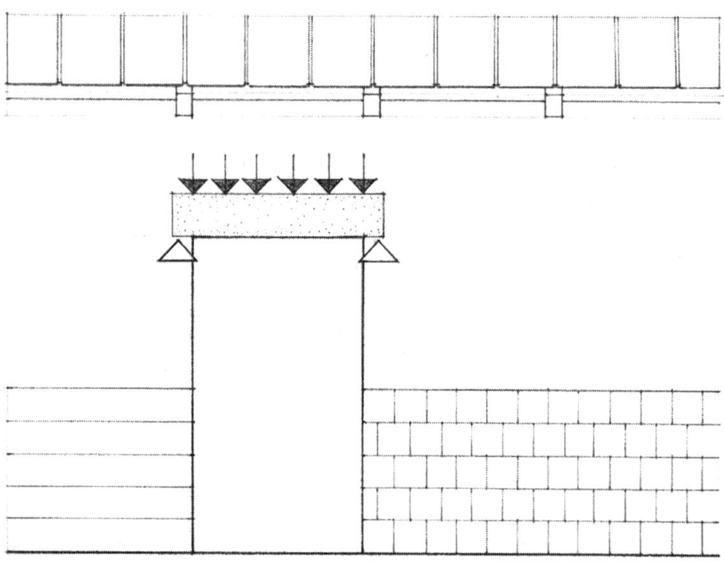

벽은 건물의 수직 구조물로, 내부 공간을 둘러싸고, 분리하며, 보호한다. 내력벽 구조로 적용될 때에는 동일 구조homogeneous structure나 복합구조composite structure의 형식으로 바닥과 지붕에 걸리는 하중을 지지하도록 설계한다. 비내력벽 구조의 벽체는 기둥-보 골조에 비구조적 패널 등의 방식으로 부착하거나 패널 사이를 채워 넣는 식으로 만든다.

외벽은 수직 하중에 더해, 수평으로 발생하는 풍하중을 버텨낼 수 있어야 한다. 충분한 강성이 있다면 외벽은 전단벽으로 기능하여 횡방향의 바람과 지진력을 지반 기초에 전달할 수 있다.

외벽은 기후로부터 건물 내부 공간을 지키는 보호 장치 역할을 하여야 하므로, 외벽을 시공할 때에는 열류, 공기의 침투, 소음, 습기, 수증기를 제어해야 한다. 외피는 벽체 구조에 덧대건, 아니면 벽체 구조와 통합된 구조이든 상관없이 태양, 바람, 그리고 비에 의한 풍화에 내구성 혹은 저항성을 가지고 있어야 한다. 외벽, 내력벽, 내부 칸막이벽에 따라 적용해야 하는 내화 등급은 건축 규정building codes에 특정되어 있다.

내벽 혹은 칸막이벽은 건물 내부에서 공간을 구획하는 벽체로, 구조적 역할을 할 수도, 비내력벽으로 구성할 수도 있다. 내벽 및 칸막이벽의 시공은 기대했던 마감 재료를 지지하고, 요구되는 정도의 음향 분리를 제공하고, 기계 및 전기 설비의 배치와 배출구/콘센트 등을 수용할 수 있어야 한다. .

창호를 위한 개구부는 위로부터 전해지는 수직 하중이 개구부 주변으로 잘 분산되어 창호 유닛 그 자체에 전달되지 않도록 시공되어야 한다. 개구부의 크기와 위치는 구조 시스템과 모듈러 벽체 재료의 제한들뿐만 아니라 자연광, 환기, 조망, 물리적 접근성에 대한 다양한 요구에 따라 결정된다.

1) Energy and Atmosphere Credit 1 : LEED BD+C에서 에너지 및 공기 관련 범주에 해당하는 친환경 인정 지표. 1-19점 사이에서 취득할 수 있다. (부록 A.26 참조)

구조 골조

- 콘크리트 골조는 일반적으로 강접골조이며, 불연 재료로 간주하는 내화 구조이다.
- 불연 강골조는 모멘트 접합을 활용할 수 있고, 내화 구조가 되기 위해서는 내화 피복 등의 시공fireproofing이 요구된다.
- 목골조 대각선 방향의 가새나 전단면을 이용 하여 횡적 안정성을 확보한다. 만약 외벽이 불연성 이면서 내화성능을 가지고, 골조부재가 건축 규정에 특정된 최소 규격 요구사항에 부합한다면 목골조는 중목구조 역할을 할 수 있다.
- 강골조와 콘크리트 골조는 목골조보다 더 긴 경간이 가능하고, 더 무거운 하중을 지탱할 수 있다.
- 구조 골조는 다양한 방식의 비내력 혹은 커튼월 방식을 적용하고, 그 하중을 지지할 수 있다.
- 골조가 노출될 때, 접합부의 디테일 처리는 구조적, 외관적으로 대단히 중요하다.

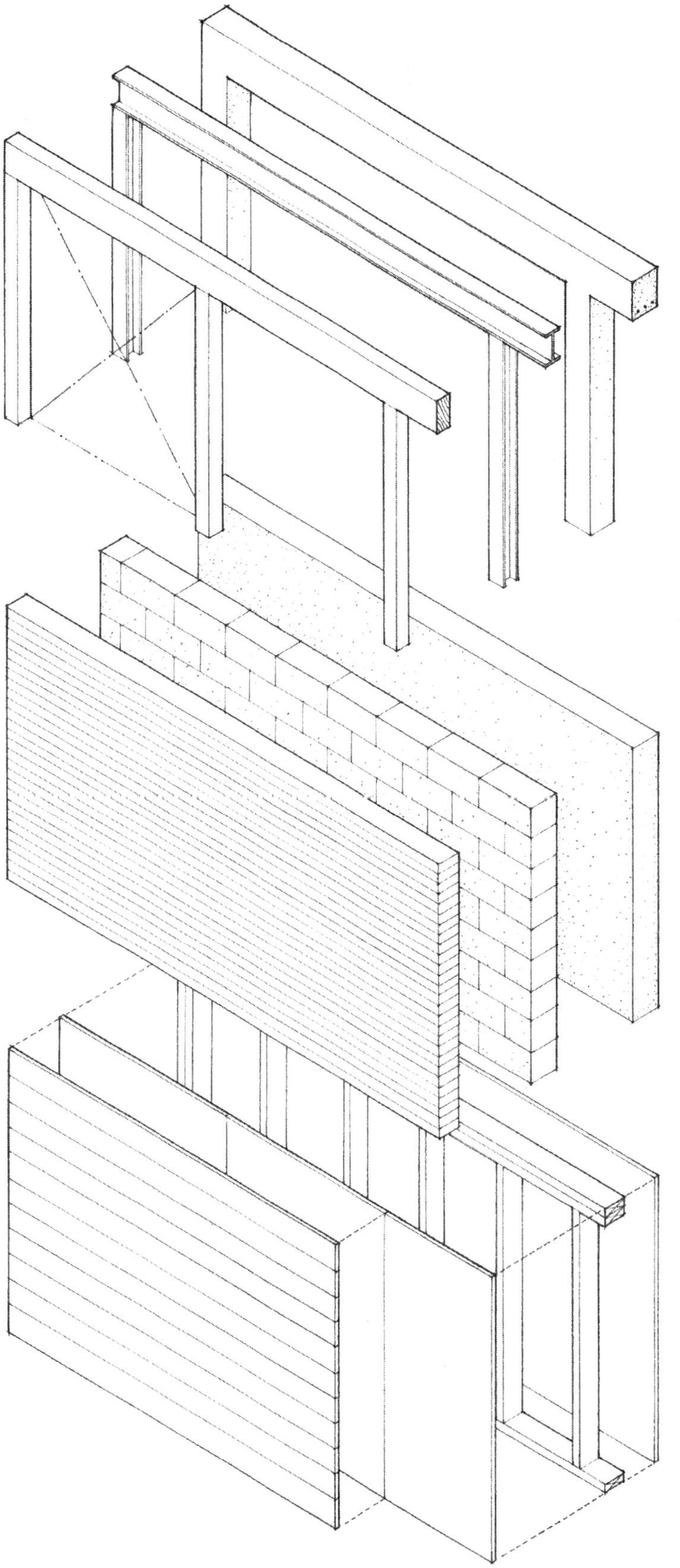

콘크리트 및 조적조 내력벽

- 콘크리트 및 조적조 내력벽은 불연구조로서, 질량이 클수록 보유 내력load-carrying capability[2] 이 커진다.
- 압축 응력에는 강하지만, 인장 응력을 다루기 위해서는 보상이 필요하다.
- 폭 대비 높이 비율은 횡적 안정성을 위한 조건으로 적절한 팽창 줄눈(이음)의 배치와 함께 벽체 디자인과 시공에 있어 대단히 중요한 요인이다.
- 벽체 표면은 노출한 상태로 남겨둘 수 있다.

금속 및 목재 샛기둥 벽체

- 냉간 압연 금속 혹은 목재 샛기둥은 일반적으로 중심 간격 16" 혹은 24"(406 혹은 610)마다 설치한다. 샛기둥의 간격은 덮개 재료의 폭과 길이를 고려하여 결정한다.
- 샛기둥은 수직 하중을 지탱하고 덮개 혹은 대각선 방향 가새를 이용하여 벽체 면의 강성을 높인다.
- 벽체 골조 내의 중공은 단열, 습기지연제, 기계 및 전기 설비의 배관/배선 및 배출구/콘센트를 위한 공간이 된다.
- 샛기둥 골조에는 다양한 마감 재료를 내벽 및 외벽 마감에 적용할 수 있다. 몇몇 마감 재료는 못치기 바탕 덮개 시공이 필요할 때가 있다.
- 마감 재료는 벽 조립체의 내화 등급을 결정한다.
- 샛기둥 골조는 현장에서 조립할 수도 있고, 현장 바깥에서 미리 조립하여 반입할 수도 있다.
- 샛기둥 벽체는 상대적으로 부재 크기가 작고, 부재를 연결하는 수단은 다양하여 시공성이 높다. 이로 인해 다양한 형태로 만들 수 있다.

2) 구조물에서 붕괴 하중까지 지지하는 능력

콘크리트 기둥은 수직 보강과 횡보 강을 함께 하여 기둥에 적용된 힘에 저항한다. 구조 기술자에게 문의하고 건축 규정을 확인하여 보강에 대하여 요구되는 크기, 간격, 위치에 대하여 확정할 것.

- 꽂임근은 기둥과 힘을 지지하는 보와 슬래브를 단단히 결합한다.
- 경사 철근inclined bars의 경사는 1:6을 넘어서는 안 된다.

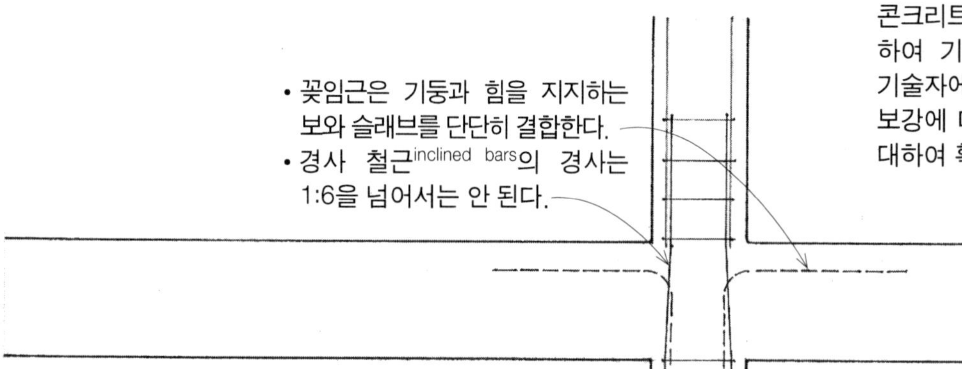

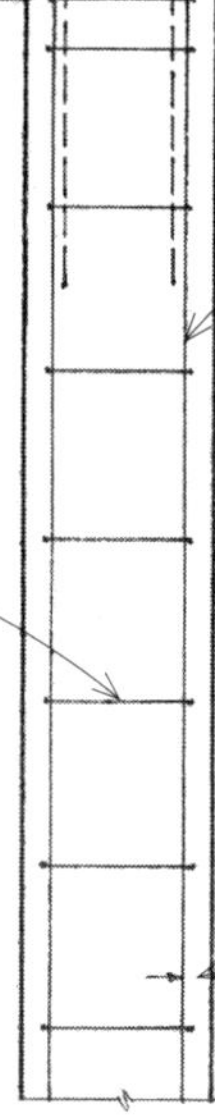

횡 보강근은 수직 보강근을 구속하고, 좌굴이 생기지 않도록 기둥의 강도를 높인다.

- 띠철근은 최소 직경 3/8"(10)으로 간격은 띠철근 간격의 48배, 수직 주철근 직경의 16배, 기둥의 최소 단면 치수 중 작은 값 이하로 하여야 한다. 각각의 모서리와 번갈아 설치한 수평 방향 철근은 반드시 횡 방향으로 135° 이하로 굽힌 타이를 이용하여 지지해야 한다. 또한, 어떤 철근도 다른 지지 철근으로부터 순 간격 6"(150)을 넘어서는 안 된다.

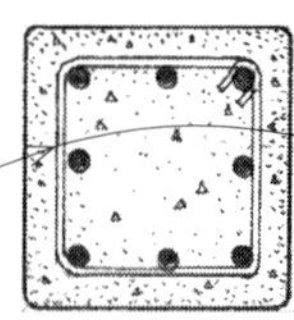

- 사각형 기둥: 최소 단변 치수 8" (205), 최소 전단 면적 96 sq. in. (61,935㎟)

수직 보강근vertical reinforcement은 콘크리트 기둥이 압축력을 지탱하는 능력을 증강하고, 기둥에 횡하중이 걸렸을 때 인장력에 더 많이 저항하도록 해준다. 또한 크리프creep와 기둥의 수축으로 인한 현상을 줄인다.

- 수직 보강근은 전단 면적의 1% 이상 8% 이하의 면적을 차지하도록 구성한다. 띠철근 기둥일 경우에는 최소 네 개의 No. 5 철근으로, 나선 철근 기둥일 경우에는 최소 6개의 No. 5 철근으로 보강근을 구성한다.
- 지지 위치에는 추가적인 결속재(타이)가 필요할 수 있다.
- 강재 보강을 위한 피복은 최소 $1^1/_2$"(38) 이상

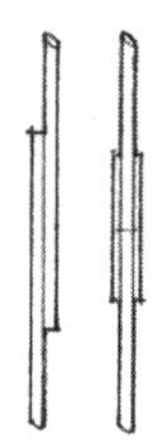

- 철근이음은 겹칩이음으로 한다. 겹침 길이는 철근 직경에 따라 정해진 것을 따른다. 수직철근의 끝부분을 맞댐이음으로 하거나 연결할 때에는 압착이음(슬리브 클램프) 혹은 아크 용접 방식으로 한다.

- 나선 철근은 같은 간격으로 감은 연속적인 나선의 형태를 가지고 있다. 나선 철근은 수직 스페이서를 이용하여 제자리에 단단히 고정된다.
- 나선 철근은 최소 직경 3/8"(10)으로, 나선 간의 중심 간격은 코어 콘크리트 직경[3]의 최대 1/6을 넘어서는 안 되며, 나선 철근 사이의 순 간격은 $1^3/_8$"(35) 이상 3"(75) 이하 치수에서 조골재 크기의 $1^1/_2$배 이상의 너비로 배치한다.
- 양단 부에는 정착을 위해 나선을 $1^1/_2$회전 더 감아준다.

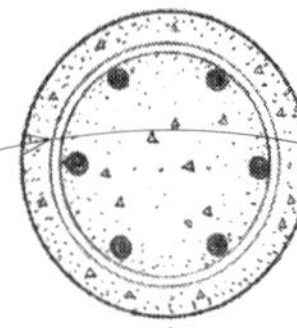

- 원기둥:최소 직경 10"(255)

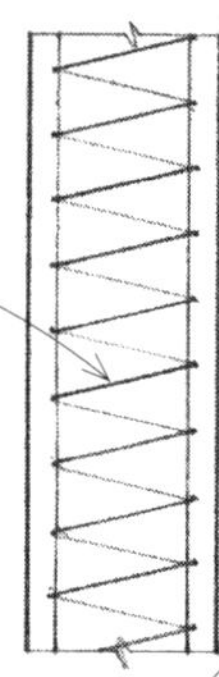

- 꽂임근(다우얼)은 수직 철근 직경의 40배 혹은 24"(610)로 겹친다. 푸팅 혹은 말뚝 캡 안 쪽으로 충분히 내려 정착을 위한 적정한 길이가 되도록 한다.

콘크리트 기둥은 독립기초나 매트기초/온통기초 혹은 복합기초, 때로는 말뚝 캡에 의해 지지할 수 있다. 3.09와 3.16. 참조.

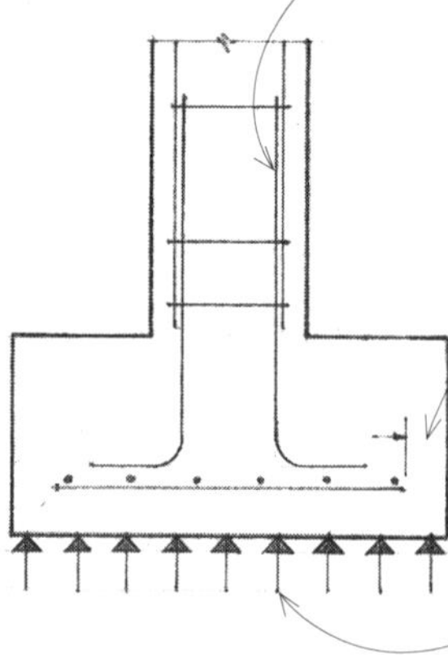

- 콘크리트가 영구히 토양에 노출될 것을 전제로 타설하는 경우, 강재의 보강을 취한 피복의 최소 두께는 3"(75)
- 동결심도보다 깊게
- 기초의 접지면적은 기둥의 하중을 하부 지지 토양의 허용지지력 이내로 분산시킨다. 최소 단변 길이 1' 8"(510)

3) 커버 콘크리트의 두께를 제외한 원기둥의 직경

CSI 마스터포맷TM 03 20 00: 콘크리트 철근 보강
CSI 마스터포맷 03 30 00: 현장타설 콘크리트
CSI 마스터포맷 03 31 00: 구조용 콘크리트

철근 콘크리트 기둥은 보통 콘크리트 보 및 슬래브와 함께 타설하여 일체식 구조monolithic structure를 형성한다.

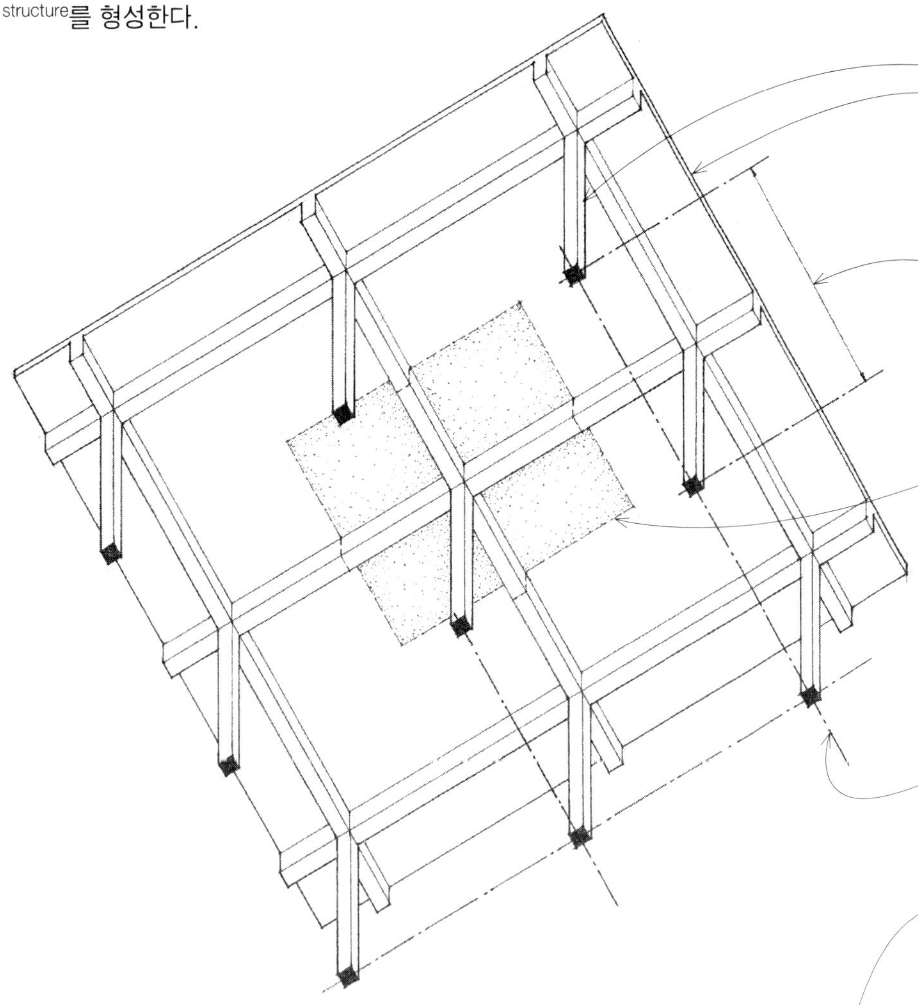

- 철근 콘크리트 기둥
- 철근 콘크리트 보와 슬래브; 4.04-4.05를 참조
- 철근 콘크리트 2방향 슬래브; 4.06-4.07을 참조
- 기둥 간격 = 보 경간 혹은 슬래브 경간
- 기둥 간격은 가해질 수 있는 하중을 결정한다.
- 단변 길이 12"(305) 정사각 단면 기둥은 2000 sf (185㎡)의 바닥 및 지붕 면적까지 지지할 수 있다.
- 단변 길이 16"(405) 정사각 단면 기둥은 3000 sf (280㎡)의 바닥 및 지붕 면적까지 지지할 수 있다.
- 단변 길이 20"(510) 정사각 단면 기둥은 4000 sf (372㎡)의 바닥 및 지붕 면적까지 지지할 수 있다.
- 일반적인 격자로 배치하면 보와 기둥을 경제적으로 구성할 수 있다.
- 기둥은 건물의 기초까지 연속되어야 한다.
- 기둥 크기 변화보다는 강재 보강의 차이를 두는 방식으로 설계한다. 어쩔 수 없이 기둥의 치수에 변화를 주어야 한다면 기둥 하나당 한 번에 한 방향으로 치수를 변경한다.

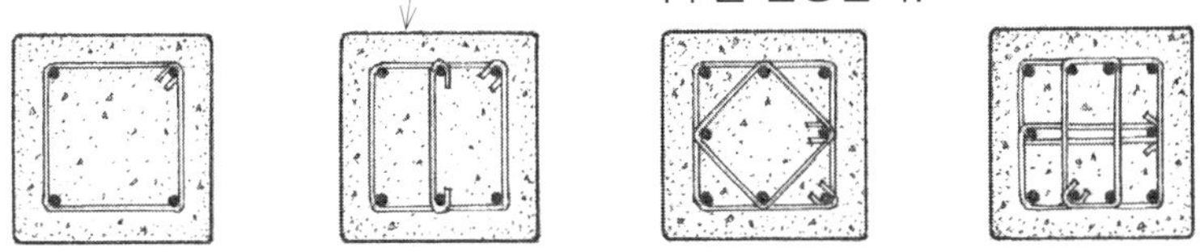

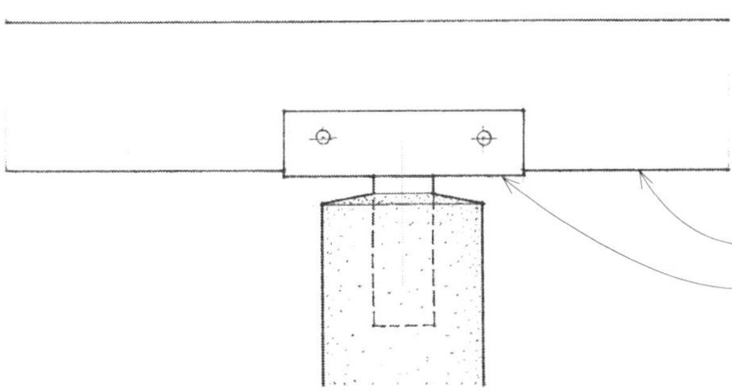

철근 콘크리트 기둥은 다양한 강재 접합구를 활용하여, 격자로 구성된 목재나 강재 보를 지지할 수 있다.

- 목재 혹은 강재 보
- 강재 접합구는 목재나 강재 보를 지지하고 콘크리트 기둥에 보를 정착한다.

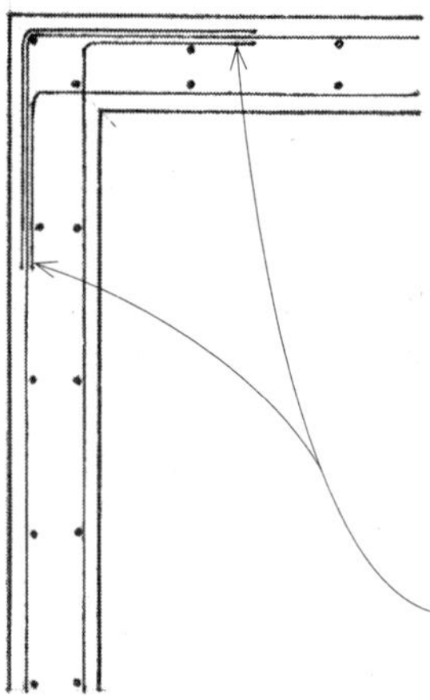

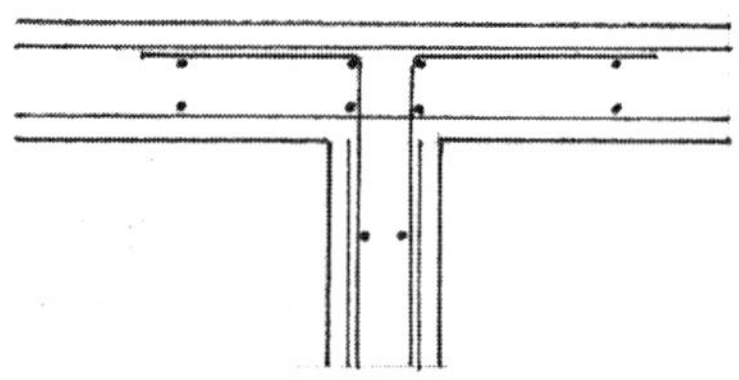

- 철근 콘크리트 벽체는 바닥 슬래브, 기둥, 서로 만나는 벽체에 고정되어야 한다. 이때 앵커 철근은 No. 3 철근을 이용하여 최소 중심간격 12"(305) 마다 설치한다.
- 모서리와 벽체가 서로 만나는 부분에서는 수평 보강근을 구부려서 구조적 연속성을 확보한다.

- 콘크리트가 토양이나 외부에 노출되지 않을 경우 피복 콘크리트 두께는 최소 3/4"(19) 이상
- 콘크리트가 흙이나 외부에 노출될 경우 피복 콘크리트 두께는 최소 1 1/2"(38) 이상으로 하고 No. 6 철근 두께 이상을 적용할 때에는 2"(51) 이상.

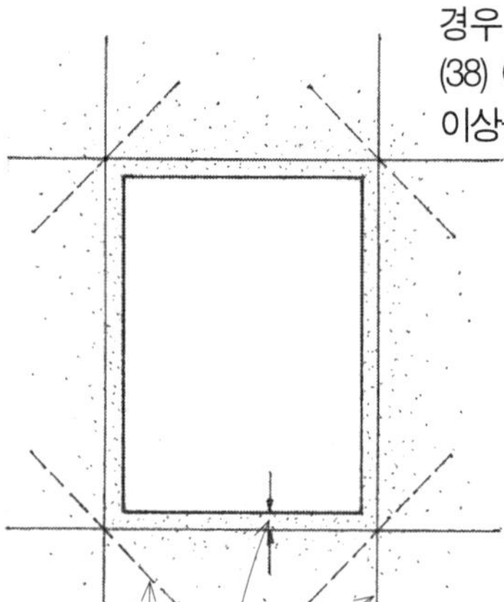

- 창호 개구부에는 보강이 필요하다. 이때 두 개 이상의 No. 5 철근을 최소 24"(610) 길이 이상으로 모서리로부터 돌출하여 연장한다.(610)
- 2"(51) 여유 공간 필요.
- 대각선 방향의 철근은 선택 사항임.

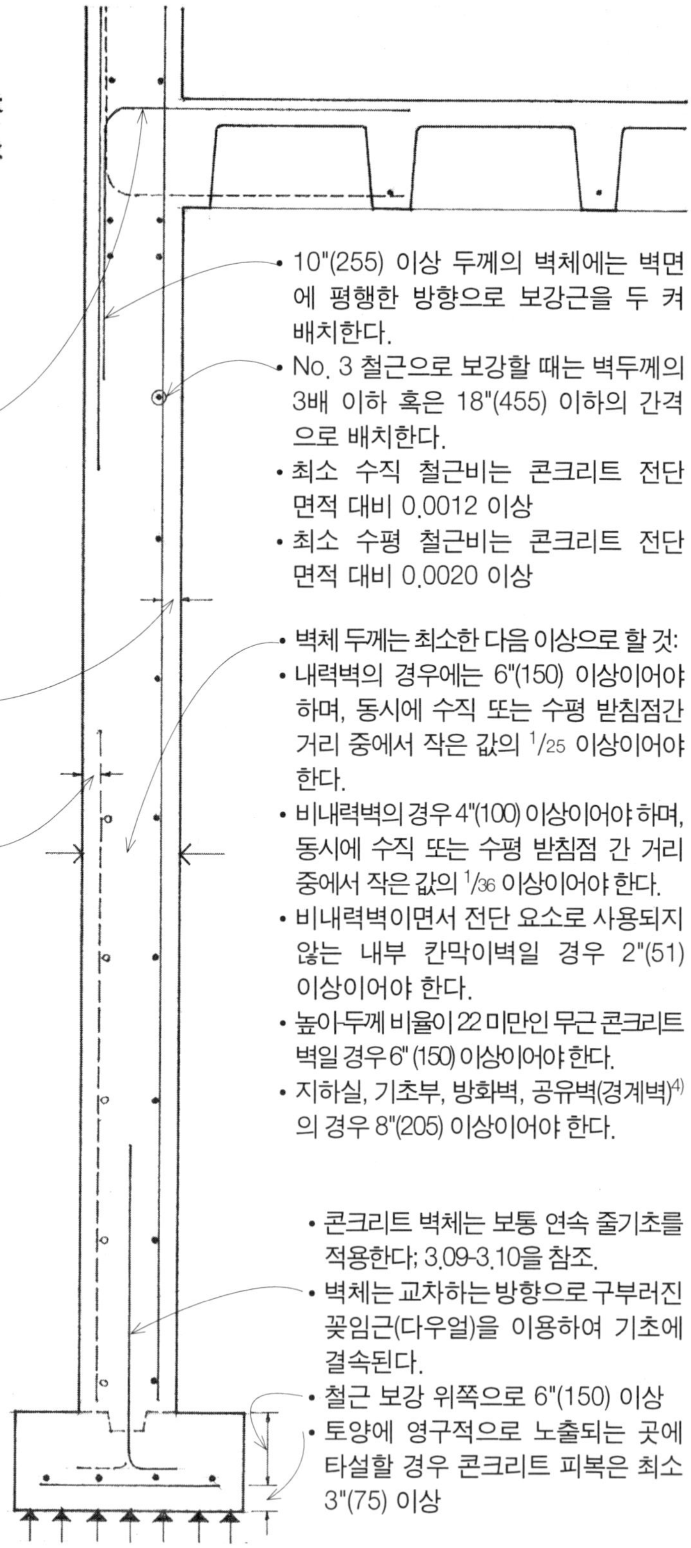

- 10"(255) 이상 두께의 벽체에는 벽면에 평행한 방향으로 보강근을 두 켜 배치한다.
- No. 3 철근으로 보강할 때는 벽두께의 3배 이하 혹은 18"(455) 이하의 간격으로 배치한다.
- 최소 수직 철근비는 콘크리트 전단 면적 대비 0.0012 이상
- 최소 수평 철근비는 콘크리트 전단 면적 대비 0.0020 이상

- 벽체 두께는 최소한 다음 이상으로 할 것:
- 내력벽의 경우에는 6"(150) 이상이어야 하며, 동시에 수직 또는 수평 받침점간 거리 중에서 작은 값의 1/25 이상이어야 한다.
- 비내력벽의 경우 4"(100) 이상이어야 하며, 동시에 수직 또는 수평 받침점 간 거리 중에서 작은 값의 1/36 이상이어야 한다.
- 비내력벽이면서 전단 요소로 사용되지 않는 내부 칸막이벽일 경우 2"(51) 이상이어야 한다.
- 높이-두께 비율이 22 미만인 무근 콘크리트 벽일 경우 6"(150) 이상이어야 한다.
- 지하실, 기초부, 방화벽, 공유벽(경계벽)[4]의 경우 8"(205) 이상이어야 한다.

- 콘크리트 벽체는 보통 연속 줄기초를 적용한다; 3.09-3.10을 참조.
- 벽체는 교차하는 방향으로 구부러진 꽂임근(다우얼)을 이용하여 기초에 결속된다.
- 철근 보강 위쪽으로 6"(150) 이상
- 토양에 영구적으로 노출되는 곳에 타설할 경우 콘크리트 피복은 최소 3"(75) 이상

- 보강에 요구되는 크기, 간격, 위치에 대해서는 구조 기술자에게 문의하고 건축 규정을 확인하여 확정할 것.
- 시공재료 차원의 콘크리트에 관한 내용은 12.04-12.05를 확인할 것.

CSI 마스터포맷™ 03 20 00: **콘크리트 철근 보강**
CSI 마스터포맷 03 30 00: **현장타설 콘크리트**
CSI 마스터포맷 03 31 00: **구조용 콘크리트**

4) 이웃 건물과 대지 경계 선상에서 공유하는 벽체

콘크리트 기둥과 벽체를 올리기 위한 거푸집 공사는, 주문제작으로 진행하는 특정 부분을 제외하고는 최대한 재사용이 가능한 조립식 패널을 사용한다. 거푸집 작업과 가새 설치는 콘크리트가 굳을 때까지 거푸집의 위치와 형상을 유지한다.

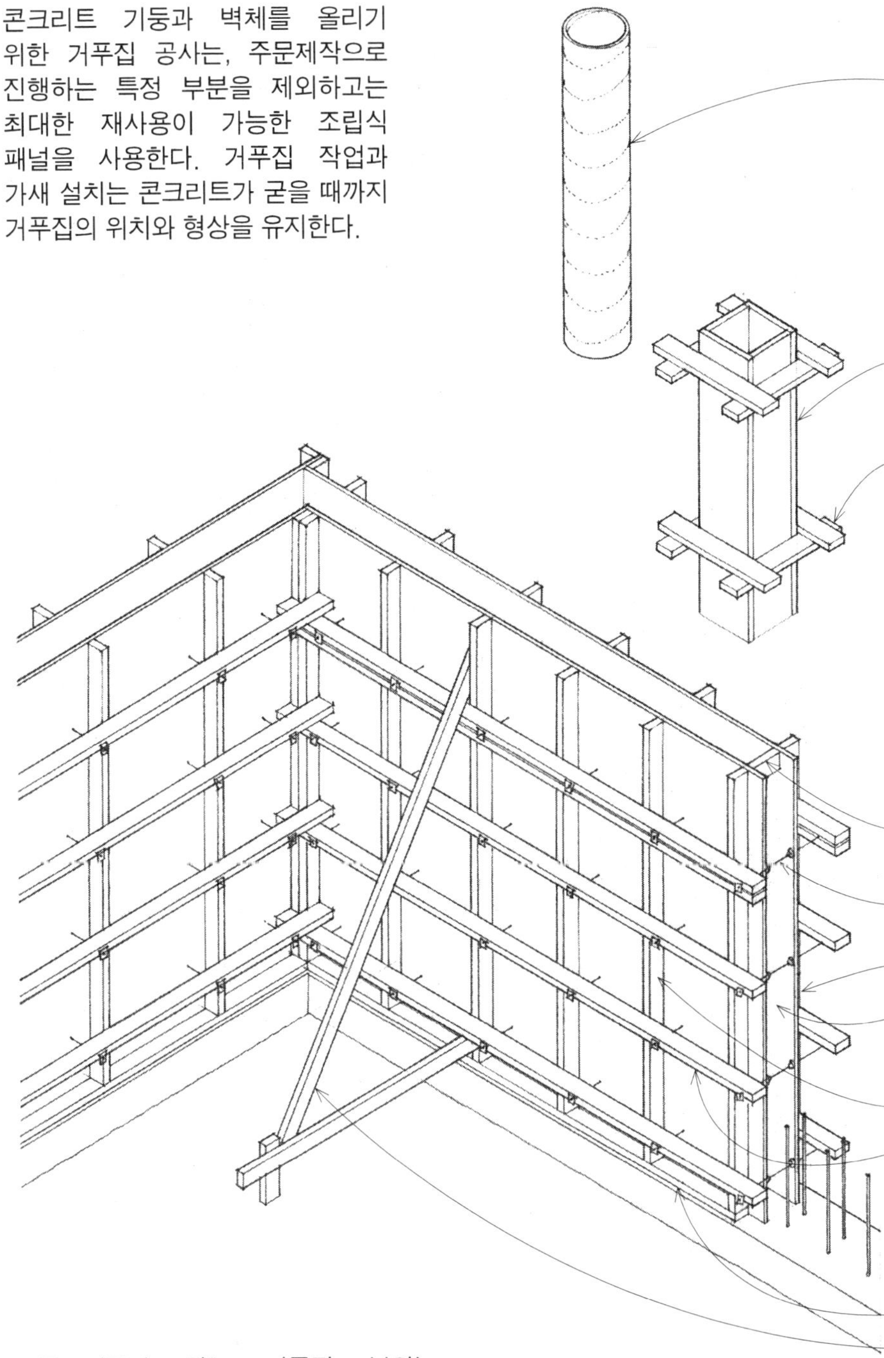

기둥용 거푸집

- 섬유거푸집은 부드럽고 나선 형태로 되어있는 패턴의 마감 면을 보여준다. 일회용으로 설치 후 폐기한다.
- 직경은 1'0"~3'6"(305~1065)
- 소노튜브Sonotube는 압축된 수지 합침지로 만들어진 원통형 기둥 거푸집을 제조하는 대표적 브랜드.
- 나무 거푸집
- 재사용 가능한 거푸집은 정사각형 혹은 직사각형 단면을 취한다.
- 조임목yokes은 거푸집 이음장치clamping device의 하나로 기둥 거푸집이나 벽 거푸집의 상단이 갓 타설한 콘크리트 유압으로 벌어지는 것을 막는다.

벽체 거푸집

- 끼움쇠은 보통 나무로 만들고, 거푸집 벽 부분의 간격은 유지하도록 해준다.
- 폼타이form ties; 5.08을 참조
- 합판 덮개plywood sheathing
- 패널 안쪽 면은 콘크리트에 자국을 남긴다.
- 목재 샛기둥
- 수평으로 놓인 방축띠장은 거푸집 공사의 수직 부재를 보강한다.
- 필요한 경우에는 세로들보를 두어 방축띠장의 위치를 맞추는 동시에 수직 보강을 한다.
- 토대판sill plate
- 가새

- 콘크리트가 닿는 거푸집 부위는 이형제parting compound—기름, 왁스 혹은 플라스틱—로 코팅하여 거푸집 탈거를 용이하게 한다. 디자인 측면에서도 콘크리트 단면형상은 거푸집으로부터 쉽게 탈거할 수 있도록 계획하여야 한다. 경사진 단면은 주변에 콘크리트로 둘러싸여 탈거가 어려울 수 있는 부분에 적용한다. 예각으로 계획된 외부 모서리는 보통 경사지게 모따기beveled를 하거나 둥글게 모깎기rounded 처리되어 끝부분이 깨지거나 우툴두툴해지지 않도록 한다.

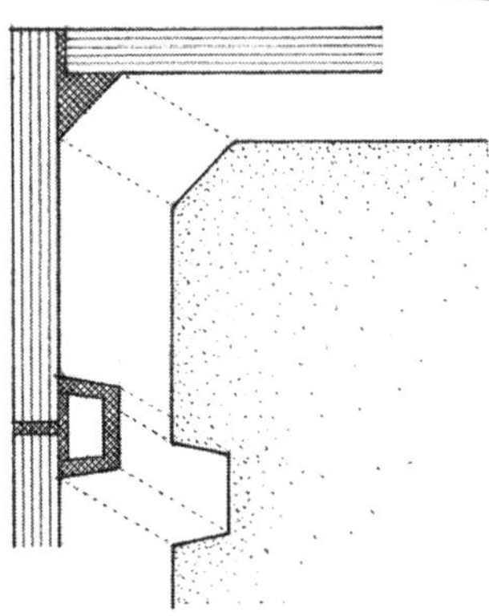

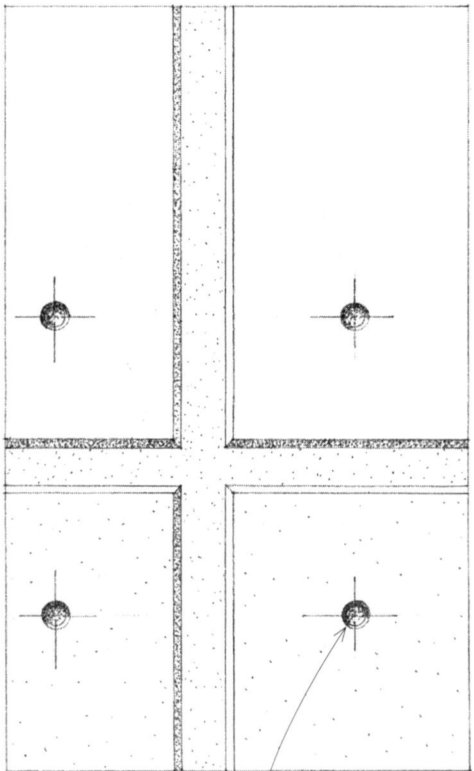

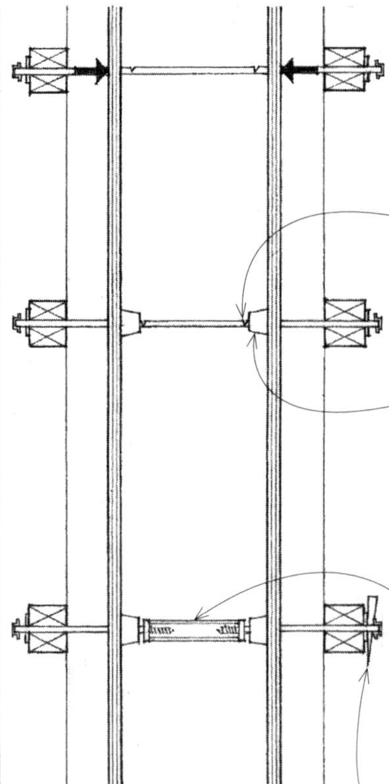

폼타이(거푸집 결속재)는 벽 거푸집이 갓 타설한 콘크리트의 유압으로 인해 벌어지지 않도록 해준다. 특허를 취득한 다양한 거푸집이 있지만, 기본적으로는 두 가지 유형에 속한다: 스냅타이와 쉬 볼트.

- 스냅타이는 새김눈 혹은 주름을 가지고 있어서 거푸집을 떼낸 다음 콘크리트 표면 아래에서 꺾어 떼어낼 수 있도록 만들어졌다. 콘이나 와셔를 이용해 정확한 벽 두께를 유지한다.
- 나무, 강철, 혹은 플라스틱으로 만들어진 작은 원뿔대 부속을 폼타이에 결속하여 벽체 거푸집의 간격을 유지하고, 콘크리트 표면에 깔끔하게 마감된 조금 우묵한 면을 남긴다. 이 우묵한 마감은 채워 넣거나 노출한 채로 남겨두게 된다.
- 쉬 볼트는 띠장 봉강들로 구성된다. 띠장 봉강을 거푸집 안쪽으로 삽입하고 내부 봉강이 양쪽에서 띠장 봉강을 나사형식으로 꿰는 방식으로 연결된다. 탈거 후 띠장 봉강은 재사용을 위해 제거하지만, 내부봉강은 콘크리트 안에 남아 있게 된다.
- 다양한 형태의 쐐기와 가늘고 긴 도구들을 이용하여 거푸집을 조이고, 거푸집 안쪽의 힘을 방축띠장에 전달한다.

폼타이 구멍은 다음과 같이 처리한다:

- 주변 마감에 맞춰 메꾼다.
- 타이끝부분을 에폭시 처리하고 남겨둔다.
- 플라스틱 캡으로 채운다.
- 1 1/2"(38)

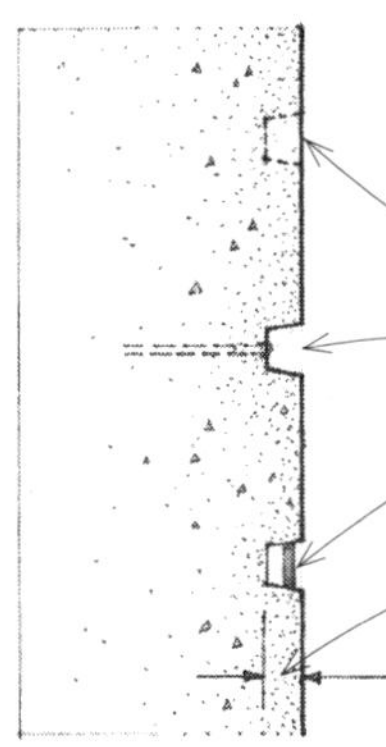

- 노출하거나 보이도록 처리할 때, 폼타이 구멍의 위치는 벽체의 표면 디자인과 조율해야 한다.

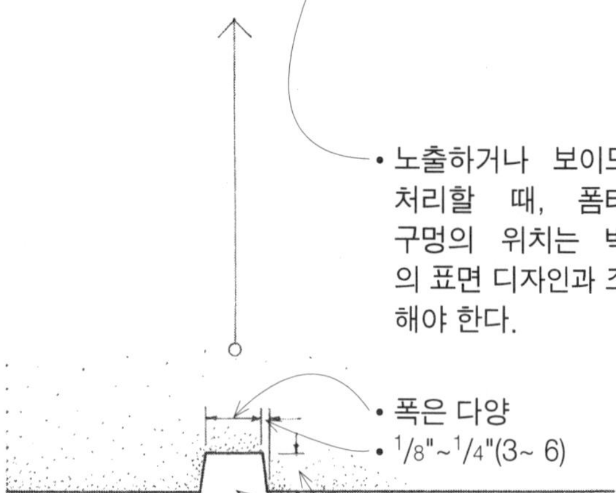

- 폭은 다양
- 1/8"~1/4"(3~ 6)
- 1/2"~3/4"(13 ~ 19)

- 타이홀을 선형으로 배열하여 콘크리트 벽체 표면에 동일한 패턴을 만들어 낼 수도 있고, 구분할 수 있게 서로 다른 표면처리를 하거나, 눈에 안 띄도록 시공줄눈 작업을 할 수도 있다.

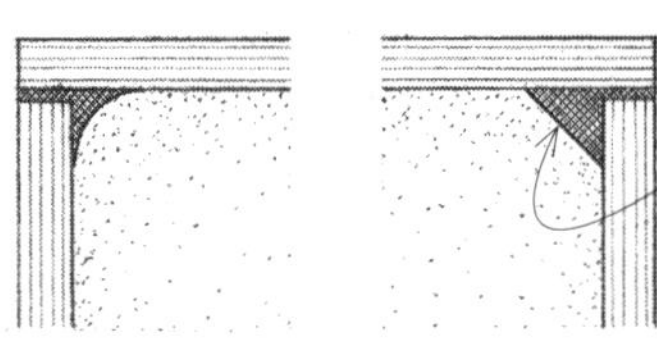

- 나무나 기타 재료로 만든 모따기 띠chamfer strips을 거푸집 안쪽에 붙여 놓으면, 외벽 콘크리트 부재의 모서리를 둥글게 혹은, 경사지게 처리할 수 있다.
- 나무나 기타 재료로 만든 건목치기 띠rustication strips를 거푸집 안쪽 면에 붙여 놓으면 콘크리트 부재 표면에 널홈groove이 생긴다. 건목치기 띠는 플라스틱 폼라이너plastic formliner 공법에서도 일부 활용한다.

CSI 마스터포맷 03 11 16: 건축 현장타설 콘크리트 거푸집 작업
CSI 마스터포맷 03 11 16.13: 콘크리트 폼라이너

다음 방법들을 통해 다양한 표면패턴과 질감을 만들어 낼 수 있다.

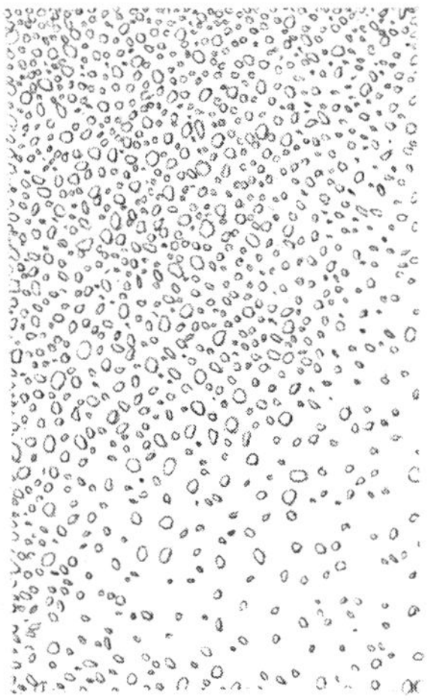

세골재 노출

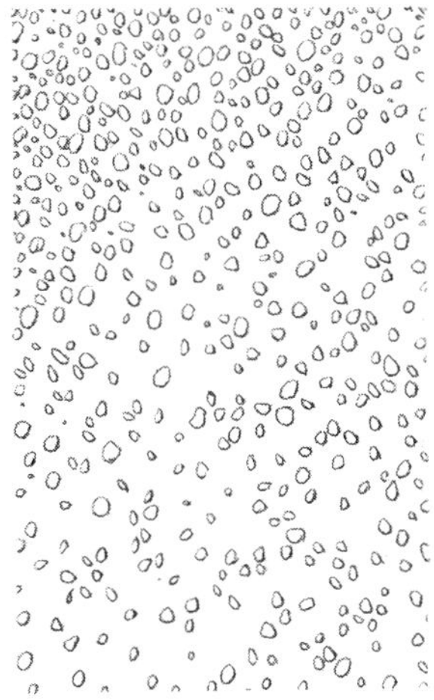

조골재 노출

콘크리트 성분의 선택

- 콘크리트 색상은 색깔을 입힌 시멘트와 골재를 사용하여 조절할 수 있다.
- 골재 노출 마감은 모래분사sandblasting, 산에 의한 부식을 이용한 에칭etching, 초결initial set 후 콘크리트 표면에 스크럽 작업을 하여 시멘트 페이스트의 외부 켜를 제거하고 골재를 노출시키는 방식 등이 있다. 거푸집에 화학 물질을 뿌려 시멘트 페이스트의 응결을 지연시키기도 한다.

모래분사 합판

보드 후 누름대board-and-batten

골진 패턴 폼라이너

거푸집에 의해 남겨지는 자국

- 베통 브뤼/노출콘크리트Beton brut는 거푸집을 제거한 후 그대로 마감을 끝낸 콘크리트를 말한다. 특히 콘크리트 표면에 거푸집널의 질감, 이음, 패스너fastener의 흔적이 남아있는 콘크리트의 경우를 의미한다.
- 합판 거푸집의 합판면은 부드럽게 처리하거나, 모래분사나 쇠솔질 작업을 통해 합판 면의 결 패턴을 강조하는 식으로 처리할 수 있다.
- 덮개용 목재를 이용하여 널 자체의 패턴을 만들 수 있다.
- 금속이나 플라스틱 폼라이너는 다양한 질감과 패턴을 만들 수 있다.

도드락다듬 처리면

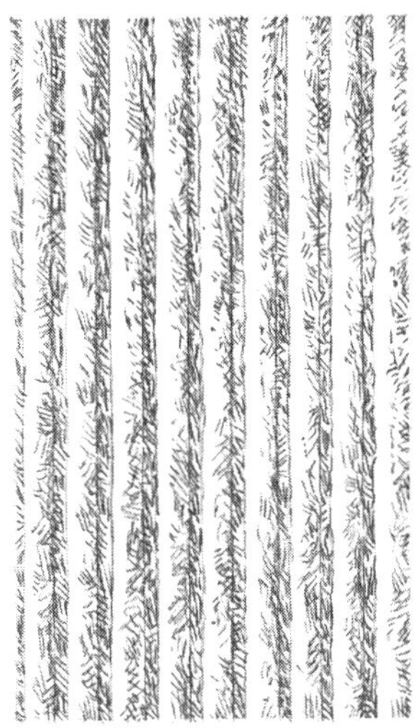

골진 표면에 도드락다듬처리

콘크리트 경화 후 처리

- 콘크리트는 굳은 후 도장 또는 염료 처리할 수 있다.
- 콘크리트 표면에 모래분사, 물갈기 작업이 가능하다. 그라인더로 부드럽게 연마할 수도 있다.
- 부시해머와 잭 해머를 이용하여 더 거친 질감을 만들어 낼 수 있다. 이 작업은 콘크리트 표면이 매끈하거나 기존에 질감이 있거나 구애없이 가능하다.
- 도드락 다듬bushhammered finish은 거친 질감이 있는 마감으로, 전동해머를 이용하여 콘크리트나 석재 표면을 파쇄하는 방식으로 만든다. 사각형으로 생긴 전동해머의 헤드 표면은 골이 있고, 톱니가 있거나 이가 달린 것처럼 울퉁불퉁하게 처리되어 있다.

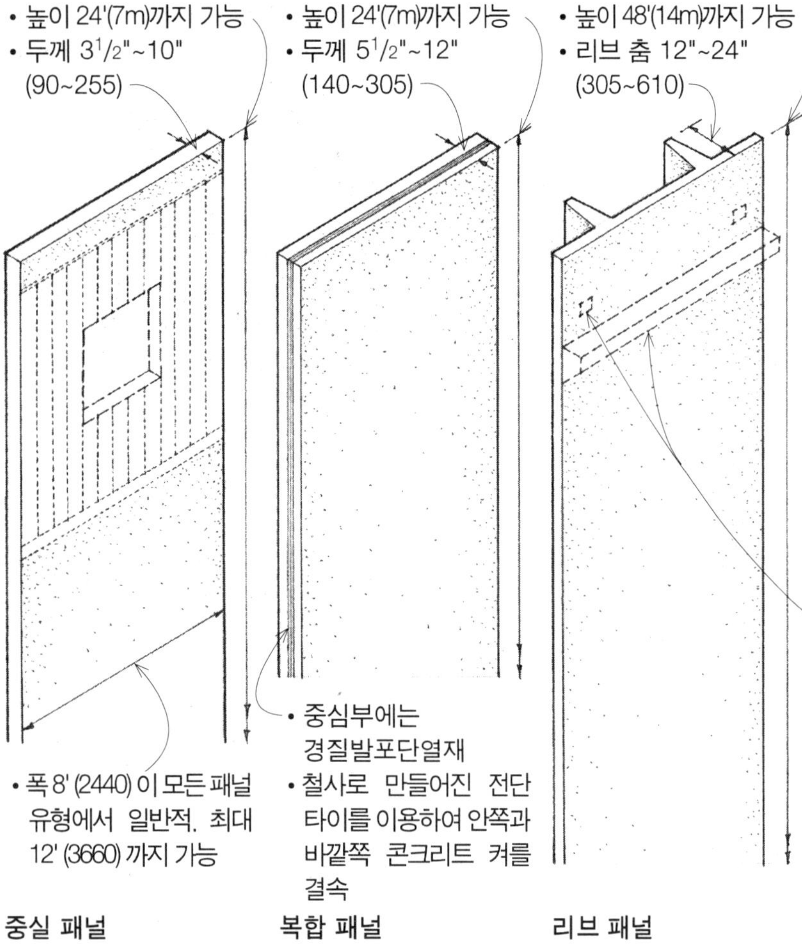

프리캐스트 콘크리트 벽체패널

프리캐스트 콘크리트 벽체패널은 부지 바깥에서 타설하고 증기 양생을 거쳐 만들어진 후, 강접 구조 요소로서 크레인을 이용하여 제 자리에 설치한다. 공장 제조품이라는 성격으로 인해 강도, 내구성, 마감에 있어서 균질한 특성을 보이며, 프리캐스트 콘크리트로 공사를 하게 되면 현장에서의 거푸집 공사는 필요하지 않다.

프리캐스트 벽체패널은 전통적인 방식으로 철근 보강을 하거나, 더 큰 구조적 효율성을 위해 프리스트레스를 가할 수 있다. 프리스트레스를 가하게 되면 패널의 두께는 줄고, 경간은 늘어난다. 인장 보강, 수축 보강, 온도 보강근 외에도, 부재의 이동과 설치과정에서 생기는 응력에 저항하기 위해 추가적인 철근보강이 필요할 수 있다.

- 프리캐스트 벽체패널은 중실 패널, 복합 패널, 리브 패널로 구분된다.
- 창호 개구부, 코벨(내쌓기 턱), 정착구가 벽체패널 내에 타설 시부터 설치되어 있다.
- 품질이 제어되는 다양한 표면 질감과 패턴이 가능하다; 제조업체에 문의할 것.

프리캐스트 콘크리트 기둥

프리캐스트 콘크리트 기둥precast concrete columns은 일반적으로 프리캐스트 보와 사용하여 구조적인 골조를 형성한다. 4.11을 참조. 프리캐스트 구조의 골조에서는 강접으로 접합구를 구성하는 것이 어려우므로, 보통은 전단벽이나 대각선 방향의 가새 작업을 통해 횡방향의 힘으로부터 구조체를 안정시킨다.

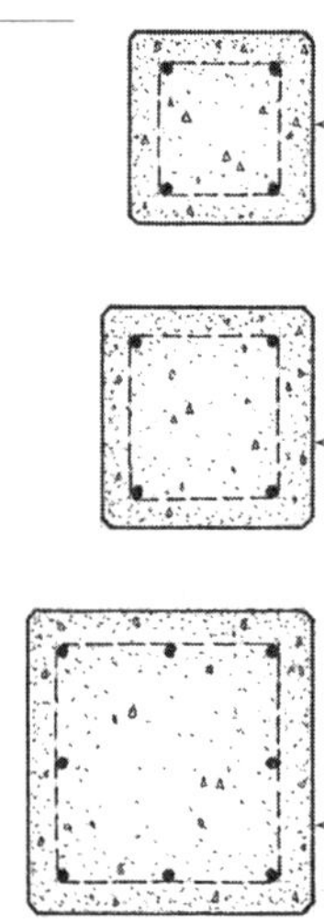

- 10" × 0"(255 × 255) 기둥의 부담면적은 약 2000 sf (185㎡).
- 12" × 2"(305 × 305) 기둥의 부담면적은 약 2750 sf (255㎡).
- 16" × 6"(405 × 405) 기둥의 부담면적은 약 4500 sf (418m²).

- 예비적 설계 단계에서, 상기된 프리캐스트 콘크리트 기둥의 규격은 표기된 바닥 및 지붕 면적을 부담한다고 가정할 수 있다.

CSI 마스터포맷 03 40 00: 프리캐스트 콘크리트
CSI 마스터포맷 03 41 00: 프리캐스트 구조용 콘크리트

프리캐스트 콘크리트 벽체 패널은 내력벽 역할을 할 수 있다. 즉 현장 타설 콘크리트나 강재 바닥 및 지붕시스템을 지지할 수 있음을 의미한다. 프리캐스트 벽체 패널은 프리캐스트 콘크리트 기둥, 보, 슬래브와 함께 적용되었을 경우 온전한 프리캐스트 구조 시스템이 된다. 프리캐스트 구조 시스템은 기본적으로 모듈러 기반의 내화 구조이다. 4.11과 4.13을 같이 참조. 비구조적 프리캐스트 콘크리트 패널에 대해서는 7.27을 참조.

프리캐스트 콘크리트 구조의 횡적 안정성을 위해서는 바닥과 지붕이 수평 격벽 역할을 할 수 있어야 한다. 수평 격벽은 횡방향의 힘을 전단에 저항하는 벽체 패널에 전달한다. 반대로 벽체 패널은 기둥이나 교차하는 벽체들에 의해 안정화되어야 횡방향의 힘들을 땅속 기초까지 잘 전달할 수 있다. 모든 힘은 그라우팅한 접합부와 전단키, 기계적 접합구, 강재에 의한 보강, 그리고 보강된 콘크리트 토핑을 통해 전달된다.

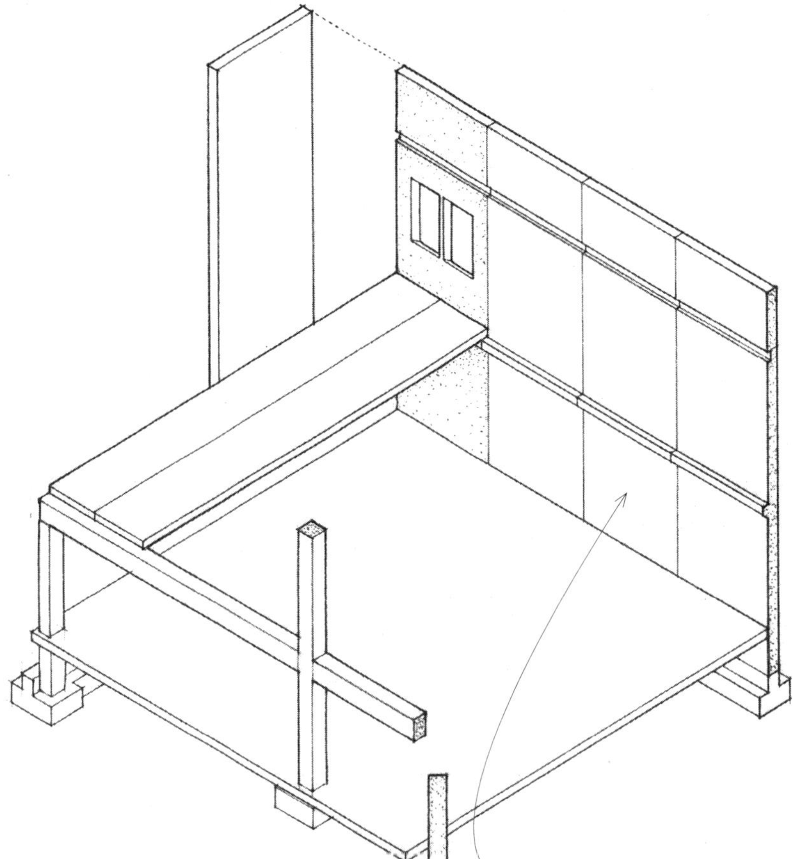

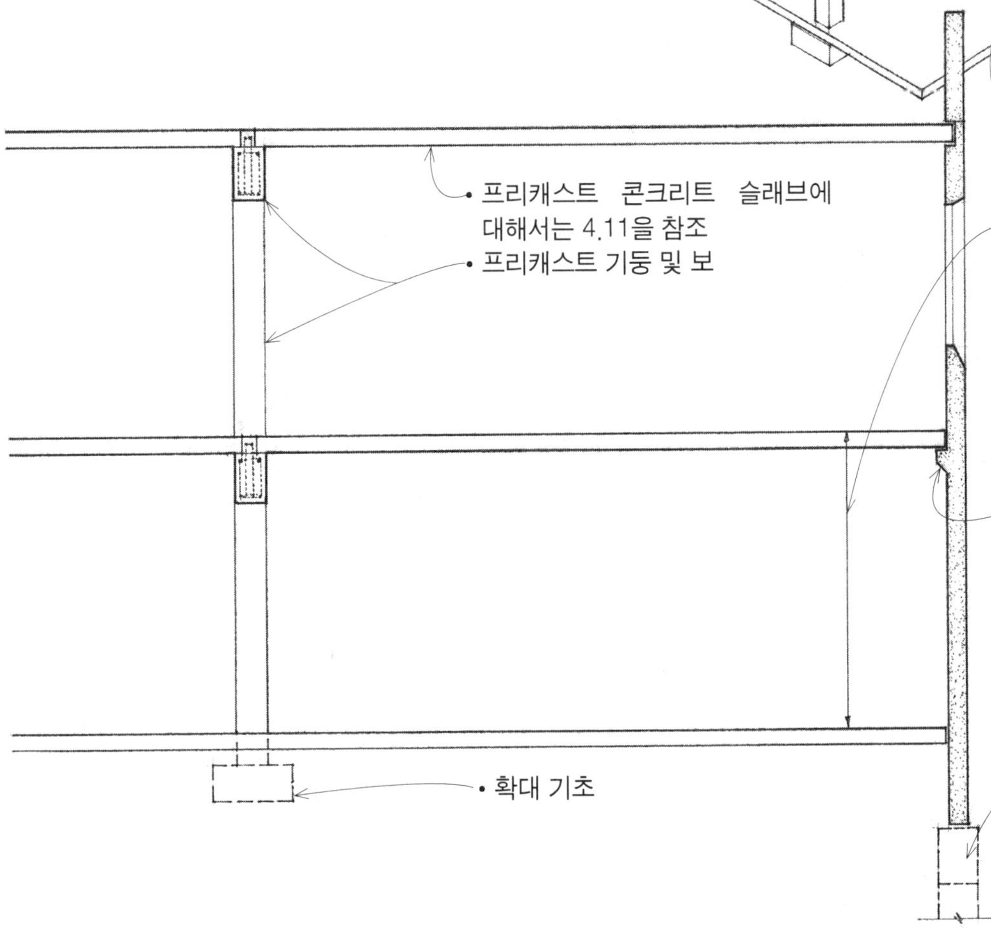

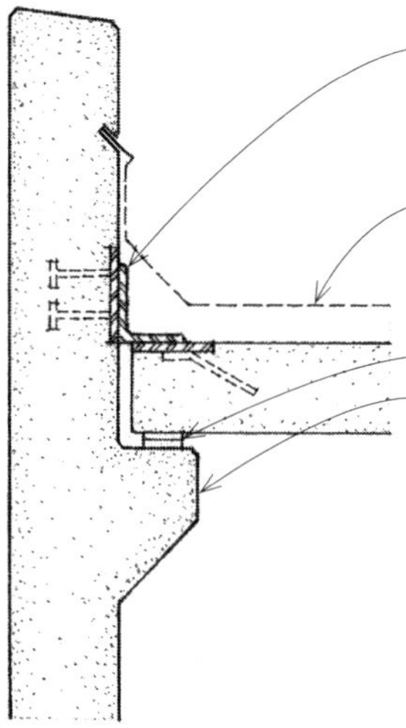

- 강재 앵글은 벽체와 슬래브 유닛 안쪽으로 정착된 판에 용접으로 결합
- 조립식 지붕공법 혹은 막 지붕 방식에 대해서는 7.12-7.16을 참조
- 네오프렌 소재의 받침대
- 코벨은 요구되는 받침 면적을 제공한다.
- 최소 받침 길이는 순 경간의 1/180 이상; 중실 혹은 중공 슬래브 일 경우 최소 2"(51) 이상; 보 혹은 복부가 있는 부재일 경우 최소 3"(75) 이상

프리캐스트 콘크리트 슬래브

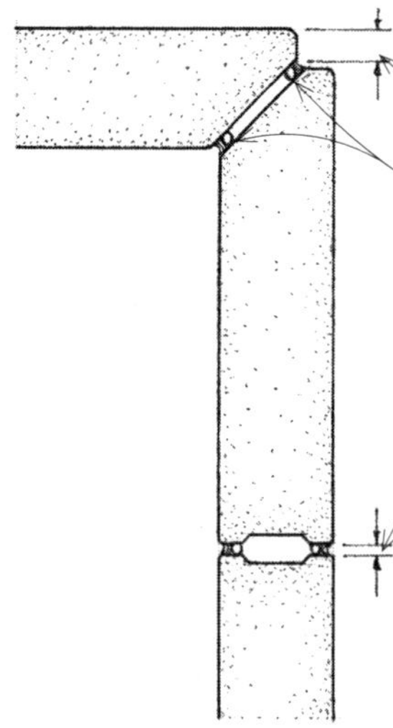

- 연귀접합 모서리 홈: 3/4"-1 1/2"(19-38)
- 충전재적용 및 실란트 시공
- 수직 이음 최소 1/2"(13) 이상
- 배수를 위해서는 수직 이음부에서 실란트를 끊어서 시공

패널 이음

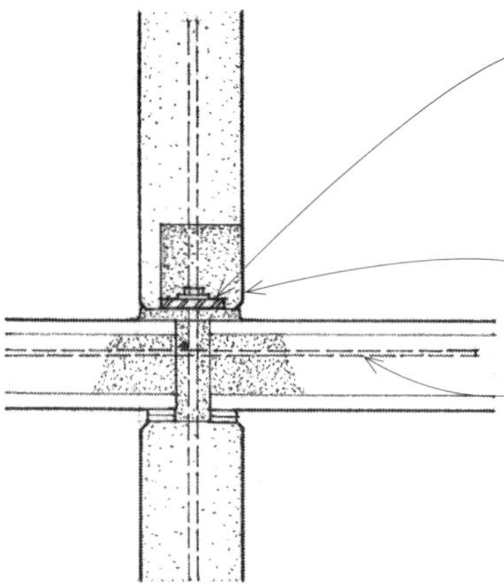

- 강재 베이스 플레이트는 위쪽의 벽체 패널과 같이 타설하여 아래쪽 벽체패널 속에 매립한 앵커볼트에 단단히 고정.
- 볼트 접합이 끝난 후의 그라우트 포켓
- 꽂임근은 보강된 콘크리트 토핑 속 혹은 그라우팅한 전단키 안쪽에 배치되어, 지지하는 벽체 패널과 그 위의 슬래브를 결속한다.

프리캐스트 콘크리트 슬래브

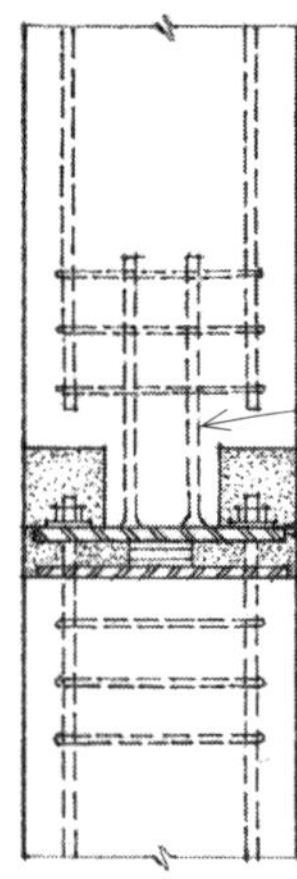

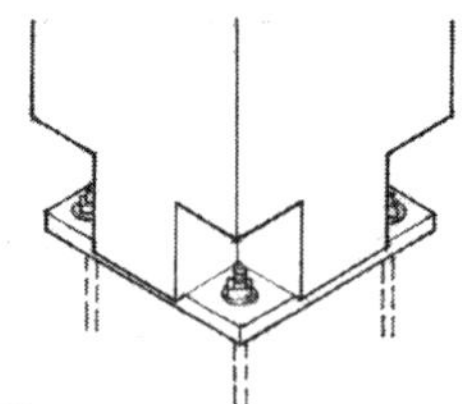

- 이음 철근은 강재 앵글에 용접
- 강재 하부고정판은 앵커볼트로 기둥 단면에 단단히 고정
- 무수축 그라우트를 이용한 드라이팩. 기둥을 정렬하고 볼트를 체결한 다음에 진행

철근이음 기둥

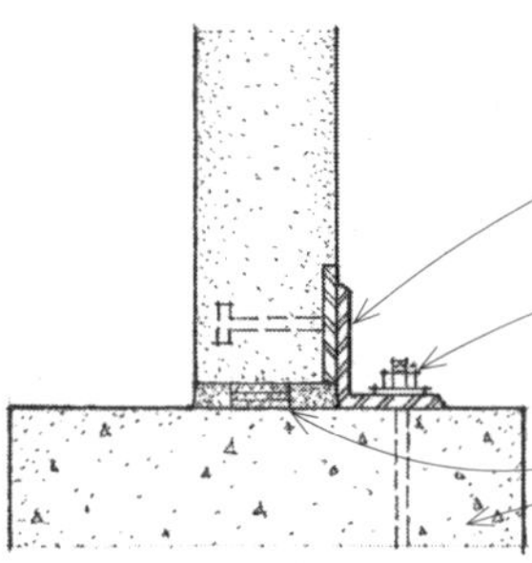

- 클립 앵글은 앵커 플레이트에 용접
- 앵커볼트
- 끼움패드 및 무수축 그라우트
- 연속줄기초

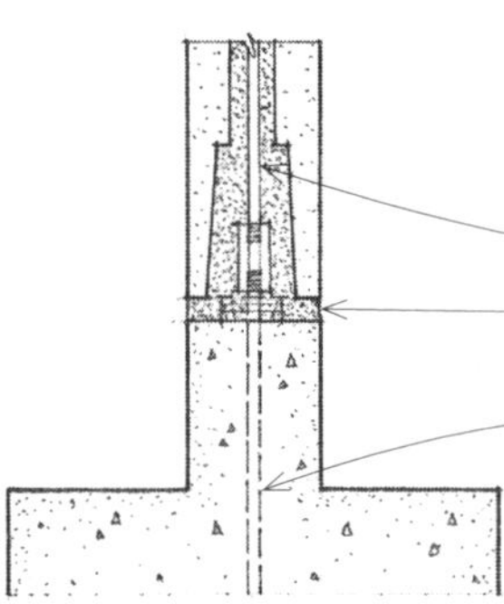

- 포스트텐션이 걸린 봉강
- 끼움패드shim pad 및 무수축 그라우트
- 포스트텐션을 걸기 위한 앵커는 기초 안에 타설

콘크리트 기초

- 기둥, 보, 슬래브 접합부에 관해서는 4.13을 참조할 것.
- 상세한 구조적 요구 사항을 확인하기 위해서는 전문 기술자에게 문의하고 건축 규정을 검토할 것.

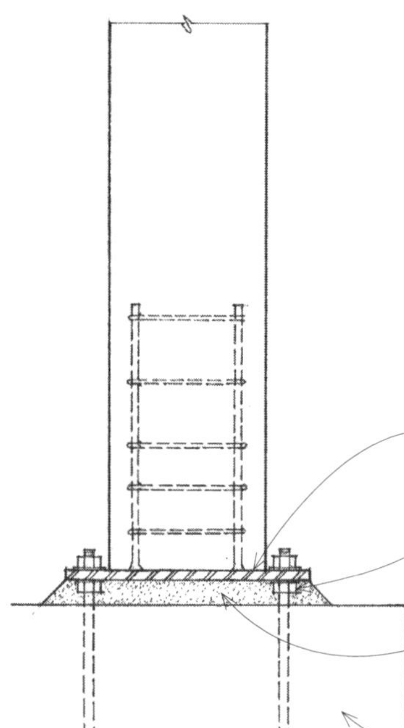

- 강재 베이스 플레 이트는 기둥에 단단히 고정
- 레벨 조정 너트
- 앵커 볼트; 직경 최소 1"(25) 이상
- 기둥 정렬 후에 무수축 그라우트로 드라이팩
- 기둥 기초

주초

틸트업 공법은 현장에서 철근 콘크리트 벽체 패널을 수평으로 놓고 타설한 후 들어 올려서 최종적 위치로 옮기는 방법 중 하나이다. 틸트업 공법은 기본적으로 수직 벽체를 위한 거푸집을 시공하고 탈거하는 데 드는 비용이 없다는 장점이 있다; 이러한 비용 절감은 완성된 벽체 패널을 위치로 들어 올리는데 필요한 크레인 운용비용으로 어느 정도 상쇄된다.

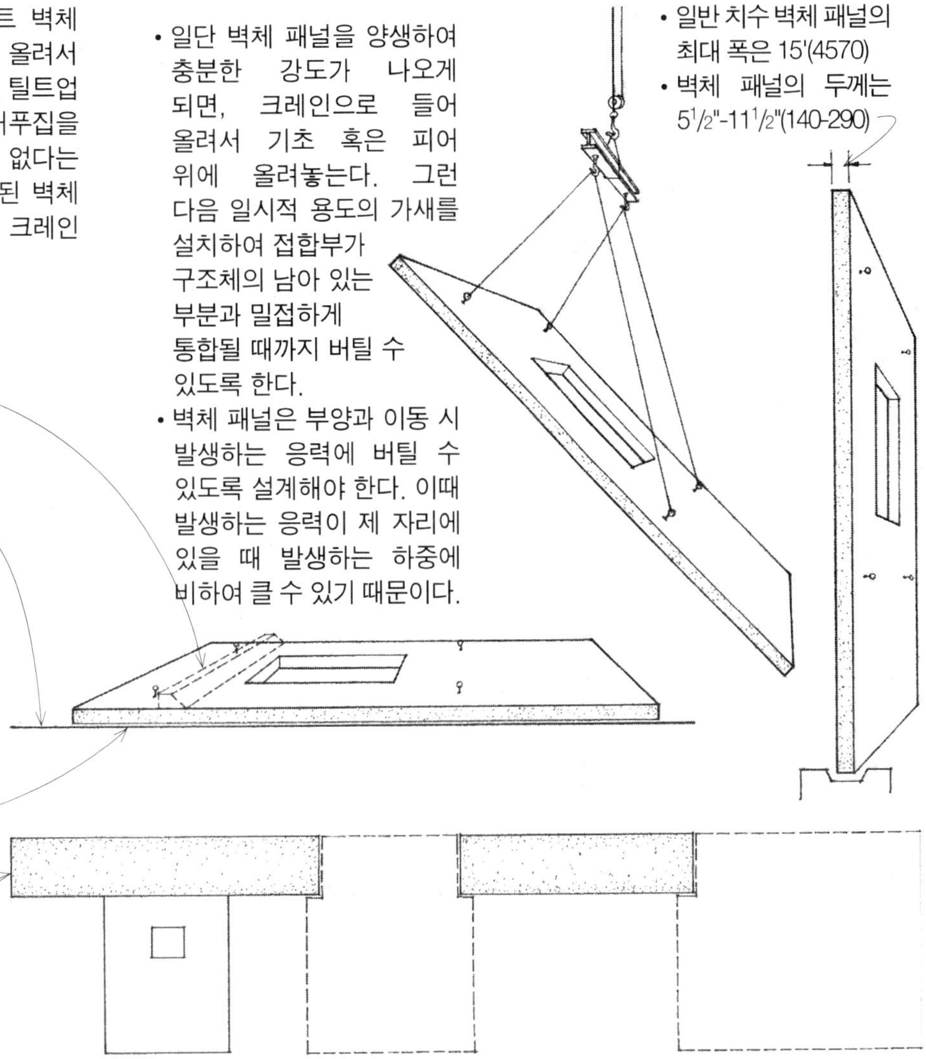

- 일단 벽체 패널을 양생하여 충분한 강도가 나오게 되면, 크레인으로 들어 올려서 기초 혹은 피어 위에 올려놓는다. 그런 다음 일시적 용도의 가새를 설치하여 접합부가 구조체의 남아 있는 부분과 밀접하게 통합될 때까지 버틸 수 있도록 한다.
- 벽체 패널은 부양과 이동 시 발생하는 응력에 버틸 수 있도록 설계해야 한다. 이때 발생하는 응력이 제 자리에 있을 때 발생하는 하중에 비하여 클 수 있기 때문이다.

- 일반 치수 벽체 패널의 최대 폭은 15'(4570)
- 벽체 패널의 두께는 5 1/2"-11 1/2"(140-290)

- 돌출부와 픽업장치는 윗면 안쪽에 타설한다.
- 공사 중인 건물의 콘크리트 지면 슬래브는 보통 타설 플랫폼 역할을 한다. 흙, 합판 혹은 강재 몰드 역시 사용될 수 있다. 만약 부양 작업이 슬래브 위에 크레인을 올려야 하는 상황이라면, 슬래브는 트럭 크레인으로부터 발생하는 하중을 견뎌내야 한다.
- 타설 플랫폼은 평평해야 하며 매끈하게 흙손마감되어야 한다. 본드브레이커 작용제를 사용하면 깨끗한 상태의 부양 작업을 진행할 수 있다.
- 사전에 문설주와 매입될 강판을 패널 아래쪽에 타설할 수 있다.
- 스팬드럴 유닛을 벽체패널 위에 걸칠 수 있다. 최대 폭은 30'(9145)
- 바닥과 지붕 접합부는 4.13과 5.12의 일반적인 벽체패널과 인접 패널 및 기초 사이의 접합부와 비슷하다.

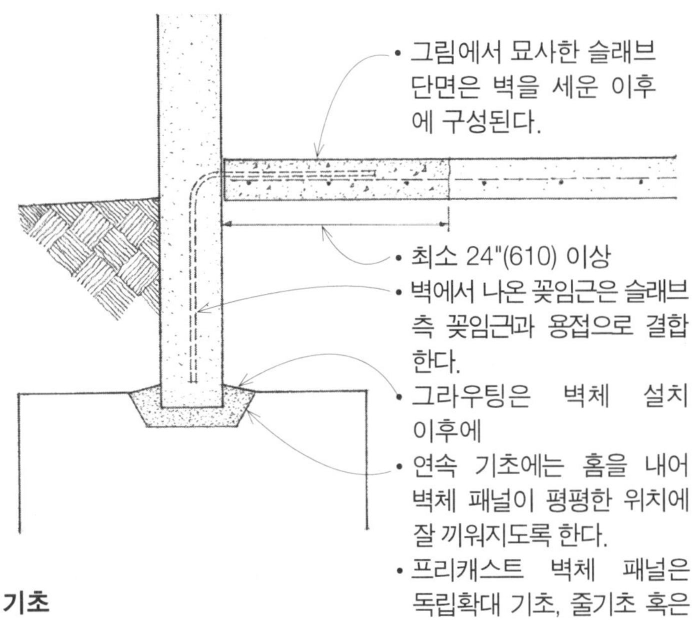

- 그림에서 묘사한 슬래브 단면은 벽을 세운 이후에 구성된다.
- 최소 24"(610) 이상
- 벽에서 나온 꽂임근은 슬래브 측 꽂임근과 용접으로 결합한다.
- 그라우팅은 벽체 설치 이후에
- 연속 기초에는 홈을 내어 벽체 패널이 평평한 위치에 잘 끼워지도록 한다.
- 프리캐스트 벽체 패널은 독립확대 기초, 줄기초 혹은 피어 위에 세울 수도 있다.

기초

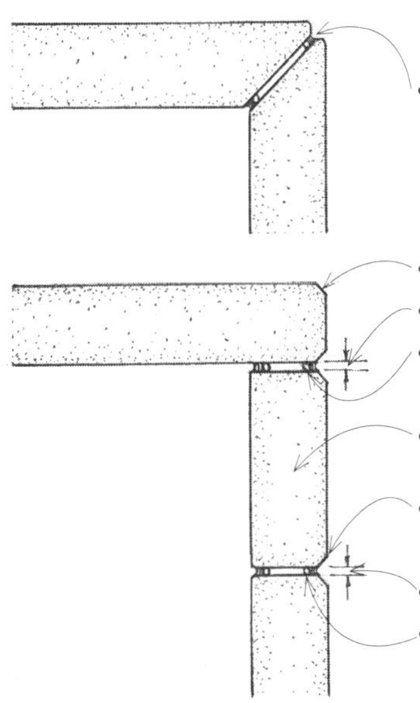

- 연귀접합 모서리 3/4"-1 1/2"(19-38)
- 겹침이음 모서리
- 1/2"(13) 이상
- 충전재 적용 및 실란트 시공
- 프리캐스트 벽체패널
- 패널 접합부에서 3/4"(19) 모따기
- 최소 1/2"(13)
- 충전재 적용 및 실란트 시공

패널 접합부

마스터포맷 03 47 13: 틸트업 콘크리트

5.14 조적 벽체

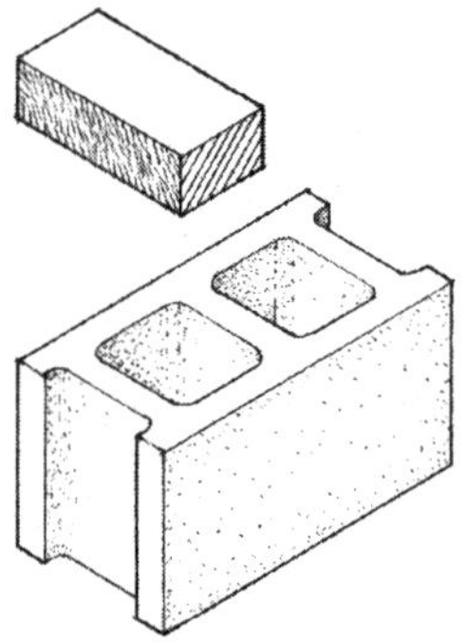

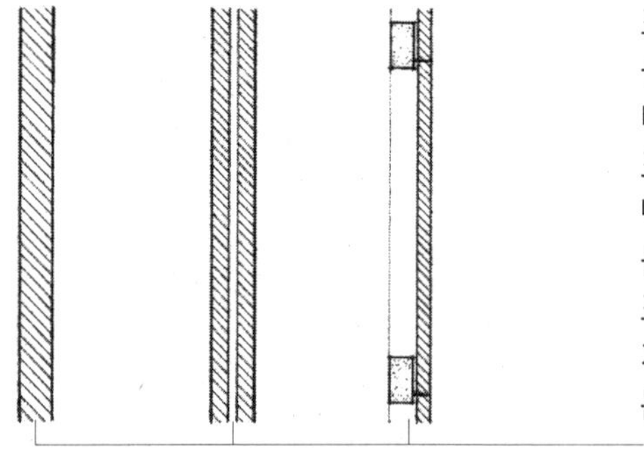

조적조 벽체는 모르타르로 결합한 모듈식 건축 블록으로 구성한다. 조적조 벽체는 내구성이 있고, 내화성능이 있으며 구조적으로는 압축에 강하다. 조적 유닛 중 가장 일반적인 유형은 벽돌이다. 벽돌은 열을 가해 굳힌 점토 유닛이고 콘크리트 블록은 화학적으로 경화한 유닛이다. 다른 유형의 조적 유닛은 구조용 점토타일, 구조용 유리블록, 자연석 혹은 캐스트 스톤이 있다. 시공재료 차원의 논의는 12.06-12.07을 참조

- 조적조 벽체는 중실 벽체, 중공 벽체, 단판벽 veneered walls으로 만들 수 있다.
- 조적 단판 시스템은 7.28-7.29을 참조
- 조적조 벽체는 (철근)보강할 수도, 보강하지 않을 수도 있다.
- 비보강 조적조 벽체는 순 조적이라고 한다. 순 조적 벽체에는 수평 줄눈 보강과 금속제 벽체 타이(결속제)를 사용하여 중실 벽체 또는 중공 벽체의 조적켜를 결속한다.
- 수직켜는 벽에서 조적 유닛 하나의 두께를 기준으로 수직으로 연속되어 쌓은 부분이다.
- 보강 조적조 벽체 작업은 그라우트 충전을 진행한 이음부에 넣은 철근과 중공을 활용한다. 이 작업을 통해 조적벽체는 응력에 좀 더 잘 저항하게 된다. 보강 조적벽체에 대해서는 5.18을 참조

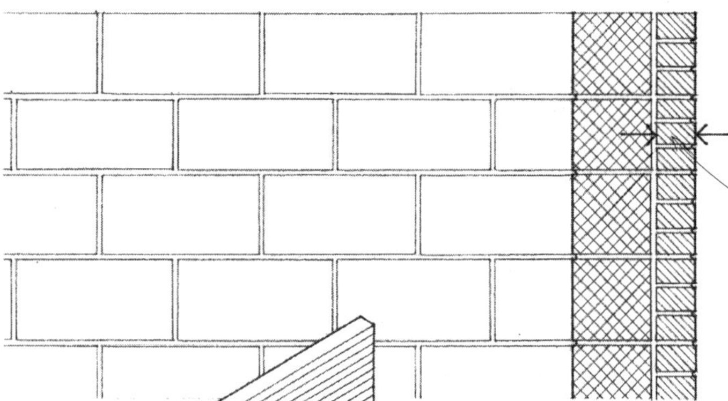

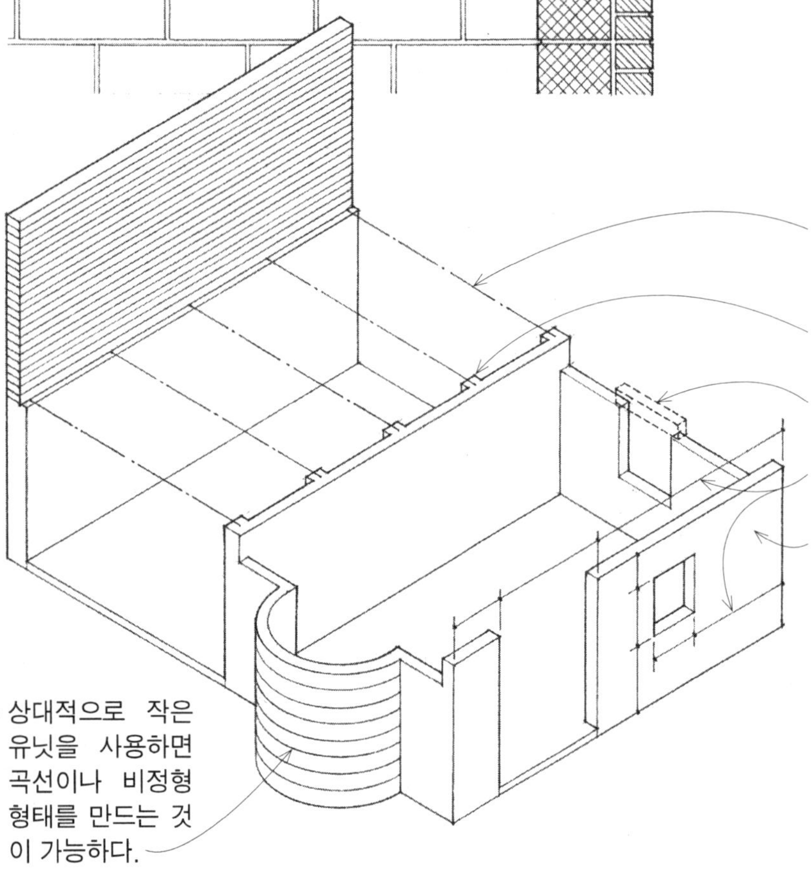

- 조적조 내력벽은 일반적으로 평행하게 배치하여 강재, 목재, 혹은 콘크리트 소재로 경간 부재를 지지한다.
- 흔히 사용되는 경간 부재에는 오픈웹 강재 장선, 목재 혹은 강재 보, 그리고 현장 타설 내지는 프리캐스트 콘크리트 슬래브 등이 있다.
- 벽기둥은 횡력과 좌굴에 대한 벽의 강성을 높인다. 또한, 큰 집중하중에 대하여 지지할 수 있도록 한다.
- 개구부는 아치 혹은 상인방을 이용하여 하중을 버티는 방식으로 만든다.
- 모듈 치수

- 조적조 외벽은 날씨를 잘 견디고, 열류를 제어할 수 있어야 한다.
- 물의 침투는 반드시 제어되어야 한다. 치장줄눈, 중공 공간, 플래싱(비막이), 코킹을 활용한다.
- 중공 벽체가 좀 더 선호된다. 물의 침투에 대해 잘 견디고, 열성능도 더 우수하기 때문이다.
- 온도와 수분함량의 변화로 인한 조적조의 차등거동을 막고 응력의 집중을 피하기 위해 팽창줄눈과 조절줄눈을 적용한다.
- 단열재 설치에 관해서는 7.44를 참조
- 불연성 조적 벽체의 내화성능 등급에 관해서는 A.12-13을 참조

- 상대적으로 작은 유닛을 사용하면 곡선이나 비정형 형태를 만드는 것이 가능하다.

CSI 마스터포맷 04 20 00: 조적 유닛
CSI 마스터포맷 04 21 00: 점토 조적 유닛
CSI 마스터포맷 04 22 00: 콘크리트 조적 유닛

조적조 벽체를 위한 횡방향 지지

조적조 유형	최대 L/t 또는 H/t
내력벽	
중실벽체 또는 그라우팅 처리	20
기타	18
비내력벽	
외벽	18
내벽	36

- L/t = 두께 대비 벽체 길이 비율; 횡방향 지지는 교차하는 벽체, 기둥, 벽기둥에 의해 구현.
- H/t = 두께 대비 벽체 높이 비율; 횡방향 지지는 바닥, 보, 지붕에 의해서 구현.
- 지진 위험군 III과 IV에는 횡방향 지지에 대한 더욱 엄격한 요구 사항을 적용한다.
- 조적조 벽체의 구조적 요구 사항을 확인하기 위해서 전문 기술자에게 문의하고 건축 규정을 확인할 것.

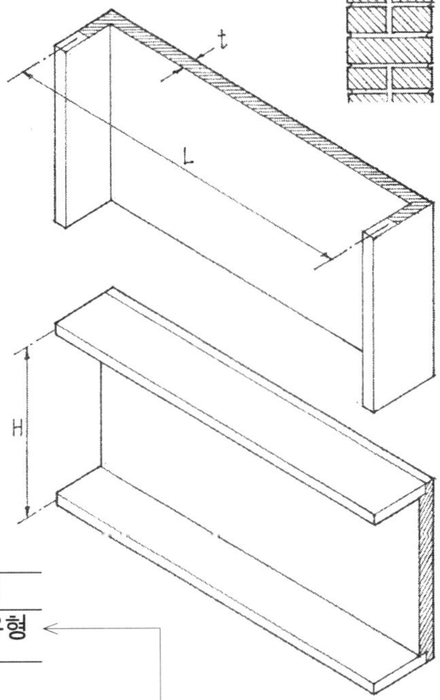

비보강 조적벽체의 허용 압축 응력(psi)*

	모르타르 유형		
	M유형	S유형	N유형
중실 벽돌 조적			
4500+ psi	250	225	200
2500 - 4500 psi	175	160	140
중실 콘크리트 조적			
N등급	175	160	140
S등급	125	115	100
그라우트 충전 조적			
4500+ psi	350	275	허용안됨
2500 - 4500 psi	275	215	허용됨
중공벽			
중실유닛†	140	130	110
중공유닛‡	70	60	50
중공 조적유닛	170	150	140
자연석	140	120	100

* 1 psi = 6.89 kPa.
† 중실 조적 유닛의 층리면 총 단면적 75% 이상에서 평행선을 보인다.
‡ 중공 조적 유닛의 층리면은 총 단면적의 75% 미만에서 평행선을 보인다.

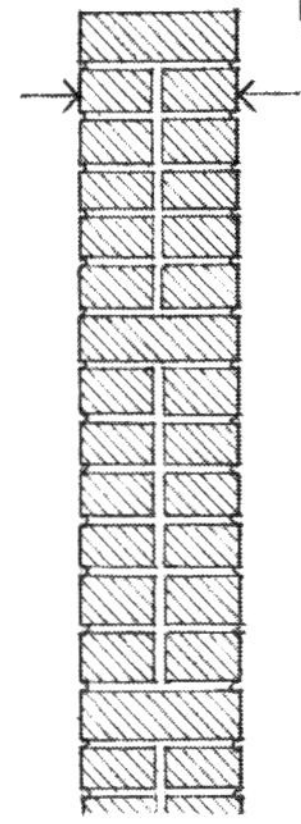

벽체 최소 두께

- 8"(205) 공칭 두께 이상 :
  - 조적 내력벽
  - 조적 전단벽
  - 조적조 패러핏 : 높이가 패러핏 두께의 3배를 초과하지 않는 선에서 계획
- 6"(150) 공칭 두께 이상 :
  - 보강 조적 내력벽
  - 중실벽으로 세운 1층 건물로서 높이가 9'(2745) 미만일 때
  - 횡방향 하중에 저항하기 위한 조적조의 높이가 35'(10m)로 제한되었을 때

모르타르

모르타르는 시멘트나 석회, 혹은 둘의 조합에 모래와 물을 섞은 가소성이 있는 혼합물로 조적조 시공에서 접합제로 사용한다.

- CSI 마스터포맷 04 05 13: 조적조에서의 모르타르 작업
- 시멘트 모르타르는 포틀랜드 시멘트, 모래, 물을 섞어 만든다.
- 석회모르타르는 석회, 모래, 물의 혼합물이다. 경화속도가 느리고 압축강도가 자주 사용하지 않는다.
- 시멘트-석회 모르타르는 가소성과 보수성을[5] 높이기 위해서 석회를 추가한 시멘트 모르타르이다.
- 조적용 시멘트는 별도의 사용권이 있는 혼합물이다. 포틀랜드 시멘트와 다른 성분, 즉 수화석회, 가소제, 공기연행제(AE제), 석고를 섞어 만든다.

- M 유형 모르타르는 고강도 모르타르로 지반면 이하의 보강 조적조 벽체 혹은 지반면과 직접 닿는 부분에 추천된다. 이런 이유로 동결작용에 노출되거나 높은 횡방향 하중 혹은 압축 하중에 견뎌야 하는 기초나 옹벽에 적용된다. 압축강도는 2500psi (17,238kPa).
- S 유형 모르타르는 중-고강도 모르타르로 결합과 횡방향 강도가 압축강도보다 중요한 경우에 추천된다. 압축강도는 1800psi (12,411kPa).
- N 유형 모르타르는 중강도 모르타르로 지반면 위에 노출된 조적조와 같이 압축강도와 횡방향 강도가 요구되지 않을 때 일반적인 용도로 추천된다. 압축강도는 750psi (5171kPa).
- O유형 모르타르는 저강도 모르타르로 실내공간의 비내력벽과 칸막이벽에서 사용하는 데 적합하다.
- K 유형 모르타르는 매우 낮은 강도의 모르타르로 건축 규정이 허가하는 실내 비내력벽 전용으로만 사용한다.

5) 재료가 장시간 수분을 유지할 수 있는 능력

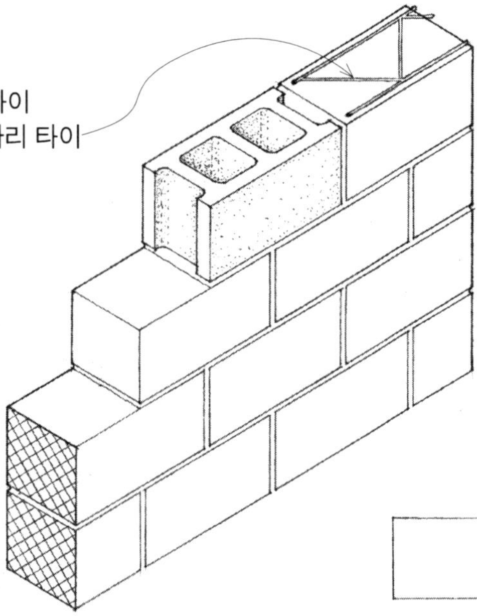

• 트러스 타이 혹은 사다리 타이

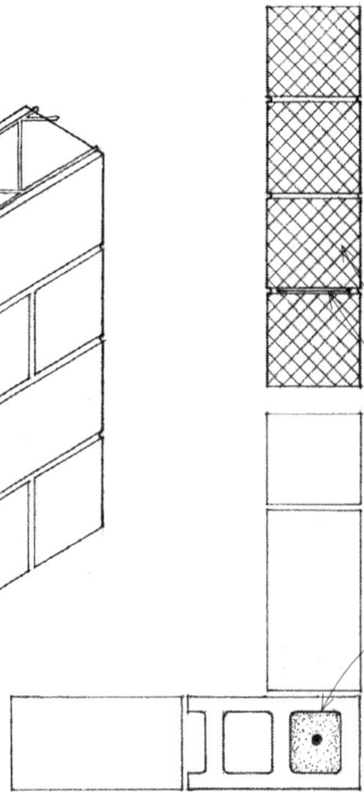

중실 조적

중실 조적solid masonry 벽체는 중실 조적 유닛이나 중공 조적 유닛으로 시공된다. 조적 유닛은 서로 인접하고 모든 줄눈은 모르타르로 충실하게 채운다.

단일 수직 켜 벽체는 보통 가로줄눈 보강철물로 결합한 콘크리트 조적 유닛(CMU) 벽체이다.

- 콘크리트 조적 유닛concrete masonry units (CUMS)
- 수평줄눈 보강철물은 가로줄눈bed joint에 충분히 끼워 넣는다.
- 줄눈 보강철물의 수직 간격은 16"(405)를 초과해서는 안 된다.

- 콘크리트 블록의 중공으로 인해 생기는 수직으로 빈 곳은 철근을 설치하고 그라우팅하는 식으로 보강할 수 있다.

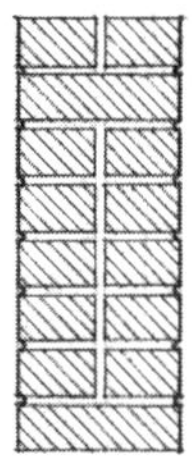

중실 조적 벽체는 2개 이상의 수직 켜로 구성할 수 있다. 이때 수직 켜 끼리는 그라우트, 내부식성 금속 벽체타이 혹은 수평줄눈 보강철물로 결합한다.

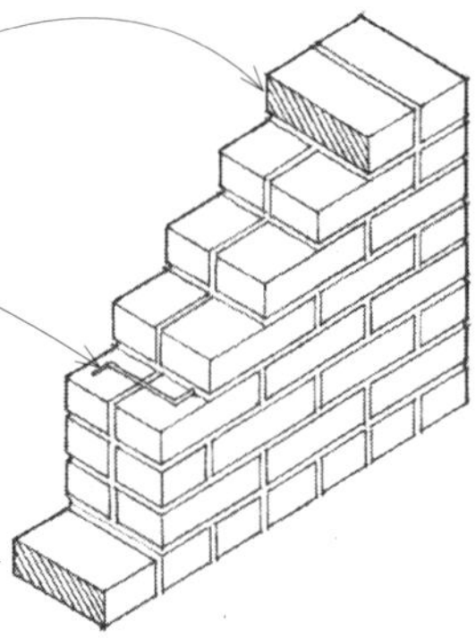

- 수직 켜는 마구리쌓기header나 금속제 타이로 결속한다.
- 조적조 마구리쌓기는 조적벽체 노출면 면적에서 적어도 4% 이상이어야 하며 24"(610) 이상으로 수평 수직 간격을 확보하여야 한다.
- 금속제 타이는 중공 벽체의 요구조건을 만족해야 한다.

- 중실 조적벽체 중 복합벽체는 외장 켜와 뒷받침 켜가 서로 다른 중실 혹은 중공 조적 유닛으로 되었을 때를 의미한다.
- 외장 켜facing wythe
- 뒷받침 켜backup wythe

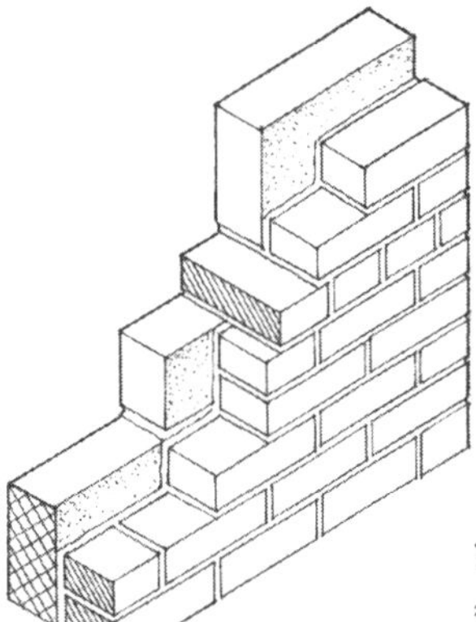

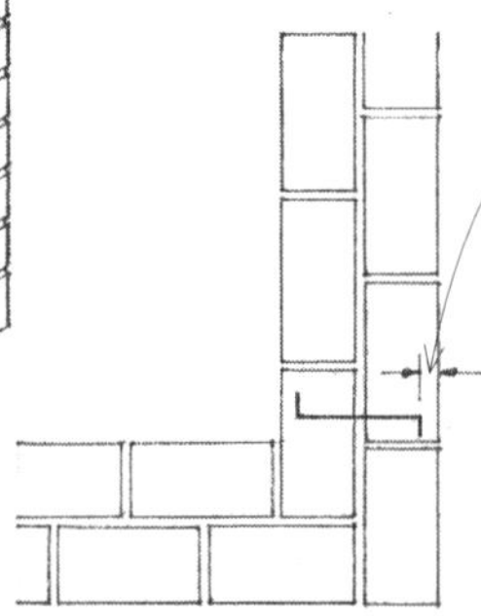

- 모르타르 피복 5/8"(16) 이상 : 타이(결속재)나 줄눈보강철물과 노출된 면 사이의 수평거리
- 모르타르 두께 1/4"(6) 이상 : 조적조와 타이(결속재)나 줄눈 보강철물 사이의 수직거리

CSI 마스터포맷 04 20 00: 조적 유닛
CSI 마스터포맷 04 05 19: 조적조의 정착과 보강

그라우트 조적

그라우트 조적 벽체는 작업을 진행하면서 모든 안쪽 줄눈 부위를 그라우트로 촘촘히 채운 벽체이다. 그라우트는 인접하고 있는 재료들을 결합하여 견고한 단일 덩어리로 만든다. 그라우트 자체는 유동성 있는 포틀랜드 시멘트 모르타르여서 구성성분의 재료 분리가 생기지 않는 상태에서 쉽게 흐른다.

- 모든 안쪽의 줄눈은 그라우트로 채운다.

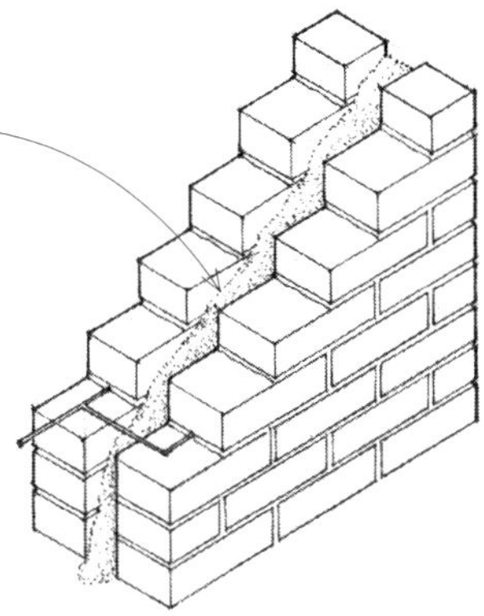

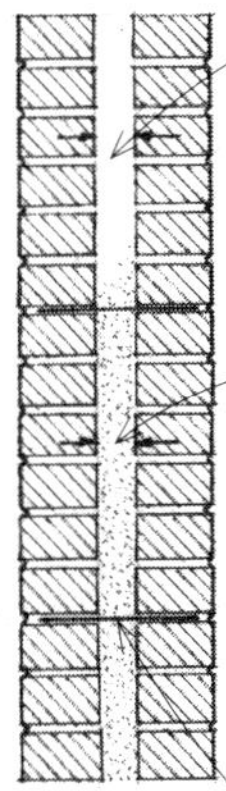

- 낮은 붓기low-lift 그라우트 시공은 최소 3/4"(19) 이상
- 낮은 붓기 그라우트 시공은 그라우트 공간의 폭의 최대 6배를 넘지 않는 높이 혹은 8"(203) 이하의 벽체 높이에 적용한다.
- 높이 붓기high-lift 그라우트 시공은 3"(75) 이상
- 높이 붓기 그라우트 시공은 리프트의 높이가 6'(1830)를 넘지 않는 조건에서 한 번에 한 층씩 진행한다. 이 작업은 낮은 붓기 작업보다 더 넓은 그라우트 공간과 단단한 금속제 타이가 필요하다. 두 개의 층을 함께 결합한다.
- 벽체 면적 2 sf (0.19㎡)마다 내부식성 타이 설치. 타이의 직경은 최소 3/16"(5) 이상
- 타이의 수직 간격은 최대 16"(405) 이하

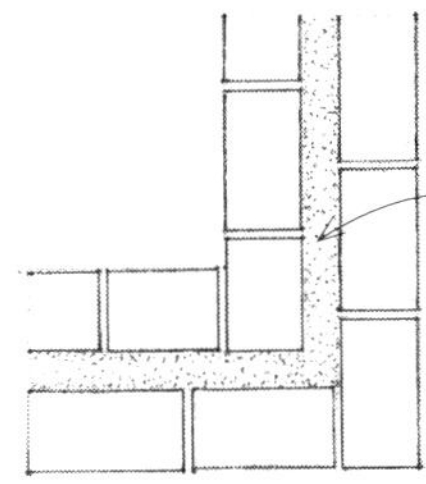

- M 유형 혹은 S 유형 모르타르만 허용

CSI 마스터포맷 04 05 16: 조적조 그라우트 작업

중공 벽체

중공 벽체는 외장 켜와 뒷받침 켜를 모두 중실 유닛 혹은 중공으로 구성하여 시공한다. 중공 벽체의 두 수직 켜는 연속적인 공기층으로 완벽하게 구분되고, 금속제 벽체 타이 혹은 수평 줄눈보강 철물로 결합한다. 중공 벽체는 다른 유형의 조적 벽체와 비교하면 두 가지 장점이 있다:

1. 중공 공간으로 인해 벽체 단열 값이 개선되고, 추가적인 단열재의 설치가 가능하다.
2. 중공 공간이 비어있는 채로 남아 있고, 적절한 배수공과 플래싱(비막이)이 달려 있다면, 빈 공간은 물이 침투하는 것에 대한 장벽으로 기능한다.

- 조절 가능한 루프 타이
- 사다리 루프 타이
- 빗물받이는 물이 타이를 타고 안쪽 수직 켜로 이동하는 것을 막는다.

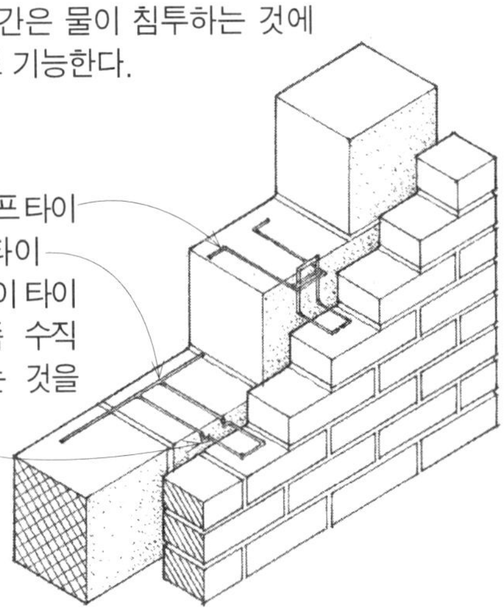

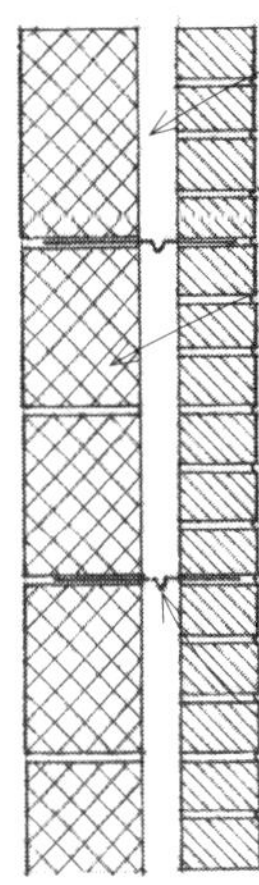

- 중공은 적어도 2"(51) 이상에서 4 1/2"(115) 이하의 폭으로 한다.
- 중실/중공 조적 유닛
- 외장 켜와 뒷받침 켜는 최소 4"(100) 이상의 공칭 두께를 확보해야 한다. 두께 대비 고정간 높이 혹은 거리의 비율을 계산했을 때, 두께 비는 내부와 바깥쪽 켜의 공칭 두께의 합과 같다.
- 벽체 면적 4 1/2 sf (0.42㎡)마다 내부식성 타이 설치. 타이의 직경은 최소 3/16"(5) 이상, 중공 폭은 3"(75) 이내로 한다. 폭이 더 큰 중공에는 금속제 타이를 벽체 면적 3 sf (0.28 ㎡)마다 설치.
- 스태거 타이는 번갈아 가면서 수평층에 설치한다. 타이 사이의 수직거리는 최대 6" (405) 이내, 수평 간격은 36"(915) 이하.
- 추가로 타이를 설치할 때에는 중심 간격 3'(915) 이내로. 개구부는 개구부 모서리로부터 12"(305) 이내 거리에서 개구부 주변을 둘러서 설치한다.

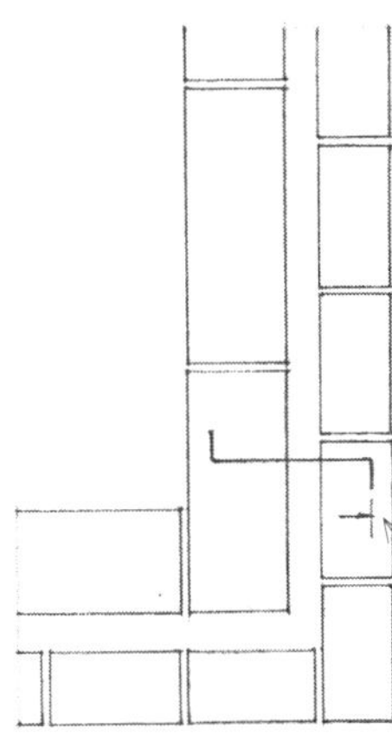

- 줄눈보강을 위해서 모르타르 피복은 최소 5/8"(16) 이상

보강 조적 벽체는 두꺼운 강재를 쓴 줄눈이나 중공에, 포틀랜드 시멘트, 골재, 물을 탄 그라우트 혼합물을 충전하는 방식으로 진행되며, 이러한 과정을 통해 수직 하중을 지탱하는 강도가 늘어나고, 좌굴이나 횡방향의 힘에 더 잘 저항하게 된다. 철근, 그라우트, 조적 유닛 사이에 강한 결합을 만들어 내는 것이 필수적이다.

- 보강 철근은 충분한 길이와 피복으로 포틀랜드 시멘트 그라우트에 끼워 넣는다.
- 보강근의 피복은 최소 3/4" (75) 이상; 외부 기후에 노출되는 상황에서는 1 1/2" (38) 이상; 토양에 노출되는 경우는 2"(51) 이상
- 수평 줄눈 보강 시 피복은 5/8"(16) 이상

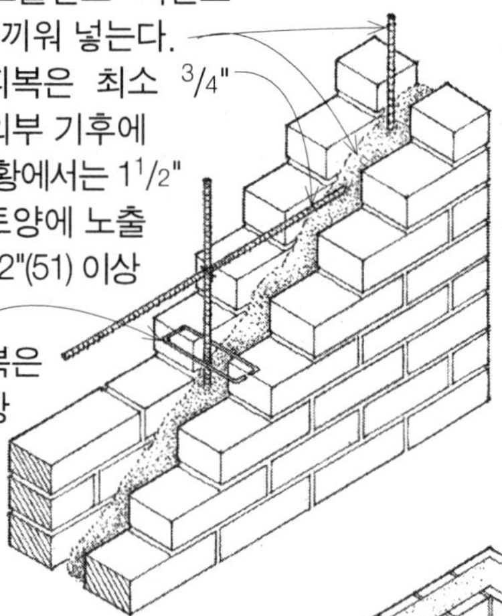

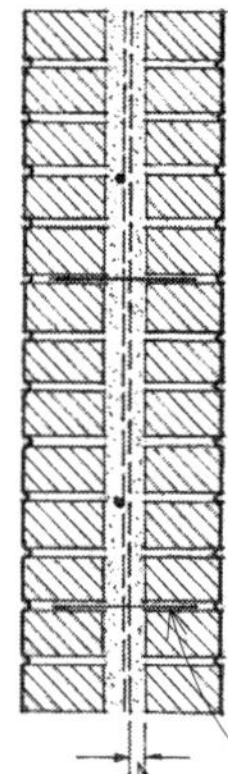

보강 그라우트 조적

- 보강 그라우트 조적은 순 그라우팅 조적에 대한 요구조건을 충족해야 한다. 5.17을 참조
- 금속제 벽 타이
- 보강근과 조적조 수직 켜 사이에 입자가 작은 그라우트로만 채워지는 폭은 최소 1/4"(6) 이상; 굵은 입자의 그라우트일 때 최소 1/2"(13) 이상

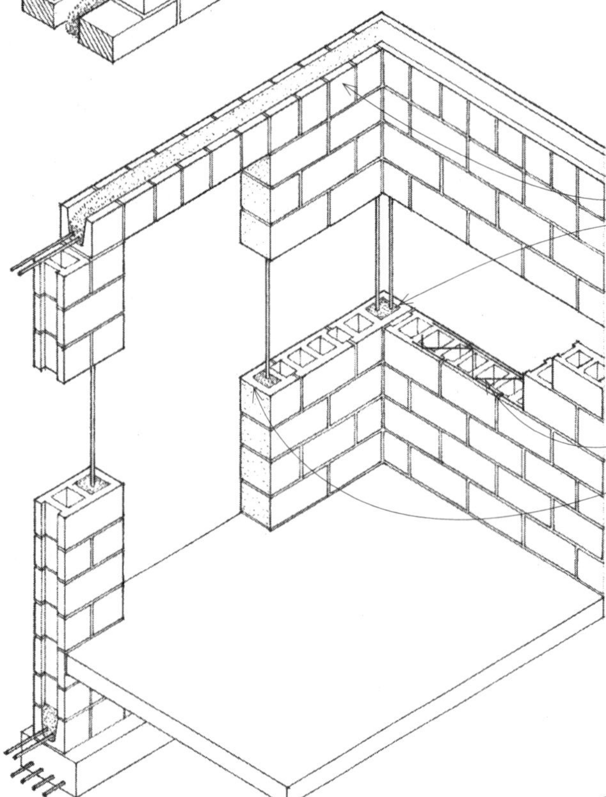

철근 콘크리트 유닛의 조적

- 수평 기초보
- 보강근이 설치되는 모든 중공 공간은 그라우트로 꽉 채운다.
- 중공 공간은 수직으로 정렬하여 최소 2"×3"(51×75) 이상의 연속적인 수직 공간을 확보해야 한다.
- 보강근은 철근 콘크리트 기초까지 연속적으로 이어진다.
- 수평 줄눈보강
- 끝 벽이나 크로스 웹(복부)에서 사용하는 두꺼운 깔모르타르fullbed mortar는 그라우팅 충전의 역할을 한다. 이 때 M 및 S유형 모르타르만 가능.
- 그라우트 리프트의 높이가 4'(1220)를 넘으면, 중공 공간 하단 조적 층에 청소구를 설치하고 그라우팅으로 마감할 것. 청소구 부위를 그라우팅하기 전에는 안을 잘 보고 밀봉할 것. 잘 틀어막아야 한다.

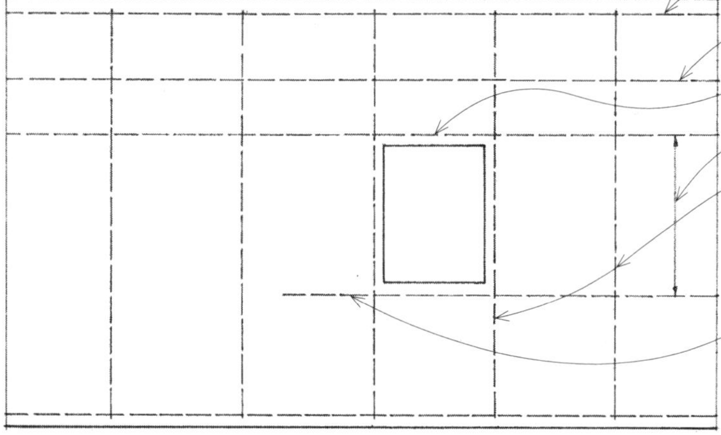

일반적 요구 사항

- 수평 방향으로 보강해야 하는 부분
  - 패러핏 벽체의 상단
  - 구조적으로 연결된 바닥과 지붕
  - 벽체 개구부 상단
  - 기초 상당
- 최대 10'(3050)이하로 간격을 설정
- 수직 보강근의 직경은 최소 3/8"(10) 이상, 중심 간격은 4'(1220) 이하
- 수직 및 수평 보강근이 차지하는 면적은 적어도 0.002×벽체 총 단면적 이상
- No. 4 철근 1개와 No. 3 철근 두 개로 개구부 주변을 보강하고 모서리에서는 적어도 24"(610) 이상 길게 연장하여 보강.
- 보강 조적 벽체의 구조적 요구 사항을 확인하기 위해서는 전문 기술자에게 문의하고, 건축 규정을 검토할 것.

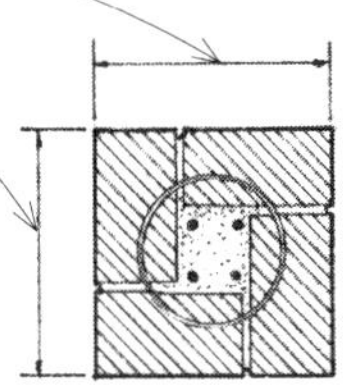

- 공칭 폭 최소 12"(305) 이상
- 공칭 길이 최소 12"(305) 이상; 최대 3×기둥 폭 이하
- 기둥의 횡방향 지지 = 30×기둥 폭
- 보강 조적조 기둥 폭과 길이를 최소 치수인 12"(305)로 할 때 고정간 최대 높이는 20×최소 치수 이하

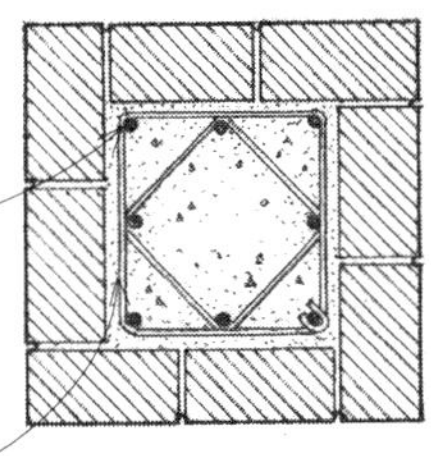

- 보강근은 최소 No. 3 철근 4개 이상으로 쓰고 중심 간격 18"(455) 이상으로 횡방향 타이를 설치한다. 혹은 철근의 단면적은 조적조의 유효면적의 0.005를 곱한 값 이상이 나오도록 한다.
- 철근 단면적은 최대 0.03×조적조 유효면적 이하.
- 수평 보강근의 단면적은 0.0018×조적조 유효면적 이상.

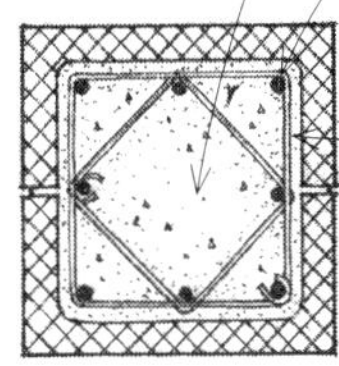

- 속은 포틀랜드 시멘트 그라우트 처리
- 수직 보강근은 밑으로 연장하여 기둥 기초부에 삽입된 꽂임근에 결속.
- 횡방향 타이
- 추가적인 타이를 설치하거나 모르타르 줄눈 속 철근량을 늘려 횡방향 보강근의 단면적을 맞출 수 있도록 한다.

조적 기둥

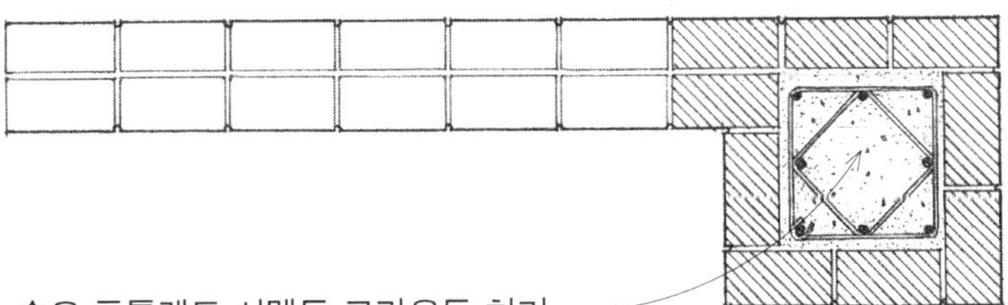

- 속은 포틀랜드 시멘트 그라우트 처리
- 수직 보강근은 밑으로 연장하여 기둥 기초부에 삽입된 꽂임근에 결속.
- 횡방향 타이

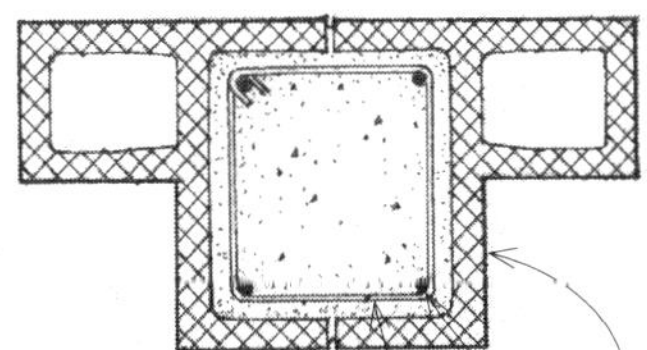

- 벽기둥 블록
- 그라우트로 속을 채운 수직 보강
- 횡방향의 타이

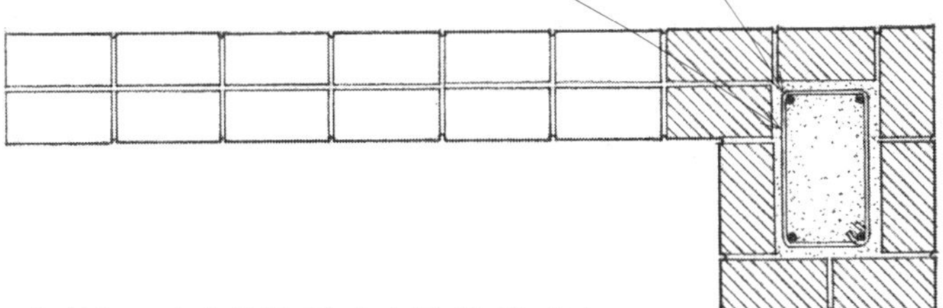

- 벽기둥은 벽의 한쪽 면이나 두 쪽 면에서 끼워진 개념으로 살짝 돌출된 사각형 기둥이다. 수직 집중하중을 지탱하는 것에 더하여, 벽기둥은 조적 벽에 대한 횡방향 지지를 제공한다.

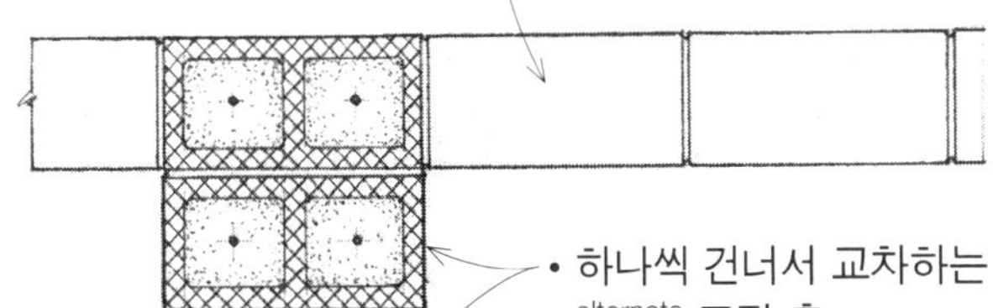

- 콘크리트 조적유닛 (CMUs)
- 하나씩 건너서 교차하는 alternate 조적 층

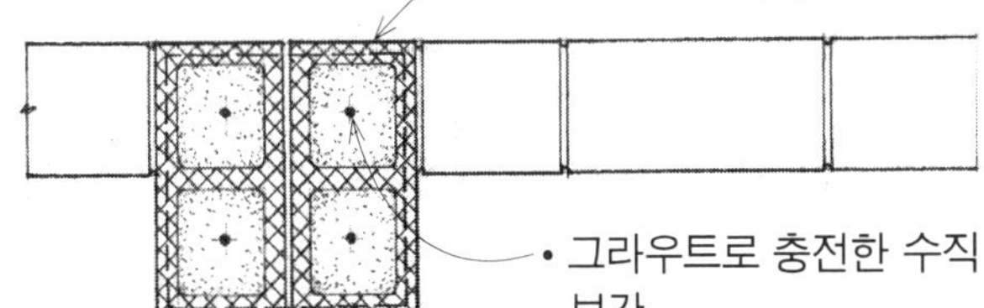

- 그라우트로 충전한 수직 보강
- 횡방향의 금속제 타이를 모르타르 이음 속에 삽입

조적조 벽기둥

5.20 조적 아치

조적 아치는 벽돌과 석재의 강한 압축 강도를 이용하여 지지 과정에서 생기는 수직으로 떨어지는 힘을 서로 맞대고 있는 부재들로 전달한다. 아치가 작동하면서 생기는 바깥쪽으로 미는 추력은 전체 하중과 경간 길이에 비례하고, 아치 높이에 반비례하여 증가한다. 추력은 개구부에 인접한 아치대로 저항하거나, 맞닿은 아치의 추력으로 상쇄시키는 방식을 통해 해소한다. 아치의 휨을 막으려면 아치의 축과 추력의 축이 같아야 한다.

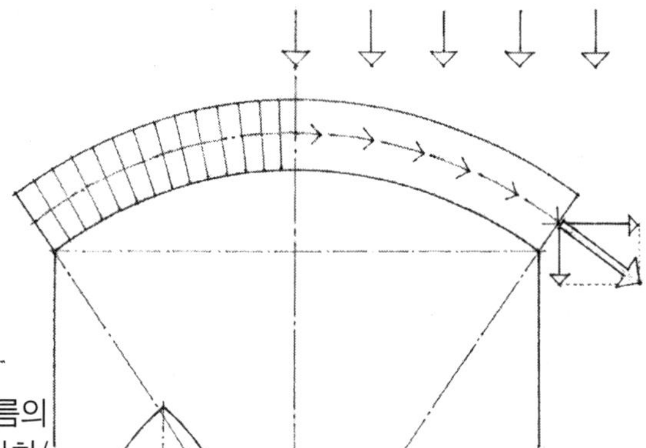

- 결원아치segmental arch의 중심은 시작선springing line 아래에 있다.

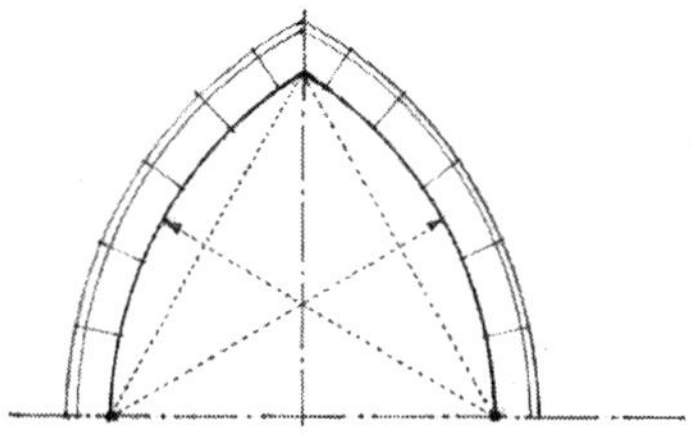

- 고딕Gothic 아치는 보통 같은 반지름의 중심 두 개로 구성된 뾰족 아치/포인티드 아치이다.
- 랜싯lancet 아치는 두 중심의 반지름이 아치 경간보다 큰 뾰족아치이다.
- 드롭 아치는 두 중심의 반지름이 아치 경간보다 작은 뾰족아치이다.

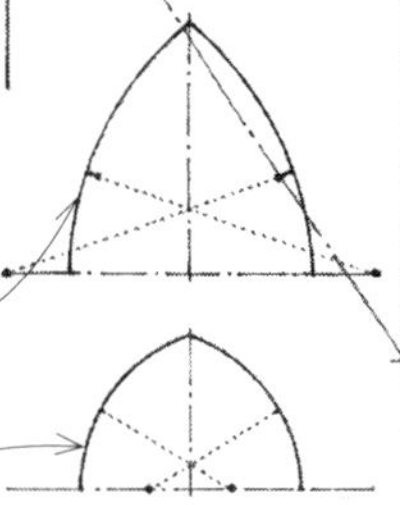

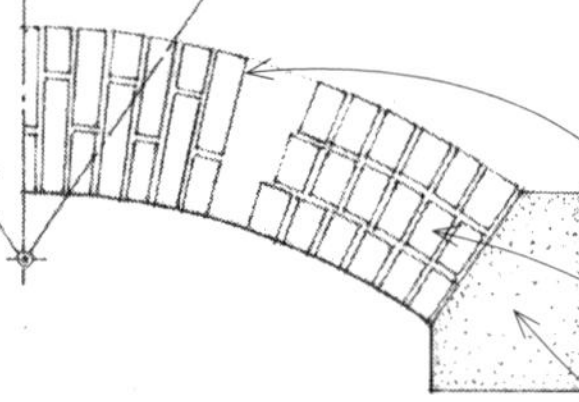

- 조적 아치는 벽돌이나 개별적인 홍예석들을 나란히 쌓는 작업으로 구성된다.
- 벽돌 세운길이면쌓기soldier courses와 마구리면세워쌓기rowlock courses 교차진행
- 2-3열로 구성한 마구리면 세워쌓기
- 아치받침은 돌 혹은 조적조 쌓기로 만든다. 아치받침은 결원아치의 끝부분이 기대 있을 수 있도록 경사진 면을 가지고 있다.

- 로만 아치의 안 둘레는 반원 형태이다.
- 아치에서 스팬드럴은 맞닿은 아치의 바깥 둘레 사이에 삼각형 모양으로 생긴 면적, 즉 왼쪽과 오른쪽 아치의 외경과 상부에 사각형 골조의 하단 부분이 만나 생기는 부분을 일컫는다.

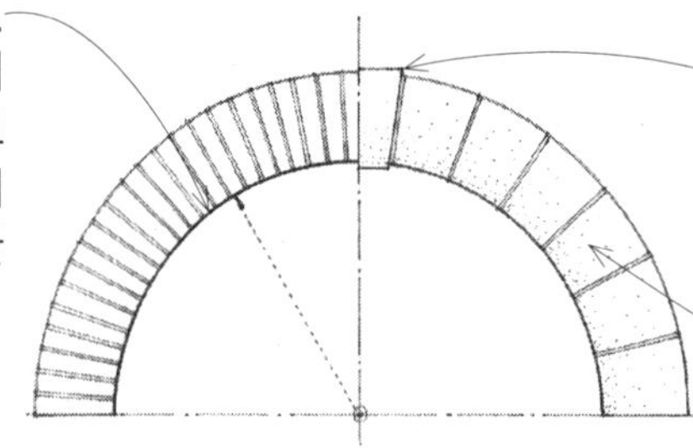

- 아치이맛돌/종석은 쐐기 모양의 부재 중 아치이마/크라운에 있는 것을 말하며, 종종 홍예석을 이용하여 치장한다. 아치이맛돌은 다른 홍예석들을 제자리에 고정.
- 홍예석은 조적 아치 유닛 중 쐐기 모양의 모든 부재를 의미하며, 아치 중심(들) 중 하나로 수렴하는 옆판각을 보인다.

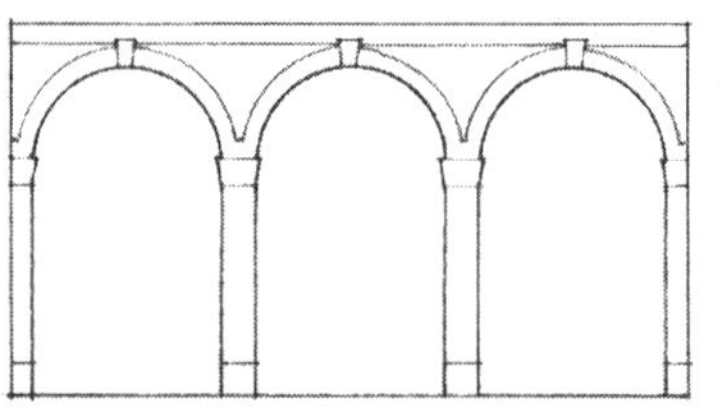

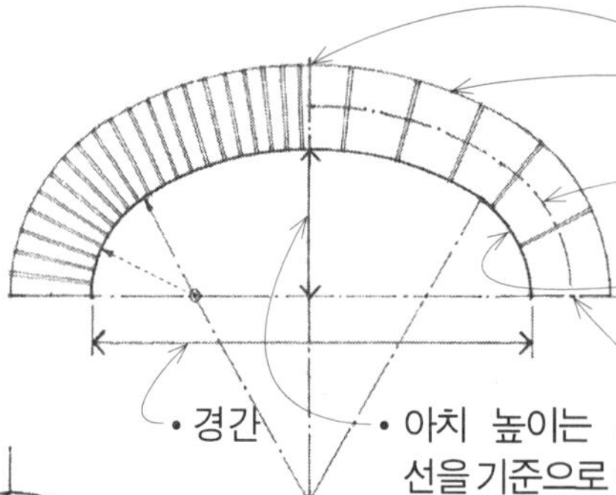

- 아치이마/크라운
- 바깥 둘레extrados는 아치의 보이는 면 중에서 바깥쪽 경계의 곡선이다.
- 아치의 축
- 안 둘레는 아치의 보이는 면 중에서 안쪽 경계의 곡선. 밑면은 아치의 안쪽 면으로 오목한 면을 형성한다.
- 아치 지점/스프링은 아치와 볼트, 혹은 돔이 지지점으로부터 위로 솟기 시작하는 지점이다.

- 3중심basket-handle 아치는 반지름이 작은 양쪽의 중심 2개와 그 사이에 이에 비해 상당히 큰 반지름을 가진 중심으로부터 만들어지는 아치이마 하나를 가진 아치이다.
- 경간
- 아치 높이는 시작선을 기준으로 아치 밑면까지 잰 수직 길이이다. 아치가 유지되기 위해서는 최소한 경간 1피트 당 1인치는 높여야 한다. (1:12).

- 튜더Tuder 아치는 중심이 네 개인 아치이다. 바깥쪽 중심 2개의 반지름은 작고, 안쪽에 중심 2개는 상당히 큰 반지름을 취한다.[6)]

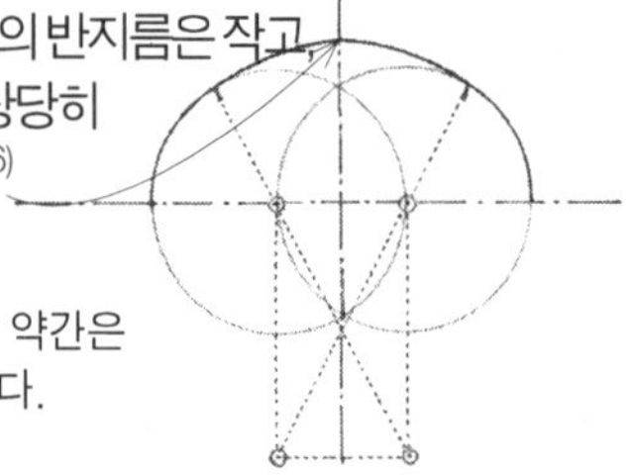

6) 이로 인해 정점에서 약간은 뾰족한 형태를 보인다.

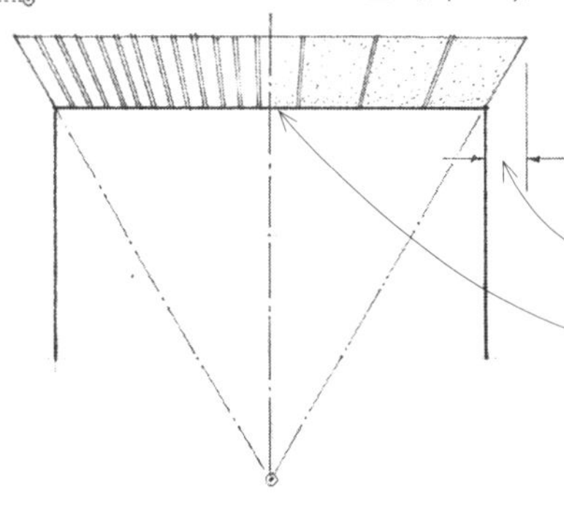

- 수평jack 아치에는 수평으로 진행되는 밑면과 중심부에서 양쪽으로 부챗살 모양으로 퍼지는 홍예석이 있다. 가운데 부분은 안정을 위해 캠버를 두고 만들 때가 많다.
- 아치받침/경사편은 아치 깊이 4"(100)마다 경간 대비 1:24의 경사도로 설치
- 캠버camber=경간 대비 1:100 경사로 올린다.

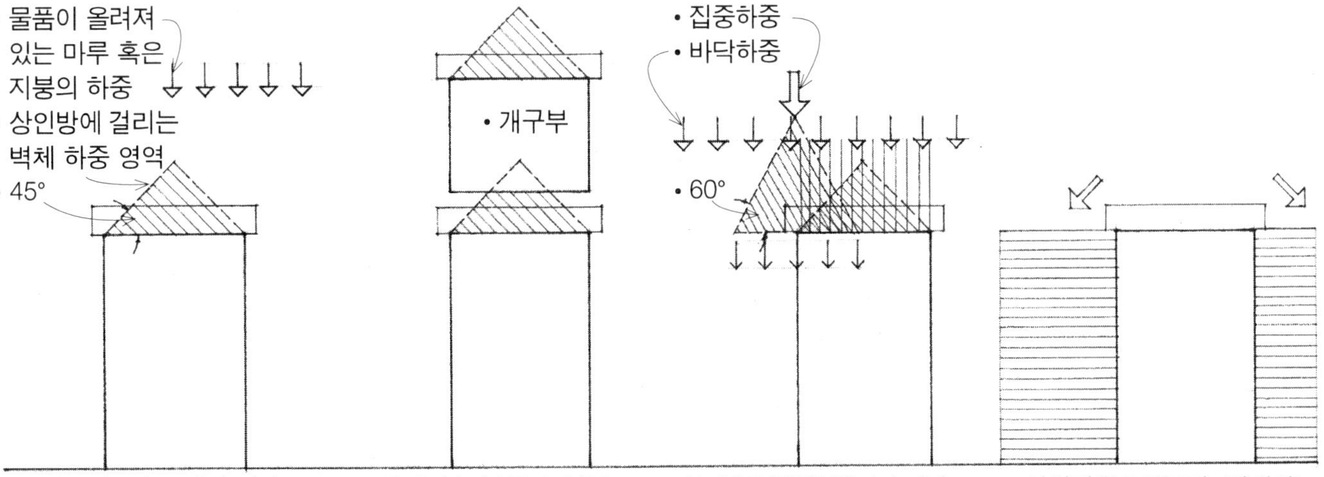

• 개구부 상부의 조적의 아치 작용은 하중 삼각형 외부의 벽체 하중을 지지한다.

• 상인방은 보통의 하중 삼각형 보다 적은 벽체 하중을 전달한다.

• 상인방은 집중하중이나 바닥 하중, 혹은 지붕 하중이 하중 삼각형 안쪽으로 걸릴 때는 반드시 추가적인 하중을 지탱하도록 계획해야 한다.

• 아치작용으로부터 발생하는 수평 방향의 추력은 개구부 양쪽에 있는 벽체 질량을 이용하여 제한되어야 한다.

상인방에 가해지는 하중

강재 앵글

순 간격	외부 앵글	내부 앵글
8" (205) 벽체	(바닥하중 없음)	(바닥하중)
4' (1220)	$3^1/_2 \times 3^1/_2 \times {}^5/_{16}$ (90 × 90 × 8)	$3^1/_2 \times 3^1/_2 \times {}^5/_{16}$ (90 × 90 × 8)
5' (1525)	$3^1/_2 \times 3^1/_2 \times {}^5/_{16}$ (90 × 90 × 8)	$5 \times 3^1/_2 \times {}^5/_{16}$ (125 × 90 × 8)
6' (1830)	$4 \times 3^1/_2 \times {}^5/_{16}$ (100 × 90 × 8)	$5 \times 3^1/_2 \times {}^3/_8$ (125 × 90 × 10)

• 구조 기술자에게 확정을 받을 것
• 처짐은 순간격의 1/600로 제한

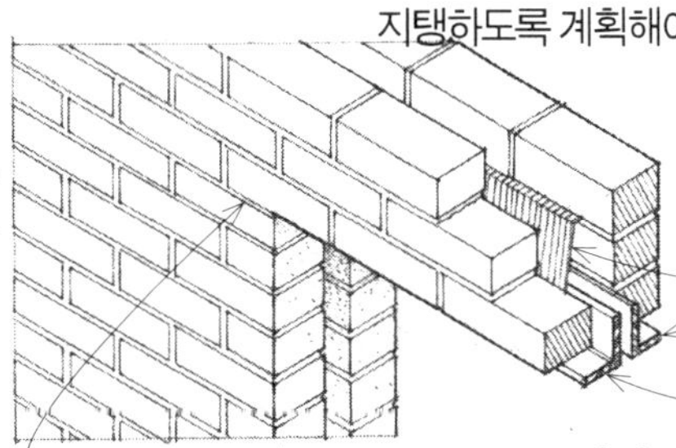

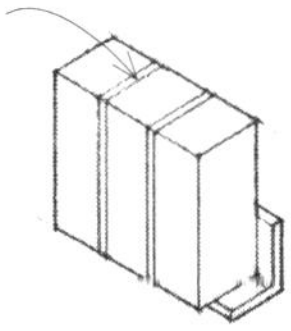

• 상인방은 시각적으로는 세운 길이면쌓기 방식으로 조적조와 통합될 수 있다.
• 플래싱
• 내부 앵글
• 외부 앵글

강재 앵글 상인방

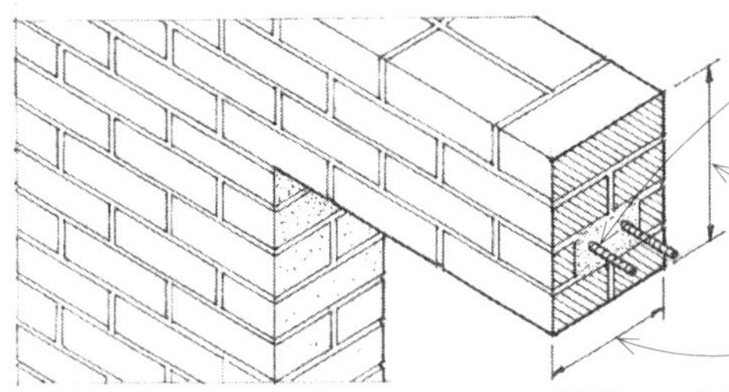

• 강재 보강근은 포틀랜드 시멘트 그라우트 안쪽으로 충분히 삽입된다.
• 4~7단 높이로 구성
• 폭은 8", 10", 12"(205, 255, 305)

철근 보강 벽돌 상인방

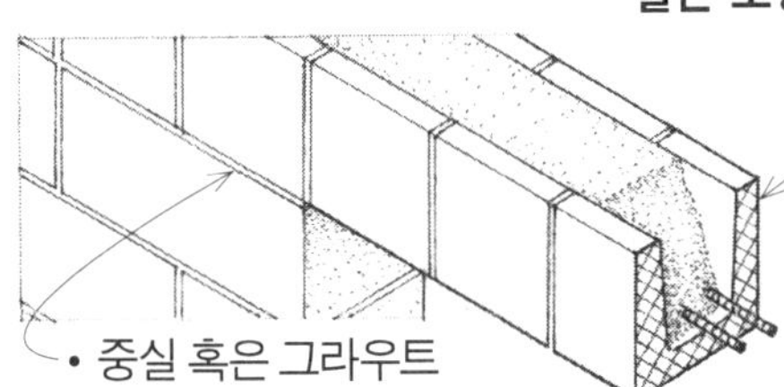

• 상인방 블록 혹은 기초보 블록 내부에 보강 철근과 그라우트 충전

• 중실 혹은 그라우트 조적 위 최소 받침 길이는 8"(205)

콘크리트 블록 상인방

8" (205) 조적벽체에서 상인방 보강
물품하중 제외

상인방유형	순 간격	번호/규격
$7^5/_8$"(195) 정사각 단면 철근콘크리트	4' (1220)	4 #3
	6' (1830)	4 #4
	8' (2440)	4 #5
8×8×16 공칭 콘크리트 블록 상인방	4' (1220)	2 #4
	6' (1830)	2 #5
	8' (2440)	2 #6

• 구조 기술자에게 확정을 받을 것

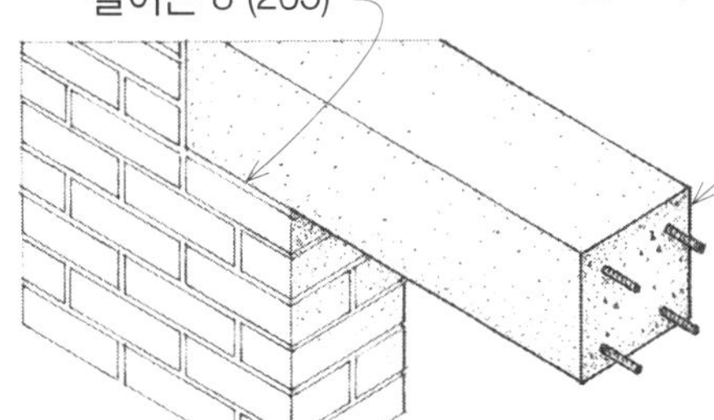

• 프리캐스트 철근콘크리트 상인방을 벽돌조나 콘크리트 블록조 개구부 상부의 경간을 잇기 위해 사용할 수 있다.

프리캐스트 콘크리트 상인방

신축 줄눈은 100'-125'(30-38m) 간격으로 중단되지 않는 벽 길이방향을 따라 설치한다. 또한 다음과 같은 장소에도 설치한다:

(1) 벽체의 높이 혹은 두께가 바뀌는 곳
(2) 기둥, 벽기둥, 벽교차부
(3) 모서리 근처
(4) 6' (1830) 보다 큰 개구부의 양쪽
(5) 6' (1830) 보다 작은 개구부의 한쪽

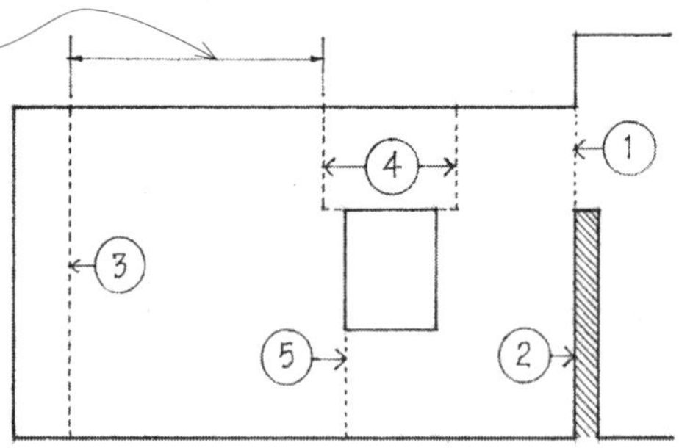

조적 재료는 온도와 수분함량의 변화에 따라 팽창하거나 수축한다. 보통 제조과정 이후 점토 조적 유닛은 물을 흡수하여 팽창하는 경향이 있지만, 콘크리트 조적 유닛은 건조하면서 수축한다. 이렇게 부재 치수상의 변화를 수용하기 위하여 신축 줄눈movement joint을 설치한다. 신축 줄눈은 조적조 벽체의 구조적 건전성을 저해하지 않는 곳에 시공해야 한다.

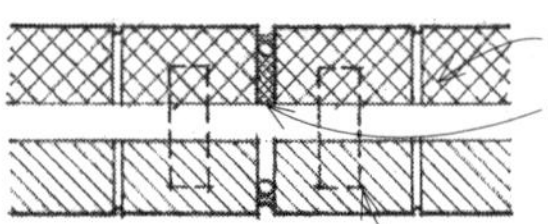

- 중공벽체
- 기성 압축성 줄눈 충전재 (필러)
- 조절 가능한 금속제 타이
- 적용 및 실란트 시공

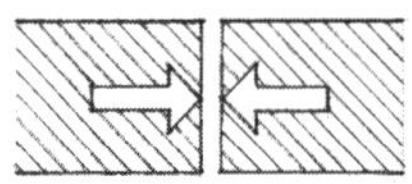

- 벽돌 조적은 팽창한다; 줄눈은 압축력을 받는다.
- 신축줄눈의 규격에 대해서는 7.48을 참조

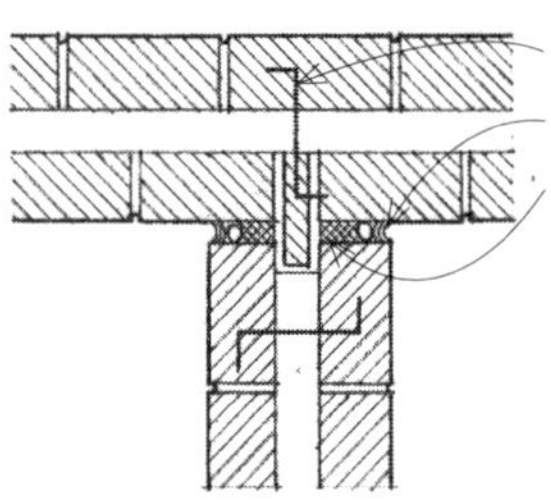

- 금속제 타이
- 줄눈 실란트
- 기성 압축성 줄눈 필러

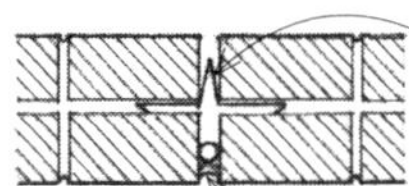

- 앵커 탭이 있는 구리 지수판
- 적용 및 실란트 시공

팽창줄눈

팽창줄눈expansion joints은 연속적이고 방해받지 않는 틈으로, 벽돌이나 석재 조적조 표면에서 일어나는 약간의 팽창과 줄눈 부위의 압축력을 수용하기 위해 시공한다. 팽창 줄눈은 줄눈에 걸쳐 횡적 안정성을 확보해야 하고, 공기나 물의 경로가 생기는 것을 막기 위해 밀봉해야 한다.

- 모르타르 충전은 인접한 벽체 단면을 서로 맞물리게 한다.
- 한쪽에는 건축용 펠트를 두어 결합을 끊음

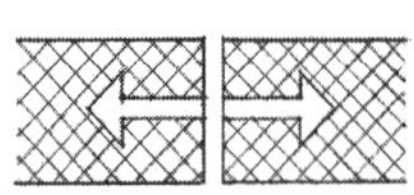

- 콘크리트 벽돌이 수축하면서 이음부는 약간 열린다.
- 신축줄눈의 크기는 7.48을 참조

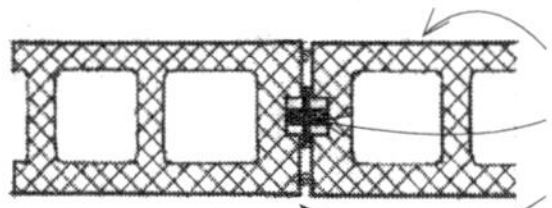

- 새시블록
- 기성품 개스킷
- 평줄눈 3/4"(19) 및 코킹

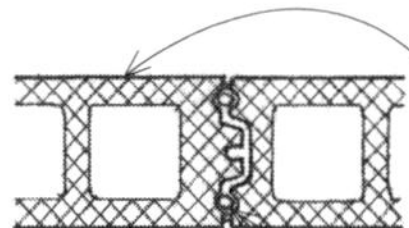

- 조절줄눈 블록
- 충전재 및 실란트

조절 줄눈

조절 줄눈control joints은 콘크리트 조적 벽체의 수축을 수용하고 줄눈 부위의 팽창을 수용하기 위해 시공한다. 수축에 의한 균열 역시 유형 1에 해당하는 수분 제어 콘크리트 조적 유닛을 사용하고 수평 줄눈을 보강하는 것을 통해 제어할 수 있다.

조절 줄눈은 공기와 물의 경로가 생기지 않도록 밀봉되어야 하며, 계획되지 않았던 거동을 막기 위해 서로 맞물려 있어야 한다.

- 신축 줄눈도 마찬가지로 지지대 위에 조적 벽체 또는 패널에 가해지는 응력으로 인해 강재 혹은 콘크리트 구조 골조가 처지지 않도록 해야 한다.

조절줄눈 간격	줄눈 보강의 수직 간격	
	16"(405)	8"(205)
벽체 길이(L)	50'(15 m)	60'(18 m)
L/H 비	3	4

이 페이지와 다음 두 페이지에서는 다양한 종류의 내력벽체가 콘크리트, 강재, 목재 바닥 및 지붕시스템을 지지하고, 이들과 내력벽의 결속 방법들을 보여주고 있다. 조적조의 부담면적은 조적 재료의 허용 압축응력을 넘지 않도록 균형 있게 계획해야 한다. 조적조 벽체가 횡방향 지지를 하기 위해서는 중심 간격 6' (1830) 이상으로 모든 바닥과 지붕을 벽체 속 보강재와, 그라우트 충전 부위에 삽입한 앵커에 확실히 결속시켜야 한다.

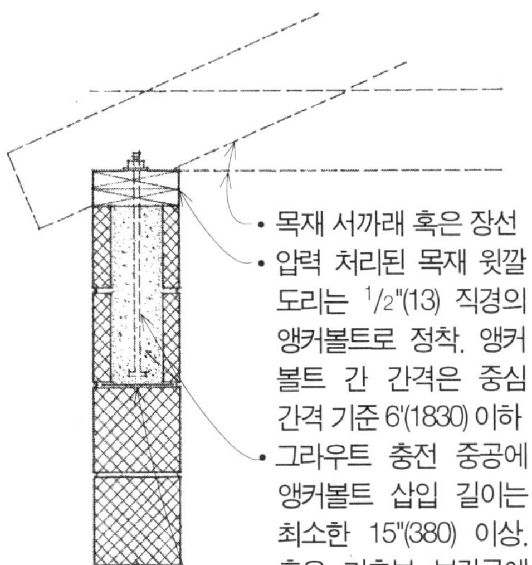

- 목재 서까래 혹은 장선
- 압력 처리된 목재 윗깔도리는 1/2"(13) 직경의 앵커볼트로 정착. 앵커볼트 간 간격은 중심 간격 기준 6'(1830) 이하
- 그라우트 충전 중공에 앵커볼트 삽입 길이는 최소한 15"(380) 이상. 혹은 기초보 보강근에 용접한다.
- 속그라우트를지지하기 위한 메탈라스

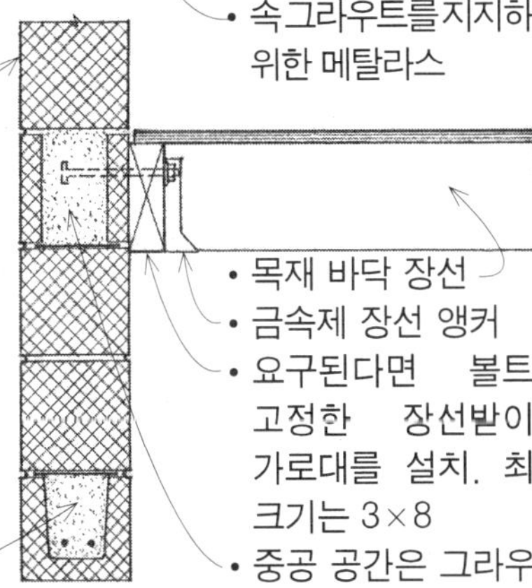

- 콘크리트 조적유닛(CMU); CSI 마스터포맷 04 22 00: 콘크리트 조적 유닛
- 수평 줄눈 보강의 수직 간격은 중심 간격 기준으로 16"(405)가 일반적
- 속을 그라우트로 채원 수직 보강근
- 단열방식 선택에 대해서는 7.44를 참조
- 상인방 선택에 대해서는 5.21을 참조
- 목재 바닥 장선
- 금속제 장선 앵커
- 요구된다면 볼트로 고정한 장선받이용 가로대를 설치. 최소 크기는 3×8
- 중공 공간은 그라우트로 충전.

- 표면접합은 콘크리트 조적 유닛을 모르타르 없이 건조 한 상태에서 깔고 난 후, 양쪽 면에 짧은 유리섬유를 포함하고 있는 시멘트질의 화합물인 표면 접합제를 미장하는 순으로 진행 한다.
- CSI 마스터포맷 04 22 00.16: 표면 접합된 콘크리트 조적 유닛

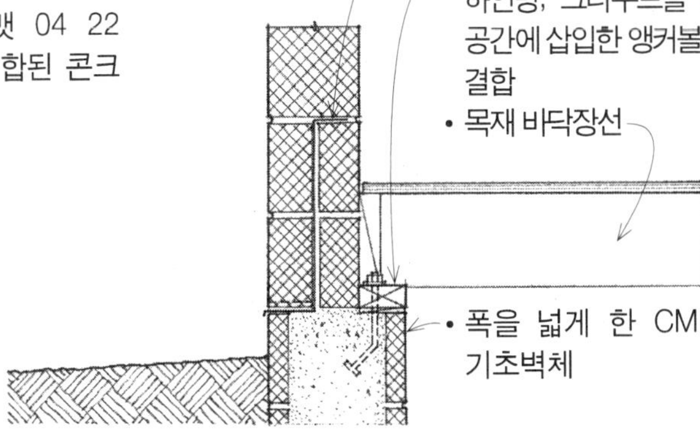

- 마구리면 세워쌓기 창턱
- 연속 플래싱 및 배수공
- 플래싱과 배수공은 중심 간격 32"(815) 마다 배치
- 2× 규격의 압력 처리한 하인방; 그라우트를 충전 공간에 삽입한 앵커볼트로 결합
- 목재 바닥장선
- 폭을 넓게 한 CMU 기초벽체

콘크리트 조적 내력벽체

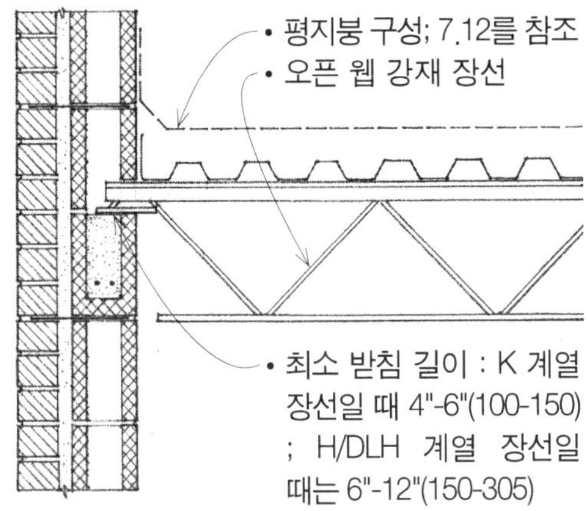

- 평지붕 구성; 7.12를 참조
- 오픈 웹 강재 장선
- 최소 받침 길이 : K 계열 장선일 때 4"-6"(100-150) ; H/DLH 계열 장선일 때는 6"-12"(150-305)
- 모든 장선은 강재 보 받침판과 확실히 결합하고 있어야 한다. 보 받침 판은 연속적인 보강한 CMU 기초보에 정착된다 ; 4.21을 참조.

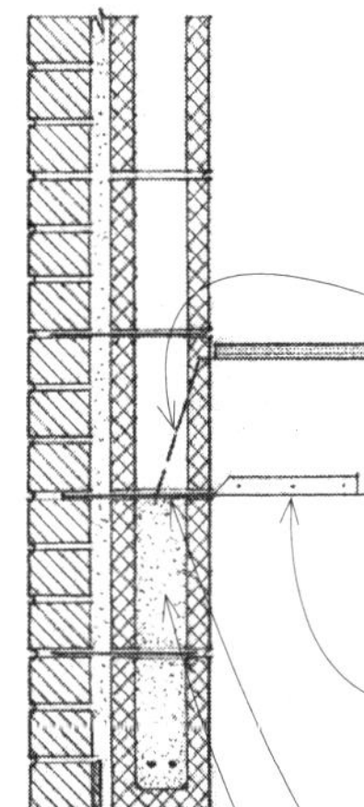

- 목재 바닥장선 끝부분을 파이어컷이나 경사 컷으로 경사지게 다듬으면, 화재 발생 시 장선이 떨어지더라도 벽체에 손상을 입히지 않게 된다.
- $1^1/_4" \times {}^3/_{16}"(32 \times 5)$ 뒤틀린 형태의 강재 스트랩 타이는 중심 간격 최대 6' (1830) 마다 배치
- 최소 받침 길이 3"(75)
- 그라우트 CMU 혹은 철근 보강 CMU 기초보
- 벽체를 따라 중심 간격 최대 6' (1830) 이하 마다 강재 스트랩 타이를 설치하여 단단히 고정할 것. 적어도 장선 3개 이상은 설치해야 하며 각각의 스트랩 앵커로 고정한 장선 사이에는 가로막이[blocking7)] 을 둔다.

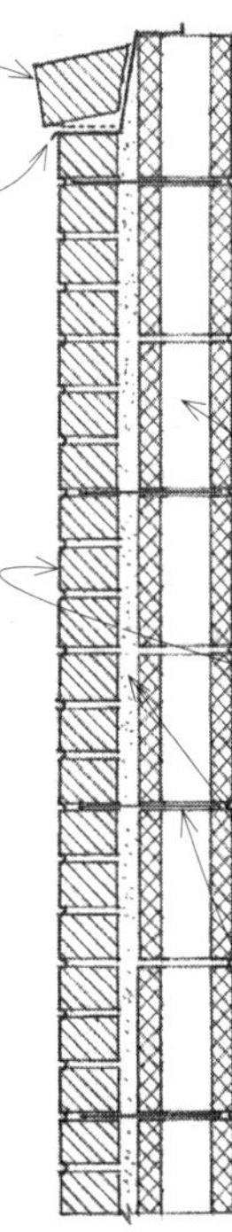

- 복합 조적
- 외장 켜 : CSI 04 21 00: 점토 조적 유닛
- 뒷받침 켜; CSI 04 22 00: 콘크리트 조적 유닛
- $^3/_4"$(19) 연결 줄눈 보통은 모르타르나 그라우트로 채움
- 금속제 벽체 타이, 중심 간격 16"(405)마다 설치하는 것이 일반적.
- 단열에 대한 선택사항은 7.44를 참조

복합 조적 내력벽체

7) 틈을 메우는 나무 조각

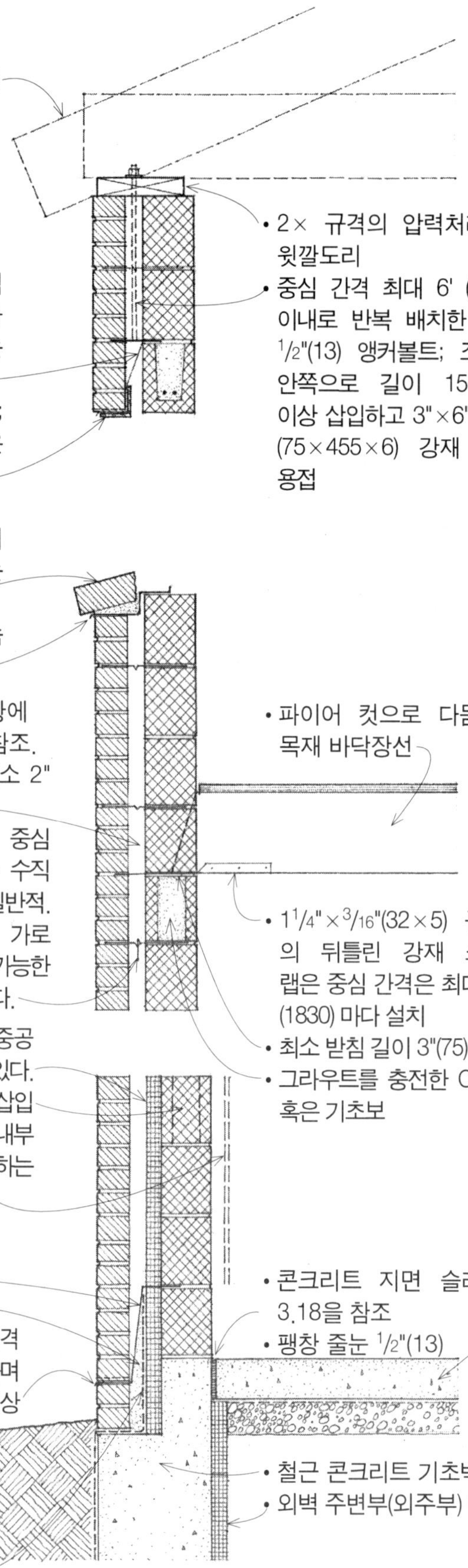

중공 내력 벽체

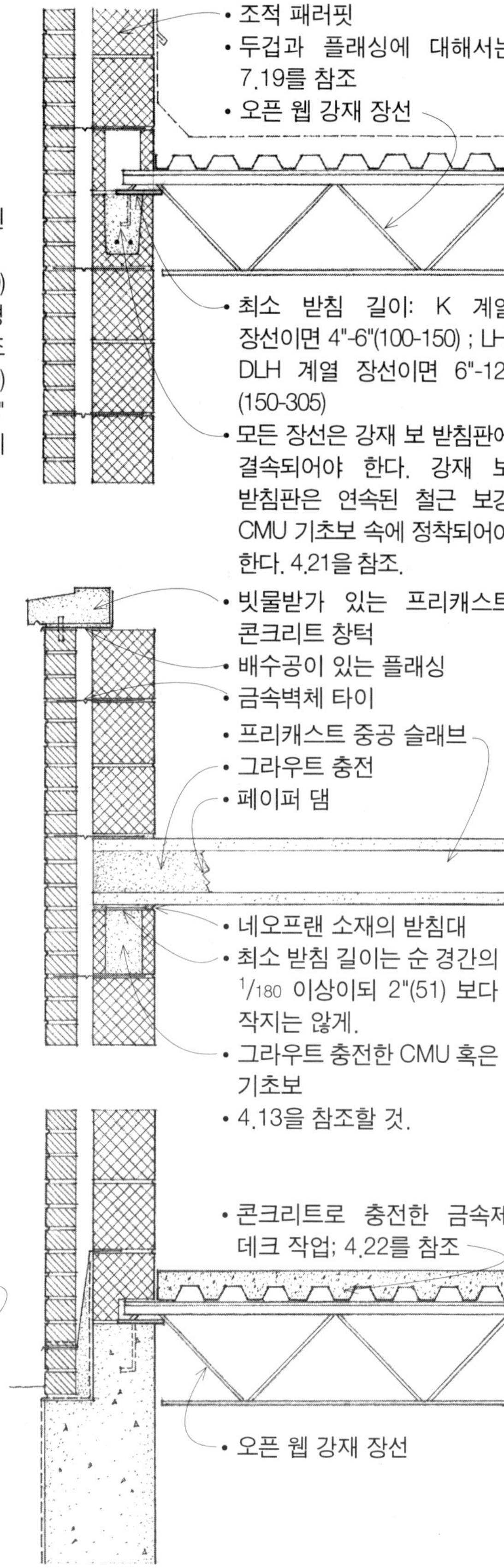

중공 내력 벽체

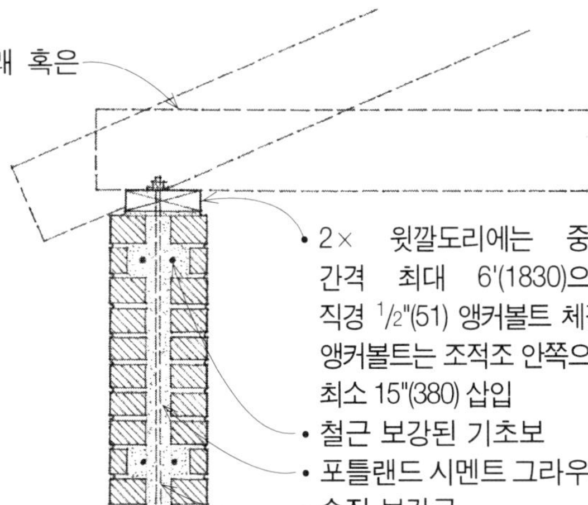

• 목재 서까래 혹은 장선

• 2× 윗깔도리에는 중심 간격 최대 6'(1830)으로 직경 1/2"(51) 앵커볼트 체결. 앵커볼트는 조적조 안쪽으로 최소 15"(380) 삽입

• 철근 보강된 기초보

• 포틀랜드 시멘트 그라우트

• 수직 보강근

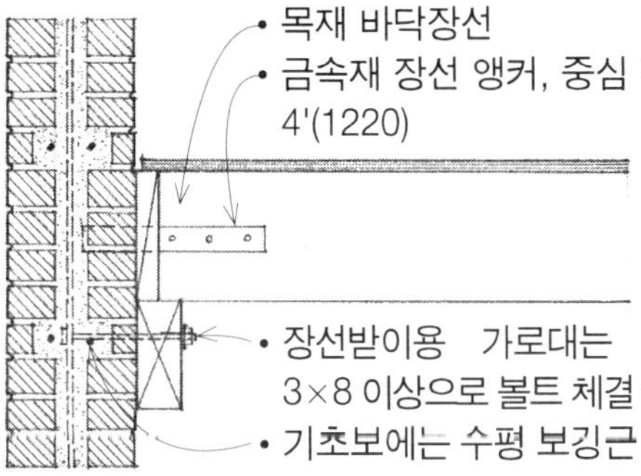

• 목재 바닥장선

• 금속재 장선 앵커, 중심 간격은 4'(1220)

• 장선받이용 가로대는 최소 3×8 이상으로 볼트 체결 필요

• 기초보에는 수평 보강근 배치

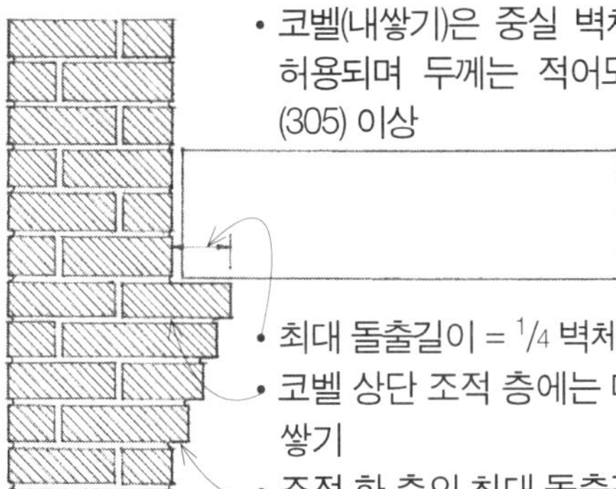

• 코벨(내쌓기)은 중실 벽체에만 허용되며 두께는 적어도 12"(305) 이상

• 최대 돌출길이 = 1/4 벽체 두께

• 코벨 상단 조적 층에는 마구리 쌓기

• 조적 한 층의 최대 돌출길이는 1"(25)

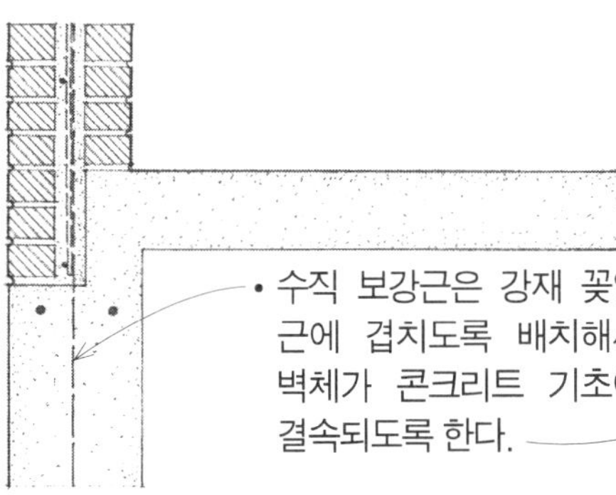

• 수직 보강근은 강재 꽂임근에 겹치도록 배치해서 벽체가 콘크리트 기초에 결속되도록 한다.

보강 벽돌 조적 벽체

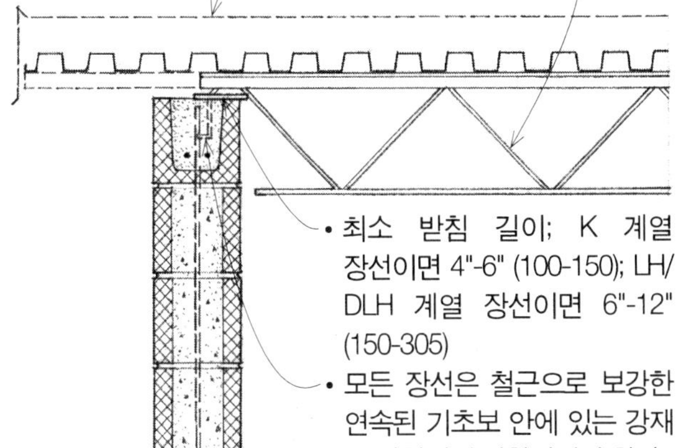

• 평지붕 구성; 7.12를 참조.

• 오픈 웹 강재 장선

• 최소 받침 길이; K 계열 장선이면 4"-6" (100-150); LH/DLH 계열 장선이면 6"-12" (150-305)

• 모든 장선은 철근으로 보강한 연속된 기초보 안에 있는 강재 보 받침대에 장착되어야 한다.

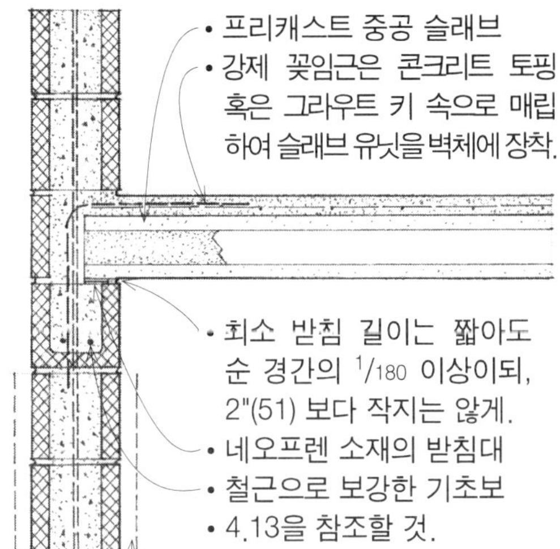

• 프리캐스트 중공 슬래브

• 강제 꽂임근은 콘크리트 토핑 혹은 그라우트 키 속으로 매립하여 슬래브 유닛을 벽체에 장착.

• 최소 받침 길이는 짧아도 순 경간의 1/180 이상이되, 2"(51) 보다 작지는 않게.

• 네오프렌 소재의 받침대

• 철근으로 보강한 기초보

• 4.13을 참조할 것.

• 경질 폼 단열재를 벽체 표면의 안쪽 혹은 바깥쪽에 부착할 수 있다.

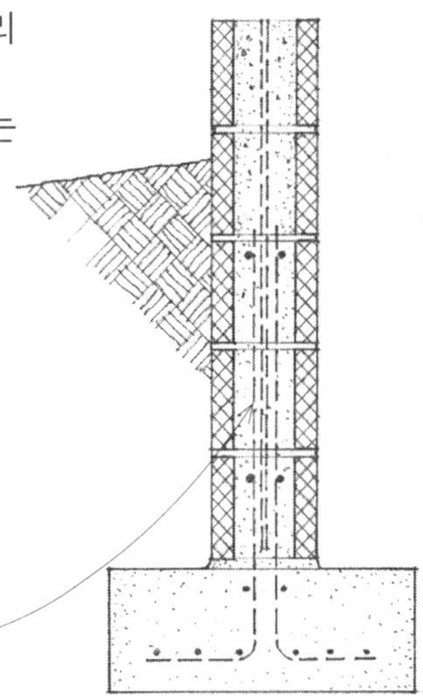

• 보강 조적 벽체의 요구사항을 확인하기 위해서는 5.18을 참조.

보강 콘크리트 블록 조적 벽체

- 수직 켜는 벽돌 유닛 한 개의 단위 두께로 수직으로 올린 부분이다.
- 수평 층은 벽돌 유닛 한 개의 단위 두께로 수평으로 깐 부분이다.
- 연결 줄눈은 조적조 수직 켜 두 개 사이의 수직 줄눈이다.
- 가로줄눈[bed joint]은 두 개의 층 사이에 깔리는 횡방향의 줄눈이다. 침대로 표현되는 부분은 조적 유닛의 아랫면이나 조적 유닛이 깔리는 모르타르의 층을 말한다.
- 세로줄눈[head joint]은 두 조적 유닛이 벽체 면에 직각으로 맞붙은 면에 바르는 수직 줄눈이다.

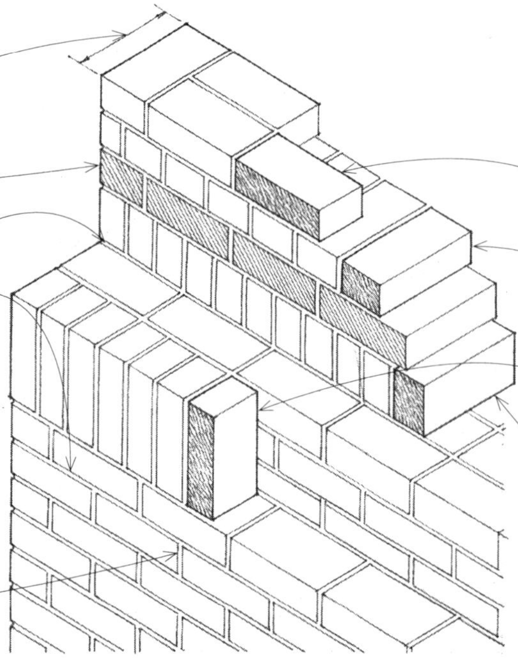

조적 관련 용어

- 스트레쳐/길이쌓기는 유닛의 긴 면이 벽체 면에 평행하게 드러나도록 수평으로 쌓은 조적 유닛이다.
- 헤더/마구리쌓기는 유닛의 짧은 면이 벽체 면에 평평하게 드러나도록 수평으로 쌓은 조적 유닛이다.
- 솔저/세운길이면쌓기는 긴 모서리 면을 드러내 수직으로 깐 벽돌이다.
- 로우록/마구리면 세워쌓기은 유닛의 짧은 쪽 끝을 보이고 긴 쪽을 밑으로 깔면서 수평으로 놓은 벽돌이다.

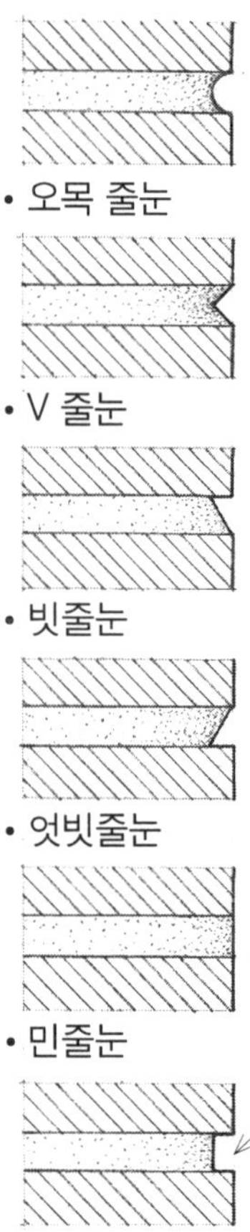

- 오목 줄눈
- V 줄눈
- 빗줄눈
- 엇빗줄눈
- 민줄눈

모르타르 줄눈

- 모르타르 줄눈[mortar joints]의 두께는 1/4"-1/2"(6-13)으로 하지만 일반적으로 3/8"(10)을 많이 쓴다.
- 치장줄눈[tooled joints]은 흙손 이외의 도구로 모르타르를 눌러 모양을 낸 줄눈이다. 치장 세공은 모르타르를 누르고 벽체 면 반대 방향으로 단단히 힘을 가하는 방식으로 진행되는데, 이를 통해 바람이 높고 많은 비가 닿는 벽체 면 부위에 물의 침투를 최대한 막아낼 수 있게 한다.
- 흙손 줄눈[troweled joints]은 규준대 고름을 넘어가는 모르타르를 흙손으로 마감한다. 남는 모르타르는 흙손을 이용하여 다듬고 잘라낸다. 흙손 줄눈 중 가장 효율적인 것은 물을 흘리게 하는 형태의 빗줄눈이다.
- 평줄눈[raked joint]은 모서리가 굳기 전, 사각형으로 모서리가 잡힌 도구를 이용하여 주어진 깊이까지 모르타르를 걷어내는 방식으로 만든다. 실내공간 전용이다.
- 모르타르 유형에 관해서는 5.15를 참조.

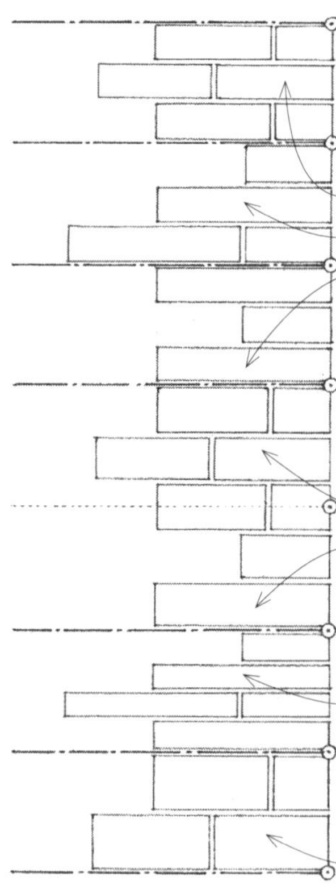

- 2 2/3"(68) 조적유닛; 3개 층 = 8"(205)
- 모듈형식
- 노르만[Norman] 양식
- SCR 벽돌
- 3 1/5"(80) 유닛; 5개 층[8] = 16"(405)
- 엔지니어 벽돌
- 노르웨이식 벽돌
- 2"(51) 유닛; 4개 층 = 8"(205)
- 로마식 벽돌
- 4"(100) 유닛; 2개 층 = 8"(205)
- 유틸리티 규격벽돌

수평층의 높이

- 상대적인 층 높이는 모르타르 줄눈의 두께를 포함한 공칭 지름이다.
- 길이 쪽으로는 4", 8", 12"(100, 205, 305)의 배수를 사용한다.
- 벽돌 유형과 규격에 관해서는 12.06을 참조.
- 벽체 두께는 조적 벽체 유형에 따라 다르다.; 5.14-5.15를 참조.

CSI 마스터포맷 04 05 13: 조적 모르타르 작업

8) 강도가 높고 기공률(water porosity)이 낮으며 내산성이 있음. 유공형으로 생산됨

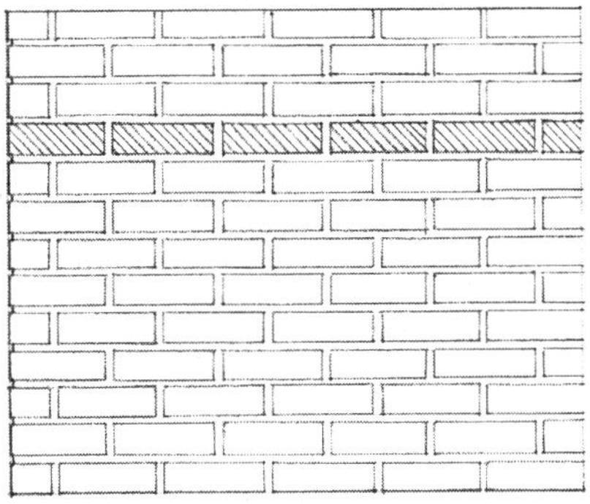

• 길이쌓기 running bond는 중공 단판 벽체에 일반적으로 사용한다. 막힌 줄눈으로 쌓은 스트레처(길이 쌓기)로만 구성한다.

• 보통쌓기 common bond는 5-6줄의 스트레처(길이쌓기) 사이에 헤더(마구리쌓기) 한 층을 넣는 식으로 구성한다. 미식쌓기로도 알려져 있다.

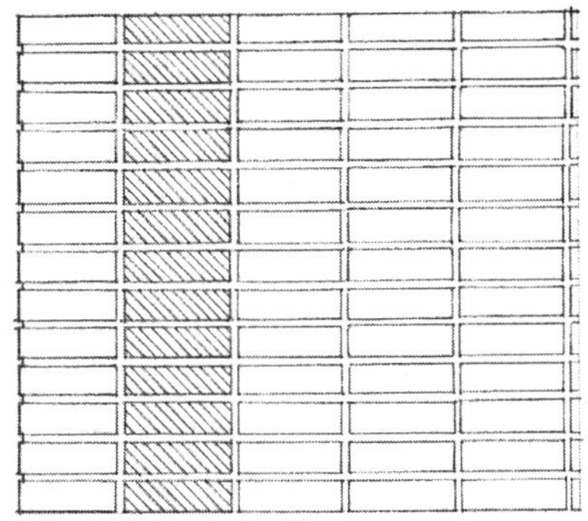

• 통줄눈 쌓기 stack bond는 마구리면 줄눈을 수직적으로 정렬한 스트레처(길이쌓기)의 연이은 구성으로 만들어진다. 조적 유닛이 겹쳐있지 않기 때문에 수평 줄눈보강이 요구된다. 수평 줄눈보강은 철근 보강이 없는 경우 중심 간격 16" (405)으로 배치한다.

• 플랑드르식 쌓기 Flemish bond는 헤더(마구리쌓기)와 스트레처(길이쌓기)를 하나씩 번갈아 가면서 같은 층에 배치하고 각각의 마구리쌓기 부재의 중심은 길이쌓기 층의 벽돌 중심과 축을 일치시킨다. 소성 과정에서 발적을 일으키는 어두면 마구리면이 있는 벽돌을 사용하여 벽체의 패턴으로 이용할 때가 많다.

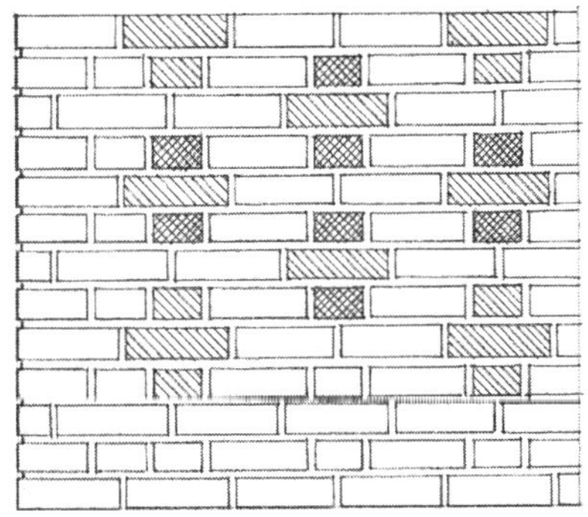

• 플랑드르식 십자쌓기 Flemish cross bond는 플랑드르식 쌓기의 변형이다. 스트레처만으로 구성된 층을 넣어 십자 패턴이 보이도록 구성한다.

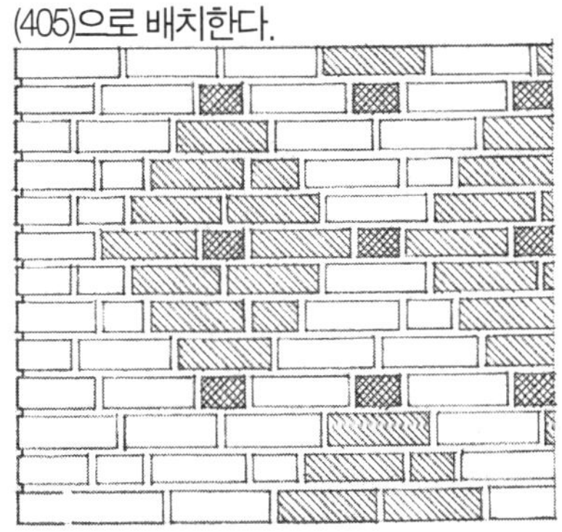

• 플랑드르식 대각쌓기 Flemish diagonal bond는 플랑드르식 십자쌓기의 일종으로 다이아 몬드 패턴을 만들기 위해 층을 조금씩 밀어서 구성한다.

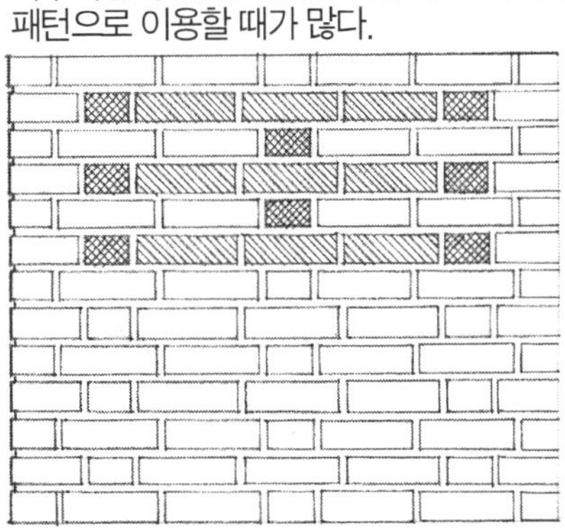

• 정원벽쌓기 garden-wall bond는 작은 하중이 걸리는 경계벽을 위해 사용된다. 헤더 하나와 스트레처 3개를 반복적으로 놓아 층을 구성하고, 한 줄 건너씩 나오는 헤더의 수직 중심축을 맞춰 구성한다.

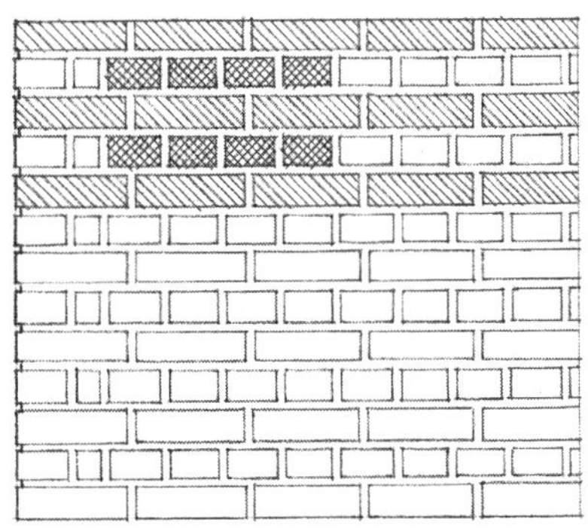

• 영식쌓기 English bond는 헤더(마구리쌓기)와 스트레처(길이쌓기)를 번갈아 쌓는 방식으로 진행한다. 이때 모든 층에서 마구리면의 중심은 스트레처의 중심과 줄눈 부위에 정렬된다.

• 벽돌 절단을 최소화하고, 쌓기 패턴 외관을 개선하기 위해서, 조적 벽체에서 가장 많이 쓰이는 치수는 모듈 유닛으로 나오는 치수를 바탕으로 해야 한다.

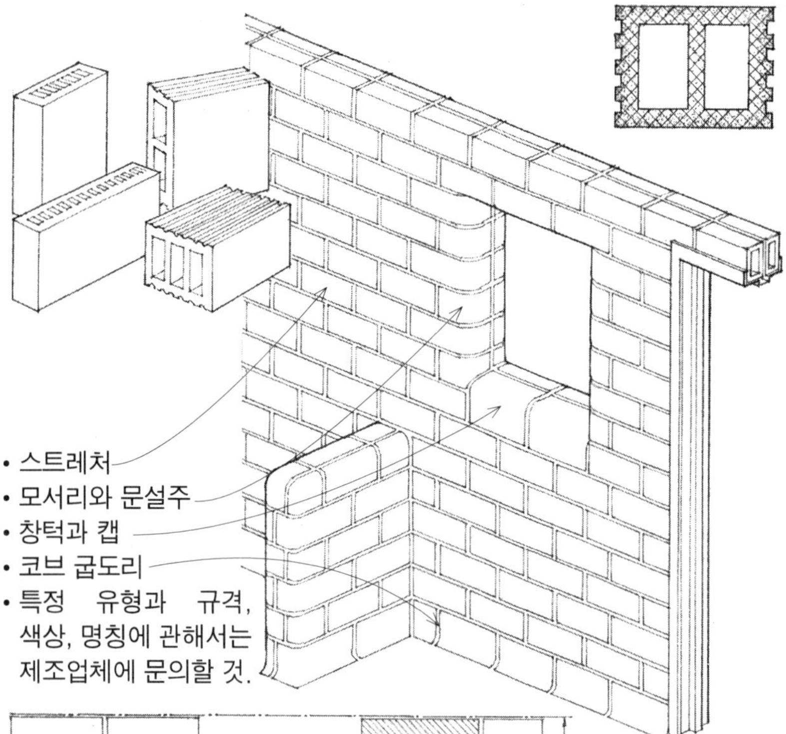

- 스트레처
- 모서리와 문설주
- 창턱과 캡
- 코브 굽도리
- 특정 유형과 규격, 색상, 명칭에 관해서는 제조업체에 문의할 것.

구조용 점토 타일structural clay tile은 중공을 가진 소성 점토 타일로 일반적으로 벽체와 칸막이벽에 사용된다.

- LB 등급 : 하중을 견디는 구조용 점토 타일. 동결작용에 노출되지 않거나 3" (75)이상의 석재, 벽돌, 테라코타 혹은 기타 조적조 치장으로 보호하는 노출 조적조 벽체에 적합
- LBX 등급 : 하중을 견디는 구조용 점토 타일. 기후나 동결작용에 노출되는 조적 벽체에 적합

구조용 외장 타일은 표면이 반짝이는 구조용 점토 타일로서 치장 벽체와 칸막이 벽체에 사용된다. 특히 포면 마모가 심하거나 습기에 노출되어 있거나 엄격한 위생상의 요구 사항이 있을 때 적용한다.

- FTS 등급 : 노출된 외벽과 내부 조적 벽체와 칸막이벽에 적합. 어느 정도 물을 흡수하고, 약간의 치수 변화가 있으며, 표면 마감에서의 사소한 결함이 있을 수 있다. 중간색 범위를 표현할 수 있다.
- FTX 등급 : 연성 구조용 점토 타일로 노출된 외부 및 내부의 조적 벽체와 칸막이벽에 흡수가 적고 얼룩에 대한 저항성이 요구될 때 적합. 높은 수준의 기계적 완벽함과 최소한의 표면 치수 변화가 필요할 때도 사용한다. 반면 표현할 수 있는 색 범위는 좁다.

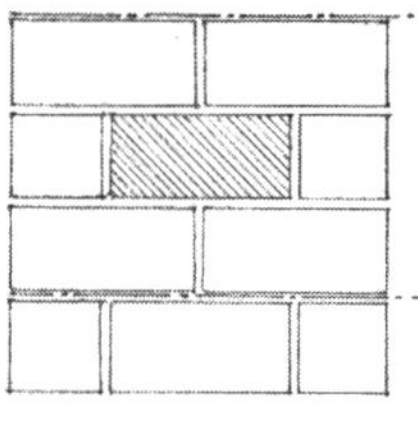

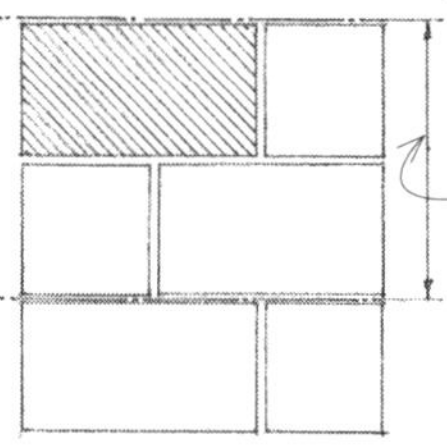

- 1' 4"(405)
- 공칭 치수는 모르타르 줄눈 두께를 포함한 치수이다.

- 6T 형상은 공칭 치수 5 1/3" × 12"(135 × 305) 면을 가지고 있다.
- 8W 형상은 공칭 치수 8" × 16"(205 × 405) 면을 가지고 있다.

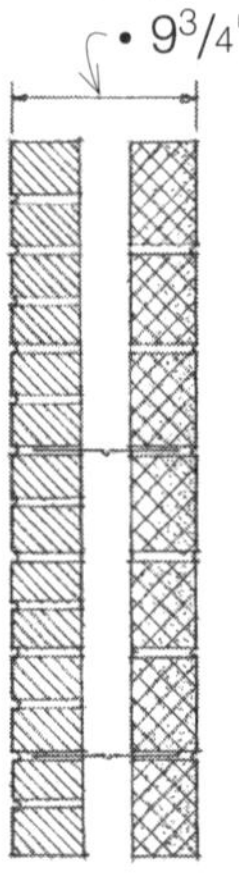

10" (255) 중공벽체
- 안쪽 켜는 4"(100) 두께로 쌓은 구조용 외장 타일에 바깥켜는 벽돌

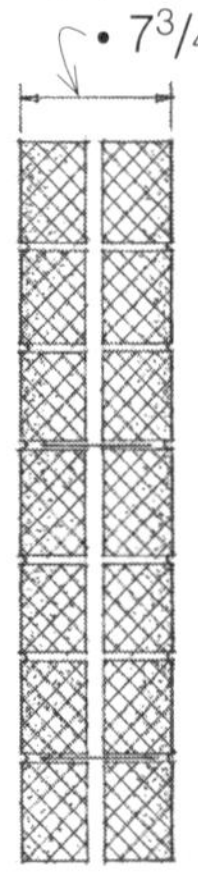

8"(205) 벽체
- 4"(100)로 된 두 켜를 금속재 타이로 연결

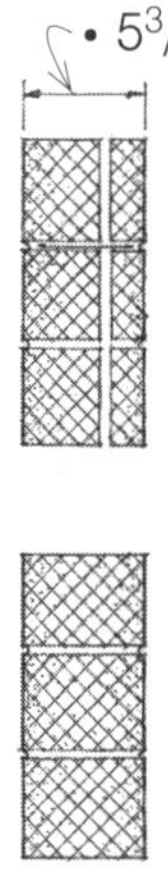

6"(150) 벽체
- 단일로 구성된 6"(150) 켜로 구성 혹은 2" 수직 켜와 4" 수직 켜(51과 100)를 금속제 타이로 연결하여 구성하는 방법이 있으며 양쪽 면은 각각 다른 색상의 재료로 쌓을 수 있다.

4" (100) 벽체
- 단일 4"(100) 켜로 구성 혹은 두 개의 2"(51) 켜를 금속재 타이로 결속하는 방식

유형에 따른 벽체 단면

- 벽체에 요구되는 일반사항은 5.14-5.17을 참조

CSI 마스터포맷 04 21 23: 구조용 점토 타일 조적

유리블록은 빛을 투과하는 중공블록으로, 맑은 유리, 질감이나 무늬가 있는 유리로 만든다. 반쪽 유리면 두 개를 융합하는 과정에서 내부는 부분 진공 상태가 된다. 유리블록은 외부와 내부의 비내력벽에 사용되고, 전통적으로는 골조가 짜인 유리 개구부에 사용되어왔다. 유리블록 유닛은 S 유형 모르타르 혹은 N 유형 모르타르를 이용하여 적어도 1/4"(6) 이상에서 3/8"(10)을 넘지 않는 두께의 줄눈으로 시공한다. 일반적으로 유리블록으로 만든 벽체패널은 창턱 지지부에 모르타르를 바르고 위쪽과 옆쪽은 팽창줄눈을 두어 거동과 침하를 할 수 있도록 한다.

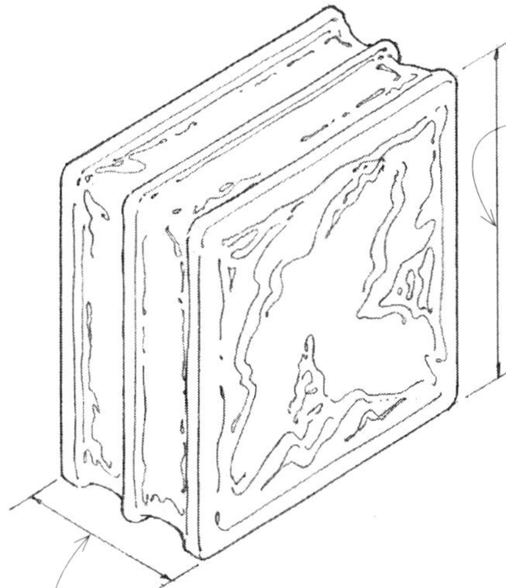

공칭 표면 치수
- 6" × 6"(150 × 150)
- 8" × 8"(205 × 205)
- 12" × 12"(305 × 305)
- 4" × 8"(100 × 205)

- 열 취득, 눈부심/글레어, 밝기를 제어하기 위해 다른 물질이나 코팅처리 뿐만 아니라 다양한 표면 질감이 가능하다.
- 특수한 끝단과 모서리 블록 역시 가능하다.

- 표준 유닛의 경우 4"(100)의 공칭 두께
- 얇은 유닛의 경우 3"(75)의 공칭 두께

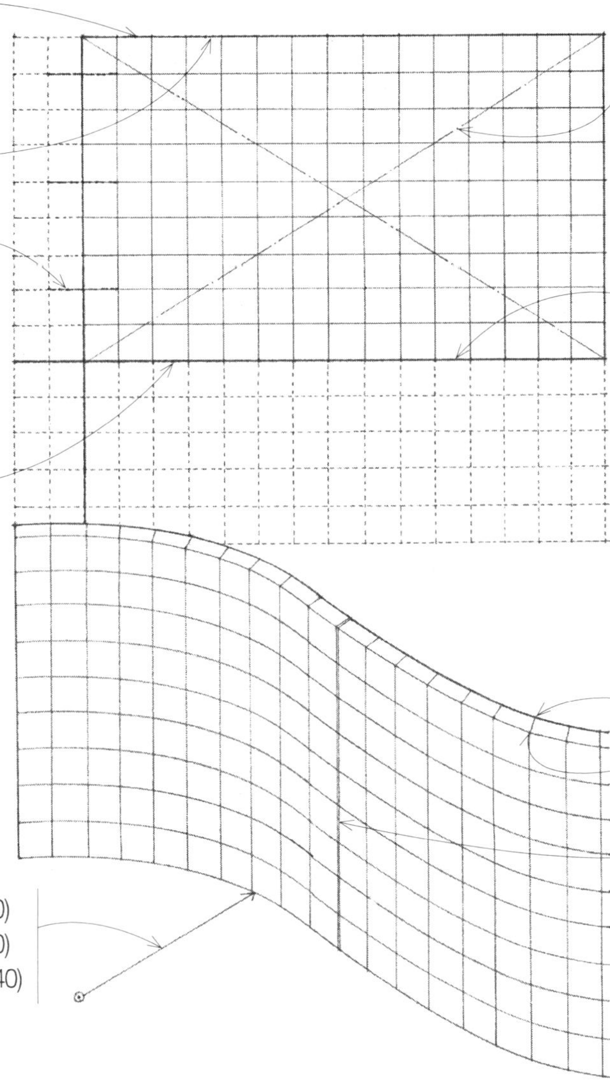

- 횡방향 지지는 패널 앵커 혹은 연속된 채널 부재를 이용
- 마구리와문설주에서의 디테일은 움직임과 조정을 허용해야 한다.
- 패널 앵커는 주변 시공 부위에 단단히 고정되어야 한다.
- 필요한 경우에 수평 줄눈보강 설치
- 패널은 창턱 위에 모르타르를 바르도록 설계된다.

- 외부용 표준 유닛 패널은, 최대 폭 25'(7620), 최대 높이 20'(6095) 이내의 범위에서 지지가 없는 면적 144sf. (13㎡)을 넘을 수 없다. 외부용 얇은 유닛 패널은 최대 폭 15'(4570), 최대 높이 10'(3050) 이내의 범위에서 지지가 없는 면적 85 sf (7㎡)를 넘을 수 없다.
- 실내용 표준 유닛 패널은 지지가 없는 면적 250 sf(23㎡)를 넘을 수 없다. 실내용 얇은 패널은 150 sf (13㎡)를 넘을 수 없다. 두 경우 모두 폭은 25' (7620)을 넘을 수 없고, 높이는 20'(6095)을 넘을 수 없다.
- 수직 스티프너(보강재)와 수평 선반을 적용하면 요구되는 패널 크기에 맞춰 더 큰 벽체 면적을 유리블록으로 계획할 수 있다.

- 3/16"(5) 안쪽 줄눈
- 5/8"(16) 외부용 줄눈

- 곡면 벽체패널은 방향이 변하는 부위마다 팽창 줄눈을 설치해야 한다.

최소 반지름
- 6"(150) 유리블록: 4'(1220)
- 8"(205) 유리블록: 6'(1830)
- 12"(305) 유리블록: 8'(2440)

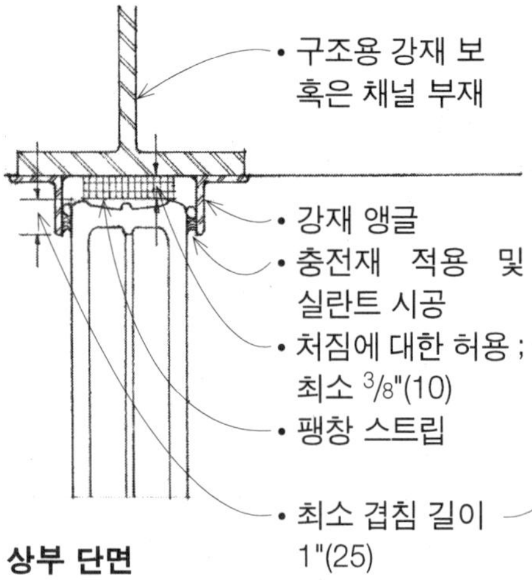

상부 단면

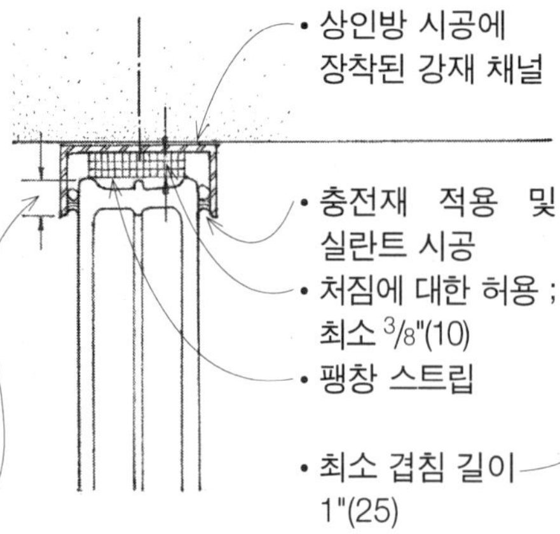

상부 단면

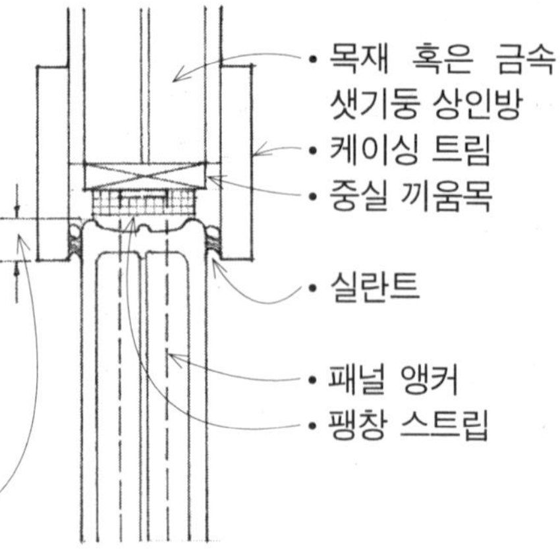

상부 단면

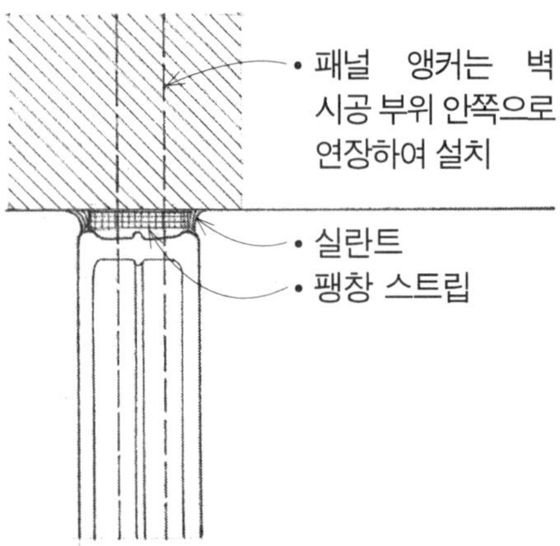

문설주 단면

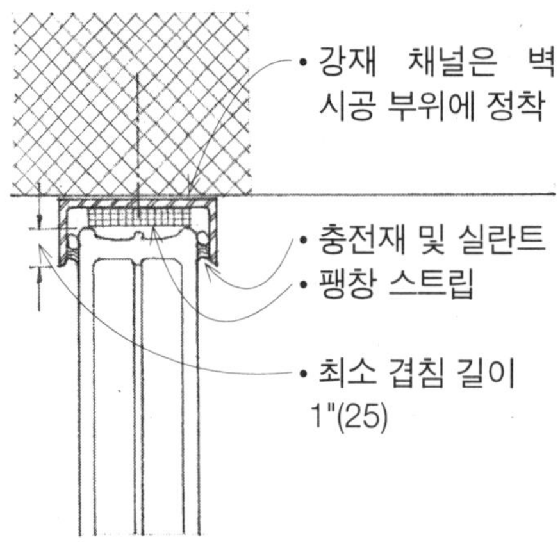

문설주 단면

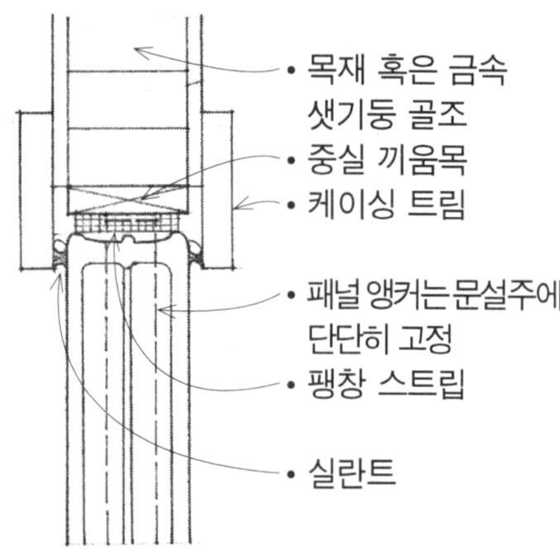

문설주 단면

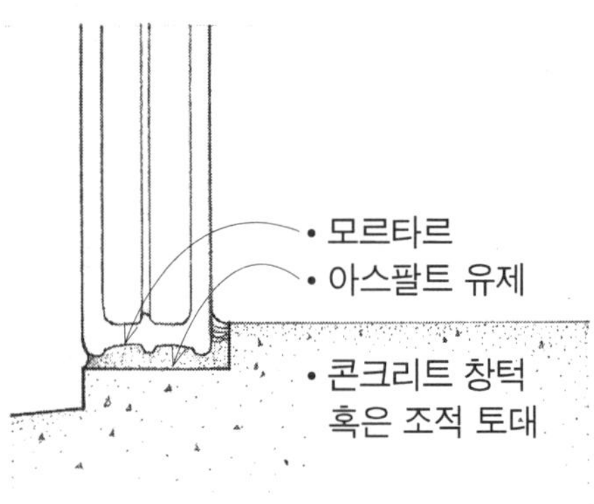

창턱 단면

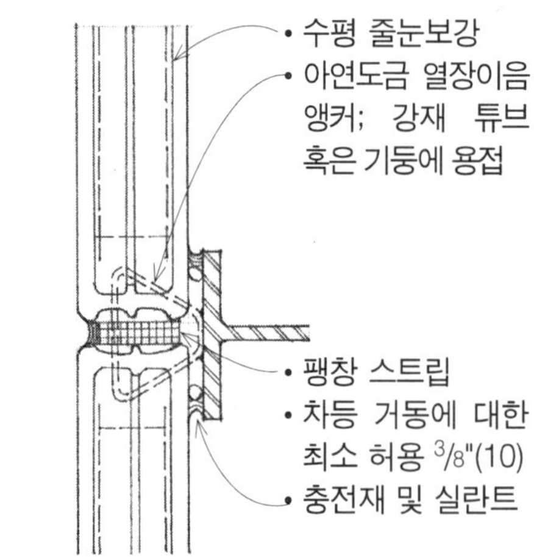

수직 스티프너

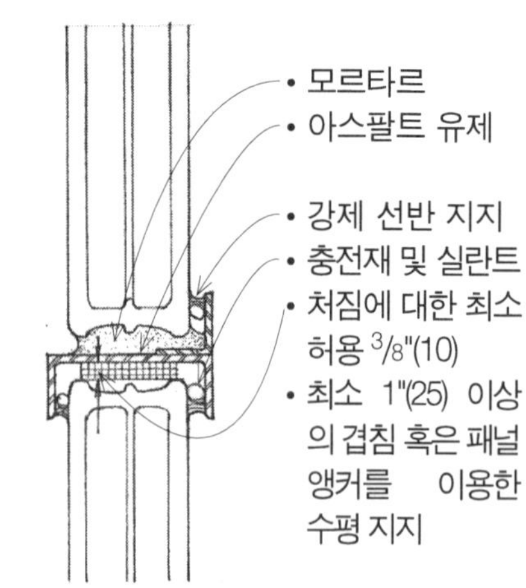

수평 선반 지지

유형별 유리블록 디테일

어도비[Adobe]와 흙다짐[rammed-earth] 공사는 모두 불이 붙지 않고 안정적인 흙을 기본 건축 재료로 사용한다. 현재 건축 법규는 어도비 및 흙다짐 공사에 대한 요구조건과 수용 여부에 따라 다르다. 그러나 흙을 건축 재료로 사용하는 것은 지구상의 많은 지역에서 경제성으로 필수적인 사항이 되고 있다. 어도비와 흙다짐 공사 모두 저비용의 대안적 건설 시스템으로 남아 있기 때문이다.

어도비는 햇볕에 말린 점토 조적재로, 강우량이 전통적으로 적은 국가에서 사용되었다. 점토 함량이 15%에서 25% 사이의 거의 모든 토양을 진흙 혼합물로 사용할 수 있으며, 이보다 점토 함유율이 높은 토양은 만족스러운 벽돌을 만들기 위해 모래나 짚으로 템퍼링(다짐)을 해야 할 수도 있다. 자갈 또는 기타 거친 골재는 진흙 혼합물 부피의 50%까지 차지해도 쓸 수 있다. 혼합 시 사용하는 물에 염분이 있어서는 안 된다. 건조 시 염분이 재결정화하면서 벽돌이 손상될 수 있기 때문이다.

어도비 벽돌은 일반적으로 사용지점 근처에서 지하 공간을 굴착하거나 땅고르기를 통해 얻게 된 토양을 이용하여 만든다. 진흙은 손이나 기계적 수단으로 혼합하고, 목재나 금속 거푸집에 타설한다. 이때 거푸집을 평평한 지면에 놓고 조적 유닛을 수월하게 분리하기 위해 물로 적신다. 초기 건조 후, 조적 유닛은 완전히 건조될 때까지 한쪽에 쌓아놓는다. 어도비 벽돌 유닛은 완전히 마르기 전까지는 극도로 깨지기 쉽다.

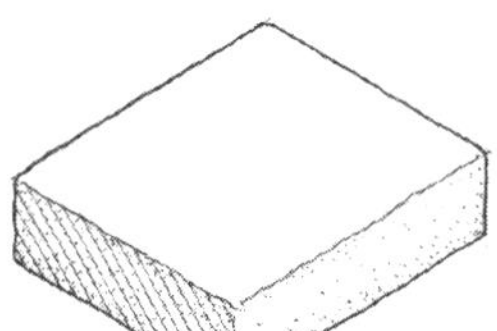

- 어도비 벽돌의 규격은 현장에 따라 다르지만, 일반적으로 10"(255)×14"(355) 및 2"에 두께는 4"(51에서 100) 사이이다. 얇은 벽돌은 두꺼운 벽돌보다 빨리 마르고 양생기간도 짧다. 각각의 벽돌은 25~30 파운드(11~14㎏) 정도의 무게가 나간다.
- 안정화 또는 방수 처리를 한 어도비는 포틀랜드 시멘트, 아스팔트 유제, 기타 화학 작용제의 혼합물을 포함하여, 벽돌의 수분 흡수를 제한할 수 있다.
- 상단을 지지하는 경우, 높이 10' (3050)의 어도비 기둥의 허용 하중 :
  - 10" × 28"(255 × 710) 12,000 lb. (5400 kg)
  - 14" × 20"(355 × 510) 13,000 lb. (5900 kg)
  - 24" × 24"(610 × 610) 28,000 lb. (12,700 kg)

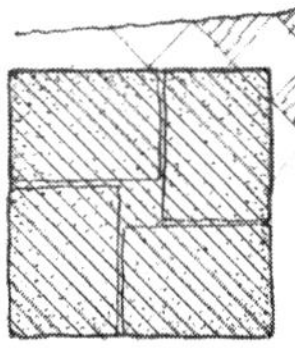

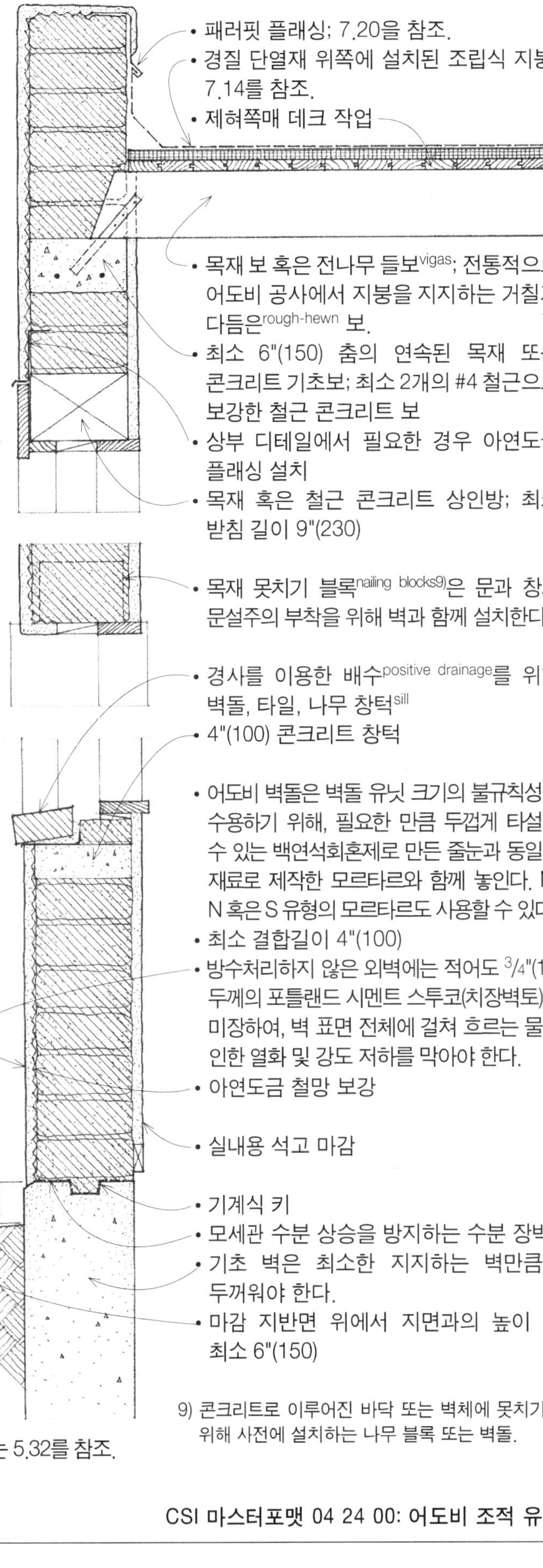

- 패러핏 플래싱; 7.20을 참조.
- 경질 단열재 위쪽에 설치된 조립식 지붕; 7.14를 참조.
- 제혀쪽매 데크 작업
- 목재 보 혹은 전나무 들보[vigas]; 전통적으로 어도비 공사에서 지붕을 지지하는 거칠게 다듬은[rough-hewn] 보.
- 최소 6"(150) 춤의 연속된 목재 또는 콘크리트 기초보; 최소 2개의 #4 철근으로 보강한 철근 콘크리트 보
- 상부 디테일에서 필요한 경우 아연도금 플래싱 설치
- 목재 혹은 철근 콘크리트 상인방; 최소 받침 길이 9"(230)
- 목재 못치기 블록[nailing blocks9)]은 문과 창의 문설주의 부착을 위해 벽과 함께 설치한다.
- 경사를 이용한 배수[positive drainage]를 위한 벽돌, 타일, 나무 창턱[sill]
- 4"(100) 콘크리트 창턱
- 어도비 벽돌은 벽돌 유닛 크기의 불규칙성을 수용하기 위해, 필요한 만큼 두껍게 타설할 수 있는 백연석회혼제로 만든 줄눈과 동일한 재료로 제작한 모르타르와 함께 놓인다. M, N 혹은 S 유형의 모르타르도 사용할 수 있다.
- 최소 결합길이 4"(100)
- 방수처리하지 않은 외벽에는 적어도 $^3/_4$"(19) 두께의 포틀랜드 시멘트 스투코(치장벽토)로 미장하여, 벽 표면 전체에 걸쳐 흐르는 물로 인한 열화 및 강도 저하를 막아야 한다.
- 아연도금 철망 보강
- 실내용 석고 마감
- 기계식 키
- 모세관 수분 상승을 방지하는 수분 장벽
- 기초 벽은 최소한 지지하는 벽만큼은 두꺼워야 한다.
- 마감 지반면 위에서 지면과의 높이 차 최소 6"(150)

9) 콘크리트로 이루어진 바닥 또는 벽체에 못치기를 위해 사전에 설치하는 나무 블록 또는 벽돌.

- 어도비 및 흙다짐 공사 모두에 적용되는 요구 사항 일반에 관해서는 5.32를 참조.
- LEED® MR 크레딧 3 : 건물 제품 공개 및 최적화-원자재 조달

CSI 마스터포맷 04 24 00: 어도비 조적 유닛

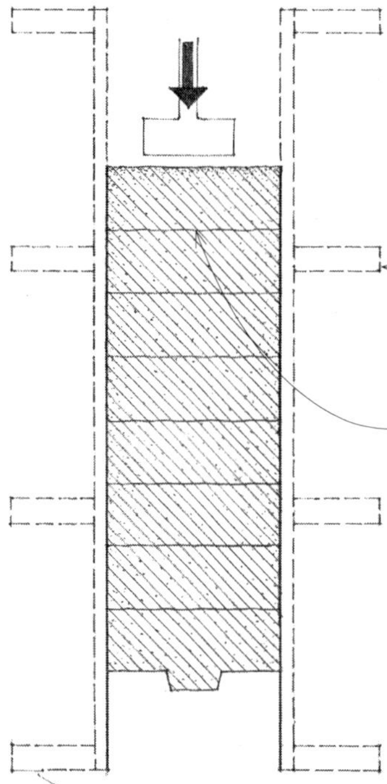

- 어도비와 다진 흙은 낮은 인장 강도를 가지고 있지만 압축강도는 300psi (14kPa) 이상이다.
- 어도비와 흙다짐 공사의 강도는 벽의 질량mass과 균질성에 따라 다르다.
- 다른 단열재만큼 열적으로 효율적이지는 않지만, 어도비와 다진 흙으로 된 벽체는 열저장을 위한 축열체역할을 한다.
- LEED MR 크레딧 3 : 건물 제품 공개 및 최적화-원자재 조달

피제 드 테르 라고도 불리는 다진 흙 역시 전통적인 건설 재료이다. 본질적으로는 점토, 실트(미사), 모래 및 물의 단단한 혼합물로 벽체 시공과 같이 거푸집 안에서 압축 및 건조한다. 토양 혼합물은 점토와 실트의 비율이 50% 미만이어야 하며 골재 크기는 최대 $^{1}/_{4}$"(6)으로 한다. 혼합에 소금물을 사용해서는 안 된다.

- 흙다짐 벽은 슬립 폼을 이용해서 높이 24"~36" (610~915), 길이 10'~12'(3050~3660)로 올린다.
- 모서리 부분은 다른 부분보다 먼저 특수 거푸집으로 만든다.
- 다음 리프트를 놓기 전에, 높이가 6" (150) 미만의 리프트 혹은 층에서 축축한 토양 혼합물(약 10% 수분함량)을 손이나 기계를 이용하여 충분히 압축한다. 각각의 리프트는 이전 리프트와 단단히 결합해야 한다.
- 다진 흙이 충분히 건조되고 양생되기 전에는 구조적인 하중이 걸리면 안 된다.

일반적 요구사항
- 어도비와 흙다짐 공법에 의한 시공에 대한 요구사항은 비슷하다.
- 기초보는 지붕하중을 분산하고, 내력벽의 상단을 안정시키기 위해 필요하다. 또한 각 바닥 높이에서 일정한 간격으로 배치되어 요구되는 벽체 높이-벽체 두께 비를 유지할 수 있어야 한다.
- 기초보는 반드시 인장에 대한 보강, 특히 모서리부에 대한 보강을 해야 한다.

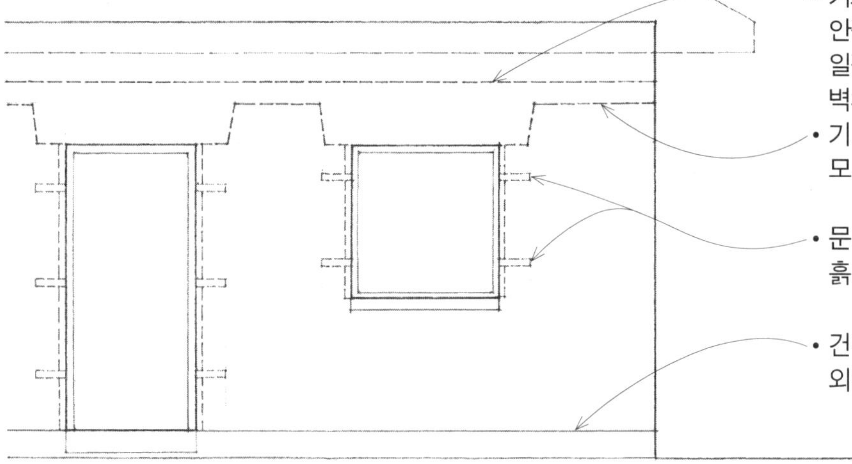

- 문과 창의 골조를 부착하기 위한 목재 앵커는 흙다짐 벽에 미리 타설된다.
- 건전한 기초와 넉넉한 지붕 오버행은 비로부터 외벽을 보호하여, 흙 구조물의 내구성을 개선한다.

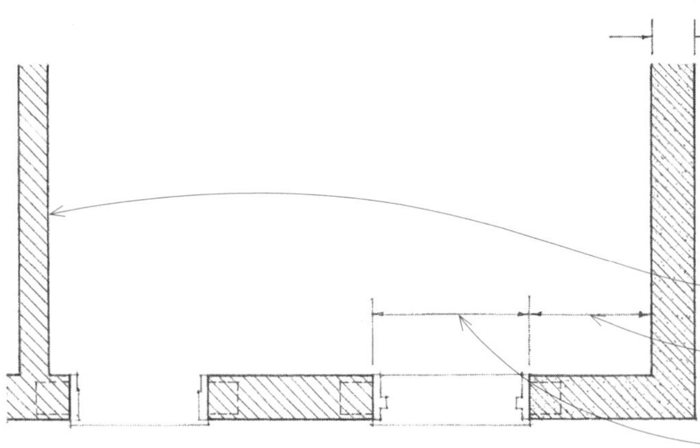

벽체 최소 두께
- 실내 비내력벽의 경우 8"(205)
- 1층 건물에서 벽체가 12'(3660) 이하일 경우 12"(305)
- 높이 22'(6705)까지의 2층 내력벽 ; 1층 18" (455), 2층 12"(305)
- 서로 교차하는 벽의 지지는 중심 간격 최대 24' (7315) 이하
- 창호 개구부는 모서리에서 2' 4"(710) 이하로 가까워지면 안 된다.
- 벽 개구부의 총 길이는 벽 길이의 $^{1}/_{3}$로 제한되어야 한다.

자연석[natural stone]은 내구성과 내후성이 있는 건축 재료이다. 점토 조적유닛이나 콘크리트 조적 유닛처럼 모르타르에 놓고 쌓을 수 있고, 내력벽과 비내력벽을 가리지 않는다. 하지만 거친돌(잡석)의 비정형적 형상과 크기, 마름돌[ashlar]의 동일하지 않은 층 쌓기, 벽체 시공에 사용되는 다양한 유형의 석재 자체의 물리적 특성으로 인한 약간의 차이는 있다.

자연석은 모르타르로 결합이 가능하고, 양면 내력벽과 같은 전통적인 방식으로 쌓을 수도 있다. 그러나 요즘 들어서는 석재를 콘크리트 또는 벽돌 뒷받침 벽[backup wall]에 결합된 외장용 단판[facing veneer]으로 사용되는 경우가 많다. 석재의 변색을 방지하려면 얼룩이 지지 않게 하는 시멘트와 비 부식성 타이, 앵커 및 플래싱을 사용해야 한다. 구리, 황동 및 청동은 특정 조건에서 얼룩이 생길 수 있다.

- 석재 단판벽체에 대해서는 7.30을 참조
- 건설재료로서의 석재에 관한 논의는 12.10을 참조.

- 잡석막쌓기[random rubble]는 불연속적이되 대략적으로는 평탄한 밑면과 층을 가지고 있는 깬 돌[10]로 구성된 조적 벽체이다. 모르타르 줄눈은 자연스러운 석재의 형상을 강조하기 위해 석재 뒤쪽으로 바르는 것이 일반적이다.

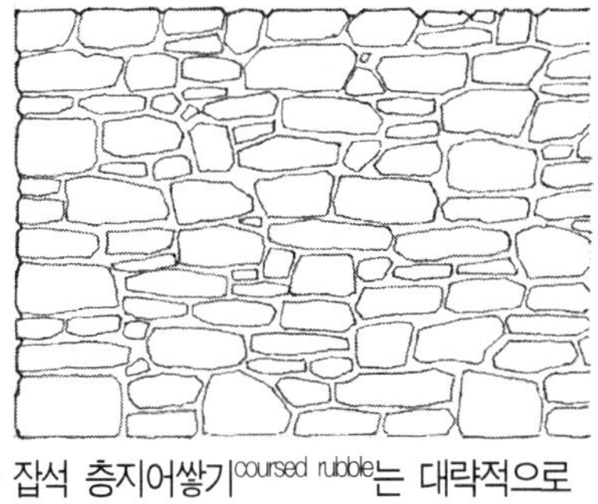

- 잡석 층지어쌓기[coursed rubble]는 대략적으로 평탄한 밑면을 두고 조금 더 연속적인 돌의 층 사이에 간격을 두는 방식으로 깬 돌을 쌓는 조적 벽체이다.
- 표면 줄눈의 폭은 1/2"-1 1/2"(13-38)

- 네모잡석 층지어쌓기[squared rubble]는 다양한 크기의 네모잡석을 이용하여 서너 번째 돌마다 수평 층을 구성하는 방식의 조적벽체이다.

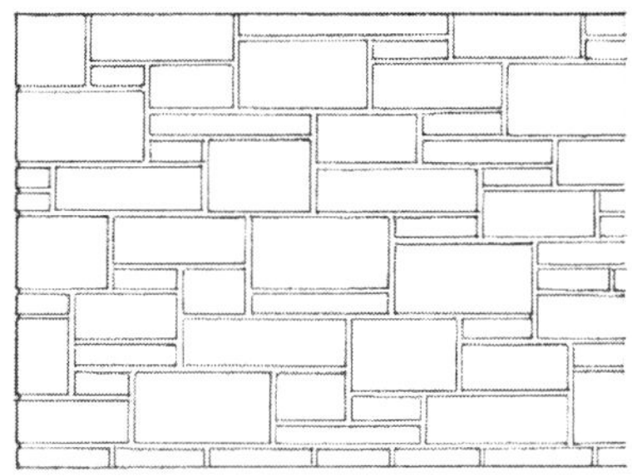

- 마름돌 막쌓기[random ashlar]는 마름돌을 불연속 적인 층으로 쌓는 방식으로 짓는다.

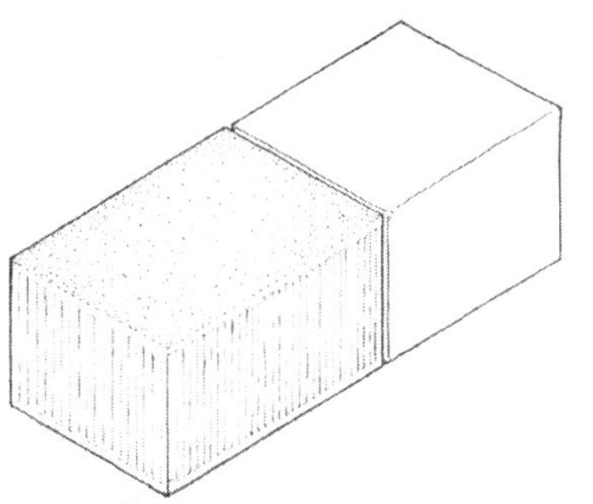

- 마름돌[ashlar]은 매우 얇은 모르타르 줄눈으로 결합하기 위해 주변 돌과 인접한 면을 조금씩 다듬은 사각형 모양의 건축용 석재이다.

- 대소높이 바른층쌓기[coursed ashlar]는 각각의 층은 같은 높이로 쌓되, 각각의 층은 다른 높이인 석재 조적이다.

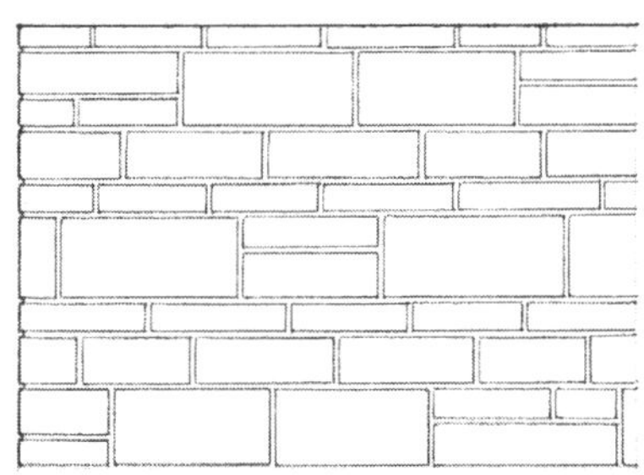

- 면마름돌 바른층쌓기[broken rangework]는 높이가 다른 수평 층을 깔고, 두 세 개의 층마다 간격을 둬서 층의 연속성을 깨는 방식의 마름돌 조적이다.

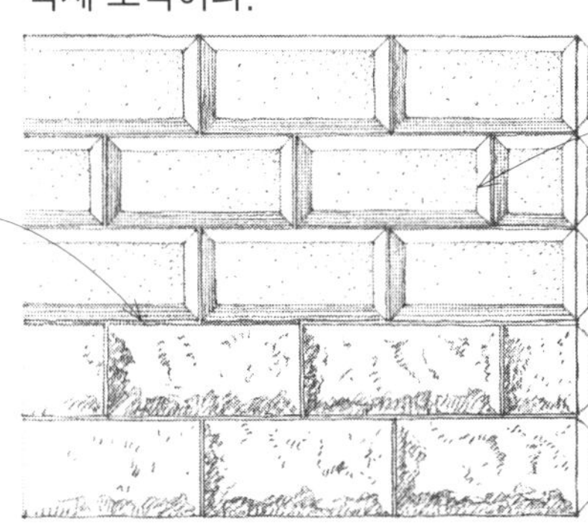

- 표면 줄눈은 3/8"-3/4"(10-19)
- 러스티케이션은 표면을 다듬은 석재를 위로 올리고, 거칠게 마감한 석재를 아래로 하여 구성하는 조적 방식이다. 이러한 대조는 수평—보통은 수직—이음부에 의해 두드러지는데, 이음 부위는 보통 은촉이음, 모따기, 빗각을 가진 모서리와 같은 특성을 보일 때가 많다.

10) 깬 돌은 broken stone, 쇄석은 crushed stone으로 구분하여 옮겼다.

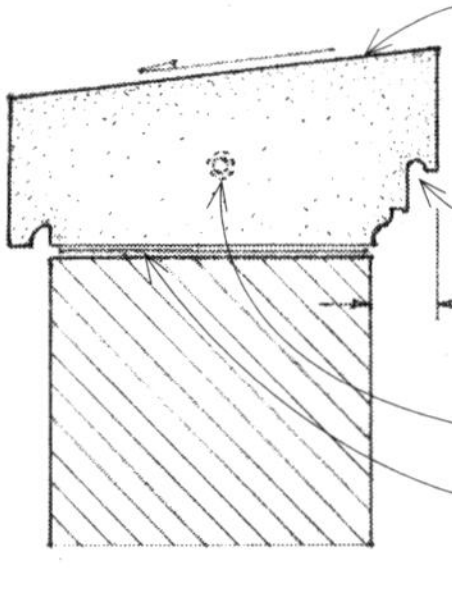

- 빗두겁은 오직 한 방향으로만 경사지게
- 빗물받이는 양쪽에
- 빗물받이의 돌출은 최소 $1^1/_2$"(38)
- 중심부 꽂임촉
- 플래싱

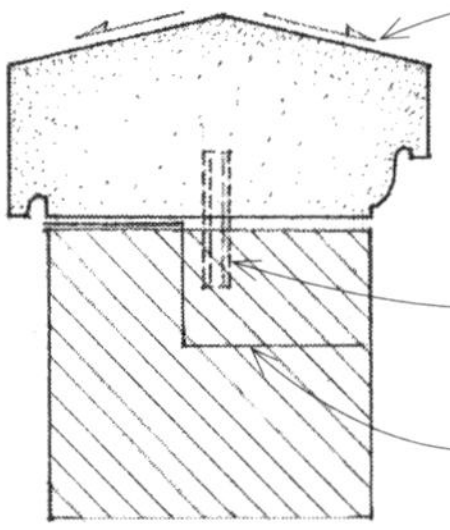

- 안장꼴 두겁은 가운데 능선을 두고 양쪽으로 경사를 준다.
- 석재 하나당 주개의 수직 꽂임촉
- 계단식 플래싱

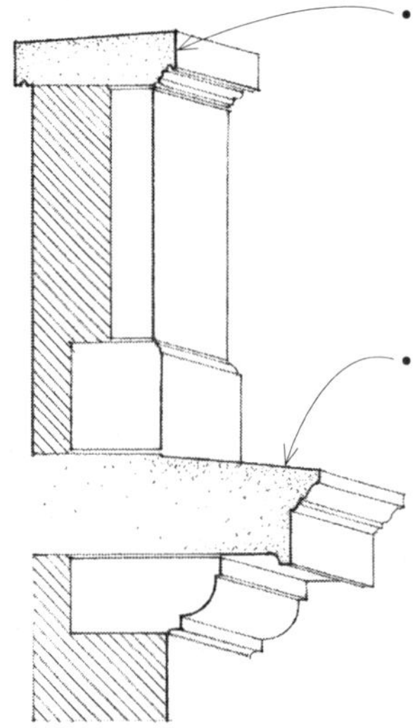

- 두겁돌copestones은 두겁을 형성하여 벽체 상단을 마감하거나, 벽체를 보호하는 수평 층을 구성한다. 보통은 경사지거나 구부러져서 물을 잘 흘릴 수 있도록 되어 있다.
- 빗물받이돌dripstone은 창문이나 출입구 위의 코니스(처마돌림띠)처럼, 빗물받이로 사용하기 위해 사용되는 석재 몰딩이다.

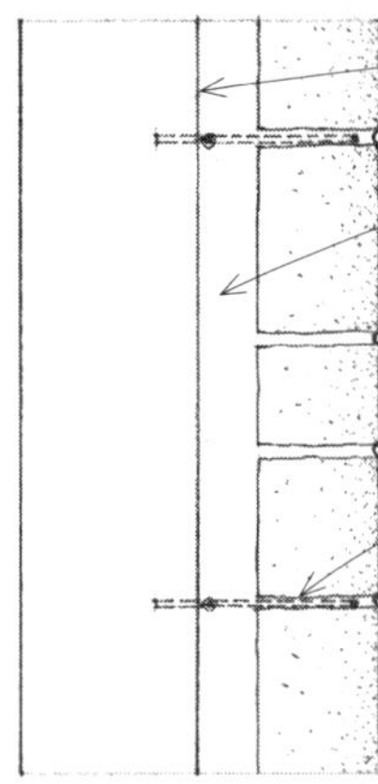

- 석재 치장: 최소 4"(100)
- CMU 혹은 철근콘크리트 뒷받침 켜
- 중실 벽체에는 빈 부분을 슬러시로 채우고, 중공 벽체일 경우에는 연속하는 공기층을 남겨 둔다.
- 콘크리트는 얼룩(색올림)staining을 막기 위해 방수 처리할 수 있다.
- 비부식성 금속재 타이 혹은 열장 슬롯dovetail slots

- 석재 단판 벽체에 대해서는 7.30을 참조

뒷받침 벽체 위에 설치하는 석재 조적

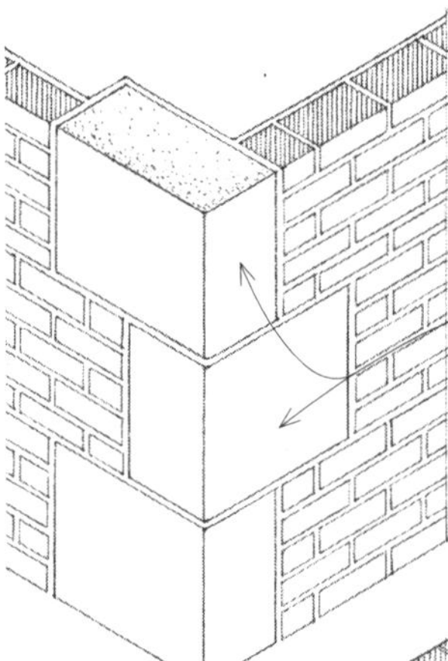

- 귓돌/모서리돌quoin은 조적 벽체의 바깥쪽 각을 말하거나 그러한 각을 구성하는 석재를 의미한다. 보통은 재료, 질감, 색상, 크기, 돌출 정도가 주변 벽체 표면과 구분된다.

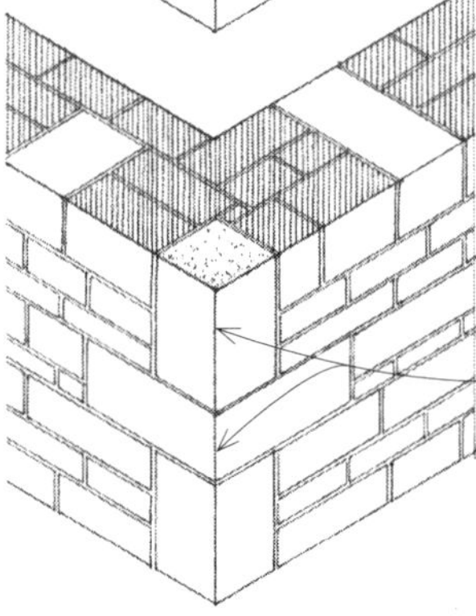

- 장단쌓기long-and-short work는 사각형 귓돌이나 쌤돌jambstones을 번갈아 가면서 수평 및 수직으로 쌓는 식으로 모서리를 구성하는 방법이다.

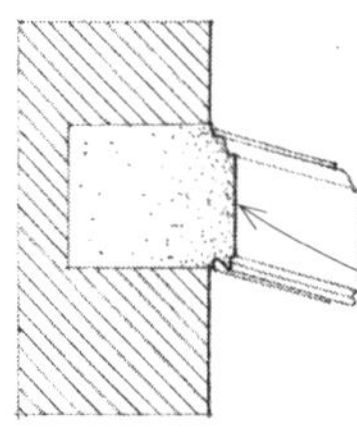

- 돌림띠stringcourse은 건물 벽면과 같은 높이 또는 그보다 돌출시켜 두는 수평의 석재 층으로, 종종 벽체의 구분을 표시하기 위해 만든다. 돌림띠는 종종 허리띠 층belt course이라고도 한다.

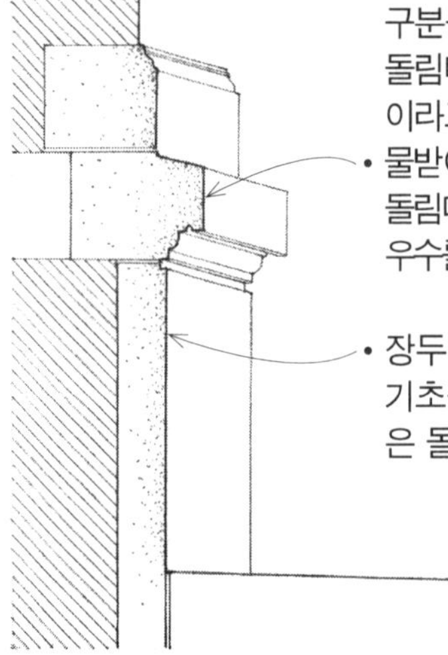

- 물받이 돌림띠water table는 돌출된 돌림띠, 몰딩 혹은 선반으로, 건물에서 우수를 우회시키기 위해 사용한다.
- 장두리돌plinth은 벽의 기초 또는 기초를 형성하는 연속적이고, 보통은 돌출된 석재층이다.

전형적인 강골조 구조steel-framed structures는 열간압연hot-rolled 보와 기둥, 오픈 웹 장선, 그리고 금속재 데크 작업으로 구성된다. 구조용 강재는 현장작업이 어려우므로 보통은 설계 사양에 따라 제조공장에서 절단, 성형 및 드릴 작업을 진행한다. 이로 인해, 상대적으로 빠르고 정밀한 시공이 가능하다.

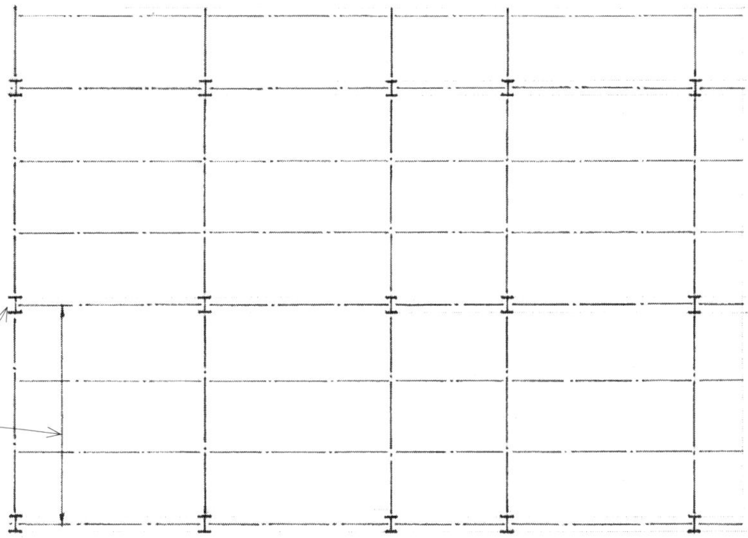

- 강철 골조는 규칙적인 격자체계의 거더, 보, 장선을 지지하기 위해 기둥을 배치할 때 가장 효율적이다.
- 기둥 간격 = 보 혹은 거더 경간

- 웹web은 구조 골조의 짧은 축 또는 구조가 횡력에 가장 취약한 방향에 평행하게 향하도록.
- 외벽 부분의 기둥은 커튼월을 구조 골조에 쉽게 부착할 수 있도록 플랜지를 바깥방향으로 한다.

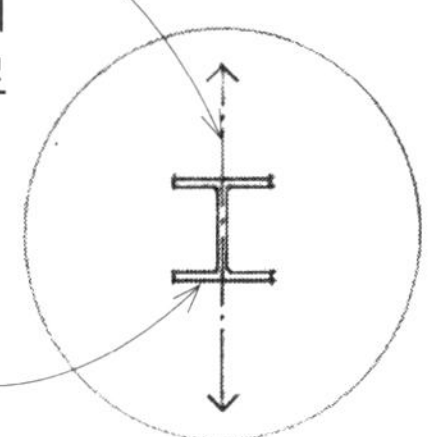

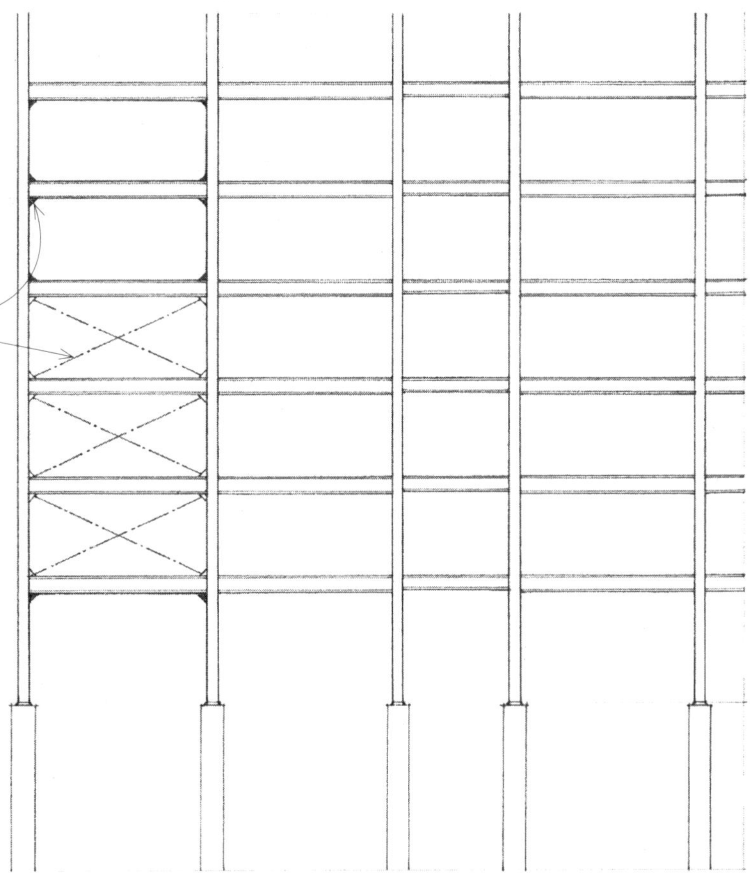

- 횡방향의 바람이나 지진력에 저항하기 위해서는 전단면shear planes, 대각선 가새diagonal bracing 또는 모멘트 저항 접합부moment-resisting connections가 있는 강접 골조rigid framing를 적용해야 한다.

- 강재는 화재 발생 시 빠르게 강도를 상실하므로, 내화성 조립부품 혹은 코팅이 요구된다; A.12을 참조. 보호가 없는 불연구조 시공일 경우에는 강재 골조가 노출된 상태로 남겨질 수 있다.
- 강재 보 및 바닥 골조 시스템에 대해서는 4.14를 참조.
- 건축 재료로서 강재에 관련된 논의는 12.08을 참조

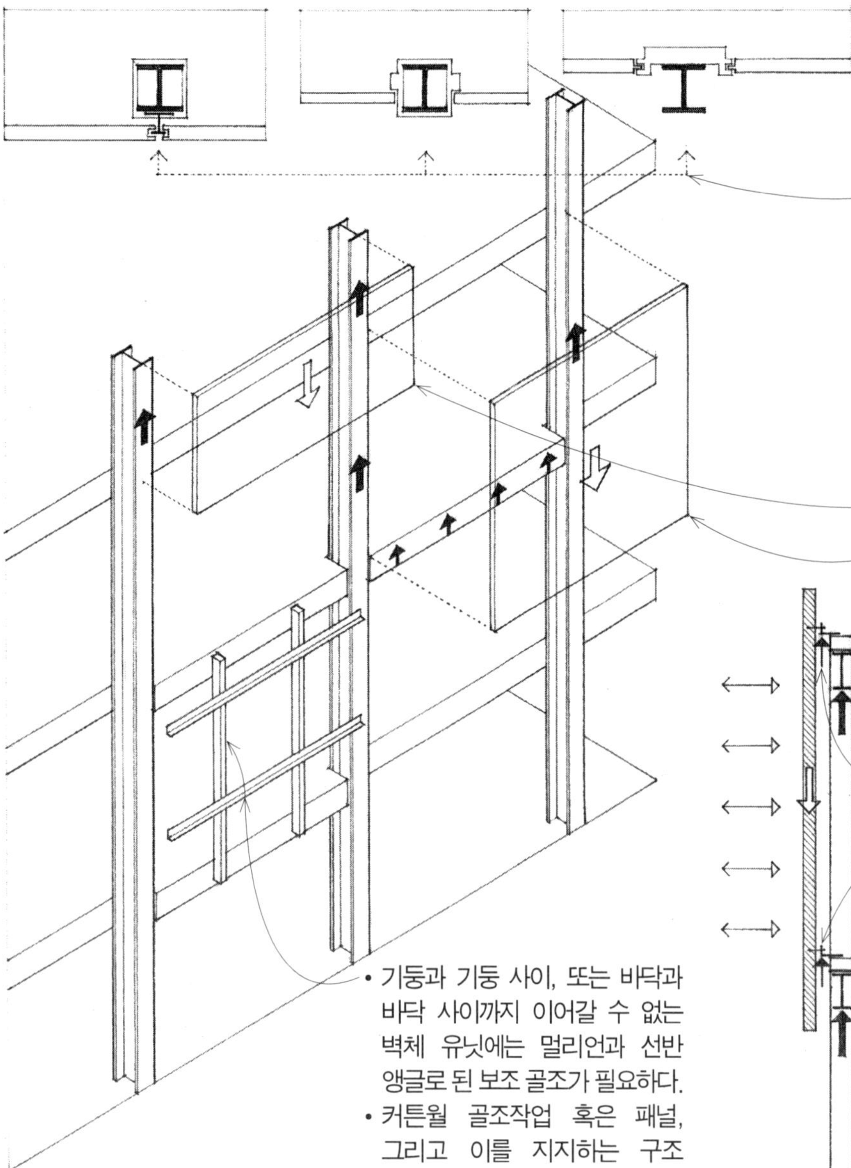

강골조 구조에서는 기둥이 중력 및 횡하중을 기초 시스템으로 전달하기 때문에, 외벽은 본질적으로 비내력 커튼월이다.

구조용 강골조와 골조가 지지하는 커튼월 혹은 피복cladding 사이에는 세 가지 기본 위치 관계가 있다.

- 벽면 앞 기둥
- 벽면 내 기둥
- 벽면 뒤 기둥

커튼월의 골조 혹은 패널은 다음 두 가지 방법 중 하나로 지지할 수 있다;

- 기둥 단독
- 기둥 및 스팬드럴 보 또는 바닥 슬래브 가장자리

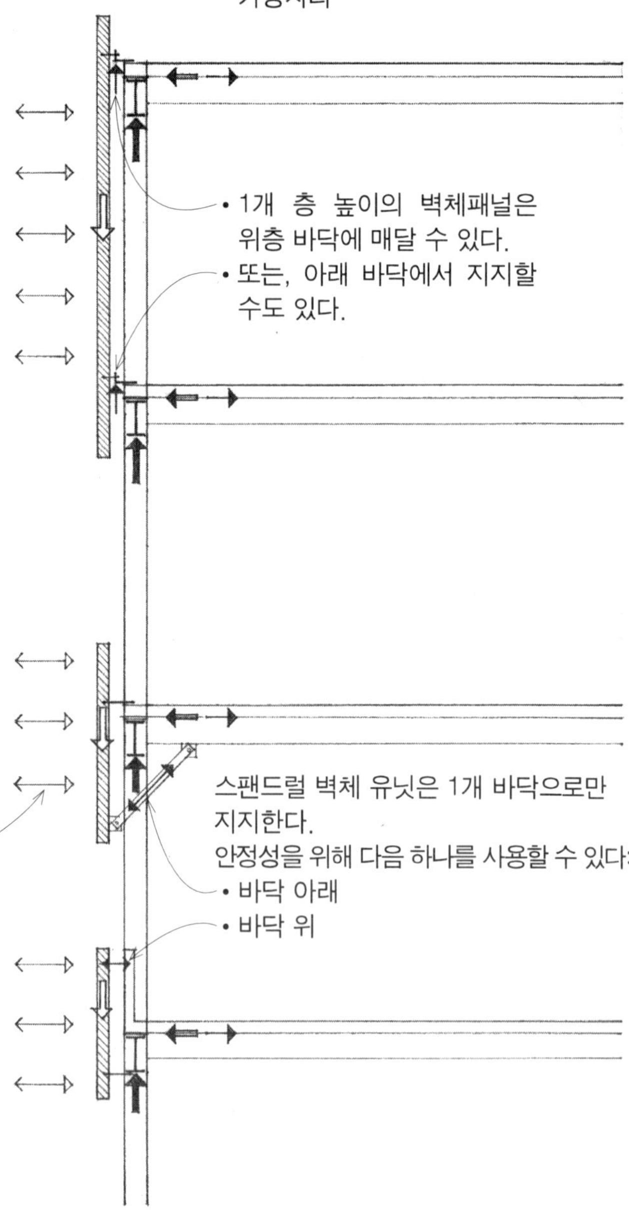

- 1개 층 높이의 벽체패널은 위층 바닥에 매달 수 있다.
- 또는, 아래 바닥에서 지지할 수도 있다.

스팬드럴 벽체 유닛은 1개 바닥으로만 지지한다.

안정성을 위해 다음 하나를 사용할 수 있다:

- 바닥 아래
- 바닥 위

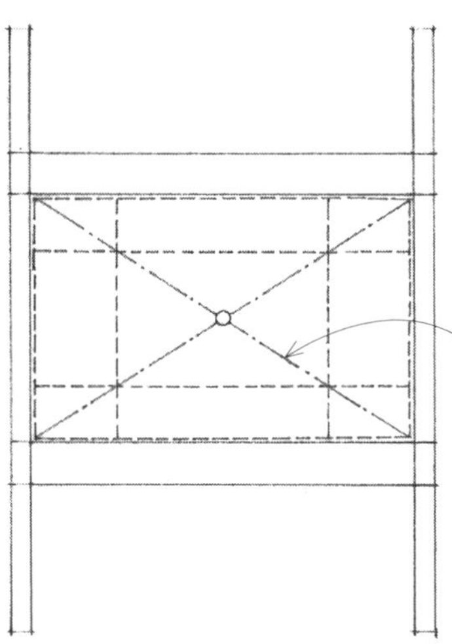

- 기둥과 기둥 사이, 또는 바닥과 바닥 사이까지 이어갈 수 없는 벽체 유닛에는 멀리언과 선반 앵글로 된 보조 골조가 필요하다.
- 커튼월 골조작업 혹은 패널, 그리고 이를 지지하는 구조 골조는 온도변화와 중력 또는 풍하중에 다르게 반응할 수 있다. 접합부 디테일은 벽과 구조 사이의 차등 거동은 물론 벽체 유닛 그 자체 사이의 차등 거동 역시 허용할 수 있어야 한다.
- 벽체는 풍압과 흡입압력 둘 다의 영향을 받을 수 있다.
- 구조 골조를 보강하기 위해 대각선 부재를 사용하게 되면, 벽체 유닛의 디자인에 영향을 미친다.

- 커튼월 시스템의 일반정보에 관해서는 7.24-7.26을 참조
- 유리 커튼월에 대해서는 8.33을 참조.

강재 기둥에 가장 많이 사용되는 단면형상은 와이드플랜지wide-flange (W) shape이다. 두 방향으로 보에 부착되는 접합부를 형성하기에 적절하고, 모든 면에 구분 없이 볼트 혹은 용접 연결이 가능하다. 이외에 기둥에 사용되는 다른 형상은 강관과 각형강관이다. 기둥 단면은 또한 최종 용도에 부합하게 여러 형상들로 만들 수 있으며, 여러 장의 강판을 이용하여 제작할 수도 있다.

- 복합 기둥은 적어도 $2^1/_2$"(64) 두께의 콘크리트로 싸여 있고, 철망으로 보강한 구조용 강재 기둥이다.
- 수직 및 나선 보강근으로 보강한 콘크리트로 완전히 감싼 복합기둥의 구조용 강재 단면

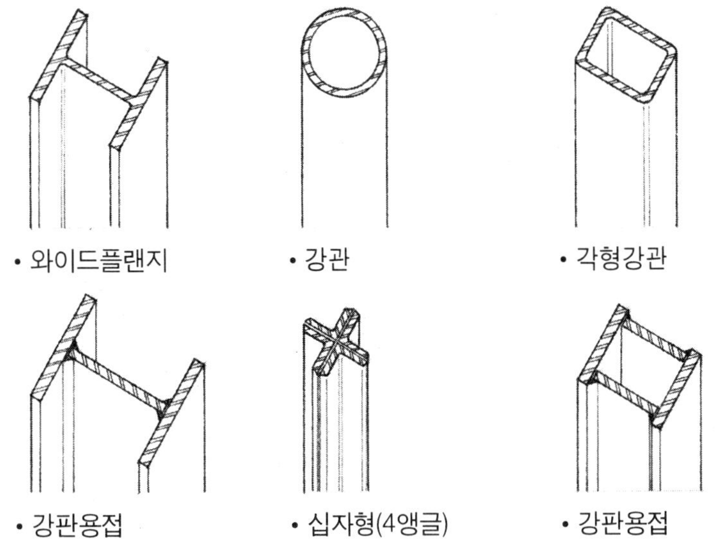

기둥 모양

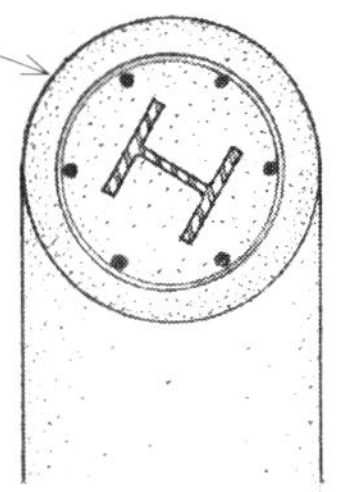

강재 기둥에 가해지는 허용하중은 단면적과 세장비slenderness ratio (L/r), 여기서 (L)은 기둥의 고정간 길이unsupported length (인치)이고 (r)은 기둥단면에 대한 최소 단면 2차 반지름least radius of gyration이다.

강재 기둥에 대한 추산 지침

- 4×4 강관 기둥은 최대 750 sf (70㎡)의 바닥 및 지붕 면적을 지지할 수 있다.
- 6×6 강관 기둥은 최대 2400 sf (223㎡)의 바닥 및 지붕 면적을 지지할 수 있다.
- W6×6은 최대 750sf ($70^1/_2$)의 바닥 및 지붕 면적을 지지할 수 있다.
- W8×8은 최대 3000 sf (279㎡)의 바닥 및 지붕 면적을 지지할 수 있다.
- W10×10은 최대 4500sf (418㎡)의 바닥 및 지붕 면적을 지지할 수 있다.
- W12×12는 최대 6000 sf (557㎡)의 바닥 및 지붕 면적을 지지할 수 있다.
- W14×14는 최대 12,000 sf (1115㎡)의 바닥 및 지붕 면적을 지지할 수 있다.

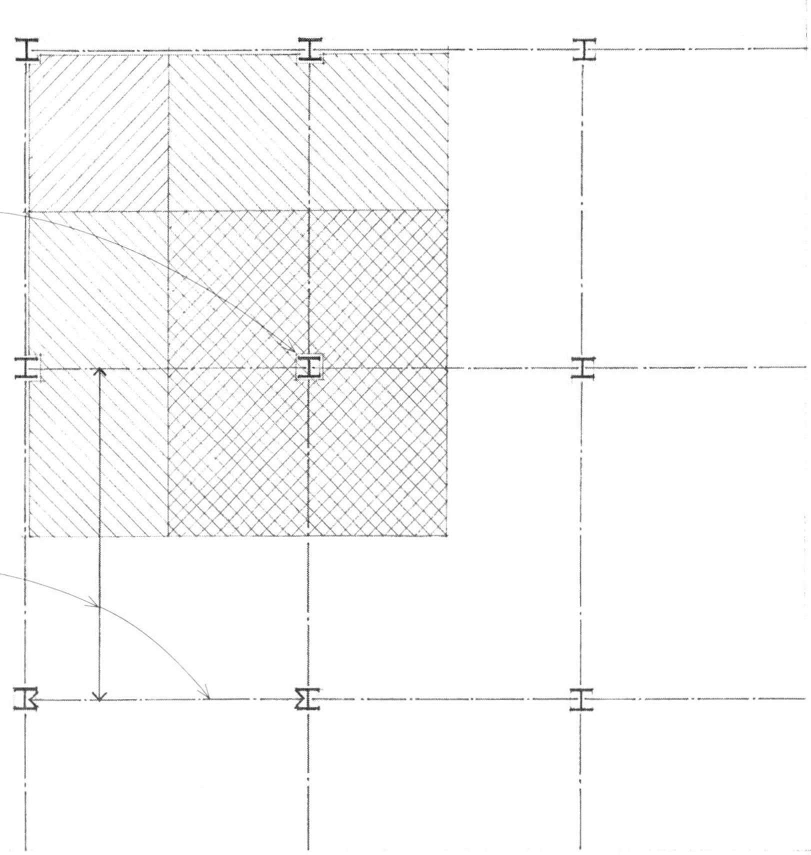

- 기둥 간격 = 보 경간; 4.16을 참조.
- 기둥은 유효길이 12'(3660)으로 가정
- 무거운 하중을 지지하거나, 더 높게 올라가거나 혹은 구조의 횡적 안정성에 관여하는 기둥의 경우에는 규격이나 무게가 증가한다.
- 최종 설계 요구사항에 대해서는 구조 기술자에게 문의할 것.

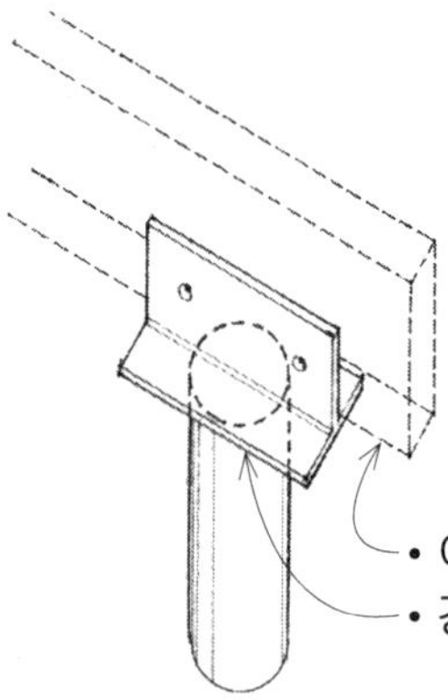

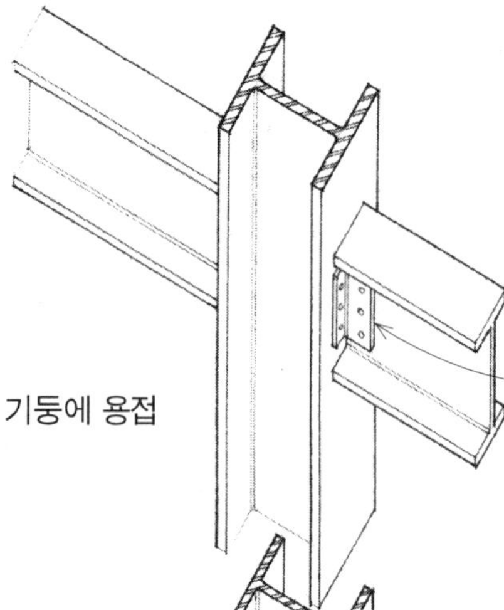

• 이중 목재 보
• 강재 접합구는 기둥에 용접
• 강재 보의 접합부에 대해서는 4.17-4.18을 참조.

보 접합부

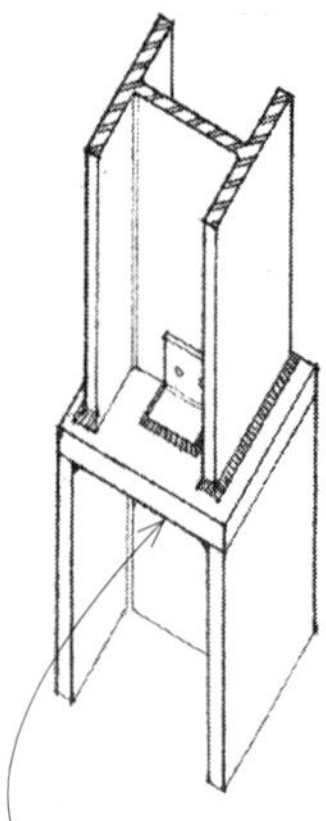

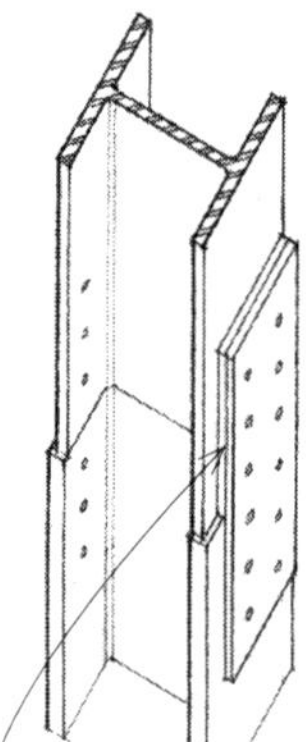

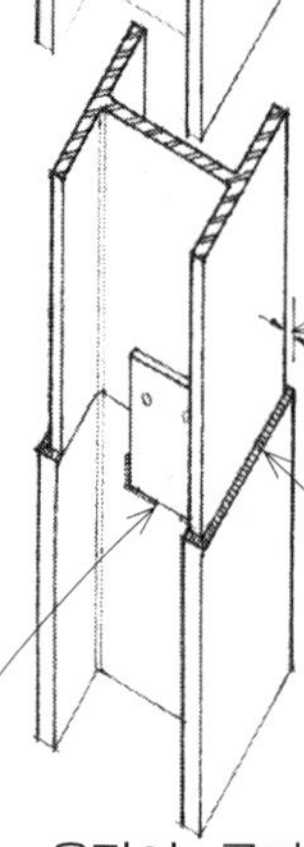

• 기둥에 가해지는 하중이 감소하면, 기둥 대 기둥 연결부에서 다른 두께의 플랜지를 적용할 수 있다.

• 기둥의 공칭규격에 변화가 생기면, 두꺼운 맞대기 판이 필요하다. 이때 맞대기 판은 양쪽 기둥 단면에 모두 용접하며, 이를 통해 하중이 전달된다.

• 뒷댐판backer plate은 볼트 접합부에서 플랜지 두께 차이를 보완한다.

• 용접이 굳기까지 기둥 정렬상태를 유지하는 판
• 용접 맞댐 접합

덧판이음 기둥

• 비수축성 그라우트
• 앵커볼트

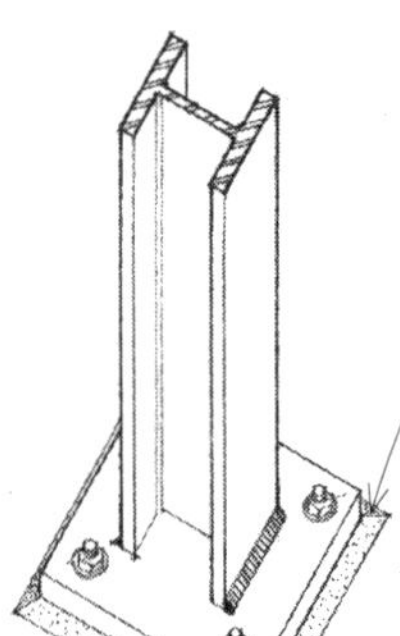

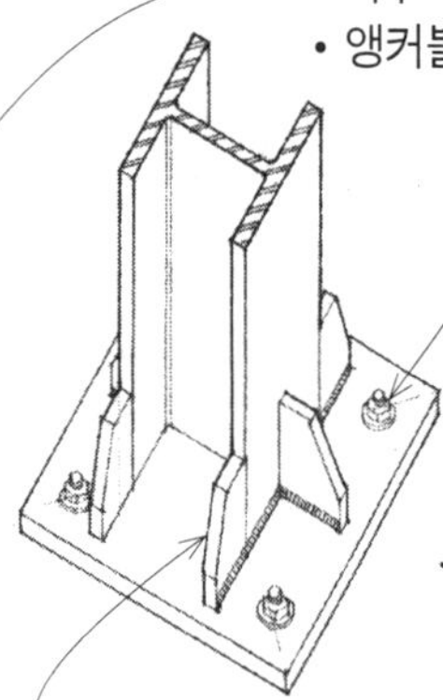

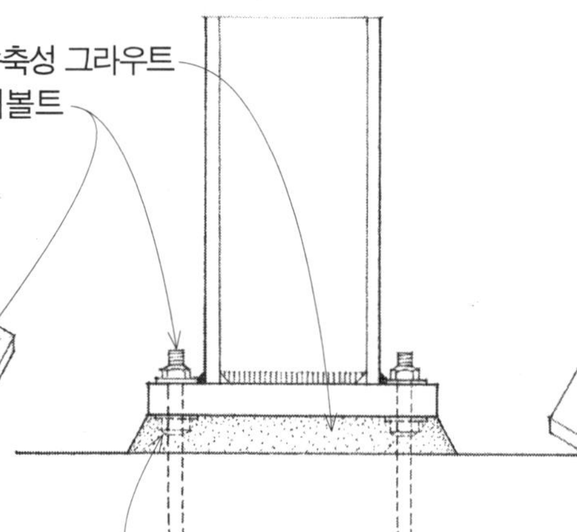

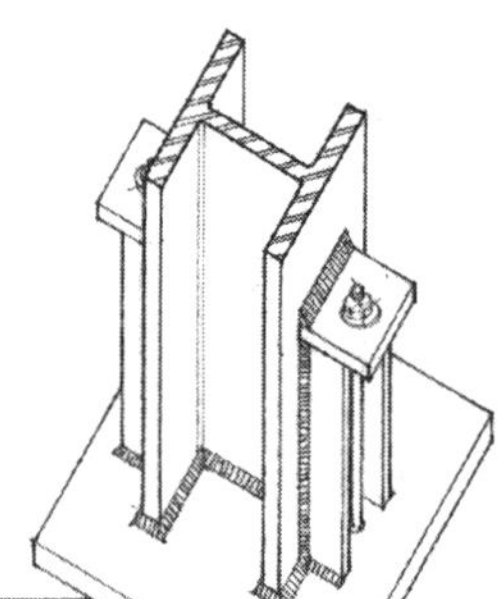

• 기둥은 강재 베이스 플레이트에 용접한다. 베이스 플레이트의 높이는 비수축성 그라우트를 밑에 까는 방식으로 맞춘다.

• 얇은 베이스 플레이트 위에 기둥을 올릴 때에는 스티프너가 필요할 수 있다.

• 큰 기둥에 쓰는 베이스 플레이트는 그라우팅 전에 레벨 조정 너트 위에 올려진다.

• 내진 기초 접합부는 스티프너 플레이트/보강판와 앵커볼트를 기초위에 올려서 연결한다.

• 강재 베이스 플레이트는 기둥에서 콘크리트 기둥으로 떨어지는 집중하중을 분산하기 위해 쓴다. 이를 통해 허용응력 이내로 콘크리트의 응력을 제어할 수 있다.

주초

경량형강 샛기둥은 냉간압연 강재 시트 혹은 띠강으로 제조한다. 냉간 압연 강재 샛기둥은 간단한 도구를 사용하여 절단 및 조립할 수 있으며, 가볍고, 불연성이며 방습성을 띠는 특징이 있다. 금속재 샛기둥 벽은 비내력 칸막이벽이나 경량형강 장선을 지지하는 내력벽으로 사용할 수 있다. 목재 경량 골조 시공에서와 마찬가지로, 샛기둥 골조에는 중공이 있어서 이 부분을 다용도관로 혹은 단열용으로 사용할 수 있다.

- 수평 채널 가새
- 높이가 10'(3050)보다 낮은 벽체
- 수직 하중의 경우 $\frac{1}{3}$ 높이에서 2개 열
- 풍하중의 경우 중간 높이에서 1개 열
- 높이가 10'(3050)이상인 벽체
- 수직 하중의 경우 중심 간격 최대 3' 4"(1015)
- 풍하중의 경우 중심 간격 최대 5' 0"(1525)
- 모서리 부분은 경량형강 샛기둥을 조립하여 구성

- 연속된 채널로 된 러너(윗막이)
- 경량형강 샛기둥은 중심 간격 12", 16" 또는 24" (305, 405 또는 610) 마다 설치

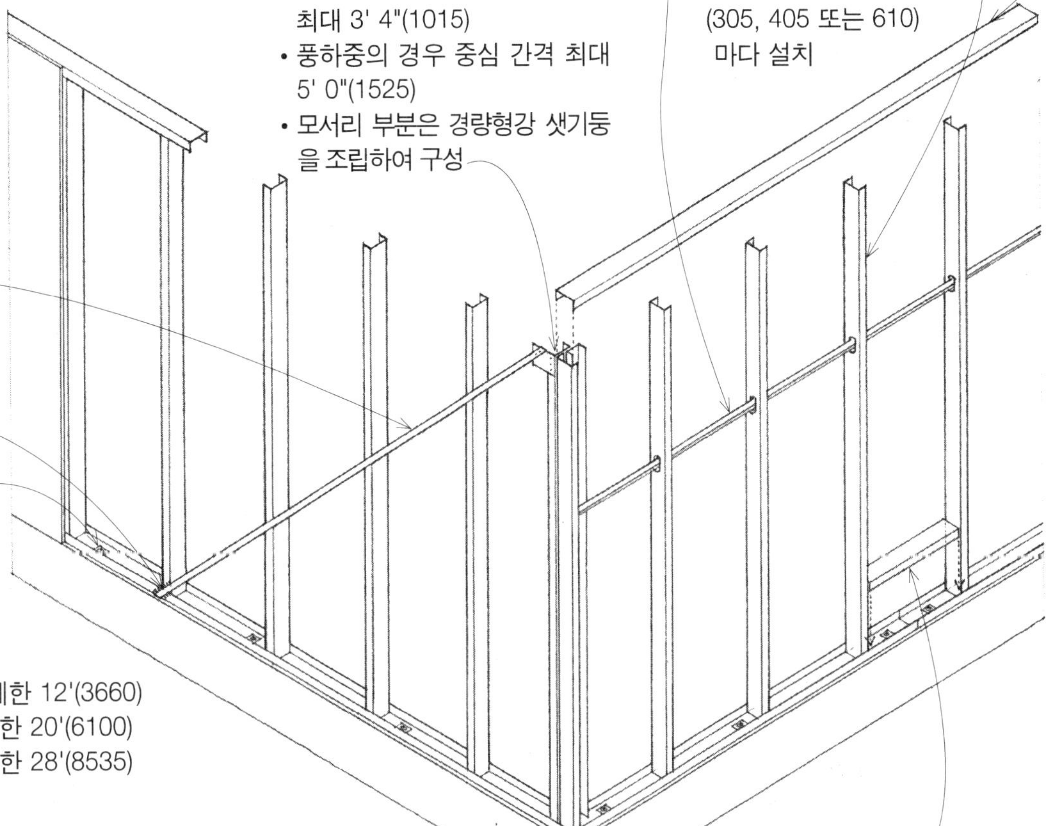

- 샛기둥과 러너/웃막이 및 밑막이에 용접된 대각선 강재 스트랩 가새
- 강재 거싯플레이트(보강판) 또는 용접으로 샛기둥 및 러너에 스트랩을 단단히 고정
- 샛기둥에 용접하고 기초에 볼트 체결한 앵글 클립

- $3\frac{5}{8}$"(90) 샛기둥의 높이 제한 12'(3660)
- 6"(150) 샛기둥의 높이 제한 20'(6100)
- 8"(205) 샛기둥의 높이 제한 28'(8535)

- 샛기둥 단면에 맞는 이음 러너

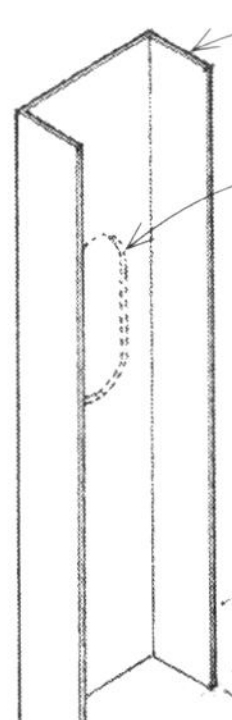

- 채널-샛기둥
- 경량형강 샛기둥은 보통 배관, 배선 및 가새가 통과할 수 있도록 미리 구멍을 뚫는다.
- 특정 형상과 사용 가능한 크기 및 게이지에 대해서는 제조업체에 문의.
- 두께 1", $1\frac{3}{8}$"(25, 35)
- 폭 $2\frac{1}{2}$", $3\frac{1}{4}$", $3\frac{5}{8}$", 4", 6" (64, 85, 90, 100, 150)

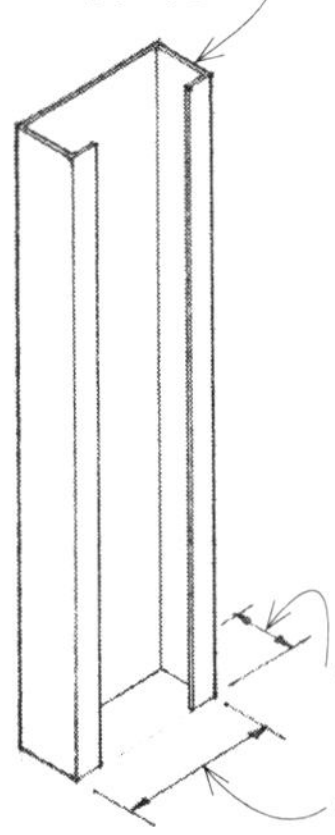

- C-샛기둥
- 두께 $1\frac{1}{4}$, $1\frac{3}{8}$", $1\frac{1}{2}$", $1\frac{5}{8}$" (32, 35, 38, 41)
- 너비 $2\frac{1}{2}$", 3", $3\frac{1}{2}$", $3\frac{5}{8}$", 4", $5\frac{1}{2}$", 6", $7\frac{1}{2}$", 8"(64, 75, 90, 100, 140, 150, 190, 205)

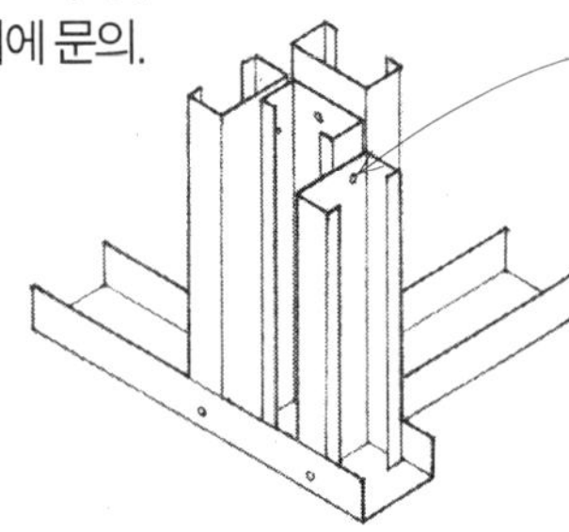

- 경량형강 벽체는 목재 경량골조에서처럼 골조를 짜고, 외장 덮개와 단열재, 마감 시공을 한다.
- 접합부는 직결 나사 및 자동 태핑 나사를 이용한다. 나사는 전기 혹은 공압을 쓰는 공구 또는 공압구동 핀으로 삽입한다.

- 경량형강으로 하는 장선 골조는 4.23-4.25를 참조.
- 벽체 덮개에 대해서는 5.46을, 단열 선택사항은 7.44를 참조.

CSI 마스터포맷 05 40 00: 냉간압연 금속의 골조작업
CSI 마스터포맷 05 41 00: 구조용 금속 샛기둥 골조작업

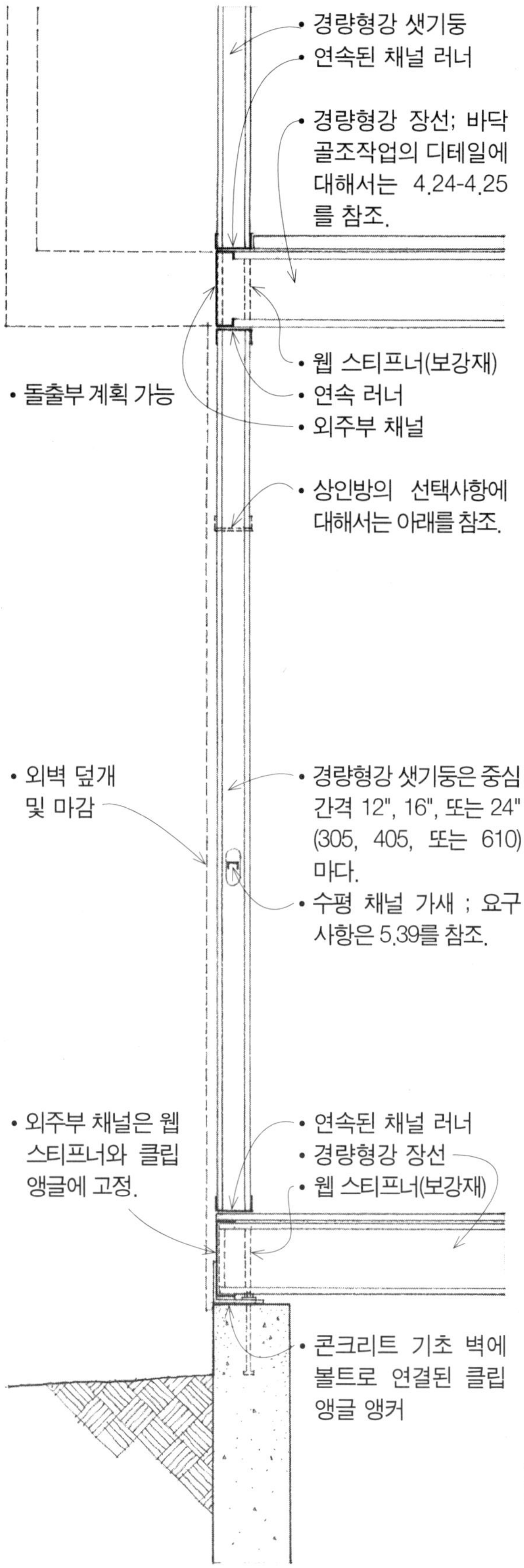

외벽 단면

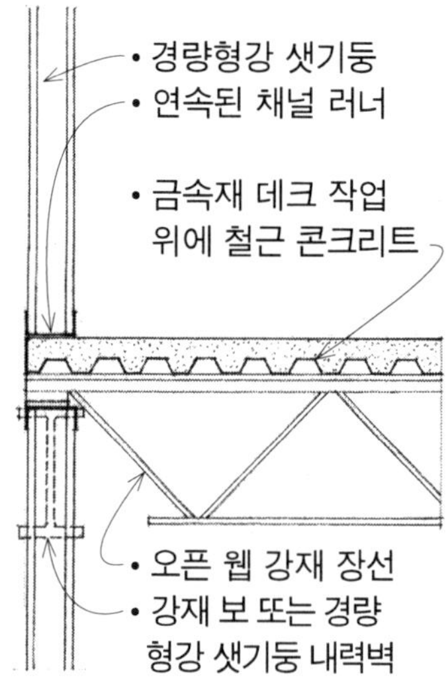

외벽

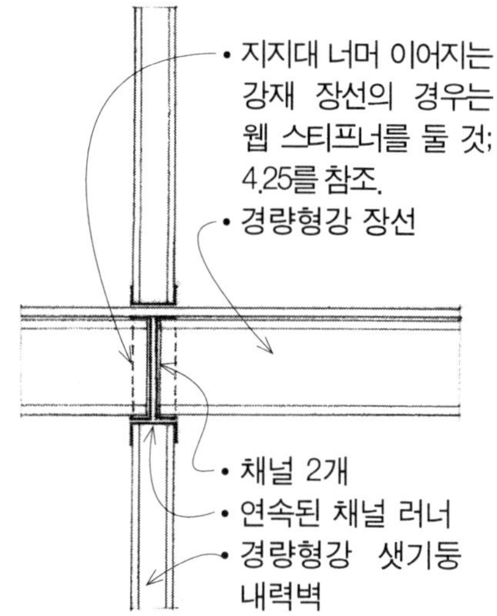

실내 칸막이벽

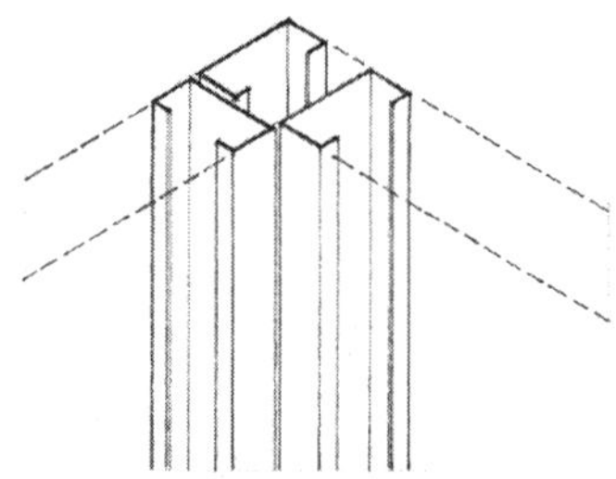
샛기둥 조립 @모서리

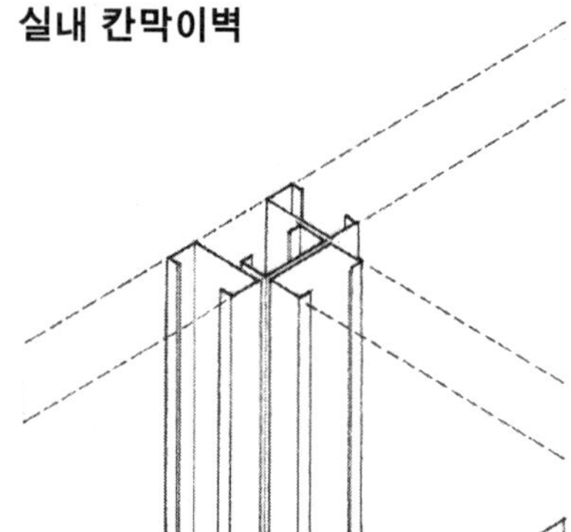
@칸막이벽 교차부

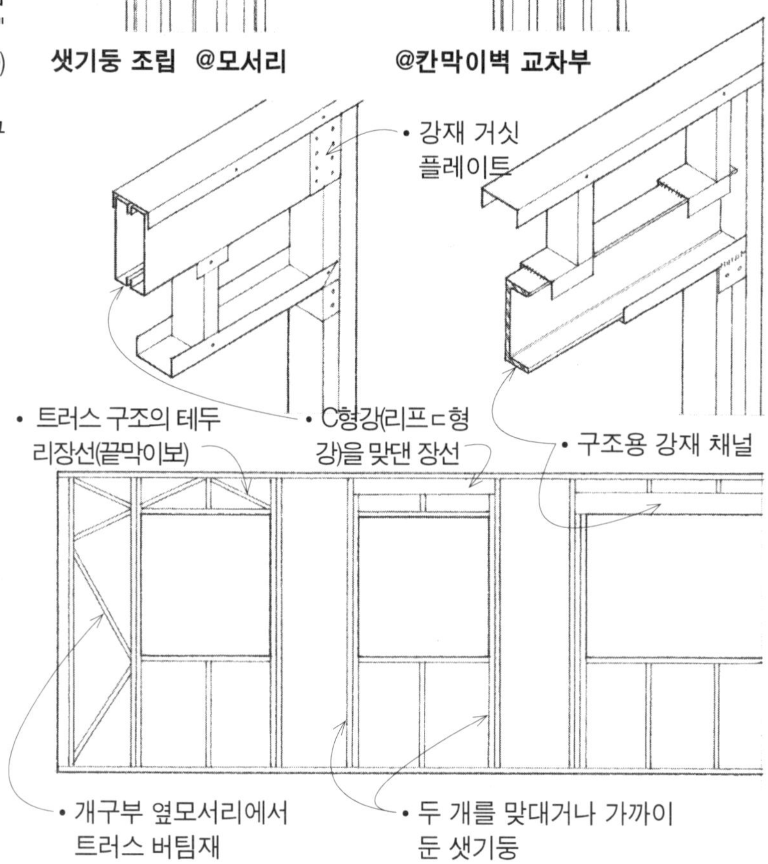

개구부의 골조작업

경골구조/벌룬 프레임은 골조의 전체 높이를 토대판으로부터 지붕판까지 올라가는 샛기둥을 사용한다. 장선은 샛기둥에 못으로 고정하고, 샛기둥 안쪽에 있는 하인방/토대 또는 장선받이을 통해 지지한다. 경골구조는 오늘날 거의 사용하지 않지만, 수직 수축을 최소화하므로 벽돌 단판 및 스투코 마감에는 바람직할 수 있다.

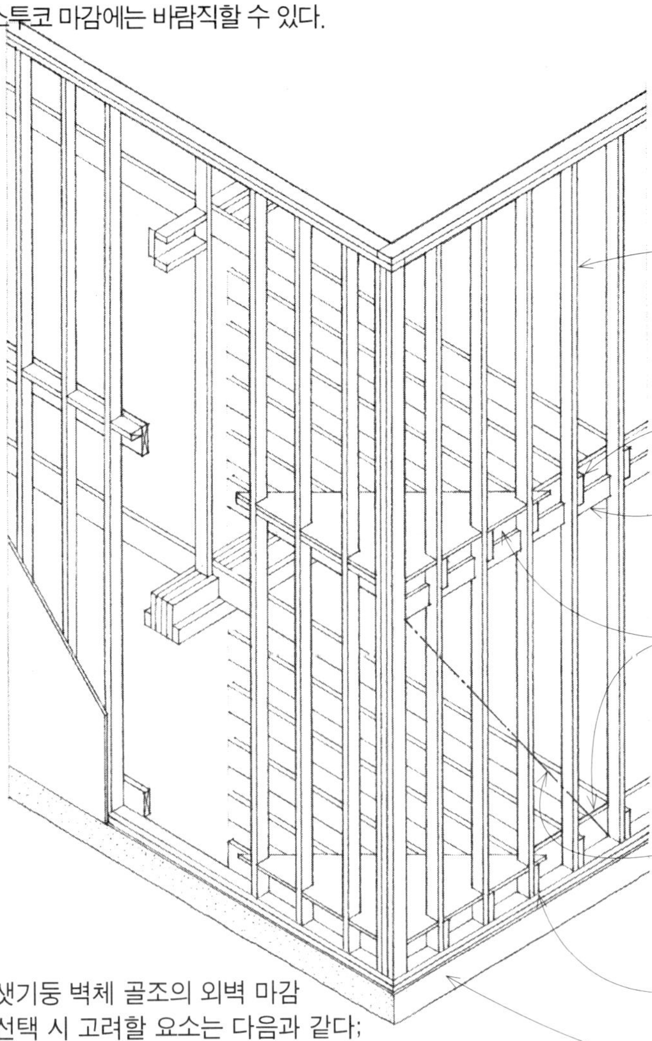

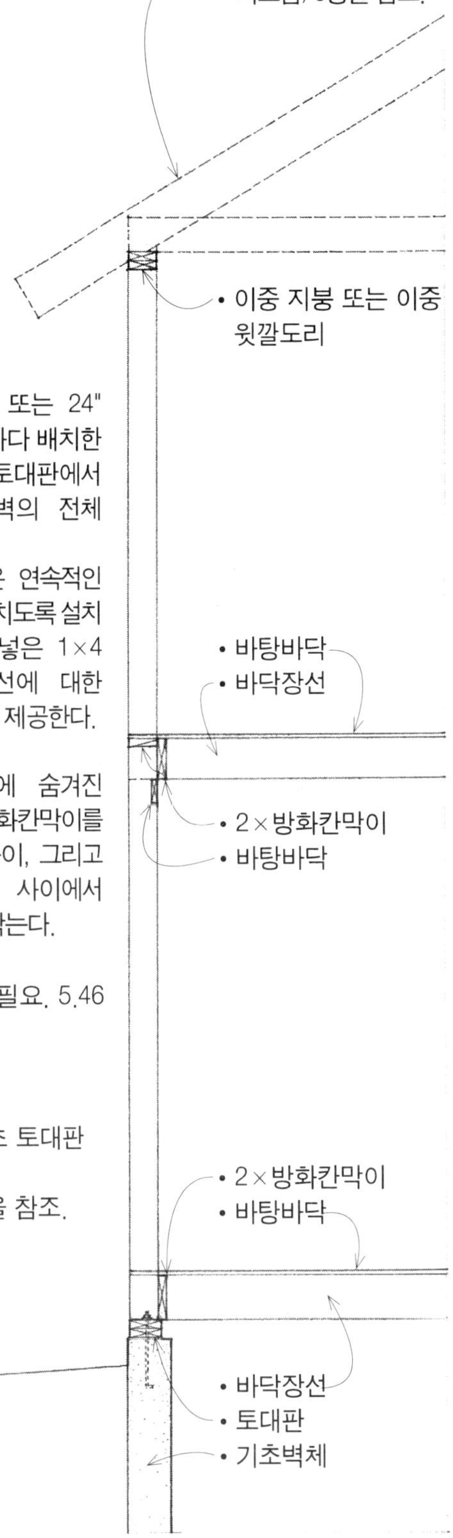

샛기둥 벽체 골조의 외벽 마감 선택 시 고려할 요소는 다음과 같다;

- 요구되는 샛기둥 간격
- 덮개 및 뒷받침 재료의 요구조건
- 원하는 색상, 질감, 패턴 및 비율
- 패널 사이딩의 표준 너비 및 높이
- 모서리와 수직 및 수평 조인트의 디테일 작업
- 창호 개구부와 벽 패턴의 통합
- 내구성, 유지 요구사항 및 풍화 특성
- 재료의 열전도율[heat conductivit], 반사율[reflectance], 다공성[porosity]
- 필요한 경우 팽창이음

CSI 마스터포맷 06 10 00: 바탕 목공사
CSI 마스터포맷 06 11 00: 목재 골조

플랫폼 골조 작업은 경량목골조로 샛기둥 높이가 지어진 층수에 관계없이 한층 높이로 구성된다. 각층은 아래층의 윗깔도리 또는 기초벽의 토대판으로 지지한다. 플랫폼 골조는 서양 골조western framing라고도 한다.

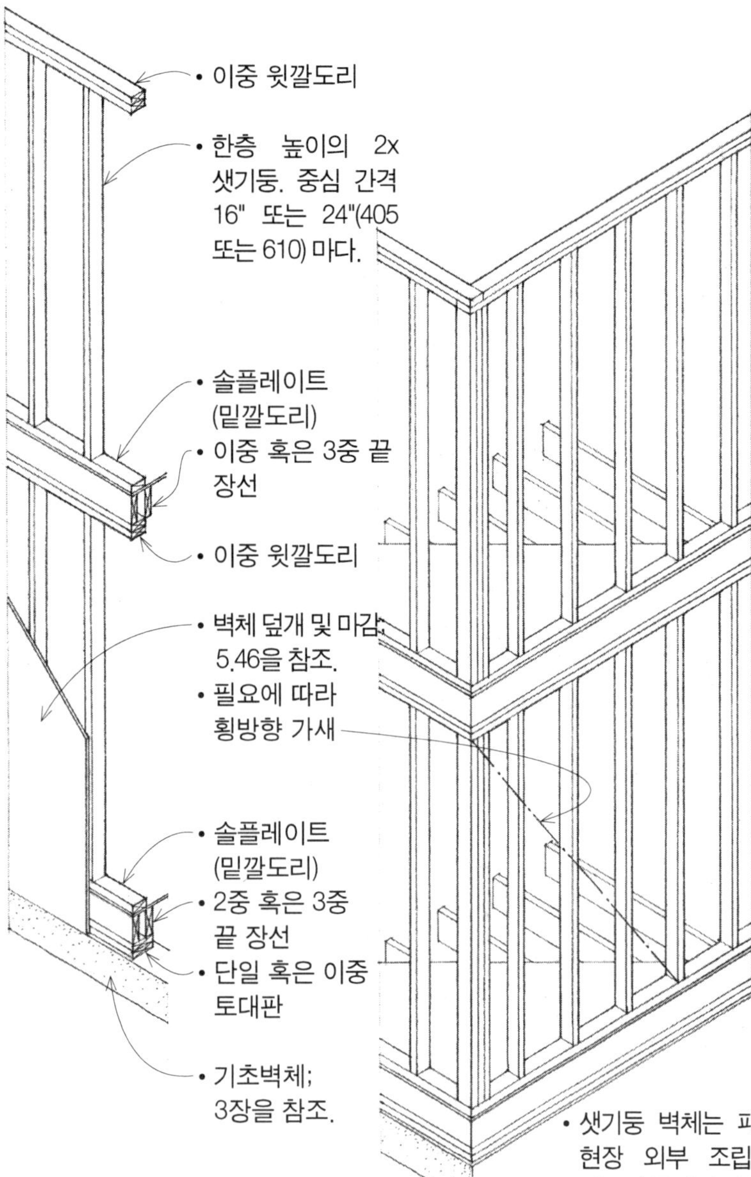

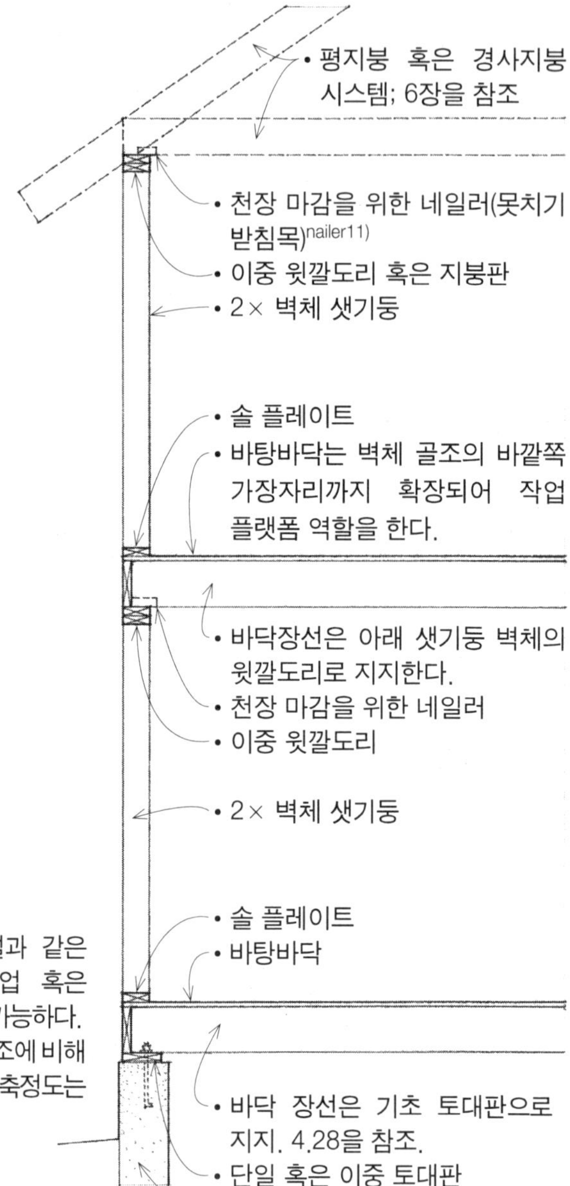

• 샛기둥 벽체는 패널과 같은 현장 외부 조립작업 혹은 틸트업 공사에 적용가능하다.
• 수직 수축은 경골 골조에 비해 크지만 층 사이의 수축정도는 동일하다.

벽체 샛기둥 규격	고정간 최대 높이	최대 간격
2×4 샛기둥	14'(4265)	중심 간격 16"(405) 천정과 지붕만 지지하는 경우는 제외하고, 2×4 샛기둥의 높이가 10' (3050) 미만일 때 중심 간격 24"(610) 이내마다 배치
2×6 샛기둥	20'(6100)	24"(610) o.c., 2개 층과 지붕을 지지하는 경우는 제외하고, 2×6 샛기둥은 중심 간격 16"(405) 이내마다 배치

11) 마감 못치기를 위해 부착한 나무토막

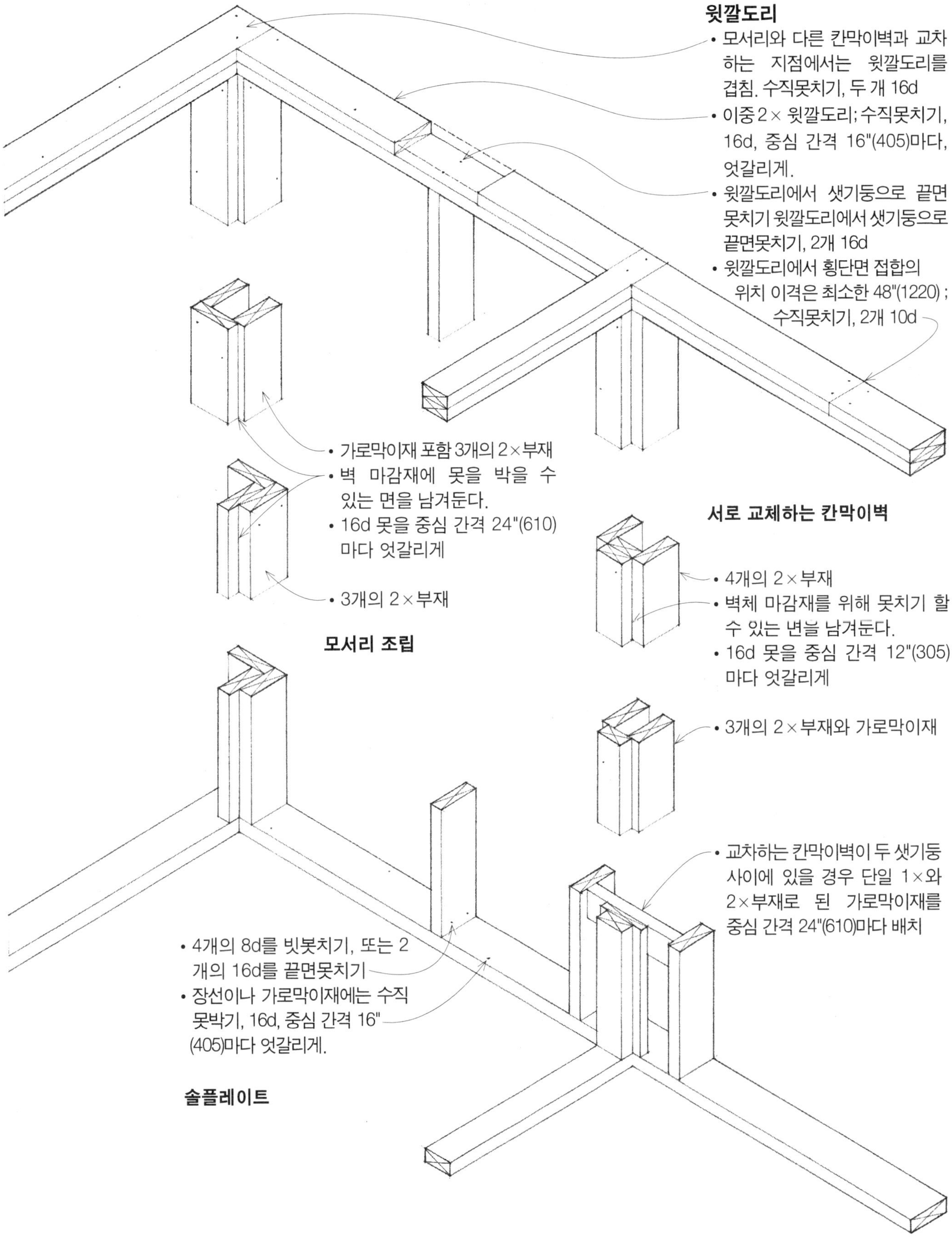
윗깔도리
• 모서리와 다른 칸막이벽과 교차하는 지점에서는 윗깔도리를 겹침. 수직못치기, 두 개 16d
• 이중 2× 윗깔도리; 수직못치기, 16d, 중심 간격 16"(405)마다, 엇갈리게.
• 윗깔도리에서 샛기둥으로 끝면못치기 윗깔도리에서 샛기둥으로 끝면못치기, 2개 16d
• 윗깔도리에서 횡단면 접합의 위치 이격은 최소한 48"(1220) ; 수직못치기, 2개 10d
• 가로막이재 포함 3개의 2×부재
• 벽 마감재에 못을 박을 수 있는 면을 남겨둔다.
• 16d 못을 중심 간격 24"(610) 마다 엇갈리게
• 3개의 2×부재
모서리 조립
서로 교체하는 칸막이벽
• 4개의 2×부재
• 벽체 마감재를 위해 못치기 할 수 있는 변늘 남겨둔다.
• 16d 못을 중심 간격 12"(305) 마다 엇갈리게
• 3개의 2×부재와 가로막이재
• 교차하는 칸막이벽이 두 샛기둥 사이에 있을 경우 단일 1×와 2×부재로 된 가로막이재를 중심 간격 24"(610)마다 배치
• 4개의 8d를 빗봇치기, 또는 2개의 16d를 끝면못치기
• 장선이나 가로막이재에는 수직못박기, 16d, 중심 간격 16"(405)마다 엇갈리게.
솔플레이트

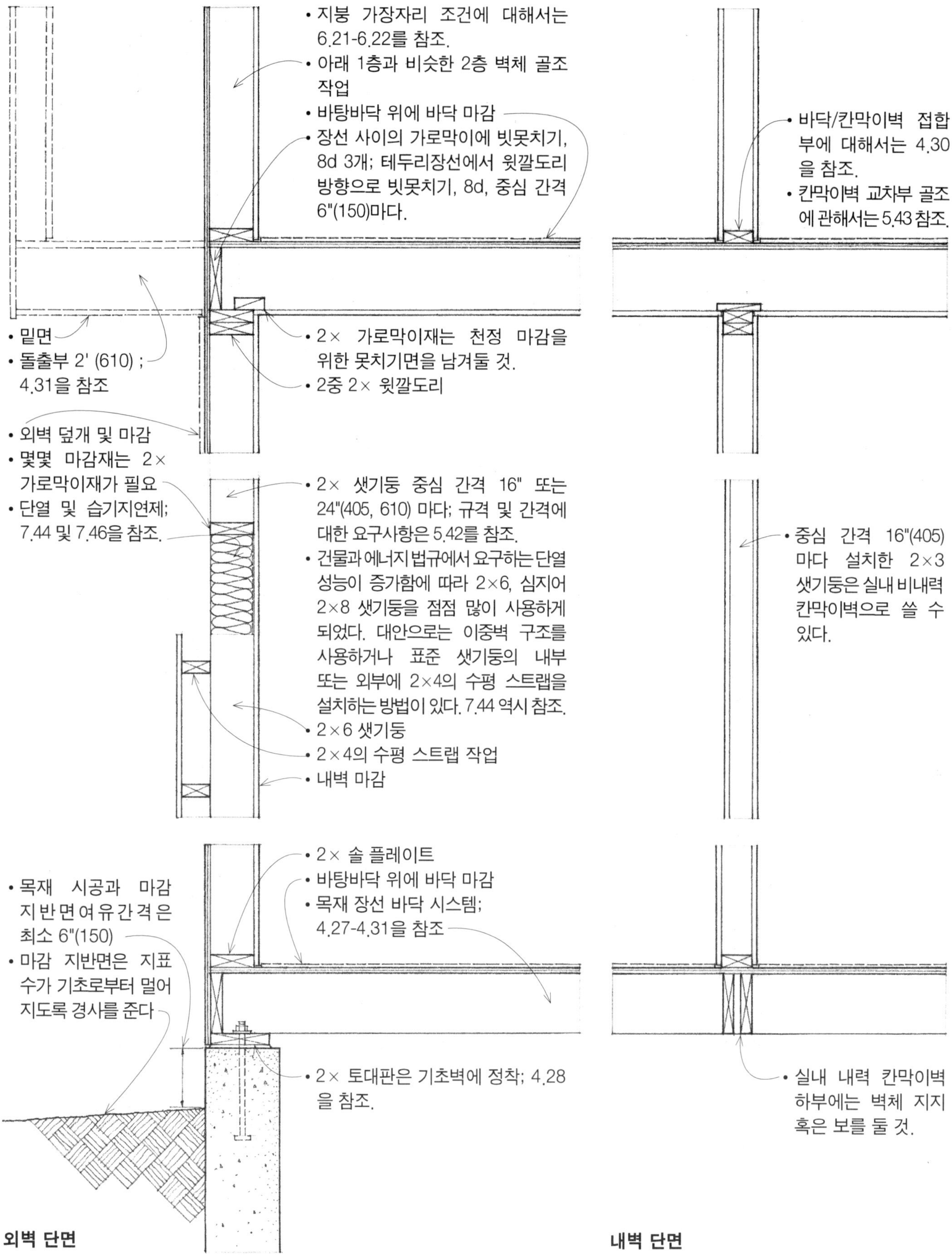
• 지붕 가장자리 조건에 대해서는 6.21-6.22를 참조.
• 아래 1층과 비슷한 2층 벽체 골조 작업
• 바탕바닥 위에 바닥 마감
• 장선 사이의 가로막이에 빗못치기, 8d 3개; 테두리장선에서 윗깔도리 방향으로 빗못치기, 8d, 중심 간격 6"(150)마다.
• 밑면
• 돌출부 2' (610) ; 4.31을 참조
• 2× 가로막이재는 천정 마감을 위한 못치기면을 남겨둘 것.
• 2중 2× 윗깔도리
• 외벽 덮개 및 마감
• 몇몇 마감재는 2× 가로막이재가 필요
• 단열 및 습기지연제; 7.44 및 7.46을 참조.
• 2× 샛기둥 중심 간격 16" 또는 24"(405, 610) 마다; 규격 및 간격에 대한 요구사항은 5.42를 참조.
• 건물과 에너지 법규에서 요구하는 단열 성능이 증가함에 따라 2×6, 심지어 2×8 샛기둥을 점점 많이 사용하게 되었다. 대안으로는 이중벽 구조를 사용하거나 표준 샛기둥의 내부 또는 외부에 2×4의 수평 스트랩을 설치하는 방법이 있다. 7.44 역시 참조.
• 2×6 샛기둥
• 2×4의 수평 스트랩 작업
• 내벽 마감
• 2× 솔 플레이트
• 바탕바닥 위에 바닥 마감
• 목재 장선 바닥 시스템; 4.27-4.31을 참조
• 목재 시공과 마감 지반면 여유 간격은 최소 6"(150)
• 마감 지반면은 지표수가 기초로부터 멀어지도록 경사를 준다
• 2× 토대판은 기초벽에 정착; 4.28을 참조.
• 바닥/칸막이벽 접합부에 대해서는 4.30을 참조.
• 칸막이벽 교차부 골조에 관해서는 5.43 참조.
• 중심 간격 16"(405) 마다 설치한 2×3 샛기둥은 실내 비내력 칸막이벽으로 쓸 수 있다.
• 실내 내력 칸막이벽 하부에는 벽체 지지 혹은 보를 둘 것.

외벽 단면

내벽 단면

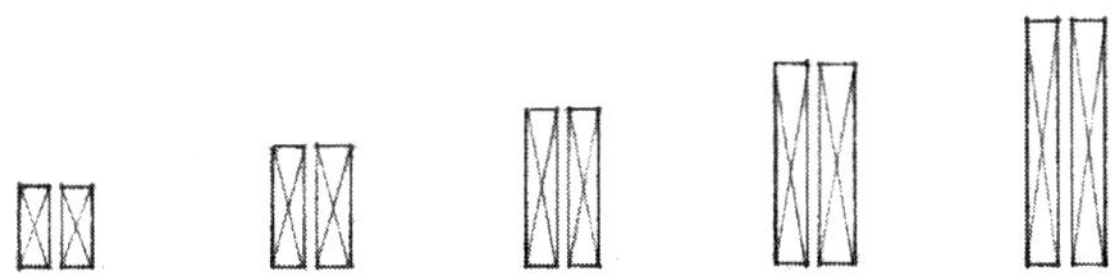

테두리장선 지지	2 - 2×4 지지가능	2 - 2×6	2 - 2×8	2 - 2×10	2 - 2×12
지붕단독	4' (1220)	4'-6' (1220-1830)	6'-8' (1830-2440)	8'-10' (2440-3050)	10'-12' (3050-3660)
1층		4'	4'-6'	6'-8'	8'-10'
2층				4'-6'	6'-8'

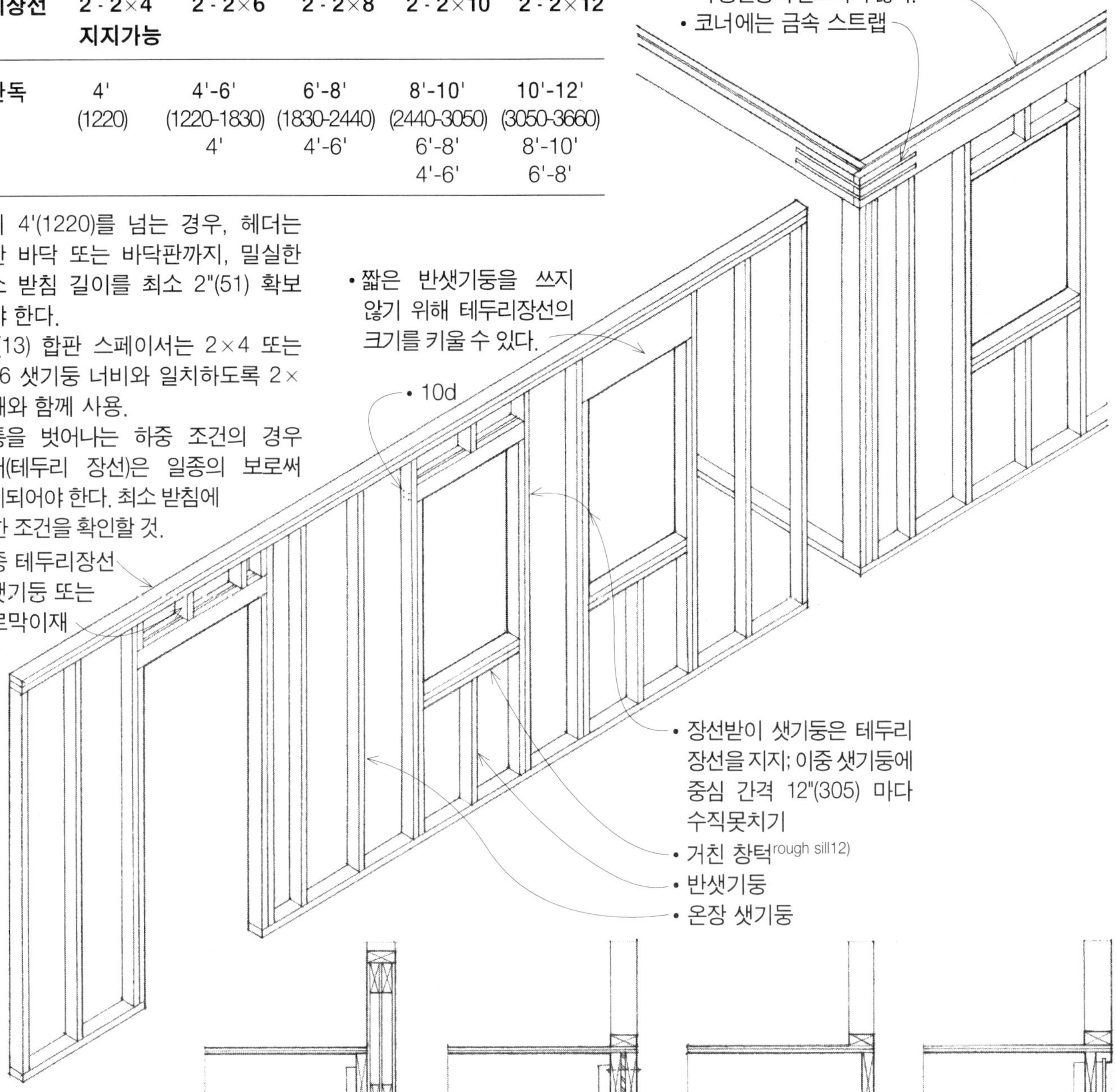

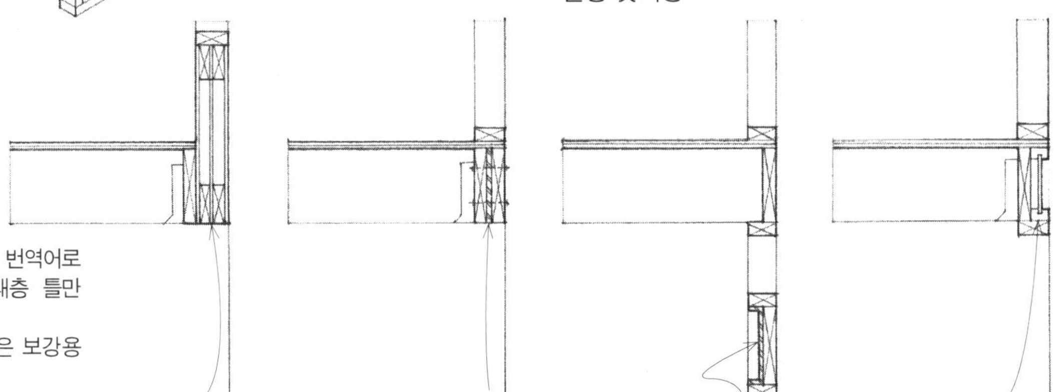

넓은 개구부를 위한 상인방의 선택사항

• 위의 상인방은 공학적 요구사항을 고려하여 보로 간주해야 한다. 또한 최소 받침에 대한 요구조건을 확인해야 한다.

12) 본문에서 '거친'은 rough의 번역어로 여기서는 '세공하지 않은, 대충 틀만 잡아넣은'의 개념이다.
13) 겹들보flitch beam 사이에 넣은 보강용 금속판

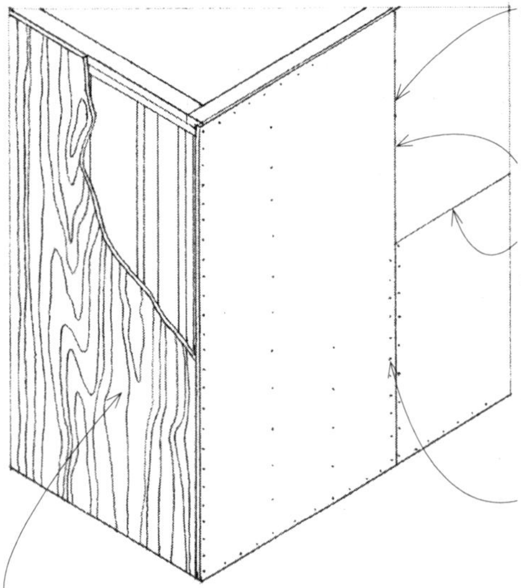

- 제조업체별도 권장 사항이 없으면 이음 간격 1/8" (3)
- 수평으로 부착 시 수직 이음 위치를 엇갈리게
- 가로막이재 또는 합판용 클립으로 수평 가장자리를 지지; 가장자리를 따라 중심 간격 12"(305)마다 못치기
- 모서리 가새로 사용하려면 수직으로 적용하고 중심 간격 8"(205)마다 못치기, 가장자리를 따라서는 중심 간격 4"(100)를 따라 못치기; 샛기둥 간격 16"(405)의 경우 최소 5/16"(8), 샛기둥 간격 24"(610)의 경우 최소 3/8"(10).
- 외부 사이딩에 적용하면 못치기 바탕nailable base으로 쓸 수 있다: 샛기둥 간격 16"(405) 의 경우 최소 3/8"(10); 샛기둥 간격24"(610) 의 경우 최소 1/2"(13)
- 패널 규격 4'×8', 9', 10' (1220×2440, 2745, 3050)

APA 등급 패널 덮개

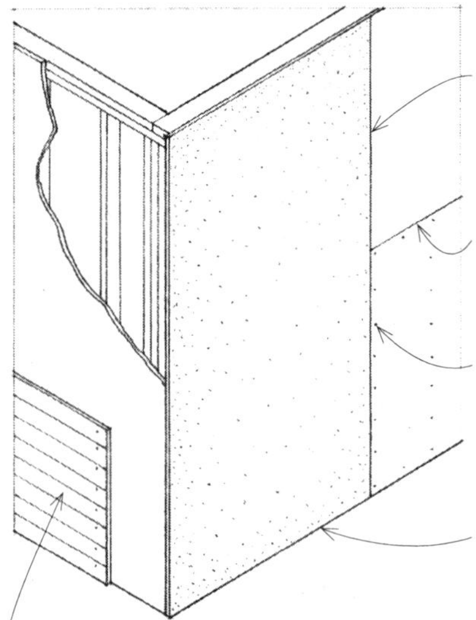

- 수평으로 부착 시 수직 이음 위치를 엇갈리게
- 가로막이재로 수평 가장자리를 지지
- 중심 간격 8"(205) 마다 못치기
- 모서리 가새로 사용하기 위해서는, 1/2"(13) 패널을 수직으로 적용하고 제조업체의 권장 사항에 따라 못치기 하거나 접착제를 사용.
- 석고보드는 못치기 바탕이 될 수 없으므로 외부 사이딩은 샛기둥 골조에 못치기 해야 한다.
- 패널 규격 4'×8', 10', 12', 14' (1220×2440, 3050, 3660, 4265)

석고보드 덮개

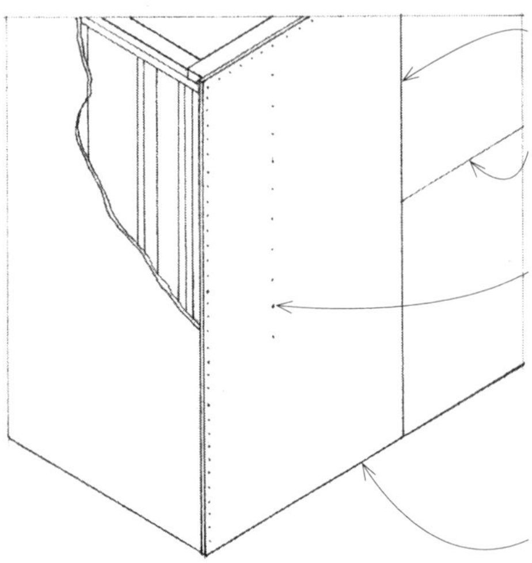

- 수평으로 부착 시 수직 이음 위치를 엇갈리게
- 수평 가장자리를 따라 밀실한 차단 혹은 V 홈이음
- 중심 간격 8"(205)마다 못치기, 가장자리를 따라서는 중심 간격 4"(100)마다 못치기
- 모서리 가새로 사용하기 위해서는 수직으로 적용된 1/2" (13) 고밀도 패널을 사용; 중심 간격 6" (150) 마다, 가장자리를 따라서는 중심 간격 3" (75) 마다 못치기
- 고밀도 섬유판은 외부 사이딩에 적용하면 못치기 바탕으로 사용할 수 있다.
- 패널 규격 4'×8', 9', 10', 12' (1220×2440, 2745, 3050, 3660)

섬유판 덮개

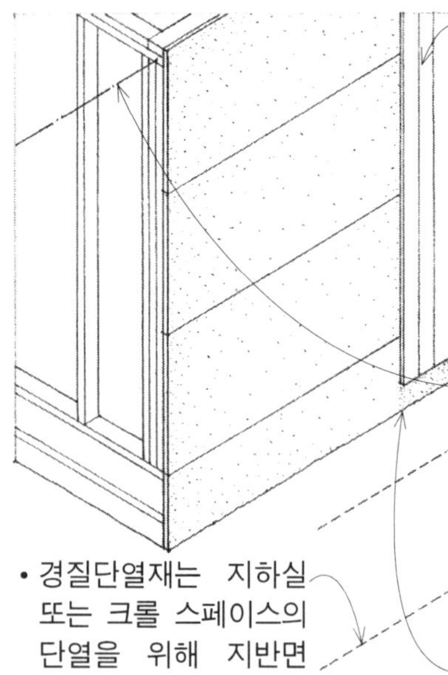

- 외부 사이딩은 샛기둥 골조에 직접 못치기 해야 한다.
- 발포 플라스틱은 효과적인 수분장벽 이기 때문에 조립된 벽체는 적절히 환기해야 한다.
- 경질 단열재는 모서리 가새로 사용될 수 없다; 강재 스트랩을 사용하거나 샛기둥 안쪽으로 1×4 부재를 넣는다.
- 경질단열재는 지하실 또는 크롤 스페이스의 단열을 위해 지반면 아래로 연장할 수 있다.
- 방부 처리한 합판이나 스투코로 노출된 표면을 보호.
- 7.44 참조.
- 패널 규격 2'×4', 8' 과 4'×8', 9' (610×1220, 2440 및 1220×2440, 2745)

경질 폼 단열재 덮개

CSI 마스터포맷 06 16 00: 덮개

목재기둥은 가운데가 차 있는 목재를 쓰거나(중실기둥), 조립하거나, 빈 공간을 두고 결합시켜 만들 수 있다. 목재 기둥을 선택할 때 다음 사항을 고려해야 한다. 제재목의 수종; 구조용 등급; 탄성계수, 의도한 용도에 허용되는 허용압축, 굽힘 및 전단 응력값. 또한 정확한 재하 조건과 사용되는 접합 유형에 주의를 기울여야 한다.

목재 기둥과 장대는 축 방향으로 압축하중을 받는다. 최대 단위 응력이 나뭇결과 평행한 방향으로의 허용 단위 응력을 넘는 경우에 파괴가 초래될 수 있다. 기둥의 부하능력은 세장비에 의해서도 결정된다. 건물의 세장비가 늘어남에 따라, 기둥은 좌굴로 인해 파괴될 수 있다.

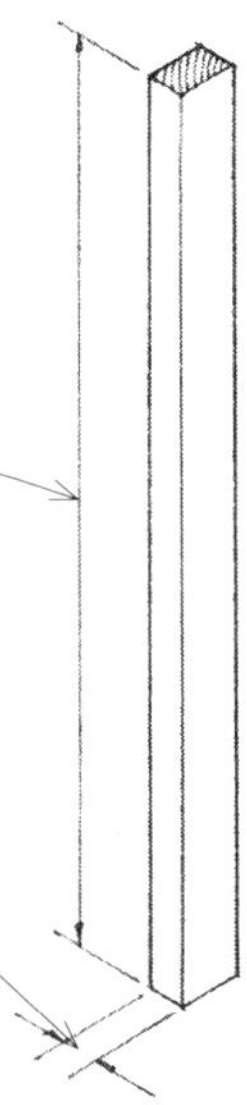

- 중실 또는 조립식 기둥의 경우 l/d < 50
- 간격 기둥의 개별 부재 l/d < 80
- l = 고정간 길이 (인치)
- d = 압축 부재의 최소 치수 (인치)

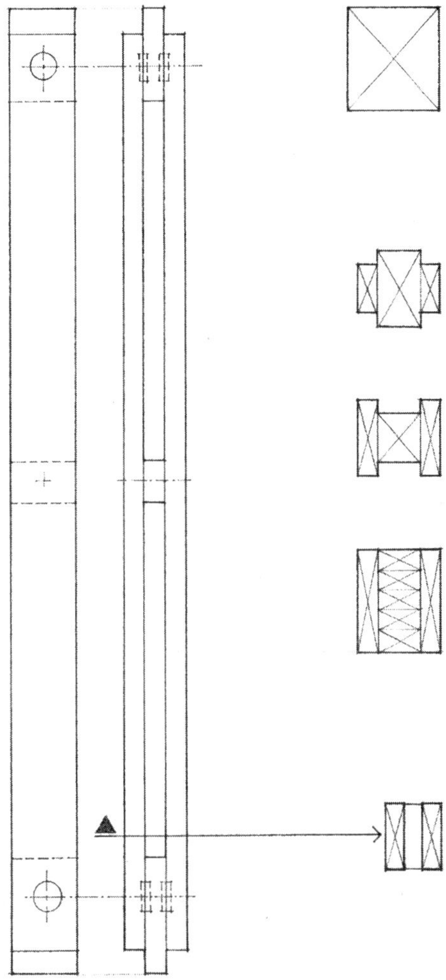

- 중실 제재목solid sawn columns은 건조가 잘 된 목재여야 한다.
- 조립식 기둥built-up은 접착제로 집성하거나, 기계적으로 고정해서 만들 수 있다. 집성목 기둥은 중실 제재목 기둥에 비해 더 높은 허용압축응력을 가지는 반면, 기계적으로 고정시킨 조립식 기둥은 동일한 치수와 재질의 중실기둥의 강도에 미치지 못한다.
- 간격재 기둥spaced columns은 2개 이상의 부재를 양단과 중간 부분에 가로막이재를 두어 빈 부분 을 만들고, 연결된 부분을 제재목 접합구와 볼트를 이용하여 결합시키는 방식으로 만든다.

목재 기둥을 위한 추산 지침

- 6×6은 최대 500 sf (46㎡)의 바닥 및 지붕면적을 지지할 수 있다.
- 8×8은 최대 93㎡의 바닥 및 지붕 면적을 지지할 수 있다.
- 10×10은 최대 2500 sf (232㎡)의 바닥 및 지붕 영역을 지지할 수 있다.
- 기둥은 고정간 높이가 12'(3660) 인 것으로 가정
- 무거운 하중을 지지하거나 높이가 12'(3660)를 넘거나, 횡력에 저항하는 기둥에는 더 큰 규격 적용
- 좀 더 자세한 기둥-하중 표의 출처는 참고문헌을 참조
- 최종 설계 요구사항은 구조 기술자의 자문을 받을 것.

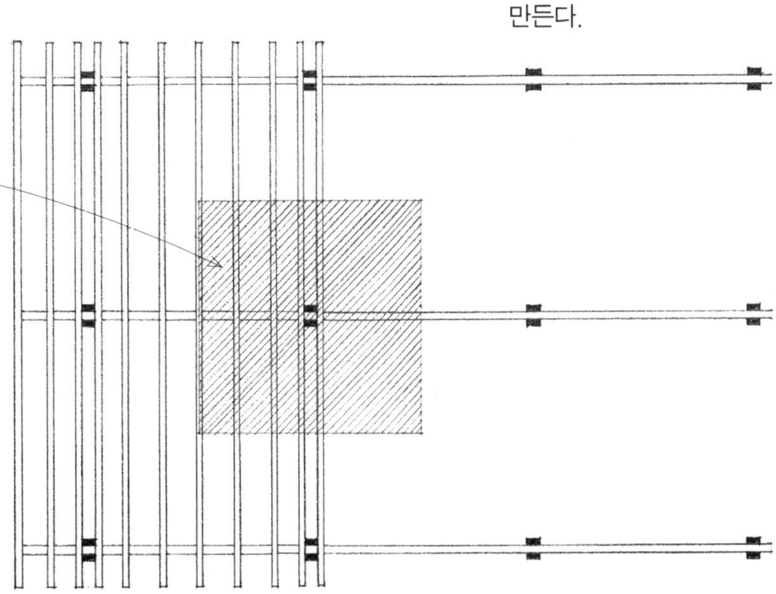

기둥-보post-and-beam 구조는 수직의 기둥과 수평의 보로 되어 있는 골조를 통해 바닥과 지붕의 하중을 모두 지탱한다. 바닥과 지붕시스템을 지지하는 보는 기둥이나 수직재에 하중을 전달하고, 기둥이나 말뚝은 하중을 기초시스템에 전달한다.

- 지붕 시스템 : 기존의 목재 서까래 또는 부판-보 골조에 대해서는 6장 참조.

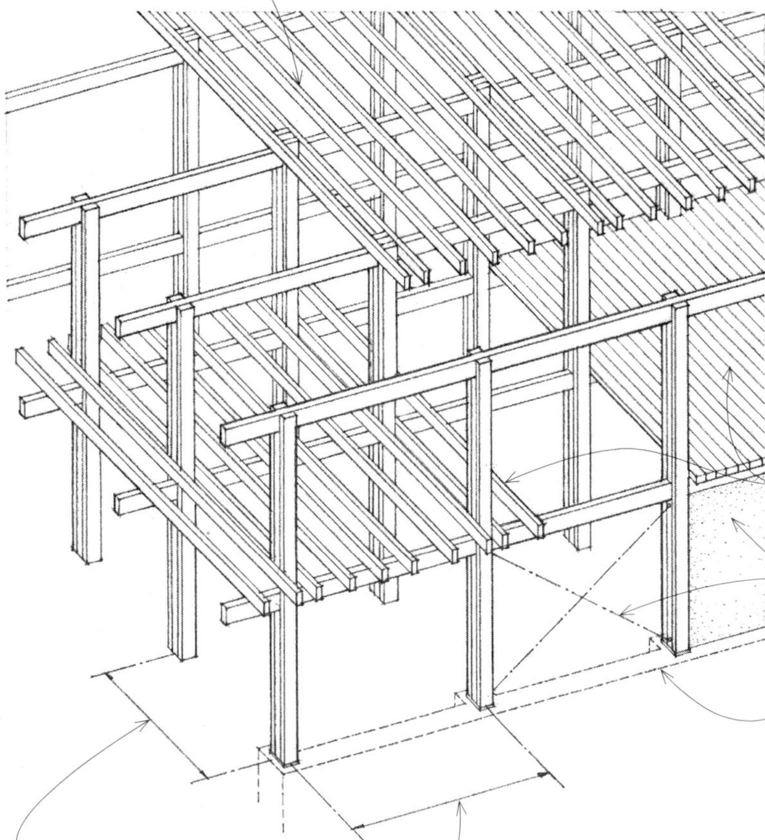

- 기둥-보 벽체 시스템을 부판-보 바닥 및 지붕 시스템과 함께 사용하면, 수직 또는 수평으로 확장될 수 있는 3차원 구조 격자를 형성한다.
- 기둥과 보에 의한 골조는 종종 노출된 상태로 남겨져서 비내력 벽체패널, 창호가 통합된 골조가 눈에 보이도록 할 수 있다.
- 기둥-보 골조를 노출된 상태로 남겨두려면, 사용한 목재의 종류 외 등급, 특히 보-보 사이, 보-기둥 사이 접합부의 디테일과 만듦새의 수준에 세심한 주의를 기울여야 한다.
- 바닥 시스템 : 전형적인 장선 혹은 부판-보 골조; 4장 참조
- 횡방향의 바람이나 지진에 대한 저항은 강성 전단벽체 혹은 대각선 가새를 사용한다.
- 장대post나 기둥은 개별 피어 또는 벽 기초로 지지한다.
- 기둥 간격은 원하는 베이의 크기와 비율, 보, 장선 및 데크에 가능한 경간 범위와 관련이 있다.

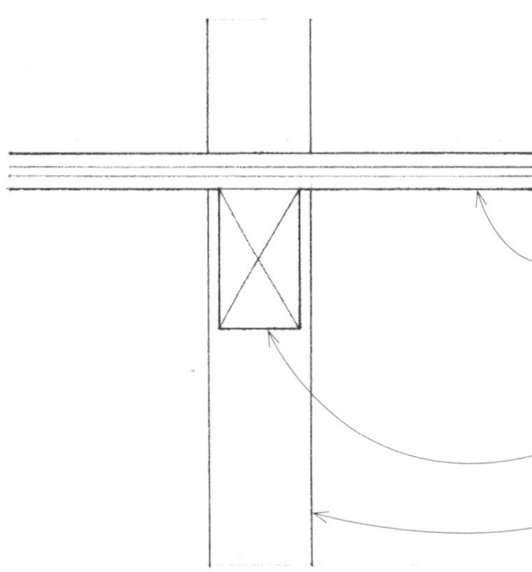

중목구조

- 기둥-보 구조는 중목구조heavy timber construction로 간주될 수 있다. 구체적으로는 부판-보 바닥 및 지붕 구조가 불연성과 내화성을 가지고 있는 외벽과 목재 부재에 의해 지지되고, 데크가 건축법에 지정된 최소 크기 요구사항을 충족하는 경우에 해당한다.
- 바닥 데크 : 공칭치수 3"(75) 이상의 제혀쪽매 또는 딴혀쪽매 부판; 그 위에 공칭 1"(25)의 제혀쪽매 바닥재 또는 $^{1}/_{2}$"(13)목재 구조용 패널 바탕바닥
- 지붕 데크 : 공칭2"(51)이상 제혀쪽매/딴혀쪽매 부판 또는 $1^{1}/_{8}$"(32)이상의 두께의 목재 구조용 패널
- 보와 거더 : 공칭두께6" (150) 이상, 공칭 춤10" (255) 이상
- 기둥 : 바닥을 지지할 때는 공칭 8×8 이상, 지붕만 지지할 때는 8×6 이상

CSI 마스터포맷 06 13 00: 중목구조

기둥-보 접합부의 강도는 다음에 따라 달라진다.

- 사용된 제재목의 종류와 등급
- 목재 부재의 두께
- 나뭇결에 대한 저항력 각도
- 사용하는 볼트 또는 목재 접합구의 규격 및 개수

접합에 필요한 볼트의 규격과 개수는 전달되는 부하의 크기에 따라 다르다. 일반적으로 작은 볼트를 많이 사용하는 것보다 큰 볼트 몇 개를 쓰는 것이 효율적이다. 오른쪽 그림은 볼트 배치에 대한 일반적인 지침을 보여준다.

목재 접합구

필요한 볼트 수를 수용할 수 있는 표면 접촉 면적이 충분하지 않은 경우 목재 접합구를 사용할 수 있다. 목재 접합구는 두 개의 목재 부재의 면 사이에 전단을 전달하기 위한 금속링, 강판, 그리드로, 단일 종류의 볼트를 이용한다. 여기서 볼트는 목재 조립부의 거동을 제한하고 고정하는 역할을 한다. 목재 접합구는 하중이 분산되는 목재 면적을 넓히고 받침 단위당 더 높은 응력을 발생시키기 때문에 볼트 또는 랙 스크루 단독으로 고정할 때 보다 효율적이다.

목재 결에 평행한 하중

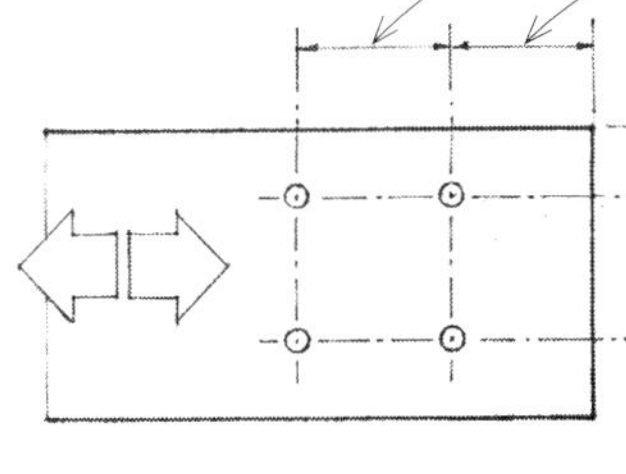

- 4d
- 끝남기end diistance:
  - 압축부위에는 4d ; d = 볼트 지름
  - 인장부위에는 7d
- 연단거리edge distance:
  - 세장비(l/d)<6 인 경우, 행 간격 $1\frac{1}{2}$d 또는 $\frac{1}{2}$
- 결에 평행한 행 간격은 순 단면의 요구사항에 의해 결정된다.

목재 결에 수직으로 걸리는 하중

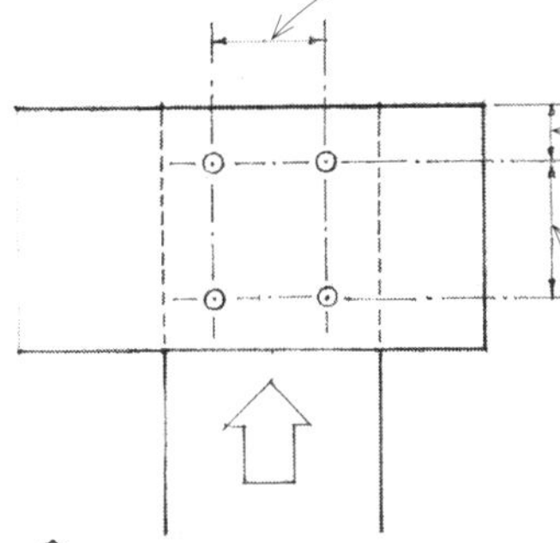

- 결에 수직인 행 간격 :
  - 세장비 2의 경우 $2\frac{1}{2}$d
  - 세장비 6의 경우 5d
- 하중에 걸리는 가장자리 접합구의 연단거리는 4d 이상
- 4d

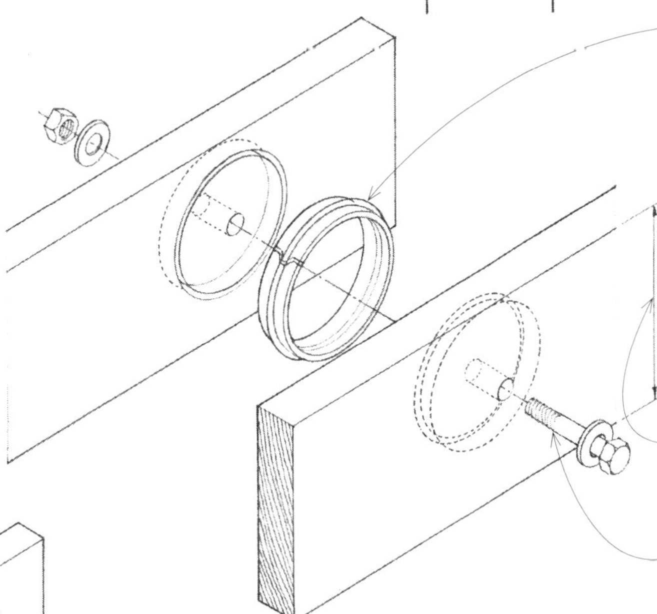

- 분할 링 접합구는 결합 부재 면 높이에 맞춰 파낸 홈에 삽입하고, 단일 볼트로 제자리에 고정시키는 금속 링으로 구성된다. 링 안쪽에 제혀로 재단한 부분은 하중이 걸릴 때 약간의 변형이 생기지만 여전히 모든 면에서 받침 역할을 유지한다. 단면을 경사지게 하면 링의 삽입이 쉬워지고, 링이 홈에 완전히 안착된 후 단단히 조이는 이음을 가능하게 한다.
- $2\frac{1}{2}$" 및 4"(64 및 100) 직경 가능
- $2\frac{1}{2}$"(64) 분할 링의 경우 최소 $3\frac{5}{8}$"(90) 전면 너비; 4"(100) 분할 링의 경우 최소 5 $\frac{1}{2}$"(140)
- $2\frac{1}{2}$"(64) 분할 링용 $\frac{1}{2}$"(13) ø 볼트; 4"(100) 분할 링용 $\frac{3}{4}$"(19) ø 볼트

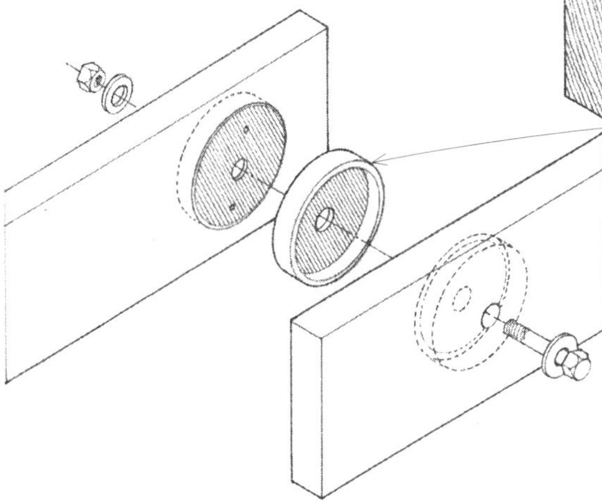

- 전단판/시어 플레이트는 면 높이에 맞춰 홈에 삽입된 가단성 철로, 둥근 판으로 구성되며 단일 볼트를 이용하여 목재 면에 맞춰 고정된다. 전단판은 분리 가능한 목재-목재 접합 혹은 목재-금속 간 접합에서 단독으로 전단에 저항하기 위해 뒷면을 붙인 한 쌍으로 사용한다.

5.50 목재 기둥-보 접합부

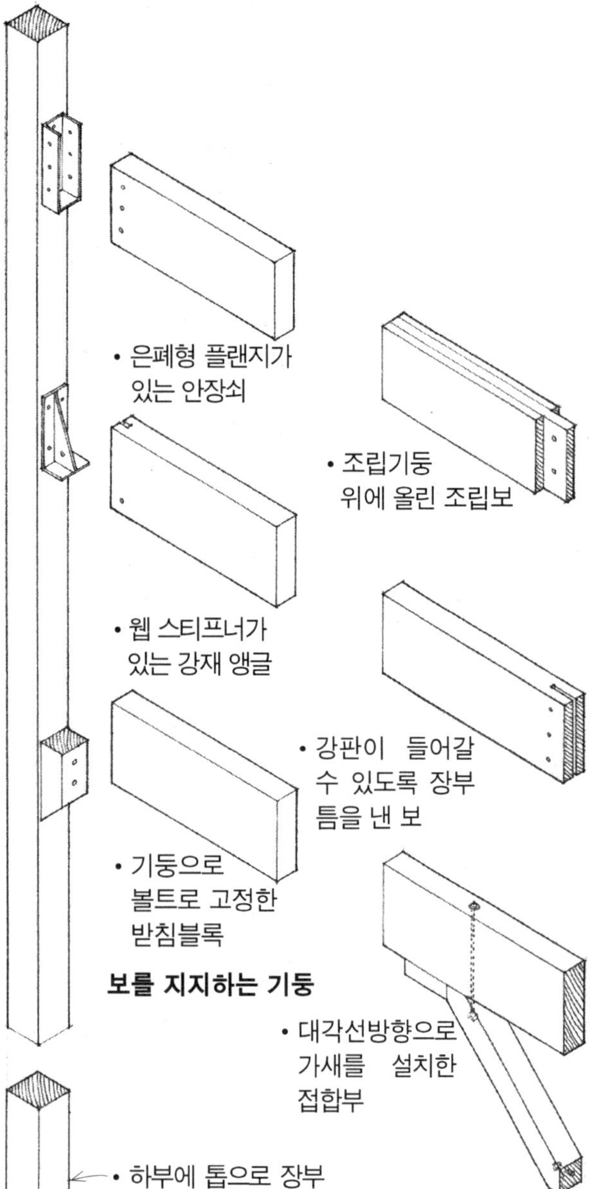

- 은폐형 플랜지가 있는 안장쇠
- 웹 스티프너가 있는 강재 앵글
- 기둥으로 볼트로 고정한 받침블록
- 조립기둥 위에 올린 조립보
- 강판이 들어갈 수 있도록 장부 틈을 낸 보
- 대각선방향으로 가새를 설치한 접합부

보를 지지하는 기둥

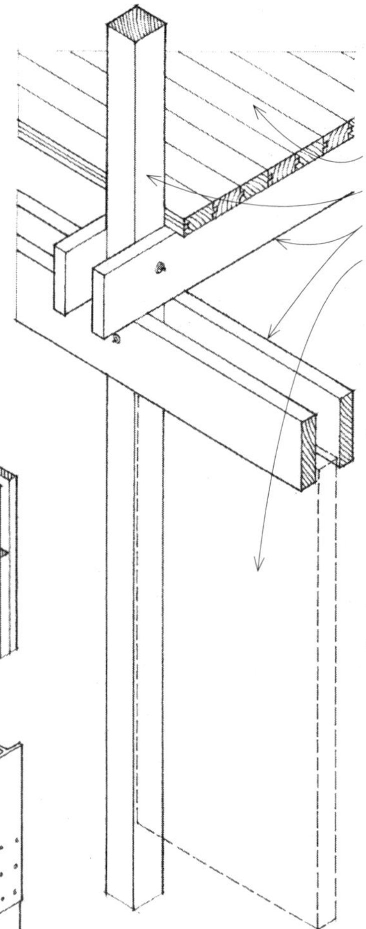

- 목재 데크; 4.40 참조.
- 중실 기둥
- 간격 보
- 비내력 충전 부재는 목재 샛기둥 골조, 조립식 벽체패널 또는 창호 단위로 구성될 수 있다.
- 이음부 디테일은 후퇴단, 플래싱 또는 코킹을 사용하여 밀봉면을 갖춰 비바람에 잘 견디는 기밀성을 갖춰야 한다.
- 수분함량 변화로 인해 노출된 목재의 거동을 고려해야 한다. 서로 다른 재료를 결합할 경우에는 열팽창 및 수축 정도의 차이를 허용할 수 있어야 한다.

기둥-보 접합부

- 기둥-보 접합부에 대해서는 추가로 4.37 참조.

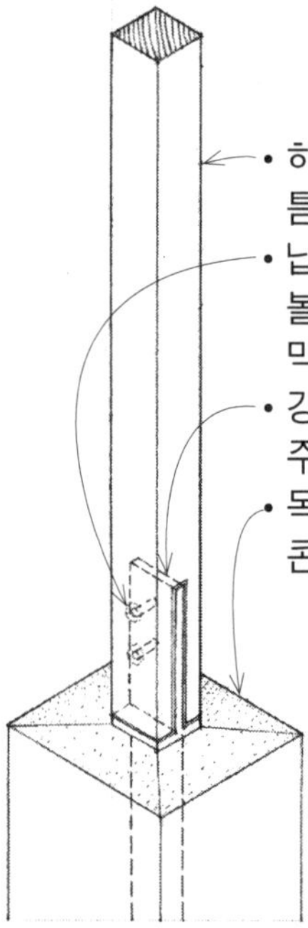

- 하부에 톱으로 장부 틈kerf을 낸 기둥
- 납작한 머리의 관통 볼트와 너트; 구멍을 막음
- 강판은 주초에 용접; 주초는 기초에 정착
- 독립 피어 혹은 콘크리트 기초 벽체

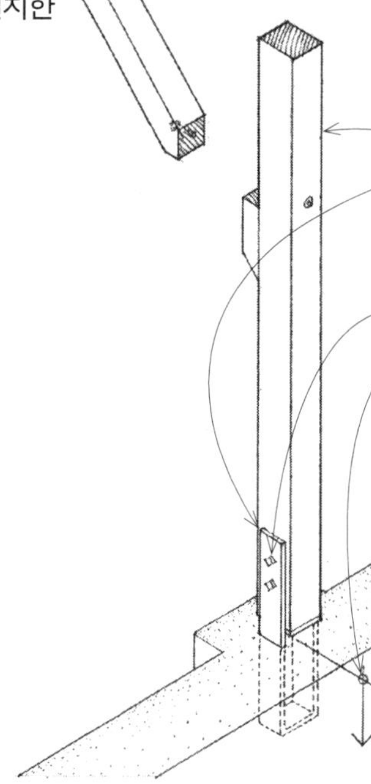

- 장대 혹은 기둥
- 콘크리트 기초벽체 또는 피어에 타설된 앵커 스트랩
- 관통볼트
- 지반면 까지 최소 6"(150)
- 건축법에서는 기후나 물방울 튐에 노출될 때, 콘크리트 위로 2"(51)의 거리를 떨어뜨릴 것을 요구할 수 있다.

주초 지지

- 다양한 주초와 보 앵커에 대해 사용권이 설정되어 있다. 규격, 형상, 설치 세부사항 및 허용 하중에 대해서는 제조업체에 자문 받을 것.
- 기둥-보 구조의 접합구는 특정 설계 조건에 맞게 공장에서 별도로 제작할 수 있다.
- 접합구가 기후에 노출될 경우에는 아연도금 혹은 일반도금 처리를 하여 부식에 견디도록 한다.

교차 집성재(CLT)은 공학적으로 정교하게 처리한 조립식 중실 목재 패널로, 구조적으로 유의미한 내력벽 역할을 할 수 있으므로, CLT 바닥과 지붕을 지지할 수 있다.

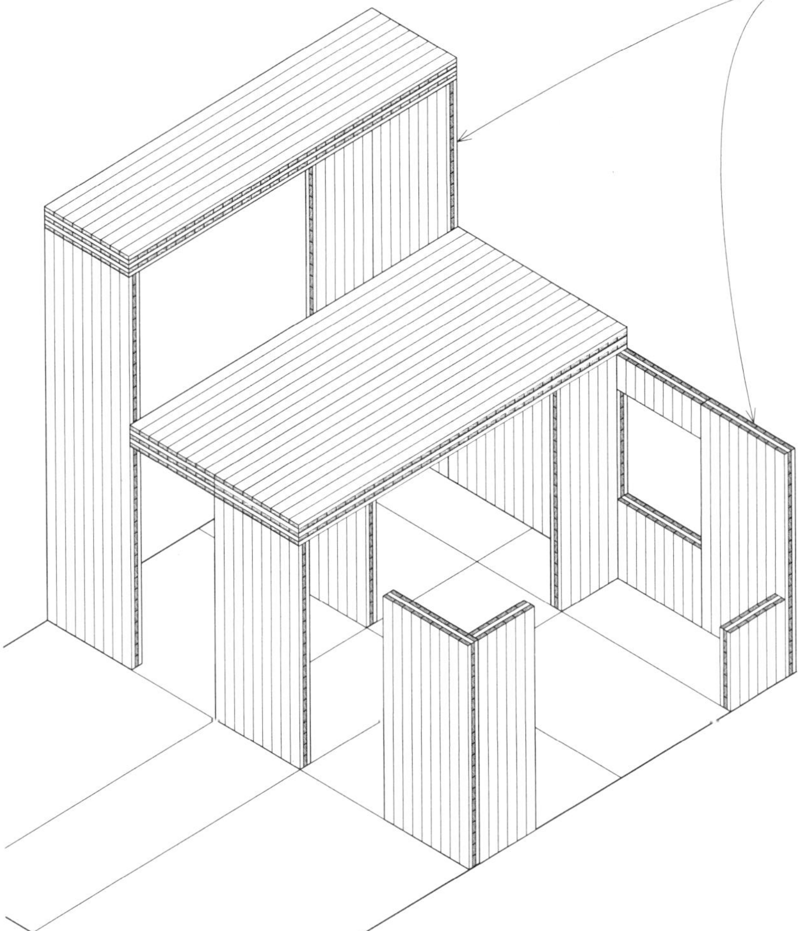

- 폭 2'(610)~10'(3050), 길이 최대 60'(18290), 두께 최대 20"(510).
- CLT 패널은 성능 등급 기준인 ANSI / APA PRG 320에 따라 제조해야 한다.

- 국제 건축법은 조립 벽체의 두께가 최소 6"(150)이고 CLT 패널의 외부 표면이 다음 중 하나로 보호되는 경우 Ⅳ 유형 구조의 외벽에 CLT 패널을 허용한다: 난연성 처리된 목재 덮개일 경우 적어도 15/32"(12)이상의 두께, 석고보드 혹은 불연성 재료일 경우 최소 1/2"(12.7)이상의 두께
- CLT 바닥과 내부 칸막이벽의 두께는 적어도 4"(100) 이상으로 내화등급은 1시간 이상이어야 한다.

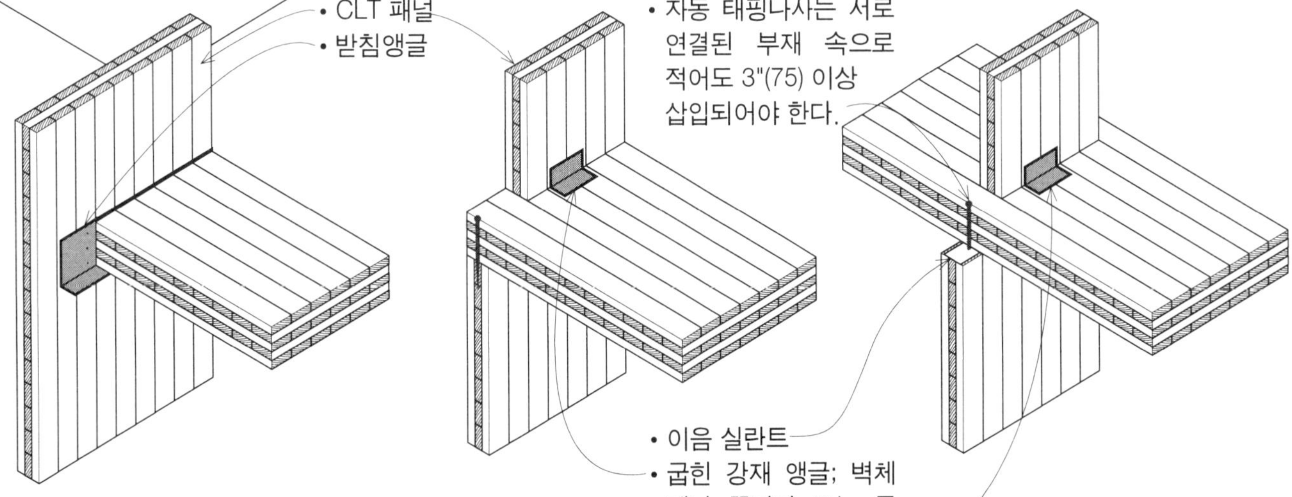

벽체-바닥 접합부 사례

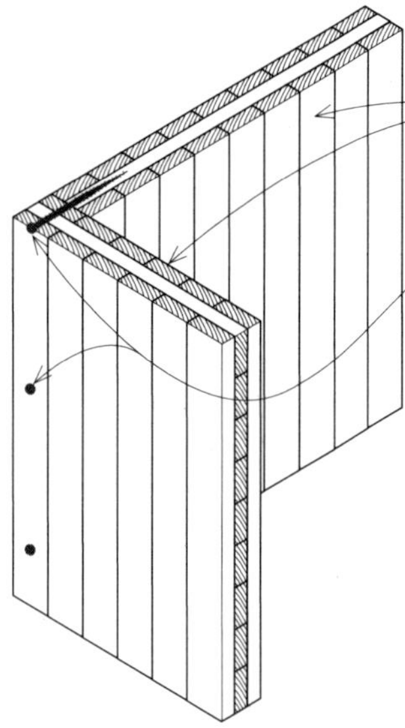

패널-패널 접합부 사례

CLT패널은 외부환경에 노출될 것을 고려하여 만들어지지 않았다. 그렇기 때문에 외벽과 지붕을 CLT로 설계할 경우에는 패널을 건조하게 유지하고, 벽체 내부에 갇힌 습기의 축적을 방지하는데 목표를 두어야 한다. 액상 수분의 침투를 방지하고, 공기 중 수분 통과를 제한하는 통합적 공기장벽를 구축하기 위해 돌출부를 지붕에 두고 환기가 잘되는 레인스크린을 고려할 것.

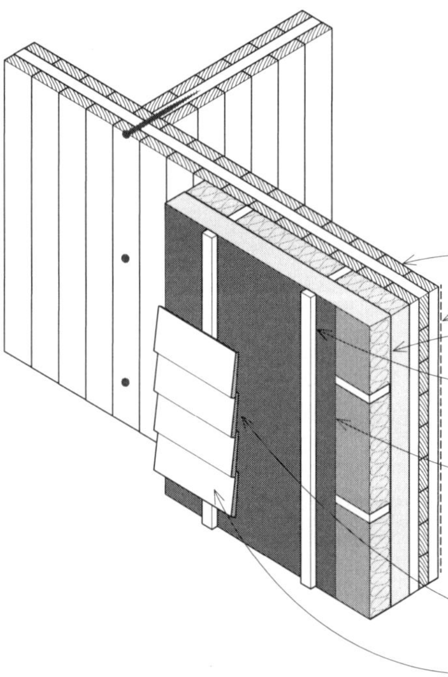

외벽 조립체 사례

대형 목재 제품에 대한 더 자세한 정보는 12.15-12.16 참조.

6
지붕 시스템

6.02 지붕 시스템

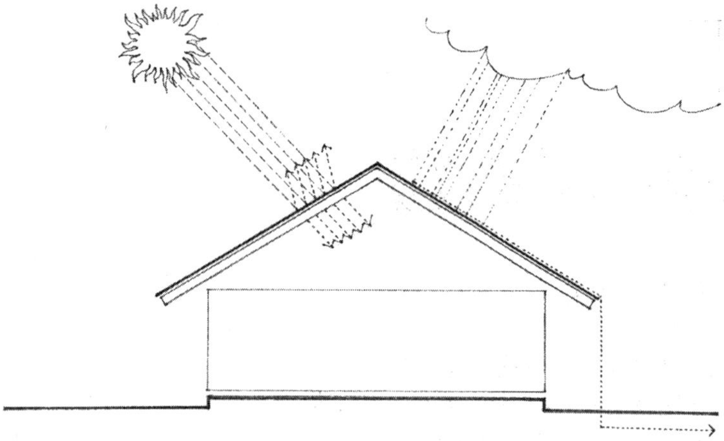

EA 크레딧 1: 에너지 성능 최적화

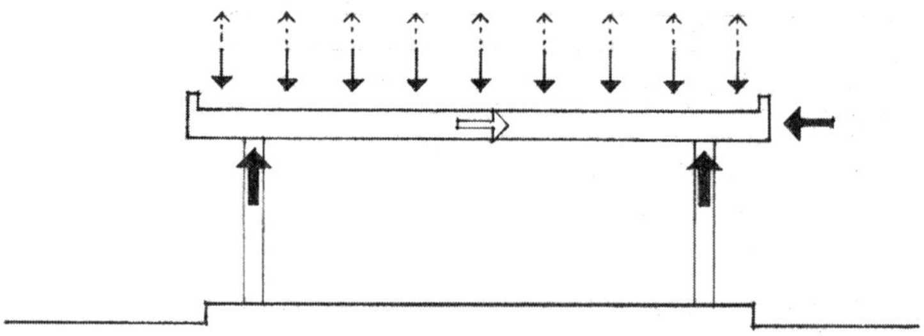

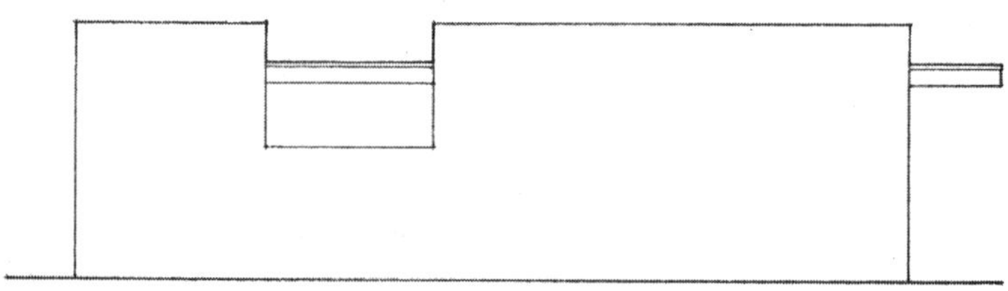

지붕 시스템roof system은 건물 내부 공간을 보호하는 주요 요소로 기능한다. 지붕의 형태와 경사는 지붕재roofing의 유형—목재 지붕널shingles, 타일 혹은 연속적인 막 등—과 잘 맞는 것으로 해야 한다. 이렇게 해야 우수를 잘 떨구고, 눈을 녹여서 배수구drains, 홈통gutters, 하관/수직낙수홈통downspouts으로 된 배수체계로 보낼 수 있다. 또한, 지붕의 시공은 수증기의 통과, 공기의 침투, 열과 태양복사solar radiation의 흐름 역시 제어해야 한다. 그리고 지붕 구조와 조립은 건축법에서 요구하는 시공 유형에 따라 화재 확산에 저항할 수 있어야 한다.

바닥 시스템과 마찬가지로, 지붕은 건축 공간을 가로지르며 걸쳐 있고, 자기 무게는 물론 부착된 장비 무게와 비와 눈의 축적을 지탱할 수 있는 구조를 갖춰야 한다. 데크로 사용되는 평지붕 역시 활하중과 적재하중의 영향을 받는다. 이러한 중력하중에 더하여, 지붕면은 상승풍에 의한 힘은 물론 횡방향의 풍력과 지진력에 저항해야 한다. 그리고 이러한 힘을 지지구조로 전달할 수 있어야 한다.

건물의 중력하중은 지붕 시스템에서 시작되므로, 구조 요소의 배치는 하중을 기초시스템으로 전달하는 기둥 및 내력벽의 배치와 일치해야 한다. 지붕 지지물의 패턴과 지붕 경간의 범위는 실내공간의 배치와 지붕 구조가 지지할 수 있는 천장 유형에 영향을 미친다. 지붕경간이 길수록 내부 공간을 유연하게 구성할 수 있고, 지붕 경간이 짧을수록 보다 정확하게 규정되는 공간이 생긴다.

지붕구조의 형태는—평평하거나, 경사지든, 박공이 있거나, 정점이 모여 있든, 넓게 은신처를 제공하는 형태거나 리듬 있게 연결되는 형태이건 간에—건물 이미지에 중대한 영향을 미친다. 지붕은 가장자리를 외벽 선에 맞추거나 외벽에 돌출하는 방식으로 노출될 수 있다. 반대로 패러핏 뒤로 숨겨서 시야에서 안 드러나게 할 수도 있다. 지붕의 아래쪽 면을 노출상태로 유지하면, 지붕의 양식을 아래에 있는 실내공간의 상부에서 확인할 수 있다.

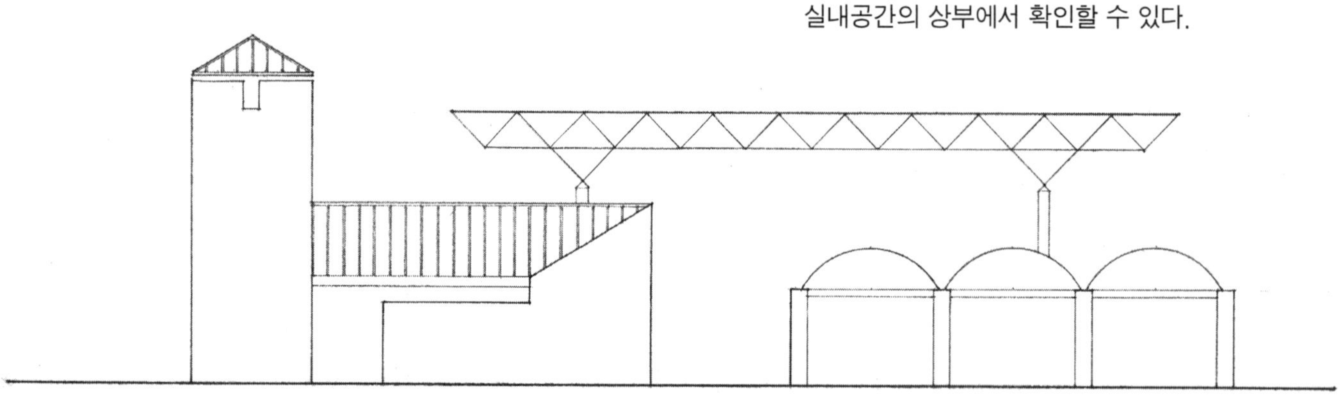

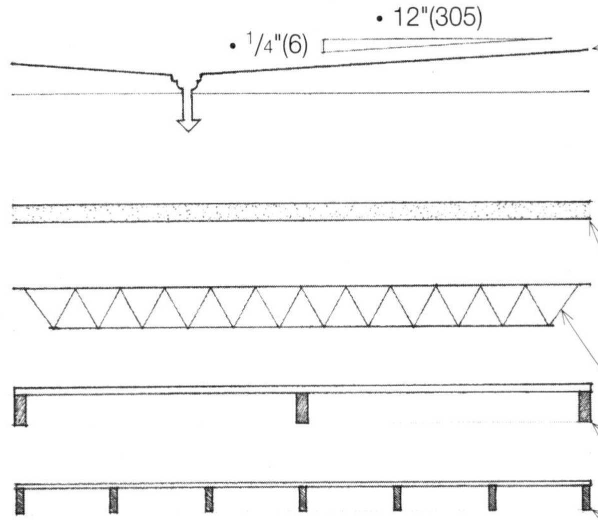

평지붕

- 평지붕에는 연속적인 지붕막을 위한 재료가 필요하다.
- 최소 권장 경사: 1피트 당 1/4"(1:50)
- 구조부재 또는 지붕 데크를 기울이거나, 단열층의 켜를 경사지게 하는 방식으로 지붕경사를 잡는다.
- 경사면은 내부 배수로 연결되는 것이 보통이다. 1차 지붕 배수구가 막힌 경우에 물이 갇힐 수 있는데, 이때는 2차 비상범람 옥상배수구 또는 배수용 방수구가 필요하다.

- 평지붕은 건물의 수평 길이 전체를 효율적으로 덮을 수 있으며, 실외 공간 역할을 하도록 구조를 짜고 설계할 수 있다.
- 평지붕 구조는 다음 요소들로 구성될 수 있다:
  - 철근콘크리트 슬래브
  - 목재 혹은 강재로 된 평 트러스
  - 목재 혹은 강재 보와 데크
  - 목재 혹은 강재 장선과 덮개

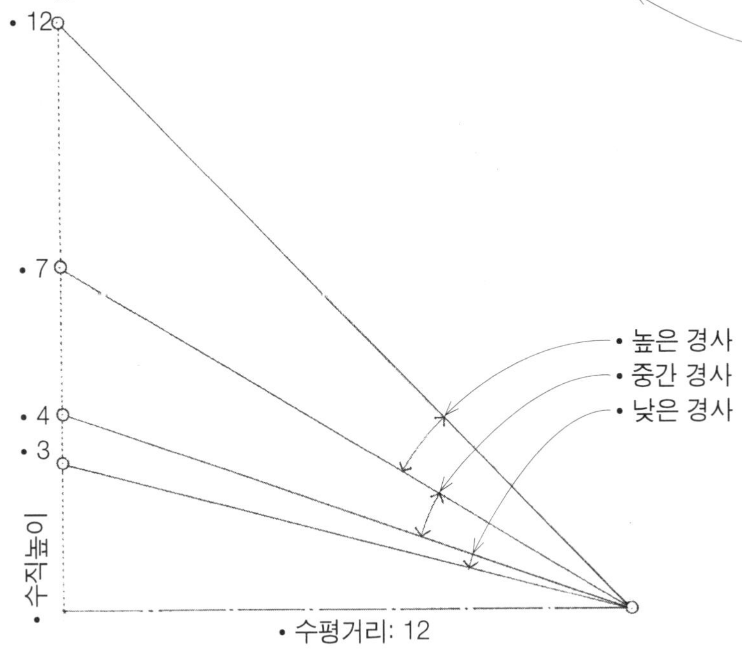

경사가 있는 지붕

- 경사가 있는 지붕은 다음과 같이 분류될 수 있다:
  - 낮은 경사지붕 - 3:12까지
  - 중간에서 높은 경사지붕 - 4:12에서 12:12까지

- 지붕경사는 지붕재의 선택, 밑깔개/초벌이음과 처마 플래싱의 요구사항 그리고 설계 풍하중에 영향을 준다.
- 낮은 경사 지붕에는 롤roll 또는 연속막 지붕재가 필요하다.: 일부 목재 지붕널과 시트 재료는 3:12 물매pitch에 사용될 수 있다.
- 중간에서 높은 경사의 지붕은 목재 지붕널, 타일 혹은 시트재료를 이용하여 씌울 수 있다.
- 경사가 있는 지붕은 우수를 쉽게 흘려서 처마 홈통으로 빗물을 유도한다.

- 경사가 있는 지붕의 높이와 면적은 수평 치수에 따라 증가한다.
- 경사가 있는 지붕 아래쪽의 공간을 사용할 수 있다.
- 경사가 있는 지붕의 평면을 결합하여 다양한 지붕 형태를 취할 수 있다.

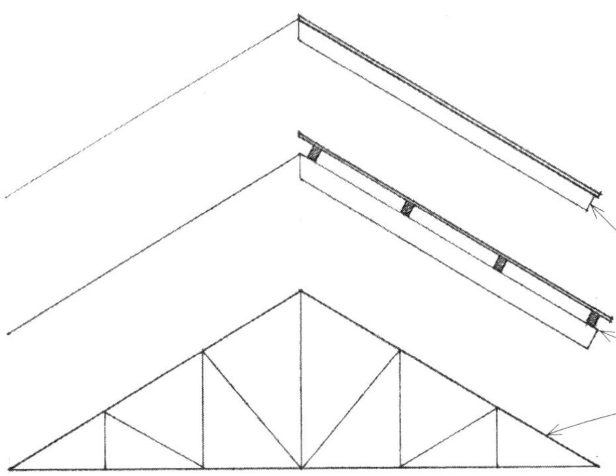

- 경사가 있는 지붕은 다음과 같은 구조를 취할 수 있다:
  - 목재 또는 강재 서까래 및 덮개
  - 제재목 혹은 강재 보, 도리 및 데크
  - 제재목 또는 강재 트러스

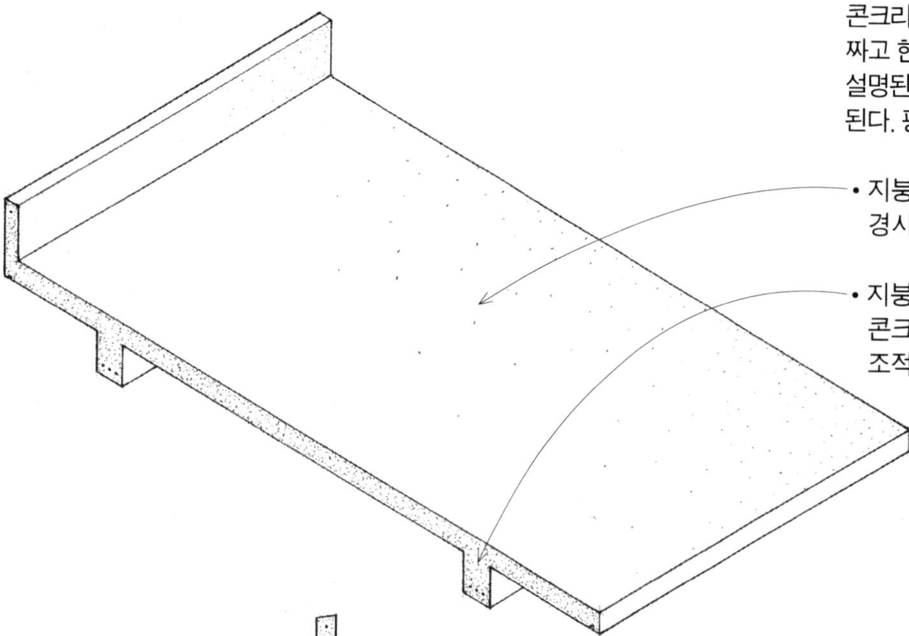

철근 콘크리트 지붕 슬래브는 4.05-4.07에서 설명된 콘크리트 바닥 시스템과 동일한 방식으로 거푸집을 짜고 현장에서 타설한다. 지붕 슬래브는 보통 아래 설명된 단면에 표시된 유형의 지붕막으로 덮게 된다. 평지붕 구성에 대해서는 7.12를 참조

• 지붕 배수를 위한 지붕 단열층 혹은 슬래브 경사 상단; 최소 1피트 당 1/4"(1:50) 권장.

• 지붕 슬래브는 철근 콘크리트 기둥, 철근 콘크리트 골조 혹은 철근 콘크리트조 혹은 조적조의 내력벽으로 지지할 수 있다.

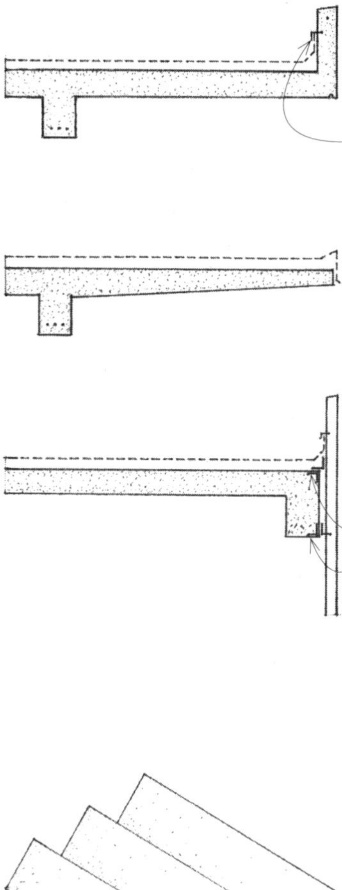

• 역보 형식의 테두리보는 패러핏 벽체를 형성할 수 있다.
• 금속 평쇠시리를 난간에 타설하여 캡 플래싱을 받을 수 있도록 할 수 있다.

• 슬래브는 돌출부를 형성하기 위해 캔틸레버 형식을 취해 주변 지지대 너머로 연장할 수 있다.

• 테두리 보 또는 스팬드럴 보에는 비내력 커튼월을 걸 수 있다.
• 금속앵커를 스팬드럴 보에 타설하여 커튼월 패널을 고정할 수 있다.

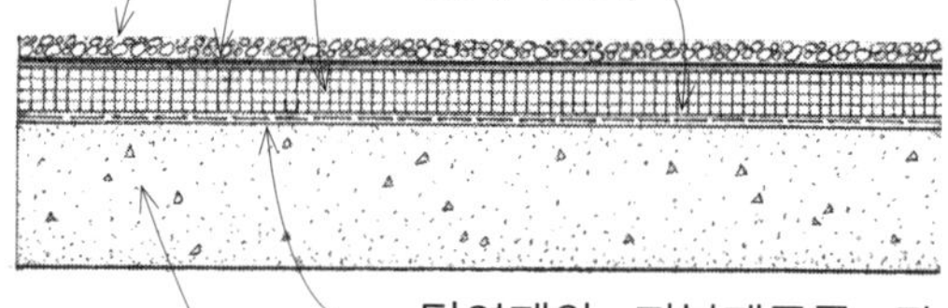

• 표층
• 지붕막
• 경질 폼 단열재 혹은 경량 콘크리트 단열재
• 습기지연제
• 단열재와 지붕재료를 잘 부착하기 위한 매끈하게 처리한 흙손 마감
• 철근 콘크리트 지붕 슬래브

• 콘크리트 지붕 슬래브의 가장자리는 이 세 가지 방법으로 처리할 수 있다.

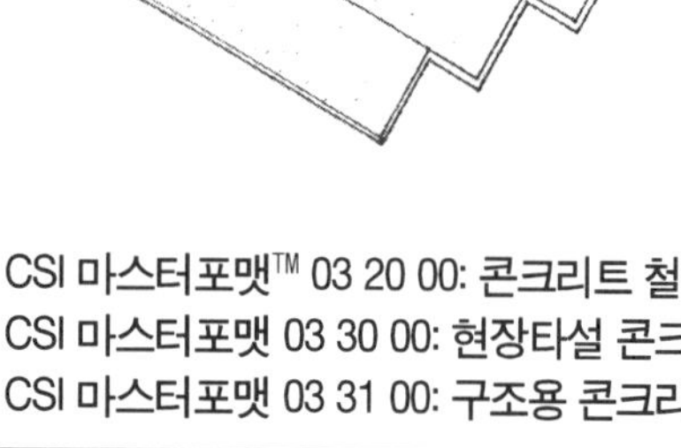

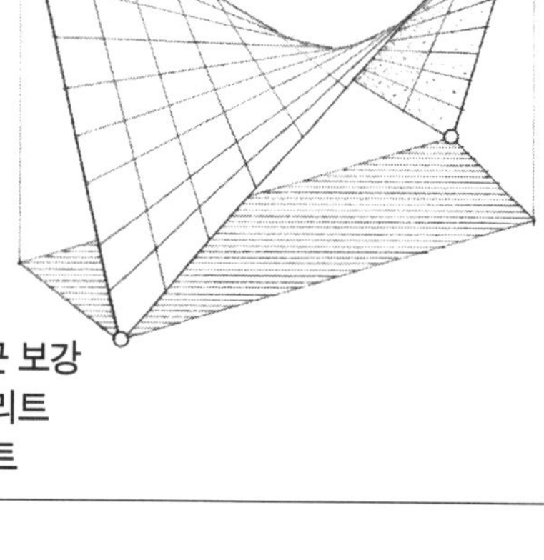

철근 콘크리트는 절판folded plates, 돔domes, 셸 구조shell structures와 같이 다양한 지붕 형태로 설계하고 타설할 수 있다. 2.20과 2.32-2.33을 참조

CSI 마스터포맷™ 03 20 00: 콘크리트 철근 보강
CSI 마스터포맷 03 30 00: 현장타설 콘크리트
CSI 마스터포맷 03 31 00: 구조용 콘크리트

프리캐스트 콘크리트 지붕시스템은 형태와 시공에 있어 프리캐스트 바닥 시스템과 유사하며, 동일한 유형의 슬래브 유닛을 사용한다. 일반적 조건과 요구사항들은 4.11-4.13 참조.

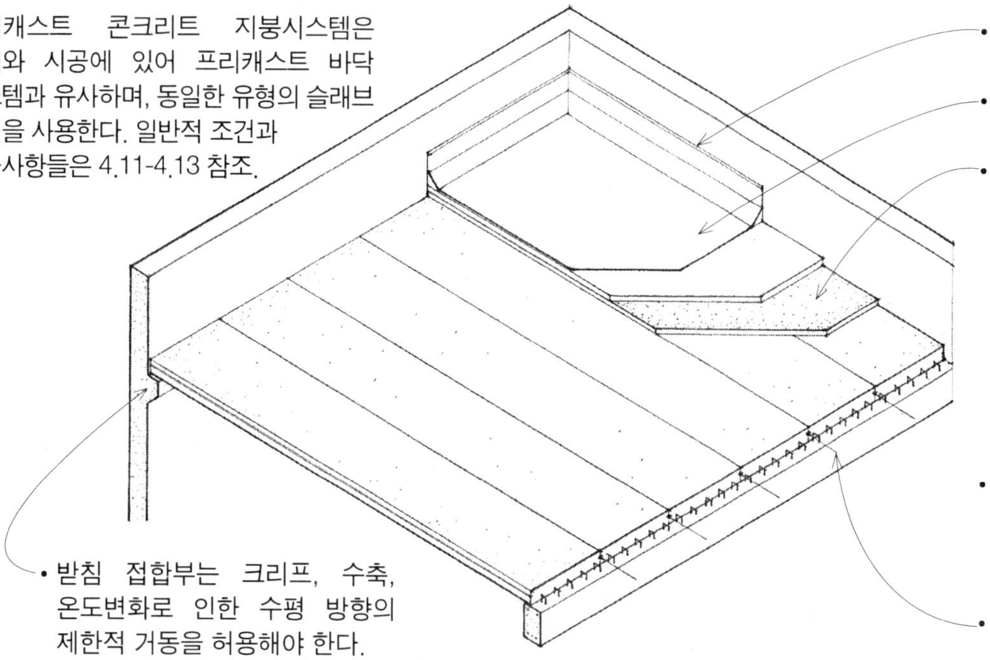

- 난간 플래싱에 대해서는 7.19 참조
- 경질 단열재 위 지붕막; 7.12 참조
- 용접한 와이어 패브릭또는 철근으로 보강한 현장타설 콘크리트 토핑은 프리캐스트 슬래브에 결합하여 복합 구조 유닛을 형성한다. 토핑의 최소 두께는 2"(51). 경질 폼 단열재가 부드럽게 표면 처리된 프리캐스트 유닛 위에 놓인 경우 토핑을 생략 가능.
- 배수를 위한 콘크리트 토핑 혹은 프리캐스트 유닛의 경사; 최소 1피트 당 1/4"(1:50) 권장.
- 받침 접합부는 크리프, 수축, 온도변화로 인한 수평 방향의 제한적 거동을 허용해야 한다.
- 수평 격벽 역할을 하고 전단벽에 횡력을 전달하기 위해서는, 철근 보강재는 프리캐스트 슬래브를 지지 부위와 단부 받침에 서로 결속시켜야 한다.

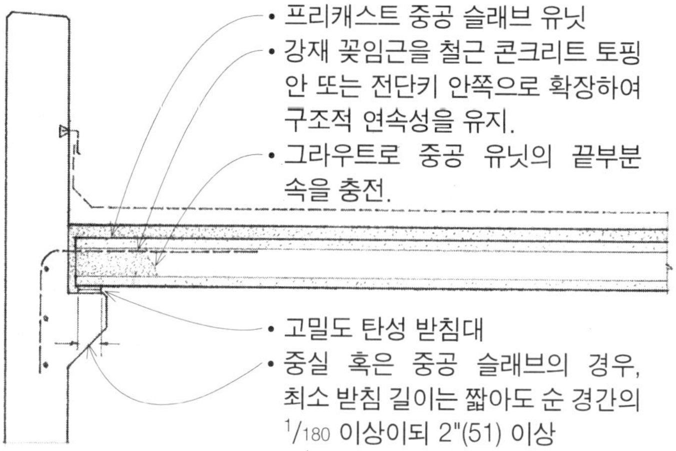

- 프리캐스트 중공 슬래브 유닛
- 강재 꽂임근을 철근 콘크리트 토핑 안 또는 전단키 안쪽으로 확장하여 구조적 연속성을 유지.
- 그라우트로 중공 유닛의 끝부분 속을 충전.
- 고밀도 탄성 받침대
- 중실 혹은 중공 슬래브의 경우, 최소 받침 길이는 짧아도 순 경간의 1/180 이상이되 2"(51) 이상

내력 벽체

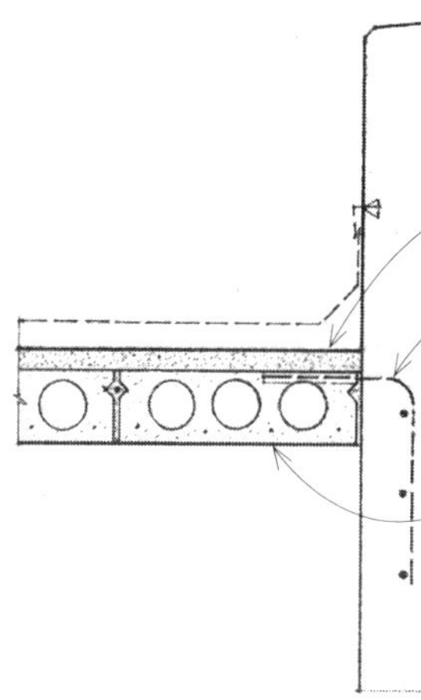

- 철근 콘크리트 토핑; 최소 2"(51)
- 중심 간격 4'(1220) 마다 슬래브 가장자리 틈으로 타설한 갈고리 철근
- 프리캐스트 슬래브의 밑면은 코킹과 도장이 가능; 천장 마감재를 슬래브에 직접 적용하거나 매달 수 있다.

끝벽

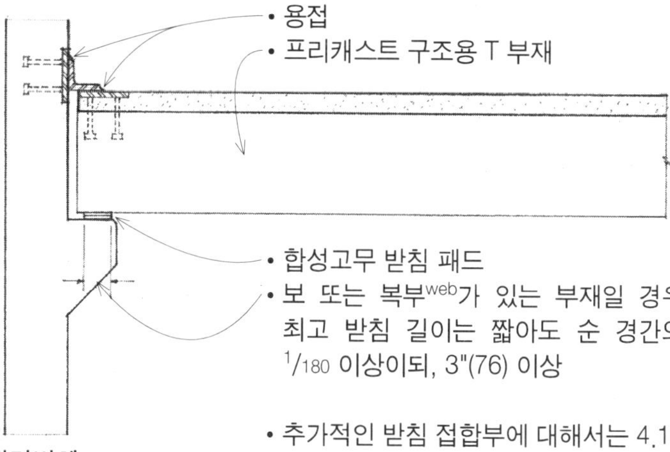

- 용접
- 프리캐스트 구조용 T 부재
- 합성고무 받침 패드
- 보 또는 복부web가 있는 부재일 경우 최고 받침 길이는 짧아도 순 경간의 1/180 이상이되, 3"(76) 이상
- 추가적인 받침 접합부에 대해서는 4.13 을 참조

내력벽체

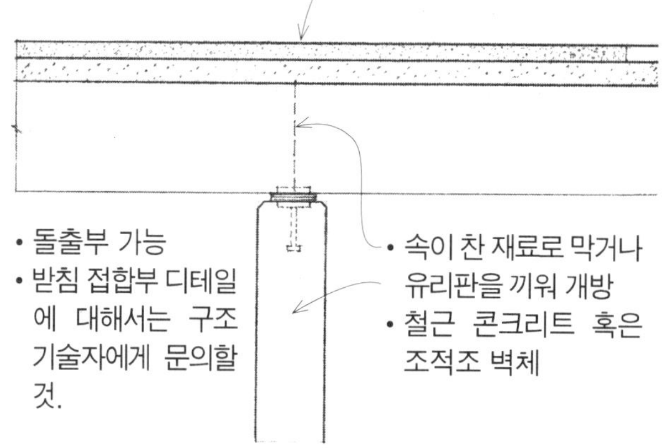

- 철근 콘크리트 토핑에 의해 T 유닛 결합
- 돌출부 가능
- 받침 접합부 디테일에 대해서는 구조 기술자에게 문의할 것.
- 속이 찬 재료로 막거나 유리판을 끼워 개방
- 철근 콘크리트 혹은 조적조 벽체

내력벽체

6.06 구조용 강재 지붕 골조

평지붕 구조는 강재 바닥의 골조방식과 유사하게 구조용 강 부재로 골조를 짠다. 4.14-4.15 참조

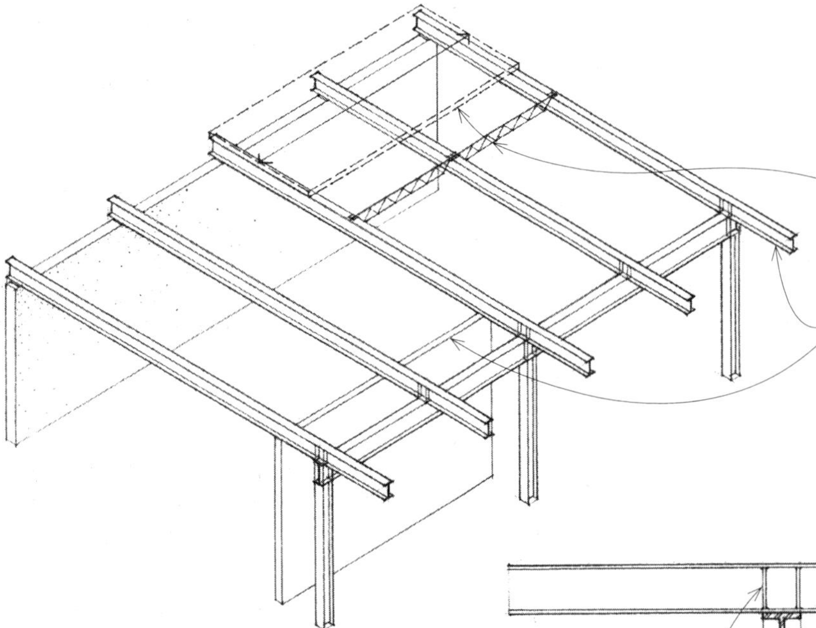

- 1차 및 2차 지붕보는 오픈 웹 강재 장선, 금속재 지붕 데크, 현장타설 콘크리트 슬래브 또는 프리캐스트 콘크리트 유닛을 지지할 수 있다.
- 지붕 돌출부roof overhangs는 2차 지붕보를 지지대 너머로 확장하거나 외벽을 후퇴시키는 방식으로 만든다.

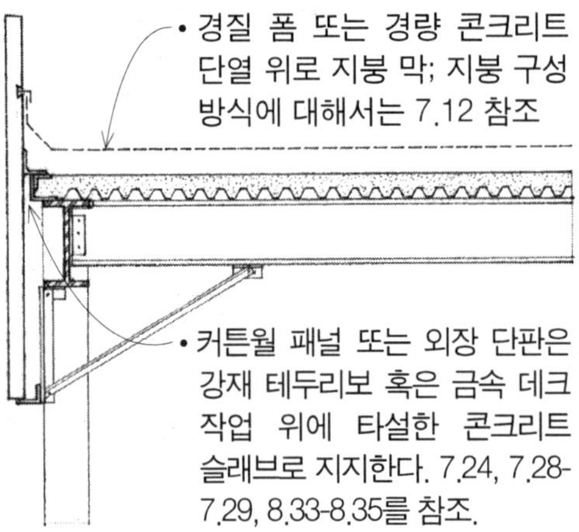

- 경질 폼 또는 경량 콘크리트 단열 위로 지붕 막; 지붕 구성방식에 대해서는 7.12 참조
- 커튼월 패널 또는 외장 단판은 강재 테두리보 혹은 금속 데크 작업 위에 타설한 콘크리트 슬래브로 지지한다. 7.24, 7.28-7.29, 8.33-8.35를 참조.

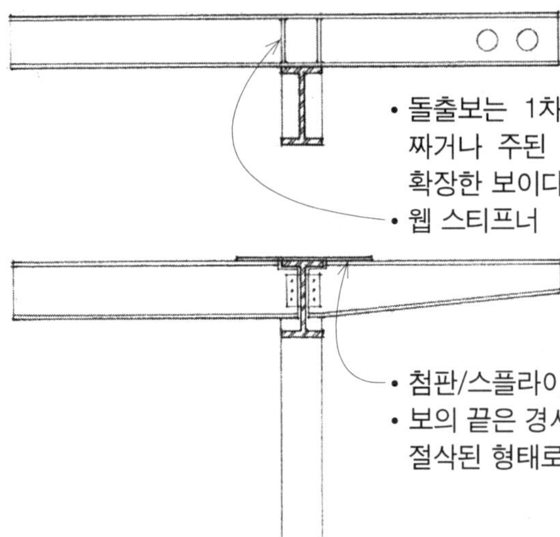

- 돌출보는 1차보의 춤depth 안에서 골조를 짜거나 주된 보 지지대 너머로 연속시켜 확장한 보이다.
- 웹 스티프너
- 첨판/스플라이스 플레이트
- 보의 끝은 경사가 지거나 절삭된 형태로 무게를 줄일 수 있다.

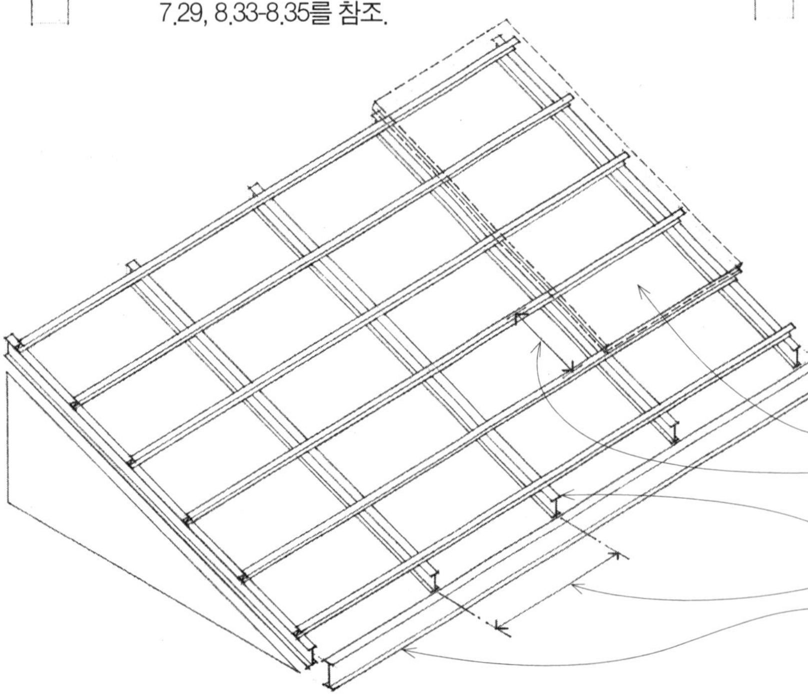

구조용 강재는 경사지붕 골조를 위해 사용될 수 있다.

- 금속 또는 시멘트질로 된 지붕 데크
- 도리간격 = 데크 경간
- 경사가 있는 지붕에서 보는 중도리를 지지한다.
- 보의 간격 = 도리 경간
- 거더는 마루와 처마에서 지붕보를 지지

강접 골조rigid frames는 이음부에서 강성이 있도록 접합된 두 개의 기둥과 하나의 보 또는 거더로 구성된다. 적용된 하중은 골조의 모든 부재에서 축 방향, 휨, 전단력을 생성한다. 강성이 있는 이음rigid joints은 부재 단부가 자유롭게 회전하는 것을 제한하기 때문이다. 여기에 더해 수직 하중은 하부에서 수평방향으로의 추력을 발생시킨다. 강접 골조는 부정정statically indeterminate 구조이며 강성은 2차원의 평면에서만 발휘된다.

- 다양한 형태의 강접 골조가 강재를 소재로 하여 경간 30'에서 120'(9~36m)까지 제작될 수 있다.
- 강접 골조는 일반적으로 경공업 건물, 창고 및 위락시설에 사용되는 단층 구조를 형성한다.

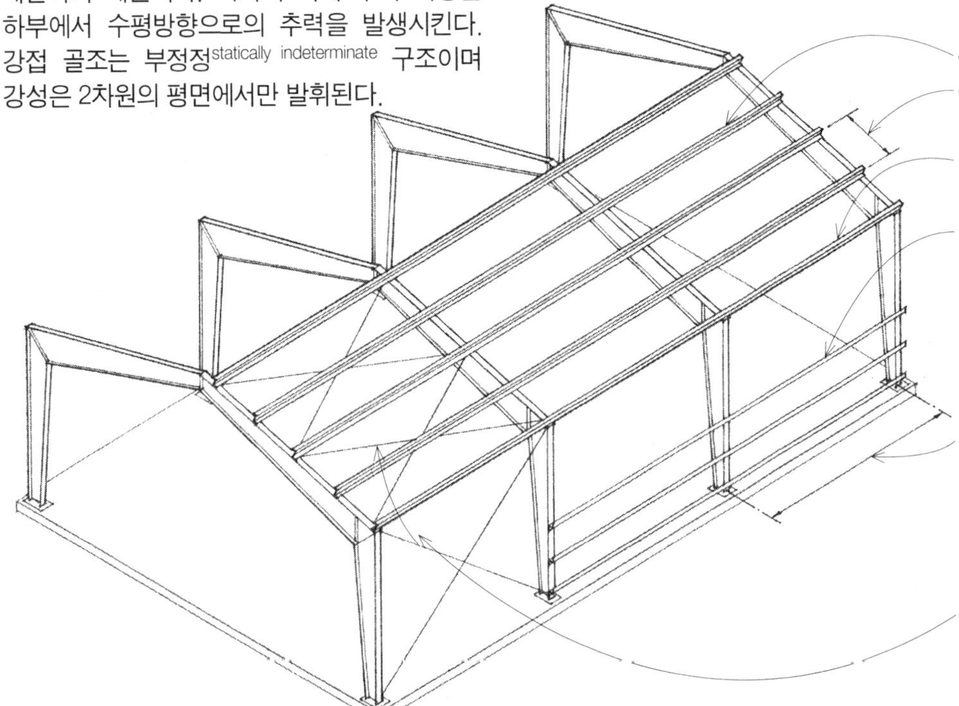

- 채널 또는 Z 형상의 중도리
- 도리 간격 = 지붕 데크 경간; 중심간격 4'~5'(1220~1525) 마다
- 처마 스트럿strut 1)
- 채널 혹은 Z 형상의 중인방girt2)
- 프레임 중심 간격 20'~ 24'(6100 ~ 7315)
- 골조 간격 = 도리간격
- 골조 간격 = 중인방 간격
- 강접 골조는 평면으로부터 횡방향으로 가해지는 힘에 저항한다. 골조에 수직인 방향3)으로 보강이 필요하다.
- 골조는 일반적으로 파형 금속 지붕재corrugated metal roofing와 사이딩으로 피복한다.

- 강재 골조가 불연성 구조로 계획되었다면, 노출한 채로 남겨둘 수 있다.
- 강구조물의 내화에 대해서는 A.12 참조
- 일부 건축법은 바닥에서 25'(7620) 이상 높이의 강재 지붕 구조물에 대해서는 화재방지 요구사항을 줄이고 있다.

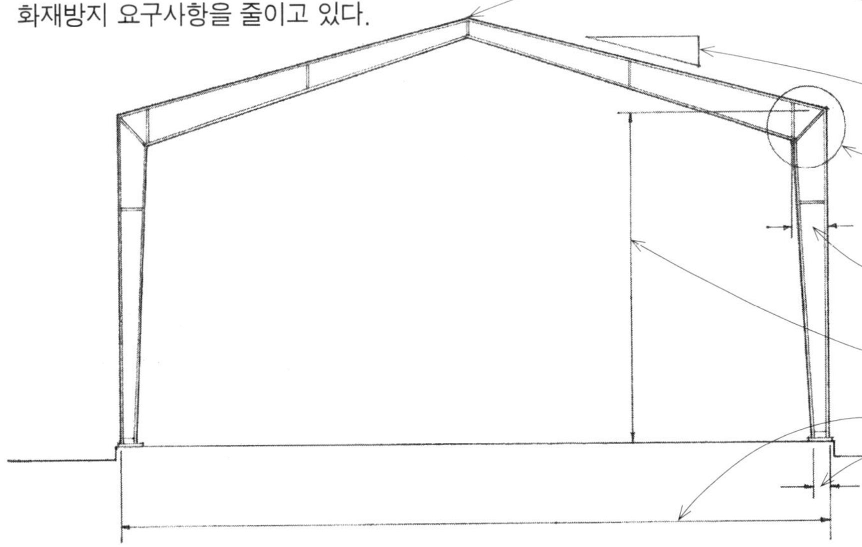

- 아치이마(크라운)
- 아치이마 춤에 대한 경험칙 : 경간의 1/40
- 물매: 1:12 ~ 4:12
- 모멘트 저항을 위한 볼트 및 용접 접합부
- 어깨Shoulder
- 어깨춤에 대한 경험칙: 경간의 1/25
- 벽체 높이 : 8'~ 30'(2440 ~ 9145)
- 일반적 경간 : 30'~ 120'(9 ~ 36m)
- 하부의 춤: 8"~ 20"(205 ~ 510)

1) 기둥 또는 버팀목 등의 기둥 중간에서 압축응력을 받는 무릎가새knee brace.
2) 층도리(위층과 아래층 경계에서 기둥머리를 잇는 도리)의 의미도 있다. 그림을 기반으로 중인방으로 번역하였다.
3) 도리 및 중인방의 방향

6.08 강재 트러스

- 트러스에 대한 더 많은 정보는 2.18 참조

강재 트러스는 보통 구조 앵글과 T 부재를 용접하거나 볼트로 연결하여 삼각형의 골조를 형성한다. 트러스 부재가 가늘기 때문에 연결에는 일반적으로 강철 거싯 플레이트가 필요하다. 이보다 무거운 강재 트러스는 와이드 플랜지 강과 구조용 각형 강관을 사용할 수 있다.

- 금속 또는 시멘트질 지붕 데크 또는 패널은 도리 간격에 맞춰 걸쳐 있다.
- 채널 또는 W 형 중도리는 트러스 간격에 맞춰 걸쳐 있다.
- 절점을 받아주지 않는 경우 중도리 상현이 국부적으로 휜다.

- 부재는 거싯 플레이트 접합구를 이용하여 볼트 또는 용접 결합한다.
- 2차 전단 및 휨응력이 발생하는 것을 방지하려면 이음부에서 트러스 부재의 중심축과 이음부의 하중이 같은 지점을 통과해야 합니다.

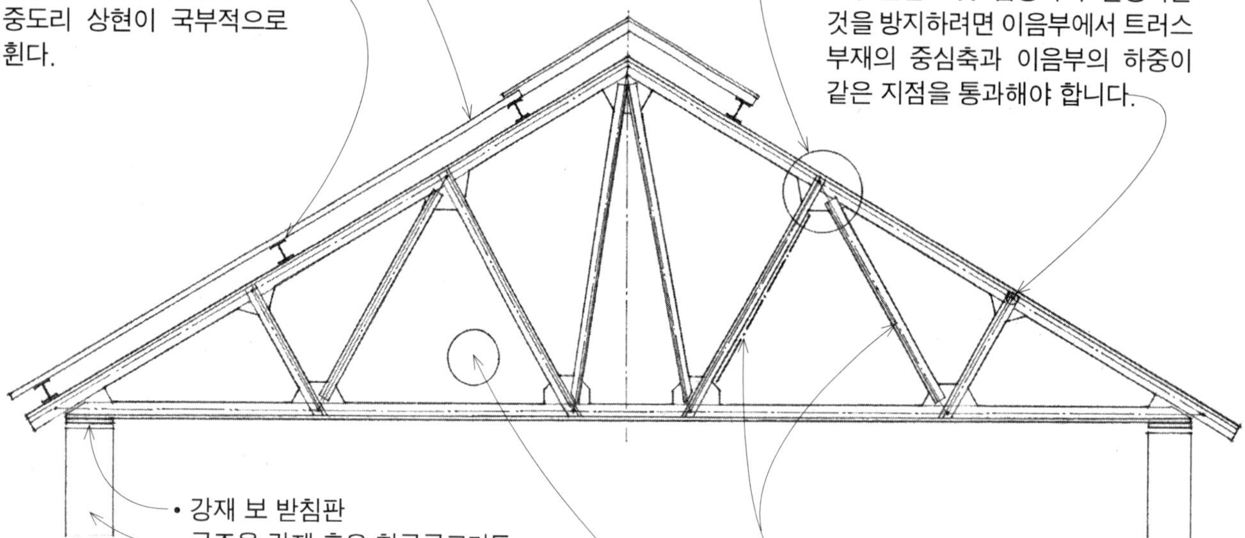

- 강재 보 받침판
- 구조용 강재 혹은 철근콘크리트 기둥으로 지지

- 트러스 면에 수직방향으로 횡방향 힘에 저항하는 가새가 필요
- 배관, 관로, 덕트 작업와 같은 기계설비는 웹[web] 사이를 통과할 수 있다.
- 불연성 강재 구조물은 마감 바닥에서 최소 20'(6095) 이상의 거리를 두면 노출된 채로 남겨둘 수 있다; 요구사항에 대한 건축법을 참조할 것.

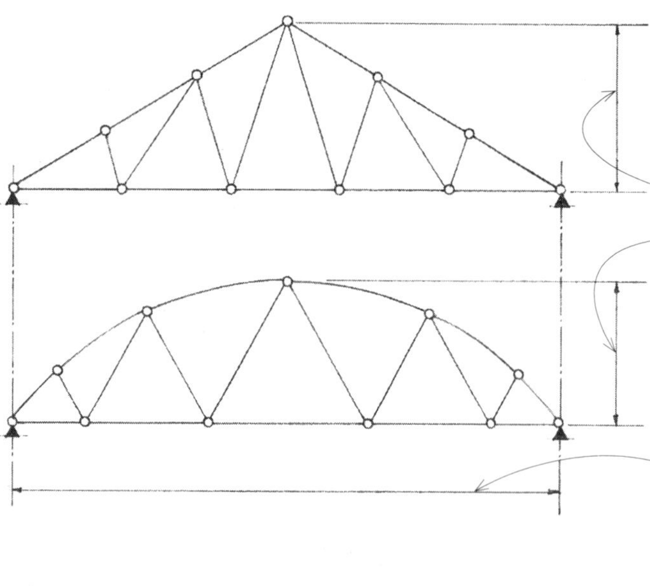

- 경사 트러스의 춤 범위 : 스팬 $\frac{1}{2} \sim \frac{1}{5}$
- 궁현 트러스의 춤 범위 : 스팬 $\frac{1}{6} \sim \frac{1}{8}$

- 트러스의 춤을 늘리면, 강재 보 및 거더보다 더 긴 경간을 둘 수 있다.
- 경간 범위: 25'~120'(7~36m)

CSI 마스터포맷 05 12 00: 구조용 강골조

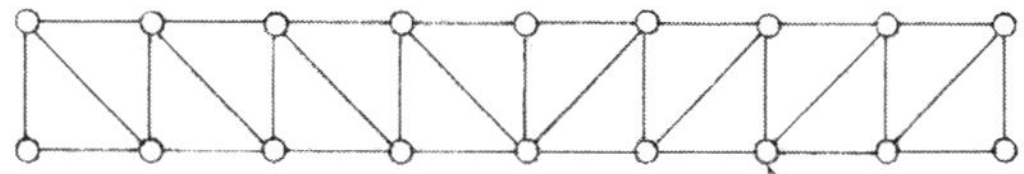

- 평트러스flat trusses는 상현재top chords와 하현재bottom chords가 평행하다. 일반적으로 경사 트러스pitched trusses 또는 궁현트러스bowstring trusses만큼 효율적이지는 않다.

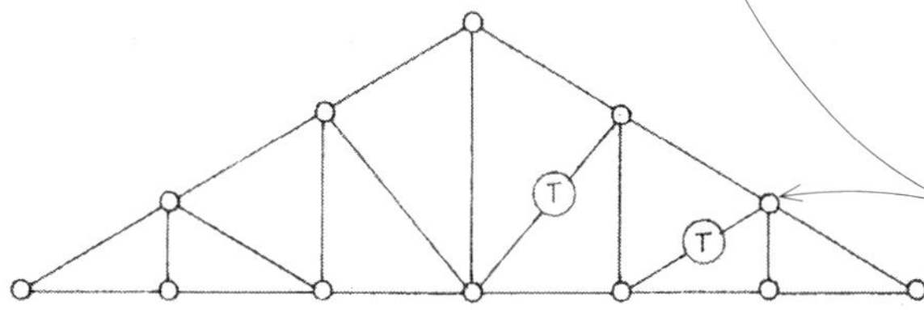

- 프랫 트러스pratt trusses에서는 수직 웹 부재는 압축을, 대각선 웹 부재는 인장력을 받는다. 일반적으로 더 긴 웹 부재가 장력을 받게 하는 트러스 유형이 더 효율적입니다.

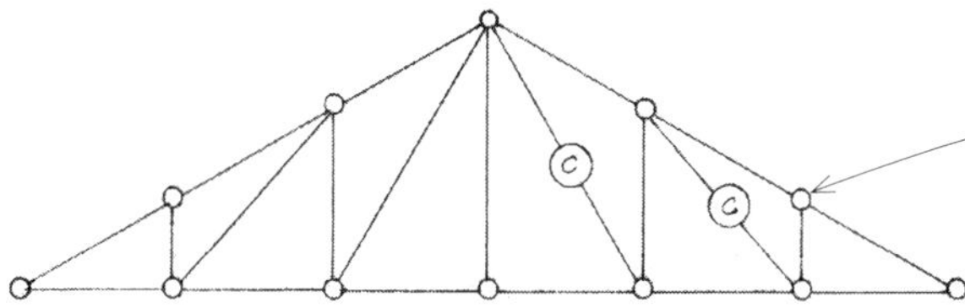

- 하우 트러스Howe trusses에서는 수직 웹 부재가 인장력을, 대각선 웹 부재가 압축력을 받는다.

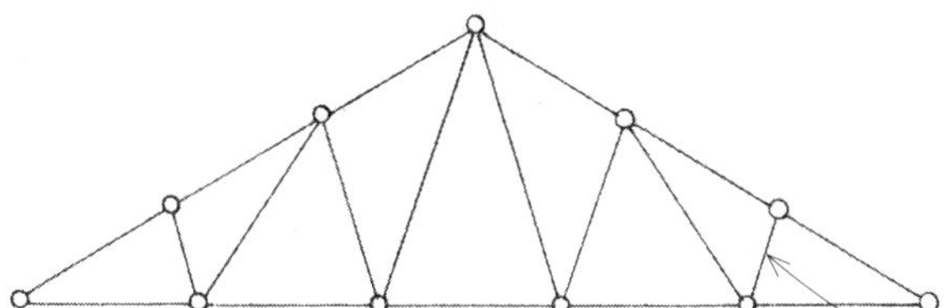

- 벨기에 트러스의 웹 부재는 모두 경사져 있다.

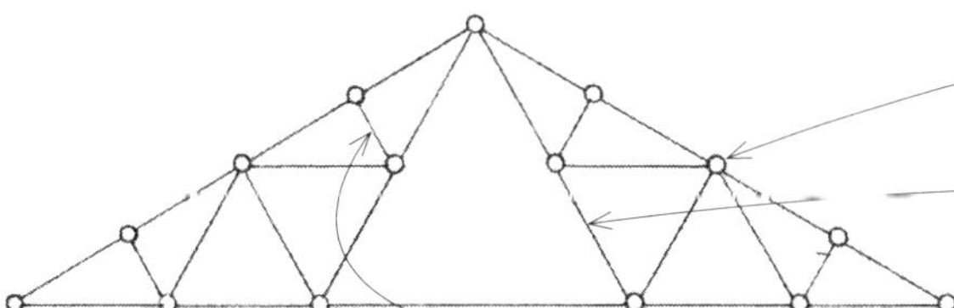

- 핑크 트러스는 벨기에 트러스의 일종으로, 경간 중심선을 향하여 압축력을 받는 웹 부재의 길이를 줄이기 위해 부사재가 있다.
- 사재는 상현과 하현을 연결한다.
- 부사재는 주된 사재와 현재chord 하나를 연결한다.

- 워런 트러스에는 일련의 정삼각형을 형성하는 경사 웹 부재들이 있다. 때때로 압축을 받는 상현 패널의 길이를 줄이고자 하는 목적에서 수직 웹 부재를 도입하는 경우가 있다.

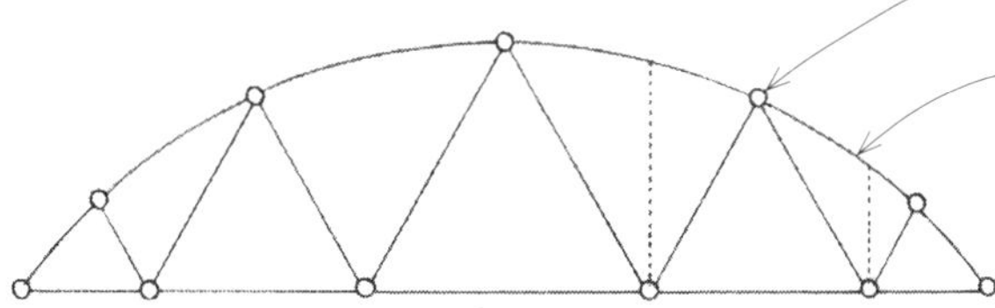

- 궁현 트러스bowstring trusses는 양단에서 곧은 하현재과 곡선의 상현재를 결합한다.

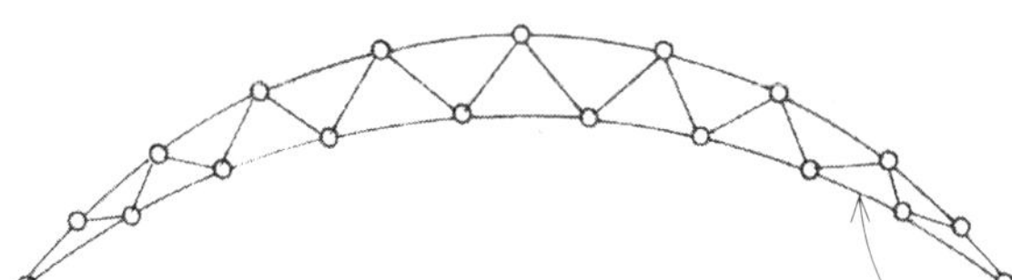

- 올림현 트러스raised-chord trusses의 하현재는 지지대 높이보다 훨씬 높다.
- 초승달 트러스crescent trusses의 상현재와 하현재는 모두 같은 지점에서 위쪽으로 구부러진다.

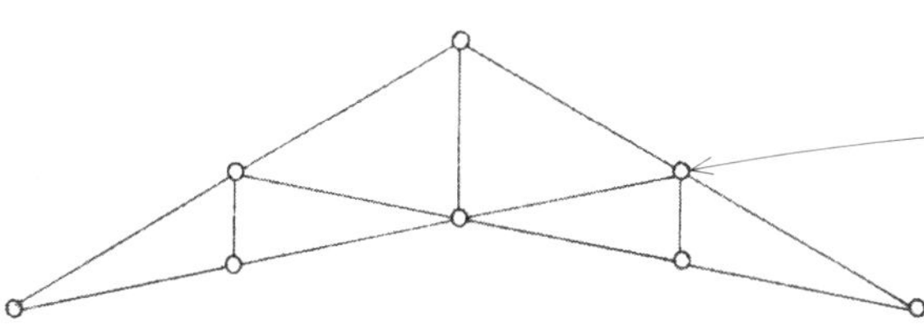

- 가위 트러스scissors trusses에는 각 상현재 하단에서 반대쪽 상현재의 중간 지점까지 뻗는 인장부재들이 있다.

6.10 스페이스 프레임

스페이스 프레임space frame은 삼각형의 강성을 기반으로 하는 긴 경간의 3차원 평판구조plate structure이며 축방향으로 인장 또는 압축력만을 받는 선형 요소로 구성된다. 가장 단순한 공간 유닛은 4개의 이음부와 6개의 구조 부재를 가진 4면체tetrahedron이다.

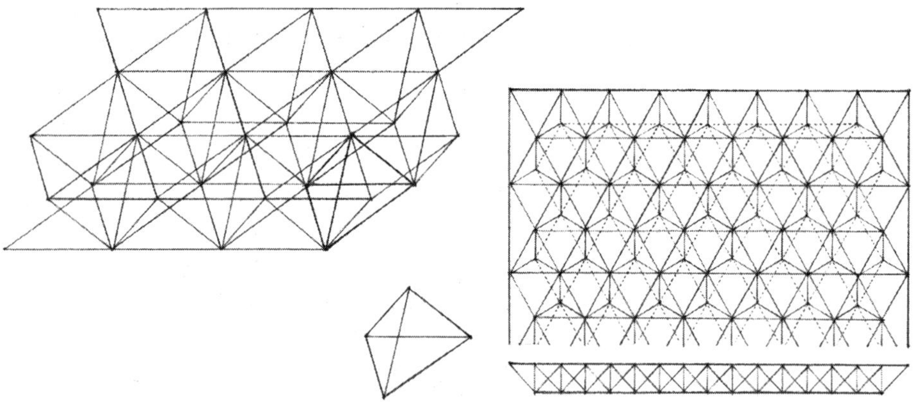

삼각형 격자

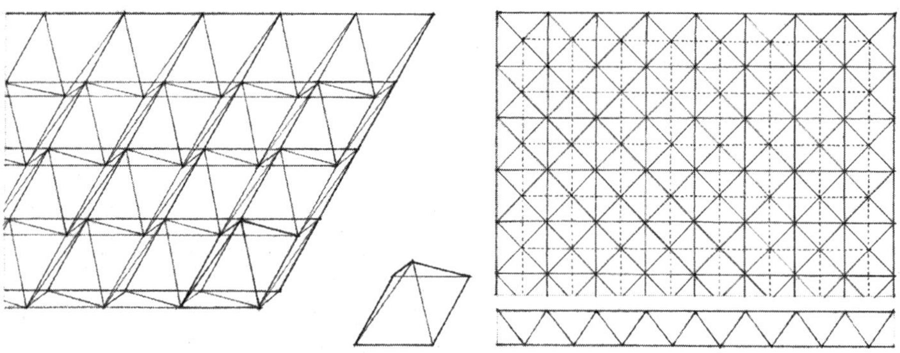

정사각형 격자

- 그림은 사용가능한 여러 패턴 중 세 가지를 설명하고 있다.
- 일반모듈 : 4', 5', 8', 12'(1220, 1525, 2440, 3660)

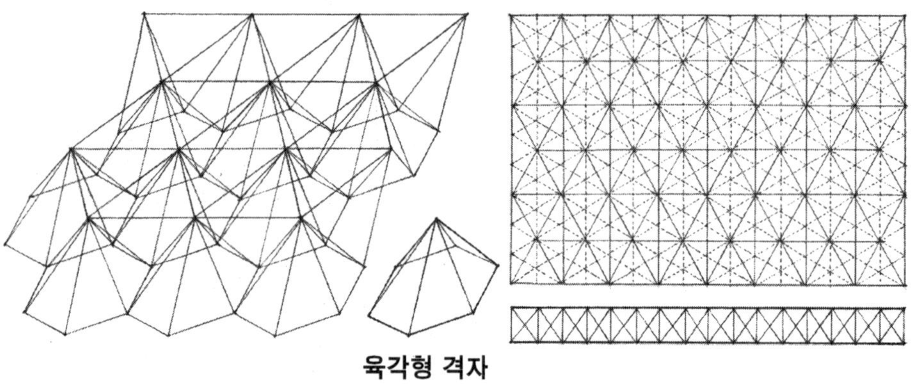

육각형 격자

- 스페이스 프레임은 구조용 강재로 된 강관, 각형강관, 채널, T 혹은 와이드 플랜지로 시공할 수 있다.

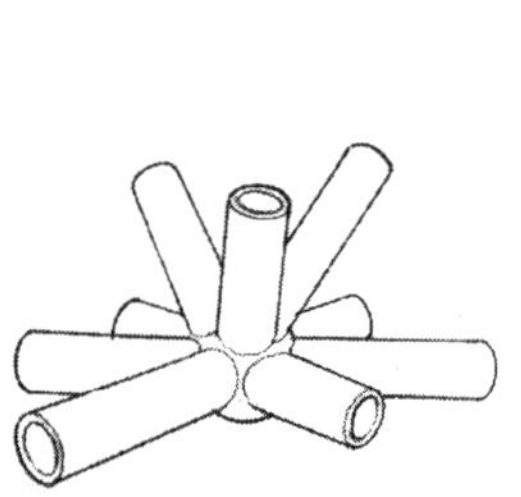

• 용접접합

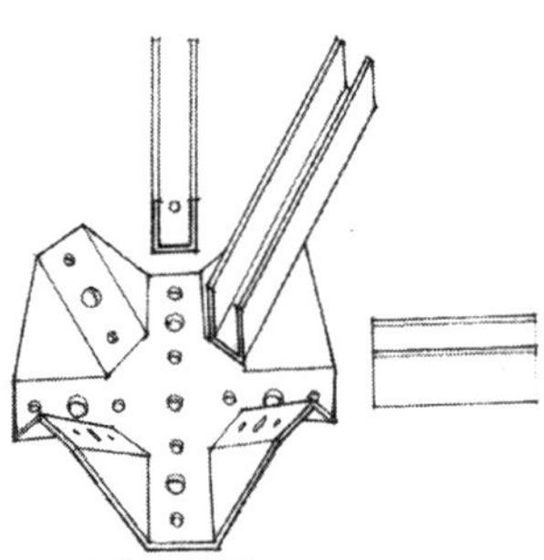

• 볼트접합

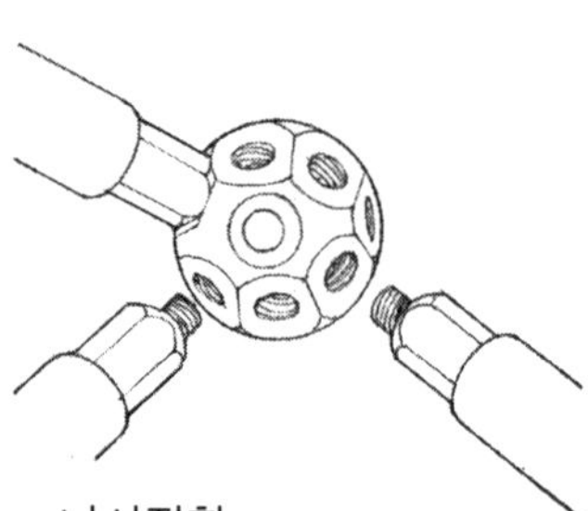

• 나사접합

- 가공한 접합구를 이용하여 부재를 연결한다.
- 디테일, 모듈 규격, 허용 경간에 대해서는 제조업체에 문의할 것.

CSI 마스터포맷 13 32 13: 금속 스페이스 프레임

• 같은 춤을 가진 다른 평판 구조와 마찬가지로, 스페이스 프레임의 지지 베이는 2방향 구조로 작동하기 위해 정사각형이나 거의 정사각형에 가까운 형태여야 한다.

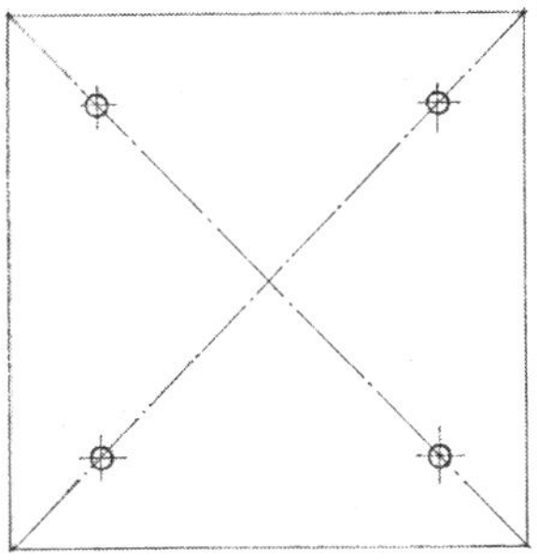

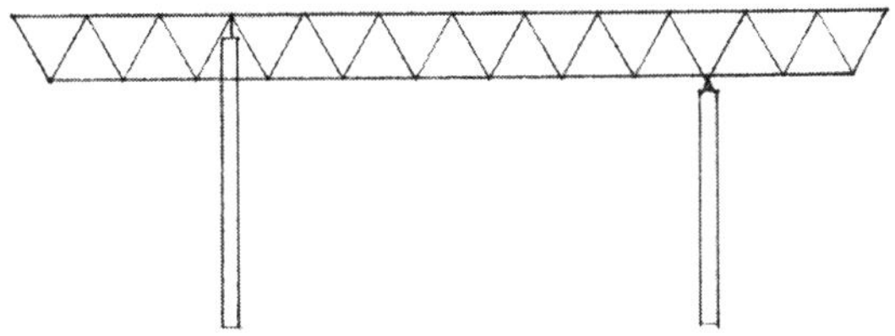

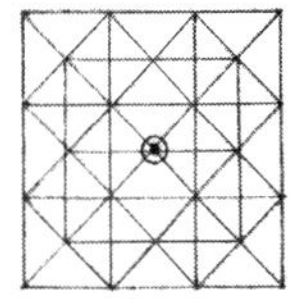

• 스페이스 프레임은 항상 절점에서 지지해야 한다.

• 상현재에서 지지

• 하현재에서 지지

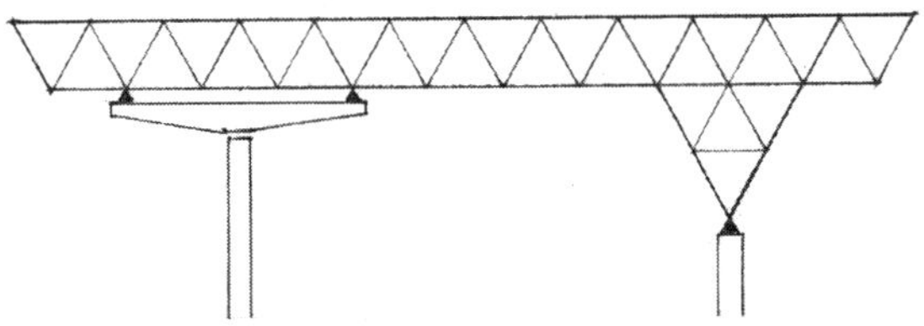

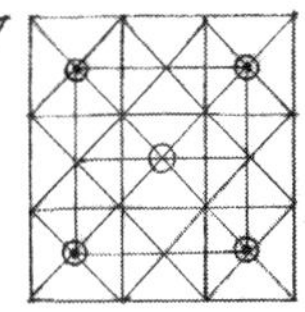

• 지지부위의 부담면적을 늘리면 전단이 전달되는 부재의 수가 증가하고 부재 내 힘은 감소한다.

• 4점 십자형

• 골조와 동일한 형식의 주두

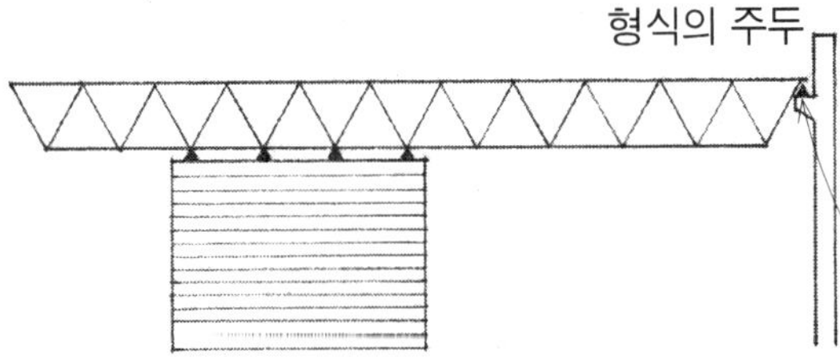

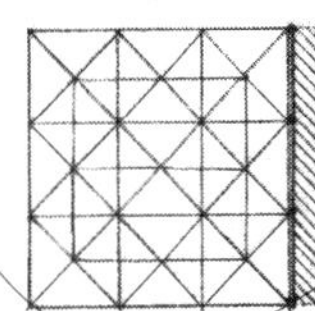

• 철근 콘크리트 또는 조적 내력벽체는 선을 따라 지지점을 분산시킨다.

• 강재 보 받침판은 콘크리트 보 또는 기초보 내부로 고정

• 내벽

• 외벽

• 유리시공은 스페이스 프레임 패널 내에 끼워 넣거나 스페이스 프레임 외부에 부착하는 방식으로 진행한다.

• 목재 패널 덮개, 금속 지붕 데크 작업, 혹은 시멘트질 지붕부판

• 배수를 위한 경사 혹은 캠버(올림); 최소한 1 피트 당 $^1/_4$" (1:50)이상 권장

• 춤의 범위: 경간의 $^1/_{12}$ -$^1/_{20}$

• 지붕과 칸막이벽 접합부는 절점에서 만든다.

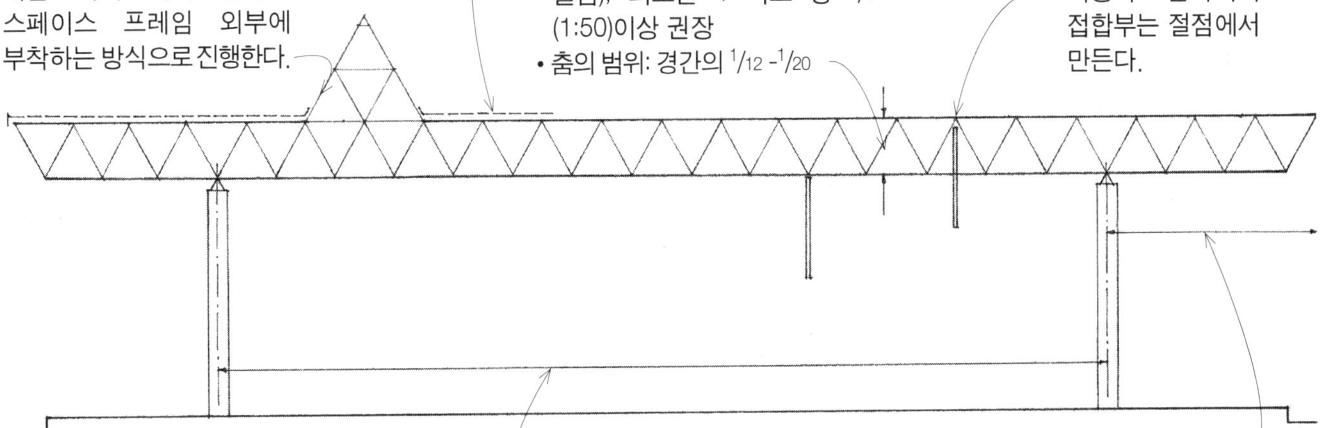

• 배관, 관로, 덕트작업과 같은 기계설비는 웹 사이를 통과할 수 있다.

• 불연성 강재 구조물은 마감 바닥에서 최소 20'(6095) 이상의 거리를 두면 노출된 채로 남겨둘 수 있다; 요구사항에 대한 건축법을 참조할 것.

• 경간: 6-36개 모듈

• 기둥으로 지지하는 스페이스 프레임의 경간 범위: 30'~80'(9~24m)

• 벽으로 지지하는 스페이스 프레임의 경간 범위: 30'~130'(9~39m)

• 돌출부: 경간의 15%~30%

6.12 오픈웹 강재 장선

오픈 웹 강재 장선을 사용하는 지붕 시스템은 부재 배치와 구조가 강재 장선 바닥 시스템과 유사하다. 장선의 규격과 경간 범위는 4.19-4.21을 참조

• 장선은 패러핏을 형성하기 위해 올린 내력벽 안쪽으로 골조를 짜거나, 벽 위에 올려 벽면과 같은 높이로 구성하거나 돌출시켜 돌출 지붕 가장자리를 만들 수 있다.

• 경질 폼 또는 경량 콘크리트 단열재 위로 덮은 지붕막; 평지붕 구성에 대해서는 7.12를 참조
• 지붕 데크는 금속 지붕 데크, 합판 패널 혹은 시멘트질 지붕 부판으로 구성할 수 있다.
• 콘크리트 또는 조적조에 볼트로 고정한 지붕 데크를 위한 연속적인 받침 앵글
• 버팀재bridging는 끝 벽에 단단히 고정해야 한다.

• 상승풍에 의한 힘에 저항하기 위해, 모든 장선은 지지 구조물에 단단히 고정해야 한다.
• 지붕 돌출부를 위한 상현재 연장
• K 계열 장선의 경우 돌출부는 300 psf. (1 psf = 0.479 kPa)의 허용 하중 기준으로 5' 6"(1675)를 확장할 수 있다.

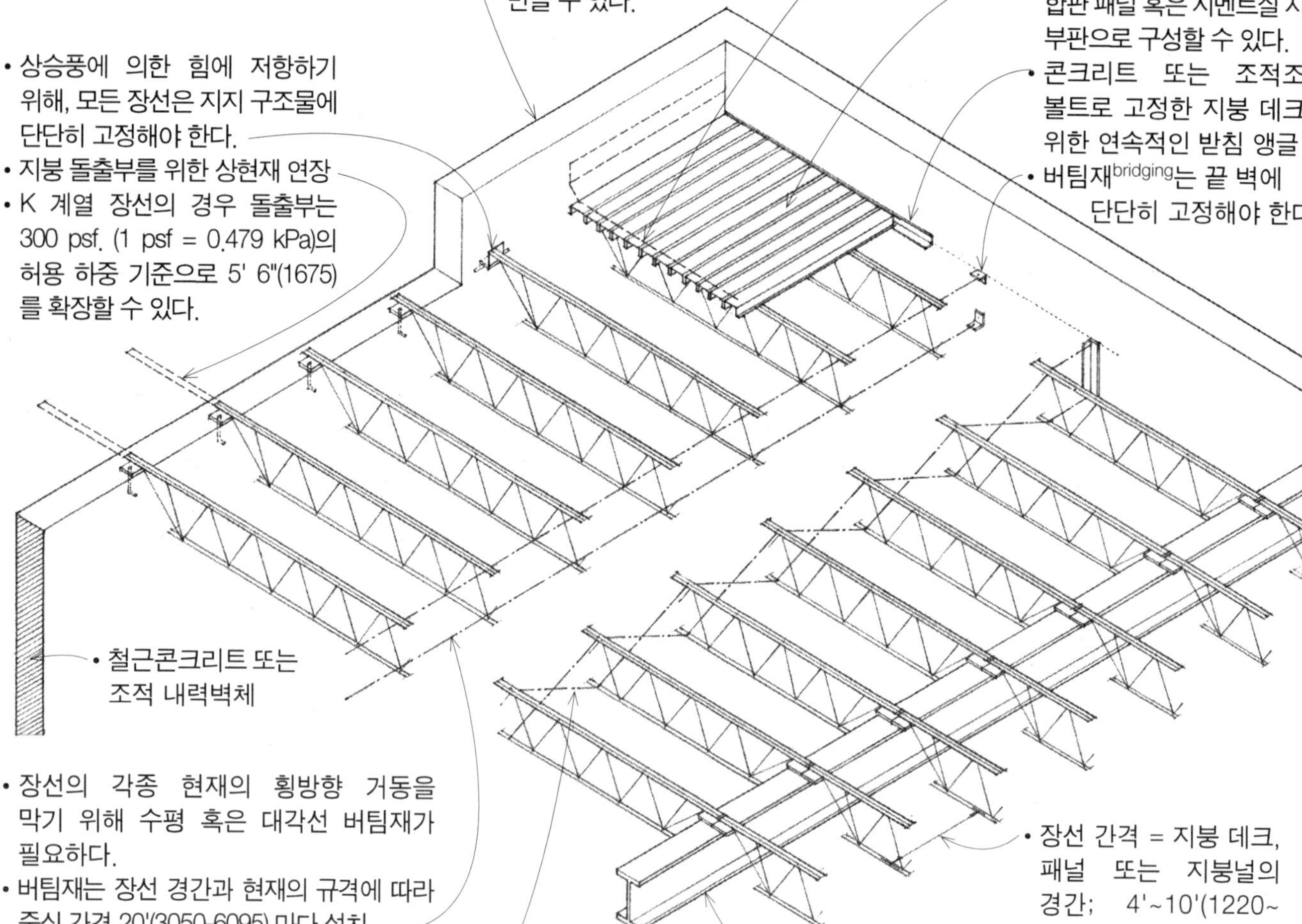

• 철근콘크리트 또는 조적 내력벽체

• 장선의 각종 현재의 횡방향 거동을 막기 위해 수평 혹은 대각선 버팀재가 필요하다.
• 버팀재는 장선 경간과 현재의 규격에 따라 중심 간격 20'(3050-6095) 마다 설치
• K 계열 장선의 수평 버팀재 앵글은 상현재와 하현재에 용접
• LH/DLH 계열 장선을 위한 대각선 버팀재 앵글; 조적 벽체 혹은 강재 테두리보에 고정된 클립 앵글에 용접 또는 볼트로 연결한 버팀재

• 장선 간격 = 지붕 데크, 패널 또는 지붕널의 경간; 4'~10'(1220~050) 간격이 일반적.
• 장선 경간은 장선 춤의 24를 초과해서는 안 된다.
• 강재 보 혹은 장선 거더

• 상현재와 하현재는 평행; 필요한 지붕 경사는 장선 지지대의 일부를 짧게 하고, 장선을 경사지게 하거나 지붕 데크의 단열층을 가늘게 하여 만든다.

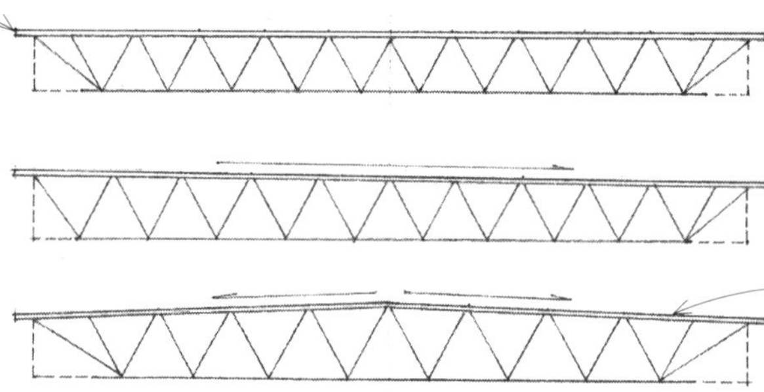

• LH / DLH 계열 LH 및 DLH 장선은 단일 또는 두 개의 물매를 가진 상현재와 함께 사용할 수 있다.
• 한 방향으로 물매가 잡힌 상현재
• 두 방향으로 물매가 잡힌 상현재
• 표준 경사는 1피트 당 $^1/_8$" (1:100)

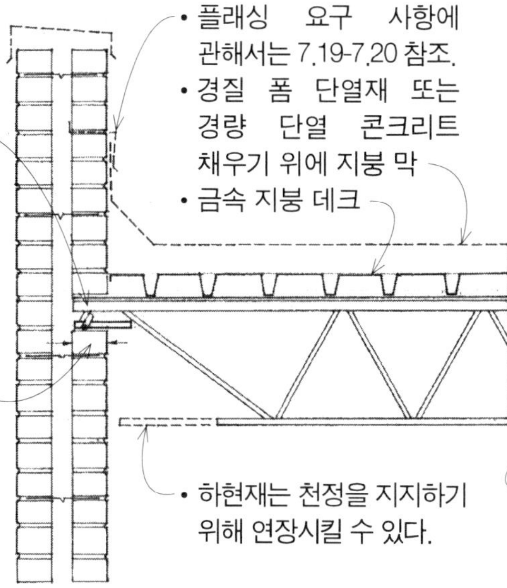

- 모든 지붕 장선을 벽 속에 매입한 앵커를 사용하여 강재 보 받침판에 단단히 고정
- 3/8"(10) 직경 철근의 길이는 8"(205); LH/DLH 계열 장선을 위한 앵커에는 3/4"(19) 직경 철근으로 길이는 12"(305).
- 최소 받침길이: K 계열 장선의 경우 4"~6"(100~150); LH/DLH계열 장선의 경우 6"~12"(150~305)
- 플래싱 요구 사항에 관해서는 7.19-7.20 참조.
- 경질 폼 단열재 또는 경량 단열 콘크리트 채우기 위에 지붕 막
- 금속 지붕 데크
- 하현재는 천정을 지지하기 위해 연장시킬 수 있다.

패러핏: 내력벽

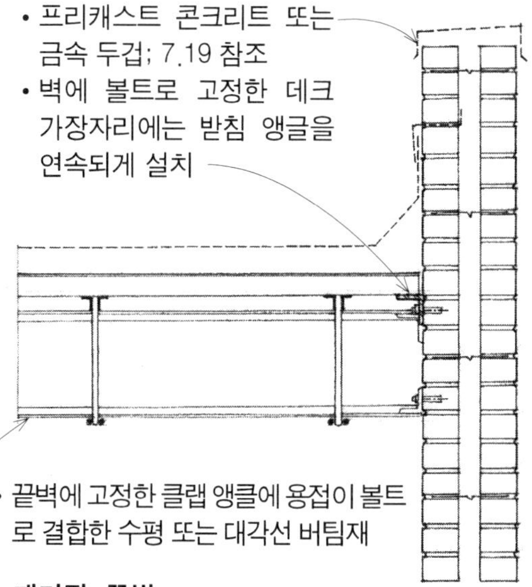

- 프리캐스트 콘크리트 또는 금속 두겁; 7.19 참조
- 벽에 볼트로 고정한 데크 가장자리에는 받침 앵글을 연속되게 설치
- 끝벽에 고정한 클랩 앵글에 용접이 볼트로 결합한 수평 또는 대각선 버팀재

패러핏: 끝벽

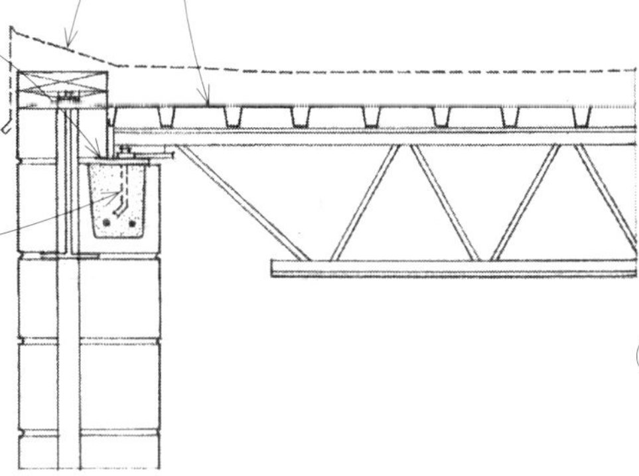

- 모든 지붕 장선은 연속된 철근 콘크리트 기초보에 정착된 강재 보 받침판에 단단히 고정
- 1/2"(13) 직경의 앵커 볼트 2개; LH/DLH 계열 장선에는 3/4"(19) 직경 앵커 볼트 2개 사용.
- 금속 자갈낙하 방지장치
- 금속 지붕 데크는 퍼들 용접 또는 기계식 패스너로 모든 지지대에 단단히 고정

민면으로 처리한 가장자리: 내력벽

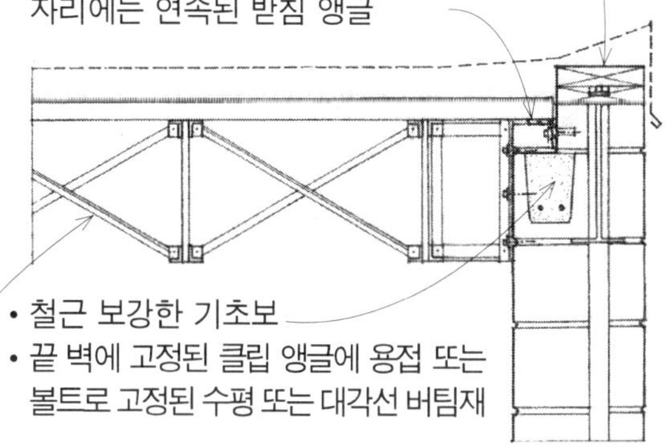

- 이중 방부처리된 목재 판; 1/2"(13) 직경의 앵커볼트를 최대 중심 간격 6'(1830) 마다 설치
- 벽체에 볼트로 고정한 데크의 가장자리에는 연속된 받침 앵글
- 철근 보강한 기초보
- 끝 벽에 고정된 클립 앵글에 용접 또는 볼트로 고정된 수평 또는 대각선 버팀재

민면으로 처리한 가장자리: 끝벽

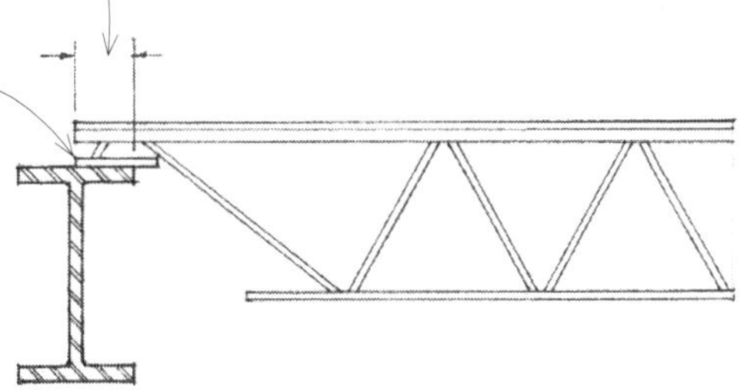

- 최소 받침길이: K 계열 장선의 경우 2 1/2"(65), LH/DLH 계열 장선의 경우 4"(100)
- 1/8"(54) 필렛 용접 2개를 길이 1"(25)로 하거나 1/2"(13) 직경의 볼트로 연결
- LH/DLH 계열 장선의 경우 2"(51) 길이의 1/4"(57) 필렛 용접 2개 또는 3/4"(19) 직경 볼트 2개

구조용 강재 골조

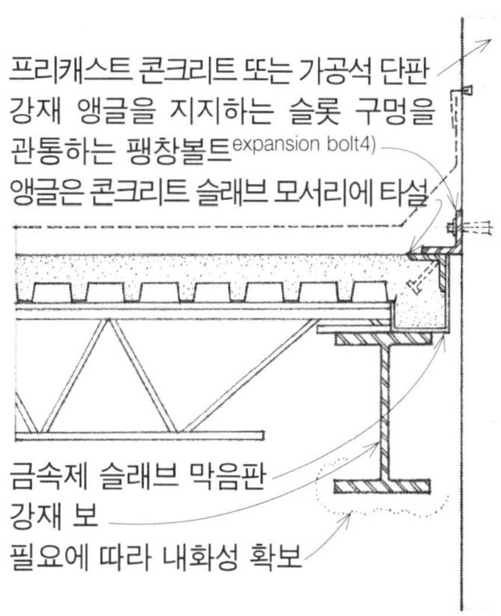

- 프리캐스트 콘크리트 또는 가공석 단판
- 강재 앵글을 지지하는 슬롯 구멍을 관통하는 팽창볼트expansion bolt4)
- 앵글은 콘크리트 슬래브 모서리에 타설
- 금속제 슬래브 막음판
- 강재 보
- 필요에 따라 내화성 확보

패러핏 벽체

4) 콘크리트 벽돌 등의 면에 띠장·문틀 등의 다른 부재를 고정하기 위하여 묻어두는 특수볼트

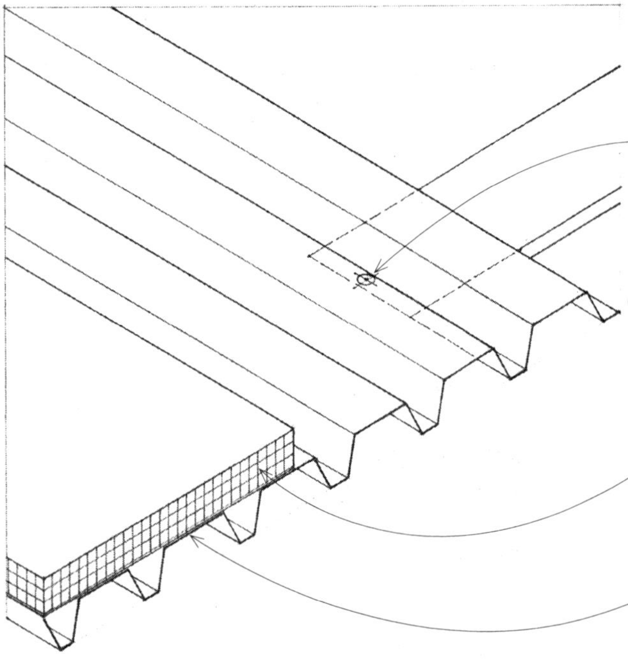

금속 지붕 데크는 파형으로 만들어져서 강성이 높고, 오픈 웹 강재 장선 혹은 보다 간격이 넓게 잡힌 강재 보에 걸쳐 경간의 범위를 확장할 수 있다. 또한 금속 지붕 데크는 단열 및 막 지붕재의 바탕 역할을 한다.

- 데크에 쓰이는 패널은 퍼들 용접을 하거나puddle-welded 기계식 패스너를 써서 강재 장선이나 보에 고정한다.
- 패널 끼리는 측면을 따라 나사, 용접 혹은 버튼 펀치button-punch[5]를 이용한 세워거멀접기/돌출잇기로 고정한다.
- 데크가 구조용 격벽 역할을 하고, 횡하중을 전단 벽체로 전달할 수 있으려면, 전체 둘레를 강재 지지대에 용접으로 고정해야 한다. 여기에 더해, 지지 및 측면 겹침side lap 고정에 대한 보다 엄격한 요구 사항이 적용될 수 있다.
- 금속 지붕 데크는 일반적으로 콘크리트 토핑 없이 사용되며, 파형 금속판의 틈을 메우고 단열 및 막 지붕을 위한 매끈하고 단단한 표면을 제공하기 위해 구조용 목재 또는 시멘트질 패널 또는 경질 폼 단열 패널이 필요하다.
- 경질 폼 단열재의 효과적인 접착을 위해 표면적을 최대한으로 제공하려면 상단 플랜지가 넓고 평평해야 한다. 데크에 강화 홈stiffening grooves이 있는 경우 단열층을 기계적으로 고정해야 할 수도 있다.
- 금속 데크는 투습계수가 낮지만 패널 사이의 불연속적인 부분이 많아 기밀하지는 않다. 수증기가 지붕 조립체 안쪽으로 이동하는 것을 방지하기 위해 공기 장벽이 필요한 경우, 콘크리트 토핑을 사용할 수 있다. 경량 단열 콘크리트 충전재를 사용하는 경우 잠복 수분 및 증기압을 방출하기 위해, 데크에 구멍이 뚫린 통풍구가 있을 수 있다.

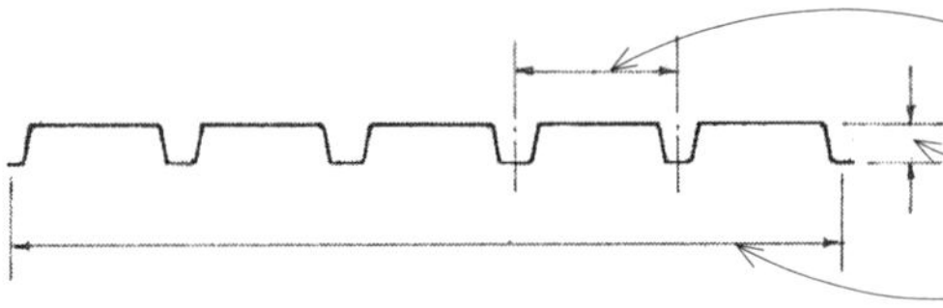

리브가 있는 지붕 데크
- 6"(150)
- $1^1/_2$"(38) 리브 춤 범위 4'~9'(1220~2745)
- 24", 30", 36"(610, 760, 915)

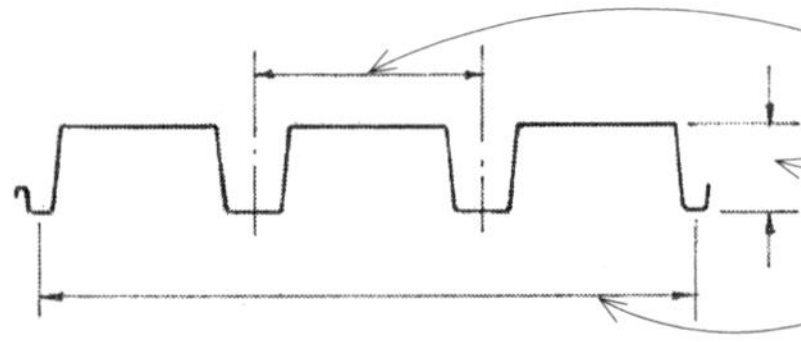

리브가 있는 지붕 데크
- 8" (205)
- 3 " 및 $4^1/_2$"(75 및 115) 리브 춤 범위는 8'~16'(2440~4875)
- 12", 24"(305, 610)

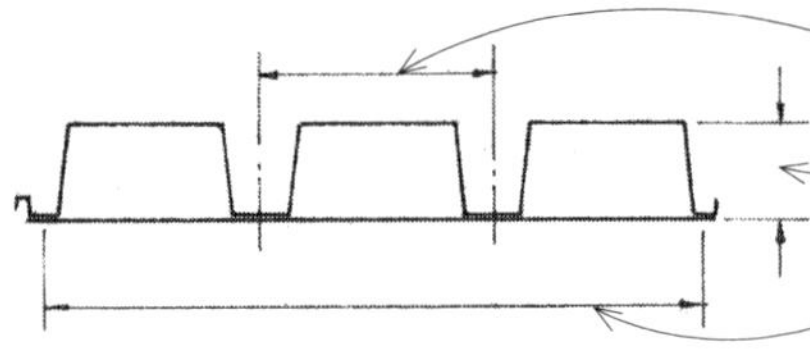

셀룰러 지붕 데크
- 6"(150)
- 3"(75) 리브 춤 범위 : 10'~ 20'(3050 ~ 6095)
- 24"(610)

- 흡음 천장으로 사용되는 흡음 지붕 데크에는 리브에 천공이 있는 웹 사이 또는 셀룰러 데크의 천공된 셀 사이에 유리섬유가 포함되어 있다.
- 데크 재료의 단면형상은 다양하다. 사용가능한 단면형상, 길이, 게이지, 허용 범위 및 설치 세부 정보는 제조업체에 문의.

5) 두 장 이상의 금속판을 한 번에 접어 고정하는 도구. 클램프 한쪽은 둥근 머리가 돌출되고 반대편에는 음각으로 파여 있어 펀칭기로 접고 나면 단추 자국 같은 눌림 자국이 생겨 밀림을 방지한다.

시멘트질 지붕 부판cementitious roof planks은 포틀랜드 시멘트, 경량 골재, 에어레이션 작용제(컴파운드) 및 아연도금 용접 와이어 패브릭 보강제로 제조한다.

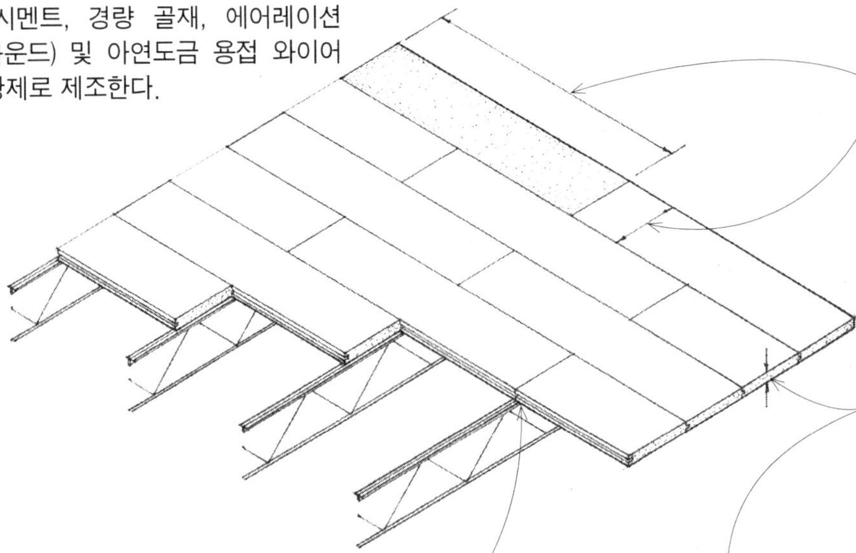

- 길이 9'~12'(2745~3660)
- 폭 16 "및 24"(405, 610)가 일반적

- 두께:
  - 2"(51) 두께는 경간 범위 3'~5'(915~1525)
  - 3"(75) 두께는 경간 범위 4'~7'(1220~2135)
  - 4"(100) 두께는 경간 범위 5'~8'(1525~2440)

- 이 불연성 지붕 부판roof planks은 강재 장선, 보, 도리에 걸쳐 있을 수 있으며, 아연도금 강재 클립으로 고정한다.
- 지붕 부판은 지붕널이나 타일을 위한 못치기 바탕nailable base이 된다.
- 흡음 처리는 슬래브 아랫면에 타설하고 천장 마감 개념으로 노출시킨 채로 남겨놓을 수 있다.

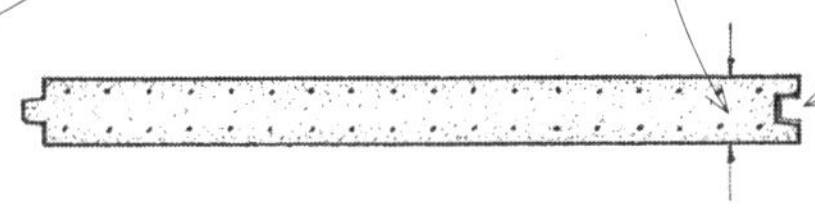

- 제혀형식의 가장자리tongue-and-groove edges 아연 도금 강재 채널로 보강할 수 있다.

- 채널 슬래브는 웹의 두께가 1"(25)이고, 가장자리를 두껍게 하여 경간 범위를 늘린다.
- 가장자리 두께:
  - 가장자리 두께 2³/4"(70)일 경우 경간 범위 4'~7'(1220~2135)
  - 가장자리 두께 3¹/2"(90)일 경우 경간 범위 7'~9'(2135~2745)
  - 가장자리 두께 4"(100)일 경우 경간 범위 9'~12'(2745~3660)

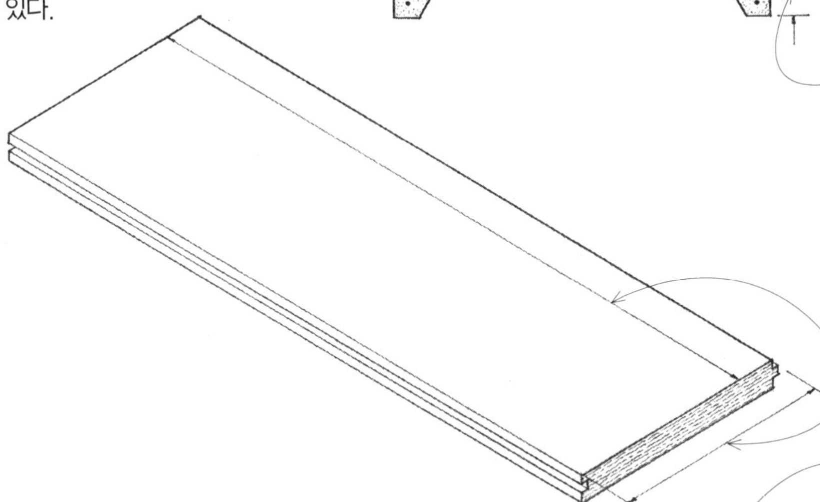

- 길이5'~12'(1525~3660)
- 너비 24", 30", 48"(610, 760, 1220)
- 두께:
  - 2"(51) 두께 부재 경간 3'(915)까지
  - 2¹/2"(64) 두께 부재 경간 3' 6"(1065) 까지
  - 3"(75) 두께 부재 경간 4'(1220)까지
  - 3¹/2"(90) 두께 부재 경간 4' 6"(1370) 까지
  - 4"(100) 두께 부재 경간 5'(1525) 까지

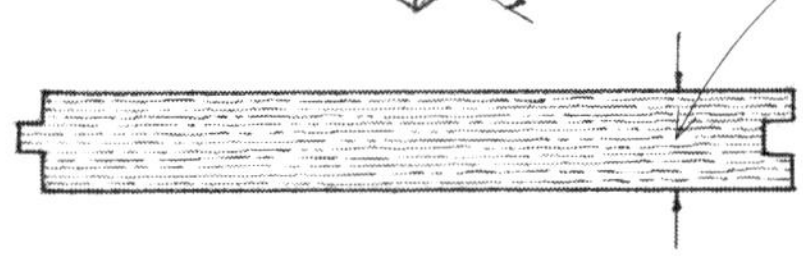

시멘트질 지붕 부판은 화학 처리를 거치고 포틀랜드 시멘트로 압력을 가해 접착한 목재 섬유로 구성될 수 있다. 이러한 구조용 부판은 목재 또는 강재 지붕 골조의 경간을 덮으면서 지붕 덮개 혹은 콘크리트 슬래브를 위한 영구 거푸집으로 사용할 수 있다. 밑면을 흡음 천장으로 하여 노출시킨 상태로 남겨놓을 수도 있다. 열 차단thermal insulation및 음향 차단acoustic insulation 값을 가지고 있고, 내화 구조에 사용할 수 있다.

CSI 마스터포맷 03 51 13: 시멘트질 목재 섬유 데크

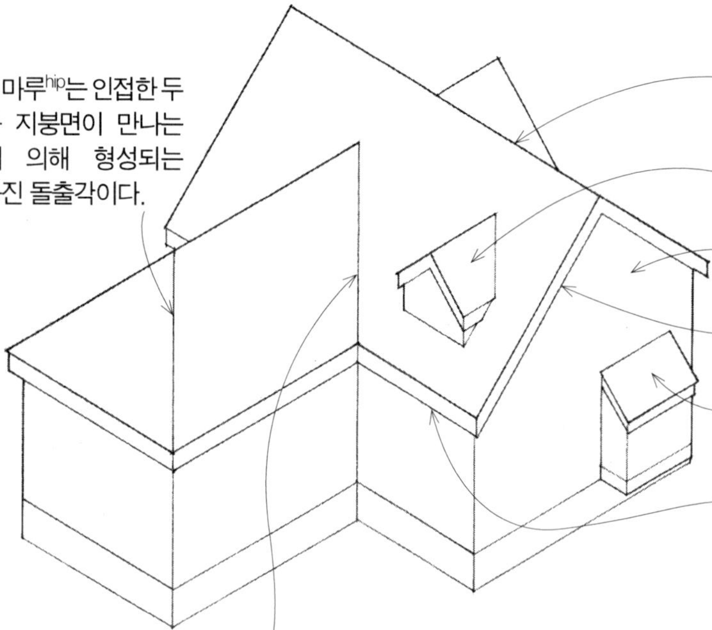

- 추녀마루hip는 인접한 두 경사 지붕면이 만나는 선에 의해 형성되는 경사진 돌출각이다.
- 골valley은 우수가 모이는 지붕면의 교차선이다.

지붕 관련 용어

- 용마루ridge는 지붕의 상단에서 경사진 두 평면 사이에 있는 수평선이다.
- 지붕창dormers은 경사진 지붕으로 지어진 돌출 구조물이며 수직 창이나 통풍을 위한 루버가 있다.
- 박공gable은 용마루에서 처마까지 경사진 지붕 끝을 둘러싸는 삼각형 벽 부분이다.
- 경사 처마rake는 보통 경사가 있는 지붕의 돌출된 가장자리를 말한다.
- 외쪽지붕shed roofs은 한쪽으로 경사가 진 지붕이다.
- 처마eave는 돌출된 지붕 아래쪽 가장자리이다.
- 처마 밑면soffit은 돌출된 지붕 처마의 아랫면이다.

박공지붕

박공지붕gable roofs은 중앙부의 용마루에서 두 부분으로 나뉘어 아래로 기울어지면서 양단에서 박공을 형성한다.

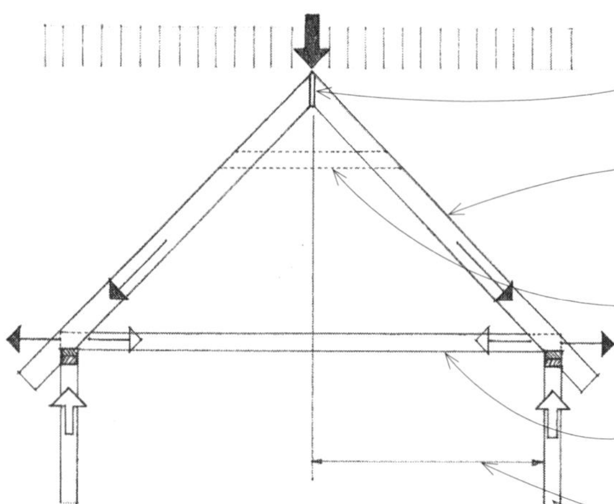

- 마룻대 판ridge board은 서까래의 상단을 정렬하고 고정하는 수평의 비구조 부재이다.
- 보통 서까래는 깔도리에서 마룻대 판 또는 마루도리/용마루 보까지 뻗어가면서 지붕의 덮개와 피복을 지지한다.
- 서까래 이음보collar ties는 용마루 아래 어떤 지점-보통 서까래 길이의 상단 1/3 지점-에서 서로 대항하고 있는 두 서까래를 결합한다.
- 서까래에서 생기는 외부 추력에 저항하는 타이는 다락 하중만 지지하는 천장 장선, 또는 거주 가능한 공간을 지지하는 바닥장선으로 설계할 수 있다.
- 서까래 경간
- 내력벽 혹은 보

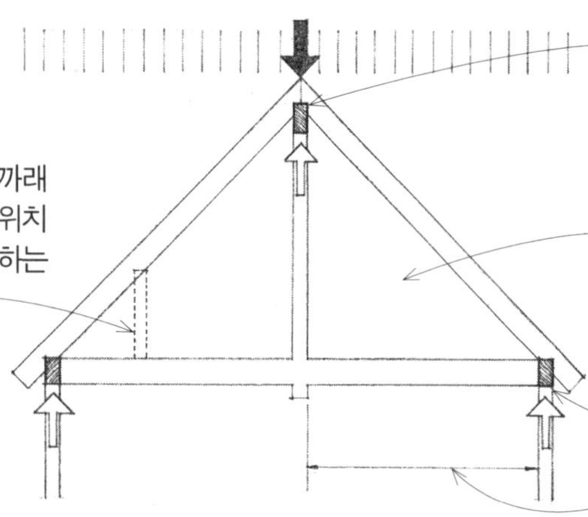

- 받침벽knee wall은 서까래 길이를 따라 중간 위치에서 서까래를 지지하는 낮은 벽체이다
- 마루도리ridge beam는 용마루에서 서까래 상단 끝을 지지하는 수평의 구조 부재이다.
- 외벽 사이나 보 지지점 사이에서 서까래 타이rafter tie는 필요하지 않다.
- 충분한 헤드룸headroom6), 자연 채광 및 환기가 가능할 경우, 다락 공간은 거주할 수 있다.
- 보 혹은 내력벽
- 서까래 간격

6) 시설물 천장이나 지붕 구조의 아래 한계선과 사람 혹은 차량의 최대 높이 사이의 여유 공간

모임지붕

모임지붕에는 돌출각으로 경사지게 만나는 경사진 끝단과 측면이 있다.

- 마룻대 판
- 보통 서까래
- 귀서까래hip rafters는 모임지붕의 경사면의 교차선을 형성한다.
- 반서까래jack rafter는 추녀마루 또는 골과 마주하는 지붕 경사면의 전체 길이보다 짧은 서까래이다.
- 귀-반서까래hip jacks는 깔도리에서 귀서까래까지 뻗어가는 반서까래이다.

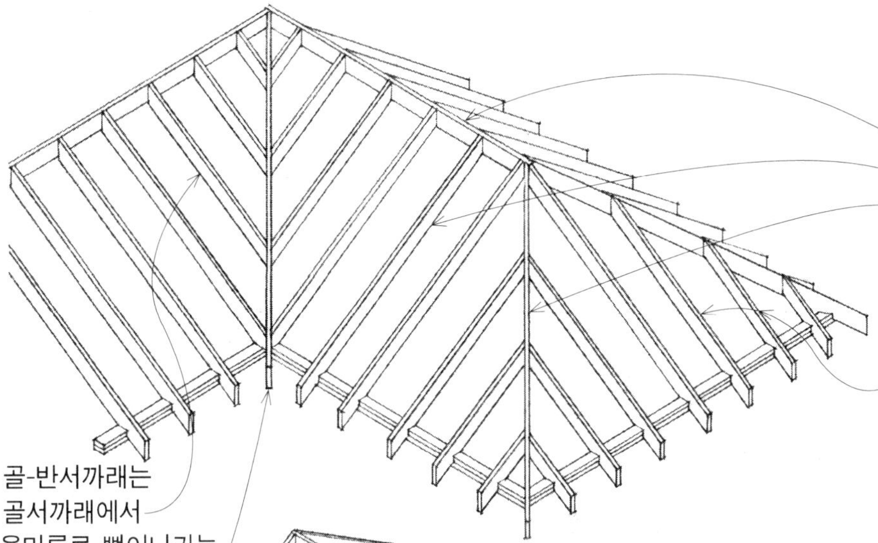

- 골-반서까래는 골서까래에서 용마루로 뻗어나가는 반서까래이다.
- 골 서까래는 골을 따라 용마루를 깔도리에 연결시킨다.

2단 박공지붕

2단 박공지붕은 가파른 경사 지붕 위에 완만한 경사의 지붕이 얹어져 있는 지붕이다.

- 마룻대 판
- 중도리
- 보통 서까래
- 서까래 경간

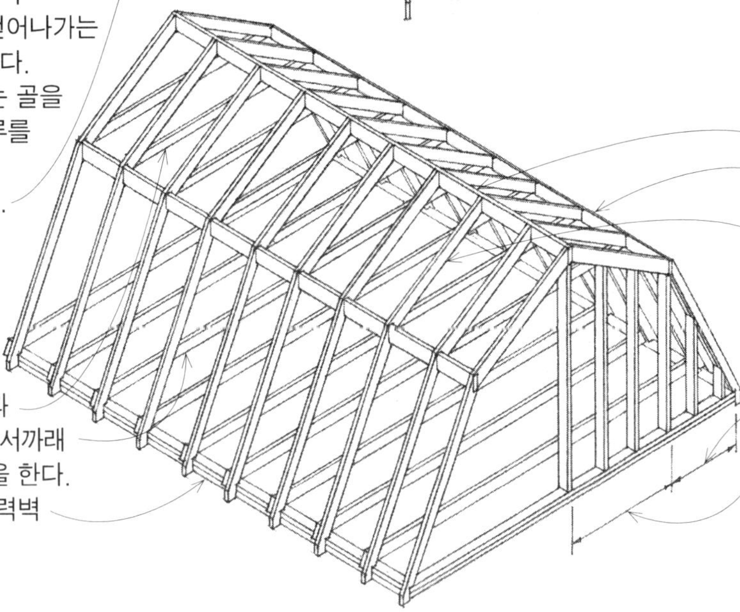

- 천장 장선과 바닥장선이 서까래 타이 역할을 한다.
- 보 혹은 내력벽

평지붕

평지붕은 바닥장선 골조와 유사한 방식으로 만든다. 4.26 참조

- 지붕 장선
- 이중 트리머[7] 장선double trimmer joist
- 필요한 지붕 경사는 일부 장선 지지대를 짧게 하고, 장선을 경사지게 하거나 지붕 데크의 단열층을 가늘게 하는 방식으로 얻는다.
- 누대서까래lookout rafters는 지붕 돌출부를 지지한다.

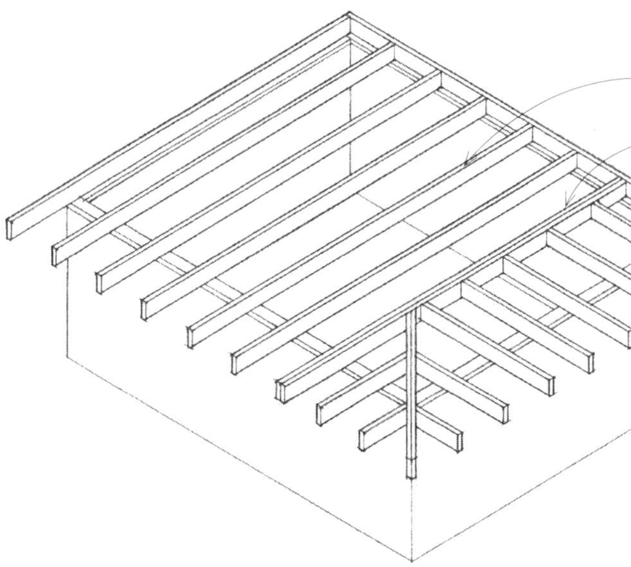

7) 반 장선을 받는 부재, 온 장선이 반 장선을 받을 경우에는 트리머 장선, 보 개념으로 장선을 받을 경우에는 장선받이 보로 번역하였다.

6.18 경량형강 지붕 골조

지붕과 천장은 목재 경량 골조 시공과 유사한 방식으로 경량형강으로 구성될 수 있다. 6.19-6.22 참조. 경량형강 부재는 나사로 조이거나 용접하여 6.29에 묘사된 것과 유사한 지붕 트러스를 형성할 수 있다.

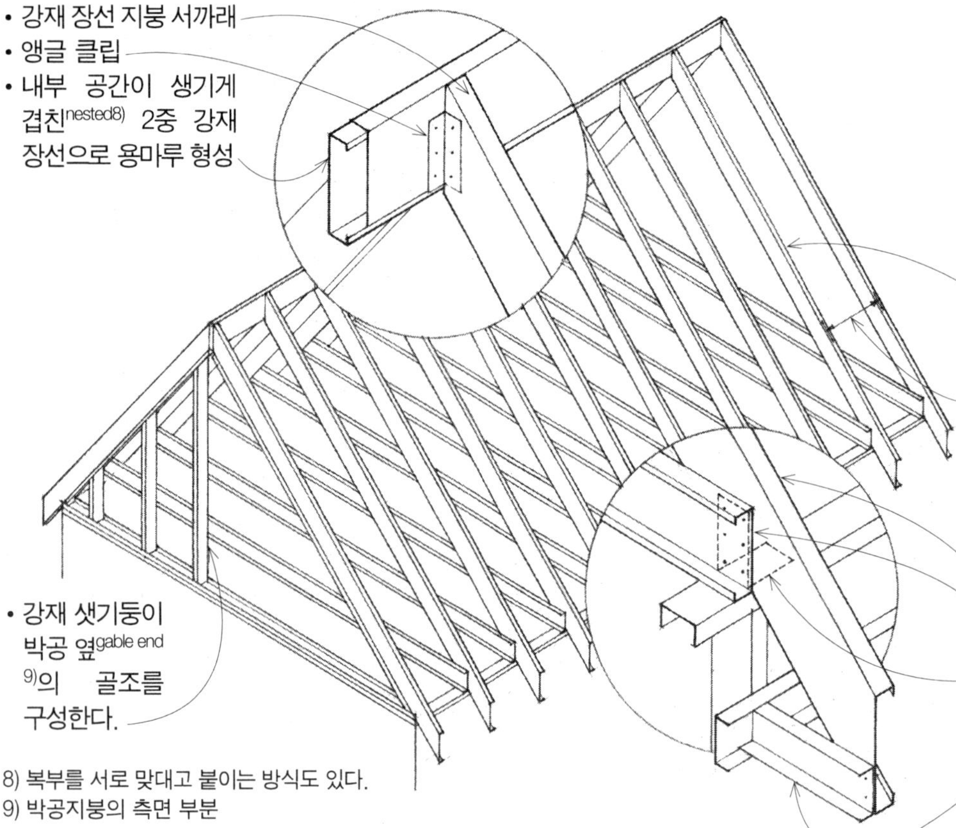

8) 복부를 서로 맞대고 붙이는 방식도 있다.
9) 박공지붕의 측면 부분

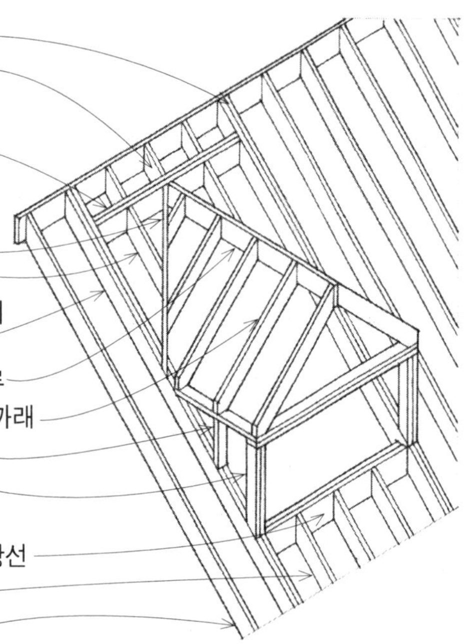

• 지붕창의 박공옆 벽체 역시 외측지붕창에 보이는 바와 마찬가지로 외벽 바로 위에 두거나 외벽을 연장시켜 구성할 수 있다.

박공지붕창

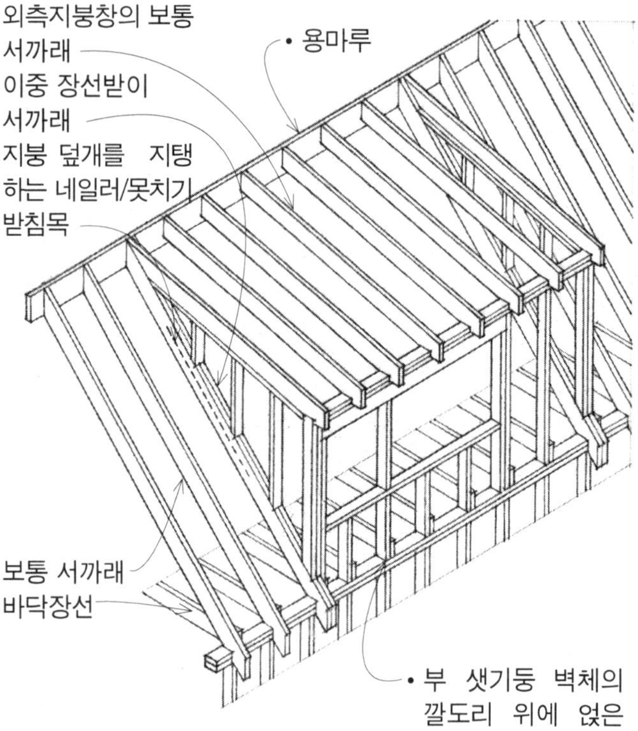

외측지붕창

CSI 마스터포맷 05 40 00: 냉간 압연 금속의 골조 작업

• 경량 골조 지붕의 형태와 용어에 대해서는 6.16-6.17 참조

목재 서까래로 골조를 구성한 지붕 구조는 목재 경량 골조 중 필수적인 하위 시스템이다. 지붕 장선 및 서까래에 쓰이는 규격 치수 제재목 dimension lumbers은 작업이 쉽고 간단한 도구를 이용해 현장에서 쉽게 조립할 수 있다.

- 경사가 3:12 미만인 서까래를 지지하는 용마루 부재는 반드시 보로 산정하여 설계해야 한다.

- 박공 경사부의 돌출부는 보통 서까래 두 개를 겹친 부재로 골조를 구성한 누대와 박공옆 벽의 윗깔도리 위에 올린 받침으로 지어진다.
- 박공 끝 서까래는 박공 벽 너머로 돌출되는 박공지붕 끝 부분의 서까래이다.
- 지붕 개구부는 바닥장선 개구부와 유사한 방식으로 골조를 짠다. 4.31 참조
- 이중 테두리 장선
- 개구부가 클 경우에는 이중 서까래

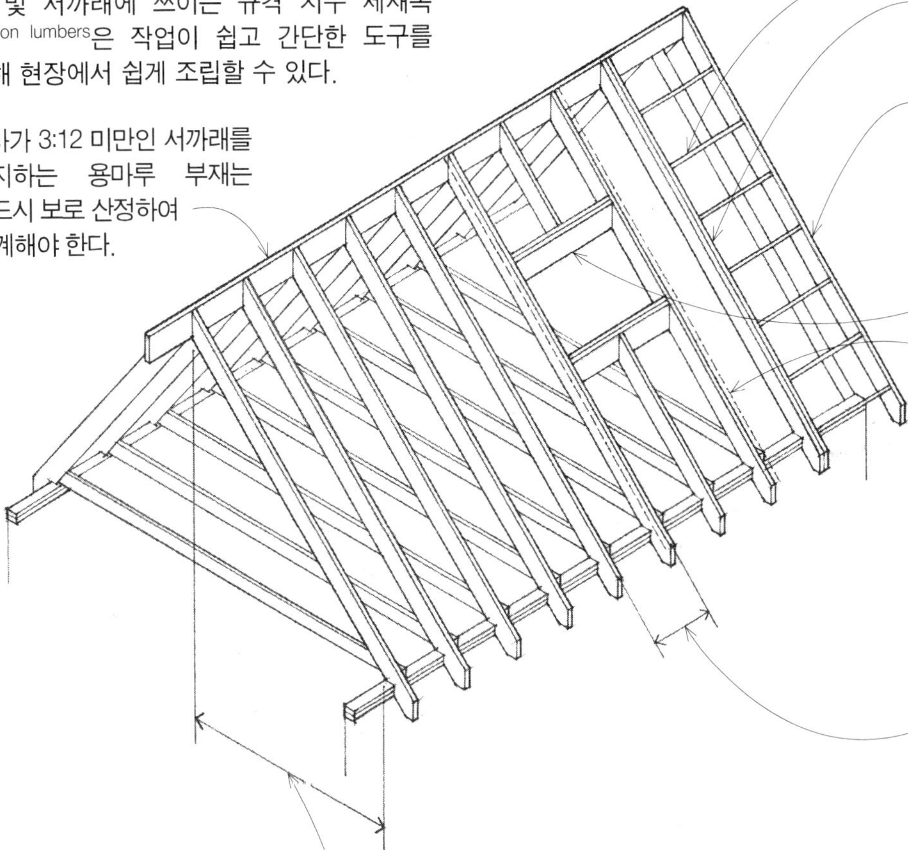

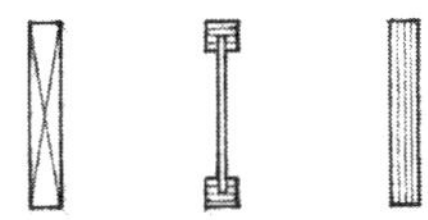

- 경사진 서까래와 평지붕 장선은 일반적으로 2× 중실 제재목을 사용하나, I-장선과 단판 적층재도 사용할 수 있다.
- 서까래와 지붕 장선은 일반적으로 지붕 하중의 크기와 지붕 덮개의 경간 범위에 따라 중심 간격 12", 16", 또는 24"(305, 405, 610) 마다 둔다.

서까래 경간 범위:
- 2×6 부재의 경간은 10'(3050) 까지
- 2×8 부재의 경간은 14'(4265) 까지
- 2×10부재의 경간은 16'(4875) 까지
- 2×12부재의 경간은 22'(6705) 까지
- 서까래의 경간은 적용된 하중의 크기, 서까래의 규격 및 간격, 사용된 목재의 종류 및 등급과 관련이 있다.
- 서까래의 크기는 단열재를 수용하고, 숨겨진 지붕 공간의 환기를 위해서 필요한 만큼 크기를 크게 할 수 있다.
- 단판 적층재의 규격과 경간에 대해서는 제조업체에 문의.

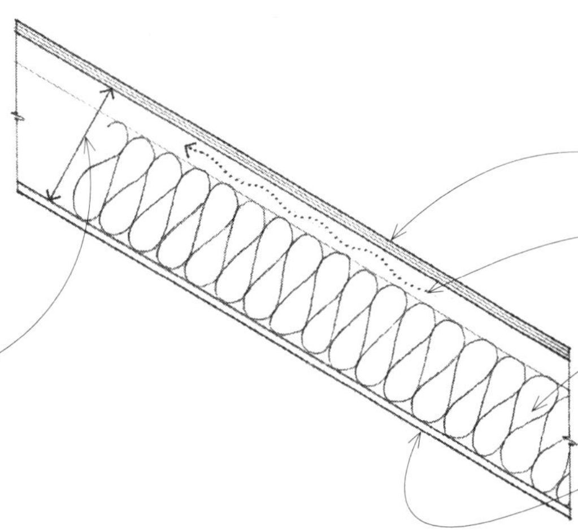

- 목재 경량 골조는 가연성이기 때문에, 내화 등급을 위해 지붕과 천장 재료에 의존해야 한다.
- 6.23. 지붕 덮개
- 목재 경량 골조는 부식 민감성이 높으므로 밀폐된 지붕 공간의 결로를 제어하기 위해서는 환기가 필요하다.
- 지붕의 단열에 대해서는 7.43을 참조
- 천장 마감은 지붕 서까래 또는 천장 장선 아래 면에 직접 적용하는 것이 보통이다.
- 천장 장선을 사용하는 경우, 다락 공간은 기계 장비를 수용할 수 있다.

CSI 마스터포맷 06 10 00: 바탕 목공사
CSI 마스터포맷 06 11 00: 목재 골조

6.20 목재 서까래 골조

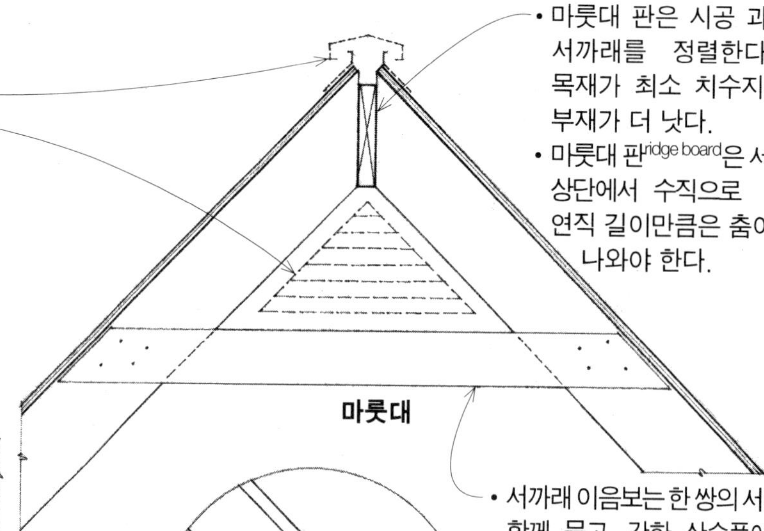

- 지붕 꼭대기는 연속적인 용마루 통풍구ridge vent 또는 박공 옆 벽체 속 루버 통풍구louvered vents를 설치하여 환기한다. 7.49 참조

- 마룻대 판은 시공 과정에서 서까래를 정렬한다. 1× 목재가 최소 치수지만 2× 부재가 더 낫다.
- 마룻대 판ridge board은 서까래의 상단에서 수직으로 절단된 연직 길이만큼은 춤이 나와야 한다.

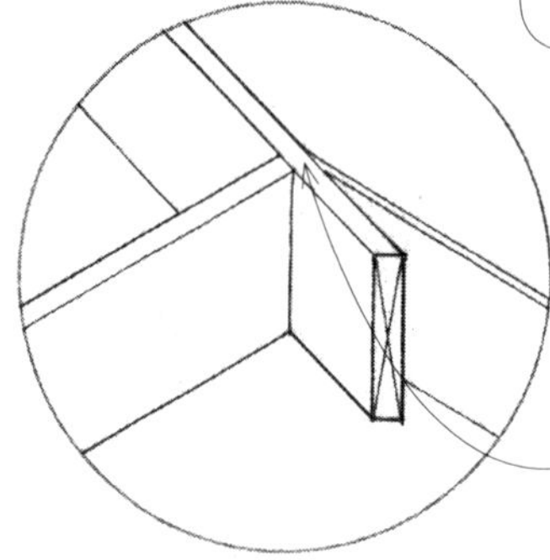

- 서까래 이음보는 한 쌍의 서까래를 함께 묶고, 강한 상승풍에 버티도록 도와준다.
- 1×6 또는 1×8; 천장이 부착된 경우 2× 목재를 사용하고 3개의 10d 또는 4개의 8d로 각 서까래에 고정
- 서까래는 마룻대 판에서 서로 마주본다. 수직못치기 혹은 빗못치기로 1× 부재로 된 용마루 에는 2개의 10d 못으로, 2× 부재로 된 용마루에는 2개의 16d 못으로.

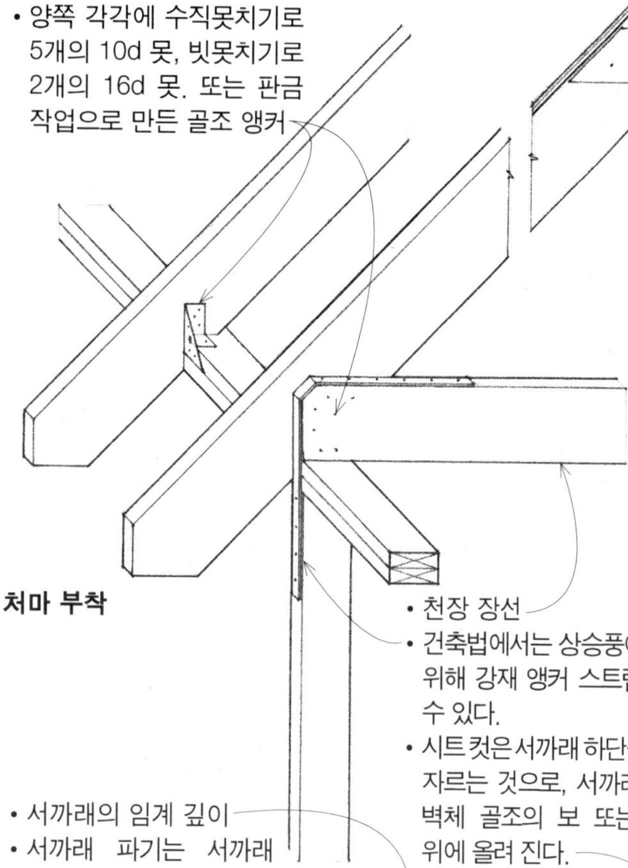

- 양쪽 각각에 수직못치기로 5개의 10d 못, 빗못치기로 2개의 16d 못. 또는 판금 작업으로 만든 골조 앵커
- 천장 장선
- 건축법에서는 상승풍에 저항하기 위해 강재 앵커 스트랩을 요구할 수 있다.
- 시트 컷은 서까래 하단을 수평으로 자르는 것으로, 서까래는 샛기둥 벽체 골조의 보 또는 윗깔도리 위에 올려 진다.

처마 부착

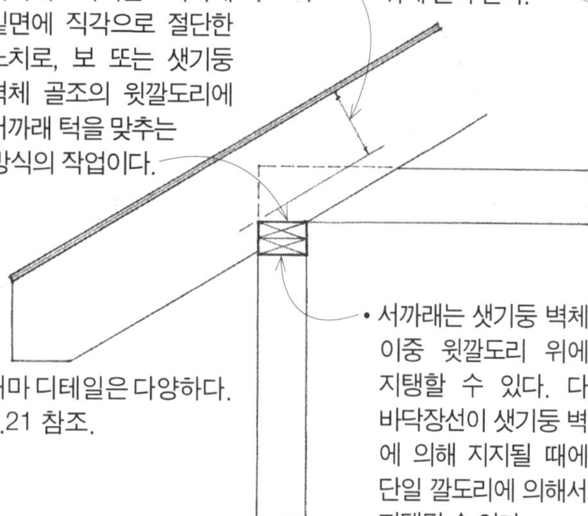

- 서까래의 임계 깊이
- 서까래 파기는 서까래 밑면에 직각으로 절단한 노치로, 보 또는 샛기둥 벽체 골조의 윗깔도리에 서까래 턱을 맞추는 방식의 작업이다.
- 서까래는 샛기둥 벽체의 이중 윗깔도리 위에서 지탱할 수 있다. 다락 바닥장선이 샛기둥 벽체에 의해 지지될 때에는 단일 깔도리에 의해서도 지탱될 수 있다.
- 처마 디테일은 다양하다. 6.21 참조.

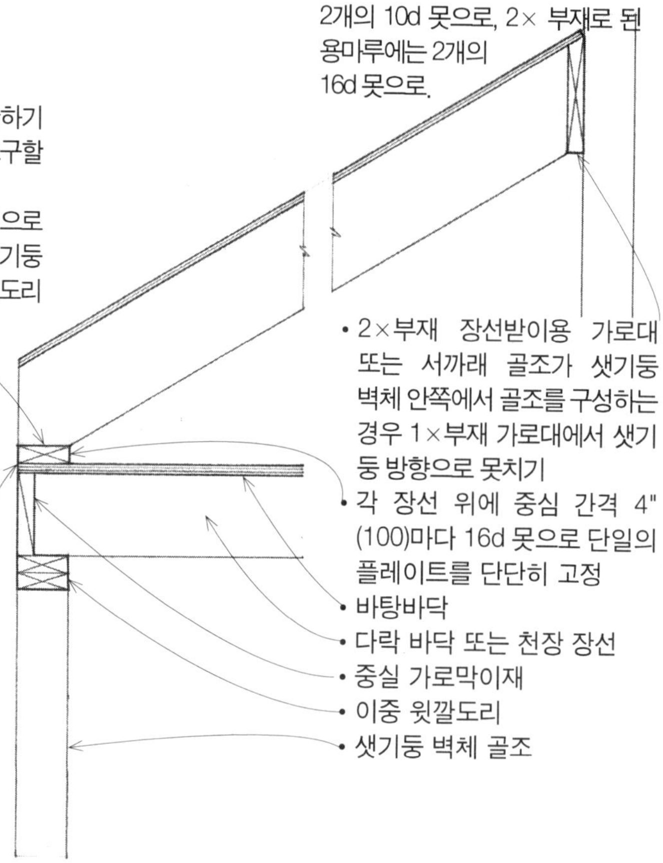

- 2×부재 장선받이용 가로대 또는 서까래 골조가 샛기둥 벽체 안쪽에서 골조를 구성하는 경우 1×부재 가로대에서 샛기둥 방향으로 못치기
- 각 장선 위에 중심 간격 4"(100)마다 16d 못으로 단일의 플레이트를 단단히 고정
- 바탕바닥
- 다락 바닥 또는 천장 장선
- 중실 가로막이재
- 이중 윗깔도리
- 샛기둥 벽체 골조

처마의 지지 조건

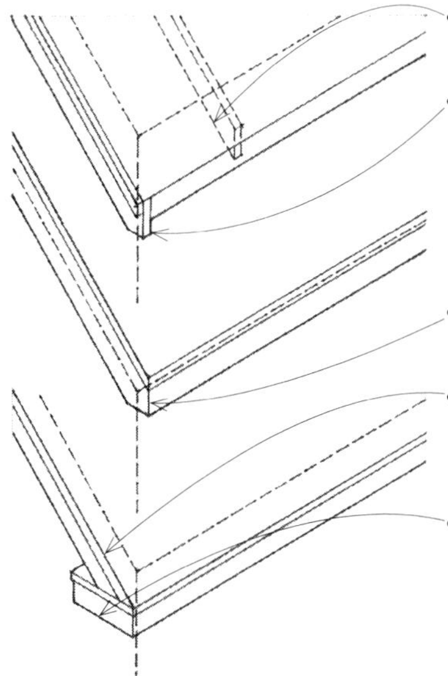

- 처마 끝 서까래 또는 경사가 있는 밑면의 노출
- 경사처마 트림trim과[10] 박공널은 처마돌림 보다 더 뻗어 나가게 하여, 처마돌림과 처마홈통의 단면쪽이 보이지 않도록 할 수 있다.
- 좁은 처마 밑면이 있는 폐쇄형 경사처마
- 경사처마 트림과 박공널은 코니스 리턴을 만나는 지점에 끝낼 수도 있다.
- 코니스 리턴은 처마돌림과 밑면을 모서리 주변과 박공옆 벽으로 연장하여 돌리는 부분이다.

지붕 처마 디테일이 어떻게 모서리를 돌고, 경사 처마의 디테일과 만나는지 고려하는 것이 중요.

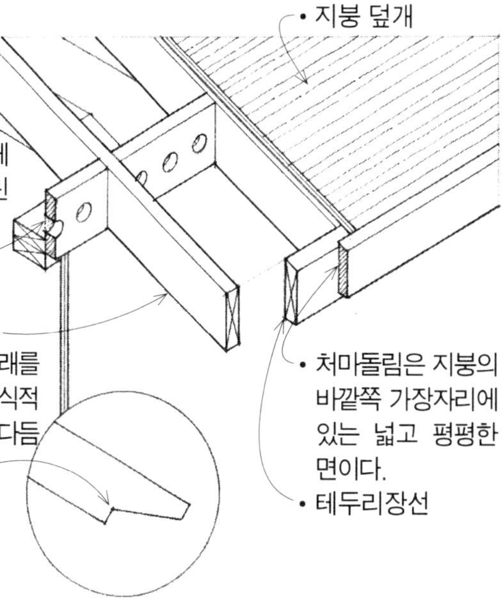

- 지붕 덮개
- 가로막이재에 차폐망이 달린 환기구 설치
- 서까래 노출
- 처마 끝 서까래를 연장하여 장식적인 방식으로 다듬을 수 있다.
- 처마돌림은 지붕의 바깥쪽 가장자리에 있는 넓고 평평한 면이다.
- 테두리장선

서까래 노출형

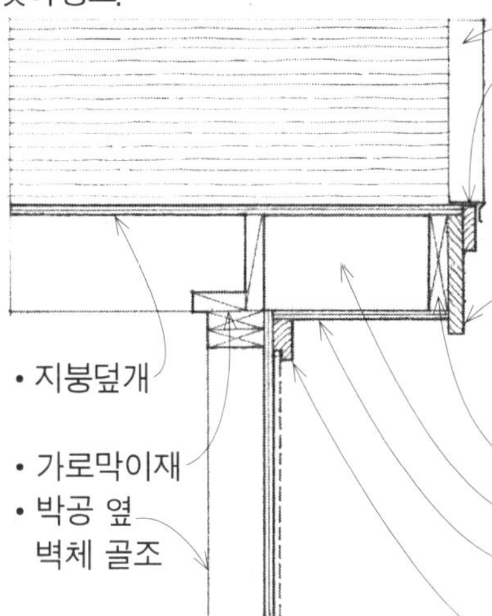

- 금속 빗물받이 가장자리
- 경사처마 트림
- 경사처마 트림과 박공널을 처마돌림 및 가로 홈통 디테일과 조율할 것.
- 빗물받이를 형성하기 위해 끝단 아래로 연장한 박공널; 때때로 장식적 효과를 위해 장식을 새김
- 지붕덮개
- 가로막이재
- 박공 옆 벽체 골조
- 박공 끝 서까래
- 누대 서까래
- 합판이나 제혀쪽매 처리된 판으로 되어 있는 밑면
- 프리즈 보드

서까래 폐쇄형

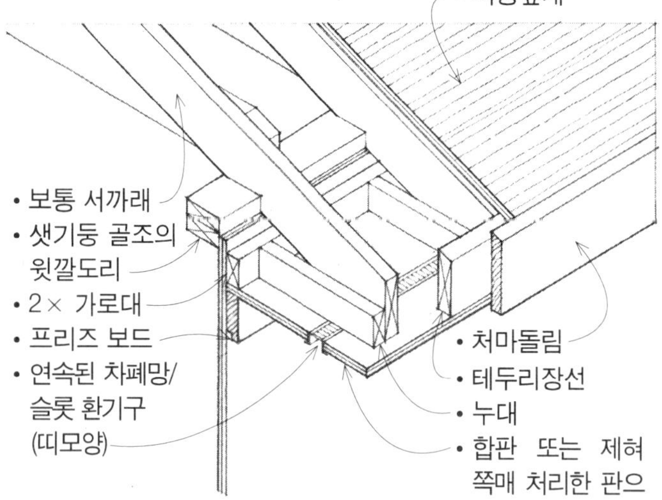

- 지붕덮개
- 보통 서까래
- 샛기둥 골조의 윗깔도리
- 2× 가로대
- 프리즈 보드
- 연속된 차폐망/슬롯 환기구 (띠모양)
- 처마돌림
- 테두리장선
- 누대
- 합판 또는 제혀쪽매 처리한 판으로 되어 있는 밑면

환기구를 단 넓은 밑면

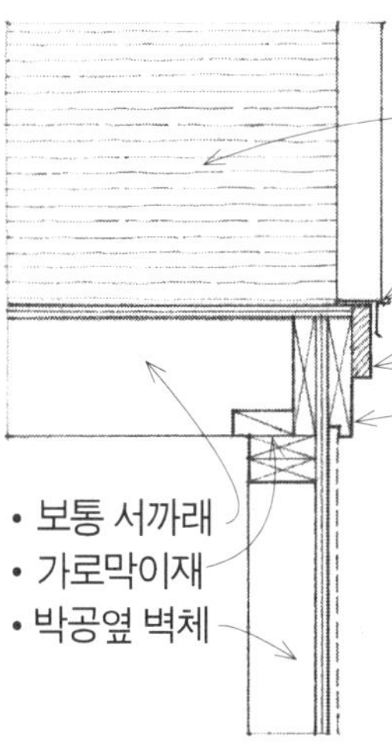

- 지붕덮개
- 금속재 빗물받이 가장자리
- 경사처마 트림
- 프리즈 보드
- 보통 서까래
- 가로막이재
- 박공옆 벽체
- 경사처마 트림과 프리즈 보드를 처마돌림과 가로 홈통 디테일과 조율할 것

경사처마 돌출부

10) 건물의 가장자리 장식 부분 또는 내부의 장식적 목조 부분

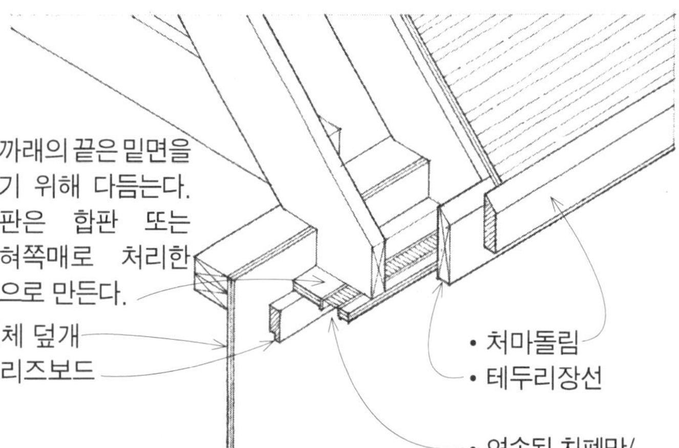

- 서까래의 끝은 밑면을 달기 위해 다듬는다. 밑판은 합판 또는 제혀쪽매로 처리한 판으로 만든다.
- 벽체 덮개
- 프리즈보드
- 처마돌림
- 테두리장선
- 연속된 차폐망/슬롯 환기구(띠모양)

환기구를 단 좁은 밑면

- 환기구를 단 넓은 밑면soffit과 유사

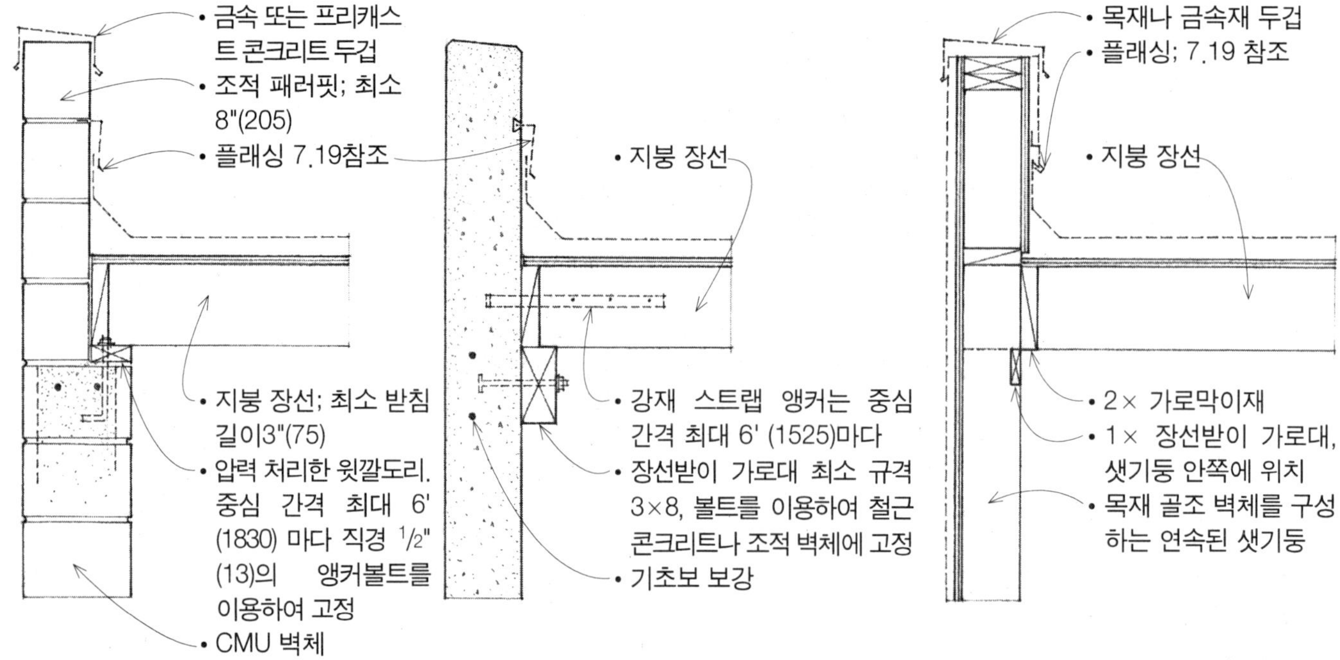

패러핏

• 높이와 내화 요구 사항은 건축법을 참조

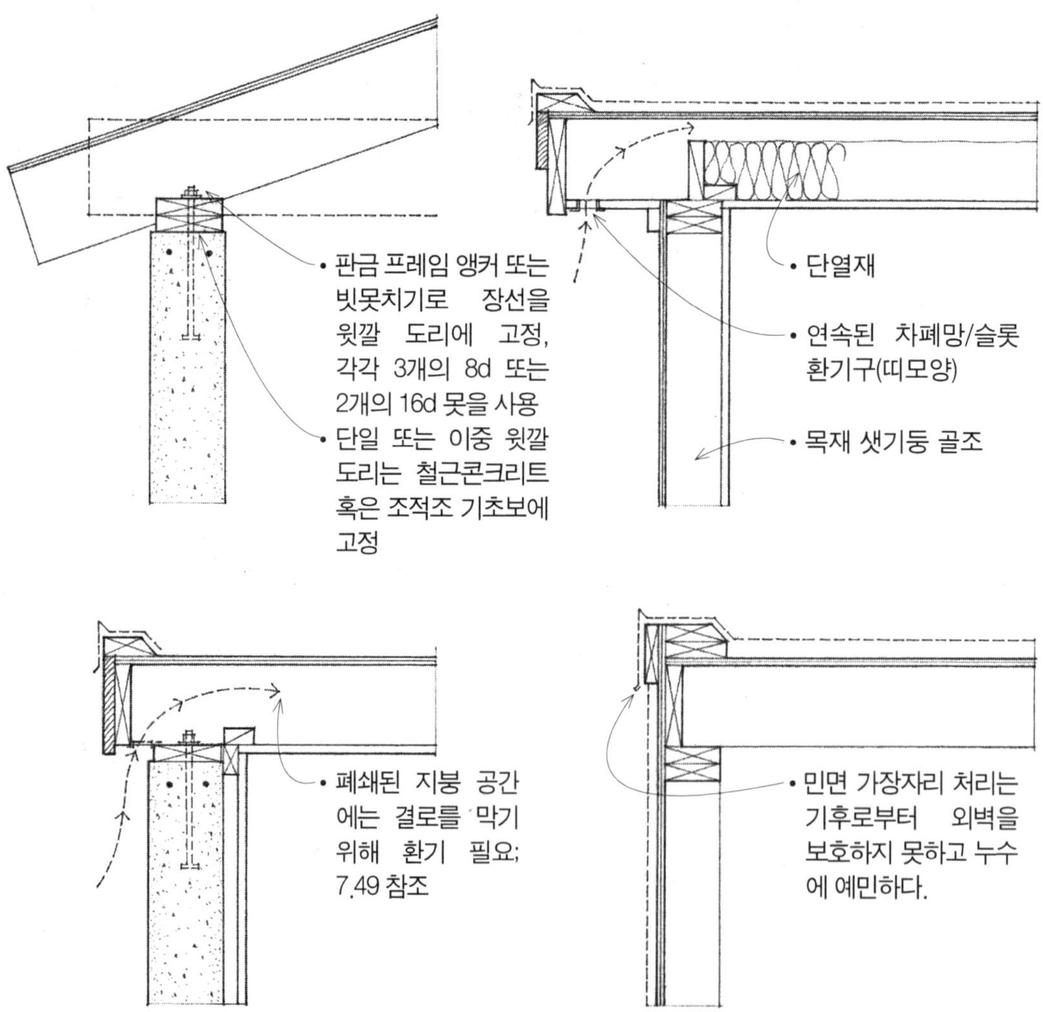

평지붕 장선

목재 또는 경량 금속 서까래 위에 올리는 덮개는 일반적으로 APA등급 합판 또는 단판재가 아닌 목재 패널로 구성된다. 패널은 서까래 골조의 강성을 향상시키고, 다양한 지붕재료의 적용을 위한 중실형식의 바탕을 제공한다. 덮개 및 초벌이음/밑깔개에 대한 요구 사항은 지붕재 제조업체의 권장 사항을 따라야 한다. 눈보라가 발생하지 않는 습한 기후에서는 간격을 둔 덮개를 1×4 또는 1×6 보드로 구성하면서, 목재 지붕널 또는 너와 지붕재와 함께 사용할 수 있다.

패널 지붕 덮개

패널 경간 등급	패널 두께 인치(밀리미터)	최대 경간 인치(밀리미터) 가장자리 지지할 경우	가장자리 지지하지 않는 경우
12/0	5/16 (8)	12 (305)	
16/0	5/16, 3/8 (8, 10)	16 (405)	
20/0	5/16, 3/8 (8, 10)	20 (510)	
24/0	3/8 (10)	24 (610)	16 (405)
24/0	1/2 (13)	24 (610)	24 (610)
32/16	1/2, 5/8 (13, 16)	32 (815)	28 (710)
40/20	5/8, 3/4, 7/8 (16, 19, 22)	40 (1015)	32 (815)
48/24	3/4, 7/8 (19, 22)	48 (1220)	36 (915)

- 패널 경간 등급은 식별등급 직인identifying grade stamp을 보고 결정할 수 있다.
- 위의 표는 패널이 지지 방향에 수직으로 길게, 2개 이상의 경간을 연속적으로 가지고, 30 psf 활하중 및 10 psf 고정하중을 지탱할 수 있다는 가정을 전제한다. 1psf = 0.479kPa.

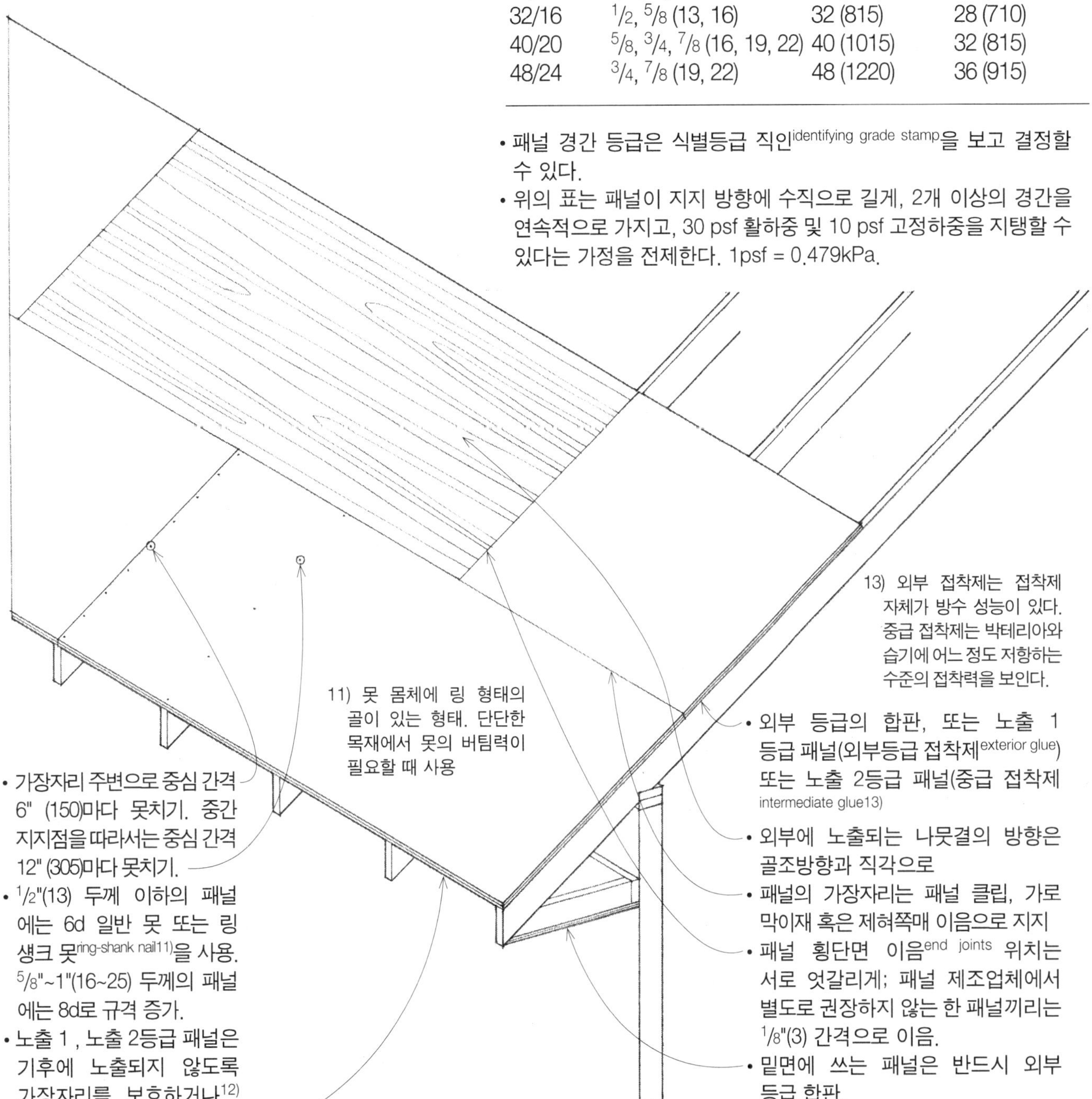

- 가장자리 주변으로 중심 간격 6" (150)마다 못치기. 중간 지지점을 따라서는 중심 간격 12" (305)마다 못치기.
- 1/2"(13) 두께 이하의 패널에는 6d 일반 못 또는 링 생크 못ring-shank nail[11]을 사용. 5/8"~1"(16~25) 두께의 패널에는 8d로 규격 증가.
- 노출 1 , 노출 2등급 패널은 기후에 노출되지 않도록 가장자리를 보호하거나[12] 지붕 가장자리에는 외부 등급의 합판을 사용.

11) 못 몸체에 링 형태의 골이 있는 형태. 단단한 목재에서 못의 버팀력이 필요할 때 사용

13) 외부 접착제는 접착제 자체가 방수 성능이 있다. 중급 접착제는 박테리아와 습기에 어느 정도 저항하는 수준의 접착력을 보인다.

- 외부 등급의 합판, 또는 노출 1 등급 패널(외부등급 접착제exterior glue) 또는 노출 2등급 패널(중급 접착제 intermediate glue[13])
- 외부에 노출되는 나뭇결의 방향은 골조방향과 직각으로
- 패널의 가장자리는 패널 클립, 가로막이재 혹은 제혀쪽매 이음으로 지지
- 패널 횡단면 이음end joints 위치는 서로 엇갈리게; 패널 제조업체에서 별도로 권장하지 않는 한 패널끼리는 1/8"(3) 간격으로 이음.
- 밑면에 쓰는 패널은 반드시 외부 등급 합판.

12) 외부 등급은 방수처리 되어 있으며, 혹독한 기후에 노출 가능하지만, 노출 등급은 패널의 구조적 변화를 가하지 않는 경우 공사기간 중 노출에 어느 정도 버틸 수 있는 수준이다. 현장에서 보관하려면 그늘지고, 바람이 잘 통하며 습기가 높지 않은 곳에 오래지 않은 기간 동안 보관해야 한다. 습기에 노출되면 가장자리가 부풀어 오를 수 있다.

CSI 마스터포맷 06 16 00: 덮개

목재부판-보구조의 지붕 시스템은 일반적으로 부판-보 바닥 시스템과 동일한 기둥/수직재 격자로 지지한다. 4.38 및 5.50 참조

- 보의 간격 = 나무 데크의 경간; 4'~8'(1220~2440)이 일반적
- 4.40의 지침은 목재 데크의 경간을 추산하는 데 사용
- 데크 밑면은 마감된 천장 개념으로 노출시킨 상태로 남겨둘 수 있다.
- 기타 선택 사항:
  - 2-4-1 합판
  - 조립식 합성 패널 또는 응력외피 패널[14]
  - 시멘트질 지붕 부판

- 지붕보는 다음 부재들로 지지할 수 있다:
  - 목재, 강재 혹은 콘크리트 기둥
  - 목재 또는 강재 거더
  - 철근 콘크리트 또는 조적 내력벽체
- 부담 면적 bearing area은 보와 받침 재료의 허용 압축 응력을 초과하지 않도록 충분히 확보.

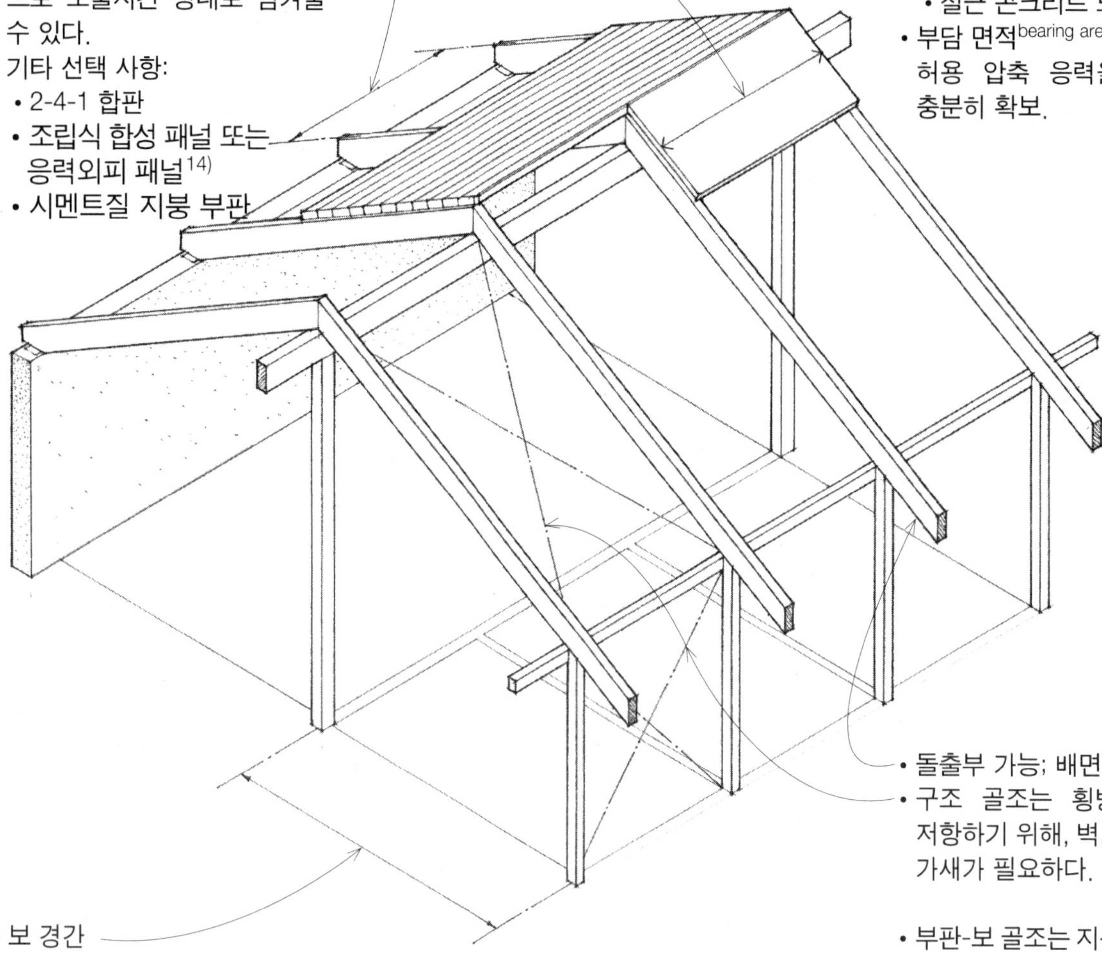

- 돌출부 가능; 배면 경간의 1/4로 제한
- 구조 골조는 횡방향 바람과 지진에 저항하기 위해, 벽, 바닥, 지붕면에 대한 가새가 필요하다.

- 보 경간
- 보의 춤을 결정하기 위한 경험칙:
- 중실 제재목 보: 보 춤은 경간의 1/15, 보의 폭은 보 춤의 1/3~1/12
- 접착 집성재 보: 보 춤은 경간의 1/20, 보의 폭은 보 춤의 1/4~1/3
- 목재 보의 필요한 크기는 지붕 하중의 크기, 사용된 목재의 종류 및 등급, 보의 간격 및 경간과 직접 관련이 있다.

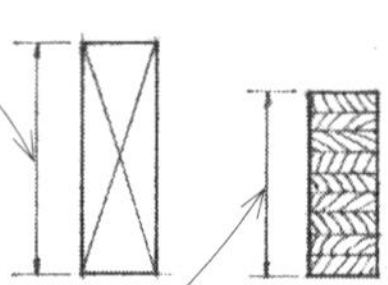

- 부판-보 골조는 지붕 데크와 습기지연제 위에 경질 단열재를 적용한 실내 공간에 노출되는 경우가 많다. 노출된 구조체는 충분히 고려된 접합부 디테일, 고품질 재료 사용, 그리고 세심한 작업 기량 workmanship이 필요하다.
- 부판-보 골조에는 층구조 layered structure[15] 또는 간격을 둔 부재 spaced member를 적용하지 않을 경우, 머리 위로 지나가는 덕트, 배관, 배선을 숨겨줄 수 있는 공간이 없다.
- 부판-보 골조는 중복 구조가 될 수 있다. 단 구조는 불연성, 내화성 외벽으로 지지하고, 목부재와 데크가 건축법에 특정한 최소 규격 요구 사항 minimum size requirements에 부합해야 한다.

14) 응력의 집중을 분산시켜주는 패널

15) 슬래브와 천장 또는 이중 슬래브 등으로 단면상 여러 층으로 구성된 구조를 말한다.

부판-보 지붕 구조가 골조를 구성하는 방식에는 몇 가지 대안이 있다. 대안들은 지붕보의 방향과 간격, 보의 간격에 걸쳐 사용되는 요소, 시공 조립에 따른 전체적인 춤에 따라 구분된다.

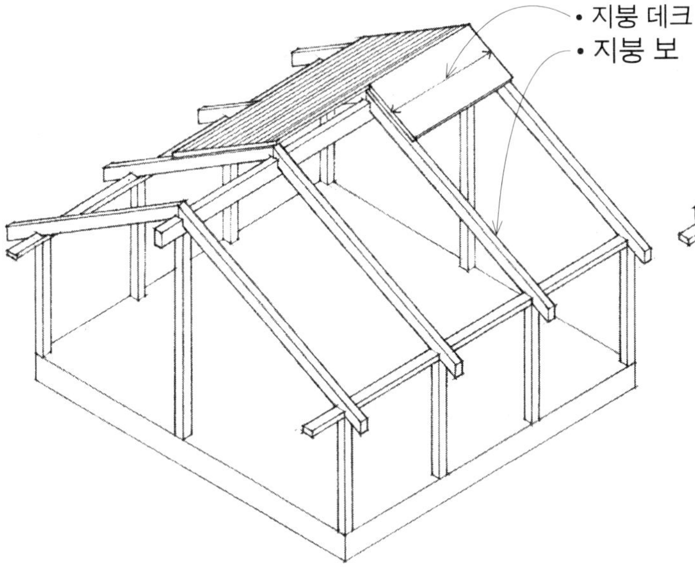

지붕보는 중심 간격 4'~8'(1220~2440)마다 배치. 보 사이는 중실 목재 혹은 접착 집성재 데크를 둔다. 보는 거더, 기둥, 혹은 철근콘크리트나 조적조로 된 내력벽으로 지지한다.

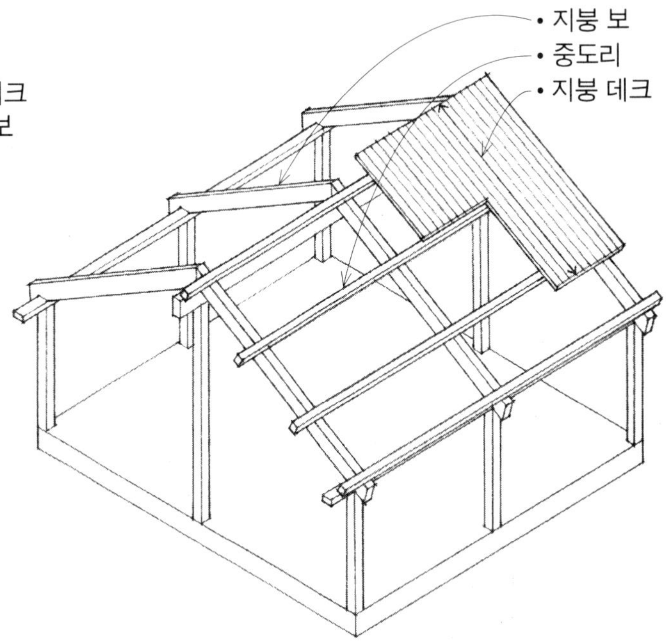

이렇게 2개 층으로 되어있는 시스템에서, 지붕보의 간격은 상대적으로 더 넓고, 지붕보는 위에 나란히 놓인 중도리를 지지한다. 중도리 위에 강성이 있는 시트 형식의 지붕재를 설치한다.

경사에 평행한 지붕 보

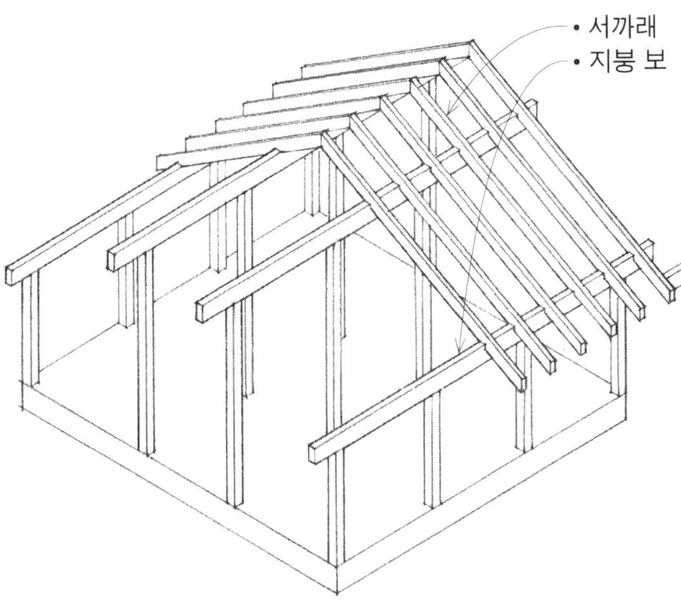

이 2층 구조 사례에서, 지붕보는 전형적인 방식으로 목재 서까래를 지지한다.

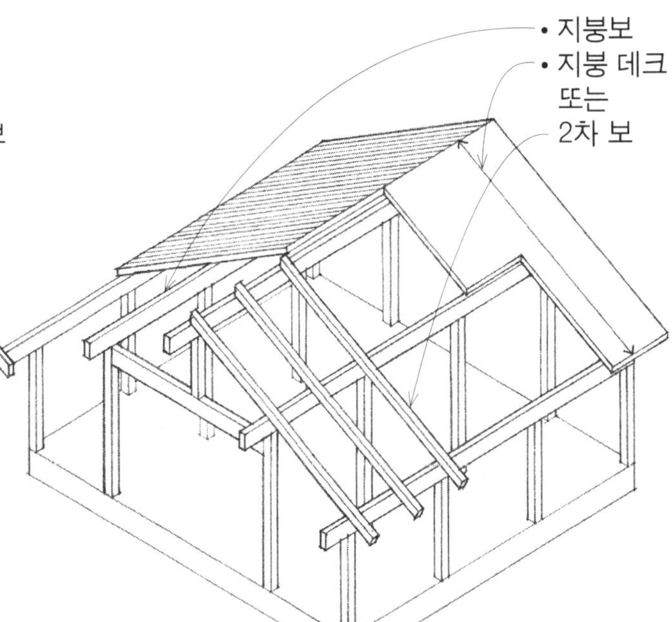

지붕보는 목재 데크의 설치가 가능한 만큼 가깝게 배치한다. 보 사이의 간격을 더 두게 되면, 경사에 평행한 2차보를 이용하여 골조를 구성한다.

경사에 수직 방향으로 놓은 지붕 보

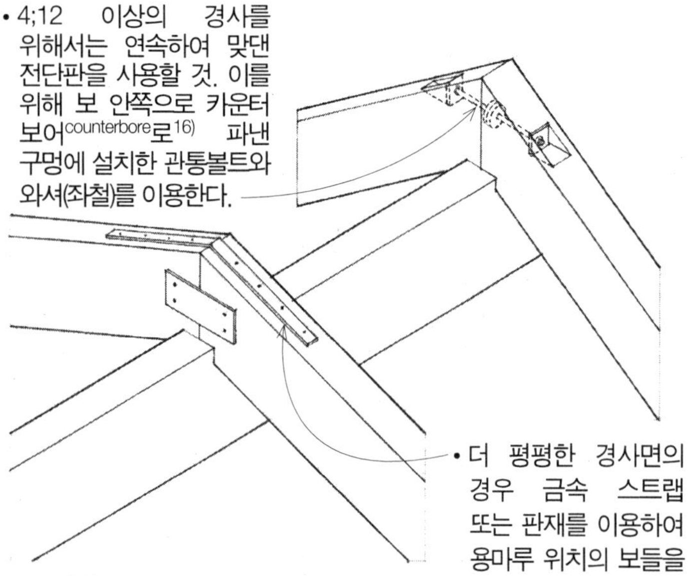

용마루Ridge 접합부

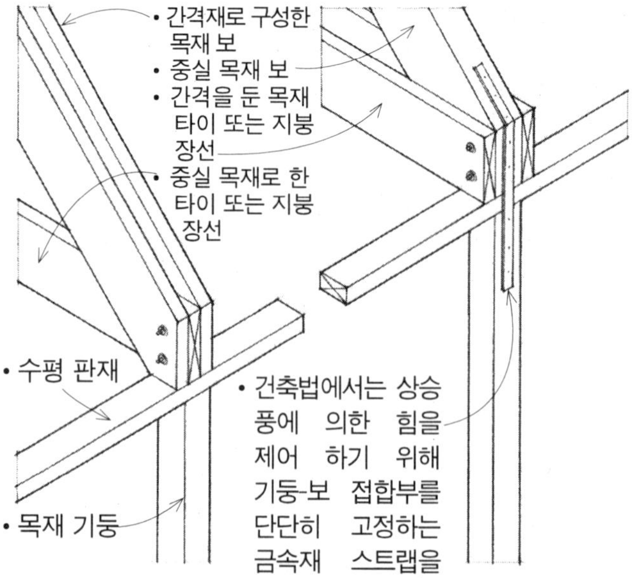

기둥-보 접합부

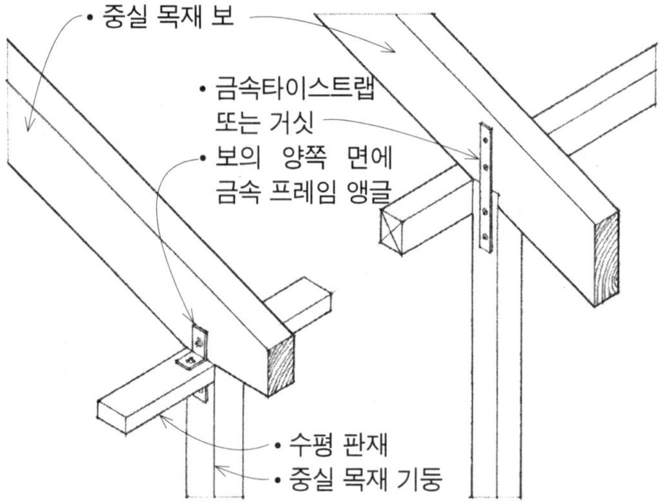

기둥-보 접합부

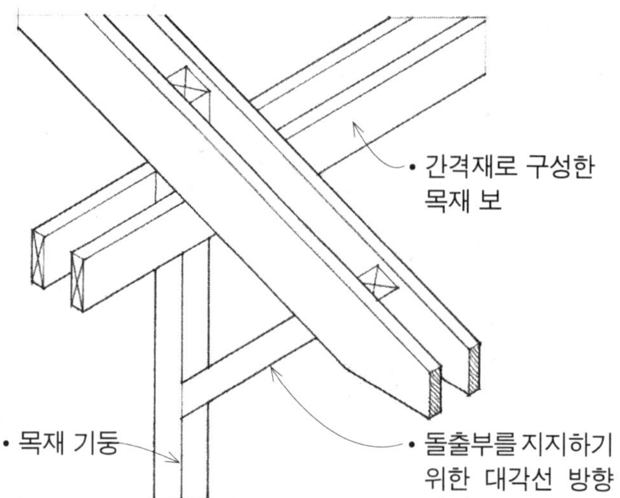

기둥-보 접합부

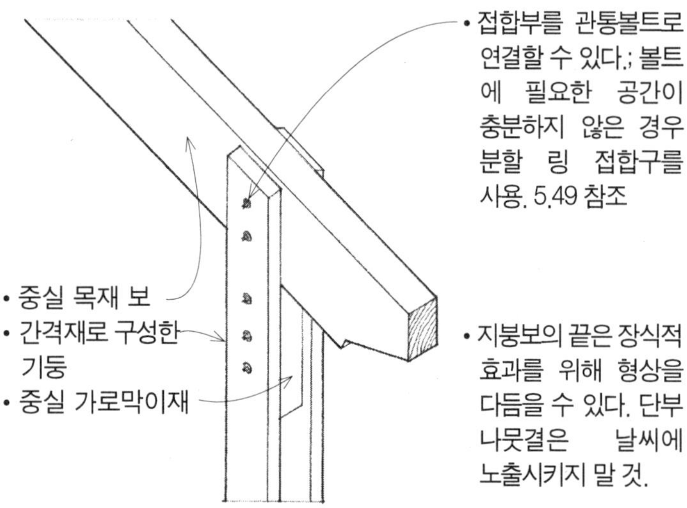

기둥-보 접합부

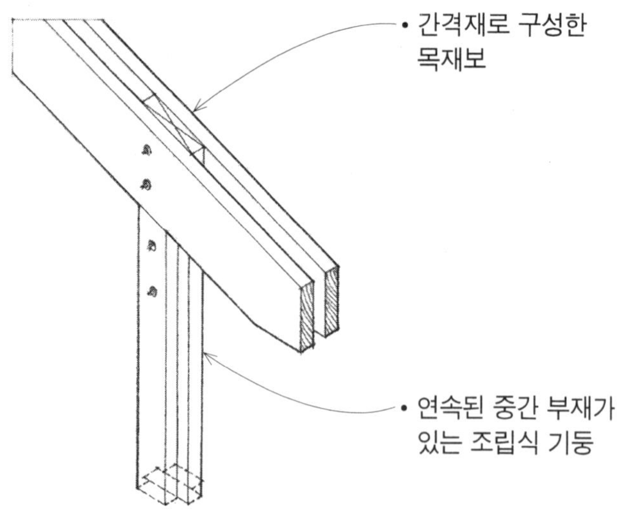

기둥-보 접합부

16) 볼트나 나사 머리를 묻기 위해, 뚫린 구멍을 넓게 도려내는 연장. 또는 카운터 보어로 도려낸 구멍

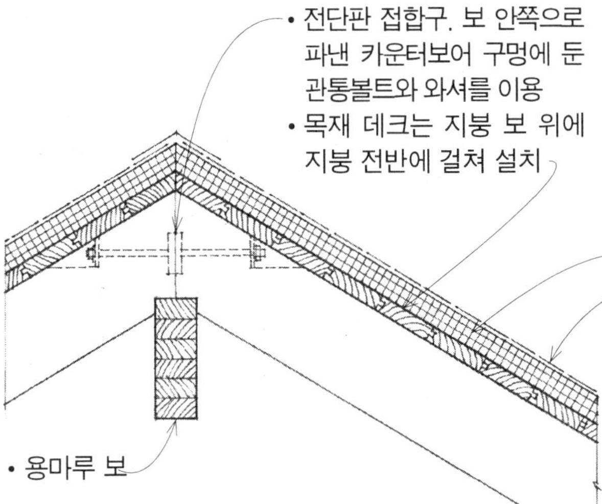

용마루 부분의 지붕 단면

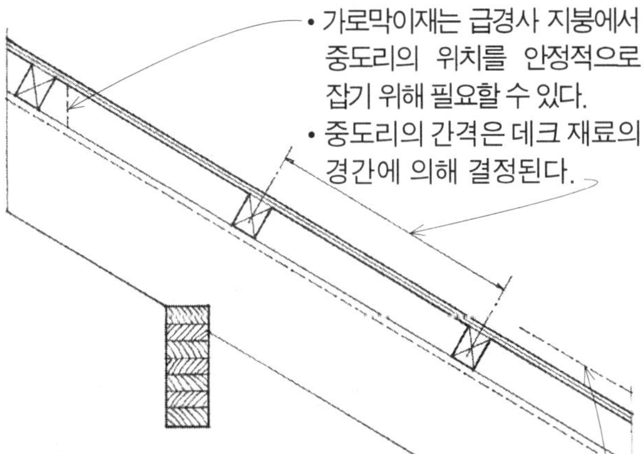

내부 지지점에서의 지붕 단면

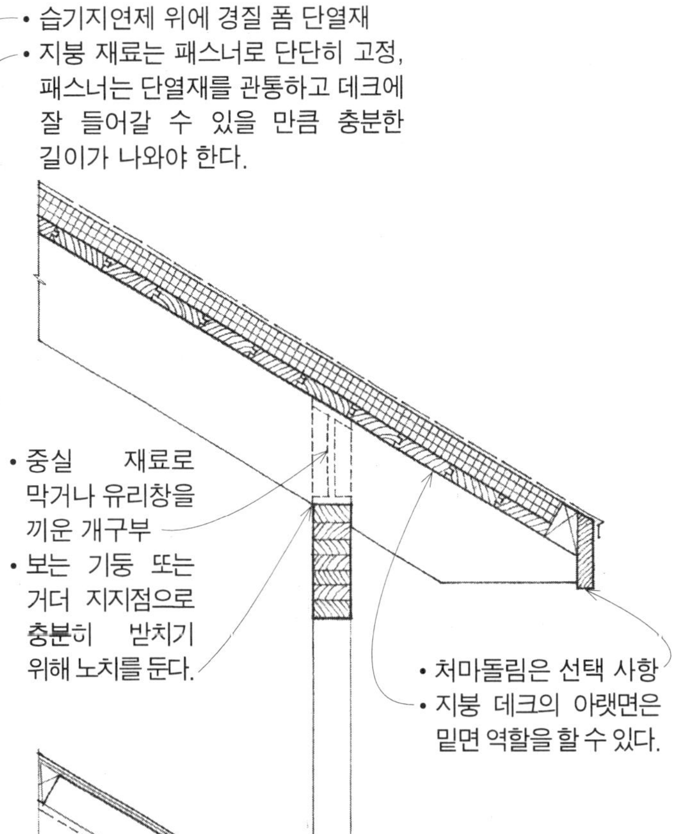

외벽 부분 지붕 단면

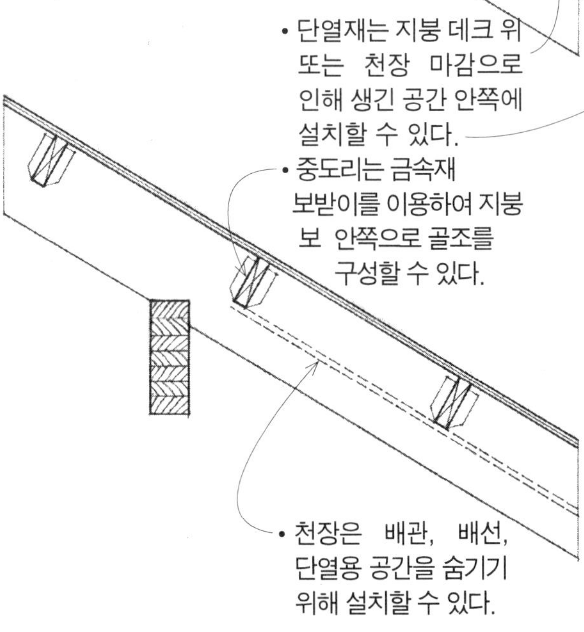

내부 지지점에서의 지붕 단면

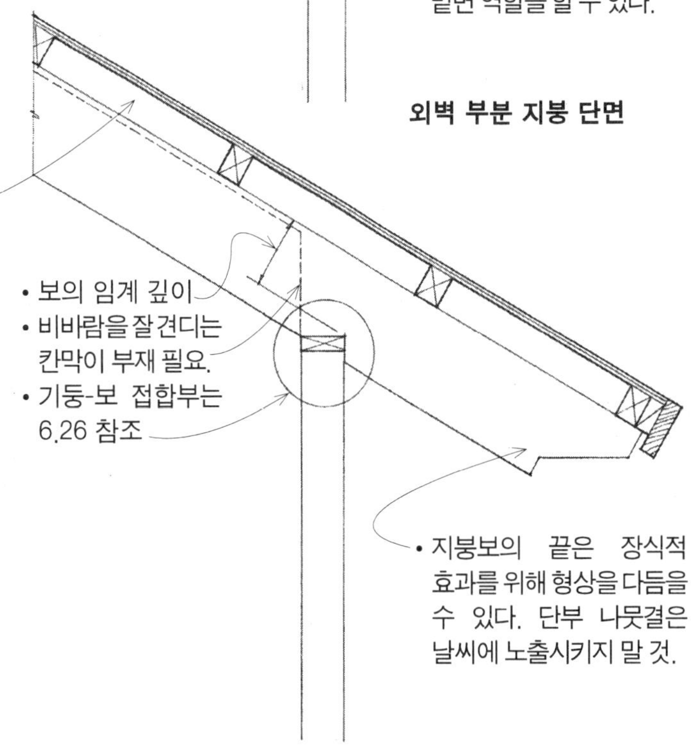

외벽 부분 지붕 단면

6.28 대형 목재 지붕

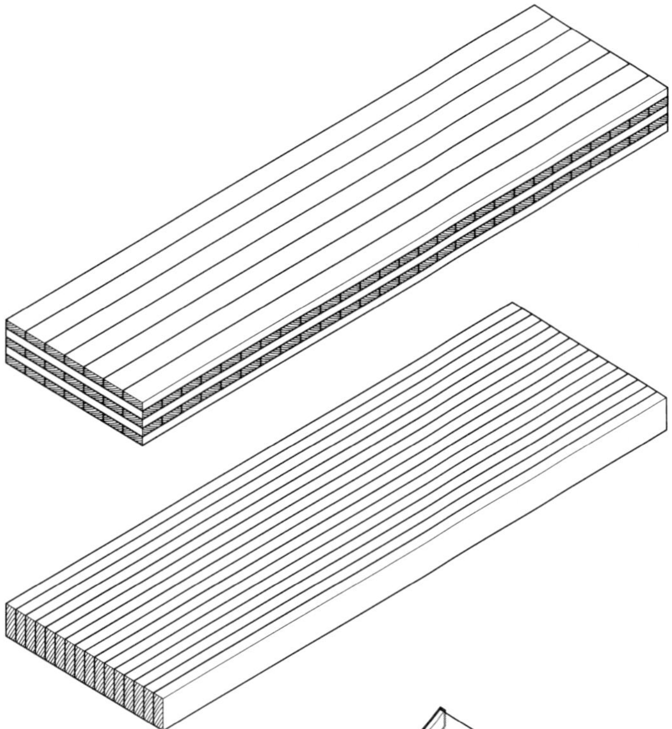

다양한 대형 목재mass timber 제품들을 지붕 중도리와 보 사이 거리에 걸쳐 설치할 수 있다. 여기에는 교차 집성재cross-laminated timber(CLT), 못고정 집성재nail-laminated timber (NLT), 꽂임촉 고정 집성재(DLT)가 포함된다. 이 부재 모두는 유형 Ⅳ(대형 목재) 구조로 인정될 수 있다. 단 부재의 두께가 적어도 3" (75)이상이고 은폐된 공간이 없도록 하면서, 지지점과 지지점 사이에 걸쳐 연속된 부재를 두고, 기계적으로 부재들을 고정한 경우에 한한다. 대형 목재 제품에 대한 보다 자세한 내용은 4.41, 4.42 그리고 12.15-12.16을 참조.

- 대형 목재 패널은 폭이 2'~10'(610~2440)이고 길이는 60'(18290) 까지

- 3개 층 CLT 패널은 최대 경간 10'(3050) 까지
- 3개 층 CLT 패널은 최대 경간 15'(4570) 까지.

- 가장자리에 2x4s 부재의 경간 범위 10'~14' (3050~4265)
- 가장자리에 2x4s 부재의 경간 범위 12'~20' (3660~6095)

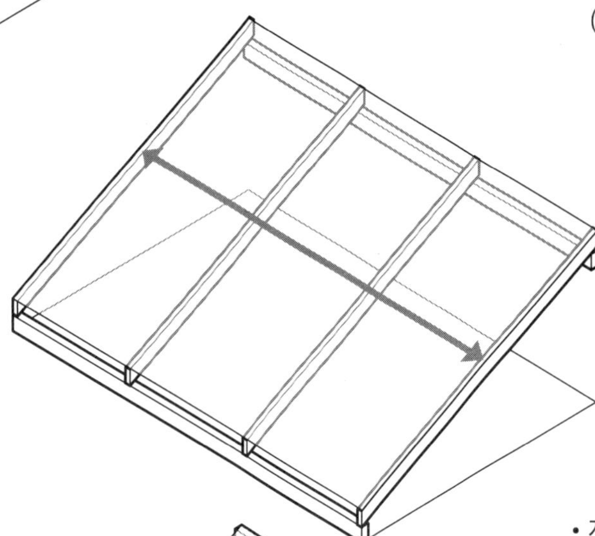

- 지붕 경사에 직각 방향의 데크 경간
- 지붕 경사에 평행한 데크 경간

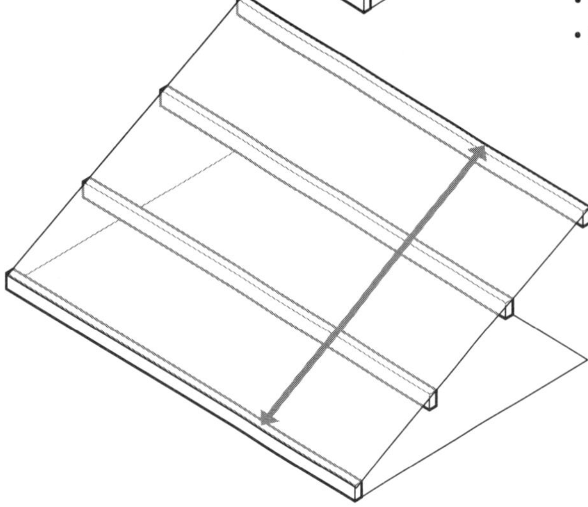

NLT 및 DLT 패널은 적층 방식에 따라, 지붕의 곡률과 관련된 패널 경간의 방향에 따라 적층에 평행하거나 수직인 방향 중 하나로 구부릴 수 있다.

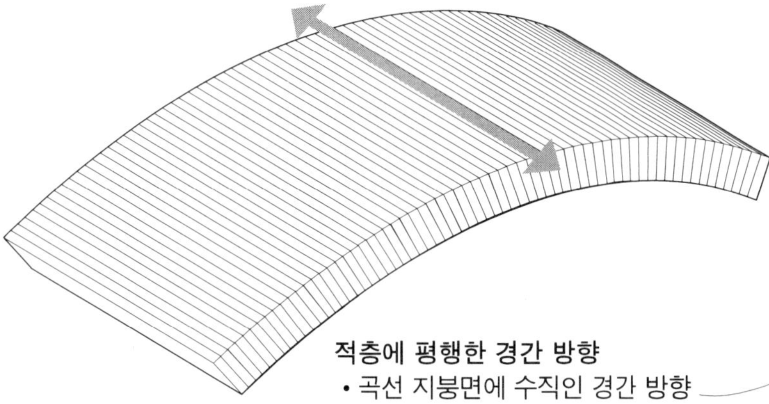

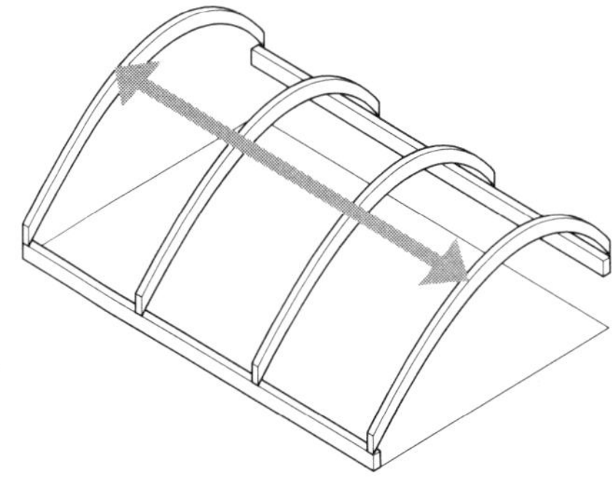

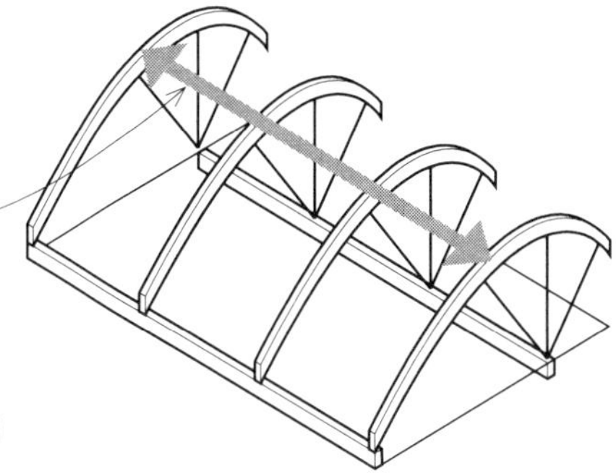

적층에 평행한 경간 방향
- 곡선 지붕면에 수직인 경간 방향

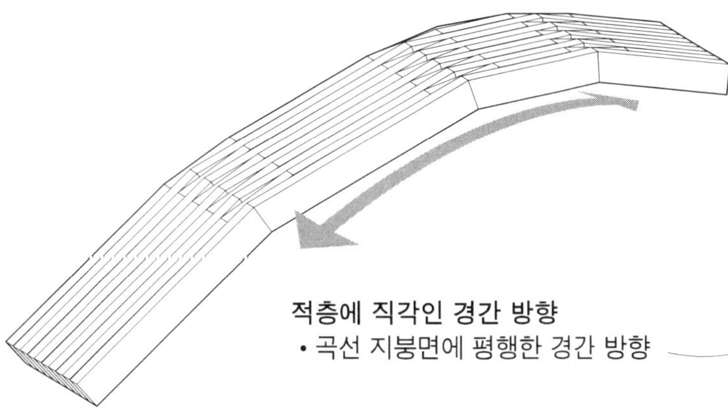

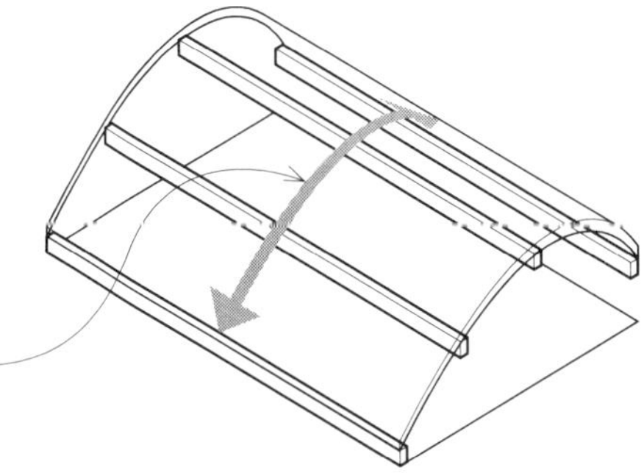

적층에 직각인 경간 방향
- 곡선 지붕면에 평행한 경간 방향

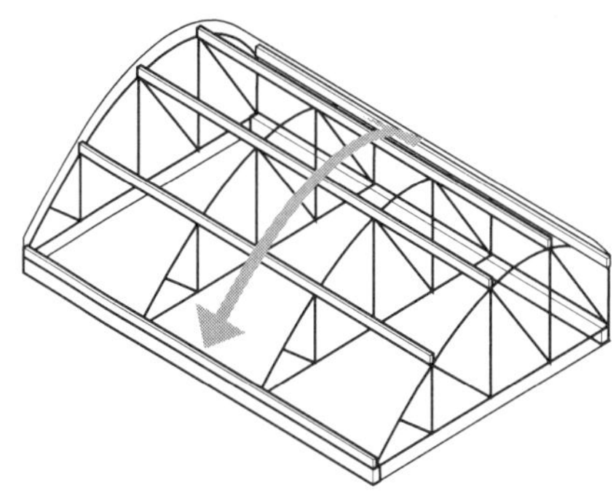

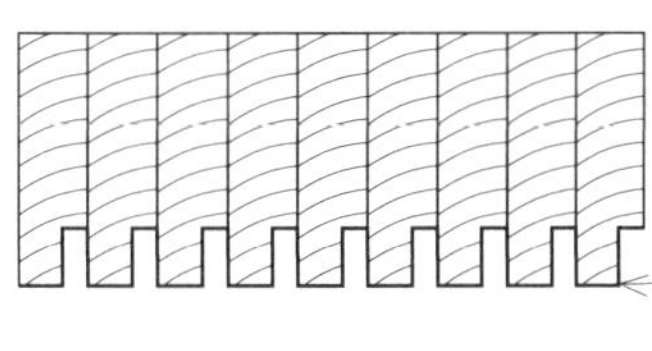

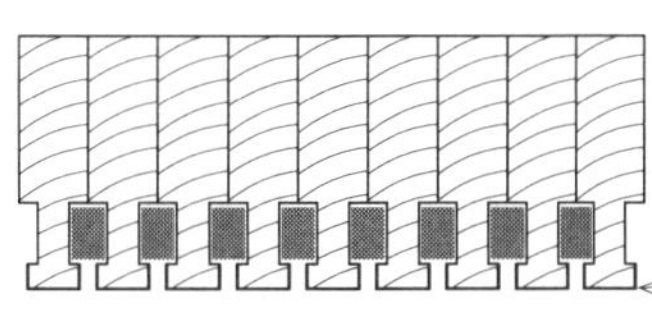

- 아랫면은 마감 천장finish ceiling 차원에서 노출시킨 채로 남겨두는 경우가 많다.
- 불연성의 섬유질 단열재를 써서 소리를 흡수하는 흡음용 단면을 포함하여, 목적에 따라 다양한 단면을 적용할 수 있다. 4.42 참조

대형 목재 제품에 대해서 더 많은 정보는 12.15-12.16 참조

6.30 목재 트러스

단평면 트러스형 서까래monoplanar trussed rafters와는 달리, 중량 목재로 만든 트러스는 여러 부재를 쌓고, 절점에서 분할 링 접합구를 사용하여 결합할 수 있다. 이러한 목재 트러스는 트러스형 서까래보다 더 큰 하중을 지탱할 수 있으며, 간격도 더 넓게 구성할 수 있다. 설계, 가새, 정착에 대한 요구 사항을 위해서는 구조 기술자에게 문의할 것.

- 트러스 부재의 휨응력bending stresses을 증가시키지 않으려면, 절점panel points에 하중을 가해야 한다.
- 횡방향의 바람과 지진력에 저항하기 위해서 인접한 트러스의 상현재와 하현재 사이에 수직 방향의 스웨이 가새vertical sway bracing가 필요할 수 있다.
- 지붕 프레임의 격벽 작용diaphragm action이 끝 벽 힘에 적합하지 않은 경우, 상현재 또는 하현재 사이 평면 내에서 수평 방향의 교차 가새horizontal cross-bracing가 필요할 수 있다.
- 모든 무릎 가새/니 브레이스knee brace는 절점에서 상현재 또는 하현재에 연결되어야 한다.

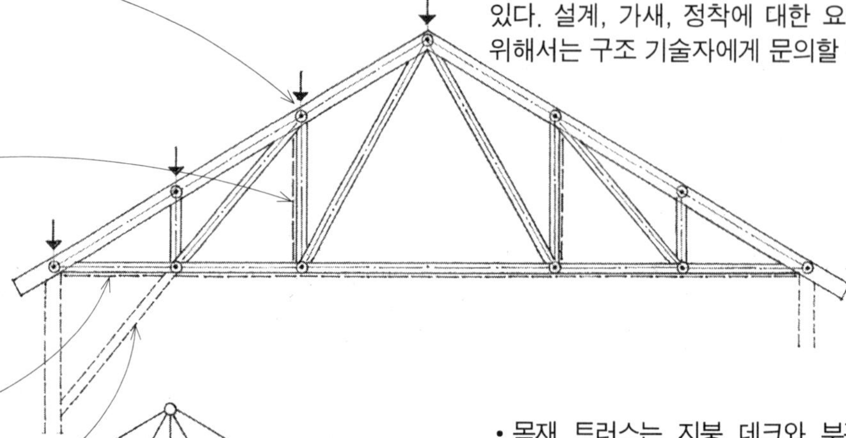

- 목재 트러스는 지붕 데크와 부판 재료에 가능한 경간spanning capability에 따라 최대 중심 간격 8' (2440) 마다 배치할 수 있다. 중도리가 트러스를 가로지르게 하면, 트러스의 간격은 20' (6095)까지 늘어날 수 있다.

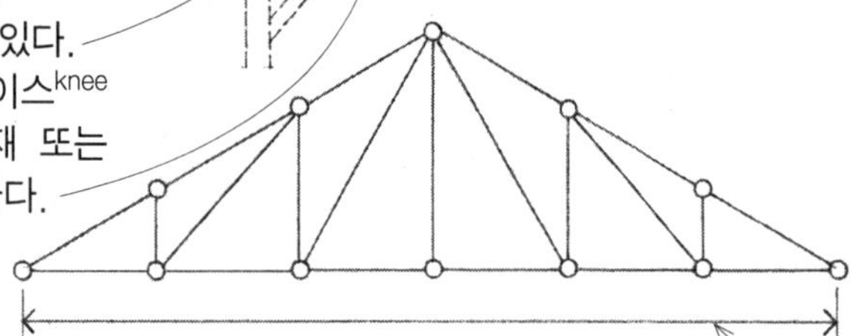

- 형재(形材)[17] 트러스shaped trusses의 경간 범위는 40'~150'(12~45 m)
- 형재(形材) 트러스shaped trusses의 춤 범위는: 경간의 $1/2$~$1/6$
- 트러스 구성에 대한 설명은 6.09를 참조

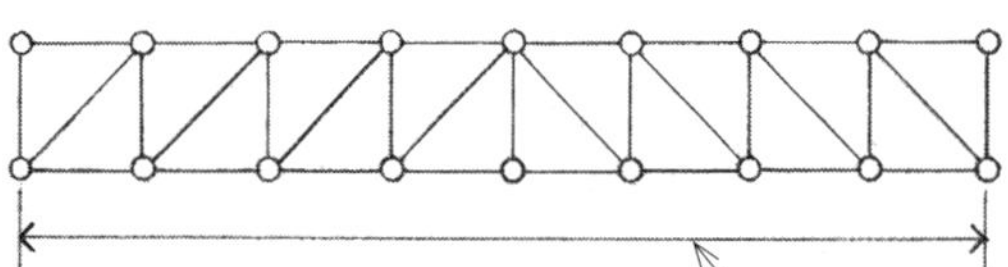

- 평 트러스의 경간 범위: 40'~110'(12~33 m)
- 평 트러스의 춤 범위: 경간의 $1/10$~$1/15$

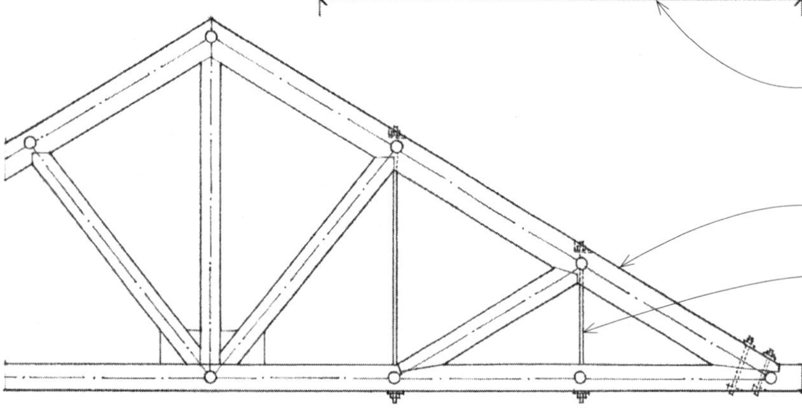

- 복합재료로 구성하는 트러스composite trusses는 압축재를 목재로, 인장재를 강재로 한다.
- 트러스 로드truss rods은 금속재 결착철tie rod으로 트러스 또는 트러스형 보에서 인장재 역할을 한다.

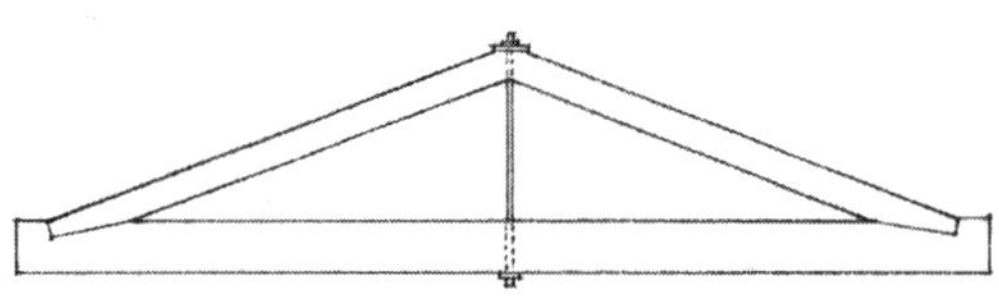

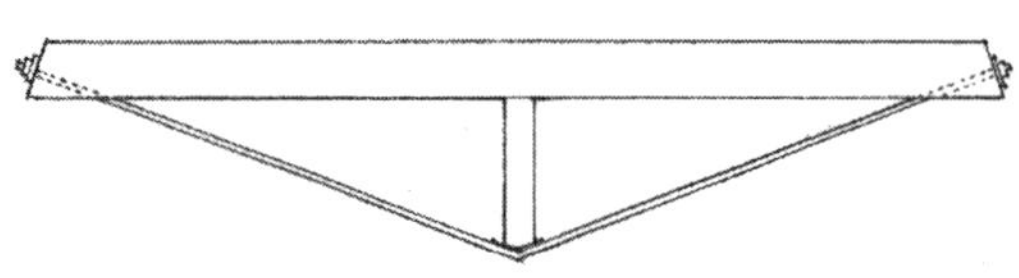

- 트러스형 보trussed beam는 대각선 방향의 트러스 로드와 압축 스트럿compression struts 또는 서스펜션 로드suspension rods의 조합으로 보강된 목재 보이다.

17) 일정한 단면 형상을 가진 부재

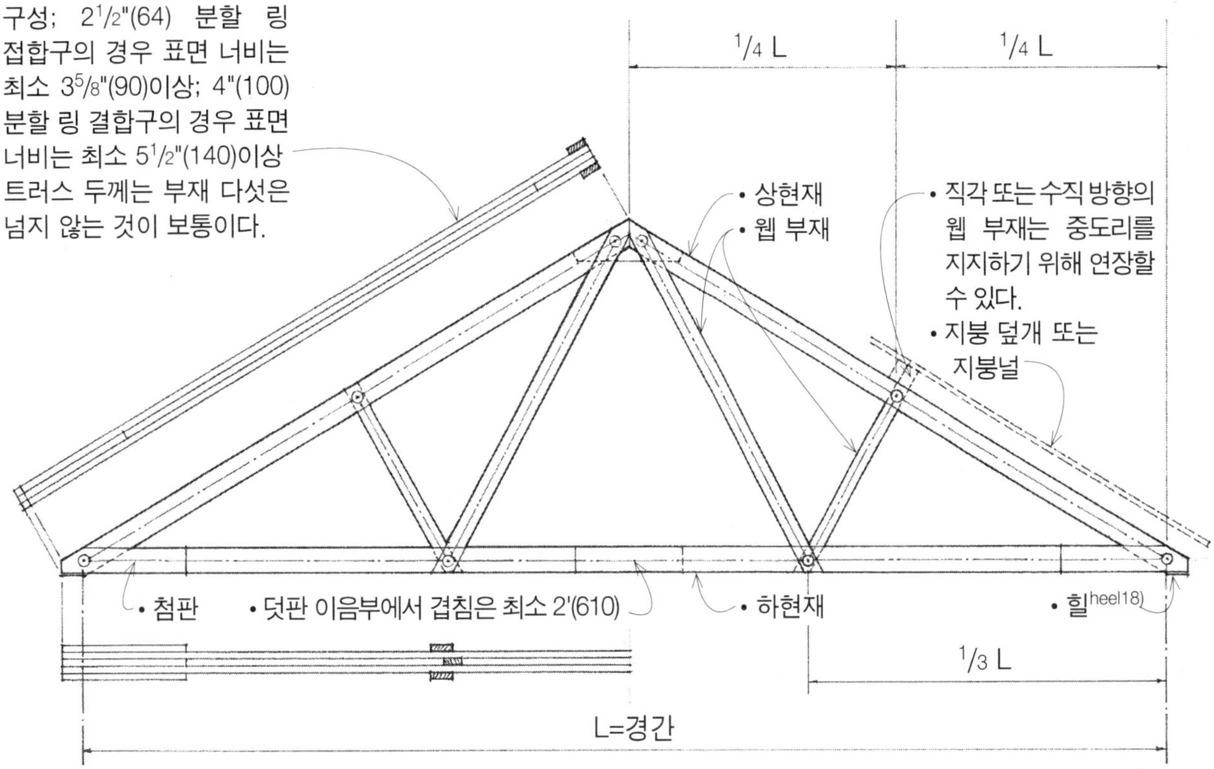

벨기에 트러스의 사례

- 부재의 규격과 이음 디테일은 트러스 유형, 하중의 패턴, 경간, 사용된 목재의 등급 및 종류를 기반으로 공학적 요구를 반영하여 결정된다.
- 압축부재의 크기는 대개 좌굴buckling에 의해 지배되는데 비해, 인장 부재는 접합부의 인장응력에 의해 제어된다.
- 트러스를 중목구조로 인정할 경우, 최소 부재 두께에 대해서는 건축법을 참조.

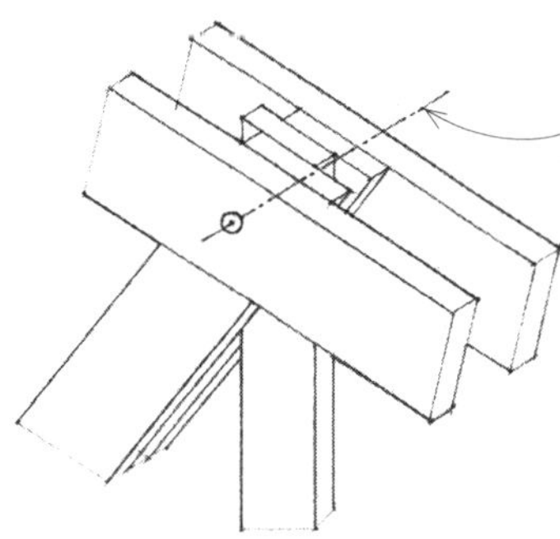

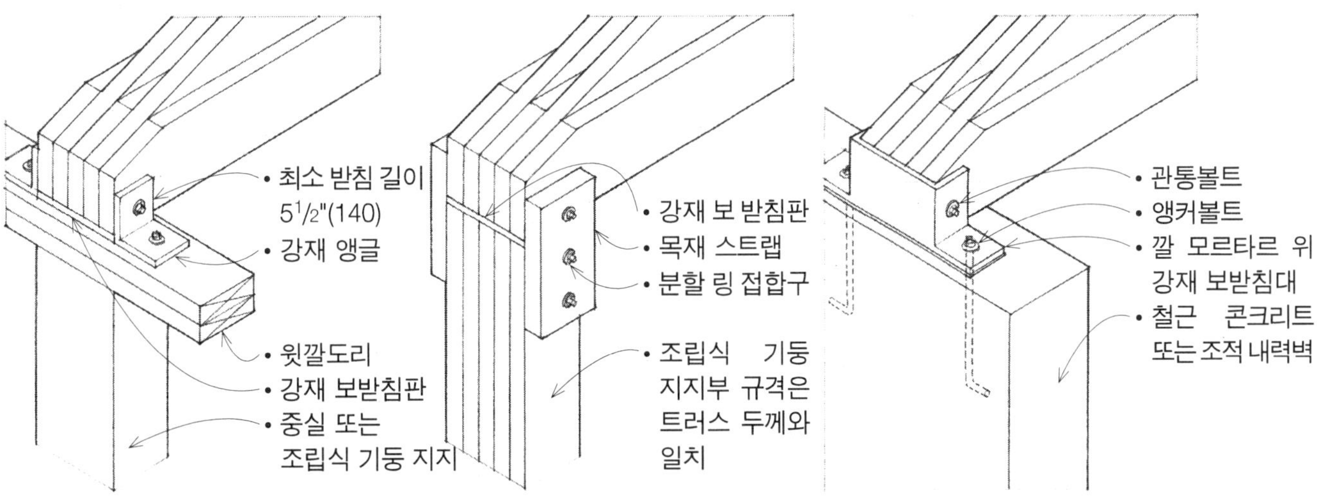

힐 조인트heel joint

18) 힐판. 트러스의 끝머리 혹은 주요지지 부위의 보강판으로 쓰인다.

목재 트러스형 서까래는 조립식 규격단위로 짓고, 공장에서 제작한 단평면 트러스이다. 개별 부재는 기본적으로 압축력과 인장력을 받기 때문에, 일반적으로 2×4 계열의 부재들을 사용한다. 때때로 2×6 계열 부재를 상현재에 사용한다. 트러스형 서까래는 사각형 평면에 단일 트러스 유형과 18'(5485)을 넘는 순경간이 필요한 때 가장 잘 사용된다. 트러스의 구성, 허용 경간 및 하중, 구조 디테일은 트러스 제조업체에 문의.

- 덮개에 대한 요구 사항은 전형적인 서까래 골조와 유사. 6.23 참조
- 일반적인 트러스 중심 간격은 2'(610), 그러나 최대 4'(1220) 범위 내에서 다양하다.
- 트러스 부재는 금속재 톱니 평판 접합구로 연결한다.

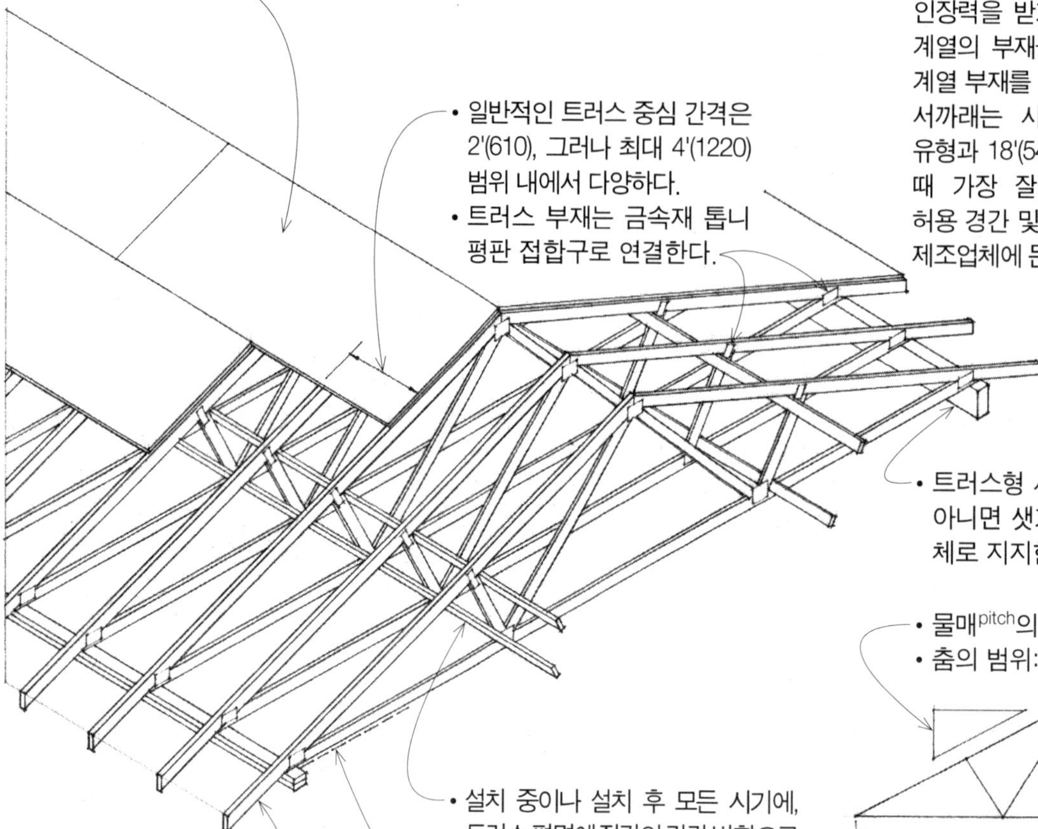

- 트러스형 서까래는 목재 또는 강재 보, 아니면 샛기둥 골조 또는 조적 내력벽체로 지지한다.
- 물매pitch의 범위 2:12~8:12
- 춤의 범위: 경간의 1/10~1/20

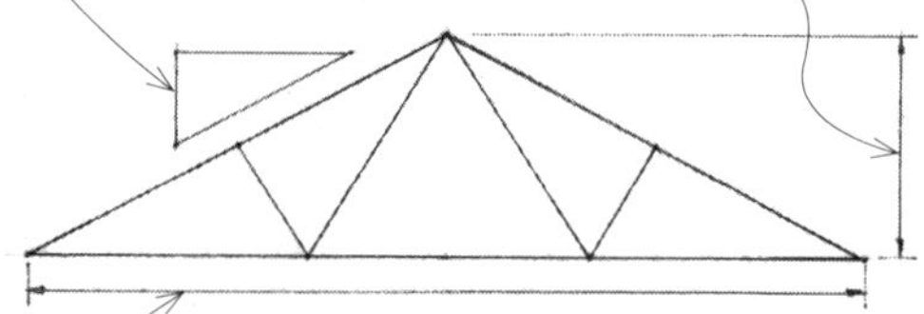

- 트러스형 서까래는 일반적으로 20'~32'(6095~9755) 범위의 경간이 가능하며, 최대 60'(18m)까지 가능하다.
- 트러스 구성에 대한 설명은 6.09를 참조
- 돌출부가 있을 경우 상현재의 연장은 최대 2'(610)
- 쐐기 블록 또는 스트럿을 사용하면 최대 1/4 지점까지 돌출부 구성 가능.
- 설치 중이나 설치 후 모든 시기에, 트러스 평면에 직각인 간격 방향으로 잇는 횡방향 가새가 필요하다.
- 천장은 하현재에 바로 적용할 수 있다. 트러스의 간격이 중심 간격 기준 2'(610) 이상일 경우 천장 재료를 지지하기 위해 반자대/퍼링 스트립이 필요할 수 있다.
- 전기와 기계 장비뿐만 아니라, 단열재 역시 트러스 춤 안쪽으로 둘 수 있다.

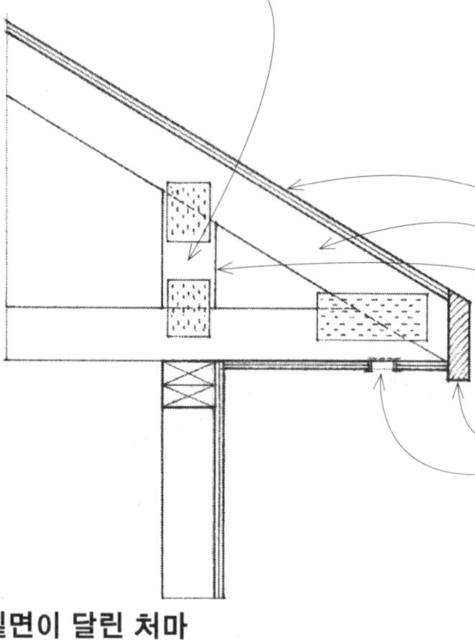

- 지붕 덮개
- 상현재
- 트러스 웹 시스템에 결속된 웹 부재 또는 스트럿
- 처마돌림
- 환기구가 있는 밑면

밑면이 달린 처마

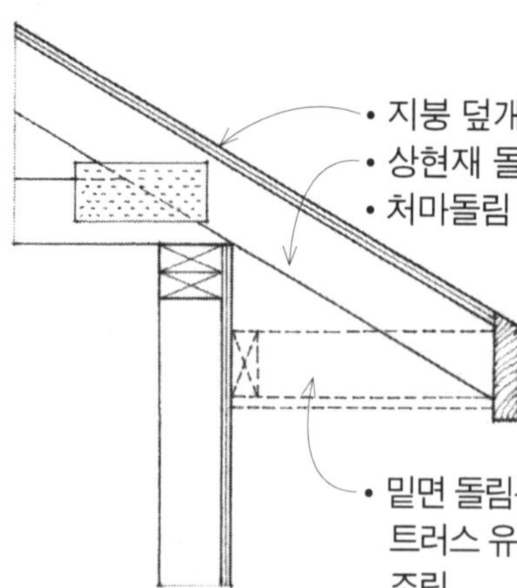

- 지붕 덮개
- 상현재 돌출
- 처마돌림
- 밑면 돌림은 트러스 유닛으로 조립

처마의 돌출

7

습기와 열로부터의 보호

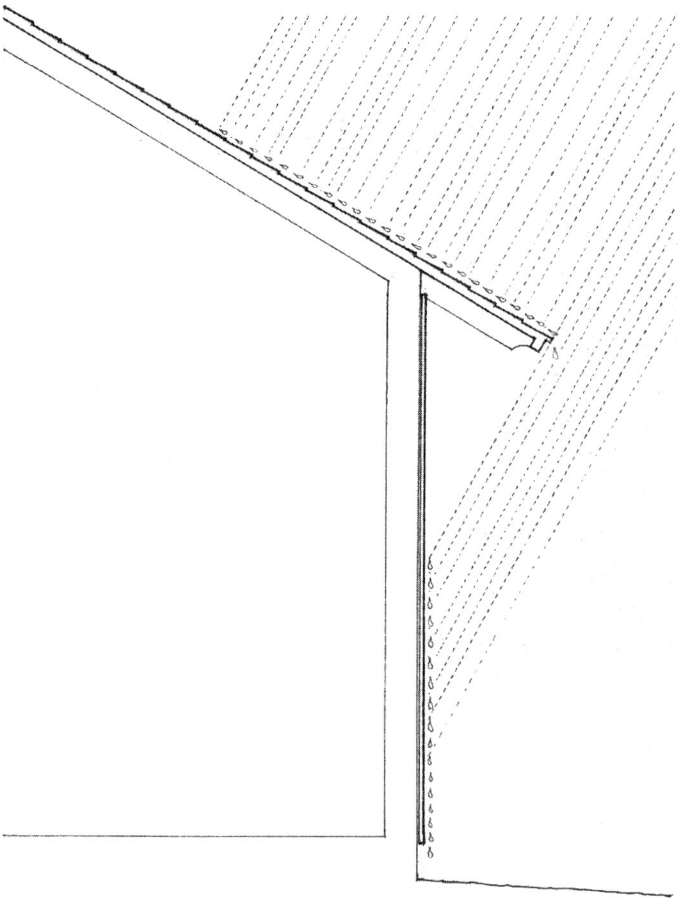

지붕재는 지붕 시스템에 방수 피복을 제공한다. 지붕재는 형태상 매우 다양하다. 사실상 연속적인 불침투성 막에서부터, 지붕널과 타일 조각들을 서로 맞물리거나 겹치도록 두는 방법에 이르기까지 많은 종류가 있다. 사용할 수 있는 지붕재 유형은 지붕 구조의 물매에 따라 다르다. 경사가 있는 지붕은 쉽게 물을 떨구지만, 평지붕은 반드시 연속된 방수막을 적용해야 물이 배수되고 증발되는 동안 남아 있는 물을 버틸 수 있다. 평지붕은 물론 단열을 잘한 경사 지붕에도 눈이 남아 있을 수 있다. 이러한 지붕에는 보통 이상의 경사를 가진 지붕에 비해서 더 큰 활하중을 지지할 수 있도록 설계해야 한다. 지붕 재료를 선택할 때 추가적으로 고려해야 할 요인들로는 설치 및 유지에 대한 요구 사항, 바람과 화재에 저항할 수 있는 내구성이 있다. 지붕재가 시야에 노출되는 경우에는 지붕재가 설치되는 패턴과 질감, 색상 역시 고려해야 한다.

물이 지붕 조립체로 누수 되어 궁극적으로는 건물의 실내로 들어오는 것을 방지하려면, 지붕 경사에 변화가 생기는 부분이나, 수직면과 접하는 지붕 가장자리를 따라, 그리고 굴뚝, 환기 배관, 천창 등으로 지붕에 관통이 생기는 곳을 따라 플래싱을 설치해야 한다. 외벽에도 누수가 생길 수 있는 창호 개구부가 있는 곳이나, 재료가 벽면에서 만나는 이음부와 같은 곳에는 플래싱이 필요하다.

외벽도 기후로부터 보호가 필요하다. 중실 조적조와 콘크리트 내력벽과 같은 일부 외벽 시스템에서 건물 내부로 물 침투를 막는 장벽은 질량mass[1)] 이다. 한편 중공 벽체 및 커튼월과 같은 벽체 시스템은 벽체 내부에서 배수 시스템을 갖추어, 외장재 또는 피복을 통과하는 수분을 제거한다.

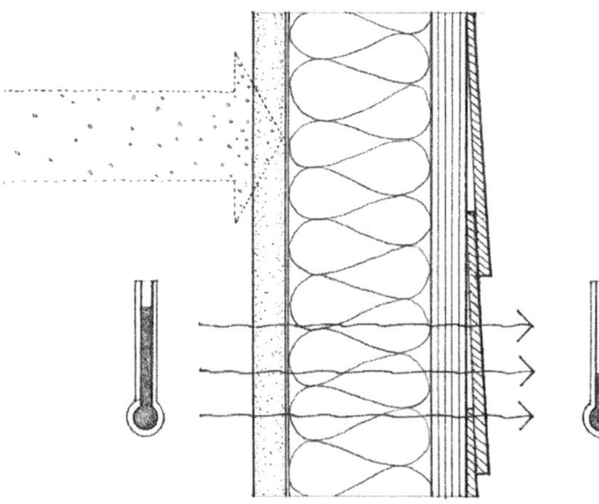

LEED® 크레딧 2: 에너지 성능 최적화

습기는 정상적인 상황에서는 건물 실내 공간에 수증기 형태로 존재한다. 이 수증기가 더 차가운 외부 공기에 의한 열손실에 의해 냉각된 표면에 닿게 되면, 결로가 발생할 수 있다. 결로는 단열이 되지 않은 창유리에서처럼 눈에 뜨일 수도 있고, 찬장, 벽 또는 바닥 공간에 보이지 않는 상태로 모일 수도 있다. 결로를 몰아내기 위해서는 단열재와 습기지연제를 적절히 배치하고, 다락방 크롤 스페이스와 같은 숨겨진 공간을 잘 환기하는 등의 방법을 쓴다.

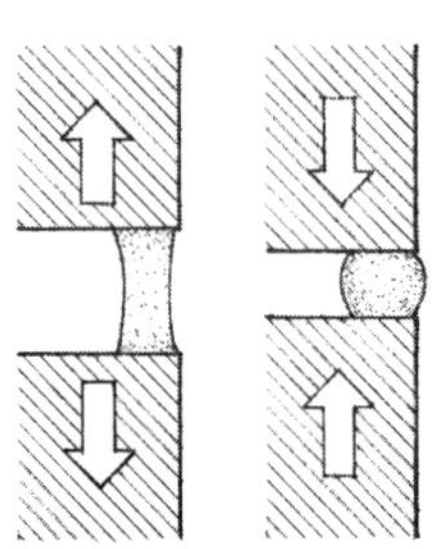

건물을 둘러싼 외벽에 의해 잠재적인 열손실 또는 열 취득이 발생하게 된다. 이것들은 실내 공간에서 원하는 수준의 환경 쾌적성을 유지하기 위한 기계 설비와 에너지를 추정하는 데 있어 중요한 요인이다. 건축자재를 적절히 선택하고, 건물을 둘러싸는 요소들에 대한 올바른 시공 및 단열 작업을 진행하며, 부지에서의 건물 방향을 잘 결정하는 것이 열손실과 취득을 제어할 수 있는 기본적인 수단이다.
건축 자재는 정상 온도 범위 내에서는 기온 변화, 태양열 복사와 바람에 노출되어 팽창 및 수축한다. 팽창 및 수축에 의한 거동을 허용하고, 응력을 줄이기 위해 팽창 이음을 쓴다. 팽창 이음은 유연하고, 비바람에 견딜 수 있어야 하며, 내구성이 있어야 한다. 또한 이러한 효과를 보기 위해서는 제자리에 올바르게 설치해야 한다.

1) 실제로는 질량으로 인해 유발되는 면밀도mass per unit.

밑깔개는 지붕널을 적용하기 전에, 습기로부터 지붕 덮개를 보호한다. 지붕재가 적용되고 나면, 밑깔개는 추가로 덮개를 바람이 몰아치는 비로부터 보호한다. 밑깔개 재료는 습기가 밑깔개와 지붕 덮개 사이에 축적되지 않도록 투습 저항vapor resistance이[2] 높아서는 안 된다. 지붕 목재널이 적용되기 전에는, 못만 충분히 사용하여 밑깔개 재료를 제 자리에 고정한다.

처마 플래싱

처마 플래싱eave flashing은 얼음이 처마를 따라 생기고, 지붕널 아래쪽으로 녹은 얼음이나 물이 모일 가능성이 있을 모든 가능성이 있을 때 필요하다.

- 일반 경사의 지붕에서, 처마 플래싱은 15lb. 펠트 2개 층, 또는 지붕의 처마에서 실내 측 벽선wall line[3] 안쪽 24"(610) 지점까지 연장한 50lb.의 부드러운 롤 지붕재 단일 층으로 구성된다.
- 낮은 경사의 지붕에서 밑깔개 층course을 추가할 경우에는, 제 자리에 합착시키고, 실내 측 벽선 안쪽으로 36" (915) 지점까지 연장시킨다.

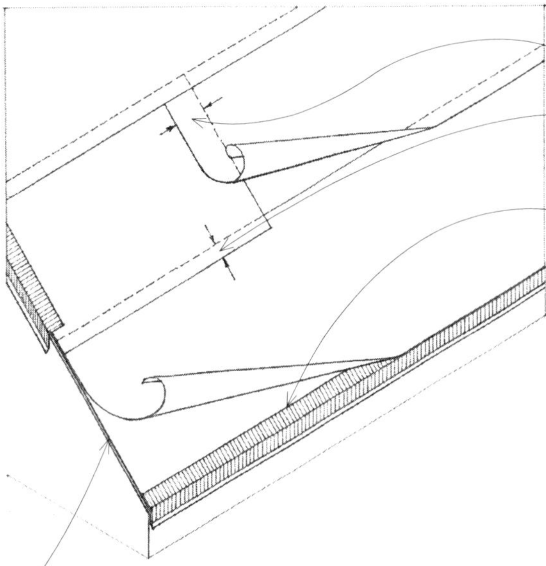

일반경사(4:12 이상)에서의 밑깔개

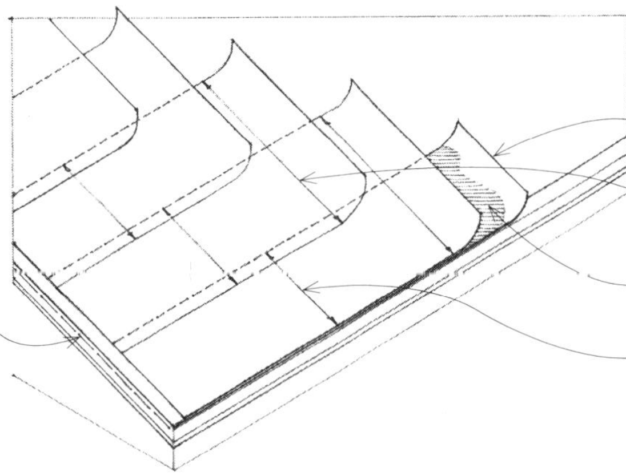

낮은 경사(3:12~4:12)에서의 밑깔개

2) 습기 이동의 정도를 나타내는 계수의 일종으로 습기 전도율의 역수로 표현된다.
3) ① 벽면의 인방과 중방에 세워대어 문짝을 고정함. ② 벽 중간에 세운 문설주. ③ 기둥에 붙여 세우는 네모진 굵은 나무. ④ 바람벽을 뚫어 작은 문을 내고, 그 문밖에는 큰 장을 짜 달아서 물건을 넣어 두는 곳.

지붕널 지붕을 위한 밑깔개와 덮개

지붕 유형	덮개	밑깔개	일반경사		낮은 경사	
유리섬유 지붕널	중실	15 lb. 아스팔트 포화 펠트	4:12 이상	단일 층	3:12~4:12	2개 층
아스팔트 싱글	중실	15 lb. 아스팔트 포화 펠트	4:12 이상	단일 층	2:12~4:12	2개 층
목재 지붕널	간격 있음	15 lb. 아스팔트 포화 펠트	4:12 이상	선택 가능	3:12~4:12	날씨에 대한 노출
	중실	15 lb. 아스팔트 포화 펠트	4:12 이상	선택 가능, 강설 지역에서는 처마 플래싱 필요	3:12~4:12	선택 가능, 강설 지역에서 처마 플래싱
목재 너와	간격 있음	30 lb. 아스팔트 포화 펠트 (사이깔개)		4:12 이상	추천하지 않음	
	중실	30 lb. 아스팔트 포화 펠트 (사이깔개)		4:12 이상		3:12~4:12 단일층 밑깔개 후 지붕 전체에 걸쳐 사이깔개 시공

노출 추천 최대 길이 인치 (mm)

지붕널 등급	길이 인치 (mm)	지붕 경사 4:12 이상	3:12~4:12
No. 1	16" (405)	5" (125)	$3\frac{3}{4}$" (95)
	18" (455)	$5\frac{1}{2}$" (140)	$4\frac{1}{4}$" (110)
	24" (610)	$7\frac{1}{2}$" (190)	$5\frac{3}{4}$" (145)
No. 2	16" (405)	4" (100)	$3\frac{1}{2}$" (90)
	18" (455)	$4\frac{1}{2}$" (115)	4" (100)
	24" (610)	$6\frac{1}{2}$" (165)	$5\frac{1}{2}$" (140)
No. 3	16" (405)	$3\frac{1}{2}$" (90)	3" (75)
	18" (455)	4" (100)	$3\frac{1}{2}$" (90)
	24" (610)	$5\frac{1}{2}$" (140)	5" (125)
목재 너와	18" (455)	$7\frac{1}{2}$" (190)	추천
	24" (610)	10" (255)	하지 않음

- 아연 용융도금 강재 또는 알루미늄 합금 못과 같이 내부식성이 있는 못만 사용할 것. 지붕널 당 두 개의 패스너가 필요하다. 못은 민면이 되도록 지붕널 면에 맞춰 박고, 지붕널 표면 안쪽으로 들어가지 않도록 주의한다.
- 1×4 또는 1×6 덮개로 간격을 두어 지붕널이 환기되도록 한다. 지붕널과 너와의 간격은 지붕널 노출 거리와 동일.

목재 지붕널과 너와는 일반적으로 미국 측백나무를 재단하여 만들지만, 미국 편백, 미국 삼나무, 붉은 사이프러스로 만들 수도 있다. 미국 측백나무는 곱고 균질한 나뭇결을 가지고 있고 그 자체로 물, 부식, 햇빛에 저항하는 성질이 있다.

미국 측백나무 지붕널은 16"(405), 18"(455) 및 24"(610) 길이로 제공되고 등급은 다음과 같다.

- No. 1 프리미엄 등급 (블루 라벨) :
  - 심재 100 %, 흠 없음[clear 4)] 100%, 곧은결 100%
- No. 2 중급 (레드 라벨) :
  - 16"(405) 지붕널에서 10"(255)는 흠 없음
  - 18"(455) 지붕널에서 11"(280)는 흠 없음
  - 24"(610) 지붕널에서 16"(405)는 흠 없음
  - 몇 개의 널결[flat grain 5)]은 허용
- No. 3 유틸리티 등급 (블랙 라벨) :
  - 16"(405) 및 18"(455) 지붕널에서 6" (150)는 흠 없음
  - 24"(610)에서 10"(255)는 흠 없음.

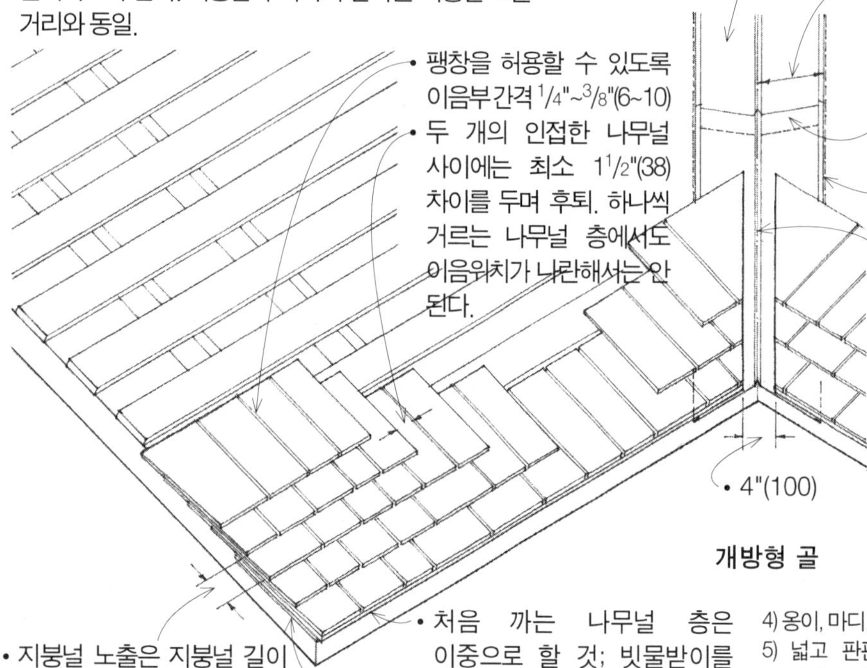

- 26 게이지 아연도금 강재 또는 0.019" (0.5) 두께의 내 부식성 플래싱; 가혹한 기후에는 플래싱 아래에 밑깔개/초벌이음 제공
- 3:12 (25%) 이상의 지붕 경사일 경우 36"(915) 폭의 밑깔개를 둔 골 중심선 양쪽으로 최소 11"(280)
- 4"(100) 겹침
- 에지 크림프[edge crimps6)] 1/2"(13)
- 골 중심에는 1"(25) 높이로 크림핑
- 팽창을 허용할 수 있도록 이음부간격 1/4"~3/8"(6~10)
- 두 개의 인접한 나무널 사이에는 최소 $1\frac{1}{2}$"(38) 차이를 두며 후퇴. 하나씩 거르는 나무널 층에서도 이음위치가 나란해서는 안 된다.
- 4"(100)

개방형 골

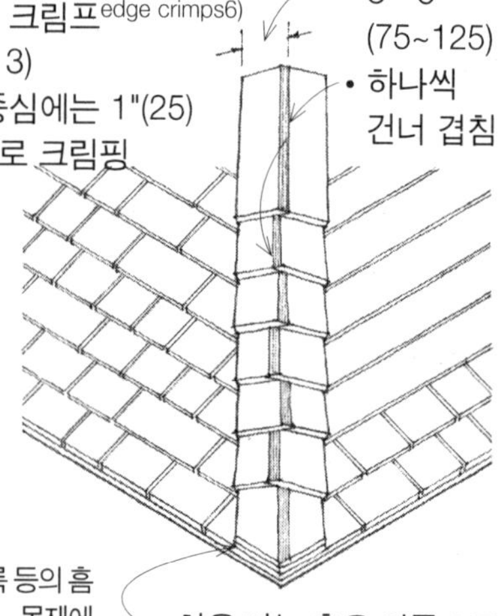

- 3"~5" (75~125)
- 하나씩 건너 겹침

- 지붕널 노출은 지붕널 길이와 지붕 경사에 따라 다르다. 위의 표를 참조할 것.
- 바람과 눈이 같이 몰아치고 지붕에 얼음이 쌓이는 지역에서는 안을 밀실하게 채운 덮개위에 처마 플래싱을 설치해야 한다. 7.03 참조

- 처음 까는 나무널 층은 이중으로 할 것; 빗물받이를 형성할 수 있도록 1"~$1\frac{1}{2}$" (25~38)를 연장.
- 지붕널은 경사처마 트림 너머로 1"(25)돌출하여 빗물 받이를 형성. 또는 빗물이 모이는 것을 막기 위해 경사진 스트립으로 돌출된 각으로 처리.

4) 옹이, 마디, 상처 얼룩 등의 흠
5) 넓고 판판하게 켠 목재에 나타난 물결무늬 나뭇결. 결이 거칠고 불규칙하며, 널결재는 곧은결에 비해 수축 변형 및 마모율이 높다.
6) 크림핑은 둘 이상의 금속 또는 다른 연성 재료를 붙이고, 하나 또는 둘 모두를 변형시켜 고정시키는 방법.
7) 시공 시에 있어서 판, 시트, 띠 모양 등 일정한 형상을 하고 있는 재료. 정형재료

- 처음 까는 층은 이중으로
- 용마루는 추녀마루 시공과 유사
- 기성품[preformed7)] 용마루와 추녀마루 유닛을 사용할 수 있음.

추녀마루에 적용

CSI 마스터포맷TM 07 31 29: 목재 지붕널과 너와

목재 지붕널은 톱질로 재단하는 반면, 목재 너와wood shakes는 짧은 통나무를 경사진 방사 형태로 분할하여 만들고, 적어도 하나 이상의 질감을 가지고 있다. 정상적으로 만들어진 너와는 100% 흠이 없는 심재로, 18"(150) 및 24"(610) 길이로 제공된다. 테이퍼 분할tapersplit 및 일직선 분할straightsplit 너와는 100%의 곧은 결을 갖는 반면, 수작업 분할/핸드스플릿handsplit 및 제재톱resawn 너와는 최소 90%의 면적에서 흠이 없다.

목재 지붕널과 너와 모두 가연성 재료이다. 단 UL 클래스 C 등급을 받기 위해 화학적으로 처리하지 않은 조건에 한한다. 만약 클래스 C의 지붕널 또는 너와가 5/8"(16) 합판으로 구성된 밀실하게 채운 지붕 데크 위에 올라간다면 클래스 B가 가능하다. 이때 지붕 데크의 합판은 외부 등급의 접착제를 사용한 것이어야 하고, 겉으로는 플라스틱으로 코팅한 시트 포일로 덮여 있어야 한다.

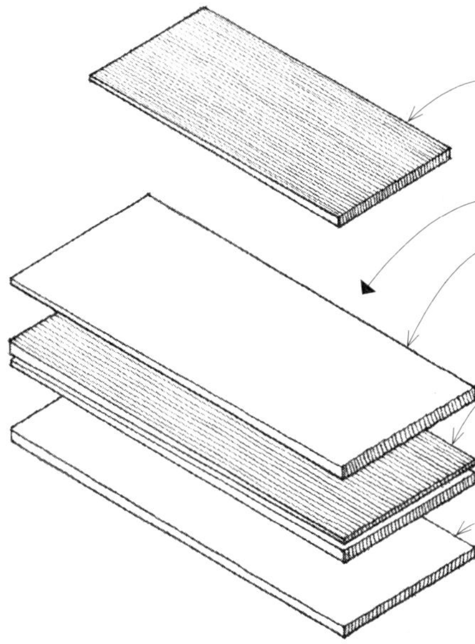

- 톱질 재단 지붕널
- 너와
- 테이퍼 분할 너와는 각 분할마다 너와에 쓸 나무 블록을 거꾸로 하여 경사를 준 수작업분할 너와이다.
- 수작업 분할 및 제재톱 너와는 앞쪽은 분할로, 뒤쪽은 제재톱으로 다듬은 테이퍼 분할 너와이다.
- 일직선 분할은 동일한 두께를 가진 수작업 분할 너와이다.

- 목재 너와의 거친 질감 때문에, 너와의 각 층 사이에는 사이깔개 층을 놓는다. 30lb. 아스팔트 포화 펠트로 구성한 사이깔개는 바람에 의한 비나 눈에 대한 배플baffle9) 역할을 한다.
- 18"(455)폭을 가진 사이깔개
- 노출 거리의 2배
- 간격을 둔 덮개는 최소 1×4
- 팽창을 허용하기 위해 이음 간격은 3/8"~5/8"(10~16)
- 인접한 층끼리는 최소한 1 1/2(38)씩 후퇴

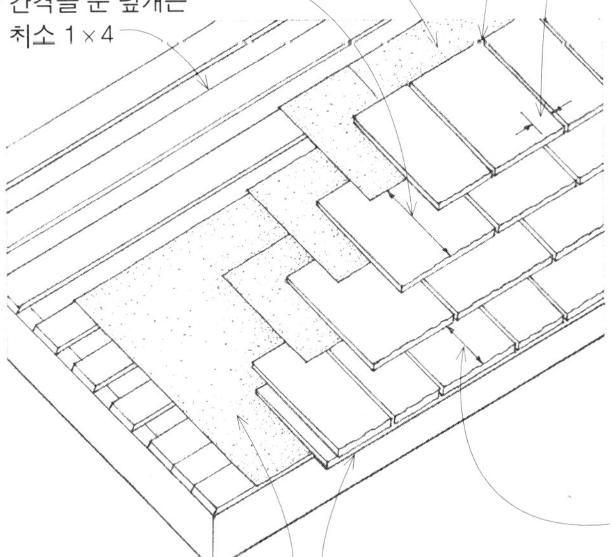

- 36"(915) 폭의 스타터 스트립; 처마 플래싱을 위해 지붕 처마에서 30lb 아스팔트 포화 펠트의 층을 추가하여 벽선 안쪽 36"(915) 지점까지 접합한다.
- 시작층은 이중으로; 빗물받이를 형성하기 위해 1"~1 1/2"(25~38) 돌출
- 날씨에 노출되는 경우에는 7.04의 표를 참조
- 아연 용융도금 강재 또는 알루미늄 합금 못과 같이 내부식성이 있는 못만 사용할 것. 못은 민면이 되도록 지붕널 면에 맞춰 박고, 싱글 표면 안쪽으로 들어가지 않도록 주의한다.

- 30 lb.펠트의 밑깔개
- 최소 11"(280); 겹침 단면 4"(100)
- 골 중심에는 1"(25) 높이의 크림프
- 1/2"(13) 가장사리 크림프

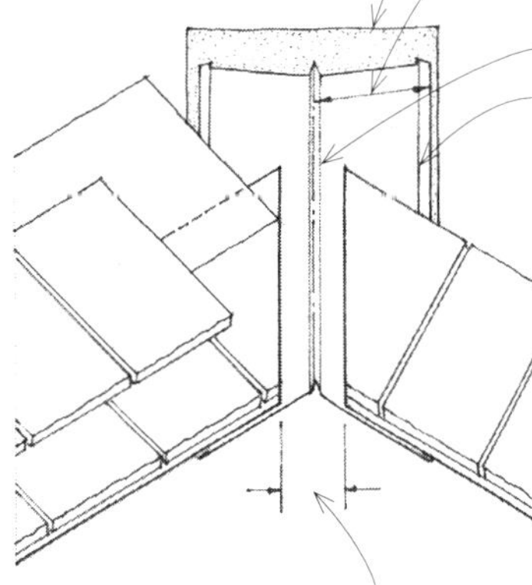

- 6" (150)

개방형 골

- 6"(150)
- 하나씩 건너 겹침

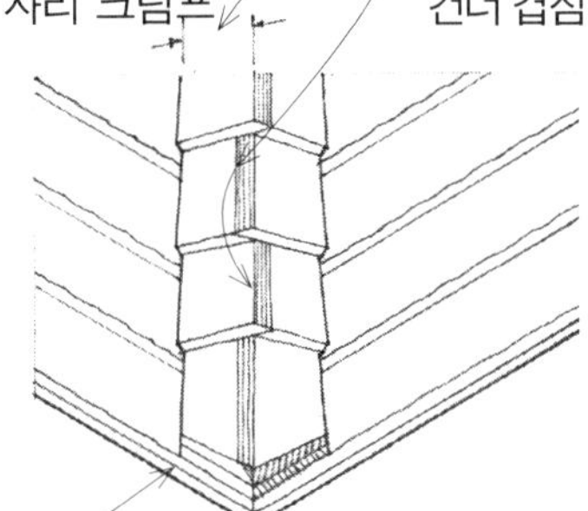

- 시작하는 지붕널은 이중으로

추녀마루에 적용

- 용마루는 추녀마루 시공과 비슷
- 기성품 용마루와 추녀마루 유닛을 사용할 수 있음.

9) 벽 부재의 내부에서 공기나 물이 침입하거나 관통하는 것을 막고, 들어온 물을 제거하기 위해 유체의 흐름을 바꾸도록 벽 안쪽에 두는 판재를 말한다.

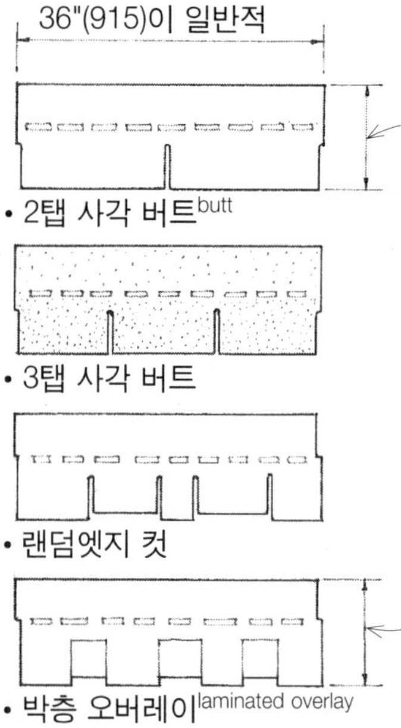

지붕널 디자인

- 지붕널 무게는 평방 205 lb.~380lb. 까지 다양하다.
- 1평방 = 100sf (9.29㎡)
- 규격, 패턴, 색상, 설치 세부 사항에 대해서는 제조업체에 문의

복합 지붕널은 무기 유리 섬유 바탕 또는 유기 펠트 바탕에 설치한다. 각각의 바탕은 유색 광물 과립제 또는 세라믹 과립제로 바람이나 비를 받는 면을 처리한다. 무기 유리섬유 바탕 지붕널은 내화성능이 뛰어나다(UL 클래스 A); 유기 펠트 바탕 지붕널은 중간 정도의 내화성능을 띈다(UL 클래스 C). 대부분의 복합 지붕널은 자체 밀봉 접착제가 있는 탭이나, 지붕널이 바람에 저항할 수 있도록 잠금 탭이 달려 있다. 바람 저항은 지붕널이 낮은 경사 지붕에서, 또는 강풍에 노출되는 지역에서 사용될 때 중요하다.

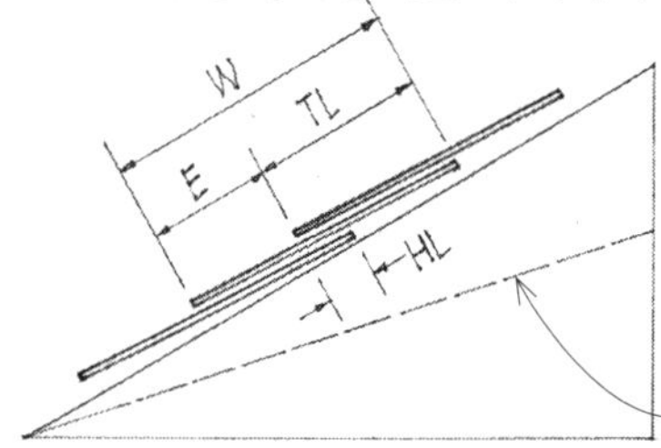

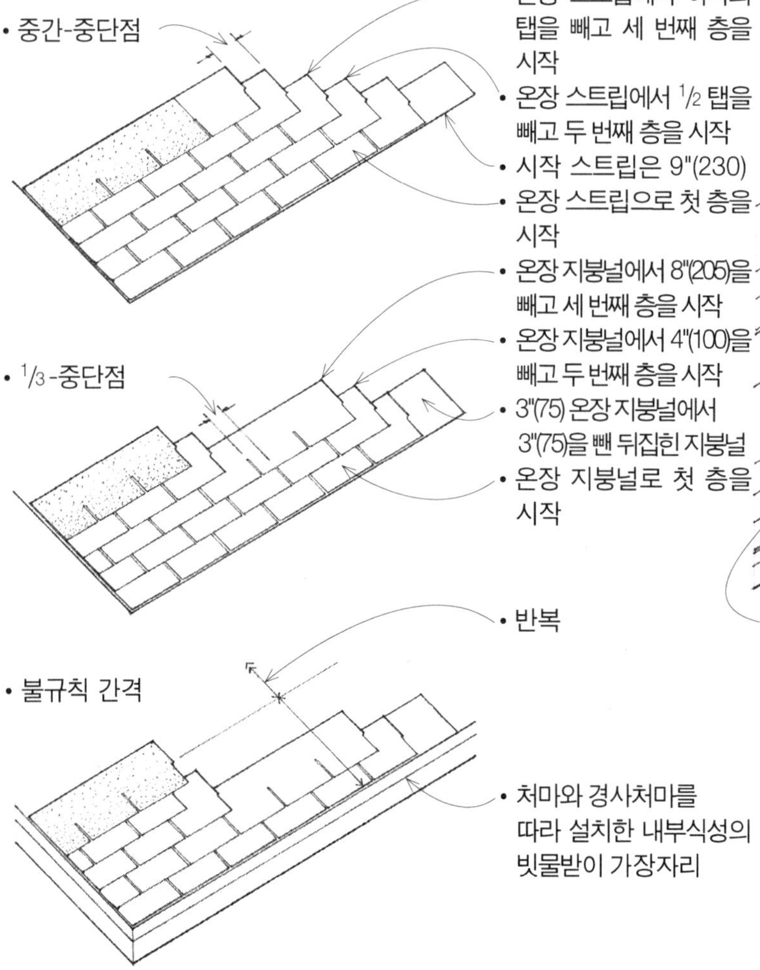

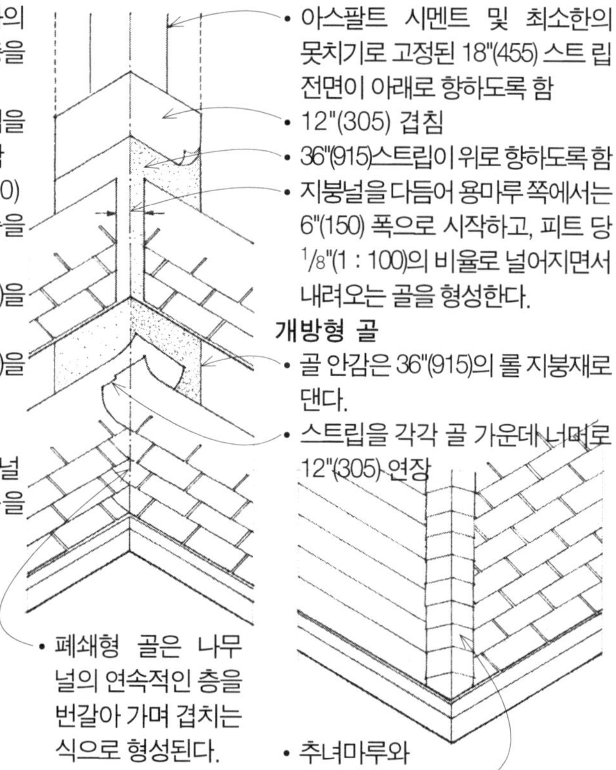

CSI 마스터포맷 07 31 13: 아스팔트 지붕널
CSI 마스터포맷 07 31 13.13: 유리섬유 보강 아스팔트 지붕널

슬레이트(점판암)은 내구성과 내화성이 극단적으로 뛰어나며 유지 보수가 적은 지붕 재료이다. 슬레이트 지붕널은 구리 못이나 강선 타이를 적용하기 위해 자르고, 다듬고, 구멍을 뚫는다. 슬레이트 지붕널 적용을 위한 원칙들은 목재 지붕널과 유사하다.

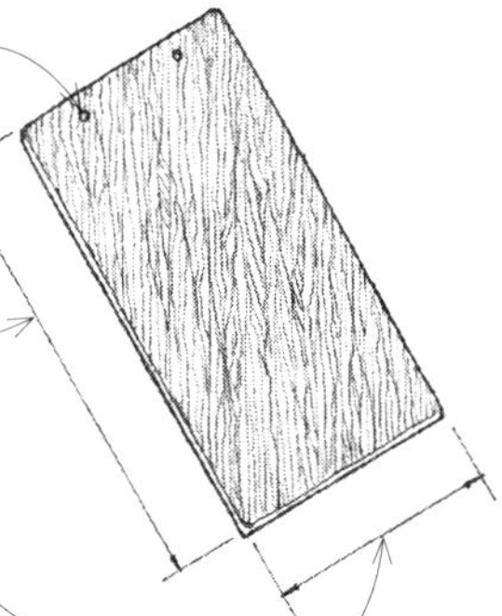

- 지붕널 당 2개의 못 구멍
- 2"(51) 증가 당 10"~24"(255~610) 길게
- 두께 $^3/_{16}$"~1"(5~25)
- 폭 6"~14"(150~355)

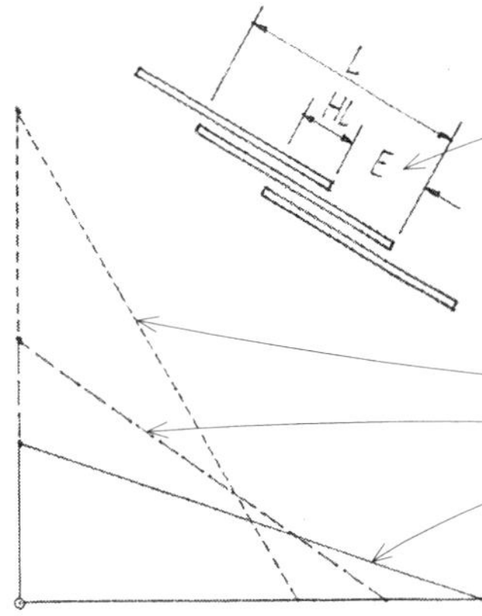

- 노출 3"~11$^1/_2$"(75~290)
- 노출(E) = 길이(L) -헤드 겹침
- 20:12의 경우 HL = 2"(51)
- 8:12의 경우 HL = 3"(75)
- 4:12의 경우 HL = 4"(100)

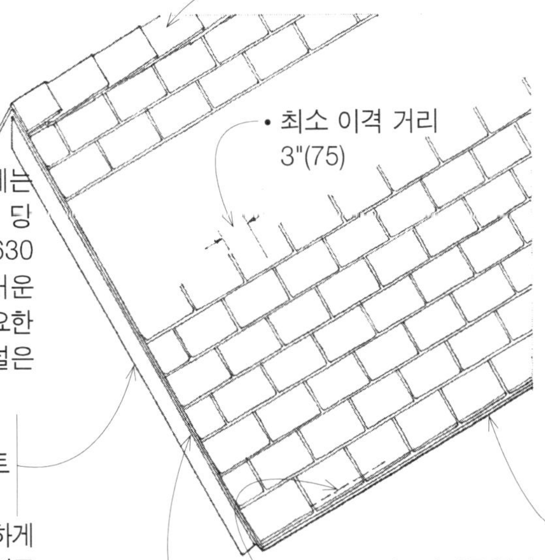

- 안장형 용마루 지붕널
- 최소 이격 거리 3"(75)

슬레이트 지붕널의 무게는 지붕 면직 평빙(9.29㎡) 당 800~3600lb. (360~1630 kg)이다. 보통보다 무거운 지붕 골조와 데크가 필요한 이유다. 슬레이트 지붕널은 다음에 적용될 수 있다:

- 중실 목재 데크
- 못치기 가능한 콘크리트
- 강재 앵글 골조
- 보통 상황에서는 밀실하게 속을 채운 지붕 데크 위로 30lb. 지붕 펠트를 밑깔개로 쓴다. 두꺼운 슬레이트 지붕널의 경우에는 45 lb. 펠트를 밑깔개로 쓴다.

- 처마에는 빗물받이를 형성하기 위해 2" (51) 돌출
- 경사처마에서는 $^1/_2$"~1"(13~25) 돌출

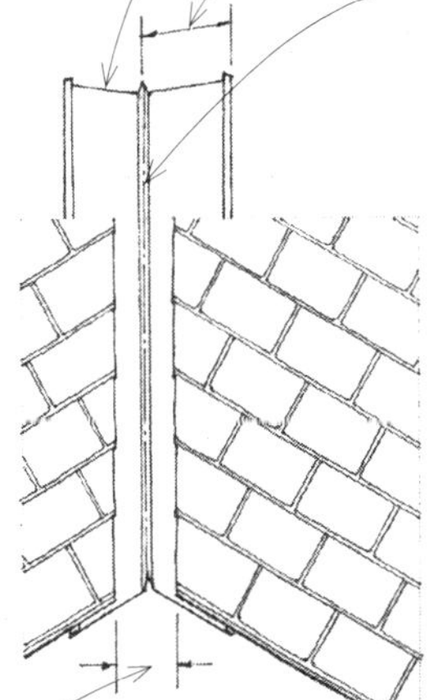

- 구리 플래싱 16 oz.
- 최소 11"(280: 겹침 단면 4"(100).
- 물툄방향 전환턱/스플 래시 디버터 1"(25)
- 골의 폭은 바닥 쪽으로 내려갈수록 피트 당 $^1/_2$"(1 : 100)의 비율로 넓힌다.
- 시작하는 슬레이트는 처음 층과 이어지는 층에 같은 경사를 주기 위해 사용한다.

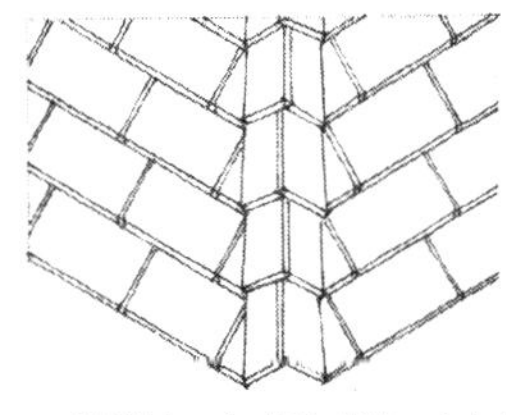

- 안장형 귀마루 또는 보스턴 힙(보스턴식 귀마루)

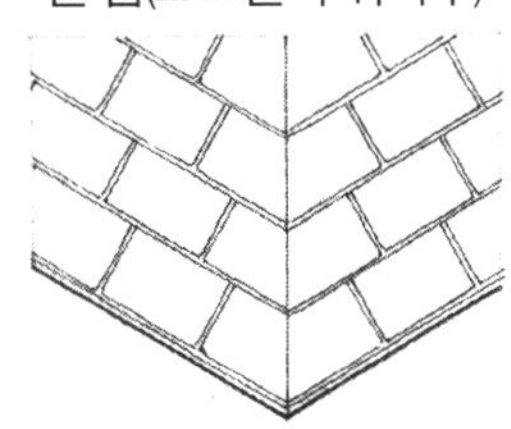

- 연귀 추녀

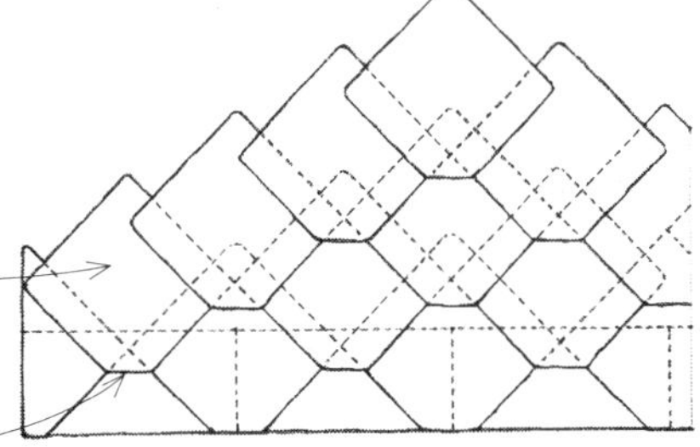

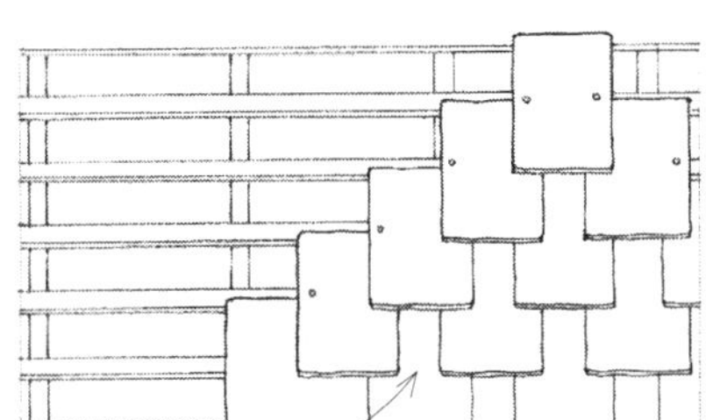

- 대각슬레이트잇기는 각 타일의 대각선이 수평으로 이어지도록 지붕 슬레이트를 설치하는 방법 이다.
- 벌집 슬레이트잇기는 지붕 슬레이트에서 타일 꼬리부분을 절단하는 대각슬레이트잇기의 일종이다.
- 개방슬레이트잇기 또는 간격슬레이트잇기는 슬레이트 층에서 인접한 타일 사이에 공간이 있는 지붕 슬레이트를 놓는 방법이다.

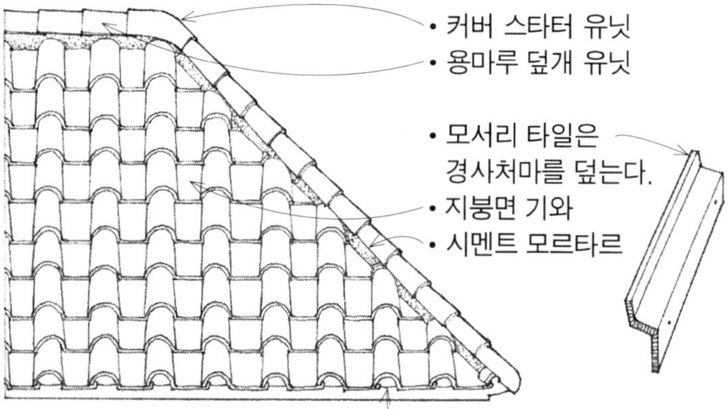

기와지붕은 점토 또는 콘크리트 유닛을 겹치거나 맞물리게 구성하여 강력한 질감 패턴을 만든다. 슬레이트와 마찬가지로 지붕재 기와는 내화성 내구성이 있으며 유지관리가 거의 필요하지 않다. 또한 무게가 무거우므로 평방 당 800~1000 lb.(9.29 ㎡ 당 363~454 kg) 기와의 무게를 지탱할 수 있을 만큼 강한 지붕 골조가 필요하다. 정상적인 지붕 기와는 30 lb. 혹은 45 lb. 지붕펠트로 된 밑깔개가 있는 중실한 합판 데크 위에 설치한다. 용마루, 추녀, 경사처마, 처마에는 특수한 기와 유닛을 사용한다.

다음은 점토 타일의 일반적인 유형, 치수 및 무게이다. 규격, 무게 및 설치 세부 사항에 대해서는 타일 제조업체에 문의하고 확정할 것.

- 미션 또는 스패니시 타일은 경사진 반원통형 지붕 기와로, 볼록면이 위로 겹치도록 배치된다. 유사한 타일 중에는 오목면이 위로 오게 하는 방식도 있다.
- 수키와는 볼록한 면을 위로 놓는다. 바닥에 깔리는 기와는 오목면을 위로 놓는다.
- 경사면은 기와 한쪽 끝이 겹치는 기와 안쪽으로 들어가서 안착할 수 있게 해준다.
- 최소 권장 경사 - 4:12
- 너비 10"(255), 길이 19"(485)
- 노출 : 16 인치 (405)

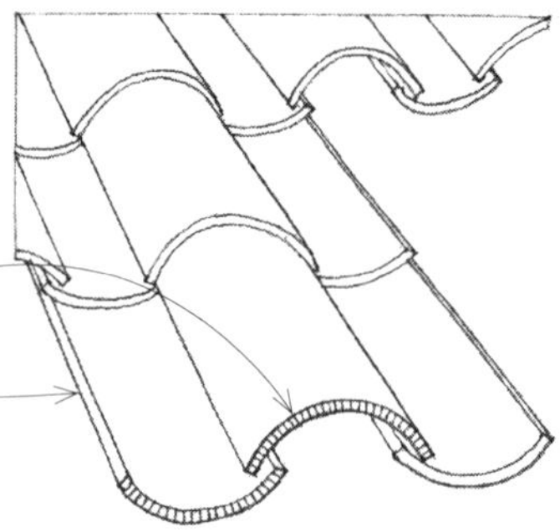

- 걸침기와는 S자 모양의 단면을 가지고 있어 기와에서 아래로 떨어지는 부분이 같은 층에 옆에 놓이는 다른 기와의 위쪽으로 올라가는 부분과 겹치도록 놓는다.
- 최소 권장 경사 - 4:12
- 너비 14"(355), 길이 19"(485)
- 노출 : 16 인치 (405)

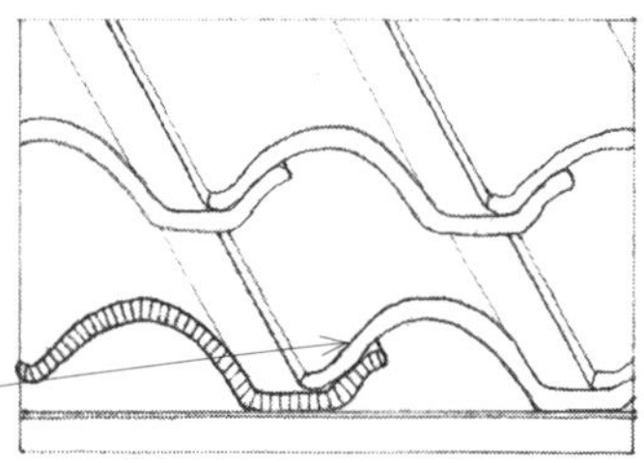

- 물림 기와는 평평한 직사각형의 지붕 기와로, 한쪽 모서리를 따라 홈이 있다. 이 홈은 같은 층 옆에 있는 기와에 있는 플랜지에 맞춰지게 된다.
- 최소 권장 경사 - 3:12
- 너비 9"(230), 길이 12"(305)
- 노출9" (230)

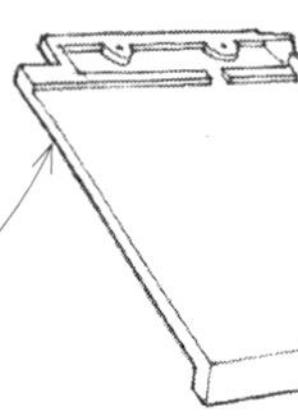

- 지붕널 기와는 평평한 직사각형 지붕 타일로, 겹치는 패턴으로 놓인다.
- 최소 권장 경사 - 3:12
- 너비10"(255), 길이 6"(405)
- 노출13"(330)

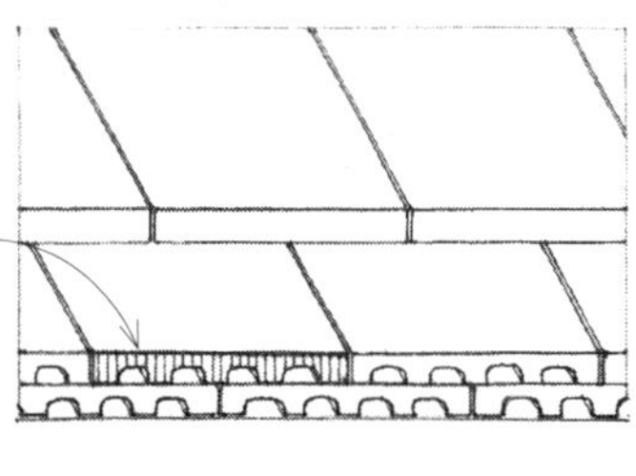

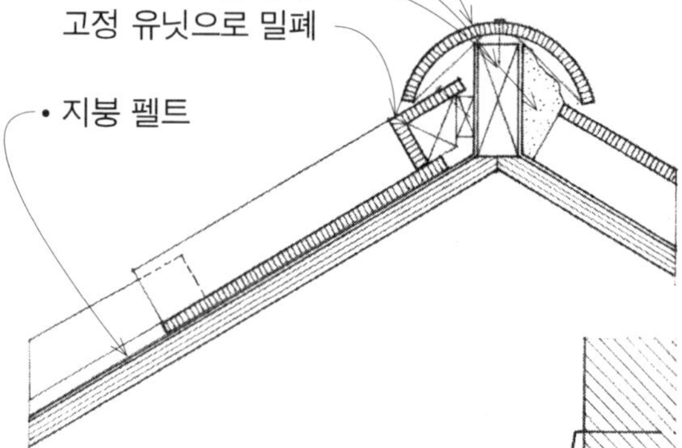

용마루

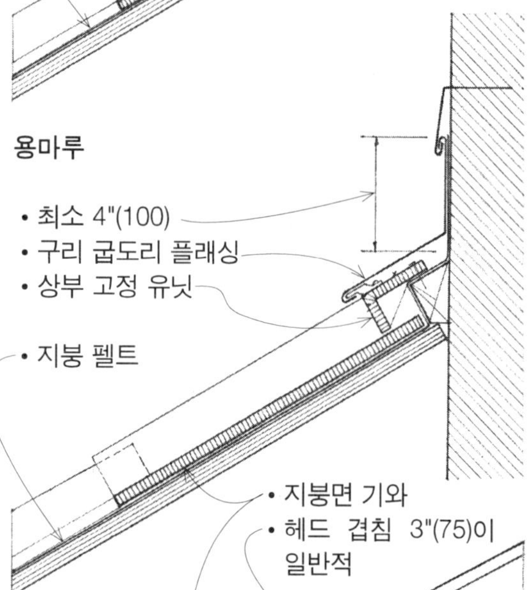

외쪽지붕 상부

처마

CSI 마스터포맷 07 32 00: 지붕 기와

식재지붕vegetated roofing은 "옥상녹화green roofing"로도 알려져 있다. 일반적으로 방수막위에 공학용 배양토 또는 생육배지에 식재한 초목으로 구성된 자연 지붕 피복층을 말한다. 식재 지붕은 일반적으로 더 많은 초기 투자가 필요하지만, 자연적인 피복층은 일상적인 온도 변동과 기존 지붕 시스템을 파괴하는 태양의 자외선 복사로부터 방수막을 보호한다. 식재 지붕은 건물 발자국building's footprint으로 불리는 건물이 차지하는 공간을 보존하고, 빗물 유출량을 제어하고, 공기질 및 수질을 개선하는 등 환경적 이점을 제공한다.

전통적인 지붕의 표면 온도는 더운 여름날의 기온보다 최대 32℃ (90℉) 더 높을 수 있다. 표면 온도가 훨씬 낮은 식재 지붕은 도시 지역에서 열섬 효과를 줄이는 데 도움이 된다. 식재 지붕 시스템은 증가한 단열 수치만큼 실내 공기 온도와 습도를 안정시키고 건물의 난방 및 냉방 비용을 줄이는 데 도움이 될 수 있다.

식재 지붕 시스템에는 중량형intensive, 경량형extensive 및 모듈러 블록modular방식의 세 가지 유형이 있다.

- 중량형 식재 지붕시스템은 교목, 관목, 풀 및 기타 조경이 있는 접근 가능한 옥상 정원을 만들기 위한 것으로 최소 1피트 (305)의 토양 깊이가 필요하다. 식재를 유지하기 위해 관개 및 배수 시스템이 필요하며, 이는 지붕 구조의 부하에 80~150psf (2870~4310Pa)를 추가할 수 있다. 보통은 콘크리트가 지붕 데크에 가장 적합한 선택이다.
- 경량형 식재 지붕시스템은 유지 보수가 적게 든다. 이 시스템은 주로 환경적 이점을 위해 지어진다. 여기서 사용하는 경량 생육배지는 일반적으로 깊이가 4"~6"(100~150)이며 유지관리가 필요할 때만 접근하는 작고 튼튼한 식물과 두꺼운 풀을 포함한다. 경량형 식재 지붕시스템은 지붕 구조의 하중에 15~50psf (715~2395Pa)를 추가할 수 있으며 적절하게 설계된 콘크리트, 강재 또는 목재 지붕 데크 위에 설치할 수 있다.
- 모듈러 블록 시스템은 양극 산화 처리 된 알루미늄 용기 또는 재활용 폴리스티렌 트레이로 구성된다. 모듈러 블록의 높이는 3"~4"(75~100)로 저성장 식물 종의 성장이 가능하며, 내부는 공학용 배양토로 채워져 있다. 각 블록의 바닥에 고정된 패드는 지붕 표면을 보호하고 장치를 통해 배수를 제어할 수 있다. 시스템의 일반적인 무게는 12~18psf (575~860Pa)이다.

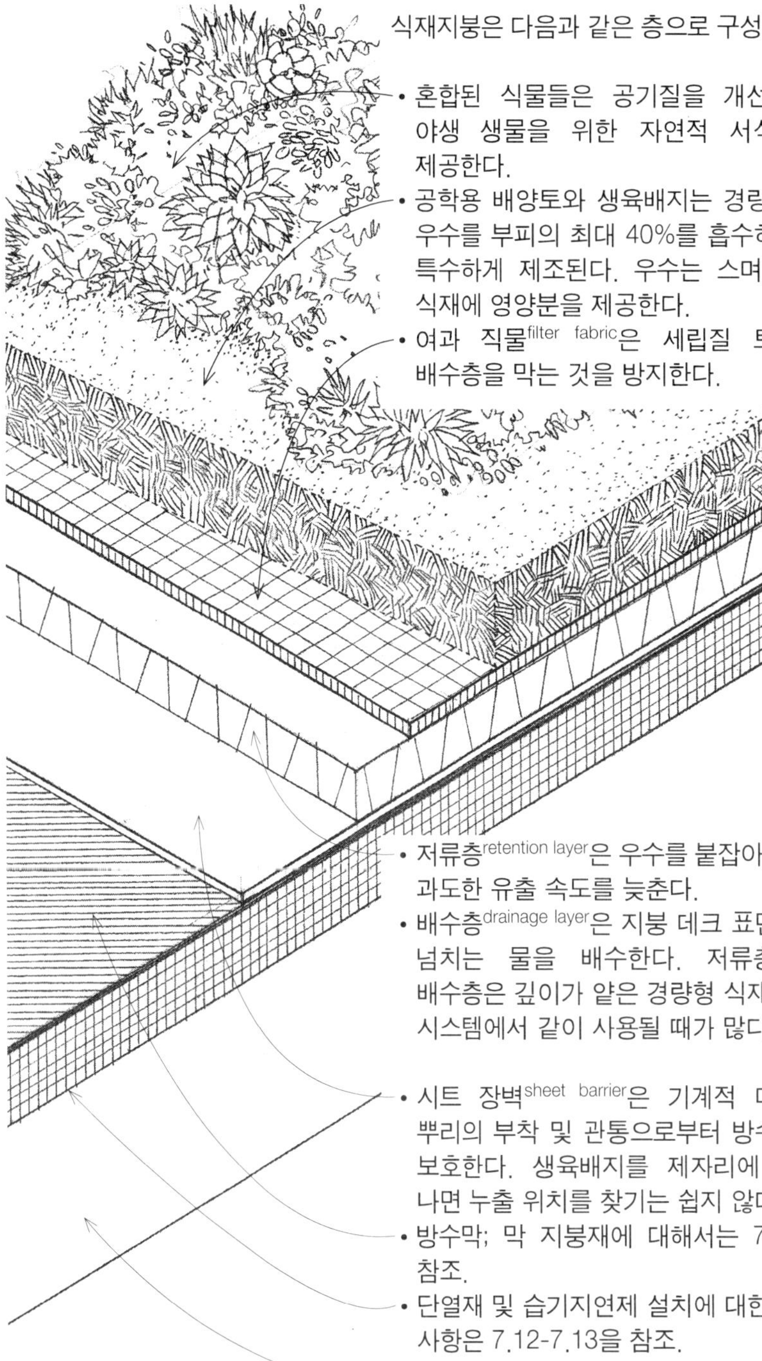

식재지붕은 다음과 같은 층으로 구성된다 :

- 혼합된 식물들은 공기질을 개선하고, 야생 생물을 위한 자연적 서식지를 제공한다.
- 공학용 배양토와 생육배지는 경량으로, 우수를 부피의 최대 40%를 흡수하도록 특수하게 제조된다. 우수는 스며 나와 식재에 영양분을 제공한다.
- 여과 직물filter fabric은 세립질 토양이 배수층을 막는 것을 방지한다.
- 저류층retention layer은 우수를 붙잡아 두고, 과도한 유출 속도를 늦춘다.
- 배수층drainage layer은 지붕 데크 표면에서 넘치는 물을 배수한다. 저류층 및 배수층은 깊이가 얕은 경량형 식재 지붕 시스템에서 같이 사용될 때가 많다.
- 시트 장벽sheet barrier은 기계적 마모와 뿌리의 부착 및 관통으로부터 방수막을 보호한다. 생육배지를 제자리에 두고 나면 누출 위치를 찾기는 쉽지 않다.
- 방수막; 막 지붕재에 대해서는 7.12를 참조.
- 단열재 및 습기지연제 설치에 대한 선택 사항은 7.12-7.13을 참조.
- 지붕 구조의 지지부는 반드시 습한 밀도를 지탱하는 데 필요한 60~90pcf (960~1440kg/㎥)의 내하성능load-bearing capacity이 있어야 한다.

- 식재 지붕은 저경사 지붕에서 가장 쉽다. 하지만 배양토나 생육배지를 안정화할 수 있는 적절한 시스템이 갖춰져 있는 경우, 최대 12:12(100%)까지 지붕 경사면에 설치할 수 있다.

LEED SS 크레딧 4: 우수 관리
LEED SS 크레딧 5: 열섬 감소

CSI 마스터포맷 07 33 00: 자연 재료에 의한 지붕 피복 파형 지붕 패널 또는 리브 패널은 경사면을 가로지르는 지붕보와 중도리 사이에 걸쳐 놓는다. 지붕 패널은 다음의 재료로 만들어 진다.

- 자연 광택 면 마감 또는 에나멜 마감처리된 알루미늄
- 아연도금 강재
- 유리섬유 또는 강화 플라스틱
- 건축용 파형 유리

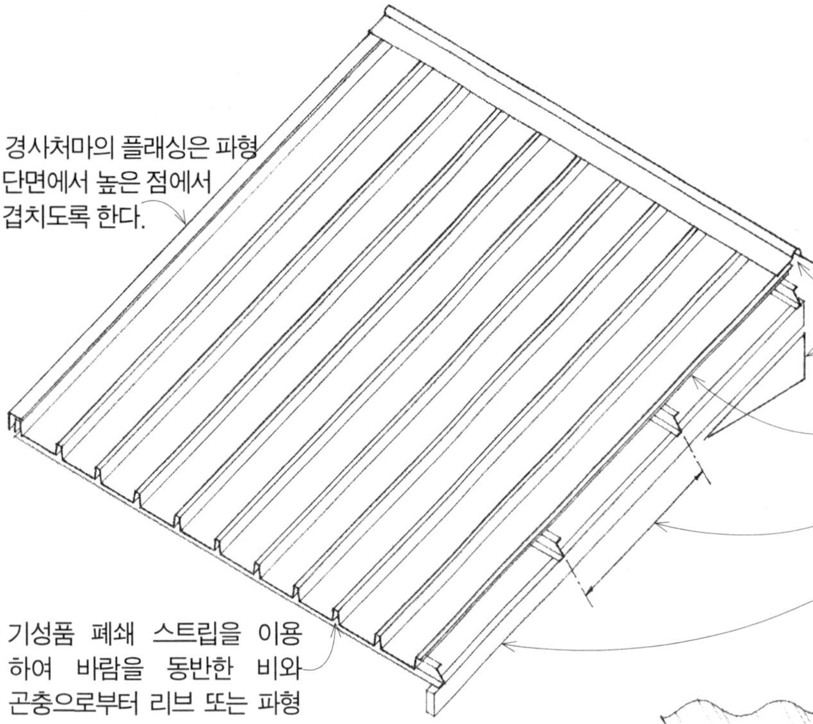

- 경사처마의 플래싱은 파형 단면에서 높은 점에서 겹치도록 한다.
- 기성품 용마루 캡ridge cap은 지붕과 같은 종류의 금속으로
- 최소 권장 경사 - 3:12
- 지붕 패널은 용마루에서 처마까지 이르는 지붕 전체 길이로 공장에서 재단될 수 있다.
- 도리 간격 = 지붕 경간; 중심 간격 2'~6'(610~1830) 이 일반적
- 도리를 위한 지붕 보 또는 트러스 지지부
- 기성품 폐쇄 스트립을 이용하여 바람을 동반한 비와 곤충으로부터 리브 또는 파형 재료의 개방된 공간을 막는다.
- 다양한 파형과 리브 형태를 사용할 수 있다. 빛을 투과하는 유리섬유와 플라스틱 패널의 단면형상이 일치할 경우 채광창으로 사용할 수 있다.

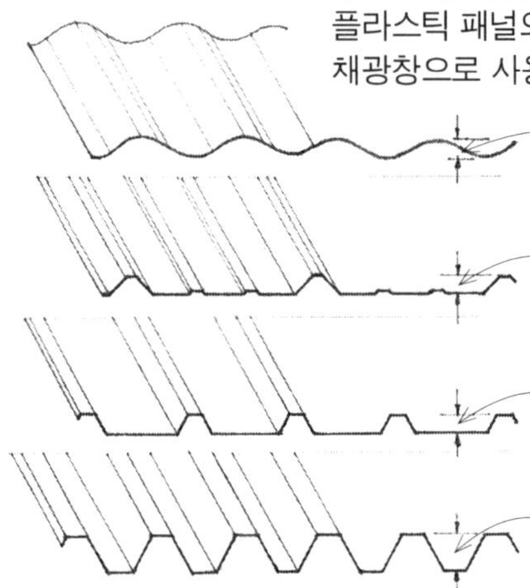

- $^{3}/_{4}$"~1" (19~25)
- $^{3}/_{4}$"~$1^{1}/_{8}$" (19~29)
- $1^{3}/_{8}$"~$2^{1}/_{4}$" (35~57)
- $1^{1}/_{2}$"~2"(38~51)
- 2'~3'(610~915)너비가 일반적
- 재료의 사양, 패널 규격 및 무게, 마감, 허용 경간 및 설치 세부 사항은 지붕 제조업체에 문의.

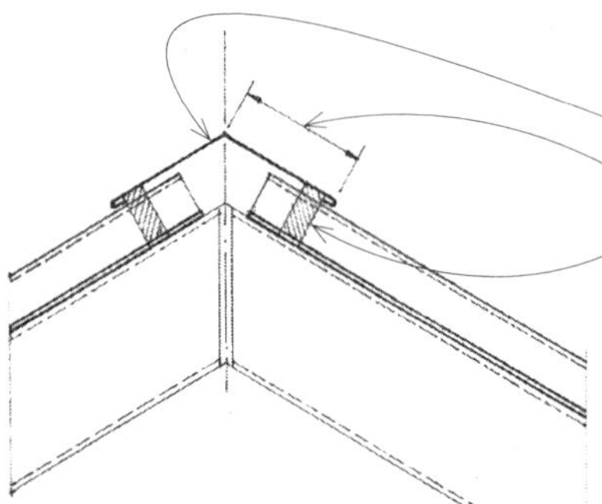

- 추녀마루 플래싱
- 6"(150)이 일반적
- 폐쇄 스트립 또는 밀봉

추녀마루

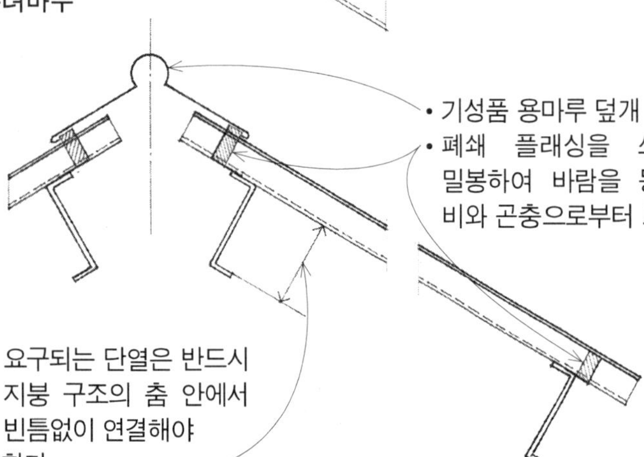

- 기성품 용마루 덮개
- 폐쇄 플래싱을 쓰거나 밀봉하여 바람을 동반한 비와 곤충으로부터 보호
- 요구되는 단열은 반드시 지붕 구조의 춤 안에서 빈틈없이 연결해야 한다.

용마루

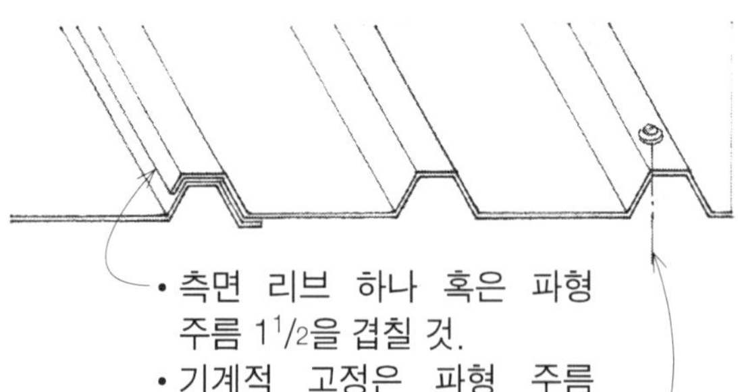

- 측면 리브 하나 혹은 파형 주름 $1^{1}/_{2}$을 겹칠 것.
- 기계적 고정은 파형 주름 상단 부분을 통해 이뤄진다. 일반적으로 와셔와 개스킷이 필요하다.

CSI 마스터포맷 07 41 13: 금속 지붕 패널

판금 지붕sheet metal roof은 맞물림 잇기 부위와 굴절된 용마루와 지붕 가장자리에서 보이는 강력한 시각적 패턴이 특징이다. 판금의 원료는 구리, 아연 합금, 아연도금 강재 또는 주석과 납의 합금으로 도금된 스테인리스강인 턴 메탈이다. 우수가 있는 상태에서 전식 작용을[10] 막기 위해서는 플래싱, 패스너 그리고 금속 부속품은 지붕 재료와 같은 것이어야 한다. 금속 지붕재를 사용할 때 고려해야 할 다른 요소는 금속의 풍화 특성과 팽창계수

10) 전해부식을 줄여 이르는 말. 지하나 수중에 매몰된 금속 물체에 전류가 흘러들어 부식되는 현상.

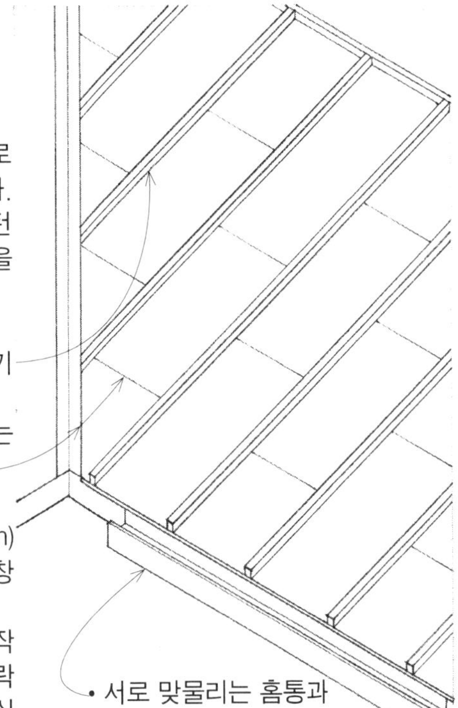

- 금속 지붕재는 지붕 펠트로 된 밑깔개 위에 설치한다. 로진 방수지는 펠트와 턴 메탈 지붕재 사이의 접착을 막기 위해 사용된다.
- 돌출잇기(세워거멀접기 방식) 또는 기와가락잇기
- 수평 및 골 부분의 잇기는 보통 납땜잇기로 한다.

- 물매 수평길이가 30'(9m)를 초과하는 경우에는 팽창이음을 할 것.
- 수직 잇기는 판금의 시작 폭과 돌출잇기 또는 기와가락잇기의 크기에 따라 중심 간격 12"~24"(305~610)마다 설치한다.
- 조립식 널판이음 지붕의 잇기는 중심 간격 24"~36"(610~915) 마다 설치
- 금속 팬은 아래로 내려서 춤이 깊은 처마돌림을 형성할 수 있다.
- 서로 맞물리는 홈통과 지붕재 안감은 지붕재와 같은 종류를 사용한다.

- 최소 경사 - 3:12
- 심잇기locked seam[11] 와 납땜잇기가 사용될 경우 더 낮은 경사가 가능하다.
- 못치기 고정이 불가능한 지붕 데크 위쪽에 깔리는 지붕재라면 못치기 스트립이 반드시 있어야 한다.
- 돌출잇기standing seams는 인접한 가장자리를 서로 접은 다음, 윗부분을 같은 방향으로 여러 번 접어서 만든다.

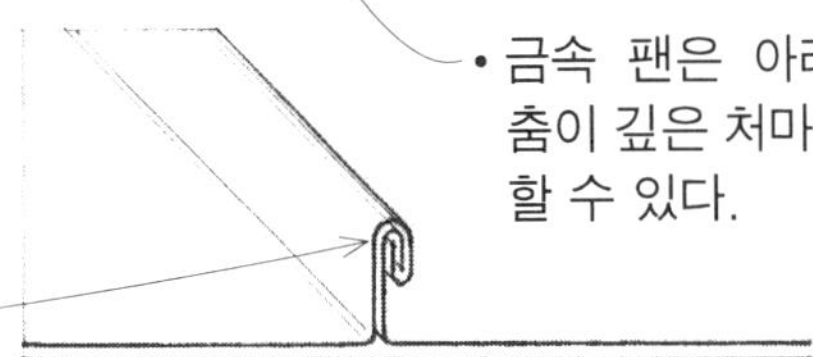

- 기와가락잇기batten seams는 기와가락[12]에 인접한 가장자리를 위로 접고, 기와가락 위에 올린 금속 스트립으로 제자리에 고정되도록 말아내려 만든다.
- 아래쪽이 좁아지는 기와가락을 쓰면, 지붕재의 평창을 허용한다.

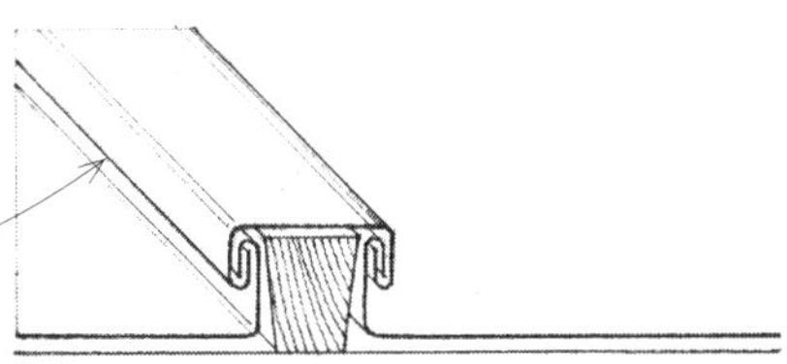

- 금속 지붕재 제조업체에서 제공한 다양한 조립식 돌출이음과 기와가락잇기 방법을 사용할 수 있다.

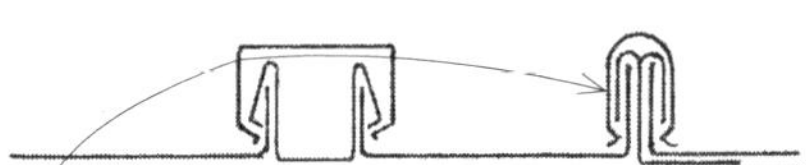

- 심잇기는 인접한 가장자리를 서로 접고 난 후, 맞물린 부위를 납작하게 눕히는 방식으로 만들어진다.

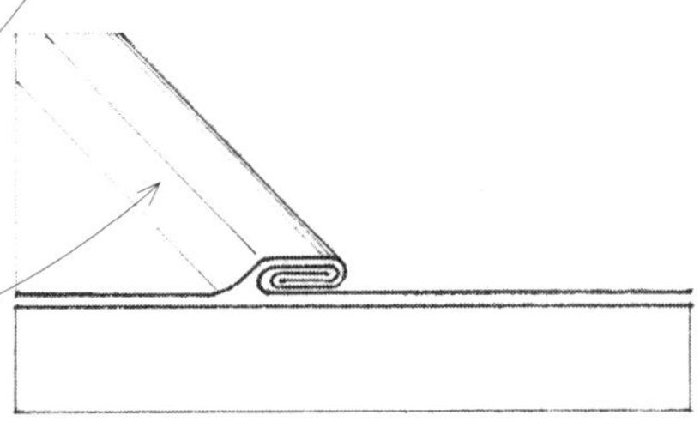

잇기 유형

- 기와가락batten을 쓴 용마루 잇기

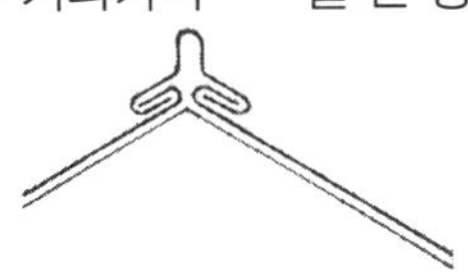

- 돌출잇기 방식의 용마루 잇기
- 굴림잇기와 곡선 또는 경사진 지붕의 낙하 방향으로 두 개의 판금 부재 사이의 접합으로, 인접한 가장자리를 서로 위로 접어 올린 후, 원통형 굴림 부위를 형성하도록 구부린 이음방식이다.

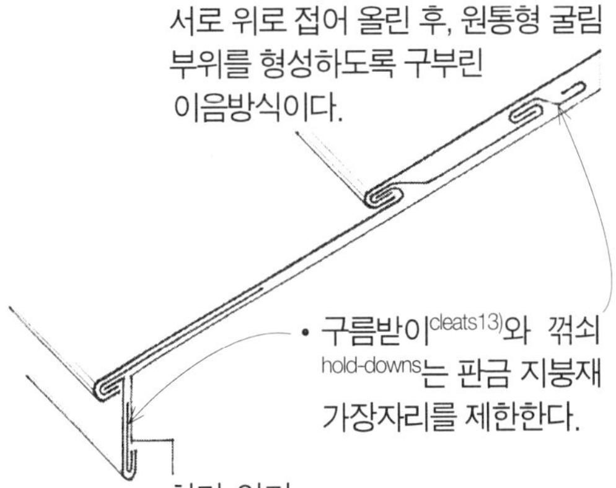

- 구름받이cleats[13]와 꺾쇠hold-downs는 판금 지붕재 가장자리를 제한한다.
- 처마 잇기

11) 두 장의 금속 박판 잇기 방식의 일종. 겹쳐지는 부분의 끝을 접어 서로 맞물리게 한다.
12) 금속 지붕에서 기와 골을 따라 금속을 접기 위해 세로로 길게 댄 각재.
13) 천장, 처마, 두겁 등에서 수평 부재가 흘러내리지 않게 수평 부재 하단에 대는 철물이나 목재 부재

CSI 마스터포맷 07 61 00: 판금 지붕

평지붕의 시공은 다음 요소들을 요구한다.

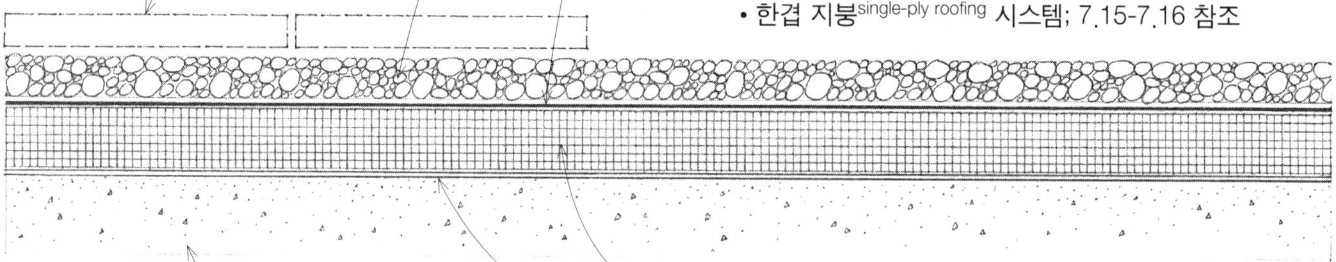

1. 표층wear course은 상승풍의 힘과 기계적 마모 손실으로부터 지붕재를 보호한다. 조립식 지붕용 골재, 구슬자갈 골재, 또는 플라자 데크[14] 포장재로 구성할 수 있다.
2. 배수층은 지붕 배구수로 물이 자유롭게 흐르게 한다. 조립식 지붕 시스템의 골재층, 느슨하게 깔린 구슬자갈 층, 한겹 지붕 시스템, 완전히 부착된 한겹 지붕 표면, 또는 배수 직물 내지는 플라자 데크 시스템 아래쪽 공간이 배수층 역할을 한다.
3. 지붕막roofing membrane은 지붕의 방수층이다. 빗물을 지붕 배수로로 이동시키려면 1피트 당 최소 1/4"(1:50)의 경사여야 한다. 경사를 만드는 방법에는, 지붕 데크를 지지하는 보의 높이를 조정하고, 단열성 능이 있는 경량콘크리트를 지붕 데크 위로 경사지게 채우거나, 지붕 데크 위로 경질 폼 단열재 패널을 경사지게 두는 것이 있다. 두 가지 주요 유형의 막 시스템은 다음과 같다:
   - 조립식 지붕built-up roofing 시스템; 7.14 참조
   - 한겹 지붕single-ply roofing 시스템; 7.15-7.16 참조
4. 단열재; 설치 선택 사항에 관해서는 7.13 참조
5. 습기지연제는 수증기가 지붕 조립체 내로 들어가는 것을 방해한다. 1월 평균 실외 온도가 40℉ (4℃) 미만이고 겨울의 실내 상대습도가 68℉ (20℃)에서 45% 이상인 지리적 위치에서는 일반적으로 습기지연제 사용을 권장한다. 기본의 조립식 지붕 또는 낮은 투습율을 보이는 별도의 사용권이 있는 재료로 구성된 습기지연제는 지붕 조립체의 주로 따뜻한 면에 시공한다. 증기지연제의 온도는 단열재, 지붕막 및 구조재를 손상시킬 수 있는 결로를 막기 위해 이슬점 온도보다 높게 유지되어야 한다. 또한 습기지연제는 연속적이고, 모든 지붕 관통부에서 밀봉되어야 하고, 지붕 주변의 벽 조립체에 결속되어야 한다. 습기지연제를 쓰는 경우, 갇힌 습기가 습기지연제와 지붕막 사이에서 빠져나갈 수 있도록 상부에는 통풍구가 필요할 수 있다. 수분 조절에 대한 더 자세한 정보는 7.45를 참조.
6. 지붕 데크는 예상되는 하중 조건에서 원하는 경사를 유지할 수 있을 만큼 강성이 있어야 하며, 경질단열재 또는 지붕 막이 제대로 부착될 수 있을 만큼 매끈하고 깨끗하며 건조해야 한다. 지붕 데크 및 접착기면substrates 유형에 대한 목록은 7.14를 참조. 큰 지붕에는 팽창 줄눈 또는 구역 디바이더area divider[15]가 필요할 수 있다. 이런저런 플래싱 디테일에 대해서는 7.19-7.20을 참조

14) 플라자 데크 시스템은 식재와 차량 공간 및 용도 공간에서 보행자의 이동을 지원하는 슬래브이다. 풍화에 노출된 건물의 지붕과 달리 일반적인 방수 성능에 이를 보완하는 특수한 기능이 있다. 청소 장비 및 경차만 허용하거나, 트럭 및 버스 교통, 건설 장비를 지지하는 경우도 있는 등 다양한 구조 유형이 있다.

15) 구역 디바이더는 지붕 또는 옥상 데크에 앵커로 고정된 빗물받이 목재 바탕 판자에 부착시킨 수직 단열 처리 L자형 벽받이 또는 이중 구조의 목부재이다. 기후 조건과 지역 특성에 따라 신축 접합부 사이에 정해진 간격으로 배치.

CSI 마스터포맷 07 50 00: 막 지붕재

단열재는 조립 지붕을 통한 열류heat flow에 필요한 저항을 한다. 단열재는 구조용 지붕 데크 아래, 지붕 데크와 지붕막 사이, 또는 지붕막 위, 이렇게 세 위치에 설치할 수 있다.

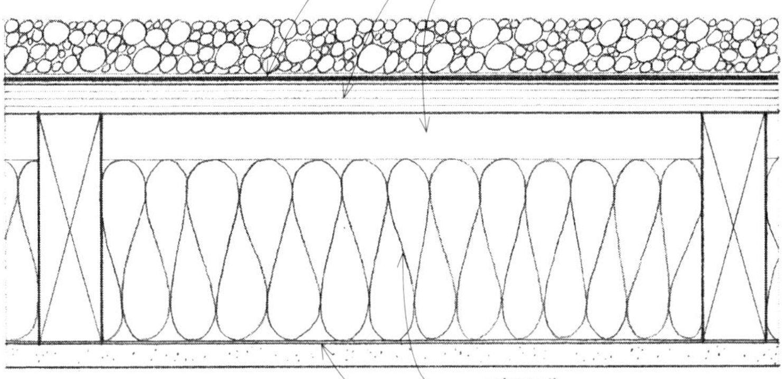

• 지붕 데크 아래에 있는 경우 단열재는 일반적으로 수분 지연제 위에 설치된 연질단열재/포상단열재batt insulation로 구성된다. 단열재와 지붕 데크 사이에 있는 환기용 공기층vented airspace은 조립 시공되는 부재 내부로 이동하는 모든 물과 습기를 흩어져 사라지게 해야 한다.

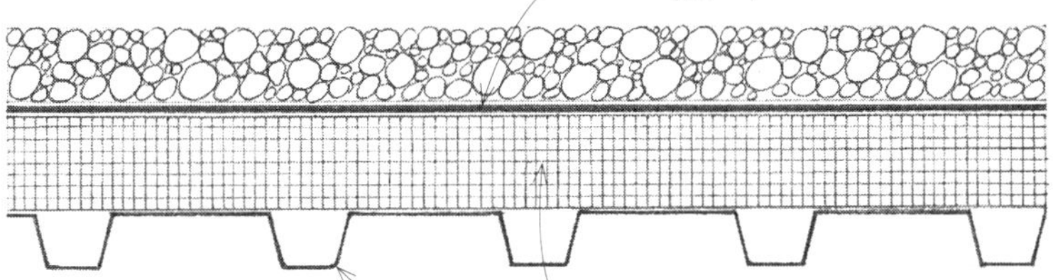

• 단열재가 지붕 데크와 지붕 막 사이에 있는 경우, 경량단열 콘크리트 충전재lightweight insulating concrete fill 또는 지붕막을 지탱할 수 있는 경질 폼 단열재를 사용한다. 이음부를 통한 열손실을 최소화하려면, 경질 단열재를 최소 두 개의 엇갈린 층으로 설치해야 한다. 첫 번째 층은 상승풍에 저항하기 위해 기계적으로 고정되어야 한다. 경질 폴리우레탄rigid polyurethane, 폴리스티렌, 또는 폴리이소시아누레이트polyisocyanurate 소재의 단열재를 사용하는 경우 지붕 막에 안정적인 밑깔개를 두고, 건축법 요구사항을 준수하기 위해 상단 층은 펄라이트perlite 또는 석고보드로 해야 한다.

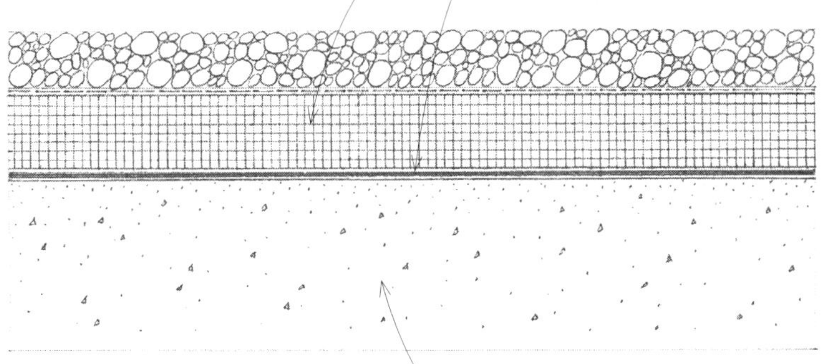

• 보호받는 막 시스템protected membrane system에서 단열재는 지붕 막 위에 배치된다. 이 위치에서 단열재는 극한 온도로부터 지붕 막을 보호하지만, 연속에 가깝게 노출되는 습기로부터는 보호하지 않는다. 단열재는 내습성 압출 폴리스티렌 판으로 느슨하게 놓이거나 뜨거운 아스팔트로 지붕막에 부착되어 있다. 단열재는 햇빛으로부터 보호되며, 여과직물 위에 놓인 석재 구슬자갈(누름대용), 일체로 결합된 콘크리트 외장 또는 서로 맞물린 콘크리트 블록으로 제자리에 고정한다.

CSI 마스터포맷 07 22 00: 지붕 및 데크 단열
CSI 마스터포맷 07 55 00: 보호받은 막 지붕재

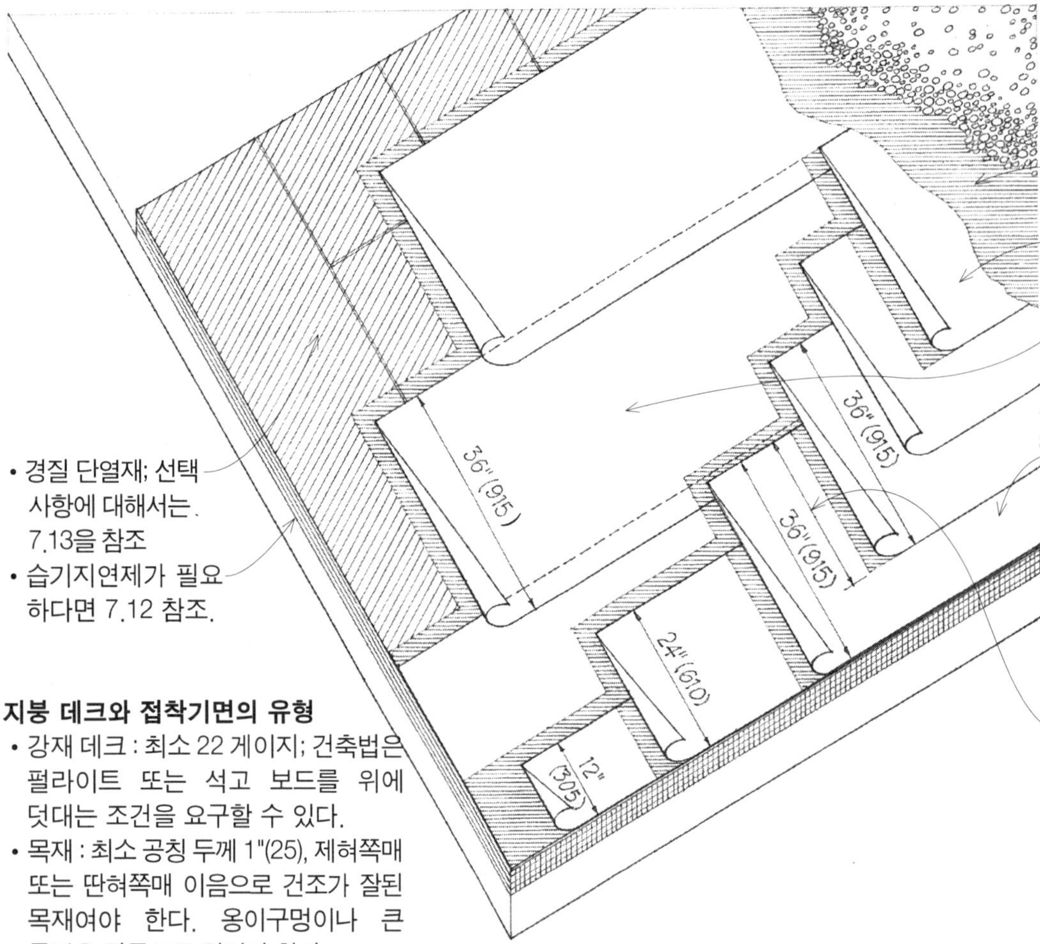

- 표층은 자갈, 슬래그, 또는 대리석조각으로 구성한다. 지붕 막을 강화하고, 갑자기 분출되는 바람에 저항하는데 도움이 된다.
- 콜타르 또는 아스팔트로 된 면 마감 재료용 역청
- 광물 표면 처리한 코팅 펠트로 된 캡시트
- 2"(51)길이로 겹친 유리섬유 깔개시트 또는 4"(100)길이로 겹친 유기바탕 지붕펠트
- 플라이시트(지붕깔개용 시트)는 유리섬유, 아스팔트 포화 펠트 또는 콜타르 포화 펠트 소재로 되어 있으며, 뜨거운 아스팔트 또는 콜타르 역청으로 부착한다.
- 펠트 겹침
  - 2겹 지붕재 시공: 19"(485)
  - 3겹 지붕재 시공: $24^{2}/_{3}$"(625)
  - 4겹 지붕재 시공: $27^{1}/_{2}$"(700)
- 경질 단열재; 선택 사항에 대해서는 7.13을 참조
- 습기지연제가 필요하다면 7.12 참조.

지붕 데크와 접착기면의 유형

- 강재 데크 : 최소 22 게이지; 건축법은 펄라이트 또는 석고 보드를 위에 덧대는 조건을 요구할 수 있다.
- 목재 : 최소 공칭 두께 1"(25), 제혀쪽매 또는 딴혀쪽매 이음으로 건조가 잘된 목재여야 한다. 옹이구멍이나 큰 균열은 판금으로 덮어야 한다.
- 합판 : 최소 두께 $^{1}/_{2}$"(13), 지지대에 수직으로 배치된 표면층 합판을 중심 간격 최대 24" (610)이하 마다 배치; 제혀쪽매 이음 또는 이음부 밑에 가로막이
- 구조용 목재 섬유 데크는 기계식 패스너를 고정할 수 있을 만큼 밀도가 높아야 한다.
- 현장 타설 콘크리트는 양생, 건조가 잘 되어야 하며, 서리가 안생 기고, 표면이 매끈하도록 하며, 배수를 위해 경사져 있어야 한다.
- 프리캐스트 콘크리트의 모든 이음부에는 그라우트 충전을 해야 한다. 유닛 사이에 불일치하는 부분은 통풍이 되는 토핑과 충전으로 수평을 유지해야 한다.
- 경량 단열 콘크리트 : 충분히 양생하고 공기 중에서 건조해야 한다. 지붕 데크로 쓸 수 있는지에 대한 여부는 지붕재 제조업체에 문의.
- 인증된 유형의 데크, 단열재 및 고정 장치, 설치 세부 사항, 습지지연제 및 환기, 지붕 구성의 UL(Underwriters' Laboratories) 화재위험 분류 등에 대한 요구 사항에 대해서는 지붕재 제조업체에 문의할 것.

- 최소 권장 경사 - 1:48

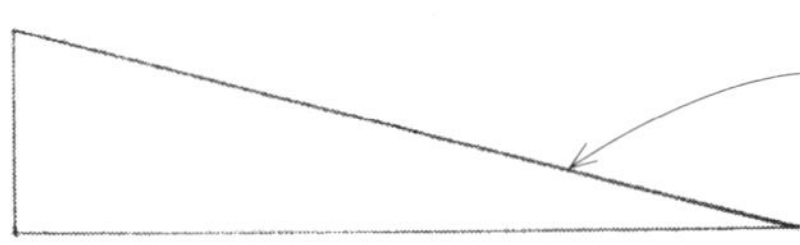

- 골재 표면의 최대 경사 - 3:12

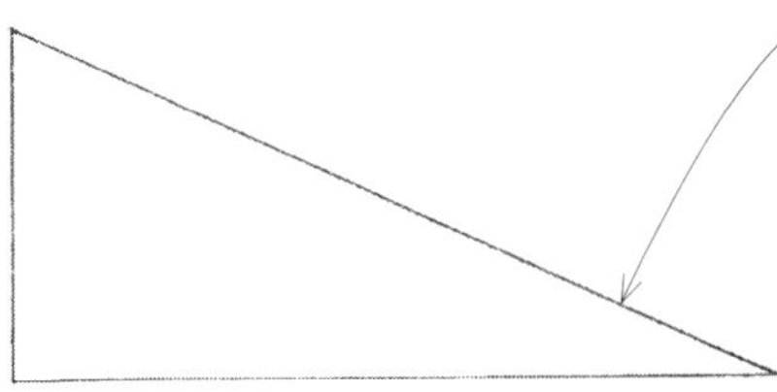

- 매끄러운 표면의 지붕을 위한 최대 경사 - 6:12 ~ 9:12
- 1:12 이상의 경사면에서는 미끄러짐을 방지하기 위해 경사면 및 뒷못에 평행하게 플라이시트를 배치할 것. 못치기 고정이 가능하지 않는 데크에는 못을 박을 수 있도록 방부 처리한 목재 네일러(못치기 받침목)를 설치할 것.

16) 상층 마감 지붕 깔개용 시트.

CSI 마스터포맷 07 51 00: 아스팔트 역청 지붕재

한겹 막 지붕재는 액체 또는 시트 형태로 적용될 수 있다. 큰 돔, 볼트 또는 복잡한 지붕 형태에는 롤러를 쓰거나 액체 형태로 도포할 수 있는 지붕 막이 필요하다. 액체 상태로 적용되는 막에는 실리콘, 네오프렌, 부틸 고무 및 폴리우레탄을 사용한다. 평면적인 지붕 형태에서는 지붕막을 시트 형태로 적용할 수 있다. 한겹지붕에 쓰이는 시트 재료는 다음과 같은 것들이 있다.

- 열가소성 막thermoplastic membranes은 열 또는 화학적인 방법으로 용접이 가능
- PVC (폴리염화비닐) 과 PVC 합금
- 폴리머 개질 역청polymer-modified bitumens은 폴리머 (중합체)[17]를 추가하여 유연성과 응집성cohesion, 인성 toughness[18]을 증가시킨 아스팔트계 재료이다. 유리섬유 또는 플라스틱 필름을 이용하여 보강할 때가 많다.
- 열경화성 막은 접착제 단독으로 접합
- EPDM (에틸렌 프로필렌 이중합성 고무)는, 가황 처리한 탄성중합체 재료
- CSPE (클로로술폰화 폴리에틸린), 합성고무.
- 네오프렌 (폴리 클로로프렌), 합성 고무

이러한 재료들은 두께가 0.03"~0.10"(0.8~2.5) 매우 얇고, 유연하며 강도가 있다. 화염의 전파, 마모 손상, 그리고 자외선, 오염물질, 유류와 화학물질에 의한 열화에 대한 내성은 다양하다. 더 큰 열 반사 또는 화염확산에 대한 저항력을 가진 코팅이 있는 재료도 있다. 자세한 내용은 지붕재 제조업체에 문의.

- 재료 사양
- 승인된 유형의 지붕 데크, 단열재, 고정 장치
- 단열재 및 플래싱 디테일
- UL(Underwriters' Laboratories: 미국 보험협회 안전시험소)의 지붕 구성 재료에 대한 화재 위험 분류

이 페이지와 다음 페이지에서 세부사항은 EPDM 지붕을 참조할 것. 다른 한겹 막에 대한 디테일은 원칙적으로 유사하다. EPDM 지붕 적용을 위한 세 가지 일반 방식이 있다.

- 완전 접착 방식
- 기계식 고정 방식
- 느슨한 구슬자갈 누름대 방식

완전 접착 방식

매끄러운 표면을 가진 콘크리트나 목재 데크, 또는 지붕 데크에 기계적으로 고정된 경질 단열재에 점착성이 있는 접착제로 막을 완전히 접착한다. 막은 주변부나 지붕 관통부를 따라 기계적으로 고정한다.

17) 한 종류 또는 두 종류 이상의 단위 물질이 이어져 반복되는 방식의 분자 구성을 보이는 화합물. 염화비닐, 나일론 등이 있다.

CSI 마스터포맷 07 52 00: 개질 역청 막 지붕재
CSI 마스터포맷 07 53 00: 탄성중합체 막 지붕재
CSI 마스터포맷 07 54 00: 열가소성 막 지붕재

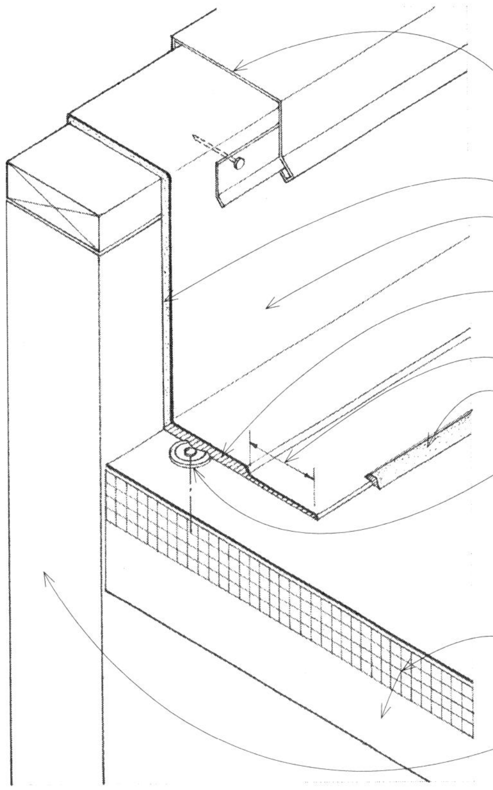

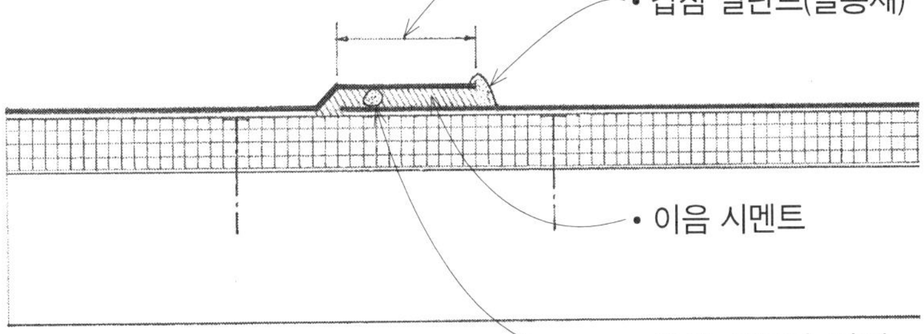

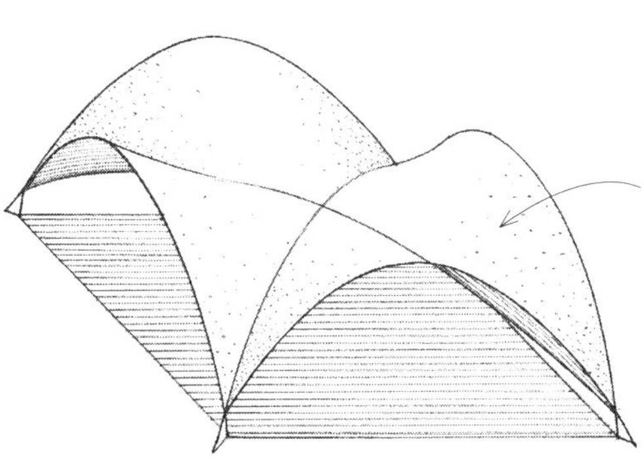

18) 재료의 질긴 정도. 또는 어떤 재료에 큰 외력을 가했을 때 큰 변형을 나타내면서도 파괴되지 않고 견딜 수 있는 성질을 의미한다.
19) 두 부재의 끝부분을 결합 시키는 용도로 쓰는 시멘트

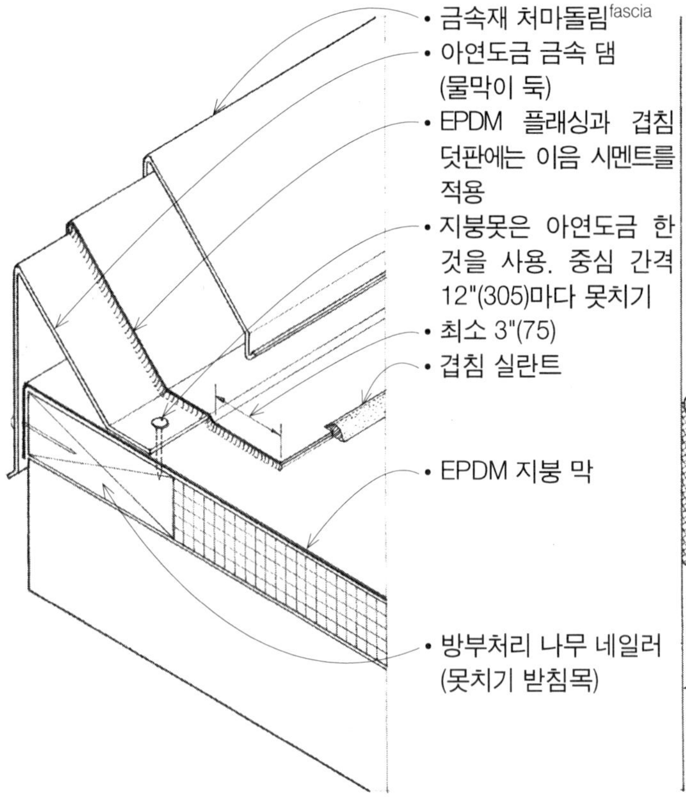

• 최대 경사 - 18:12

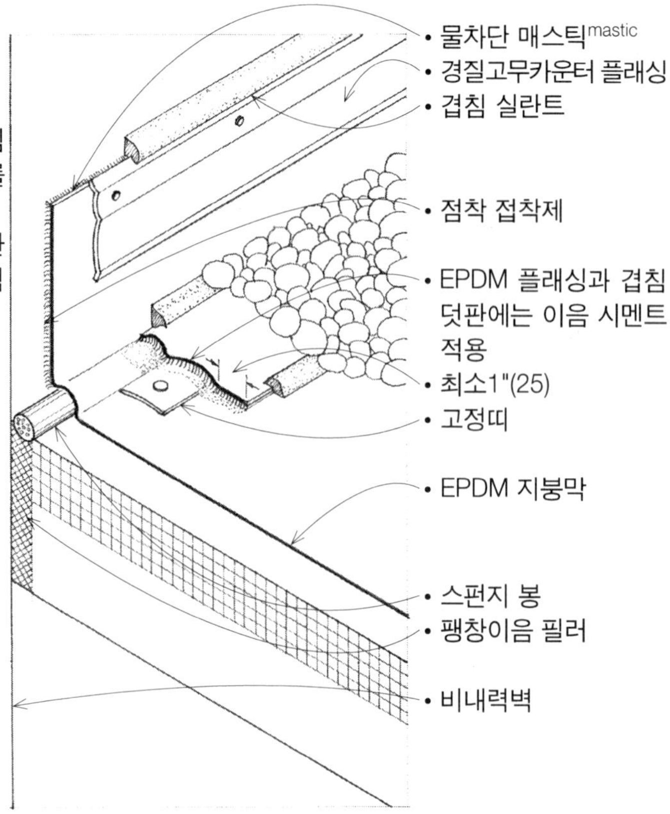

• 최대 경사 - 2:12

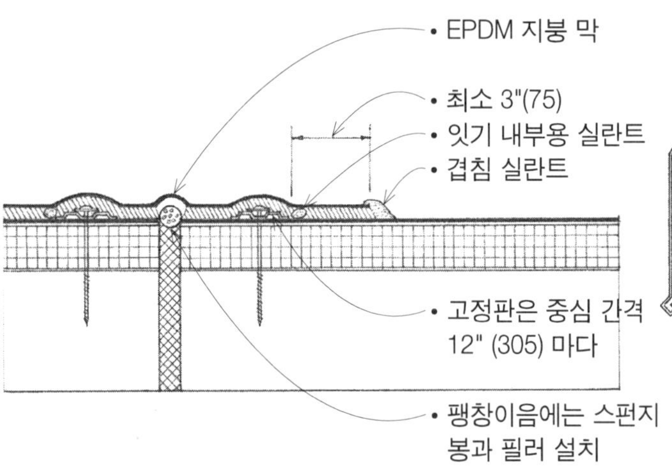

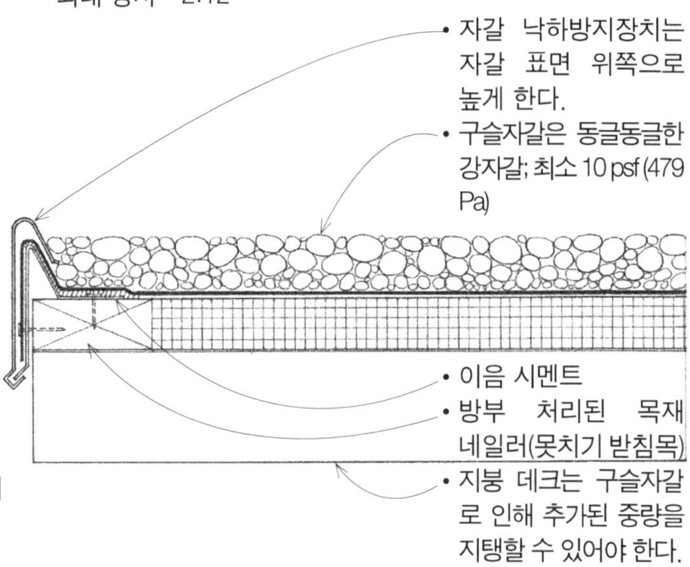

기계식 고정 방식

단열재 판을 지붕 데크에 기계적으로 고정한 후, 막 이음부를 덧판과 패스너로 데크에 단단히 고정

느슨한 구슬자갈 누름대 방식

단열재와 막은 모두 지붕 데크 위에 느슨하게 깔고, 강에서 씻은 구슬자갈 층 또는 지붕 포장재로 덮는다. 막은 지붕 주변부와 지붕 관통부만 따라서 지붕 데크에 기계적으로 고정한다.

지붕과 지붕 배수 시스템이 처리해야 되는 비/녹은 눈의 양은 다음에 따라 결정되는 함수이다.
- 지붕 배수구 또는 홈통으로 이어진 지붕 면적
- 해당 지역의 강우 빈도 및 강도

평지붕은 지붕 배수구 쪽으로 물매를 잡아야 한다. 지붕 배수구는 지붕에서 낮은 위치에 있어야 하고 폭풍우에 대비한 건물 배수 시스템에 연결되어야 한다. 1차 배수구 또는 배수용 방수구의 유속 흐름이 나빠지거나 막히게 되는 경우를 고려하여, 물이 갇히는 지붕 위로 뻗는 건물 주변부에 2차 배수, 즉 비상 범람 지붕 배수구 및 배수용 방수구를 설치한다.

경사진 지붕을 타고 흐르는 빗물은 처마를 따라 설치된 홈통으로 들어가도록 하여, 지반 침식이 생기지 않도록 한다. 홈통은 빗물이 수직 하관/낙수홈통 또는 배출도관 쪽으로 유도하고, 드라이 웰(건정) 또는 우수 하수도 시스템으로 배출되도록 한다. 건조한 기후에서나 적절한 돌출부가 있는 작은 지붕을 쓸 때는, 홈통을 생략하고 처마선 아래 바닥에 위치한, 자갈 또는 조적띠 밑창bed으로 대신할 수 있다.

홈통은 일반적으로, 비닐, 아연도금 강재, 알루미늄을 사용하지만, 구리, 스테인리스강, 턴 메탈 및 목재도 가능하다. 이음부가 없는 연속적인 수평 길이의 홈통이 필요할 경우, 알루미늄 소재로 현장에서 냉간 성형 방식으로 만들 수 있다.

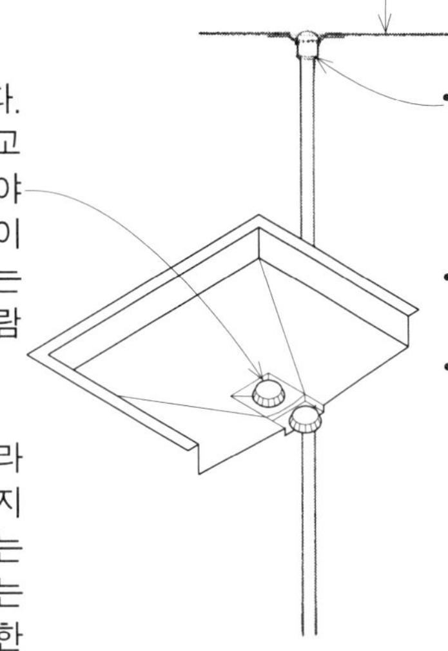

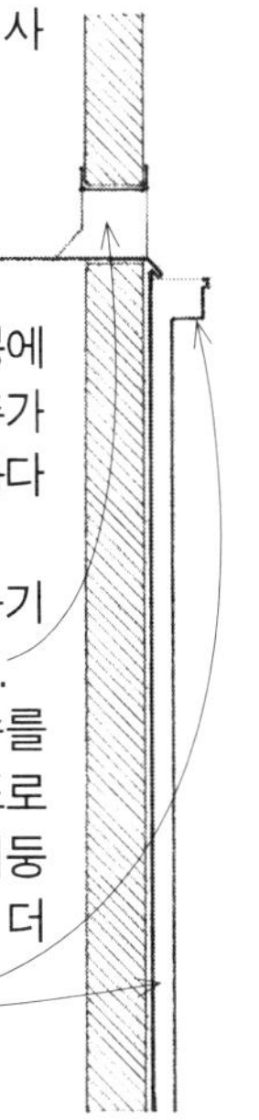

- 최소 1피트 당 1/4"(1:50)의 경사 지붕
- 10,000 sf (900 m^2) 미만 면적의 지붕에 대해 최소 2개의 지붕 배수구에 추가 지붕면적 10,000 sf (900 m^2) 마다 하나의 지붕 배수구 추가.
- 배수용 방수구는 빗물을 배수하기 위해 건물 측면에 있는 구멍이다.
- 도관 헤드와 배출도관은 우수를 빗물 하수도 또는 합류식 하수도로 전달한다. 배출도관이 벽체나 기둥 안에 숨겨져 있으면 수리비용이 더 많이 든다.

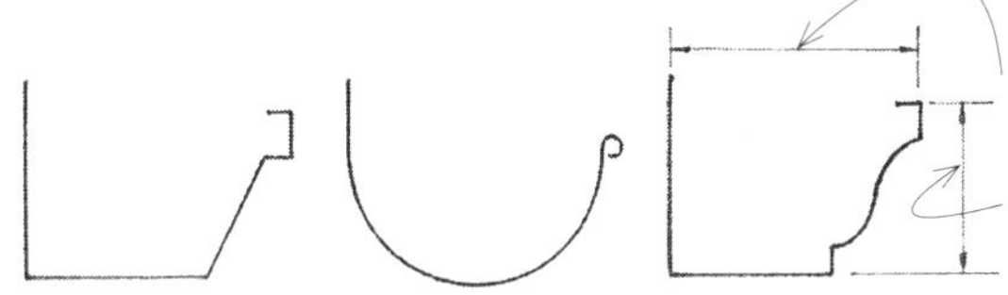

홈통의 형상 경사진 형 반원형 반곡형

- 4"~8" (100~205)
- 2 3/4"~6" (70~150)

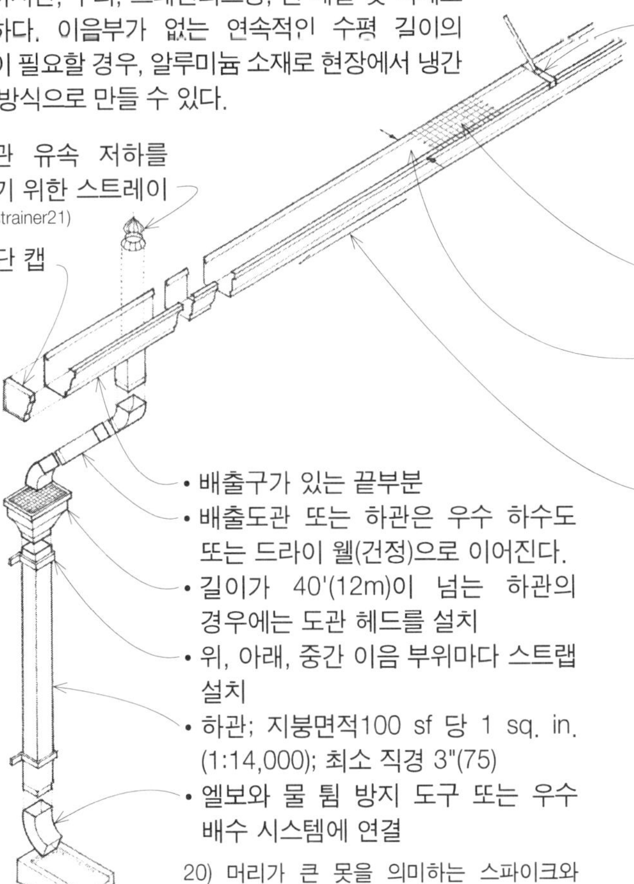

- 하관 유속 저하를 막기 위한 스트레이너strainer[21]
- 끝단 캡
- 배출구가 있는 끝부분
- 배출도관 또는 하관은 우수 하수도 또는 드라이 웰(건정)으로 이어진다.
- 길이가 40'(12m)이 넘는 하관의 경우에는 도관 헤드를 설치
- 위, 아래, 중간 이음 부위마다 스트랩 설치
- 하관; 지붕면적100 sf 당 1 sq. in. (1:14,000); 최소 직경 3"(75)
- 엘보와 물 튐 방지 도구 또는 우수 배수 시스템에 연결

- 달대행거/스트랩 행거는 못치기 또는 나사로 고정한다. 고정은 지붕 덮개 또는 지붕 덮개를 관통하여 서까래 상부까지 한다.
- 홈통 지지대는 중심 간격 3' (915)마다 설치
- 낙엽을 막기 위한 철망
- 최대 750sf(70 m^2) 면적의 지붕에는 폭 4"(100) 거터, 최대 1400sf(130 m^2)의 경우 폭 5"(125) 거터.
- 수평 홈통의 경사는 1피트 당 1/16"(1:200); 겹침 및 납땜 이음 혹은 매스틱이 있는 밀봉 이음일 경우에 한함. 팽창이음은 40'(12m)의 수평 길이run마다 하나씩.

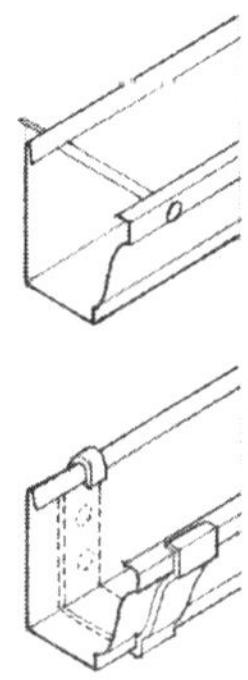

- 스파이크 페룰spike and ferrule[20] 행거는 처마돌림 또는 서까래 끝부분에 박힌다.
- 브래킷 행거는 처마돌림 또는 서까래 끝부분에 나사로 고정한다.

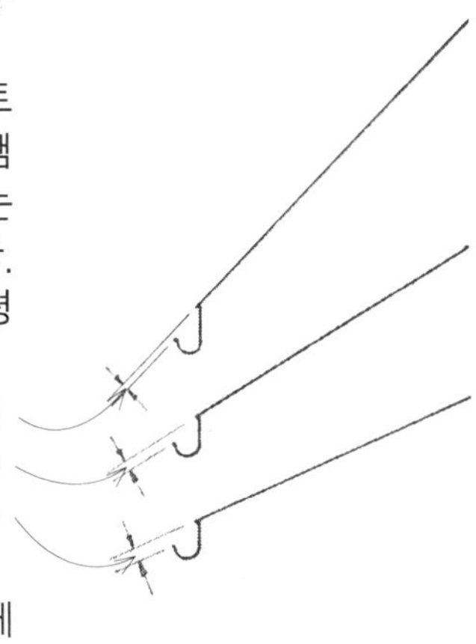

- 지붕경사 12:12일 경우 1/4"(6)
- 지붕경사 7:12일 경우 1/2"(13)
- 지붕경사 5:12일 경우 3/4"(19)
- 눈이나 얼음이 자연스럽게 미끄러질 수 있도록 홈통 위치는 지붕 경사선 아래 쪽으로 하여 설치

20) 머리가 큰 못을 의미하는 스파이크와 물미(뾰족한 부재 끝 부분에 끼우는 고정 또는 보호 장치)로 구성되어 있다.

21) 유체 속 고체를 여과하는 필터 형태의 장치

CSI 마스터포맷 07 63 00: 판금 지붕 전용 부재

7.18 플래싱

플래싱은 얇고 연속적인 판금 조각 또는 기타 불침투성 재료를 이용하여 만든 부재로, 각이 진 부분이나 이음 부위에서 물이 구조물 안쪽으로 들어가는 것을 방지한다. 플래싱은 물이 이음부를 관통하려면 중력에 대항하여 위쪽으로 움직이게 한다는 일반 원칙에 따라 설치한다. 또한 바람을 동반한 비의 경우에는 구불구불 한 경로를 따라가도록 하여 빗방울을 움직이게 하는 힘이 중간에 사라지도록 하는 방식으로 설치한다. 등압 레인스크린 벽체 디자인에 관련된 논의는 7.23을 참조.

플래싱은 노출하거나 숨길 수 있다. 노출된 플래싱은 일반적으로 보통은 알루미늄, 구리, 도장된 아연도금 강, 스테인리스강, 아연 합금, 턴 메탈, 구리 피복 납과 같은 금속의 판재로 만들어진다. 긴 수평거리를 가진 금속 플래싱은 판금재의 변형을 막기 위해 팽창 이음을 적용해야 한다. 선택한 금속은 인접한 물질에 의해 녹이 슬거나, 주변 물질을 녹이 슬게 해서는 안 되며, 화학적으로 반응이 일어나서도 안 된다. 12.09 참조

건축 조립체 안에 숨겨진 플래싱은 기후 및 구조적 요구 사항에 따라 판금 또는 역청 직물이나 플라스틱 판금과 같이 방수막으로 만들 수 있다.

- 알루미늄과 납은 시멘트 모르타르와 화학적으로 반응한다.
- 일부 플래싱 재료는 햇빛에 노출되면 열화 현상이 일어난다.

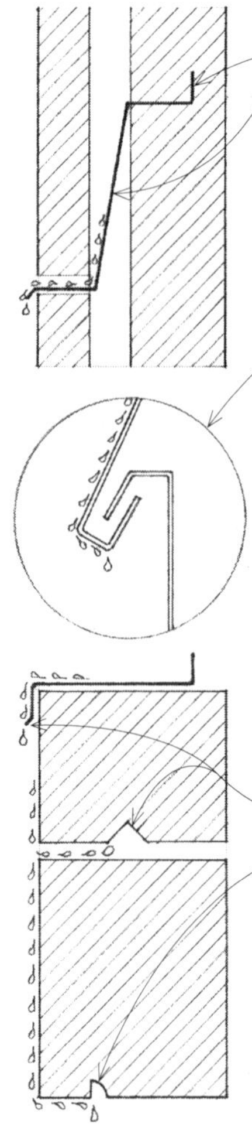

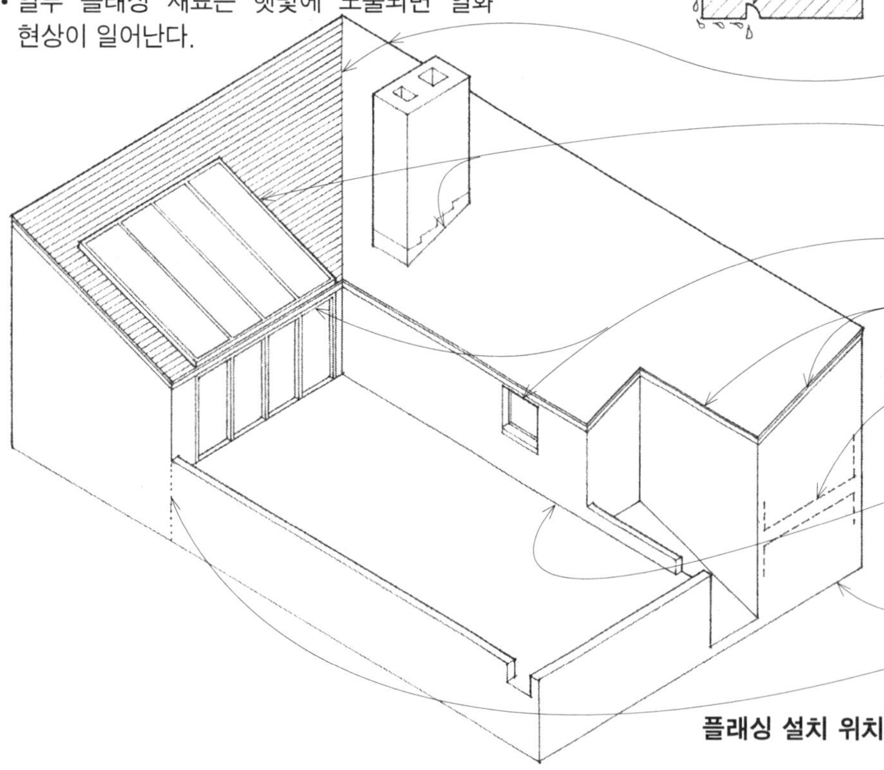

플래싱 설치 위치

CSI 07 60 00: 플래싱 및 판금
CSI 07 62 00: 판금 플래싱과 트림
CSI 07 65 00: 유연한 플래싱

이 페이지와 다음 페이지에서 나오는 플래싱 디테일은 일반적인 조건이다. 다양한 건축 자재 및 구성 방법과 함께 사용하도록 조정 가능하다. 모든 치수는 최소 수치이며, 날씨 조건과 지붕 경사에 따라 더 많은 겹침 길이가 필요할 수 있다. 플래싱 및 플래싱 부속품에 대한 자세한 내용은 제조업체에 문의.

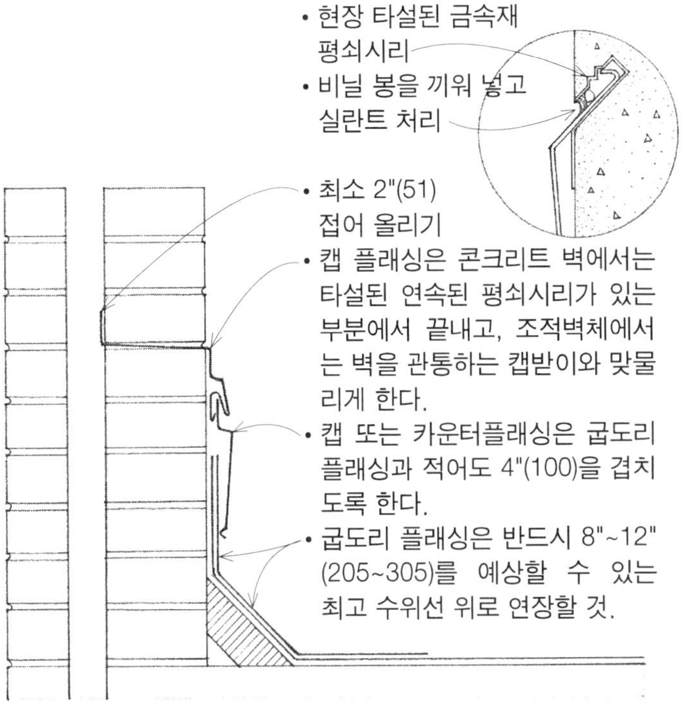

조적 또는 콘크리트 패러핏

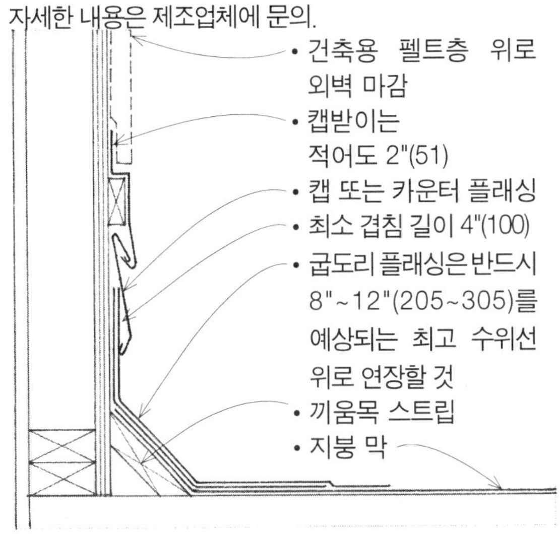

샛기둥 골조의 패러핏

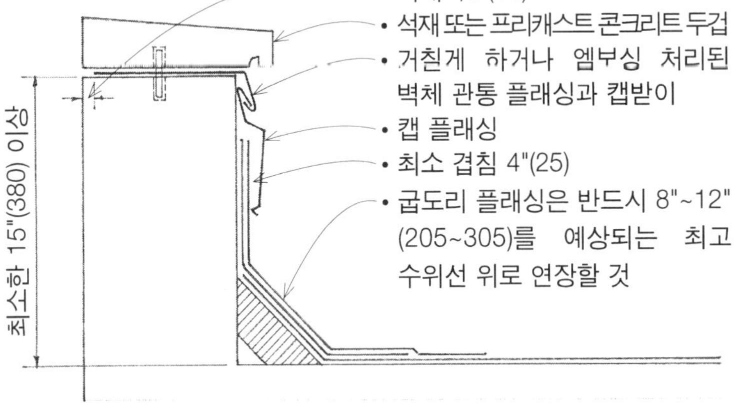

낮은 패러핏 벽체

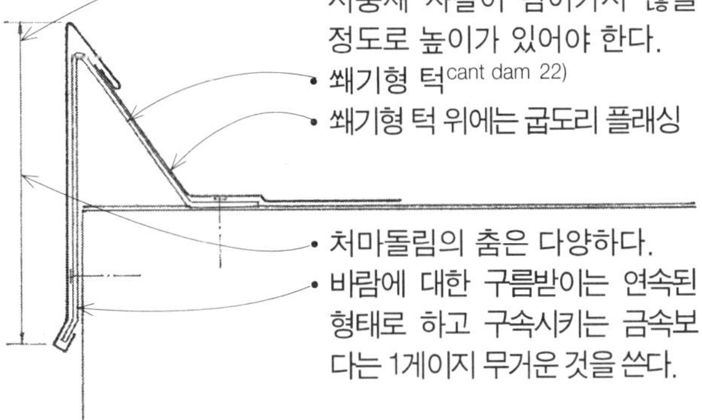

금속 자갈 낙하방지 장치 및 처마돌림

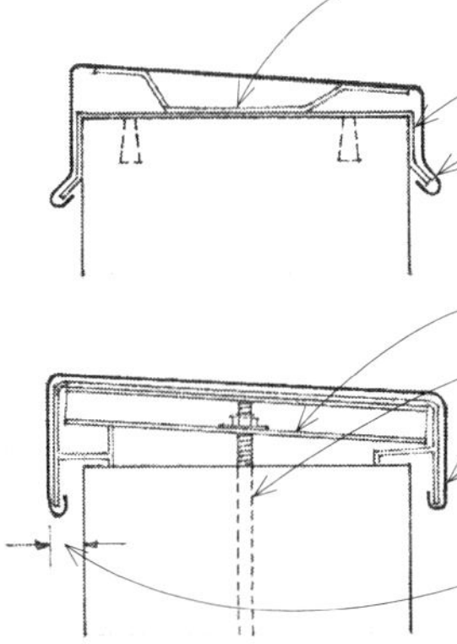

금속재 두겁

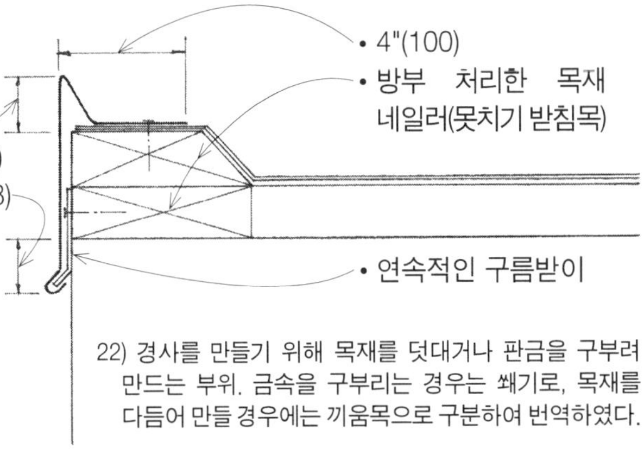

22) 경사를 만들기 위해 목재를 덧대거나 판금을 구부려 만드는 부위. 금속을 구부리는 경우는 쐐기로, 목재를 다듬어 만들 경우에는 끼움목으로 구분하여 번역하였다.

금속 자갈 낙하방지 장치

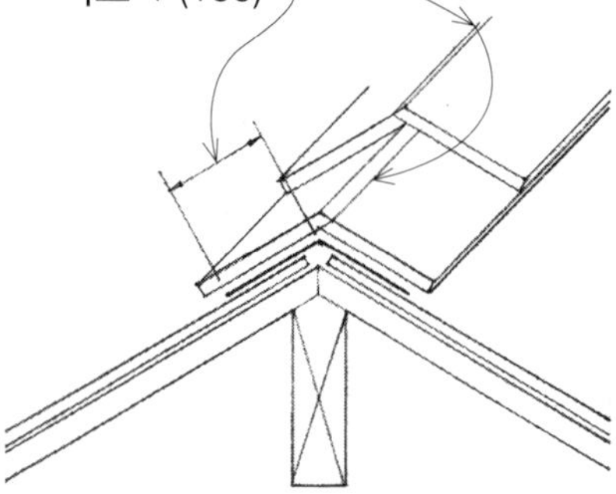

용마루 플래싱-숨겨진 방식

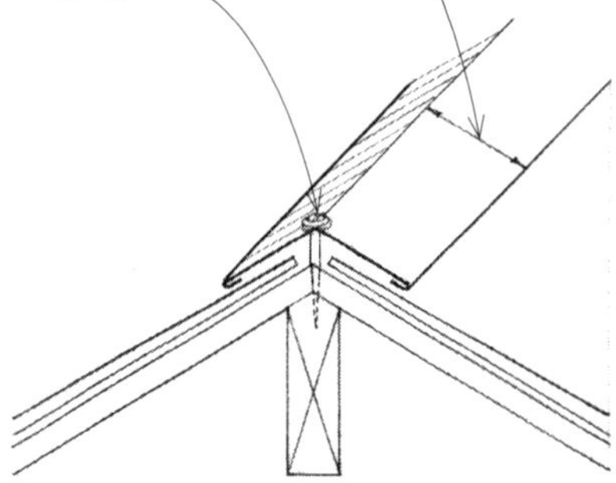

용마루 플래싱-노출 방식

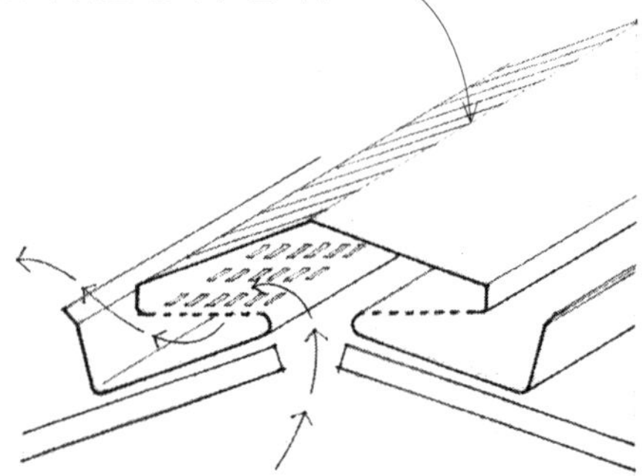

용마루 환기구

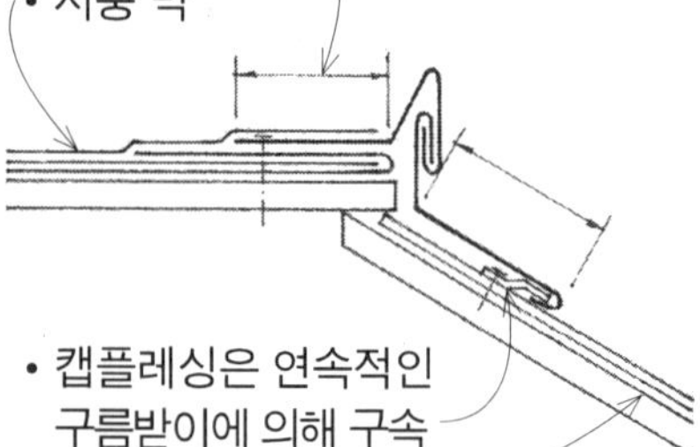

평지붕-경사 지붕 연결부

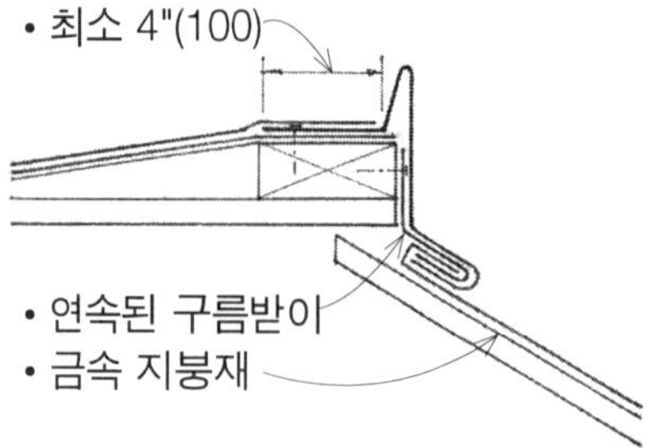

평지붕-경사 지붕 연결부

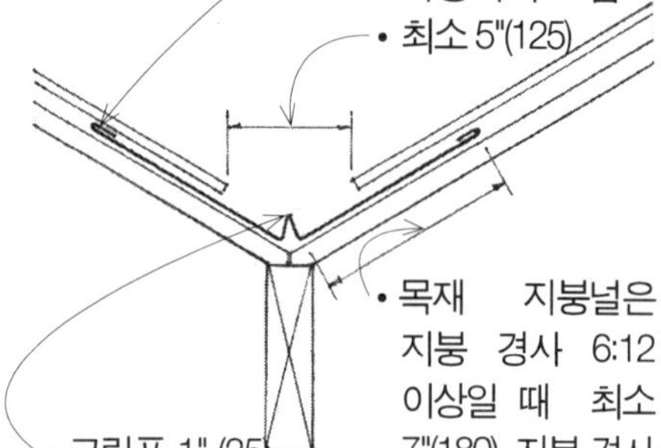

노출된 지붕골

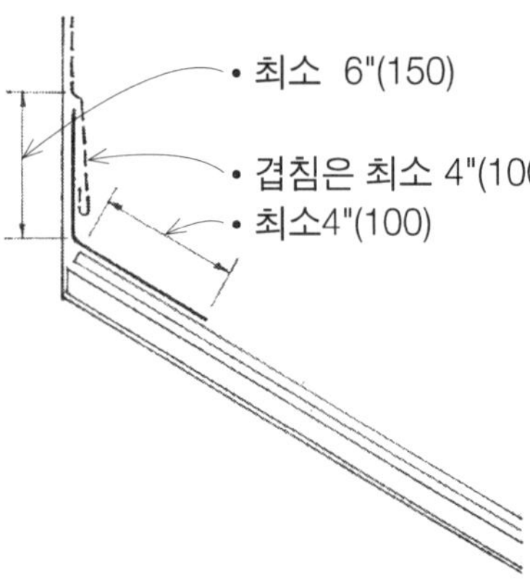

벽체-외쪽지붕 상단 연결부

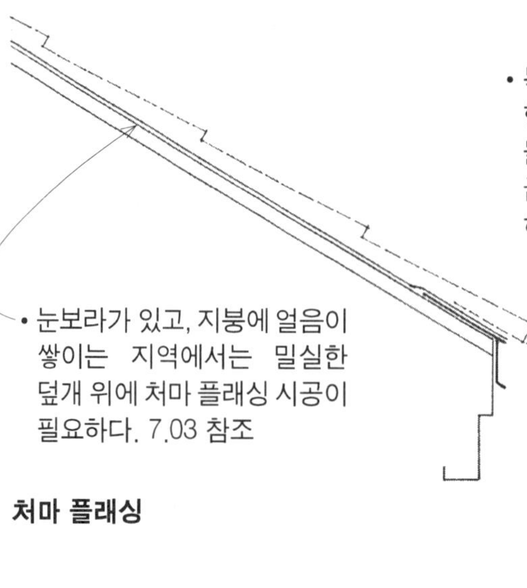

처마 플래싱

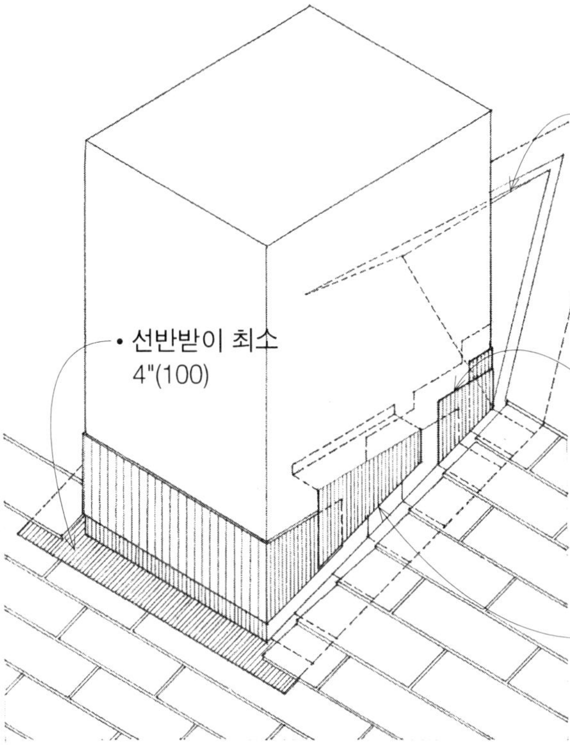

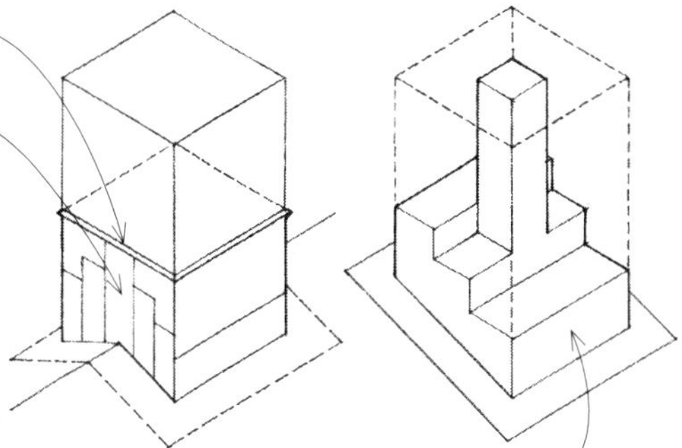

굴뚝 플래싱

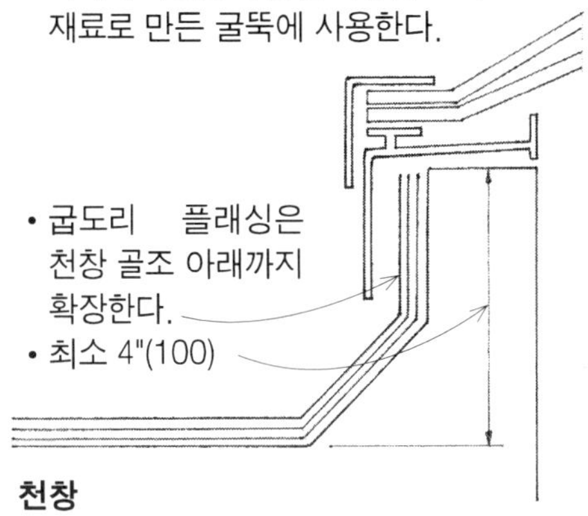

천창

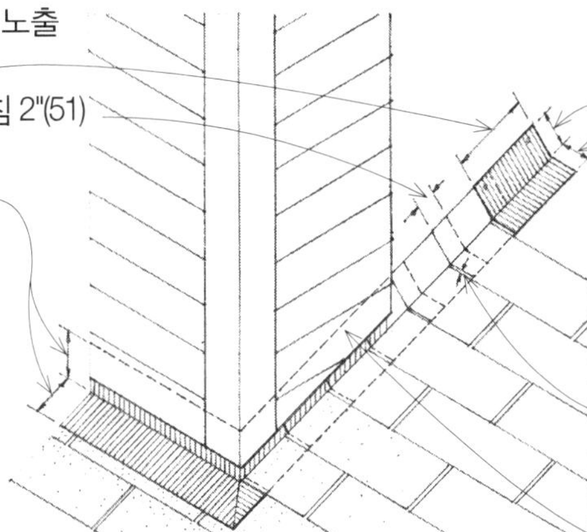

수직 벽체 플래싱

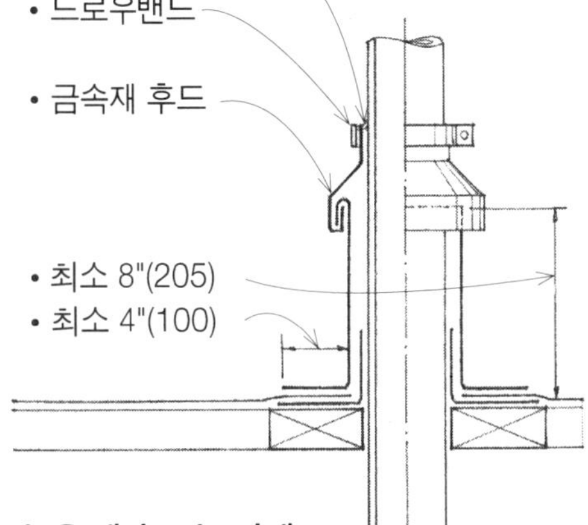

높은 배관 또는 장대

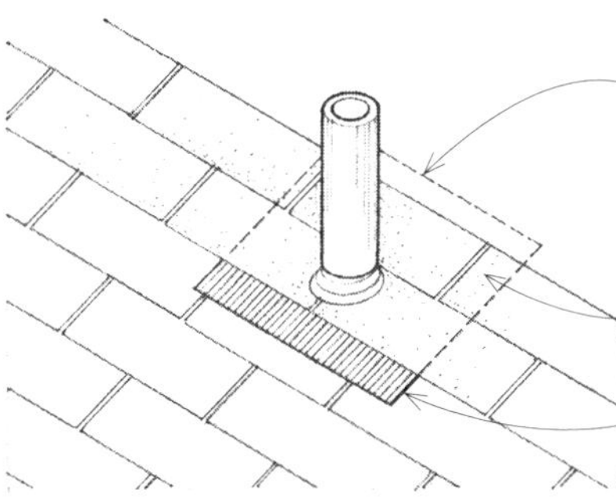

연통 플래싱

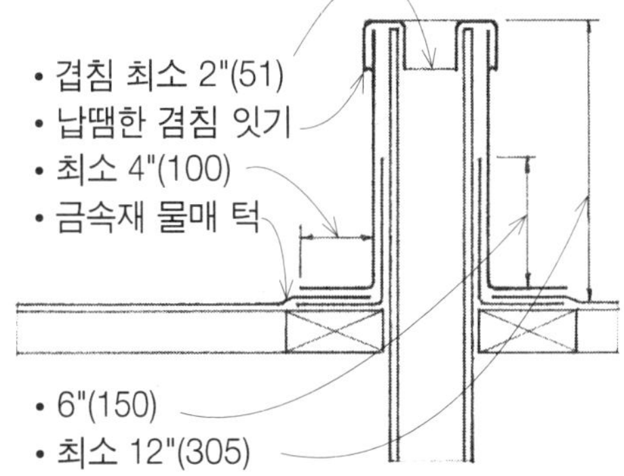

환기 배관

벽체 플래싱은 벽에 스며들 수 있는 수분을 모아서 배수공을 통해 바깥쪽으로 돌리기 위해 설치한다. 이 페이지의 그림은 일반적으로 벽체 플래싱이 필요한 위치를 도해하고 있다. 조적조 벽체는 특히 물이 침투하기 쉽다. 우수의 침투는 모르타르 줄눈에 치장줄눈 형식으로 압력을 가해 눌러주고, 창호 개구부 주변의 줄눈을 밀봉하고, 창턱과 두겁의 수평면을 경사지게 하는 식으로 제어할 수 있다. 특히 중공 벽체는 물의 침투에 저항하는 데 있어 효과적이다.

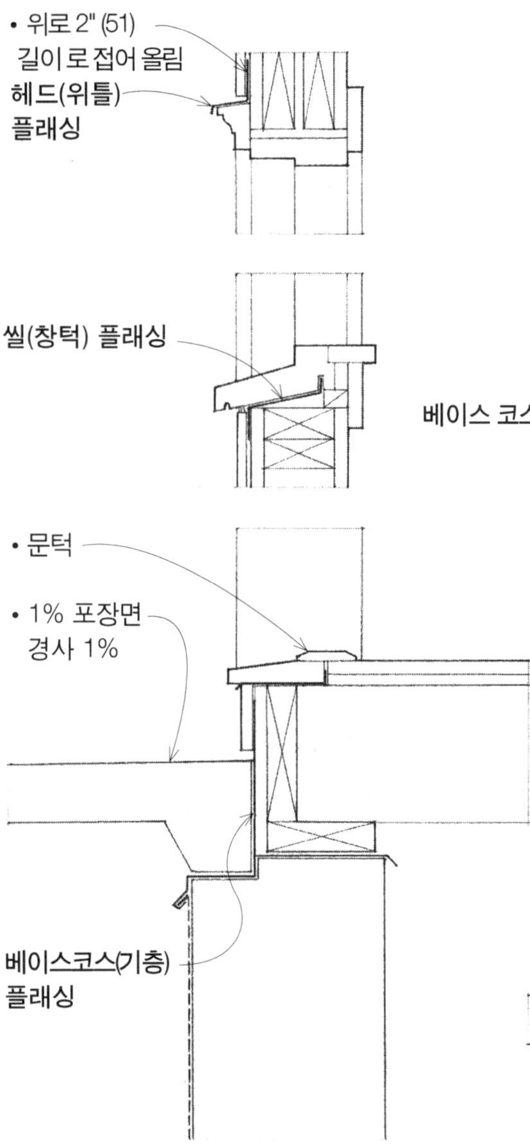

샛기둥 골조 벽체

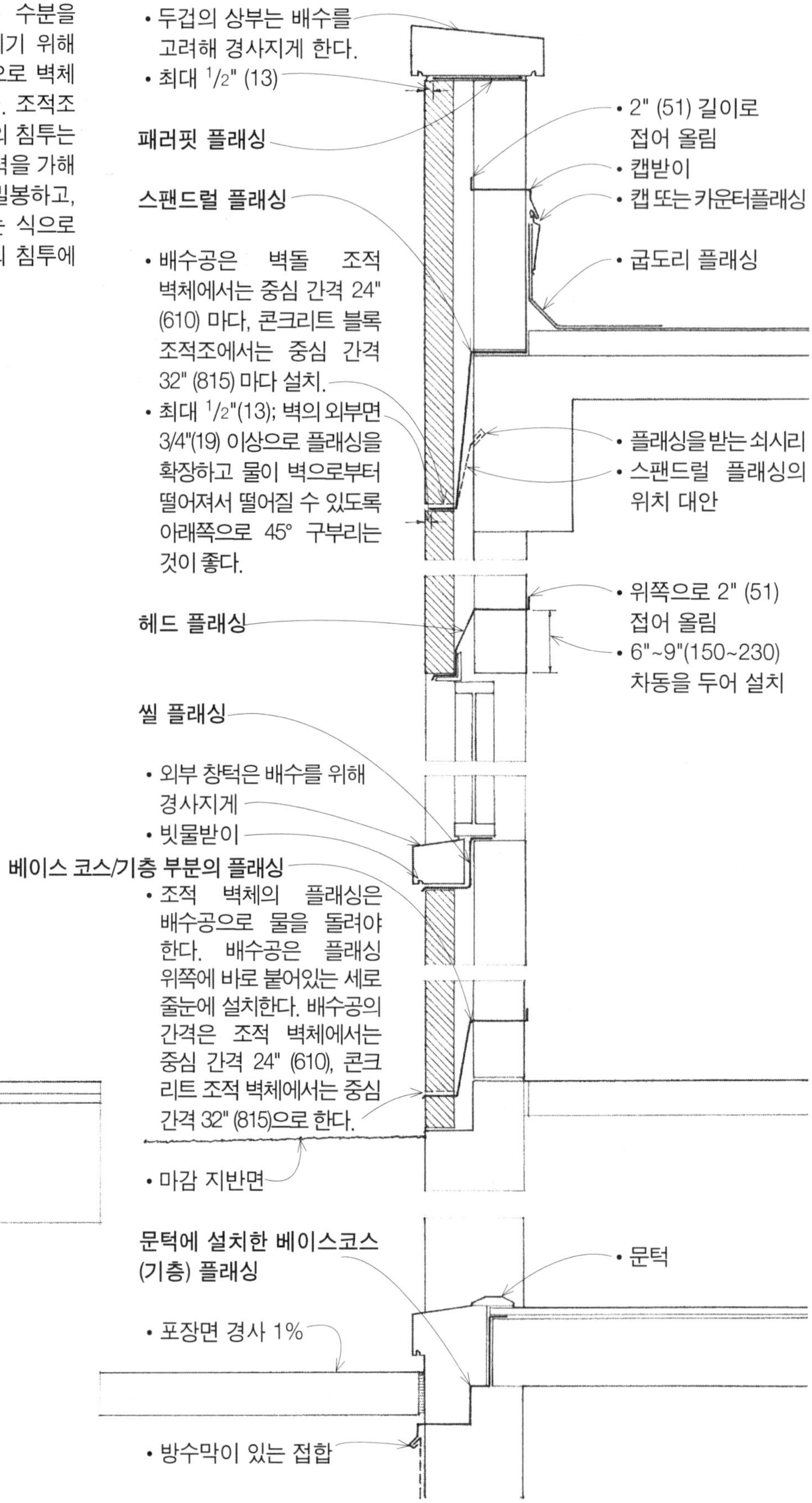

조적 벽체

물은 빗방울의 운동에너지, 중력의 흐름, 표면 장력, 모세관 작용, 압력의 차이에 의해 외벽 이음부와 외벽 조립체를 통과할 수 있다. 외벽이 수분 침투를 억제하는 방법에 따라 다음과 같이 분류할 수 있다.

- 질량 벽체 시스템mass wall systems은 콘크리트와 중실 조적 벽체에서와 같이 대부분의 비를 외부면에 떨구고, 나머지를 흡수한다. 질량 벽체는 흡수한 수분을 증기로 방출하여 건조된다.
- 장벽 벽체 시스템barrier wall systems은, EIFS 벽에서와 같이, 외벽 면에 대한 연속적인 밀봉에 의존한다. 이 시스템은 태양복사, 열이동 및 균열에 효과적으로 저항하기 위해 지속적인 유지 보수가 필요하다.
- 배수 벽체drainage walls는, 전통적인 스투코 벽체와 물막이 판자 벽체가 그러하듯, 추가적인 내습성을 위해 지지 벽체와 외부 피복 사이에 배수 평면 또는 수분 장벽을 이용한다.
- 레인스크린 벽체rainscreen walls는 외부 피복(레인스크린) 층, 중공층, 배수 평면으로 구성된다. 배수 평면은 경질이며 내수성과 기밀성을 띠고 있는 지지 벽체면 위에 자리한다.

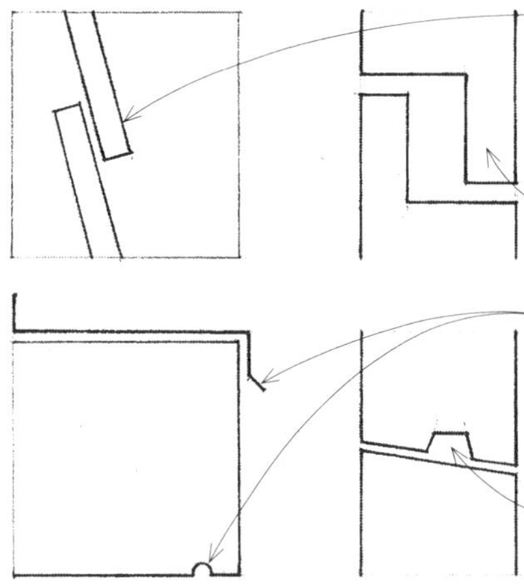

- 지붕널 방식으로 수평 이음을 겹치고, 수직 이음부는 밀봉한다. 내부에서 떨어진 수평면에 경사를 주면 중력의 흐름을 막을 수 있다.
- 겹침 재료 또는 안쪽의 배플은 바람에 의한 빗방울의 운동 에너지를 굴절시킨다.
- 빗물받이는 물이 수평 또는 거의 수평에 가까운 표면에 달라붙어 흐르게 하는 표면 장력을 끊는다.
- 불연속성 또는 중공 형식의 틈은 물의 모세관 거동을 방해한다.

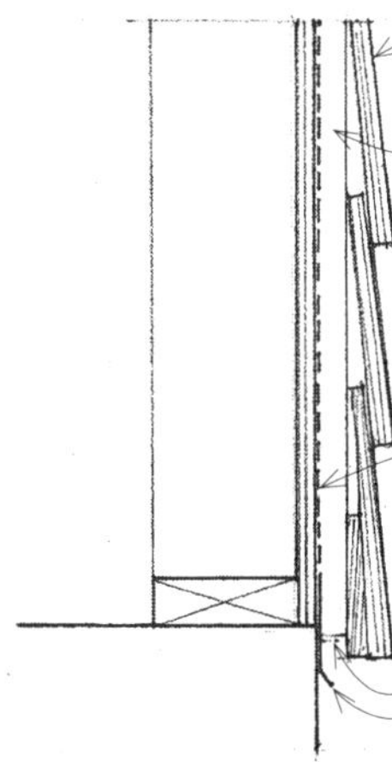

- 겹침 사이딩 또는 지붕널 사이딩은 레인스크린 역할을 한다.
- 퍼링스트립은 사이딩 재료를 벽체 골조와 간격을 두게 한다. 이를 통해 배수가 일어나고, 수집된 물의 증발을 통해 배면 환기를 촉진하는 환기 중공층을 만든다.
- 퍼링 뒤의 덮개와 방수 장벽을 통해 배수 평면을 조성한다.
- 방충 스크린
- 금속 플래싱 및 빗물받이

단순한 레인스크린 벽체는, 벽돌 중공 벽체와 물막이 판자 벽체에서처럼, 외부 피복에서 대부분의 비를 흘려보내고, 중공 층은 외부 층을 관통해 들어온 모든 물을 제거하는 배수층 역할을 한다. 중공 층은 들어온 물이 모세관 작용에 의해 지지 벽체에 도달하지 않도록 충분한 너비를 확보해야 한다.

압력의 차이는 벽 조립체의 미세 구멍을 통해—구멍이 아무리 작더라도—구멍의 한쪽 면에 있는 물을 통과시킬 수 있다. 등압 레인스크린pressure-equalized rainscreen(PER) 벽체 환기가 되는 피복층과 중공 층을 활용하며, 배수 가능한 구획으로 나뉘어 있을 때가 많다. 이로 인해 중공 층이 외부 대기와 같은 압력으로 유지되면서, 피복 조립체에서 이음부를 통해 물이 침투하는 것을 제한할 수 있게 된다. 공기 및 증기에 대한 1차 밀봉은 중공층 속 실내 쪽-물에 거의 노출되지 않는-내벽에서 진행된다.

실내 쪽

- 공기 장벽 방식은 1차 이음부 밀봉을 포함하고, 벽을 통한 공기와 소음의 흐름을 제어한다. 또한 풍압을 견딜 수 있을 만큼 기밀하고 견고하다.
- 단열재는 중공 층의 실내 쪽에 자리한다. 공기 장벽 자체는 단열재의 양쪽 또는 내벽 레이어의 양쪽에 배치된 연속적인 막으로 해석할 수 있다.
- 유사한 벽체 단면에 대한 다른 측면은 7.48을 참조.

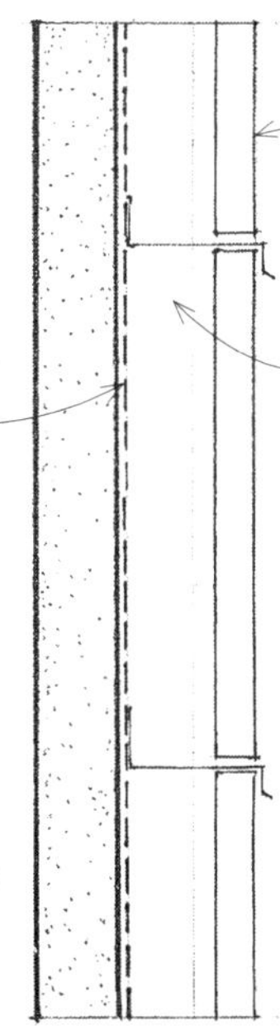

외부 쪽

- 환기가 되는 피복층(레인스크린)은 빗물의 운동력을 굴절시키고, 벽의 외부 면에서 물의 침투를 억제한다.
- 중공 층은 공기 압력을 균등하게 할 수 있는 공간을 제공한다. 또한 물의 모세관 작용을 억제할 수 있을 정도의 너비를 두고, 레인스크린을 통과한 모든 물의 배수층 역할을 한다.

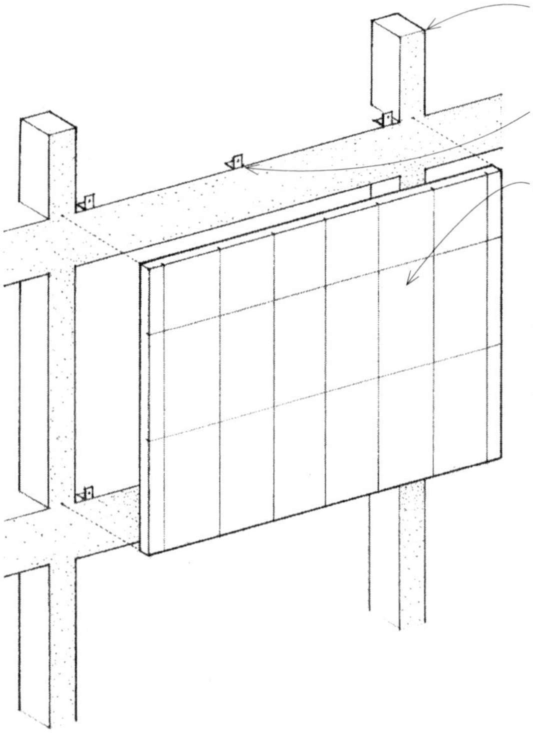

- 구조용 강재 또는 철근콘크리트 골조
- 앵커
- 프리캐스트 콘크리트, 다듬돌, 벽돌 조적 또는 금속으로 된 벽체 패널
- 유리 커튼월 시스템에 대해서는 8.33을 참조
- 이중외피와 스마트 파사드에 대해서는 8.39-8.41 참조

커튼월은 건물의 강재 또는 콘크리트 구조 골조에 전적으로 지지되는 외벽으로, 커튼월의 자중과 풍하중 이외에 어떤 하중도 지탱하지 않는다. 커튼월은 투명 유리 아니면 불투명 스팬드럴 유닛, 또는 콘크리트, 석재, 조적재, 금속 등으로 된 얇은 단판 패널, 그리고 이들을 고정하는 금속 프레임으로 구성된다.

패널 시스템은 전반적으로 프리캐스트 콘크리트, 조적 또는 재단된 석재 유닛으로 구성된다. 벽체 유닛은 1~3층 높이로 할 수 있고, 유리는 사전, 또는 사후에 설치할 수 있다. 패널 시스템은 제어된 공장 조립과 신속한 설치가 가능하지만, 이렇게 하면 크기가 커져 선적과 취급에 유의해야 한다.

커튼월 구조는 이론적으로는 간단하지만 실제로는 복잡하고, 섬세한 개발과 테스트 및 설치가 필요하다. 또한 건축가, 구조 기술자 및 도급업자, 커튼월 시공 경험이 있는 제작자 사이에 긴밀한 조정이 필요하다.

다른 외벽도 마찬가지지만, 커튼월은 다음의 요소들을 견뎌낼 수 있어야 한다.

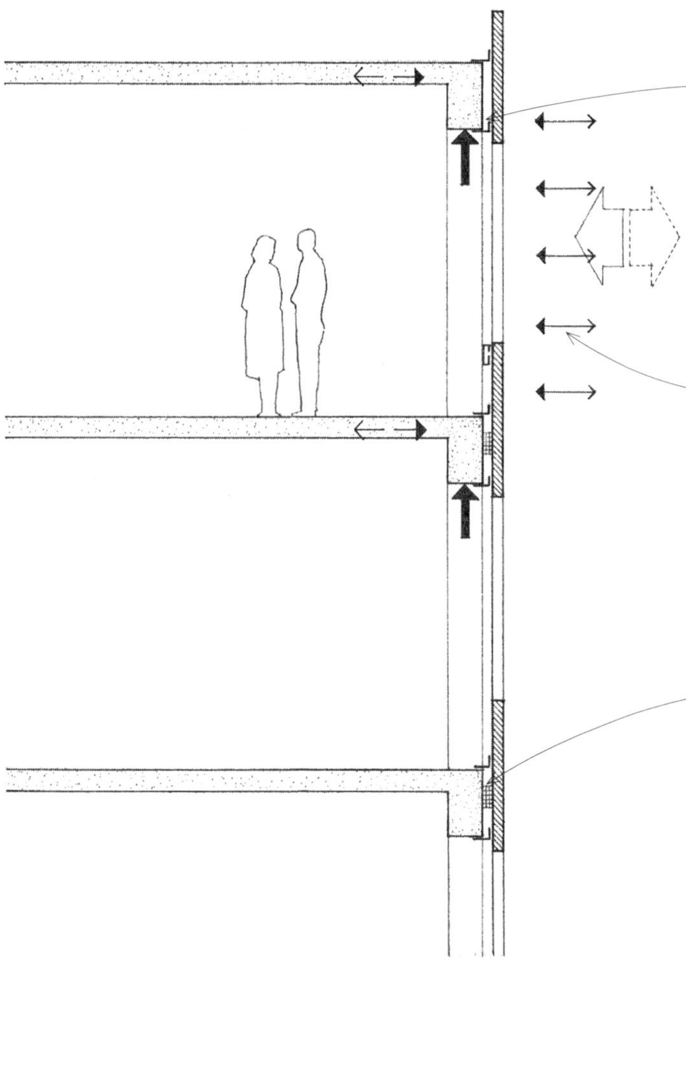

하중

- 커튼월 패널은 구조 골조에 의해 적절히 지지되어야 한다.
- 하중이 걸리는 구조 골조의 처짐[deflection]이나 변형[deformation]이 커튼월에 전달되어서는 안 된다.
- 내진설계를 위해서는 에너지 흡수 접합부[energy-absorbing connections]가 필요하다.

바람

- 바람은 벽의 방향과 형상, 건물의 높이에 따라 정압[positive pressure]과 부압[negative pressure]을 생성한다.
- 벽은 과도한 휨과 처짐[deflection]이 없이, 풍하중을 구조 골조에 전달해야 한다. 이음부와 접합부는 바람에 의한 벽체의 거동을 예상하여 설계해야 한다.

화재

- 불연성 재료[noncombustible material]는 덮개 내부의 각 바닥과, 벽체 패널과 슬래브 가장자리, 또는 벽체 패널과 스팬드럴 보 사이에 화재 확산을 막기 위해 반드시 설치해야 한다. 이런 불연성 재료를 안전화 장치이라고도 한다.
- 건축법 역시 구조 골조와 커튼월 패널 자체에 대해 내화 관련 요구 사항을 포함하고 있다.

태양
- 차양 장치 또는 반사/착색유리를 사용하여 밝기와 눈부심을 제어해야 한다.
- 자외선은 접합부 및 유리 작업에 들어가는 재료를 열화 시키고, 내부 가구의 색바램fading을 일으킬 수 있다.

온도
- 일별 및 계절별 온도 변화는 벽 조립체를 구성하는 재료, 특히 금속의 팽창및 수축을 유발한다. 서로 다른 재료의 다양한 열팽창으로 인한 차등 거동을 허용할 수 있는 방법에 대한 고려가 반드시 필요하다.
- 이음과 실란트(밀봉재)는 열응력에 의해 일어나는 거동을 견딜 수 있어야 한다.
- 유리 커튼월을 통한 열류는 단열유리, 불투명 단열 패널을 사용하고, 금속 프레임 안에 열차단재를 넣는 방식으로 제어해야 한다.
- 단판 패널의 단열재 역시 벽체 유닛에 통합되거나, 패널 뒤쪽에 부착되거나 현장에서 제작한 뒷받침 벽과 제공될 수도 있다.

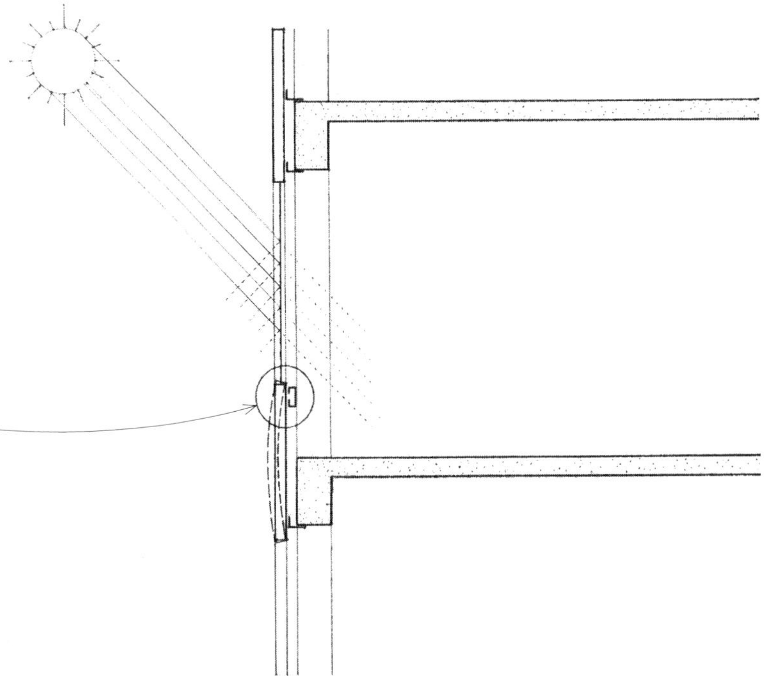

물
- 빗물은 벽면에 모일 수 있다. 또한 바람의 압력을 받아 포면의 미세한 구멍을 통해 이동할 수 있다.
- 벽 내부에 응축되어 모이는 수증기는 외부로 배출해야 한다.

등압 설계
7.23에서 개요를 설명한, 등압 설계의 원리는 커튼월의 디테일에 있어서는 매우 중요한 문제이다. 특히 외기와 내부 환경 사이의 압력 차이로 인해 우수가 극도로 작은 구멍을 통해서 유입될 수 있는 대형 고층건물에는 특히 그러하다.

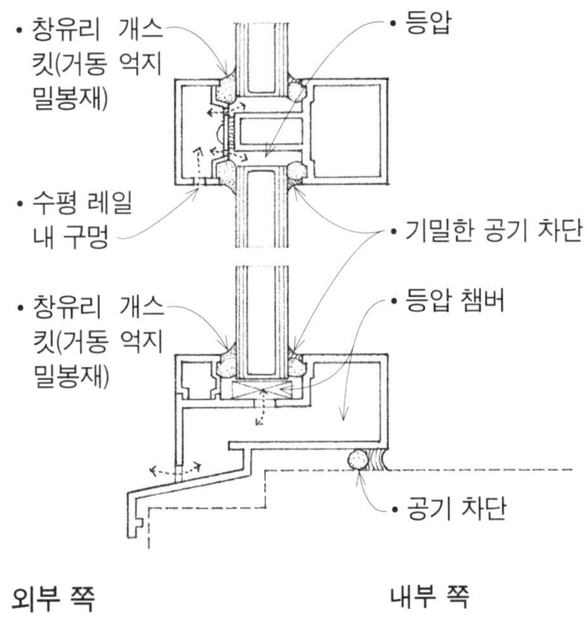

유리 커튼월에서 등압 설계적용을 위한 원리

CSI 04 25 00: 유닛 조적 패널
CSI 07 42 63: 조립식 벽체패널의 구성
CSI 07 44 63: 조립식 외장 패널의 구성

커튼월을 건물의 구조 골조에 고정하기 위해 다양한 금속 장치를 사용할 수 있다. 일부 접합부는 모든 방향으로부터 적용되는 하중을 저항하기 위해 고정단으로 되어 있다. 다른 것들은 횡방향의 풍하중만을 저항하기 위해 설계된다. 이러한 이음부는 일반적으로 커튼월 유닛과 구조 골조의 치수 불일치를 허용하고, 구조 골조가 하중을 받을 때 쳐지거나, 커튼월이 열응력이나 온도 변화에 반응하여 생기는 차등 거동을 수용하기 위해 3차원적으로 조정할 수 있도록 만들 수 있다.

슬롯 구멍이 있는 끼움판과 앵글은 한쪽 방향으로 조정할 수 있다. 앵글과 끼움판을 조합하면 3차원적으로 조정할 수 있다. 최종적인 조정이 완료되고 나서, 접합부에 강접이 요구된다면, 용접을 하여 영구적으로 고정할 수도 있다.

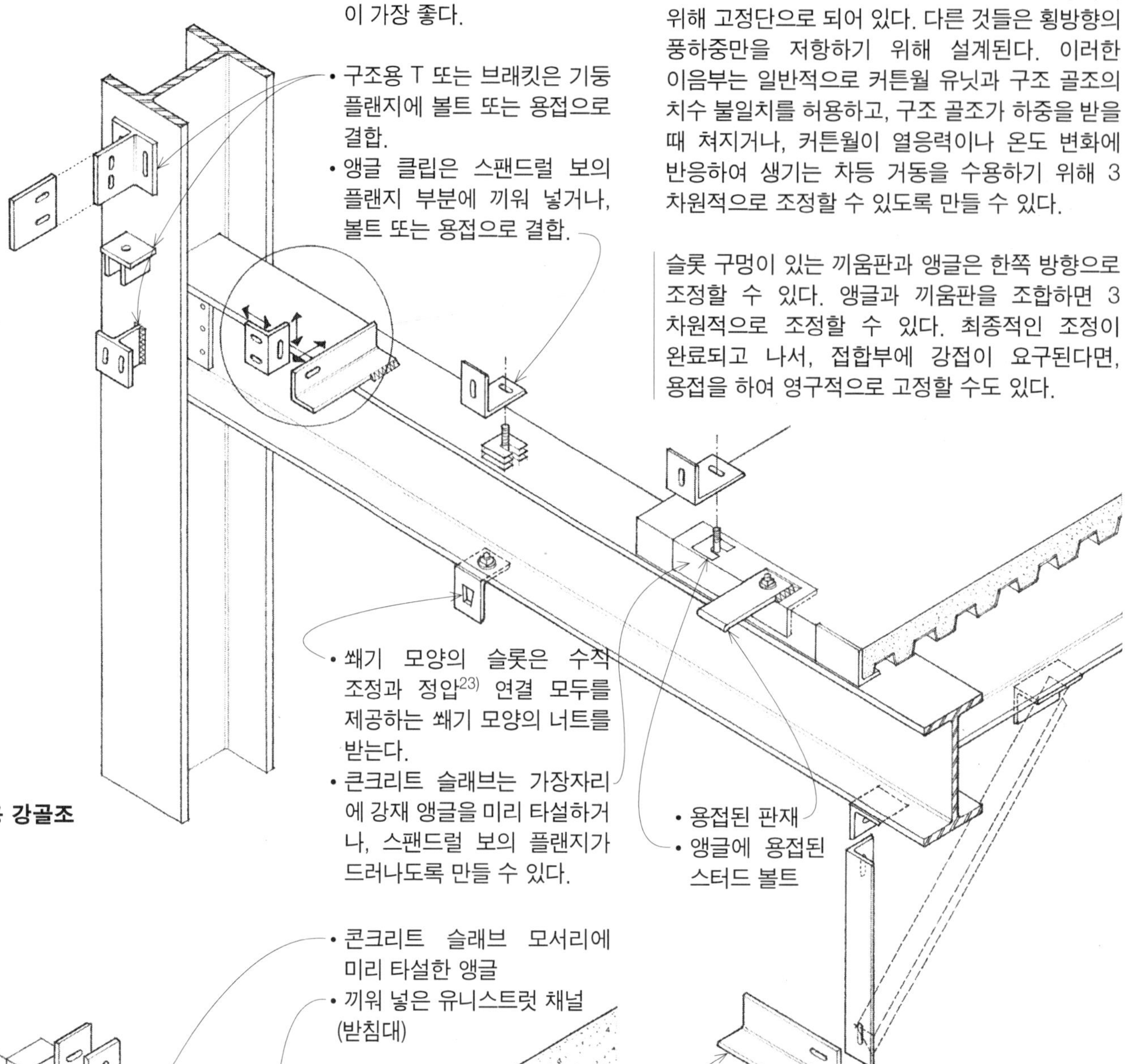

구조용 강골조

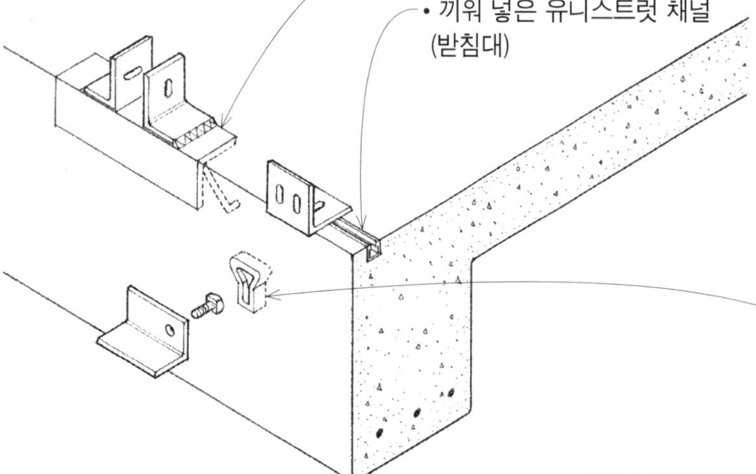

철근 콘크리트 골조

23) 물체 면에 압축하는 방향으로 작용하는 압력, 반대는 부압.
24) 콘크리트 타설 후 달대 등을 매달기 위해 사전에 매설시키는 부품.
25) 비뚤어진 머리를 가진 볼트. 인서트와 맞물려 하중이 걸리면 자동으로 조여지는 기능이 있는 제품도 있다.

프리캐스트콘크리트 벽체 패널은 구조용 강재 또는 철근 콘크리트 골조로 지지하는 비내력 외장재로 사용될 수 있다. 프리캐스트 내력벽체 패널은 5.10 참조.

- 품질 관리가 되어 있고, 매끈하거나 질감이 있는 다양한 마감을 선택할 수 있다.
- 세라믹 타일, 얇은 벽돌, 석재 외장재를 벽체 패널에 고정할 수 있다.
- 단열재를 벽면 패널에 끼우거나, 뒷면에 부착하거나, 현장에서 시공된 뒷받침벽과 함께 설치할 수 있다.

유리섬유 강화 콘크리트는 전형적인 철근 콘크리트를 대체하여, 훨씬 얇고 가벼운 단판 패널을 생산할 수 있다. 패널은 짧은 유리섬유를 포틀랜드 시멘트와 모래 슬러리가 있는 주형에 분사하여 만든다.

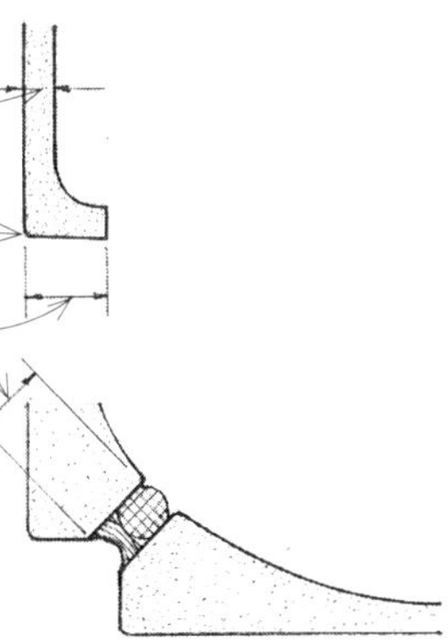

- 최소 패널 두께 1/2"(13)
- 반경 1/8"(3)이 일반적
- 이음과 모서리에 충전재와 이음 실란트를 삽입하려면 1 1/2"(38) 플랜지가 필요

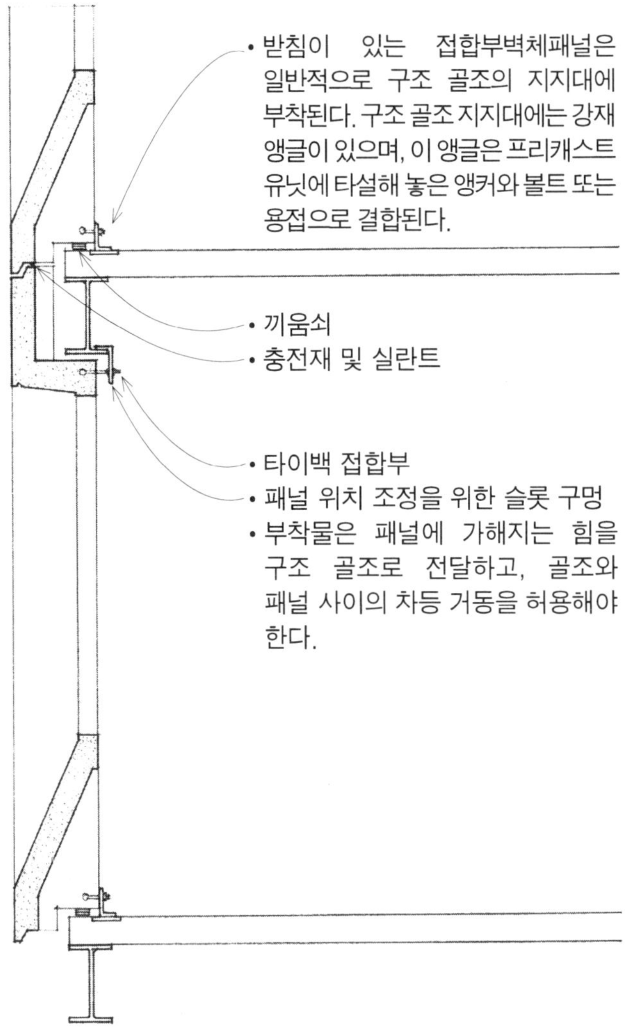

- 받침이 있는 접합부벽체패널은 일반적으로 구조 골조의 지지대에 부착된다. 구조 골조 지지대에는 강재 앵글이 있으며, 이 앵글은 프리캐스트 유닛에 타설해 놓은 앵커와 볼트 또는 용접으로 결합된다.
- 끼움쇠
- 충전재 및 실란트
- 타이백 접합부
- 패널 위치 조정을 위한 슬롯 구멍
- 부착물은 패널에 가해지는 힘을 구조 골조로 전달하고, 골조와 패널 사이의 차등 거동을 허용해야 한다.

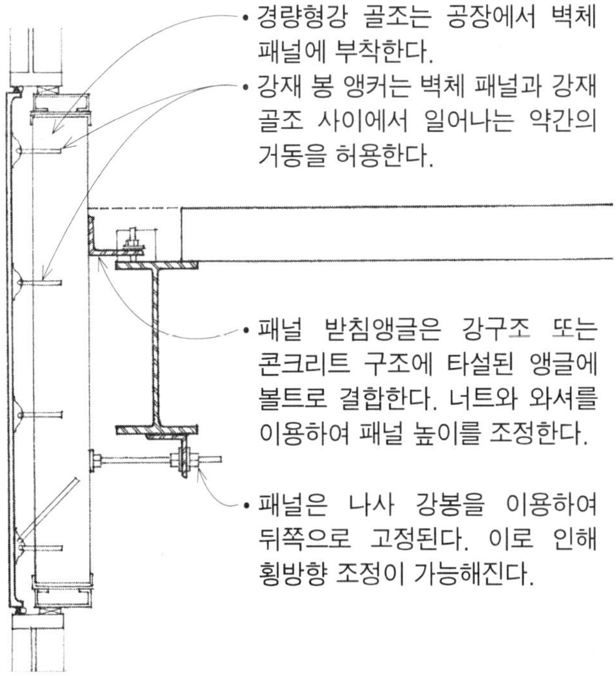

- 경량형강 골조는 공장에서 벽체 패널에 부착한다.
- 강재 봉 앵커는 벽체 패널과 강재 골조 사이에서 일어나는 약간의 거동을 허용한다.
- 패널 받침앵글은 강구조 또는 콘크리트 구조에 타설된 앵글에 볼트로 결합한다. 너트와 와셔를 이용하여 패널 높이를 조정한다.
- 패널은 나사 강봉을 이용하여 뒤쪽으로 고정된다. 이로 인해 횡방향 조정이 가능해진다.

CSI 마스터포맷 03 45 00: 건축용 프리캐스트 콘크리트
CSI 마스터포맷 07 44 53: 유리섬유 보강 시멘트질 패널

조적 단판masonry veneer의 시공은 내후성 장벽 역할을 하는 단일 수직 조적 켜wythe로 구성된다. 조적 단판은 지지하는 구족 골조에 고정은 되어 있지만 접착되어 있지는 않다. 거주용 건축에서, 목재 또는 금속 샛기둥 벽체 바깥쪽에는 일반적으로 벽돌 단판으로 치장한다.

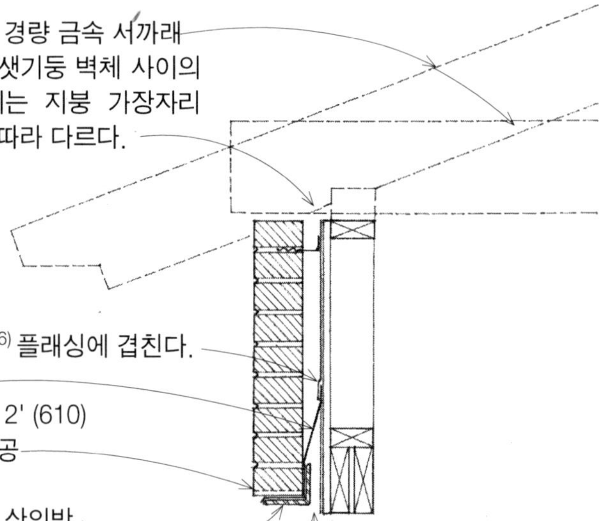

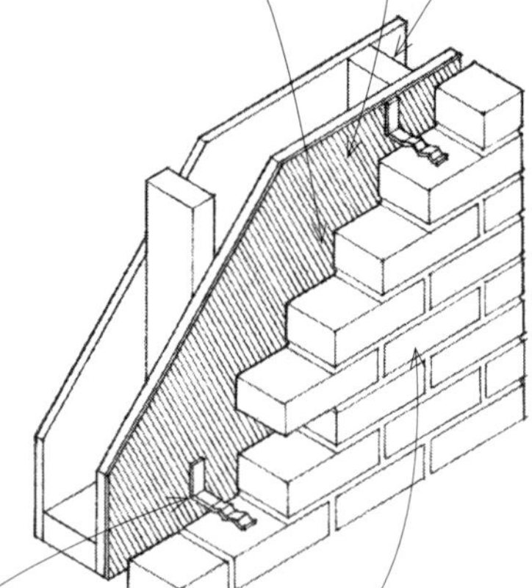

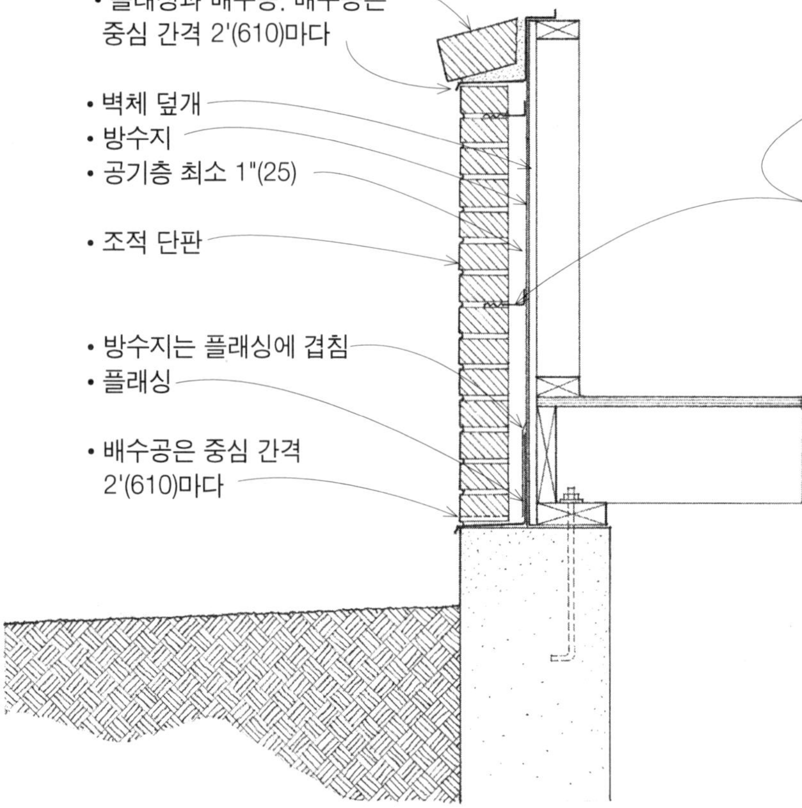

• 보강 및 비보강 조적 벽체에 대해서는 5.14-5.18을 참조

CSI 마스터포맷 04 21 13.13: 벽돌단판 조적

26) 방수지building paper: 방수공사용의 방수처리를 한 종이류의 총칭이지만 종이가 주재료가 아닌 것들도 있다.

벽돌 단판 역시 강재 또는 콘크리트 골조로 지지하는 커튼월로 사용할 수 있다.

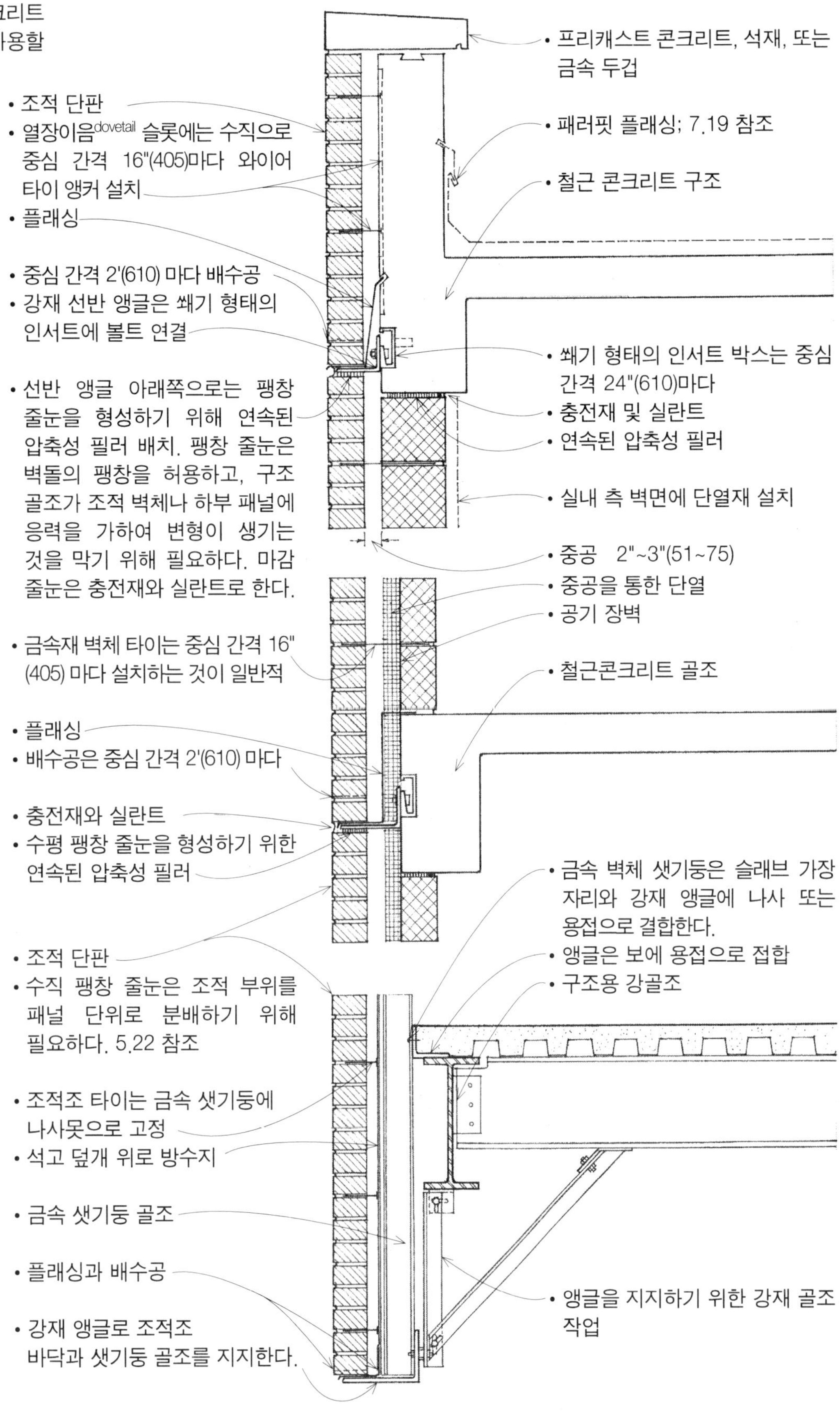

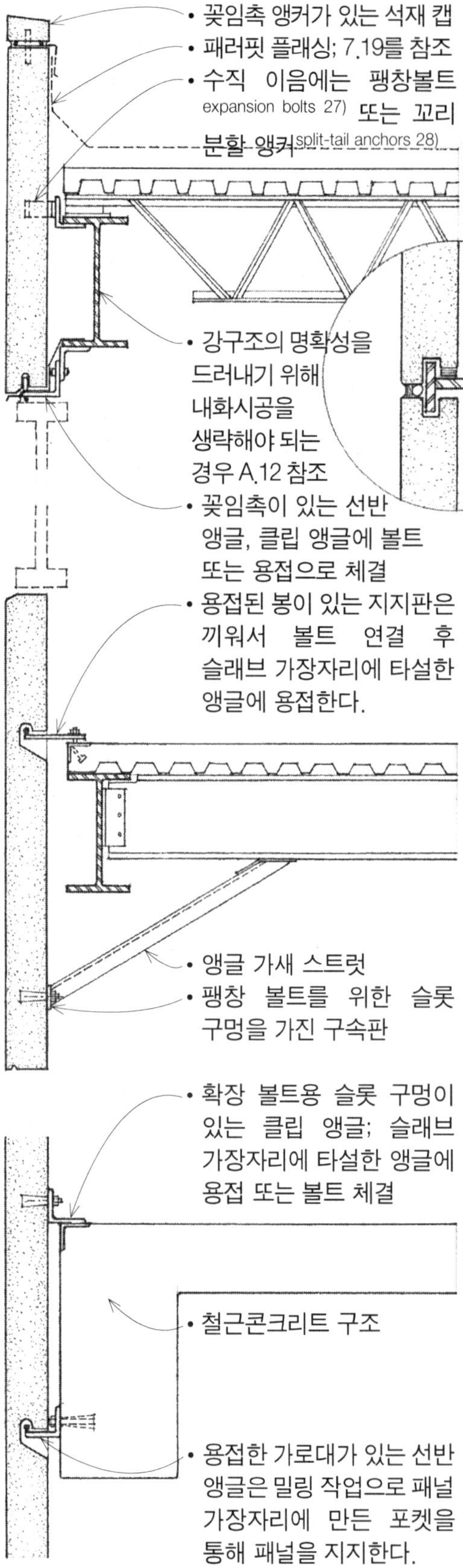

일체식 석재 패널 디테일의 일반 사항

석재 외장재는 모르타르 위에 설치하고 콘크리트 또는 조적 뒷받침 벽에 결속시킨다. 5.33-5.34 참조. 두께 $1\frac{1}{2}$"~3"(32~75)의 대형 석재 단판 패널 역시 강재나 콘크리트 구조 골조에 다양한 방법으로 지지될 수 있다.

- 일체식 석재 패널monolithic stone panels은 건물의 구조 골조에 직접 고정할 수 있다.
- 석재 패널은 슬래브로부터 건물의 구조 골조로 중력과 횡하중을 전달하는 강재 서브프레임에 장착할 수 있다. 서브프레임은 수평 스테인리스강 또는 알루미늄 앵글을 지지하는 수직 강재 스트럿으로 구성된다. 앵글에 용접된 가로대는 석재 패널의 하단 및 상단 가장자리에 있는 슬롯과 맞물린다.
- 석재 단판은 더 큰 패널로 사전 조립할 수 있다. 여기에는 비부식성 금속 프레임에 얇은 슬래브를 장착하는 방식 또는 구부린 스테인리스강 앵커를 사용하여 철근 프리캐스트 콘크리트 패널에 접합하는 방식이 있다. 콘크리트와 석재 사이에는 수분 장벽과 결합제를 적용하여 콘크리트에 있는 염성분이 석재에 얼룩을 남기는 것을 방지할 수 있다.

필요한 정착구는 신중하게 설계해야 한다. 특히 정착 지점에서 석재 단판의 강도, 지속되는 중력 및 횡하중, 예상되는 구조적, 열적 거동 범위를 고려해야 한다. 일부 앵커는 석재의 자중을 지탱하고, 하중을 지지하는 구조체의 벽체나 골조로 전달해야 한다. 나머지 앵커는 석재의 수평 거동만을 제한한다. 몇몇은 전단에 저항할 수 있어야 한다. 접합에 쓰이는 모든 하드웨어는 스테인리스강이나 비철 금속으로 만들어 부식에 저항하고, 석재의 얼룩을 방지할 수 있도록 해야 한다. 적절한 설치와 거치 작업을 위해 필요한 공차를 두고 만들어야 한다.

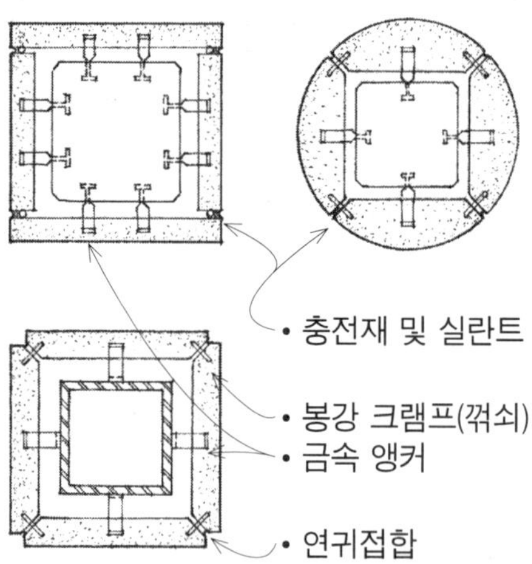

기둥

27) 콘크리트 벽돌 등의 면에 띠장-문틀 등의 다른 부재를 고정하기 위하여 묻어두는 특수 볼트

28) 한쪽 끝을 절반으로 나누어 한쪽은 위로, 한쪽은 아래로 접은 앵커.

CSI 마스터포맷 04 42 00: 외부 석재 피복

단열재 금속 패널 또는 접착 금속 패널은 주로 산업용 목적의 건물을 피복하는데 사용된다. 6.07 참조. 양극 처리된 알루미늄 또는, 자기질, 비닐, 아크릴, 에나멜 등으로 마감한 강재로 된 외장면을 가지고 있다. 패널 너비는 일반적으로 3' (915)이며 8'~24'(2.5~7.3 m) 간격으로 설치된 수평 중인방 사이에 수직으로 걸쳐 놓는다. 중인방의 경간은 사용하는 패널의 유형과 종단면 형상에 따라 달라진다. 패널 종단면, 규격, 허용 경간, 열 및 음향 등급, 설치 세부 사항에 대해서는 제조업체에 문의.

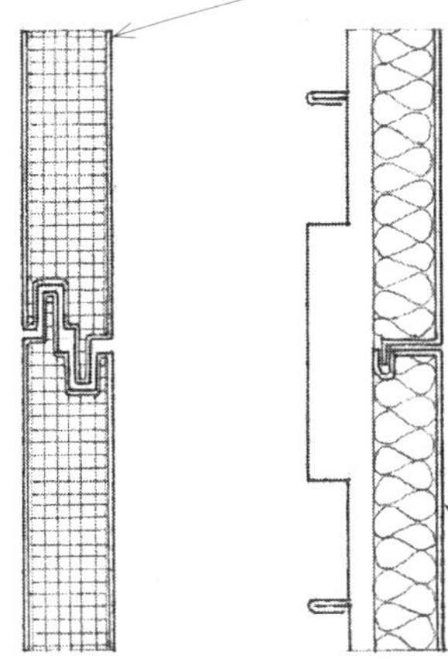

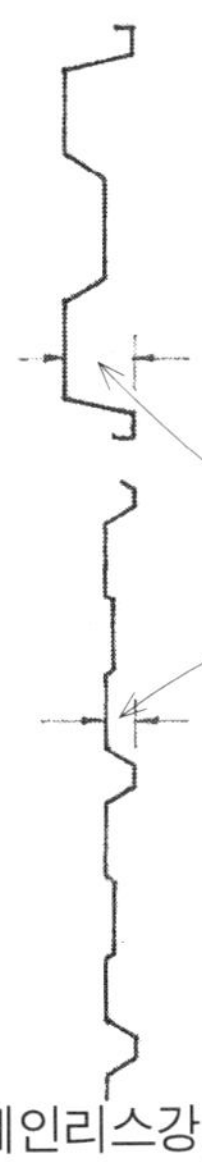

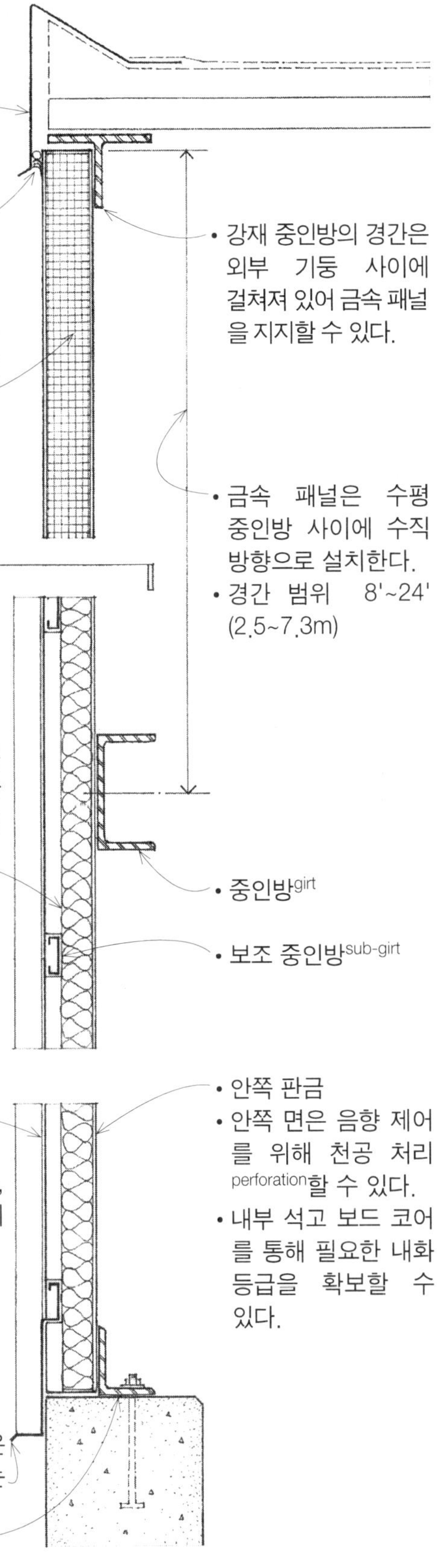

아연도금 강재, 스테인리스강, 알루미늄으로 된 기성품 금속 벽체 패널은 폭 12" 및 16"(305, 405)의 리브 또는 파형 강판으로도 출시되어 있다. 금속 패널은 안감 패널liner panels이 있는 현장 조립field-assembled 벽체 시스템의 일부로서 설치하거나, 간단한 레인스크린 벽체의 외부 구성요소로 세울 수 있다. 7.23 참조

CSI 마스터포맷 07 42 13: 금속 벽체 패널
CSI 마스터포맷 13 34 19: 금속 건축 시스템

외부 등급의 합판 사이딩 패널은 일반적으로 4'×8'(1220×2440)이지만 9' 및 10'(2.8 및 3.0m) 길이를 사용할 수 있다. 가장 많이 쓰는 패턴은 수직 보드 사이딩과 유사하다. 패널 표면은 홈이 있거나 거친톱질면, 솔질하거나 줄무늬가 있는 질감을 가질 수 있다. 투명한 발수 마감 또는 스테인 마감stain finish[29] 할 수 있다. 중밀도 오버레이(MDO)는 한쪽 또는 양쪽에 멜라민 또는 페놀 수지를 겹쳐놓은 외장 합판 패널로, 도장을 위한 매끄러운 바탕면을 가지고 있다.

수평 이음부는 플래싱 또는 다른 수단으로 보호해야 한다. 눈에 매우 잘 띄므로, 이러한 수평선은 외벽의 다른 요소들, 즉 창호 개구부 같은 것들과 잘 조율되어야 한다.

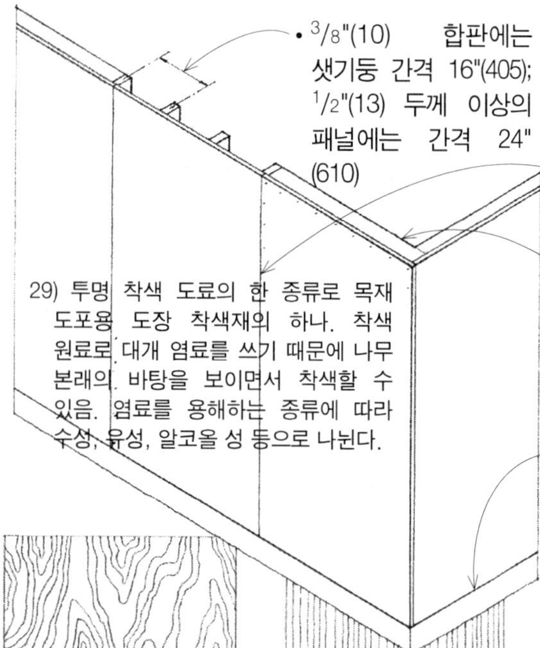

29) 투명 착색 도료의 한 종류로 목재 도포용 도장 착색재의 하나. 착색 원료로 대개 염료를 쓰기 때문에 나무 본래의 바탕을 보이면서 착색할 수 있음. 염료를 용해하는 종류에 따라 수성, 유성, 알코올 성 등으로 나뉜다.

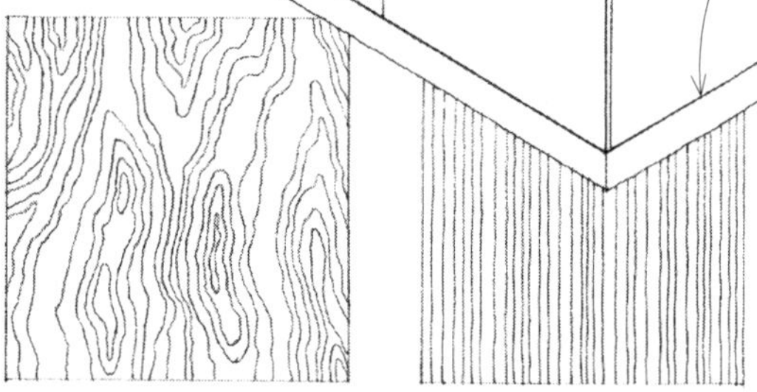

패널의 질감

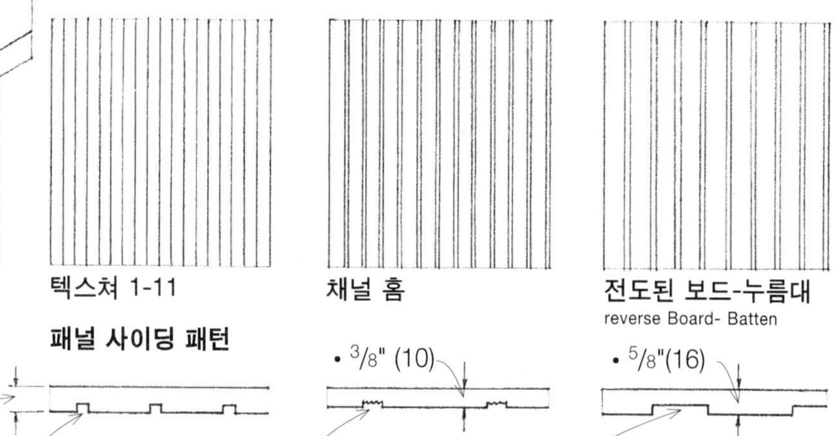

패널 사이딩 패턴

30) 횡단면 이음end joints은 부재 길이 방향의 단면끼리의 이음, 가장자리 이음edge joints은 짧은 방향의 부재 단면끼리의 이음을 말한다.

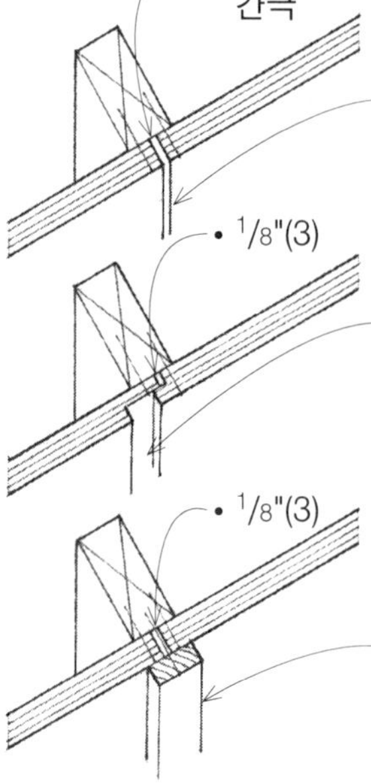

수직 이음부

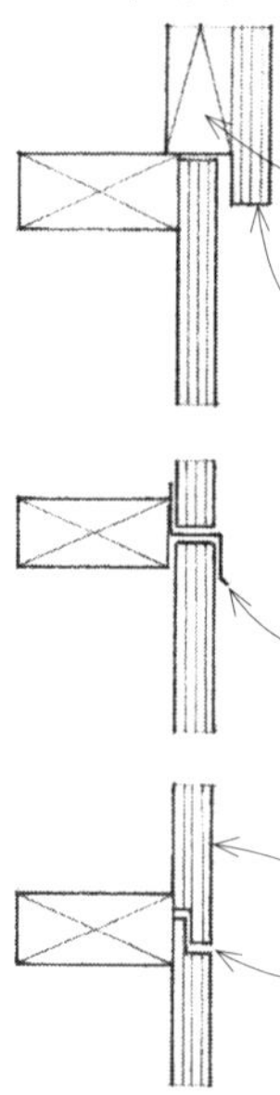

수평 이음부

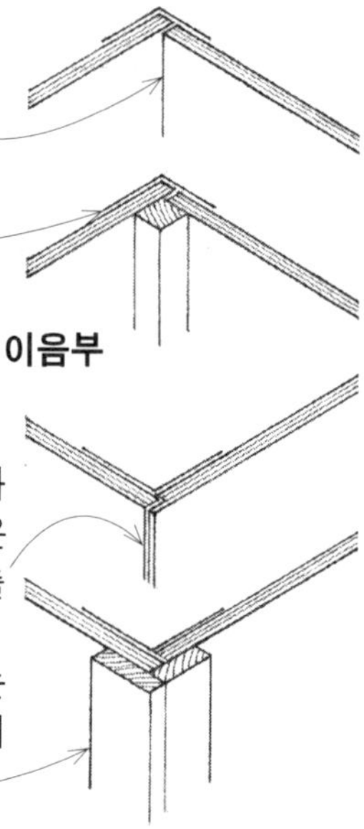

외부 모서리 이음부

CSI 마스터포맷 07 46 29: 합판 사이딩

31) 톱이나 도끼와 같은 절삭 공구로 시공되는 홈 또는 톱니 모양의 거친톱질면

32) 비막이 장치인 플래싱이 있는 이음 방식

외벽에는 목재 널을 겹침 사이딩과 유사한 유니폼 층으로 놓는다. 목재널의 수평 층은 창 개구부의 위틀과 문턱, 기타 수평 띠에 가지런히 맞을 수 있도록 조절되어야 한다. 널재는 도장이나 스테인마감으로 마무리할 수 있다. 프리미엄 등급의 널재는 도색하지 않아도 기후에 자연스럽게 풍화될 수 있다.

목재널 사이딩은 단일 가로 진행 또는 이중 가로 진행으로 적용될 수 있으며 널재의 노출 길이는 다음과 같다.

널재 길이	단일 가로 진행 방식	이중 가로 진행 방식
16"(405)	6"~7 1/2"(150~190)	8"~12"(205~305)
18"(455)	6"~8 1/2"(150~190)	19"~14"(230~355)
24"(610)	8"~11 1/2"(205~290)	12"~20"(305~510)

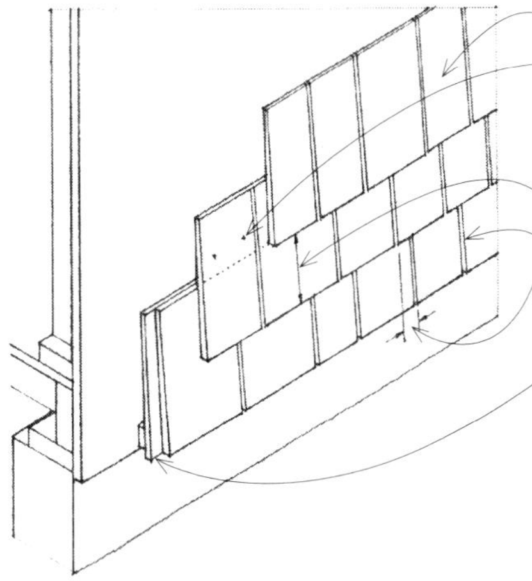

단일 가로 진행 방식의 적용

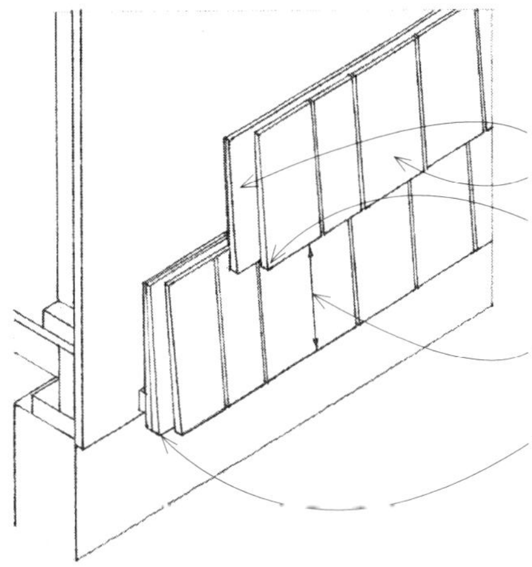

이중 가로 진행 방식의 적용

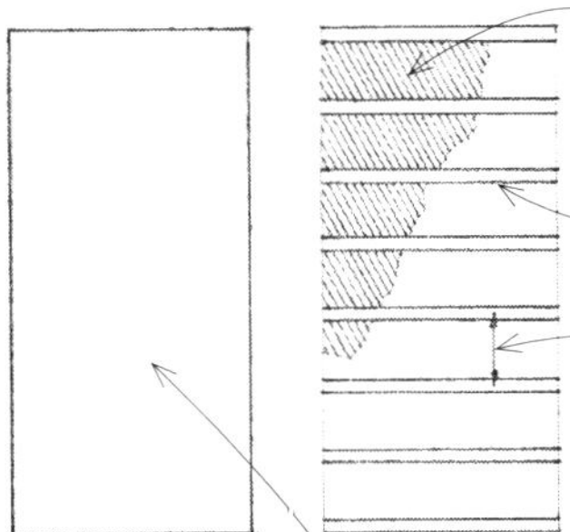

덮개 유형

규격 목재널 및 장식적 끝처리를 한 판자는 동일한 폭과 형상으로 절단된다. 스캘럽scalloped 35) 또는 물고기 비늘fish-scale 질감과 같은 특정한 효과를 위해 사용한다.

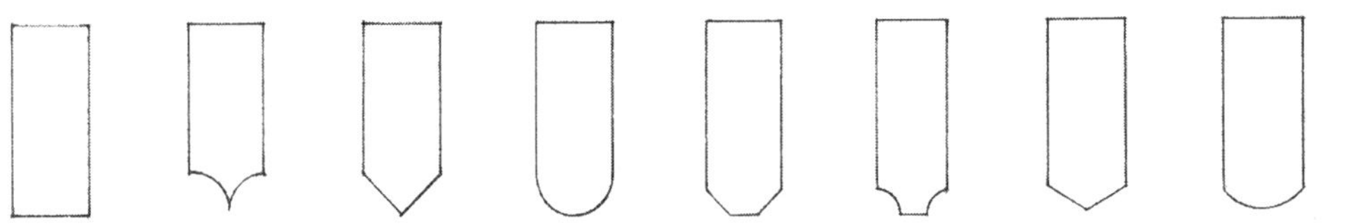

규격 목재널

모서리에서는 서로 마주하는 모서리 널재의 옆면을 덮는 방식을 한층 씩 걸러 반복한다. 노출된 가장자리는 반드시 방부 처리해야 한다. 모서리 보드는 내부와 외부 모서리 모두에서 목재널을 수용하기 위해 사용할 수도 있다. 방수지는 목재널과 목재 트림이 접하는 곳이면 어디든지, 플래싱 효과를 위해 설치해야 한다.

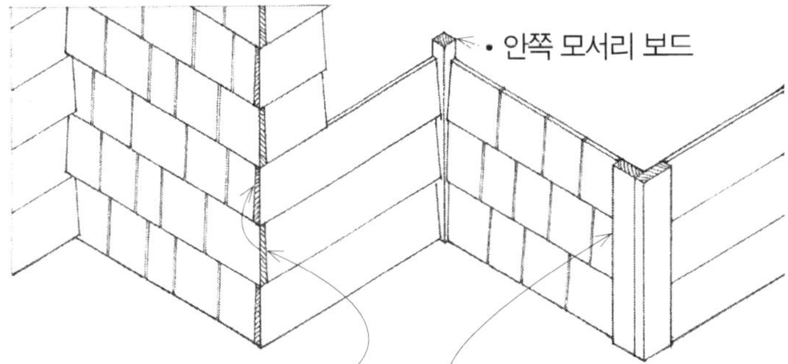

모서리

34) 이중 가로 진행 방식에서 밑바탕에 까는 스타터 목재널 층.
35) 스캘럽은 연속된 아치형태의 층을 엇갈리게 겹쳐 진행하면서 나오는 패턴.

수평 판재의 사이딩은 다양한 형태로 할 수 있다.

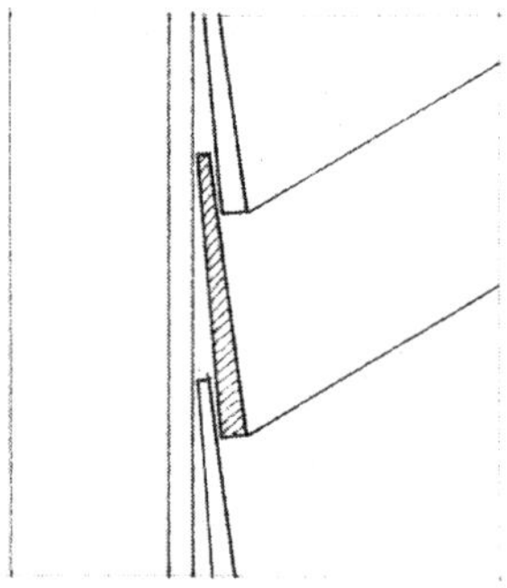

• 빗각 사이딩/미늘판벽 bevel siding은, 겹침 사이딩이라고도 하는 데, 사이딩이 하나의 얇은 모서리와 하나의 두꺼운 모서리를 갖도록 대각선으로 절단하여 만든다. 제재톱 재단면은 스테인 마감을 위해 노출하고, 부드럽고 편평 한 면은 도장이나 스테인 마감 중 선택할 수 있다.

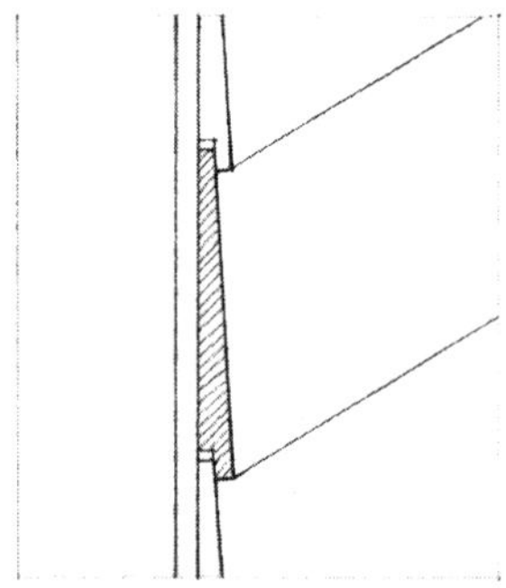

• 은촉 붙임빗각 사이딩 dolly varden siding은 아래 층에 있는 판재의 상단 단면을 수용하기 위해 위쪽 층 판재의 하단 가장자리 단면을 따라 은촉을 댄 빗각 사이딩이다.

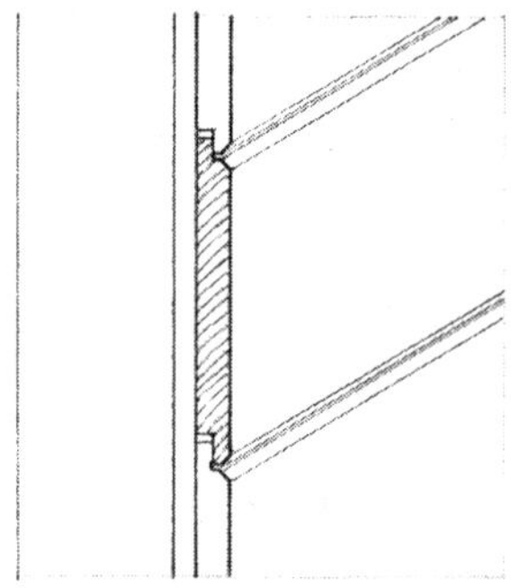

• 반턱쪽매 사이딩 shiplap siding은 판재 상단과 하단에 서로 겹칠 수 있도록 은촉을 내어 가장자리 단면과 가장자리 단면이 결합할 수 있도록 한 사이딩이다.

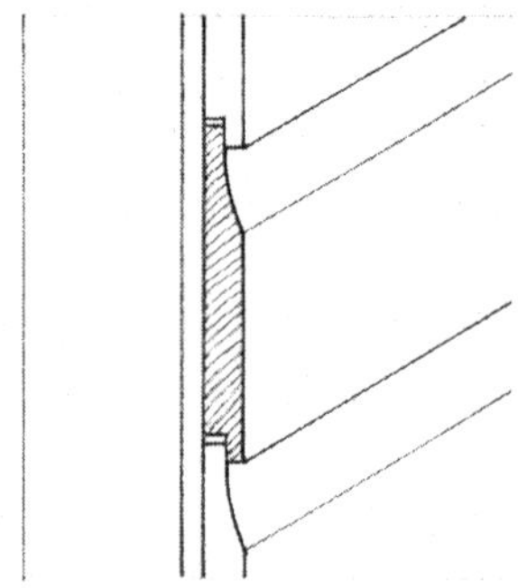

• 드롭 사이딩 / 쪽매판벽은 상단 가장자리를 따라 좁게 만든 판재로 구성되어, 하단 가장자리의 은촉 또는 홈에 맞도록 하는 사이딩이다. 판재의 뒷면은 외벽 덮개 또는 샛기둥에 대하여 맞닿을 수 있도록 평평하게 부착된다.

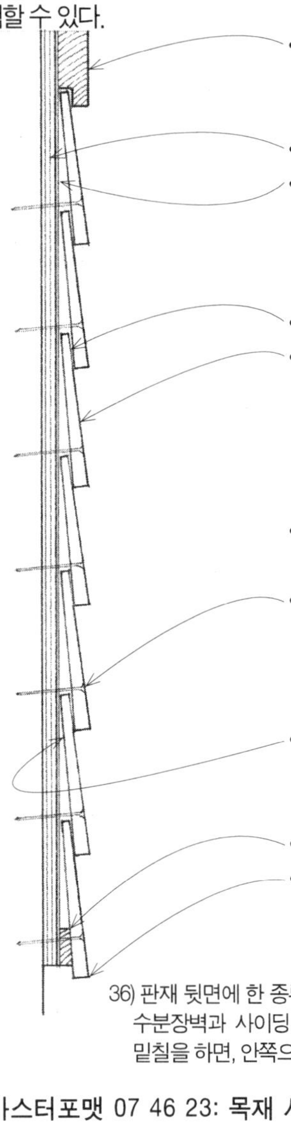

• 최상단의 판재 층을 받기 위해 은촉으로 붙이거나 퍼링으로 되어 있는 프리즈 보드
• 목치기 가능한 벽체 덮개
• 벽에 있는 수증기가 외부로 빠져 나갈 수 있도록 해주는 투과성 방수지
• 겹침 최소 1"(25)
• 빗각사이딩의 노출을 조정하여 판재의 층이 창문의 윗틀과 창턱부, 프리즈 보드, 기타 수평 띠와 가지런히 정렬할 수 있도록 한다.
• 팽창에 대비하여 1/8"(3)의 간격을 둘 것.
• 수직못치기; 못은 반드시 아래쪽 층을 피해 골조 안으로 1 1/2"(38) 들어가도록 해야 한다.
• 후면 밑칠 backprime은[36] 설치 전에 한다.
• 스타터 띠는 연속
• 지반면까지 최소 6"(150) 여유 간격을 둘 것.

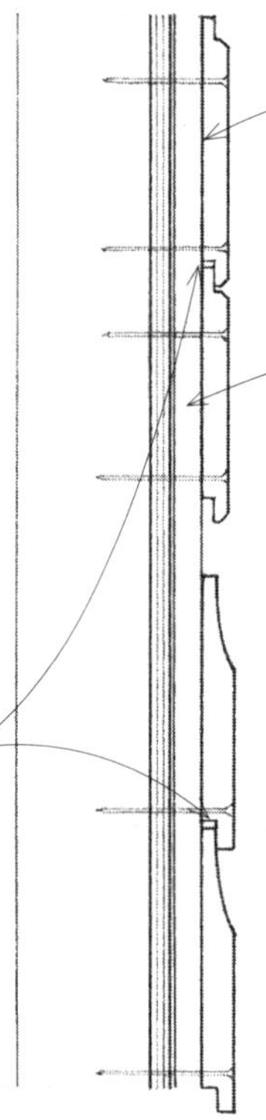

• 1×3 수직 목재 스페이서를 벽체 샛기둥 너머 정렬하여, 간단한 레인스크린을 만들 수 있다. 7.23 참조
• 공기층 최소 3/4"(19); 배수와 환기구의 방충 기능을 위해 제공한다.

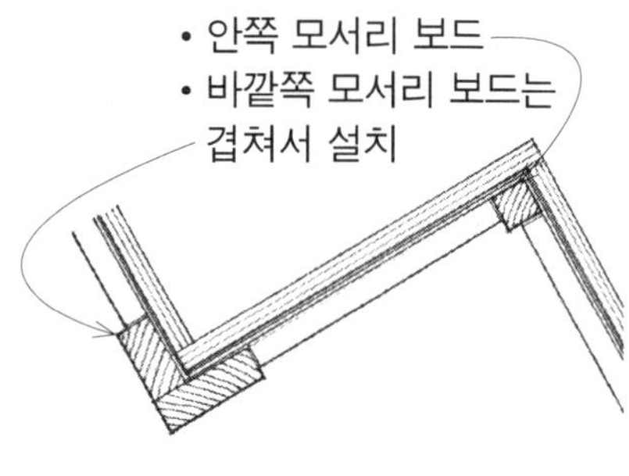

• 안쪽 모서리 보드
• 바깥쪽 모서리 보드는 겹쳐서 설치

모서리

사이딩의 적용

수평 판재의 사이딩은 아연 용융도금, 알루미늄, 스테인리스강 못을 이용하여, 벽체 덮개를 관통하여 벽체 샛기둥에 고정된다. 못치기는 개별 판재가 수분함량 변화에 따라 팽창과 수축을 자유롭게 할 수 있도록 고려해야 한다. 판재의 끝은 샛기둥 혹은 모서리 보드에 맞댐, 또는 창호 트림 위에서 만나야 한다; 실란트는 일반적으로 설치 중에 판재 끝 부분에 적용되고 이음 부위는 코킹으로 마무리 한다.

36) 판재 뒷면에 한 종류의 코팅재로 한번 피막을 입히는 것. 수분장벽과 사이딩 사이에 소량의 수분이 있을 때 후면 밑칠을 하면, 안쪽으로부터의 판재 침습을 억제할 수 있다.

CSI 마스터포맷 07 46 23: 목재 사이딩

수직 판재 사이딩은 다양한 패턴으로 놓을 수 있다. 서로 겹치거나 맞물리는 매치 사이딩은 매끈하거나, V자형 홈, 또는 볼록한 이음부을 가질 수 있다. 단면을 수직으로 네모지게 반듯이 깎은 판재는 다른 판재 또는 누름대와 함께 사용하여 수직 이음부를 보호하고, 보드 후 보드 또는 보드 후 누름대, 누름대 후 보드와 같은 사이딩 패턴을 구성할 수 있다.

수평 사이딩이 벽체 샛기둥에 직접 못치기를 하는 반면, 수직 사이딩은 속이 찬 가로막이재 중심 간격 24"(610) 마다 설치하거나, 못치기를 하려면 합판 덮개의 두께를 적어도 $^5/_8$" 또는 $^3/_4$"(16 또는 19) 이상으로는 해야 한다. 이보다 더 얇은 덮개를 쓰는 경우에는, 1×4 퍼링을 중심 간격 24"(610) 마다 배치할 수 있다. 투과성 방수지는 수증기를 외부로 빼내기 위한 목적으로 사용하며, 사이딩 아래에 설치한다.

다른 목재 사이딩 재료와 마찬가지로, 아연 용융도금 또는 기타의 내부식성이 있는 못만 사용해야 한다. 설치 전에 사이딩의 끝부분과 가장자리 단면, 그리고 누름대 스트립의 뒷면에는 방부제로 처리할 것.

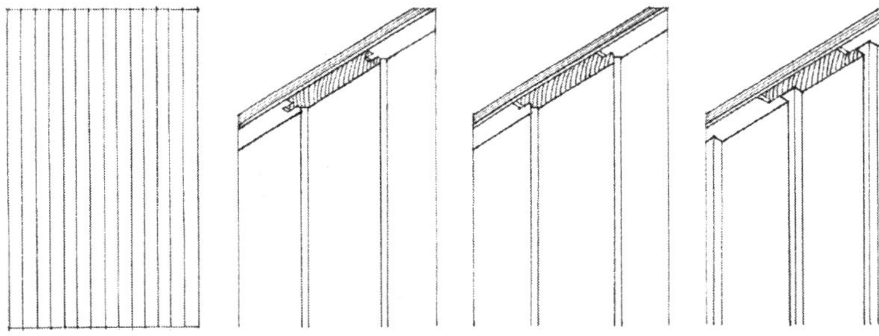

매치 사이딩 • 제혀쪽매 • V 반턱쪽매 • 채널 홈

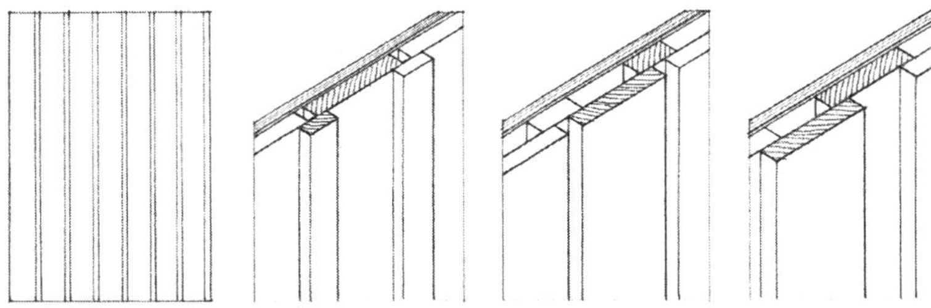

보드(판재) 사이딩 • 보드 - 누름대 • 누름대 - 보드 • 보드 - 보드

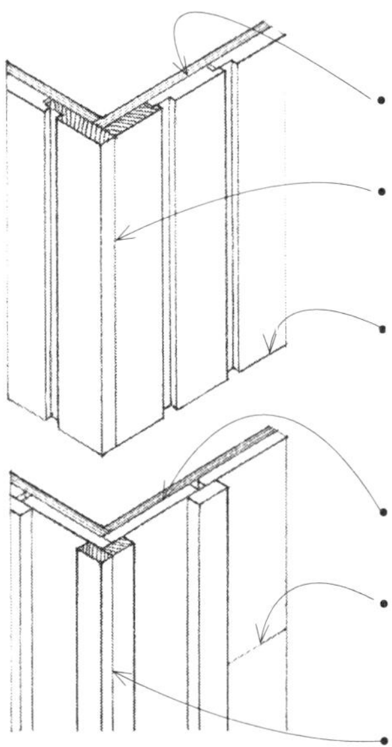

- 판재의 후면 밑칠은 설치 전에 한다.
- 매치 사이딩의 판재는 모서리에서 겹치도록 한다.
- 바닥에는 빗물받이를 형성하기 위해 언더컷 공간을 두거나 또는 바깥쪽으로 경사지게 할 것.
- 판재의 후면 밑칠은 설치 전에 한다.
- 횡단면 이음은 빗각지게 하고 설치 과정에서 밀봉해야 한다.
- 누름대 스트립으로 모서리에서 양쪽으로 겹친다.

모서리

목재 이외 재료로 만드는 사이딩

다양한 사이딩 재료들이 전통적인 목재 사이딩의 외양을 모방하면서, 동시에 향상된 내구성과 풍화에 대한 저항, 그리고 낮은 유지관리 비용을 내세우며 고안되었다. 이러한 대안에는 알루미늄 사이딩, 비닐(PVC) 사이딩, 그리고 섬유시멘트 부판 및 패널이 포함된다. 특성 상황에 대한 대안적 사이딩 재료의 적합성에 대한 자세한 내용은 다음의 정보를 참조할 것.

- 미국 건축 제조업 협회American Architectural Manufacturers Association (AAMA) 발행물 1402, 알루미늄 사이딩에 관한 내용을 다루고 있음.
- 비닐 사이딩 협회Vinyl Siding Institute(VSI)의 경질 비닐 사이딩 적용 지침에 대한 간행물
- 미국 국립 평가원National Evaluation Service, Inc. (NES)의 리포트 No. NER-405. 시멘트 섬유 제품에 대한 정보를 다루고 있음.

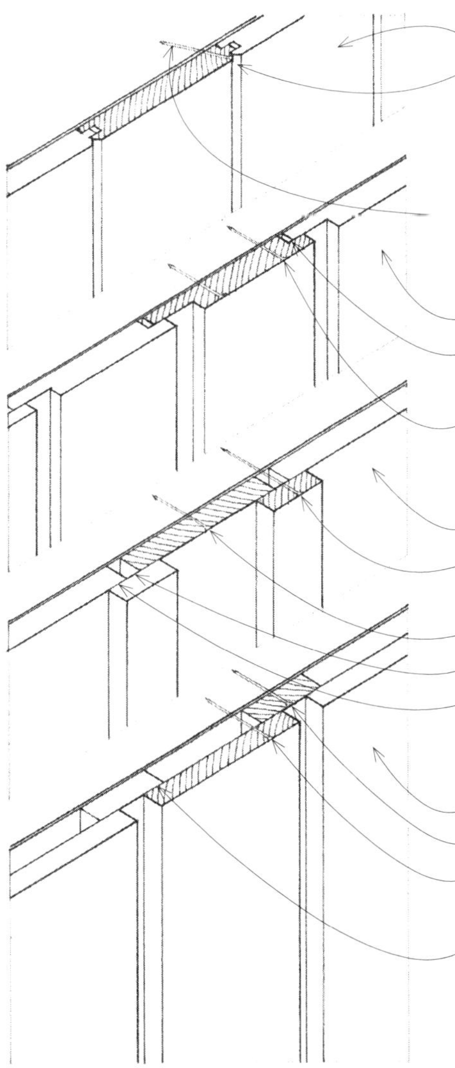

- 제혀쪽매 사이딩
- 지지대마다 숨은못치기 하나씩; 8"(205)보다 폭이 넓은 판재에는 수직못치기를 추가해야 한다.
- 최소 관통 거리는 $1^1/_2$"(38)가 일반적

- 채널 홈 사이딩
- 팽창을 대비하여 $^1/_8$"(3) 간격을 허용할 것
- 수직못치기는 판재의 제혀를 피해야 한다.

- 보드-누름대 사이딩
- 누름대에 치는 못은 판재 사이로 지나가게 할 것.[37]
- 수직못치기는 판재 중심에.
- 최소 간격 $^1/_2$"(13)
- 최소 겹침 $^1/_2$"(13)

- 누름대 - 보드 사이딩
- 못치기부터 할 것.
- 보드에 치는 못은 반드시 누름대를 피해서.
- 최소 겹침 $^1/_2$"(13)

수직 이음

37) 이렇게 해야 판재(보드)의 수축 팽창을 허용할 수 있음.

스투코(치장벽토)는 포틀랜드시멘트(또는 조적 시멘트), 모래, 및 수화석회로 구성된 거친 질감의 플라스터(회반죽)이다. 물과 혼합되어 가소성이 있는 상태에서 적용하면, 외벽에 단단한 피복을 형성한다. 이 내수성과 내화성이 있는 마감재는 정상적 경우에서는 외벽과 밑면에 사용되지만, 직접 젖거나 습한 조건에 노출되는 내벽 및 천장에서 사용 가능하다

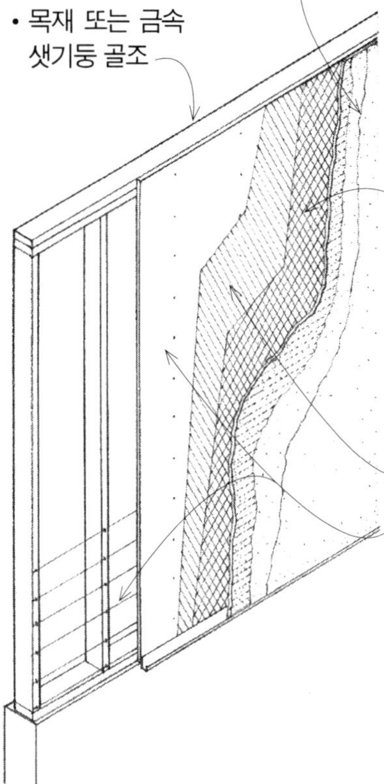

- 목재 또는 금속 샛기둥 골조
- 스투코는 방수지를 뒤에 댄 익스팬디드 메탈[38] 또는 와이어 라스[39] 위에 세 번 칠하여 도막을 형성한다. 플라스터, 라스, 관련 부속품에 대한 일반적 정보에 대해서는 10.03-10.04 참조.
- 스투코가 온전히 부착할 수 있도록 금속 보강재는 $^1/_4$"~$^3/_8$"(6~10) 높이로 퍼링 작업을 진행해야 한다. 라스는 자체적으로 퍼링 역할을 하거나, 별도의 특수한 퍼링용 못을 이용 하여 부착할 수 있다.
- 방수지 또는 펠트
- 벽체 프레임에 덮개를 설치할 수도, 안 할 수도 있다. 만약 덮개를 설치하지 않은 경우에는, 가새를 추가하여 골조를 보강해야 한다. 방수지와 라스를 지지하기 위해서는, 강선을 중심 간격 6"(150)마다 샛기둥을 가로질러 팽팽하게 연결해야 한다.

샛기둥 바탕

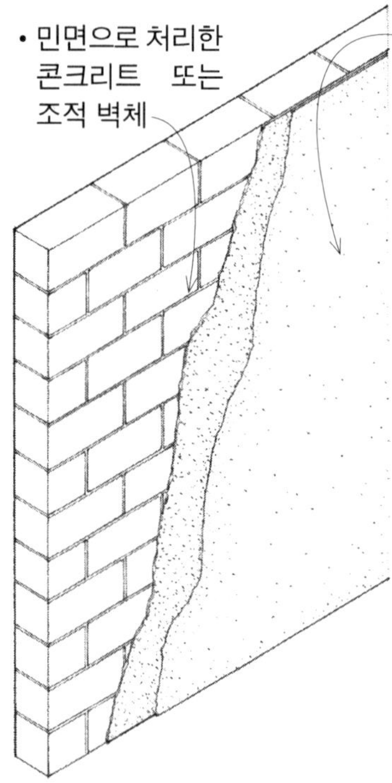

- 민면으로 처리한 콘크리트 또는 조적 벽체
- 스투코는 적절한 조적 또는 콘크리트 표면 위에 두 번 적용되어 도막을 형성한다.; 피막 두께에 대해서는 아래 표를 참조.
- 조적 또는 콘크리트 벽체는 구조적으로 견고하고, 표면에는 먼지, 유지, 또는 좋은 흡착이나 화학적 결합을 방해하는 기타 오염 물질이 없어야 한다. 또한 표면은 좋은 기계적 결합을 확실하게 하기 위해, 충분히 거칠고 다공성이어야 한다.
- 좋은 결합이 의심스러운 경우, 금속 보강재, 포틀랜드 시멘트와 모래의 대시 코팅 또는, 접착제를 사용한다.

조적 및 콘크리트 바탕

스투코 마감

마무리칠은 플로트(나무흙손), 점각, 빗질 또는 조약돌 느낌의 질감을 가질 수 있다. 마감은 재료 자연의 색으로 하거나, 안료, 유색 모래 또는 석재 조각을 활용하여 전체적으로 착색할 수 있다.

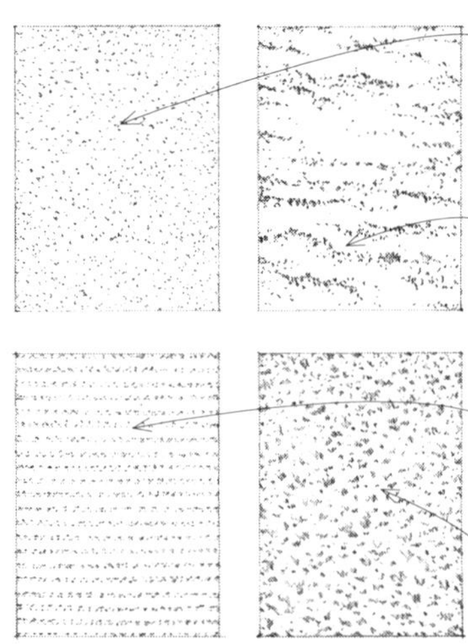

- 플로트 마감은 카펫 또는 고무 표면의 나무흙손으로 제작한 미세한 질감의 마감이다.
- 점각-흙손마감은 먼저 빗자루로 점각 처리한 후, 표면에서 높은 부분을 흙손으로 손질한다.
- 빗질 마감은 노치 또는 톱니형 도구로 긁어서 형성한다.
- 락-대시 마감은 미세한 조약돌을 굳지 않은 스투코에 기계로 뿌려서 만든다.

포틀랜드 시멘트 스투코의 두께

바탕	바탕면으로부터 최소 마감 두께
익스팬디드 메탈 또는 와이어 라스	$^7/_8$"(22); 외부 $^5/_8$"(16); 내부
조적벽체	$^1/_2$"(13)
콘크리트 벽체	최대 $^7/_8$"(22)
콘크리트 천장	최대 $^3/_8$(10)

38) 금속망과 같은 규칙적인 패턴(다이아몬드 패턴일 경우가 많다)을 만들기 위해 판금을 절단 및 인장하여 만든다.
39) 철선을 엮어서 그물처럼 만든 것. 미장 바탕용으로 많이 쓴다.

CSI 마스터포맷 09 24 23: 시멘트 스투코

석고 플라스터와 같이, 스투코는 비교적 얇고 단단하며 부서지기 쉬운 재료로, 보강 또는 튼튼하고 강성이 있으며, 탄력이 없는 바탕이 필요하다. 경화하면서 약간 팽창하는 석고 플라스터와는 달리 포틀랜드 시멘트 스투코는 양생이 진행되면서 수축한다. 균열은 스투코 표면에서, 기초 지지부의 구조적 거동과 온도 및 습도의 변화로 유발되는 응력을 따라 발생할 수 있다. 균열을 없애거나 최소화 하려면 응력완화 줄눈 및 조절 줄눈이 필요하다.

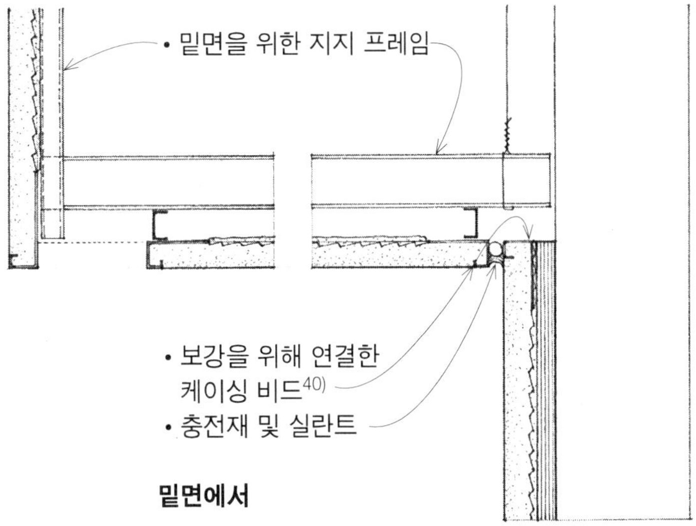

응력완화 줄눈

- 응력 완화 줄눈relief joints은 스투코 막의 주변부를 따라 독립적인 거동을 허용함으로써 응력을 완화한다. 두 개의 스투코 면이 내부 모서리에서 만날 때, 또는 스투코 막이 보, 기둥 또는 내력벽과 같은 구조 요소와 접하거나 관통하는 경우 응력 완화 줄눈이 필요하다.

조절 줄눈

- 조절 줄눈control joints은 스투코 막의 응력을 완화하고, 지지 구조물의 구조적 거동, 건조 수축, 그리고 온도 변화로 인해 발생할 수 있는 균열의 위치를 사전에 정렬한다. 금속 보강재 위에 스투코를 적용할 때, 조절 줄눈은 18'(5.5m) 이내의 간격마다 있어야 하며, 조절 줄눈에 의해 규정되는 넓이(혹은 패널 넓이)는 150sf (14㎡) 이하여야 한다.
- 스투코를 조적조 기초부에 직접 적용하려면, 기존의 모든 조절 줄눈에 맞춰서, 바로 위에 설치해야 한다.
- 또한 상이한 바탕 재료가 만나는 곳에서도 조절 줄눈이 필요하다. 목재 골조 시공에서는 바닥선을 따라 조절 줄눈을 설치한다.

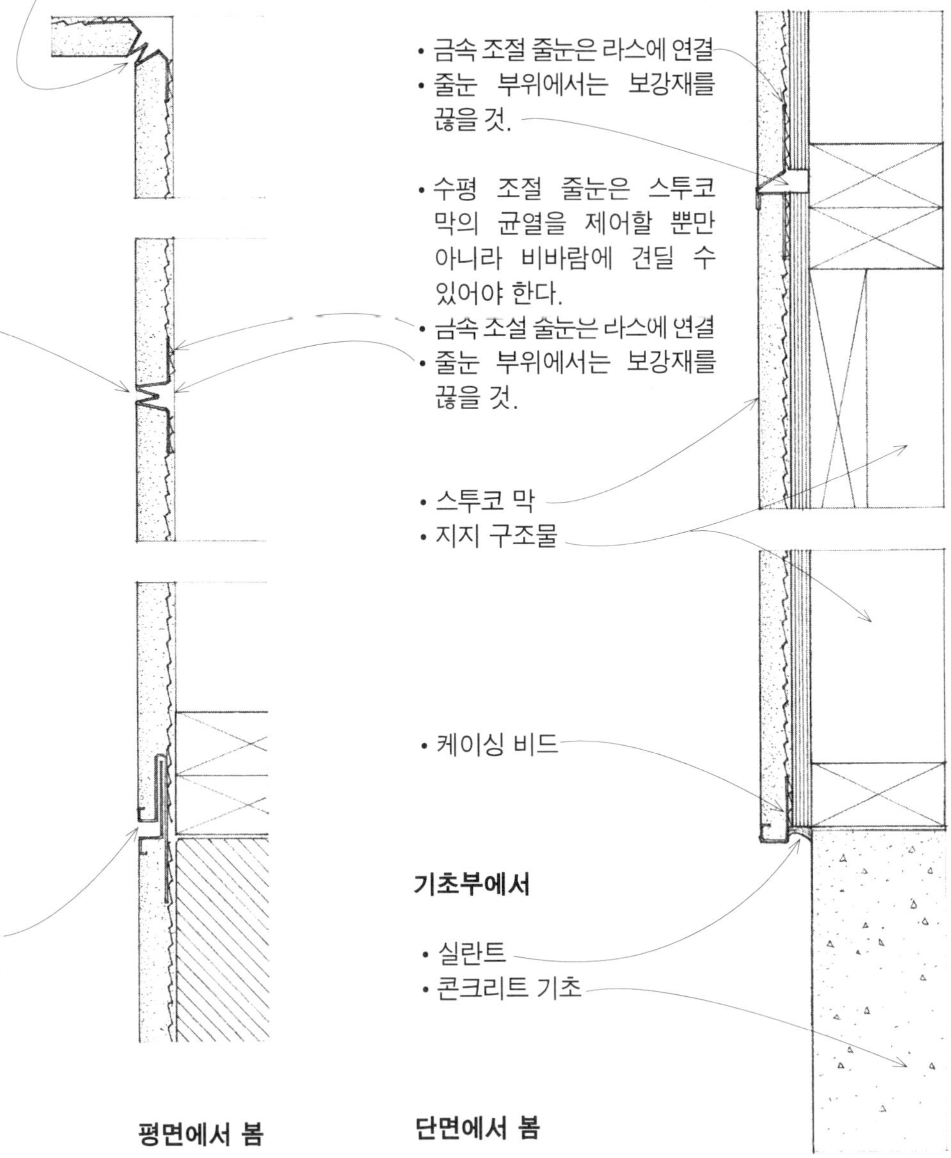

40) 미장 마감의 끝부분에 붙이는 띠 형상의 부재. 다른 마감재와 구분시키거나 규준대로 사용할 수 있다.

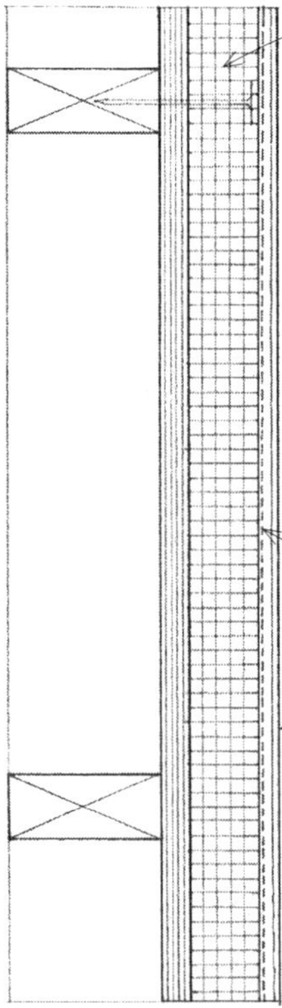

- 경질 단열 패널은 두께가 1"-4"(25-100), 폭은 2'(610), 길이는 2', 4'또는 8'(610, 1220 또는 2440)이다. 단열 패널은 견고하고 물에 저항하는 덮개가 있는 골조 또는 접착제나 기계적 패스너를 적용하는 조적조 표면에 고정한다. 손상되거나 부스러지는 성질이 있는 접착기면에 단열 패널을 부착하려면, 기계적으로 고정하는 트랙 방식이 필요할 수 있다.
- 베이스 코트(밑칠)은 유리섬유 메시로 보강하여 표면의 균열을 방지한다.
- 합성스투코마감은아크릴폴리머와 규사, 석영 조각, 대리석 조각 골재를 이용하여 원하는 질감을 얻는다. 원하는 색은 피니시 코트(마무리칠)에 안료를 넣어 칠하거나 착색하는 방식으로 얻는다.

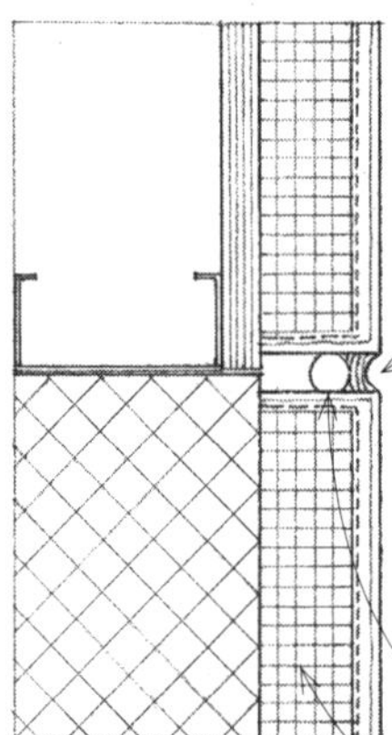

- 샛기둥 골조의 바닥 높이에서 최소 3/4"(19)의 팽창 줄눈이 필요하다. 바닥 높이는 접착기면의 변화가 발생하는 곳으로, 이 외에도 지지 구조물에 유사한 줄눈이 있는 곳에는 어디서나 팽창 줄눈을 설치해야 한다.
- 폴리머 개질 시스템은 수축과 균열에 취약하다. 따라서 인공 스투코 마감은 반드시 조절 줄눈으로 규정되는 패널 영역들로 분할해야 한다.
- 충전재 및 실란트
- 발포 폴리스티렌은 일반적으로 지반면 위에서 사용하고, 압출 폴리스티렌은 지반면 아래에서 쓴다.

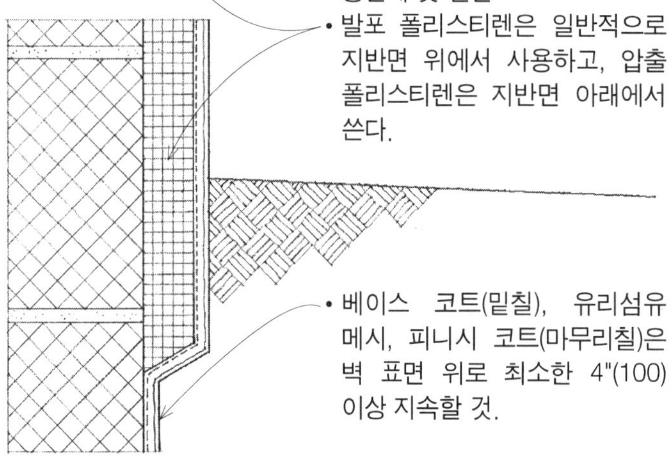

- 베이스 코트(밑칠), 유리섬유 메시, 피니시 코트(마무리칠)은 벽 표면 위로 최소한 4"(100) 이상 지속할 것.

외단열 및 마감 시스템exterior insulation and finish systems (EIFS)은 기존의 건물의 단열 성능을 높이고 보수하는 것뿐만 아니라, 새로운 구조물의 외부를 피복하는 데에도 쓸 수 있다. 이 시스템은 결질 플라스틱 폼 단열재 층 위에 설치된 얇은 합성 스투코 층으로 구성된다. 이 때 스투코는 흙손으로 다듬거나, 도포하거나, 롤러로 바르는 방식으로 시공한다.
EIFS 시스템은 디테일이 좋지 않거나 잘못된 설치로 인해 창호 주변에서 누수가 발생하기 쉽다. 이 공법에서는 시스템을 관통한 물이 빠져나갈 수 있는 내부 배수 시스템이 없다. 물이 내부에 갇히게 되면 단열재 층이 접착기면에서 분리되거나 덮개가 열화할 수 있다. 이 문제를 해결하기 위해 별도 사용권이 있는 일부 공법에서는 공기와 물 장벽과 단열층 사이에 배수 매트를 설치하여, 물을 벽체 개구부 위와 벽바닥에 있는 플라스틱 플래싱으로 배수 가능하게 할 때도 있다.

EIFS 시스템에는 폴리머 개질 및 폴리머 기반으로 구분하는 두 가지 일반 유형이 있다. 폴리머 개질 시스템은 1/4"~3/8"(6.4~9.5) 두께의 포틀랜드 시멘트 베이스 코트(밑칠)로 구성된다. 베이스코트는 단열층에 고정된 금속 와이어 라스 또는 유리 섬유 메시로 보강한다. 충격을 받을 수 있는 영역에서는 일반적 메시 대신, 또는 내구성이 높은 유리 섬유 메시를 사용한다. 포틀랜드 시멘트의 마감은 아크릴 폴리머로 개질된다.
폴리머 기반 시스템은 1/16"~1/4"(1.6~6.4) 두께의 포틀랜드 시멘트 또는 아크릴 폴리머 베이스 코트(밑칠)로 구성되며 설치 시 내장된 유리 섬유 메쉬로 보강된다. 마감 코팅은 아크릴 폴리머로 만든다. 폴리머 기반 시스템은 폴리머 개질 시스템보다 더 탄성이 있고, 균열에 저항하지만, 충격에 찌그러지거나 천공이 생기기 쉽다.
- 설치 세부 사항은 외부 단열재 제조업 협회 Exterior Insulation Manufacturers Association (EIMA)에서 발표한 기준을 참조.

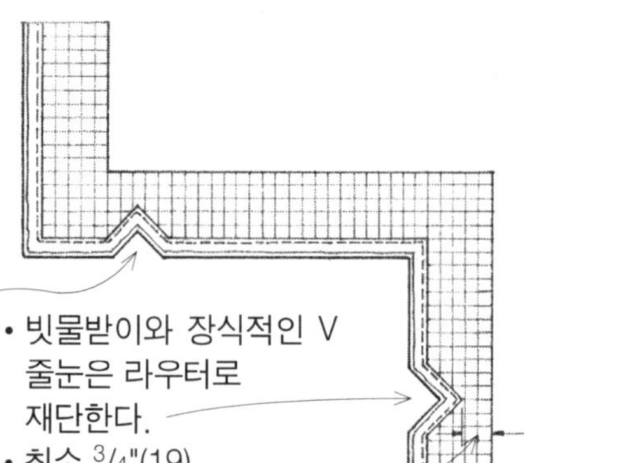

- 빗물받이와 장식적인 V 줄눈은 라우터로 재단한다.
- 최소 3/4"(19)

CSI 마스터포맷 07 24 00: 외단열 및 마감 시스템

단열의 주요 목적은 건물의 외장 조립체를 통한 열의 흐름 또는 전달을 제어하여, 추운 계절에 과도한 열손실을 막고, 더운 날씨에는 열 증가를 방지하는 것이다. 이러한 제어를 통해 건물에서 쾌적함을 유지하는 조건을 유지하기 위해 난방 및 냉방 장비에 들어가는 에너지양을 효과적으로 줄일 수 있다.

LEED EA 크레딧 2: 에너지 성능 최적화

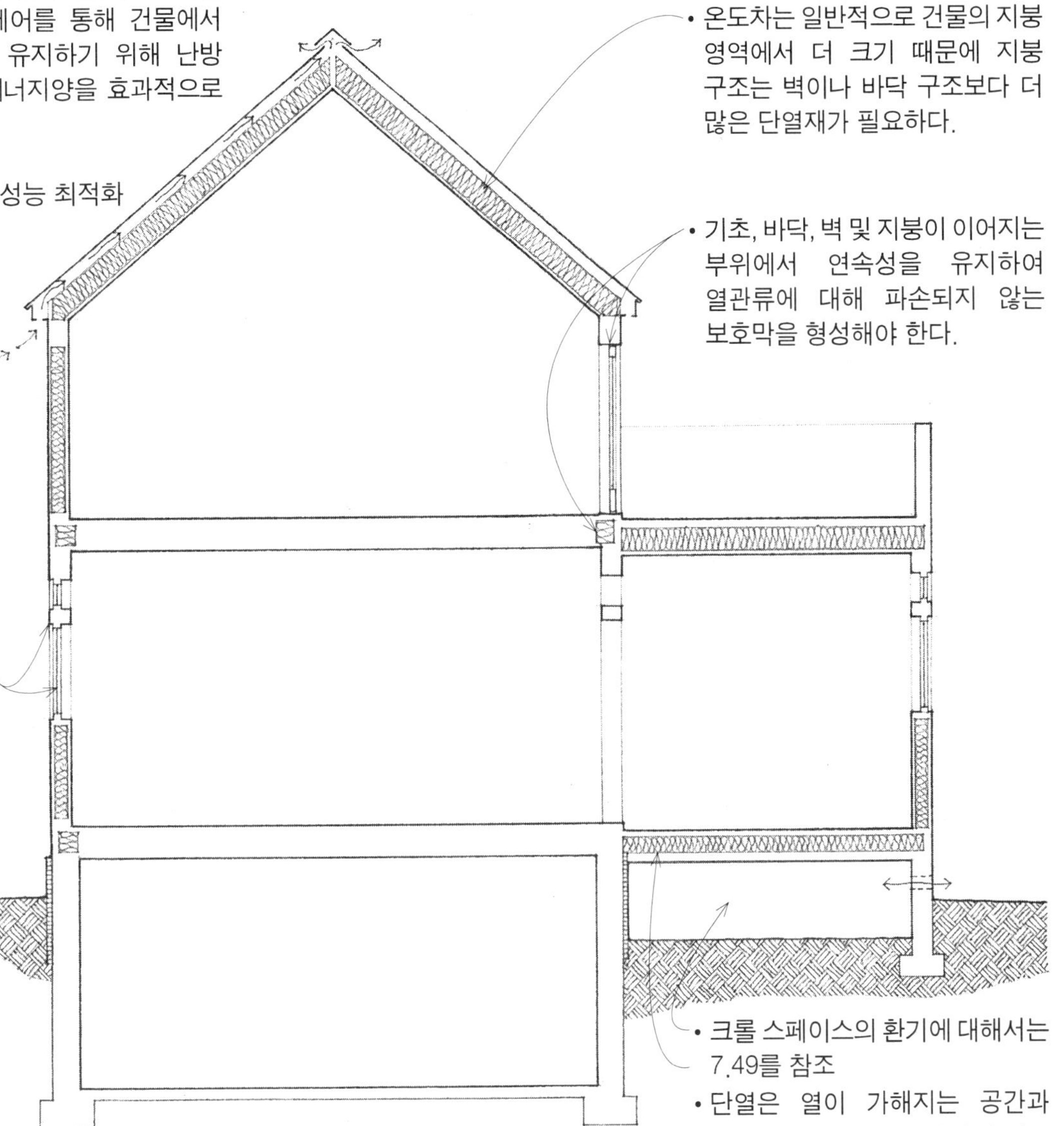

- 온도차는 일반적으로 건물의 지붕 영역에서 더 크기 때문에 지붕 구조는 벽이나 바닥 구조보다 더 많은 단열재가 필요하다.
- 기초, 바닥, 벽 및 지붕이 이어지는 부위에서 연속성을 유지하여 열관류에 대해 파손되지 않는 보호막을 형성해야 한다.
- 사방이 막힌 지붕 공간은 공기 중에 있는 수증기를 제거하기 위해 환기가 필요하다. 7.49를 참조
- 단열유리와 내후성 틈막이 장치를 이용하여 창호의 열전달을 제한한다.
- 지하 공간과 지면 사이의 온도 차이는 지반면 위 실내 공간과 실외 공간 사이의 차이보다 적다.
- 크롤 스페이스의 환기에 대해서는 7.49를 참조
- 단열은 열이 가해지는 공간과 가해지지 않는 공간 사이에 필요하다.

기후대에 따른 R-값 요구치

기후대	천장	벽체	바닥	지하층 벽*	바닥 슬래브의 R값 / 춤
1 열대	30	13	13	0	0
2 고온다습	30	13	13	0	0
3 고온 다습 또는 건조	30	13	19	5/13	0
4 다습 건조 혼합 (해양성 기후 제외)	38	13	19	10/13	10/2'(610)
5 한랭 해양성 4	38	20	30	15/19	10/2'(610)
6 극 한랭	49	20	30	15/19	10/4'(1220)
7 & 8 아 북극권	49	21	38	15/19	10/4'(1220)

* X / Y는 벽 내외부의 R-X 연속 단열 덮개 또는 벽 내부의 R-Y 중공층 단열을 의미.

- 2018년 국제 에너지 절약 규정International Energy Conservation Code (IECC)를 재구성

- 인간의 쾌적함에 영향을 미치는 요인에 관한 논의는 11.03을 참조
- 잠재적 열손실과 열 취득에 영향을 미치는 요인에 대해서는 1장을 추가로 참조할 것.

CSI 마스터포맷 07 21 00: 단열

7.40 건축 재료의 열저항

재료	1/k*	1/C †
콘크리트재		
콘크리트		
모래 및 자갈 골재	0.08	
경량골재	0.60	
시멘트 모르타르	0.20	
스투코	0.20	
조적재		
일반벽돌	0.20	
치장벽돌	0.11	
콘크리트 블록, 8" (205)		
모래 및 자갈 골재		1.11
경량골재		2.00
화강암 및 대리석	0.05	
사암	0.08	
금속재		
알루미늄	0.0007	
황동	0.0010	
구리	0.0004	
납	0.0041	
강	0.0032	
목재		
견목재	0.91	
연목재	1.25	
합판	1.25	
파티클보드, 5/8" (16)		0.82
목재 섬유판	2.00	
지붕재		
조립식 지붕재		0.33
유리섬유 지붕널		0.44
슬래이트 지붕재		0.05
목재널		0.94
사이딩		
알루미늄 사이딩		0.61
목재널		0.87
못재 빗각 사이딩		0.81
비닐 사이딩		1.00

재료	1/k*	1/C †
방수지		
습기 투과성 펠트		0.06
폴리에틸렌 필름		0.00
플라스터 및 석고		
시멘트 플라스터, (모래골재)	0.20	
석고 플라스터, (모래골재)	0.18	
(펄라이트 골재)	0.67	
석고보드, 1/2"(13)		0.45
바닥재		
카펫 및 깔개		1.50
견목재, 25/32"(20)		0.71
테라초		0.08
비닐 타일		0.05
문		
강재, 광물 섬유 코어		1.69
강재, 폴리스티렌 코어		2.13
강재, 우레탄 코어		5.56
목재, 중공코어, 1 3/4"(45)		2.04
목재, 솔리드 코어, 1 3/4"(45)		3.13
유리		
단층, 맑음, 1/4"(6)		0.88
복층 맑음, 3/16"(5) 간격		1.61
1/4"(6) 간격		1.72
1/2"(13) 간격		2.04
복층 청색/맑음		2.25
회색/맑음		2.40
초록색/맑음		2.50
복층, 맑음, 로이 코팅		3.23
삼중, 맑음		2.56
유리블록, 4"(100)		1.79
공기층		
3/4"(19), 비반사		1.01
3/4"(19), 반사		3.48

* 1/k = R값 / 두께(인치)
† 1/C = 표기된 두께에 대한 R값

왼쪽의 표는 건축 구성물의 열저항thermal resistance 정도를 추정하는데 사용할 수 있다. 창문과 같은 건물 구성요소 및 재료의 특정 R-값은 제품 제조업체에 문의할 것.

R = F°/Btu/hr • sf, 여기서:

- R은 주어진 재료의 열저항 측정치이다. 시간당 1 열 단위heat unit 비율로 재료의 단위 면적unit area을 통해 열이 흐르도록 하는데 필요한 온도 차로 표현된다.

U = 1/R_t, 여기서:

- R_t는 건축물에 대한 전체적인 열저항 정도이다. 간단히는 건축물을 구성하는 재료들의 개별적인 R-값에 대한 총합을 의미한다.
- U는 건물 구성 요소 또는 조립체의 열관류율 측정값이다. 건물의 구성요소 또는 조립체의 두 면 사이에 온도 1도가 차이 날 때, 단위면적을 통해 흐르는 열량으로 표현된다.

Q = U × A × (ti - to), 여기서:

- Q는 건축 조립체를 통과하는 열류속heat flow rate으로 다음과 같다.
- U = 전체 건축 조립체의 열관류율
- A = 건축 집합체의 노출 면적
- (ti - to) = 내부 및 외부의 기온 차이

거의 모든 건축 재료는 열류에 어느 정도 저항한다. 그러나 원하는 Rt 값을 얻으려면, 일반적으로 벽, 바닥 및 지붕 조립체에 단열재를 추가해야 한다. 아래는 건물의 구성요소와 조립체를 단열하는 데 사용하는 기본 재료의 개요이다. 효과적인 단열재라면 재료를 통해 정체 공기층을 붙잡고 있어야 한다는 개념이 반영되어 있는 것이 일반적이다.

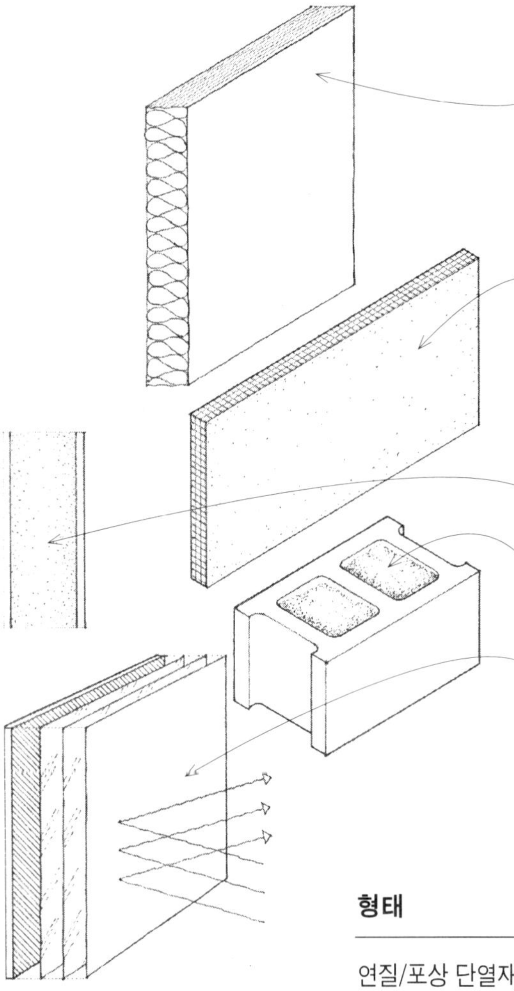

- 연질/포상batt 단열재는 유리 또는 미네랄 울로 된 유연한 섬유질의 단열재이다. 두께와 길이가 다양한데, 그중 폭 16" 또는 24"(406 또는 610)으로 된 것은 가벼운 목재 골조의 샛기둥, 장선 및 서까래 사이에 꼭 맞게 들어간다. 때때로 크래프트지, 금속 포일, 또는 플라스틱 시트로 만든 습기지연제를 단열재 표면에 사용한다. 연질/포상단열재는 차음 시공에 쓰기도 한다.
- 경질 폼rigid foam 단열재는 발포 플라스틱 또는 해면상 유리로 만들어진, 정형의 비구조적 판재(보드)이다. 해면상 유리 단열재는 내화성을 띠고 습기에 영향을 받지 않으며 치수 변화가 많지 않지만, 발포 플라스틱 단열재에 비해 열저항값이 낮다. 반면 발포 플라스틱 단열재는 가연성이며, 건물 내부 표면에 적용할 때에는 열 장벽이 있어야 한다. 압출 폴리스티렌 및 해면상 유리와 같이 폐쇄성 셀구조의 경질 단열재는 내습성이 있어 지면과 접촉되는 곳에 사용할 수 있다.
- 현장 발포형foamed-in-place 단열재는 폴리우레탄과 같이 발포 플라스틱으로 구성되며, 중공에 분사하거나 주입하면, 중공 주변의 내부 면에 접착된다.
- 충전Loose-fill 단열재는 미네랄 울 섬유, 입상 질석 또는 펄라이트, 혹은 내화 처리한 셀룰로오스 섬유로 구성된다. 손으로 부어 넣거나 노즐을 통해 중공 안쪽 또는 단열재를 지지하는 막 위로 분사한다.
- 반사reflective 단열재는 종이를 뒤에 댄 알루미늄 포일이나, 포일을 뒤에 댄 석고보드와 같이, 반사율이 높고, 복사율이 낮은 재료를 사용한다. 복사에 의한 열전달을 줄이기 위해 정체 공기층과 함께 적용한다.

형태	재료	R 값 / 두께(인치)	설명
연질/포상 단열재	유리섬유	3.3	샛기둥, 장선, 서까래, 퍼링 사이에 설치
	암면	3.3	종이 면을 제외하고는 불연성으로 간주
경질 보드	해면상 유리	2.5	판재는 지붕 데크, 벽체 골조 위에,
	몰드 폴리스티렌	3.6	중공 벽체 안에, 내부 마감재
	압출 폴리스티렌	5.0	아래에 덮개 개념으로 적용할 수 있다. 플라스틱은
	발포 폴리우레탄	6.2	가연성이며 태우면 유독성 기체를 방출한다.
	폴리이소시아누레이트	7.2	압출폴레스티렌은 흙과 접촉하여 쓸 수 있지만,
	발포 펄라이트	2.6	노출된 표면은 반드시 햇빛으로부터 보호해야 한다.
현장 발포	폴리우레탄	6.2	비정형적 형상의 공간의 단열을 위해 사용
충전	셀룰로오스	3.7	다락 층 바닥과 벽체 중공의 단열을 위해 사용;
	펄라이트	2.7	셀룰로오스는 스프레이로 도포하기 위해 사용할 수 있음;
	질석	2.1	내화성능을 위해서는 셀룰로오스의 처리과정을 거치고 UL 리스트에 등록해야 한다.
주형	단열 콘크리트	1.12	주로 막 지붕재 아래에 단열층으로 사용; 단열 값은 밀도에 따라 다름

정상상태에서 열손실 또는 열취득을 계산하는 방법은 주로 건축 조립체의 총 열저항(Rt)과 기온 차이를 고려한다. 열손실 또는 열취득에 영향을 미치는 기타 요인들은 다음과 같다.

- 사용한 재료의 표면 색상 및 반사율; 밝은 색상과 반짝이는 표면은 어둡고 질감이 있는 것보다 더 많은 열복사를 반사하는 경향이 있다.
- 조립체의 질량은 흡수 및 저장된 열이 구조물에 의해 방출되기 전에 일어나는 시차 또는 지연에 영향을 미친다. 시차는 두껍고 밀도가 높은 재료에서는 중요한 요인이 된다.
- 건물 외부 표면의 방향은 공기 침투에 대한 현존하는 잠재 요소 및 바람에 대한 노출뿐만 아니라 태양에 의한 열취득에도 영향을 미친다.
- 잠열원 및 건물 내 거주자, 조명, 장비에 의한 열취득
- 단열재 및 습기지연제의 적절한 설치 여부

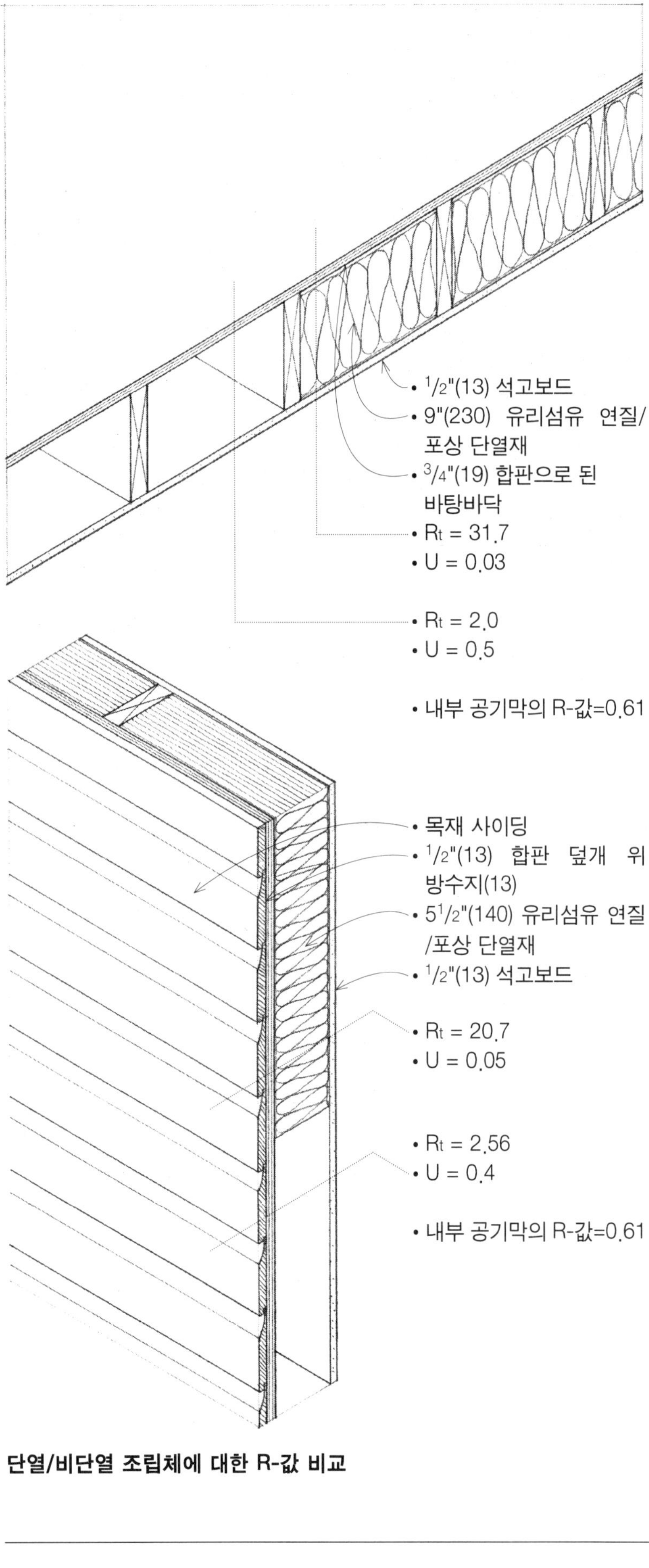

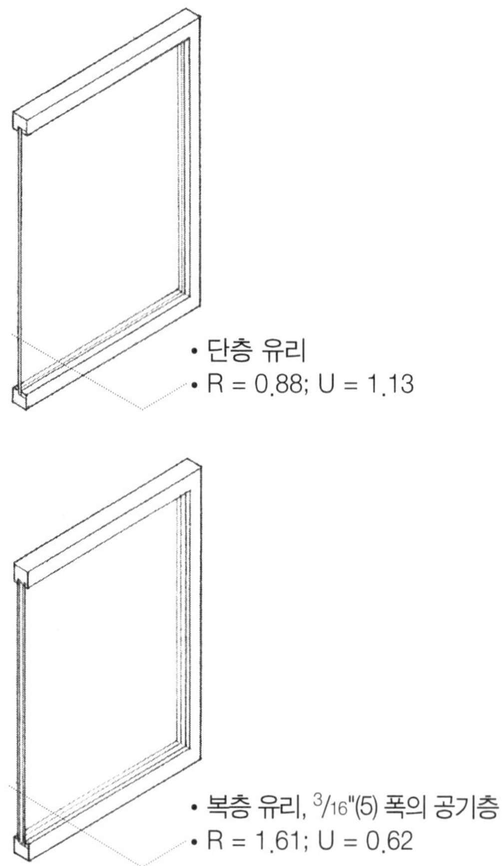

단열/비단열 조립체에 대한 R-값 비교

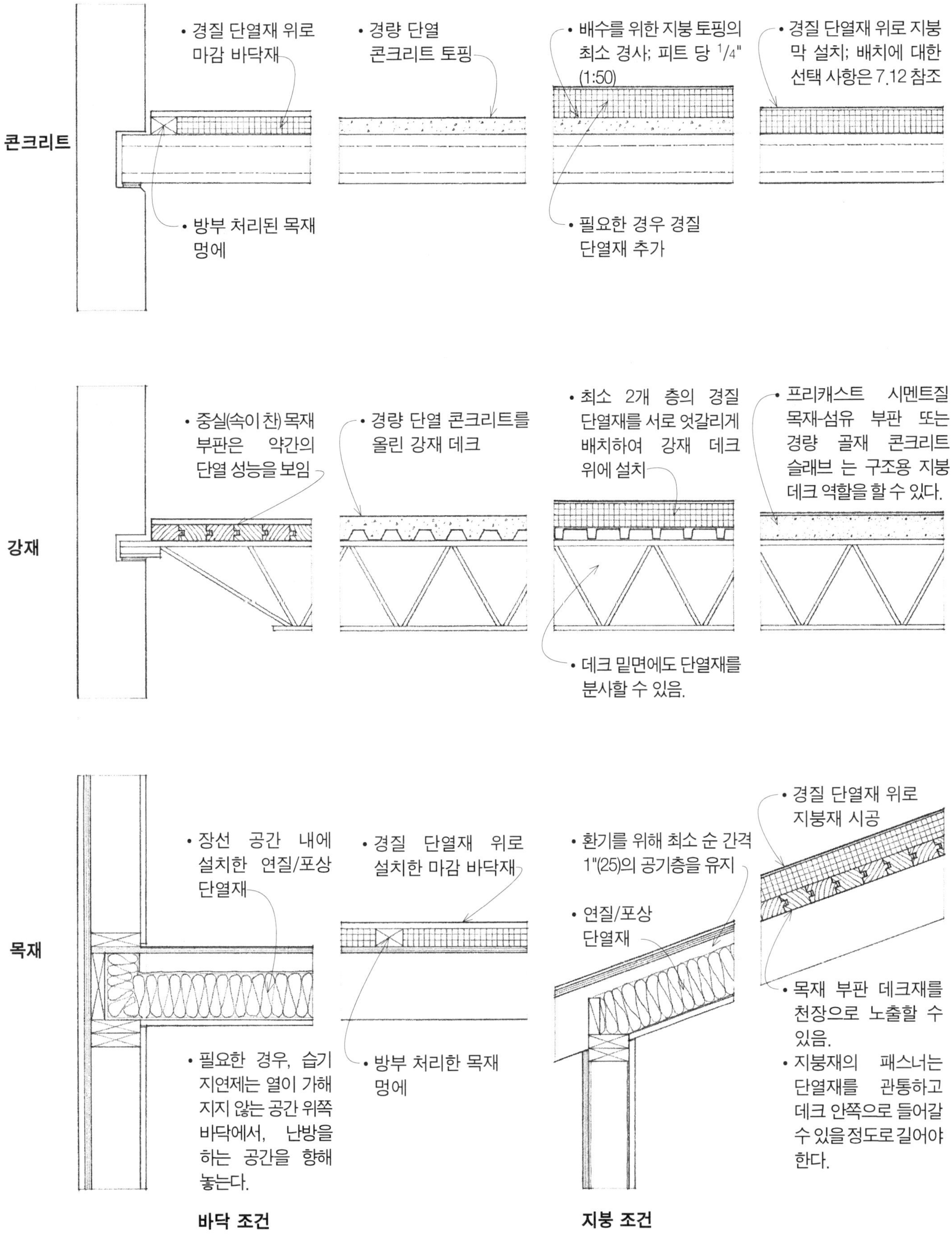
콘크리트
• 경질 단열재 위로 마감 바닥재
• 방부 처리된 목재 멍에
• 경량 단열 콘크리트 토핑
• 배수를 위한 지붕 토핑의 최소 경사; 피트 당 1/4" (1:50)
• 필요한 경우 경질 단열재 추가
• 경질 단열재 위로 지붕 막 설치; 배치에 대한 선택 사항은 7.12 참조
강재
• 중실(속이 찬) 목재 부판은 약간의 단열 성능을 보임
• 경량 단열 콘크리트를 올린 강재 데크
• 최소 2개 층의 경질 단열재를 서로 엇갈리게 배치하여 강재 데크 위에 설치
• 데크 밑면에도 단열재를 분사할 수 있음.
• 프리캐스트 시멘트질 목재-섬유 부판 또는 경량 골재 콘크리트 슬래브 는 구조용 지붕 데크 역할을 할 수 있다.
목재
• 장선 공간 내에 설치한 연질/포상 단열재
• 필요한 경우, 습기 지연제는 열이 가해지지 않는 공간 위쪽 바닥에서, 난방을 하는 공간을 향해 놓는다.
• 경질 단열재 위로 설치한 마감 바닥재
• 방부 처리한 목재 멍에
• 환기를 위해 최소 순 간격 1"(25)의 공기층을 유지
• 연질/포상 단열재
• 경질 단열재 위로 지붕재 시공
• 목재 부판 데크재를 천장으로 노출할 수 있음.
• 지붕재의 패스너는 단열재를 관통하고 데크 안쪽으로 들어갈 수 있을 정도로 길어야 한다.
바닥 조건
지붕 조건

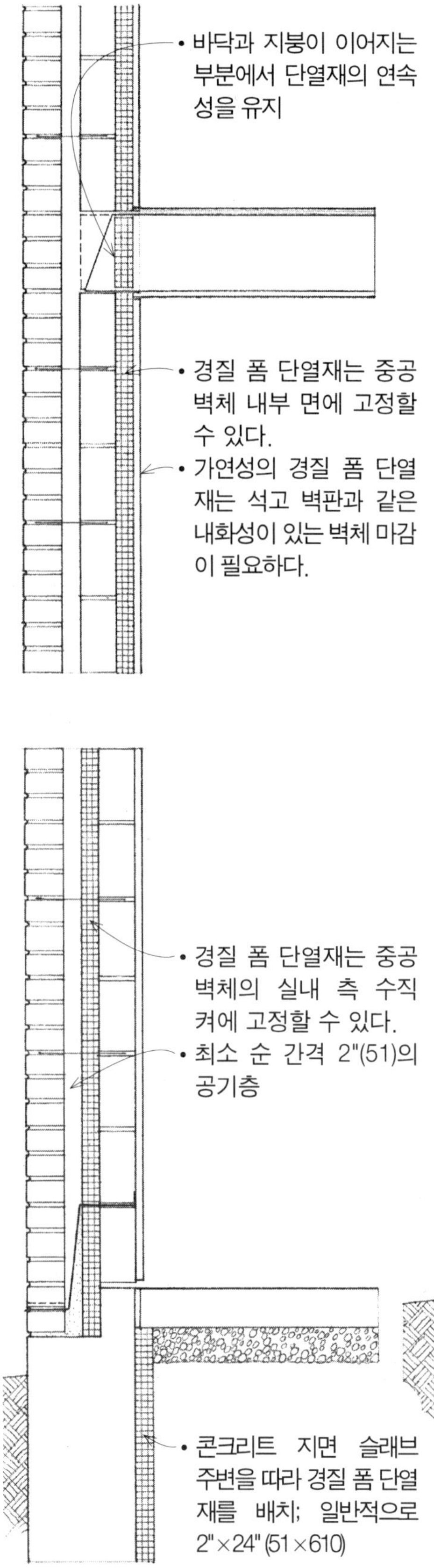

조적 중공 벽체

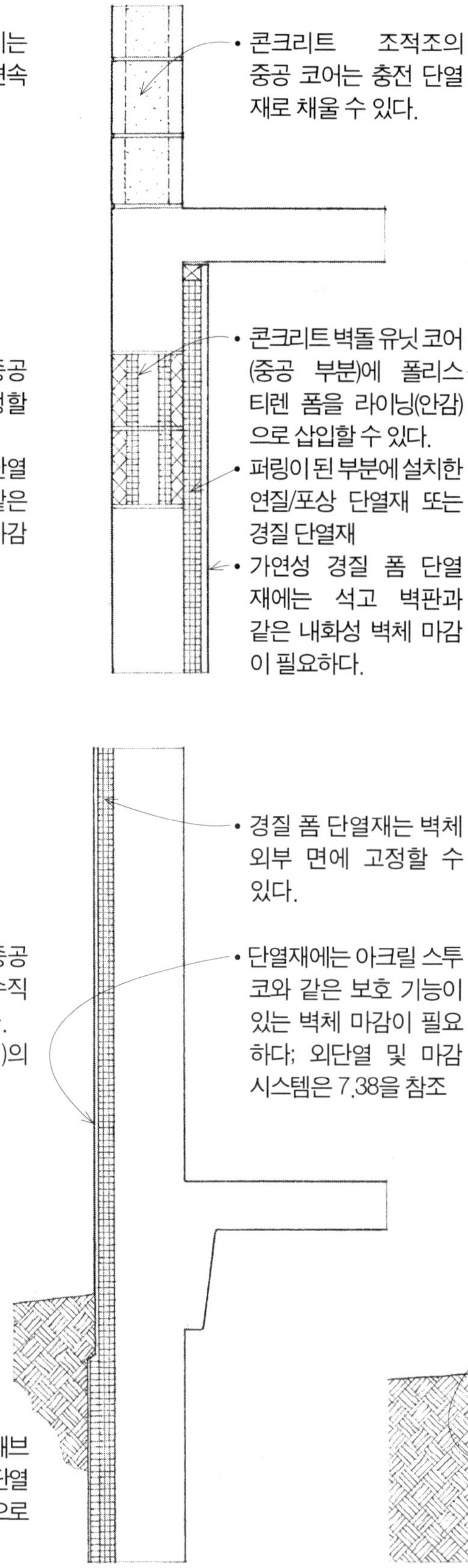

타설 콘크리트 또는 콘크리트 조적 벽체

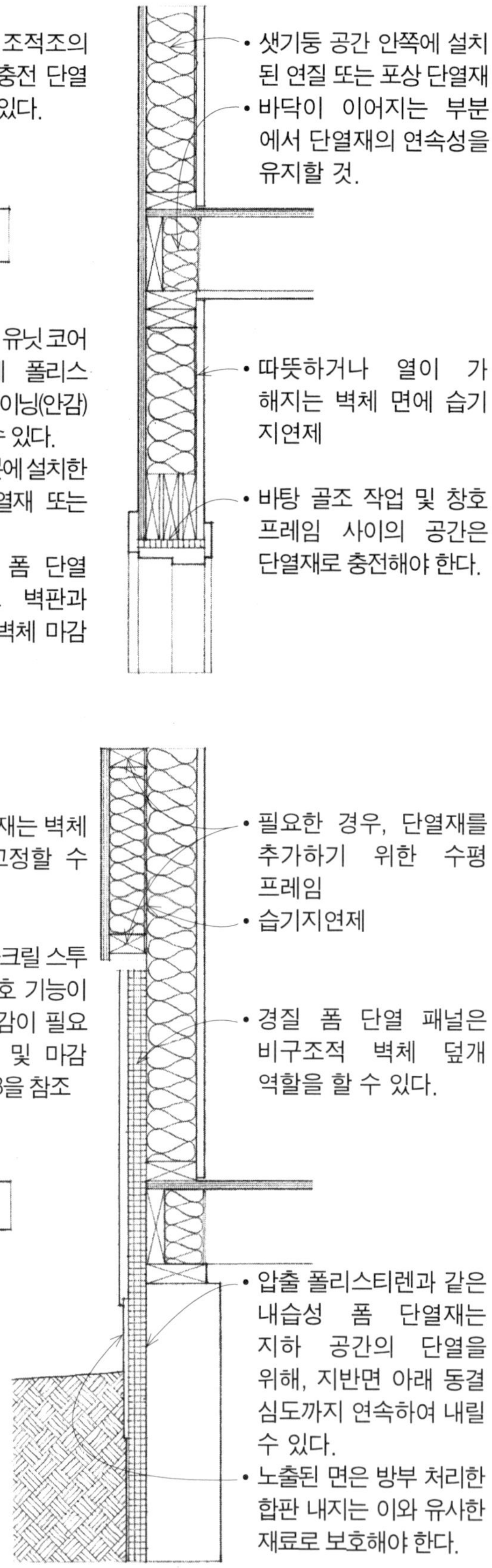

샛기둥 골조 벽체

수분moisture은 일반적인 상태에서는 수증기로 공기 중에 존재한다. 거주자와 장비로부터 발산된 수분은 건물 실내 공기의 습도를 높일 수 있다. 보유할 수 있는 증기로 공기가 완전히 포화되어 이슬점 온도에 도달하게 되면, 이 수증기는 그 자체가 액체 상태로 바뀌거나 응결한다. 따뜻한 공기일수록 더 많은 수증기를 포함할 수 있어서, 차가운 공기보다 이슬점이 높다.

수증기는 가스의 일종이므로, 항상 고압에서 저압 영역으로 이동한다. 이는 정상적인 조건이라면 건물 내부의 높은 습도에서 외부의 낮은 습도로 확산이 된다는 의미이다. 실외가 고온 다습하고 실내가 더 시원할 때에는 반대로 확산된다. 대부분의 건축 재료는 이러한 수증기 통과에 거의 저항하지 않는다. 수증기가 이슬점 이하 온도의 표면에 닿으면 응결된다.

결로condensation는 단열의 효율성을 떨어뜨리고, 건축 재료에 흡수되어 마감 면을 열화시킬 수 있다. 따라서 수분은 다음과 같이 처리되어야 한다.

- 습기지연제를 이용하여 외벽 구조체의 밀폐된 공간을 관통하지 못하도록 해야 한다.
- 또는, 액체로 응결되기 전에 환기 수단을 통해, 밖으로 빠져나가도록 해야 한다.

창문의 표면 결로는 따뜻한 공기를 공급하여 유리 표면 온도를 높이거나, 이중 또는 삼중 유리를 사용하여 제어할 수 있다.

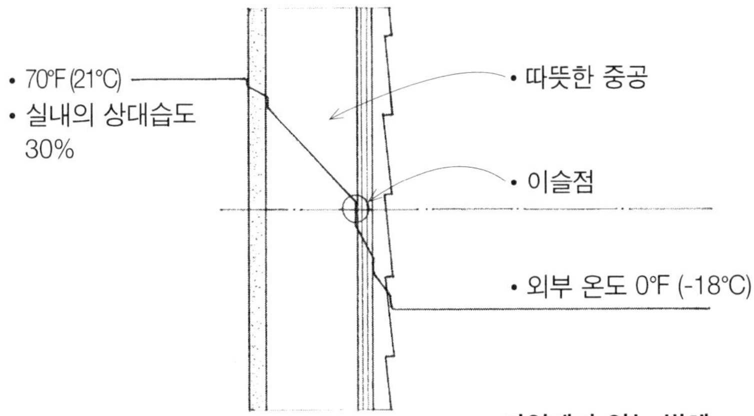

단열재가 없는 벽체

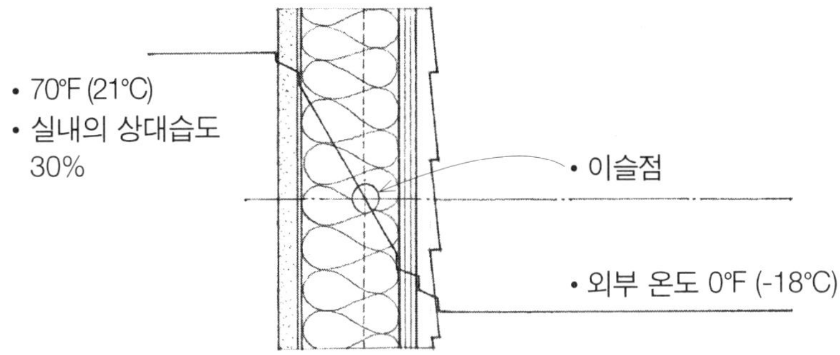

단열재가 있는 벽체

건축 재료의 투습률

재료	투습성
벽돌, 4"(100)	0.800
콘크리트, 1"(25)	3.200
콘크리트 블록, 8"(205)	2.400
석고보드, 3/8"(10)	50.000
플라스터, 3/4"(19)	15.000
외부 등급 접착제 합판, 1/4"(6)	0.700
조립 지붕	0.000
알루미늄 포일, 1mil[41]	0.000
폴리에틸렌, 4 mil	0.080
폴리에틸렌, 6 mil	0.060
아스팔트+포일 양면 시트	0.002
아스팔트 포화+코팅지	0.200
포일면 크래프트지	0.500
해면상 유리면의	0.400
연질/포상 단열재,	0.000
몰드 폴리스티렌	2.000
압출 폴리스티렌	1.200
외장 페인트 (칠 2회)	0.900

- 벽에는 단열재 층 안쪽에서 결로현상이 생기는 것을 방지하기위해습기지연제가 필요하다. 단열 수준이 증가하고, 벽 조립체의 내부 표면과 외부 표면 사이의 온도차가 증가하게 되면 습기지연제의 중요성은 더 높아진다.

* 펌perm은 수증기 투과율의 단위로, 1인치 수은 압력 차이에서 1sf의 면적을 통해서 1시간 당 통과한 습기의 그래인grain[42] 으로 표현된다.

- 일반적으로 0.1 perm 미만의 투과율을 가진 모든 재료는 불투습성으로 간주한다.

41) 박판 두께 단위. 1/1000인치
42) 무게 단위. 1grain은 1/7000lb.

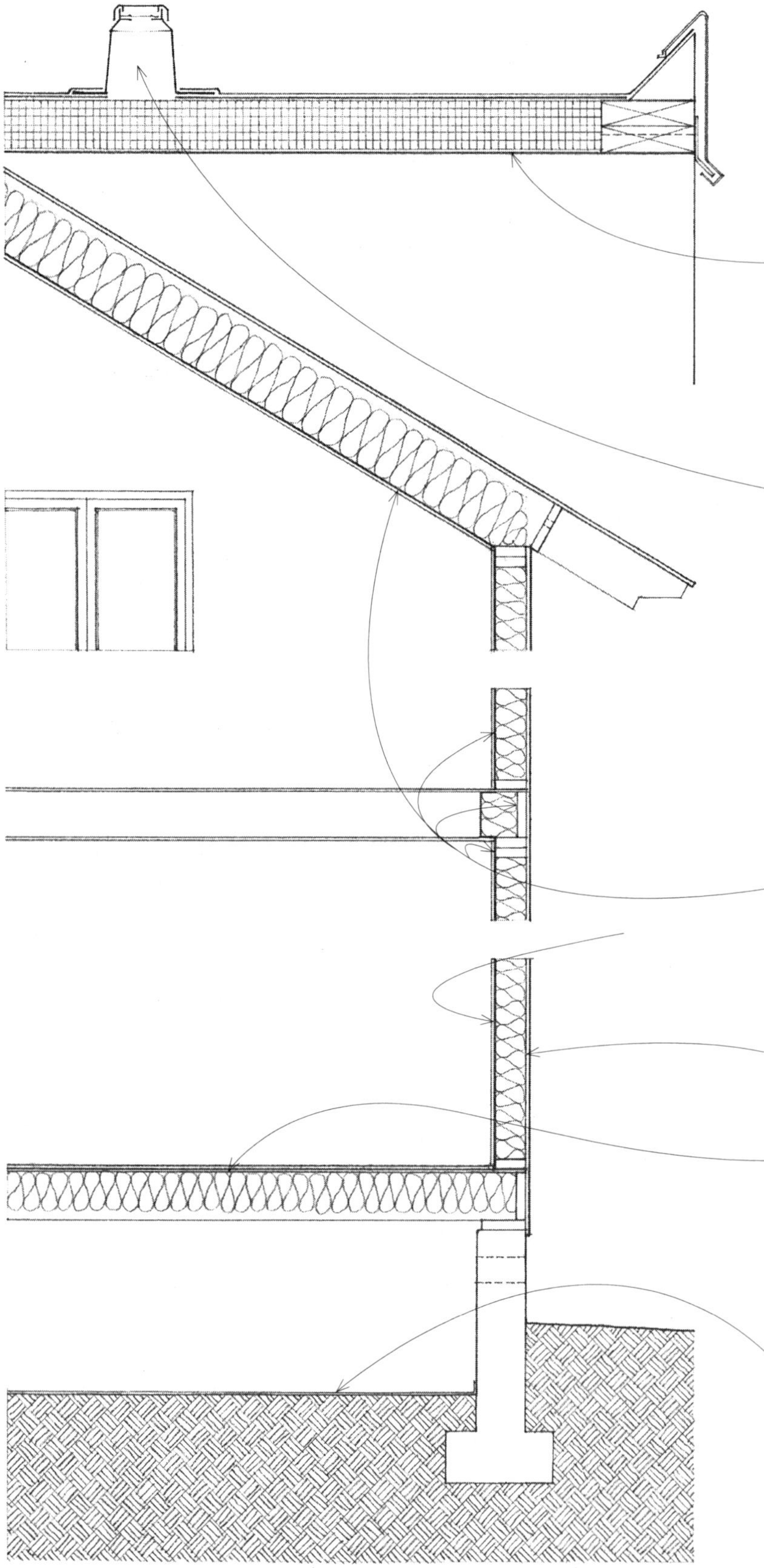

습기지연제는 구조물 안에 설치한, 투습성이 낮은 재료이다. 이를 통해 외부에서 수분이 침투하여 응결될 수 있는 구조물 내부 지점에 도달하는 것을 방지할 수 있다. 온대 및 한 대 기후에서 정상적인 상황이라면, 습기지연제는 단열부의 따뜻한 면에 가능한 한 가깝게 배치한다. 고온 다습한 기후에서, 습기지연제는 구조물의 바깥 면에 더 가깝게 배치하는 것이 유리할 수 있다.

- 1월 평균 실외온도가 40°F (4°C) 미만이고 겨울철 실내 상대습도가 20°C (68°F) 기준 45% 이상인 지리적 위치에서는, 평지붕 조립체의 단열층을 보호하기 위해 습기지연제 사용을 권장 한다.
- 장벽은 아스팔트 포화 지붕 펠트 또는 사용권을 가진 재료 중 낮은 투습성을 가진 종류의 것으로 할 수 있다.
- 습기지연제가 있는 경우, 갇힌 수분이 습기지연제와 지붕 막 사이에서 빠져나갈 수 있도록 상부 환기구가 필요할 수 있다. 권장 사항은 제조업체에 문의할 것.

- 일부 경질 폼 단열 판재(보드)는 고유한 투습 저항을 가지고 있다. 어떤 단열재는 습기를 지연시키는 면이 붙어있는 것도 있다. 하지만 습기 지연은 알루미늄 포일, 폴리에틸렌 필름 또는 방수 처리된 종이를 별도 층으로 적용할 때가 가장 효율적이다.

- 건물이 속한 기후대에 따라 국제 건축 규정 (IBC)에서 요구하는 다양한 증기 지연 등급에 대해서는 7.47을 참조.

- 외부 덮개, 방수지, 그리고 사이딩은 벽체 구조 내 증기가 바깥쪽으로 빠져나올 수 있도록 투과성이 있어야 한다.

- 열을 받지 않는 공간 위쪽에서, 습기지연제는 단열된 바닥의 따뜻한 면에 놓인다. 증기 지연제는 바닥 위에 놓거나 단열재와 통합될 수 있다.

- 폴리에틸렌 필름과 같은 수분 장벽은 보통 지면의 수분이 크롤 스페이스로 이동하는 것을 지연시키는 데 필요하다.

국제 건축 규정 IBC는 국제 에너지 보존규약 IECC(International Energy Conservation Code)에 설명된 기후대와 관련하여, 건물 위치에 따라 다양한 등급의 습기 지연제를 쓸 것을 요구하고 있다.

습기 지연제 등급은 제조업체가 수행하는 인증된 조립체 시험assembly test에 의해 결정되지만, IBC는 사용 개별 재료를 기준으로 하여 특정한 재료들이 명시된 등급에 부합하는 것으로 간주한다. IBC 관점에서 가장 낮은 등급의 증기 지연제는 페인트로 클래스 III이다

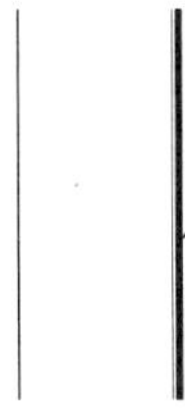

- 클래스 I : 펌(수증기 투과율)perm이 0.1 이하인 시트 폴리에틸렌 또는 천공이 없는 알루미늄 포일

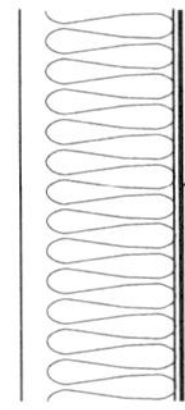

- 클래스 II : 크래프트지 면이 있는 유리섬유 연질/포상 단열재 또는 펌 0.1이상 1.0 미만

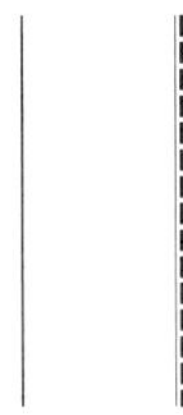

- 클래스 III : 펌 1.0 이상 10.0이하의 라텍스 또는 에나멜페인트

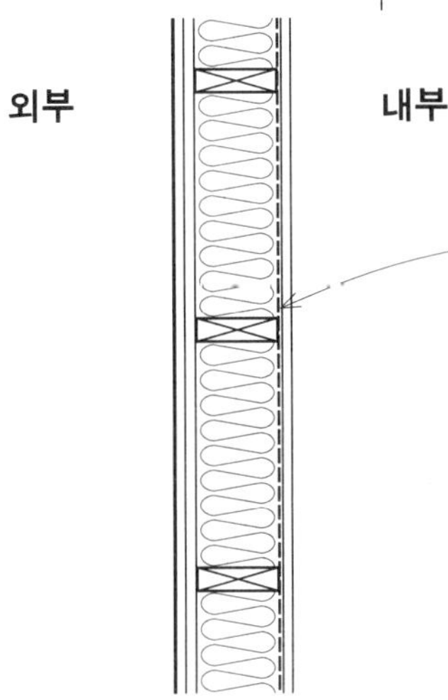

- 클래스 I 또는 II 증기 지연제는 미국 서해안의 기후대인 지역zone 5, 6, 7, 8과 추운 기후대인 마린 4Marine 4에 속하는 건물 골조 벽체의 내부에 설치해야 한다.
- 고온 다습한 기후대인 지역1과 지역 2에 속하는 건물 벽체 내부에는 클래스 I 또는 II 습기지연제를 쓰지 않는다.
- 건조하거나 습한, 혼합 기후대인 지역3, 4에 속하는 건물의 골조 벽체 내부에는 클래스 I의 습기지연제를 쓰지 않는다.

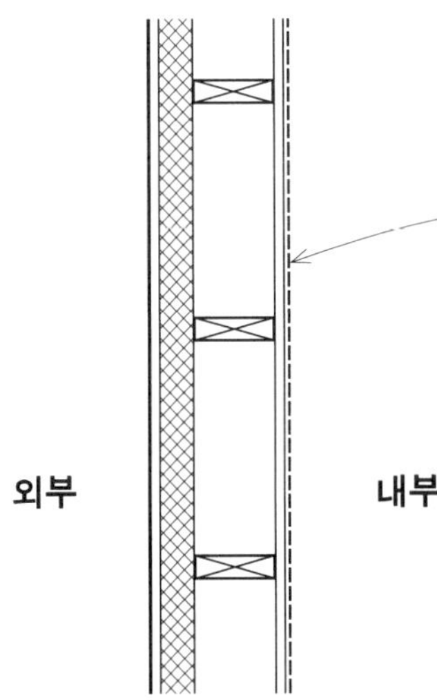

- 골조 벽체의 바깥쪽에 펌 1 미만의 단열 폼 플라스틱 덮개를 설치하는 경우에, 습기지연제는 골조 벽체의 실내 측 벽면에 오직 클래스 III의 것으로만 허용된다.

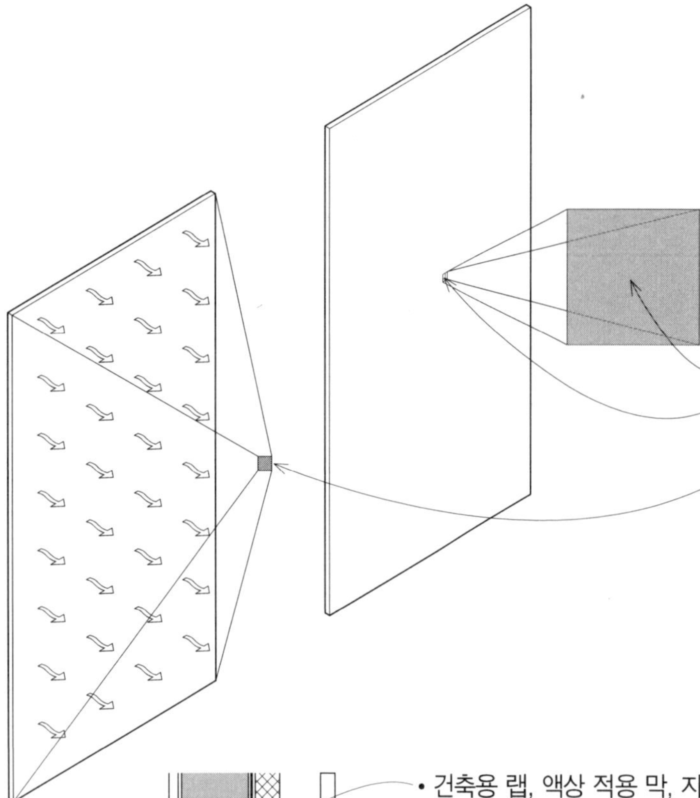

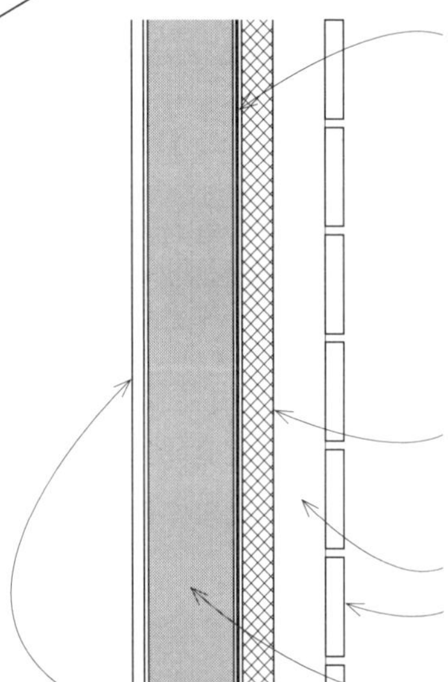

벽 조립체의 개념
위에 표시된 벽 조립체의 개념에서, 기밀층의 기능은 습기 장벽 및 WRB의 기능이 결합되어 단일 재료처럼 작동한다. 이러한 유형의 조립체는 기후대에 관계없이, 결로와 수분 축척이 벽 조립체 내부에서 발생하는 위험을 줄일 수 있다는 점에서 유리하다. 7.23에서 유사한 조건을 참조할 것.

CSI 마스터포맷 7 27 00: 기밀층

습기지연제의 목적이 통기성 건축 재료breathable building materials를 통과한 수증기가 건축 조립체 내에서 결로를 일으키지 않도록 미리 방지하는 것이라면, 기밀층air barriers은 건물 내 외부 간에 기압차이를 두어 공기의 이동을 중지시키기 위해 쓴다.

미국 에너지부U.S. Department of Energy에 따르면, 건물 중공 층에서 습기 이동 대부분이 공기 이동으로 설명이 된다고 한다. 예를 들어 석고보드에 작은 구멍이 뚫리면, 통과할 수 있는 수분은 확산과 응결만으로 통과하는 것보다 훨씬 더 많아진다.

기밀층은 다음과 같은 형태일 수 있다.
- 고밀도 폴리에틸렌high-density polyethylene (HDPE)으로 만들어진 시트를 기계적으로 고정. 건축용 랩building wrap으로도 알려져 있다.
- 외벽 덮개 위에 롤러나 스프레이로 작업할 수 있는 액상으로 적용하는 막
- 중밀도 스프레이 폴리우레탄 폼(SPF)
- 자체 접착되는 고무 아스팔트 시트
- 경질 단열 보드
- 잘 밀봉한 석고보드

효과를 얻으려면, 모든 관통부와 잇기 부위를 밀봉한 상태에서 기밀층을 연속적으로 설치해야 한다. 기밀층에 통하는 관통부가 밀봉되지 않았을 경우, 기밀층의 효과는 크게 떨어진다. 또한 외부 샛기둥 또는 덮개 위에 위치한 기밀층은 투과성이 있어야 건축 조립체 안에 갇힌 수증기가 외부로 수월하게 배출될 수 있다.

IBC에서는 외벽 샛기둥 또는 덮개 위, 그리고 외벽 단판 뒤쪽에 내수성 장벽water-resistive barrier (WRB)을 연속하여 설치할 것을 요구한다. WRB는 최소한 No. 15 아스팔트 펠트의 단일 층에, 벽 조립체로 수분이 들어오는 것을 막고 들어온 수분을 다시 외부로 돌리는 플래싱이 있는 것이어야 한다.

전체 공간 환기(홀 하우스 팬 환기)

- 전체 공간 환기장치whole-house ventilators는 집의 거주 영역에서 생긴 탁한 공기를 다락과 지붕 환기구를 통해 배출하기 위한 모터 구동 팬이다.
- 원활한 방식으로 설치된 습기지연제는 기밀한 시공으로 이어진다. 이 경우 실내 공간 습기, 악취 및 오염 물질을 제거하려면, 공기-공기 열교환기가 있는 강제 환기 시스템이 필요하다.

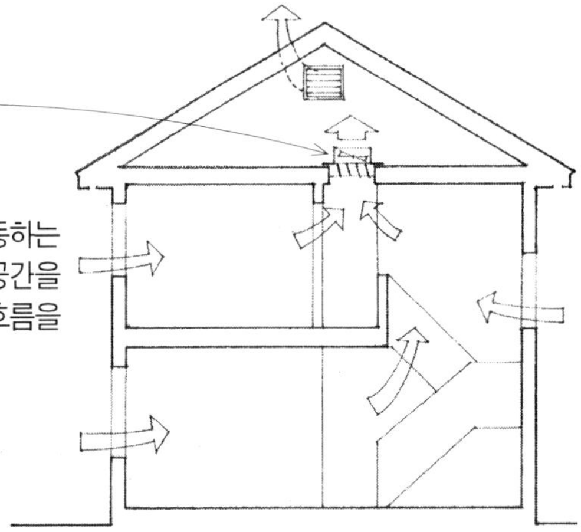

- 바람 또는 모터로 구동하는 다락 환기장치는 다락 공간을 통해 자연스러운 공기 흐름을 도와줄 수 있다.

에너지 회수 환기

- 에너지 회수 환기 시스템은 열 회수 환기 장치 또는 에너지 회수 환기장치를 사용하여, 열 손실을 최소화 하면서 건물의 환기를 제어하는 전체 공간 환기 장치이다.

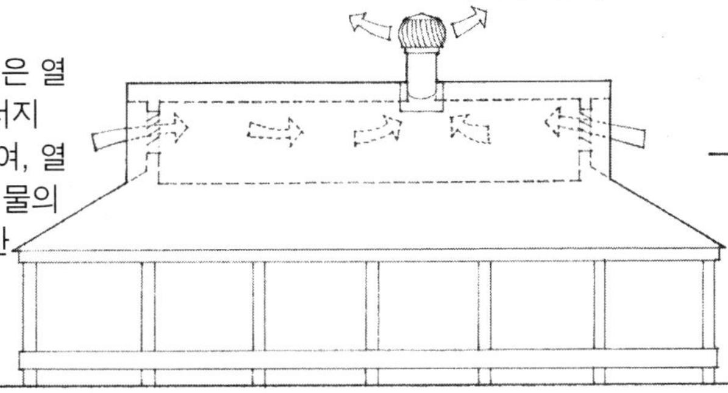

- 열회수 환기장치(HRV) 열교환 코어를 사용하여, 겨울철 배기 기류exhaust air stream에서 사전에 여과된 신선한 공기(외기)fresh air로 열을 전달하고, 여름철에는 배기 기류로 사전 여과된 외기를 냉각시킨다.
- 에너지 회수 환기장치(ERV)에는 열과 수분 모두를 전달하는 열 교환기가 있다. 이를 통해 여름에는 들어오는 외기 기류에 대해 냉각 및 제습dehumidifying하고, 겨울에는 차갑고 건조한 기류를 가열 및 가습한다

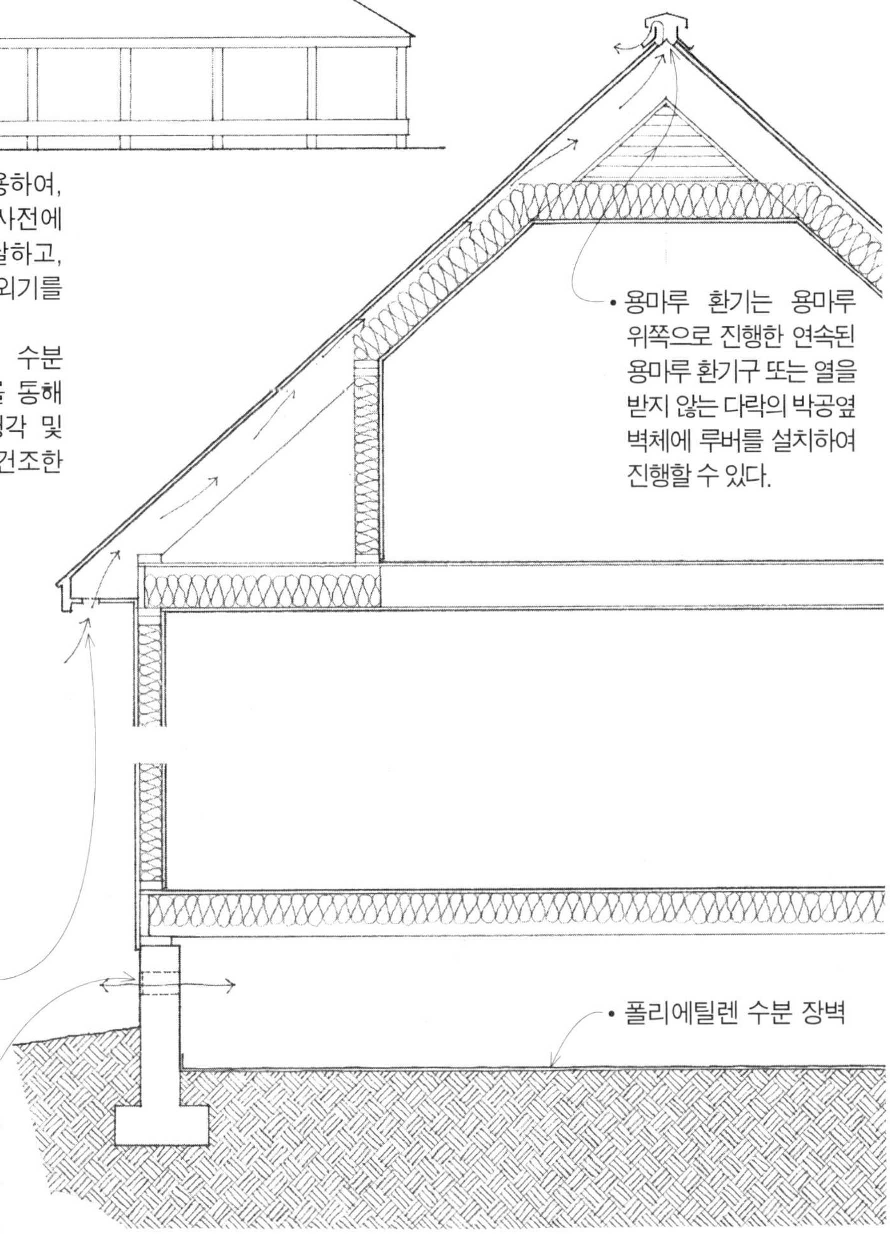

지붕 및 다락 환기

- 사방이 막힌 지붕 공간과 다락은 처마 환기구로 환기를 하며, 경사 지붕에서는 용마루 가까운 데 있는 환기구로 한다. 자유 환기구 순면적은 적어도 전체 환기 면적의 1/300 은 되어야 하며, 필요한 환기구 면적의 50% 이상은 용마루에 또는 용마루를 따라 설치해야 한다. 개구부는 비, 눈 및 곤충으로부터 보호해야 한다.
- 처마 및 밑면 환기구는 연속된 차폐막이 있는 환기 슬롯 또는 금속 환기 스트립, 혹은 프리즈 보드에 균등하게 분포시킨 원형 플러그 환기구들로 구성할 수 있다.

크롤 스페이스 환기

- 열을 받지 않는 크롤 스페이스 역시 환기가 필요하다. 지표면이 클래스 I 증기 지연제로 덮여있는 크롤 스페이스에서 자유 환기구의 순 면적은 크롤 스페이스 면적 1,500sf 당 1sf (1,000㎡당 0.67㎡)이상이어야 한다. 통풍구는 해충을 막고 바닥 아래 영역의 교차 통풍이 가능하도록 위치를 잡아야 한다.

CSI 마스터포맷 07 71 00: 지붕 전문부재
CSI 마스터포맷 08 90 00: 루버 및 환기구

7.50 신축줄눈(이음)

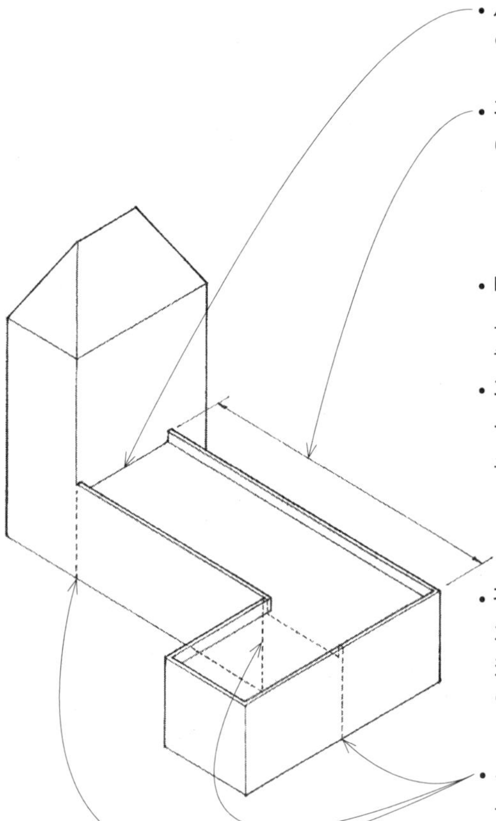

신축 줄눈의 위치

모든 건축 재료는 정상적인 온도 변화에 따라 팽창 및 수축한다. 일부는 수분 함량의 변화에 따라 팽창 및 수축하는 반면, 다른 일부는 하중을 받으면 처짐이 생긴다. 건축 자재의 변형[distortion], 균열 또는 파손을 방지하기 위해, 팽창 및 수축을 허용하기 위해 줄눈(이음) 부위를 구성해야 한다. 신축 줄눈(이음)[movement joints]는 재료를 완전히 분리하고, 거동을 허용하는 동시에 비바람에 잘 견뎌야[weathertight] 한다.

신축줄눈(이음)의 유형

- 팽창 줄눈(이음)은 건물 또는 구조물 두 부분 사이에 연속적이고 막히지 않은 슬롯으로, 어느 부분에도 손상 없이 열팽창 및 수분 팽창이 가능하다. 팽창 줄눈(이음)은 종종 조절 줄눈 및 분리 줄눈 역할을 할 수 있다. 벽돌 조적조 벽체의 팽창 줄눈은 5.22 참조. 조적 단판 벽체의 수평 팽창 줄눈은 7.29를 참조. 석고 플라스터의 팽창 이음은 10.04를 참조
- 조절 줄눈(이음)[control joints][43)]은 콘크리트 지면 슬래브와 콘크리트 조적 벽체에 형성된 연속적인 홈 또는 분리선으로 약한 평면을 형성하여 건조 축, 열응력 또는 구조적 거동으로 인한 균열 위치와 양을 조절한다. 콘크리트 지면 슬래브의 조절 줄눈(이음)은 3.19를 참조. 콘크리트 조적 벽체의 조절 줄눈(이음)은 5.22를 참조.
- 분리 줄눈(이음)[isolation joints]은 크거나 기하학적으로 복잡한 구조물을 부분으로 나누어, 차등 거동이나 부동 침하가 가능하도록 하는 줄눈(이음)이다. 작은 규모에서 분리 줄눈(이음)은 인접하는 구조 부재의 처짐이나 거동으로부터 비 구조 요소를 보호할 수 있다.

선팽창계수

1도 (℉)* 변화 당 단위 길이의 변화 비율

	×10⁻⁷		×10⁻⁷		×10⁻⁷
알루미늄	128	목재결에 평행:		벽돌 조적	34
황동	104	전나무	21	콘크리트 조적	52
청동	101	단풍나무	36	콘크리트	55
구리	93	오크	27	화강암	47
주철	59	소나무	36	석회암	44
연철	67	목재결에 직각:		대리석	73
납	159	전나무	320	플라스터	76
니켈	70	단풍나무	270	잡석 조적	35
탄소강	65	오크	300	슬레이트	44
스테인리스강	99	소나무	190	유리	50

* 화씨 1도는 약 섭씨 혹은 백분도의 0.6도와 같다. 섭씨온도를 구하기 위해서는 화씨온도에서 32를 뺀 다음 $^{5}/_{9}$를 곱하면 된다.

팽창 줄눈(이음)의 폭은 건축 재료와 관련된 온도 범위에 따라 $^{1}/_{4}$"(6)~1"(25)까지, 혹은 더 이상에 이를 정도로 다양하며, 각 특정 상황에 대해 계산해야 한다.

- 표면팽창계수는 선팽창계수의 약 2배이다.
- 부피팽창계수는 선팽창계수의 약 3배이다.

43) 수축줄눈[contraction joint], 유발 줄눈, 시공줄눈 이라고도 한다.

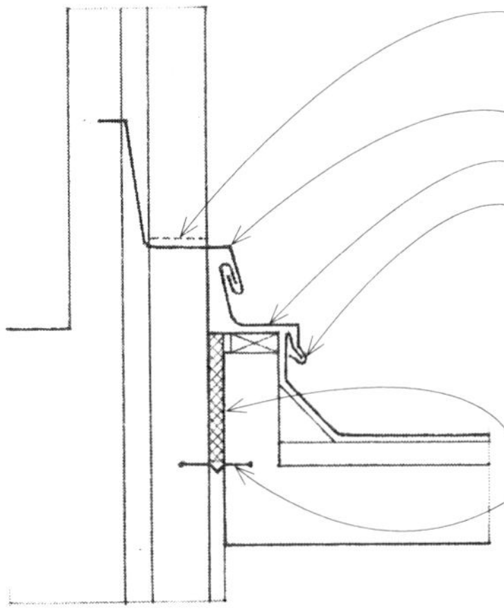

벽과 지붕이 이어지는 부위

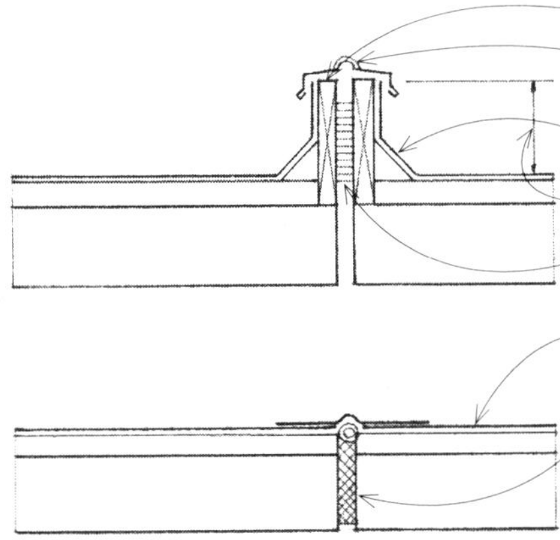

평지붕

팽창 이음의 디테일은 본질적으로 전반적인 것들이지만, 다음과 같은 공통 요소가 있다.

- 구조체를 완전히 뚫고 들어가는 이음. 보통은 압축성 재료로 채운다.
- 비바람을 막는 장치weatherstop는 탄성이 있는 이음 실란트, 구조물에 매립한 유연한 지수판waterstop, 또는 평지붕 이음 위에 올린 유연한 막의 형태로 구성할 수 있다.

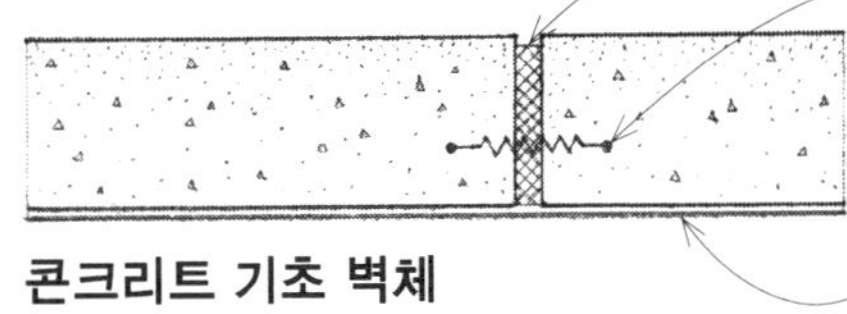

콘크리트 기초 벽체

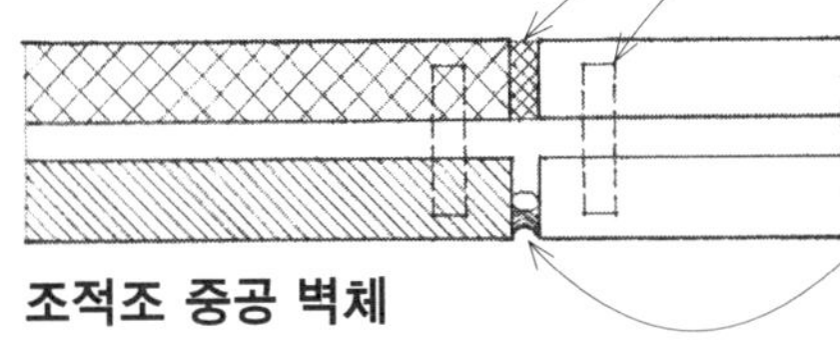

조적조 중공 벽체

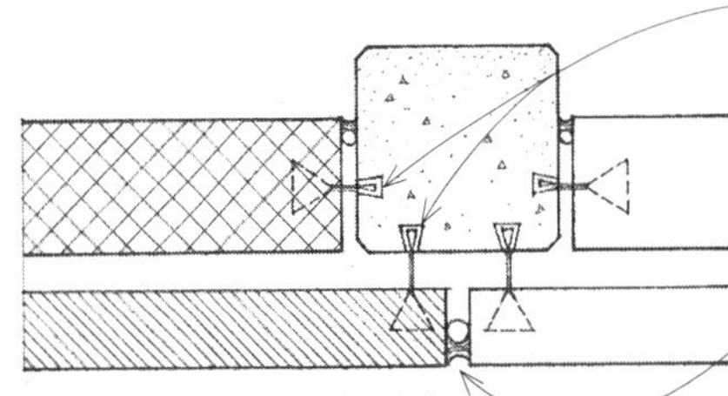

기둥과 벽이 이어지는 부분

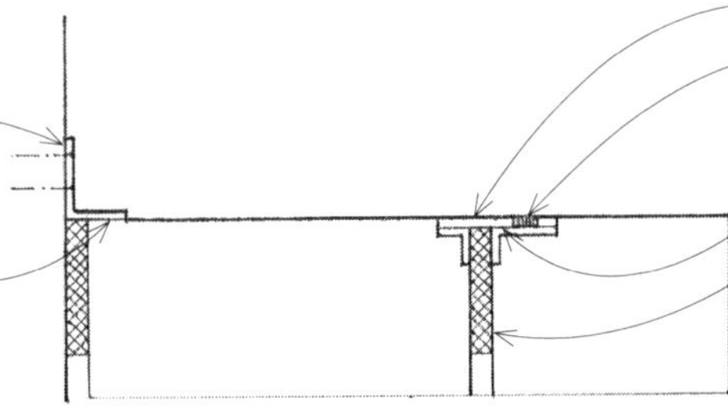

팽창조인트 커버

물과 공기의 통과를 효과적으로 차단하려면 이음부 실란트는 내구성과 탄성이 있어야 하며, 점착력cohesive과 접착력adhesive이 모두 있어야 한다. 실란트는 파괴전에 견딜 수 있는 신장 및 압축 정도에 따라 분류할 수 있다.

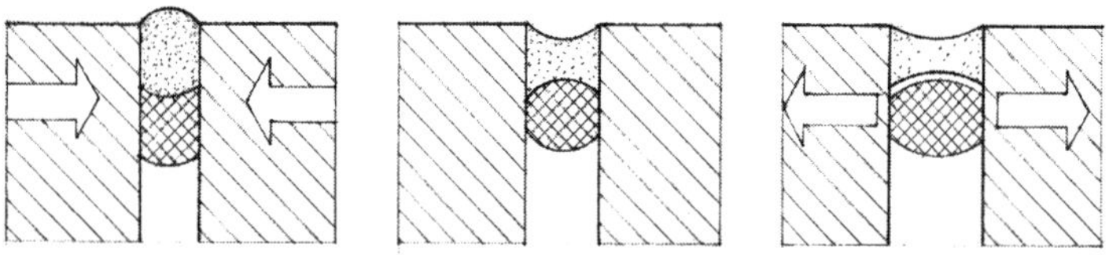

• 압축 • 설치된 상태 • 늘어남

이음부의 거동

저범위Low-Range 실란트
- ± 5%의 거동 가능 범위
- 유성 또는 아크릴 화합물(컴파운드)
- 종종 코킹으로 언급되기도 함. 거동이 거의 없는 작은 이음부에 사용.

중간 범위Medium-Range 실란트
- 5% ~ ± 10%의 거동 가능 범위
- 부틸 고무, 아크릴 또는 네오프렌 화합물
- 작동하지 않고 기계적으로 고정된 이음부에서 사용

고범위High-Range 실란트
- ±12%~ ± 25%의 거동 가능 범위
- 폴리머캡탄, 폴리설파이드, 폴리우레탄 및 실리콘
- 커튼월과 같이 상당한 거동이 있는 작동 이음부에 사용

- 이음부는 접착기면과의 완전한 접촉과 접착을 위해 툴링tooling44) 처리해야 한다.
- 실란트 이음 깊이
- 전체 접촉 깊이

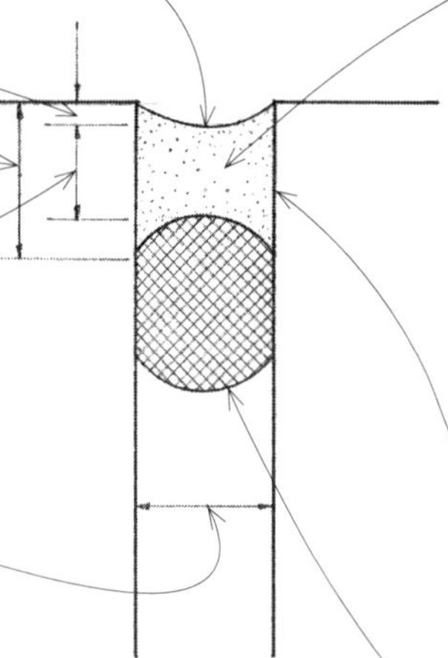

- 실란트 깊이
- 1/4"(6) 이음의 경우 최소 1/4"(6)
- 최대 1/2"(13)까지의 이음에는 이음부 너비와 동일
- 1/2"(13) 이상의 이음에는 이음부 너비의 절반, 그러나 2"(51) 미만으로.

- 이음부 너비 = 실란트 너비
- 1/4"(6) ~ 1"(25) 이상
- 너비는 이음부 간격, 예상 온도 범위, 바람에 의한 또는 구조적 변위로 인한 예상 거동, 그리고 실란트의 거동 가능 범위에 따라 다르다.

- 접착기면은 깨끗하고, 건조하며, 실란트 재료와 같이 쓸 수 있는 성질이어야 한다.
- 접착기면에 대한 실란트의 접착력을 향상시키기 위해 프라이머(초벌칠)가 필요할 수 있다.
- 이음부 필러는 접착 부위에 닿는 실란트 접촉 깊이를 제어한다. 필러는 압축성이 있어야 하고, 밀봉재와 같이 쓸 수 있는 것이되, 실란트에 접착되어서는 안 된다. 폴리에틸렘 폼, 폴리우레탄 폼, 네오프렌 또는 부틸 고무로 된 봉 또는 관의 형태일 수 있다.

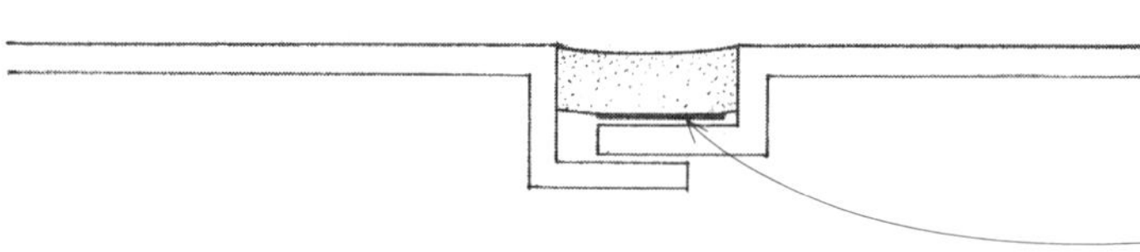

- 압축성 필러의 깊이가 충분하지 않은 경우 폴리에틸렌 테이프와 같은 본드 브레이커를 사용하여 실란트와 조인트 홈 바닥 사이의 접착을 방지해야한다.
- 대부분의 실란트는 수동 또는 파워 건으로 도포 후 경화되는 점성 액체이다. 이를 도포 실란트gunnable sealants라고 한다. 그러나 일부 겹침이음 부위는 도포 실란트로 밀봉하기가 어렵다. 이러한 이음 부위에는 압축 상태에서 제자리에 고정되는 기성품 고체 폴리부텐 또는 폴리이소부틸렌 테이프 실란트가 필요할 수 있다.

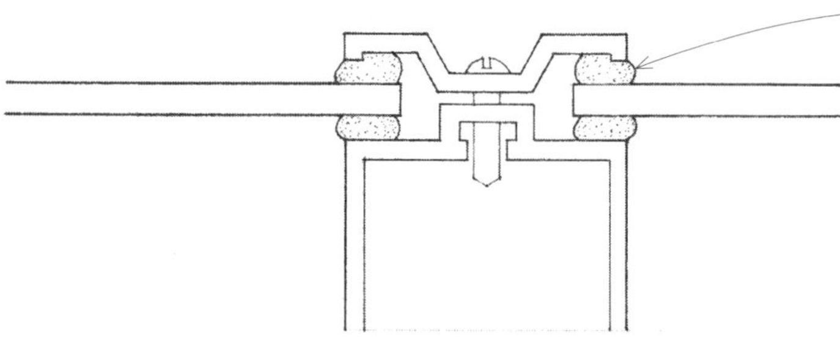

44) 조적조에서는 줄눈에 압력을 줘서 누르는 것을 의미하고, 여기서는 압형(공구 자국이 나란히 나게 하는 다듬질)의 의미로 사용하였다.

CSI 마스터포맷 07 92 00: 이음부 실란트

8

창호

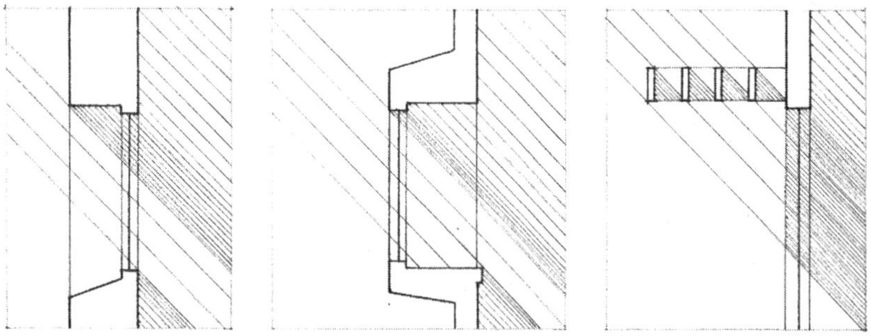

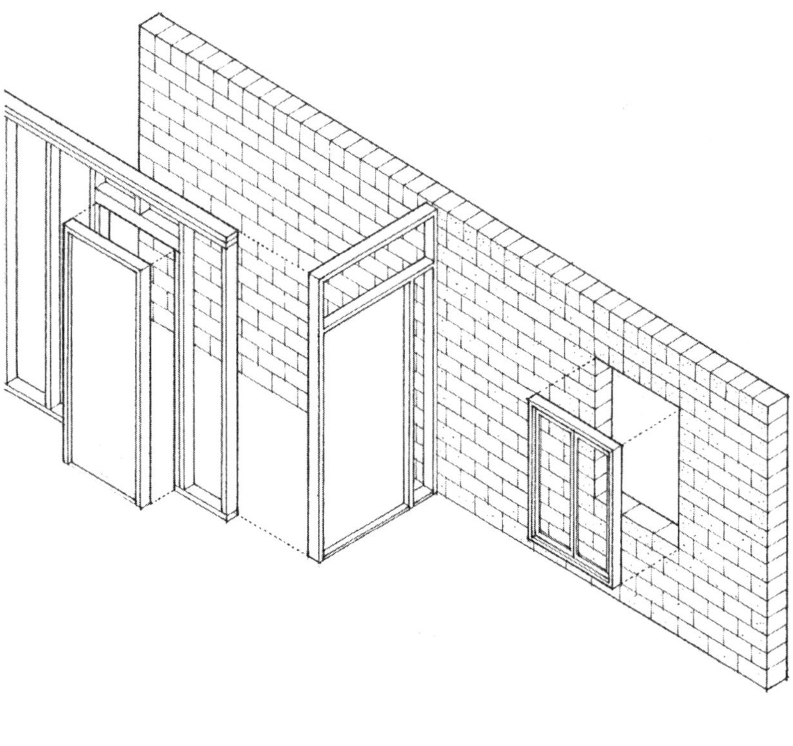

문doors과 출입구doorways는 외부에서 건물 실내로의 접근access과 내부 공간 사이의 통로passage를 구성한다. 따라서 출입구는 쉽게 이동할 수 있고 가구와 장비의 이동을 수용할 수 있을 만큼 충분히 커야 한다. 문과 출입구는 공간 사이 및 공간 내에서 이동의 패턴을 유발하는데, 이 패턴이 공간의 용도 및 활동에 적합하도록 문과 출입구를 배치해야 한다.

외부 문은 비바람을 견디고, 닫았을 때 밀폐 상태가 되어야 하며, 문이 관통하는 외벽의 단열 값을 대략적인 수준에서는 유지해야 한다. 실내용 문은 원하는 수준의 시각 및 청각적 프라이버시를 제공해야 한다. 모든 문은 작동의 용이성, 예상되는 사용 빈도에 따른 내구성, 안전 보장 규정, 조명, 환기 및 시야를 기반으로 잘 평가해야 한다. 나아가 내화성, 비상 탈출emergency egress 및 안전유리safety glazing에 대한 건축법 요건을 충족해야 할 수도 있다.

다양한 유형과 규격의 창문이 있으며, 창문의 선택은 건물의 물리적 외관뿐만 아니라 건물 내부 공간의 자연광, 환기, 가능한 시야 및 공간의 질에도 영향을 미친다. 외부 문과 마찬가지로 창문을 닫으면 비바람에 버티는 밀폐 상태를 제공한다. 창틀은 열전도율thermal conductivity이 낮거나 열류heat flow를 차단하도록 구성해야 한다. 창유리window glazing는 열관류transmission of heat를 지연시키고 태양 복사 및 눈부심을 제어해야 한다.

창호는 일반적으로 공장에서 제조하기 때문에, 제조업체는 다양한 창호 유형에 대한 표준 규격standard sizes과, 이에 대응하는 골조의 거친 개구부/어림 개구부rough-opening[1]에 대한 요구 사항이 있을 수 있다. 창호의 규격과 위치는 신중하게 계획되어 적절한 크기의 상인방과 거친 개구부를 벽 시스템에 설치할 수 있도록 해야 한다.

외부에서 봤을 때, 창호는 건물 파사드 디자인을 구성하는 중요한 요소이다. 외벽 표면을 강조하거나 구분하는 방식은 매스 처리massing, 시각적 무게감visual weight, 축척scale 및 명료함articulation 등 건물 형태와 관련된 부분에 영향을 미친다.

1) 프레임이 있는 창틀을 위한 골조 개구부를 의미. 테두리장선header, 창턱sill, 장선받이부재trimmer가 차지하는 공간을 고려하여 치수가 표기된다. 실제로 삽입되는 창유리는 이보다 약간 작다.

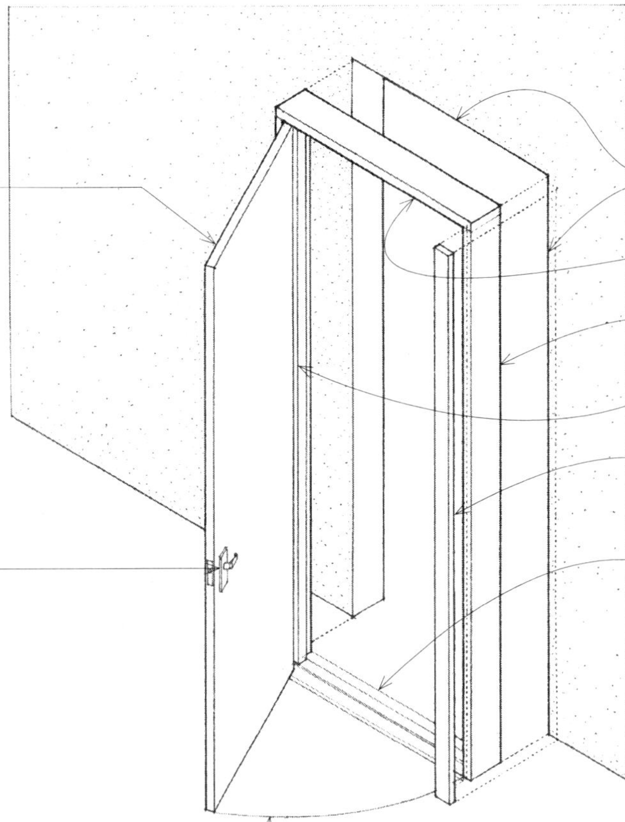

문의 유형
- 중공 금속 및 프레임; 8.05-8.07을 참조
- 목재 문과 프레임; 8.08-8.10을 참조

문 하드웨어
- 문 하드웨어에는 경첩, 잠금장치 및 클로저와 같이 문 작동에 필요한 금속 고정 장치 및 부속품이 포함된다. 8.17-8.21을 참조할 것

문의 개방방식
- 8.04 참조

- 문틀의 디테일을 통해 출입구의 외관이 정해진다. 벽체 두께에 따라 문틀이 거친 개구부/어림 개구부 안쪽으로 설치되거나 거친 개구부에 가장자리가 겹칠 수 있다.
- 거친 개구부는 문틀이 끼워지는 벽체의 개구부이다.
- 헤드(윗틀)[head]는 문틀의 가장 높은 쪽 수평 부재이다.
- 문설주[jamb]는 문틀 측면에 두 수직 부재이다.
- 문소란[stop]은 문이 닫히는 문틀의 돌출 부분이다.
- 케이싱[casing]은2) 문틀과 거친 개구부 사이의 이음을 마감하는 트림이다.
- 문지방은 출입구의 문턱[sill]으로, 문을 경계로 하는 바닥재 사이의 이음부를 덮거나, 외부 문에서는 날씨로부터의 보호를 수행한다.
- ADA 접근성 지침에 따라, 문턱이 있는 경우라면 1/2"(13)보다 높지 않고 1:2보다 가파르지 않아야 한다.
- 현관발판은 출입구 문설주 사이에 높이를 올린 부분으로, 문이 바닥 쪽에 밀착하면서도 열었을 때, 바닥에 걸리지 않도록 해준다.

문틀(문 프레임)

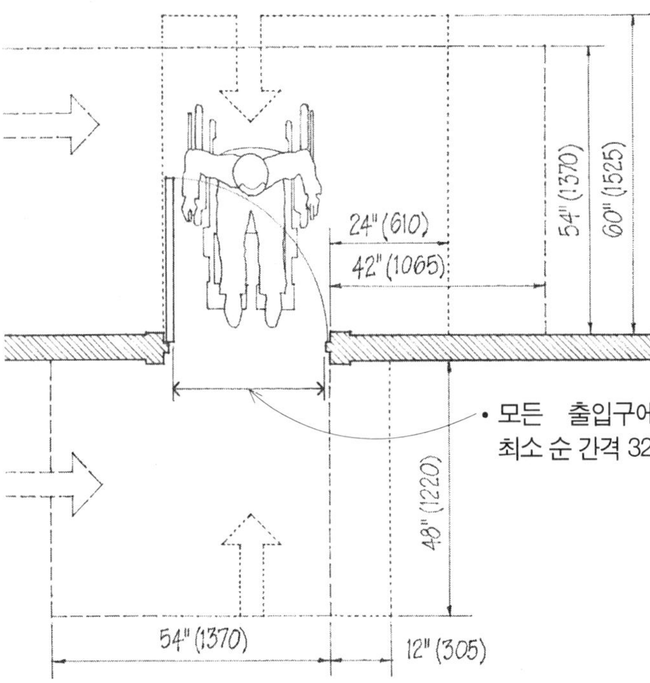

- 모든 출입구에 대해 최소 순 간격 32"(815)

출입구에서 이동구역 확보를 위한 최소 여유 공간

- 작동부의 하드웨어는 손목을 과도하게 조이거나 비틀지 않고 한 손으로 쉽게 쥘 수 있어야 한다.
- 접근 가능한 문에 필요한 하드웨어의 경우 바닥 위 최대 높이 48"(1220)
- 문 하단 12"(305)는 휠체어 발판으로 문을 열 수 있도록 매끈하고 연속된 표면을 가져야 한다.

출입문에 대한 ADA 접근성 지침

2) 위치에 따라 창(틀)선, 문(틀)선이라고도 한다.

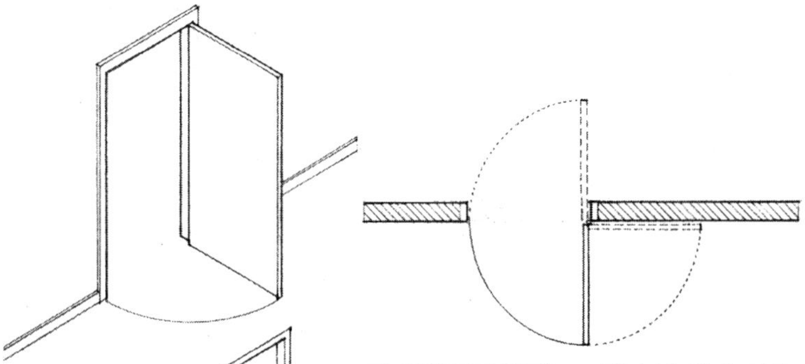

자재문(여닫이문) • 외부 및 실내 사용

- 문은 일반적으로 밀거나 당길 때 측면 문설주에 달린 경첩을 회전시키지만, 문미head jamb[3]나 문지방에 회전 장치를 설치할 수도 있다.
- 문의 회전을 위해 출입구 주변에 공간이 필요하다. 설치 전 필요한 여유 공간 확인할 것.
- 출입과 통과 시 가장 편리한 작동 방식
- 내후성이 있으면서, 단열 및 차음에 가장 효과적인 유형. 내화 등급을 취득할 수 있음.

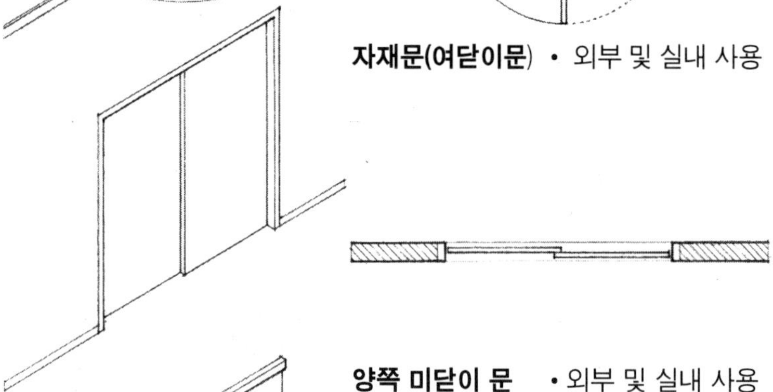

양쪽 미닫이 문 • 외부 및 실내 사용

- 문은 머리 위쪽의 트랙과 가이드 또는 바닥의 트랙을 따라 미끄러진다.
- 작동에 별도 공간이 필요 없지만, 비바람과 소리를 막기 어렵다.
- 출입구 너비의 50% 폭을 통해서만 출입 가능
- 유리문으로 하면 외부 문에 사용 가능.
- 주로 시각적 차폐를 위해 실내에 적용.

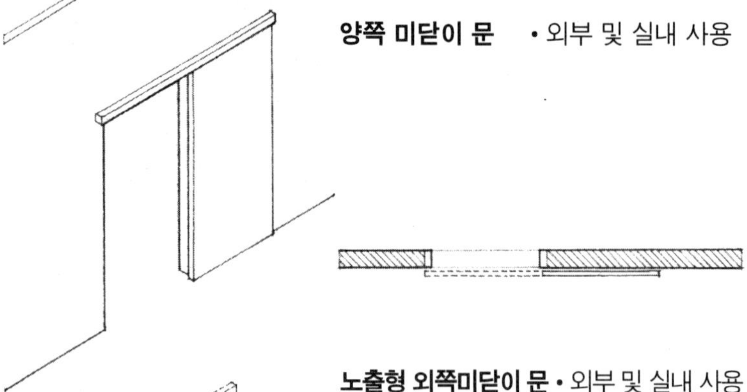

노출형 외쪽미닫이 문 • 외부 및 실내 사용

- 양쪽 미닫이와 유사하지만 출입구 폭 전체를 이용하여 통행 가능.
- 작동에 별도 공간이 필요 없지만, 내후성을 확보하기 어렵다.
- 문은 머리 위쪽으로 노출된 트랙에 매달려 있다.

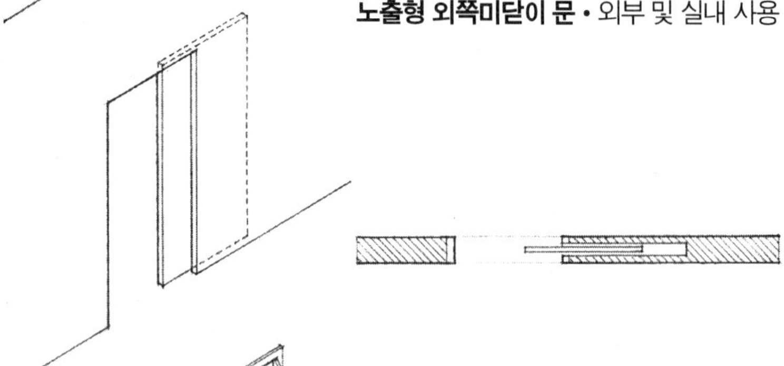

포켓형 외쪽미닫이 문 • 실내 사용

- 문은 머리 위쪽 트랙에서 벽체 안쪽의 홈으로 미끄러진다.
- 완전히 열면, 출입구가 온전히 드러난다.
- 일반적인 자재문이 공간 사용을 방해하는 경우에 많이 사용한다.

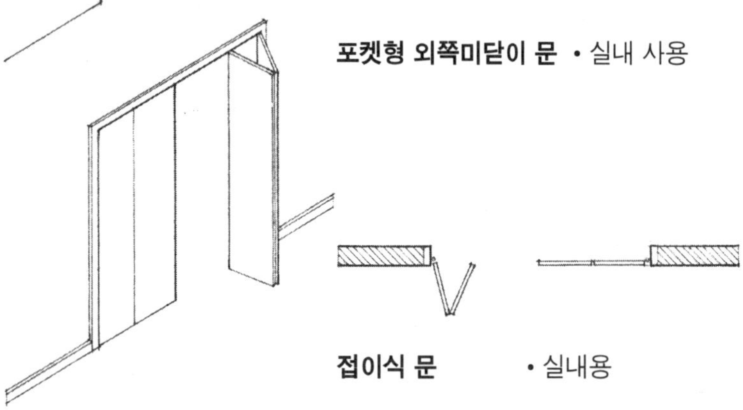

접이식 문 • 실내용

- 열었을 때, 경첩을 단hinged 문 패널들이 서로 편평하게 접힌다.
- 2쪽 접문은 두 부재로 나뉜다. 작동 공간이 거의 필요하지 않으며, 주로 벽 수납공간과 창고 공간을 둘러싸는 시각적 차폐 장치로 쓰기 위해 사용된다.
- 아코디언문은 주로 실내 공간을 세분하는데 쓰이는 여러 쪽 접이식 문이다. 개별 문짝은 머리 위쪽 트랙에 매달리고, 아코디언 방식으로 접어서 연다.

- 회전문은 8.16을 참조

3) 문의 상인방

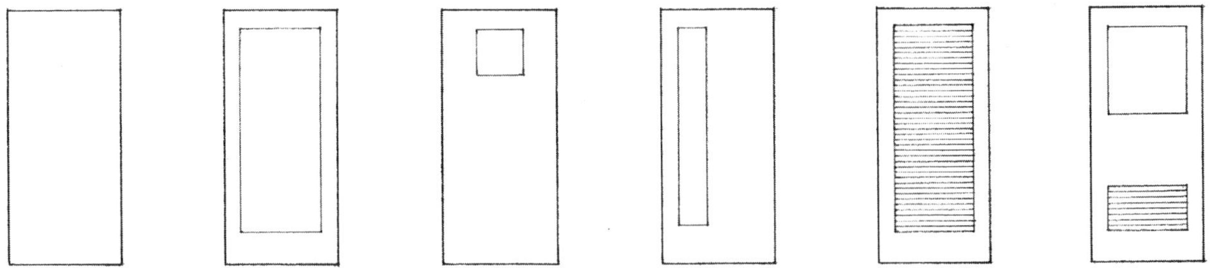

• 플러시(민면) • 유리끼움 • 시야창 • 좁은 창 • 전체 루버 • 시야창과 루버

문 디자인

문의 마감

- 도장을 위해 프라이머 (초벌칠) 또는 아연 도금
- 열처리한 에나멜페인트
- 비닐 피복
- 스테인리스강 또는 알루미늄 표피에는 광택이 있거나 질감이 있는 마감 면이 가능

문의 시공

- 중공금속 문은 채널, 크래프트 허니컴, 또는 경질 플라스틱 폼 코어로 보강한 16~22 게이지 강재 외장 시트를 가지고 있다.

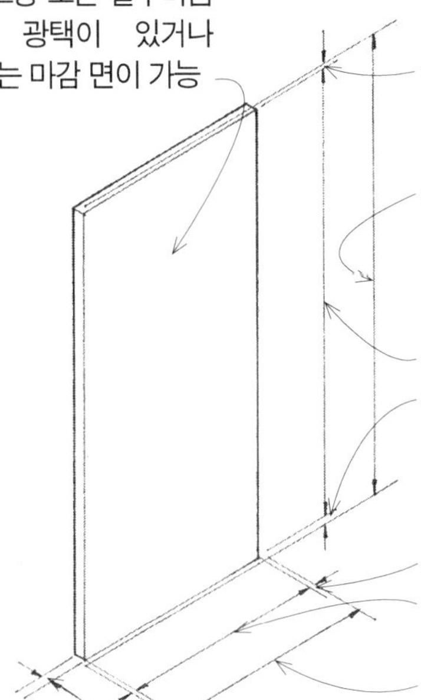

- 1/8"(3)
- 공칭 높이 = 프레임 개구부; 6'8", 7'0", 7'2", 7'10", 8'0"(2030, 2135, 2185, 2390, 2440)
- 순 높이
- 3/4"(19)±; 마감 바닥재에 따라 다름
- 양쪽에 1/8"(3)
- 순 너비
- 공칭 너비 = 프레임 개구부 2'(51) 단위로 공칭 2'0"~ 4'0"(610 ~ 1220)
- 도어 두께 $1^3/8$", $1^3/4$"(35, 45)

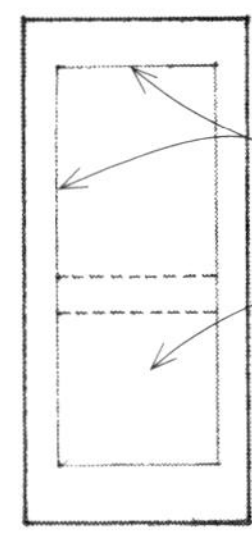

레일-선틀 구조

- 각형강관으로 구성한 선틀 및 레일
- 채움면은 패널, 유리, 루버 등을 이용하여 민면 또는 후퇴 면으로 구성한다.

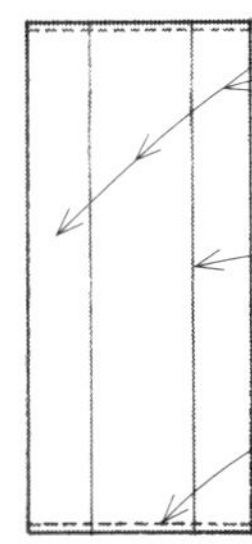

레일 패널 구조

- 넓은 중앙 패널에 연결된 경첩과 잠금장치가 있는 선틀
- 수직으로 맞물리는 노출된 용접 잇기
- 뒤집은채널을 이용하여 상하단 레일 설치

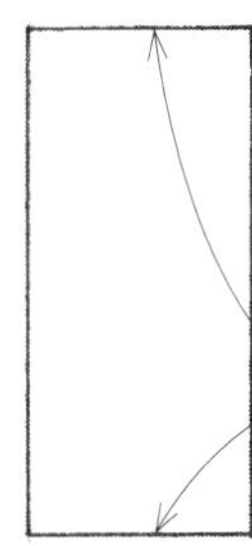

민면 구조

- 표면상으로는 눈에 보이는 잇기 없음.
- 팬 또는 밀폐형 그리드 구조
- 민면 또는 상하단 후퇴면

방화문

UL 라벨 등급		창유리 허용 : 1/4"(6) 망입유리
A	3시간	창유리 불허
B	$1^1/2$ 시간	문짝 당 100sq. in. (0.06 ㎡)
C	3/4 시간	문짝 당 1296sq. in. (0.84 ㎡) : 최대 치수 54"(1370)
D	$1^1/2$ 시간	창유리 불허
E	3/4 시간	문짝 당 720sq. in. (0.46 ㎡) : 최대 치수 54"(1370)

- 방화문 조립체는, 방화 등급의 벽체 개구부를 보호하기 위해 내화성능이 있는 문, 문틀, 하드웨어로 구성된다. 2.07 참조
- 문의 최대 크기 4' × 10'(1220 × 3050)
- 문틀과 하드웨어는 문과 비슷한 내화 등급인 것을 쓴다.
- 문은 자동으로 닫혀야 하고, 클로저가 장착되어 있어야 한다.
- 가용성 링크장치가 있는 루버는 B와 C 라벨 문에 허용된다. 루버 최대 면적은 576sq.in.(0.37㎡)
- 창유리와 루버의 조합은 허용되지 않는다.

CSI 마스터포맷™ 08 13 13: 중공 금속문

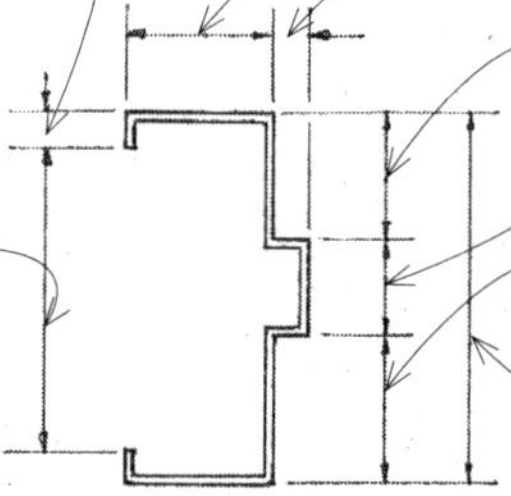

- 백 벤드/후굴: 1/2"(13)
- 목치수
- 외장 면[face]: 2"(51)
- 문소란[stop]: $^{5}/_{8}$"(16)
- 은촉 : $1^{3}/_{8}$"(35) 문의 경우 1"(40)
- 밑면은 다양
- 은촉 : $1^{3}/_{4}$"(45) 문의 경우 11"(49)
- 프레임 춤 : $4^{3}/_{4}$", $5^{3}/_{4}$", $6^{3}/_{4}$", $8^{3}/_{4}$"(120, 145, 170, 220)

표준 이중 은촉이음 프레임

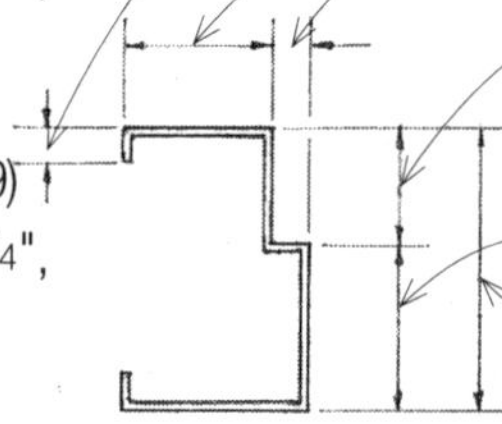

- 백 벤드/후굴: $^{1}/_{2}$"(13)
- 외장 면: 2"(51)
- 문소란: $^{5}/_{8}$"(16)
- 은촉 : $1^{3}/_{4}$"(45) 문의 경우 11"(49), $1^{3}/_{8}$"(35) 문의 경우 1"(40)
- 밑면은 다양
- 프레임 춤: 3", $3^{3}/_{4}$"(75, 95)

단일 은촉이음 프레임

- 표준 치수: 14, 16, 18
- 표준 마감: 공장 프라이머/초벌칠
- 문틀 단면 형상은 제조업체에 따라 다름
- 프레임은 장부잇기로 연결되고 경첩, 스트라이크[strike 4)], 클로저를 받기 위해 보강한다.

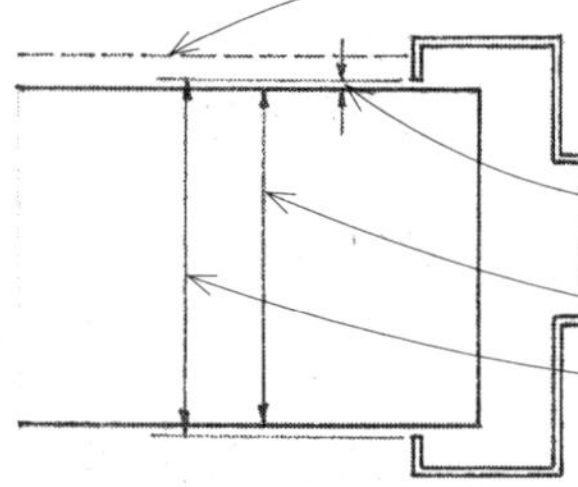

- 마감 벽체는 선택 사항
- 공칭 $^{1}/_{16}$"(2)
- 벽체 록
- 목 치수

랩어라운드(둘러겹침) 설치

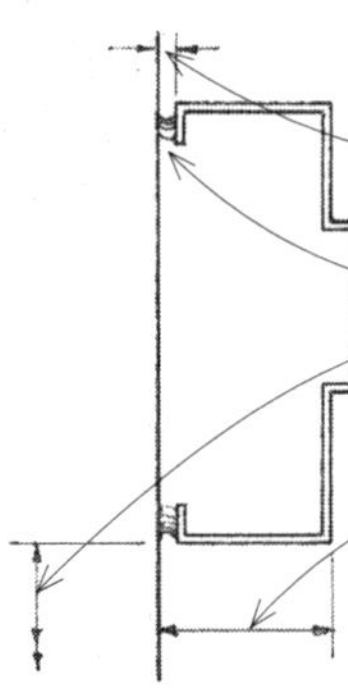

- 벽체 표면으로부터 공칭치수 $^{3}/_{16}$"(5)이격
- 실란트
- 원하는 문의 회전각이 90° 이상이면 경첩 치수를 확인
- 문고리 또는 노브(둥근 손잡이) 있는 영역에서는 최소 4"(100)

맞댐이음 프레임 설치

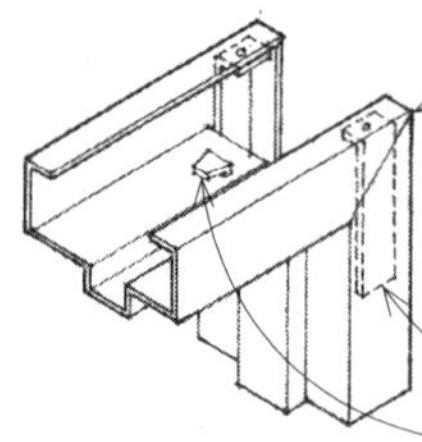

- 녹다운 프레임은 작업 현장에서 조립될 수 있도록 부분으로 분리하여 이송한다.
- 모서리 보강
- 숨겨진 탭

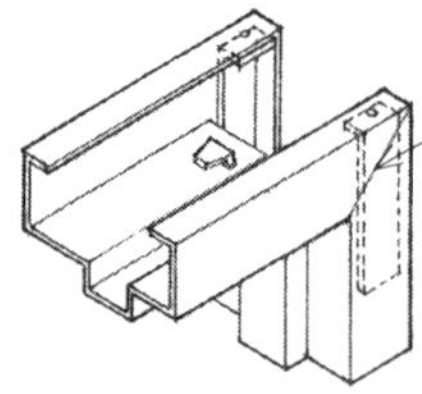

- 위와 비슷하지만 이음 부위를 아크 용접으로 함.
- 일체형 용접 프레임 조립체는 벽이나 칸막이를 세우기 전에 제 자리에 설치

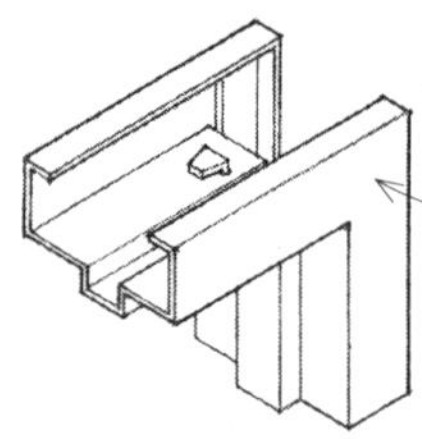

- 연귀[miters]나 이음 부위가 눈에 보이지 않음; 모두 용접 후 매끈하게 연마

모서리 부분 시공

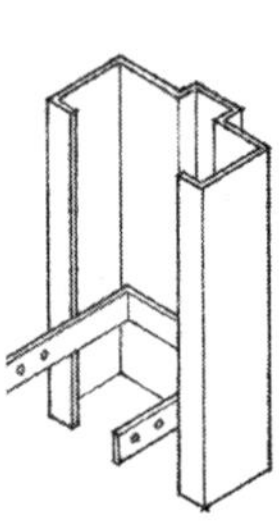

- 목재 샛기둥 앵커

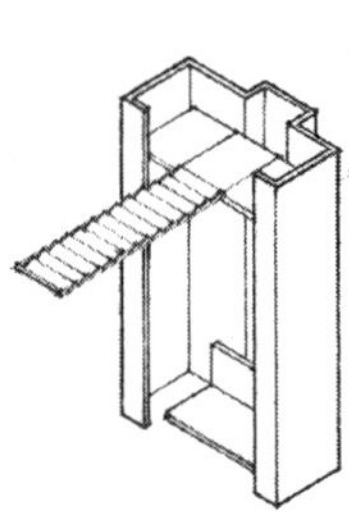

- 조적조 T 앵커

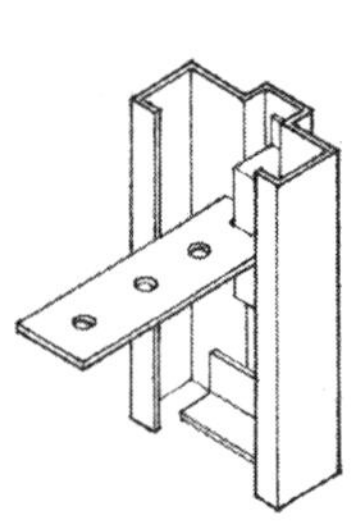

- UL 승인 조적조 앵커

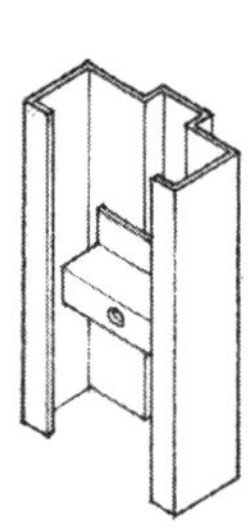

- 기존 벽체에는 간격 조정용 브래킷 앵커

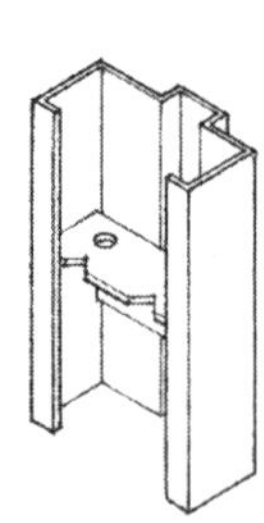

- 강재 채널 샛기둥 앵커

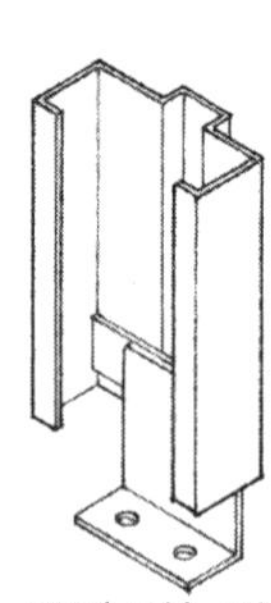

- 조절 가능한 굽도리용 앵커

문틀 앵커

- 문설주 마다 최소한 3개의 앵커가 필요

CSI 마스터포맷 08 12 13: 중공 금속 프레임

4) 손잡이 조작을 할 때, 볼트나 걸쇠를 받도록 뚫거나 후퇴시킨 구조의 강철 판재 또는 상자.

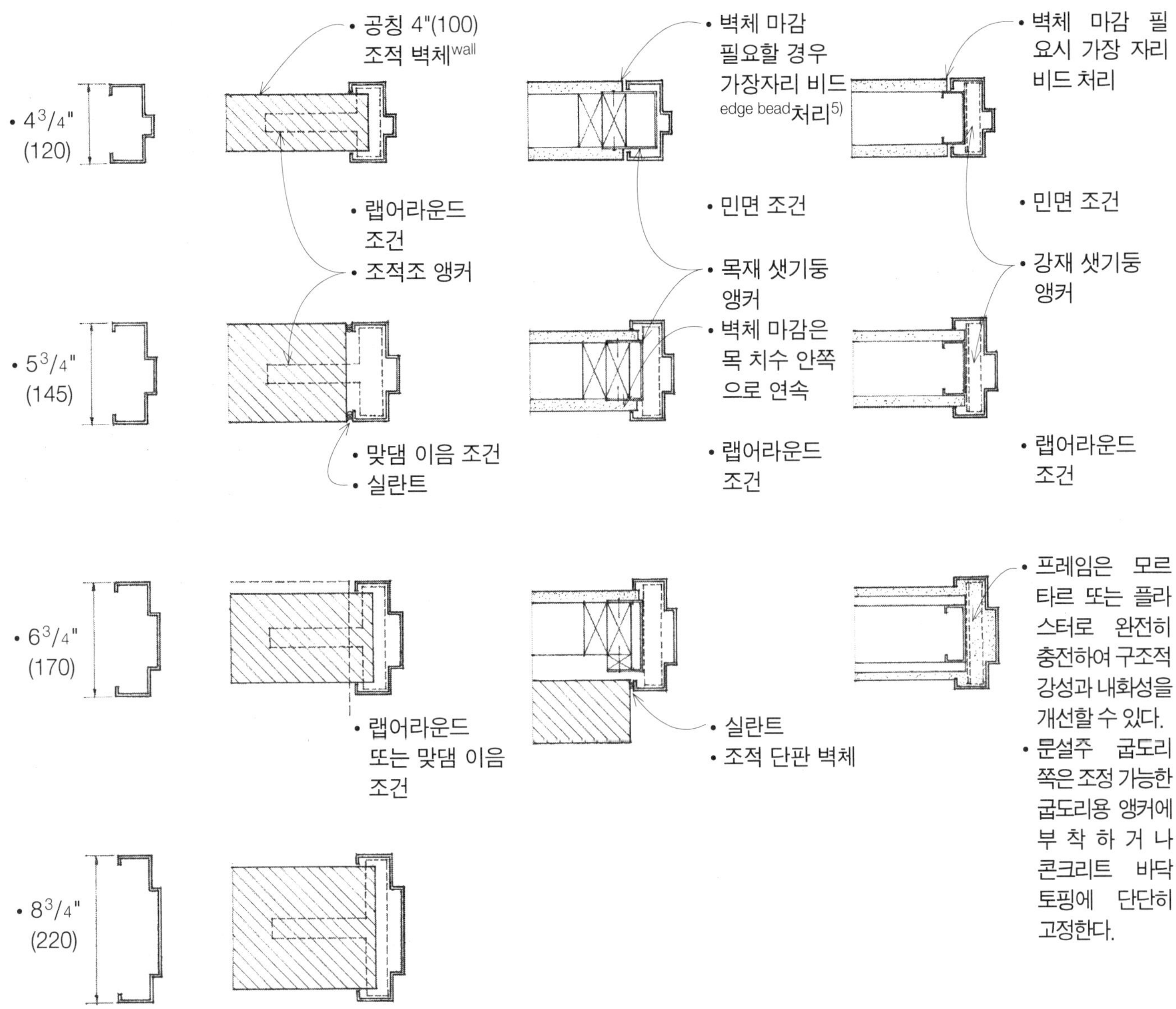

프레임 규격 **조적벽체** **목재 샛기둥 벽체** **강재 샛기둥 벽체**

표준 중공금속 프레임의 구성요소를 사용하여, 트랜섬transom6), 옆창, 간접 채광창을 통합하는 건축적 입구를 만들 수 있다.

- 문의 최대 크기 : 4'×8'(1220×2440)
- 문설주 최소 춤 3³/4"(95)
- 유리 최대 크기 : 넓이 1296 sq. in. (0.84㎡), 최대 치수는 4' 6"(1370)
- 내화 등급 최대 ³/4시간
- 세부 사항은 제조업체에 문의

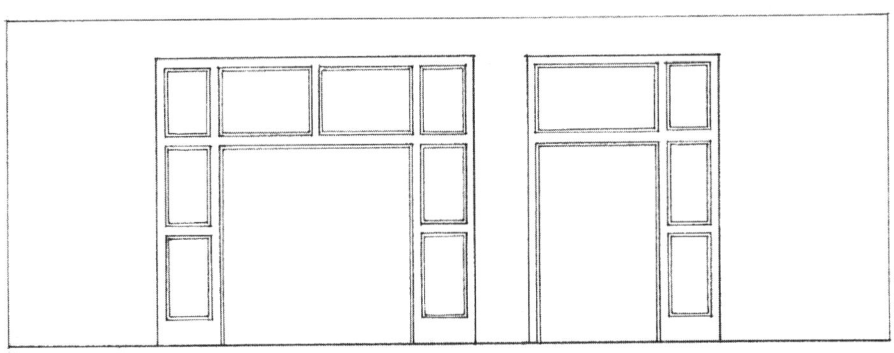

중공 금속 스틱 방식

5) 단면에 작은 원호를 이루는 몰딩

6) ① 통풍, 환기, 채광, 실의 의장을 위하여 창문틀의 위에 낸 창, 혹은 그것의 수평 부재 ②=고창(fanlight). ③ 트랜섬 창문.

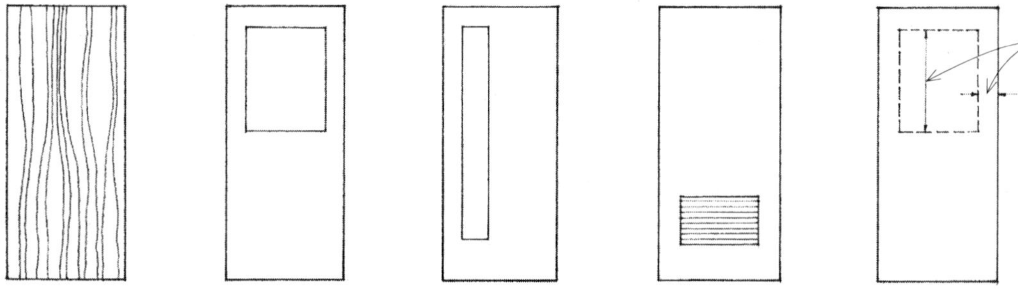

- 개구부는 문 면적의 40% 미만으로 하며, 벽체 가장자리에서 5"(125)이상 간격을 떼어야 한다.
- 중공 코어 문에서 개구부의 수직 높이는 문 높이의 절만 미만으로 한다.

• 플러시 문 • 유리 시야창이 있는 플러시 문 • 루버 창이 있는 플러시 문

문의 디자인

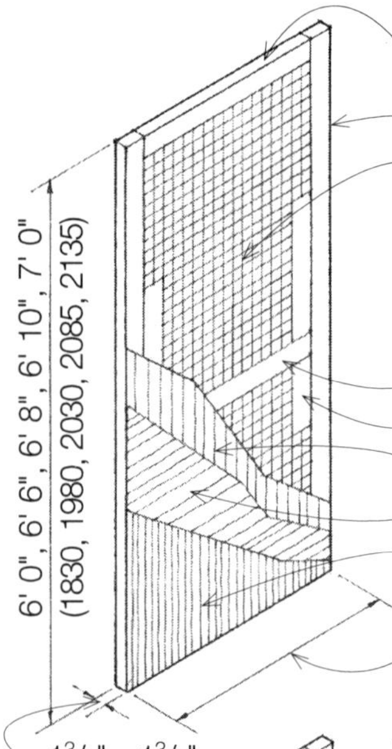

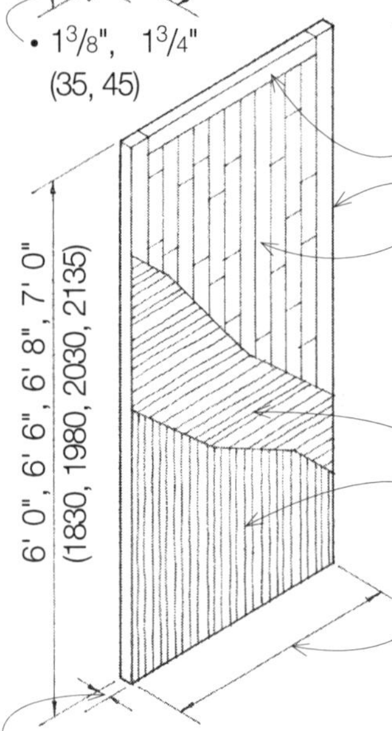

중공코어 문

중공코어 문hollow core doors은 파형 섬유판corrugated fiberboard으로 확장된 허니컴(벌집) 코어expanded honeycomb를 감싸는 선틀stiles와 레일rails의 프레임을 가지고 있다. 허니컴 코어 대신 서로 맞물리는 수평 및 수직 목재 스트립의 격자로 코어를 구성할 때도 있다. 중공코어 문은 가벼우나 단열 또는 방음acoustic insulation의 가치는 거의 없다. 주로 실내용으로 쓰지만, 방수 접착제로 접착하면 외부 문에도 사용할 수 있다.

중실코어 문

중실 코어 문solid core doors은 집성목 목재 블록bonded lumber blocks, 파티클 보드particleboard 또는 광물 합성 소재mineral composition로 된 코어가 있다. 이중, 집성목 목재 블록 코어가 가장 경제적이고 널리 사용된다. 광물 합성 소재 코어는 가장 가볍지만, 나사 고정 강도 screw-holding strength가 낮고 재단이 어렵다. 중실 코어 문은 주로 외부 문에 사용하지만, 내화성, 차음 성능 강화 또는 치수 안정성을 원할 경우 사용할 수 있다.

7) 사다리 형상의 띠형 목재
8) 진동을 흡수하거나 약화시키는 합성 물질. 점착성과 탄성을 모두 가지고 있는 경우가 많다.

등급 및 마감

- 견목 단판의 등급은 세 단계 : 프리미엄, 양호, 건실
- 프리미엄 등급 단판은 자연스럽고 투명한 마감에 적합
- 양호 등급 단판은 투명하거나, 페인트 도장 마감에 쓰임.
- 건실 등급 단판은 페인트 마감 전용. 표면 결함을 가리기 위해 칠을 두 번 해야 한다.
- 하드보드 외장 패널은 페인트 마감에 적합하다.
- 고압 플라스틱 합판 붙임 단판은 외장 패널로 쓸 수 있다.
- 플러시 문은 부분적으로 밀봉 코팅이 되거나, 완전히 사전 장착 및 사전 가공을 하여 경첩 및 잠금장치를 포함한 상태로 공장에서 마감할 수도 있다.

특수 용도의 문

- 내화 등급 문은 광물 복합 소재의 코어로 되어 있다.
- B-라벨 문은 1시간 또는 $1^{1}/_{2}$ 시간의 UL-승인 등급의 문이다.
- C-라벨 문은 $^{3}/_{4}$시간 UL-승인 등급의 문이다.
- 차음문에는 보이드 또는 감쇠 작용제(컴파운드)[8] 로 분리되는 면이 있다. 특수한 문소란, 개스킷, 문지방이 요구된다.

CSI 마스터포맷 08 14 16: 목재 플러시 문

문 디자인

목재 레일-선틀 문wood rail-and-stile doors은 수직 선틀vertical stiles과 수평 레일horizontal rails로 된 프레임에 중실 목재 패널 또는 합판 패널, 유리 채광창glass lights, 또는 루버를 고정시키는 방식으로 된 문이다. 선틀과 레일은 중실 연목재solid softwood 또는 단판 견목재veneered hardwood로 만든다.

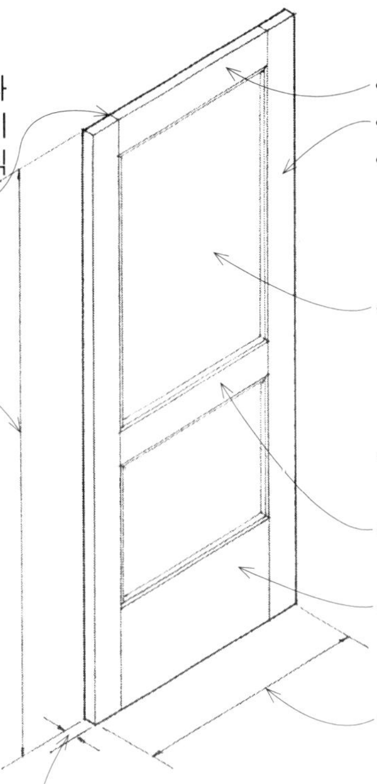

9) 문의 경첩이 달린 반대쪽 선틀.

널빤지 문batten doors은 교차 스트립cross strips이나 가로대edgers에 직각 방향으로 못을 박은 수직 판재 덮개로 구성된다. 대각선 가새는 가로대 안쪽에 새김눈notch을 넣어 자리를 잡고 못으로 고정한다

- 주로 거친 시공 방식으로 경제적인 목적에서 사용한다.
- 보통은 현장 제작
- 비바람에 견디도록 제혀쪽매 덮개를 권장.
- 수분 함량 변화에 따라 팽창 및 수축되기 쉬움

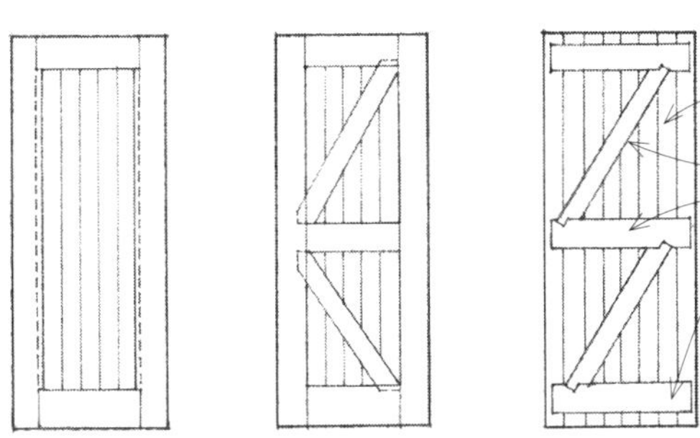

8.10 목재 문틀

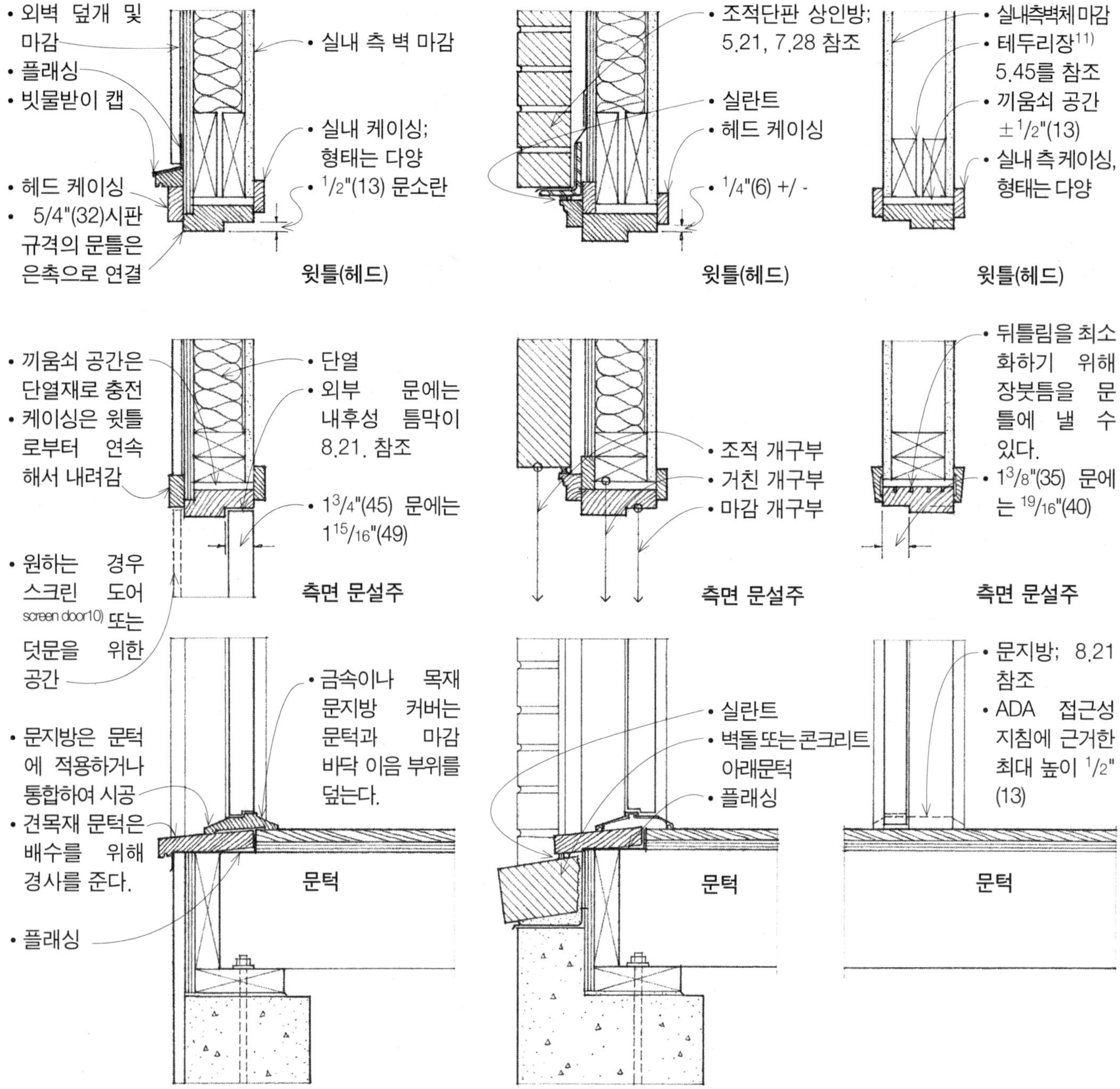

외부 문·샛기둥 벽체 **외부 문·조적 단판 벽체** **실내 문·샛기둥**

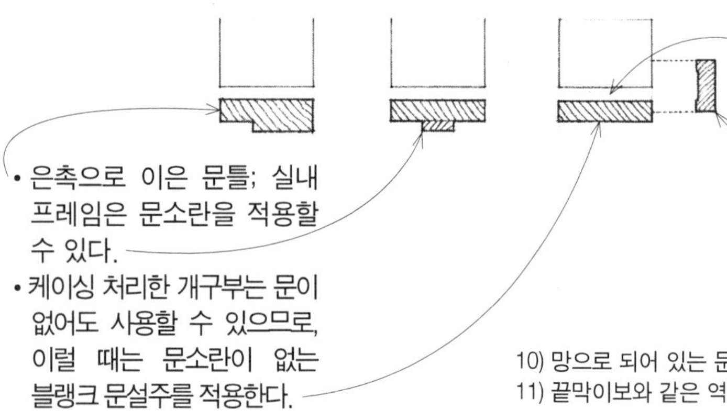

일반 참고 사항

- 대부분의 문 제조업체는 문틀과 셋트로 구성된 문을 같이 제공한다. 일부 문은 필요한 모든 하드웨어 및 케이싱 트림을 조립하고, 마감 처리를 완료한 상태에서 제품을 내놓는다.
- 1/2"(13)의 끼움쇠 공간을 이용하여 문틀을 장착한다.
- 케이싱 트림은 문틀과 거친 개구부(골조에 문틀 자재의 규격을 고려한 개구부) 사이의 이음 부위를 마감한다. 외부의 이음 부위는 밀봉이 필요할 수도 있다.
- 윗틀과 측면 문설주 조건은 보통 비슷하므로, 케이싱 트림의 단면 형상은 출입구 주변을 둘러 연속된다.

10) 망으로 되어 있는 문
11) 끝막이보와 같은 역할을 한다.

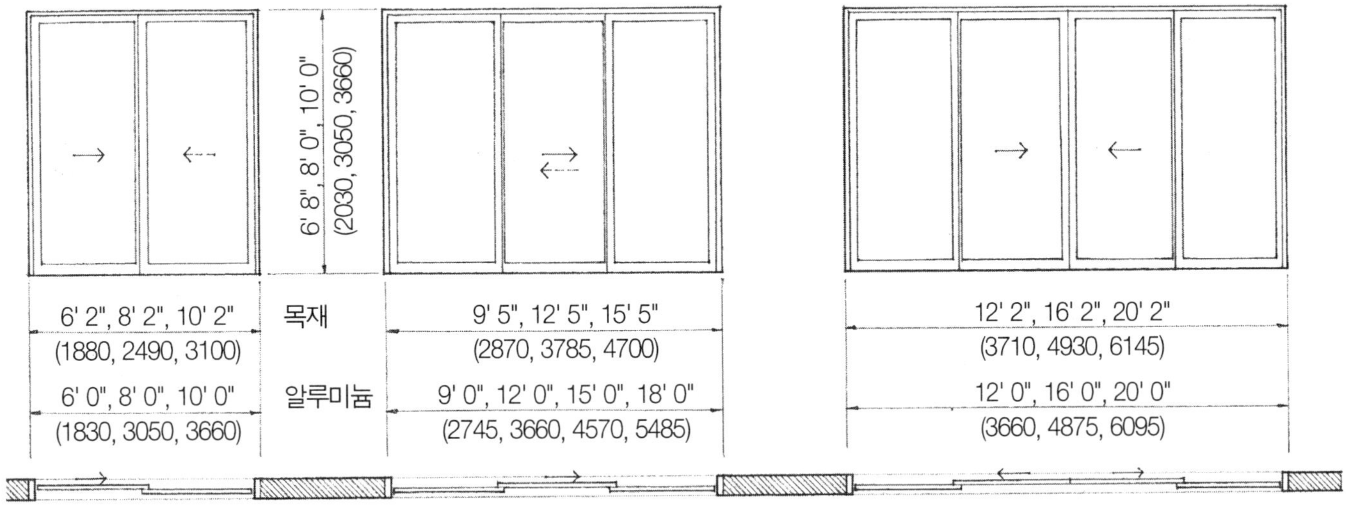

- 치수는 공칭 시판 규격nominal stock size이다; 표준 규격, 요구되는 거친 개구부 또는 조적조의 개구부, 창유리 선택 사항, 설치 세부 사항에 대해서는 제조업체 문의.
- 참고로, 프레임의 골조의 거친 개구부의 경우 공칭 너비에 1"(25)를 추가하고 조적조 개구부의 경우 3"(75)를 추가

일반 규격

유리 미닫이 문의 문틀은 목재, 알루미늄 또는 강재 프레임으로 하는 것이 가능하다. 목재 프레임은 방부제로 처리하거나, 페인트 도장을 위해 프라이머(초벌칠)를 하거나, 알루미늄 또는 비닐로 피복할 수도 있다. 금속 프레임은 열차단재thermal breaks와 일체형 방풍 핀[12)]을 갖춘 다양한 마감이 가능하다.

- 유리 미닫이문은 작동부의 하드웨어와 내후성 틈막이를 완비한 표준 유닛으로 제작된다. 스크린도어와 열리는 문짝은 안쪽 또는 바깥쪽에 둘 수 있다.

ADA 접근성 지침

- 거주 용도의 외부 미닫이문의 문지방은 $^3/_4$"(19) 보다 높지 않아야 한다.

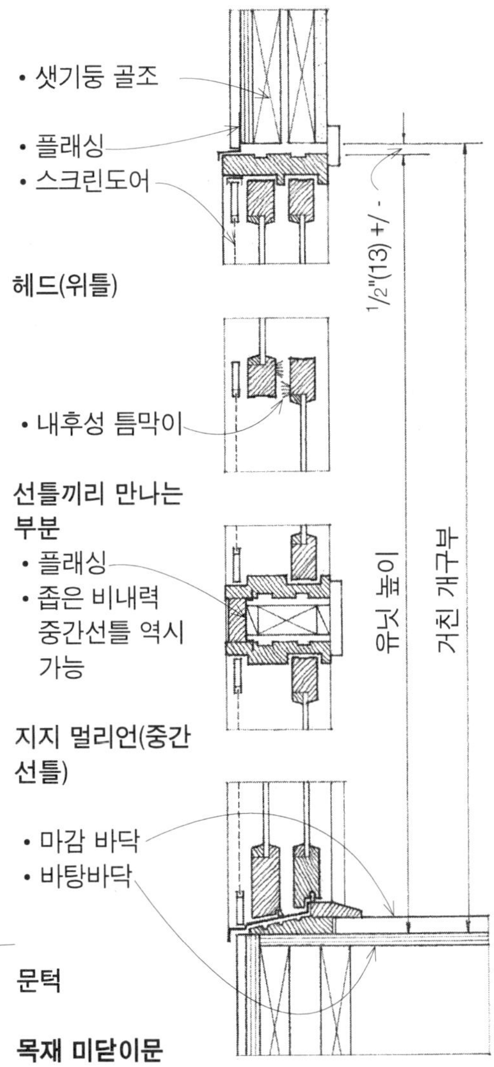

목재 미닫이문

- 그림에서 해칭한 부분의 디테일 단면은 보통 문 제작 업체에서 제공한다.

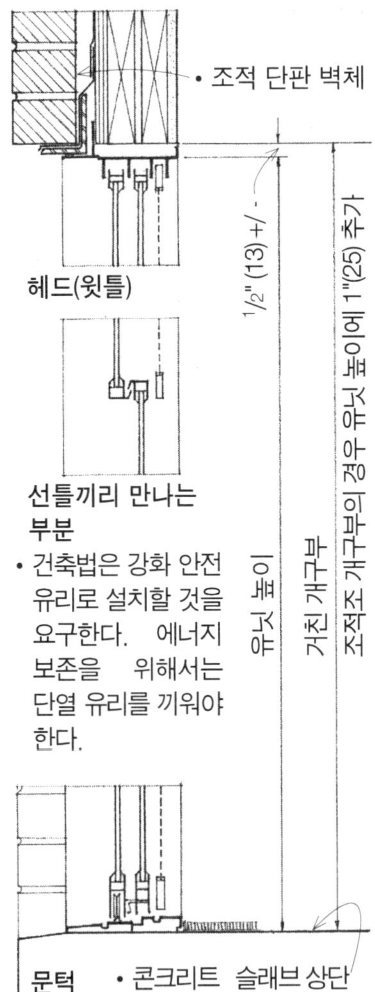

- 건축법은 강화 안전 유리로 설치할 것을 요구한다. 에너지 보존을 위해서는 단열 유리를 끼워야 한다.

금속 미닫이 문

12) 지느러미처럼 본체에 붙어 있는 수직 안정판을 뜻한다. 다른 의미로는 차양 또는 PC 부재 결함으로 생긴 지느러미 형상의 모서리나 의도적으로 만든 PC의 수직 리브 부분을 의미하기도 한다

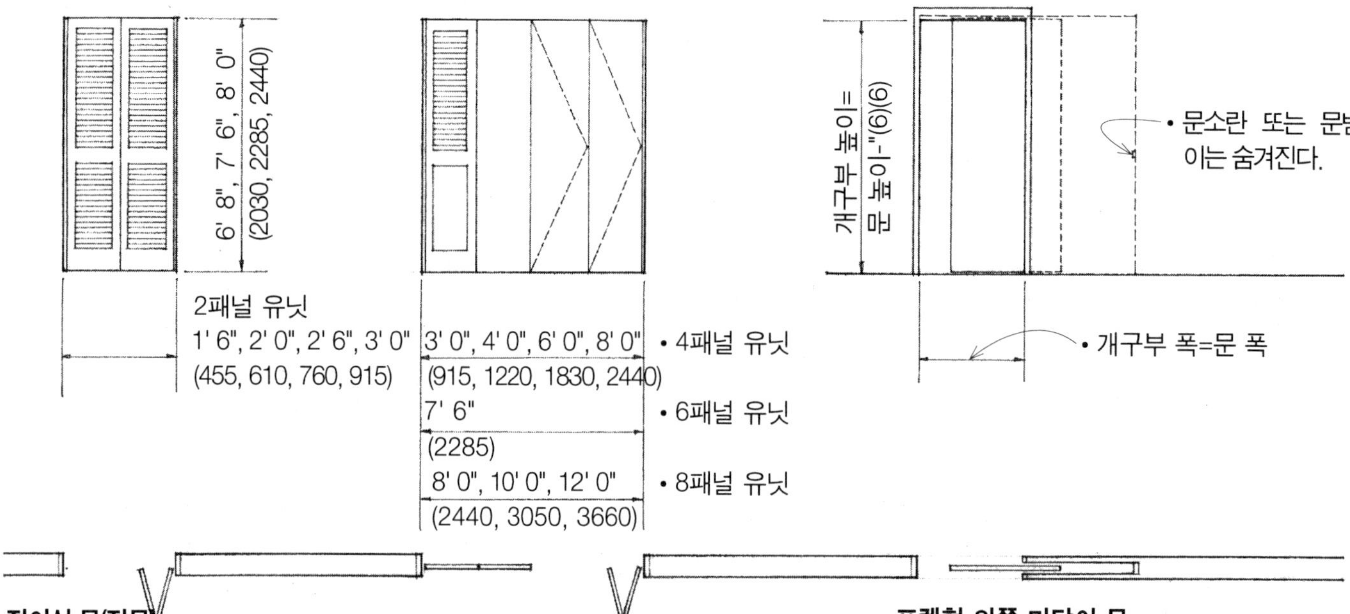

접이식 문(접문)

포켓형 외쪽 미닫이 문

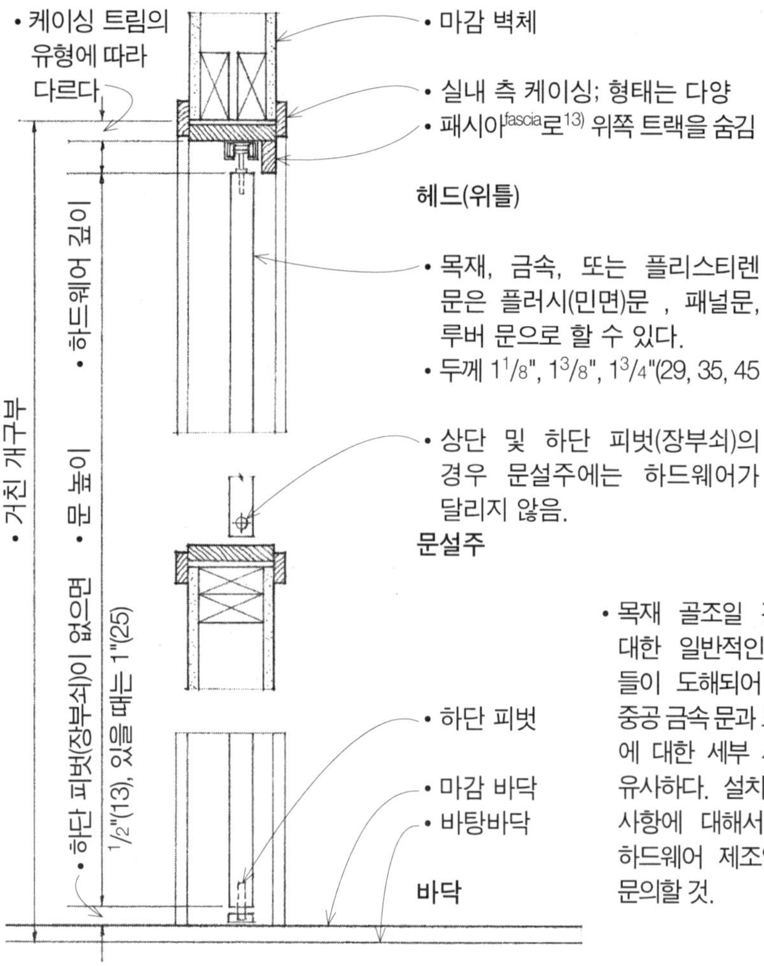

• 목재 골조일 경우에 대한 일반적인 조건들이 도해되어 있다. 중공 금속 문과 프레임에 대한 세부 사항은 유사하다. 설치 세부 사항에 대해서는 문 하드웨어 제조업체에 문의할 것.

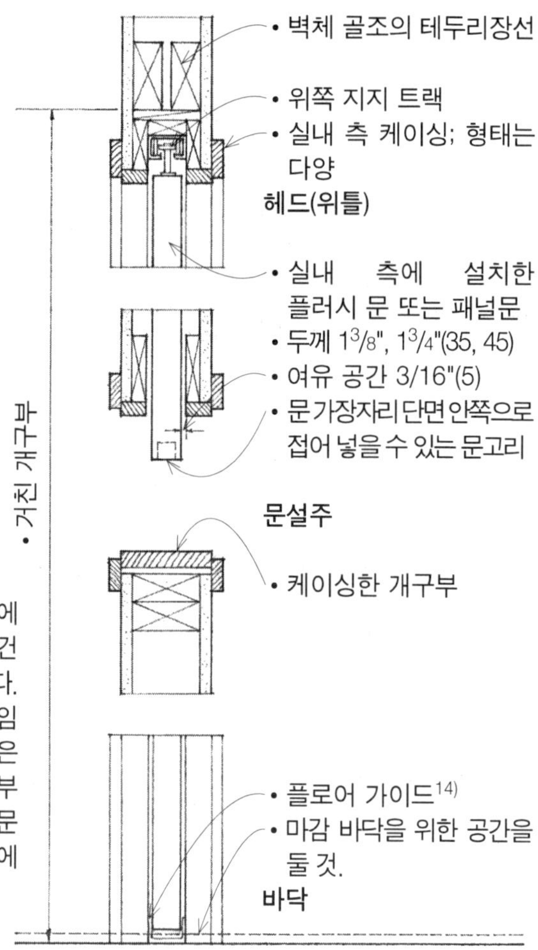

13) 지붕 구조에서는 처마돌림으로 번역하였다.
14) 미닫이문 바닥에 만드는 홈 또는 가이드용 철물

CSI 마스터포맷 08 13 76: 금속재 두 짝 접문; 08 14 76: 목재 두 짝 접문; 08 15 76: 플라스틱 두 짝 접문

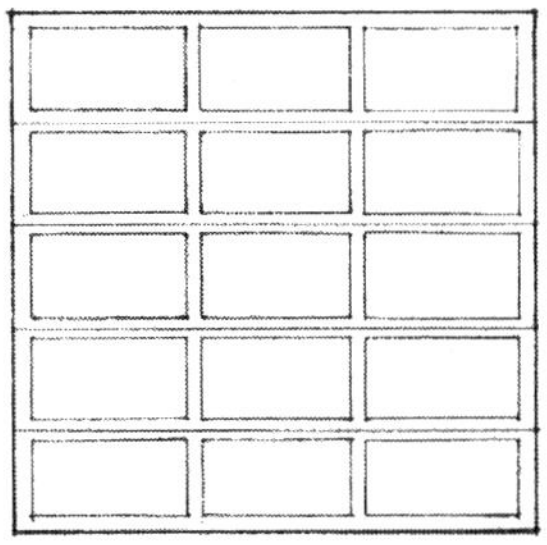

• 목재 또는 알루미늄 패널 문 • 목재 또는 강재 플러시(민면) 문
• 오버헤드 문은 높이 20'(6095) 및 폭 30'(9145)까지 가능하다.

• 강재 또는 유리섬유로 된 가는 주름이 있는 문

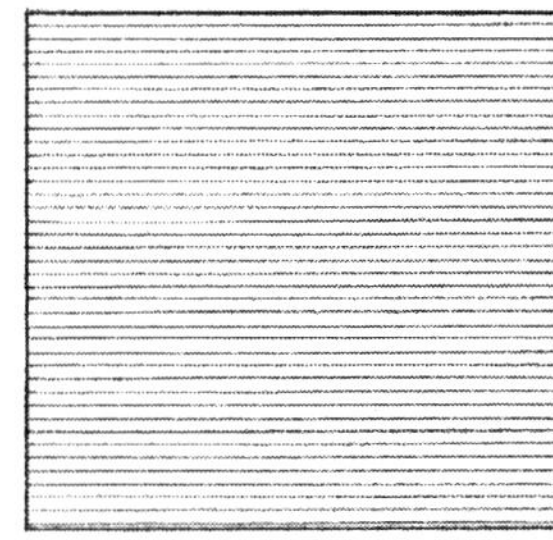

• 강재 또는 알루미늄 널 단면
• 코일링 문은 최고 높이 24'(7315), 최대 폭 32'(9755)까지 가능하다.

오버헤드 문

오버헤드overhead 문은 하나 또는 여러 개의 목재, 강재, 알루미늄 또는 유리섬유 문짝들로 만드는데, 문 개구부 위까지 회전하거나 말아 올리는 식으로 개방한다. 문은 수동으로 작업하거나 체인 호이스트chain hoist[15] 또는 전기 모터로 작동한다.

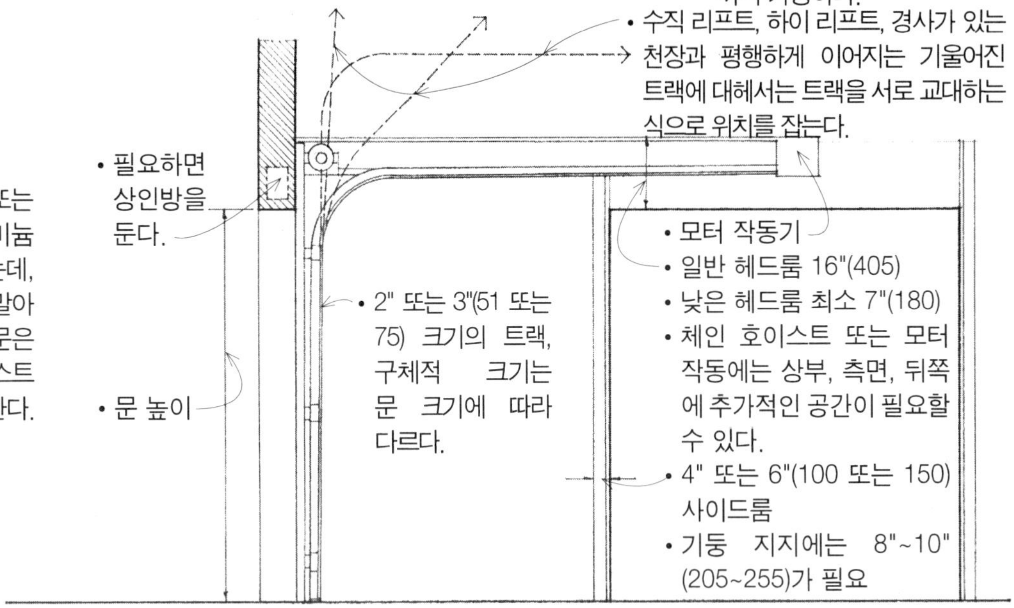

• 오버헤드 문과 코일링 문은 모두 시야 창 패널, 통과문, 단열 및 기타 선택 사항을 적용할 수 있다. 사용가능한 규격, 디자인, 설치 요구 사항에 대해서는 도어 제조업체에 문의할 것.

코일링 문

코일링 또는 롤링 문은 수평의, 서로 맞물리는 금속 슬랫(좁은 판재)으로 구성된다. 슬랫은 양쪽의 트랙을 타고 움직이며, 문 개구부 머리 부분에 있는 오버헤드 드럼을 감아서 문을 개방한다. 문은 체인 호이스트 또는 전기 모터로 작동할 수 있다.

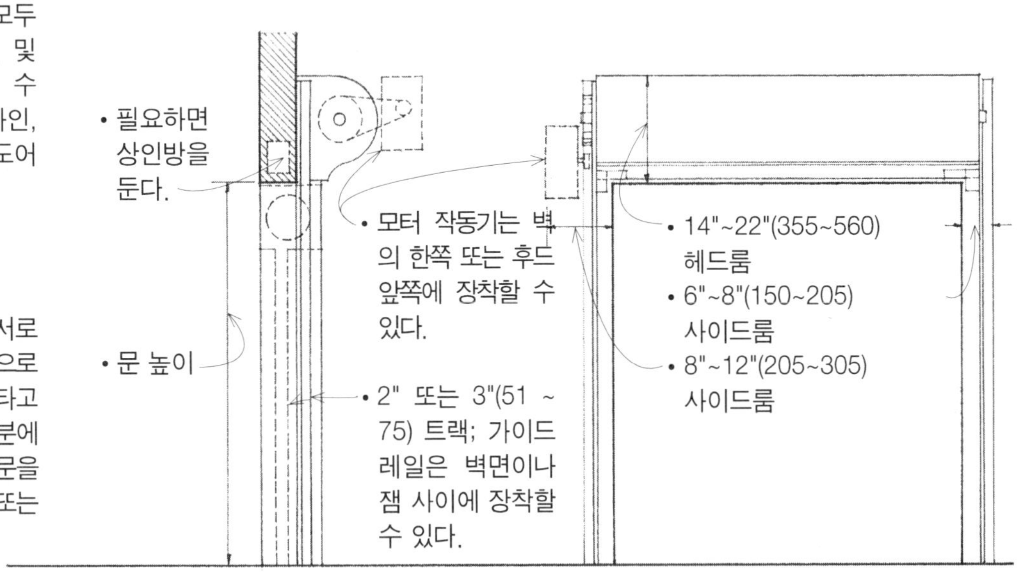

15) 체인으로 물건을 들어 올리는 기계. 보통 전기모터와 함께 쓴다.

CSI 마스터포맷 08 33 00: 코일링 문과 방범용 격자
CSI 마스터포맷 08 36 00: 패널 문

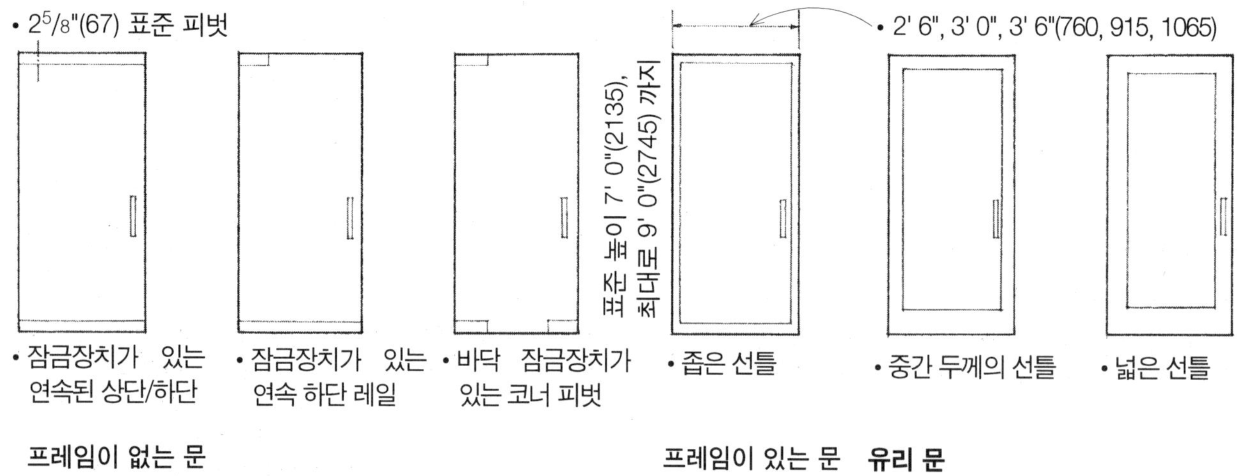

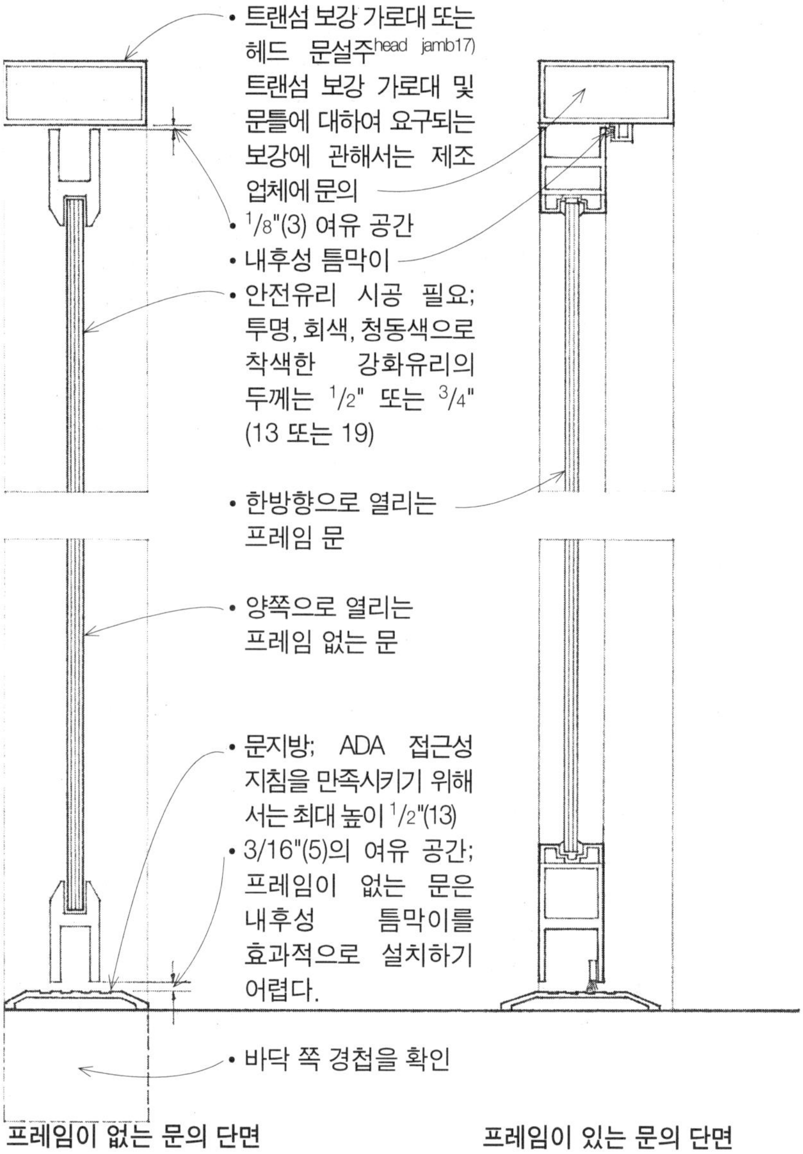

프레임이 없는 문의 단면 **프레임이 있는 문의 단면**

16) 피벗과 문이 수평으로 이동하는 롤러가 같이 있어 회전과 이동을 동시에 하면서 문이 개폐된다.
17) 상인방과 같은 역할을 한다.

CSI 마스터포맷 08 41 00: 출입구 및 매장 전면

유리 문

유리문은 강화 열처리 유리 또는 강화 유리로 만든다. 레일과 선틀을 있을 수도, 없을 수도 있으며, 주로 현관문으로 사용한다.

- 비상 탈출문emergency exit door으로 사용할 때 필요한 요구 사항은 건축법을 참조할 것.
- 규격, 유리 설치의 선택 사항, 프레임 요구 사항에 대해서는 제조업체에 문의

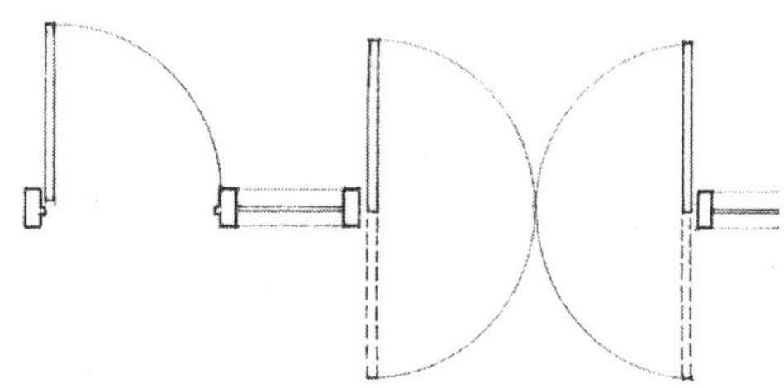

- 문은 문설주 프레임에서 후퇴해서 달아 한 방향으로만 여닫게 하거나, 중심에 달아 양쪽으로 여닫을 수 있게 할 수 있다.

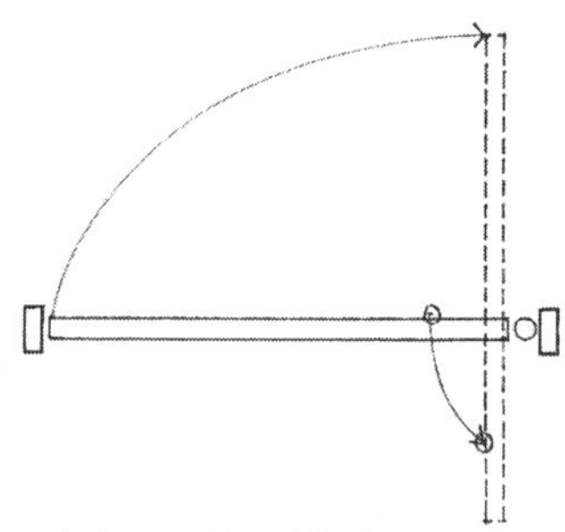

- 피벗 도어는 중심부 또는 이격된 피벗 위에서 이동 및 회전하면서 개방된다. 개방 방식으로 경첩이 달린 문과 구분된다.
- 밸런스 도어balanced doors16)는 쉽게 여닫기 위해 힘주는 방향반대로 거동하며 균형을 잡는 피벗 도어 이다.
- 자동문은 사람이나 자동차가 접근할 때, 무전 송신기, 광 검출기, 또는 기타 장치를 이용하여 개방된다.

매장 전면storefront은 압출 금속 프레임, 유리 패널, 유리 현관문 및 하드웨어, 턱끼움 하드웨어를 조합한 시스템이다. 중간 선틀의 규격과 간격은 유리 강도와 두께, 벽 평면에 가해지는 풍하중에 따라 다르다. 벽면의 수직 처짐은 각 구성 요소 순 경간의 1/200로 제한된다. 유리 지지대의 처짐은 지지 거리의 1/300으로 제한되어야 한다.

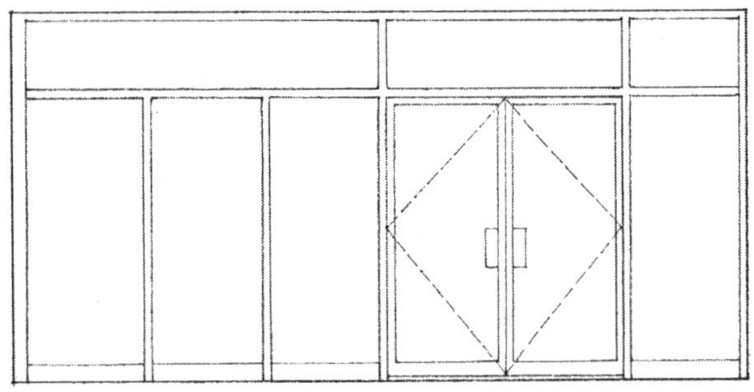

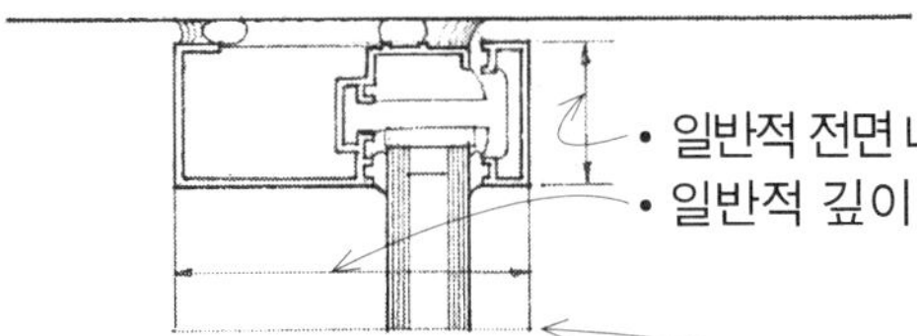

- 일반적 전면 너비 2"(51)
- 일반적 깊이 4"(100)

- 유리 설치는 프레임 깊이 내에서, 중심에서 벗어나거나 중심에 위치하도록 할 수 있다.
- 프레임 단면 형상, 크기, 마감, 유리 설치 선택 사항, 설치 세부 사항은 제조업체에 문의
- 안전유리의 설치 요구 사항은 건축법을 참조

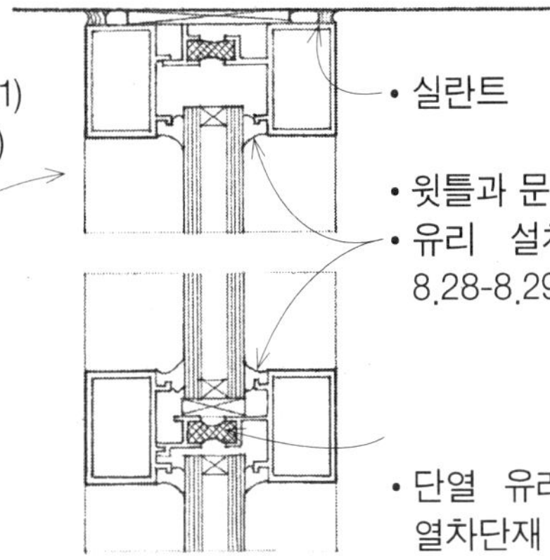

- 실란트
- 윗틀과 문설주 조건은 비슷하다.
- 유리 설치 시스템에 대해서는 8.28-8.29를 참조
- 단열 유리 설치 시스템을 위한 열차단재
- 프레임의 수평 부재에는 배수공 설치

전-유리 벽체 시스템은 유리로 만든 중간선틀와 구조용 실리콘 실란트를 써서 설치된 유리를 지지한다. 유리 중간선틀의 두께는 유리 패널의 높이와 폭, 그리고 벽체 면에 가해지는 풍하중과 관련이 있다. 크기 결정과 설치 요구 사항에 대해서는 유리 제조업체에 문의할 것.

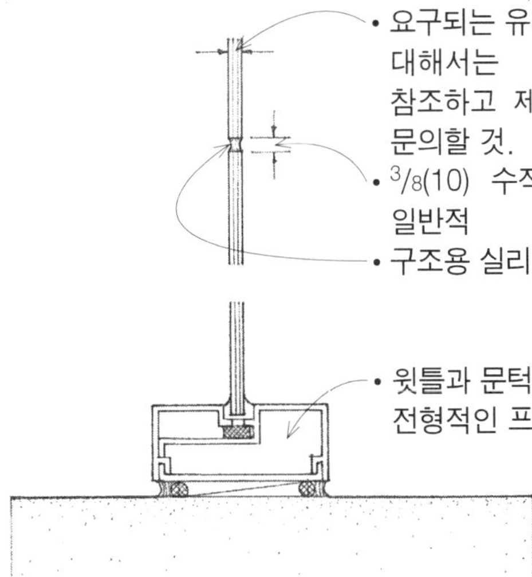

- 요구되는 유리 두께에 대해서는 건축법을 참조하고 제조업체에 문의할 것.
- 3/8(10) 수직 이음이 일반적
- 구조용 실리콘 실란트
- 윗틀과 문턱에 설치된 전형적인 프레임

- 맞댐 이음 유리butt-joint glazing는 전형적인 유리설치 방식으로 위틀과 문턱에서 판유리 또는 유닛을 지지한다. 유리문의 수직 단면은 중간선틀 없이 구조용 실리콘 실란트로 결합한다.

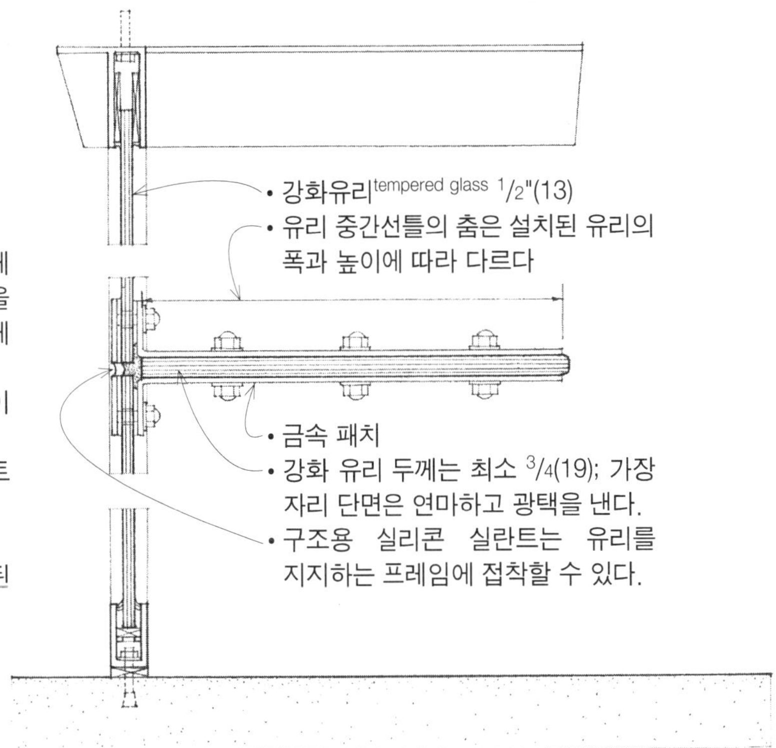

- 강화유리tempered glass 1/2"(13)
- 유리 중간선틀의 춤은 설치된 유리의 폭과 높이에 따라 다르다
- 금속 패치
- 강화 유리 두께는 최소 3/4(19); 가장자리 단면은 연마하고 광택을 낸다.
- 구조용 실리콘 실란트는 유리를 지지하는 프레임에 접착할 수 있다.

- 유리-중간선틀 방식은 강화유리 시트를 특수 클램프에 매달고, 강화 유리의 수직 보강재로 안정화한 후, 구조용 실리콘 실란트와 모서리 및 가장자리 단면에 있는 금속 패치 플레이트로 결합하는 유리 시공 방식이다.

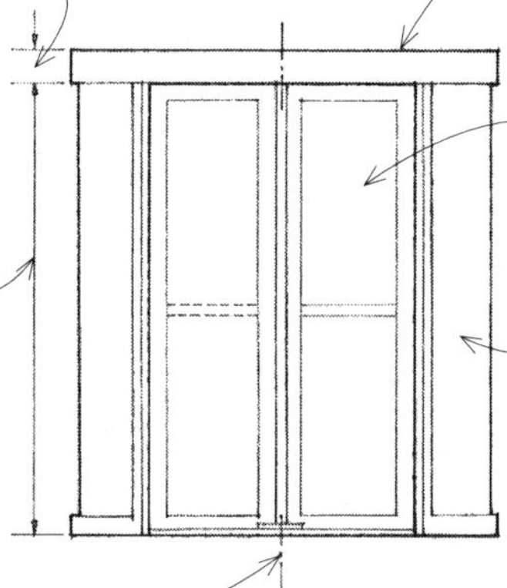

- 2"~4"(51~100)
- 6' 10"과 7' 0"(2085와 2135) 높이가 일반적
- 상단 및 하단 피벗
- 회전문 데크에는 천장 조명/채광창을 달 수 있으며, 강화유리를 끼울 수 있다.
- 유리 문짝의 프레임은 알루미늄, 스테인리스강, 청동으로 하고 유리는 강화유리로 할 수 있음.
- 인클로저는 금속 또는 강화유리, 망입유리, 접합유리로 만들 수 있다.
- 냉방/난방원은 인클로저에 통합되거나 인접할 수 있다.

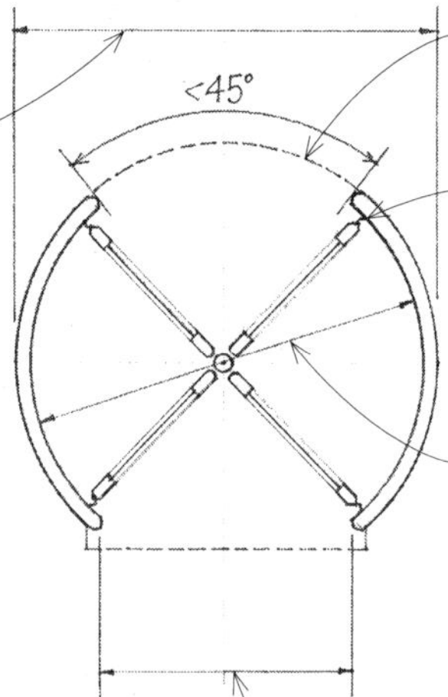

- 문의 직경 +3³/4"(95)
- 여닫이 테두리 형상은 곡선 또는 직선으로 할 수 있다.
- 내후성 봉인(웨더실)은 고무와 펠트로 만들고, 문짝의 문설주와 상하단 레일을 따라 설치한다.

회전문 배열방식

6' 6"(1980)	4' 5"(1345)
6' 8"(2030)	4' 6"(1370)
6' 10"(2085)	4' 8"(1420)
7' 0"(2135)	4' 9"(1450)
7' 2"(2185)	4' 11"(1500)
7' 4"(2235)	5' 0"(1525)

회전문은 외부 출입문 위치에 원통형 현관을 마련하고, 그 안쪽에 수직 피벗을 중심으로 회전하는 3개 혹은 4개의 문짝을 설치하여 구성하는 문이다. 일반적으로 상업 용도의 대형 건물 및 각종 기관의 출입문으로 사용된다. 회전문은 내후성 봉인(웨더실)을 유지하고, 외풍를 제거하며, 난방 손실 및 냉방 손실을 최소화하면서도, 시간당 2천명의 교통이 가능하다.

- 일반적인 용도의 경우 직경 6' 6"(1980); 교통량이 많은 영역에서는 직경 7' 0"(2135) 이상
- 선택 사양으로 속도 조절 기능을 둘 수 있다. 이 기능은 회전문을 사용하지 않을 때는 문짝을 4분면에 정렬시키고, 살짝 밀면 자동으로 보행의 ³/4 정도 속도로 문을 회전시킨다.
- 일부 회전문은 압력을 가하면, 문짝이 자동으로 탈출 방향을 향하여 접힌다. 이를 통해 문 피벗의 양쪽 방향으로 법에서 규정한 연결통로를 조성할 수 있다.
- 일부 지역의 건축법에서는 법적 출구 요건의 50%를 충족하는 회전문에도 비상 탈출구 인증을 하는 경우가 있다. 어떤 지역에서는 회전문을 비상 탈출구로 인정하지 않으며, 인근 위치에 경첩을 단 문을 요구한다.

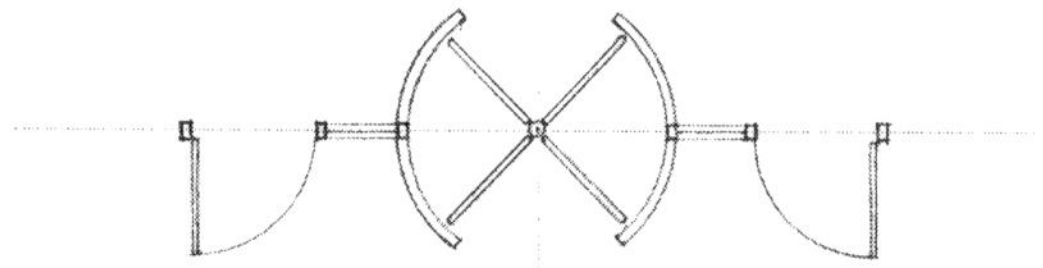

- 경첩을 단 문을 측면에 둔 인클로저

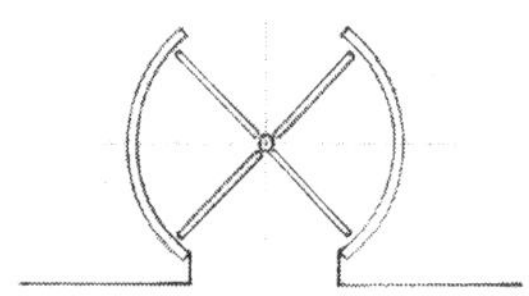

- 벽체 패널 안쪽에 설치한 인클로저

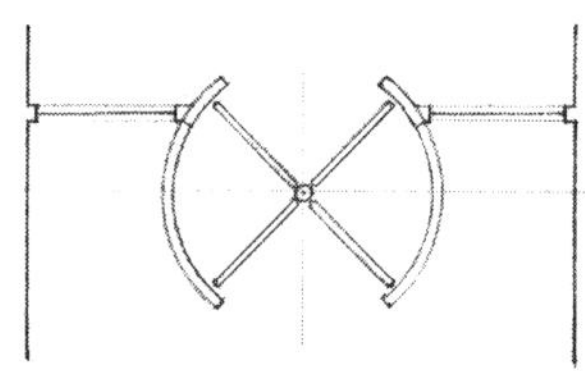

- 인클로저 중심선보다 후퇴한 측면 채광창

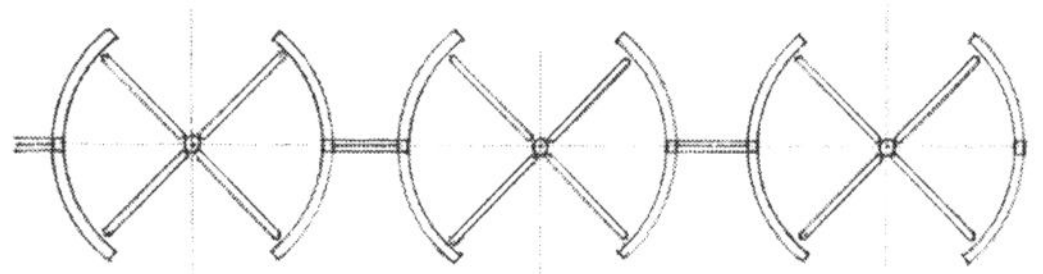

- 측면 채광창을 사이에 낀 인클로저

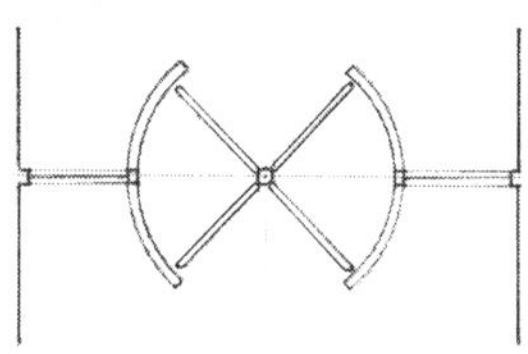

- 인클로저를 중심선에 맞춰 설치한 측면 채광창

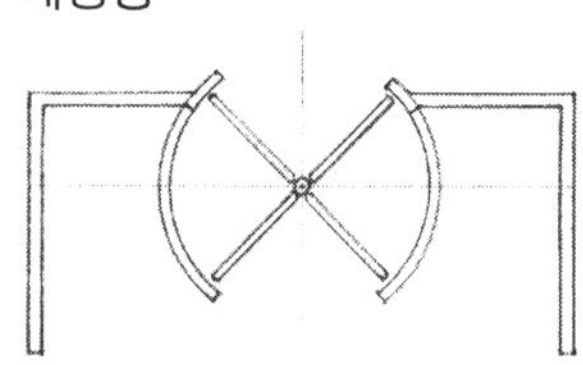

- 인클로저 중심선은 후퇴한 벽체 앞으로 돌출

회전문 배열방식

CSI 마스터포맷08 42 33: 회전문 출입구

문에 쓰는 마감 하드웨어는 다음 항목이 포함된다.

- 잠금장치; 자물쇠, 걸쇠, 자물쇠 볼트, 실린더[18]/스톱 장치, 작동 트림을 조합하여 만든다.
- 경첩
- 도어 클로저
- 패닉 하드웨어panic hardware [19]
- 푸시앤풀 바push and pull bars와 누름판plate
- 챌판kick plates [20]
- 도어스톱door stop[21], 도어 홀더holder[22], 문받이
- 문지방
- 내후성 틈막이
- 문 트랙과 가이드

하드웨어의 선택 요인:

- 기능과 작동 용이성
- 매립형 또는 표면 돌출형 설치여부
- 재료, 마감, 질감 및 색상
- 예상되는 사용 빈도와 기후 및 부식 조건에 노출 측면에서의 내구성

18) 맞는 열쇠에 의해서만 작동될 수 있는 텀블러 기계와 열쇠구멍을 지닌 원통형 조립물
19) 비상구에 설치하여 쓰는 자물쇠나 문고리 등을 말한다.
20) 여닫이문의 밑막이 면에 붙여서 발에 채어 상하는 것을 보호하는 금속판

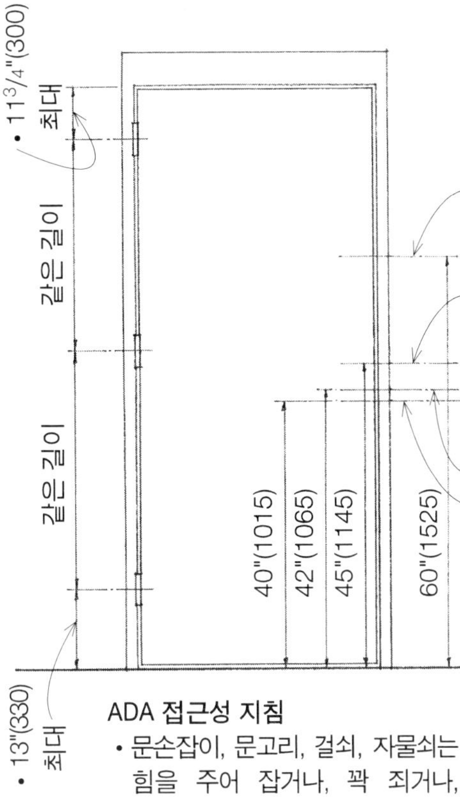

이러한 위치는 특정 위치에서 사용자 요구를 충족해야 한다.

하드웨어의 위치

ADA 접근성 지침

- 문손잡이, 문고리, 걸쇠, 자물쇠는 힘을 주어 잡거나, 꽉 죄거나, 비틀지 않더라도 한 손으로 쉽게 쥘 수 있어야 한다.
- 하드웨어는 A.03에 특정한 도달 범위reach range 내에서 설치해야 한다.

하드웨어 마감

BHMA코드[24]	US No.	마감
600	USP	페인트칠을 위한 프라이머 처리 강판
603	US2G	아연도금 강판
605	US3	밝은 황동, 투명 코팅
606	US4	새틴 황동, 투명 코팅
611	US9	밝은 황동, 투명 코팅
612	US10	새틴 황동, 투명 코팅
613	US10B	산화된 새틴 황동, 기름칠
618	US14	밝은 니켈 도금된 투명 코팅의 황동
619	US15	새틴 니켈 도금된 투명 코팅의 황동
622	US19	흑색 코팅 황동/청동
623	US20	밝게 산화된 밝은 황동
624	US20A	어둡게 산화된 조형작업용 황동
625	US26	밝은 크롬도금의 황동/청동
626	US26D	새틴 크롬 도금의 황동/청동
628	US28	새틴 알루미늄, 투명한 양극 산화처리
629	US32	밝은 스테인리스강
630	US32D	새틴 스레인리스강
684	—	검은 크롬, 밝은 황동/청동 위
685	—	검은 크롬, 새틴 황동/청동

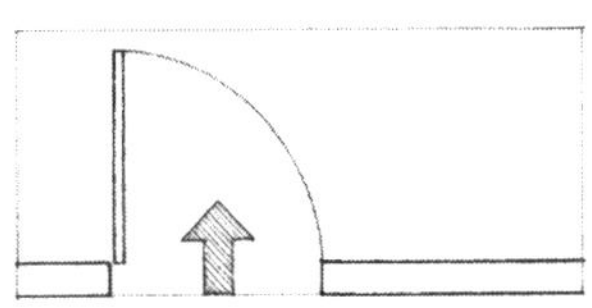

- 왼손(LH)
- 문은 안쪽으로 열림; 왼쪽 경첩

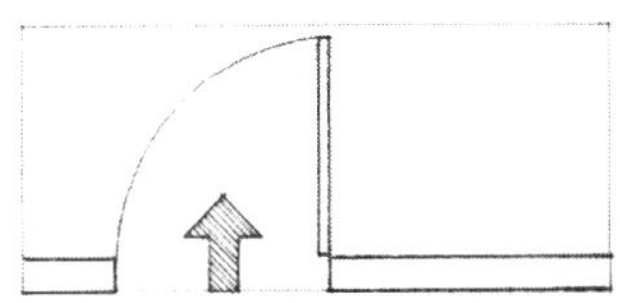

- 오른손(RH)
- 문은 안쪽으로 열림; 오른쪽 경첩

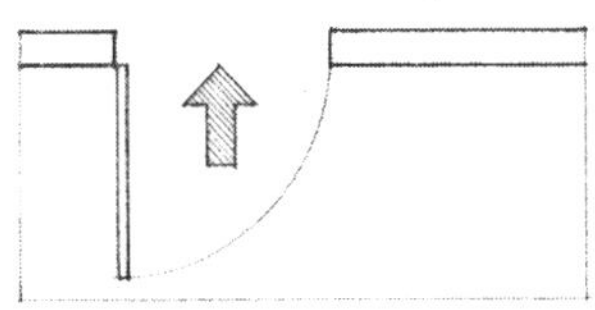

- 왼손 반전(LHR)
- 문은 바깥쪽으로 열림; 왼쪽 경첩

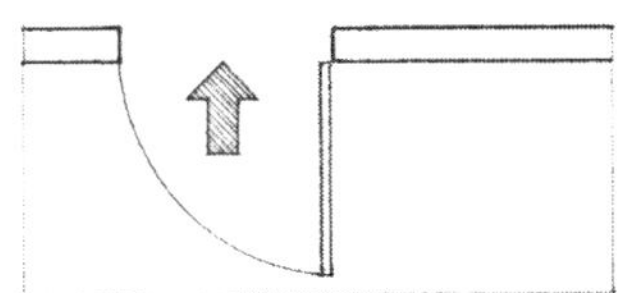

- 오른손 반전(RHR)
- 문은 바깥쪽으로 열림; 오른쪽 경첩

여닫이 규칙

문의 여닫이 규칙은 잠금장치 및 클로저와 같은 문 하드웨어를 특정하기 위해 사용한다. 오른쪽 및 왼쪽이라는 용어는 출입구가 이어지는 건물 또는 방의 외부에서 바라본 방향을 전제로 한다.

21) 문을 열어 제자리에 머물러 있게 하는 철물 또는 벽 하부에 대어 문짝이 벽에 부딪치지 않게 하며 제자리에 머무르게 하는 철물이다. 문설주에 붙이는 같은 명칭은 멈춤 장치로 구분하여 번역하였다.
22) 문 아래쪽에서 여닫이문을 연 상태로 고정시키는 철물
23) 문설주 쪽에 설치하여 걸쇠가 안쪽으로 들어갈 수 있도록 잠금장치와 정렬하여 설치한다.
24) 건축 시공업자 하드웨어 제조업 협회Builders' Hardware Manufacturers Association 규정

- 너클의 핀은 (풀거나) 분리 가능하여 경첩을 두 쪽으로 분리하거나 고정(비상승식nonrising 경첩)[25] 한 채로 문을 떼어낼 수 있다. 자체 잠금 핀은 문을 닫았을 때 분리할 수 없으므로 보안을 위해 사용할 수 있다.

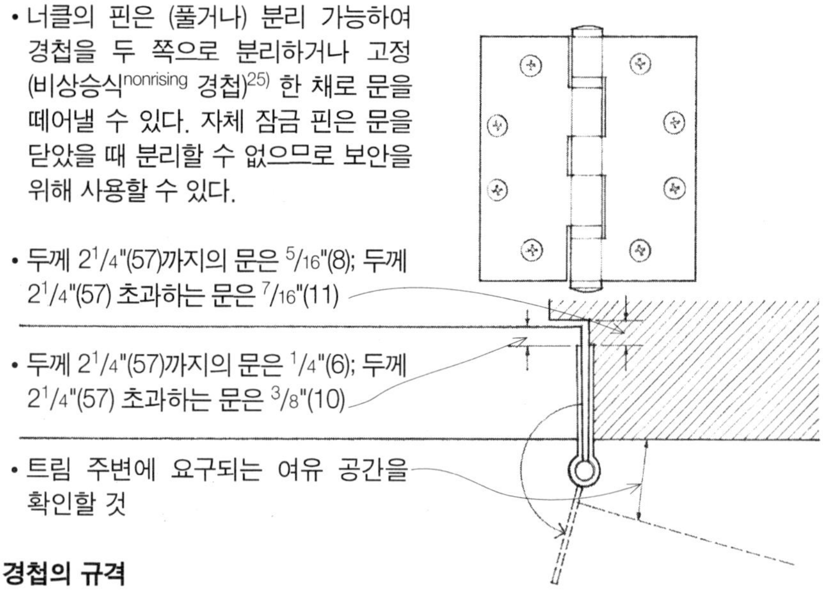

- 두께 $2^1/_4$"(57)까지의 문은 $^5/_{16}$"(8); 두께 $2^1/_4$"(57) 초과하는 문은 $^7/_{16}$"(11)
- 두께 $2^1/_4$"(57)까지의 문은 $^1/_4$"(6); 두께 $2^1/_4$"(57) 초과하는 문은 $^3/_8$"(10)
- 트림 주변에 요구되는 여유 공간을 확인할 것

경첩의 규격
- 경첩의 폭은 문의 두께와 필요한 여유 공간에 따라 결정된다.
- 경첩의 높이는 문의 폭과 두께에 따라 결정된다.

문두께	문 폭	경첩 높이	필요한 여유 공간	경첩 폭
$^3/_4$" ~ 1"(19 ~ 25)	24"(610)이하	$2^1/_2$"(64)		
$1^1/_8$"(29)	36"(915)이하	3"(75)		
$1^3/_8$"(35)	36"(915)이하	$3^1/_2$"(90)	$1^1/_4$"(32)	$3^1/_2$"(90)
	36"(915)초과	4"(100)	$1^3/_4$"(45)	4"(100)
$1^3/_4$"(45)	36"(915)이하	$4^1/_2$"(115)	$1^1/_2$"(38)	$4^1/_2$"(115)
	36" ~ 48"(915 ~ 1220)	5"(125)	2"(51)	5"(125)
$2^1/_4$"(57)	42"(1065)이하	5"(125)	1"(25)	5"(125)
	42"(1065)초과	6"(150)	2"(51)	6"(150)

25) 바닥 핀이 위쪽 핀을 고정하고 있어 위로 들어올리는 방식으로는 분리되지 않는 경첩
26) 일반적으로 ANSI 표준 경첩 사전위치조정 기준에 맞는 표준 나사구멍 패턴과 나사크기를 가진 것을 의미. 대부분의 템플릿 경첩은 건축용 등급(상업용)이다.
27) 우리나라에서는 경첩을 펼쳤을 때를 기준으로 이 명칭으로 부르고 있다. 돌출경첩 또는 의회 경첩이라는 표현도 쓰인다. 확정된 표기가 아직 없다.

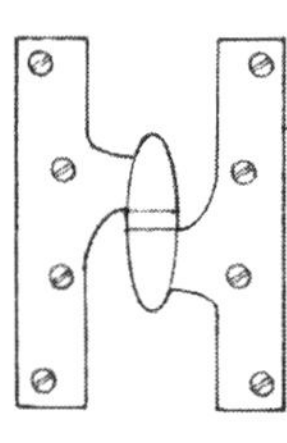

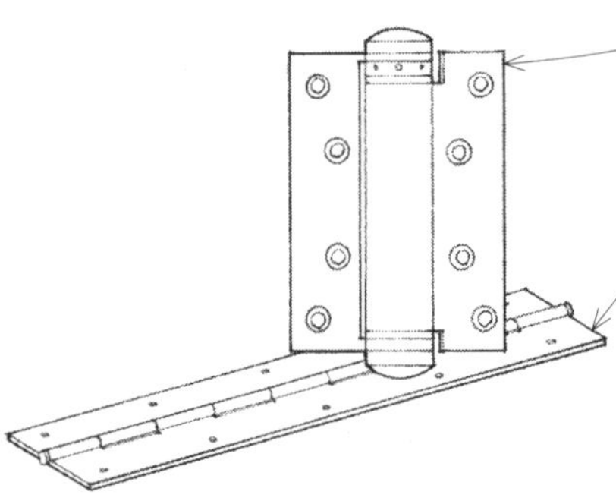

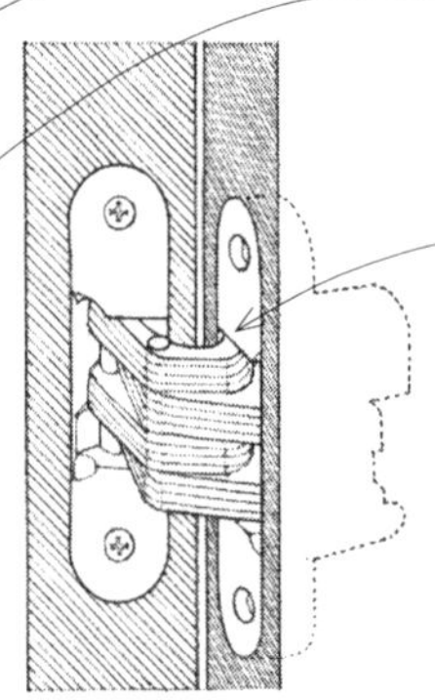

CSI 마스터포맷 08 71 00: 문 하드웨어

나비경첩

나비경첩butt hinges은 하나의 핀으로 결합한 두 개의 판 또는 쪽으로 구성된다. 목재 및 중공 금속 문과 인접하는 문설주에 단단히 고정한다.
- 전체 장부이음 경첩은 문을 닫았을 때, 너클만 보이도록 두 쪽이 문과 문설주 표면 안쪽으로 쪽 전체를 장부이음으로 결합한다.
- 템플릿 경첩은 홈에 맞도록 제작한 장부이음 경첩으로, 중공 금속문 및 프레임의 구멍 배열과 맞춰서 설치할 수 있다.[26] 비 템플릿 경첩은 목재 문에 사용된다.
- 반-장부이음 경첩은 문의 가장자리 단면 안쪽으로 한쪽을 장부이음으로 결합하고, 다른 쪽은 문틀에 표면 장착으로 결합한다.
- 반쪽-표면 경첩은 문틀 안쪽으로 한쪽을 장부이음으로 결합하고, 다른 쪽은 문짝에 표면 장착으로 결합한다.
- 전체 표면 경첩은 두 쪽을 문과 문틀에 인접한 면에 표면장착으로 결합한다.

특수 목적 경첩

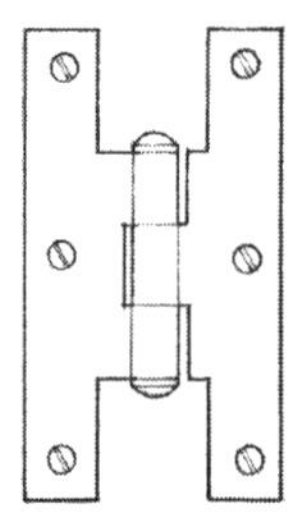

28) 경첩에서 베어링으로 연속된 원통 부분
29) 국내에서는 보통 은폐 경첩을 만드는 대표적 브랜드인 Soss의 명칭을 따라 쏘스 경첩으로 부르고 있다.

- H형 경첩parliament hinges은[27] T자 모양의 쪽과 돌출된 너클이 있어 문이 완전히 열렸을 때 벽에서 거리를 두게 된다.
- 올리브 너클 경첩은 피벗 이음부가 하나 있고 너클의 형태가 타원형이다.
- 스프링 경첩은 배럴barrels[28]에 코일 스프링이 들어있어서 문을 자동으로 닫는다.
- 자유 경첩/더블액션 경첩은 문이 어느 방향으로든 열고 닫을 수 있다. 일반적으로 스프링을 장착하여 열린 후 문이 닫히도록 되어 있다.
- 피아노 경첩은 쪽이 연결되는 두 표면의 전체 길이에 베어링이 걸쳐 있는 길고 좁은 경첩이다.
- 은폐 경첩invisible hinges은[29] 중심부 핀 주변으로 회전하는 여러 개의 평판으로 구성된다. 은폐 경첩의 견각부는 문 가장자리 단면과 문틀에 장부 이음으로 연결하여 문을 닫으면 보이지 않게 된다.
- 바닥 지도리/플로어 경첩은 문이 어느 방향으로든 여닫을 수 있도록, 문 위틀에 장부 이음으로 연결한 피벗과 함께 사용한다. 닫힘 장치와 같이 쓸 수 있다.

잠금장치는 노브(둥근 손잡이), 누름판 및 잠금 기구를 포함하여 잠금 방식을 결정하는 모든 부품들을 이용하여 제작한 조립체이다. 아래에 묘사된 잠금 방식의 주요 유형은 장붓구멍 자물쇠, 유닛/일체형 자물쇠, 실린더 자물쇠이다. 잠금 기능, 설치 요구사항, 트림의 디자인, 치수 및 마감에 대해서는 하드웨어 제조업체에 문의할 것.

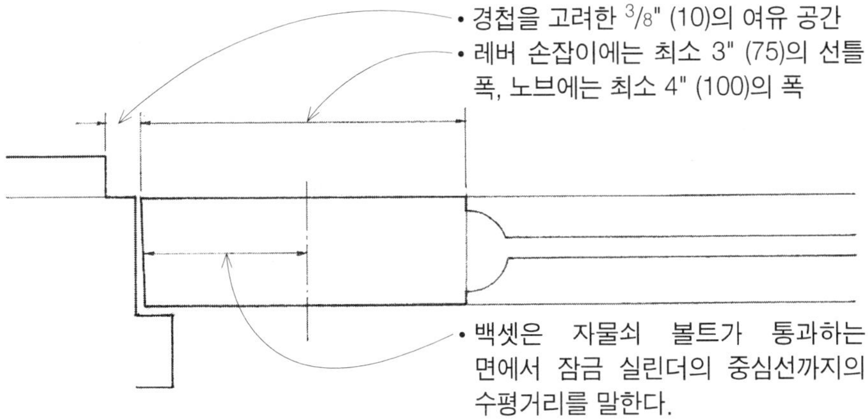

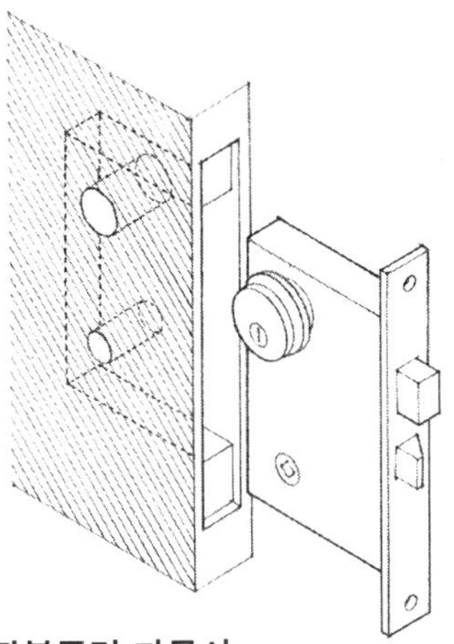

장붓구멍 자물쇠
- 장붓구멍 자물쇠는 잠금장치가 문 양쪽의 마감 면으로 덮이도록 문 가장자리 단면 안쪽으로 자른 장붓구멍에 끼워 넣는다.
- 자물쇠는 문 가장자리 단면에 노출되는 판, 노브 또는 레버, 실린더, 작동 트림을 제외하고는 숨겨져 있다.
- 백셋: $1^3/_8$ "(35) 문의 경우 $2^1/_2$" (64), $1^3/_4$"(45) 문의 경우 $2^3/_4$"(70)

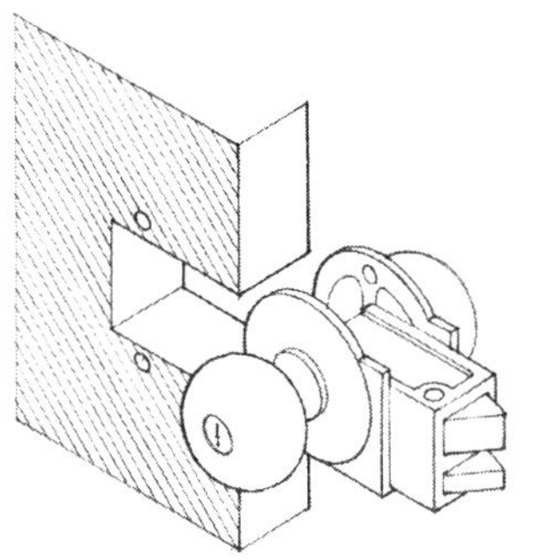

유닛/일체형 잠금장치
- 유닛 자물쇠는 문 가장자리 단면 안쪽으로 잘라낸 직사각형 홈 안에 넣는다.
- 일체형 자물쇠는 문 가장자리 단면 안쪽으로 잘라낸 장붓구멍에 끼워 넣는다.
- 유닛 일체형 잠금장치는 장붓구멍 자물쇠의 보안성과 실린더 자물쇠의 경제성을 결합한 방식이다.
- 백셋 : 유닛 자물쇠의 경우 $2^3/_4$"(70), 일체형 자물쇠의 경우 $2^1/_4$"(57)

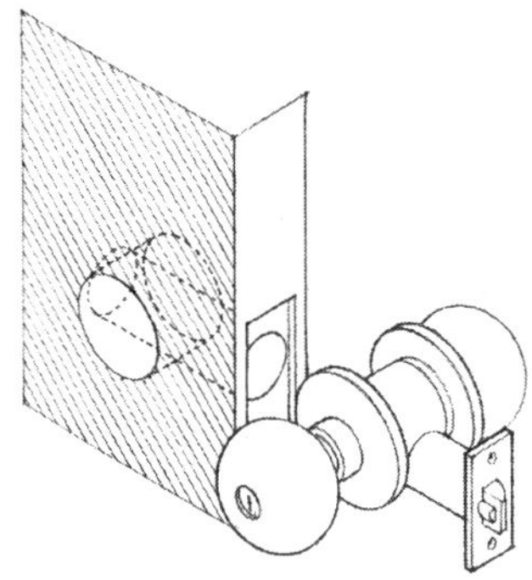

실린더 자물쇠
- 실린더 자물쇠는 서로 직각으로 뚫린 두 개의 구멍에 넣는다. 하나는 문의 잠금장치 선틀을 통과하고, 다른 하나는 문 가장자리 단면에 있다.
- 실린더 자물쇠는 상대적으로 저렴하고 설치가 쉽다.
- 백셋 : 표준 잠금장치의 경우 $2^3/_8$"(60), 내구성이 있어야 하는 잠금장치의 경우 $2^3/_4$"(70)

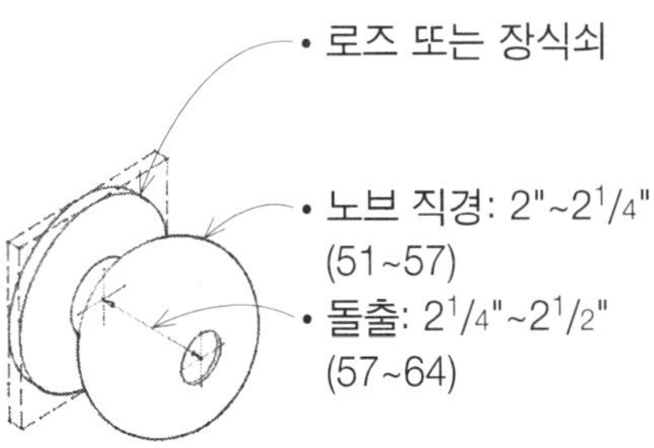

문 노브(둥근 손잡이)
- 로즈rose는 문 앞 손잡이 축shaft을 둘러싸는 원형 또는 정사각형 장식용 판을 말한다.
- 방패형 장식쇠escutcheon는 로즈를 대체할 수 있는 보호용 또는 장식용의 판이다.

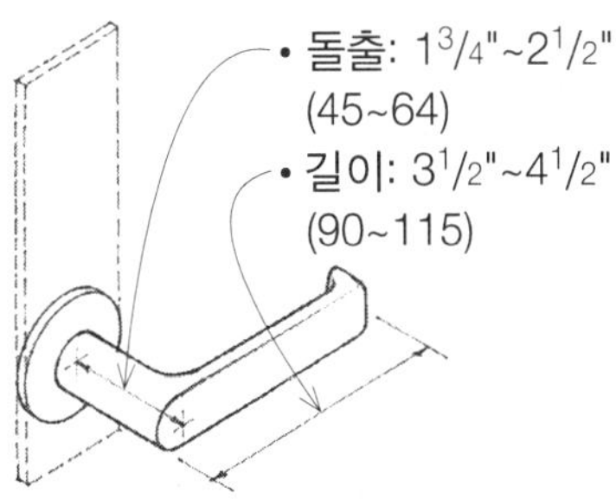

레버 손잡이
- 레버로 작동하는 기구, 미는 타입의 기구, U자형의 손잡이는 일반적으로 장애가 있는 사람들이 잡기 쉽다.

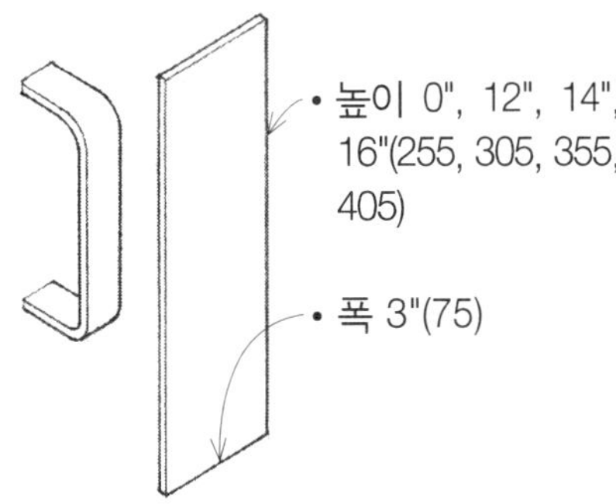

문고리 손잡이와 누름판

ADA 접근성 지침
- 문손잡이, 문고리, 걸쇠, 자물쇠는 힘을 주어 잡거나, 꽉 쥐거나, 비틀지 않더라도 한 손으로 쉽게 쥘 수 있어야 한다.
- 문을 밀거나 당기는 데 필요한 힘은 5.0 lbs. (22.2N)을 넘지 않아야 한다.

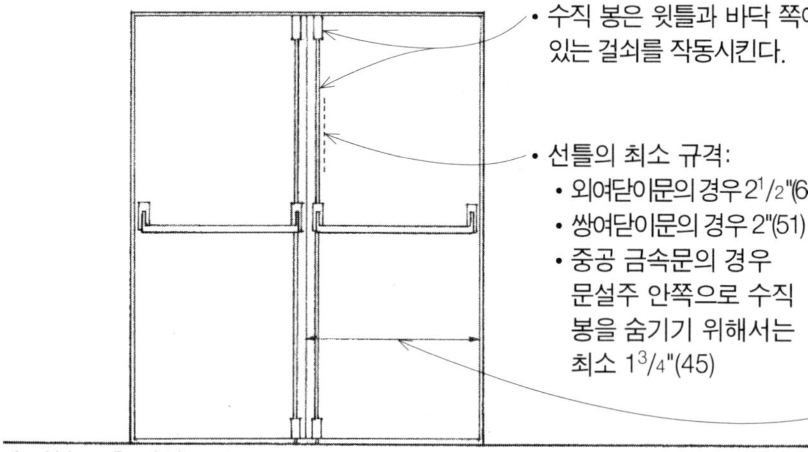

- 수직 봉은 윗틀과 바닥 쪽에 있는 걸쇠를 작동시킨다.
- 선틀의 최소 규격:
  - 외여닫이문의 경우 2$^1/_2$"(64)
  - 쌍여닫이문의 경우 2"(51)
  - 중공 금속문의 경우 문설주 안쪽으로 수직 봉을 숨기기 위해서는 최소 1$^3/_4$"(45)

수직봉 노출 방식

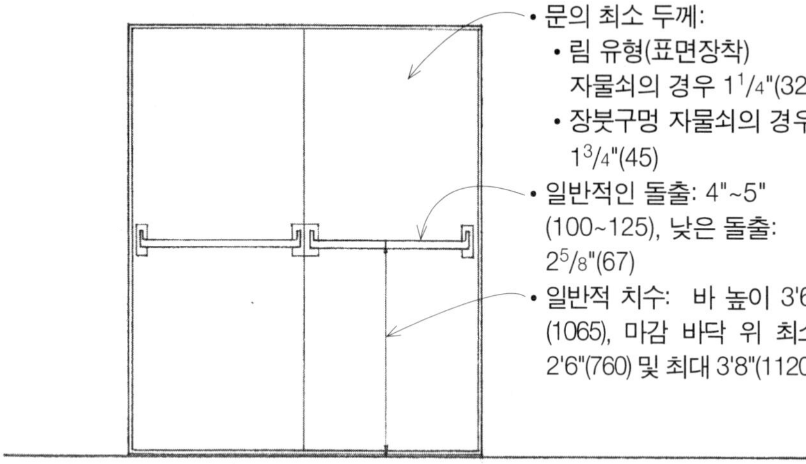

- 문의 최소 두께:
  - 림 유형(표면장착) 자물쇠의 경우 1$^1/_4$"(32)
  - 장붓구멍 자물쇠의 경우 1$^3/_4$"(45)
- 일반적인 돌출: 4"~5"(100~125), 낮은 돌출: 2$^5/_8$"(67)
- 일반적 치수: 바 높이 3'6"(1065), 마감 바닥 위 최소 2'6"(760) 및 최대 3'8"(1120)

횡방향 걸쇠 숨김 방식

패닉 하드웨어

패닉 하드웨어panic hardware는 비상 탈출문에 설치한다. 비상 탈출문 실내 측에 허리 높이에서 가로지르는 수평 막대에 압력을 가하면 문이 열리는 문-걸쇠 조립체로, 푸시 바는 설치된 문짝 폭에 최소한 절반 길이로 걸쳐 있어야 한다.

- 건축법은 특정한 건물용도의 비상문에 대해서는 패닉 하드웨어를 사용할 것을 요구한다. 자세한 내용은 해당 건물에 적용되는 법규 내용을 참조할 것.
- 건물의 사용과 적재하중occupancy load에 따라 필요한 출구의 너비, 여닫는 방향, 위치 역시 건축법규로 정해져 있다.

ADA 접근성 지침

- 문을 밀거나 당기는 데 필요한 힘은 5.0 lbs.(22.2 N)을 넘지 않아야 한다.

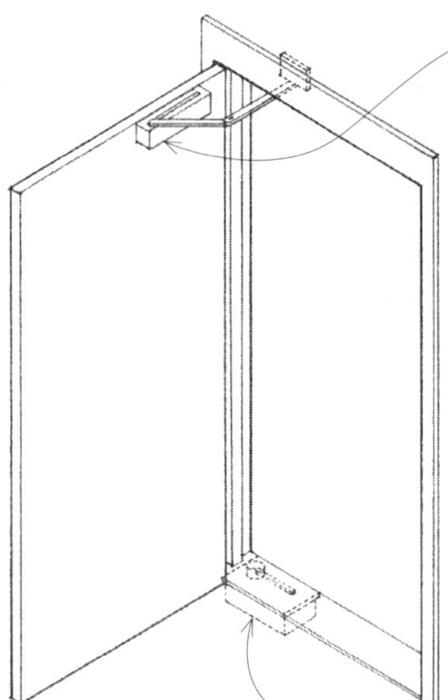

- 도어 클로저 설치 방식은 다음과 같다:
  - 문 윗틀 또는 상단 문설주에 장착하는 방식
  - 문 또는 문틀 위쪽에 숨겨진 방식
  - 밀거나 당기는 쪽에 장착
- 백체크backcheck 장치는 문이 열리는 속도를 늦출 수 있다.
- 조정 장치coordinator는 한 쌍의 문짝 중 비능동성 문짝inactive leaf이 능동성 문짝active leaf보다 먼저 닫히도록 한다.
- 유리 출입문의 클로저는 바닥에 매입하여 숨길 수 있다.

도어 클로저

도어 클로저는 문을 빠르고 조용하게 자동으로 닫는 유압hydraulic 또는 공압pneumatic 장치이다. 크고, 무겁거나, 많이 사용되는 문의 경우 닫을 때 문틀, 하드웨어, 주변의 벽에 전달되는 충격을 완화하는 데 도움이 된다.

- 건축 법규는 UL 등급 하드웨어가 있는 자체 걸쇠self-latching, 자체 폐쇄 문self-closing doors을 사용하여 방화벽fire walls의 개구부를 보호하고 이용자 분리occupancy separations를 유지할 것을 요구한다. 2.07을 참조.

내후성 틈막이 처리

내후성 틈막이weatherstrip는 금속, 펠트, 비닐 또는 폼 고무 스트립으로 구성되며, 문이나 창문 새시, 창틀 사이에 위치하여 바람에 날리는 비를 막고, 공기와 먼지의 침투를 줄인다.

- 내후성 틈막이는 문 가장자리 단면 또는 문의 앞뒷면, 혹은 문틀과 문지방에 고정할 수 있다.
- 내후성 틈막이에 쓰는 재료는 장시간 사용에도 내구성과 비부식성이 있어야 하며, 교체 가능해야 한다.
- 내후성 틈막이의 기본적 유형에는 다음과 같은 것이 있다:
  - 알루미늄, 청동, 스테인리스강 또는 아연도금 강의 스프링 장력 스트립
  - 비닐 또는 네오프렌 개스킷
  - 발포 플라스틱 또는 고무 스트립
  - 직조 파일 스트립

- 내후성 틈막이는 유리 미닫이문, 유리 출입문, 회전문, 오버헤드 문의 제조업체가 제공 및 설치할 때가 많다.
- 자동문 하단부는 문이 닫힐 때 자동으로 내려가는 수평 막대horizontal bar를 문짝 바닥 쪽에 설치한다. 이 막대는 문지방과의 틈을 막고 소음 전달을 줄인다.

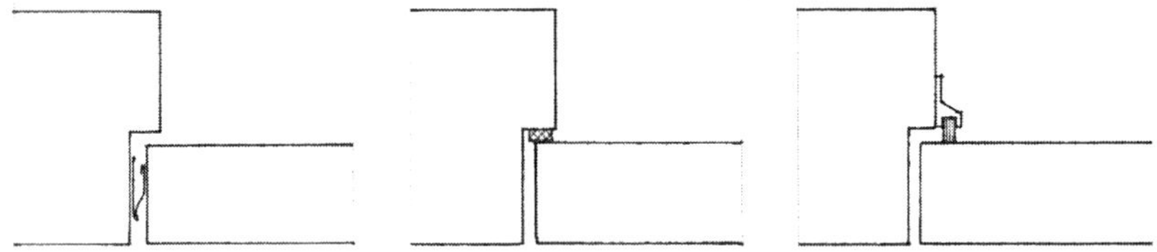

문설주에 설치한 내후성 틈막이

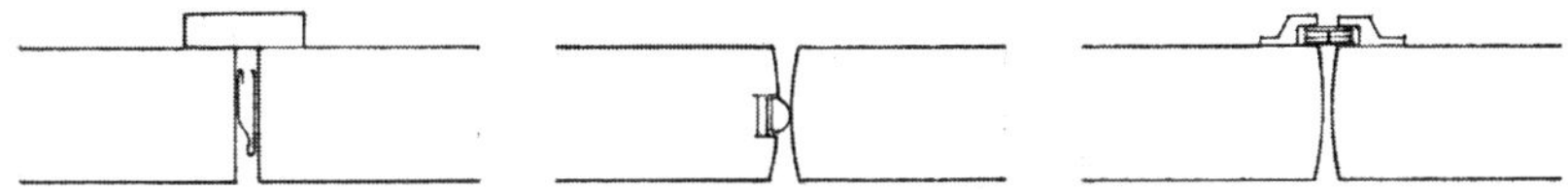

선틀끼리 만나는 부분에 설치한 내후성 틈막이

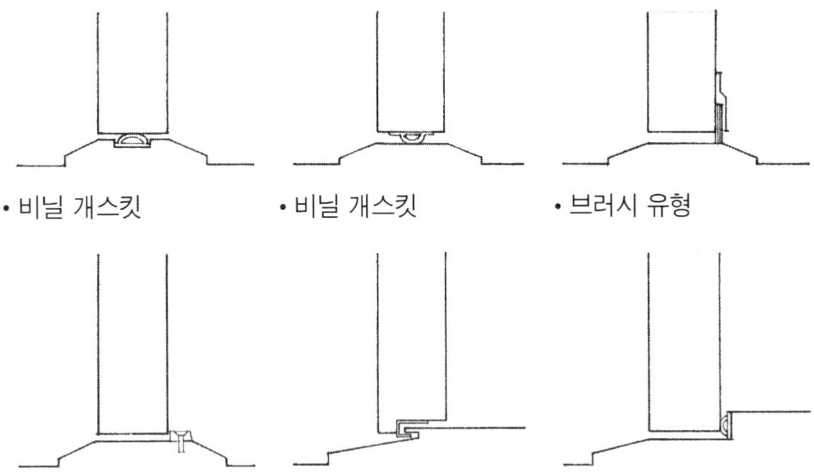

문지방에 설치한 내후성 틈막이

문지방

문지방threshold은 출입구에 있는 두 바닥재 사이에 접합부를 덮고 외부 문턱에서 내후성 장벽 역할을 한다.

- 문지방은 일반적으로 바닥이나 문턱에 꼭 맞도록 밑면이 움푹 들어가 있다.
- 외부 문턱에 설치할 때, 이음부 실란트는 밀폐용으로 사용한다.
- 금속 문지방은 미끄럼 방지를 위해 거친 재료abrasive material로 위를 덮거나 주조 작업을 할 수 있다.

ADA 접근성 지침

- 문지방은 $^{1}/_{2}$"(13) 보다 높으면 안 되며, 1:2 보다 가파르지 않은 경사로 만들어야 한다; 거주용 외부 미닫이문의 문턱은 $^{3}/_{4}$"(19) 높이로 할 수 있다.

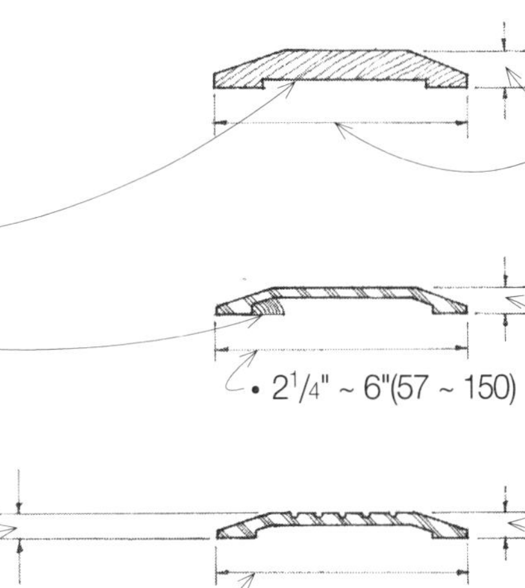

- 목재: 최대 마모정도를 고려한 견목 등급
- 폭과 높이는 다양하다.

- 일반 황동, 청동, 또는 알루미늄
- $^{3}/_{16}$", $^{1}/_{4}$", $^{1}/_{2}$"(5, 6, 13)

- 세로로 홈을 새긴(오목골) 강, 알루미늄, 또는 청동
- $^{5}/_{16}$", $^{3}/_{8}$", $^{1}/_{2}$"(8, 10, 13)

창틀
- 금속 창틀; 8.24 참조
- 목재 창틀; 8.26 참조
- 방충망은 창문 작동에 따라 실내 또는 외부 쪽에 설치할 수 있다.

- 헤드(윗틀)은 창틀에서 가장 높은 곳에 위치하는 부재이다.
- 문설주[jambs는30)]는 창틀의 두 측면 부재이다.

- 창턱[sill은31)] 문이나 창 개구부 아래에 있는 수평부재로, 빗물을 흘리기 위해 윗면에 경사가 있다.
- 아래창턱(서브실)[subsill]은 빗물이 벽면에서 더 멀어지도록 창틀에 맞춰서 추가로 설치한 창턱이다.

- 외부 케이싱; 항상 사용하지는 않음.
- 빗물받이 캡 또는 헤드 케이싱(창선)
- 사이드케이싱(창선)

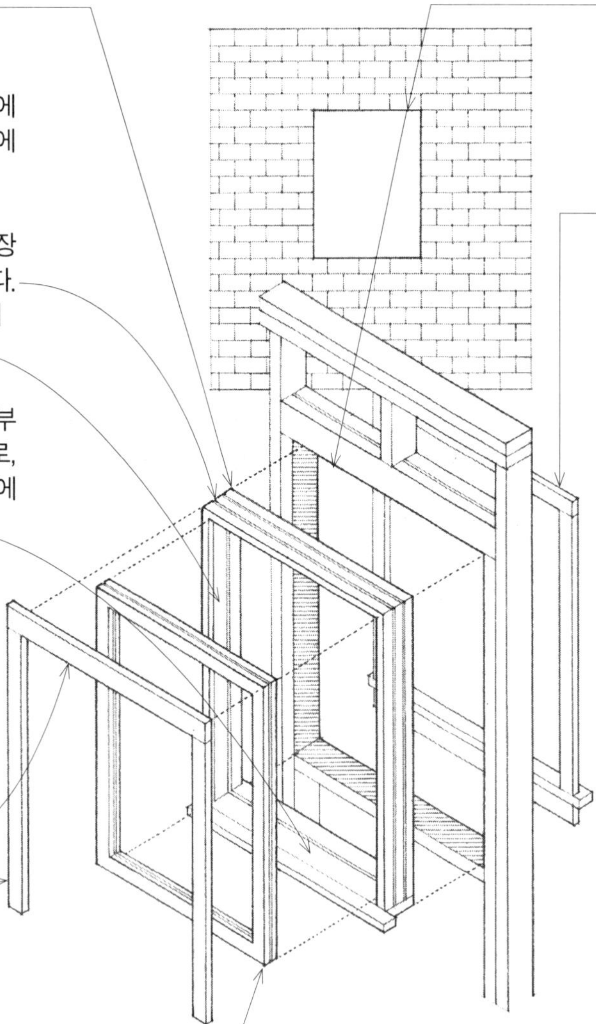

거친 개구부
- 필요한 거친 개구부 또는 조적조 개구부에 대해서는 창 제조업체에 문의. 창 유닛의 수평 조정 및 끼움작업을 위해서는 위쪽, 측면, 아래쪽에 공간이 필요하다.

케이싱 트림
- 케이싱은 헤드 및 문설주 케이싱, 창턱 및 선반받이[apron]로 구성된 창 개구부 주변의 마감 트림 작업을 말한다.

건축법상의 요구사항

창문 유닛을 선택할 때에는 건축법에서 요구하는 사항들을 검토할 것:
- 거주 공간에 대한 자연 채광 및 환기
- 창문 조립체의 단열 값
- 풍하중에 대한 구조적 저항
- 모든 작동 가능한 창문의 순 개구부는 거주 용도의 수면 공간의 경우 비상 탈출구 역할을 할 수 있다; 이러한 창은 일반적으로 면적이 5.7sf (0.53 ㎡) 이상이어야 하며 최소 순 폭은 20"(510), 최소 순 높이는 24"(610), 창턱은 바닥으로부터 44"(1120) 이내 높이에 있어야 한다.
- 열린 출입구로 착각할 수 있는 창문의 경우에는 안전유리를 시공한다.; 9sf (0.84 ㎡) 이상이고 출입구에서 24 "(610) 이내 또는 바닥에서 60"(1525)미만인 모든 창은 강화 유리, 접합유리 또는 플라스틱으로 제작한 안전유리를 써야 한다.
- 방화 등급의 벽과 복도에 허용되는 창유리 유형과 규격

새시와 창유리
- 새시[sash]는 유리판이 설치된 창문의 고정되거나 이동 가능한 프레임 부위를 말한다. 단면 형상은 재료, 제조업체, 작동 유형에 따라 다르다.
- 유리판은 창문의 분할된 한 단위로, 창틀 안에 설치된 단일 유닛의 유리로 구성된다.[32)]
- 창유리는 창문 새시 안에 설치된 유리나 판유리를 말한다. 단층유리는 열류에 거의 저항하지 못한다. 합리적인 열저항값(R-값[R-value])을 얻으려면 복층유리/이중유리 내지는 분리된 덧창 유닛이 필요하다. 더 높은 R값이 필요한 경우에는 반사 코팅이 된 유리 또는 삼중유리를 사용할 수 있다.
- 창문의 단열 등급만큼 중요한 것이 기밀성을 확보하는 일이다. 작동 새시는 내후성 틈막이로 처리해서 비바람과 공기의 침투를 억제해야 한다. 창틀과 주변 벽체 사이의 이음부는 반드시 밀봉되어야 하고, 세부적으로는 바람막이가 있어야 한다.

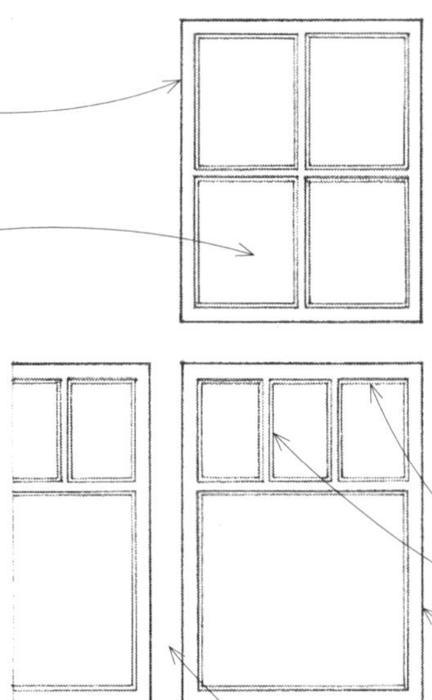

ADA 접근성 지침
- 접근 가능한 공간에서 거주자가 작동시키는 창은 휠체어를 조작할 수 있는 순 바닥 공간이 적절하게 있어야 한다. 이 공간은 손이 닿을 수 있는 거리에 있어야 하며, 손목을 과도하게 조이거나 비틀지 않고 한 손으로 쉽게 조작할 수 있어야 한다.
- 레일/창문난간[rail]은 새시 프레임의 수평 부재이다.
- 상단 난간
- 문살은 새시 창 유리판의 가장자리 단면을 잡고 있는 수직 부재이다.
- 선틀은 창문 새시나 패널 문 프레임에서 수직으로 서 있는 부재이다.
- 바닥 난간
- 멀리언/중간선틀은 일련의 창 또는 출입구를 나누는 수직 부재이다.

30) 창문 부위이지만, 문설주라는 표기를 사용하고 있음을 여러 문헌을 통해 확인하였으므로 이와 같이 표기한다.
31) 원문으로는 문턱과 같은 어휘로 표기하나 문 구성요소와 구분하기 위해 창턱으로 표기하였다.
32) 다시 말하면 창이나 문에 끼워 넣기 위한 판유리. square라고도 한다.

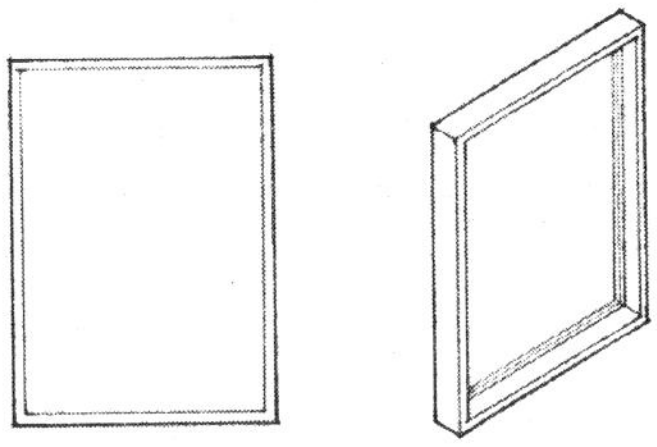

고정창 • 0% 환기

- 고정창은 창틀과 고정 새시로 구성된다.
- 작동 가능한 창 유닛과 같이 사용하는 경우, 고정 새시의 두께는 작동 새시의 단면 치수와 비슷해야 한다.

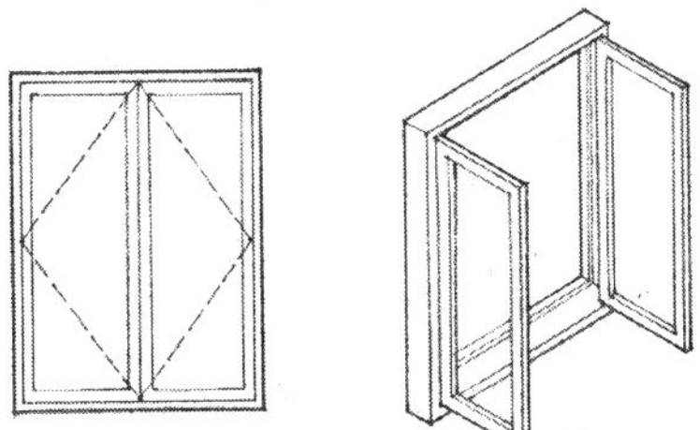

여닫이창 • 100% 환기

- 여닫이창에는 측면 경첩이 있고, 보통은 바깥쪽으로 열리는 작동 새시가 있다.
- 열렸을 때 새시는 직접 환기를 할 수 있다.
- 새시를 바깥쪽으로 열었을 때, 새시의 안쪽 끝을 창턱이나 문설주의 트랙을 따라 이동할 수 있는 방식도 있다.
- 한 쌍의 새시는 수직 멀리언에서 닫히거나 뜬 마중선 floating astragal을[33] 둬서 서로 닫히게 할 수 있다.

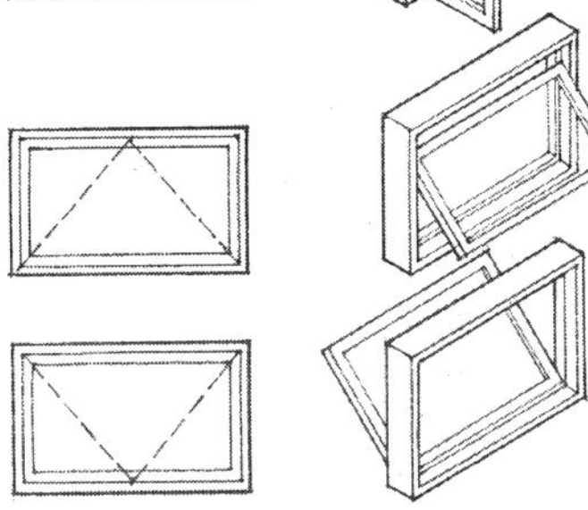

차양식 창과 호퍼 구조 창 • 100% 환기

- 차양식 창에는 프레임 상단에 부착된 경첩에서 바깥쪽으로 여닫히는 작동 새시가 있다.
- 호퍼 구조 창에는 프레임 하단에 부착된 경첩에서 안쪽으로 여닫히는 작동 새시가 있다.
- 열리면 새시는 직접 환기를 할 수 있다.
- 새시는 서로 닫혀 있거나, 서로 만나는 선틀 위에서 수직으로 쌓을 수 있다.

LEED® EQ 크레딧 2: 실내 공기질 개선 전략
LEED EQ 크레딧 7: 주광
LEED EQ 크레딧 8: 양질의 경관

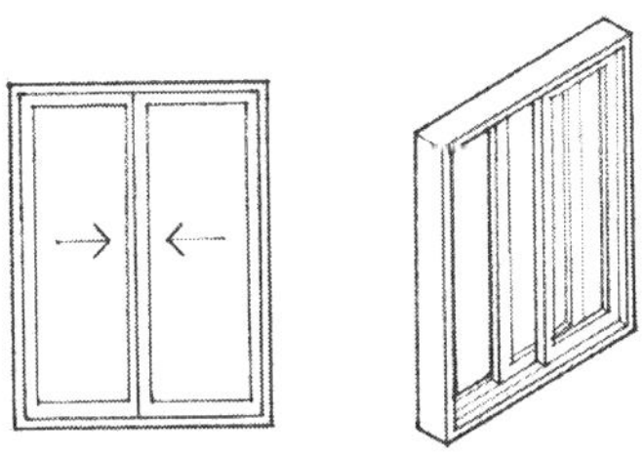

미닫이창 • 50% 환기

- 미닫이창은 2개 이상의 새시를 가지고 있다. 이들 중 적어도 하나는 수평 홈이나 트랙을 따라 미끄러진다.

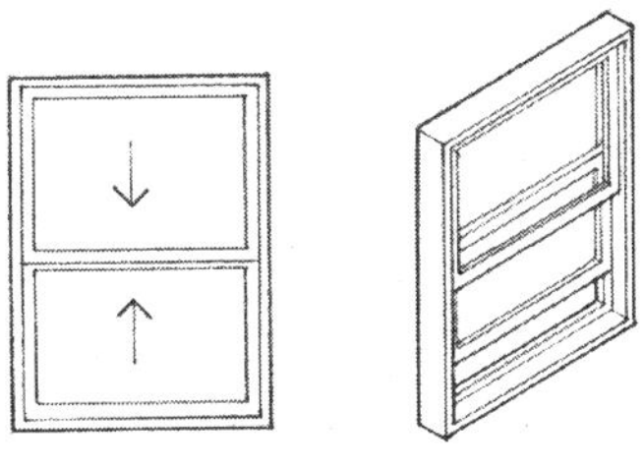

오르내리창 • 50% 환기

- 오르내리창은 별도의 홈 또는 트랙이 있는 수직으로 이동하는 두 개의 새시가 있다. 새시들은 창문의 서로 다른 부분을 막고 있다.
- 새시는 균형추, 프리텐션 스프링, 또는 마찰을 통해 원하는 위치에 정지시킬 수 있다.
- 단방향 오르내리창은 한쪽 새시만 움직일 수 있는 오르내리창이다.

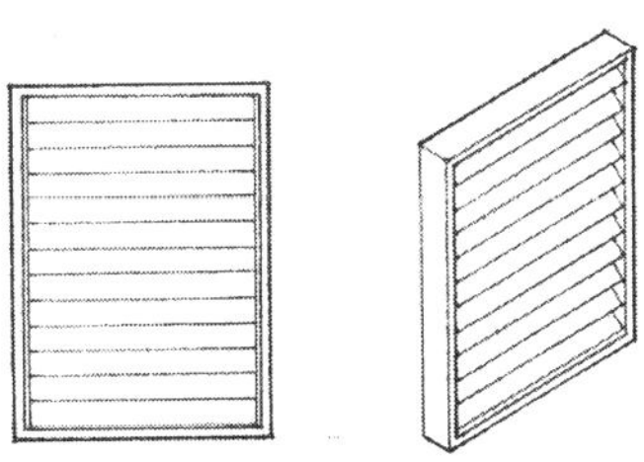

잴루지 창 jalousie windows • 100%환기

- 잴루지 창에는 공동의 프레임에서 동시에 회전하는 유리나 목재로 된 수평 루버가 달려 있다.
- 잴루지 창은 주로 온화한 기후에서 환기를 제어하고 외부로부터의 시야를 차단하기 위해 사용한다.

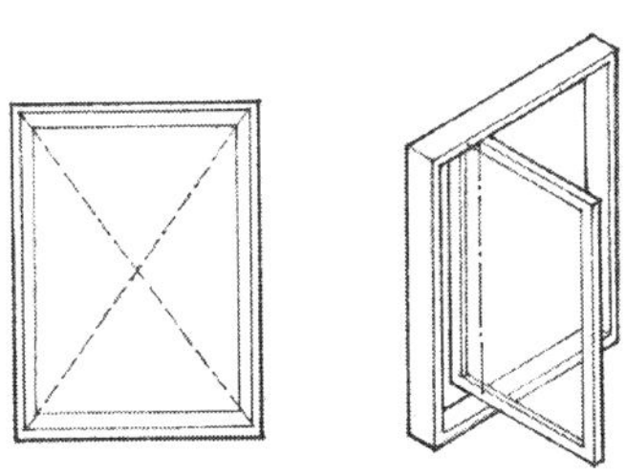

회전창 /피벗창 • 100%환기

- 회전창에는 중앙 그 근처에서 수직 또는 수평 축을 기준으로 90° 또는 180° 회전하는 새시가 있다.
- 회전식 새시는 에어컨을 설치한 다층 또는 고층건물에 사용하며, 청소, 유지관리, 또는 비상 환기용으로만 작동된다.

33) 창문의 마중대에 댄 소란대로 마중대 틈서리를 막는다. 풍소란이라고도 한다.

- 알루미늄 창틀은 시공된 벽체의 본질적 특성에 따라 수직 버팀재가 서로 같거나 다를 수 있다.
- 서로 다른 수직 버팀재로 만든 핀은 창 유닛과 시공된 벽 사이 이음부에 바람막이 역할을 할 수 있다. 또한 프레임을 지지 구조물에 고정하는데 사용할 수도 있다.
- 실란트는 창틀과 설치된 벽 사이를 방수 처리하기 위해 필요하다.
- 헤드, 문설주, 창턱의 단면 형상은 일반적으로 유사하다.
- 환기가 되는 새시에서 벽체의 외부 쪽 면과 높이가 같은 헤드 수평 부재에는 빗물받이를 둔다.
- 내후성 틈막이는 프레임과 새시 단면의 일체형 홈에 설치한다.
- 열차단재
- 스냅인 유리 누름대
- 창유리 시공 방식에 대해서는 8.28-8.29를 참조
- 알루미늄은 전식 작용에 민감하기 때문에 정착 재료와 플래싱은 알루미늄으로 하거나 알루미늄과 반응하지 않는 재료, 예를 들면 스테인리스강 또는 아연도금 강과 같은 재료여야 한다. 구리와 같은 이종 금속은 네오프렌 또는 코팅한 펠트와 같이 방수, 비 전도성 재료로 알루미늄과 직접 접촉하지 않도록 해야 한다. 전식 작용에 대한 내용은 12.09를 참조.
- 콘크리트 또는 조적조와 접촉하여 숨겨진 알루미늄은 역청 또는 알루미늄 페인트 도장 또는 아연 크로메이트 프라이머zinc chromate primer를[34] 이용하여 보호해야 한다.

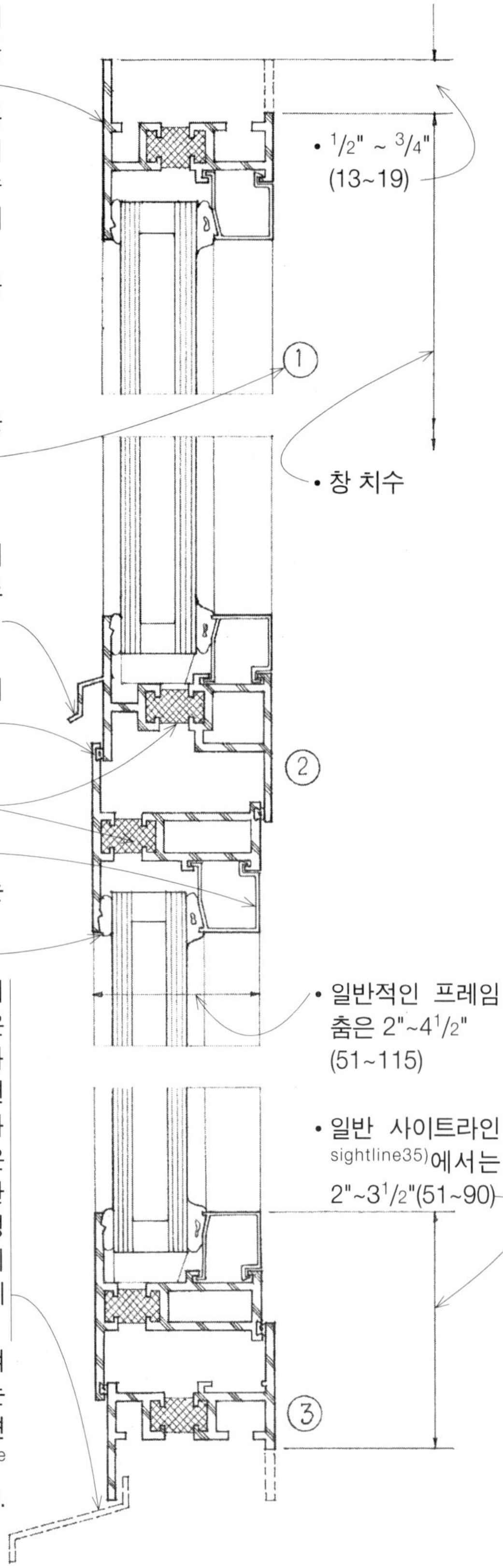

금속 창문은 알루미늄, 강재, 또는 청동으로 제작할 수 있다. 이 쪽과 다음 쪽에서는 알루미늄 창과 강재 창에 대한 일반적인 단면을 보여주고 있다. 창틀과 새시 단면은 제조업체에 따라 크게 다르기 때문에, 다음과 같은 제조업체의 문서를 참조해야 한다:

- 프레임과 새시 단면 형상에 대한 큰 스케일의 디테일
- 합금, 무게 및 단면 두께
- 창 조립체의 열 성능
- 부식, 수압, 공기 침투, 풍하중에 대한 저항
- 창유리 공사 방법 및 선택 사항
- 가능한 마감 종류
- 거친 개구부 혹은 조적조 개구가 필요한 경우; 일부 제조업체는 창에 대한 시판 규격을 제공하는 반면, 다른 업체는 주문 생산 방식으로 규격, 형상, 구성을 결정하여 제작한다.

알루미늄 창

알루미늄 창틀은 상대적으로 저렴하고, 가벼우며, 부식에 강하지만, 열을 꽤 잘 전달하는 전도체이므로, 합성 고무 또는 플라스틱 열차단재를 써서 프레임의 따뜻한 곳에서 차가운 곳으로 열류가 생기는 것을 차단한다. 알루미늄 프레임에는 양극 산화 처리, 소성 에나멜, 또는 불소 중합체 수지 마감을 할 수 있다.

프레임 강도 및 두께, 내부식성, 공기 침투, 방수 및 풍하중 기능에 대한 최소 조항을 포함하여 알루미늄 창 성능을 위해 개발된 기준에 대해서는 미국 건축 제조업 협회American Architectural Manufacturers Association (AAMA)에 문의할 것.

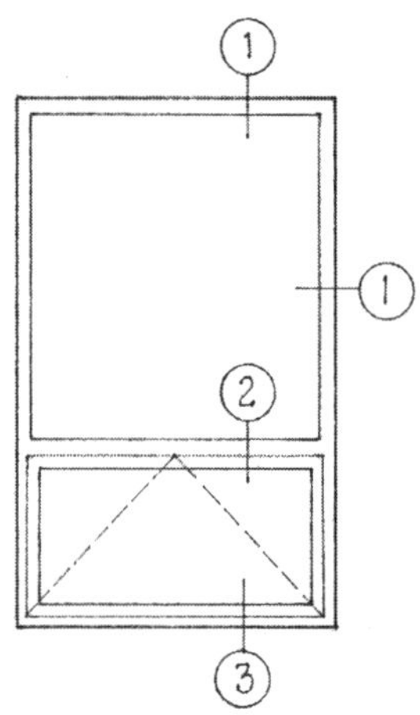

34) 도료 중에 아연 크로메이트를 배합하여 녹 방지 효과를 기대할 수 있다.
35) 창턱부의 창틀 두께와 새시 두께의 합

CSI 마스터포맷 08 51 00: 금속 창문

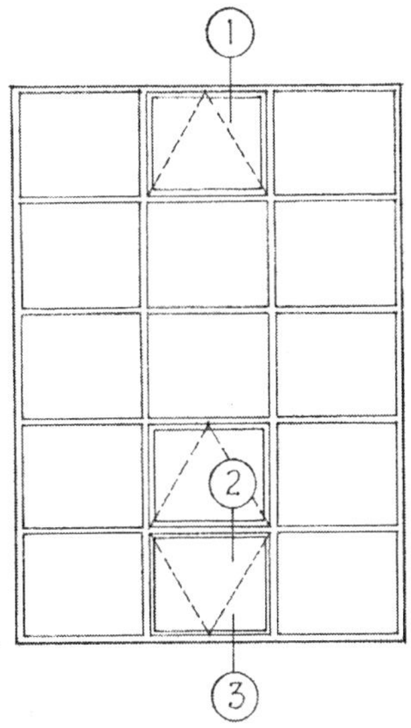

강재 창문

강재 창틀 및 새시의 단면은 열간압연hot-rolled 또는 냉간압연cold-rolled 강으로 제조한다. 강은 알루미늄보다 강하기 때문에, 알루미늄 창의 단면보다 단면 구조가 더 강성을 띄며, 같은 크기에서 시선을 가리는 정도가 덜하다. 이로 인해 주어진 거친 개구부나 조적조 개구부에 더 큰 채광창을 달 수 있다. 강재는 또한 알루미늄보다는 열전달 계수가 낮기 때문에 일반적으로 강재 창틀에는 열차단재가 필요하지 않다.

프레임과 새시의 단면은 함께 용접되며, 일반적으로 아연 도금 또는 접착 처리한 후 페인트 도장을 위해 프라이머 처리한다. 소성 가공된 아크릴 에나멜, 우레탄 및 폴리염화비닐(PVC) 마감도 사용할 수 있다.

다양한 무게의 강재 창틀 및 새시에 설정된 기준 및 표준은 강재 창문 협회Steel Window Institute(SWI)에 문의할 것.

- 강철 앵커는 창틀을 지어진 벽체에 고정한다.
- 헤드, 문설주, 창턱의 단면 형상은 보통 비슷하다.
- 창문은 안쪽이나 바깥쪽에서 창유리를 설치할 수 있으며, 다양한 유리 두께를 수용할 수 있다; 창유리 공사 방식에 대해서는 8.28-8.29를 참조
- 스냅인 유리 누름대
- 환기가 되는 새시에서 벽체의 외부 쪽 면과 높이가 같은 헤드 수평 부재에는 빗물받이를 둔다.
- 내후성 틈막이는 프레임과 새시 단면의 일체형 홈에 설치한다.
- 일반부재춤 1"~1 1/2"(25~38)
- 일반적 겹침 길이 1/2"~5/8"(13~16)

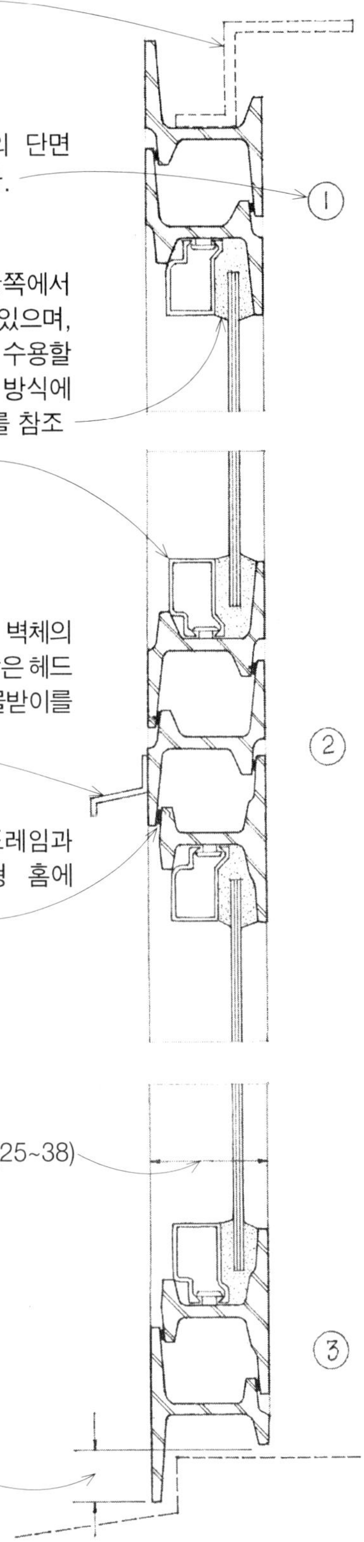

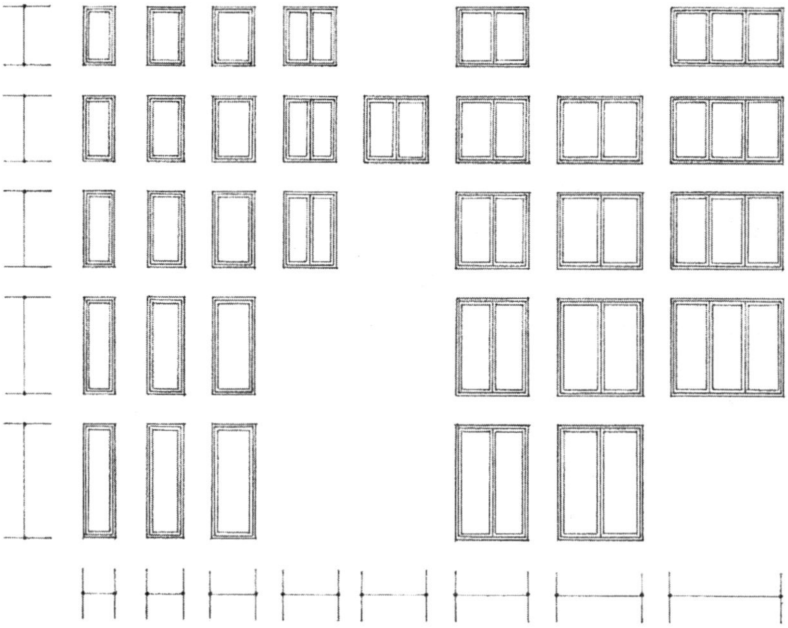

목재 창틀은 알루미늄 또는 강재 프레임보다 두껍지만 단열재로서는 더 효과적이다. 창틀은 일반적으로 가마에서 인공 건조한, 흠이 없고, 결이 곧은 목재로 공장에서 발수-방부제로 처리한 것을 쓴다. 목재는 현장 도장을 고려하여, 사전에 스테인, 도장, 프라이머 처리할 수 있다.

대부분의 시판규격 목재창은 미국 목재창호 협회National Wood Window and Door Association (NWWDA)에서 제정하고 미국 국립 표준 협회American National Standards Institute (ANSI)에서 채택한 표준에 따라 제작된다. 창틀과 새시의 정확한 단면 형상과 치수는 창의 작동 유형과 제조업체에 따라 다르다. 그러나 각 제조업체는 일반적으로 $1^1/_2$" 또는 3"=1'0"(1:10 또는 1:5)과 같은 큰 스케일의 디테일 도면 정보를 가지고 있어 이를 활용할 수 있다.

- 시판 규격의 창과 필요한 거친 개구부에 대해서는 창 제조업체에 문의할 것. 일부 제조업체는 주문 생산 방식으로 규격, 형상, 구성을 결정하여 제작한다.

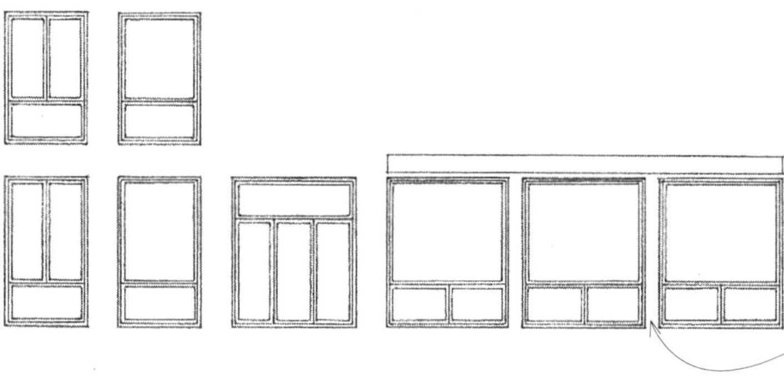

창 제조업체는 큰 개구부를 다루기 위해 고정 유닛과 환기 유닛을 조합한 다양한 대안을 제시한다.

- 창 유닛은 수직으로 쌓거나 옆으로 나란히 열을 지어 둘 수 있다.
- 중간선틀이 구조적으로 지지력을 발휘할 경우, 테두리장선 또는 상인방의 경간을 줄이기 위해 사용할 수 있다.
- 4개의 창이 같은 모서리에서 만나는 경우 보강이 필요할 수 있다.

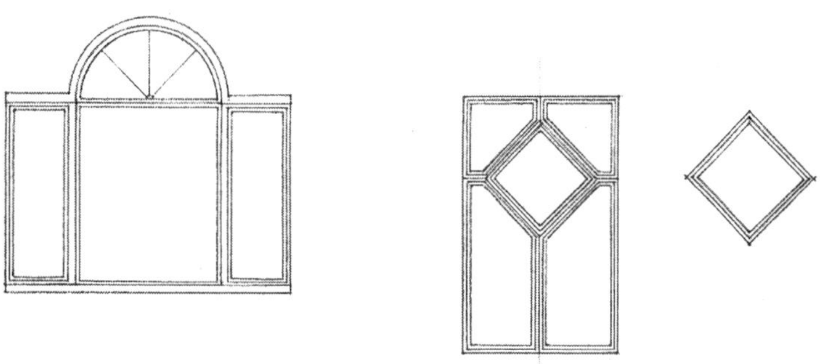

- 많은 제조업체에서 특수 형상 목재 창틀을 제공하고 있다.

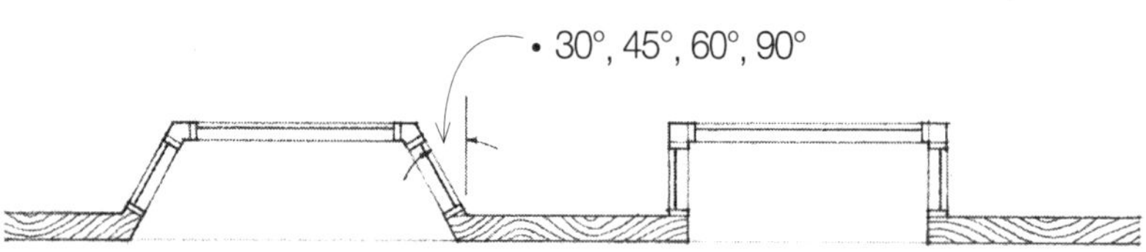

- 경사지거나 박스 형태의 돌출창

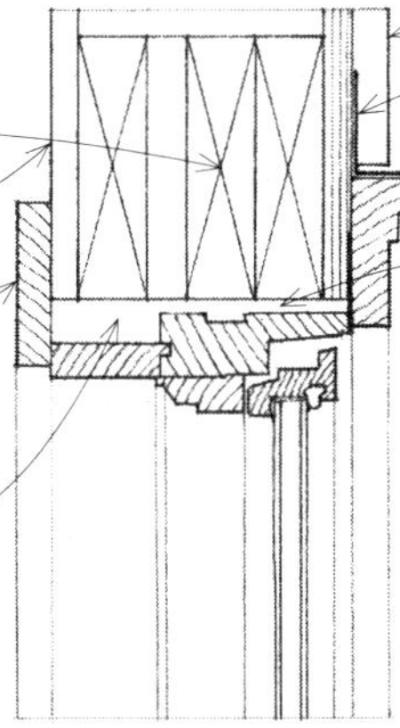

- 창문 개구부를 위한 테두리장선의 규격; 5.45 참조
- 실내 벽체 마감
- 실내 케이싱 트림의 형태는 다양하다.
- 끼움 공간의 빈 곳은 단열재로 충전

헤드(위틀)

- 외부 벽체 마감
- 빗물받이 캡 위로 플래싱; 위로 2"(51) 접어 올린다.
- 1/2"~3/4"(13~19) 끼움 공간
- 구체적 치수는 제조업체에 문의
- 거친 개구부
- 유닛 치수

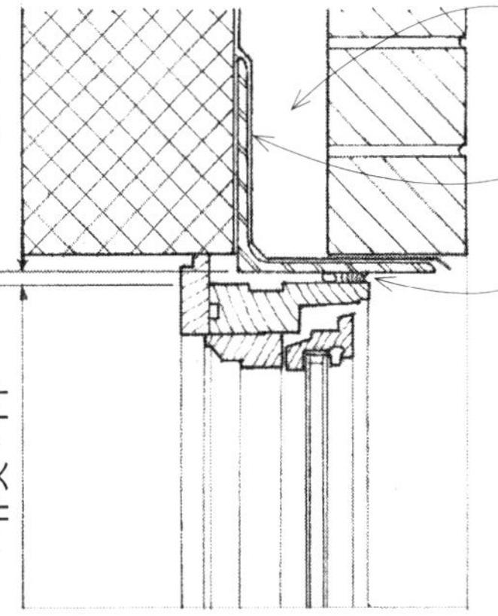

- 조적조 상인방; 5.21과 5.24를 참조
- 플래싱
- 충전재 및 실란트

헤드(위틀)

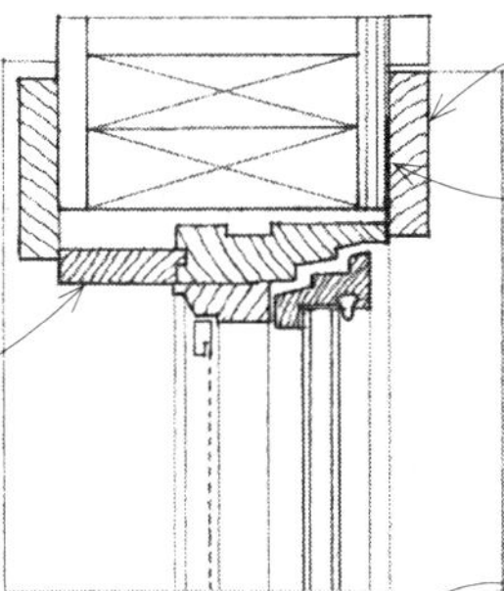

- 문설주는 다양한 벽 두께에 맞게 창문 유닛을 조정하기 위해 연장해서 사용한다.

문설주

- 외부 측 케이싱
- 장착 핀은 내후성 장벽 역할을 한다.

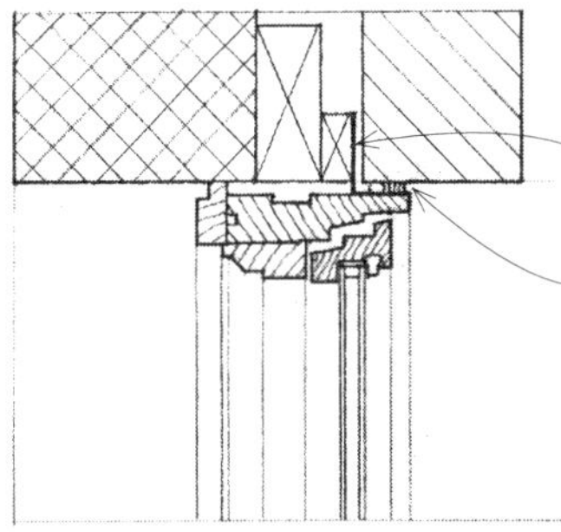

- 장착 핀은 목재 가로막이에 단단히 고정
- 충전재 및 실란트

문설주

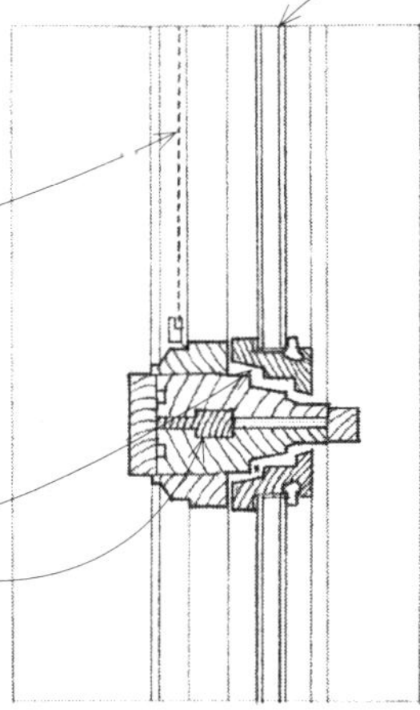

- 방충망 유닛은 창문 작동에 따라 실내 또는 외부 측에 둘 수 있다.
- 내후성 틈막이는 창틀, 새시 또는 양쪽에 모두 설치할 수 있다.
- 목재 결합 스트립

좁은 멀리언(중간선틀)

- 창에는 단층 유리, 여기에 복층 유리 또는 삼중 유리로 된 패널을 추가하는 방식, 혹은 밀봉된 단열 유리로 시공하는 방식이 있다. 8.30 참조
- 적층된 창 사이의 수평 트랜섬 부재에 대한 조건은 좁은 중간선틀과 유사하다.

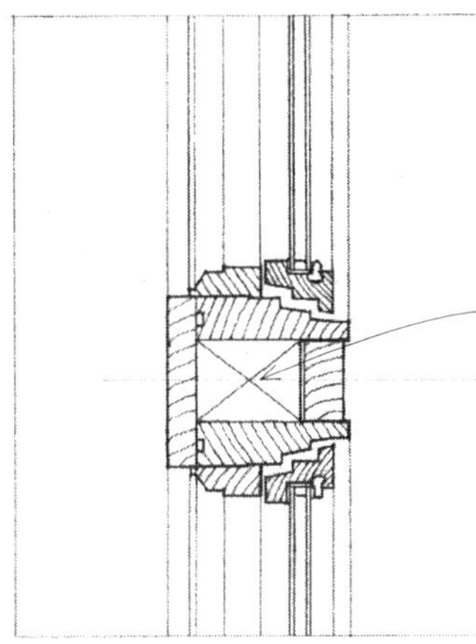

- 목재 또는 강재 지지대
- 구조 역할을 하는 멀리언은 테두리 장선의 경간을 줄인다.

구조적 중간선틀

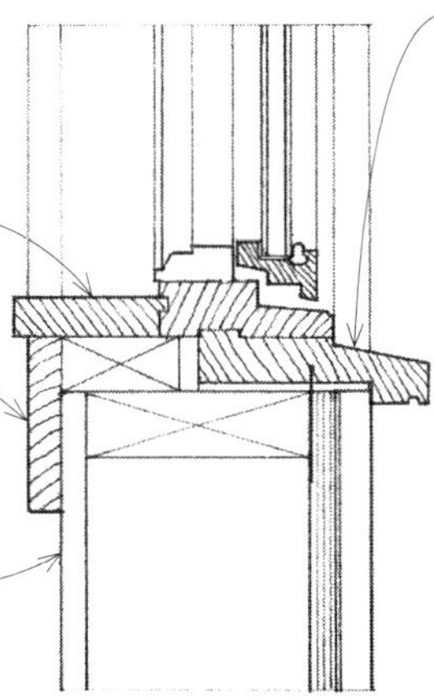

- 창문지방
- 선반받이; 10.27 참조
- 실내 벽체 마감

창턱

- 외벽 면에서 돌출한 빗물받이를 만들기 위해 아래창턱subsill을 추가하거나 창턱을 연장할 수 있다.
- 창문 작동 유형에 따라 필요하면 작동하는 하드웨어를 적용

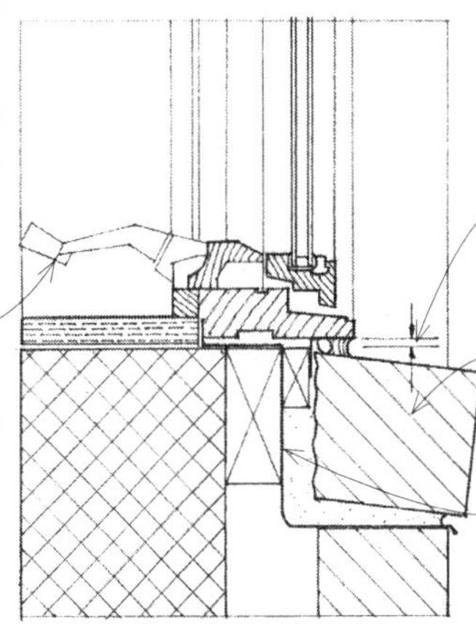

- 끼움 공간 1/4"~1/2"(6~13)
- 마구리면 세워쌓기/로우록으로 작업한 창턱
- 배수공이 있는 연속된 플래싱

창턱

2×6 샛기둥 벽체

조적 중공 벽체

- 퍼티 또는 유리공사용 컴파운드를 창문의 은촉이음부에 깔아 유리판이 균일한 받침 위에 설치되도록 한다.

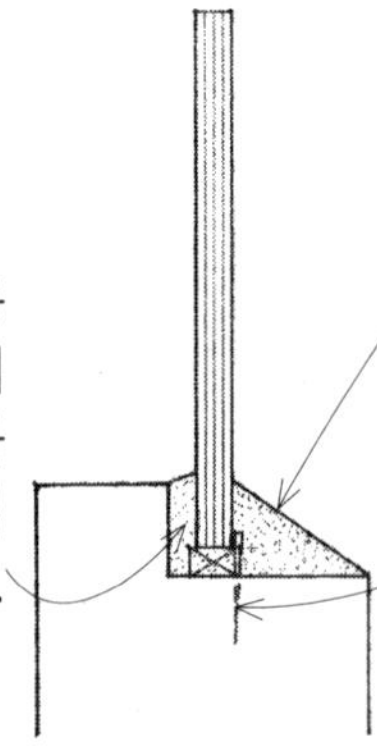

- 유리 퍼티는 판유리의 외부측에 사용하는 퍼티 또는 유리용 컴파운드이다.
- 금속재의 세모꼴 퍼티못glazier's points은 치장퍼티가 경화될 때까지 지 목재 새시 안에 있는 유리 판을 고정한다.

- 유리고정 테이프는 기성품으로 나오는 리본형태의 제품이다. 부틸 또는 폴리이소부틸렌과 같은 합성 고무로 만든다. 접착성이 있고, 유리공사에 사용하면 유리와 프레임 사이에 수밀한 밀봉을 형성할 수 있다.
- 고정받침 블록
- 배수공

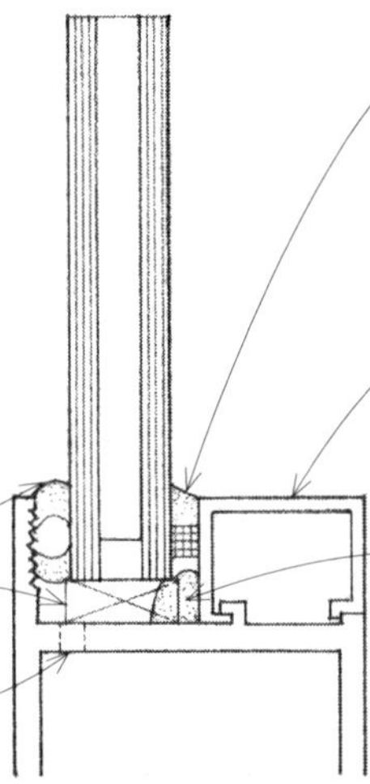

- 캡비드나 실란트는 접착력이 있는 액체 합성 고무로, 유리판 또는 유리 유닛과 창틀 사이 이음부에 주입하여 양생이 진행되면서 수밀한 밀봉을 형성한다.
- 글레이징 비드(유리누름대)또는 유리 고정 장치는 목재 몰딩 또는 금속 부분을 유리판이나 유닛 가장자리에 고정하여 제자리에 있도록 한다.
- 힐 비드는 접착력이 있는 액체 합성 고무로, 유리판 또는 유리 유닛과 글레이징 비드 사이에 주입하여 양생이 진행되면서 기밀한 밀봉을 형성한다.

- 압축 개스킷은 유리판 또는 유리 유닛과 창틀 사이에서 압축력을 받는 합성고무 또는 플라스틱 스트립 기성품으로, 수밀한 밀봉과 유리를 위한 쿠션을 형성한다.
- 배수공

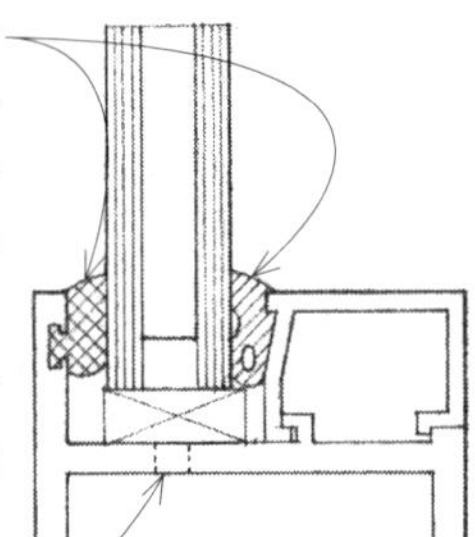

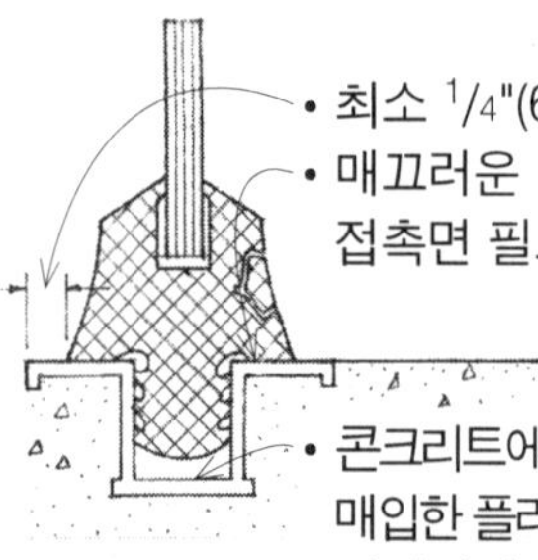

- 최소 $^1/_4$"(6)
- 매끄러운 접촉면 필요
- 콘크리트에 매입한 플라스틱 평쇠시리
- 평쇠시리

- 잠금 스트립이 있는 구조용 개스킷
- 최소 $^1/_8$"(3)
- 배수공
- 단열 유리를 쓰기 위해서는 같은 폭의, 같은 중심을 공유하는 개스킷 채널이 필요하다.

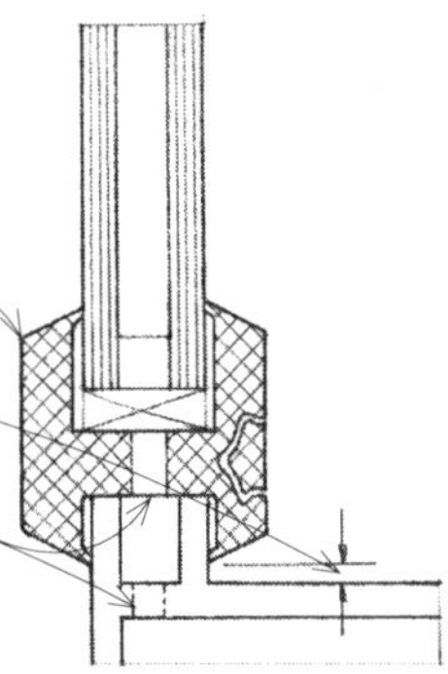

평쇠시리

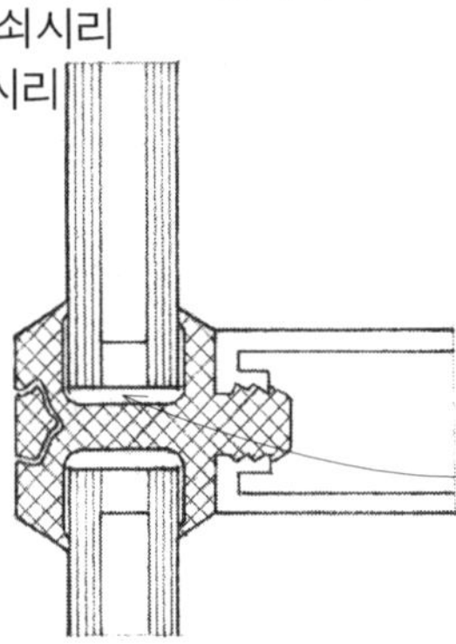

- 모든 면의 가장자리 여유 공간은 $^1/_8$"(3)
- 여러 개 또는 나눠진 개구부들이 있을 경우에는 멀리언이 개스킷을 지지한다.

CSI 마스터포맷 08 81 00: 유리 공사

페이스 글레이징[36]

작은 판유리는 은촉이음으로 연결한 창틀 안에 끼우고, 세모꼴 퍼티못으로 고정한 다음 퍼티나 유리용 컴파운드로 된 경사진 비드(유리고정테두리)로 밀봉할 수 있다.

- 퍼티는 백아whiting와[37] 아마인유linseed oil의[38] 혼합물로, 굳지 않았을 때는 밀가루 반죽 같은 굳기를 보인다. 창유리를 단단히 고정하거나 목공 작업의 결함을 부분적으로 보수할 때 쓴다.
- 유리용 컴파운드는 접착력이 있는 화합물로 퍼티로 사용한다. 시간이 지나도 부스러지지 않도록 제조되었다.

면적이 6sf (0.56㎡) 이상인 창은 반드시 습식 또는 건식 공법으로 진행해야 한다.

습식 유리시공

습식 유리 시공은 유리고정 테이프 또는 액체 실란트로 창틀에 유리를 설치하는 방식이다.

건식 유리 시공

건식 유리 시공은 유리고정 테이프 또는 액체 실란트 대신 압축 개스킷compression gasket이[39] 있는 창틀에 유리를 설치하는 방식이다.

구조용 개스킷

구조용 개스킷structural gaskets은 합성 고무 또는 기타 탄성 재료로 만들어진 기성품으로 창틀이나 개구부에 유리판이나 유리 유닛을 단단히 고정한다. 개스킷은 키 구조의 잠금 스트립을 개스킷 홈에 밀어 넣어 압축 상태를 유지한다. 구조용 개스킷을 쓰기 위해서는 접촉면이 매끄러워야 하고, 프레임이나 개구부는 정확한 치수 공차를 바탕으로, 오차 없이 동일한 평면상에 정렬해야 한다.

36) 가장 두드러지는 특징은 누름띠loose stop을 쓰지 않고 유리를 끼운다는 점이다.

37) 탄산칼슘(calcium carbonate)의 분말로 페인트-퍼티 등에 원료로 쓴다.

38) 아마의 씨에서 짜낸 건성지방유(乾性地方油)로, 페인트·바니시·리놀륨·인쇄잉크에 건성유(乾性油)로서 많이 쓰인다. 내수성, 내후성을 가진 도막을 생성한다.

39) 바로 밑에 설명하는 구조용 개스킷을 뜻한다.

습식 및 건식 공법 모두 유리 유닛이 탄력이 있는 재료를 쿠션 삼아 개구부 위에 떠있는 상태를 유지해야 한다. 이는 유리와 주변 프레임 사이에 직접적인 접촉이 있어서는 안 된다는 뜻이다. 주변 프레임 그 자체로 풍압 또는 흡압suction pressure에 저항하여 유리를 지지해야 하며, 구조적 거동 및 열응력이 유리에 전달되지 않도록 충분히 강해야 한다.

- 유리 크기는 개구부에 끼우는데 필요한 유리판 또는 유리 유닛의 규격이다. 적절한 가장자리 여유 공간/에지 클리어런스를 남겨두어야 한다.
- 합산 치수united inches는 인치 단위로 측정한 직사각형 유리판 또는 유리 유닛의 한쪽 길이와 한쪽 폭의 합이다.

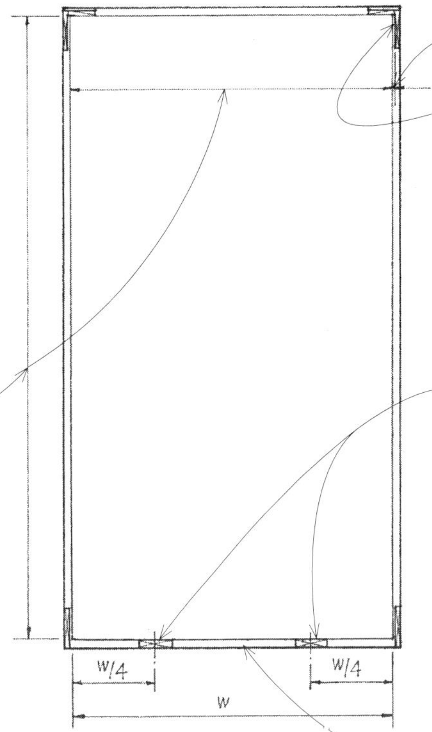

- 처짐은 경간의 1/175 이하로 제한
- 여유 공간 1/8"(3)
- 합성 고무로 된 가장자리 블록은 유리판/유리 유닛의 측면 가장자리와 프레임 사이 중간에 유리판/유리 유닛의 중심을 잡는다. 또한 실란트의 균일한 간격을 유지하고, 건물의 진동이나 열팽창 또는 열수축으로 인한 횡방향 거동을 제한한다. 최소 길이는 4"(100).
- 납 또는 합성 고무 소재로 만든 고정 받침 블록은 유리판 또는 유리 유닛의 하단 가장자리 밑에 배치되어, 프레임 안에서 유리판/유리 유닛을 지지한다; 1/4 지점에서 패널 당 2개.
- 고정 받침 블록은 유리 두께 만큼 너비가 되어야 하며, 유리 면적의 평방피트 당 0.1"(0.09㎡ 당 25), 최소 4"(100) 이어야 한다.
- 창유리 포켓glazing pocket에는 직경 1/4"~3/8"(6~10)의 배수공을 최소 2개 배치할 것.

유형 A B C		A	B	C
판유리	SS	1/16"(2)	1/4"(6)	1/8"(3)
	DS	1/8"(3)	1/4"(6)	1/8"(3)
후판유리	1/4"(6)	1/8"(3)	3/8"(10)	1/4"(6)
	3/8"(10)	3/16"(5)	7/16"(11)	5/16"(8)
	1/2"(13)	1/4"(6)	7/16"(11)	3/8"(10)
단열유리	1/2"(13)	1/8"(3)	1/2"(13)	1/8"(3)
	5/8"(16)	1/8"(3)	1/2"(13)	1/8"(3)
	3/4"(19)	3/16"(5)	1/2"(13)	1/4"(6)
	1"(25)	3/16"(5)	1/2"(13)	1/4"(6)

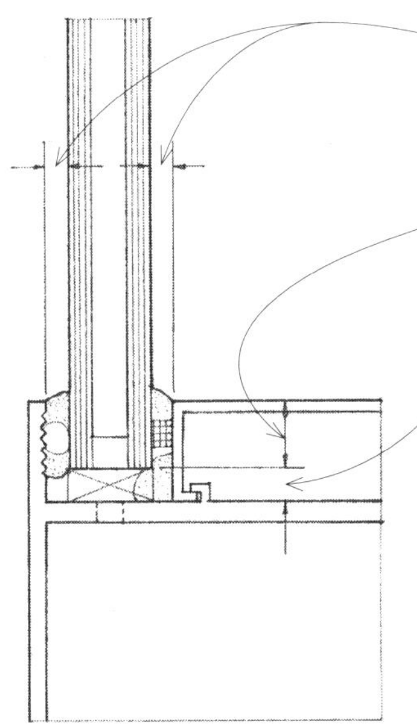

- 면 클리어런스 (A)는 유리판/유리 유닛 면과 프레임 또는 유리 고정 장치stop면과 가장 가까운 거리로, 유리 평면에 수직으로 측정한다.
- 물림 치수/바이트bite(B)는 유리창/유리 유닛의 가장자리와 창틀, 유리 고정 장치 또는 잠금 스트립 개스킷이 겹치는 정도이다.
- 가장자리 여유 공간/에지 클리어런스(C)는 유리 평면에서 측정한 유리창/유리 유닛의 가장 자리와 창틀 사이의 거리이다.

8.30 단열유리

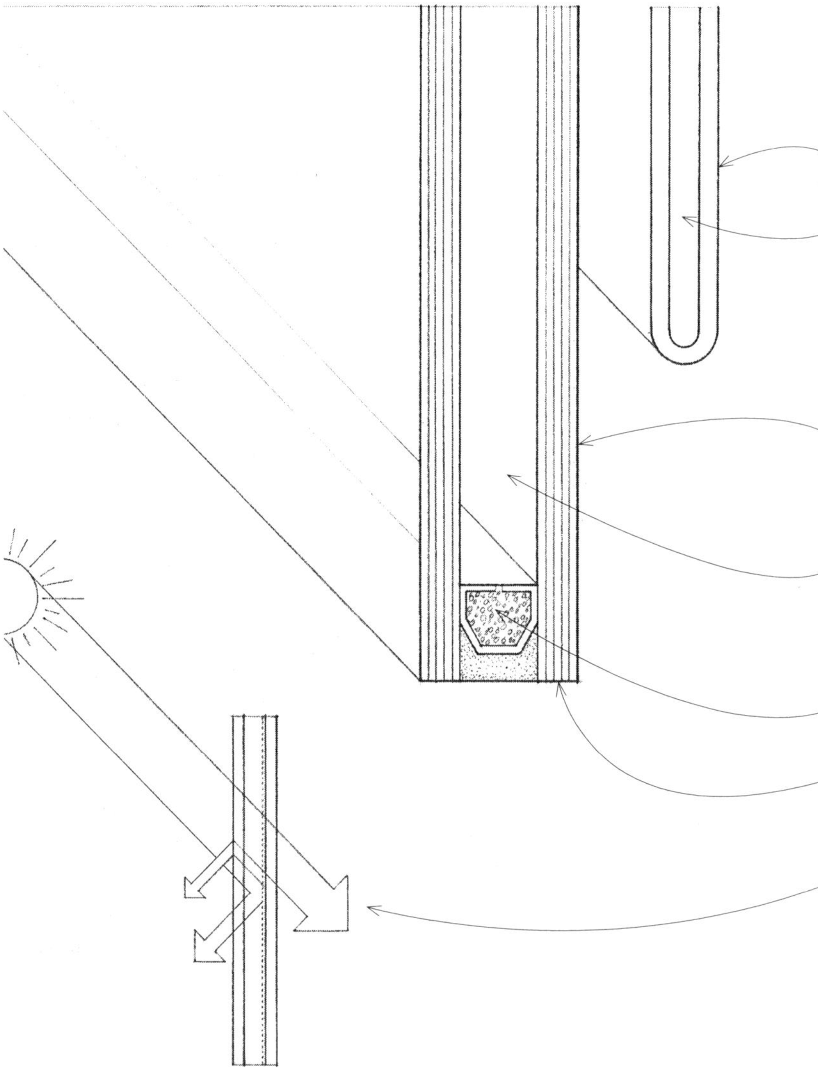

단열 유리insulating glass는 단열 효과를 높이고 결로를 제한하기 위해, 밀폐된 공기층을 가운데 둔 두 장 이상의 판유리로 구성된다.

- 유리 가장자리 유닛은 3/32"(2) (SS) 또는 1/8"(3) (DS) 플로트 유리 두 장의 가장자리를 함께 융합하여 구성된다. 두 판유리 사이 3/16"(5) 공간은 대기압 조건의 건조 공기 또는 불활성 가스로 채워진다.
- 유리 가장자리 유닛은 거주 및 상업용도 건물의 작은 채광창에 적합하며, 구조용 개스킷과 함께 설치할 수 없다.

- 스페이서 가장자리 유닛은 중공 금속 또는 유기 고무로 된 스페이서를 가장자리 단면에 두어 판유리를 분리하는 방식으로 구성된다. 스페이서가 있는 단면은 뷰틸 고무와 같은 유기 실란트로 밀봉된다.
- 두 판유리 사이의 1/4" 또는 1/2"(6 또는 13) 공간은 대기압 조건에서 건조 공기, 또는 열효율을 개선하기 위해 아르곤 또는 크립톤과 같은 불활성 가스로 채울 수 있다.
- 스페이서의 건조제(화학적 제습제)desiccant는 공기층의 잔류 수분을 흡수한다.
- 유리의 두께는 1/8"~3/8"(3~10)
- 열효율 향상을 위해, 착색유리, 반사유리 또는 로이유리를 쓸 수 있다. 아래의 표를 참조할 것
- 판유리 한 장 또는 두 장에 로이 코팅을 하게 되면, 가시광선 대부분을 투과하면서도 입사된 복사에너지의 많은 부분을 반사한다.
- 안전유리로 쓰기 위해, 서냉, (급랭)강화, 접합 처리를 할 수 있다.
- 기타 유리제품은 12.19를 참조.

단열유리 유형	가시광선 투과%	가시광선 반사%	태양 복사 투과%	태양 복사 반사%	열관류율(U) 겨울	열관류율(U) 여름
투명유리+투명유리	78-82	14-15	60-76	11-15	0.42-0.611	69-192
투명유리+로이유리	49-86	12-15	17-56	17-25	0.23-0.521	33-157
투명유리+착색유리						
회색	13-56	5-13	22-56	7-9	0.49-0.60	74-152
청동색	19-62	8-13	26-57	8-9	0.49-0.60	76-152
청색	50-64	8-13	38-56	7-9	0.49-0.58	120-154
투명유리+코팅유리						
은색	7-19	22-41	5-14	18-34	0.39-0.48	36-59
청색	12-27	16-32	12-18	15-20	0.42-0.46	58-73
구리색	25	30-31	12	45	0.29-0.30	44

LEED EA 크레딧 2: 에너지 성능 최적화

안전유리safety glazing는 비산 가능성이 적거나, 깨졌을 때 덜 위험한 유리를 의미한다. 강화유리, 접합유리, 내충격성 플라스틱 또는 이와 유사한 제품이 이에 속한다. 국제 건축 규정(IBC)은 정상적인 사용 조건에서 사람에게 영향을 미칠 수 있는 유리 패널에 안전유리를 쓰도록 요구한다. 예를 들어 샤워실과 욕조 칸막이, 복도와 계단, 인도 옆 매장 전면, 가드레일 등에 쓰이는 유리 등이 있다.

여기서는 안전유리가 필요한 위험한 위치에 대한 특정 사례들을 도해하였다.

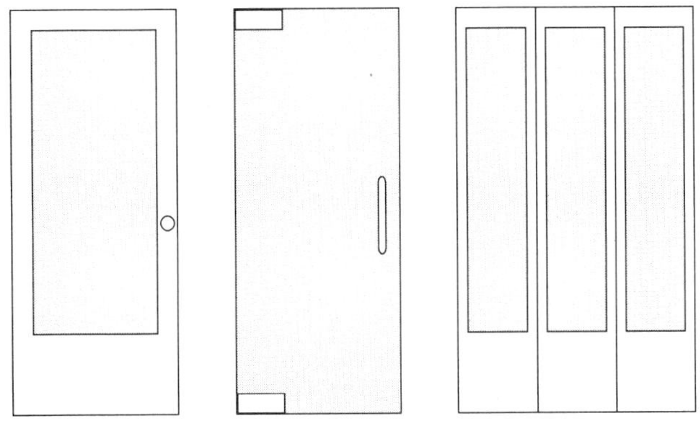

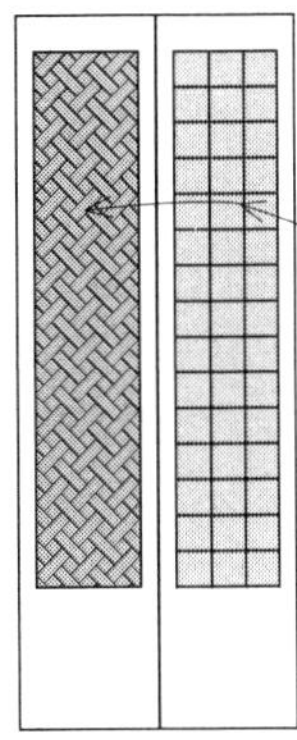

문에 쓰는 유리

여닫이, 미닫이 및 두 짝 접문의 모든 고정 및 작동 패널의 유리는 위험한 위치로 간주하며 안전유리를 설치한다.

- 장식용 유리와 직경 3"(75)의 구체가 통과할 수 없는 유리 개구부는 제외.

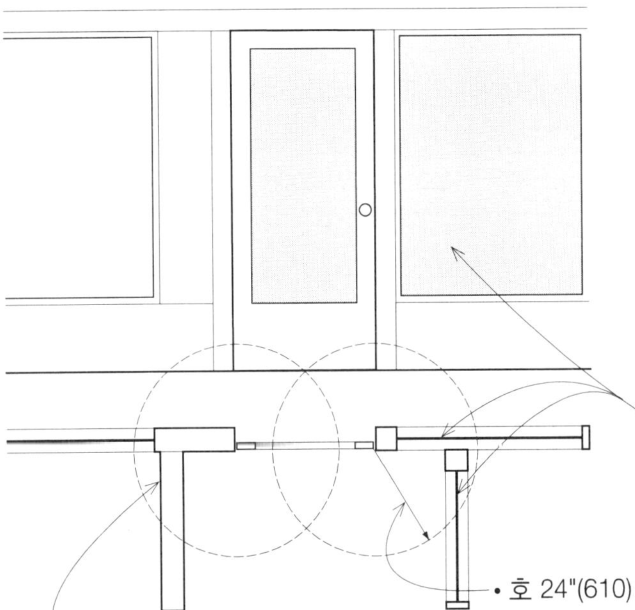

- 영구적인 벽체나 장벽으로 분리가 된 경우에는 안전유리가 필요하지 않다.

문에 인접하여 쓰는 유리

문에 인접한 고정 또는 작동 패널의 유리가 다음에 속하는 경우, 안전유리로 해야 한다; 문이 닫힌 조건에서 문에 가장 가까운 유리의 가장자리 단면이 여기에 인접한 문의 수직단면에서 반지름 24"(610)의 호에 있고 인접한 유리의 유리 아랫면이 보행면 위 60" (1524) 보다 낮은 위치에 있을 경우.

- 거주 용도의 주거 유닛 속 닫힌 문에 평면상 수직으로 설치한 유리에는 적용하지 않는다.

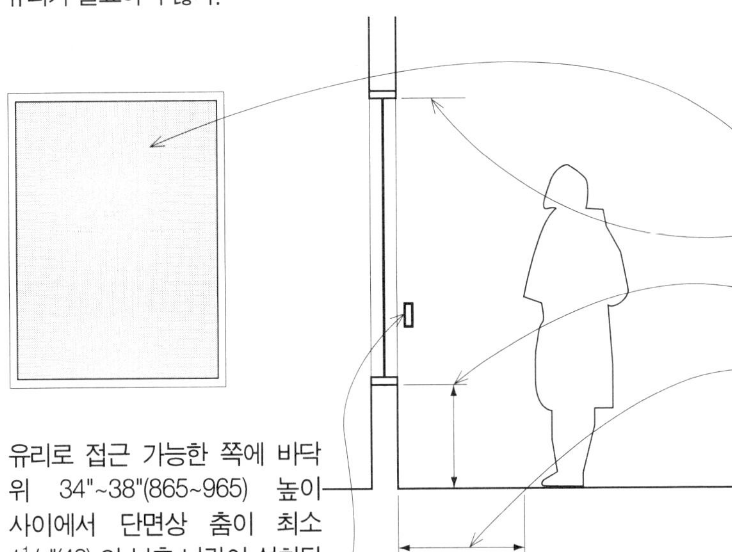

- 유리로 접근 가능한 쪽에 바닥 위 34"~38"(865~965) 높이 사이에서 단면상 춤이 최소 1 1/2"(40) 인 보호 난간이 설치된 경우 안전유리가 필요하지 않다.

창문 유리

고정 또는 작동되는 창문은 다음과 같은 경우 위험한 위치로 간주하며 안전유리를 설치한다:

- 유리판의 노출 면적이 9 sf (0.84㎡) 보다 클 때
- 노출된 창의 상단 가장자리가 바닥 위 36"(915) 보다 높은 곳에 있을 경우
- 노출된 창의 하단 가장자리가 바닥 위 18"(457) 보다 낮은 곳에 있을 경우.
- 하나 이상의 보행면이 평면상 유리가 있는 위치에서 수평 직선거리로 36"(914) 이내에 있을 때

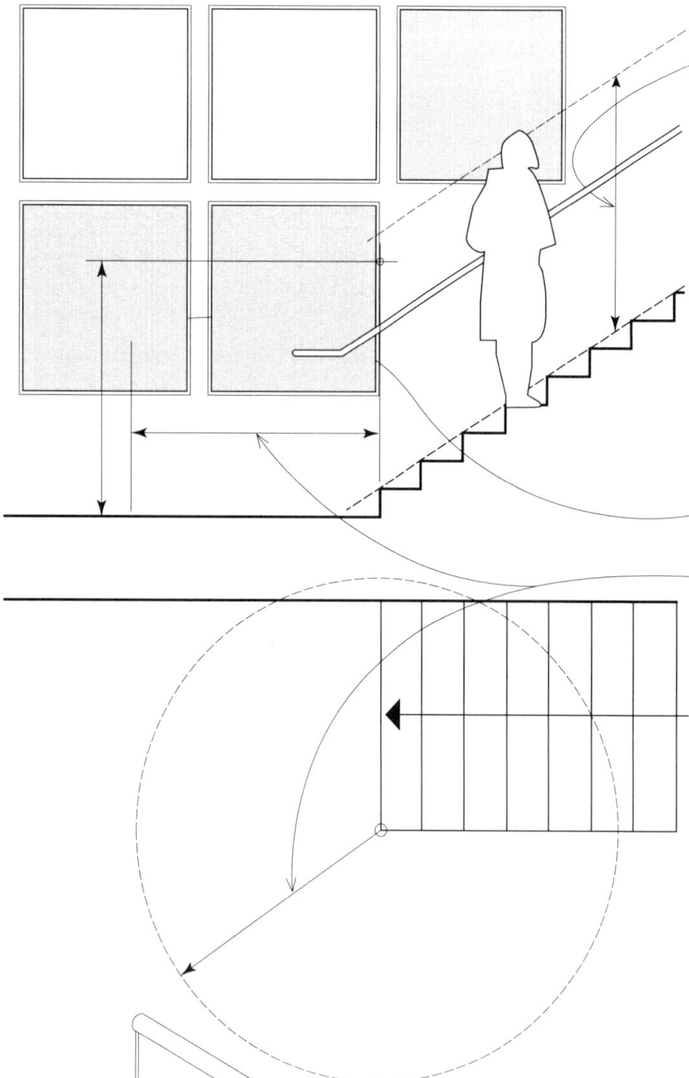

계단과 경사로에 인접한 유리

노출된 유리의 바닥 가장자리가 계단의 챌판 위쪽 끝을 연결한 사선 위/계단에 인접한 보행면 위/계단참과 경사로 위 60"(1524)보다 낮은 위치에 있을 때, 안전유리가 필요한 위치로 간주한다.

계단참landing에 인접한 유리의 경우 다음과 같은 경우 위험한 위치로 간주한다:

- 계단참 위 수직으로 60"(1525) 높이 내에 유리가 있고,
- 수평의 모든 방향으로 마지막 계단의 디딤판 끝에서 60" (1524) 이내의 거리, 그리고 계단이 끝나는 지점에서 높이 60"(1524) 이내에 유리가 있는 경우.

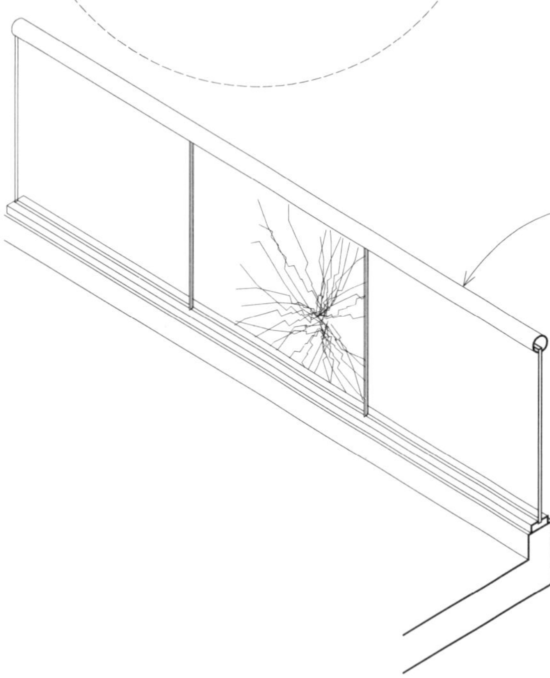

가드와 난간에 쓰는 유리

가드/보호대나 난간에 쓰는 유리는 보행면 위의 높이 또는 넓이에 상관없이 위험한 위치로 간주한다.

- 구조용 유리 난간 패널baluster panels을 쓰는 가드나 난간은 상단 난간top rail을 부착하거나, 계단일 경우에는 3개 이상의 유리 난간 패널로 지지하는 난간 손잡이handrail를 부착하여야 한다.

유리 커튼월은 금속 프레임으로 지지하는 조망 유리vision glass와[40] 불투명한 스팬드럴 패널로 구성한 외부 비내력 벽체이다. 조립 방법에 따라 다음과 같이 분류할 수 있다.

스틱 방식

스틱 방식stick system은 각관형 금속 멀리언(중간선틀)과 현장에서 조각별로 조립한 레일로 구성한 프레임으로 조망 유리와 스팬드럴 유닛을 고정한다. 상대적으로 부재의 선적과 조립 및 처리에 드는 비용이 저렴하고, 다른 시스템보다는 현장 조건에 맞게 조정하기 수월하다.

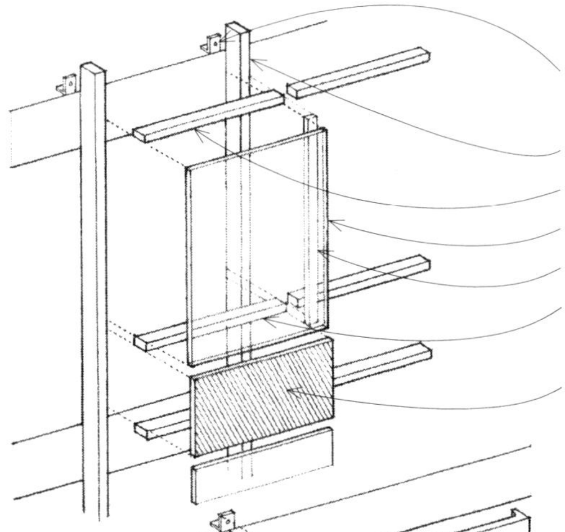

유닛방식

유닛 방식은 사전 조립으로 만든 프레임 벽체 유닛으로 구성된다. 유리는 사전 조립과정, 또는 프레임 설치 이후에 달 수 있다. 선적할 때 부피가 스틱 방식보다 크지만, 현장 노동력과 설치 시간은 적게 든다.

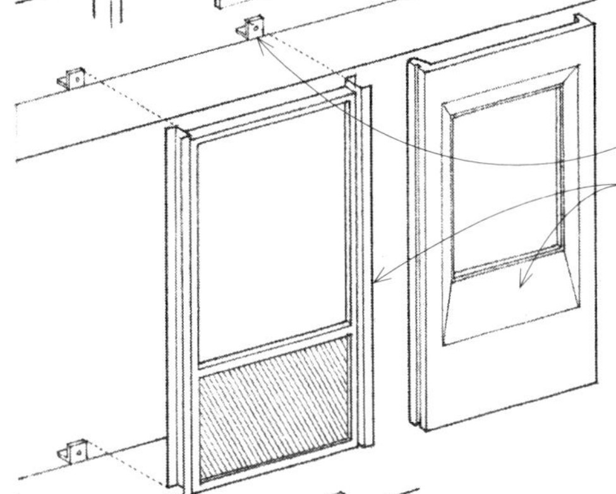

유닛-멀리언(중간선틀) 방식

유닛-멀리언(중간선틀) 방식unit-and-mullion system은 사전 조립한 벽체 유닛을 멀리언 뒤쪽으로 내려놓기 전에, 1층 또는 2층 높이의 멀리언을 먼저 설치한다. 한층 높이의 패널 유닛에 유리를 사전 조립 또는 프레임 설치 이후에 부착하거나, 조망 유리 패널과 스팬드럴 패널을 따로따로 설치하는 방식이 있다.

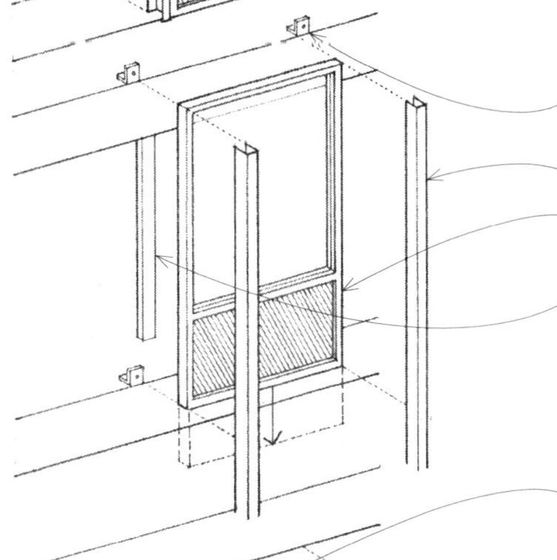

기둥 덮개-스팬드럴 방식

기둥 덮개-스팬드럴 방식column-cover-and-spandrel systems에서는 덮개로 피복한 외부 기둥 사이에 스팬드럴 보를 설치하고, 이들에 의해서 조망 유리 조립체와 스팬드럴 유닛을 지지한다.

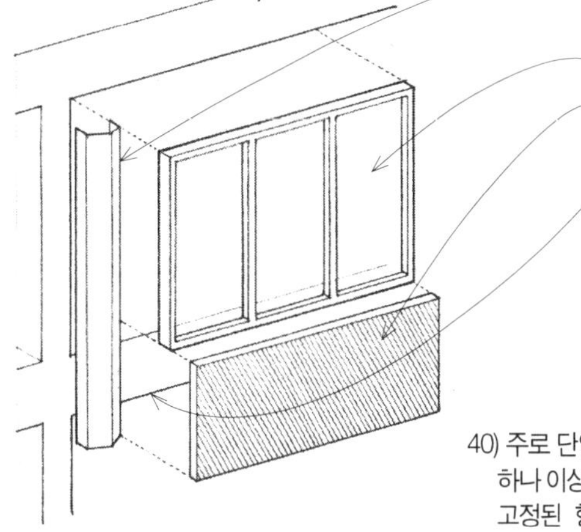

• 커튼월 시공의 일반적 조건과 요구 사항에 대해서는 7.24-7.26을 참조할 것

40) 주로 단열 유리이다. 패널을 구성하는 유리판 중 하나 이상은 접합 유리로 할 수 있다. 일반적으로는 고정된 형태지만, 커튼월 프레임으로 지지하는 개폐 가능한 창틀에 끼울 수도 있다.

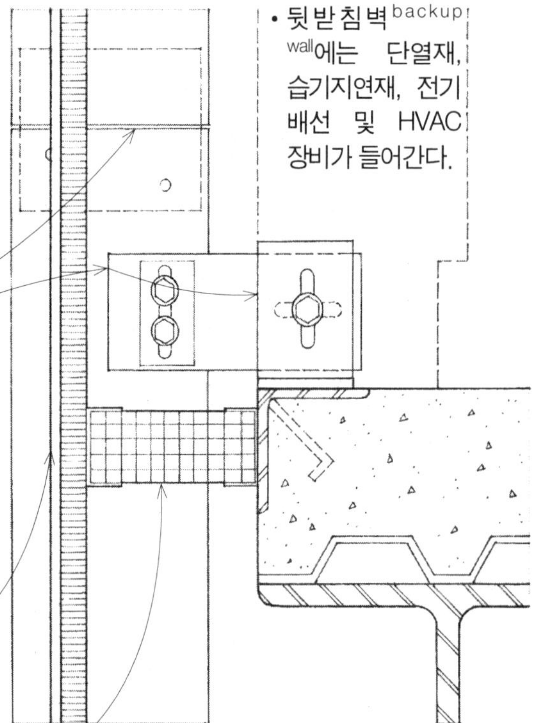

- 아래쪽 멀리언은 내부에 있는 딴혀spline에 고정되어 있다. 위쪽 멀리언은 위쪽에 딴혀 양면을 덮으면서 내리는데, 이렇게 하면 거동이 자유로워 위치 조정이 용이하다. 아래쪽 멀리언과 위쪽 멀리언은 딴혀 바깥 양쪽에 댄 덧판 이음과 같은 방식으로 결합한다.
- 앵글 앵커; 7.26 참조
- 모든 앵커와 패스너는 전식 작용을 막기 위한 디테일을 확보해야 한다.
- (급랭)강화 유리 또는 열처리 강화 유리의 실내 측 표면에 자기질 백옥유(세라믹 프릿)을[41] 융합하여 생산되는 불투명 유리로 제작되는 충전패널 또는 스팬드럴 유리
- 화재 확산을 방지하기 위해 벽체와 각 바닥 슬래브 또는 데크 가장자리 사이에 방화 충전재를 연속하여 설치 한다.
- 뒷받침벽backup wall에는 단열재, 습기지연재, 전기 배선 및 HVAC 장비가 들어간다.

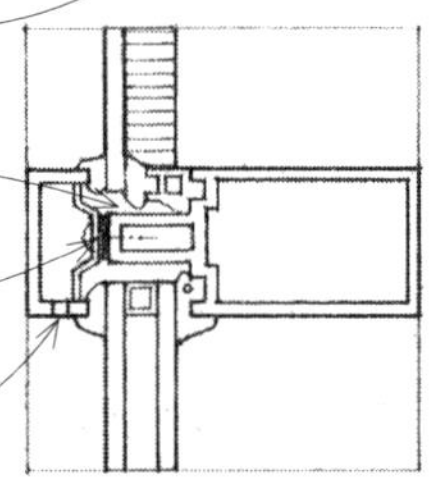

- 커튼월 프레임의 등압 설계에 대해서는 7.25를 참조
- 금속 프레임에는 열차단재가 있어야 한다.
- 수평 레일은 배수를 위한 배수공을 둔다.

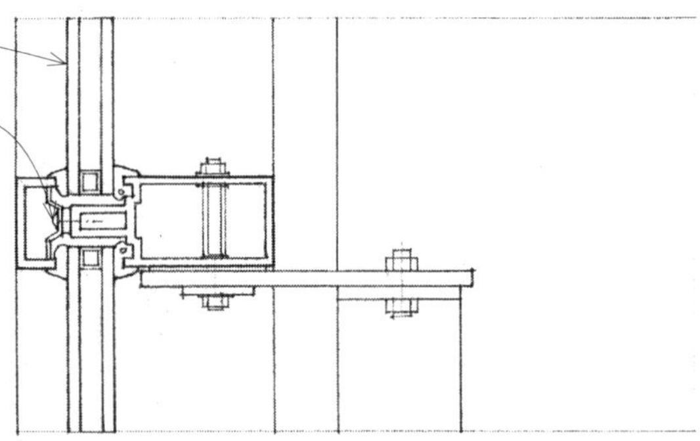

- 단열 유리
- 유리는 누름대 또는 구조용 개스킷을 사용하여 외부에서 설치할 수 있다. 8.29 및 8.31을 참조.

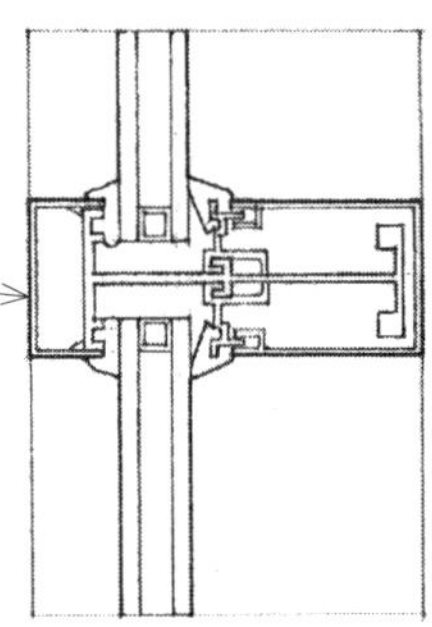

- 고층 건물에 적용할 경우, 안쪽에서 유리를 설치하는 방식이 더 편리하고 경제적이다. 고정된 외부 개스킷과 내부의 쐐기형 개스킷을 이용하여 진행된다. 스냅 온 덮개는 안쪽의 프레임과 패스너를 숨긴다.
- 일부 커튼월 방식은 건물 외부 또는 내부 한쪽에서만 유리를 설치할 수 있다.

여기 있는 디테일들은 유리 커튼월 시공의 일반적 조건을 도해한다. 표준 조립 벽체 시스템을 사용하는 경우, 구성요소를 수정하는 경우를 제외하고는 광범위한 디테일이 필요 없다. 자세한 내용은 미국 건축 제조업 협회(AAMA), 평판 유리 마케팅 협회 Flat Glass Marketing Association (FGMA)에서 발행한 알루미늄 커튼월 설계 지침 매뉴얼과, 미국 재료 시험 협회American Society for Testing and Materials (ASTM)가 개발한 기준을 참조할 것. 다음과 같은 사항은 주의해서 살펴야 한다.

- 전반적인 벽체 패턴
- 유리 설치 방식
- 작동 가능한 창 새시의 유형, 규격, 위치
- 충전 패널 또는 스팬드럴 패널의 유형 및 마감
- 외주부, 모서리 및 정착 조건

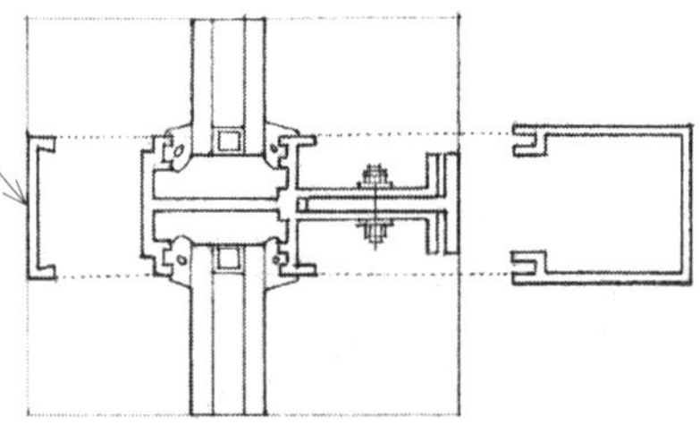

- 스냅 온 커버는 패스너를 숨기고, 연속된 단면형상을 이루면서, 금속 마감재의 변화를 허용할 수 있게 된다.

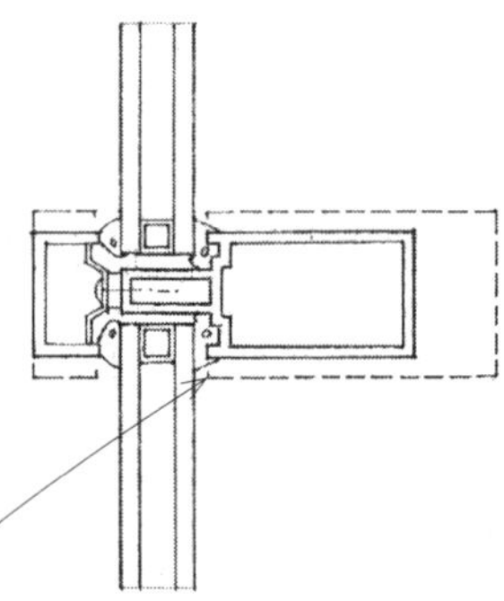

- 커튼월 프레임의 필요한 규격, 강도, 및 강성은 프레임이 버텨야 하는 하중—주로 횡방향의 풍하중 및 상대적으로 가벼운 중력하중—에 따라 결정된다. 커튼월 조립체의 구조적 용량과 물 및 공기 침투에 대한 내성에 대해서는 제조업체에 문의

41) 유리의 원료가 되는 물질로, 높은 온도에서 유약 역할을 하며 불투명한 막을 형성한다. 구체적으로는 유리 표면에 세라믹 프릿을 실크 인쇄 후 열처리하는 과정을 거치면서 불투명한 부분의 강도를 높이고 박리를 방지하게 된다.

커튼월 시스템은 구조용 개스킷을 사용하여 고정된 유리 유닛과 스팬드럴 패널 모두에 유리를 설치한다. 지지하는 프래임 부재는 안정적인 지지를 보장하기 위해 단열 유리 유닛과 동일한 두께여야 한다.

단열 유리 유닛을 수직으로 쌓을 때 위쪽 유리 유닛의 무게로 인해 아래쪽 유리 유닛에 응력이 가해질 수 있다. 이런 이유로 개스킷보다는 수평 멀리언이 유리를 필요한 만큼 지지할 수 있어야 한다.

구조용 개스킷을 사용한 유리 시공에 대한 자세한 내용은 8.28을 참조할 것.

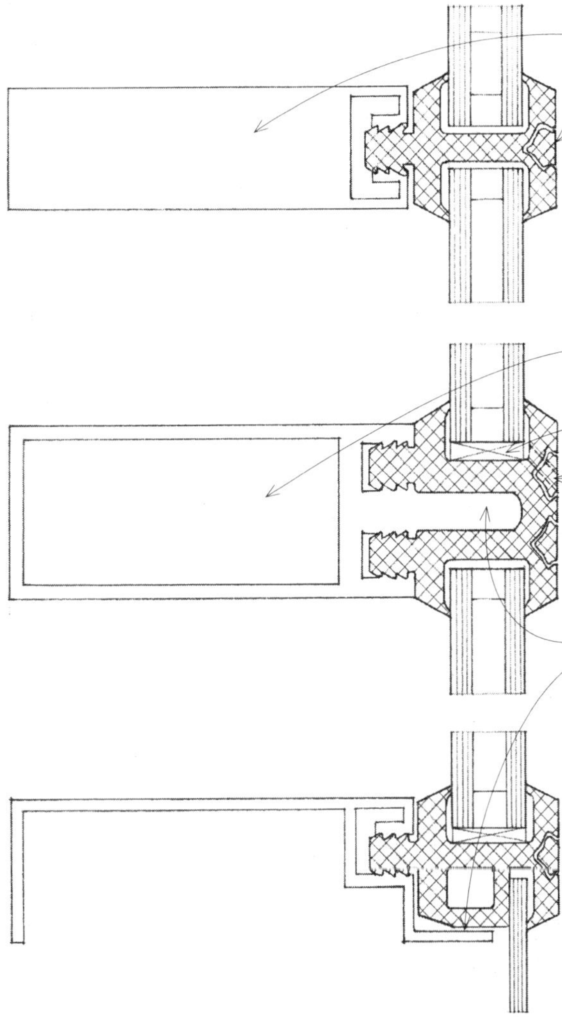

민면 유리시공

민면 유리 시공(플러시 글레이징) flush glazing 금속 프레임 부재 전체가 유리창 또는 유리유닛 뒤쪽에 있어서 평평한 외부 표면을 형성하는 유리 시공 방식이다. 유리 유닛은 구조용 실리콘 실란트structural silicone sealant로 프레임에 부착된다. 실리콘 실란트는 기계적 고정 없이 바람 및 다른 하중을 유리에서 금속 커튼월 프레임으로 전달한다. 이 방식은 유지관리 및 유리교체가 용이해야 한다. 품질관리를 위해 공장에서 유리설치를 사전에 하는 방식이 선호된다. 자세한 내용은 제조업체에 문의.

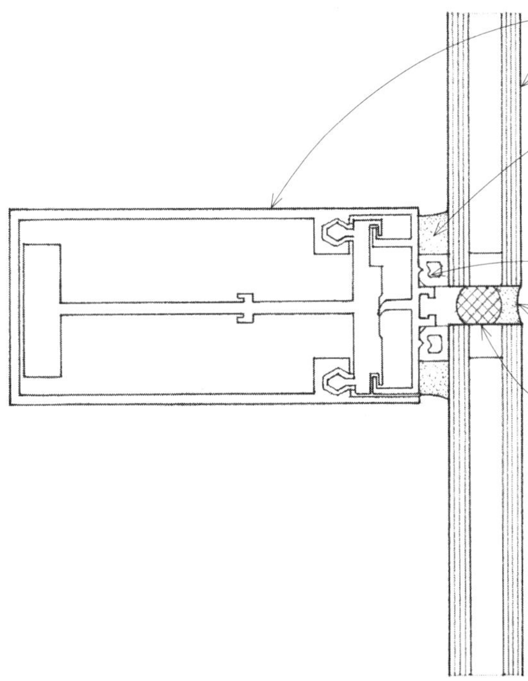

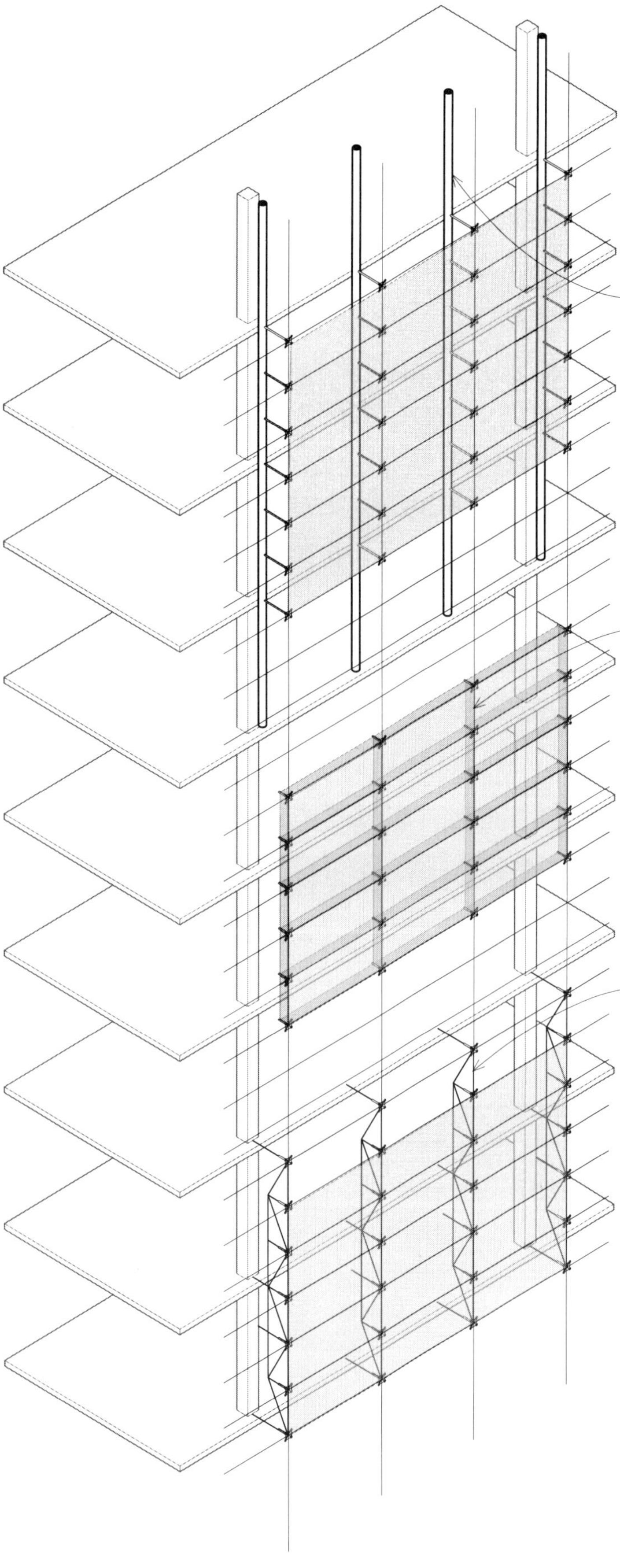

구조용 유리 파사드

구조용 유리 파사드structural glass facades는 구조와 피복을 통합하여 건물에 최대한의 투명성을 제공하며, 긴 경간long span에도 적용할 수 있다. 유리를 지지하는데 쓰이는 구조 시스템은 노출되며, 건물의 주요 구조부와는 구별된다. 구조용 유리 파사드는 일반적으로 기본적인 지지 구조의 특성에 따라 분류한다.

- **뒷댐 지지 방식**strong-back systems: 이 방식은 수직-수평 또는 수평 구성요소를 사용하여 필요한 경간을 수용할 수 있는 구조부로 구성된다. 때로는 직선 또는 곡선의 수평보가 머리 위쪽에서 케이블로 매달려 있고, 보 양단은 정착을 위한 건물 구조에 고정된다.

- **유리핀 지지 방식**glass fin system: 유리 핀으로 지지하는 파사드의 기원은 1950년대로 거슬러 올라간다. 이 방식은 하드웨어 및 첨판splice plates을 제외하고 금속 지지 구조물에 의존하지 않는 특별한 유리 기술을 대표한다. 유리 핀은 유리 파사드에 수직으로 두어 횡방향으로 지지하며, 뒷댐 지지 방식의 구조 부재와 유사한 방식으로 기능하게 된다. 최근에는 기술개발을 통해 열처리 강화 유리를 여러 겹 접합하여 주요 구조 부재로 쓰는 기법이 도입되었다.

- **평면트러스지지 방식**planar truss system: 다양한 유형과 구성의 평면 트러스를 이용하여 유리 파사드를 지지할 수 있다. 가장 일반적으로 사용되는 방식은 트러스의 춤이 유리 평면에 수직인 방향으로 설치하는 것이다. 트러스는 일반적으로 건물의 격자선 또는 격자 모듈을 세분한 수치를 따라 규칙적인 간격으로 배치한다. 트러스는 수직으로 올라가고 평면상 선형으로 보이는 경우가 가장 많지만, 내부 또는 외부로 경사지게 하거나, 평면상으로 곡선으로 보이도록 구성할 수도 있다. 트러스는 파사드의 외부 또는 내부에 배치할 수 있다. 횡방향 안정성을 위해 대각선 방향의 인장력 계측기tension counter와 가새 스프레더bracing spreader [42]가 통합된 부재를 사용할 때가 많다.

42) 스프레더는 길이 조정 장치가 있는 고정 장치의 부속품이다.

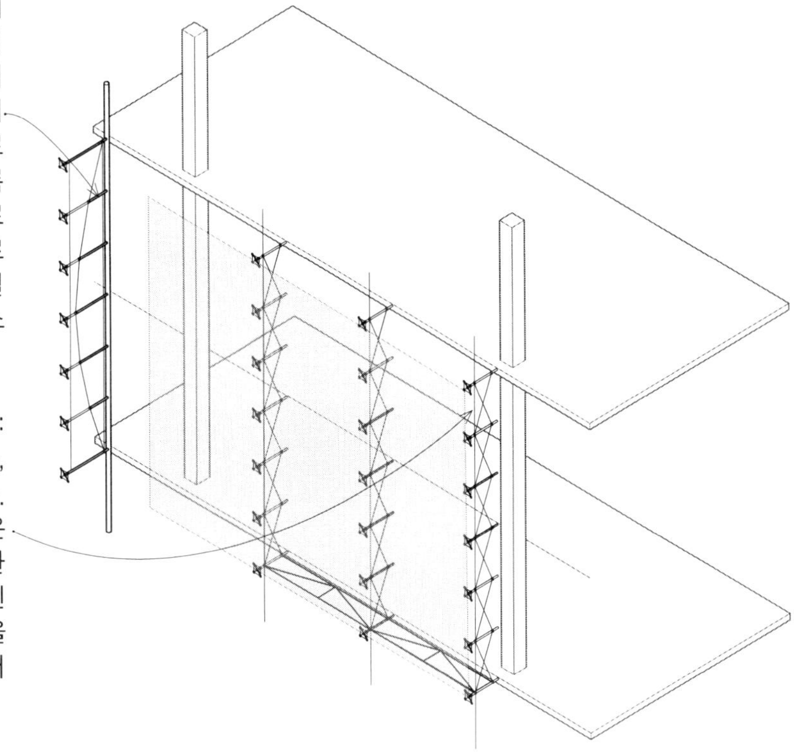

- **장대 트러스/마스트 트러스 지지방식**mast truss systems: 장대 트러스는 일반적으로 원형관 또는 각관 형태의 단면을 가진 중심부의 압축재(장대)를 안정화하기 위해 인장 요소를 사용한다. 케이블은 스프레더 스트럿에 걸쳐 마스트 끝에 부착된다. 스프레더 스트럿은 장대의 길이 방향을 따라 일정한 간격으로 단단히 고정되어 있으며, 장대 중앙으로 갈수록 길어진다. 이로 인해 케이블은 아치 형상으로 구성된다. 장대 양면 또는 방사형(3면, 4면)으로 설치한 케이블 아치는 장대의 좌굴용량을 증가시킬 수 있다. 이 방식에서 안정성을 확보하려면 트러스 부재에 프리텐션작업이 필요하다.

- **케이블 트러스 지지방식**cabled truss systems: 케이블 트러스는 장대 트러스와 유사하지만, 압축을 받는 기본 부재가 없다는 차이가 있다. 이 유형의 트러스에서 스프레더 스트럿은 유일한 압축재이다. 삼각형 형상으로 단단한 부재를 결합하여 안정성을 얻는 전형적인 평면트러스와는 달리, 이 방식에서는 압축력을 받는 주요 부재없이 상단과 하단 경계부에서 케이블에 인장력을 가하여 안정성을 확보한다.

- **그리드셸**gridshell: 그리드셸은 프라이 오토Frei Otto가 1940년대 최초로 고안한 형태 저항 구조form-active structure 43)로, 전면에 걸쳐 볼록하거나 오목한 곡선 2종류를 쓴 이중 곡면 형태를 통해 강도를 끌어낸다. 이 방식은 면 내부에 프리스트레스를 가한 케이블 네트워크를 이용하여 박판 셸 격자에 안정성과 전단저항을 부여한다. 볼트, 돔, 기타 이중 곡면 구조는 수직으로 올리거나 위를 덮는 방식뿐만 아니라 이중 곡면만으로도 건물 외부 전체를 둘러쌀 수 있다.

- **케이블넷 지지방식**cable net systems: 케이블넷은 최근에 개발된 구조용 유리 기술로, 눈에 보이는 구조 시스템을 최소로 하고 투명성을 최대한 높이는 방식이다. 그물 형태를 만드는 수평 및 수직 케이블은 두 방향으로 뻗어 나간다. 유리는 프리텐션을 가한 그물 형상의 케이블로 지지한다. 케이블넷 방식은 균일한 인장력에 의존하여 설계하지만, 그물 형상은 이중 곡면 형태를 구성하는 경우가 훨씬 많다. 클램핑 장치는 두 가지 기능이 있다. 교차점에서 케이블을 고정하고, 창유리 격자 위에서 서로 인접한 유리판들의 모서리와 가장자리 단면을 붙잡아 고정한다.

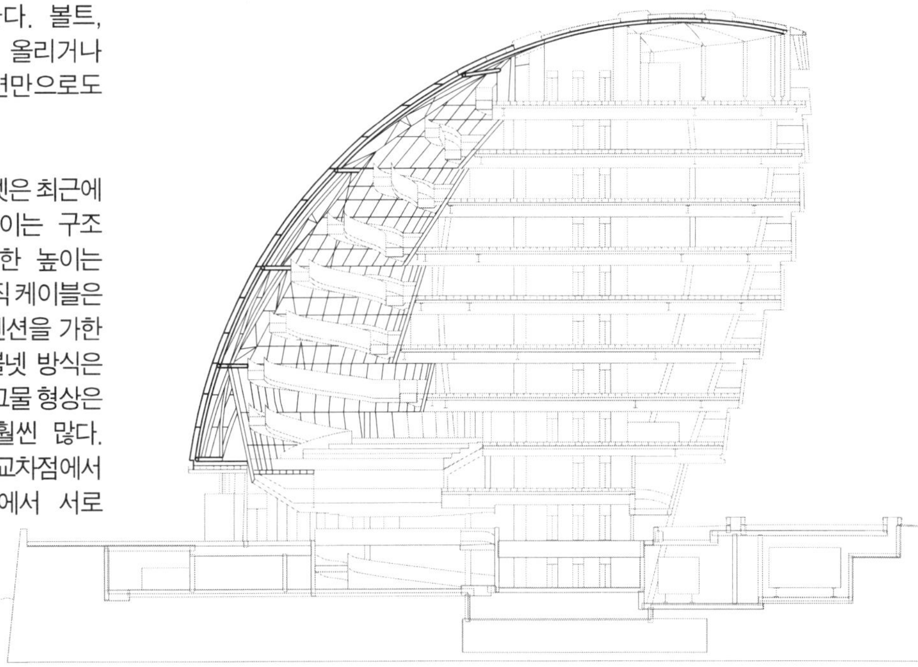

단면: 런던 시청사, 잉글랜드, 1998-2003, 포스터 앤 파트너스

43) 하중 전달에 효과적인 재료 형태를 갖추어 강도를 얻는 구조. 절판 구조와 곡면판 구조 등이 있다.

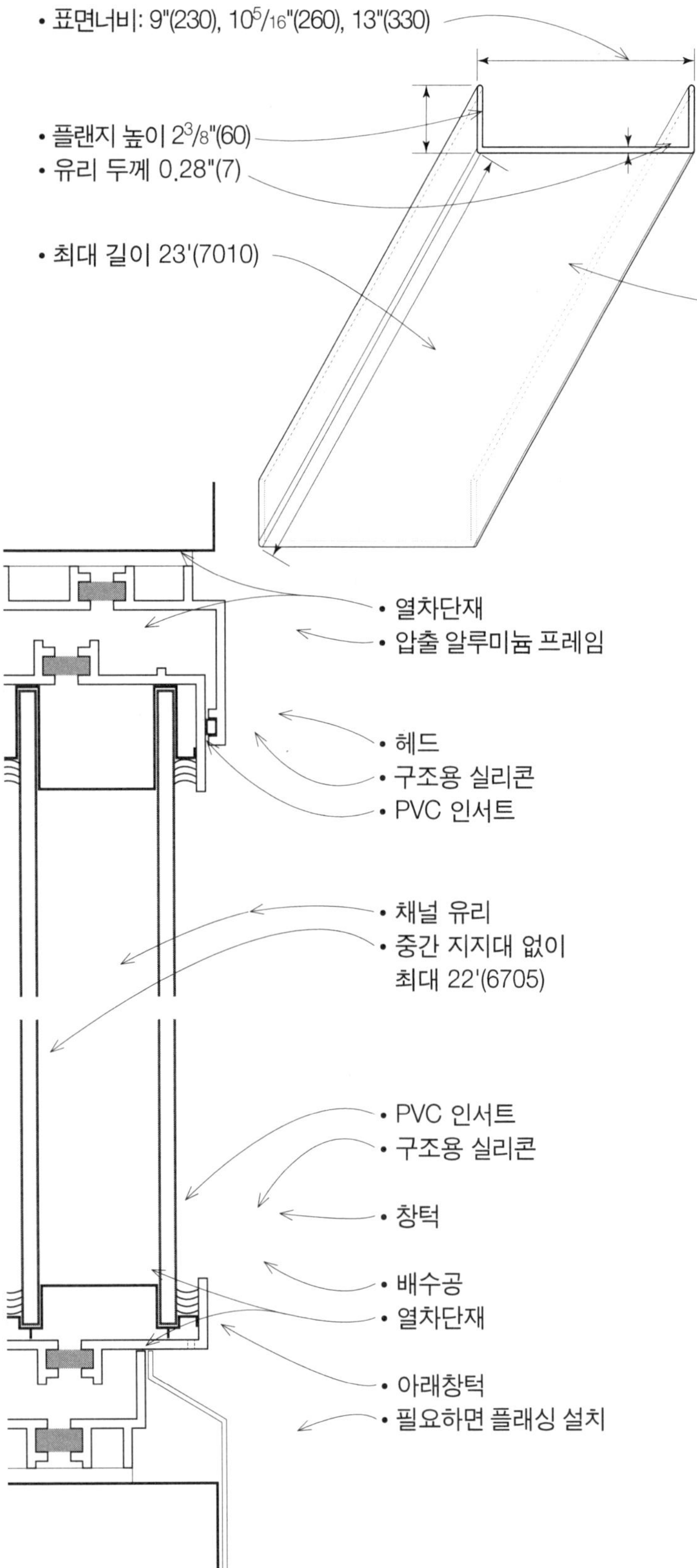

LEED EA 크레딧 2 : 에너지 성능 최적화
LEED EQ 크레딧 5 : 열쾌적

CSI 마스터포맷 08 44 26: 구조용 유리 커튼월

채널유리

채널 유리channel glass는[44] 일련의 강철 롤러 위에 용융된 유리를 잡아당겨 U자형의 연속된 평면을 형성하여 만들어진다. 형태가 잡히고 난 다음에는 냉각을 거치고 지정된 길이로 절단한다. 반투명한 채널 유리는 폭 9"~19" (230~480), 최대 길이 23'(7010)의 범위 안에서 사용할 수 있다. 외벽에 적용하는 채널 유리의 경우 플랜지의 높이는 2 3/8"(60), 너비는 3개 표준(9"(230), 10 5/16"(260) 및 13"(330))에 맞춰 제공된다.
다양한 표면 질감을 통해 빛은 통과하고 시야는 차단하는 반투명성의 정도를 넓은 범위로 적용할 수 있다. 채널 유리는 서냉과 급랭 강화과정을 거치게 되면 압축강도가 증가하고, 안전유리가 필요한 위치에 쓸 수 있다.

로이 코팅을 통해 채널 유리의 열 성능을 개선할 수 있다. 이때, 로이 코팅은 실내 측 유리면에 직접 적용하는 것을 기본으로 한다. 더 높은 성능이 필요한 경우, 단열재를 채널 유리 사이 중공 부분에 삽입하면 열관류율(U-값)을 0.19까지 낮출 수 있다.

채널 유리는 실내 또는 외벽에 적합하다. 외부에 적용하기 위해 채널 유리는 복층유리의 커튼월 내지는 매장 전면 유리벽 또는 단층 유리로 만든 레인스크린이자 트롬브 벽 개념으로 시공할 수 있다.

주변부를 압출 알루미늄으로 만든 프레임으로 보강하면 자립할 수 있는 벽체 단면을 수직 또는 수평으로 구성할 수 있다. 수직 방식은 현장에서 만드는 반면에 수평 방식은 보통 품질관리를 개선하고 프로젝트 시공 일정을 단축하기 위해 사전 조립으로 만든다.

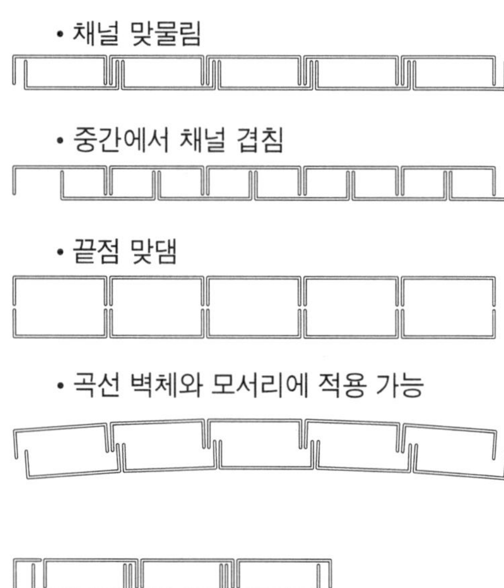

배치 패턴

44) 유글래스u-glass라는 표현도 널리 쓰인다.

이중외피 파사드double-skin facadessms 난방, 냉방, 조명에 필요한 에너지를 보존 및 경감시키는 피복방식을 말한다. 이중외피는 패시브 태양열 수집passive solar collection, 일사 차폐solar shading, 자연채광 daylighting, 열저항, 자연 환기 기법들을 조립체 안에 통합한다. 조립체는 복층 또는 삼중 유리로 된 실내 측 유닛, 열을 모으고 태양복사solar radiation 및 자연 채광을 제어하는 차양 장치가 들어있는 공기층, 작동되는 패널이 있고 안전유리 또는 접합 유리로 만든 바깥층으로 구성되는 것이 일반적이다.

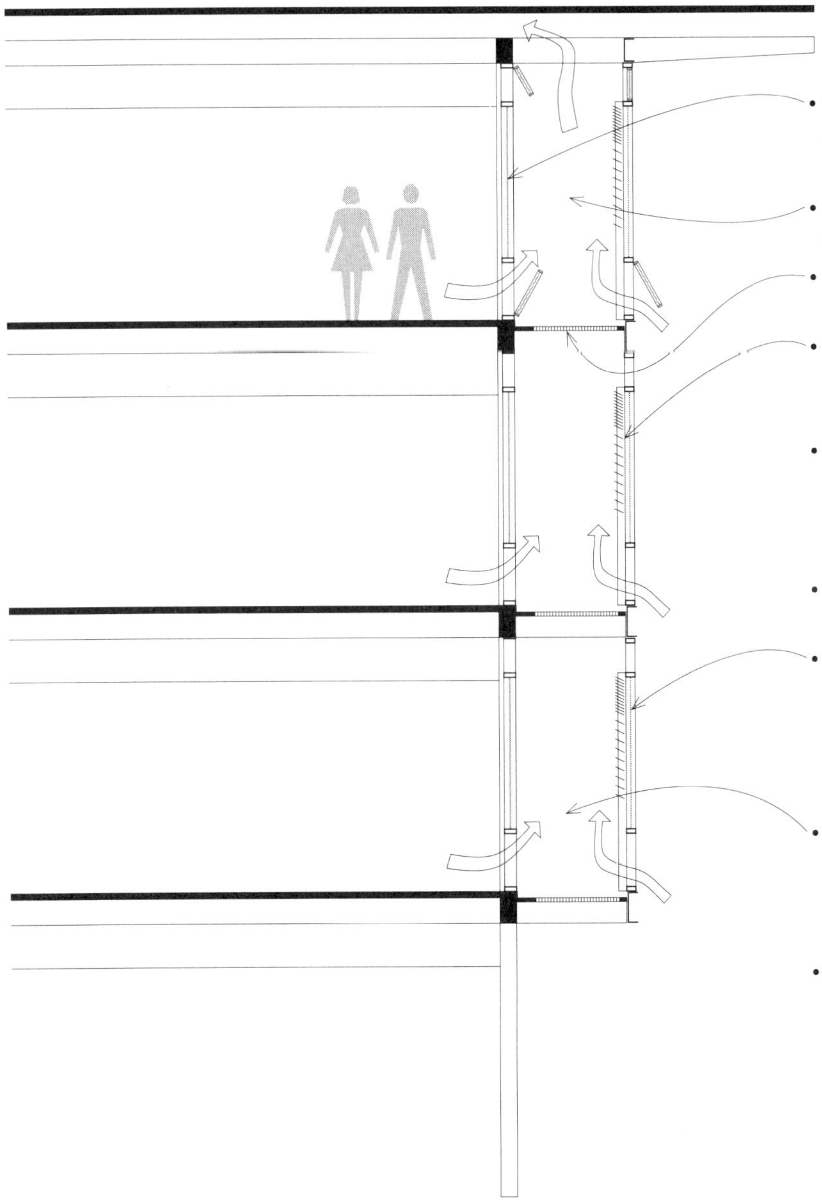

- 복층 또는 삼중 유리는 실내 측에 커튼월 개념으로 시공
- 공기층의 폭은 몇 인치에서 몇 피트까지 접근성을 고려하여 다양하게 조성한다.
- 청소와 유지관리를 위한 캣워크(좁은 통로)
- 중공(공기층)에는 태양 복사 및 자연 채광을 제어하기 위해 조정 가능한 블라인드 또는 기타 차양 장치를 포함할 수 있다.
- 중공은 실내와 외부 사이에서 열완충thermal buffer 역할을 한다. 또한 인접한 공간에서 공기를 끌어당겨 태양열이 이동하는 연도solar flue 역할을 할 수 있다.
- 에너지 복구 환기 시스템을 사용하여 열을 수집할 수 있다.
- 작동 가능한 패널이 있는 안전유리 또는 접합 유리로 만든 외부 층. 때때로 에너지를 생성하는 태양광발전 시스템과 기타 스마트 기술을 적용할 수 있다. 8.40-8.41 및 11.32를 참조.
- 이중외피 파사드는 음향적으로 유리하다. 한편, 내부 및 외부 층 모두에서 독립적인 개구부를 둘 수 있으므로 자연 환기가 가능하다.
- 날씨가 시원할 때는, 중공에서 태양열 취득solar gain을 통해 데워진 공기를 실내 공간에 순환시켜 난방 요구 사항을 상쇄할 수 있다. 더운 날씨에는 중공 내 뜨거운 공기는 태양열 취득을 완화하고 냉방 부하cooling load를 줄이기 위해 외부로 배출한다.

스마트 파사드smart facade는 재료과학 및 화학 분야의 기술적 진보를 통합하여, 내후성 파사드 이상의 기능을 보일 수 있다. 이러한 액티브 방식active systems은 센서에 연결되어 기후 요인에 반응하고, 난방, 냉방, 공조 및 조명에 필요한 에너지를 줄이도록 프로그램을 짜는 경우가 많다.

스마트 파사드는 여러 가지 방법으로 작동한다. 스마트 파사드가 할 수 있는 내용은 다음과 같다.

- 더운 날씨에 태양열 차양을 통한 열취득 조절
- 추운 날씨에는 태양 에너지 활용
- 실내 공간 자연 채광 향상
- 냉방 및 공기질을 위한 자연 환기 관리
- 건물에 필요한 전력 생산

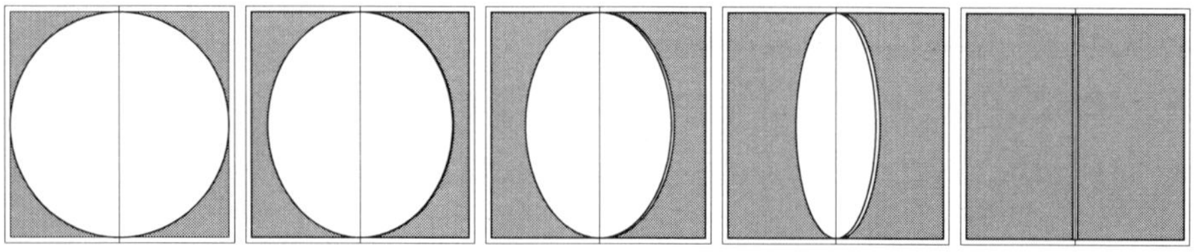

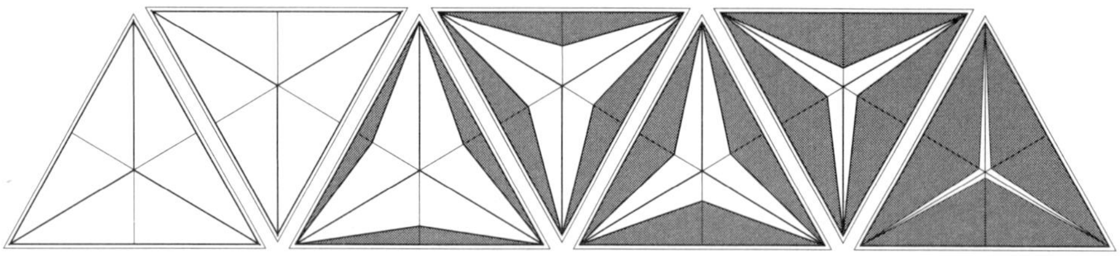

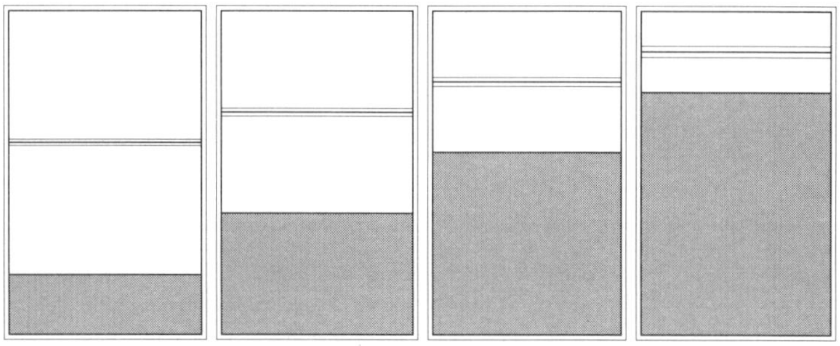

개발 중인 스마트 파사드의 유형은 다음과 같다:

동적 파사드

- 동적 파사드 또는 키네틱 파사드에는 접히거나, 미끄러지거나, 회전하거나, 그렇지 않으면 이동하거나 변형하여 환경 조건에 따라 대응하는 요소가 있다.
- 일부 방식에서는 사용자가 수동으로 제어한다.; 그렇지 않은 것은 센서에 연결하여 기후 요인에 반응하도록 프로그램되어 있다.
- 열반응성 패널은 더운 날씨에 태양열 취득으로 인한 과열을 완화하기 위해 차양을 구성하면서 열린다.
- 다공성 금속 스크린은 조망을 유지하면서 실내 공간의 채광을 최적화하기 위해 방향을 조정한다.
- 삼중 유리로 만든 창문은 창 내부에 개별적으로 작동하는 차광 블라인드가 있다. 밤에 블라인드를 내려서 파사드의 열성능 관련 수치를 단열 벽체와 비슷하게 만들 수 있다.

공기정화 파사드

- 이산화티타늄(TiO_2) 나노 입자로 벽을 코팅한 파사드. 햇빛으로 자극을 받으면, 광촉매 작용이라고 하는 고도산화 공정을 통해 대기의 오염 물질을 질산칼슘과 이산화탄소와 같이 상대적으로 환경 수용성이 있는 물질로 전환한다.

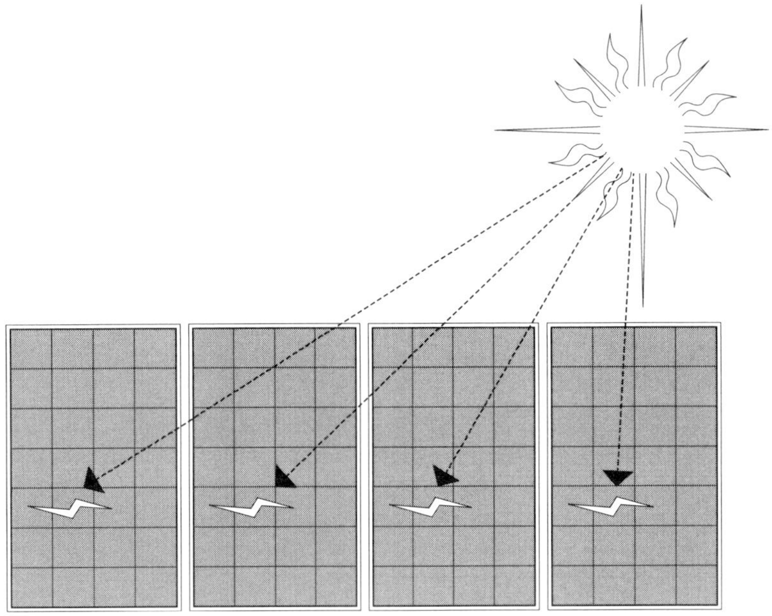

에너지 생성 외피

- 유리나 피복은 건물 내에서 사용할 태양 에너지를 생성하기 위해 얇은 층의 태양광발전 전지 또는 모듈과 일체화된다.
- 압전 소자가 있는 패널은 가벼운 산들바람에도 흔들리며 전력을 생산한다.
- 상변화 물질은 재생 가능한 에너지 시스템과 함께 사용하기 위한 에너지 저장장치를 제공한다.

식물기술 기술

- 파사드 복층 유리 사이 공간에 극소 식물을 살게 하면 햇빛에 노출되었을 경우 빠르게 성장하여, 저장이 가능한 바이오매스를 생성한다. 바이오매스는 혐기성 소화 처리를 통해 메탄을 만들 수 있다.
- 식물은 햇빛에 대한 차양 역할을 하면서, 건물을 둘러싸는 외피의 단열 성능을 강화한다.
- 입면 녹화, 또는 리빙월은 대기로부터 CO_2를 흡수할 수 있다.

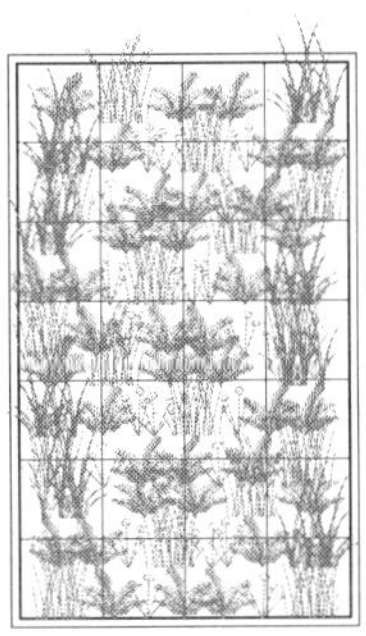

반응성 유리 Responsive Glass **및 유리시공**

- 전기변색유리는 전압에 반응하여 유리의 불투명도 또는 광투과특성을 제어한다.
- 열변색유리는 직사광선으로부터 오는 열에 직접 반응하여 어둡게 바뀐다. 이는 자체변색 유리가 작동하는 방식과 유사하다.
- 고분자 분산형 액정Polymer Dispersed Liquid Crystal (PDLC) 기술은 전기를 사용하여 부유 액정의 방향을 변경한다. 평상시에는 빛을 산란시키고 전압을 가하면 빛을 통과시킨다.
- 부유 입자 장치Suspended Particle Devices (SPD)는 액체 안에서 부유하는 나노 입자를 포함한 박막이다. 나노 입자는 일반적으로 일반 상태에서는 무작위로 조직되어 빛을 차단하고 흡수하지만, 전압을 가하면 정렬하여 빛이 유리를 통과할 수 있게 된다.

* 반투명 단열재 제품은 건물을 둘러싼 외피의 단열 효과를 높이면서 가시광선을 투과할 수 있다.

천창의 형태

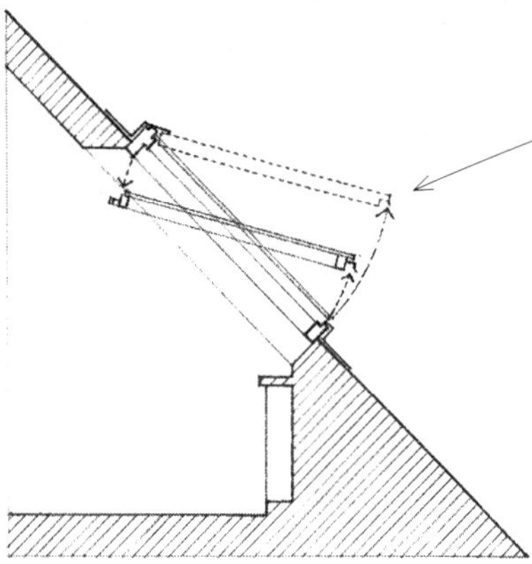

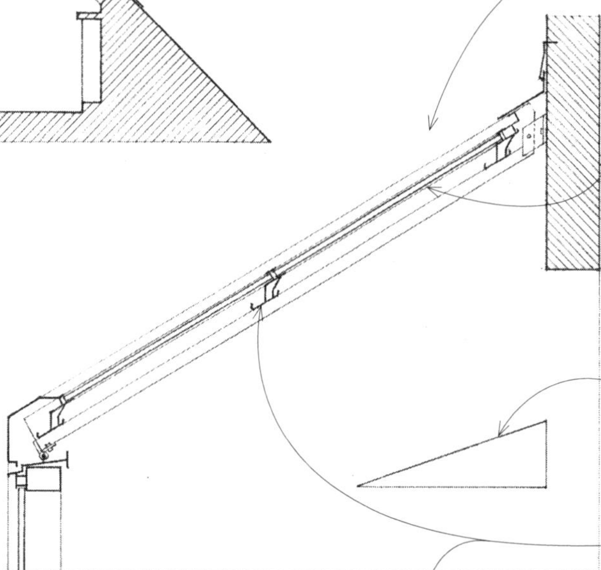

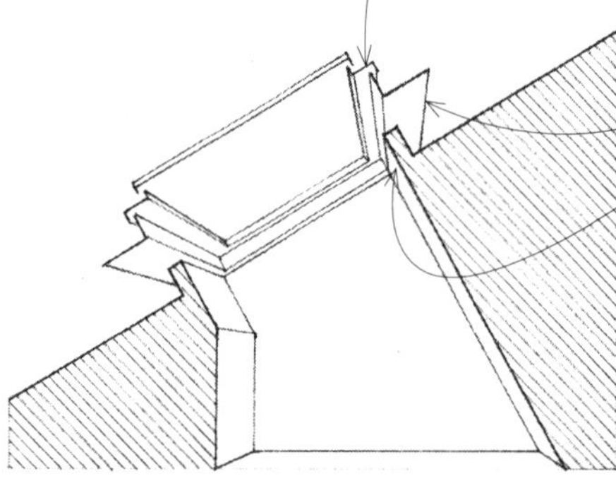

지붕에 창유리 개구부를 설치하면 일광이 실내 공간으로 들어올 수 있다. 광창을 광원으로 하면 효율적인 동시에 비용 절감 효과가 있다. 일반적인 자연 채광창을 대신하기 위해서 또는 추가하기 위해서 설치할 수 있다. 하지만 밝기와 눈부심을 제어하기 위해 신중을 기해야 한다. 이를 위해 루버, 차양, 또는 반사 패널이 필요할 때가 있다. 남쪽을 향한 수평 천창은 겨울에 태양열 취득에서 유리하지만, 여름에는 과도한 열취득을 방지하기 위해 차양 장치가 필요할 수 있다.

유리 개구부는 다음 요소를 사용하여 시공할 수 있다:

- 천창은 유리 또는 플라스틱 유리를 끼워 미리 조립한 금속제 프레임 유닛이다. 시판 규격 및 형상을 사용할 수 있으나 주문 생산 방식으로 조립할 수도 있다.
- 지붕창은 경사진 지붕에 설치하도록 설계한 시판 규격 목재창이다. 창은 환기 및 청소를 위해 여닫이 형식 또는 회전창 형식으로 개폐된다. 일반적으로 폭은 2'~4'(610~1220), 높이는 3'~6'(915~1830)이며, 차양, 블라인드, 및 전기 작동장치와 함께 쓸 수 있다.
- 경사 유리 시스템은 경사진 유리 지붕 역할을 할 수 있도록 공학적 요구를 반영한 유리 커튼월이다.
- 창유리는 아크릴 또는 폴리카보네이트 플라스틱을 소재로 하여 망입 유리, 접합 유리, 열강화 또는 완전강화 유리로 만든 것을 쓸 수 있다. 건축법은 천창 패널의 최대 면적을 제한한다.
- 에너지 절약과 결로 감소를 위해 복층 유리를 쓰는 것을 권장한다.
- 망입 유리, 열강화 유리, 완전강화 유리를 다층 유리방식에 적용하는 경우, 건축법에서는 유리가 깨졌을 경우 낙하를 방지하고, 건물 이용자에게 피해를 주지 않도록, 금속망으로 된 차폐장치을 창 아래에 설치할 것을 요구한다.
- 평평한 천창이나 파형 플라스틱으로 만든 천창의 최소 경사는 4:12이다. 플라스틱 돔은 경간의 10% 이상 또는 5"(125)이상 수직으로 올라와야 한다.

- 채광창 또는 경사 유리 시스템에 쓰는 프레임은 내부 홈통과 통합되어 침투하거나 결로에 의해 형성된 물을 모으고 배수공을 통해 외부로 배출해야 한다.
- 지붕 플래싱
- 45° 미만의 각도로 설정된 천창은 주변 표면보다 최소한 4"(100)은 높게 설치해야 하며, 이를 위해 귀틀이 필요하다. 이 틀은 작업이 별도로 제작하거나, 천창 유닛에 일체화되어 있을 때도 있다.

- 천창 유닛을 쓰기 위해서는 골조가 있는 지붕 개구부가 필요하다. 골조가 지붕 구조와 천창 유닛 둘 다 지지하여, 예상하는 지붕 하중을 버틸 수 있도록 공학적 차원에서 설계해야 한다.

CSI 마스터포맷 08 61 00: 지붕 창문
CSI 마스터포맷 08 62 00: 유닛 천창
CSI 마스터포맷 08 44 33: 경사 유리 조립체

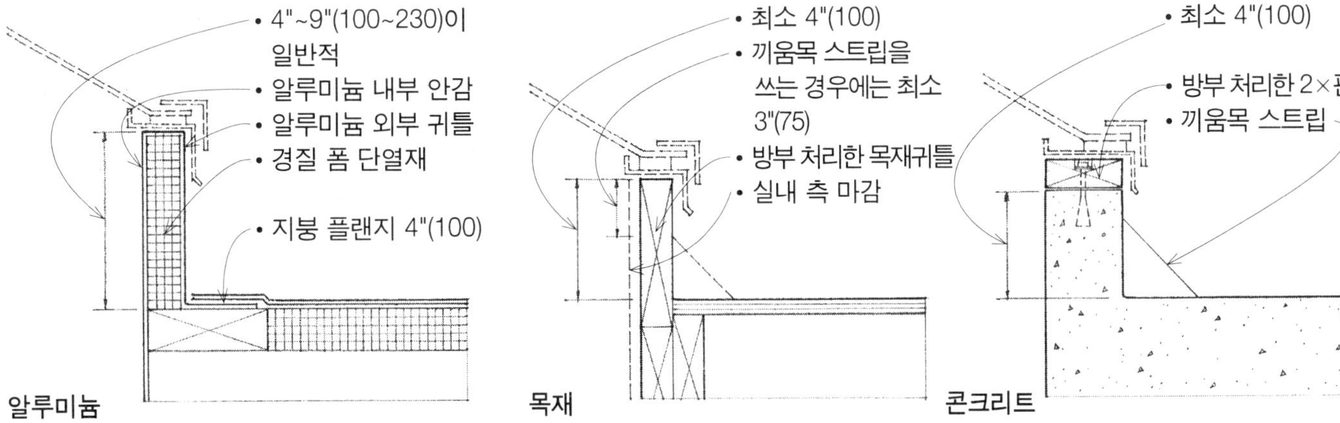

알루미늄 목재 콘크리트

귀틀curb의 유형

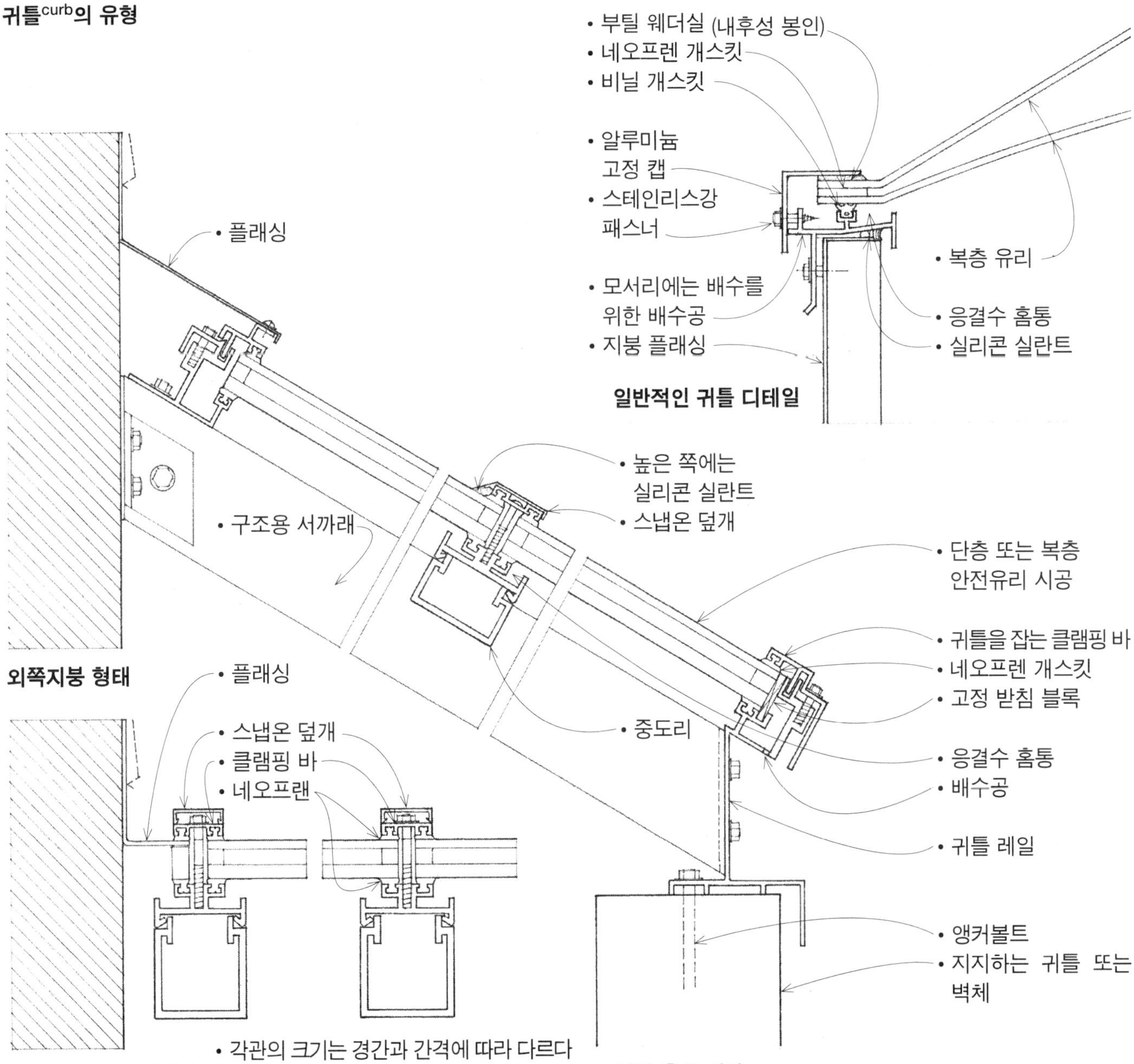

일반적인 귀틀 디테일

외쪽지붕 형태

끝벽과 일반적 서까래

창턱 혹은 처마

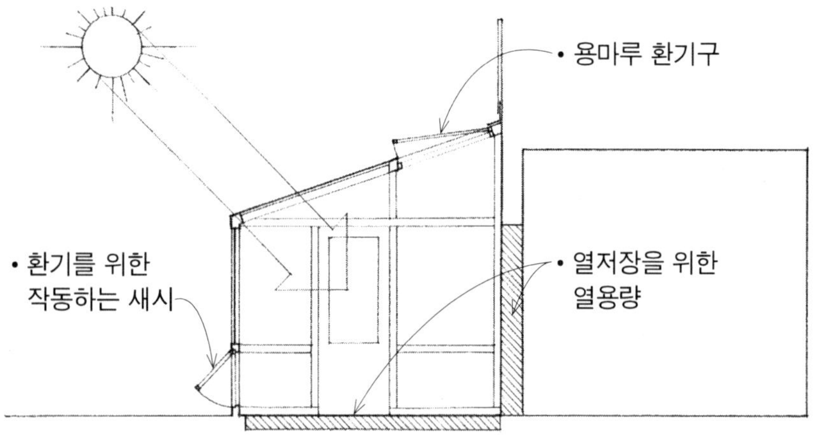

부착형 온실sunspace은 다른 생활공간에 인접하게 조성한 포치 또는 공간으로, 유리로 둘러싸여 있으며, 다량의 햇빛을 받아들이도록 방향을 설정한다. 부착형 온실은 태양으로부터의 열취득을 저장하기 위해, 조적조, 석재 또는 콘크리트의 열용량을 활용하는 패시브 태양에너지 디자인에 쓰일 때가 많다. 과열 가능성이 있으므로 개폐 가능한 창과 필요한 경우 배기 팬을 사용하여 차양 및 환기 기능을 갖춰야 한다.

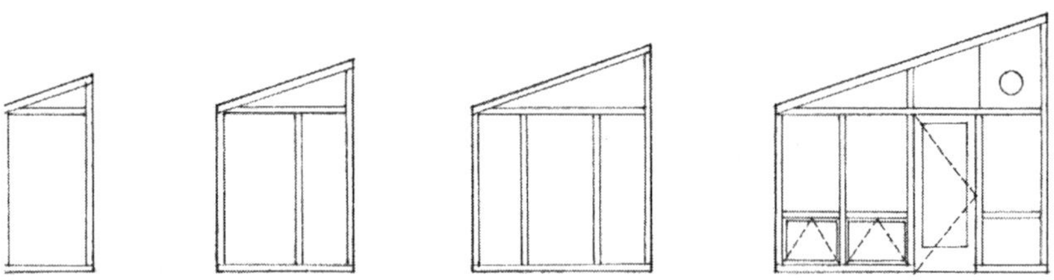

- 부착형 온실, 일광욕실, 온실은 유리 시공과 플래싱이 포함된 목재 또는 금속 골조 상태로 제조한 방식으로 쓸 수 있다.
- 환기팬은 박공옆이나 지붕에 장착할 수 있다.
- 단열 차양과 단열 블라인드는 지붕의 경사면을 따라 설치될 수 있으며, 수동 또는 원격 조정으로 작동한다.
- 프렌치 문 또는 여닫이문은 박공옆 중 한쪽에 위치할 수 있다.
- 환기를 위한 천막 차양 및 여닫이 창틀은 앞쪽 또는 측면 벽체에 사용할 수 있다. 일부 방식은 환기용 지붕 새시가 있다.

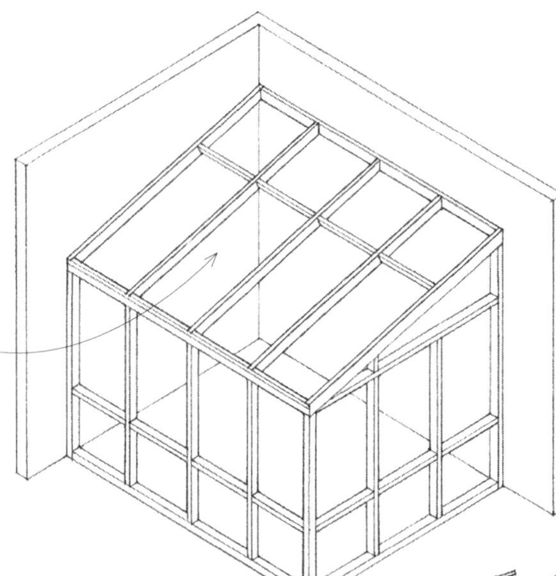

- 안전차단망은 상업용 또는 단독 온실의 경우 필요하지 않다. 단 구조물이 공공 용도로 사용되지 않고 지반면 기준 용마루 높이가 20' (6095)을 넘지 않는 경우에 그러하다.

- 8.37 아래쪽 절반의 세부사항은 금속 골조의 창유리 구조의 시공에 맞춰 있다. 아래는 목재 골조의 부착형 온실 또는 일광욕실에 대한 일반적인 세부 사항이다.

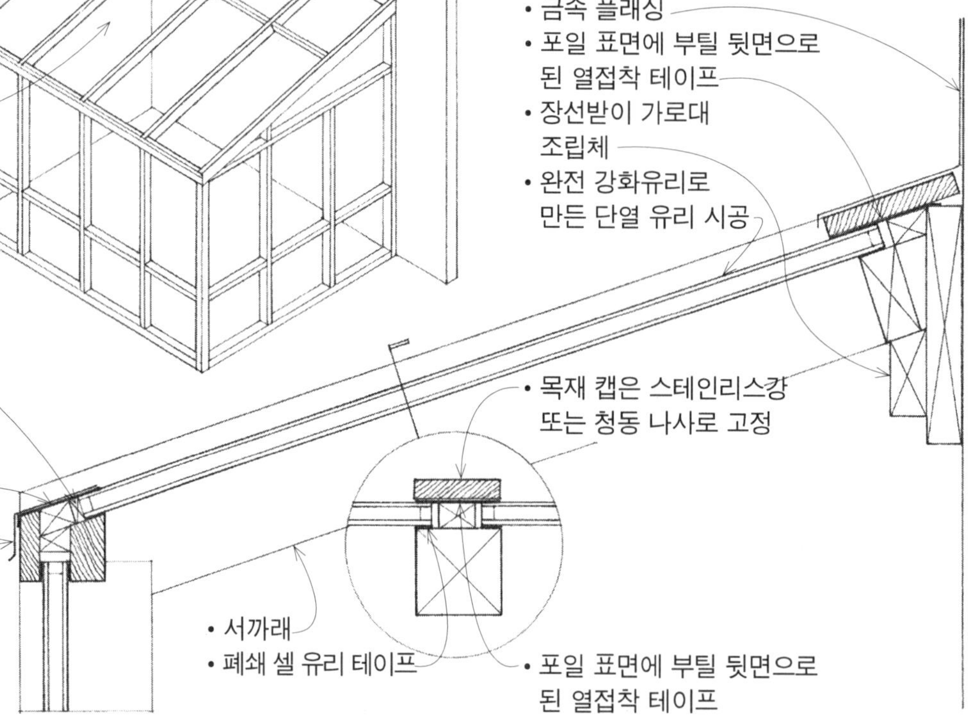

9

특수 시공

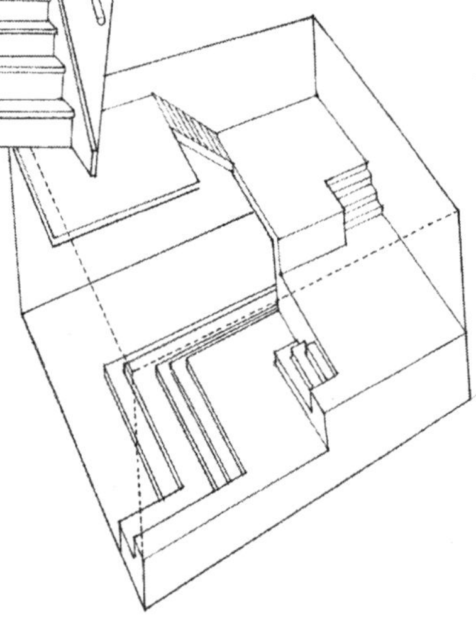

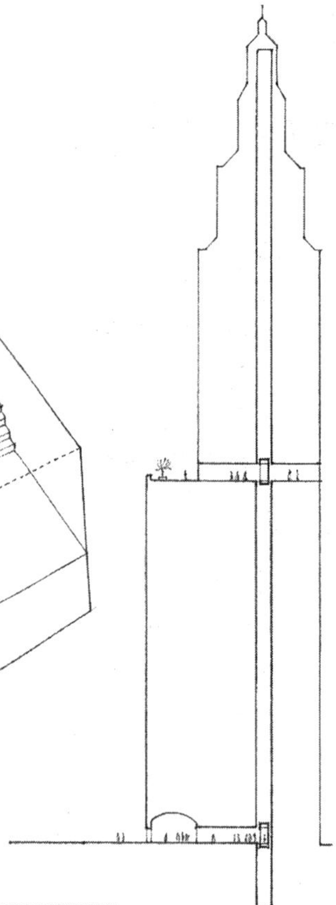

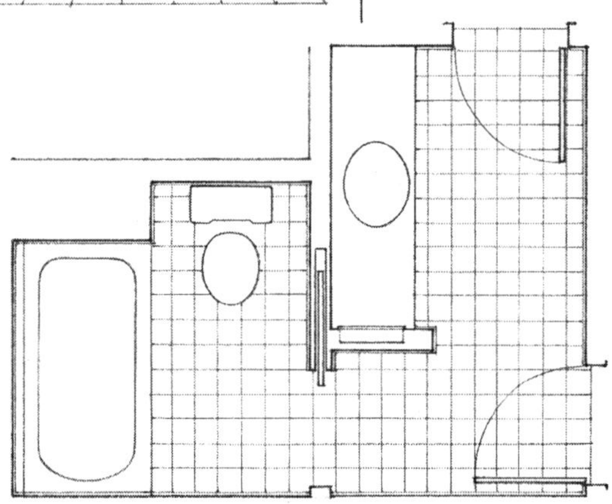

본 장에서는 독특한 특성 때문에 독립적으로 고려하여야 하는 건물의 요소들에 대해 논의한다. 이는 건물의 외부 형태에 항상 영향을 미치지는 않지만, 공간의 내부 구성, 구조 시스템의 패턴, 때에 따라서는 난방, 배관 및 전기 시스템의 배치에 영향을 미친다. 이 장은 건물 거주자에게 필요한 환경의 쾌적성, 건강 및 안전 조건을 유지하는데 요구되는 설비 및 전기 시스템에 대한 설명이다. 완전한 설계 설명서를 제공하고자 하는 의도가 아니라 설비 & 전기 시스템의 성공적인 운영과 다른 빌딩 시스템과의 통합을 위해 고려해야 할 요소를 간략히 설명하기 위한 것이다.

계단은 한 층에서 다른 층으로 이동하는 수단을 제공하므로 건물의 전체 순환 체계에서 중요한 연결부이다. 2층짜리 볼륨을 뚫든 좁은 샤프트를 통해 만들든 계단은 상당한 공간을 차지한다. 따라서 지나치게 복잡한 구성이 되는 것을 피하고자 계단을 구조 시스템과 논리적으로 통합되게 설치해야 하는데, 무엇보다도 안전과 이동 용이성을 가장 중요하게 고려해야 한다.

다층 건물에는 사람, 장비 및 화물을 한 층에서 다른 층으로 옮기기 위해 엘리베이터가 필요하다. 장애인이 다층 공공 및 상업 시설에 접근할 수 있도록 미연방 규정에 따른 설치가 요구된다. 엘리베이터의 대안으로, 제한된 수의 층 사이에서 많은 사람이 효율적으로 편안하게 움직일 수 있는 에스컬레이터를 설치할 수 있다.

공간의 규모 및 사용을 고려하여 결정해야 한다. 벽난로와 난로 둘 다 적절한 장소에 적절한 방법으로 설치되어야 한다. 통풍 조절판damper 및 연도flue의 크기는 화실firebox의 크기 및 비율과 일치해야 하며 화재 위험 및 열 손실에 대한 예방 조치가 있어야 한다.

주방과 욕실은 건물에 있어 기술을 필요로 하는 배관 연결과 공간의 기능적 및 미적인 요구 사항들과 관련이 있는 전기 및 난방/환기 시스템이 필요한 특별한 공간이다. 이 공간들에는 또한 내구성, 유지 보수 용이성, 위생적인 표면과 마감재 외에도 특수 고정 장치 및 장비가 필요하다.

계단의 챌판risers과 디딤판treads의 치수는 신체 움직임에 맞게 비례하도록 설계한다. 경사도가 가파르면 계단을 오를 때 심리적으로나 육체적으로 힘들어지며 하강 시에 불안을 일으킬 수 있고, 경사도가 얕으면 디딤판이 사람의 걸음에 맞도록 충분한 폭을 내어야 한다.

건축 법규에서는 계단의 챌판과 디딤판의 최소 및 최대 치수를 규제하고 있다(9.04 - 9.05. 참조). 편안한 계단을 위해 챌판과 단 너비의 치수는 다음 공식 중 하나에 따라 그 비례를 조정할 수 있다:

- 단 너비 (인치) + 2× 챌판 (인치) = 24~25
- 72~75 (챌판 (cm) × 디딤판 (cm) = 대략 45, 국내 어림규칙)

외부 계단exterior stairs은 일반적으로 내부 계단만큼 가파르지 않다. 특히 눈과 얼음과 같은 위험한 조건이 존재하는 경우에는 더욱 그렇다. 따라서 비례식은 합계 26으로 조정될 수 있다.

안전을 위해 한 줄로 이어진 계단에서 모든 챌판은 같은 높이, 모든 디딤판은 같은 폭이어야 한다. 건축법에서는 챌판riser 높이 또는 디딤판 깊이의 허용 편차를 3/8"(9.5)로 제한한다. 이 페이지와 다음 페이지에 요약된 치수 지침을 적용하기 전에 건축법을 참조해야 한다.

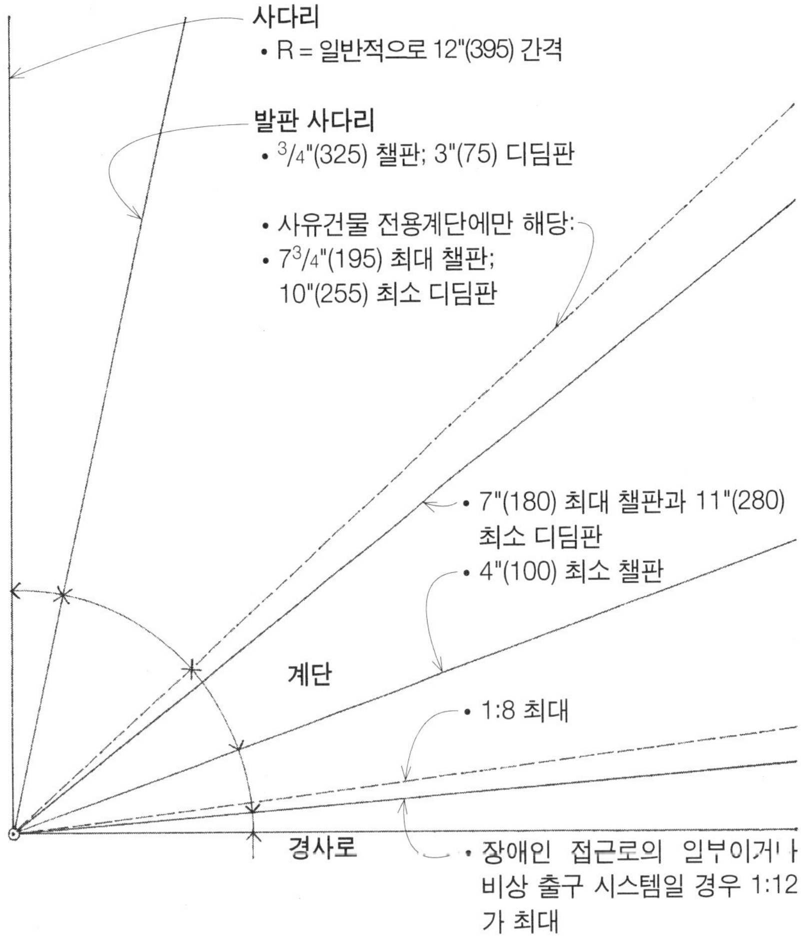

- 계단 한 세트의 실제 챌판과 디딤판 치수는 계단 전체 또는 층 간 높이를 원하는 챌판 높이로 나누고 그 결과를 반올림하여 전체 계단 수를 결정한다. 전체 높이를 다시 전체 계단 수로 나누어 실제 챌판 높이를 정한다.
- 챌판 높이가 건축 법규에서 허가되는 최대 높이에 위배되지 않는지 확인할 것. 필요하다면 챌판 수를 하나씩 추가하여 실제 챌판 높이를 다시 계산해야 함.
- 실제 챌판 높이가 정해지면 챌판:디딤판의 비례식을 사용하여 디딤판 깊이를 결정할 수 있다.
- 계단을 오르내릴 때 항상 챌판보다 디딤판 수가 하나 적으므로, 디딤판의 전체 수와 전체 깊이는 비교적 쉽게 결정할 수 있다.

챌판과 디딤판의 치수

챌판 인치 (mm)	디딤판 인치 (mm)	
5 (125)	15 (380)	
5 1/4 (135)	14 1/2 (370)	
5 1/2 (140)	14 (355)	
5 3/4 (145)	13 1/2 (340)	
6 (150)	13 (330)	
6 1/4 (160)	12 1/2 (320)	
6 1/2 (165)	12 (305)	
6 3/4 (170)	11 1/2 (290)	
7 (180)	11 (280)	• 최대 챌판 높이; 장애인의 접근이 가능한 계단과 비상구를 위한 최소 디딤판 폭
7 1/4 (185)	10 1/2 (265)	
7 1/2 (190)	10 (255)	

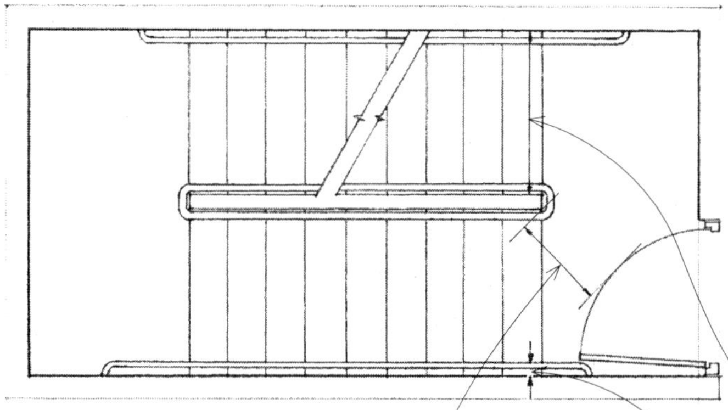

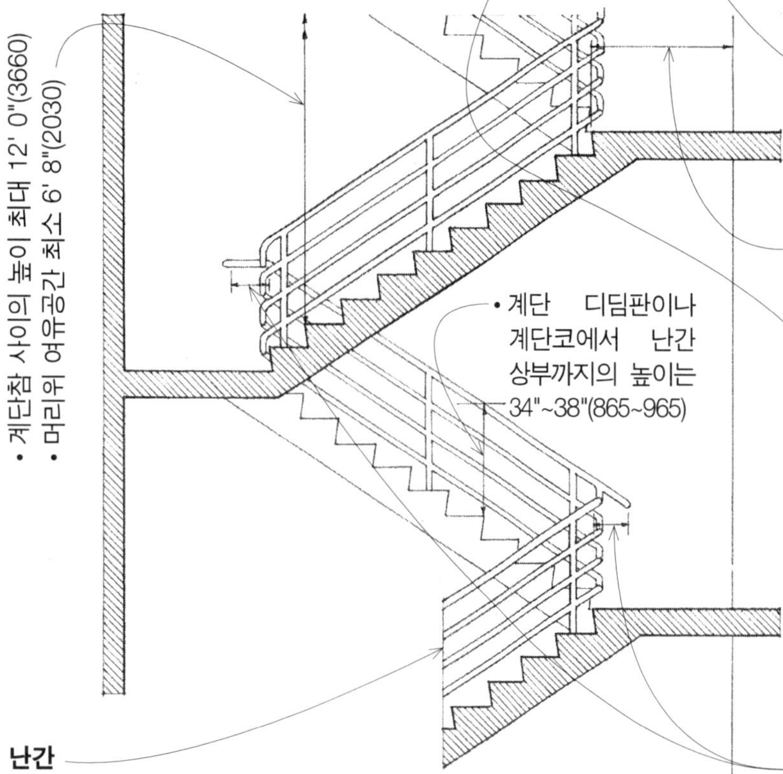

계단 설계는 건축 법규에 의해 강하게 규제되며, 특히 비상탈출통로에 계단이 포함되어 있을 때는 더욱 철저하다. 비상 상황에서는 장애인 접근용 계단 역시 대피경로로 사용되어야 하므로 다음 페이지에 설명된 ADA 접근성 필수항목이 비상 피난계단의 필수항목과 유사하다.

계단 폭

- 건물이용자 그룹과 제공된 바닥 면적에 기반하는 적재하중occupant load에 따라 출구 계단의 필요한 폭을 결정함. 상세한 내용은 건축법 참조.
- 최소 폭은 44"(1120), 비상계단으로 이용되는 계단의 난간 사이 최소 폭은 48"(1220) ; 49명 이하의 인원이 이용하는 계단의 최소 폭은 36"(915).
- 난간 손잡이는 필요한 폭의 최대 4 1/2"(115) 까지 계단 안쪽으로 돌출 가능함; 세로보와 마감재는 최대 1/2"(38)까지 돌출시킬 수 있다.

계단참

- 계단참은 계단만큼의 폭을 유지해야 하며 이동 방향으로 측정한 계단 폭과 동일한 최소 길이를 가져야 한다. 일직선 계단일 경우에는 48"(1220) 보다 길 필요는 없다.
- 문은 피난 방향으로 밀어 열리도록 설치할 것. 문을 열 때 계단참에 필요한 너비가 1/2 미만으로 줄어들면 안 된다.
- 문을 완전히 열 때, 그것이 필요 면적의 7"(180) 이상을 침범하지 않도록 할 것.

난간 손잡이

- 난간 손잡이는 계단 양쪽에 있어야 한다. 건축법은 개인적인 거주용 건축물에서만 예외를 허용.
- 난간 손잡이는 중간에 기둥이나 다른 장애물 없이 연속적으로 이어져야 함.
- 난간 손잡이는 이어진 계단에서 꼭대기 단이 끝난 뒤에도 수평으로 최소 12"(305) 더 이어져야 하며, 아래 마지막 챌판 계단코 끝이 끝난 뒤로도 적어도 디딤판 하나만큼의 길이가 수평으로 더 이어져야 함. 손잡이 끝부분은 부드럽게 벽이나 보행 면으로 이어지거나 인접한 계단 난간으로 이어져야 함.
- ADA 기준에 따르면 계단의 마지막 디딤판에서 난간 손잡이는 수평방향으로 12"(305) 추가 연장되어야 함.
- 자세한 난간 손잡이 기준은 다음 페이지 참조.

디딤판, 챌판, 발판 모서리

- 걸려 넘어지는 것을 방지하기 위해 계단 설치 시 최소 세 단 이상은 되는 것이 좋으며 이는 건축 법규에서도 요구될 수 있음.
- 자세한 디딤판, 챌판, 발판 모서리 조건은 다음 페이지 참조.
- 디딤판과 챌판 비율은 9.03 참조.

난간

- 계단이나 경사로, 현관과 개방된 상부층과 지붕에는 난간guardrail이 설치되어야 한다.
- 난간의 높이는 최소 42"(1070); 주거공간의 난간은 36"(915) 높이도 가능.
- 개방형 계단이나 계단의 유리 벽면의 보호용 난간은 난간 손잡이와 같은 높이로 설치한다.
- 바닥에서 34"(865)까지의 난간의 틈새에는 4"(100) 짜리 구체가 통과할 수 없어야 하고; 34"에서 42"(865에서 1070) 높이의 난간 하부 패턴은 8"(205) 크기의 구체가 통과할 수 있다.
- 난간 윗면에 수직과 수평으로 각각 집중하중을 견뎌낼 수 있어야 함. 자세한 조건은 건축 법규 참조.

ADA 접근성 지침

장애인의 접근이 가능한 계단은 또한 위기상황에서 비상 탈출 수단의 역할을 할 수 있어야 하며, 혹은 계단을 이용할 수 없는 사람들이 비상 피난emergency evacuation 중에 임시로 안전하게 기다리며 도움을 받을 수 있는 피난 공간으로 사용할 수 있도록 해야 한다.

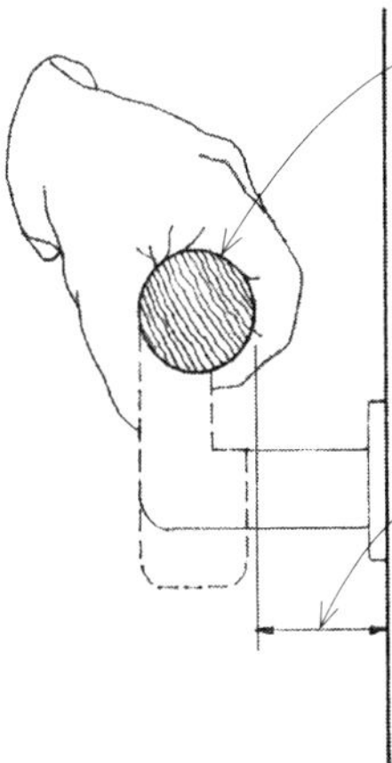

난간 손잡이

- 난간 손잡이handrails는 날카롭거나 거친 부분이 없어야 하며 바깥 직경은 최소 $1\frac{1}{4}$"(32)와 최대 2"(51)가 되어야 함; 손으로 쥐었을 때 최대 직경이 $2\frac{1}{4}$"(57)가 되고 잡기에 편하다면 다른 형태도 가능함.
- 난간 손잡이와 벽 사이에 최소 $1\frac{1}{2}$"(38)의 공간을 확보할 것.

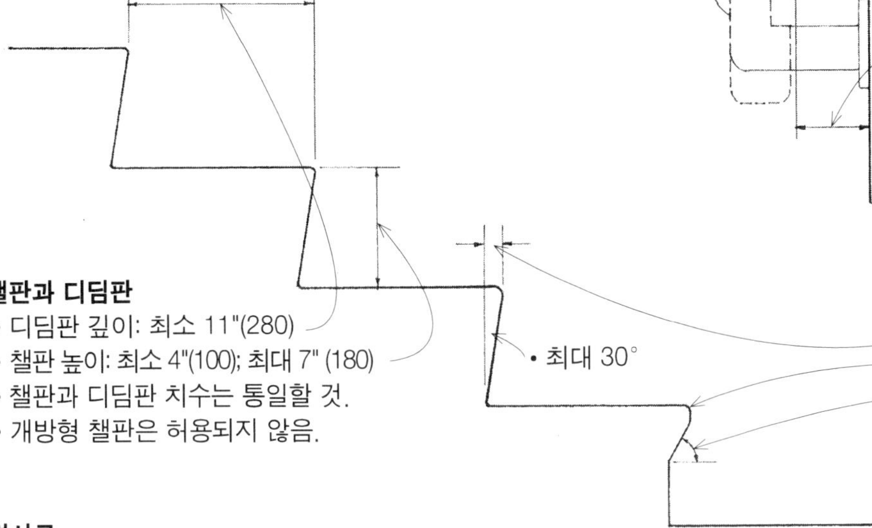

챌판과 디딤판

- 디딤판 깊이: 최소 11"(280)
- 챌판 높이: 최소 4"(100); 최대 7" (180)
- 챌판과 디딤판 치수는 통일할 것.
- 개방형 챌판은 허용되지 않음.

계단코

- $1\frac{1}{2}$"(38)가 최대 돌출길이
- $\frac{1}{2}$"(13)가 최대 반경
- 챌판은 경사지거나 기울어지거나 계단코 밑면이 수평에서 최소 60° 각도를 가지게 할 것.

경사로

경사로ramps는 건물의 층 사이에 완만한 이동 경로를 제공한다. 편안하고 완만한 경사로를 만들기 위해서는 비교적 많은 공간이 필요하다. 대체로 장애인 이동 경로를 따라, 혹은 바퀴 달린 장비들이 접근할 수 있도록 사용되는데, 짧고 직선으로 된 경사로는 보의 역할을 하며 나무, 강철, 혹은 철근콘크리트를 이용하여 만들 수 있다. 길고 곡선으로 된 경사로는 보통 강철이나 철근콘크리트를 이용하여 만든다.

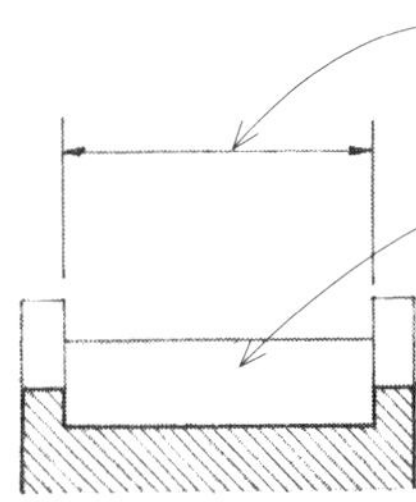

- 연석curbs이나 난간 사이에 최소 36"(915)의 순 폭clear width 확보
- 경사로 표면은 안정적이고 견고하며, 미끄럼 방지 처리가 되어야 함.
- 사람들이 경사로에서 미끄러져 떨어지는 것을 방지하기 위해 연석, 난간이나 벽이 있어야 함; 연석이나 장벽의 최소높이는 4"(100)

경사로 참

- 경사로 각 층의 끝에는 최소 60" (1525) 길이의 참이 있어야 함.
- 참은 최소한 이어진 경사로의 너비만큼 넓어야 함.
- 경사로의 방향이 바뀌는 부분에는 최소 60" × 60"(1525 × 1525)의 참이 있어야 함.

- 최대 경사는 1:12
- 경사로 참 사이의 단 최대 높이는 30"(760)

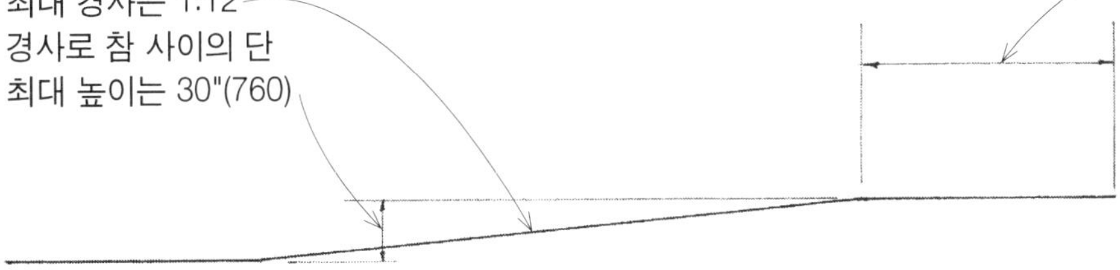

난간 손잡이

- 수직높이가 6"(150)이 넘거나 수평 길이이 72"(1830)가 넘는 경사로에는 양쪽 모두 난간 손잡이를 설치해야 함.
- 난간 손잡이 설치 조건은 계단의 경우와 같음.
- 난간손잡이는 경사로가 시작되거나 끝나는 지점에서 수평으로 최소 12"(305) 연장되어야 함.

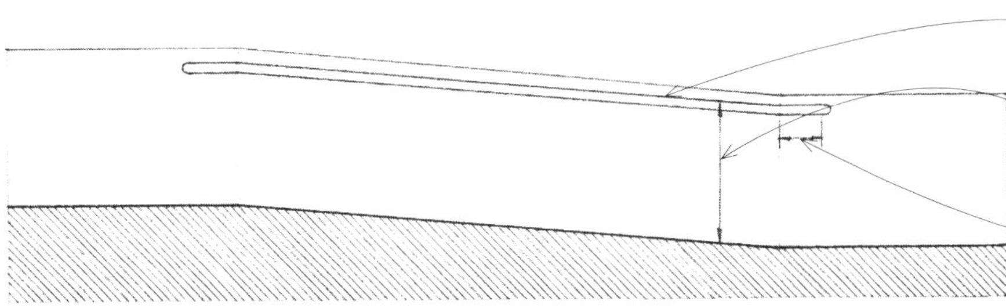

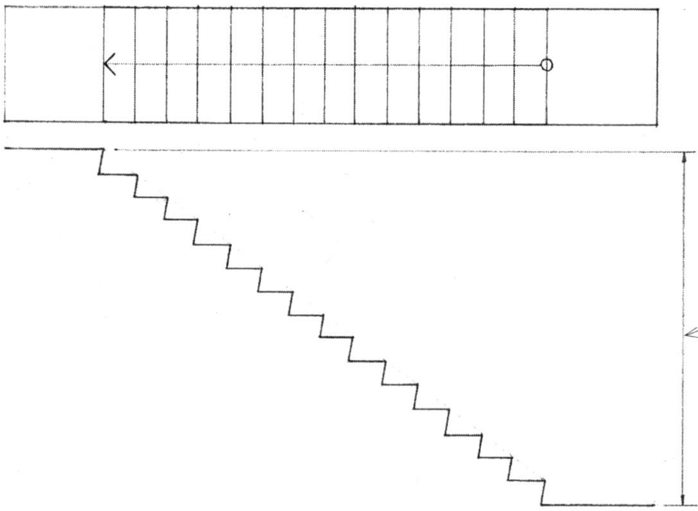

직선 계단

- 직선 계단는 한 층에서 다른 층으로 꺾임이나 구부러짐이 없는 계단이다.
- 건축 법규는 일반적으로 계단참 간의 수직 단 높이를 12'(3660)까지로 제한하고 있다.(국내에서는 높이 3m마다 계단참 설치)

- 계단으로의 접근이나 이동의 시작은 계단의 이동 방향과 같은 축이거나 직각일 수 있다.

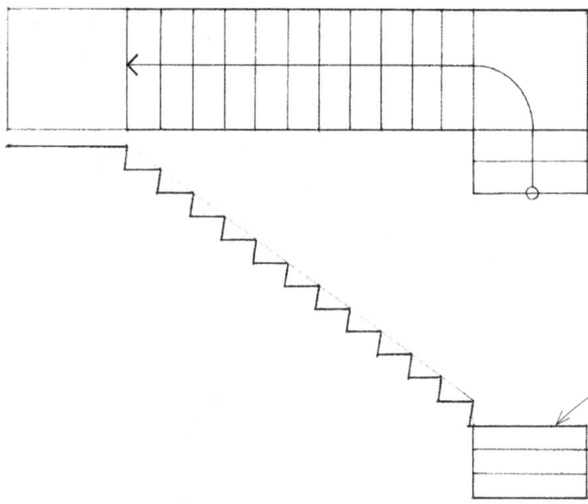

꺾은 계단

- 꺾은 계단(L자형 계단)는 보행 방향에서 직각으로 꺾인 형태의 계단이다.
- 중간에 계단참으로 연결된 두 줄flight의 계단은 의도하는 계단 개구부 비율에 따라 길이가 같을 수도 있고 다를 수도 있다.

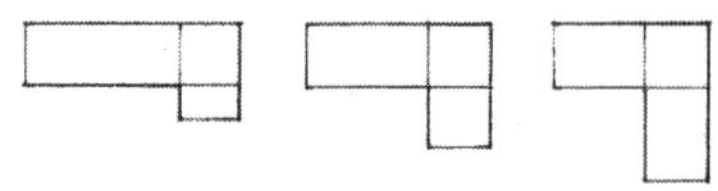

- 평균적인 눈높이보다 낮은 계단참은 보행자가 편안함을 느끼게 한다.

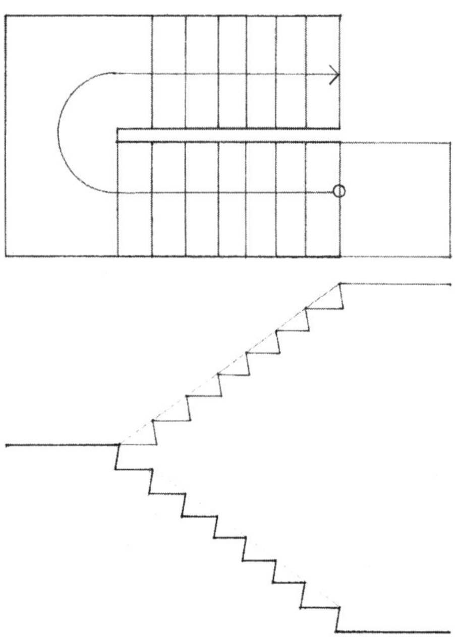

U자형 계단

- U자형 계단는 중간 계단참에서 180° 또는 두 번의 직각으로 회전한다.
- U자형 계단은 같은 높이를 올라가는 직선계단보다 면적을 적게 차지한다.
- 하나의 참으로 연결된 두 개의 계단은 계단 개구부 비율에 따라 길이가 같을 수도 있고 다를 수도 있다.

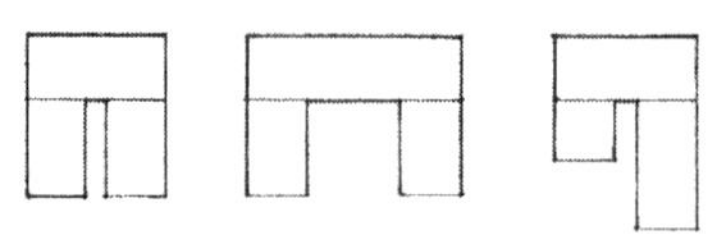

돌음 계단

- 돌음 계단는 원형이나 나선처럼 돌아가는 형태를 가지고 있는 모든 계단을 말함. 꺾은 계단이나 U자형 계단은 진행 방향을 전환할 때 계단참보다 자리를 적게 차지하는 돌음단[1] 형태를 적용하고 있다.
- 돌음단은 꺾일 때 중심 축 쪽에 발 디디는 면적이 좁기 때문에 위험할 수 있다. 건축법규에서는 일반적으로 개인적인 거주 용도의 건물에 설치하는 계단에만 사용하도록 제한하고 있다.

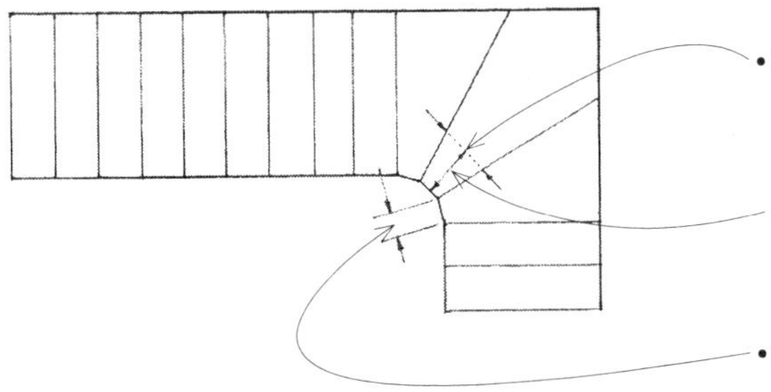

원형 계단

- 원형 계단은 말 그대로 원형으로 계획되는 계단이다. 돌면서 올라가는 원형의 계단을 설치한다고 하더라도, 건축 법규에서는 원형 계단의 전체 반지름이 계단 실제 너비의 두 배 이상이 되어야 피난 용도의 일부로 사용할 수 있도록 허가하고 있다.

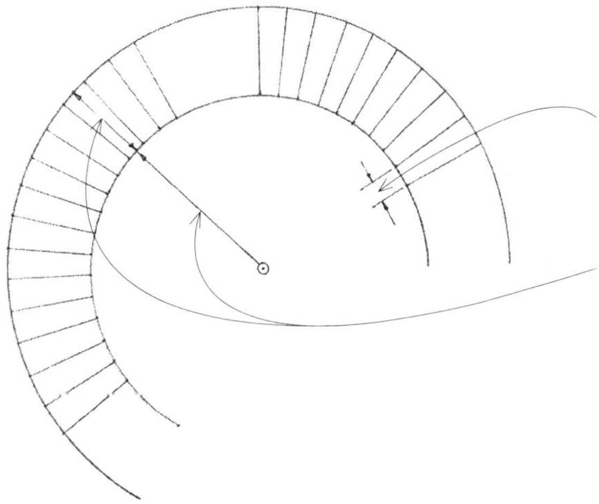

나선형 계단

- 나선형 계단은 가운데 기둥을 중심으로 쐐기 모양의 디딤판들이 돌아가며 올라가는 계단이다.
- 나선형 계단은 계단 형태 중 가장 적은 면적을 차지하지만 건축 법규에서는 개인 거주공간의 계단들에만 허용하고 있다.
- 일반적인 치수는 9.12 참조.

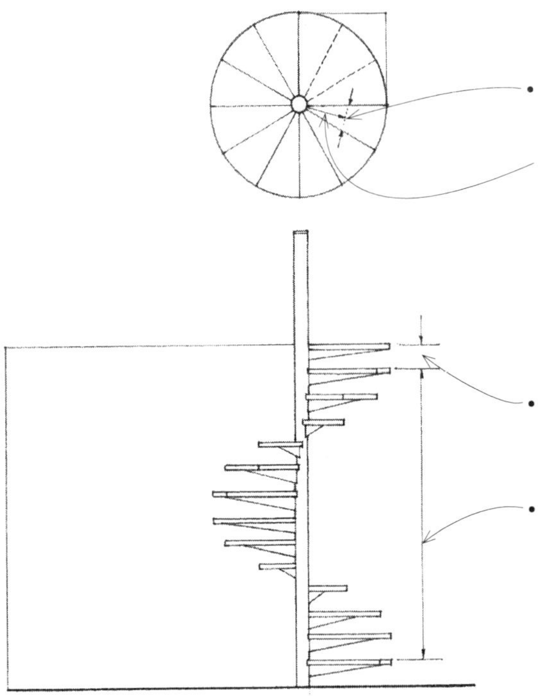

1) 표준어 표기 방식에 따르면 돎단이 맞으나 현행 사전과 자료에서 표기된 바를 따른다.

목조 계단은 다음과 같은 요소를 갖추어야 한다.:

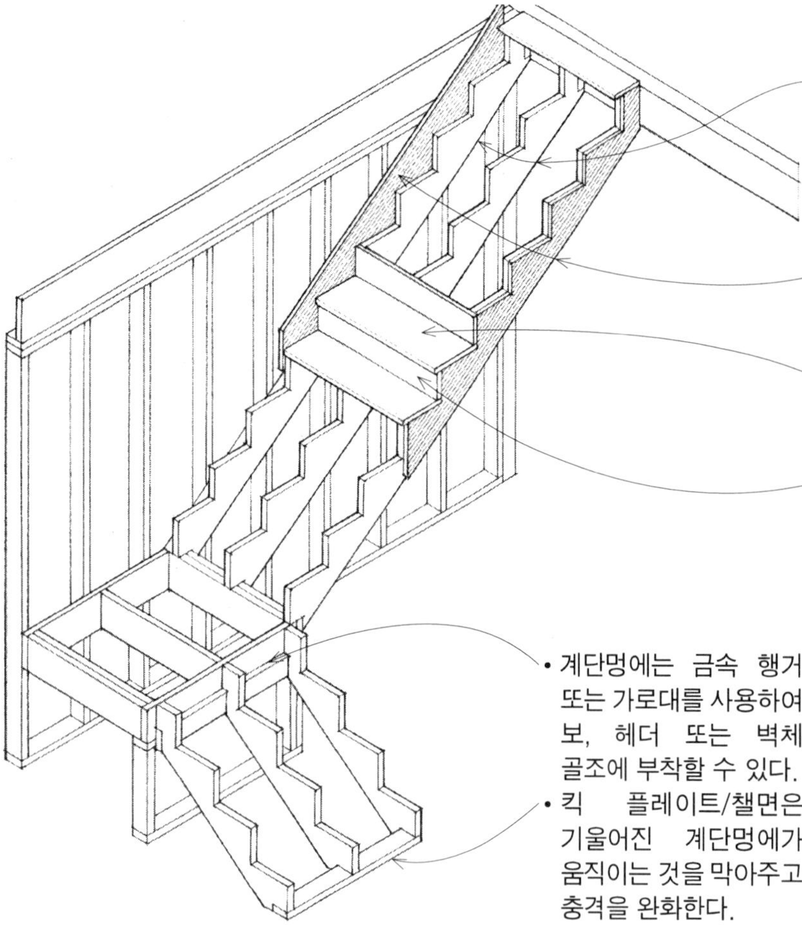

- 계단멍에rough stringer/carriage는 계단이 전개되는 챌판과 디딤판을 받치는 중요한 경사보이다. 계단에 필요한 계단멍에의 수와 공간은 디딤판 재료가 어느 정도 길이로 사용 가능한지에 따라 달라짐.
- 계단옆판/스트링거stringers는 챌판과 디딤판과 직각으로 계단 진행 방향을 따라 설치되는 경사진 마감 부재이다.
- 디딤판은 지지대의 역할을 하는 계단멍에 사이의 공간에 걸쳐지는 발 디딤 부분이다.
- 챌판은 계단 구조를 견고히 하고 디딤판 사이의 추락이 없도록 막아주기 위해 수직으로 놓는 판재이다.
- 계단멍에는 금속 행거 또는 가로대를 사용하여 보, 헤더 또는 벽체 골조에 부착할 수 있다.
- 킥 플레이트/챌면은 기울어진 계단멍에가 움직이는 것을 막아주고 충격을 완화한다.
- 합판 디딤판과 챌판 위 나무 바닥 마감재

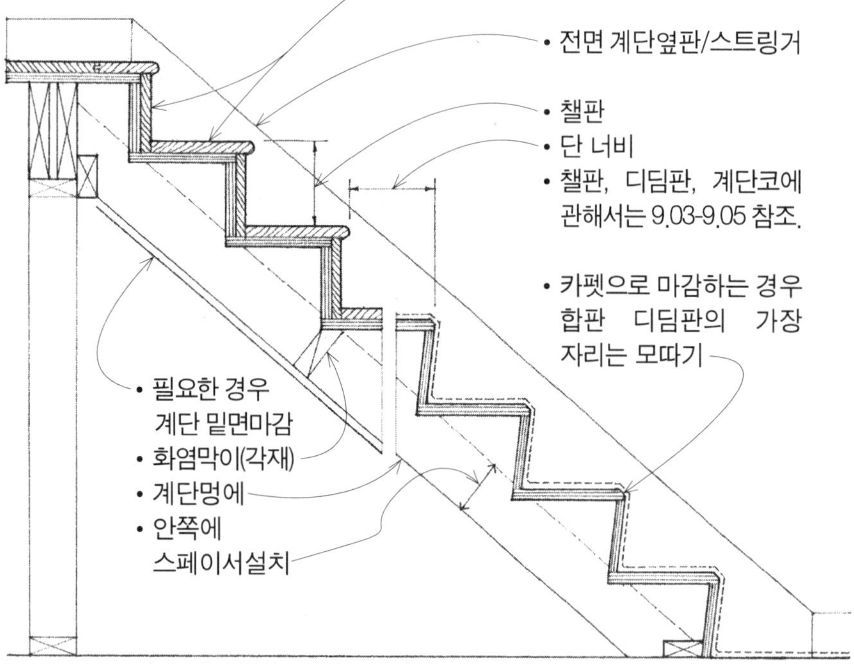

- 전면 계단옆판/스트링거
- 챌판
- 단 너비
- 챌판, 디딤판, 계단코에 관해서는 9.03-9.05 참조.
- 카펫으로 마감하는 경우 합판 디딤판의 가장자리는 모따기
- 필요한 경우 계단 밑면마감
- 화염막이(각재)
- 계단멍에
- 안쪽에 스페이서설치

전면 계단옆판이 있는 계단옆판식 계단

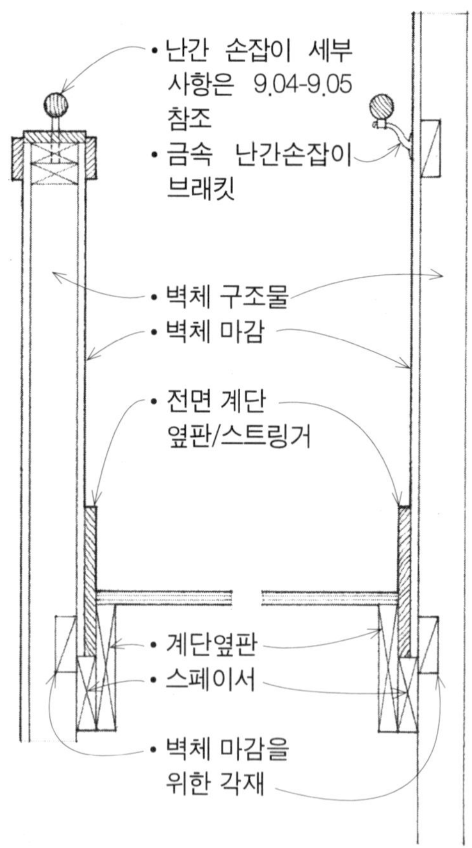

- 난간 손잡이 세부 사항은 9.04-9.05 참조
- 금속 난간손잡이 브래킷
- 벽체 구조물
- 벽체 마감
- 전면 계단 옆판/스트링거
- 계단옆판
- 스페이서
- 벽체 마감을 위한 각재

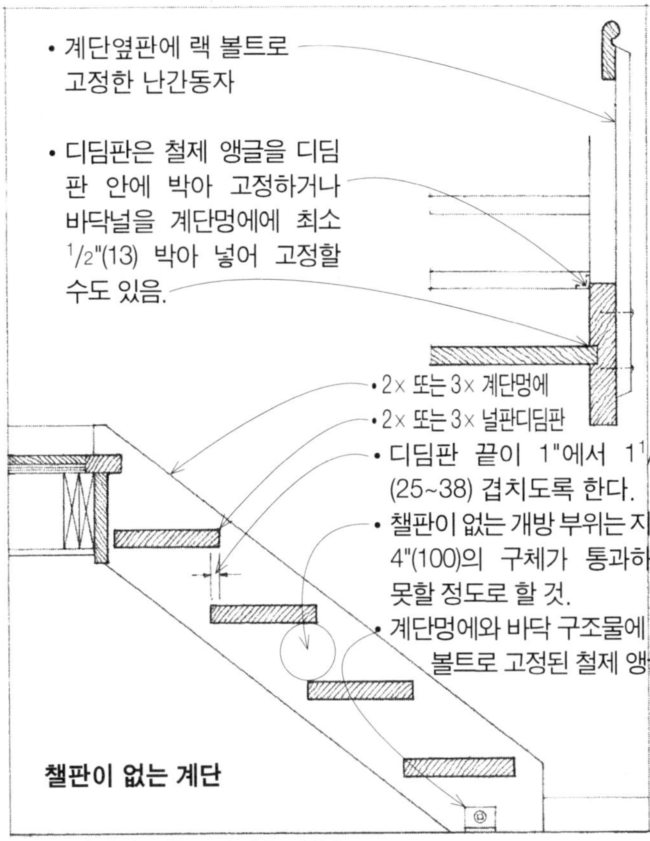

챌판이 없는 계단

• 챌판이 없는 계단은 ADA 장애인 접근성 지침에 부합되지 않음.

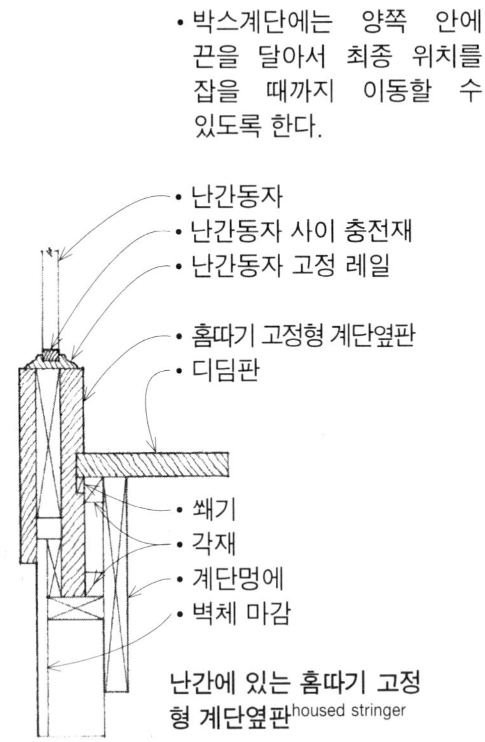

난간에 있는 홈따기 고정형 계단옆판 housed stringer

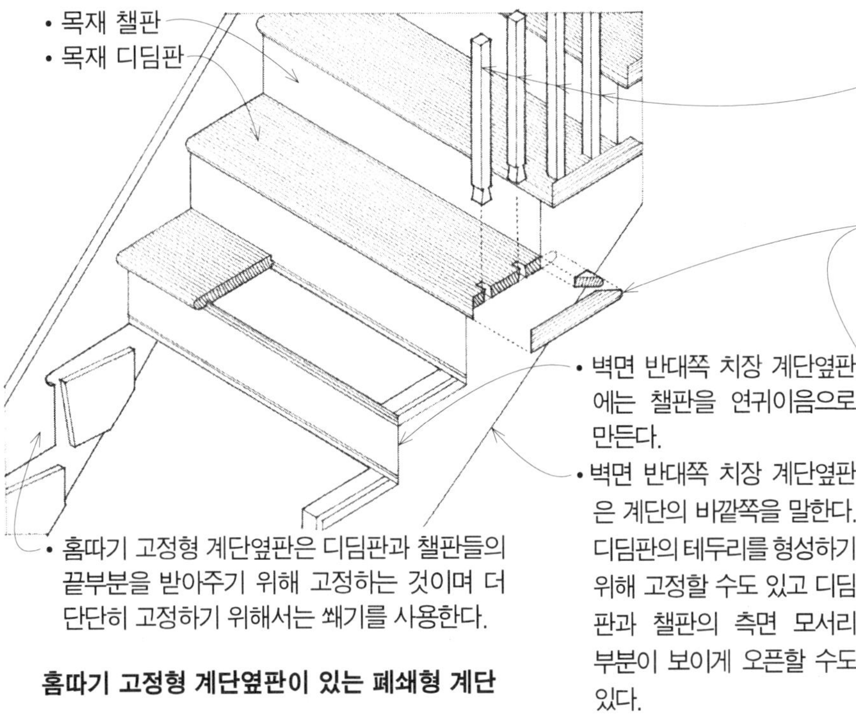

홈따기 고정형 계단옆판이 있는 폐쇄형 계단

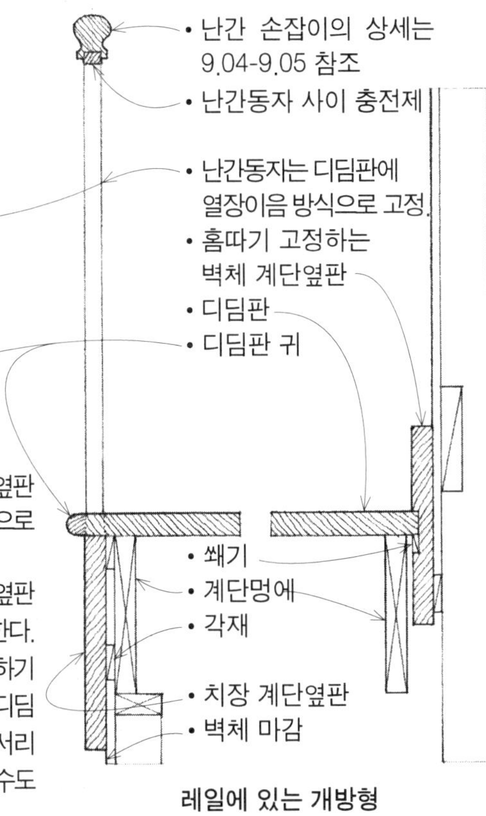

레일에 있는 개방형 계단옆판

9.10 콘크리트 계단

콘크리트 계단은 위쪽 면이 계단 모양으로 형성된, 1방향으로 보강한 기울어진 슬래브로 설계한다. 계단이 가로 보나 벽체 지지대가 먼저 완성된 후에 설치된다면 단순보의 역할을 하고, 보 또는 슬래브 지지대와 함께 형성된다면 연속보의 형태가 된다. 콘크리트 계단은 하중, 간격, 그리고 지지 조건 등을 고려하여 신중한 분석을 거쳐 만들어져야 하므로 구조 기술자에게 최종 설계 조건을 확인받아야 한다.

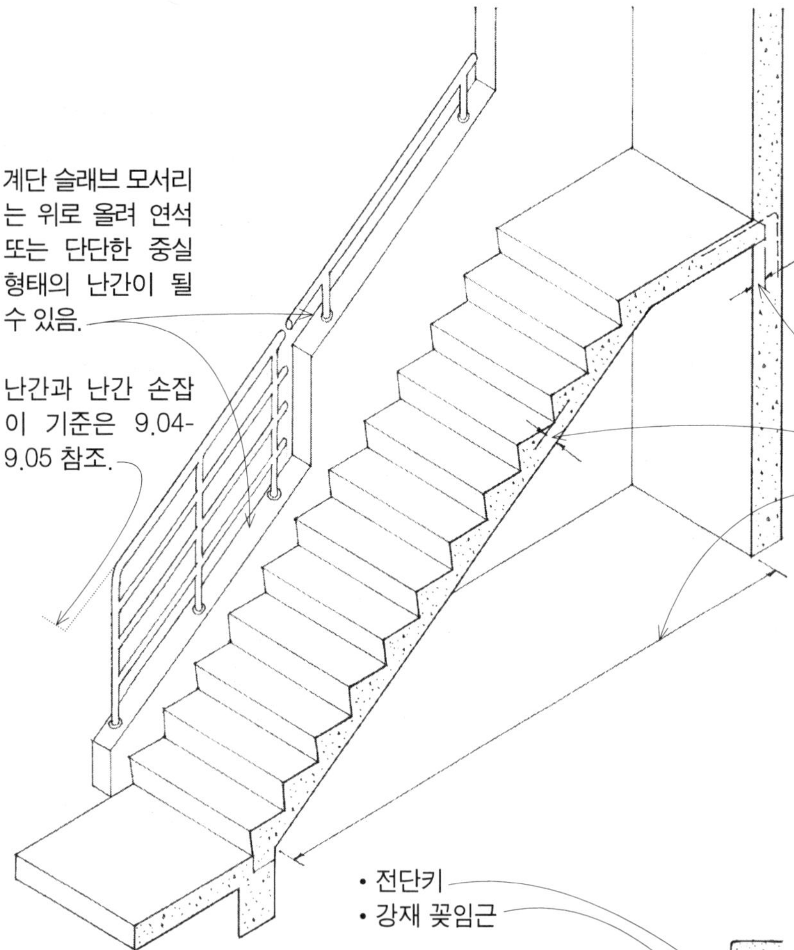

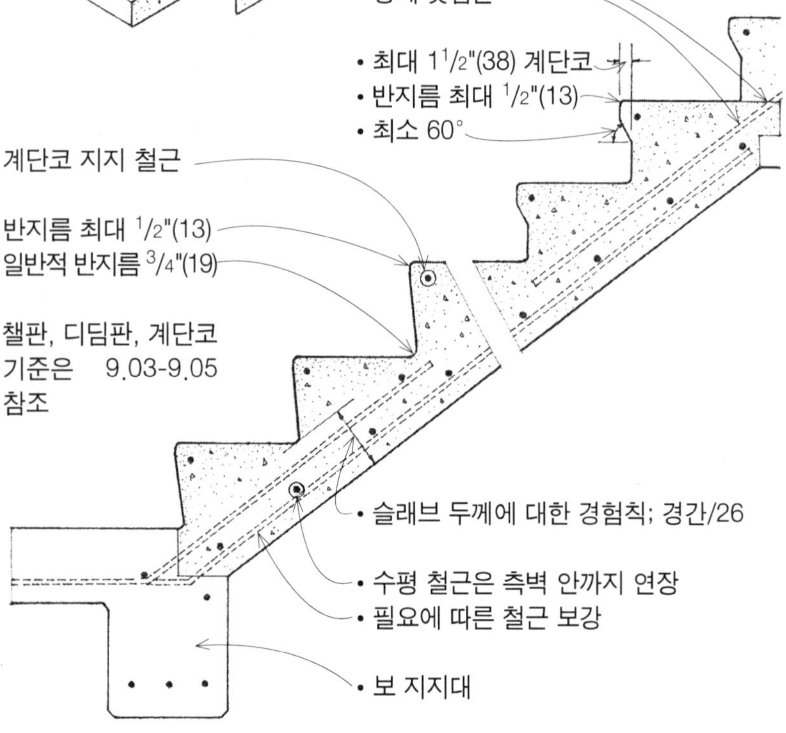

계단의 종단면

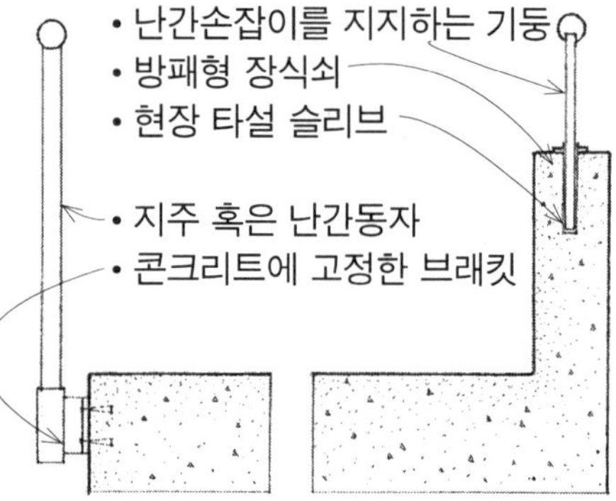

• 난간 손잡이는 계단 슬래브 상부나 벽체 하부, 혹은 계단 슬래브 가장자리에 고정될 수 있음.

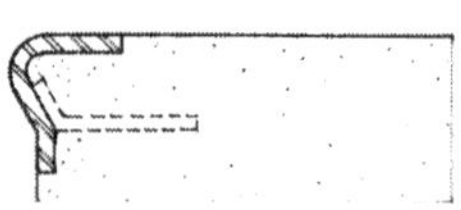

• 연마하여 마무리된 주물 금속 계단코

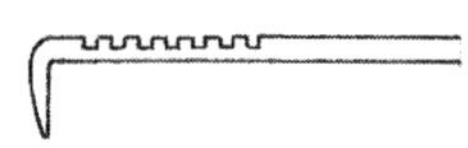

• 요철처리 표면의 금속, 고무, 혹은 플라스틱 디딤판

• 미끄럼 방지 스트립strip이 설치된 석재 디딤판

* 계단에 미끄럼 방지용 계단코와 디딤판 설치는 필수 사항임

CSI 마스터포맷 03 30 00: **현장 타설 콘크리트**
CSI 마스터포맷 03 11 23: **영구계단 거푸집**

철제 계단은 목제 계단 제작 방식과 유사하다.

- 계단멍에와 옆판 역할을 하는 채널형강
- 계단 디딤판은 계단옆판 사이를 연결
- 디딤판은 프리캐스트 콘크리트, 콘크리트를 채운 철판, 선형 그레이팅, 혹은 표면에 질감 있는 평판 등이 있다.

- 규격 단위로 나온 조립식 철제 계단 사용 가능

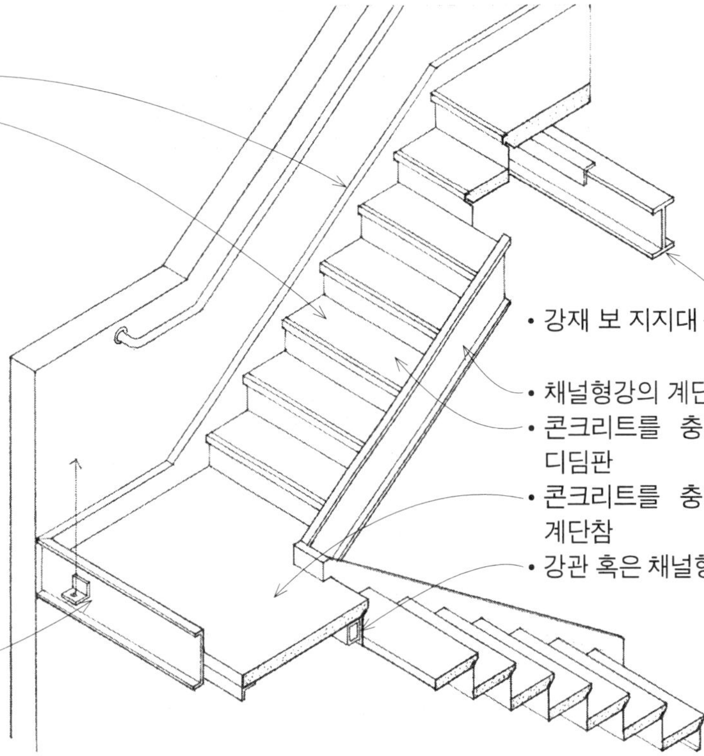

- 강재 보 지지대
- 채널형강의 계단옆판
- 콘크리트를 충전한 철판 디딤판
- 콘크리트를 충전한 철판 계단참
- 강관 혹은 채널형강 지지대

- 채널형강은 석조물의 받침판/베어링 플레이트에 고정시키거나 상부 바닥 구조물로부터 연결되어 내려온 지지대에 매달아 놓는다.

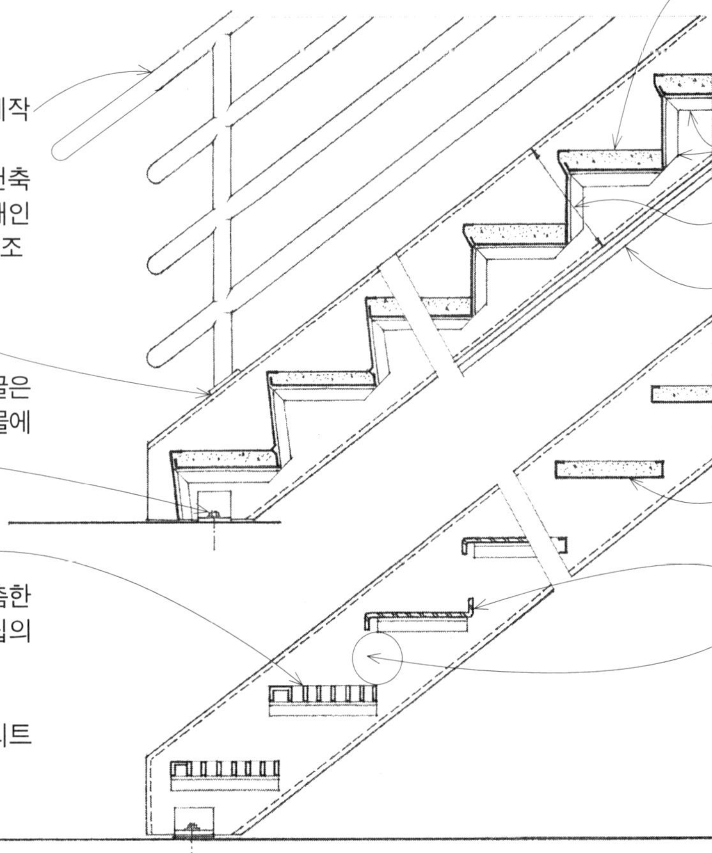

- 최소 2"(51) 콘크리트 충전 철제 디딤판
- 판의 형태는 다양할 수 있음; 제조사에 문의 필요
- 1/4" × 1 1/4" × 1/8" (32 × 32 × 3) 앵글 지지대
- 채널형강의 계단옆판; 최소 10"(255)
- 퍼링 채널에 지지가 된 석고보드 또는 금속 라스 및 석고의 하부마감

- 철제 파이프로 만든 공장제작 난간 손잡이; 직경 1 1/4"(32)
- 난간 손잡이와 난간에 대한 건축 법규 사항이나 ADA 장애인 접근성 지침은 9.04-9.05 참조

- 현장 용접

- 앵커볼트가 있는 클립 앵글은 각각의 계단옆판을 바닥 구조물에 단단히 고정함.

챌판이 있는 계단

- 선형 그레이팅 디딤판
- 계단코는 체크무늬 판, 촘촘한 막대 혹은 연마된 스트립의 앵글로 설치한다.

- 목재나 프리캐스트 콘크리트 디딤판 사용 가능.

- 콘크리트 충전 철판을 채널 계단옆판에 용접
- 미끄럼 방지 처리가 된 평 디딤판
- 개방 부분 사이로 직경 4"(100) 이상의 구체가 통과할 수 없도록 할 것.
- 챌판이 없는 계단은 ADA 접근성 지침에 부합하지 않는다.

챌판이 없는 계단

9.12 나선 계단

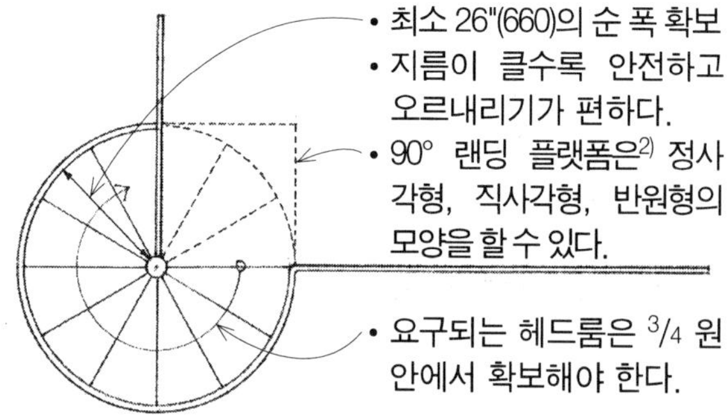

- 최소 26"(660)의 순 폭 확보
- 지름이 클수록 안전하고 오르내리기가 편하다.
- 90° 랜딩 플랫폼은[2] 정사각형, 직사각형, 반원형의 모양을 할 수 있다.
- 요구되는 헤드룸은 3/4 원 안에서 확보해야 한다.

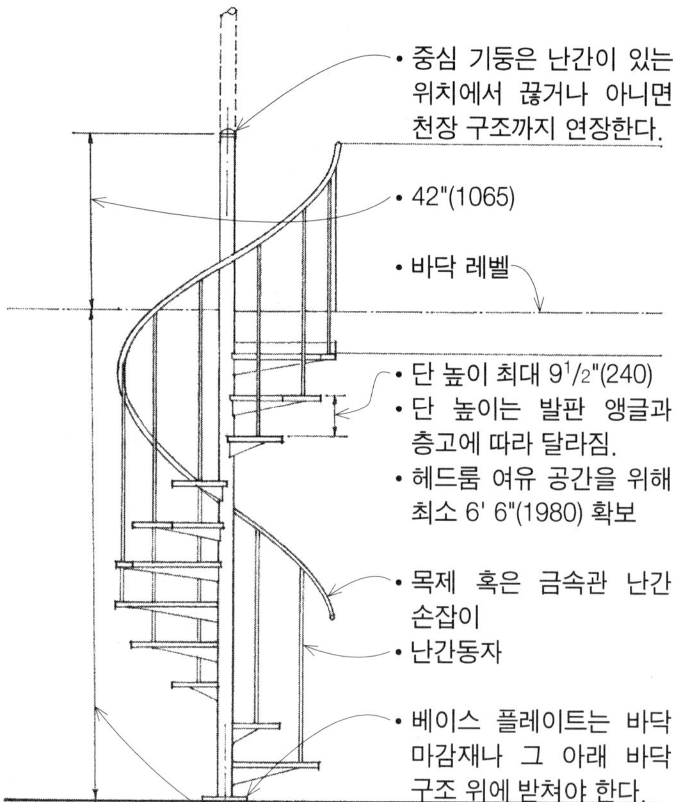

- 중심 기둥은 난간이 있는 위치에서 끊거나 아니면 천장 구조까지 연장한다.
- 42"(1065)
- 바닥 레벨
- 단 높이 최대 $9^1/_2$"(240)
- 단 높이는 발판 앵글과 층고에 따라 달라짐.
- 헤드룸 여유 공간을 위해 최소 6' 6"(1980) 확보
- 목제 혹은 금속관 난간 손잡이
- 난간동자
- 베이스 플레이트는 바닥 마감재나 그 아래 바닥 구조 위에 받쳐야 한다.
- 층 간 높이

평면과 입면

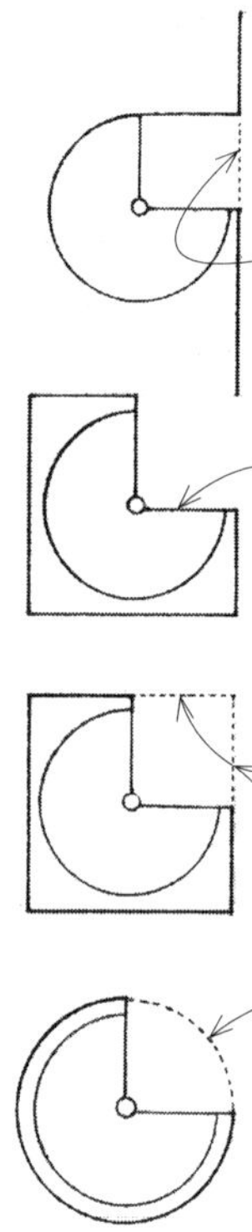

- 플랫폼을 바닥 구조물에 연결하는 다양한 방법이 있음.
- 직사각형 랜딩 플랫폼은 한쪽 모서리를 따라 상층 바닥재에 고정.
- 계단은 L자 모양의 개구부로 올라가며 상부층 바닥 구조물에 직접 고정; 플랫폼은 없음.
- 정사각형 플랫폼은 인접한 두 면의 상부층 바닥에 고정.
- 부채꼴 모양 플랫폼은 둥근 모양으로 개방되어 설치.

계단 연결

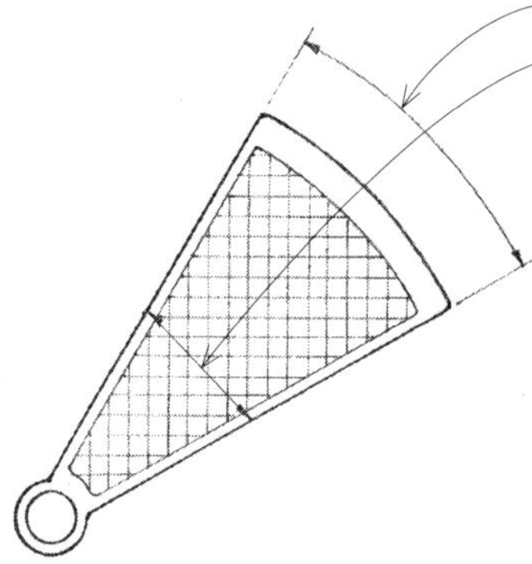

- $22^1/_2$°, 27°, 30°
- 디딤판의 좁은 끝에서 12"(305) 안쪽 지점의 최소 너비는 $7^1/_2$"(190)
- 철제 혹은 알루미늄 디딤판은 체크무늬 혹은 연마 코팅되어 미끄럼방지용 판, 그리고 선형 그레이팅, 혹은 콘크리트나 테라초가 채워진 팬을 사용한다.
- 목제 디딤판은 철제 하부 구조가 필요함. 이때 발판은 견목을 사용하거나 카펫 처리가 된 합판을 사용할 수 있음.

계단 디딤판

나선형 계단의 대표적인 크기와 치수*

디딤판 각도	360° 안의 디딤판 수	챌판	헤드룸
$22^1/_2$°	16	7"(180)	7' 0"(2135)
27°	13	$7^1/_2$" ~ 8"(190 ~ 205)	6' 9"(2055)
30°	12	$8^1/_2$" ~ $9^1/_2$"(215 ~ 240)	6' 9"(2055)

*구체적 치수 지침을 확인하려면 제조업체의 설명서를 확인할 것

계단 직경	개구부 크기	참 크기	중간 기둥에서 레일까지 너비	중간 기둥/바닥판의 직경
60" (1525)	64" (1625)	32" (815)	26" (660)	4"/12" (100/305)
64" (1625)	68" (1725)	34" (865)	28" (710)	4"/12" (100/305)
72" (1830)	76" (1930)	38" (965)	32" (815)	4"/12" (100/305)
76" (1930)	80" (2030)	40" (1015)	34" (865)	4"/12" (100/305)
88" (2235)	92" (2335)	46" (1170)	40" (1015)	6"/12" (150/305)
96" (2440)	100" (2540)	50" (1270)	44" (1115)	6"/12" (150/305)

2) 계단이 끝나는 부분에 지면과 만나는 부분의 판

CSI 마스터포맷 05 71 13: 조립식 금속 나선 계단

사다리는 주로 산업 건설과 설비와 서비스 분야에 사용되지만, 개인 주거 시설에서도 공간이 극히 협소하거나 통행이 거의 없는 곳에 사용될 수 있다.

이 페이지의 그림에서는 금속을 주재료로 한 사다리를 설명한다. 이 형태는 목재에도 적용될 수 있다.

안전상 유의점:
- 적절한 단 높이
- 충분한 단 너비
- 계단옆판과 난간을 위한 충분한 지지대
- 미끄럼 방지용 디딤판

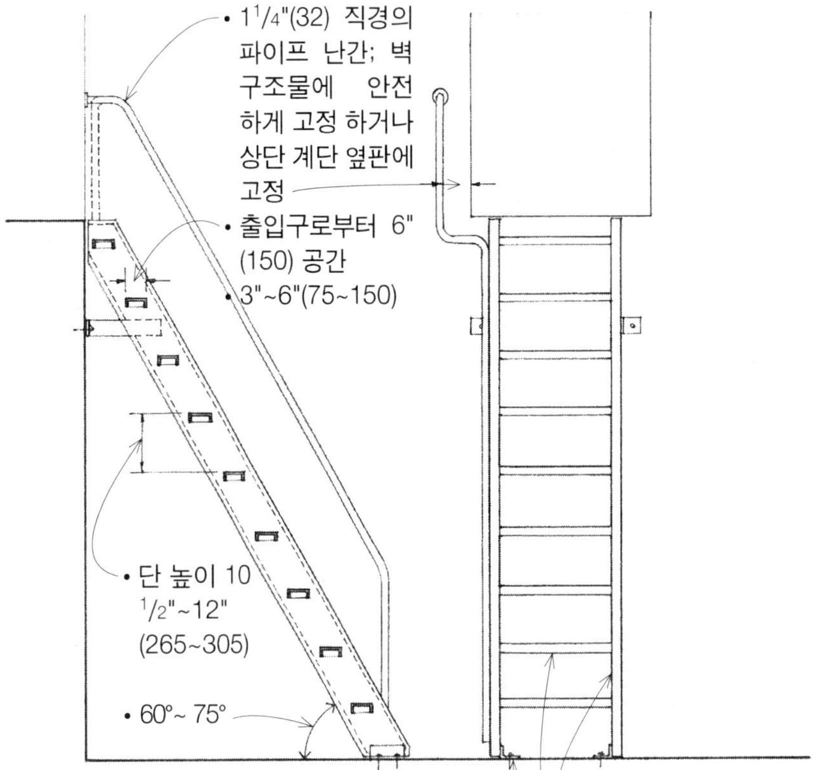

선박용 사다리

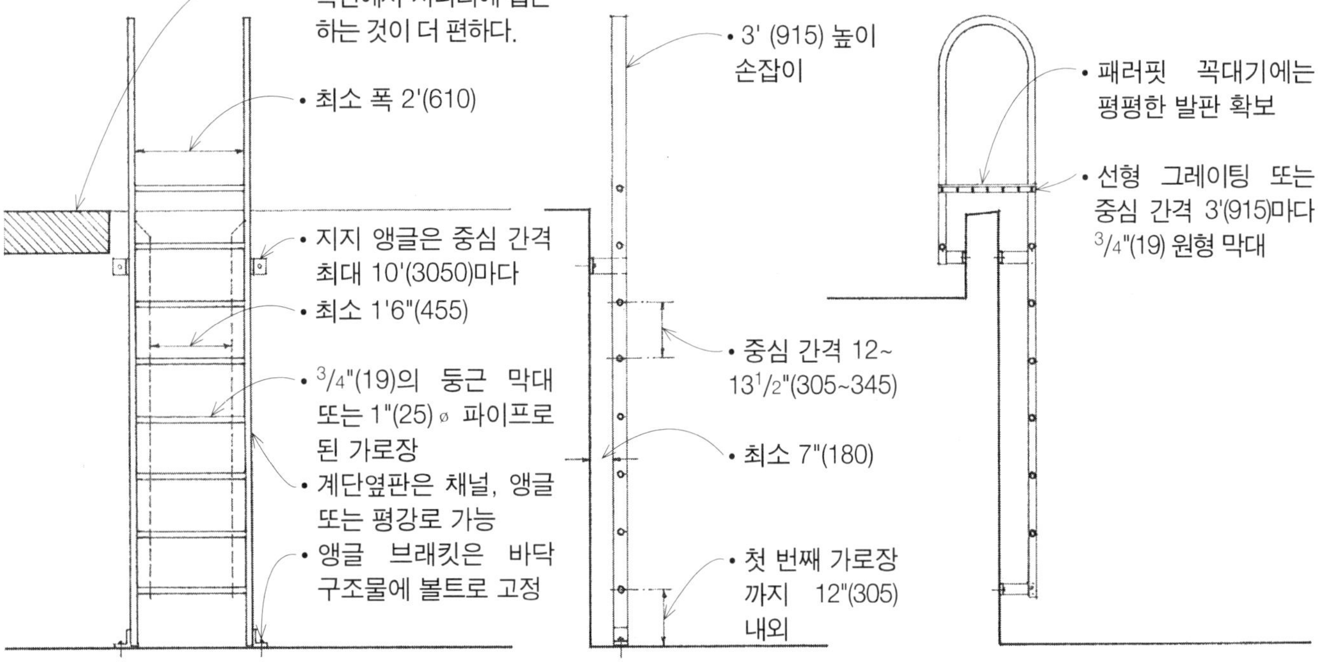

수직 사다리

9.14 엘리베이터

엘리베이터는 건물의 한 층에서 다른 층으로 승객, 장비, 화물 등을 수직으로 운반한다. 가장 대표적인 유형으로는 전기식 엘리베이터와 유압식 엘리베이터가 있다.

전기식 엘리베이터

전기식 엘리베이터는 가드레일에 장착하고, 케이블로 천천히 오르내리며 지탱하고, 전기식 호이스트 기계로 운행한다. 기어드 엘리베이터는 최대속도 350 fpm (1.75 m/s)이며 통상 중간층 정도의 건물에 적절하다. 기어리스 엘리베이터는 최대 1200fpm(6m/s) 속도로 운행될 수 있고 보통 고층건물에 사용한다.

- 호이스트 기계는 건물 꼭대기 기계실에 설치
- 제어판에 호이스트 기계를 운영하는 스위치, 버튼, 기타 장비들이 포함되어 있다.
- 승강실이 오르내리도록 움직이게 하는 호이스트 기계는 전동 발전기 세트, 권상기, 조속기, 브레이크, 구동 활차 / 도르래와 기어로 이루어진다.
- 무거운 강재 머신빔 machine beam 이[3] 승강기 기계를 지탱한다.
- 구동 활차는 승강용 도르래이다.
- 유동활차 idle sheave 는 엘리베이터 시스 템의 호이스트 케이블을 유도 하고 팽팽하게 당긴다.

- 랜딩은 엘리베이터 승강로에 인접한 각 층의 바닥 일부로, 승객이나 화물이 타고 내리기 전에 대기하는 공간이다.

- 승강실의 안전장치는 과속 상황이나 자유낙하 상황에 승강기를 늦추거나 멈출 수 있도록 대비하는 기술적 장치이며, 조종기로 작동 되고 쐐기 작용으로 가이드 레일을 고정한다.
- 승강로와 엘리베이터 랜딩 사이의 승강기 안전문은 랜딩에서 승강기가 멈췄을 때를 제외하고는 닫혀 있으며, 일반적인 높이는 7'과 8'(2135 와 2440)이다.

- 완충기는 피스톤 또는 스프링 장치이며 승강기 하강 시, 혹은 운행 시 지나치게 낮아지는 균형추의 충격을 완화하는 역할을 한다.

- 엘리베이터 피트 pit 는 가장 낮은 랜딩 높이에서 승강로 바닥까지 확장되는 샤프트 부분이다.

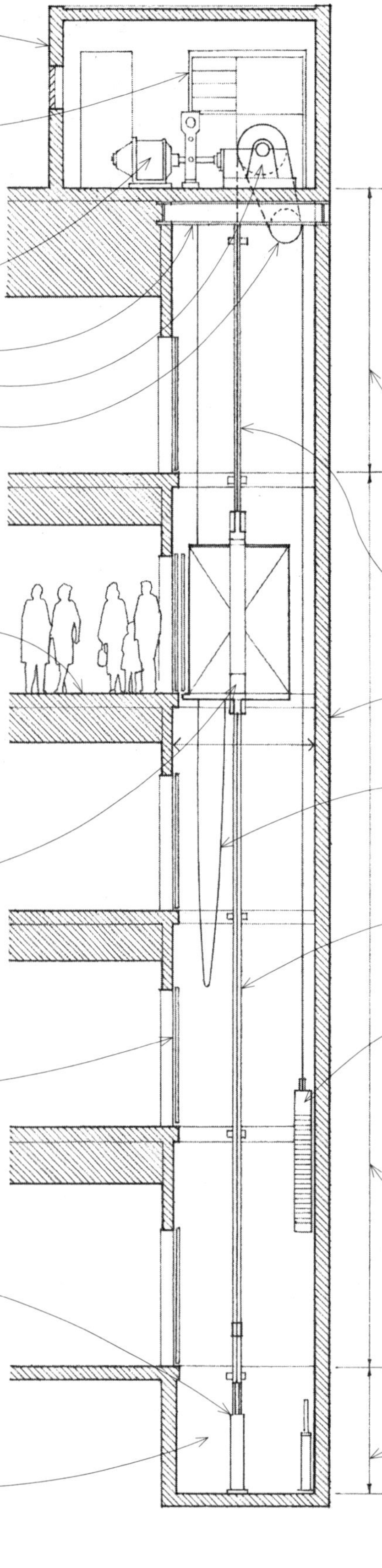

- 16'~20'(4875~6095)
- 최상층
- 호이스트 케이블은 승강기를 내리거나 올리는데 사용되는 케이블 선이나 로프를 말한다.
- 승강로는 승강기 한 대 혹은 여러 대가 수직공간으로 평상시에는 폐쇄되어 있다.
- 주행 케이블은 승강기를 승강로의 고정 콘센트에 연결하는 전기 케이블 중 하나.
- 가이드 레일은 승강기나 균형추의 운행을 제어하는 수직의 강철 트랙이며, 각 층에 지지 브래킷으로 단단히 고정된다.
- 중심 추는 철제 프레임으로 장착된 직사각형의 주철 블록들로, 승강기에 의해 호이스트 기계 위에 가해지는 하중과 균형을 잡아준다.
- 리밋 스위치 limit switch 는 승강기가 지정된 지점을 지나치게 되었을 때, 전기모터의 전류를 자동으로 차단한다.
- 상승높이 또는 주행거리는 승강기가 승강로의 가장 낮은 지점에서 가장 높은 지점까지 수직으로 운행하는 거리를 말한다.
- 최하층
- 5'0"~11' 6"(1525~3505)

3) 엘리베이터 기계실 내부에서 엘리베이터 장비를 지지하는 강재 보. 보통은 엘리베이터 승강로 shaft 바로 위에 설치한다.

CSI 마스터포맷 14 20 00: 엘리베이터

유압식 승강기
유압식 승강기는 피스톤의 힘으로 지지하며, 피스톤은 압력이 가해진 액체의 힘으로 움직이게 된다. 최상층 기계실이 필요 없지만, 유압식 승강기의 특성상 속도나 하중에 제한이 있어 최대 6층 높이의 건물에서만 사용할 수 있다.

- 가이드 레일
- 내화구조의 승강로는 내화성 지붕의 하부 또는 비내화성 지붕 위로 최소 3'(915) 만큼 올려야 한다.
- 유압 피스톤
- 기계실에는 호이스트 기계와 제어 장치, 승강기를 오르내리기 위한 활차가 설치되며, 위치는 최하층 랜딩 또는 그 근처가 좋다.
- 엘리베이터 피트
- 피스톤 실린더 공간의 깊이는 상승높이 또는 주행 거리 +4'에서 7'(1220에서 2135)
- 여기의 치수 지침은 초기 계획용으로만 사용하고, 세부적인 크기, 용량, 치수 및 구조지지의 요구 사항은 엘리베이터 제조업체에 문의할 것

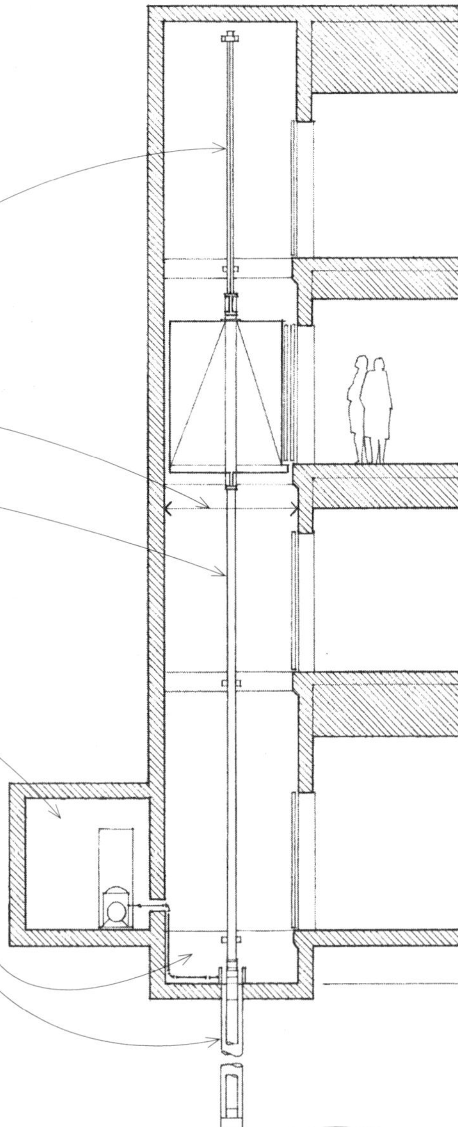

정격 하중 Lb. (kg)	승강실 치수 A	 B
2000 (907)	6' 0" (1830)	5' 0" (1525)
2500 (1135)	7' 0" (2135)	5' 0" (1525)
3000 (1360)	7' 0" (2135)	5' 6" (1675)
3500 (1588)	7' 0" (2135)	6' 2" (1880)
4000 (1815)	5' 8" (1725)	8' 9" (2665)

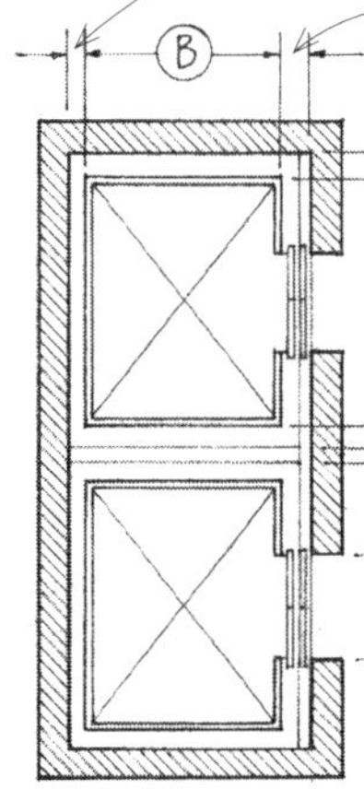

승강실 치수

제한적 사용/접근 제한 엘리베이터
제한 사용limited use/제한 접근liminted access 엘리베이터(LU/LA)는 신규 또는 기존의 저층 건물에 설치되도록 설계된 소형 유압식 엘리베이터이다. LU/LA 엘리베이터는 30 fpm(0.55km/h)의 최대 속도, 1400lb.(635kg)까지의 적재 용량 및 18sf(1.67㎡)의 승강기 바닥 면적에서 수직 25'(7620) 거리까지만 이동할 수 있다. 단상 전력single-phase power으로 작동되며 일반 상업 시설용 엘리베이터보다 피트 깊이와 오버헤드 공간이 덜 필요하다.

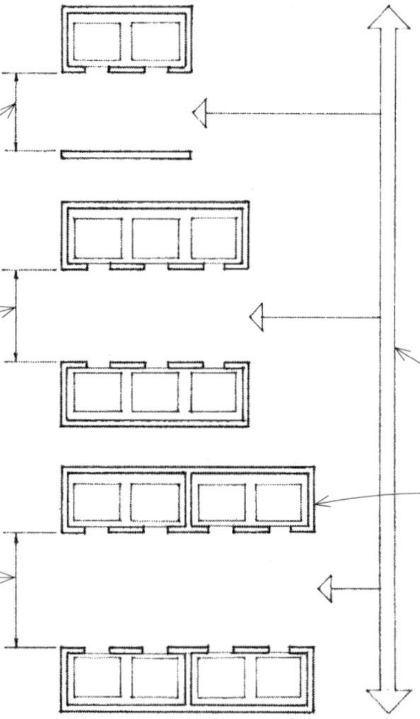

• 1.5×승강실 깊이 또는 최소 10'(3050)

• 1.75×승강실 깊이

• 2×승강실 깊이 또는 최소 12'(3655)

• 승강기 1열row에 최대 8대

엘리베이터 배치

엘리베이터 종류, 크기, 수, 속도, 배열은 다음에 의해 결정된다.

• 사용 유형
• 통행량과 속도
• 전체 주행 수직높이
• 왕복에 걸리는 시간과 필요 속도

• 고층건물의 엘리베이터 열row/뱅크bank는 공통 작동 시스템에 의해 제어되며, 단일 호출 버튼으로 운행된다.
• 엘리베이터는 건물의 주 출입구 근처에 위치해야 하며 모든 층에서 접근이 쉬워야 하지만 주요 통행로와는 떨어져 있어야 한다.
• 4개 이상의 엘리베이터를 설치할 때는 2개 이상의 승강로가 필요하다.

• 적절한 유형, 규격, 배열, 제어와 설치 조건과 세부사항은 엘리베이터 제조업체에 문의할 것.
• 방화 이격fire separation, 환기와 방음에 대한 구조적 요구 사항 및 샤프트 구의역 요구 조건은 건축 법규를 참조.

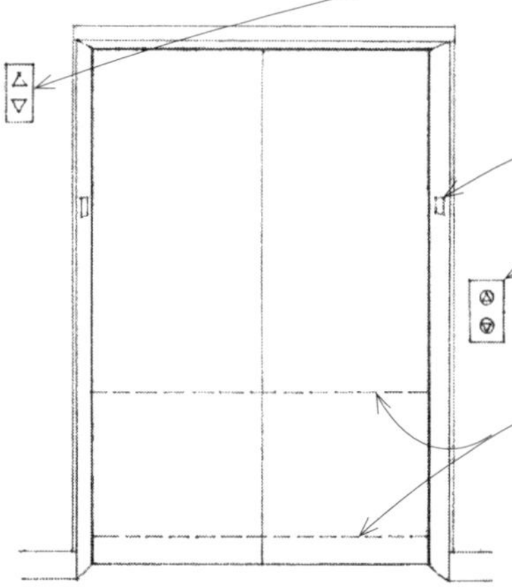

ADA 접근성 지침

• 시각적 및 청각적 호출 신호 또는 전등은 각 승강로 입구 바닥에서 최소 72"(1830) 위에 설치되어야 하며 근방에서 보여야 한다.
• 점자 문자와 점자 바닥 표시이 엘리베이터 승강로 입구 양쪽 문설주에 있어야 하며, 바닥에서 60"(1525) 높이에 설치되어야 함.
• 엘리베이터 호출 버튼은 각 엘리베이터 로비 바닥에서 42"(1065) 높이에 중앙이 위치하도록 설치되어야 한다.
• 엘리베이터 문은 사람이나 물체가 감지되었을 때 자동으로 다시 열리도록 한다.

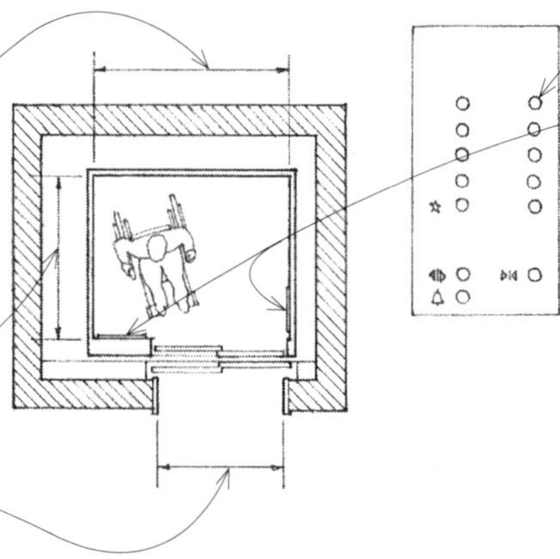

• 측면 개방 문을 설치한 경우 최소 68"(1725) 폭이어야 하고, 중앙에 개방 문이 있는 경우 최소 80"(2030) 폭이어야 한다.
• 승강실 최소 순 깊이는 51"(1295)
• 문의 개방 폭은 최소 36"(915)

• 승강실car은 휠체어 사용자가 들어갈 수 있고 조작 및 내릴 수 있는 충분한 공간이 확보되어야 한다.
• 조작 버튼의 최소 치수가 3/4"(19) 이어야 하며, 숫자는 오름차순으로 정렬하고, 숫자 열이 왼쪽에서 오른쪽으로 읽혀야 한다.
• 층 버튼은 바닥에서 최소 35"(890) 위에 설치하여야 하며 전방 접근 시 48"(1220), 측면 접근 시 54"(1370) 이하로 한다.
• 점자 문자는 지정하고자 하는 버튼의 바로 왼쪽에 위치해야 한다.
• 각 승강실에는 음성 및 시각을 통해 승강실 위치를 알려주는 장치가 있어야 한다.

에스컬레이터는 지속해서 순환하는 벨트에 연결된 계단으로 구성된 동력 구동 계단이다. 제한된 층간에 많은 사람을 효율적으로 편안하게 이송할 수 있는 장점이 있으나 실용성으로 보면 6개 층이 한계이다. 균일한 속도로 운행되기 때문에 기다릴 필요가 없는 듯 보이나, 내리고 탈 때 앞뒤로 적당한 거리를 유지하여야 한다. 화재 시 비상 탈출구로는 쓸 수 없다.

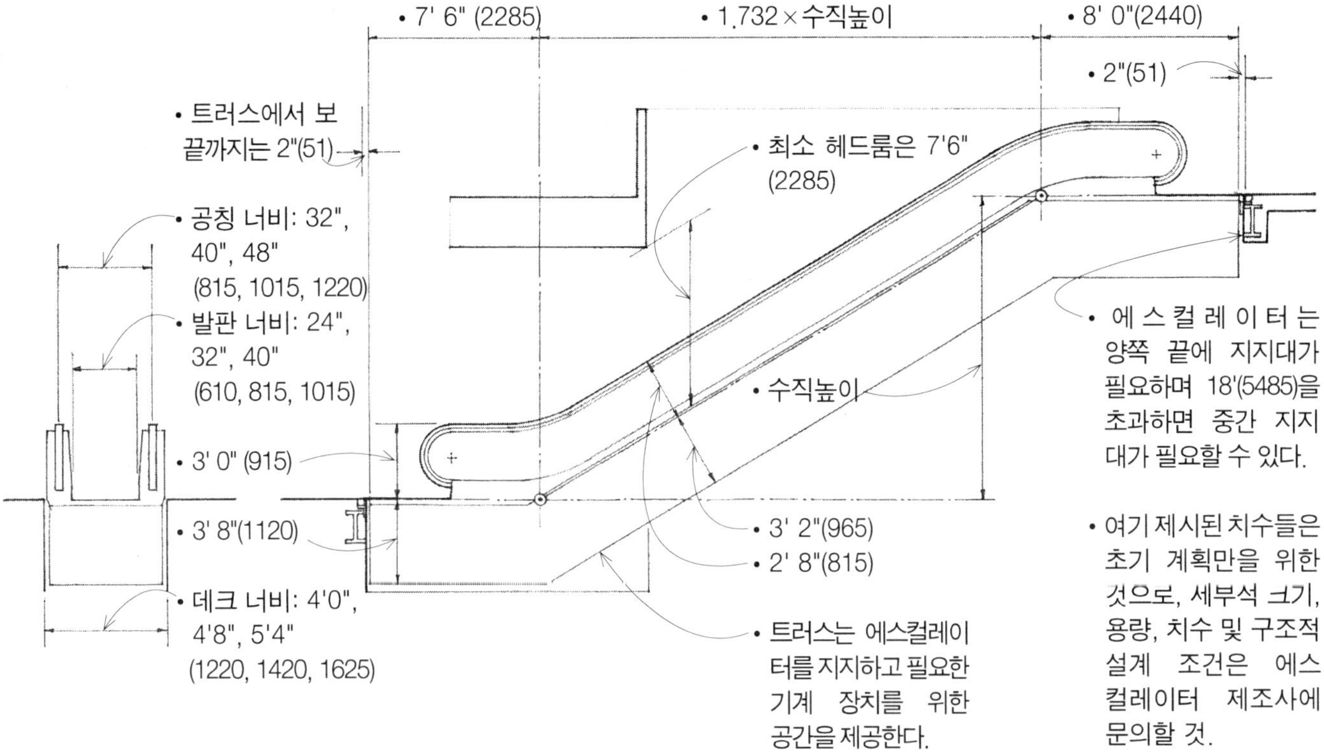

• 무빙워크moving sidewalk는 동력으로 표면이 계속해서 움직이는 컨베이어 벨트와 유사한 것으로, 수평이나 경사면을 따라 승객들을 운반하는 장치이다.

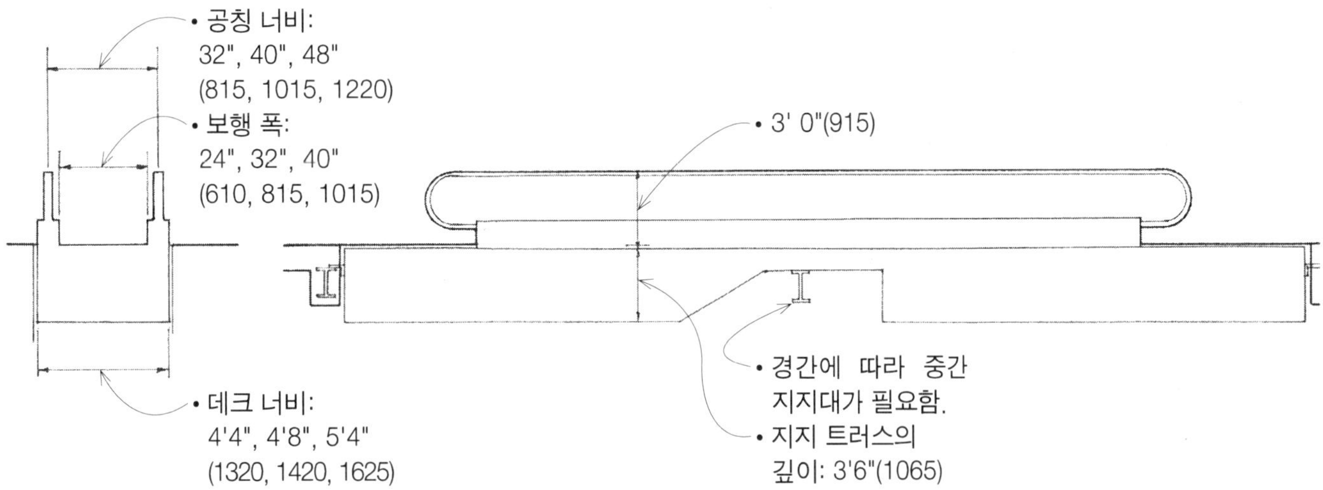

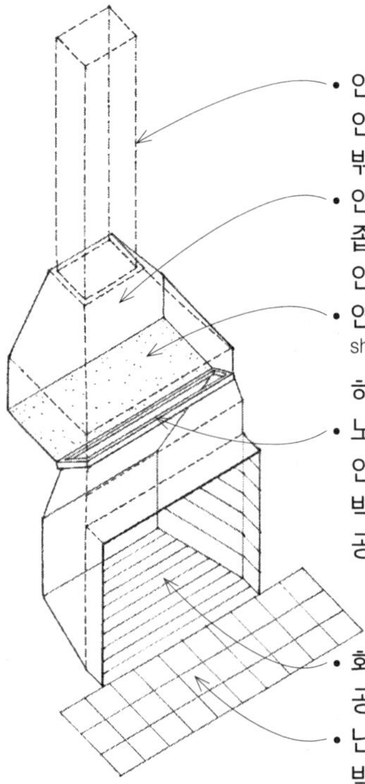

• 연도flue는 불에서 발생하는 연기와 가스를 견인하여 밖으로 내보낸다.
• 연실smoke chamber은 벽난로 좁은 통로와 굴뚝의 연도를 연결한다.
• 연실 바닥의 연실선반smoke shelf은 굴뚝으로부터 연기의 하강기류를 멈추어 준다.
• 노구/스로트throat는 화실과 연실 사이의 좁은 구멍이며, 벽난로의 통풍을 조절하는 공기조절판가 장착되어 있다.
• 화실firebox은 연소가 발생하는 공간이다.
• 난로hearth는 벽난로의 바닥까지 벽돌, 타일 또는 석재와 같은 불연성 물질로 마감한다.

벽난로는 불은 지피기 위해 굴뚝 안에 골조의 일부로 구성된 개구부이며, 다음 사항을 만족하도록 설계 및 시공되어야 한다.

• 연료의 연소를 지속할 것
• 연기 및 기타 연소성 부산물을 외부로 잘 끌어낼 것
• 실내로 최대한 많은 열을 편안하게 방출할 것
• 가연성 물질로부터 적절한 거리를 확보할 것

따라서 벽난로와 연도의 크기와 비율 및 구성요소의 배치는 자연법칙과 건물 및 기계 관련 법규를 따른다. 아래 표는 세 세 가지 유형의 벽난로에 대한 일반적인 치수를 제공한다. 아래의 대문자 (A)~(G) 까지의 세부사항을 참조할 것.

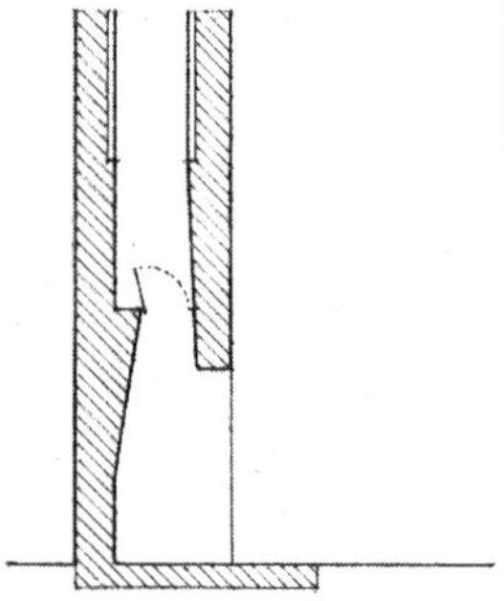

전면 개방형

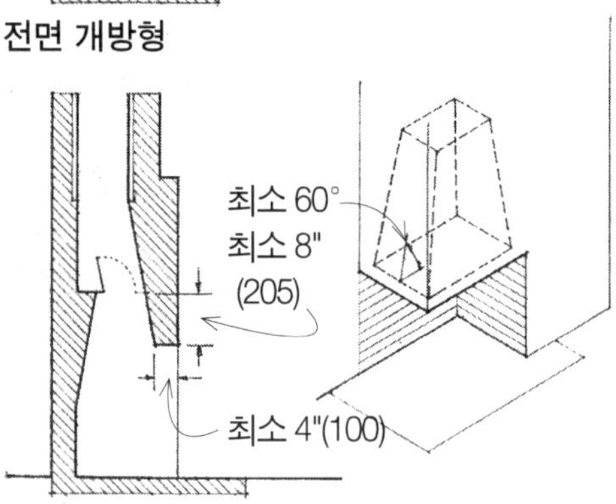

전면과 측면 개방형

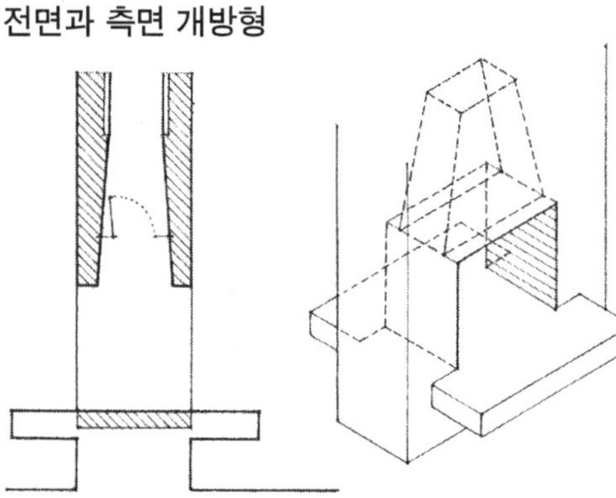

전면과 후면 개방형

벽난로의 종류

일반적인 벽난로의 치수 인치 (mm)

너비 (A))	높이 (B))	깊이 (C)	(D)	(E)	(F)	(G)	연통의 크기
전면 개방형							
36 (915)	29 (735)	20 (510)	23 (560)	14 (355)	23 (560)	44 (1120)	12×12 (305×305)
42 (1065)	32 (815)	20 (510)	29 (735)	16 (405)	24 (610)	50 (1270)	16×16 (405×405)
48 (1220)	32 (815)	20 (510)	33 (840)	16 (405)	24 (610)	56 (1420)	16×16 (405×405)
54 (1370)	37 (940)	20 (510)	37 (940)	16 (405)	29 (735)	68 (1725)	16×16 (405×405)
60 (1525)	40 (1015)	22 (560)	42 (1065)	18 (455)	30 (760)	72 (1830)	16×20 (405×510)
72 (1830)	40 (1015)	22 (560)	54 (1370)	18 (455)	30 (760)	84 (2135)	20×20 (510×510)
전면과 측면 개방형							
28 (710)	24 (610)	16 (405)	다면 개방 벽난로는 특히 방의				12×12 (305×305)
32 (815)	28 (710)	18 (455)	기류에 민감하다.				12×16 (305×405)
36 (915)	30 (760)	20 (510)	난로가 열린 방향을 외부출입문				12×16 (305×405)
48 (1220)	32 (815)	22 (559)	반대쪽에 두는 것을 피할 것.				16×16 (405×405)
전면과 후면 개방형							
28 (710)	24 (610)	16 (405)					12×12 (305×305)
32 (815)	28 (710)	16 (405)					12×16 (305×405)
36 (915)	30 (760)	17 (430)					12×16 (305×405)
48 (1220)	32 (815)	19 (485)					16×16 (405×405)

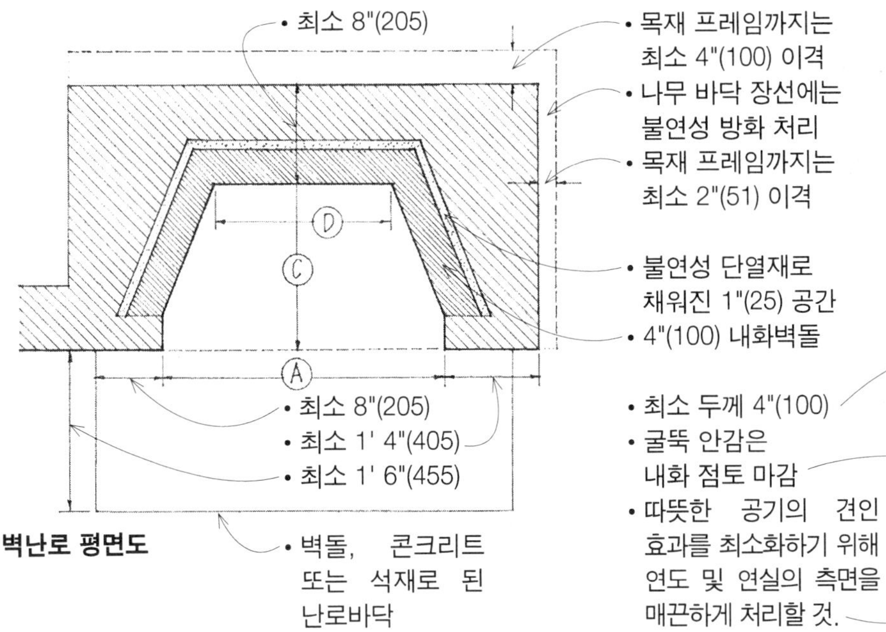

벽난로 평면도

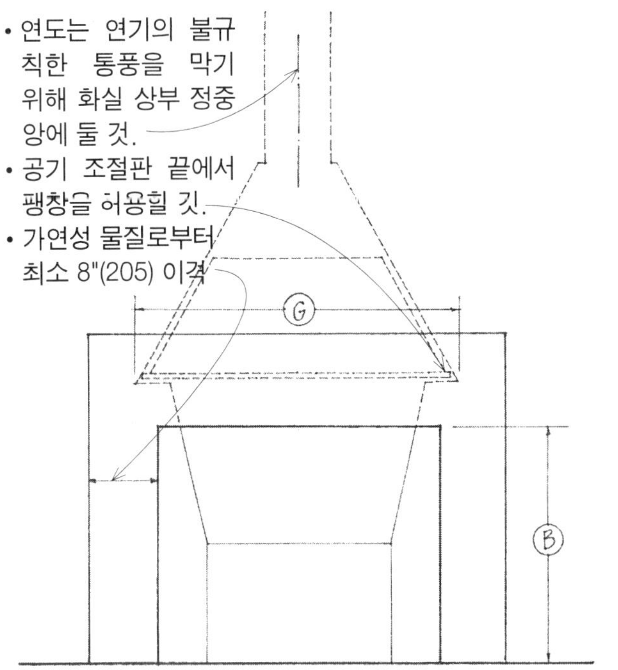

벽난로 입면도

• 일반적인 벽난로 치수는 이전 페이지 표 참조

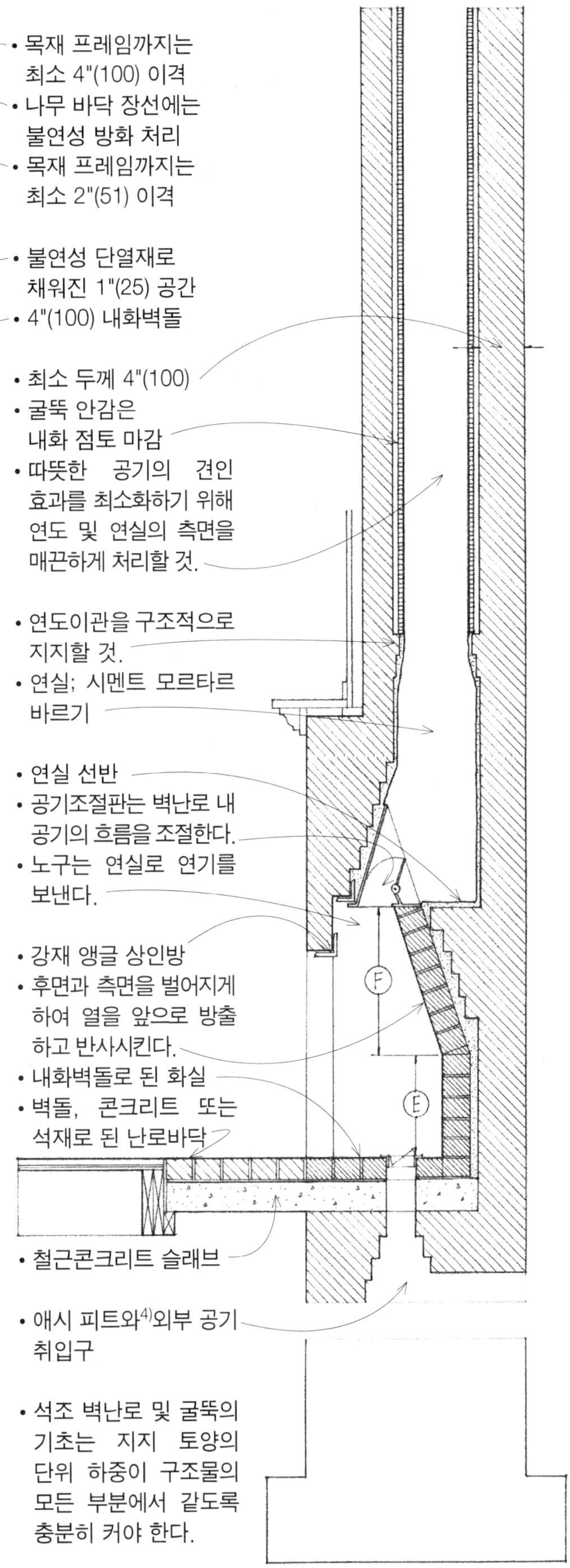

벽난로 단면도

4) 재를 떨어뜨리는 공간

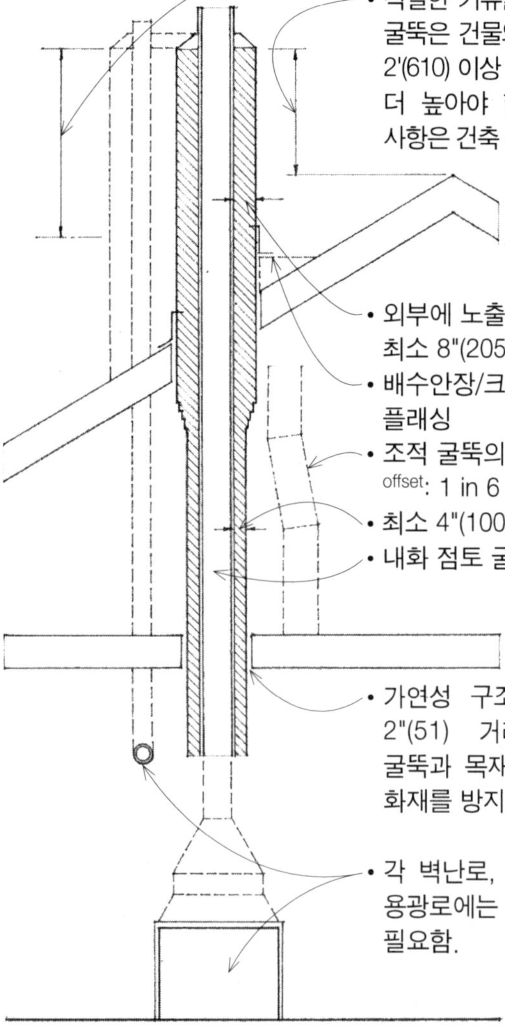

- 평지붕 위로 최소 3'(915)
- 적절한 기류를 보장하기 위해 굴뚝은 건물의 다른 부분보다 2'(610) 이상 10'(3050) 이내서 더 높아야 함. 자세한 요구 사항은 건축 법규 참조.
- 외부에 노출 시 최소 8"(205)
- 배수안장/크리켓cricket 5) 플래싱
- 조적 굴뚝의 최대 오프셋offset: 1 in 6
- 최소 4"(100)
- 내화 점토 굴뚝 안감
- 가연성 구조물로부터 최소 2"(51) 거리를 유지해야 굴뚝과 목재 프레임 사이에 화재를 방지할 수 있음.
- 각 벽난로, 장작 난로 또는 용광로에는 별도의 연도가 필요함.

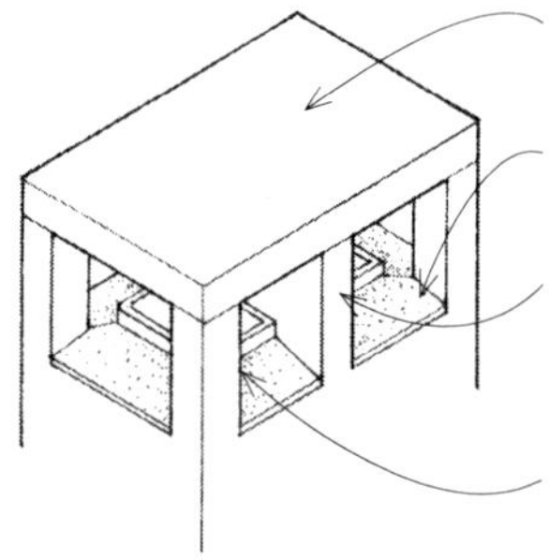

- 석재 또는 프리캐스트 콘크리트 덮개
- 빗물 배수를 위한 강화 시멘트 세척
- 하강기류를 방지하기 위해 인접한 연도 사이의 벽돌 수직 켜
- 개구부 높이는 $1^1/_4\times$ 연도 너비

굴뚝 후드

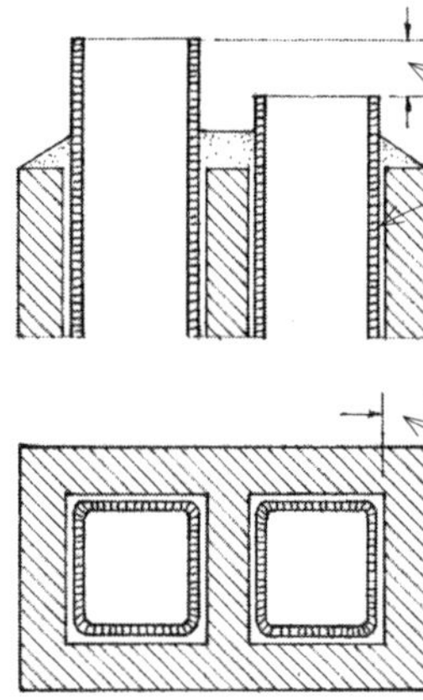

- 4"(100) 오프셋으로 한 연도에서 다음 연도로의 하강기류 방지
- 연도 안감flue lining면은 주변 조적 유닛이 없으며, 마감면 이음부는 꼭 맞도록 하고 안쪽은 매끄러워야 함
- 최소 4"(100), 외부 노출 시 최소 8"(205)
- 소각로와 같은 고열 기기의 굴뚝 요구 사항은 건물 또는 기계 규정을 참조.

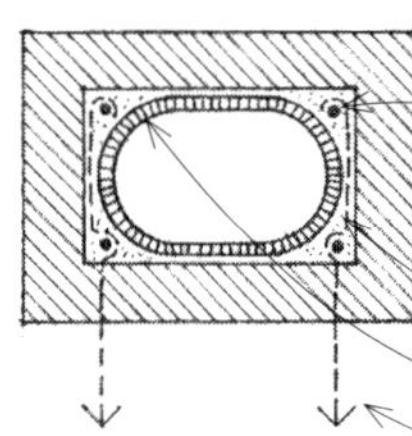

- 특정 지진구역에서 조적조 굴뚝은 건물의 구조 프레임에 대한 보강 및 고정이 필요하다. 세부 요구 사항은 건축 법규를 참조
- 최소 4개의 #4 철근을 #2 철근으로 18"(455) 간격으로 결속
- 그라우트
- 타원형 연도 안감
- $^3/_{16}" \times 1"(5\times25)$ 띠강은 최소 12"(305)를 굴뚝에 배근하고 구부려 보강한다.

- 연도 안감 면은 내화성 내화 점토 또는 경량 콘크리트로 표면이 매끄럽게 처리할 것.

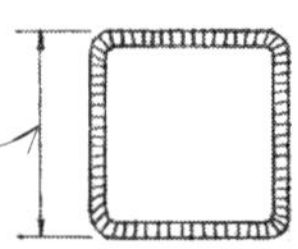

- 직사각 연도
- 사이즈 = 바깥 면

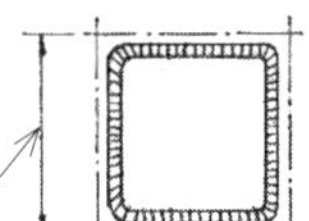

- 모듈식 연도
- 사이즈 = 실 치수 + $^1/_2$"(13)

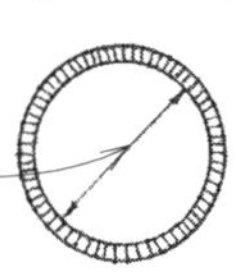

- 둥근 연도
- 사이즈 = 내부 직경

최소 연도 사이즈

- 정사각 혹은 직사각형: 벽난로 개구부의 $^1/_{10}$
- 원형: 벽난로 개구부의 $^1/_{12}$

일반적 연도 치수와 면적

원형		사각		모듈러	
직경 in. (mm)	면적 sq.in.*	규격 in. (mm)	면적 sq.in.*	크기 in. (mm)	면적 sq.in.*
8 (205)	47	$8^1/_2\times8^1/_2$ (215×215)	51	8×12 (205×305)	57
10 (255)	74	$8^1/_2\times13$ (215×330)	79	12×12 (305×305)	87
12 (305)	108	13×13 (330×330)	125	12×16 (305×405)	120
15 (380)	171	13×18 (330×455)	168	16×16 (405×405)	162
18 (455)	240	18×18 (455×455)	232	16×20 (405×510)	208
20 (510)	298	20×20 (510×510)	279	20×20 (510×510)	262

*1 제곱 inch = 645.16 ㎟

5) 굴뚝 등이 설치된 지붕. 배수안장이라고도 한다.

CSI 마스터포맷 04 51 00: 연도 안감 조적

조립식 벽난로와 장작 난로는 연소 효율성과 허용 입자방출량과 관련하여 (미)환경보호국(EPA)의 인증을 받아야 한다.

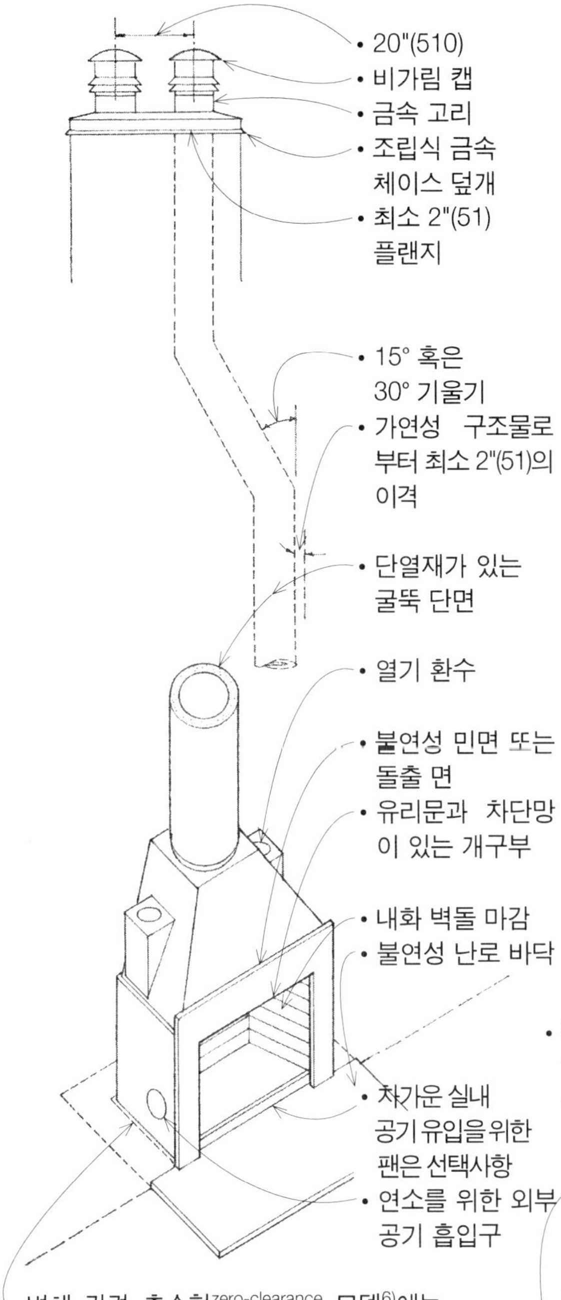

• 벽체 간격 축소형zero-clearance 모델[6)]에는 단열 외피로 구성하며 가연성 구조물에 대비하여 설치할 수도 있다.

• 일반적인 너비: 36", 38", 46", 48", 54" (915, 965, 1170, 1220, 1370)
• 일반적인 높이: 30", 32", 36"(760, 815, 915)
• 일반적인 깊이: 24"(610)

조립식 벽난로

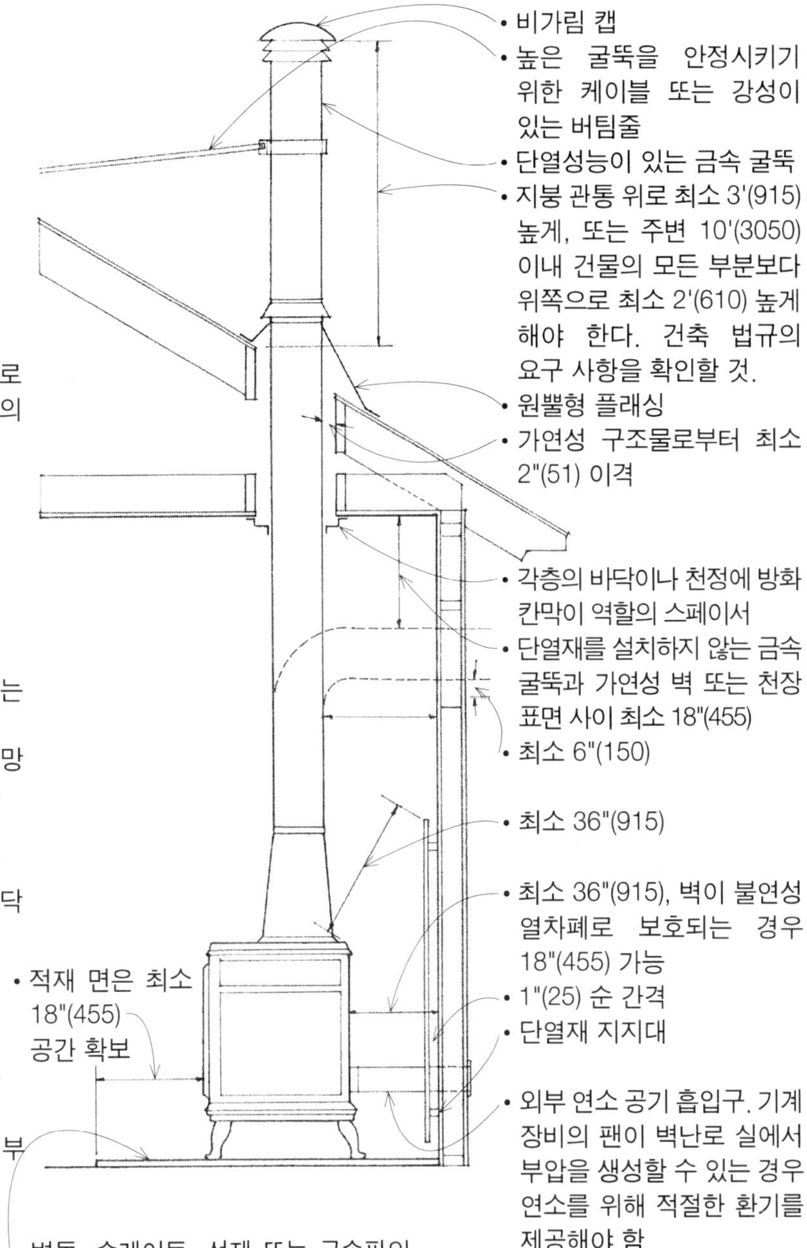

• 벽돌, 슬레이트, 석재 또는 금속판의 불연성 난로 바닥

• 난로 제조업체 및 건축 법규에서 설치 세부사항 및 요구 사항을 확인

장작 난로

6) 난로 주변의 떨어진 거리 또는 여유 공간clearance이 없거나 좁게 설정해도 되는 유형의 벽난로

CSI 마스터포맷 10 31 00: 공장 제조 방식 벽난로
CSI 마스터포맷 10 35 00: 난로

여기의 평면들은 다양한 구조나 공간 상황에서 일반적으로 적용될 수 있는 기본적인 주방 배치를 보여준다. 이는 주방의 주요 세 구역을 오가는 삼각형 동선을 기본으로 한다.

(A) 음식을 받고 준비하는 냉장고 구역
(B) 식재료를 준비하고 씻는 싱크대 구역
(C) 조리하고 음식을 세팅하는 화기(레인지) 구역

삼각형 세 변의 총합은 12'(3660) 이상 22'(6705) 이하로 한다.

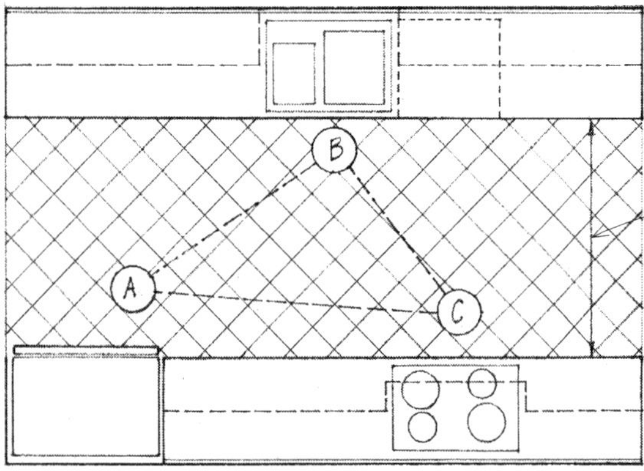

• 최소 4'(1220)

병렬형

주방 공간을 배치하는 데 있어서 추가로 고려할 사항:

- 필요한 카운터counter 공간 및 작업 표면
- 필요한 하부장과 상부장의 유형과 수량
- 자연 채광, 전망, 통풍 등
- 필요한 동선의 유형과 정도
- 공간을 고려한 닫힘 정도
- 전기, 배관 및 기계 시스템의 통합

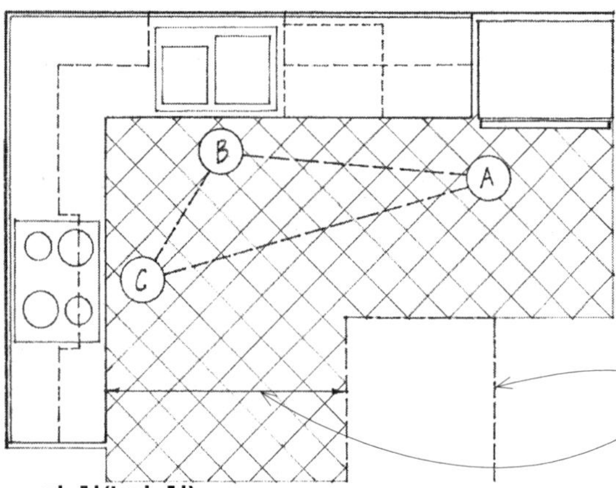

• 아일랜드 카운터는 선택사항
• 최소 5'(1525)

ㄱ자 형(L자 형)

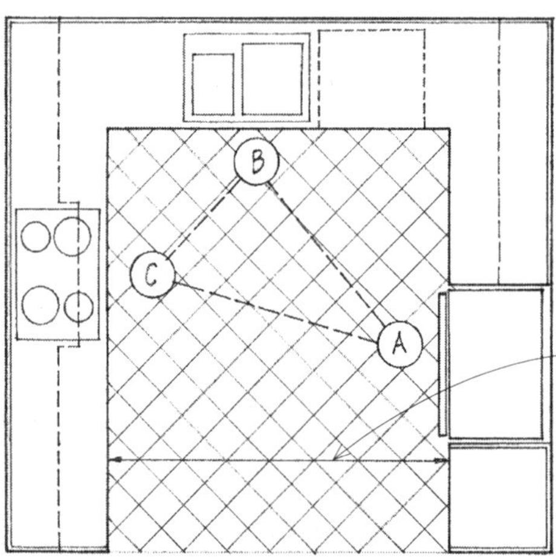

• 최소 5'(1525)

ㄷ자 형(U자 형)

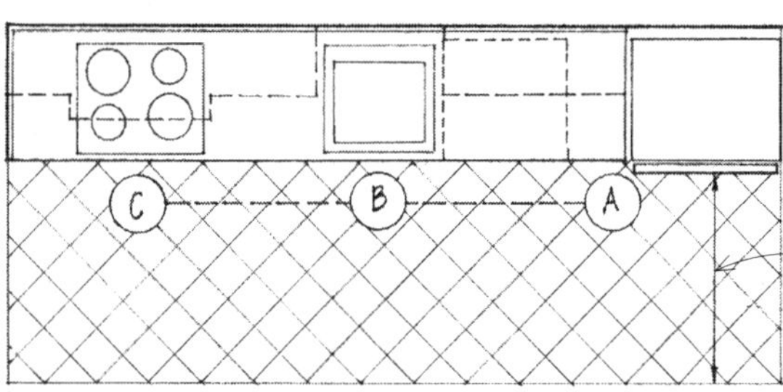

• 최소 4'(1220)

일렬형

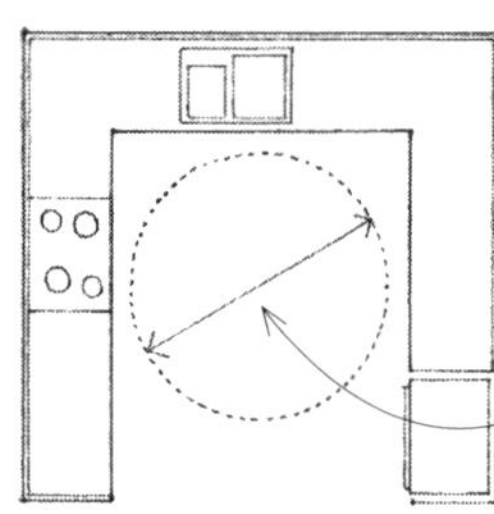

• U 자형 주방에서 휠체어를 돌릴 수 있는 지름 60"(1525)의 공간을 제공

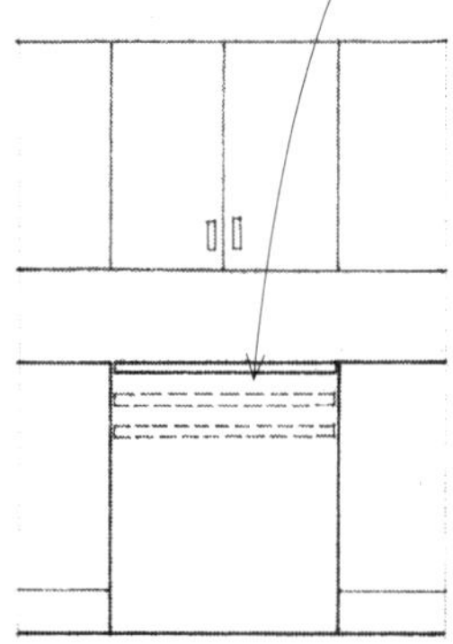

• 폭은 36"(915), 높이는 28"~36"(710~915) 사이에서 조정할 수 있거나 최대 34"(865) 높이로 고정된 작업 공간을 하나 이상 제공
• 일반적인 장애인 접근성은 A.03 참조.

ADA 접근성 지침

- 상부장 위의 공간은 막아 두거나 거의 사용하지 않는 품목을 보관하는 데 사용될 수 있음.
- 상부장이 냉장고의 전면과 같은 높이로 돌출될 수 있음.

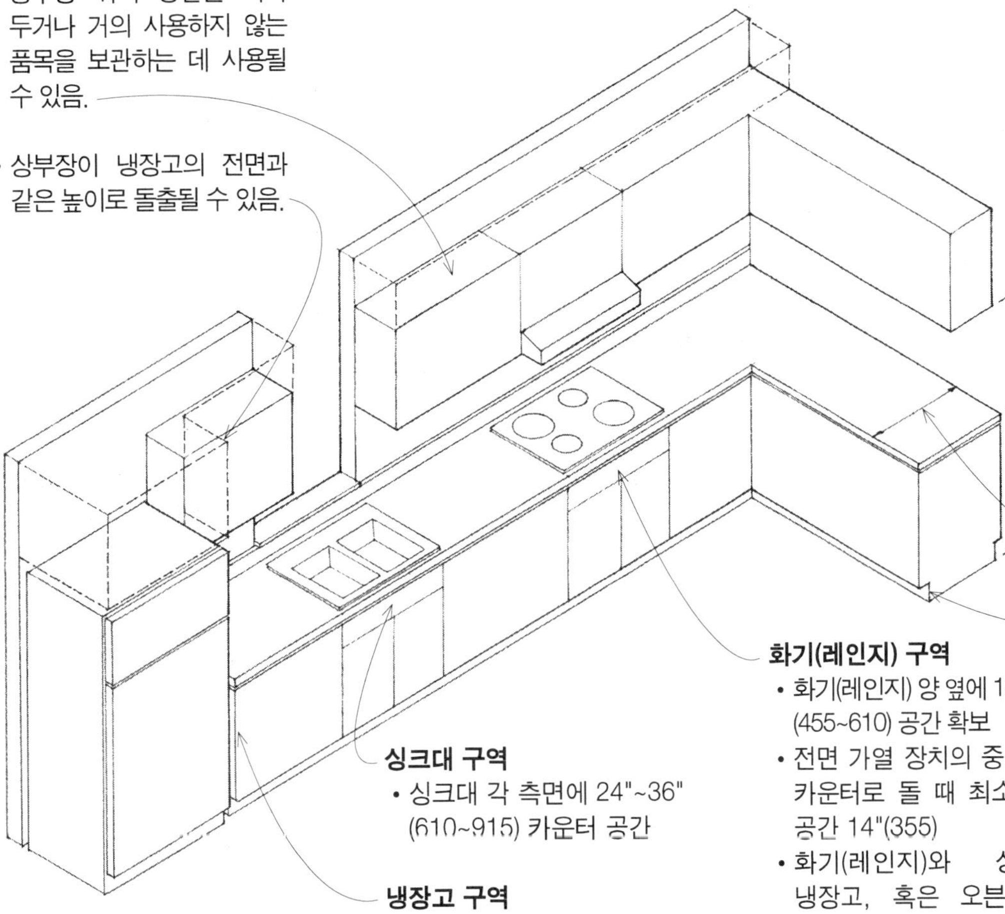

- 카운터 위 최소 18"(455) 공간 확보
- 일반적인 카운터 높이 36"(915)
- 일반적인 카운터 깊이 24"(610)
- 토 스페이스(발부리 공간)toe space 3"(75)

화기(레인지) 구역

- 화기(레인지) 양 옆에 18"~24"(455~610) 공간 확보
- 전면 가열 장치의 중앙에서 카운터로 돌 때 최소 여유 공간 14"(355)
- 화기(레인지)와 싱크대, 냉장고, 혹은 오븐 사이 36"~42"(915~1065)

싱크대 구역

- 싱크대 각 측면에 24"~36"(610~915) 카운터 공간

냉장고 구역

- 식료품을 넣고 빼기 위한 냉장고 개폐 구역의 최소 공간 15"(380)
- 냉장고의 개폐 구역과 카운터로 돌아설 때의 공간 최소 18"(455)

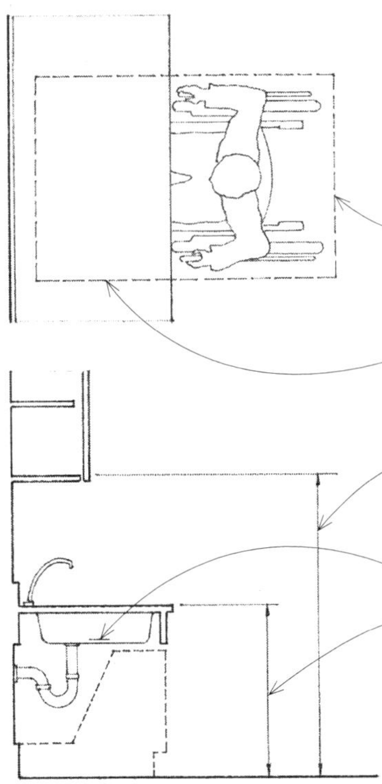

ADA 접근성지침

- 싱크대, 접근 가능한 작업대 및 모든 기기에 30"×48"(760×1220)의 최소 바닥 공간을 제공할 것.
- 싱크대, 접근 가능한 작업대 또는 기기 아래에 최대 19"(485)까지 공간 확장 가능
- 작업대 위에 장착된 모든 장 중 최소 하나는 바닥에서 48"(1220) 이하로 할 것.
- 싱크 볼bowl의 최대 깊이 $6^1/_2$"(165)
- 싱크대 및 주변 카운터의 높이는 28"~36"(710~915)까지 높이를 조절할 수 있거나 최대 34"(865) 높이로 고정할 것.

가전제품

주방 배치 계획 시 가전제품의 치수 확인 필요. 초기 계획 시 다음과 같은 치수가 활용될 수 있다:

- 화기(레인지): 33"~40"(840에서 1015)
- 냉장고: 32"~36"(815~915)
- 식기세척기: 24"(610)
- 싱크: 32"~42"(815~1065)

- 조리대countertop치수는 일반적인 장 크기에 맞춰서 조정되어야한다. 9.24 참조.

주방 싱크대 장은 목재나 에나멜을 입힌 강재로 만들 수 있다. 목재 장에는 일반적으로 플라스틱 라미네이트, 경목 단판 또는 래커 마감재가 있는 경목 프레임 및 합판 또는 파티클 보드 패널이 있다.

일반 주방 싱크대 장은 3"(75) 모듈로 제조되며 미국 주방 수납장 협회National Kitchen Cabinet Association(NKCA)에서 제정한 표준을 준수해야 한다. 바닥용, 상부용, 특수형 3가지 기본 종류가 있다. 크기, 마감, 하드웨어와 부착물들은 제조사에 문의할 것

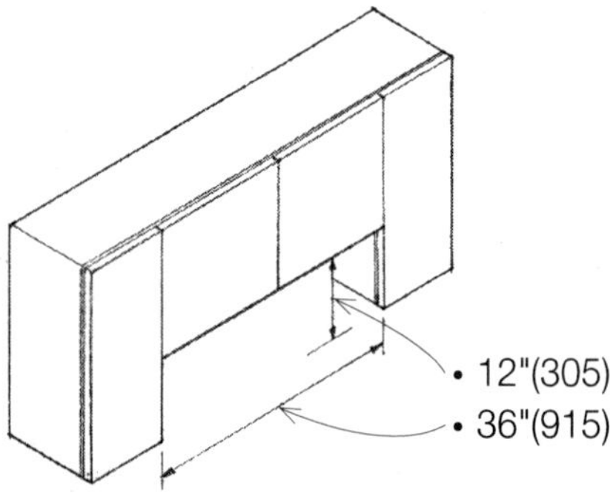

복합 상부 장

- 개수대와 화구 상부에 설치
- 길이 60"~84"(152~2135)
- 높이 30"(760)

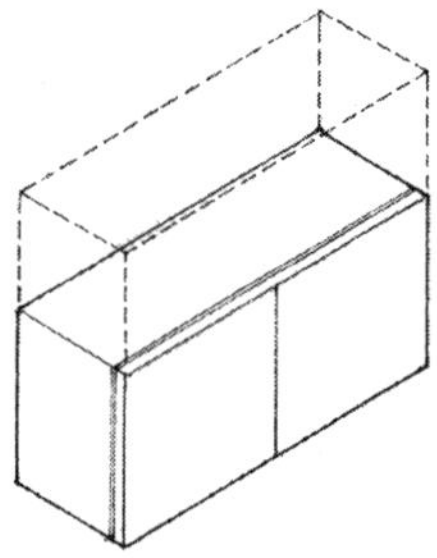

기본 상부 장

- 24"에서 48"(610에서 1220)까지 3"(75) 단위로 변경 가능
- 높이 12"~33"(305~840)

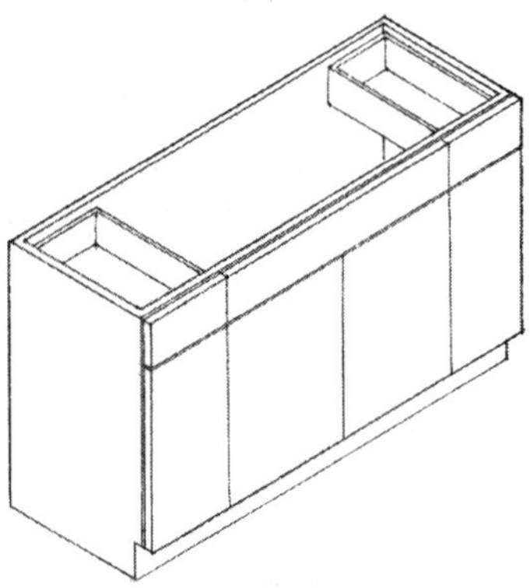

싱크대 하부 장

- 54"~84"(1370~2135)까지 3"(75) 단위로 변경 가능

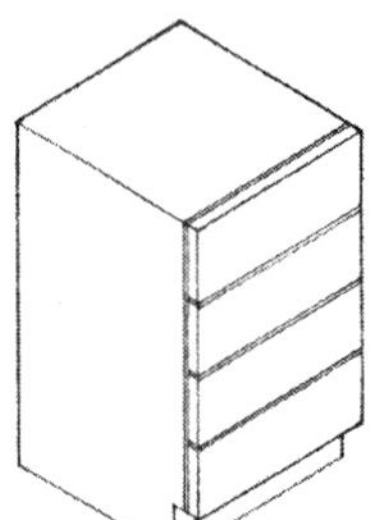

서랍 장

- 너비 15"에서 24" (380에서 610)

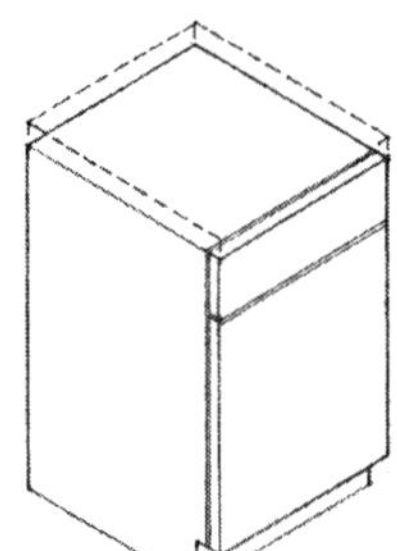

기본 하부 장

- 한 짝 장의 너비 12"~24"(305~610)
- 두 짝 장의 너비 27"~48" (685~1220)
- 깊이 23" 혹은 24"(585 혹은 610)

- $34^{1}/_{2}$"(875) 높이의 바닥용 장은 최대 $1^{1}/_{2}$"(38) 두께의 조리대 사용 가능

- 욕실 세면기의 기본 단위는 높이 30"(760), 깊이 21"(535)
- 찬장과 탁자의 기본 단위는 높이 $28^{1}/_{2}$" (725)

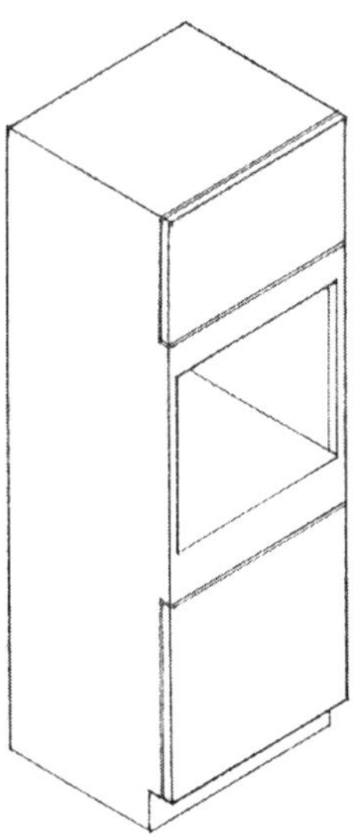

붙박이 오븐 장

- 너비 18"~30"(455~760)
- 높이 84"(2135)

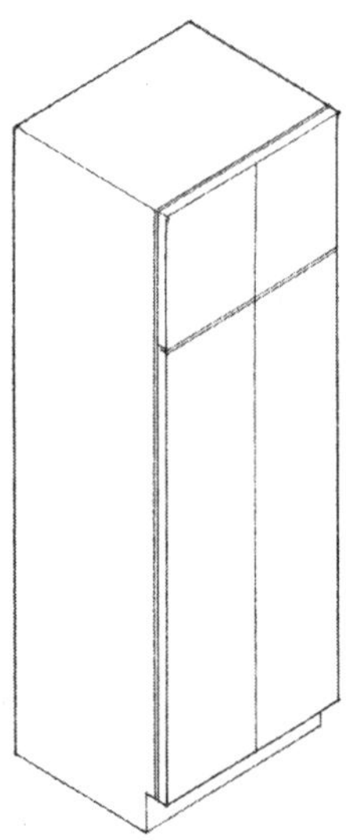

다용도장 혹은 저장용 장

- 깊이 12"와 24" (305와 610)

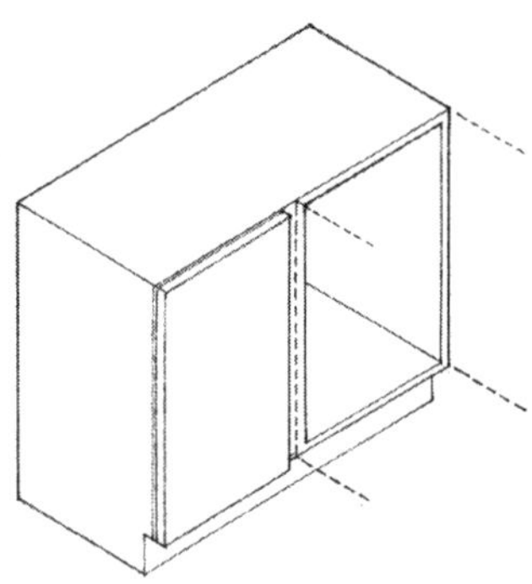

하부코너 장

- 길이 39"~48" (990~1220)

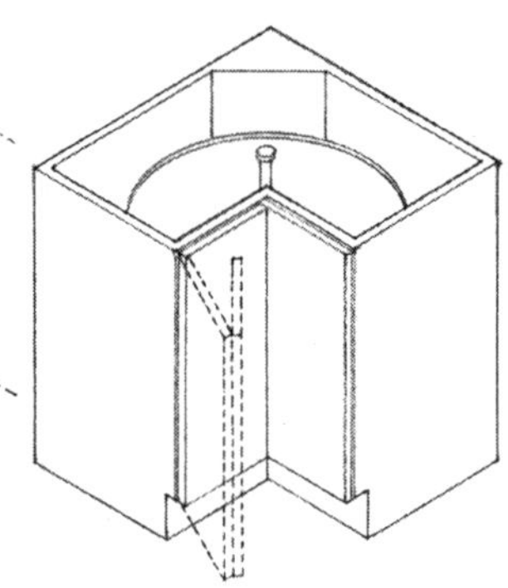

하부코너 장

- 길이 36"(915)

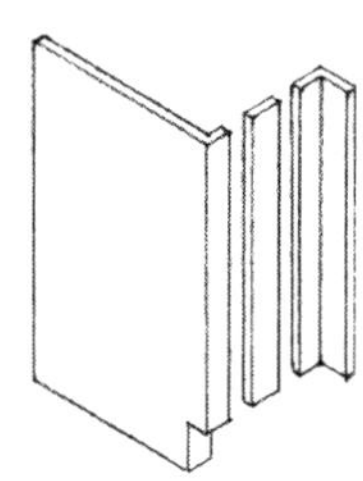

- 완성된 끝부분에 채움 패널 사용 가능

CSI 마스터포맷 12 35 30.13: 주방 수납공간

환기

- 최소 5 sf.(0.46㎡), 바닥 면적의 1/20 이상으로 개방 가능한 외부 개구부를 통해 자연 환기가 가능하도록 할 것.
- 자연 환기 대신 시간당 최소 두 번의 공기교체를 시행하는 기계적 환기 시스템을 사용할 수 있다.
- 배기 팬이 있는 후드로 화기 구역을 환기시킬 수 있다.
  - 지붕을 통해 수직 배기
  - 외벽을 통해 직접 배기
  - 벽상부장 위의 밑면을 통해 수평으로 외부 배기
- 자체환기 쿡탑은 바닥 시스템의 덕트를 통해 외부 또는 내부 위치에 직접 배출될 수 있다.

조리대 상판

- 조리대 상판은 플라스틱 라미네이트, 토막나무, 세라믹 타일, 대리석 또는 화강석, 인조석, 콘크리트 또는 스테인레스강으로 할 수 있다.
- 화기 주변은 내열 상판을 사용할 것.

조명

- 바닥 면적의 1/10 이상 또는 최소 10 sf.(0.93㎡)의 외부 유리 개구부를 통해 자연 채광이 가능하도록 할 것.
- 건축법규에서는 일반적으로 주거용 주방에서 인공조명만 사용하는 것을 허용한다.
- 일반적인 조명 외에도 작업 조명이 각 작업 영역과 조리대에 필요하다.

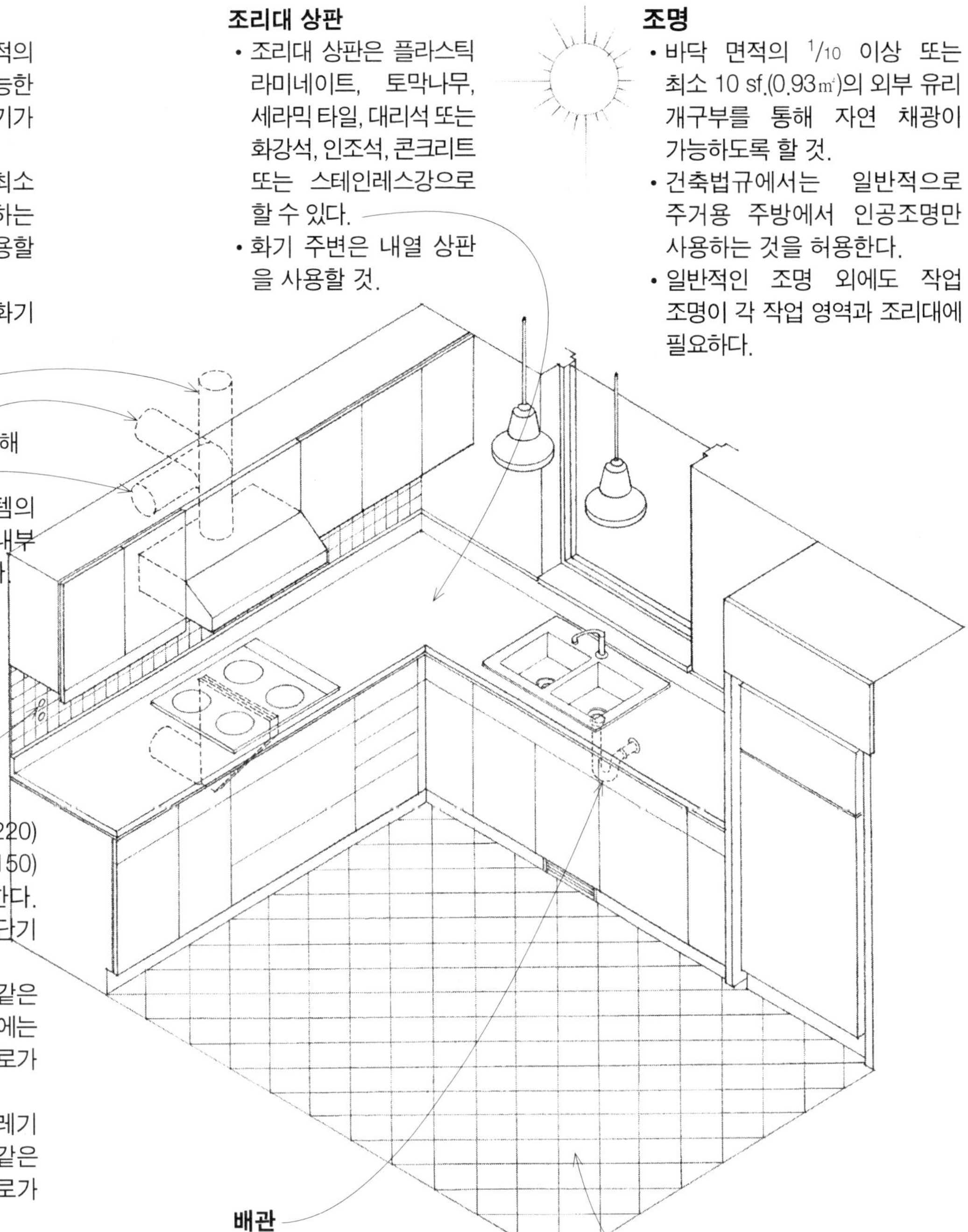

전자기기

- 소형 기기의 경우 최소 4'(1220) 간격으로 조리대 위 약 6"(150)에 2구 콘센트가 있어야 한다. 이 회로는 접지 오류 차단기 (GFI)로 보호할 것.
- 전기레인지 및 오븐과 같은 영구적으로 설치된 기기에는 특수한 단일 콘센트 회로가 필요하다.
- 냉장고, 식기 세척기, 쓰레기 처리기 및 전자레인지와 같은 가전제품에도 별도의 회로가 필요하다.

가스

- 가스 기기에는 별도의 연료 공급 라인이 필요하다.

배관

- 싱크대와 식기 세척기를 위한 급수관이 필요하다.
- 싱크대, 폐기물 처리기 및 식기 세척기를 위한 폐수관이 필요하다.
- 11.23 - 11.28. 참조

난방

- 공급 조절장치는 일반적으로 하부장 아래에 있음.

바닥재

- 바닥재는 미끄럼 방지, 내구성, 유지 보수 용이성, 물 및 기름에 대한 내성이 있는 것을 쓸 것.

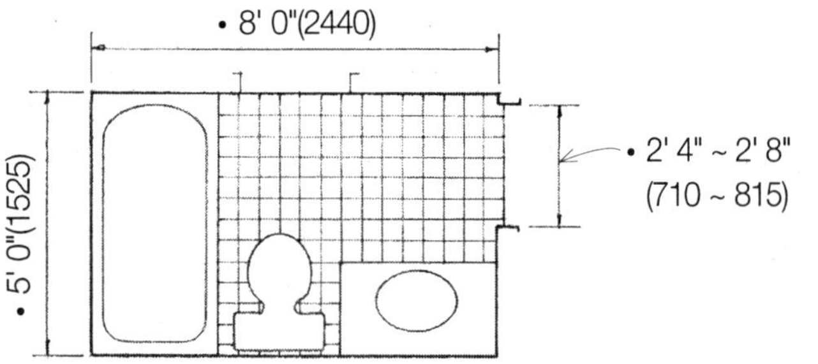

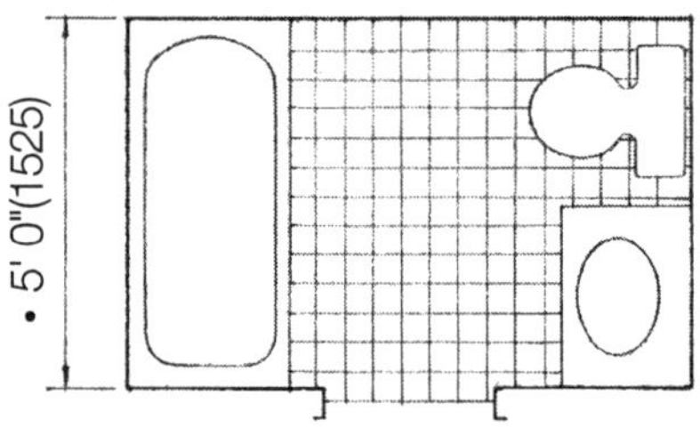

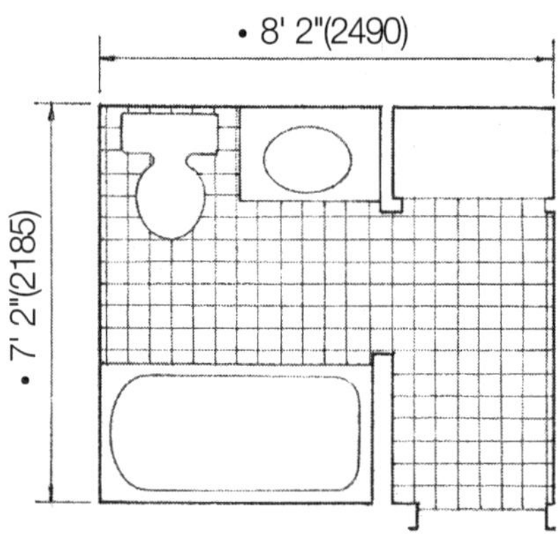

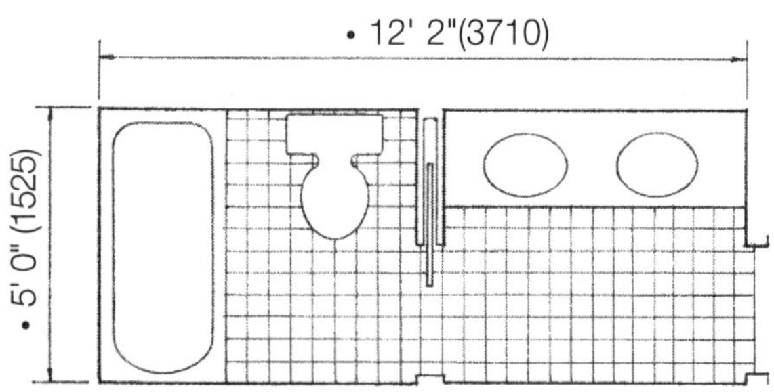

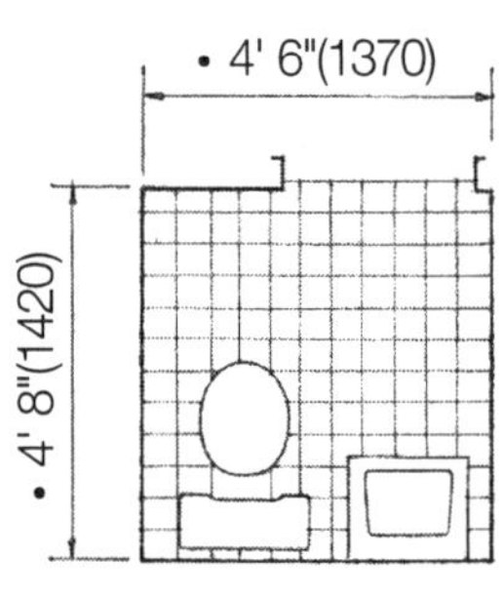

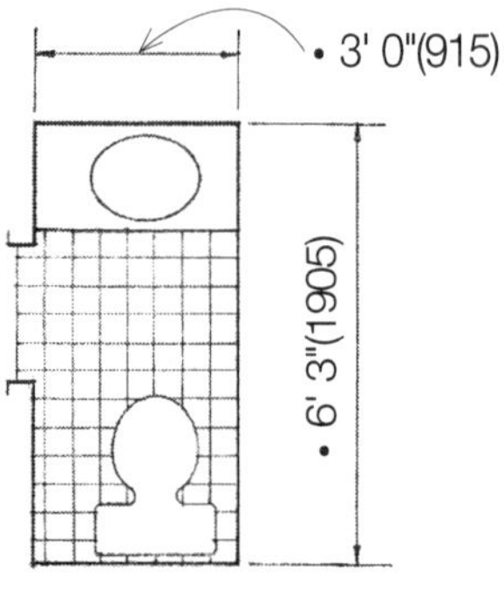

본 장에서는 욕실과 관련하여 특정 상황에 맞게 적용할 수 있는 기본 배치를 다룬다. 설비 공간 배치와 간격 설정은 욕실 공간 내에서 안전하고 편안한 이동을 위해 중요하다. 다음 페이지의 그림과 각 계획들을 연구해 권장 치수를 얻어낼 수 있다. 욕실의 전체 크기는 사용된 비품의 실제 크기에 따라 다르다.

욕실 및 기타 화장실 시설의 배치에는 다음 사항도 고려해야 함.

- 수건 막대, 거울 및 약장과 같은 액세서리를 위한 공간 및 위치
- 필요한 배관 벽의 수와 수직관stacks, 통풍구vents와 수평관horizontal runs의 위치.

- 화장실에는 60" 깊이×56" 너비(1525×1420)의 순 공간을 확보

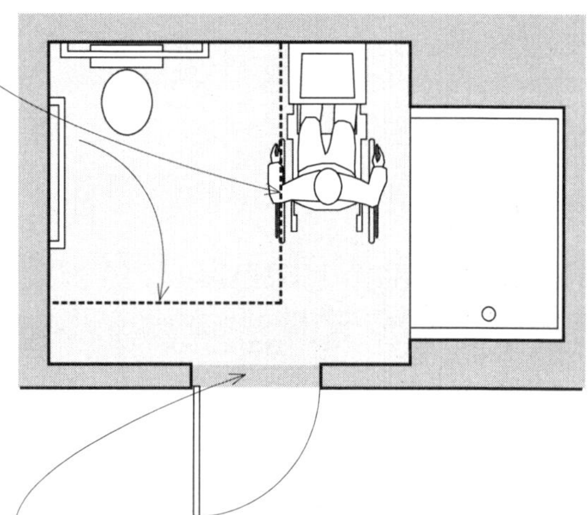

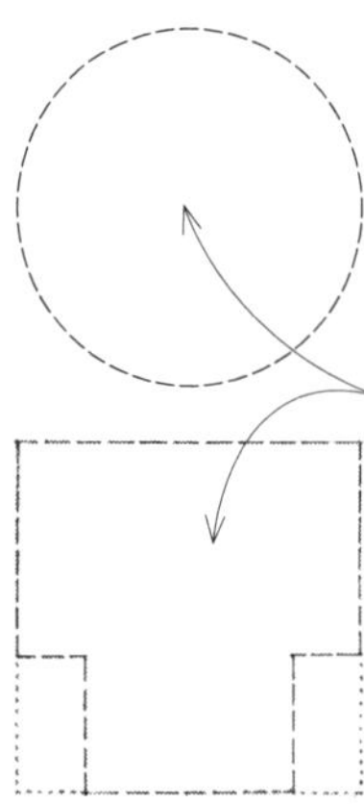

- 문을 열 수 있는 최소 너비 32"(815) 순 개구부 공간 확보.
- 필요 순 바닥 공간 안쪽으로 문의 회전 반경이 걸쳐 있으면 안 된다..

- 접근 가능한 욕실과 화장실에는 휠체어가 180° 회전할 수 있도록 바닥 공간을 확보할 것. 이 공간은 60"(1525) 직경의 원이거나 최소 너비 36"(915), 최소 길이 60"(1525) 인 60"(1525) 정사각형 내의 T자 영역이어야 한다.
- 고정 장치에서의 순 바닥 공간, 접근 경로, 휠체어 회전 공간은 중복하여 계획할 수 있다.
- 접근 가능한 고정 장치 조건은 9.28 - 9.29 참조
- 일반적인 ADA 장애인 접근성 지침은 A.03 참조

ADA 접근성 지침

아래 주어진 시설 치수의 범위는 초기 계획 목적으로만 사용할 것. 특정 모델의 실제 치수는 제조업체에 문의.

배관 설비는 다음과 같은 재료로 만들어질 수 있다.

- 변기, 소변기, 비데: 유리질 자기
- 화장실, 욕조 및 청소용 싱크 : 유기질 자기, 에나멜 주철, 에나멜 강철
- 샤워실 : 테라조, 에나멜을 입힌 강재
- 샤워부스: 에나멜을 입힌 강재, 스테인리스강, 세라믹 타일, 섬유 유리
- 주방 싱크 : 에나멜을 입힌 주철, 에나멜을 입힌 강재, 스테인리스강

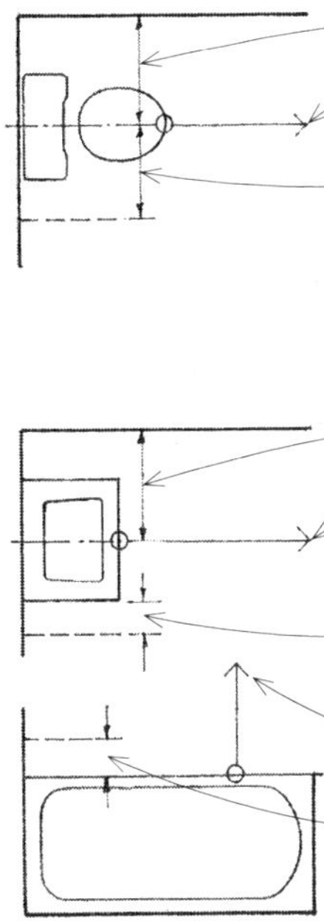

수세식 변기
- 측벽까지 22"(559); 최소 15"(380)
- 반대 벽까지 36"(915); 최소 18"(455)
- 고정 장치까지 18"(455); 최소 12"(305)
- 바닥 위 변기 가장자리의 높이: 14"~15"(355~380)

세면기
- 측벽까지 22"(560); 최소 14"(355)
- 반대 벽까지 30"(760); 최소 18"(455)
- 고정 장치까지 6"(150) 최소 2"(51)

욕조
- 반대 벽까지 34"(865); 최소 20"(508)
- 고정 장치까지 8"(205); 최소 2"(51)

고정 장치의 여유 공간

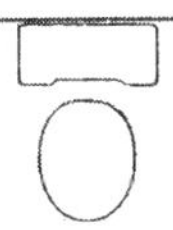
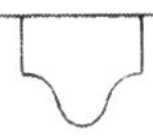
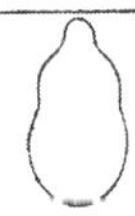
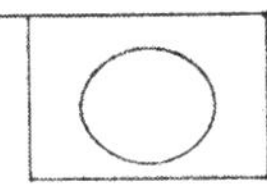
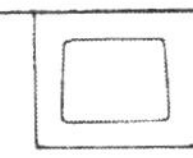

	수세식 변기	소변기	비데	세면기	세면기
너비	20"~24"(510~610)	18"(455)	14"(355)	30"~36"(760~915)	18"~24"(455~610)
깊이	22"~29"(560~735)	12"~24"(305~610)	30"(760)	21"(535)	16"~21"(405~535)
높이	20"~28"(510~710)	테두리 높이 24"(610)	14"(355)	바닥 위 31"(785	테두리 높이 31"(785)

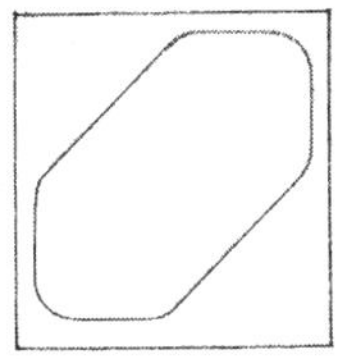

	욕조	정사각 욕조	샤워
폭	3'6"~6'0"(1065~1830)	3'8"~4'2"(1120~1270)	2' 6"~3' 6"(760~1065)
깊이	2' 6"~2' 8"(760~815)	3'8"~4'2"(1120~1270)	2' 6"~3' 6"(760~1065)
높이	12"~20"(305~510)	12"~16"(305~405)	6' 2"~6' 8"(1880~2030)

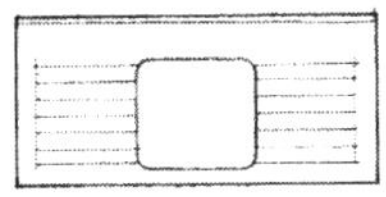
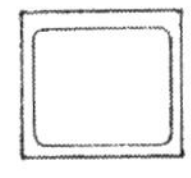

	1조 싱크	2조 싱크	식기건조형 싱크	청소용 싱크
폭	12"~33"(305~840)	28"~46"(710~1170)	54"~84"(1370~2135)	22"~48"(560~1220)
깊이	13"~21"(330~535)	16"~21"(405~535)	21"~25"(535~635)	18"~22"(455~560)
높이	8"~12"(205~305)	8"~10"(205~255)	8"(205)	27"~29"테두리(685~735)

CSI 마스터포맷 22 40 00: 배관장치

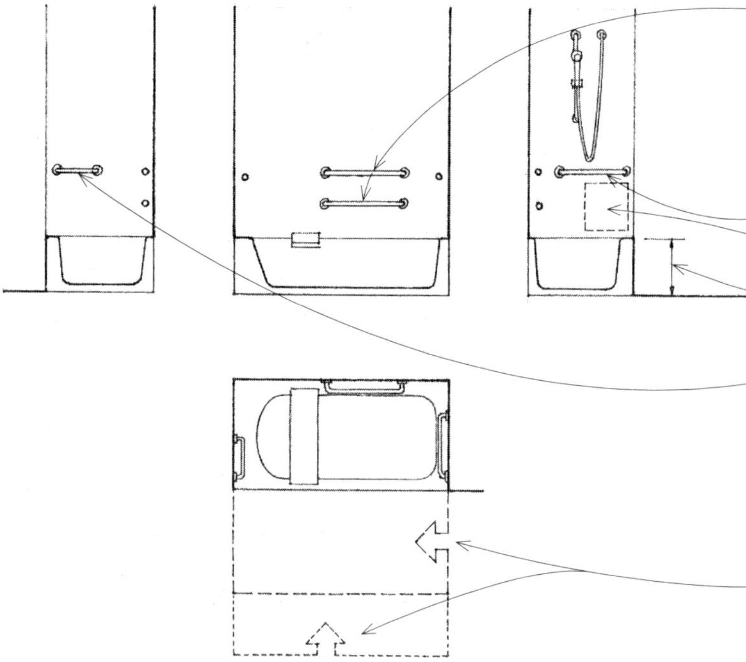

욕조

- 높이는 바닥 위 33"~36"(840~915), 길이는 최소 24"(610) 가로대를 측벽에 설치하고 머리 쪽 벽에서 최대 24"(610), 발쪽 끝벽에서 최대 12"(305)의 가로대를 설치할 것. 동일한 길이의 또 다른 가로대를 욕조 가장자리 위 9"(230) 높이에 설치할 것.
- 최소 24"(305) 길이의 가로대를 욕조의 전면 가장자리에 있는 발쪽 끝벽에 설치할 것.
- 조작부
- 욕조 테두리는 바닥에서 17"~19"(430~480) 위에 있어야 한다.
- 욕조의 전면 가장자리에 있는 머리 쪽 끝 벽에는 12" (305) 길이의 가로대를 설치할 것.
- 가로대의 직경 또는 너비는 가로대와 벽 사이에 $1\frac{1}{2}$"(38) 공간을 포함하여 $1\frac{1}{4}$"~$1\frac{1}{2}$"(32-38)으로 한다.
- 욕조에 옆으로 접근할 수 있도록 최소 30"×60"(760×1525) 순 바닥 공간 및 전방 접근을 위해 최소 48"×60"(1220×1525) 여유 공간 확보

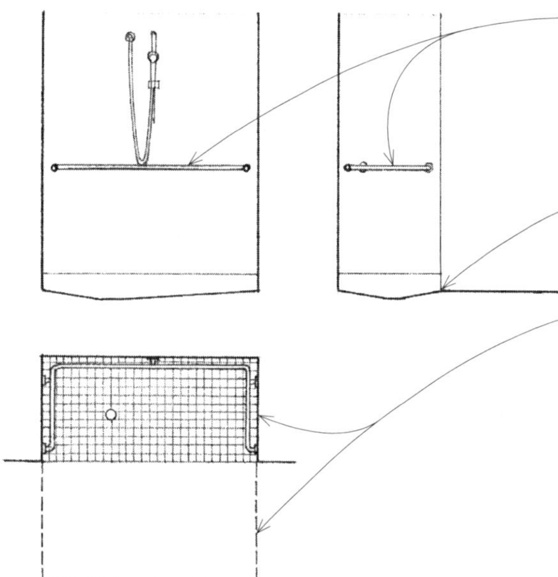

샤워장

- 바닥 위 33"-36"(840-915)에 두는 가로대는 휠체어를 타고 들어가는 샤워장의 경우 3개의 벽에 설치할 것. 휠체어에서 내려 옮겨가는 샤워장의 경우, 가로대는 조작부 벽과 후면 벽을 가로질러 조작부 벽에서 18 (455) 지점까지 이어져야 한다.
- 경사도 1:2 이하의 최대 $\frac{1}{2}$"(13) 높이의 사면으로 된 문지방
- 접근을 위해 최소 36"×48"(915×1220)의 공간을 확보한 휠체어에서 내려 옮겨가는 샤워장의 내부 공간은 최소 36"×36"(915×915)
- 접근을 위해 최소 36"×60"(915×1525)의 공간을 확보한 휠체어를 타고 들어가는 샤워장의 내부 공간은 최소 30"×60" (760×1525)

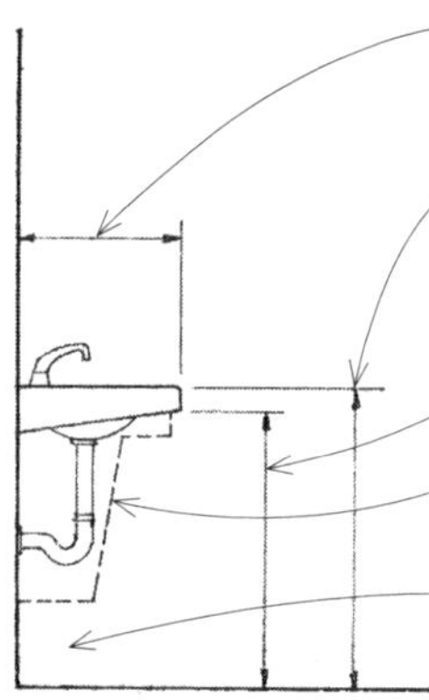

세면기와 싱크

- 벽에서 최소 17"(430) 돌출
- 싱크 깊이 최대 6 $\frac{1}{2}$"(165)
- 바닥 위 세면대 혹은 싱크대 테두리 높이는 최대 34" (865)
- 바닥에서 상부 돌출부 가장자리의 하단까지 최소 29"(735)의 여유 공간
- 바닥 위 27"(685)에서 무릎 공간을 확보하기 위한 최소 깊이는 8"(205), 바닥 위 9"(230)에서 최소 깊이는 11"(280)
- 30"×48"(760×1220)의 순 바닥 공간은 세면대나 싱크 아래로 19"(485) 이상 겹치면 안 된다.

CSI 마스터포맷 10 28 16: 욕실 부속품

수세식 변기(장애인 화장실)

- 변기는 벽이나 칸막이에 근접하여 설치하고, 변기의 중심선에서 벽이나 칸막이까지의 거리는 18"(455)로 한다.
- 변기 상단은 바닥 위 17"-19"(430-485)에 있도록 할 것.
- 변기 전면에 최소 48"(1220) 순 바닥 공간을 확보하고 변기 중심선에서 더 떨어져 있는 벽까지 42"(1065) 바닥 공간을 확보할 것.

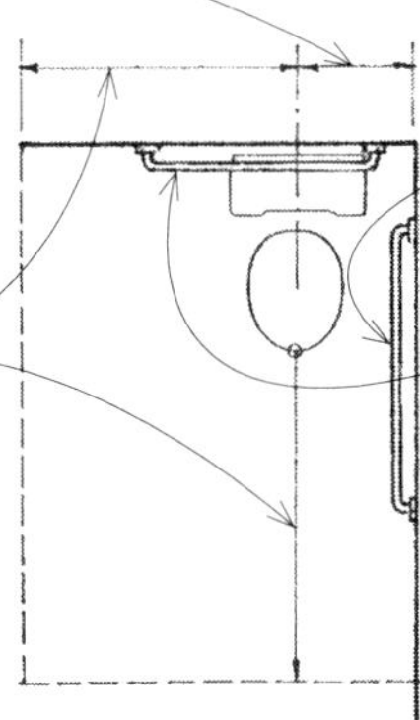

- 가로대는 후면벽 및 변기에 가장 가까운 측벽에 바닥 위로 33"~36"(840~915) 높이로 수평 설치할 것.
- 가로대의 직경 혹은 너비는 $1^1/_4$"~$1^1/_2$"(32~38), 벽과 가로대의 사이는 $1^1/_2$"(38)의 공간을 둘 것.
- 측벽의 가로대는 42"(1065) 이상이며 후면 벽에서 12"(305) 떨어지도록 할 것.
- 후면 벽의 가로대는 최소 길이가 24"(610)이고 변기 중앙에 위치해야 한다. 공간이 허용되는 경우 바의 길이는 36"(915) 여야 하며 변기의 옆면으로 연장되도록 할 것.

- 가림벽은 소변기에서 가장 튀어나온 가장자리보다 더 돌출되지 않도록 할 것.

화장실 칸

- 휠체어로 접근할 수 있는 변기는 벽걸이형일 경우 최소 너비 60"(1525), 깊이는 56"(1420)이며 바닥에 설치된 화장실의 경우 최소 59"(1500) 이상으로 할 것.
- 문이 변기 방향으로 열린다면 깊이 36"(915)을 추가할 것.
- 가로대는 바닥에서 33"~36"(840~915) 높이의 후면 벽과 변기에 가장 가까운 측면 벽에 설치되어야 함. 위 세부사항 참조.

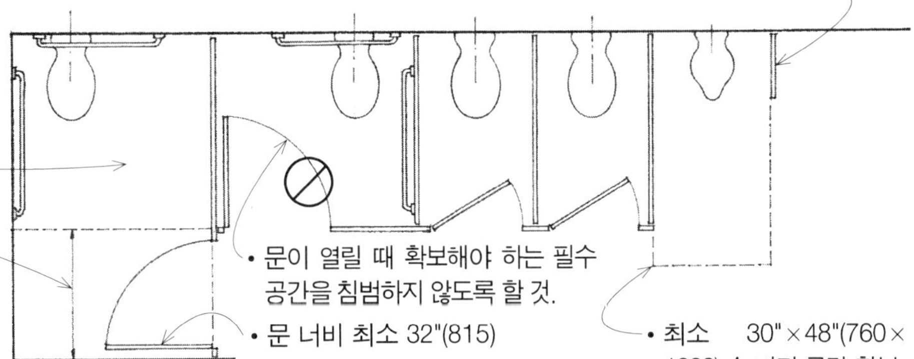

- 문이 열릴 때 확보해야 하는 필수 공간을 침범하지 않도록 할 것.
- 문 너비 최소 32"(815)
- 최소 30"×48"(760×1220) 순 바닥 공간 확보

- 환자용 칸ambulatory-accessible stalls은 적어도 너비 36"(915), 깊이 60"(1525)여야 하며, 양옆에 가로대를 설치해야 한다.

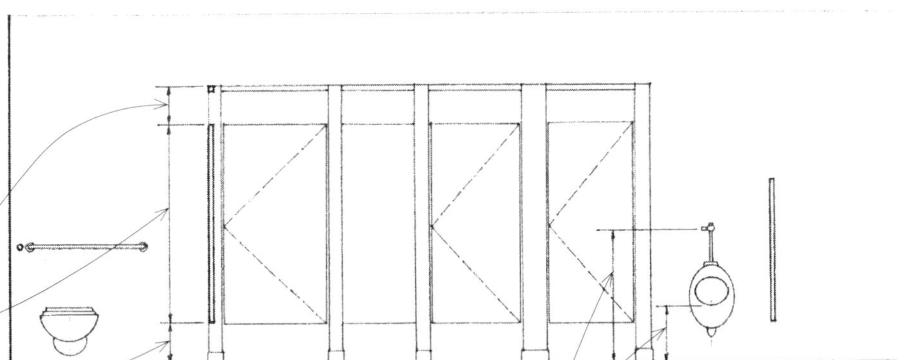

- 1' 0"(305)
- 4' 10"(1475)
- 1' 0"(305)

- 화장실 칸막이벽은 바닥에 설치하거나 벽에 걸거나 천장에 매달아 설치할 수 있다.
- 금속 칸막이에는 열처리 에나멜을 입힌 강재 또는 스테인리스강 마감재가 사용될 수 있음.
- 플라스틱 라미네이트, 강화유리 및 대리석 패널 사용 가능.

소변기

- 바닥형 또는 벽걸이형 소변기의 가장자리는 바닥 위 17"(430)를 넘지 않도록 할 것
- 수동식 물내림 장치flush controls는 바닥에서 최대 15"~44"(380~1120)에 설치할 것

조명
- 언제나 외부 유리 개구부를 통한 자연채광이 이상적.
- 단일 상부 조명은 일반적으로 허용되지 않는다. 욕조나 샤워실, 세면대 및 화장대 및 모든 칸막이 화장실 공간에 보조 조명을 둘 것.
- 욕조나 샤워기 위의 조명기구는 수증기에 내성이 있는 것을 쓸 것.

환기
- 욕실에는 오래된 공기를 제거하고 신선한 공기를 공급하기 위해 자연 또는 기계 환기가 필요.
- 자연환기natural ventilation을 하려면 바닥 면적의 $^1/_{20}$ 이상 또는 최소 $1^1/_2$ sf.(0.14㎡) 이상의 개방 가능한 외부 개구부가 필요.
- 자연 환기 대신 기계 환기 시스템을 사용할 수 있다.
- 환기팬ventilating fan은 샤워실 가까이, 욕실 문 맞은편의 외부 벽에 있어야 함. 외부에 직접 연결해야 하며 시간당 5번의 공기 교환이 가능하도록 할 것. 배출 지점은 외부 공기가 건물로 유입될 수 있어 개구부에서 최소 3'(915) 이상 떨어져 있어야 한다.
- 주거용 배기 팬은 조명기구, 팬 강제 히터 또는 복사열 램프와 조합하여 작동할 때가 많다.

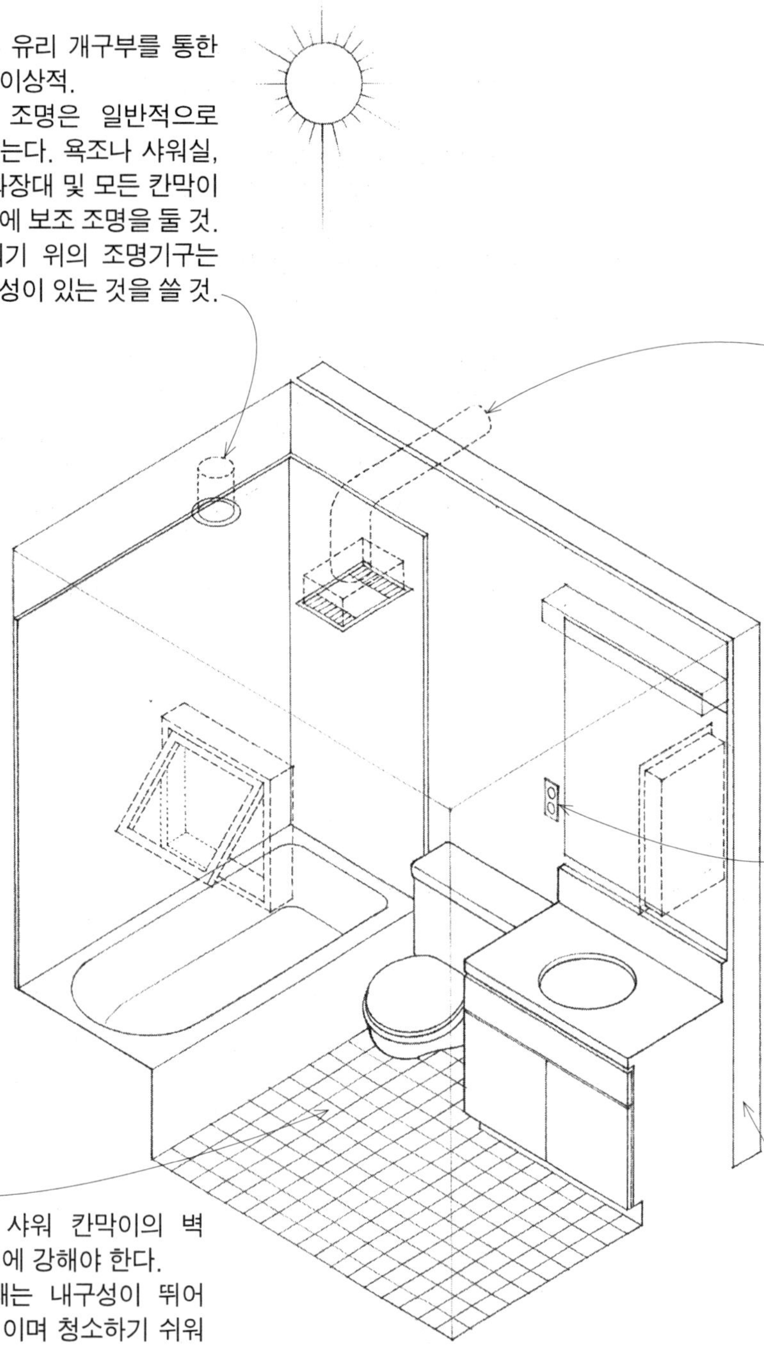

전기
- 전기 스위치 및 전기 콘센트 convenience outlets는 필요한 곳에 설치해야 하며 물이나 습기가 많은 곳에 설치하면 안 된다. 욕조나 샤워기 주변은 피할 것.
- 모든 실내 콘센트는 접지 오류 차단기(GFI)로 보호할 것. 11.33 참조

배관
- 배관 벽plumbing walls은 필요한 물을 공급하고 배수관과 환기구를 수용 할 수 있을 정도로 충분이 깊어야 함.
- 11.24 - 11.28. 참조

마감
- 욕조 또는 샤워 칸막이의 벽 바탕은 습기에 강해야 한다.
- 모든 마감재는 내구성이 뛰어나고 위생적이며 청소하기 쉬워야 하며 바닥은 미끄럼 방지 처리된 것을 쓸 것.

난방
- 난방은 통상적으로 바닥 온풍 조절장치, 순환수식 또는 전기 베이스보드형 난방방치, 또는 벽에의 전기 저항 히터 등을 통해 작동된다.

- 약장, 거울, 수건걸이, 화장지 홀더 및 비누 접시와 같은 액세서리를 위한 공간 필요.
- 수건, 린넨 및 청소 용품을 보관할 수 있는 공간이 필요.

CSI 마스터포맷 12 35 30, 23 : 욕실 케이스워크

10

마감 작업

10.02 마감 작업

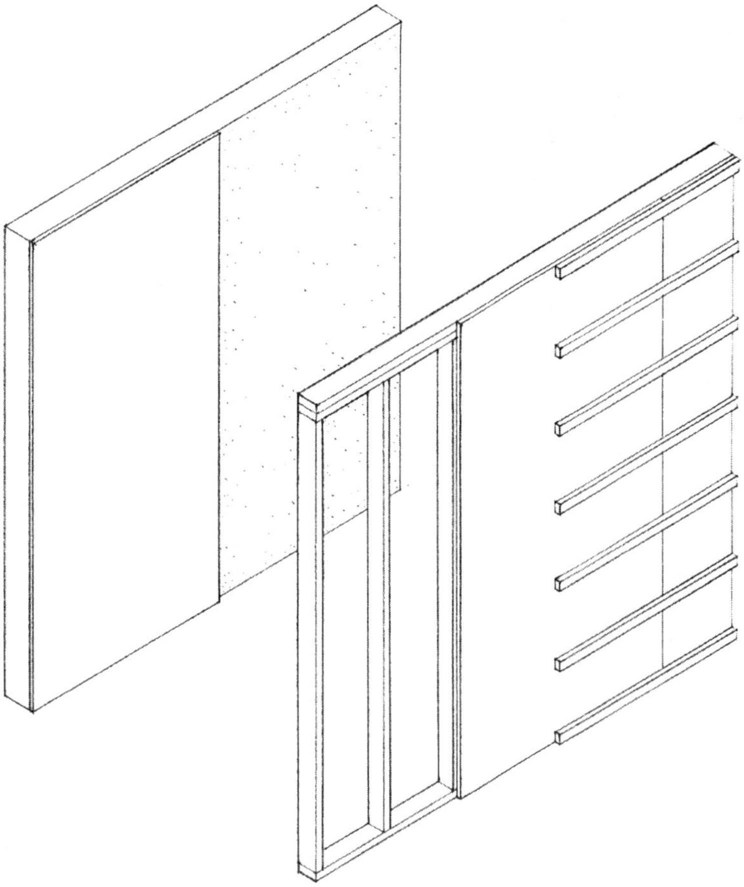

이 장에서는 건물의 내벽, 천장 및 바닥 표면을 마감하는 데 사용되는 주요 재료 및 방법을 설명한다. 내벽은 마모에 강하고 청소를 할 수 있어야 한다. 바닥은 내구성이 있고 편안하며 걷기에 안전해야 하며, 천장은 비교적 유지관리가 필요 없어야 한다.

스투코stucco 및 목재 사이딩과 같은 외벽 표면은 건물 내부로 물이 침투하는 것을 방지하는 역할을 해야 하므로 지붕 마감과 함께 7장에서 다룬다.

선형재linear member로 만든 격자 지지대supporting grid에는 짧은 경간이 가능한 강성이 있는 마감재를 설치할 수 있다. 반면에 보다 유연한 마감재를 쓰기 위해서는 속이 차 있고 강성이 있는 바탕이 필요하다. 추가로 마감재의 흡음 효과, 내화성 및 단열값과 같은 기술 요소도 고려해야 한다.

표면마감재surface finishes는 공간의 미적 완성도를 높이는 데 결정적인 영향을 미친다. 마감재를 선택하고 사용할 때에는 색상, 질감 및 패턴, 다른 재질과 어울리고 결합하는 방식을 신중하게 고려해야 한다. 규격화된 마감재를 사용할 경우 벽, 바닥 또는 천장의 면적을 결정하는 데 그 마감재 치수를 단위 치수로 사용할 수 있다.

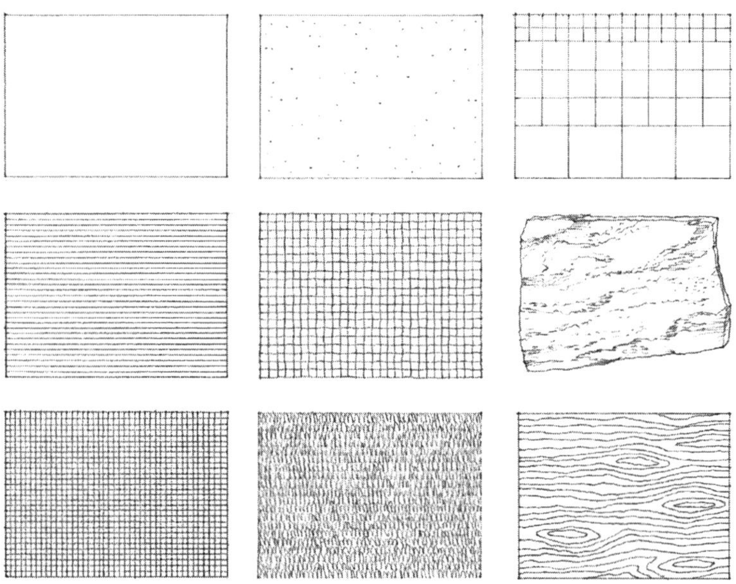

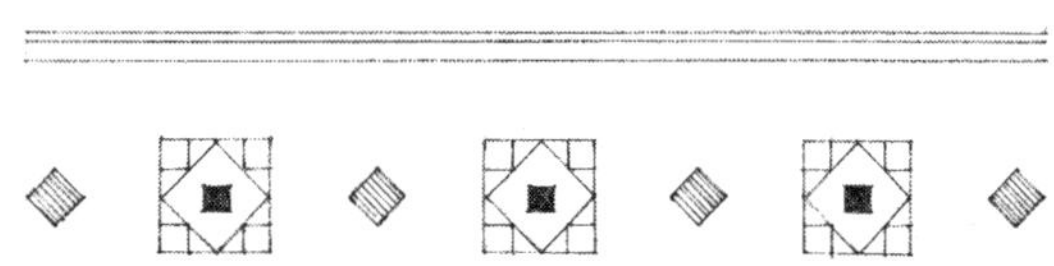

LEED EQ 크레딧2 유해물질 저방출 재료

플라스터는 가소 상태에서 벽 또는 천장 표면에 페이스트 형태로 적용되어 건조 및 경화되는 다양한 혼합물을 말한다. 건축에 사용되는 가장 일반적인 유형의 플라스터는 석고 플라스터이다. 석고 플라스터는 가루 석고를 물, 가는 모래 또는 경량 골재 및 다양한 첨가제와 혼합하여 조합과 품질을 조절한다. 석고 플라스터는 습한 환경에 노출되지 않는 벽이나 천장 표면에 사용할 수 있고, 내구성이 있으며 비교적 가벼우며 불에 강한 재료이다. 스투코/치장벽토 라고도 하는 포틀랜드 시멘트 플라스터는 외벽 및 습한 환경의 벽체에도 사용될 수 있다. 7.36 참조.

- 플라스터는 여러 번 겹칠 하는 방식으로 시공하며, 겹칠 회수는 사용하는 바탕의 종류와 강도에 따라 다르다.

2겹two-coat 플라스터

- 밑칠/베이스 코트 위에 마무리칠/피니시 코트를 하여 총 2겹 도장

3겹three-coat 플라스터

- 초벌칠/스크래치 코트, 재벌칠/브라운 코트, 마무리칠/피니시 코트를 하여 총 3겹 도장

- 마무리칠/피니쉬 코트는 플라스터를 바르는 마지막 단계이며, 마감 표면이자 외장을 위한 바탕으로 사용한다.
- 재벌칠/브라운 코트는 면의 높이를 맞추기 위한 거친 마감 플라스터로, 3겹 플라스터에서는 2번째 칠이 되고, 석고 라스 또는 조적 위에 시공된 2겹 플라스터에서는 초벌칠 역할을 겸한다.
- 밑칠/베이스 코트는 마감 도포 전에 바른 모든 플라스터를 말한다.
- 초벌칠/스크래치 코트는 3겹 도포 단계에서 맨 처음 바르는 플라스터 도포를 말하며, 라스에 단단히 고정하고 두 번째 또는 브라운 코트에 더 나은 접착력을 제공하기 위해 표면을 긁어낸다.

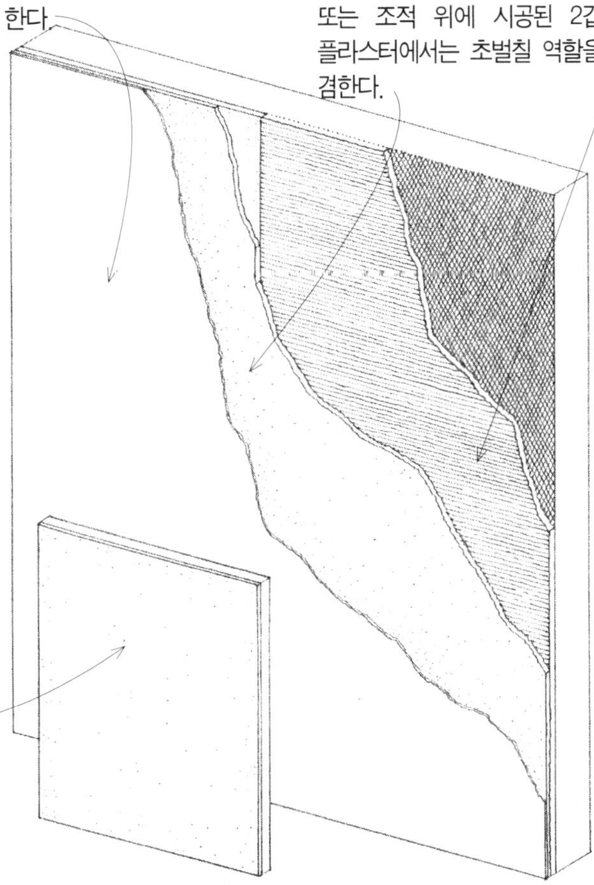

- 경석고 마감/하드 피니쉬는 석회 퍼티와 킨즈 시멘트 또는 게이징플라스터로 하는 마감 도포이며, 매끄럽고 조밀하게 손질하는 것을 말한다.
- 킨즈 시멘트는 백색 무수 석고 플라스터 브랜드의 상표로, 매우 강하고 밀도가 높으며 균열에 강하다.
- 게이징 플라스터는 석회 퍼티와 혼합하기 위한 특수 분쇄 석고 플라스터로, 플라스터 마감 도포에서 경화 시간을 조절하고 수축을 방지하도록 배합됨.
- 화이트 코트는 마무리칠의 일종으로 석회 퍼티 및 백색 게이징 플라스터로 마감되며 매끄럽고 조밀하게 손질한 것을 말한다.

- 단판veneer 또는 씬 코트(박막) 플라스터는 조합 석고 플라스터로 합판 위에 매우 얇게 1회 또는 2회 바른다.

- 흡음 플라스터는 질석 또는 기타 다공성 물질을 함유하여 소리 흡수 능력을 향상시키는 저밀도 플라스터이다.
- 성형 플라스터/몰딩 플라스터는 매우 미세하게 갈린 석고와 수화석회로 구성되어 있으며, 장식용 석고작업에 쓰인다.

- 플라스터 표면의 최종적인 외관은 질감과 마무리 작업에 따라 달라진다. 흙손으로 매끄러운 조밀한 마감처리를 하거나, 모래로 가볍게 표면무늬 처리하거나 거친 마무리를 위해 분사할 수 있다. 도장 마감으로도 가능하며 매끄러운 마감을 위해 섬유 또는 종이 벽지 위에 사용할 수 있음.

- 목재 섬유 플라스터는 대용량, 고강도 및 내화성을 위해 거친 셀룰로오스 섬유를 함유하는 공장 혼합 밑칠/베이스코트 석고이며, 단일로 사용되거나 탁월한 경도를 얻기 위해 모래와 혼합하여 사용하기도 한다.
- 순석고 플라스터는 혼합제와 섞는 작업에 사용되는, 털이나 다른 섬유 외에는 다른 재료를 혼합하지 않은 석고 밑칠/베이스코트 플라스터를 말한다.
- 조합ready-mixed 플라스터는 펄라이트 또는 질석과 같은 혼합제와 소석고를 공장 에서 미리 혼합한 것이다. 물만 타서 사용할 수 있다.
- 펄라이트 또는 질석을 첨가하면 중량이 줄고 플라스터의 보온성과 내화성이 증가한다.

CSI 마스터포맷™ 09 21 00: **플라스터와 석고보드 조립체**
CSI 마스터포맷 09 23 00: **석고 플라스터**

금속 라스 유형	무게 psf*	지지대 사이의 중심 간격 In.(mm) 수직	수평
다이아몬드 메시	0.27	16 (405)	12 (305)
다이아몬드 메시	0.38	16 (405)	16 (405)
1/8" 플랫 리브 라스	0.31	16 (405)	12 (305)
1/8" 플랫 리브 라스	0.38	24 (610)	19 (485)
3/8" 리브 라스	0.38	24 (610)	24 (610)
용접 또는 직조 철망	0.19	16 (405)	16 (405)
방수지를 덧댄 와이어 패브릭	0.19	16 (405)	16 (405)

*1 psf = 47.88 Pa

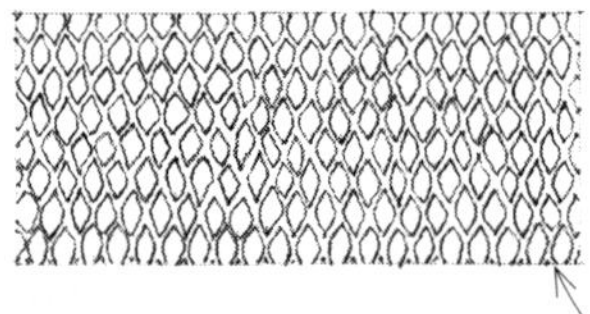

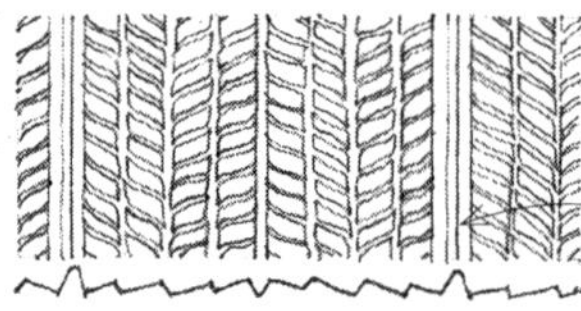

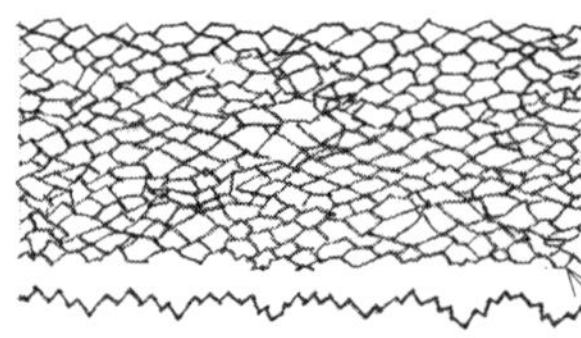

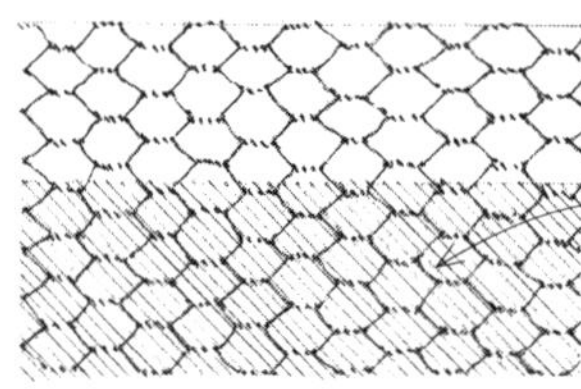

금속 라스

금속 라스는 내식성을 위해 아연도금 또는 방청 페인트로 코팅된 그물형 금속 또는 와이어 패브릭으로 제작한 것으로 플라스터 바탕이 된다.

- 사용하는 금속 라스의 하중과 강도는 지지대의 간격 및 강성에 따라 다르다.
- 익스팬디드 메탈 라스는 강철 합금 시트를 칼집내고 잡아당겨 다이아몬드 형태 구멍들로 이루어진 견고한 짜임을 형성한 것이다.
- 리브 라스는 V형 뼈대를 가진 익스팬디드 금속 라스로, 강성이 더 높고 지지 프레임들의 간격을 더 넓힐 수 있다.
- 셀프 센터링 라스는 콘크리트 슬래브 거푸집 공사에서 강철 장선 위, 또는 중실한 플라스터 칸막이벽 안쪽에 사용한다.
- 셀프 퍼링 라스는 접촉면에서 떨어져 공간을 갖게 하는 익스팬디드 메탈, 용접 철망, 또는 직조 철망으로 만든 라스로, 플라스터 또는 스투코를 고정시키기 위한 공간을 생성한다.
- 페이퍼 백 라스는 천공 또는 방수지를 덧댄 익스팬디드 메탈 또는 와이어 라스이며, 세라믹 타일 및 외부 스타코 벽의 바탕으로 사용한다.

- 두께 3/8" 또는 1/2"(10 또는 13)
- 폭 6" (405) × 길이 48"(1220)
- 폭은 24"(610)일 경우, 길이는 12' (3660)까지 가능.

석고 라스

석고 라스는 미세 기포가 함유된 강화 석고 플라스터에 석고가 접착된 섬유질의 흡수지를 덧댄 패널을 말한다.

- 천공perforated된 석고 라스에는 플라스터에 부적절하게 결합하는 것을 방지하기 위해 중심 간격 4"(100) 마다 3/4"(19) 직경의 구멍이 있다.
- 단열 석고 라스는 뒷면에 수증기 응결 지연 및 반사 단열재 역할을 하는 알루미늄 포일을 덧댄 것.
- X 유형 라스에는 내화성을 강화하기 위해 유리 섬유와 다른 첨가재료들이 들어간다.
- 단판 바탕은 단판 플라스터가 잘 접착하도록 특수용지를 덧댄 석고 라스.

트림 부속품

석고 표면의 가장자리와 모서리를 보호하고 강화하기 위해 아연도금 강철 또는 아연 합금으로 만든 다양한 부속품을 사용한다. 또한, 이러한 트림(가장자리 테두리)부속품들은 석고가 마무리칠과 높이를 맞추고 적절한 두께가 되도록 하는 소지ground 역할을 한다. 이러한 이유로 모든 소지는 지지대에 단단히 고정하고 직선의 수평 및 수직으로 설치해야 한다. 목재 소지ground는 목재 트림을 추가하기 위해 못치기 바탕이 필요한 곳에 쓸 수 있다.

- 코너비드는 플라스터 작업 및 석고보드 표면의 외부 앵글을 강화한다.
- 1/4"~3 3/8"(32~86)로 확장된 플랜지
- 반경 1/8"(3)
- 둥근 모서리 반경 3/4"(19)
- 곡선 모서리를 만들기 위해 유연한 코너비드를 써서 구부릴 수 있다.

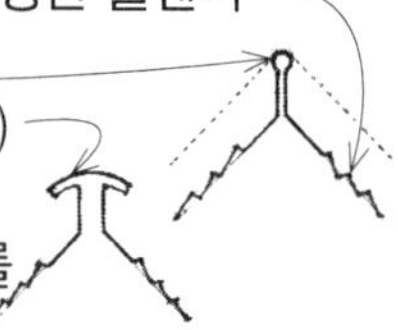

- 케이싱 비드는 플라스터 처리된 판과 석고보드 판의 가장자리를 보강한다.
- (79)로 확장된 플랜지
- 정사각 에지
- 깊이 1/2", 5/8", 3/4", 1/8" (13, 16, 19, 22)
- 1/4"(6)길이로 45° 모따기한 직각 모서리

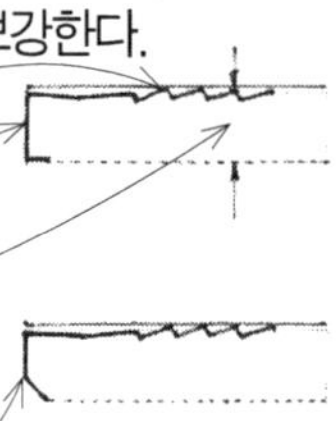

- 다양한 형태의 몰딩이 플라스터 판의 모서리와 가장자리에 적용될 수 있음.
- F 몰드reveal
- 코너 몰드
- 3/4"(19)

- 베이스 스크리드는 플라스터 처리한 표면과 다른 재료를 분리한다.
- 깊이 1/2", 3/4", 7/8"(13, 19, 22)

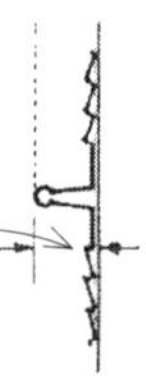

- 석고 플라스터는 굳으면서 살짝 팽창하므로 균열을 막기 위해 팽창이음이 필요하다.
- 깊이 1/2", 3/4", 7/8"(13, s19, 22)

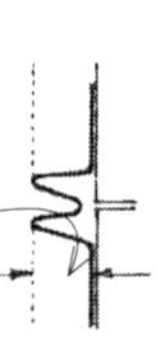

CSI 마스터포맷 09 22 36: 라스

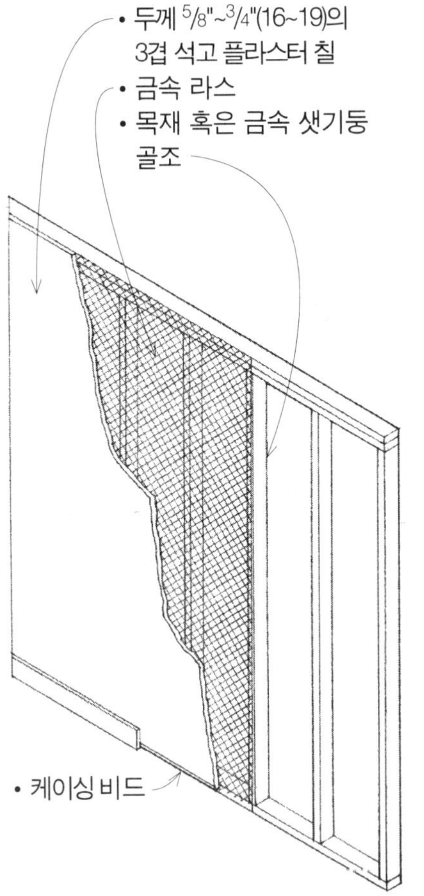

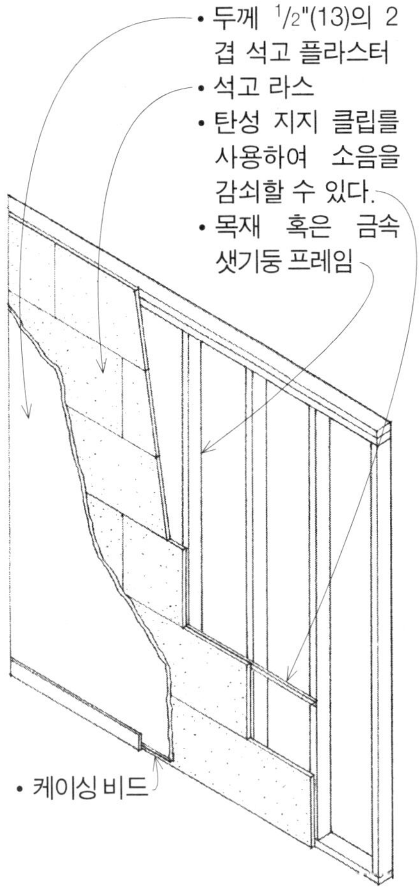

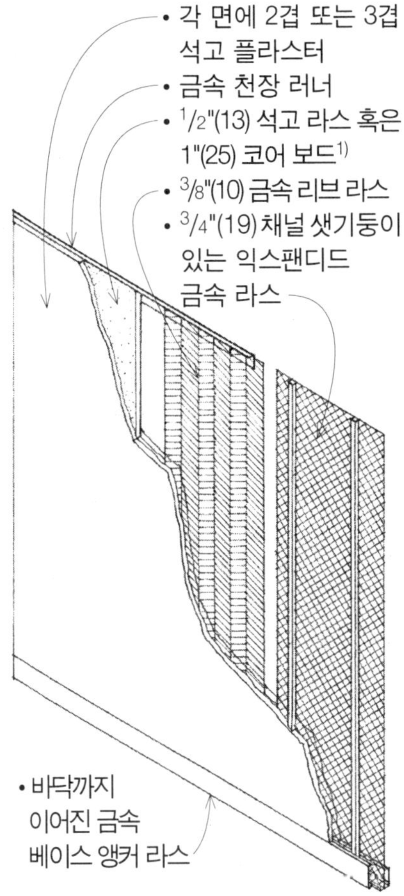

금속 라스 위에 플라스터

- 금속 라스 위에 3겹 플라스터
- 목재 또는 금속 샛기둥은 사용한 금속 라스의 무게에 따라 중심 간격 16" 또는 24"(405 또는 610) 마다 배치. 10.04의 표 참조. 프레임은 단단하고 강성이 있어야 하며, 평평하고 수평을 유지하여야 한다. 처짐은 지지 간격의 1/360 이내여야 한다.
- 라스의 긴 방향이나 리브는 지지대를 가로질러 놓을 것.

석고 라스 위에 플라스터

- 석고 라스 위에는 일반적으로 2겹 플라스터 작업. 단판 플라스터는 특수 석고보드 기초 위에 1/16"~1/8"(2~3) 두께로 한겹 칠한다.
- 지지대는 3/8"(10)라스인 경우 중심 간격 16"(405) 마다; 1/2"(13) 라스에는 중심 간격 24"(610) 마다 배치
- 라스의 긴 쪽에 지지대를 가로지르도록 놓으며 라스의 끝부분이 지지대를 버텨 내지 못하면 판금 클립으로 지지한다.

중실(속이 찬) 플라스터 벽체

- 전체 두께 2"(51)의 벽체로 바닥 공간을 조성할 수 있다.
- 3겹 플라스터를 메탈 혹은 석고 라스 양면에 작업한다.
- 벽체를 안정적으로 설치하기 위해 독립적인 천장 러너와 금속 베이스 앵커anchor가 필요하다.

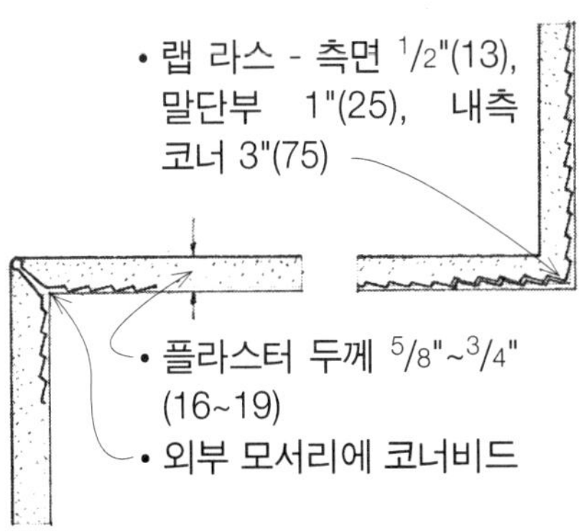

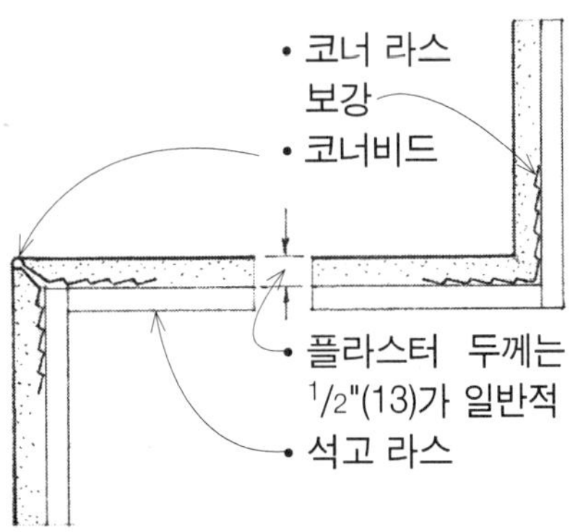

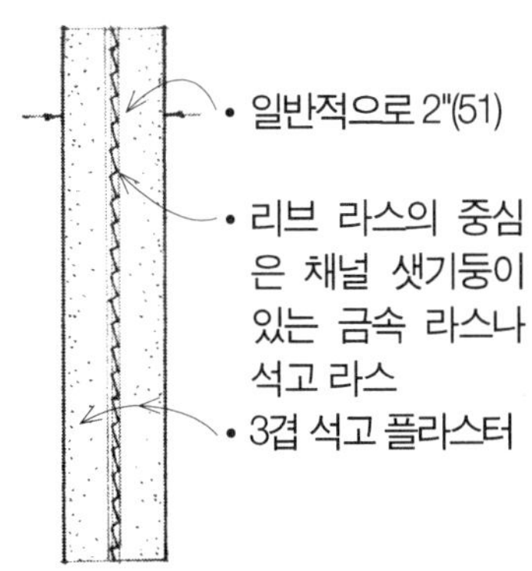

1) 합판으로서 두께가 두껍고 너비가 좁은 판을 접착하여 만든 코어. batten board 또는 lumber core라고도 한다.

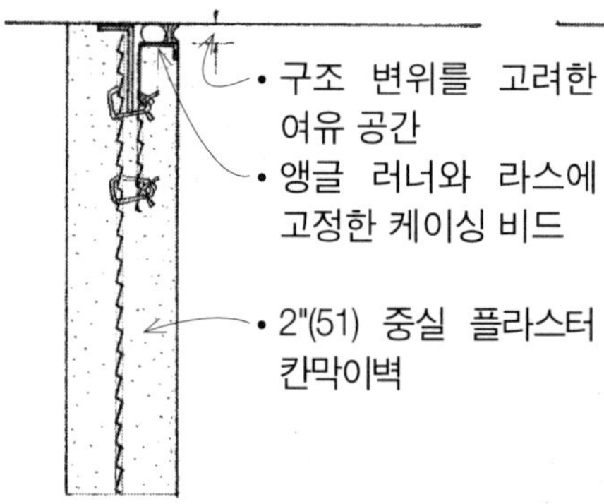

천장 디테일

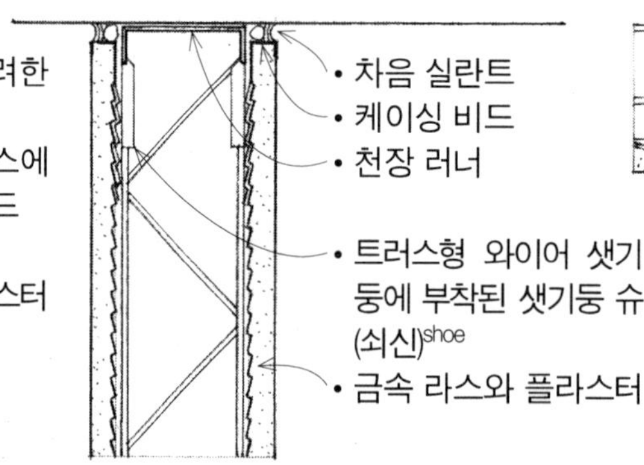

천장 디테일

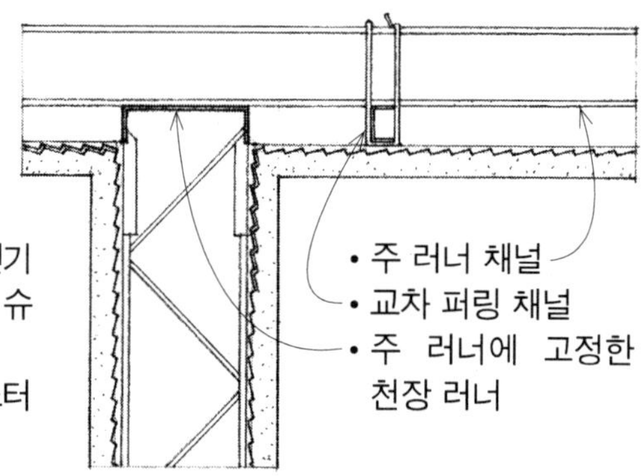

천장 디테일

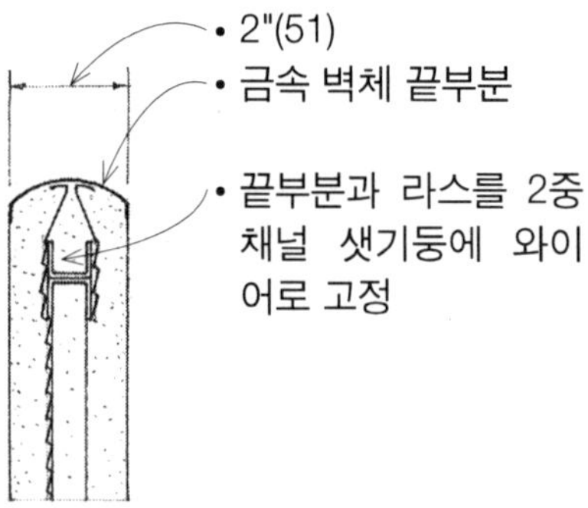

벽체 끝부분 디테일

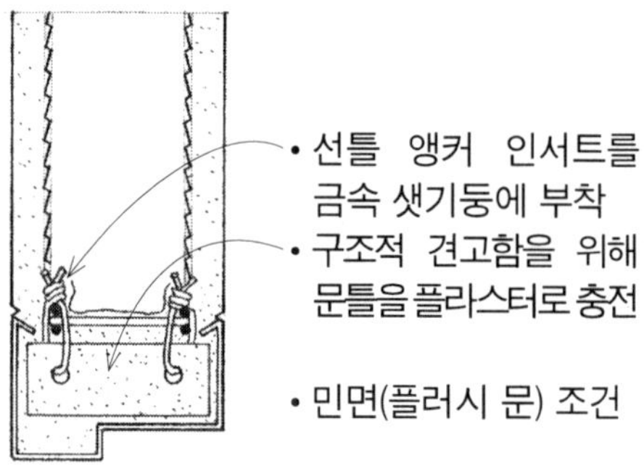

금속 문틀

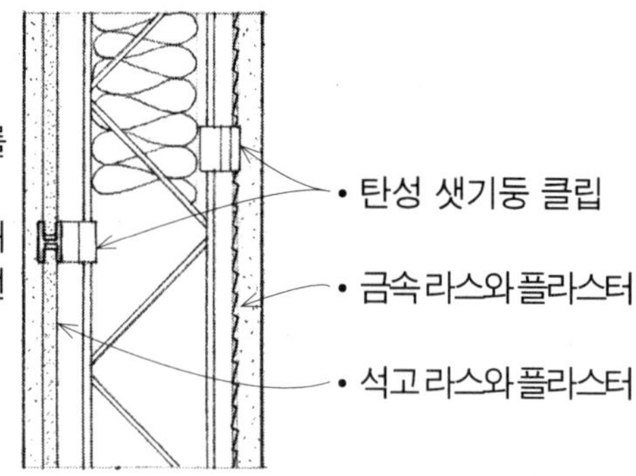

차음 벽 처리

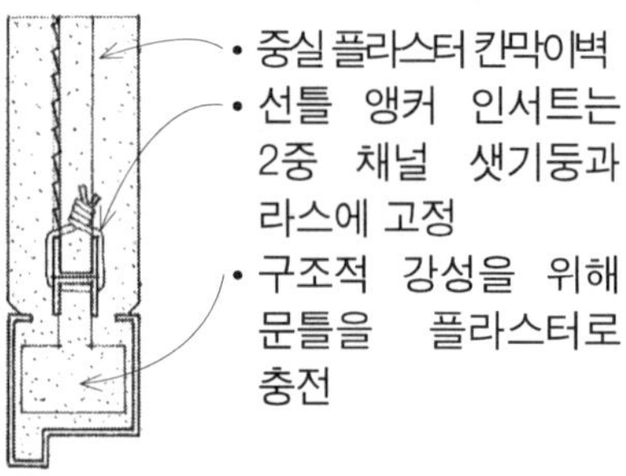

금속 문틀

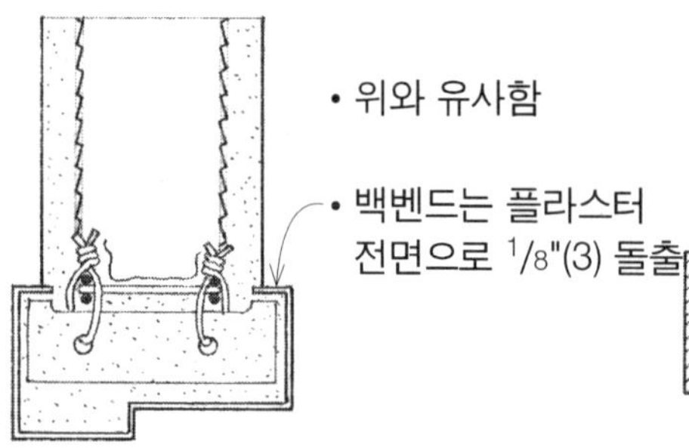

금속 문틀

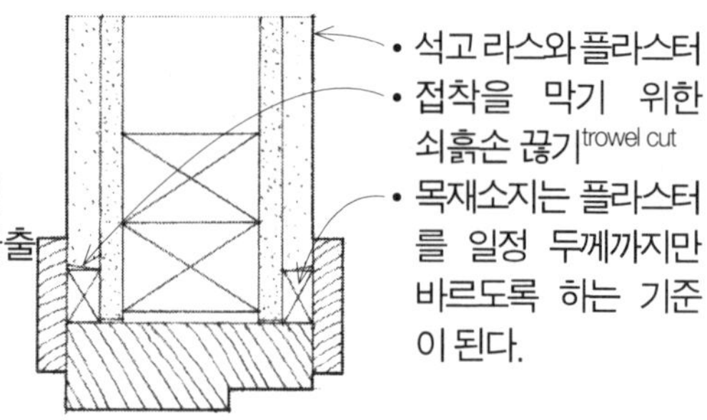

목재 문 프레임

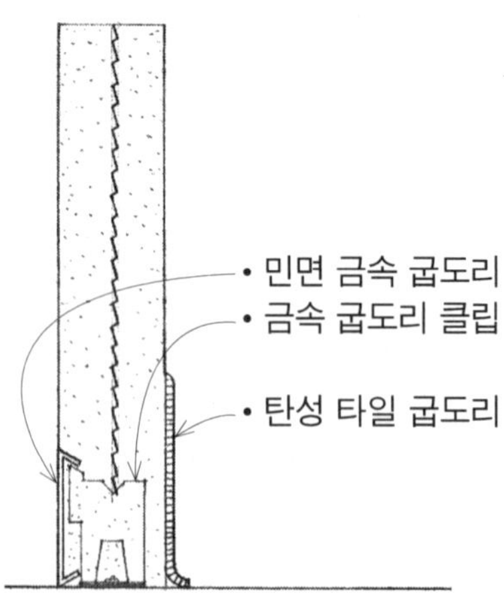

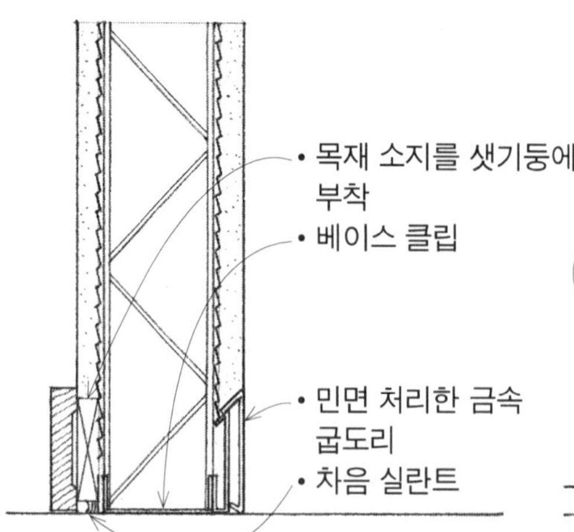

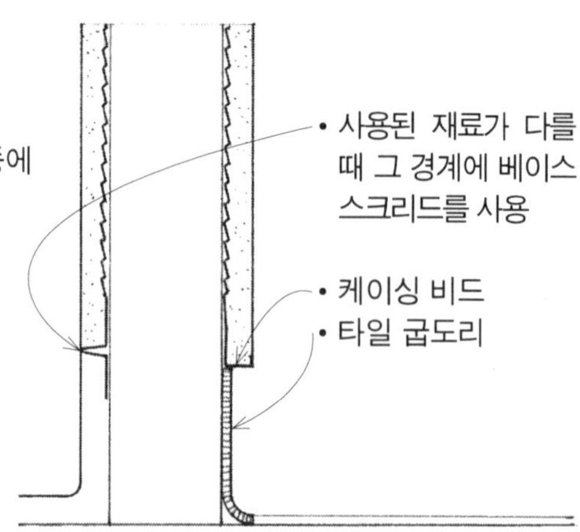

선택 가능한 굽도리 디테일

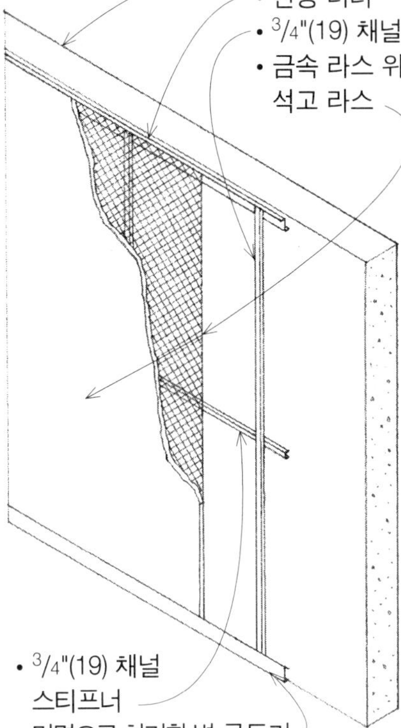

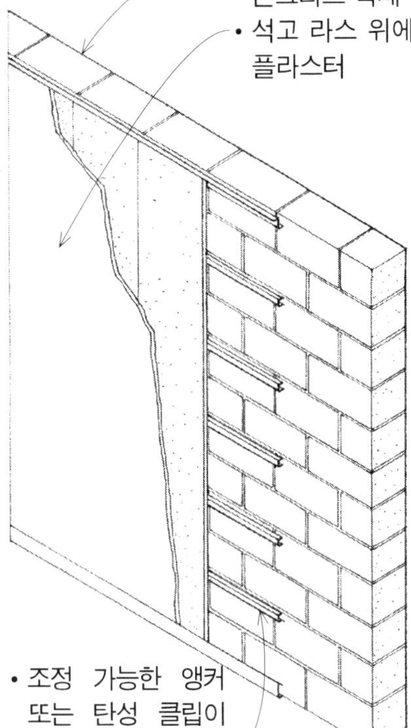

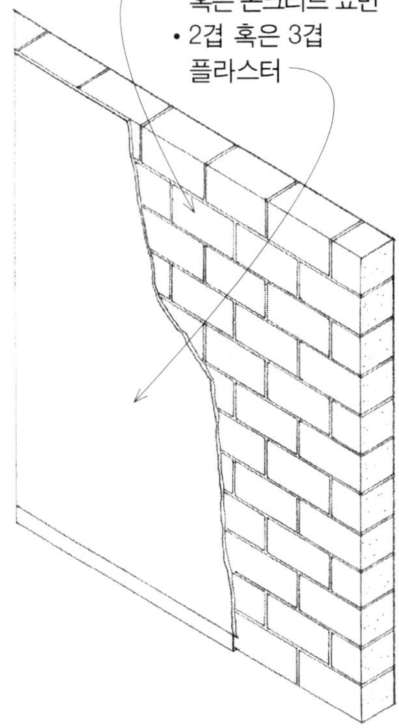

퍼링 위 플라스터

라스와 퍼링 위에 플라스터를 설치해야 하는 경우:

- 조적 표면에 직접 설치가 어려운 경우
- 습기나 결로가 벽에 침투할 가능성이 있는 경우
- 추가적인 공기층 또는 단열재 설치공간이 필요한 경우.
- 공간의 음향 처리를 위해 탄성 벽면이 필요한 경우

- 목재나 금속 퍼링을 수직 또는 수평으로 설치.
- 플라스터는 퍼링 위 작업을 위해 금속 라스 또는 석고라스가 필요; 설치 및 지지 간격은 10.06 예시와 유사
- 벽 앵커는 다양한 퍼링 춤에 맞출 수 있는 것이 시중에 있다.

직접 바르기

- 조적 위에 일반적으로 5/8"(16) 두께의 2겹 플라스터를 직접 바른다.
- 표면이 거칠고 다공성일 경우 석고가 잘 붙으므로 벽돌, 점토 타일, 콘크리트 벽돌 위에 직접 바를 수 있다.
- 상대적으로 밀도가 높고 비 다공성인 콘크리트 표면에 석고를 직접 바를 때는 접착제가 필요하다.

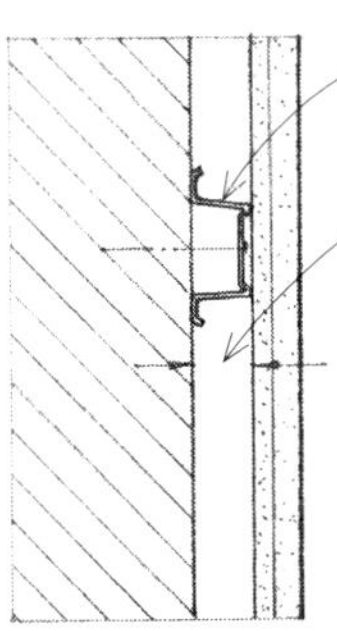

• 플라스터와 벽돌 사이의 독립적인 변위를 수용하고 흡음 처리가 가능하도록 탄성 클립을 이용하여 퍼링을 벽체에 부착할 수 있다.

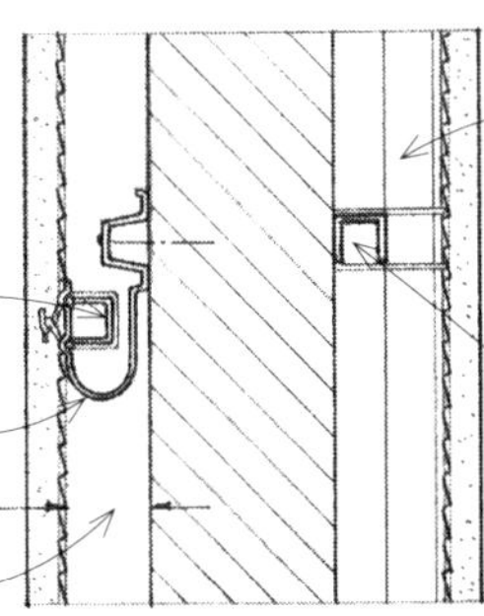

• 수직 퍼링이 벽에서 멀리 떨어져 있을 경우 수평 채널 스티프너가 필요할 수 있다.

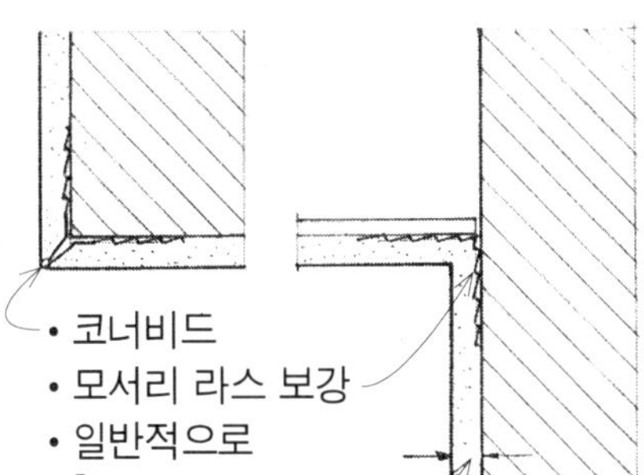

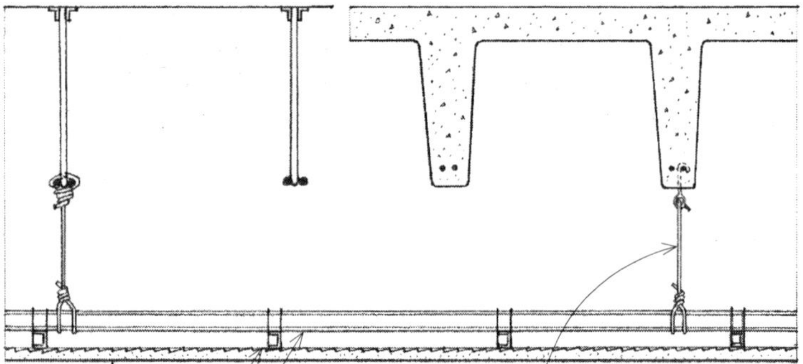

- 달대 강선hanger wire
- 중심 간격 최대 4'(1220) 마다 $1^1/_2$"(38) 주러너 채널 설치
- 주 러너에 고정한 $^3/_4$"(19) 교차 퍼링 채널; 간격은 10.04 표 참조.
- 중심 간격 6"(150) 마다 금속 라스를 퍼링에 고정.

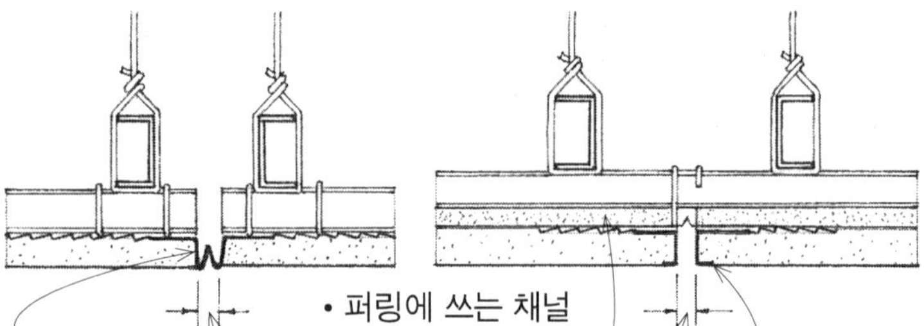

- 팽창 이음 스크리드
- $^5/_8$"(16)
- 퍼링에 쓰는 채널 부재에 클립으로 고정한 석고 라스
- $^3/_8$"(10)
- 케이싱 비드

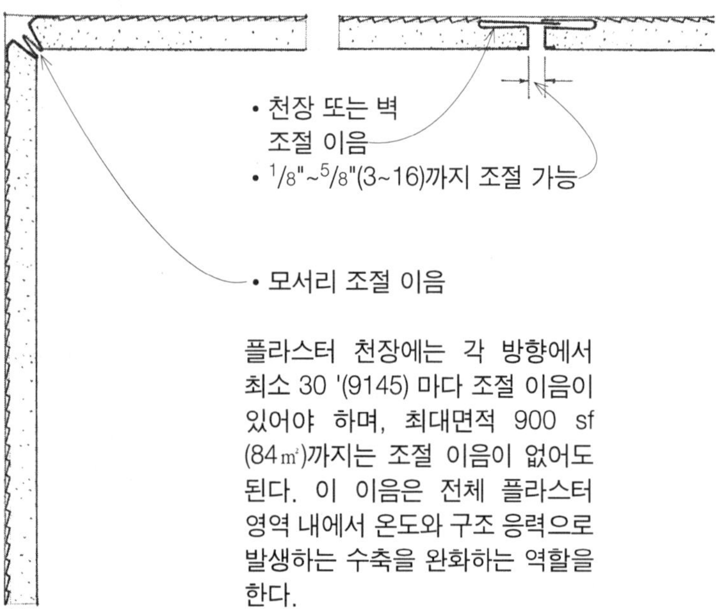

- 천장 또는 벽 조절 이음
- $^1/_8$"~$^5/_8$"(3~16)까지 조절 가능
- 모서리 조절 이음

플라스터 천장에는 각 방향에서 최소 30 '(9145) 마다 조절 이음이 있어야 하며, 최대면적 900 sf (84㎡)까지는 조절 이음이 없어도 된다. 이 이음은 전체 플라스터 영역 내에서 온도와 구조 응력으로 발생하는 수축을 완화하는 역할을 한다.

완충 간격

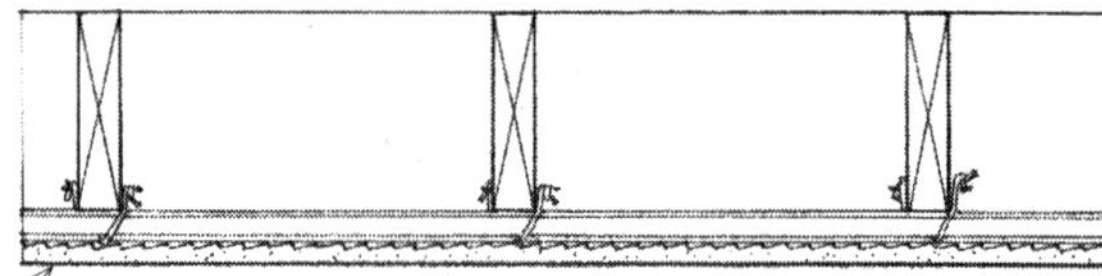

장선 밑면에 직접 못을 박아 라스를 설치하면 플라스터가 목재의 수축으로 인해 갈라질 수 있다. 퍼링을 사용하더라도 지지 부재의 변형은 간격의 1/360으로 제한해야 한다. 석고 달반자를 설치하면 바닥 또는 지붕 구조와 독립적으로 움직일 수 있으며 기계 및 조명 시스템을 가리는 역할을 할 수 있다.

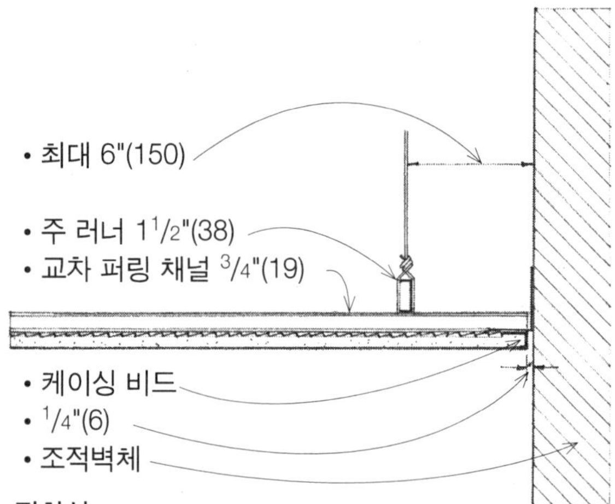

- 최대 6"(150)
- 주 러너 $1^1/_2$"(38)
- 교차 퍼링 채널 $^3/_4$"(19)
- 케이싱 비드
- $^1/_4$"(6)
- 조적벽체

접착식

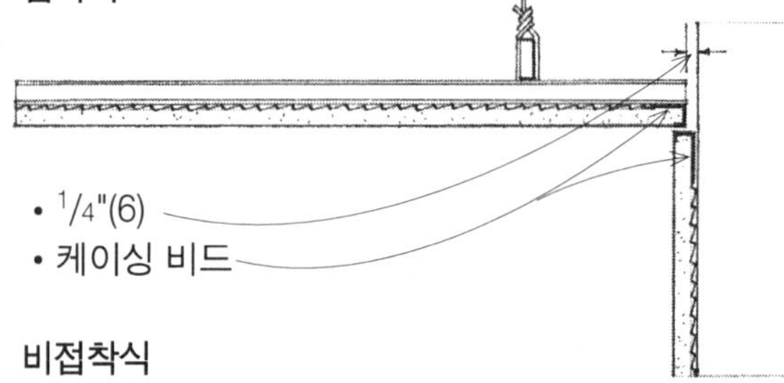

- $^1/_4$"(6)
- 케이싱 비드

비접착식

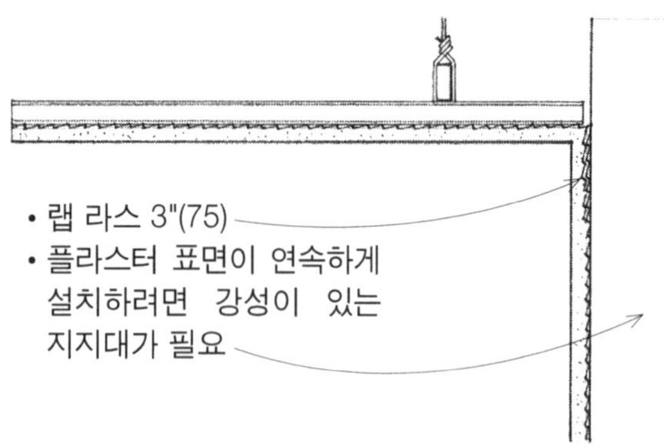

- 랩 라스 3"(75)
- 플라스터 표면이 연속하게 설치하려면 강성이 있는 지지대가 필요

구속식restrained condition

벽과 천장 연결

석고보드는 벽을 덮거나 라스로 사용되는 판재이다. 석고 재료의 코어에 필요한 성능, 위치, 시공법 및 외관 요구 사항을 충족시키기 위해 표면과 모서리를 처리한다. 내화성이 우수하고 치수 안정성이 좋다. 또한 상대적으로 판재를 크게 할 수 있기 때문에 경제적이다. 석고보드는 수분 함량이 낮으므로 종종 건식벽체라고도 하며, 내부 벽이나 천장 시공 시 물을 거의 사용할 필요가 없다. 대표적인 브랜드에는 시트록Sheetrock이 있다.

석고보드는 가장자리 모양이 다양할 수 있다. 여러 겹 시공 시 바탕 또는 중간 보드는 정사각 또는 제혀쪽매 로 가장자리를 만들 수 있다. 기성마감한 보드는 정사각형 또는 경사진 가장자리/베벨 에지beveled edge일 수 있다. 그러나 가장 일반적인 석고보드는 점점 얇아지는 가장자리/테이퍼드 에지tapered edge로 처리된 석고보드다. 테이퍼드 에지는 이음매를 테이프로 바르고 충전하여 강하면서도 눈에 보이지 않는 잇기를 가능하게 한다. 석고보드는 외관상 일체감이 있어 보여 매끄러운 표면 처리에 유용하므로, 종이, 비닐 또는 직물 벽지를 발라 마감할 수 있다.

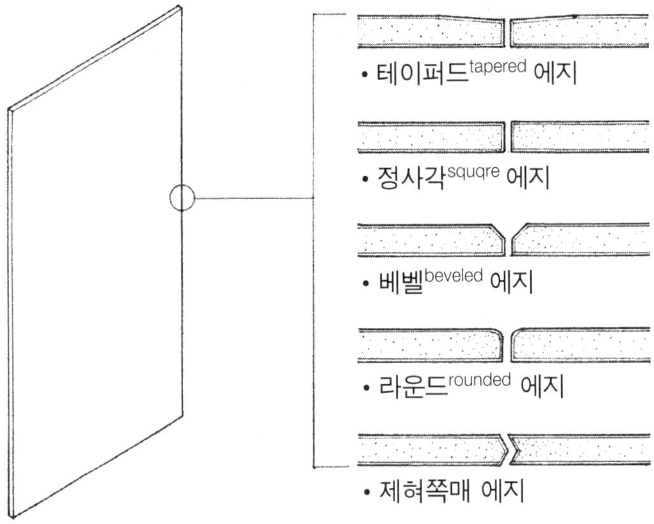

석고보드의 종류 **가장자리 유형**

일반 벽체보드
- 테이퍼드 에지
- 너비 4'(1220), 길이 8'~16'(2440~4875)
- 1/4"(6) 보드는 음향 제어 벽의 기본 층으로 사용함. 3/8"(10) 보드는 여러 겹 시공 및 리모델링 프로젝트에 사용함. 1/2" 및 5/8"(13 및 16) 보드는 홑겹 시공 시 사용함

코어보드
- 정사각, 혹은 제혀쪽매 에지
- 두께 1"(25)
- 너비 2'(610), 길이 4'~16'(1220~4875)
- 엘리베이터 샤프트, 계단 및 기계 설비를 수직으로 세우기 위해 사용되며 중실 석고 칸막이벽의 바탕으로 사용.

포일을 덧댄foil-backed 석고보드
- 정사각 혹은 테이퍼드 에지
- 두께 3/8", 1/2", 5/8"(10, 13, 16)
- 너비 4' (1220), 길이 8'~16'(2440~4875)
- 알루미늄 포일을 덧댄 경우 정체 공기층dead air space을 최소 3/4"(19)로 두면 수증기 억제 및 반사 단열재 역할을 한다.

방수 보드
- 테이퍼드 에지
- 두께 1/2", 5/8"(13, 16)
- 너비 4'(1220), 길이 8'~12'(2440~3660)
- 습도가 높은 장소에 세라믹 또는 다른 수분 흡수가 없는 타일의 바탕으로 사용한다.

X타입 보드
- 테이퍼드 혹은 라운드 에지
- 두께 1/2", 5/8"(13, 16)
- 너비 4'(1220), 길이 8'~16'(2440~4875)
- 코어에는 내화성을 높이기 위해 유리 섬유와 기타 첨가제를 사용; 포일을 뒤에 댈 수 있다.

기성마감 보드
- 정사각 에지
- 두께 5/16"(8)
- 너비 4'(1220), 길이 8'(2440)
- 보드 표면은 다양한 색, 패턴, 질감으로 비닐 혹은 프린팅된 종이로 마감할 수 있다.

배킹 보드/내벽보드
- 정사각 또는 제혀쪽매 가장자리
- 두께 3/8", 1/2", 5/8"(10, 13, 16)
- 너비 4'(1220), 길이 8'(2440)
- 강성, 차음 및 내화성을 높이기 위해 여러 겹 시공에서 바탕으로 사용; 일반형 또는 X타입 코어 그리고 포일을 덧댄 것이 있다.

석고 덮개
- 정사각 또는 제혀쪽매 가장자리
- 두께 1/2", 5/8"(13, 16)
- 너비 2' 또는 4'(610 또는 1220), 길이 8'~10'(2438~3048)
- 코어 부분은 내화성이 있으며 외부 피복으로 발수 처리한 천을 붙임. 일반 또는 X형 코어 보드가 있다.

CSI 마스터포맷 09 29 00: 석고보드

10.10 석고보드 설치

- 물이 모세관 현상으로 이동되는 것을 막고 내벽 표면의 결로를 최소화하기 위해, 석고보드를 설치하기 전에 외벽 및 등급 외 조적 또는 콘크리트 벽에 퍼링을 설치한다.

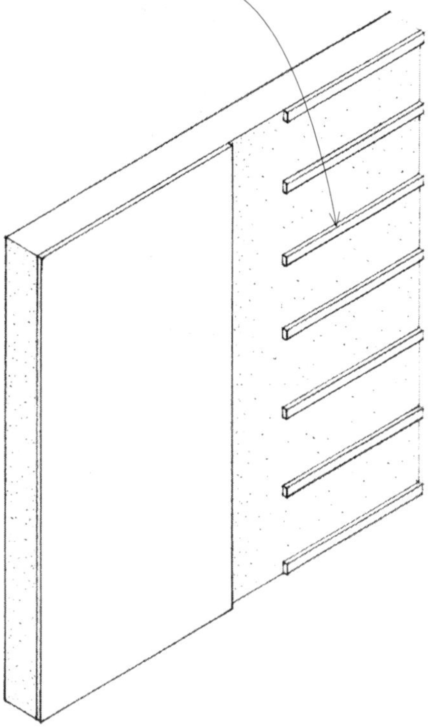

조적 혹은 콘크리트 바탕

석고보드는 표면이 건조하고 매끄럽고 고르며 기름기가 없어 이물질이 없는 등급 내 조적벽이나 콘크리트 벽에 적용할 수 있다.

- 수직 적용 : 보드 길이는 골조와 같은 방향 길이에 맞춘다.
- 수평 적용 : 보드 길이는 골조 수직 방향의 길이에 맞춘다.

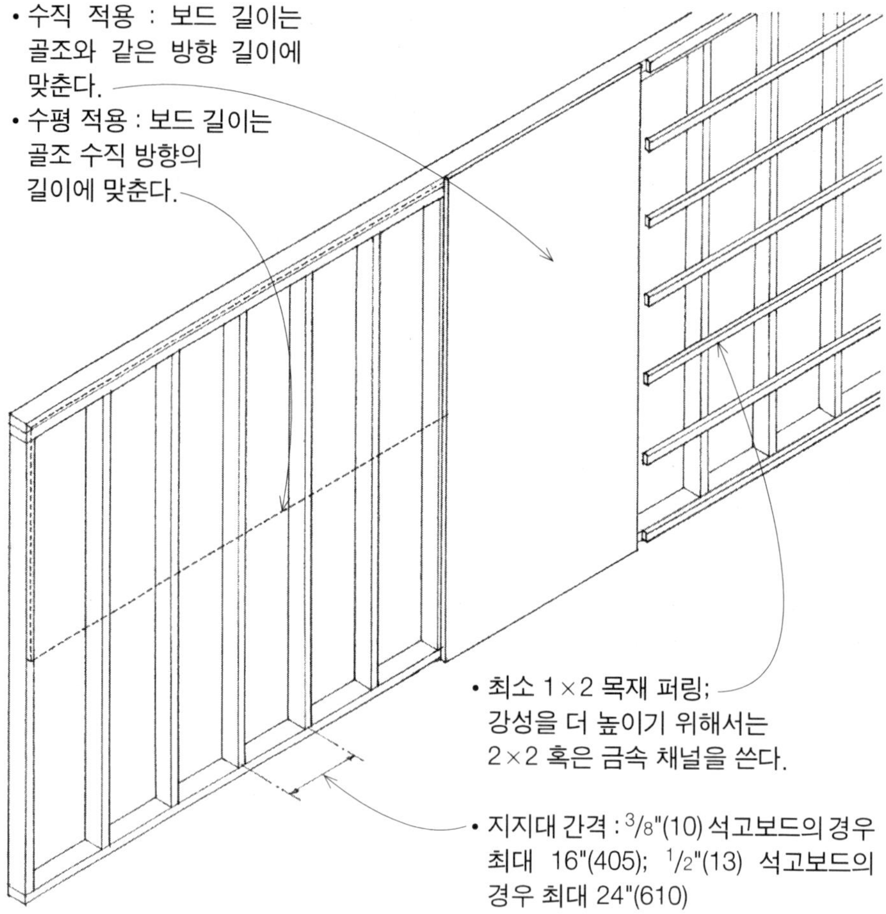

- 최소 1×2 목재 퍼링; 강성을 더 높이기 위해서는 2×2 혹은 금속 채널을 쓴다.
- 지지대 간격 : 3/8"(10) 석고보드의 경우 최대 16"(405); 1/2"(13) 석고보드의 경우 최대 24"(610)

샛기둥 벽 바탕

석고보드는 석고보드가 구부러지거나 금이 가지 않도록 구조적으로 충분히 고르고 단단한 목재나 금속 샛기둥 프레임에 직접 시공할 수 있다. 석고보드가 닿는 골조의 면은 납작하고 평탄해야 한다.

이음부가 적을 경우 강성을 높이려면 수평으로 적용하는 것이 좋다. 최소한으로 유지되어야 하는 맞댐 이음은 지지력을 만족해야 한다.

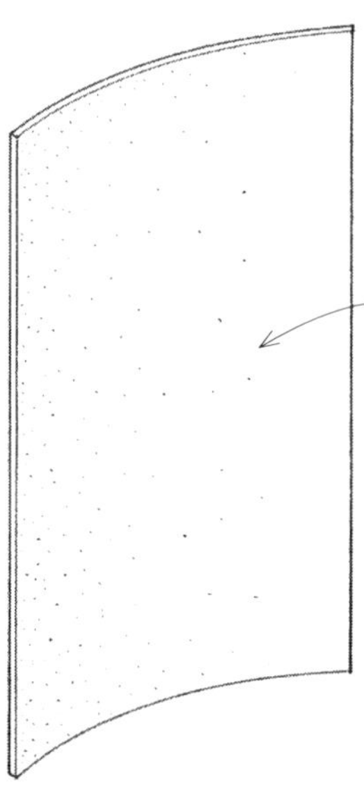

- 석고보드는 샛기둥의 곡선 부분에 맞춰 구부려 붙일 수 있다. 최대로 구부릴 수 있는 반경 는 다음과 같다.

보드 두께	길이방향	너비방향
1/4"(6)	5' 0"(1525)	15' 0"(4570)
3/8"(10)	7' 6"(2285)	25' 0"(7620)
1/2"(13)	20' 0"(6095)	

다음과 같은 때 목재나 금속 퍼링이 필요하다:

- 프레임 또는 조적 바탕이 충분히 평탄하거나 평평하지 않을 때.
- 골조 지지대 간격이 너무 떨어져 있을 때
- 보온이나 음향을 위해 추가하여 더 간격을 넓혀야 할 때
- 벽 조립체의 차음 성능을 높이기 위해 탄성 퍼링 채널이 필요할 때

CSI 마스터포맷 09 21 16: 석고보드 조립체

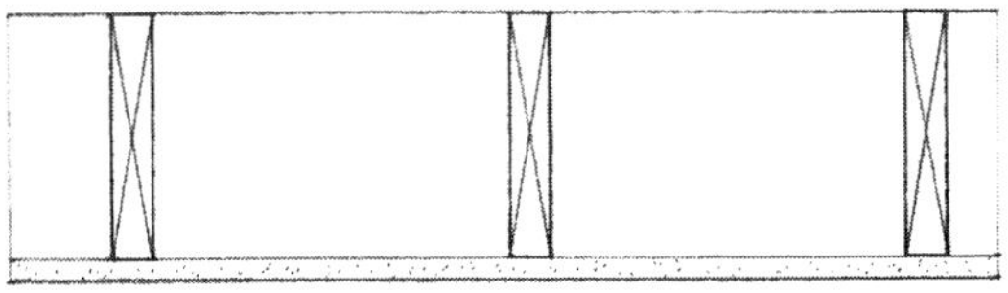

석고보드를 16"(405) 간격으로 장선joist의 하부에 직접 고정할 수 있다. 바닥 또는 지붕 구조의 변형은 1/240 간격으로 제한해야 한다. 소리의 전달을 최소화하기 위해, 그리고 콘크리트 또는 강철 장선에 석고보드를 부착하기 위해서는 16" 또는 24"(405 또는 610) 간격으로 탄성 이중벽 채널을 사용한다. 내화성을 위해 Type-X 보드를 사용할 수 있다; 다양한 벽과 천장 조립체의 내화 등급은 A.12 - 13 참조.

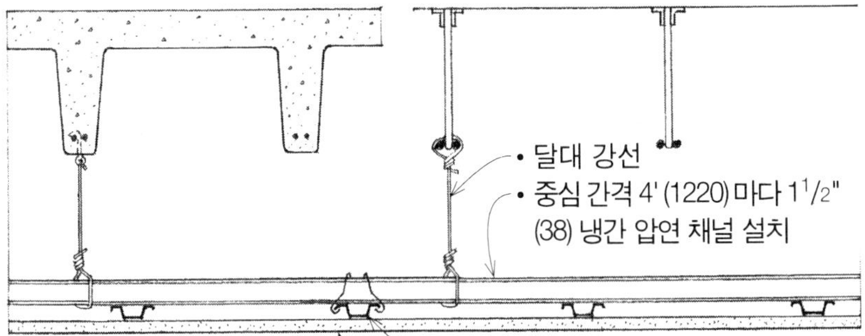

- 달대 강선
- 중심 간격 4'(1220)마다 1 1/2" (38) 냉간 압연 채널 설치
- 석고보드는 퍼링 채널로 구성한 격자로 지지하고, 달반자suspended ceiling 형식으로 매달아 놓는다.
- 중심 간격 16"(405) 마다 7/8"(22) 금속 퍼링 채널을 클립 등을 이용하여 메인 채널에 고정
- 1/2" 혹은 5/8" (13 혹은 16) 석고보드

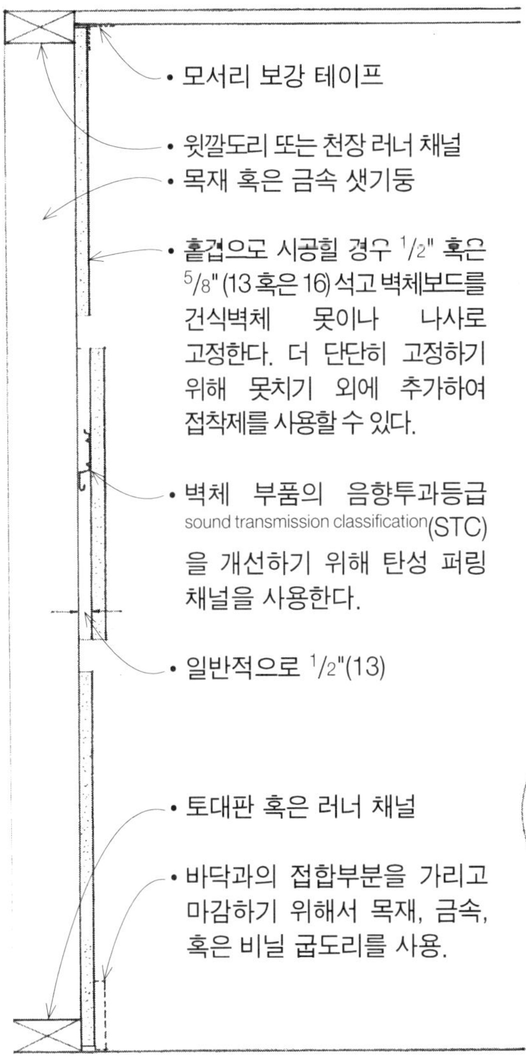

- 모서리 보강 테이프
- 윗깔도리 또는 천장 러너 채널
- 목재 혹은 금속 샛기둥
- 홑겹으로 시공될 경우 1/2" 혹은 5/8" (13 혹은 16) 석고 벽체보드를 건식벽체 못이나 나사로 고정한다. 더 단단히 고정하기 위해 못치기 외에 추가하여 접착제를 사용할 수 있다.
- 벽체 부품의 음향투과등급sound transmission classification(STC)을 개선하기 위해 탄성 퍼링 채널을 사용한다.
- 일반적으로 1/2"(13)
- 토대판 혹은 러너 채널
- 바닥과의 접합부분을 가리고 마감하기 위해서 목재, 금속, 혹은 비닐 굽도리를 사용.

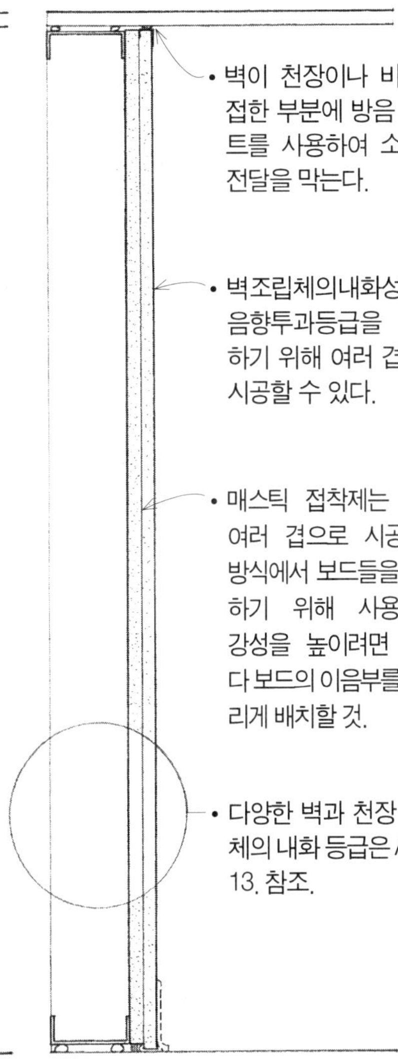

- 벽이 천장이나 바닥과 접한 부분에 방음 실란트를 사용하여 소리의 전달을 막는다.
- 벽조립체의내화성이나 음향투과등급을 개선하기 위해 여러 겹으로 시공할 수 있다.
- 매스틱 접착제는 종종 여러 겹으로 시공하는 방식에서 보드들을 결합하기 위해 사용한다. 강성을 높이려면 겹마다 보드의 이음부를 엇갈리게 배치할 것.
- 다양한 벽과 천장 조립체의 내화 등급은 A.12-13. 참조.

벽

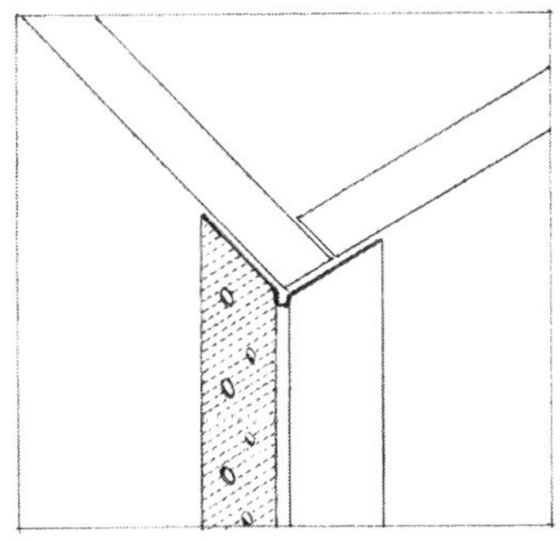

- 코너비드

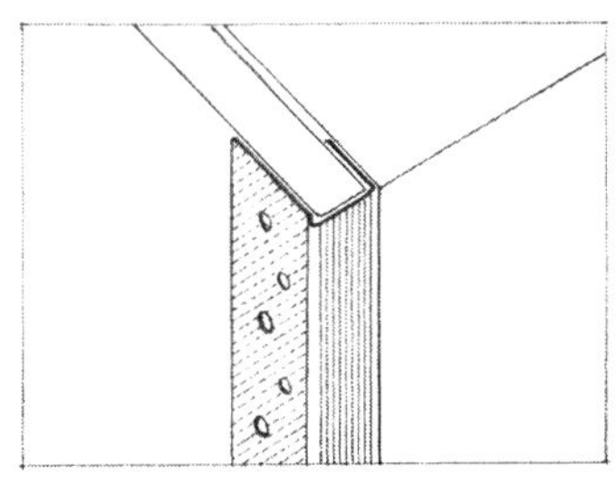

- 금속 가장자리 트림
- 다양한 형태가 가능

- 외부 모서리와 노출된 가장자리는 금속 코너비드나 가장자리 트림을 사용하여 손상을 방지해야 함. 금속 트림 장식은 이음 컴파운드로 마감.

가장자리

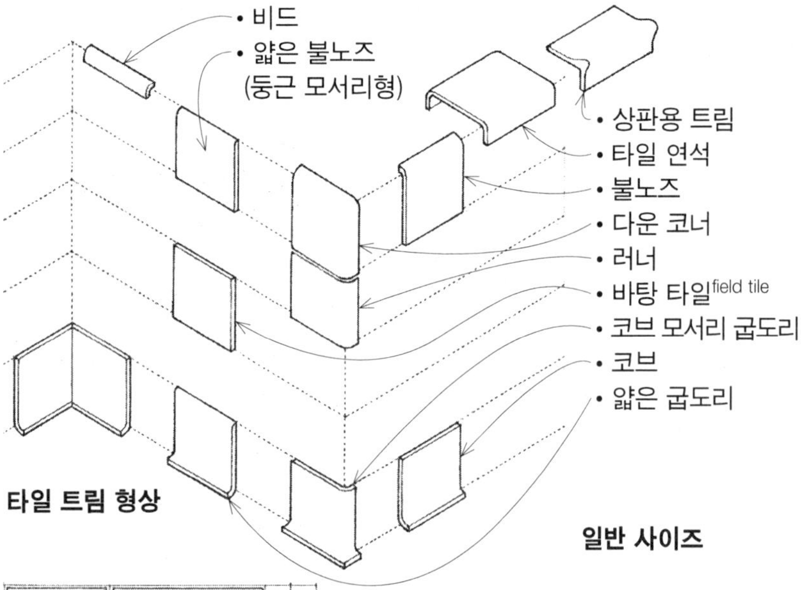

타일 트림 형상

세라믹 타일은 점토 또는 기타 세라믹 재료로 만들어진 상대적으로 작은 일정한 규격의 표면 마감 재료이다. 타일은 매우 높은 온도의 가마에서 구워져 내구성이 뛰어나고 단단하며, 밀도가 높아 방수성이 뛰어나 얼룩이 묻지 않으며 청소하기 쉽다. 또한 퇴색도 잘 일어나지 않는다.

유약을 바른glazed 바른 유형과 바르지 않은 유형이 있는데, 유약을 바른 타일은 타일 자체에 세라믹 재질이 융합돼 있고, 다양한 색상으로 광택, 무광 또는 결정질의 투명한 피막 마감처리가 가능하다. 유약을 바르지 않은 타일은 단단하고 밀도가 높으며 점토 재료 자체의 색을 띤다. 이 경우 유약 타일보다 색상이 더 차분한 경향이 있다.

일반 사이즈

세라믹 타일의 유형

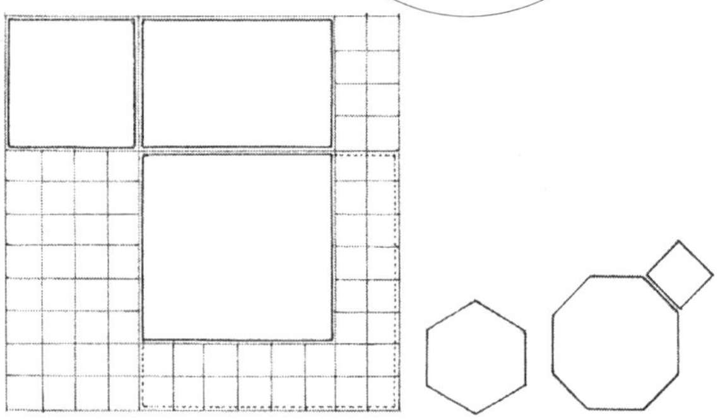

- 두께 $^{5}/_{16}$"(8)
- $4^{1}/_{4}$"×$4^{1}/_{4}$"(108×108)
- $4^{1}/_{4}$"×6"(108×150)
- 6"×6"(150×150)
- 8"×8"(205×205)
- 정사각형 $1^{3}/_{8}$"(35)
- 팔각형 $4^{1}/_{2}$"(108)
- 육각형 5"(125)

유약 처리한 벽체 타일

유약 처리한 벽체 타일은 비자기질 형태로, 밝고 무광 또는 투명한 유약을 사용하여 실내 벽과 재하와 마모가 심하지 않은 바닥의 표면 처리에 쓰인다. 외부용 타일은 내후성 및 내한성을 갖고 있으며 외벽과 실내 벽 모두에 사용할 수 있다.

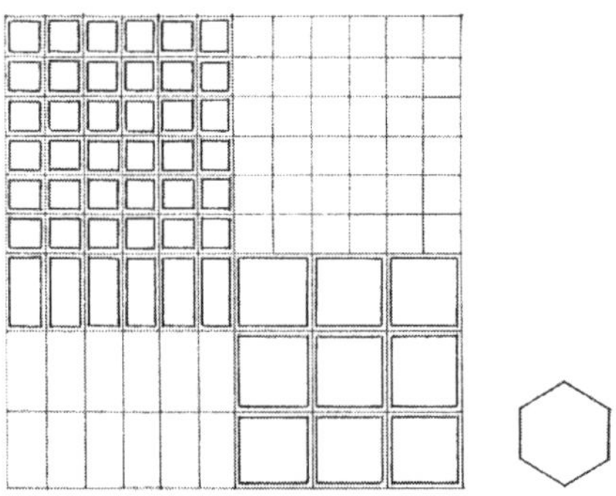

- 두께 $^{1}/_{4}$"(6)
- 1"×1"(25×25)
- 1"×2"(25×51)
- 2"×2"(51×51)
- 육각형 1", 2"(25, 51)

세라믹 모자이크 타일

세라믹 모자이크 타일은 도기질 또는 천연 점토 재질로, 벽 표면이 되는 부분을 유약 처리하거나 바닥과 벽 모두에 유약 처리 되지 않은 타일을 사용하기도 한다. 도기질 타일은 밝은 색상을 띠고 천연 점토 타일은 더 차분한 색상을 띈다. 설치 속도를 개선하고 다루기 쉽게 하도록 작은 타일은 일반적으로 종이나 망 위에 적절한 간격으로 배열하여 1'×1'(305×305) 또는 1'×2'(305×610) 짜리 단위로 만들어서 부착한다.

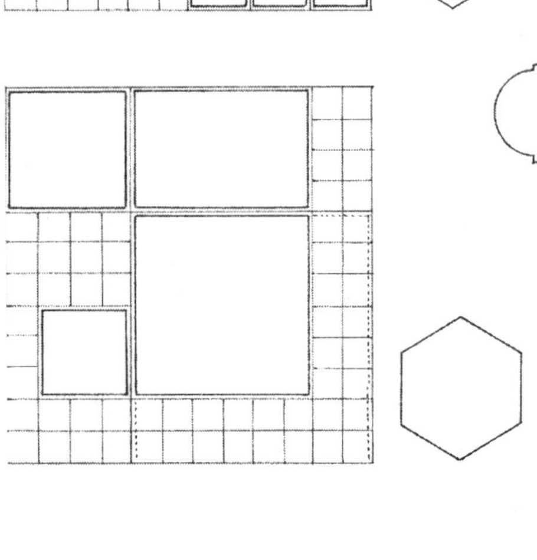

- 두께 $^{3}/_{8}$", $^{1}/_{2}$", $^{3}/_{4}$" (10, 13, 19)
- 3"×3"(75×75)
- 4"×4"(100×100)
- 4"×6"(100×150)
- 6"×6"(150×150)
- 8"×8"(205×205)
- 육각형 6", 8" (150, 205)

무유 타일과 포장 타일

무유 타일quarry tile은 천연 점토 또는 도자기로 만든, 유약 처리를 거치지 않은 바닥 타일이다. 이 타일은 먼지, 습기 및 얼룩에 영향을 받지 않으며 결빙 및 마모에 강하다. 포장 타일은 세라믹 모자이크 타일과 구성이 비슷하지만 더 두껍고 크다. 비바람에 잘 견디며 무거운 하중을 받는heavy-duty 바닥에 사용할 수 있다.

- 정확한 규격, 모양, 색, 유약 처리에 관한 내용은 제조사에 문의

CSI 마스터포맷 09 30 13: 세라믹 타일 시공

얇은 시멘트바탕 공정

얇은 시멘트 바탕 공정thinset process에서, 세라믹 타일은 건조 경화 모르타르, 라텍스-포틀랜드 시멘트 모르타르, 에폭시모르타르 또는 유기 접착제의 얇은 코팅으로 연속적이고 안정 적으로 맞대어 접착한다.

두꺼운 시멘트바탕 공정

두꺼운 시멘트바탕 공정thickset process에서, 세라믹 타일은 포틀랜드 시멘트 모르타르 층 위에 적용한다. 이 방식은 상대적으로 두꺼운 바탕은 완성 후 정확한 경사와 직선으로 조성된 벽면을 조성하는 게 상대적으로 수월하다. 깔 모르타르는 물과 장기간 접촉해도 영향을 받지 않는다.

- 얇은 시멘트 바탕 시공에는 석고 플라스터, 석고보드 또는 합판의 견고하고 정확한 치수의 바탕이 필요하다.
- 욕조 및 샤워기 주변의 습한 부위에서는 1/2"(13) 두께의 유리 섬유 강화 콘크리트 뒤판을 사용하고 타일을 라텍스-포틀랜드 시멘트 또는 건조 경화 모르타르로 시공한다.
- 조적면은 깨끗하고 상태가 좋으며 백화가 없어야 한다. 건조 경화 또는 라텍스-포틀랜드 시멘트 모르타르를 사용하여 타일을 설치할 경우, 접착력이 좋아지도록 표면을 거칠게 가공한다.

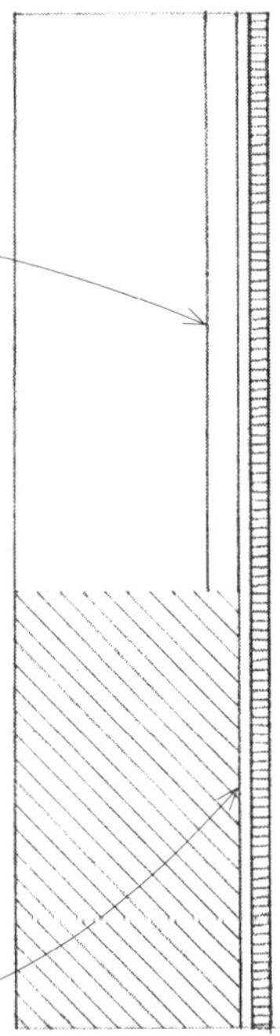

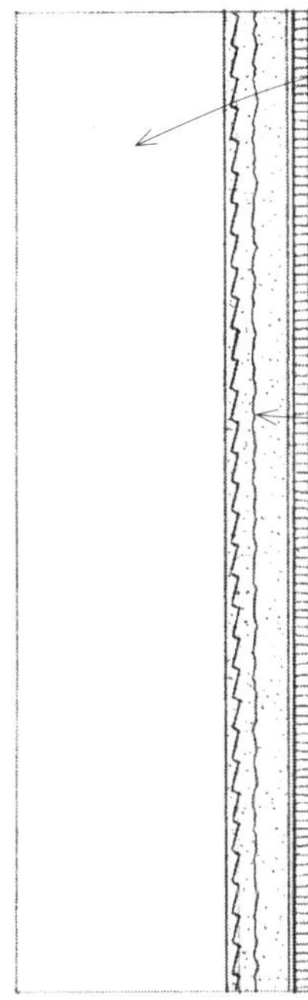

- 시멘트 깔 모르타르 시공에 적합한 재료에는 벽돌 또는 콘크리트 블록, 일체형 콘크리트, 합판, 석고보드가 포함된다. 개방된 샛기둥 구조물과 퍼링은 금속 라스와 함께 시공할 수 있다.
- 포틀랜드 시멘트, 모래, 물 및 가끔은 수화석회를 혼합한 바탕은 벽체에서 두께가 3/4"~1"(19~25)로 시공
- 타일은 모르타르가 굳기 전에는 1/16 "(2)의 두께의 포틀랜드 시멘트 또는 건조 경화 모르타르로 시공할 수 있다. 모르타르 바탕이 다 굳은 뒤에는 1/8"에서 1/4"(3에서 6)의 라텍스-포틀랜드 시멘트 로 시공가능하다.
- 설치 토대setting bed는 바닥에서 1 1/4"~2" (32~51) 두께로 시공

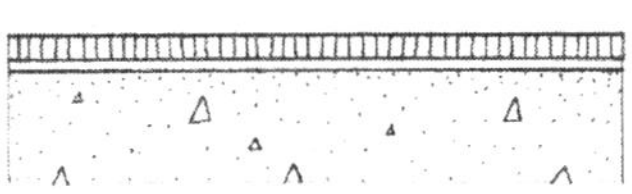

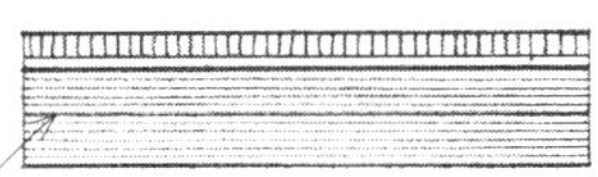

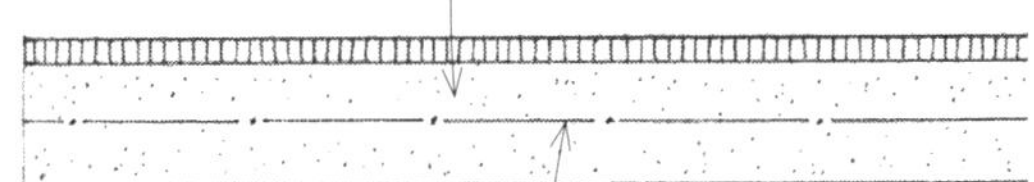

- 얇은 바탕 시공에는 콘크리트 슬래브와 이중 목재 바닥이 적합하다.
- 콘크리트 슬래브는 매끄럽고 평탄하며 적절하게 강화되고 경화되어야 한다. 필요한 경우 높이를 맞추기 위해 토핑을 사용할 수 있다.

- 이중 목재 바닥은 최소 5/8"(16) 합판으로 한 바탕 바닥과 1/2"또는 5/8"(13 또는 16) 외부용 등급 합판으로 만든 밑깔개로 구성된다. 밑깔개 부재와 수직면이 맞닿는 곳은 1/4"(6) 여유 공간을 남겨두어야 한다. 에폭시 모르타르 사용 시 밑깔개 패널 사이에는 1/4"(6) 공간을 두고 에폭시로 충전한다.
- 최대 하중에서 바닥의 최대 처짐은 스팬의 1/360로 제한할 것.

- 시멘트 깔 모르타르에 적절한 바닥 설치에는 강화 및 경화된 콘크리트 슬래브와 구조 적으로 안전한 합판 바닥이 적합하다.
- 최대 하중에서 바닥의 최대 처짐은 스팬의 1/360로 제한할 것

- 할렬막cleavage membrane은 손상되거나 불안정한 바탕으로부터 깔 모르타르를 격리하고 구조물의 독립적인 움직임이 가능하도록 한다.
- 할렬막을 바탕으로 할 때, 깔 모르타르는 금속 라스 또는 철망으로 보강해야 한다.

CSI 마스터포맷 09 31 00: 얇은 시멘트 바탕 타일 시공
CSI 마스터포맷 09 32 00: 깔 모르타르 타일 시공

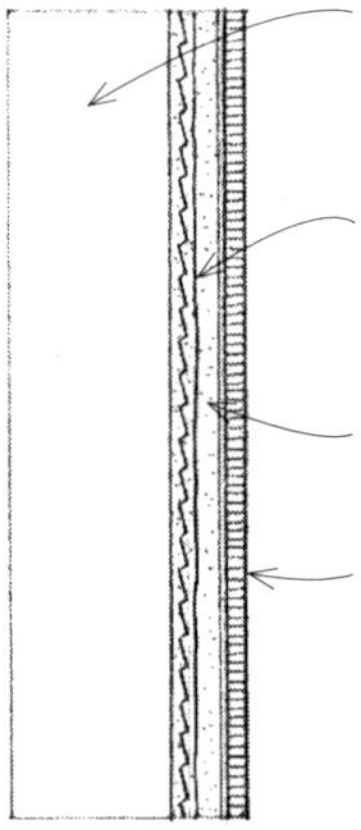

시멘트 모르타르

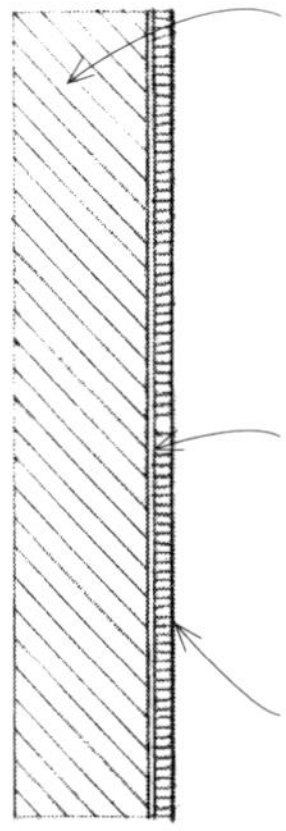

얇은 시멘트바탕 모르타르

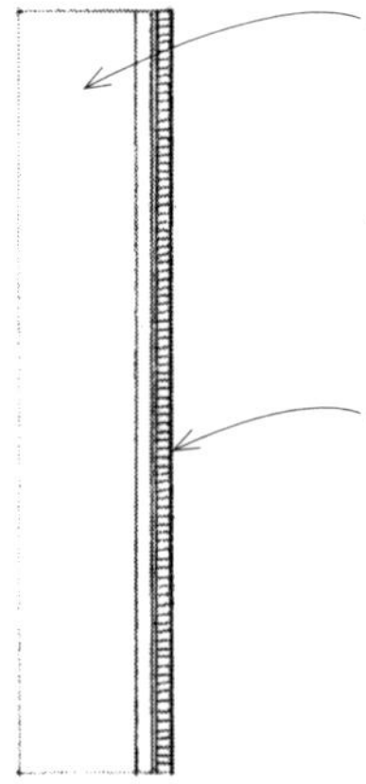

유기 접착제

실내 벽체 시공

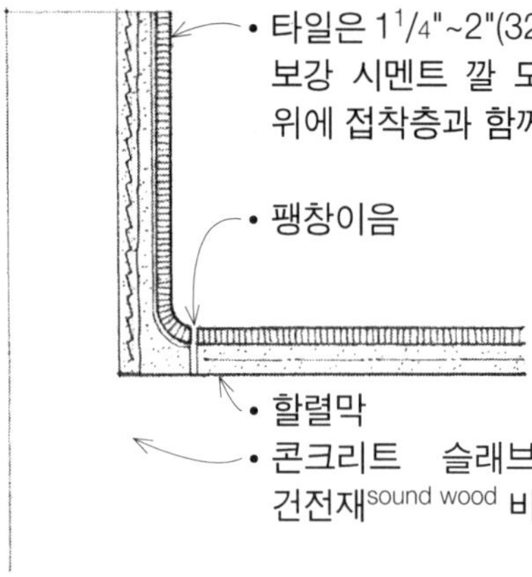

시멘트 모르타르

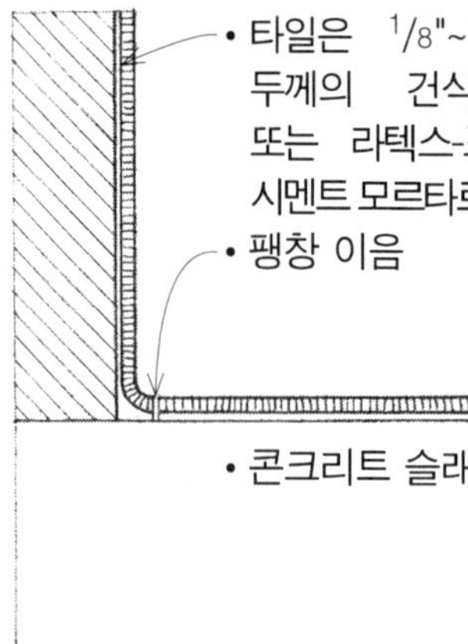

얇은 시멘트 바탕 모르타르

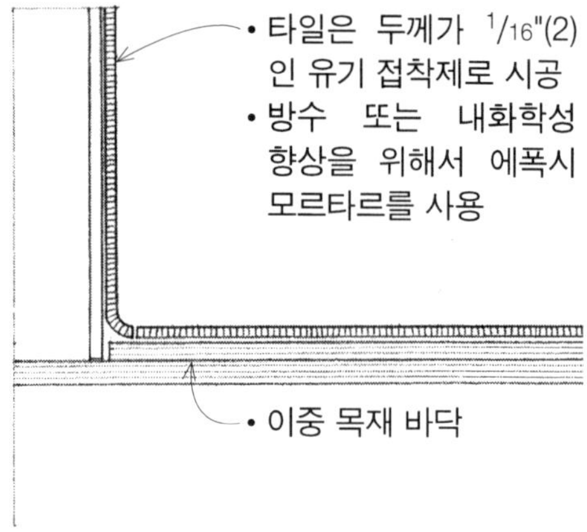

유기 접착제

실내 바닥 시공

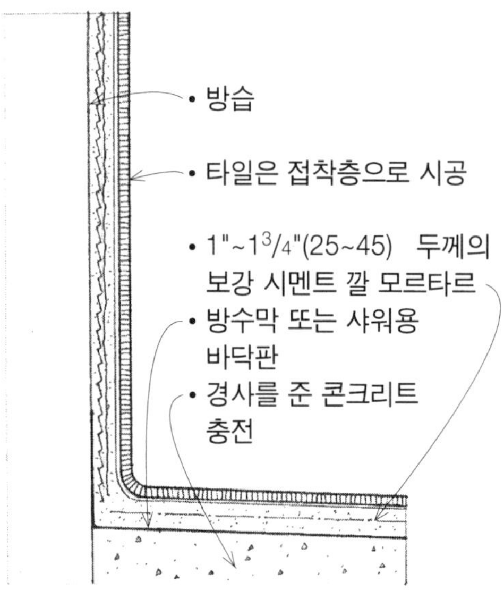

세라믹 타일 마감 샤워 공간

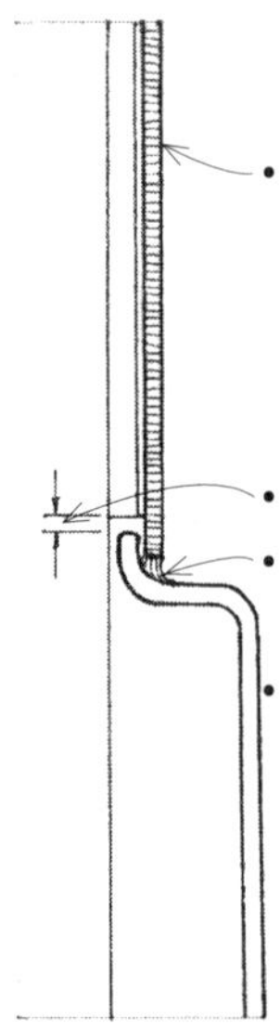

타일 욕조 마감 샤워

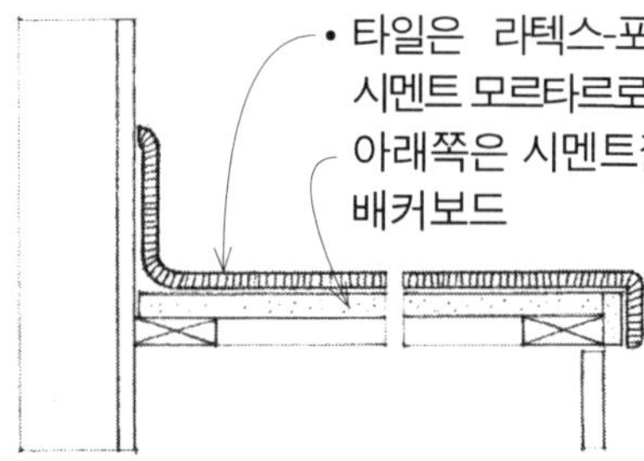

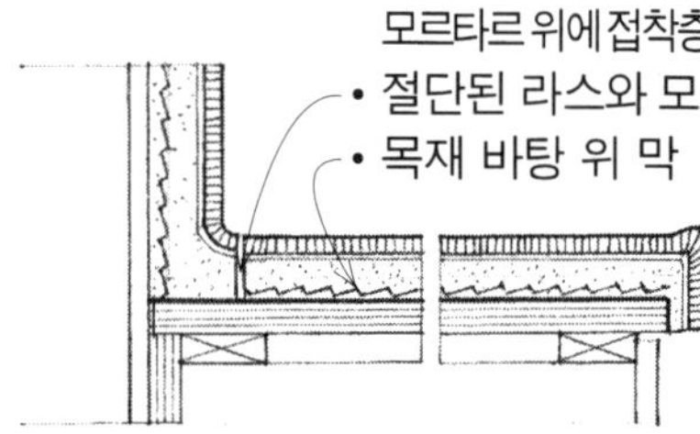

타일 상판

테라초는 대리석 또는 기타 석재 조각으로 구성된 모자이크 바닥 또는 포장재이며, 시멘트질 또는 수지성 재료와 혼합하여 건조 후 연마 및 광택 작업을 거친 것이다. 조밀하고 내구성이 뛰어나며 매끄러운 바닥면을 형성하며, 골재의 크기와 색상 및 접착제의 색상에 의해 알록달록한 색상조합을 조절할 수 있다.

테라초 마감

- 표준 테라초는 주로 상대적으로 작은 석재 조각으로 구성된 것을 연마한 것이다.

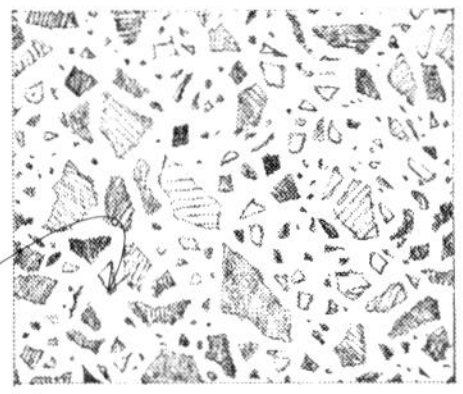

- 베네치아Venetian 테라초는 주로 큰 석재 조각으로 구성되고 공간 사이를 작은 석재로 채워진 것을 연마한 것이다.

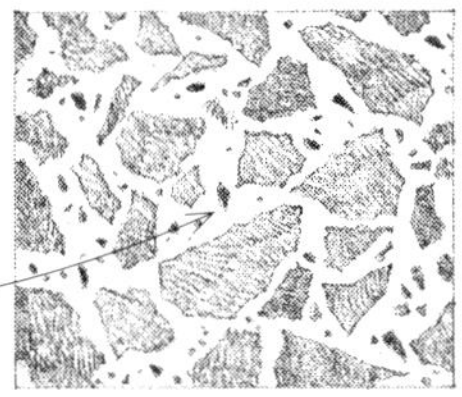

금속 또는 플라스틱 줄눈대divider strips를 사용한다.

- 수축 균열의 확대를 줄여 주고;
- 시공 줄눈의 역할을 하며;
- 바닥 패턴의 다른 색상을 분리하고;
- 장식적인 요소로 기능할 수 있다.
- 하부 바닥의 분리 줄눈 또는 조절 줄눈 위 팽창 줄눈이 필요하다. 팽창 줄눈은 네오프렌과 같은 탄성 물질로 분리되는 한 쌍의 줄눈대로 구성된다.

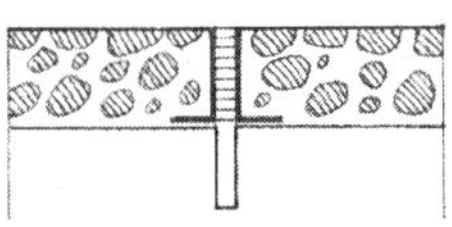

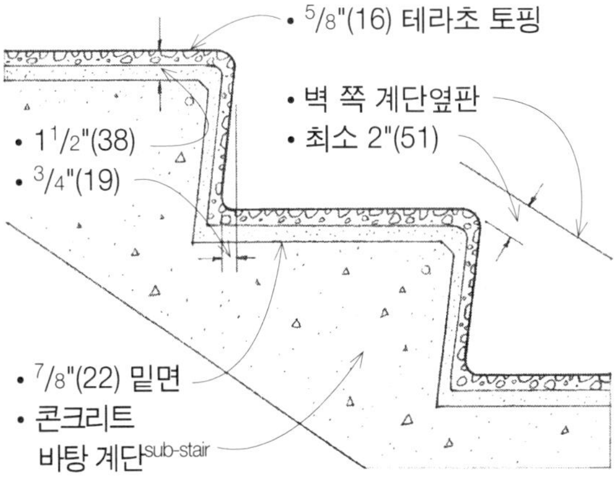

테라초 계단

얇은 시멘트 바탕 테라초

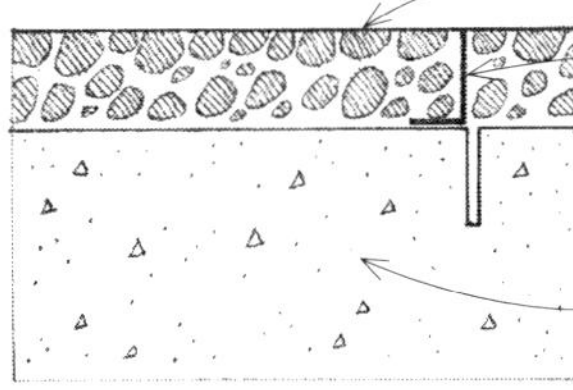

일체식 테라초

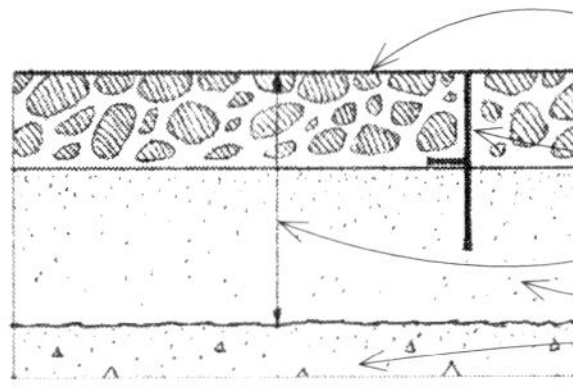

모르타르부착 테라초

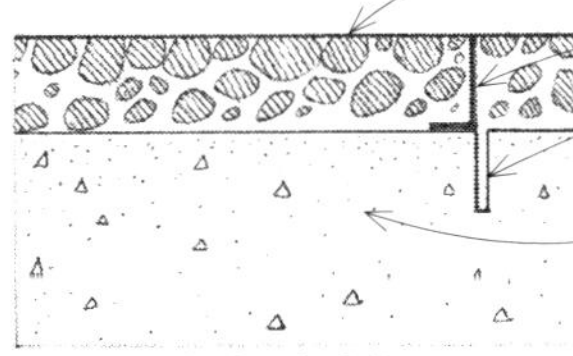

접착제부착 테라초

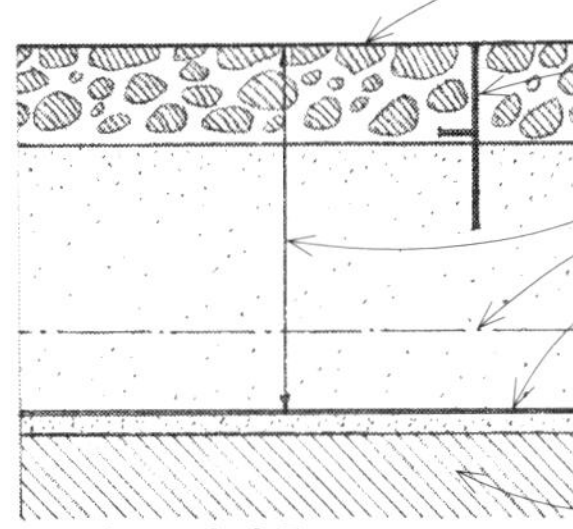

모래층 테라초

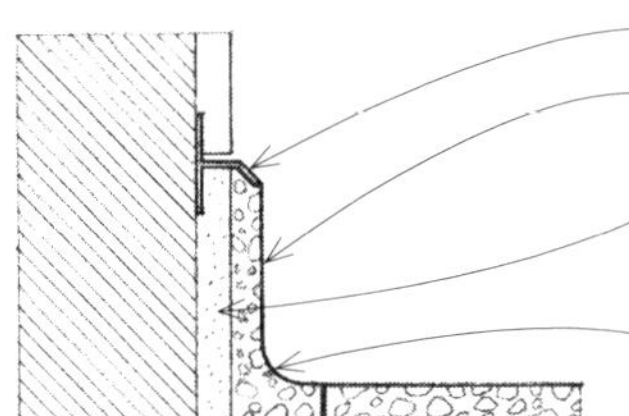

테라초 걸레받이

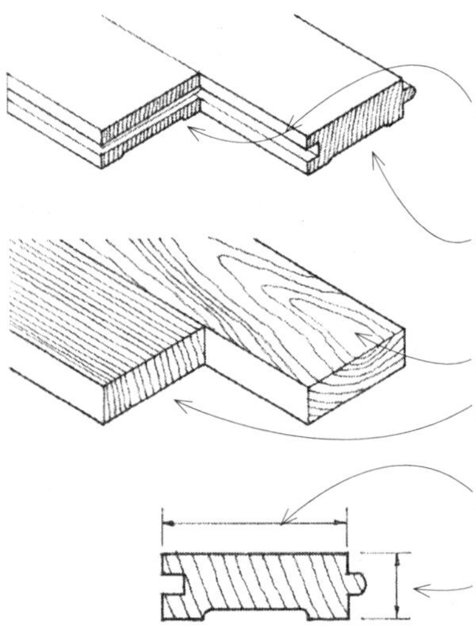

- 스트립의 가장자리 단면은 측면과 끝면을 따라 제혀쪽매 이음을 형성하여 맞붙는다.
- 움푹 꺼지거나 홈이 있는 뒷면은 가장자리가 바탕바닥 위에 견고하게 지지되도록 한다.
- 널결, 판목
- 곧은결edge grain 또는 수직결vertical grain, 네 조각 켜기로 재단quarter sawn
- 면의 너비: $1\frac{1}{2}$", 2", $2\frac{1}{4}$", $3\frac{1}{4}$"(38, 51, 57, 85)
- 두께:
  경량용: $\frac{3}{8}$", $\frac{1}{2}$", $\frac{5}{8}$"(10, 13, 16)
  일반용: $\frac{25}{32}$"(20)
  중량용: $\frac{33}{32}$", $\frac{41}{32}$", $\frac{53}{32}$"(25, 33, 41)

마룻널

마룻널은 면 너비가 $3\frac{1}{4}$"(85) 이하인 긴 목재 스트립으로 되어 있다.

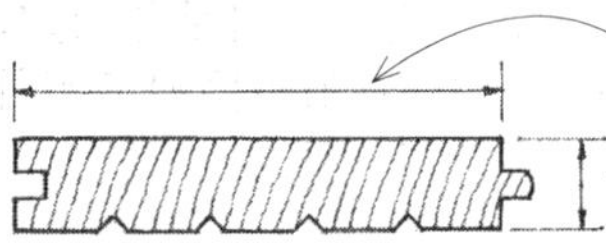

- 너비는 $3\frac{1}{4}$"~8"(85~205)
- 두께는 마룻널과 비슷.

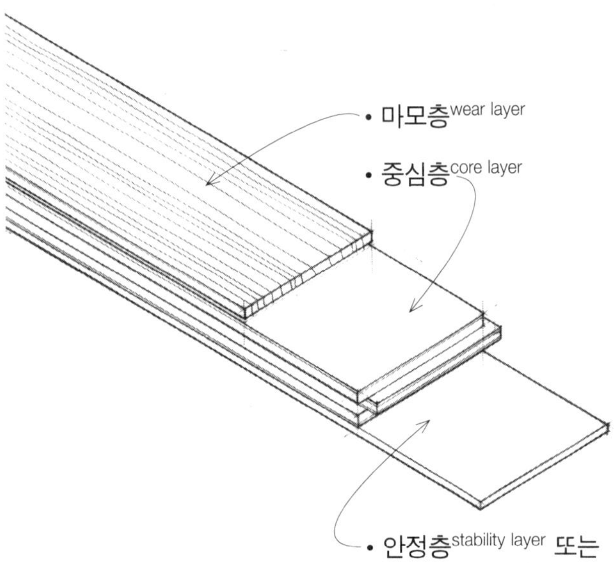

- 마모층wear layer
- 중심층core layer
- 안정층stability layer 또는 균형층balancing layer

목재 바닥재는 내구성과 내마모성뿐만 아니라 편안함과 따뜻함을 함께 갖고 있다. 견고하고 단단하며 조밀한 나뭇결의 견목hardwood과 연목softwood을 바닥재로 사용한다. 견목 바닥재의 일반적인 종에는 참나무, 단풍나무, 자작나무birch, 피칸, 체리가 있다. 연목 바닥재로는 남방소나무, 미송나무douglas fir및 북미산 솔송나무hemlock가 있다. 가능한 한 바닥재로 사용되는 목재는 인증을 받고 지속가능한 공급처에서 나온 것이어야 한다. 대나무는 기술적으로는 나무가 아니지만 재생 가능한 자원의 자격을 갖춘 비교적 빠르게 자라는 식물이다. (LEED® MR 크레딧 4 : 건물 제품 공개 및 최적화-재료 성분)

다양한 목재 바닥재는 외관으로 등급을 매기지만 명확한 기준에 따른 것은 아니다. 명확하거나 선택된 최상급 등급은 일반적으로 옹이, 줄 모양, 무늬 및 나뭇결의 파손과 같은 결함을 최소화하거나 없어야 한다. 정확한 표준 및 사양은 바닥재 제조업체에 문의할 것.

중실solid 목재 바닥재는 스트립과 부판planks 형태로 제공된다.

부판 바닥재

부판 바닥재는 $3\frac{1}{4}$"(85) 보다 넓은 바닥 판을 의미한다. 끝과 옆면과 만나는 판과는 숨은 못치기blind nailing를 한다. 판은 수직못치기 또는 나사고정 후 막을 수도 있다. 일부 새로운 널판 바닥 시스템은 매스틱 또는 접착제로 설치할 수 있다. 넓은 판자에 습도 변화가 미치는 영향을 최소화하기 위해 3겹 적층 부판을 사용할 수 있다.

목재 바닥재는 대부분 투명한 폴리우레탄, 바니시 또는 침투성 도료로 마감된다. 마감은 고광택에서 부드러운 광택까지 다양하다. 이상적으로, 마감재는 목재의 자연적인 아름다움을 살리며 목재의 내구성과 물, 먼지 및 얼룩에 대한 내성을 높여야 한다. 착색은 나뭇결을 가리지 않고 나무의 자연스러운 색상에 색을 추가하는 데 사용한다. 목재 바닥재는 왁스 및 페인트 도색 또는 스텐실 처리가 가능하지만, 페인트 도색 면은 유지관리가 더 많이 필요하다.

공학 바닥재engineered flooring

공학 바닥재는 아크릴을 함침하거나impregnate, 우레탄 또는 비닐로 위를 덮은 바닥재이다. 집성재 바닥은 나무 단판을 포함하여 고압으로 집성된 재료를 아크릴 우레탄으로 덮어, 내구성 있는 패널로 조립한 것이다. 대나무는 고압으로 집성하고 밀링작업을 거쳐 부판 형태로 가공한 후, 폴리우레탄으로 수침하고immersed 아크릴 폴리우레탄으로 코팅한다.

CSI 마스터포맷 09 62 23: 대나무 바닥재
CSI 마스터포맷 09 64 00: 목재 바닥재

스트립 및 부판 바닥재에는 목재 바탕바닥 또는 일정한 간격의 목재 멍에sleepers로 만든 바탕이 필요하다. 목재 장선 바닥 시스템에 꼭 필요한 합판 또는 바탕바닥 패널은 목재 바닥을 지지할 뿐만 아니라 다른 바닥 시스템 위에도 깔 수 있다. 방부 처리한 목재 멍에는 일반적으로 목재 바탕바닥 또는 목재 마감바닥을 지지하기 위해 콘크리트 슬래브 위에 설치한다. 이것은 콘크리트 슬래브가 지면에 설치되거나 그 아래 설치되었을 때 습기로부터 바닥재를 보호하기 위해 특히 중요하다.

목재 블록 바닥에는 합판 바탕바닥 또는 밑깔개와 같이 깨끗하고 건조하며 매끈하고 평평한 표면이 필요하다. 블록 타일은 건조된 콘크리트 슬래브의 표면에 적용될 수 있지만, 특히 지하실에서는 가공된 목재 멍에 위에 합판 바탕바닥과 습기방지용 필름을 깔고 그 위에 바닥재를 설치하는 것이 가장 좋다.

목재 바닥은 대기 습도의 변화에 따라 수분 함량이 변함에 따라 수축하거나 팽창한다. 건물의 외장이 설치되고 조명과 난방 시설이 설치되고 모든 건축재가 건조되기 전에 설치해서는 안 된다. 목재 바닥은 바닥이 실내 환경에 적응할 수 있도록 시공될 공간에 며칠 동안 미리 보관해두어야 한다. 바닥이 시공되면 환기 및 바닥의 팽창을 고려해 가장자리에 여유 공간을 확보해야 한다.

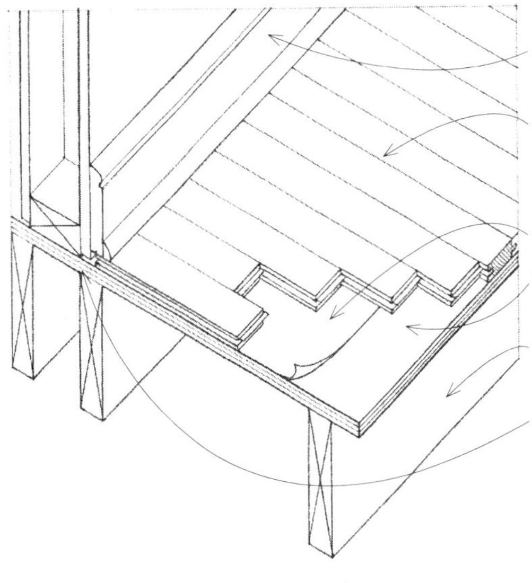

목재 바탕바닥 위 마룻널

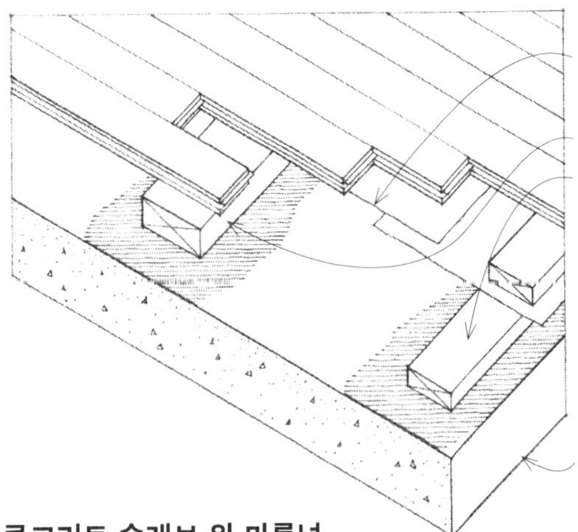

콘크리트 슬래브 위 마룻널

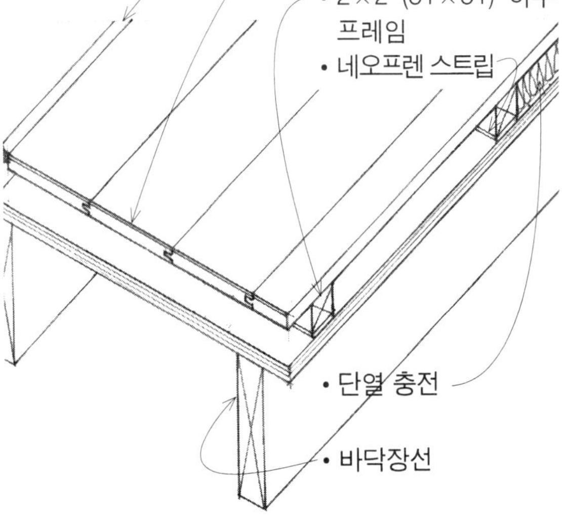

목재 뜬바닥 설치

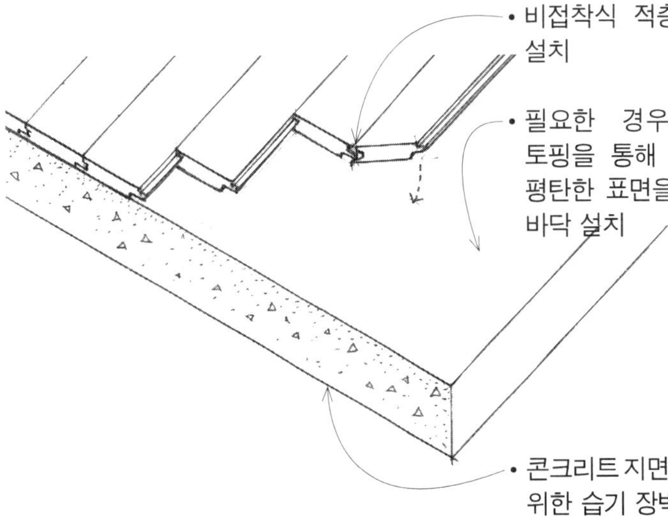

비접착식 연결에 의한 적층재 바닥 설치

석재 바닥재는 사암, 석회석, 대리석 또는 화강암 또는 점판암으로 만든다. 석재 마감재의 색상, 질감, 내마모성과 미끄럼 저항 외에도 석재가 바닥 구조에 가해지는 추가적인 고정 하중을 고려해야 한다. 1/2"(13) 두께의 석재 바닥재는 1㎡당 약 7.5 psf (359Pa)이다.

타일 또는 슬래브는 세라믹타일 바닥 설치와 유사한 방식으로 포틀랜드 시멘트 깔 모르타르 위에 규칙 또는 불규칙적인 패턴으로 시공할 수 있다. 얇은 석재 바닥은 얇은 시멘트 바탕 공정을 적용할 수도 있다. 10.13을 참조.

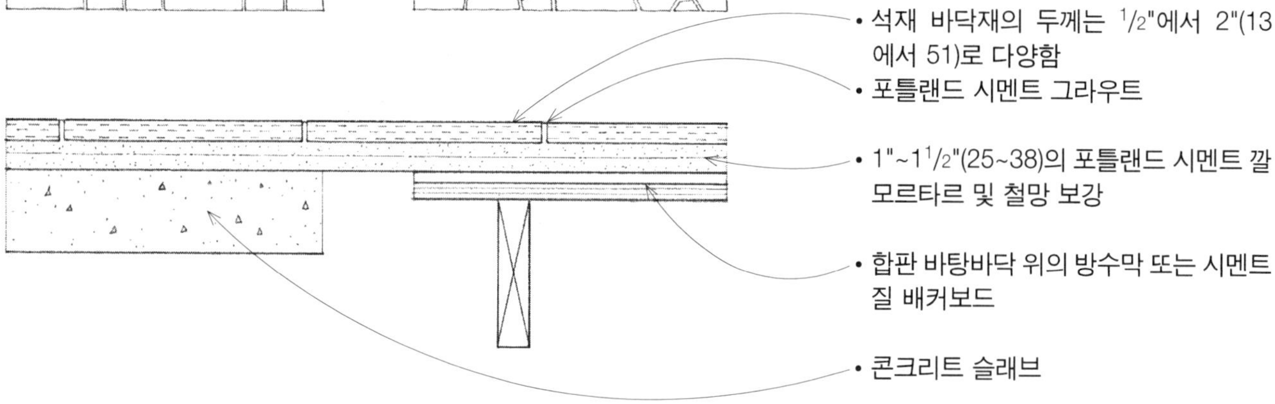

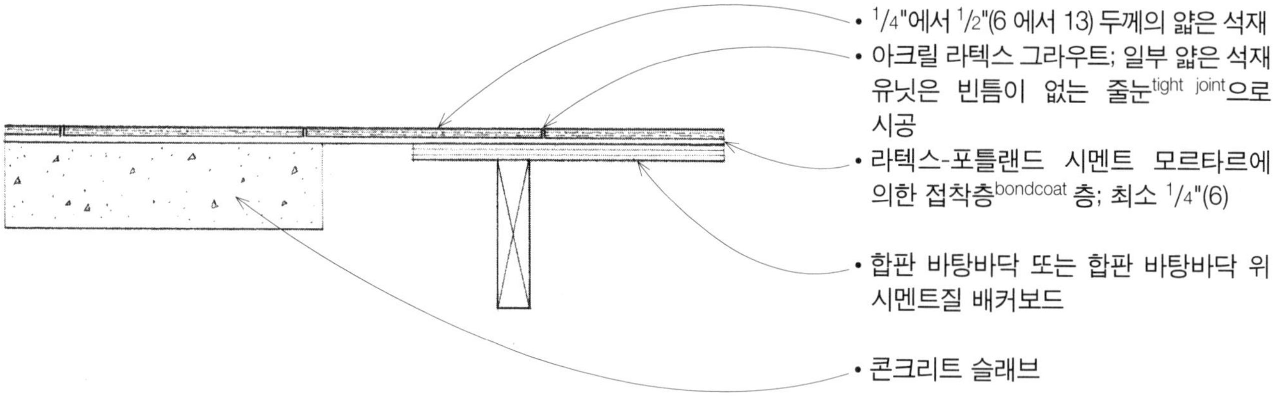

CSI 마스터포맷 09 63 40: 석재 바닥

탄성 바닥재resilient flooring는 경제적이고 비교적 밀도가 높은 비흡수성 바닥재 표면으로 내구성이 높고 유지관리가 쉽다. 탄력성의 정도에 따라 영구적으로 형태를 유지할 수 있으며, 이러한 탄성은 발밑의 조용함과 편안함에 기여한다. 그러나 탄성 바닥재가 얼마나 편안한지는 탄성뿐만 아니라 바탕 및 접착기면 경도에 달려 있다.

탄성 바닥 유형에 만능 재료는 없다. 아래는 특정 영역을 충족하는 유형이다.

- 탄력성과 정숙성 : 코르크 타일, 고무 타일, 균질 비닐 타일
- 압흔[2]에 대한 저항 : 균질 비닐 타일, 비닐 시트, 비닐 코팅된 코르크 타일
- 내오염성 : 고무 타일, 균질 비닐 타일, 비닐 합성 타일, 리놀륨
- 내알칼리성 : 비닐 코팅을 한 코르크 타일, 비닐 시트, 균질 비닐 타일, 고무 타일
- 내유지성[3] : 비닐 시트, 균질 비닐 타일, 비닐 코팅된 코르크 타일, 리놀륨
- 내구성 : 균질 비닐 타일, 비닐 시트, 비닐 합성 타일, 고무 타일
- 유지관리 용이성 : 비닐 시트, 균질 비닐 타일, 비닐 합성 타일, 비닐 코팅된 코르크 타일

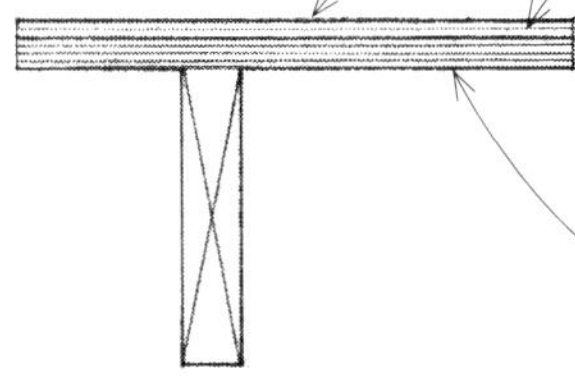

목재 바탕바닥

- 표면은 매끈하고 단단하며 깨끗하고 건조해야 함
- 2겹 목재 바닥은 최소 1/4"(6) 두께의 하드보드 밑깔개, 또는 최소 3/8"(10) 두께 합판을 샌딩한 것으로 만든 밑깔개를 쓴다. 표면 결을 바닥장선/ 바닥용 판재에 수직이 되도록 놓을 것.
- 1겹 목재 바닥은 최소 5/8"(16) 두께의 바탕바닥/밑받침 판으로 구성되며, 표면 결을 바닥장선 또는 바닥 판재에 수직이 되도록 놓을 것; 4.32 참조.

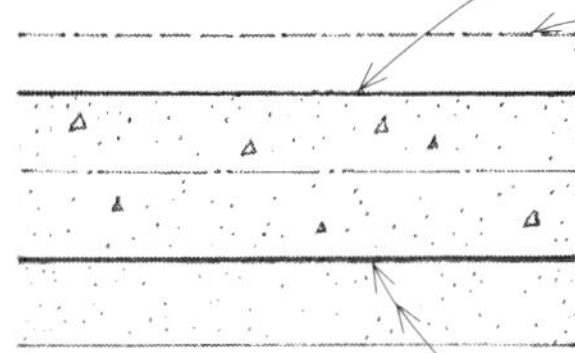

콘크리트 바탕바닥

- 표면은 매끈하고 밀도가 높으며, 깨끗하고 건조해야 함
- 프리캐스트 슬래브에 2"~3"(51~75) 철근 보강 콘크리트 토핑을 설치할 것: 경량 콘크리트 슬래브 위에는 1"(25) 콘크리트를 설치할 것
- 콘크리트 지면 슬래브 하부에는 수분 장벽과 자갈 기초를 둔다.
- 지반면 보다 낮게 설치되는 콘크리트 슬래브의 경우 방수막과 2"(51) 버림 콘크리트 층이 추가로 필요함

LEED EQ 크레딧 2: 유해물질 저방출 재료

바닥재 유형	구성	두께	규격	허용 위치
비닐 시트	섬유질 배면과 비닐 수지	.065"~.160"(2~4)	폭 6'~15'(1830~4570)	B O S
균질 비닐 타일	비닐 수지	1/16"~1/8"(2~3)	9"×9"(230×230) 12"×12"(305×305)	B O S
비닐 합성 타일	충전재와 비닐수지	.050"~.095"(1~2)	9"×9"(230×230) 12"×12"(305×305)	B O S
코르크 타일	코르크와 수지	1/8"~1/4"(3~6)	6"×6"(150×150) 9"×9"(230×230)	S
비닐 코팅된 코르크 타일	코르크와 비닐 수지	1/8", 3/16"(3, 5)	9"×9"(230×230) 12"×12"(305×305)	S
고무 타일	고무 화합물	3/32"~3/16"(2~5)	9"×9"(230×230) 12"×12"(305×305)	B O S
리놀륨 시트	아마인유, 코르크, 송진	1/8"(3)	폭 6'~15'(1830~4570)	S
리놀륨 타일	아마인유, 코르크, 송진	1/8"(3)	9"×9"(230×230) 12"×12"(305×305)	S

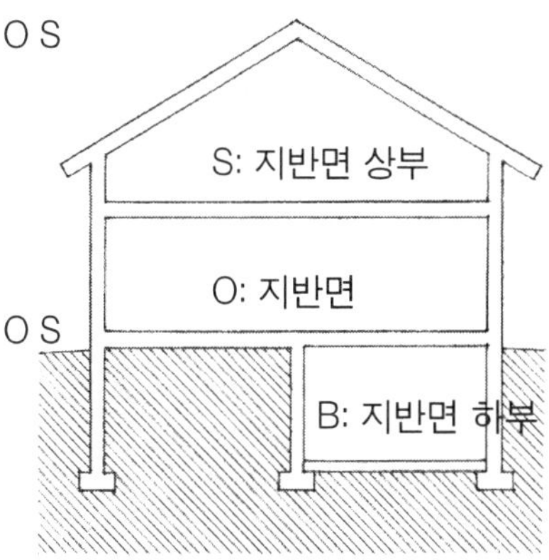

2) 압력에 의해 움푹 꺼진 자국

3) 유지grease에 대한 저항성을 의미한다.

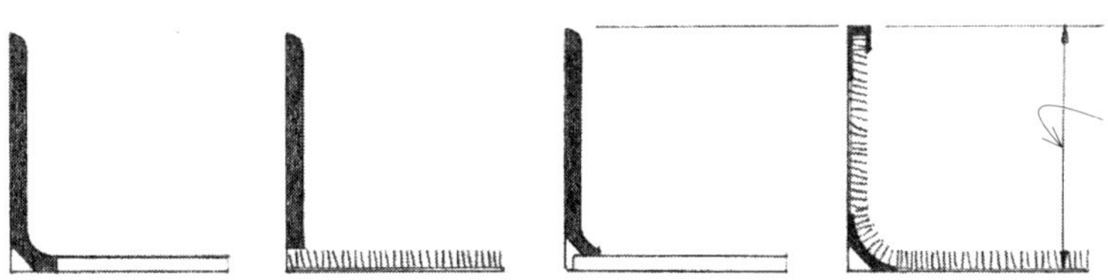

- 탄성 바닥재용 맏댐 코브 굽도리
- 카펫 바닥용 곧은 굽도리
- 모든 종류의 바닥재를 위한 상부설치코브 굽도리
- 코브와 캡스트립
- 일반적인 높이는 2 1/2", 4", 6" (64, 100, 150)
- 벽 하부, 계단 디딤판, 디딤판의 코 및 문지방에 사용하기 위해 다양한 탄성 바닥재 마감의 종류가 있음

CSI 마스터포맷 09 65 00: 탄성바닥

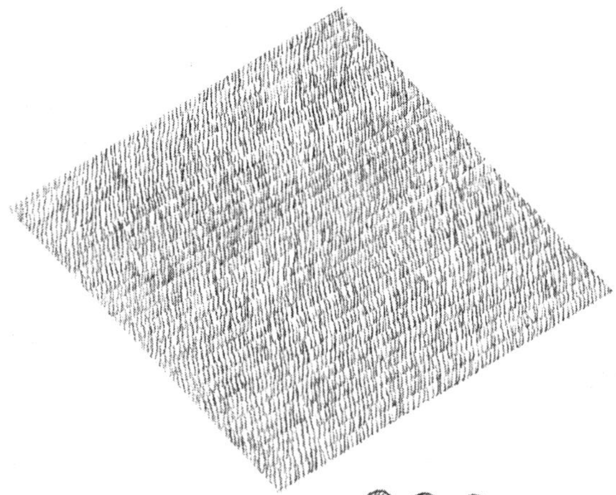

카펫은 다양한 색상과 패턴으로 시각 및 질감의 부드러움, 탄력성과 따뜻함을 모두 줄 수 있다. 이러한 특성으로 카펫이 소리를 흡수하고 충격 소음을 줄여 편안하고 안전하게 걸어 다닐 수 있다. 또한 카펫을 유지 관리하는 것도 상당히 쉬운 편이다.

카펫은 일반적으로 벽에서 벽까지 방 전체의 바닥을 덮도록 설치된다. 바탕바닥 및 하부의 바닥 위에 직접 설치할 수 있어 별도의 마감 바닥이 필요 없다. 또한, 기존 바닥 위에도 설치할 수 있다.

카펫의 섬유

- 나일론: 뛰어난 면[face]섬유; 우수한 강도와 내구성; 오염 및 곰팡이에 우수함; 전도성 필라멘트를 사용하여 정전기 방지
- 폴리프로필렌(올레핀[Olefin]) : 마모, 오염 및 곰팡이에 대한 우수한 내성; 주로 외부용 카펫에 사용
- PET 폴리에스터: 재생 플라스틱 용기로 제조된 내구성 있는 형태의 폴리에스터; 더러움, 마모, 얼룩 및 퇴색에 강함
- 양모 : 뛰어난 탄력성과 따뜻함; 오염, 화염 및 용제에 강함; 청소 가능
- 면 : 다른 면섬유만큼 내구성은 없지만 부드럽고 착색이 잘되어 얇은 러그에 사용됨

- 플라스틱 섬유는 호흡기에 해로운 가스가 나올 수 있으며, 일부는 연소 시 유독 가스를 발생시킨다. 카펫 및 러그 협회[Carpet and Rug Institute]의 실내 공기질 테스트를 통과한 카펫, 카펫 접착제나 카펫 패드를 선택할 것. 카펫 및 러그 협회는 또한 환기팬을 최대 용량으로 작동하고, 가능하면 설치 후 48-72시간 동안 환기를 위해 문과 창문을 열도록 권장하고 있다.

- LEED EQ 크레딧 2: 유해물질 저방출 재료

카펫 시공

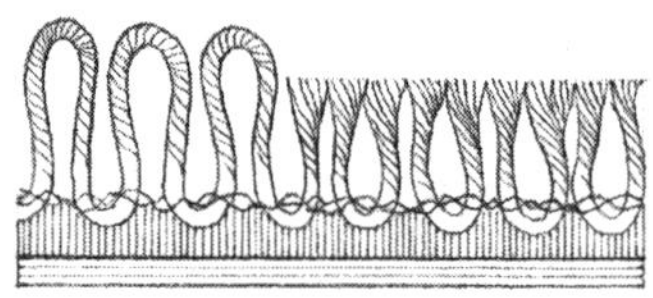

- 터프트 카펫[tufted carpet]은 1차 바탕천에 실을 기계로 바느질을 하고 실을 2차 바탕재에 라텍스와 결합시킨다. 오늘날 생산되는 대부분의 카펫은 터프트 카펫이다.

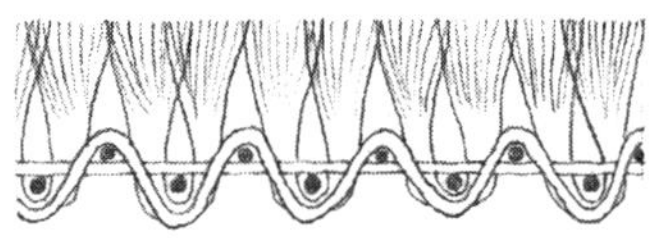

- 직조 카펫[woven carpet]은 바탕천과 실을 베틀에 동시에 짜서 만든다. 직조된 카펫은 터프트 카펫보다 내구성이 좋아 오래 사용할 수 있지만, 생산 비용이 더 고가이다.

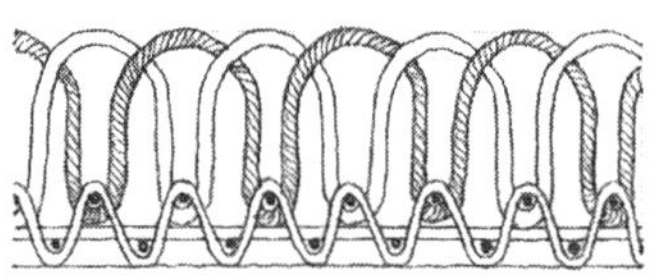

- 니트 카펫[knitted carpet]은 3세트의 바늘로 바탕재, 바느질과 굵은 실을 사용하여 만든다.

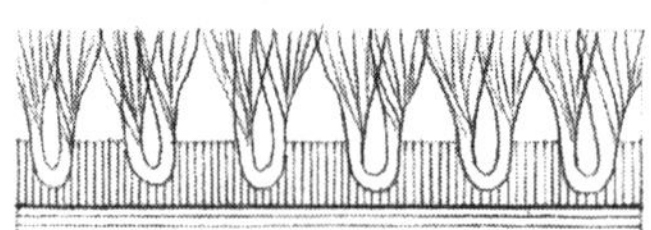

- 융착 카펫[fusion-bonded carpet]은 다른 재료들로 지지하는 비닐 바탕재에 실의 면을 열융착시켜 만든다.

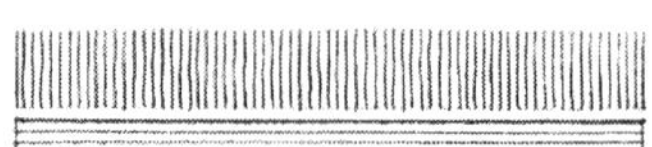

- 전착 카펫/플록 카펫은 접착제로 코팅한 뒷면에다 짧은 가닥의 섬유를 정전기를 이용하여 만든다.

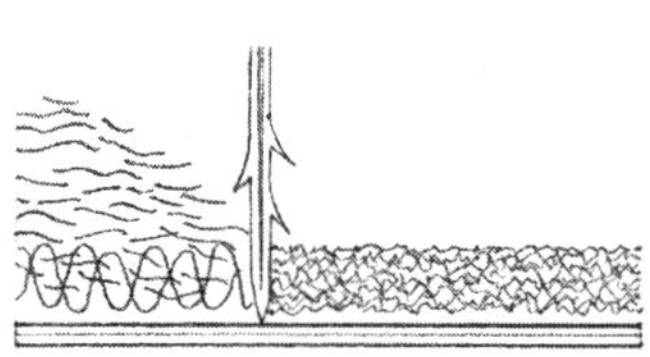

- 니들 펀치 카펫은 펠트 섬유 매트를 만들기 위해 가시 바늘이 달린 직조 폴리프로필렌 시트를 이용하여 카펫 섬유를 앞뒤로 구멍을 뚫어 만든다.

CSI 마스터포맷 09 68 00: 카펫

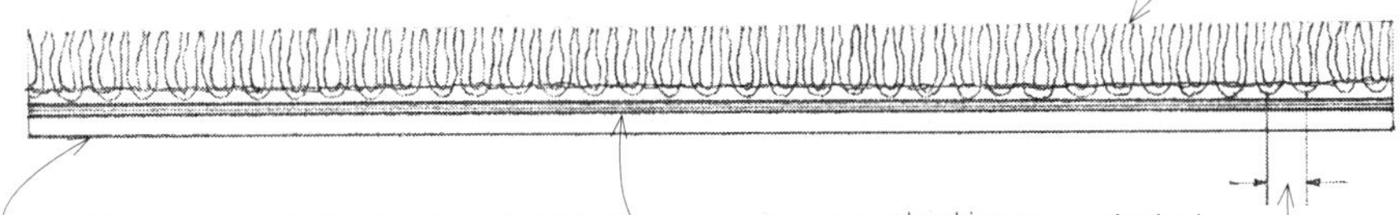

• 카펫 패드는 탄력성과 편안함을 높이고 카펫의 내구성을 향상하며, 충격음 전달을 줄이기 위해 셀룰러 고무, 동물 털 펠트나 황마로 만든다.

• 카펫 안감backing은 카펫의 실을 고정하고 강성, 강도 및 치수 안정성을 제공하는 기초 재료이다.

• 파일은 카펫의 표면을 형성하는 실의 곧은 타래를 말한다.
• 파일 무게는 제곱 야드 당 온스로 표시되며 카펫의 파일 실의 평균 무게이다.
• 파일 밀도는 1입방 야드 당 온스로 표시되며 카펫의 단위 부피당 파일 실의 무게이다.
• 피치는 27"(685) 너비의 직조 카펫에서 너비 사이에 다발을 형성하는 파일 실의 수이다.
• 게이지는 터프트 또는 니트 카펫의 폭을 가로지르는 타래의 간격으로 1인치 단위로 표현된다.

카펫의 질감

색상을 제외한 카펫의 시각적 특성은 질감이다. 다양한 카펫의 질감은 파일 구성, 파일 높이 및 카펫이 절단되는 방식에 의한 것이다. 카펫 질감의 주요 3가지 그룹은 컷 파일, 루프 파일 및 컷앤루프 파일의 조합으로 이루어진다.

• 컷 파일은 파일 실의 각 루프를 절단하여 만들어지며, 부드러운 긴 털부터 짧고 조밀한 벨벳에 이르기까지 다양한 질감을 만든다.

• 루프 파일은 파일 실을 루프로 제직, 터프트 작업 또는 편직으로 만들어짐. 루프 파일은 컷 파일보다 견고하고 유지관리가 쉽지만, 색상 및 패턴의 다양성은 적다.

• 루프와 파일의 조합형은 모든 루프 파일에 어느 정도의 따뜻함을 더함. 터프트와 직조 구조로 생산 가능하다.

ADA 접근성 지침

• 카펫을 견고한 밑깔개에 단단히 부착
• 카펫은 최대 파일 높이가 1/2"(13) 이어야 하며, 수평 절단 루프, 평 루프, 질감 있는 루프 또는 컷앤루프 질감을 가지고 있음
• 노출된 모든 가장자리를 바닥 표면에 고정하고 테두리를 정리할 것
• 모서리 높이가 1/4"(6) 이상일 때 1:20의 경사면으로 잘라낼 것

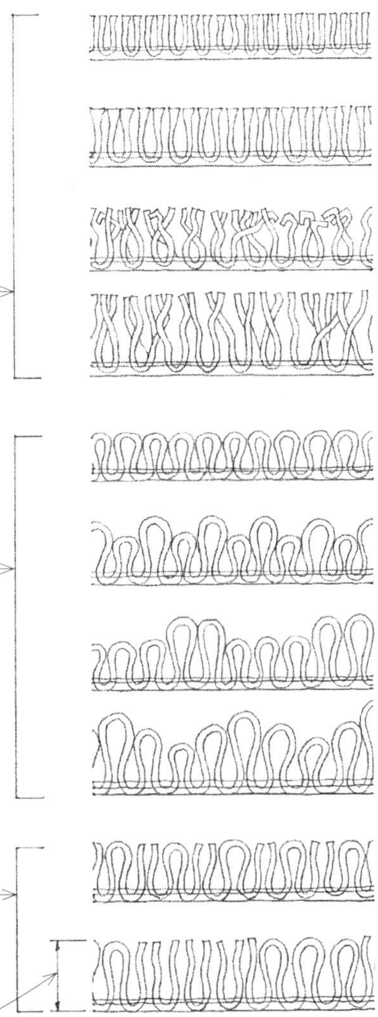

용어 설명

• 플러시plush 4) : 부드러운 컷 파일; 실의 끝부분을 절단; 촘촘한 파일을 짧게 자르면 벨벳 플러시라고 한다.
• 색스니 플러시saxony plush5) : 플러시와 섀그 중간 질감; 두꺼운 원사

• 꼬임twist 또는 프리즈frieze; 플러시보다 무겁고 거친 질감; 원사를 꼬아서 만듦

• 섀그shag: 길고 꼬인 원사로 만들어진 질감이 강한 표면을 갖고 있음

• 평 루프level loop: 고리 형태의 터프트높이는 같고 매우 튼튼함. 질감의 변형이 거의 없음

• 골진 루프ribbed loop: 방향성을 갖으며 골 또는 주름 모양의 질감을 갖고 있음

• 하이로 루프: 루프 질감에는 별도 치수가 필요함

• 다층 루프multilevel loop: 조각 패턴으로 생성 가능

• 컷앤루프: 절단된 것과 루프의 높이가 균일한 방식으로 엇갈리게 되어있음. 루프 질감에 부드러움과 따뜻함을 더하기도 함. 절단된 줄에 의해 대칭적이며 기하학적인 모양이 발생함

4) 실크나 면직물을 우단보다 털이 좀 더 길게 두툼하게 짠 것
5) 방모 직물의 하나. 얇고 질이 좋아서 겨울철 양복감으로 많이 사용한다. 멜턴과 플란넬의 중간 정도 되는 모직으로서 메리노 양모로 능직으로 짠 뒤에 축융(縮絨)·기모(起毛)한 것이다. 처음에 독일의 색스니 지방에서 나는 양모로 짰기 때문에 유래한 이름이나 지금은 가느다란 메리노 양모로 짠 멜턴을 통틀어 이른다.

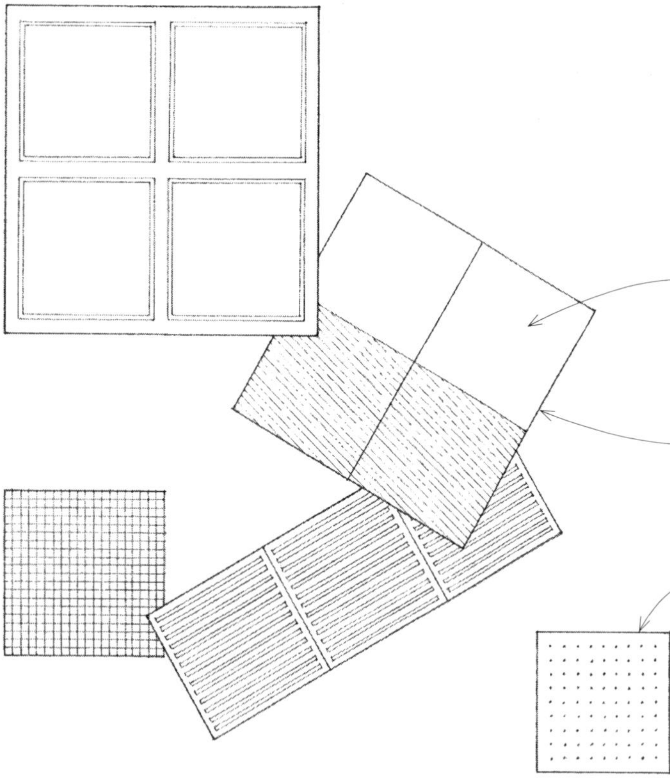

흡음천장 타일은 코르크, 미네랄 섬유 또는 유리 섬유와 같은 부드러운 흡음 재료를 사용하여 다양한 규격과 질감으로 만들어진다. 이 모듈 단위는 면에 구멍, 패턴, 질감 또는 갈라진 틈이 있어 소리가 섬유 공극fiber voids으로 들어간다. 가볍고 밀도가 낮아 타일이 쉽게 손상 될 수 있다. 습기, 충격 및 마모에 대한 내성을 향상하기 위해 공장 도장하거나 세라믹, 플라스틱, 강철 또는 알루미늄 외장으로 마감할 수 있다.

- 흡음천장타일은 12" × 2"(305 × 305), 24" × 24"(610 × 610) 및 24" × 48"(610 × 220) 모듈로 제조된다. 20", 30", 48", 60"(510, 760, 1220, 1525) 치수의 타일도 사용 가능

- 일반적인 타일 두께 : 1/2", 5/8", 3/4"(13, 16, 19)
- 타일 가장자리는 정사각형, 비스듬한, 은촉홈 또는 제혀쪽매 형태로 되어있다.

- 금속 팬pan 타일은 천공된 표면을 가지며 별도의 흡음재 층을 포함하는 강철 또는 알루미늄 팬으로 만든다.

다음과 같은 사항은 제조업체에 문의:
- 규격, 무늬, 마감
- 소음감소 계수 (NRC)
- 내화 등급
- 광-반사도 값
- 달반자 구성 디테일

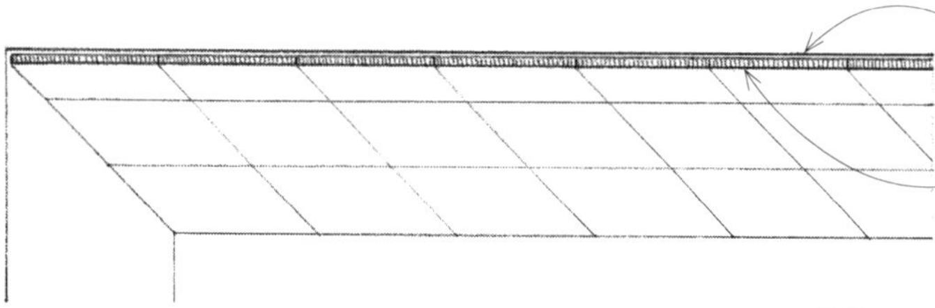

접착제로 고정

- 콘크리트, 석고 또는 석고보드와 같은 속이 찬 바탕이 필요함
- 타일은 특수 접착제로 시공하여 바닥면에 약간의 요철이 있더라도 평탄한 면이 그대로 유지됨

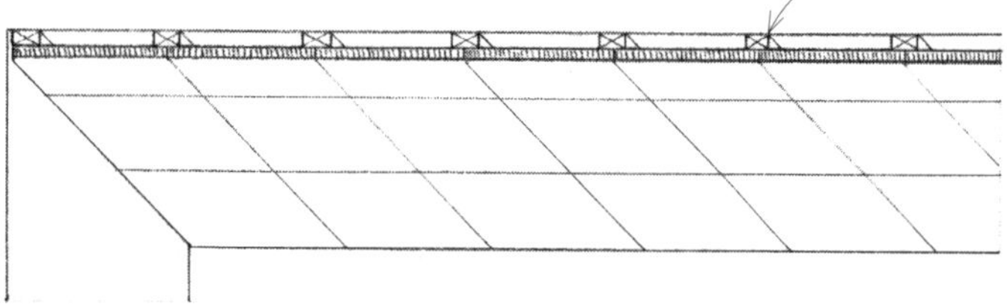

퍼링에 고정

- 바닥 표면이 충분히 평평하지 않거나 천장 타일의 접착제 적용이 적합하지 않았을 때 1×3 퍼링 스트립을 중심 간격 12"(305) 마다 설치한다. 평탄하고 평평한 받침대를 만들기 위해 교차 퍼링과 끼움재가 필요할 수도 있다.
- 단단한 천장 표면을 제공하기 위해 타일은 방수지 바탕에 시공해야 한다.

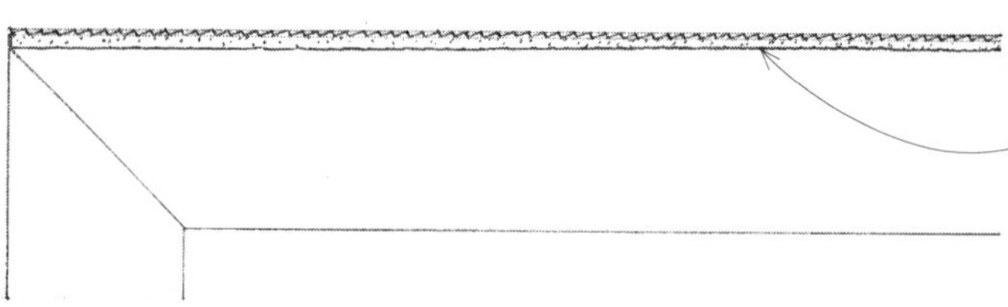

스프레이로 고정

- 특수 결합제와 혼합된 미네랄 또는 셀룰로오스 섬유의 흡음재료는 콘크리트 또는 석고보드와 같은 단단한 표면에 직접 분무가 가능하다. 또한, 이 재료는 금속 라스에 분무할 수 있으며, 더욱 우수한 흡음성을 제공하고 곡선이나 불규칙한 천장의 형태에도 적용할 수 있다.

흡읍 천장의 직접 적용방식

흡음천장 타일은 상부 바닥 또는 지붕 구조에 매달아 설비 덕트, 전기 관로 및 배관을 가릴 수 있다. 또한, 조명기구, 스프링클러 헤드, 화재 감지 장치 및 음향 시스템을 천장 면에 매입설치 할 수 있다. 천장 막에 내화 성능을 갖도록 하여 지지 바닥 및 지붕 구조에 대한 화재방지가 가능하다. 따라서 천장 시스템은 조명, 공조, 음향 제어 및 화재방지 기능을 통합하여 설치된다.

각 제조업체의 달반자 시스템suspension systems은 세부 상세가 다양할 수 있지만, 모두 메인 채널 또는 러너의 격자구조, 교차 티cross tees 및 스플라인spline으로 구성된다. 상부 바닥 또는 지붕 구조에 매달린 이 격자구조는 노출되거나, 매입되거나 완전히 감춰질 수 있다. 대부분의 달반자 시스템에서, 흡음타일은 교체 또는 천장 내 공간으로의 접근을 위해 탈부착이 가능하다.

천장 캐노피와 클라우드(반사판)는 직물, 흡음 타일, 금속, 반투명 플라스틱 또는 기타 재료로 만들어진다. 펜던트나 강선에 매달아 천장을 다른 천장재보다 더 낮게 할 수 있으며, 일반적으로는 천장을 열어 위쪽 장비로 접근할 수 있게 한다.

시스템 천장은 음향, 조명 및 공기조화 장치 전체를 통합한다. 전형적으로 60"×60"(1525×1525) 격자를 형성하는 달반자 시스템은 평탄하거나 오목한 흡음 패널을 설치한다. 공기조화 장치는 모듈형 조명기기의 필수부품일 수 있으며, 조명기기의 가장자리를 따라 조화장치를 거친 공기를 분산시키거나 달반자 시스템에 통합되어 천장 패널 사이의 길고 좁은 구멍을 통해 조절된 공기를 확산시킬 수 있다.

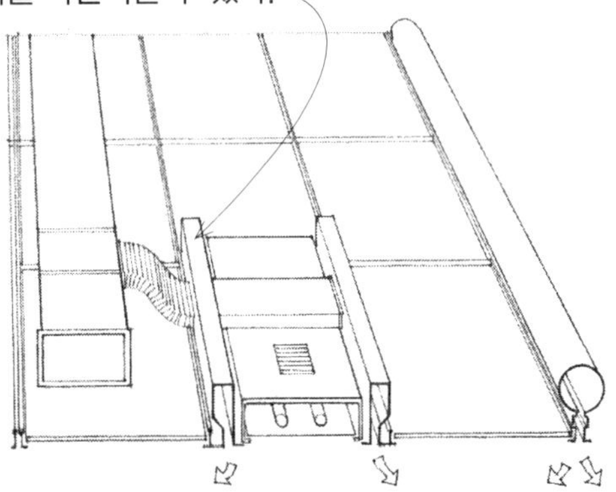

선형금속linear metal 천장은 양극 산화 처리된 알루미늄, 도장한 강재를 가공한 좁고 긴 부재 또는 스테인리스강 스트립으로 구성된다. 이격된 스트립 사이의 좁은 틈slot은 열리거나 닫힐 수 있다. 개방형 슬롯을 통해 천장 공간의 연질/포상 단열재 바탕으로 소리를 흡수한다. 선형 금속 천장 방식은 일반적으로 모듈러 방식의 조명 및 공기 처리 구성 요소를 통합한다.

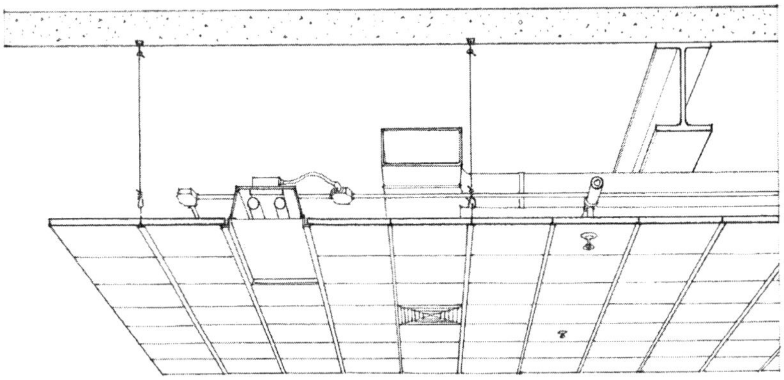

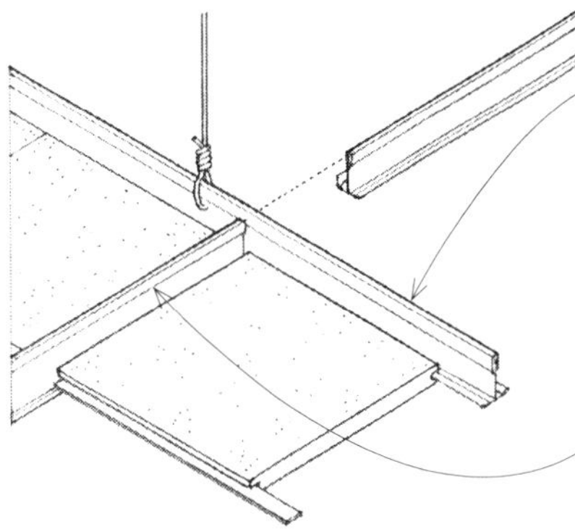

- 주 러너는 달반자 천장 시스템의 주요지지 부재이며, 일반적으로 상부 구조에서 달대 강선으로 매달린 판금 티tee 또는 채널channel로 구성된다.
- 교차 티는 보조지지 부재이며 일반적으로 주 러너에 지지되는 판금 티로 구성된다.

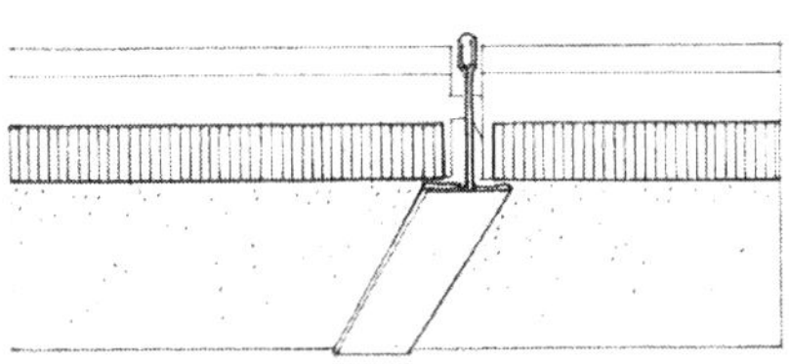

- 노출된 격자 달반자 시스템은 뒤집힌 된 티가 흡음 타일을 지지한다.

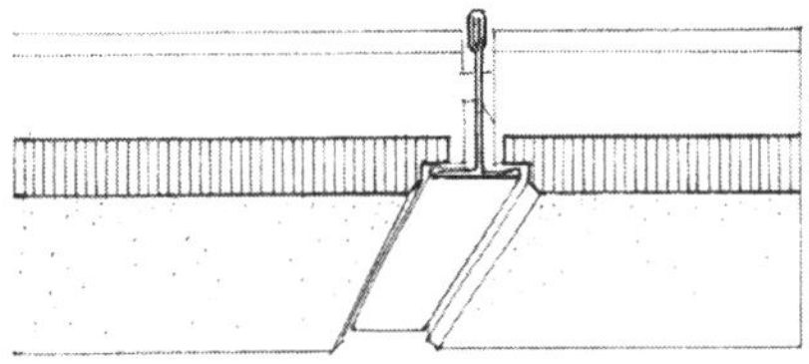

- 매입형recessed 격자 달반자 시스템은 은촉이음로 흡음 타일을 지지 한다.

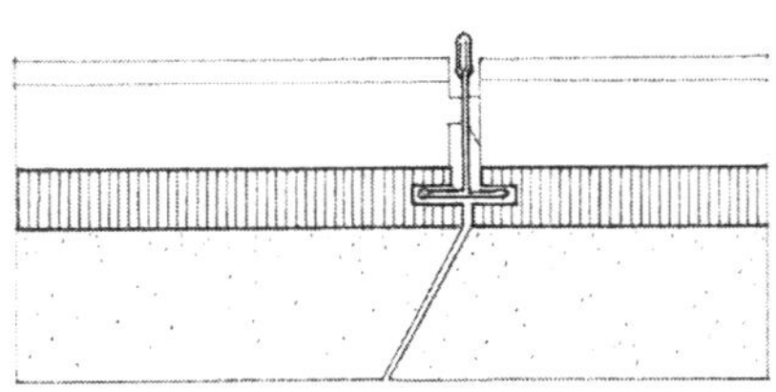

- 숨겨진concealed 격자 달반자 시스템은 흡음타일의 가장자리에 절단 홈으로 숨겨진다.

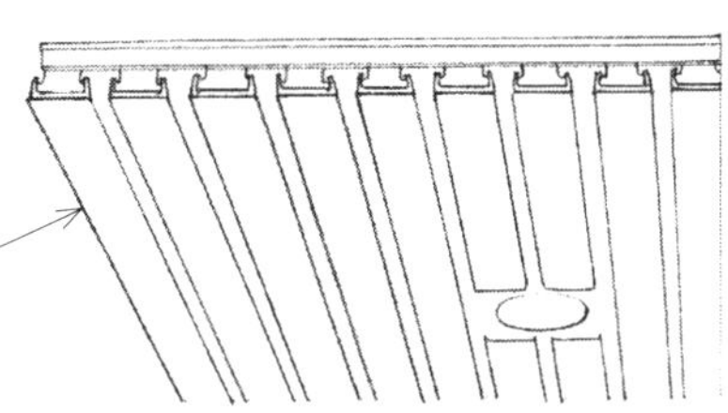

CSI 마스터포맷 09 53 00: 흡음 달반자 조립체
CSI 마스터포맷 09 54 00: 특수한 천장

일반 목재 골조의 강도와 강성은 일반적으로 마감 표면으로는 알 수 없으므로 외관보다 중요하다. 그러나 마감 장식, 캐비닛 및 가구 작업에서는 목재 이음의 외관이 강도만큼 중요하다. 소규모 작업에서는 깨끗한 외관보다 정교하고 세련된 이음이 필요하다.

목재 이음은 부재가 연결되는 방식을 노출할 수 있거나 상대적으로 눈에 띄지 않을 수 있다. 나무의 수축 또는 구조적 이동으로 인해 벌어지면 약해지고 눈에 띄게 되어 두 경우 모두 단단히 고정해야 한다.

목재 이음을 설계하고 시공할 때 이음매에 작용하는 압축, 인장, 전단력의 기본 특성을 이해하고 목재 나뭇결의 방향과의 관계를 이해하는 것이 중요하다. 12.11을 참조

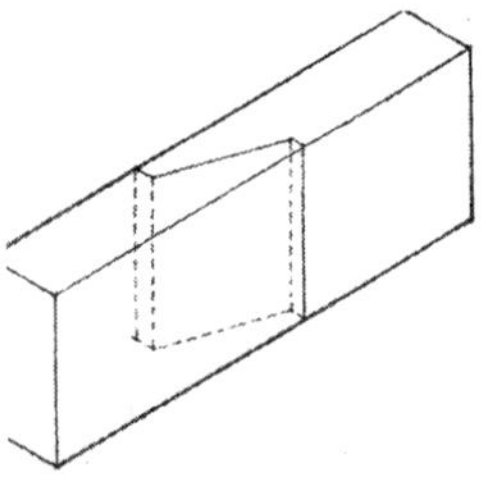

• 빗턱이음scarf joint

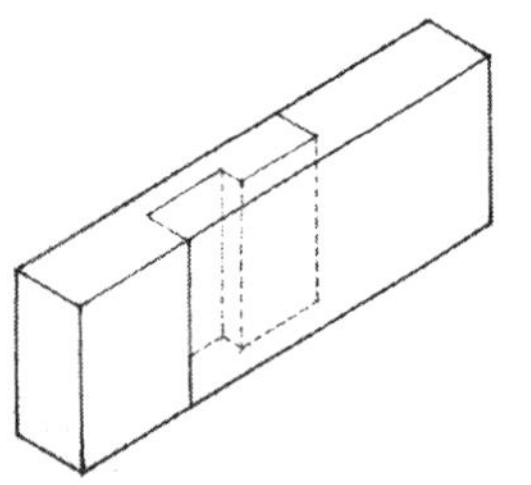

• 단형 반턱이음square splice

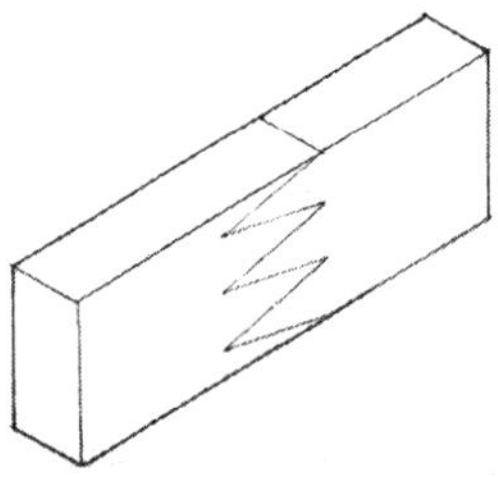

• 빗살이음finger joint

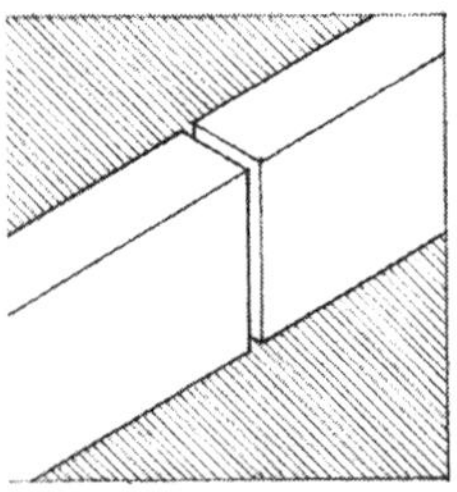

횡단면 이음/길이재 맞댐이음end joints

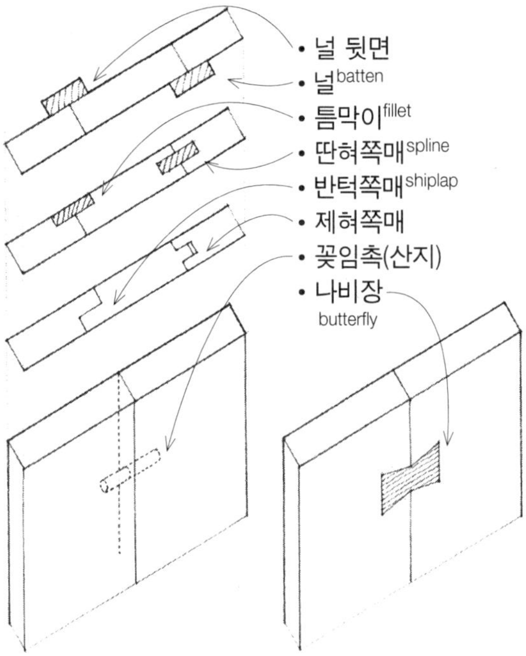

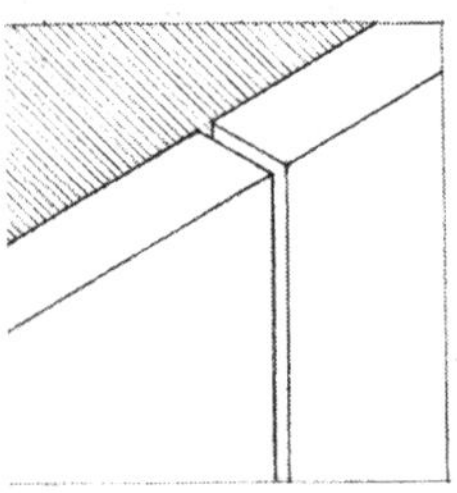

가장자리 이음/맞댐쪽매edge joints

• 턱맞춤dado joint
• 턱은 다른 끝을 끼우기 위해 부재에 잘려져 있는 직사각형 홈을 의미한다.
• 반턱/걸침턱stopped dado은 전체 너비에 걸쳐 절단하지 않은 것이다.

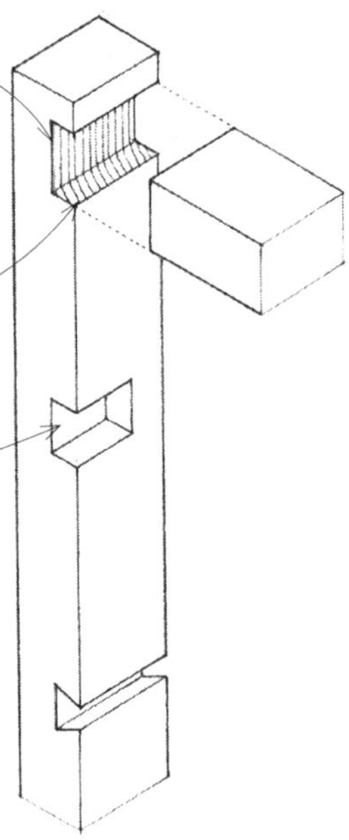

• 이음 형태의 턱

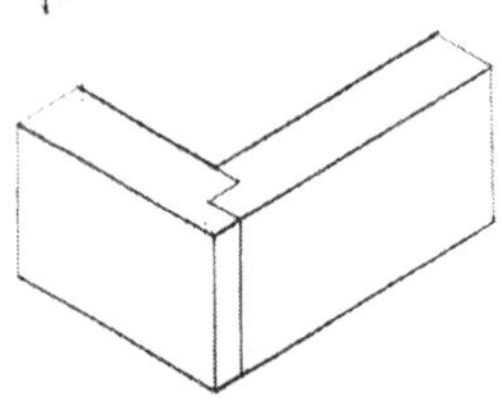

• 은촉이음rabbet joint

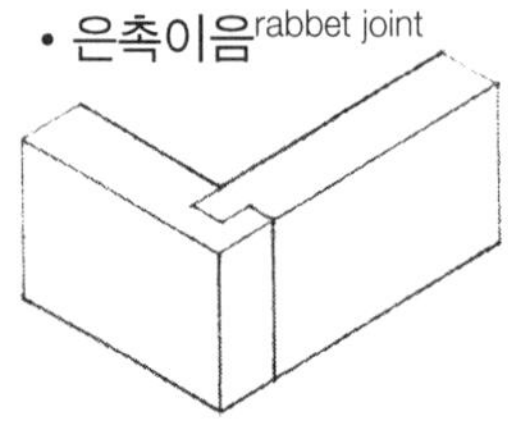

• 반턱 은촉이음dado and rabbet

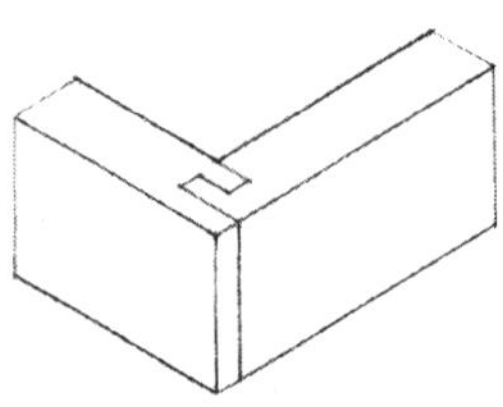

• 턱맞춤, 제혀 및 은촉이음

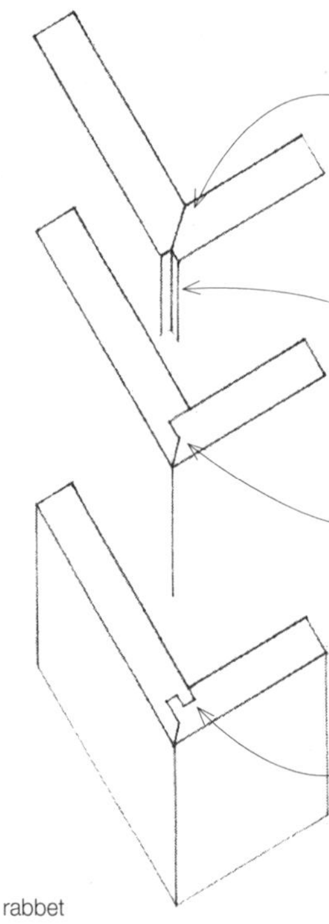

• 연귀맞춤miter joint 접합면의 절반 각도 로 각 맞댄 면을 절단하여 만든다.
• 두모(모서리 홈)quirk는 한 부재를 다른 부재와 분리하는 예각 또는 홈을 의미한다.
• 바깥연귀shoulder miter는 이어진 부재 사이의 움직임을 제한하기 위해 표면이 돌출된다.
• 안촉연귀tongued miter

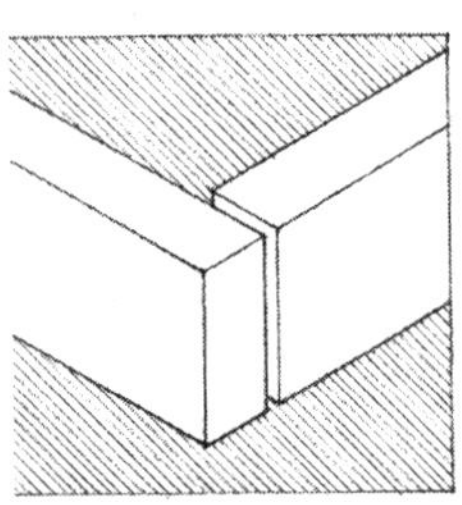

귀맞춤angle joints

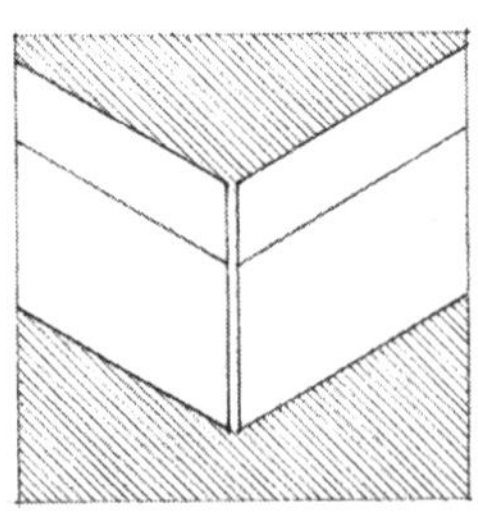

연귀맞춤(이음)[6]

6) 직각이 되도록 목재를 붙일 때 전통건축에서는 이음보다는 맞춤이라는 표현을 더 많이 쓴다. 이에 따라 목재 결구 방식에서는 맞춤을 우선으로 하고 이음을 필요에 따라 병기하였다.

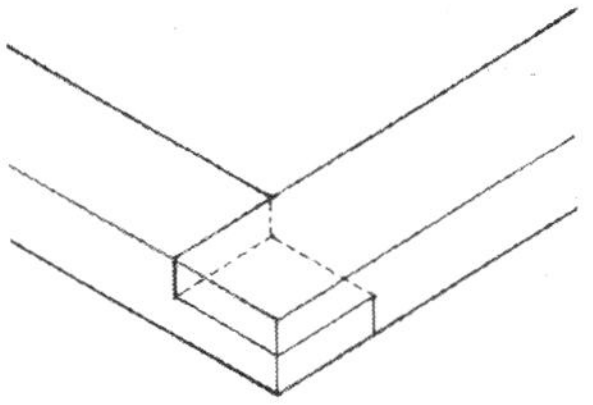

• 끝 반턱맞춤 end lap

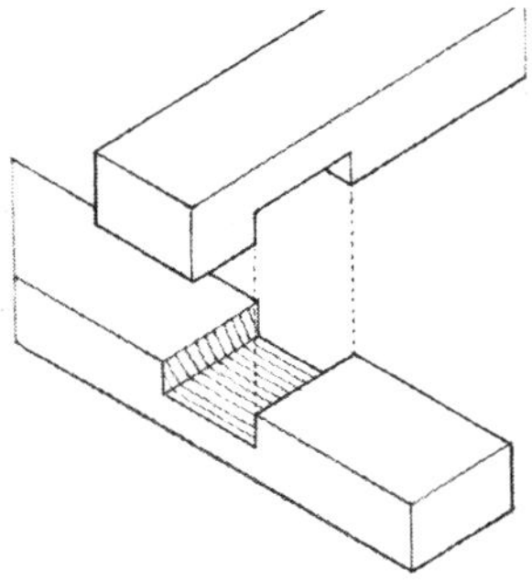

• 십자반턱맞춤 cross lap

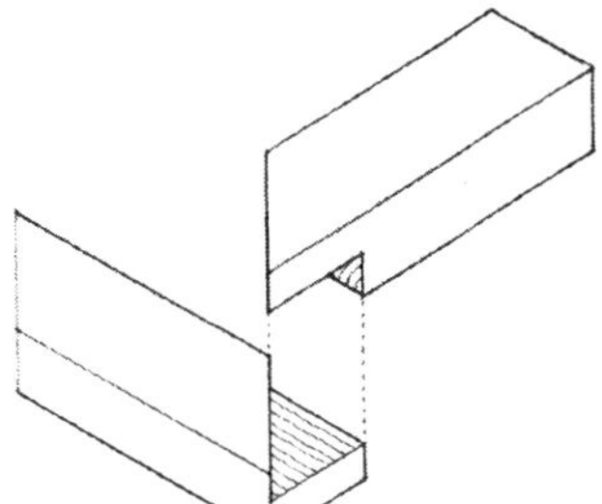

• 반연귀 mitered halving

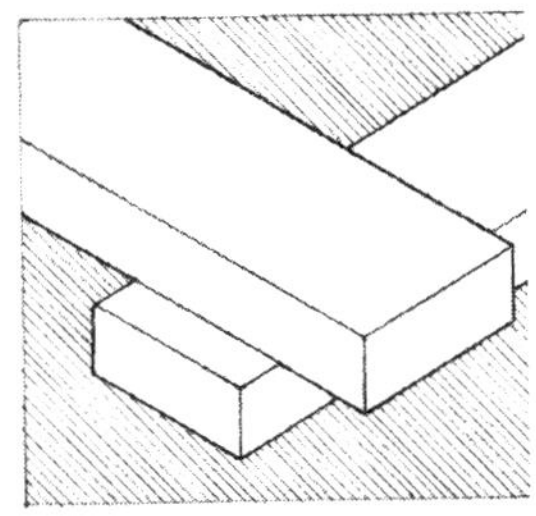

겹침 맞춤(이음) lap joints

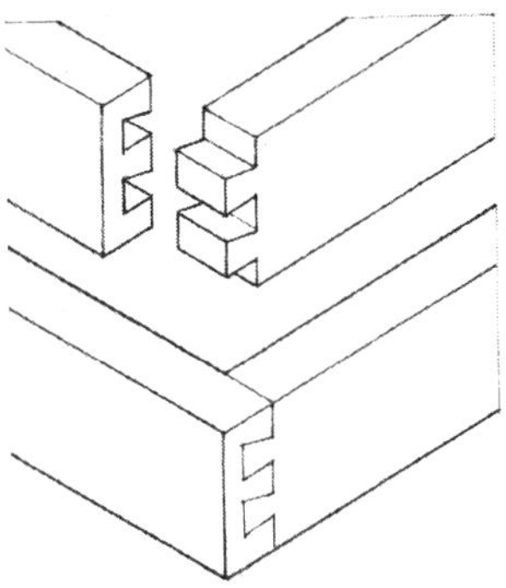

• 숨은 주먹장(열장) 사개맞춤

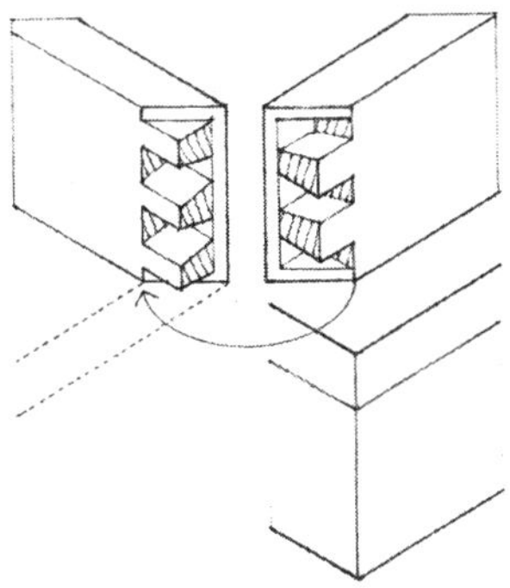

• 숨은 주먹장(열장) 사개연귀

• 반턱 halving 이란 표면이 민면이 되도록 이음에서 각 부재의 절반을 잘라내는 것

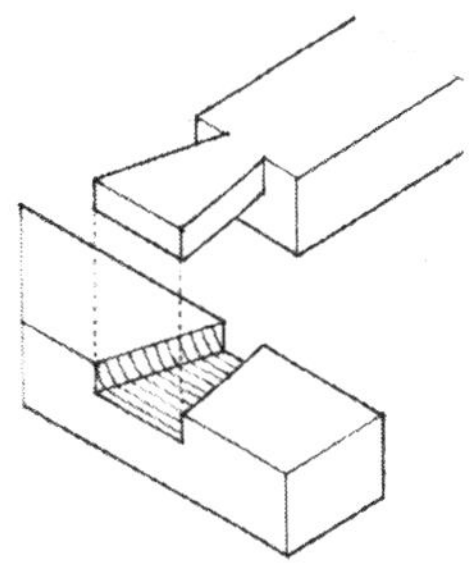

• 반턱 halving 주먹장(열장) 맞춤

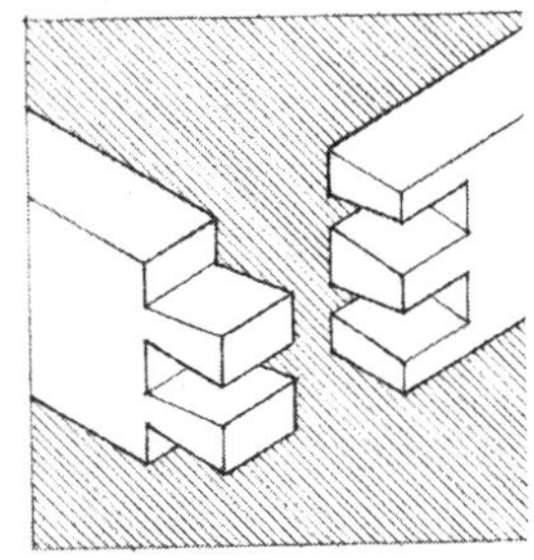

주먹장 맞춤[7]

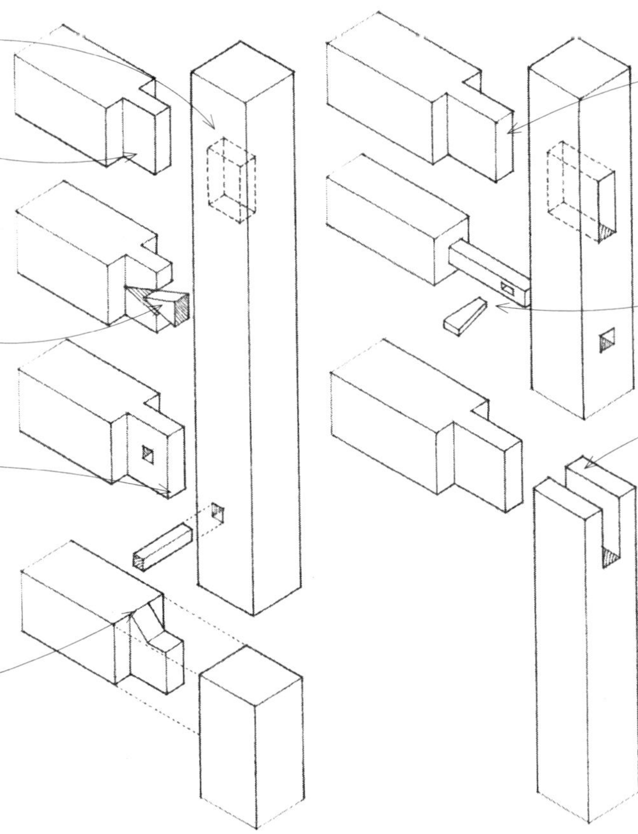

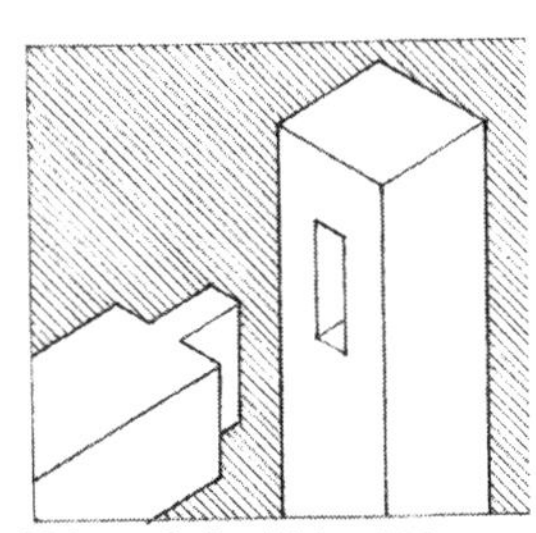

장붓구멍과 장부 이음

7) dovetail에 대해서 목재 맞춤에서는 주먹장이라는 표현이 우세하나 이음에서는 열장이라는 표현이 더 많이 사용한다. 실제로 목재 결구 방식을 보면 동일한 방식으로 보아도 무방하다고 판단되나 기존 관례를 따라 목재 결구에서는 주먹장을 우선하고 필요에 따라 열장을 병기하는 방식으로 옮겼다.

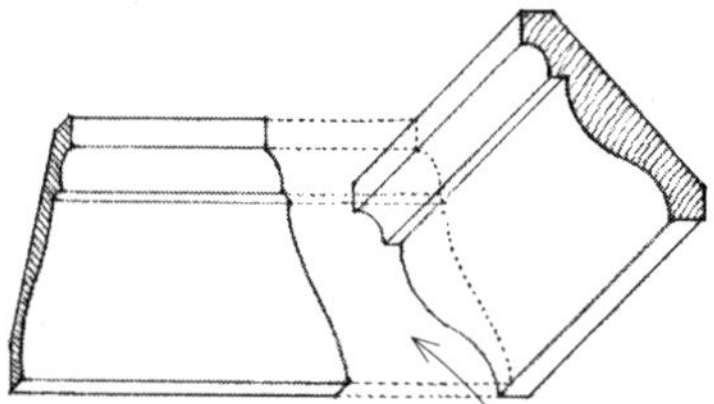

- 몰딩 형재shaped moldings가 내각에서 만나는 곳에 덮개 이음 또는 선침이음 scribed joint을 사용한다. 하나의 몰딩을 벽면에 대고 사각형으로 절단한 다음 다른 몰딩을 첫 번째 모양에 맞춰 아래쪽을 절단하여 만든다.
- 연귀 이음은 외각에서 몰딩을 결합할 때 한다.

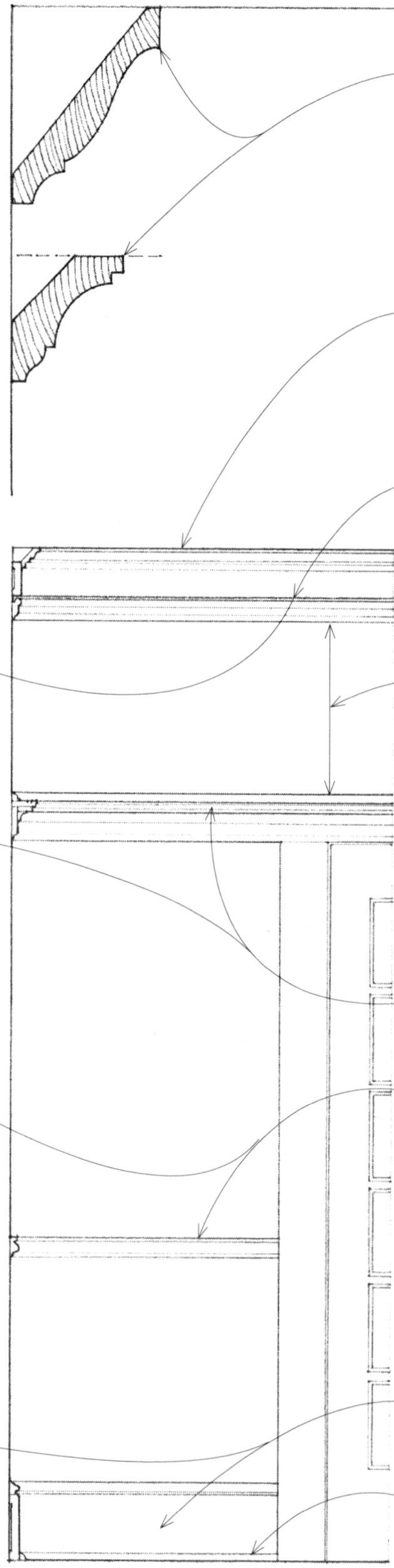

- 크라운몰딩은 벽 또는 만들어진 조립식 코니스가 조립된 부위를 가린다.

코니스

- (실내 몰딩에서) 코니스는 장식 목적으로 벽에 씌우거나 수평으로 나누는 돌출된 부재이다. 간단히 크라운 몰딩으로 마감할 수도 있지만 다양한 몰딩으로 구성할 수 있다.
- 픽처 몰딩은 천장 근처의 수평 몰딩으로, 끈 또는 고리로 그림을 매달 수 있으며 코니스와 일체화되어 구성될 때가 많다.
- 프리즈는 내벽의 상단을 따라 처마 장식 바로 아래의 장식 띠를 말함

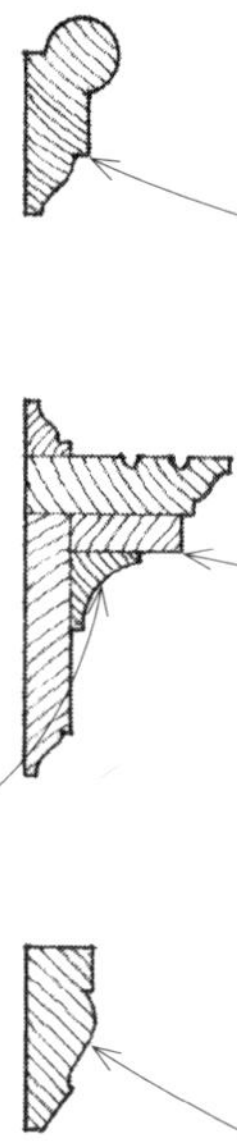

- 코브몰딩/쇠시리몰딩 cove molding은 접합면 사이를 쉽게 이을 수 있게 한다.

레일(선반)

- 플레이트 레일/접시선반은 장식 또는 디스플레이용 판을 고정하기 위한 홈이 있어 벽을 따라 좁은 선반이 고정되어 있다.
- 체어 레일은 의자 뒷면이 벽면을 문지르거나 손상하는 것을 방지하기 위해 실내 벽에 수평으로 설치한다.
- 뒷면 완화홈relieved back은 넓은 트림 부재가 휘는 것을 줄이고 표면에 깔끔히 맞출 수 있게 한다.

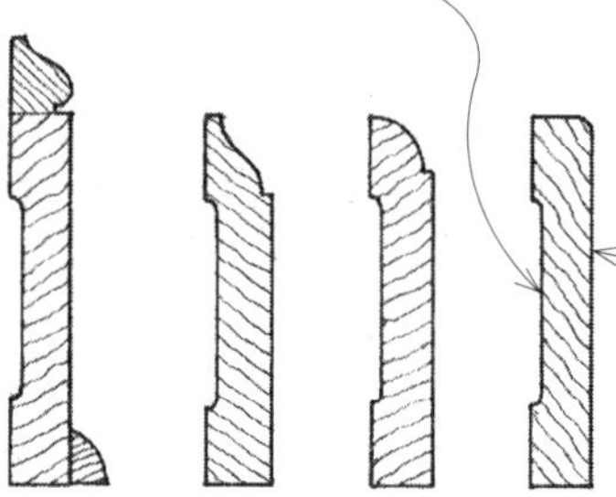

굽도리 널

- 굽도리 널은 측벽이 바닥과 만나는 이음을 가리고 마감함. 단일 몰딩일 수도 있고 상부 몰딩과 걸레받이소란 조합 가능하다.
- 걸레받이 소란base shoe은 바닥 표면의 요철에 맞도록 충분히 유연하다.

공장에서 생산한 다양한 기성 목재 몰딩을 트림으로 사용할 수 있다. 트림은 단면, 길이 및 목재 종에 따라 다양하며 단독으로 사용되거나 더 복잡한 구성을 위해 조합이 가능하다. 시판 항목 외에도 목재 몰딩을 주문제작으로 만들 수 있다.

트림에 사용되는 목재의 종류는 목공에 적용되는 마감 유형에 따라 다르다. 페인트 마감의 경우 목재는 결이 좁고 매끄럽고 송진 무늬 또는 기타 결함이 없어야 한다. 목공이 투명하거나 자연스러운 마감이 되려면 목재의 색상이 균일하고 아름다운 무늬와 일정 이상의 경도를 가져야 한다.

실내 트림은 일반적으로 마감 벽, 천장 및 바닥이 설치된 후 시공된다. 실내 트림은 사실상 장식적이지만 실내 재료 간의 이음을 감추고 마무리하고 완성하는 역할도 한다.

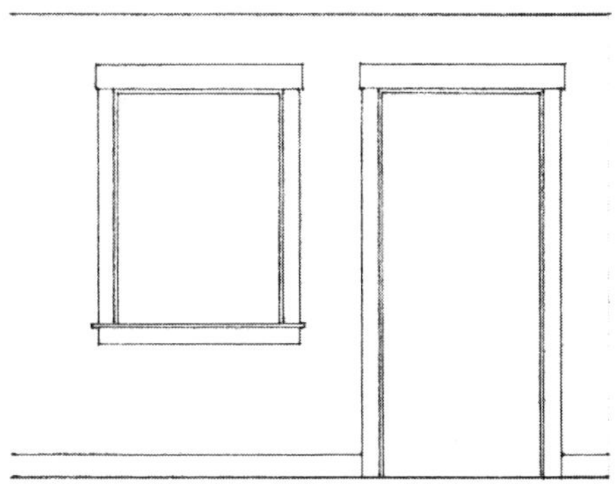

- 창문과 출입문의 위틀 및 문설주 케이싱은 일반적으로 유사한 방식으로 처리됨

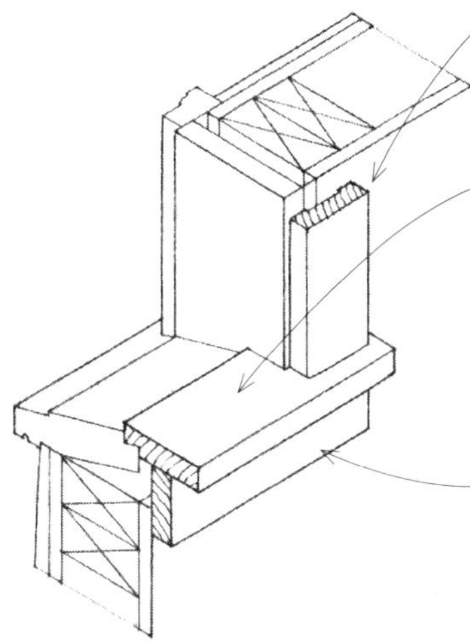

케이싱

- 위틀 및 문설주 케이싱은 문틀/창틀과 주변 벽면 사이의 이음 또는 틈을 가리고 마감한다.
- 창턱은 창 개구부 하부에 의해 형성된 가로대를 지칭한다. 밑틀은 창호의 문설주/선틀 또는 문 개구부에 맞도록 절단되거나 문설주 케이싱보다 길게 할 수 있다.
- 선반받이는 창턱 바로 아래에 평평한 트림 부재이다.

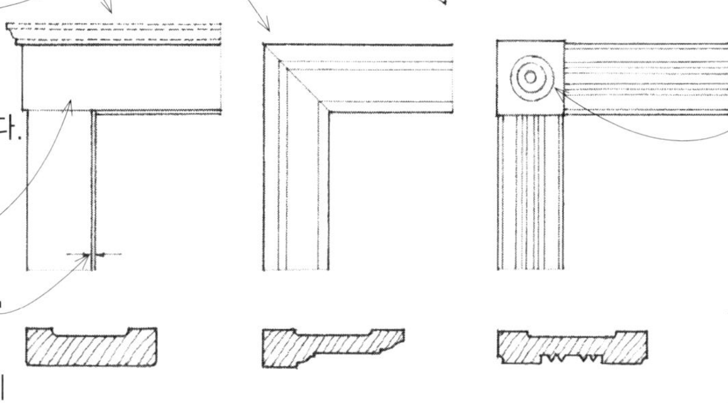

- 몰딩 형재는 연귀이음으로 결합할 것.
- 캡 몰딩은 창 또는 출입문의 위틀을 마감함
- 문설주/선틀 케이싱 또는 측면 케이싱은 사각으로 절단한 위틀 창선에 맞댄다. 특히 위틀 케이싱이 측면 창선보다 두꺼운 경우에 더욱 그러하다.
- 홈은 일반적으로 $^1/_4$"~$^3/_8$" (6~10)까지 적용되며, 창호의 케이싱으로 덮이지 않은 문설주/선틀 부분을 말함
- 모서리 블록[8]을 사용하여 보다 복잡한 단면 구성이 가능
- 아키트레이브라는 용어는 특히 동일한 단면으로 연속적일 때 창 또는 출입문을 둘러싸는 케이싱을 의미한다.

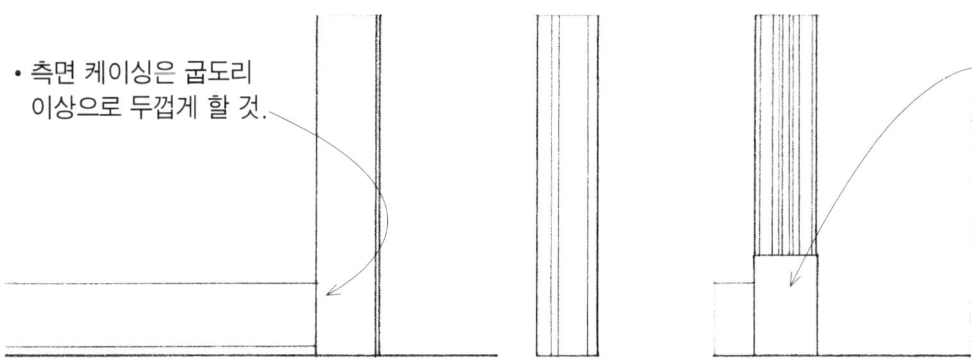

- 측면 케이싱은 굽도리 이상으로 두껍게 할 것.
- 굽도리 블록/플린스 블록은 바닥 위의 문설주 케이싱과 바닥이 만나는 부분에 쓰인다.

8) 그림에 묘사된 것은 로제트 몰딩이다.

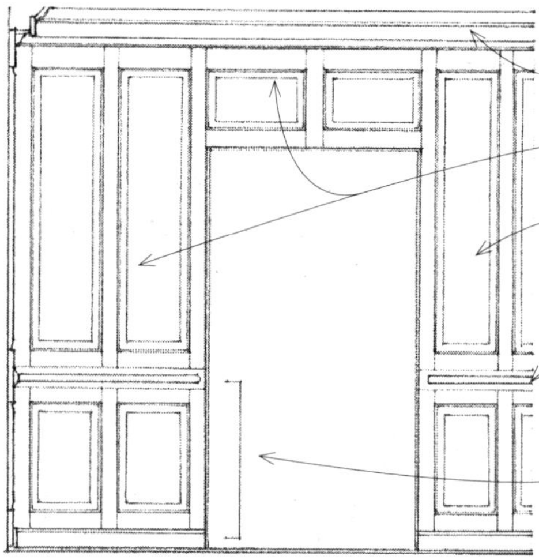

실내 목재 패널은 목재 또는 금속 프레임 또는 퍼링에 직접 적용 가능한 장식 면이 있는 패널로 구성된다. 벽돌이나 콘크리트 벽에는 퍼링이 필요하다. 퍼링은 나아진 단열성, 더 큰 음향 분리 또는 추가적인 벽 깊이가 요구될 때도 사용할 수 있다. 일반적으로 패널은 못이나 나사로 고정하지만, 강성을 높이기 위해 접착제를 사용할 수 있다. 패널 벽의 최종 모습은 이음 처리 및 목재 패널의 결 또는 모양에 달려 있다.

실내 패널에는 중실한 목재 부판을 사용할 수도 있다. 부판은 정사각형, 제혀쪽매 또는 반턱쪽매 가장자리 단면으로 처리할 수 있다. 최종 벽 무늬와 질감은 판자 너비, 방향, 간격 및 이음 디테일에 따라 달라진다.

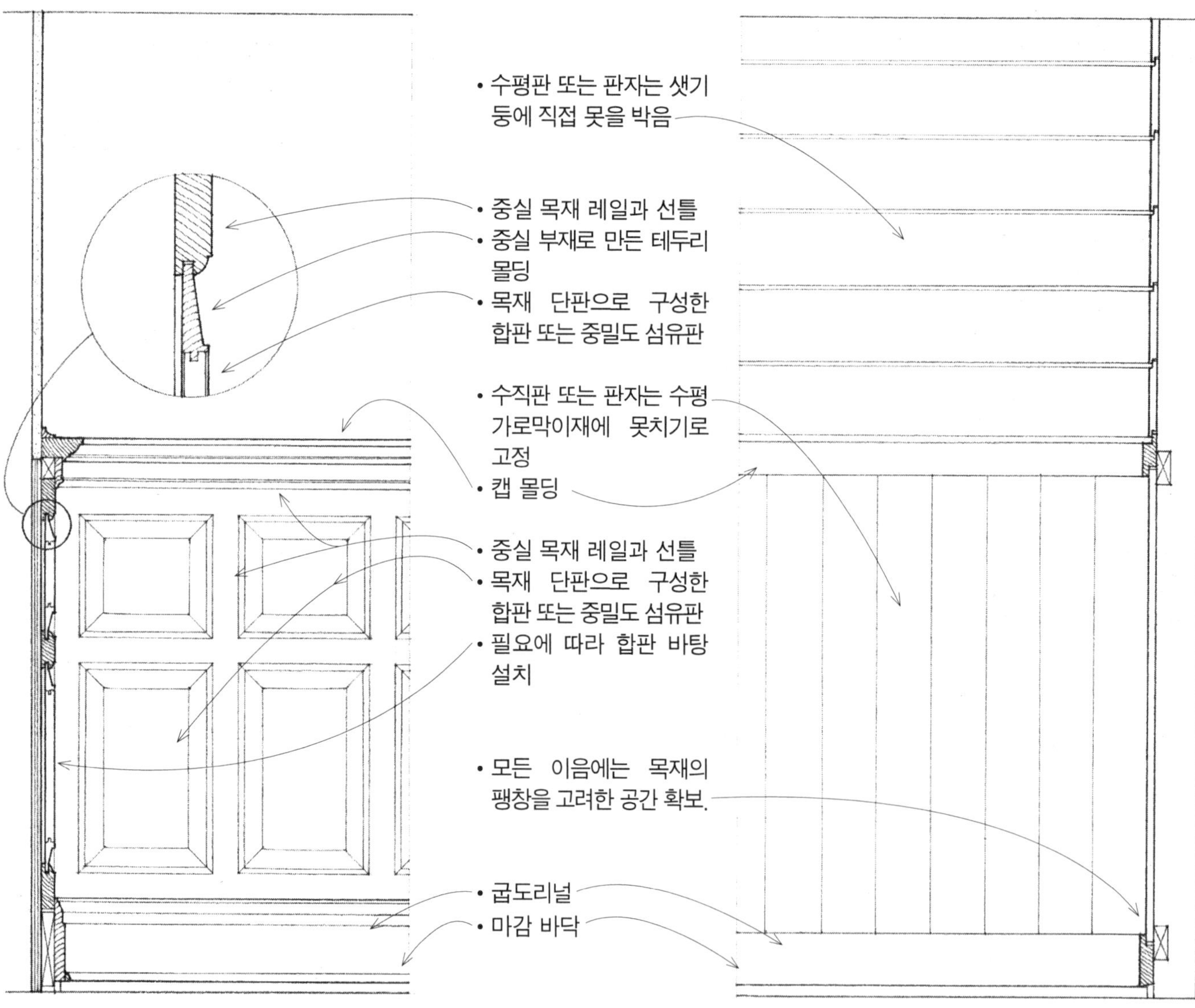

장식용 합판 패널은 벽장식, 캐비닛 및 가구 작업으로 사용하기 위해 견목 또는 연목의 앞판을 사용할 수 있다. 패널은 일반적으로 4'×8'(1220×2440)이며 1/4", 3/8", 1/2" 및 3/4"(6, 10, 13 및 19) 두께가 있다.

무늬맞춤 패턴

자연상태로 마감한 합판 패널의 외관은 앞판에 사용되는 목재의 종뿐만 아니라, 목재의 색상과 모양을 강조하기 위한 합판 시트의 배열 방식에 따라 달라진다.

- 북 매치는 동일한 시트에서 판이 위아래로 교대로 배열되어 인접한 시트 사이의 이음이 대칭으로 거울 이미지를 생성한다.
- 헤링본 매치은 인접한 시트의 무늬가 반대 방향으로 기울어지는 북매치이다.
- 슬립매치는 무늬를 반복하기 위해 회전하지 않고 동일한 널판에서 합판 시트를 나란히 배열한다.
- 다이아몬드 매치는 합판을 대각선으로 절단된 4장의 시트를 정렬하여 중앙에 다이아몬드 패턴을 한다.
- 랜덤 매치는 의도적으로 합판이 일치하지 않도록 자유롭게 조합한다.

연목 합판 등급

N - 자연스러운 마감 처리를 위한 매끄러운 표면 선택

A - 도색에 적합한 매끄러운 면

B - 매끈한 표면이 요구되는 패널

견목 합판 등급

- 프리미엄 등급은 소수의 작은 마디, 옹이 및 눈에 띄지 않는 흠집만 허용된다.
- 양호good 등급은 합판 면의 일치가 필요하지 않고 색상의 선명한 대비가 허용되지 않는다는 점을 제외하면 고급 등급과 유사하다.
- 건실sound 등급은 갈라진 결함이 없는 부드러운 합판이지만 줄무늬, 변색, 흠집 및 작은 옹이들이 있다.
- 다용도utility 등급은 변색, 줄무늬, 흠집, 옹이, 작은 옹이구멍 및 갈라짐을 허용한다.
- 바탕재backing 등급은 패널의 강도나 내구성에 영향을 미치지 않는 범위에 한해 더 큰 결함을 허용한다.

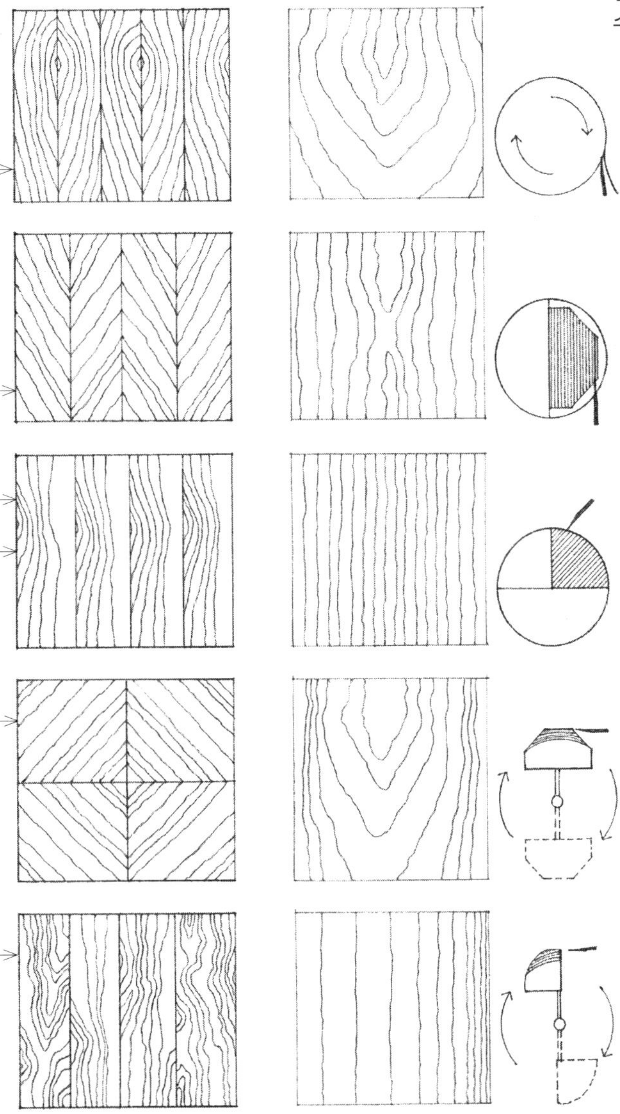

무늬 모양

무늬모양은 나이테, 옹이, 마디 및 기타 성장으로 발생하는 다양한 특성들의 결과로 만들어진 목재 표면의 자연적 무늬를 말한다. 목재 합판이 통나무에서 잘리는 방식을 변경하여 다른 형태를 만들 수 있다.

- 로터리 절단방식은 선반 나이프로 목재를 회전시켜 절삭한다. 다양한 잔물결 모양의 연속 합판을 생산할 수 있다.
- 판목 절삭방식flat or plain slicing은 중심까지 통나무의 반쪽을 직선에 평행하게 가르는 방식이다. 다양한 물결 모양의 도형을 만들어 낸다.
- 4분면 절삭방식quarter slicing은 나이테에 수직으로 통나무를 1/4씩 자르는 방식으로, 합판에 일련의 직선 또는 다양한 줄무늬가 생긴다.
- 하프라운드 절삭 방식half-round slicing은 선반 중앙에서 벗어나 목재를 장착하고 회전시켜 절단한다. 나이테를 약간 가로지르면서 절단이 진행되어 회전식 절단과 평탄한 절단의 두 특성을 모두 가지고 있다.
- 널결 절단rift cutting은 무늬를 최소화하기 위해 눈에 잘 띄거나 퍼져있는 무늬에 수직으로 오크 및 유사한 종을 절단하는 방식이다.

LEED EQ 크레딧 2: 유해물질 저방출 재료

CSI 마스터포맷 06 42 16: 목재 민면 패널/플러시 패널

플라스틱 접합재plastic laminate는 크래프트지, 은박지, 인쇄지, 목재 합판 또는 멜라민 및 페놀 수지가 함침된 직물이 열과 압력으로 함께 융합되어 단단하게 표면처리된 재료이다. 플라스틱 접합재는 조리대, 가구, 문 및 벽면 패널에 내구성, 내열성 및 방수성이 뛰어난 표면을 제공하며, 부드러운 합판, 판지, 파티클보드 및 기타 일반적인 주요 재료에 적용될 수 있다. 플라스틱 접합재는 현장에서 직접 접착제를 사용하거나 또는 공장에서 압력 하에 열경화성 접착제로 접착된다.

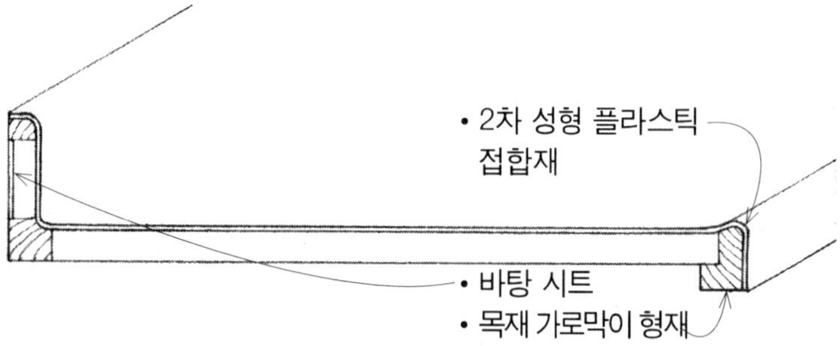

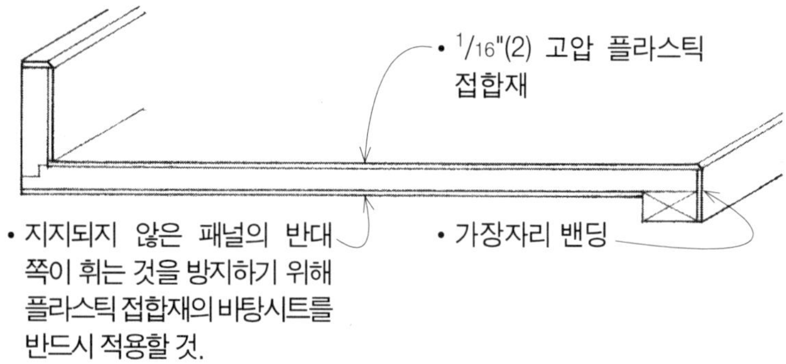

- 고압 접합재는 1200~2000psi (84~140kg/㎡)의 압력 범위에서 성형 및 경화되며 조리대와 테이블 상판의 표면 처리를 위해 사용한다.
- 저압 접합재는 최대 압력 400psi (28 kg/㎡)로 성형 및 경화되며 수직 및 저마모성 위치에 사용한다.
- 포마이카Formica는 플라스틱 접합재를 대표하는 상표이다.
- 단단히 말려 있거나 구부러진 부분의 플라스틱 접합재 제조 과정에서 성형 후 열경화성 접착제로 접착해야 한다. 1/20"(1.2) 두께의 성형 플라스틱 접합재는 3/4"(19)의 작은 반경으로 구부릴 수 있다. 플라스틱 접합재의 가장자리 밴딩은 가열 시 반경 3"(75) 이하로 구부릴 수 있다.
- 매끄러운 광택이 나거나glossy, 부드러운 광택이 있거나satin, 눈부심이 적거나, 질감처리를 하는 등, 다양한 색상과 무늬를 적용할 수 있다.

플라스틱 접합재 조리대countertops

- 조리대 및 테이블 윗면의 수평 설치를 위한 1/16"(2) 두께의 고압 래미네이트
- 문짝 및 벽면 패널의 수직 설치를 위한 1/32"(1) 두께의 저압 래미네이트

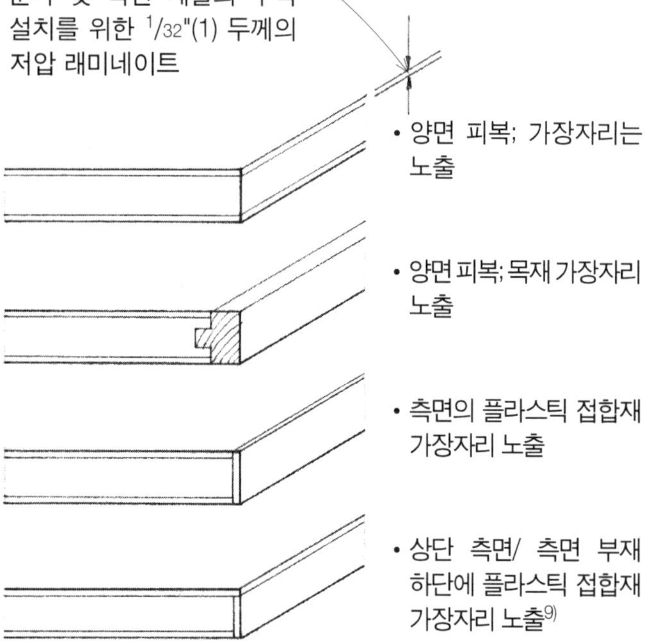

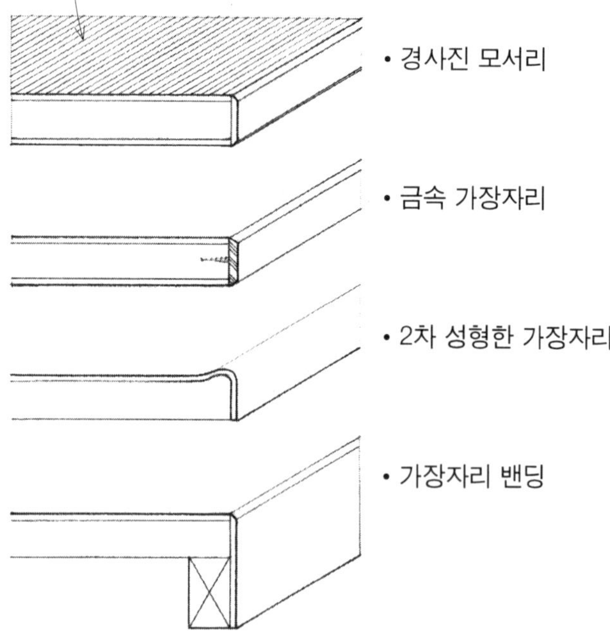

플라스틱 접합재가 적용된 패널의 테두리 마감

9) 플라스틱 접합재가 부착되는 위치를 바로 위의 그림과 비교해서 확인하면 이해가 어렵지 않다.

CSI 마스터포맷 06 41 16: 플라스틱 접합재를 피복한 건축용도의 캐비닛
CSI 마스터포맷 09 62 19: 접합 바닥재
CSI 마스터포맷 12 36 23.13: 플라스틱 접합재를 피복한 상판/조리대

EQ 크레딧 4.1: 유해물질 저방출 재료, 접착제와 실란트

11

설비 & 전기 시스템

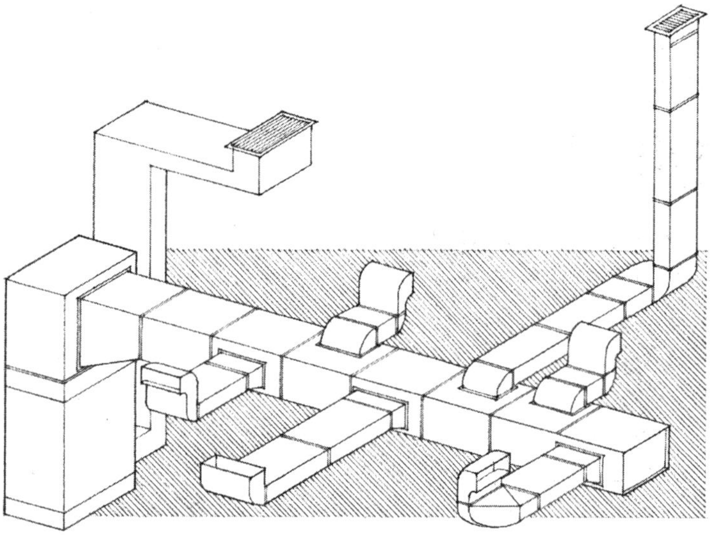

이 장은 건물의 거주자에게 필요한 쾌적한 환경, 건강 및 안전 조건을 유지하는데 필요한 설비 및 전기 시스템에 대한 설명이다. 완전한 설계 매뉴얼을 제공하고자 하는 의도가 아니라 설비와 전기 시스템의 성공적인 운영과 다른 빌딩 시스템과의 통합을 위해 고려해야 할 요소를 간략히 설명하기 위한 것이다.

난방, 환기 및 냉방 시스템은 쾌적한 환경을 위해 건물의 내부 공기를 조절한다. 식수 공급은 인간의 식생활과 위생에 필수적이다. 실내 및 주변 지역을 위생적인 상태로 유지하려면 액체 폐기물 및 유기물을 효율적으로 폐기해야 한다. 전기 시스템은 건물 거주자에게 빛과 열을 공급하고 가전 기구를 작동시킬 수 있는 전원을 공급한다.

이러한 시스템에는 상당한 공간이 필요하다. 많은 하드웨어는 일반적으로 숨겨진 공간이나 특별한 실내공간에 자리하고 있어 보이지 않기 때문에 이러한 시스템의 배치는 건물의 구조 및 차폐 시스템뿐만 아니라 서로 조심스럽게 연결되어 있어야 한다.

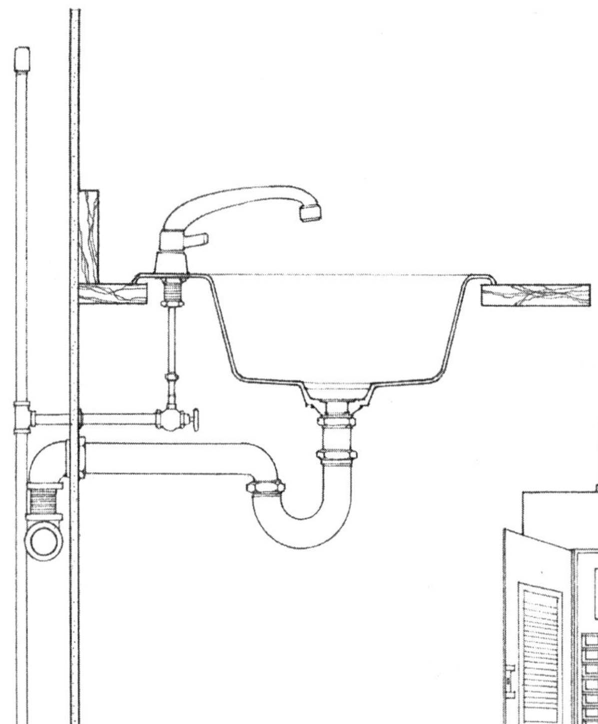

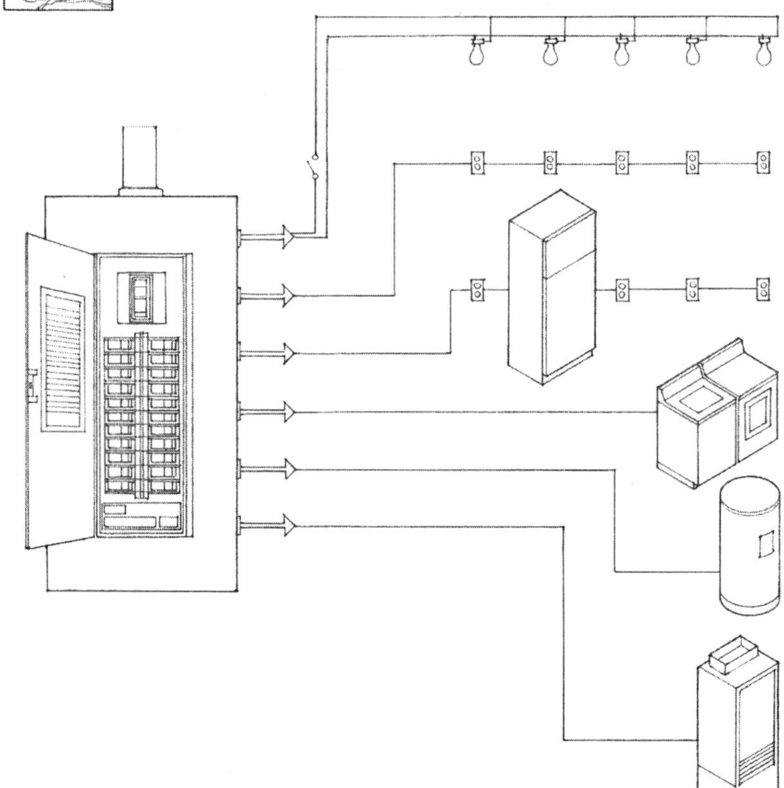

휴식 시 인체는 약 400Btu/h(117W)의 에너지를 생산한다. 걷기와 같은 중간 정도의 활동은 이 양을 750Btu/h(220W)로 올릴 수 있지만 격렬한 활동을 할 경우 최대 1200Btu/h(351W)를 생성할 수 있다. 인체가 안정적이고 정상적인 체온을 유지하기 위해 신진대사 작용을 통해 생성되는 열과 수분을 소산 할 수 있을 때 열쾌적thermal comfort이 조성된다. 다시 말해, 신체와 환경 사이에 열평형이 반드시 이루어져야 한다.

인체는 다음과 같은 방식으로 열을 손실하거나 주변 공기와 표면으로 전달한다.

전도
- 전도conduction는 입자 자체의 인지할 수 있는 변위 없이, 직접 접촉을 통해 매체 또는 두 몸체의 따뜻한 입자로부터 차가운 입자로 열이 전달되는 것이다.
- 전도는 신체에서 발생하는 총 열 손실 중 매우 작은 부분이다.

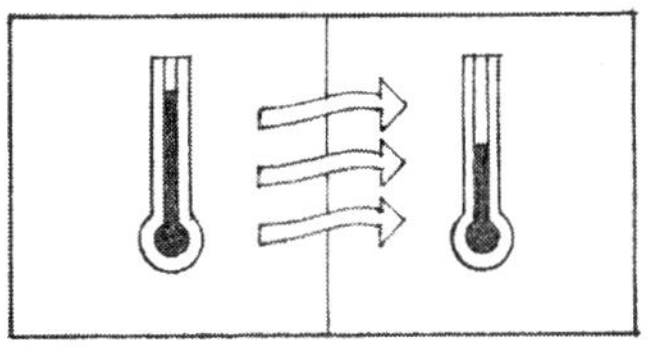
전도

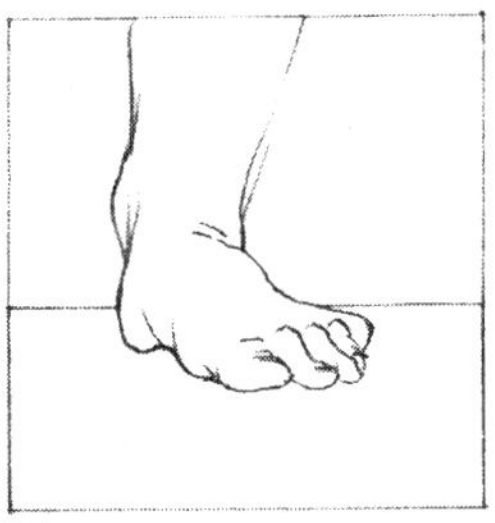

대류
- 대류convection는 밀도 및 중력 작용의 변화 때문에 발생하는 액체 또는 가스의 가열 된 부분의 순환 운동에 의한 열전달 현상이다. 다시 말해, 신체는 주변의 더 차가운 공기에 열을 방출한다.
- 공기와 피부 온도의 차이가 크거나 공기 운동이 증가하면 대류에 의해 더 많은 열이 전달됨.

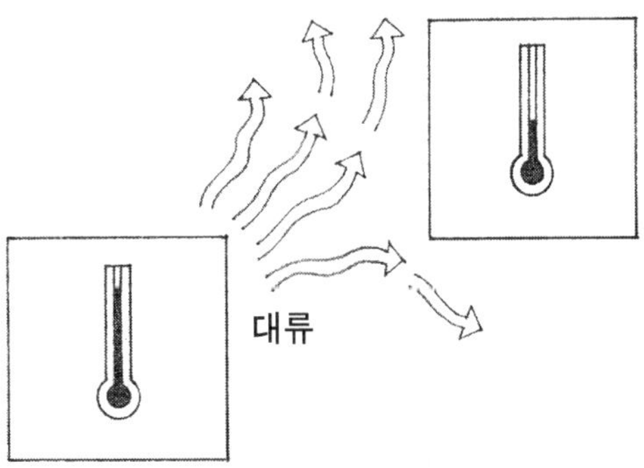
대류

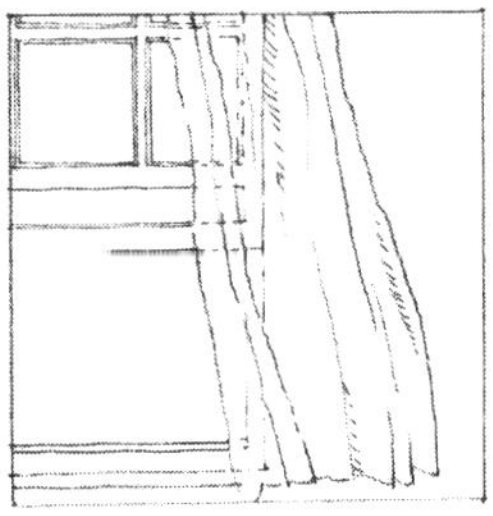

복사
- 복사radiation는 전자기파 형태의 열에너지가 따뜻한 물체에 의해 방출되어, 중간 공기를 통해 전달된 후, 차가운 몸체에 흡수되는 과정이다. 열전달에 공기 운동이 필요하지 않다.
- 밝은 색은 반사되지만 어두운 색은 열을 흡수하며, 반사도가 낮을수록 좋은 방열기이다.
- 복사열radiant heat은 모퉁이를 돌아 이동할 수 없으며 공기 운동의 영향을 받지 않는다.

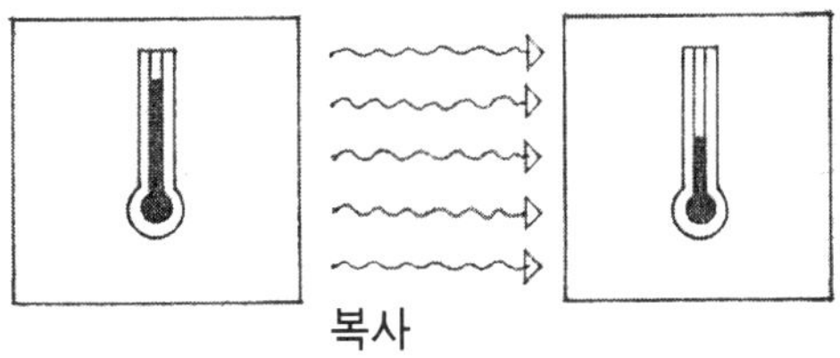
복사

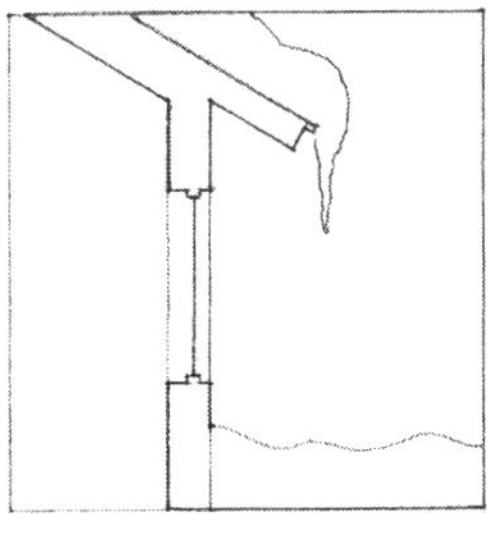

증발
- 체내 수분을 증기로 변환하는 증발 과정에서 열이 필요하다.
- 증발에 의한 열손실은 공기 운동에 따라 증가한다.
- 증발에 의한 냉각evaporative cooling은 특히 높은 기온, 습도 및 활동 수준 상태에서 유용하다.

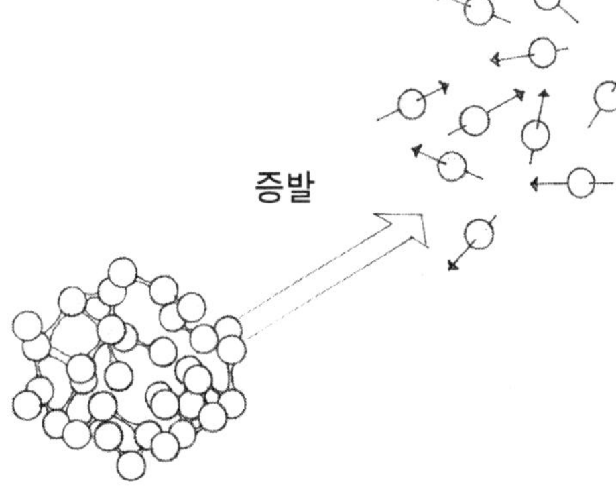
증발

LEED® EQ 크레딧 5: 열쾌적

인간의 쾌적함human comfort에 영향을 미치는 요소로는 기온, 상대 습도, 평균 복사 온도, 기류, 공기 순도, 소리, 진동 그리고 빛이 있다. 이 중 첫 4개는 열쾌적을 결정하는 데 가장 중요하다. 시험에 참여한 대다수의 미국인과 캐나다인들은 기온, 상대 습도, 평균 복사 온도 및 기류의 특정 구간이 쾌적하다고 판단했다. 이 쾌적역(열쾌적구역)comfort zone은 4가지 주요 열쾌적 요인 사이의 상호 작용으로 조성되며, 다음 그래프로 설명할 수 있다. 개인에 대한 특정 수준의 쾌적함은 이러한 열쾌적 요인에 대한 주관적인 판단이며 기후와 계절적인 변화뿐만 아니라 개인의 연령, 건강, 의복 및 활동에 따라 달라질 수 있다.

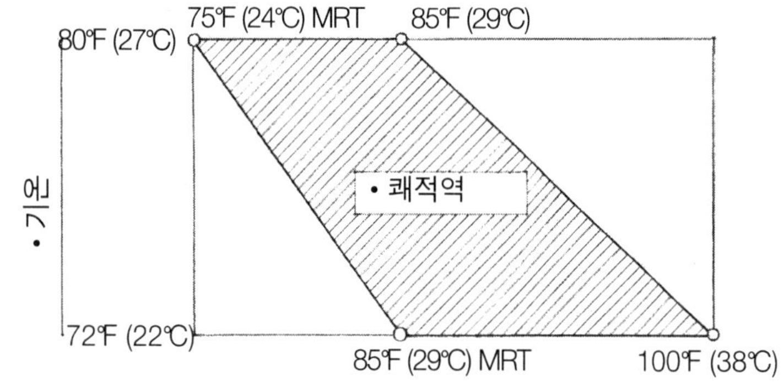

기온과 평균 복사 온도

- 평균 복사 온도mean radiant temperature (MRT)가 기온air temperature보다 상당히 높거나 낮으면 인체가 주변 표면으로부터 복사에 의해 열을 얻거나 잃기 때문에 MRT는 열 쾌적성에 중요한 요인이다. 다음 페이지의 다이어그램 참고.
- 주변 표면의 MRT가 높을수록 기온이 더 낮아야 한다.
- MRT는 기온보다 쾌적함에 약 40% 더 많은 영향을 미친다.
- 추운 날씨에 외벽 내부 표면의 MRT는 실내 기온보다 5℉ (2.8℃) 이상 낮지 않도록 해야 한다.

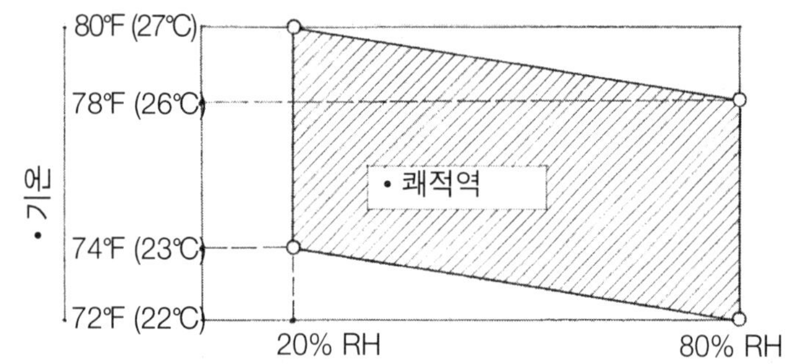

기온과 상대 습도

- 상대 습도relative humidity(RH)는 공기에 실제로 존재하는 수증기량과 공기가 동일한 온도에서 가질 수 있는 최대량의 비율이며 백분율로 나타낸다.
- 공간의 상대 습도가 높을수록 기온은 낮아야 한다.
- 상대 습도는 정상 온도 범위normal temperature range보다 고온에서 더 중요하다.
- 습도가 낮으면 (<20%) 정전기가 축적되거나 목재가 건조되는 등 바람직하지 않은 효과가 있을 수 있고, 습도가 높으면 결로condensation 문제가 발생할 수 있다.

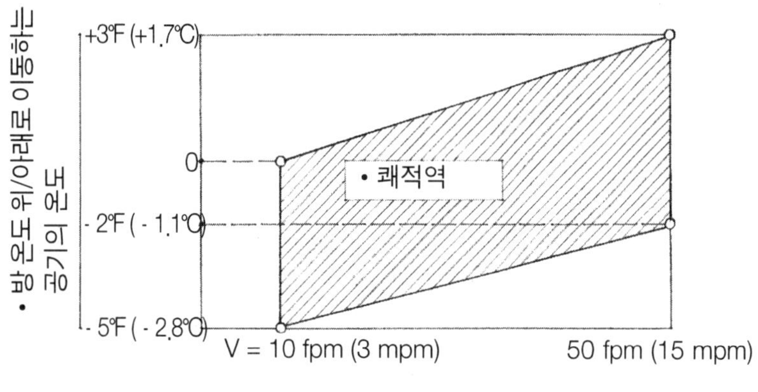

기온과 기류

- 기류air motion (V)은 대류와 증발로 열손실을 증가시킨다.
- 이동하는 공기 흐름air stream이 실내 기온에 비해 차가울수록, 기류의 속도는 떨어진다.
- 풍속은 분당 10~50피트 [분당 3~15m (mpm)] 범위가 되도록 할 것. 속도가 높으면 바람의 영향을 받는 상황이 된다.
- 기류는 특히 덥고 습한 날씨에 수분 증발을 일으켜 온도를 낮추는 데 도움이 된다.

건습계psychrometer는 두 개의 온도계로 구성된 대기 습도를 측정하는 도구이다. 구 한쪽은 건조한 상태로 있고, 또 한쪽은 촉촉한 상태로 있다가 환기가 되면서 습구의 수분이 증발하고 냉각되어 건조한 쪽보다 낮은 온도를 기록하도록 함으로써 두 구간의 습도 차를 기록하여 공기 중의 습도를 측정하는 원리이다. 건습도 차트는 건습계의 습구 및 건구 측정값을 상대 습도, 절대 습도 및 이슬점과 연계하여 보여준다. 기계 엔지니어는 건습도 차트 psychrometric charts를 사용하여 공간에서 허용되는 수준에서 열수용 가능 수준의 열쾌적을 얻기 위해 HVAC 시스템에 의해 추가하거나 제거되어야 하는 열량amount of heat을 결정한다.

- 유효 온도effective temperature는 주변 온도, 상대 습도 및 인체가 따뜻하거나 춥다고 느끼게 되는 감각에 영향을 주는 공기움직임이 복합적으로 가져오는 효과를 나타내며, 동일한 감각을 유발하는 50%의 상대습도에서 기류가 없을 때 건구의 온도와 동일하다.
- 건조 공기 1파운드당 수증기 입자의 습도비humidity ratio (1lb.= 7000 grains)
- 습구wet-bulb 온도
- 엔탈피enthalpy는 물질에 포함된 총 열total heat을 측정한 것이며, 물질의 내부 에너지internal energy와 부피 및 압력의 곱에 해당한다. 공기의 엔탈피는 공기와 공기 속 수증기의 현열sensible heat과 수증기의 잠열 latent heat을 합한 것으로, 건조한 공기의 파운드 당 Btu (2.326 Btu/lb. =1kJ/kg)로 표시된다.
- 이슬점dew point은 수증기로 공기가 포화하는 온도이다.
- 쾌적역

  LEED EQ 크레딧 5: 열쾌적

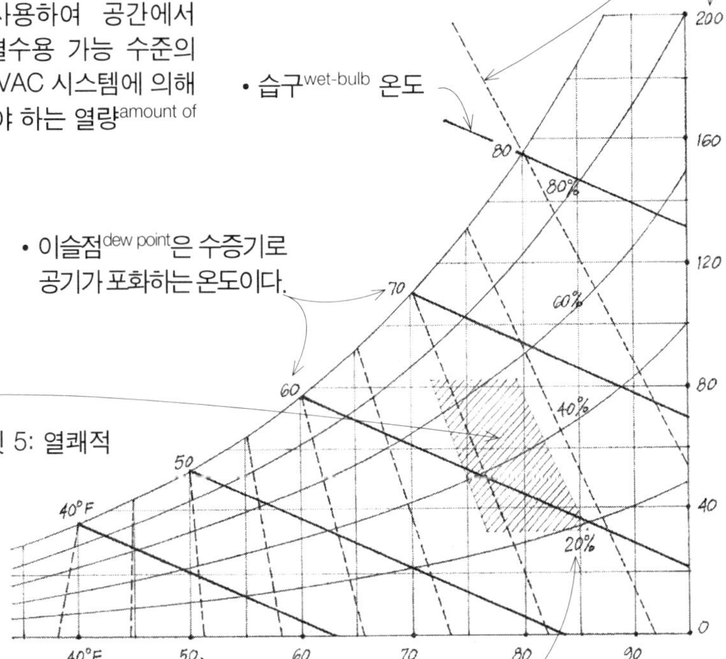

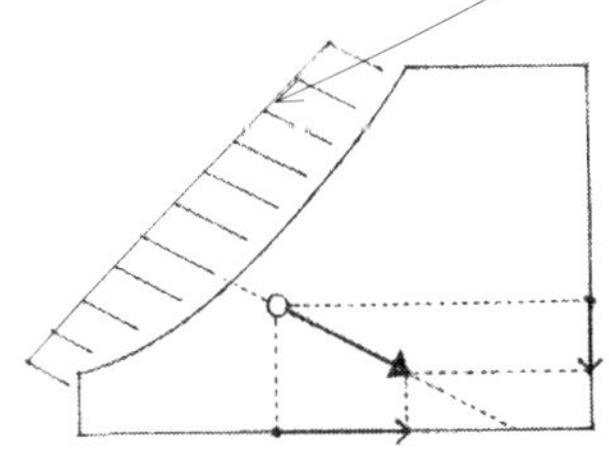

- 건구dry-bulb 온도
- 상대 습도
- 단열 승온adiabatic heating은 공기 중의 과잉 수증기가 응축되고 수증기의 기화 잠열이 공기 중의 현열sensible heat로 변환될 때 열을 추가하거나 제거하지 않고 발생하는 온도 상승이다.

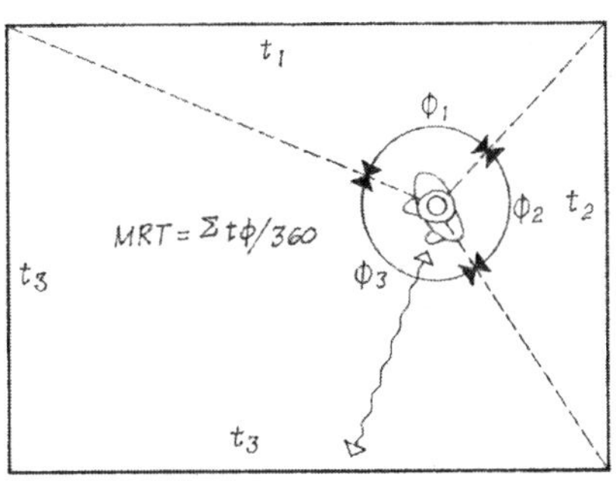

- 평균 복사 온도 (MRT)는 실내의 벽, 바닥 및 천장의 온도 합이며, 각 측정 지점에 대하는 입체각solid angle에 따라 가중된다.

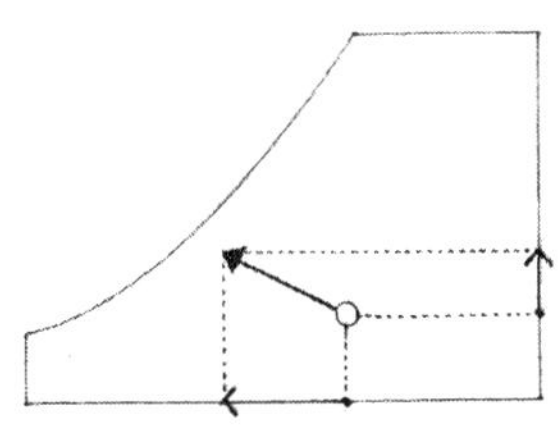

- 증발 냉각은 수분이 증발하고 액체가 가진 열이 증기에서 잠열로 변환될 때 열을 추가하거나 제거하지 않고 발생하는 온도 강하임

건물의 위치, 방향 및 건축 조립체를 잘 구성하여 추운 날씨에 외부로의 열 손실heat loss를 최소화하고 더운 날씨에 열취득heat gain을 최소화해야 한다. 거주자의 열쾌적을 유지하려면 과도한 열 손실 또는 열 취득은 패시브 에너지 방식passive energy systems 또는 기계적 냉난방 방식으로 균형을 맞추어야 한다. 공간의 공기 온도를 제어하기 위한 냉방과 난방이 기계 방식의 가장 기본적인 기능일 수 있지만, 쾌적함에 영향을 주는 다른 세 가지 요소인 상대습도, 평균 복사 온도 및 기류에도 주의를 기울여야 한다.

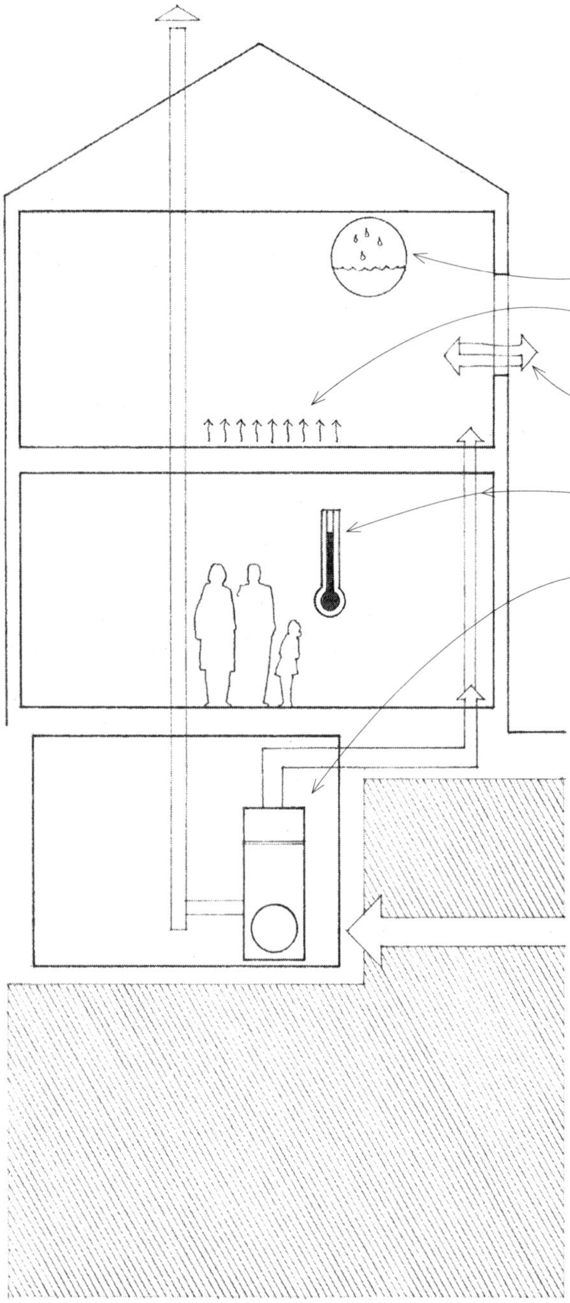

LEED EA 크레딧 2: 에너지 성능 최적화

- 상대습도relative humidity는 가습 장치humidifying devices를 통해 수증기를 유입시키거나 환기로 제거하는 방식으로 제어할 수 있다.
- 실내 표면의 평균 복사 온도는 복사 난방 패널radiant heating panels를 사용하여 높이거나 복사 냉방radiant cooling으로 낮출 수 있다.
- 기류는 자연/기계 환기를 통해 통제할 수 있다.

냉난방

- 기온은 따뜻하거나 차가운 공기, 뜨겁거나 차가운 물과 같은 유체 매질fluid medium을 공간에 공급하여 조절할 수 있다.
- 난방로furnace는 공기에 열을 가하고 보일러는 물을 가열하거나 증기steam을 생성한다. 전기 난방기electric heaters는 전기 에너지를 열로 변환하기 위한 저항기resistance를 갖추고 있음. 냉각 시스템은 11.16 참조.
- 건물에 필요한 가열 및 냉각 장비의 규격은 예상되는 냉난방 부하에 의해 결정됨. 11.09 참조.

가스, 석유 및 석탄과 같은 전통적인 화석 연료fossil fuels는 건물의 난방 및 냉방을 위한 에너지 생산에 가장 일반적으로 사용한다. 천연 가스natural gas는 깨끗하게 연소되며 파이프라인을 통한 저장 외에는 보관 또는 운반이 필요하지 않으며, 프로판 가스propane gas는 천연가스보다 약간 비싼 청정 연소 연료이다. 기름은 효율적인 연료이지만 트럭을 이용해 설비 근처의 저장 탱크로 운반해야 한다. 석탄은 현대 주택 건축에서 난방에 거의 사용되지 않으며, 상업 및 산업 현장에서 간헐적으로 사용한다.

전기electricity는 사용현장에 연료를 쌓아둘 필요도 연소도 없는 청정 에너지원이며, 작은 전선을 통해 분배되며 비교적 작고 조용한 장비를 사용하는 소형 시스템이다. 그러나 건물 전체를 전기로 냉난방하는 비용은 엄청날 수 있으며, 터빈을 구동하기 위해 원자력 또는 화석 연료 연소와 같은 다른 에너지원을 사용하여 전력 대부분을 생산해야 한다. 원자력nuclear energy는 시설의 안전과 핵폐기물의 처분에 대한 지속적인 우려에도 불구하고 여전히 중요한 동력원이 되고 있다. 그 외에 일부 터빈은 흐르는 물(수력), 바람 및 천연가스, 석유 및 석탄을 연소시켜 생성된 가스로 구동한다.

기존 에너지원의 불확실한 비용과 가용성, 에너지 추출 및 생산이 환경자원에 미치는 영향, 온실 가스greenhouse-gas 배출 화석 연료의 연소에 대한 우려가 늘어나고 있다(1.10 참조). 미국의 모든 에너지의 40% 이상과 모든 전기의 65% 이상이 건물에서 소비되기 때문에 설계 전문가, 건설 산업 및 정부 기관은 건물의 에너지 소비를 줄이고 태양, 바람, 바이오매스biomass, 수소hydrogen, 수력, 해양 및 지열geothermal 같은 대체alternative 및 재생 가능한 에너지원renewable sources of energy를 사용할 수 있는 전략을 모색하고 있다.

태양 에너지

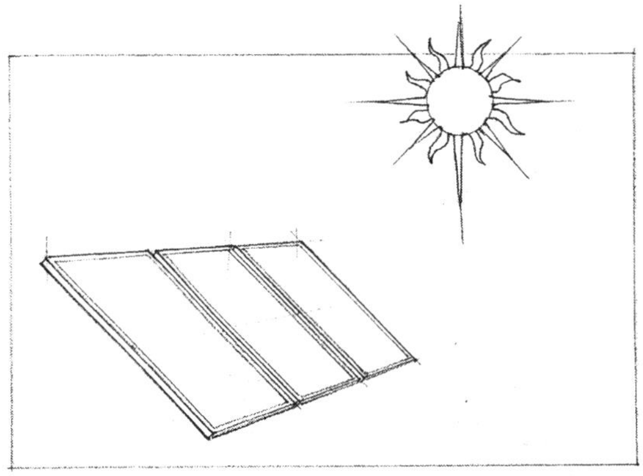

태양 에너지solar energy는 패시브 난방passive heating, 자연채광daylighting, 온수난방hot water heating, 태양광 발전photovoltaic(태양전지) 방식에 직접 사용할 수 있다. 현재의 기술로는 변환 효율conversion efficiency이 낮지만, 일부 방식은 오프그리드off-grid[1]로 운영하거나 추가 전력을 공공시설에 판매하기에 충분할 만큼 전력을 생산할 수 있다. 기업과 업계에서는 환기 공기의 예열preheating, 태양열 공정의 난방 및 태양열 냉방solar cooling을 위해 더 큰 규모로 태양열 기술을 응용할 수 있다. 공공사업주 및 발전소는 태양광 발전 시스템에서 태양 에너지를 이용하여 대규모 전기를 생산하고 있다. 이러한 대규모 시스템은 태양이 충분히 비치지 않을 때를 대비해 전기를 저장하는 시설이 필요할 뿐 아니라 상당한 규모의 설비가 필요하다.

풍력 발전

풍력 발전은 터빈이 풍력의 운동 에너지를 발전기가 전기를 생산하는 데 사용할 수 있는 기계적 동력으로 변환하는 작업이다. 이 기술은 바람의 흐름을 잡아 회전하는 블레이드, 돛 또는 중공 드럼으로 구성되며, 발전기에 연결된 샤프트를 회전시킨다. 소형 풍력 터빈은 가정과 원격통신을 위한 접시형 안테나로 물과 전력을 보내며, 일부는 공공서비스 전력망에 연결되거나 태양광발전 시스템과 결합 될 수 있다. 공공 규모의 풍력 에너지 공급원의 경우, 풍력 발전소를 형성하기 위해 많은 수의 풍력 터빈이 같이 주변에 구축된다. 태양 에너지와 마찬가지로 풍력은 위치와 날씨에 의존하며 간헐적일 수 있고, 바람이 불 때 생성된 전기는 배터리 없이는 저장할 수 없다. 게다가 풍력 발전 단지를 위한 최고의 장소는 종종 전기가 필요한 곳에서 멀리 떨어져 있다. 추가적인 문제점은 풍력 터빈의 경관, 소음 및 새들을 해칠 가능성 등과 같은 것이다.

바이오매스 에너지

식물을 구성하는 유기 물질인 바이오매스는 전기, 운송 연료 및 화석 연료로 만들어지는 화학 물질을 대체하기 위한 물질을 생산하는데 사용될 수 있다. 적절하게 얻은 목재는 자연스럽고 지속 가능한 바이오매스의 한 예이지만, 연소로 인해 대기오염이 발생하고 실내 공기질을 손상시킬 수 있다. 목재 연소 장치는 배출에 대한 환경보호국Environmental Protection Agency(EPA) 규정을 준수해야 한다. 목재 부산물로 만든 목재 펠릿은 깨끗하게 연소되므로 대안으로 고려해 볼 만 하다. 바이오매스의 다른 가능한 공급원으로는 식용 작물, 예를 들어 에탄올용 옥수수 및 바이오 디젤, 잔디 및 목본 식물, 임업 또는 농업 폐기물, 도시 및 산업 폐기물의 유기 성분 등이 있다.

일부에서는 바이오매스를 연소할 때 자체 성장 과정이나 생분해되는 과정에서 나오는 이산화탄소보다 더 많은 이산화탄소를 배출하지는 않기 때문에 바이오매스가 탄소 중립 연료라고 여긴다. 그러나 바이오매스를 연료로 변환하는데 드는 에너지가 물질 자체에서 얻는 에너지보다 더 많다면 에너지 효율이 떨어지는 것이며, 옥수수와 같은 곡물을 사용하게 되면 그만큼 사람이나 가축이 소비하는 양이 줄어든다는 문제점이 있다.

수소

H_2

수소는 지구상에서 가장 풍부한 원소이며 많은 유기 화합물과 물에서 발견된다. 자연적으로 가스 상태가 되지는 않지만 일단 다른 원소로부터 분리된 수소는 연료로 연소 되거나 전기와 열을 생성하기 위해 연료 전지를 통해 산소와 전기화학적으로 결합하며, 그 과정에서 수증기만 방출한다. 수소는 무게에 비해 높은 에너지를 지니고 있지만, 부피에 비해서는 에너지가 적기 때문에 보다 효율적으로 저장하고 운반하려면 새로운 기술이 필요하다.

1) 외부에서 에너지를 받지 않고 살아가는 데 필요한 최소한의 전기를 직접 생산해 사용하는 생활방식

LEED EA 크레딧 5 재생 가능 에너지 생산
LEED EA 크레딧 7 친환경 전력 및 탄소 발생 상쇄

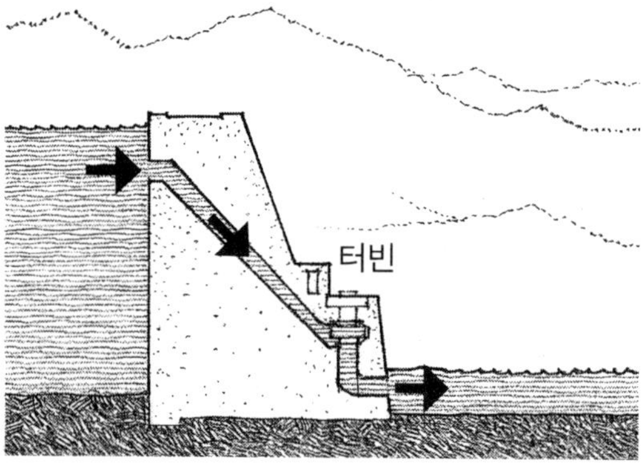

수력 발전

수력 전기 발전, 혹은 수력 발전은 강에 댐을 건설하여 만들어지고 관리된다. 댐 안에 갇혀 있던 물이 높은 압력으로 방출되면서 운동 에너지가 역학 에너지로 변환되는 것으로, 전기를 생성하기 위해 터빈을 이용한다. 수자원의 순환은 무한히 이루어지며 계속해서 채워지기 때문에 수력 발전은 깨끗한 재생 에너지 자원으로 분류된다. 또 다른 장점은 홍수를 통제할 수 있고 댐으로 인해 형성되는 저수지가 관광자원이 될 수 있다는 것이다. 하지만 가뭄의 영향을 받을 수 있고, 막대한 건설비용과 농지 유실, 물고기 이동 방해, 혹시 있을지 모르는 습지 생물 서식지와 유적 훼손 등을 단점으로 꼽을 수 있다.

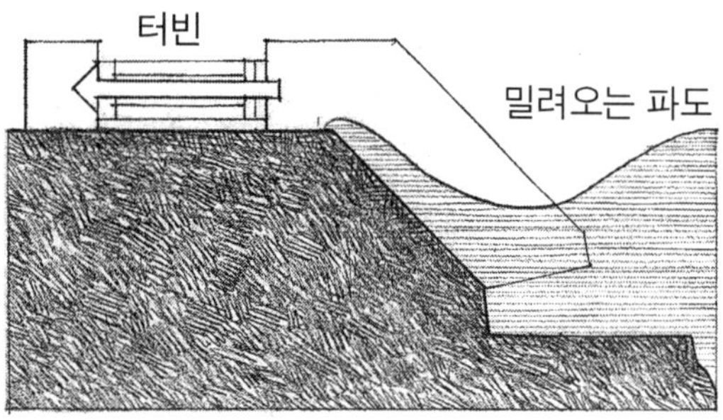

해양 에너지

지구 표면의 70% 이상을 차지하고 있는 바다는, 태양열을 받아 열에너지를 생산할 수 있고 조수간만의 차와 파도로 역학적 에너지를 생산할 수 있다. 해양 온도 차 발전 Ocean Thermal Energy Conversion(OTEC)은 바다에 축적된 열에너지로부터 전기를 얻어내는 방식이다. 이 공정은 열대 연안에서 가장 효율적으로 이루어지는데, 이유는 그 지역의 바다가 표면은 따뜻하면서 깊은 곳은 충분히 차가워 적절한 온도 차를 얻을 수 있기 때문이다. OTEC은 이 온도 차를 이용하여 열기관을 가동하는데, 암모니아와 같이 끓는점이 낮은 액체를 기화시키는 열교환기를 통해 따뜻한 표면 해수를 펌프로 끌어올리고, 증기가 팽창하면서 발전기에 연결된 터빈을 돌리도록 하는 방식이다. 두 번째 열 교환기를 통해 끌어올린 차가운 심해수가 증기를 다시 액체로 응축시킨 다음 시스템을 통해 다시 사용한다. OTEC 공장은 변환 효율이 매우 낮기 때문에, 규모가 커야 하고, 폭풍과 부식의 영향을 받는 바다에 정박한 채 많은 양의 물을 이동시켜야 한다는 단점이 있다.

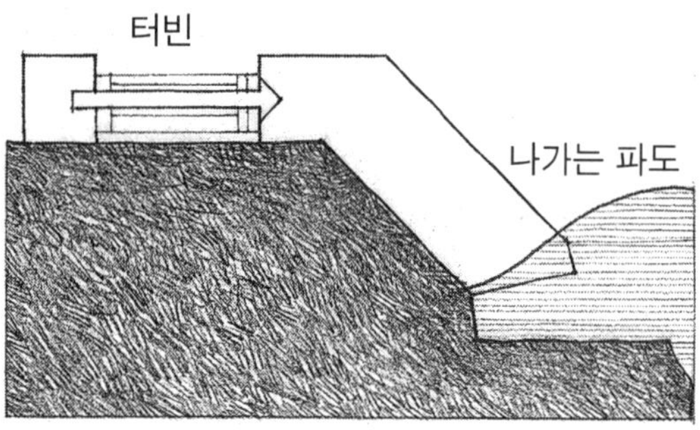

조수 공정은 일반적인 수력 발전 댐과 유사하게 조수간만의 차를 사용하여 저수지를 채우고 전기 생산 터빈을 통해 배출된다. 해수는 공기보다 밀도가 훨씬 높기 때문에 해류는 풍력보다 훨씬 더 많은 에너지를 낸다. 조력을 이용하려면 만조와 미 북동쪽과 북서쪽 양쪽에서 보이는 특별한 해안선 조건이 필요하다. 하지만 하구에 댐을 조성하면 환경에 심각한 영향을 미쳐 해양 생물의 이동과 어업에 영향을 줄 수 있다.

파력 에너지는 해상 및 연안 방식을 통해 전기를 생산한다. 해상방식은 심해에 위치하며 파도의 상하 움직임을 사용하여 펌프에 전력을 공급하거나 부유 플랫폼의 내부 터빈을 통해 파도를 깔때기로 통과하게 하여 전기를 생성한다. 연안 전력 방식은 해안선을 따라 구축되며, 터빈을 운행하기 위해 밀폐된 공기기둥을 압축과 감압을 반복하여 부서지는 파도에서 에너지를 추출한다. 세계적으로도 미국 북서부 혹은 북동부 해안 같은 특정 지역에서만 파도에 잠재된 에너지를 효율적으로 사용할 수 있다. 파력 에너지 시스템이 환경에 미치는 영향을 최소화하고, 해안의 경관을 해치지 않으며, 해저 침전물의 흐름 패턴을 변화시키지 않도록 하기 위해서는 설치 지점을 신중하게 선택해야 한다.

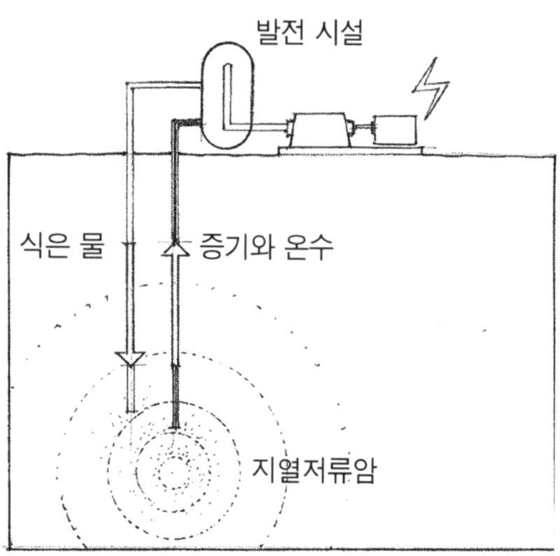

지열에너지

지구 내부의 열을 말하는 지열 에너지는, 화석연료를 태우거나 강에 댐을 설치하거나 숲을 깎아내지 않고도 다양한 곳에 사용되는 열과 에너지를 생산할 수 있다. 지표면 바로 아래의 지각층은 지속적으로 섭씨 10°- 16°(50°- 60°F)의 열을 유지하는데, 그 열이 직접 가정이나 건물의 냉난방에 사용될 수 있다. 더 깊은 지열저류암에서 나오는 증기, 열, 혹은 온수를 이용하여 터빈 발전기를 돌려 전기를 생산한다. 사용한 지열 온수는 다음에 다시 쓰고, 계속해서 압력을 유지하며 저류암을 떠받칠 수 있도록 주입구를 통해 돌려보낸다.

건물에 필요한 냉난방 장비의 규모를 계획하기 위해 추운 날씨일 때의 열손실과 더운 날씨일 경우의 열취득을 계산해야 한다. 이때 고려해야 할 것은 실제 적정 온도desired indoor air temperature와 바깥 기온의 차이, 일교차daily temperature range, 건물의 향 그리고, 벽, 창문, 지붕 조립체들의 열저항thermal resistance 등이다. 위치와 배치, 그리고 건물의 향 등을 잘 계획하여 열을 잃거나 얻는 정도를 줄일수록 더 작은 냉난방기로 적은 에너지를 들여 냉난방할 수 있다. 다른 에너지 절약형 디자인 전략으로는 건축 조립체들을 통한 열전달을 효과적으로 통제하기 위해 단열과 열용량thermal mass을 사용하는 방법, 에너지 효율이 높은 HVAC 방식과 온수기water heaters, 전기설비appliances, 조명 등을 신중히 선택하는 것, 그리고 냉난방과 조명을 통제하기 위한 스마트 시스템smart system을 갖추는 등의 방법이 있다.

LEED EA 크레딧 2: 에너지 효율성 극대화

난방 부하

- 난방부하heating load는 밀폐된 공간에서 시간당 순 열손실 비율로, 시간당 Btu로 표시되며 난방 장치 또는 방식을 선택하기 위한 기초로 사용한다.
- 영국열량단위(Btu)는 물 1파운드(0.4kg)의 온도를 1°F 올리는 데 필요한 열량.
- 도일degree-day은 주어진 표준 기온과 일평균기온의 1도 차이를 나타내는 단위. 난방 및 냉방 부하를 계산하고 HVAC 시스템의 크기를 계산하며 연간 연료 소비를 계산하는 데 사용한다.
- 난방 도일heating degree-day은 표준 기온 18°C(65°F)에서 1도일 낮으며, 난방 시스템의 연료나 전기 소비를 산정하는 데 사용한다.

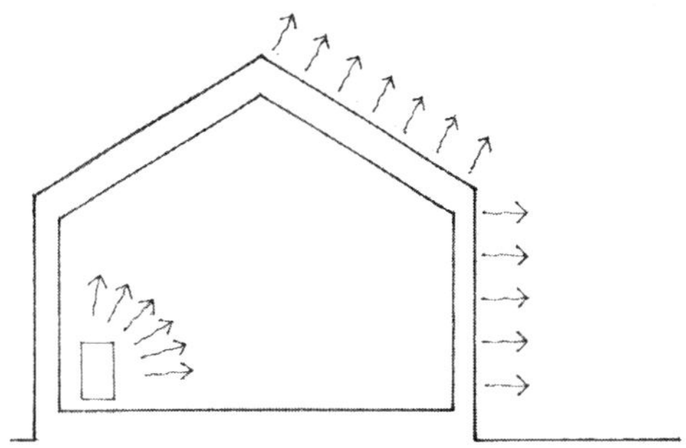

열 손실

추운 날씨에 열 손실이 발생하는 주요 원인:

- 외벽, 창문 및 지붕 조립체를 통해, 그리고 난방을 하지 않는 공간의 바닥을 통한 열의 대류, 복사 및 전도
- 외부 구조물, 특히 창문 및 출입구 주변의 균열을 통한 공기 침투

냉방 부하

- 냉방 부하cooling load는 밀폐된 공간에서의 시간당 열취득 비율로, 시간당 Btu로 표시하며 공조장치 또는 냉각방식을 선택하기 위한 기초로 사용한다.
- 냉방 도일cooling degree-day은 표준기온 24°C(75°F)에서 1도 높으며, 냉방과 냉장 장치의 에너지 소비량 산정에 사용한다.
- 냉동톤은 0°C(32°F)에서 1톤이었던 얼음이 같은 온도에서 24시간 후에 물이 될 때 얻어지는 냉각 효과로, 12,000Btu / hr (3.5kW)과 같은 냉각 효과임.
- 에너지 효율 등급은 냉장 장치의 효율 지수이며, 입력된 전기 에너지 와트 당 제거된 Btu를 말함.

- 난방 및 냉방 부하 계산에 대한 자세한 내용은 미국 난방냉동공기조화 기술자학회 (ASHRAE)에서 발행한 안내서 참조.

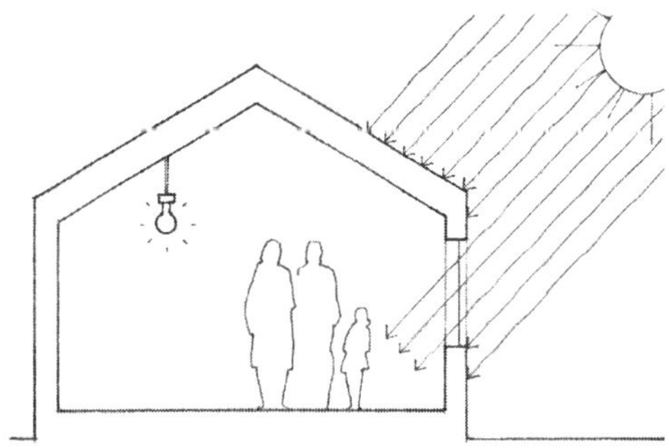

열 취득

따뜻하거나 더운 날씨에 열 취득이 발생하는 주요 원인:

- 실외 온도가 높을 때 외부 벽, 창 및 지붕 조립체를 통한 대류, 복사 및 전도. 시간, 태양을 향한 조립체의 향 및 열적 지연의 영향에 따라 다르다.
- 유리에 내리쬐는 태양 복사. 차양 장치의 효과나 태양을 향한 조립체의 향에 따라 다르다.
- 건물 사용자와 사용자의 활동들
- 조명과 기타 열을 발산하는 장비
- 악취 및 오염 물질 제거에 필요한 공간의 환기
- 잠열, 공간의 상대습도가 과도하지 않도록 따뜻한 공기에서 수분을 응축시키는 데 필요한 에너지.

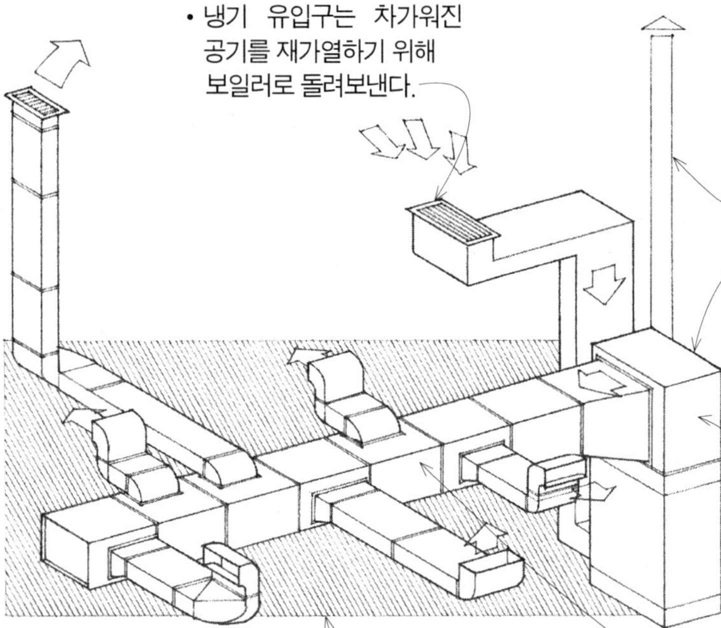

강제난방forced-air heating은 가스, 오일 또는 전기로 electric furnace에서 가열된 공기를 사용한 난방으로, 덕트를 통한 팬에 의해 거주 지역의 온도조절장치 또는 확산기로 분배하는 방식이다. 주택이나 소규모 건물에 가장 다양하고 널리 사용되는 난방 방식이다.

- 가스와 석유 보일러에는 연소시킬 공기와 연소 생성물이 외부로 운반되는 배기구가 필요하며, 석유 보일러는 연료 저장 탱크도 요구된다. 전기로는 연도 또는 연소 공기가 필요 없다.
- 여과filtering, 가습humidifying 및 제습 장치dehumidifying devices를 시스템에 통합 할 수 있다.
- 주 급기 덕트의 증발기 코일에 냉매를 공급하는 실외 압축기 및 응축 장치에 의해 냉각이 이루어질 수 있음.
- 신선한 공기 환기는 일반적으로 자연적인 수단을 통해 진행한다.

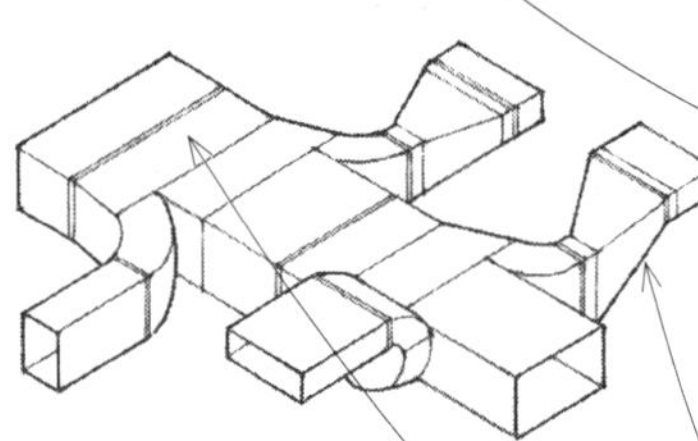

- 확장형 플리넘extended plenum 방식은 메인 덕트가 따뜻한 공기를 여러 개의 가지 관으로 전달하는 데 사용되는 외주부 난방 방식으로, 각각 한 층의 온도조절장치를 담당한다.

- 보닛 또는 플리넘은 보일러 상단의 챔버로, 그곳에서 연결되어 나온 판금 또는 유리 섬유 덕트가 가열 혹은 조절된 공기를 건물의 생활공간으로 전달한다.
- 주 덕트leaders는 보일러에서 수직 덕트 또는 가지 덕트로 따뜻한 공기를 전달함.
- 수직 덕트stacks는 따뜻한 공기를 주 덕트에서 수직으로 상층의 온도조절장치로 보냄.
- 수축기gathering은 덕트의 점점 가늘어지는 부분이 다른 부분과 이어주는 역할을 해주며, 그 중 하나는 다른 한쪽보다 면적이 더 크다.
- 부트boot는 단면 모양이 다른 두 부분 사이를 연결하는 덕트 연결부.
- 다기관manifold는 여러 개의 가지 덕트로 나누어 주는 연결부.

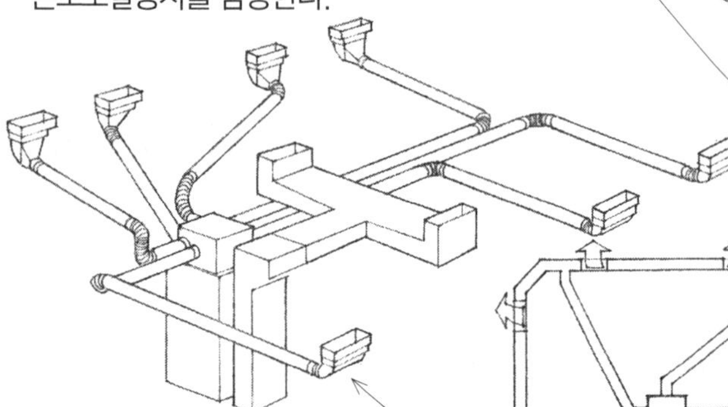

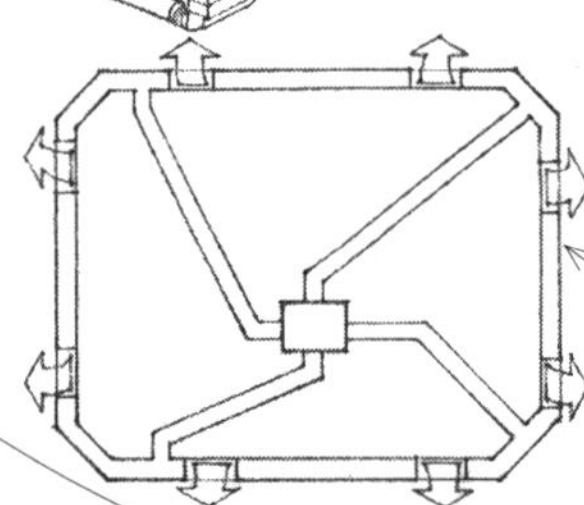

- 외주부 난방perimeter heating은 따뜻한 공기를 외벽으로 둘러싸인 바닥의 온도조절장치로 분배함.
- 외주부 순환형loop방식은 고리 모양으로 형성된 덕트로, 일반적으로 콘크리트 바닥 판 속에 설치되며 각 층의 온도조절장치로 따뜻한 공기를 보내는 데 사용됨.
- 외주부 방사형radial 방식은 따뜻한 공기가 가운데 위치한 보일러로부터 주 덕트를 지나 각 층의 온도조절장치로 직접 전달되도록 함.

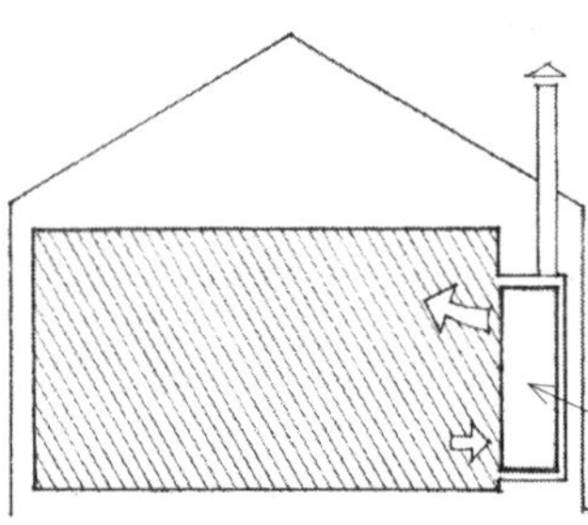

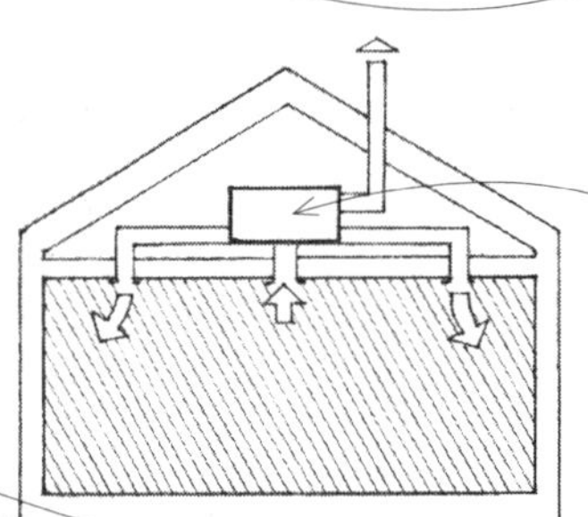

- 보통은 보일러가 지하 공간에 위치하지만, 낮은 다락방이나 낮은 공간에 설치하기 위해 디자인된 수평형의 보일러도 있다.
- 벽체형 난방기wall furnaces는 벽에 함몰되거나 벽 위에 장착될 수 있으며 덕트를 사용하지 않고 가열된 공기를 공간에 직접 공급할 수 있음.

CSI 마스터 포맷™ 23 30 00: 공기 분배
CSI 마스터포맷 23 50 00: 중앙난방 장비
CSI 마스터포맷 23 55 00: 연료 난방기

온수 혹은 순환수식 난방은 보일러에서 데워진 물을 파이프를 통해 라디에이터나 대류식 난방기로 보내어 건물의 난방을 제공하는 방식이다. 스팀 난방역시 비슷한 원리로, 보일러에서 생성한 증기를 파이프를 통해 라디에이터로 보낸다. 대도시나 대형 단지에서는 지하 파이프라인을 설치하여 중앙 보일러에서 데워진 뜨거운 물이나 증기를 내보낼 수 있다. 이 경우 각 건물 자체에는 보일러를 설치할 필요가 없게 된다.

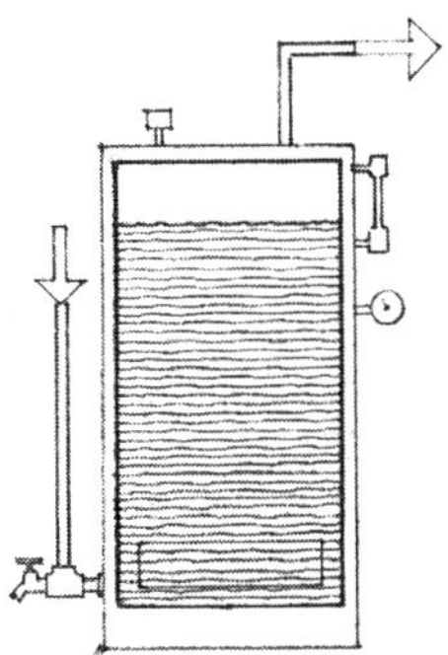

- 벤투리 티관Venturi tee은 물이 회수되는 가지 관에서 급수관으로 흐르도록 유도한다.

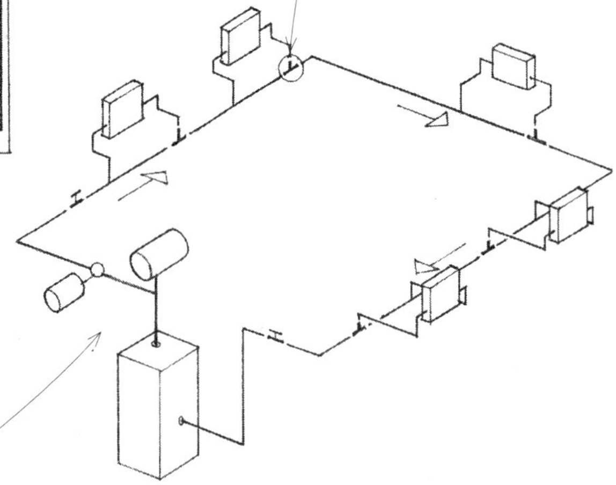

- 보일러는 물을 가열하거나 증기를 만들어 내는 밀폐된 용기 형태이거나 용기와 튜브를 배열한 형태이다. 가스나 석유를 연소시키거나 전기 저항 코일로 열을 공급한다. 증기 압력이 일정 단위 이상 올라가면 보일러의 안전방출 밸브가 열리고 압력이 안전 또는 허용 가능한 수준이 될 때까지 증기를 방출한다.

- 단관식one-pipe system은 보일러에서 데워진 물을 하나의 파이프를 통해 각 라디에이터나 대류식 난방기로 차례로 보내는 방식이다.

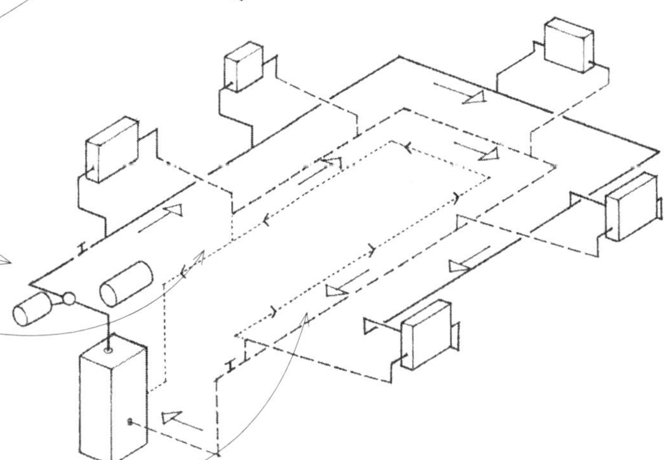

- 복관식two-pipe system은 하나의 파이프가 보일러에서 라디에이터 또는 대류식 난방기로 온수를 공급하고, 두 번째 파이프가 물을 보일러로 반환하는 온수난방 방식이다.
- 직접환수direct return는 각 라디에이터나 대류식 난방기에서 보일러로 돌아가는 파이프가 최단 경로로 설치된 복관식 온수 시스템이다.
- 역환수reverse return는 각 라디에이터 또는 대류식 난방기의 공급과 회수 파이프의 길이가 거의 동일한 복관식 온수 시스템이다.
- 건식 환수dry return는 응축된 공기와 물을 모두 운반하는 증기난방 시스템의 회수 파이프

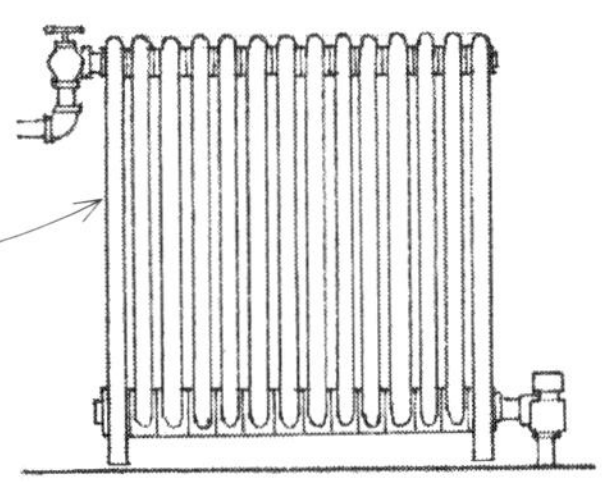

- 라디에이터는 뜨거운 물이나 증기가 지나가는 코일이나 파이프로 이루어져 있음. 가열된 파이프는 주로 복사열로 공간에 난방을 제공한다. 반면 대류식 난방기는 라디에이터 또는 핀 튜브와의 접촉에 의해 가열 된 공기가 대류에 의해 순환하는 방식.
- 핀 튜브 대류식 난방기는 주변 공기로 열전달을 최대화하기 위해 좁은간격을 세운 수직 핀으로 이루어진 수평 튜브 형태의 베이스보드를 갖고 있는 난방기이다. 차가운 방 공기가 난방기에 의해 아래에서 위로 빨려 들어가면 핀과 접촉하면서 데워지고 위로 배출되는 형식

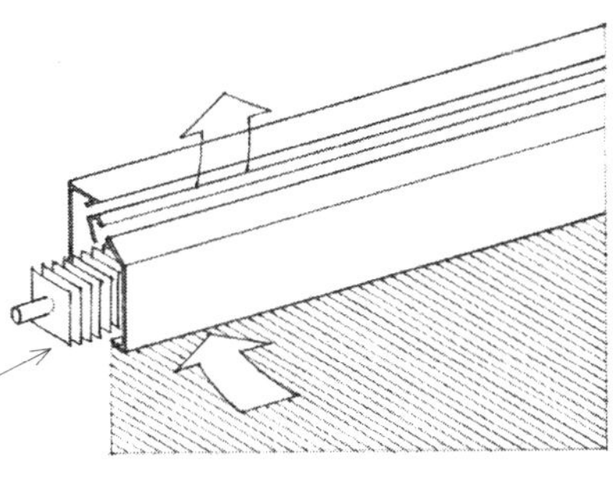

에너지원의 상대 발열량

연료	발열량
무연탄	14,600 Btu/lb
석유	139,000 Btu/gal
천연가스	1052 Btu/cf
전기	1 watt = 3.41 Btu/hr

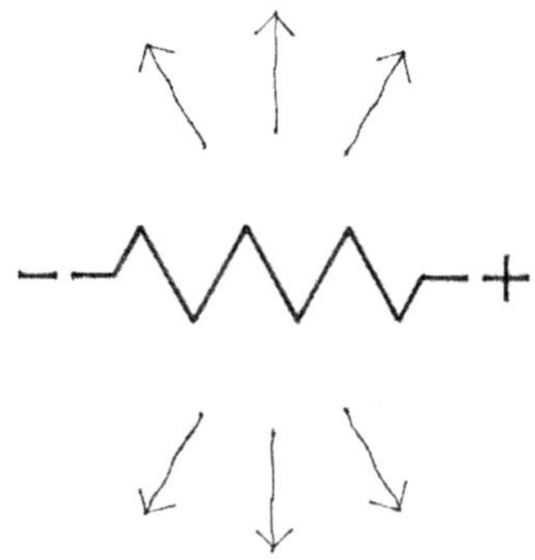

전기 난방electric heating은 정확히 말하자면 전기 저항 난방electric-resistance heating이다. 전기 저항은 전류의 통과가 막혀 전기 에너지가 열로 변환되도록 하는 도체의 특성으로, 전기 에너지가 열로 전환된다. 전기 저항 난방은 강제 공기난방방식에서 보일러나 덕트 안에서 기류에 노출되어 공기를 직접 가열시키거나, 순환수식 난방 방식에서 보일러에 열을 제공한다. 전기 에너지로 가열하는 보다 직접적인 방법은 저항선이나 코일을 난방 장치에 수용시키는 것이다. 이 전기 저항 난방기는 작고 용도는 다양하지만, 습도 및 공기 품질을 제어할 수 있는 기능이 없다.

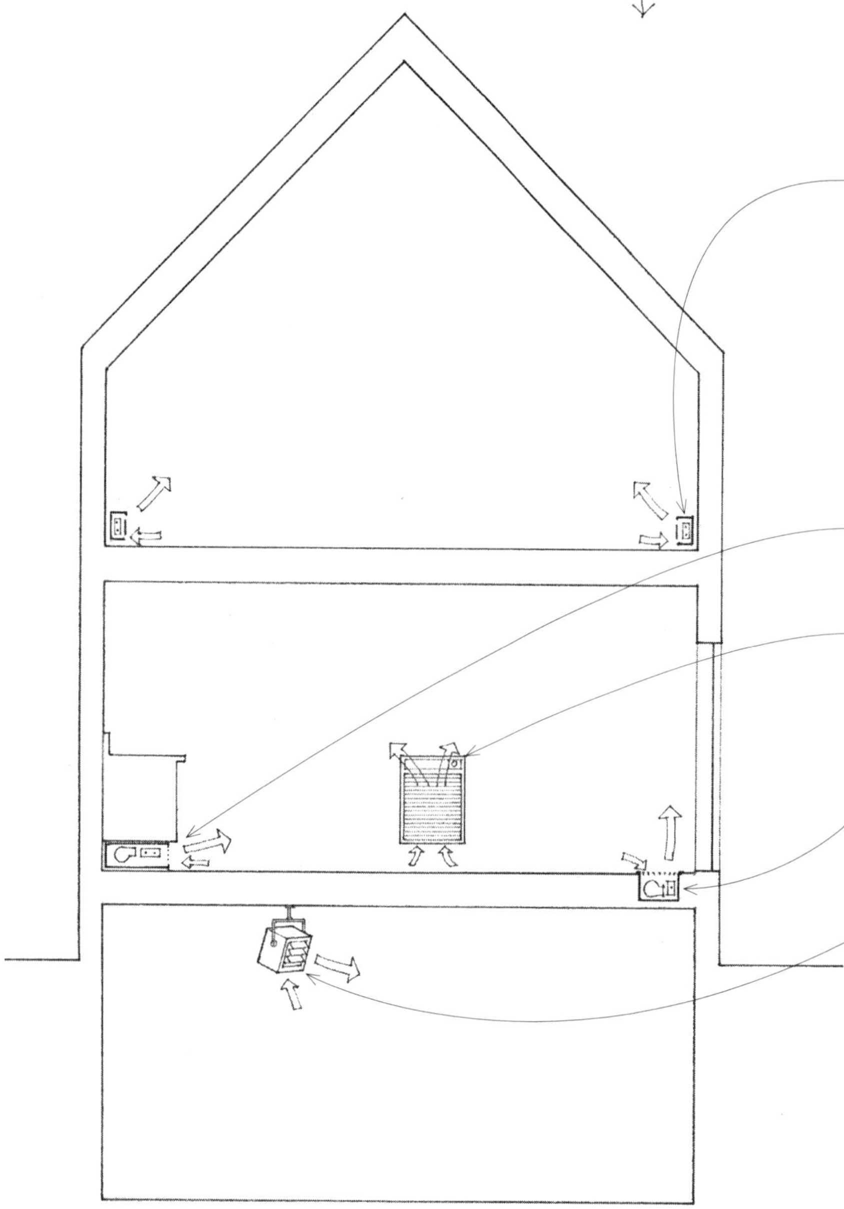

- 전기 저항 난방 요소heating elements는 방의 외주부에 설치된 베이스보드baseboard 대류 난방기에 수용될 수 있다. 실내 공기는 대류에 의해 장치를 순환하면서 저항 코일에 의해 가열된다.

- 전열기electric unit heater는 팬을 사용하여 실내 공기를 흡입하고 저항 난방 코일 위로 통과시켜 실내로 다시 불어 넣는다.
- 토 스페이스toespace 난방기는 주방 또는 욕실 캐비닛 아래의 좁은 공간에 설치되도록 설계됨.
- 벽체형 난방기wall unit heaters는 욕실, 주방 및 기타 작은 방에서 사용하기 위해 벽 표면에 장착하거나 오목한 곳에 설치함.

- 바닥 매입형 난방기fully recessed floor unit heaters는 일반적으로 창문이나 유리가 바닥 라인까지 내려오는 곳에 설치한다.

- 산업용 난방기는 방향 배출구가 있는 금속 캐비닛에 보관되며 천정이나 지붕 구조물에 매달도록 설계한다.
- 석영관식 난방기quartz heaters는 석영유리 튜브 안에 저항 가열 요소가 들어 있어 반사판 앞에서 적외 복사열을 발생시킴.

CSI 마스터포맷 23 83 00: 복사난방유닛
CSI 마스터포맷 23 83 33: 전기복사난방기

복사 난방 방식radiant heating systems은 복사 면으로 데워진 천정이나 바닥을 이용하고 가끔은 벽을 이용하기도 한다. 열은 파이프가 될 수도 있고, 뜨거운 물이 지나가는 튜브일 수도 있고, 벽이나 바닥, 혹은 벽 속에 묻혀 있는 전기저항 열선일 수도 있다. 복사열이 방 안의 물건이나 표면에 흡수되고 데워진 표면에서 다시 복사열이 나오는 방식으로, 공간의 주위 온도뿐 아니라 평균복사온도(MRT)를 상승시킨다.

바닥설치방식floor installation은 콘크리트 슬래브를 데우는 데 효과적이다. 하지만 일반적으로 열용량이 더 적고 반응이 더 빠른 천정에 설치하는 방식을 더 선호한다. 천정 패널은 바닥 슬래브보다 더 높은 표면 온도까지 올라간다. 전기 혹은 온수 복사열 방식 둘 다 온도조절장치나 균형 밸브 외에는 전혀 보이지 않게 설치할 수 있다.

복사패널 난방방식radiant panel heating은 급격하게 온도를 변화시킬 수 없기 때문에 외주부에 설치한 대류식 난방기를 보조로 활용할 수 있다. 완전한 공기조절을 위해서는 분리 환기, 습도 조절, 냉방장치가 함께 필요하다.

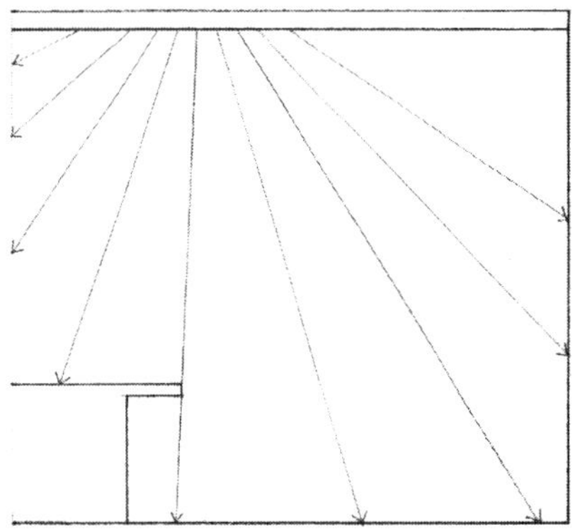

복사열:
- 직선 경로로 이동함
- 모퉁이를 돌아 이동할 수 없으므로 가구와 같은 물리적인 장애물에 가로막힐 수 있음.
- 외부 유리 영역을 따라 흐르는 차가운 하강기류에 대응할 수 없음
- 기류의 영향을 받지 않음.

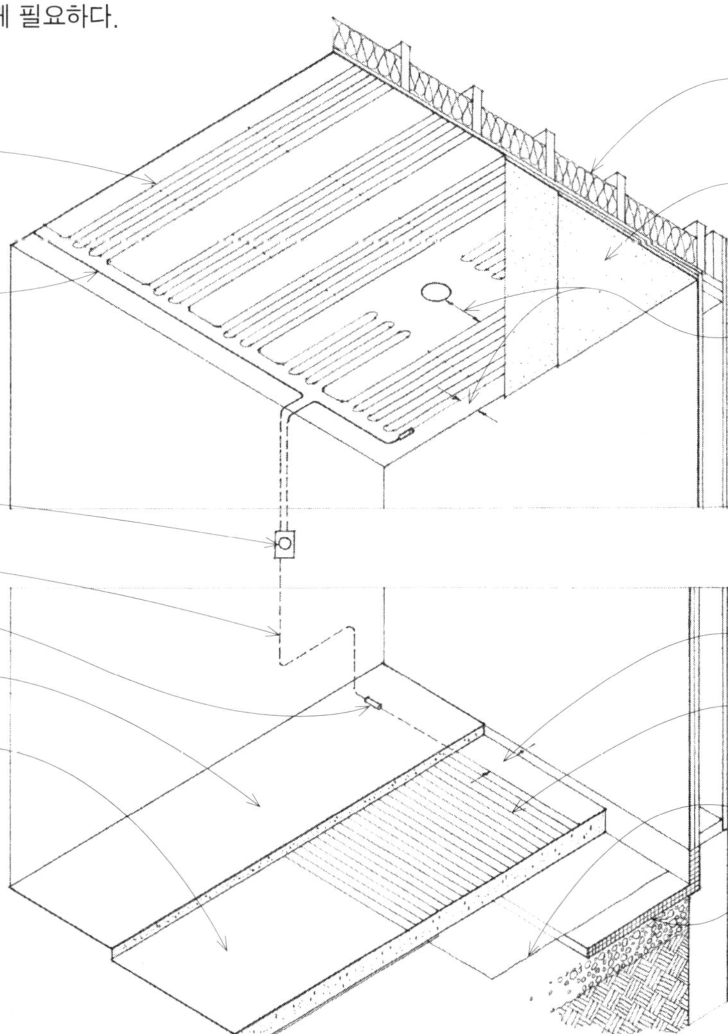

전기 복사 난방

- 기성 제품 복사난방 패널이 시판되고 있다. 모듈식의 달반자에 적용하거나 공간의 특정 영역을 난방하기 위해 사용할 수 있다.

CSI 마스터포맷 23 83 13: 복사난방 전기 케이블
CSI 마스터포맷 23 83 23: 복사난방 전기 패널

11.14 복사 난방

온수난방liquid radiant heating 방식은 열용량으로 사용되는 콘크리트 슬래브에 싸여 있거나 전도성 열판으로 바닥에 고정된 금속 또는 플라스틱 파이프를 통해 온수를 순환시킨다. 공급수는 보일러, 히트펌프, 태양열 집열기 또는 지열 시스템에서 가열할 수 있다. 온도 조절기 설정에 따라 제어 밸브가 급수 온도를 파이프 루프에서 순환수와 합하여 조정한다.

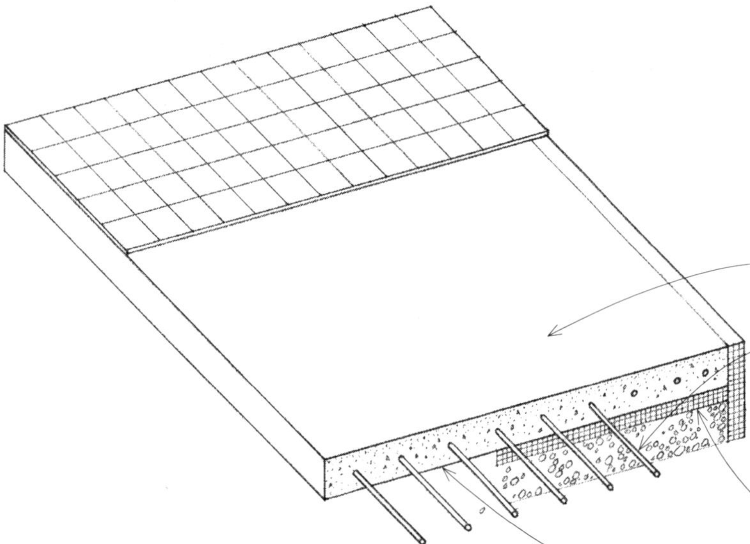

- 콘크리트 지면 슬래브
- 콘크리트 슬래브에 완전히 매립되고 6"~18"(150~455)간격으로 배치된 금속 파이프 또는 플라스틱 튜브; 더 따뜻해야 하는 곳에는 간격을 좁힐 수 있음.
- 최소 피복 $1^{1}/_{2}$"(38)
- 슬래브 가장자리와 주변을 따라 경질 폼 단열재
- 수분 장벽

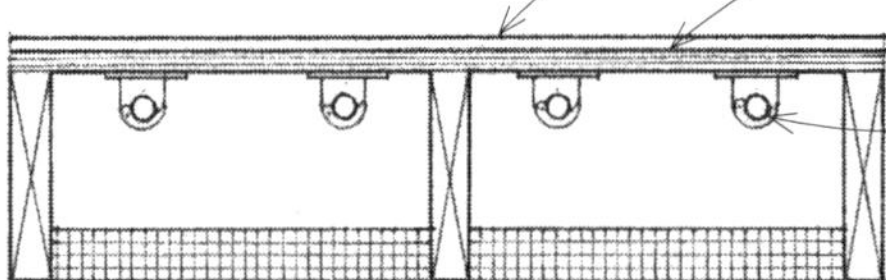

- 마감 바닥
- 바탕 바닥
- 전도성 열판으로 바탕바닥의 아래쪽에 고정한 난방 파이프 또는 튜브
- 단열이 필요함

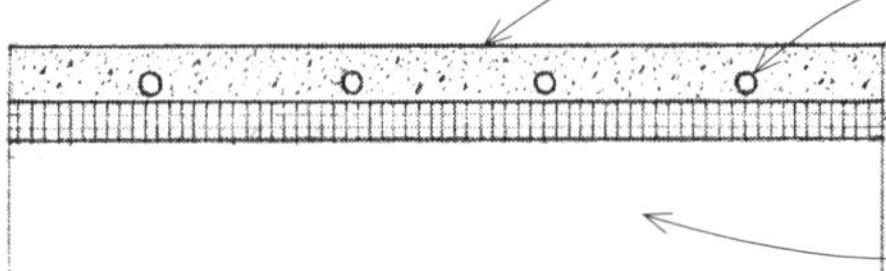

- 시멘트 밑깔개; 최소 피복 $^{3}/_{4}$"(19)
- 난방 파이프나 튜브
- 플라스틱 폼 단열제가 열차단 역할을 함.
- 기존 콘크리트 슬래브

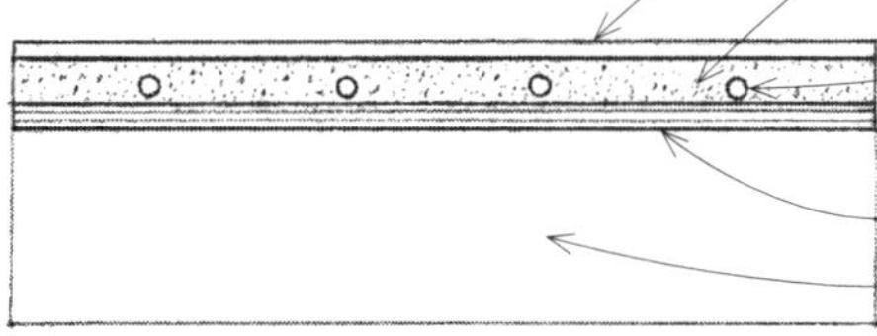

- 바닥 마감
- 시멘트질 밑깔개; 최소 피복 $^{3}/_{4}$"(19)
- 난방 파이프 또는 튜브가 장선 틀에 직각으로 놓임.
- 기존 바탕바닥; 최소 $^{3}/_{4}$"(19)
- 기존 장선

CSI 마스터포맷 23 83 16: 복사난방 온수 파이프 설치

능동 태양 에너지 시스템은 건물 난방 및 냉방을 위해 태양 복사로부터 에너지를 흡수, 전달 및 저장하며, 일반적으로 다음과 같은 요소를 갖추고 있다.

- 태양 집열판
- 열매체heat transfer medium의 순환과 분배 시스템
- 열 교환기와 저장 시설

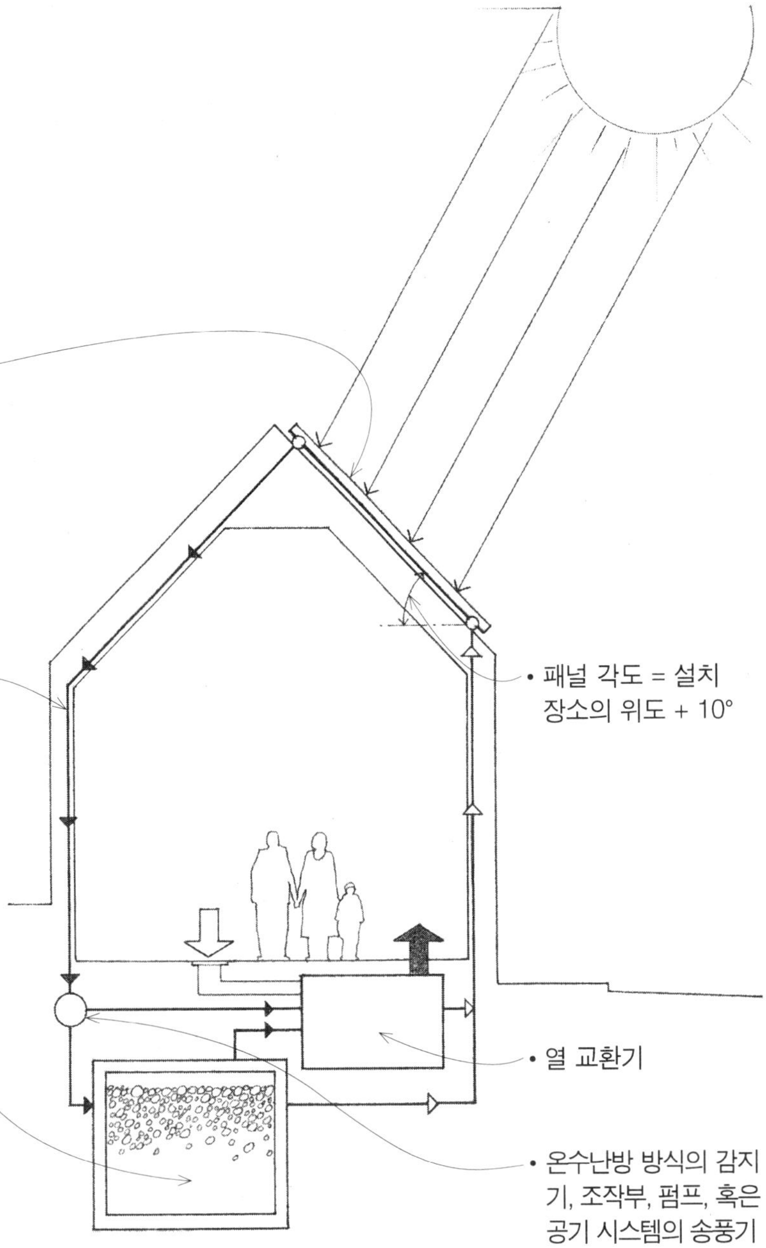

태양 집열판

- 태양 집열판은 정남향으로 20° 이내로 설치해야 하며 근처 구조물, 지형 또는 나무로 가리지 않아야 한다. 필요한 집열판 표면적은 집열판 및 열매체의 열 교환 효율, 가열 및 냉각 부하에 따라 달라진다. 현재 권장되는 용적은 건물의 순 바닥 면적의 1/2에서 1/3.

열매체heat transfer medium

- 공기, 물, 혹은 다른 액체가 열매체로 사용될 수 있다. 이것이 집열판에서 수집된 열에너지를 열 교환기나 저장 설비로 운반하여 추후에 사용할 수 있게 한다.
- 열매체가 액체인 시스템에서는 순환과 분배에 파이프가 사용한다. 부동액이 동결을 방지하고, 알루미늄 파이프에는 부식 방지 첨가제가 필요하다.
- 열매체가 공기인 시스템의 덕트에는 더 많은 설치공간이 필요함. 공기의 열전달 계수가 액체의 열전달 계수보다 작으므로 집열판 표면도 더 넓게 설계한다. 그러나 집열판의 구조는 더 단순하며 결빙, 누수 및 부식 문제가 발생하지 않는다.

저장 설비

- 단열 저장 시설은 밤이나 흐린 날에 사용하기 위해 열을 저장한다. 물 또는 다른 액체 매질로 채워진 탱크, 또는 공기 시스템의 경우 암석 또는 상변화염phase-change salts를 모아 놓은 형태일 수 있음.

- 태양 에너지 시스템의 열 분배 구성 요소는 기존 방식의 시스템의 열 분배 구성 요소와 유사하다.
- 열은 공기 단독, 혹은 공기와 물 겸용 시스템으로 전달할 수 있다.
- 냉방을 위해서는 히트펌프나 흡수냉동기absorption cooling unit가 필요하다.
- 보조 난방 시스템을 추가로 설치할 것을 권장한다.
- 액티브 태양 에너지 시스템을 효율적으로 사용하려면 건물 자체가 열 효율적이고 단열이 잘 되어야 함. 위치, 향 및 창 개구부는 계절별 태양 복사를 잘 이용할 수 있어야 함.

- 패시브 태양 에너지 설계는 1.20-1.21 참조
- 태양광전지 기술은 11.32 참조

CSI 마스터포맷 23 56 00: 태양에너지 난방 장비

압축냉각

압축냉각compressive refrigeration은 액체 냉매의 기화 및 팽창에 의해 냉각이 되는 과정을 거친다.

• 팽창 밸브expansion valve는 냉매가 증발기로 흐를 때 냉매의 압력 및 증발 온도를 감소시킨다.

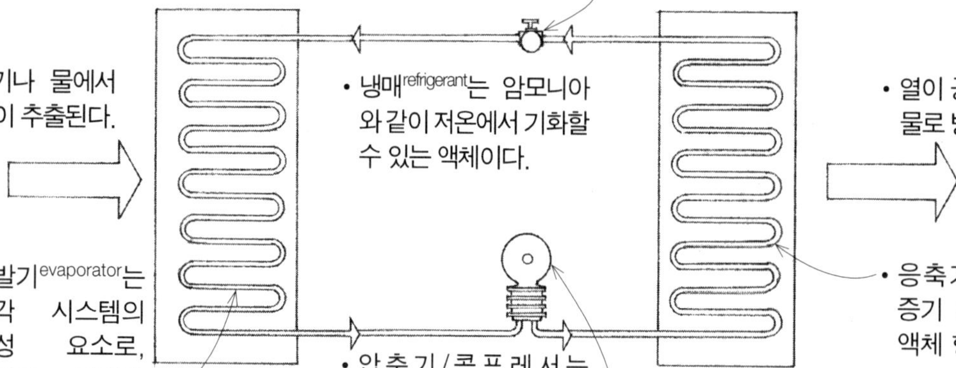

• 공기나 물에서 열이 추출된다.

• 냉매refrigerant는 암모니아와 같이 저온에서 기화할 수 있는 액체이다.

• 열이 공기나 물로 방출된다.

• 증발기evaporator는 냉각 시스템의 구성 요소로, 여기서 냉매가 냉각 매체로부터 열을 흡수하고 액체에서 증기 또는 가스로 변화한다.

• 응축기/콘덴서는 증기 또는 가스를 액체 형태로 줄임.

• 압축기/콤프레서는 증기 또는 가스의 부피를 줄이고 압력을 증가시킨다.

히트 펌프

히트 펌프는 전력으로 난방과 냉방을 제공하는 장치이다. 냉방의 경우, 일반적인 압축냉각 사이클이 초과 열을 흡수하여 실외로 전달한다. 난방의 경우에는 응축기와 증발기의 열교환 기능을 전환하고 냉각 주기를 거꾸로 돌려 실외 공기에서 열에너지를 가져 온다.

히트 펌프는 난방 및 냉방 부하 차이가 거의 없는, 온대 기후에서 가장 효율적이다. 영하의 온도에서는 히트 펌프의 실외 코일이 결빙되지 않도록 전기 저항 난방기가 필요하다.

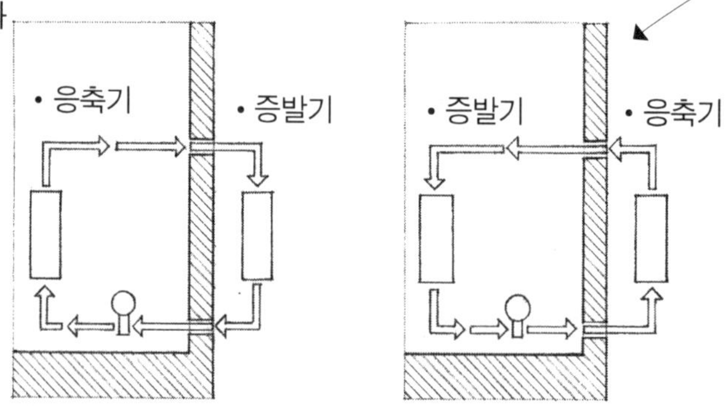

겨울 난방　　　　여름 냉방

흡수식 냉각

흡수식 냉각absorption refrigeration에서는 열을 전달하고 냉각을 일으키기 위해 압축기 대신 흡수 장치와 발전기를 사용한다.

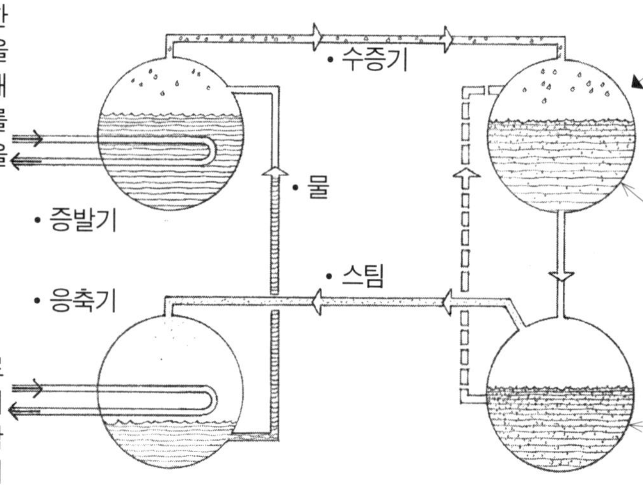

• 냉방을 위한 차가운 물을 얻기 위해 열교환기를 이용하여 열을 추출한다.

• 증발기로 돌아가기 전에 응축함으로써 증기에서 폐열을 추출한다.

• 흡수기absorber는 증발기에서 수증기를 끌어내기 위해 염류 용액을 사용하고, 이 과정에서 나머지 물을 냉각시킨다.

• 발전기는 염류 용액에서 과도한 수증기를 제거하기 위해 열 공급원을 사용한다.

난방, 환기 및 공조(HVAC) 시스템은 건물 내부 공간에서 공기의 온도, 습도, 청정, 공급 및 흐름을 동시에 제어한다.

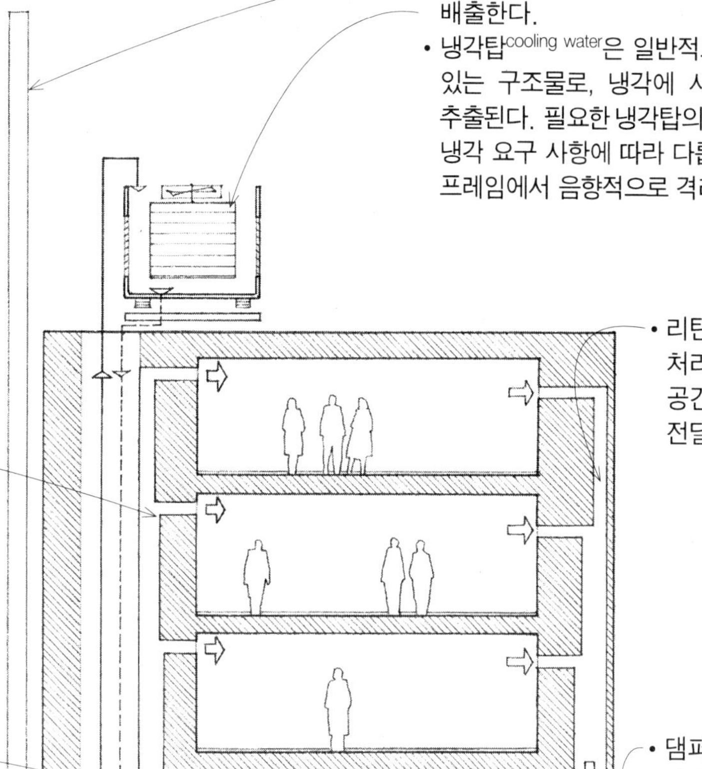

- 굴뚝chimney은 연료 연소로 인한 연도 가스를 배출한다.
- 냉각탑cooling water은 일반적으로 건물의 지붕에 있는 구조물로, 냉각에 사용된 물에서 열이 추출된다. 필요한 냉각탑의 크기와 수는 건물의 냉각 요구 사항에 따라 다릅니다. 건물의 구조 프레임에서 음향적으로 격리되어야 한다.

- 난방 및 냉방 에너지는 공기, 물 또는 둘 모두의 조합으로 공급될 수 있음. 11.18 - 11.19 참조

- 리턴 에어/되돌림 공기는 처리 및 재순환을 위해 실내 공간에서 중앙 설비로 다시 전달됨

- 예열기는 다른 프로세스에 앞서 32°F (0°C) 미만의 공기를 동결 온도보다 약간 높게 가열한다.
- 송풍기는HVAC시스템에서 강제통풍을 공급하기 위해 적당한 압력으로 급기한다.
- 가습기는 급기의 수증기 양을 유지하거나 증가 시킨다.

- 댐퍼는 공기 덕트, 흡입구 및 배출구의 통풍을 조절합니다.
- 배기
- 신선한 공기

- 전기, 증기 또는 가스로 구동되는 냉각수 설비chilled water plant는 냉각을 위해 공기조화 장치에 냉각수를 전달하고 열처리를 위해 냉각수를 냉각탑으로 끌어 올린다.

- 필터는 급기 장치에서 부유 불순물을 제거한다.
- 실내 공기질 문제의 절반 이상이 부적절한 환기 및 여과로 인해 발생한다. 건축 법규는 시간당 공기 변화의 특정용도 및 점유에 필요한 환기량 또는 1인당 분당 세제곱피트를 지정하고 있다. ASHRAM은 15~20 FCM (0.42~0.57㎥/min)을 권장하고 있다.

- 보일러는 가열을 위해 뜨거운 물 또는 증기를 생성한다. 보일러에는 연료(가스 또는 오일)와 연소를 위한 공기 공급이 필요하다. 석유 연소 보일러에는 또한 현장 저장 탱크가 필요함. 전기 비용이 낮을 때 사용 가능한 전기보일러는 연소 공기와 굴뚝이 필요하지 않다. 중앙 설비에서 온수나 증기를 공급할 수 있는 경우 보일러가 필요 없다.

- 팬룸fan room에는 대형 건물의 공기조화 장치가 있다. 하나의 팬룸은 조절된 공기가 가장 먼 공간까지 이동해야 하는 거리를 최소화하기 위해 배치됨. 개별 팬룸을 분포하여 건물의 개별 구역에 서비스를 제공하거나 각 층에 위치하여 수직 덕트를 통한 이동을 최소화할 수도 있음

- 공기조화기air-handling units에는 조절된 공기를 처리하고 분배하는데 필요한 팬, 필터 및 기타 구성요소가 포함된다.

CSI 마스터포맷 23, 70, 00: 중앙 HAVE 장비

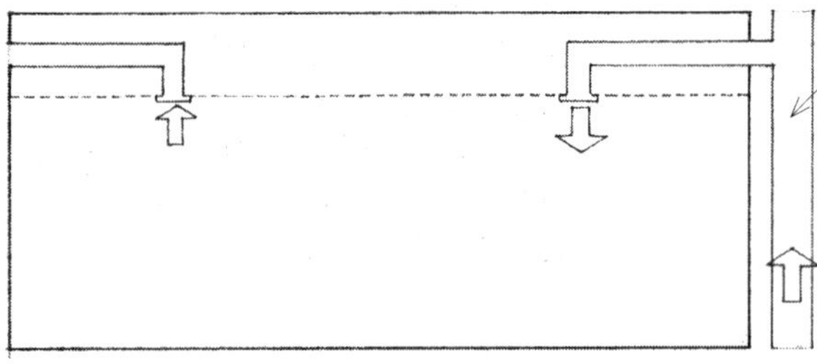

전 공기 방식All-Air Systems

- 단일 덕트로 이루어진 정풍량constant-air-volume(CAV) 방식은 저속 덕트 시스템을 통해 일정한 온도로 조절된 공기를 필요한 공간으로 전달한다.
- 단일 구역 방식에서 주 온도조절장치는 전체 건물의 온도를 조절한다.
- 다구역 방식에서는 중앙 공기조화기와 분리된 덕트가 여러 구역에 각각 공기를 내보낸다.

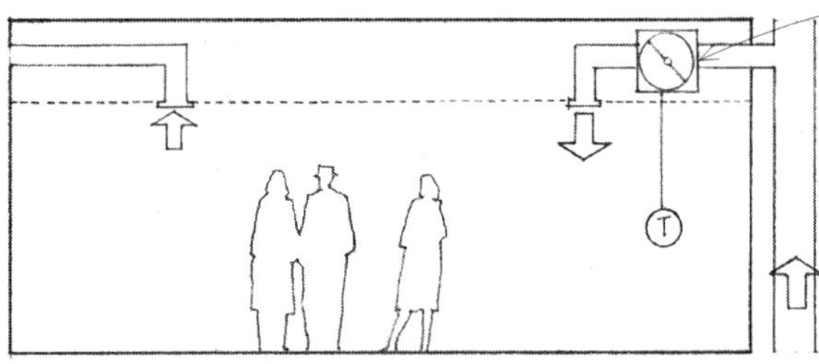

- 단일 덕트, 변풍량variable-air-volume(VAV) 방식은 터미널 배출구의 댐퍼/공기조절판를 사용하여 각 구역 또는 공간의 필요한 온도에 따라 조절한 공기의 흐름을 제어한다.

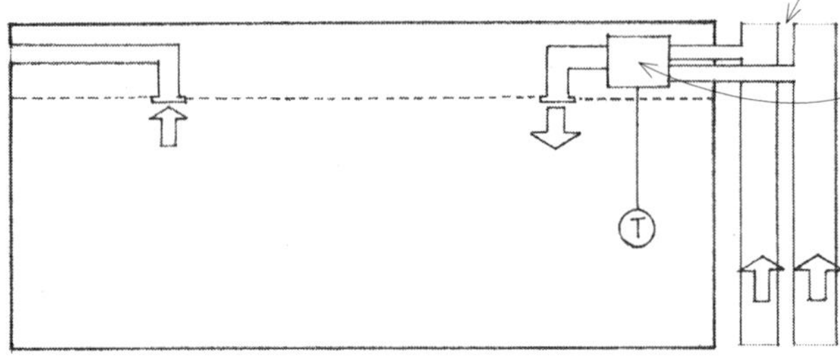

- 이중 덕트dual-duct 방식은 별도의 덕트를 사용하여, 자동온도조절 장치로 제어하는 댐퍼가 있는 혼합 상자에 따뜻한 공기와 시원한 공기를 공급한다.
- 혼합 상자mixing boxes는 혼합된 공기를 각 구역 또는 공간에 분배하기 전에 따뜻한 온도와 차가운 공기를 비례적으로 혼합하여 원하는 온도에 맞춘다.
- 일반적으로 덕트 크기와 설치공간을 줄이기 위한 고속 시스템 [2400 fpm (730m/min) 이상]을 적용한다.

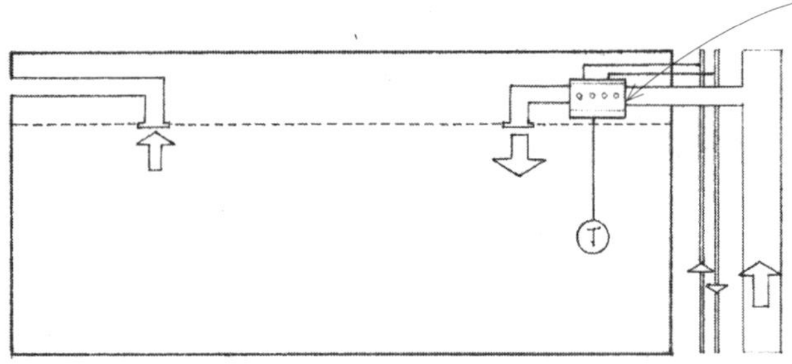

- 터미널 재가열terminal reheat 방식은 변화하는 공간 요구사항을 충족시킬 수 있는 유연성을 제공한다. 전기 또는 온수 재가열 코일이 장착 된 터미널에 약 13℃ (55℉)의 공기를 공급하여 개별적으로 제어되는 각 구역 또는 공간에 공급되는 공기의 온도를 조절함.

전수 방식All-Water Systems

- 공기 덕트보다는 설치 공간을 적게 차지하는 파이프를 통해 뜨겁거나 차가운 물을 필요한 공간에 있는 팬 코일 장치로 보낸다.

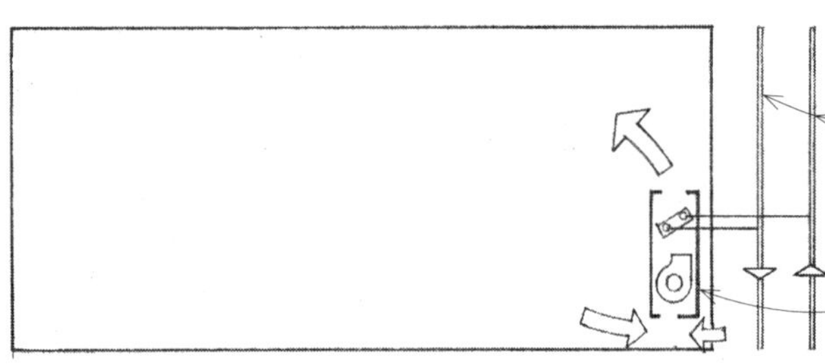

- 복관식two-pipe system은 관 하나로는 각 팬 코일 장치에 온수 또는 냉수를 공급하고 다른 관을 통해 보일러 또는 냉수 설비로 돌려보낸다.
- 팬 코일 유닛은 공기 필터와 원심 팬centrifugal fan이 있어 실내 공기와 외부 공기를 히터 코일 또는 냉각수 코일 위로 끌어 올려 다음 공간으로 다시 불어 넣는다.

- 4관식four-pipe system에서는 건물의 다양한 구역에 필요한 난방과 냉방을 동시에 제공하기 위해 두 개의 개별 배관 회로(온수용과 냉각수용)를 사용한다.
- 환기는 벽 개구부, 자연적 침투현상 또는 별도의 덕트 시스템을 통해 이루어진다.

공기-물 방식Air-Water Systems

- 공기-물 방식은 고속 덕트를 사용하여 중앙 설비에서 각 구역 또는 공간으로 조절된 1차 공기를 공급하며, 이 과정에서 실내 공기와 혼합되고 인덕션 유닛에서 추가로 가열 또는 냉각된다.
- 1차 공기는 필터를 통해 실내 공기로 유입되고, 혼합된 공기는 보일러 또는 냉각수 설비에서 파이프로 연결된 2차물에 의해 가열되거나 냉각되는 코일 위를 통과한다.
- 국부 온도조절기local thermostats는 코일의 물 흐름을 제어 하여 공기 온도를 조절함.

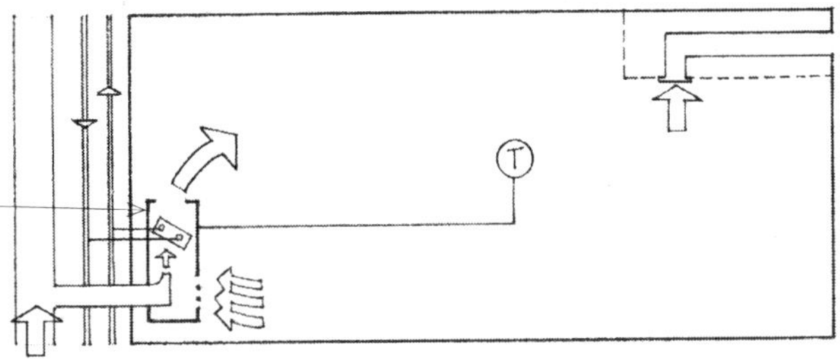

패키지 방식

- 패키지 방식은 냉각을 위한 팬, 필터, 압축기, 응축기 및 증발기 코일이 통합된 독립적인 내후성 장치이다. 난방을 위해 이 유닛은 히트펌프로 작동하거나 보조 가열 장치를 포함할 수 있음. 패키지 시스템은 전기 또는 전기와 가스 조합으로 구동된다.

- 패키지 방식은 건물 외벽과 함께 지붕 또는 콘크리트 패드에 단일 장비로 장착될 수 있다.

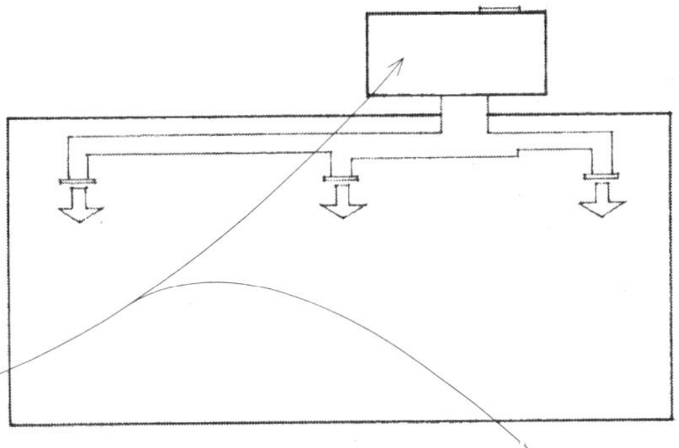

- 옥상형 패키지 유닛은 긴 건물들을 담당하기 위해 군데군데 설치될 수 있음.
- 수평 분기 덕트horizontal branch ducts와 연결된 수직 샤프트가 있는 패키지 방식은 최대 4층 또는 5층 높이의 건물에 사용될 수 있다.

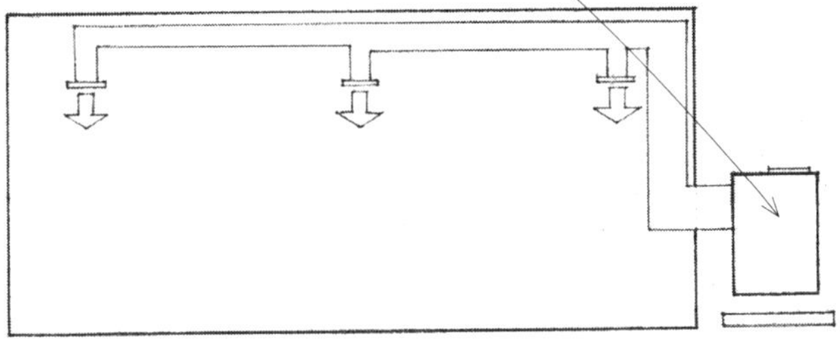

- 분할 패키지split-packaged방식은 압축기와 응축기가 결합된 실외기와 냉난방 코일과 순환 팬이 있는 실내기로 구성된다. 절연 냉매 튜브와 제어 배선이 두 부분을 연결한다.

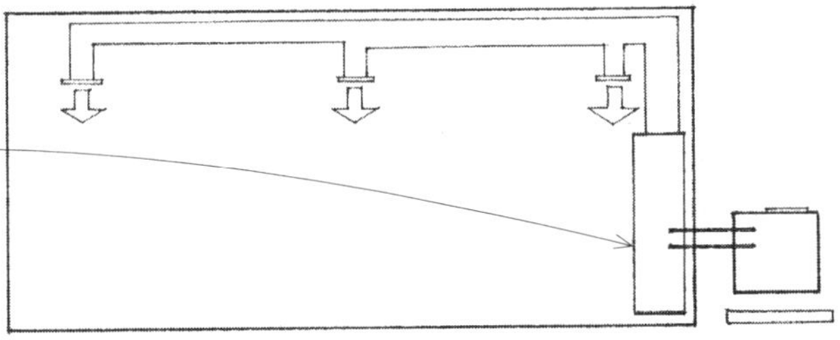

- 소형 터미널 유닛이 창 바로 아래 또는 각 서비스 공간의 외부 벽으로 절단 된 개구부에 장착될 수 있음. 창문에 장착하는 설비는 일반적으로 기존 건물을 개조할 때 사용됨.

난방, 환기 및 공조 시스템의 선택, 설계 및 설치 시 고려해야 할 요소는 다음과 같다.

- 시스템의 성능, 효율성 및 초기비용과 유지비용
- 연료, 전력, 공기와 물, 그리고 전달 및 저장 수단 일부 장비는 실외에서 직접 접근해야 할 수 있다.
- 건물의 여러 구역에 서비스를 제공하는 시스템의 유연성. 이는 사용 또는 설치 방향에 따라 조건이 다를 수 있다. 분산형 또는 로컬 시스템은 설치가 경제적이고 분배 길이가 짧으며 각 공간 또는 구역에서 개별적으로 온도를 제어 할 수 있고, 중앙 시스템은 일반적으로 에너지 효율성이 더 높고 유지가 쉬우며 공기 질 제어가 더 좋음.
- 가열 및 냉각 매체에 사용되는 분배 시스템의 유형 및 배치. 마찰 손실을 최소화하기 위해 덕트 및 배관은 짧고 직접적이어야 하며 구부러지거나 갈라지는 구조는 최소화 되어야 한다.
- 기계 장비 및 분배 시스템에 필요한 공간. 건물의 난방, 환기 및 공조 장비는 건물 면적의 10~15%를 차지할 수 있다. 일부 장비에는 접근, 작동 및 유지 관리를 위한 공간이나 영역이 필요하다. 공기 덕트 시스템은 온수 또는 냉수를 운반하는 파이프나 전기 저항 가열을 위한 배선보다 더 많은 공간을 필요로 한다. 따라서 배관 및 전기 시스템은 물론 건물의 구조 및 공간과 통합되도록 덕트를 신중하게 배치해야 한다.
- 작동 및 유지관리를 위한 접근성
- 기계 설비의 가림 벽, 내화성, 소음 및 진동 제어에 대한 건설 요구 사항들
- 설비의 무게를 지탱할 수 있는 구조적인 조건
- 설비가 숨겨져 있거나 시야에 노출되었는지의 정도. 덕트를 노출된 채로 두려면 시각적으로 일관된 순서로 배치해야하며 공간의 물리적 요소와 조화를 이루어야 한다. (예 : 구조 요소, 조명기구, 표면 패턴).

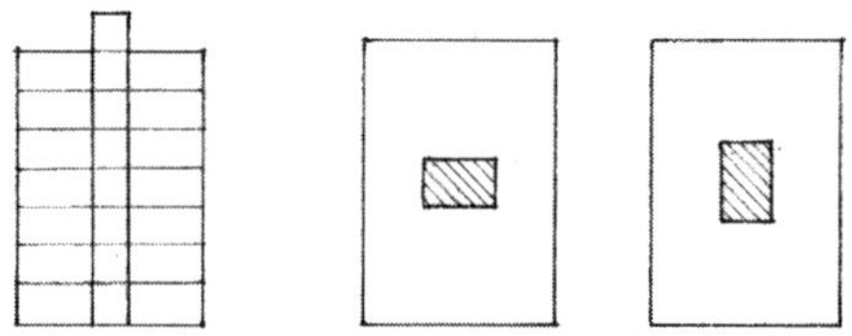

- 단일 코어는 종종 고층 오피스빌딩에서 방해받지 않는 최대한의 임대 가능 영역을 남겨 두는 데 사용됨.
- 중앙에 위치하는 것이 분배 거리를 줄이고 효율적으로 분배하는데 이상적

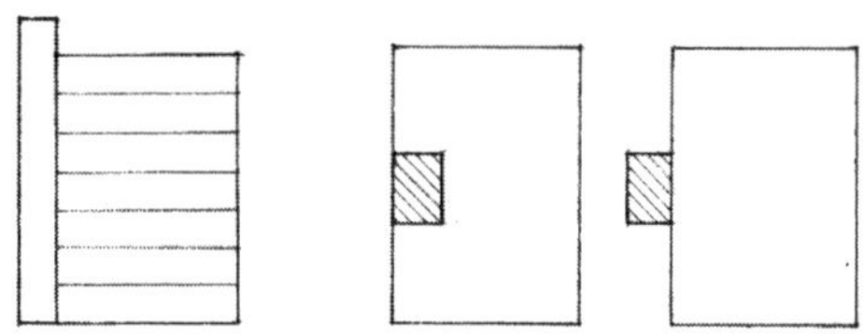

- 코어를 가장자리에 배치하면 방해받지 않는 바닥공간을 확보하지만 채광가능 구역의 일정 부분을 차지함.

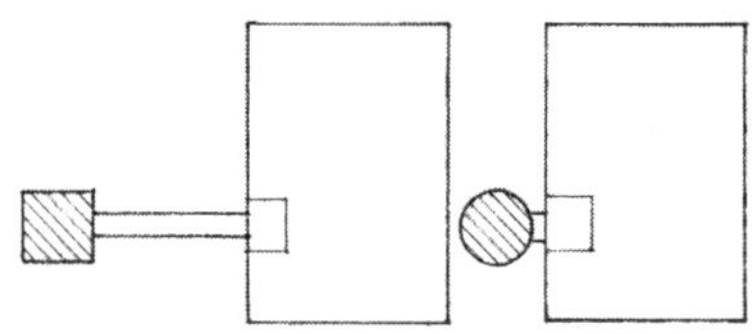

- 독립 코어는 가장 많은 바닥공간을 확보해 주지만 분배 거리가 너무 길고 횡력에 저항하는 역할을 하지 못함.

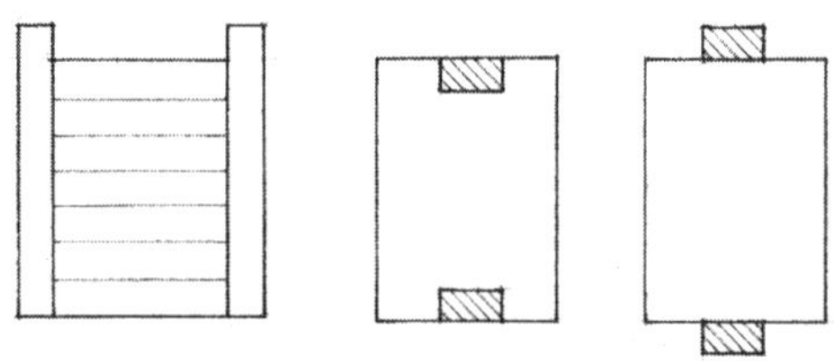

- 분배거리를 줄이고 수평 버팀대 역할을 효과적으로 수행하기 위해 두 개의 코어를 대칭으로 배치 할 수 있지만 남은 바닥 영역은 배치 및 사용 면에서 유연성이 다소 떨어진다.

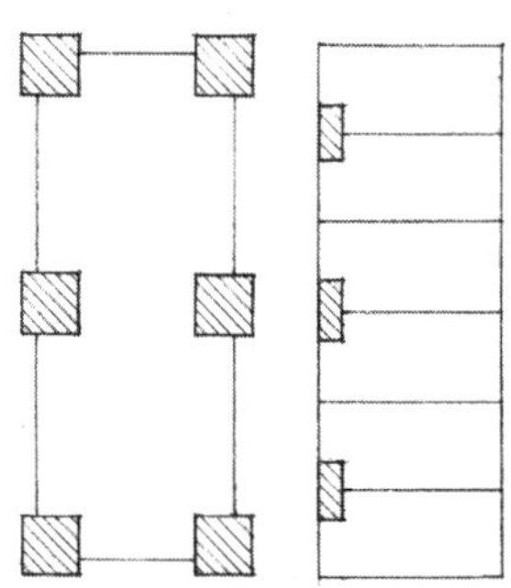

- 길게 수평으로 전달되는 것을 피하기 위해 넓은 저층 건물에서는 다중 코어가 자주 사용됨.
- 코어는 용도가 다르고 부하가 다른 공간이나 구역에 더 나은 냉난방을 공급하기 위해 분산될 수 있음.
- 반복적인 유닛을 가지고 있는 아파트 건물 및 기타 구조물에서 코어는 유닛 사이 또는 내부 복도를 따라 위치할 수 있다.

- 건물의 서비스 코어 또는 코어에는 기계 및 전기 서비스의 수직 분포, 엘리베이터 샤프트 및 출구에 연결되는 계단이 있다. 이러한 코어는 기둥, 내력벽, 전단벽 또는 수평 버팀대의 구조 배치는 물론 원하는 공간, 용도 및 활동 패턴과 함께 조정되어야 한다. 위에 사항은 건물의 서비스 코어를 배치 할 수 있는 몇 가지 기본 방법이다.

난방과 냉방, 그리고 환기를 위한 공기는 레지스터(통풍조절기)와 디퓨저를 통해 공급된다. 이는 기류 용량 및 속도, 압력 강하, 소음 요인 및 외관 측면에서 평가되어야 한다.

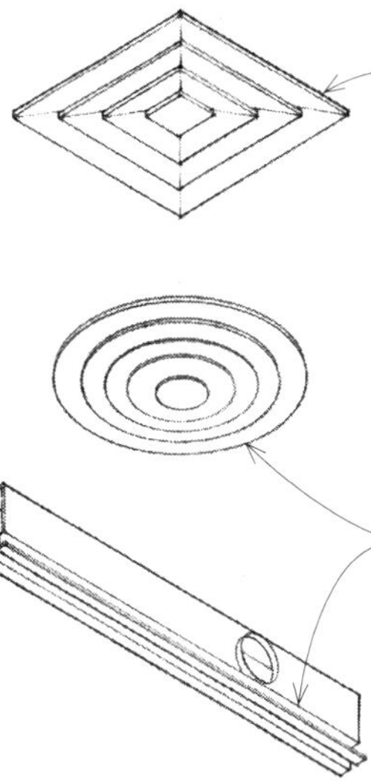

- 디퓨저에는 배출구에 따뜻하거나 조절된 공기를 다양한 방향으로 편향시키기 위해 다양한 각도의 슬랫slat이 있음.
- 천장 디퓨저는 확산 패턴으로 저속 공기를 배출한다.
- 디퓨저는 원형, 정사각형 또는 선형이거나 천공된 천장 타일 형태일 수 있다.

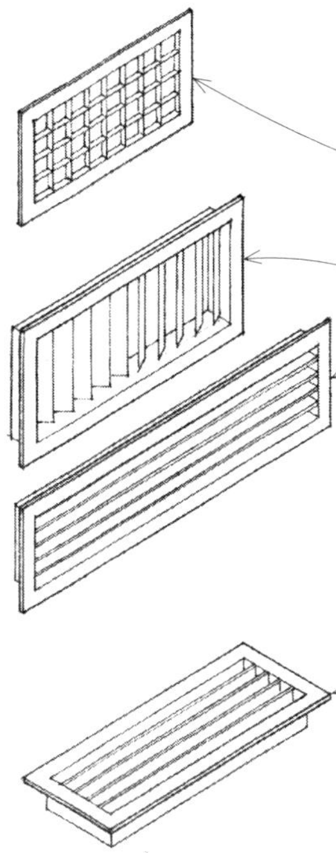

- 그릴grill은 개구부를 덮고 보호하기 위한 단순한 격자 또는 천공된 스크린이다.
- 레지스터(통풍조절기)는 개구부를 겹치고 닫을 수 있도록 조절될 수 있는 여러 개의 평행 블레이드로 구성된 그릴로, 배출구에서 나오는 따뜻하거나 조절된 공기의 흐름을 제어하는 역할을 한다.
- 바닥 레지스터는 외부 창과 벽을 따라 열 손실과 결로를 제어하는 데 사용한다.

급기 배출구는 눈에 띄는 외풍이나 층화 없이 따뜻하거나 차가운 공기를 공간의 점유 영역에 편안하게 분배할 수 있도록 위치해야 한다. 공기 분배를 방해 할 수 있는 장애물과 함께 급기구의 투사 거리와 확산 패턴 등을 주의 깊게 고려해야한다.

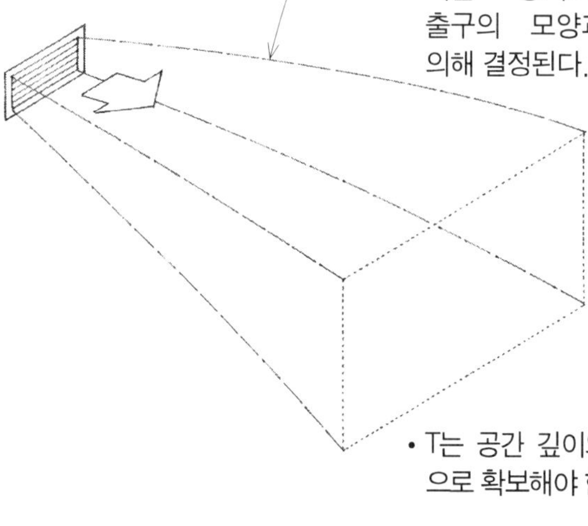

- 스로우throw(T)은 투사된 기류가 출구에서 속도가 지정된 값으로 감소하는 지점까지 이동하는 거리. 이는 공기의 속도와 출구의 모양과 크기에 의해 결정된다.
- T는 공간 깊이의 3/4 이상으로 확보해야 한다.

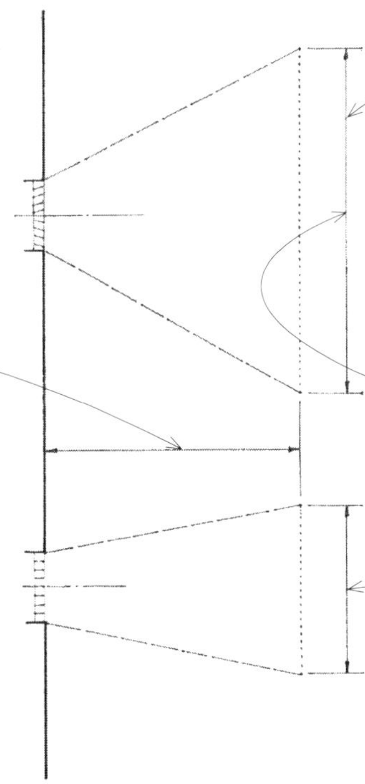

- 확산(S)은 스로우가 끝나는 지점에서 투사된 기류가 확산되는 정도.
- 배출구의 간격은 확산 정도와 거의 같아야 함.
- 팬형의 스로우; S = T
- 직선형 스로우; S = T/3

물은 건물에서 다음의 경우에 쓰인다:
- 물은 식수, 조리수, 씻는 물로 소비된다.
- HVAC 시스템이 냉난방을 하고 적정 습도를 유지하기 위해 물을 순환시킨다.
- 방화 시스템이 화재진압을 위해 물을 저장한다.

위의 사항들을 충족하려면 건물에 적정한 양과 적절한 유량, 압력 및 온도로 물을 공급해야 한다. 사람이 섭취하기 위해서는 해로운 박테리아가 없어야 하며 맛이 좋아야 한다. 파이프 및 장비의 막힘이나 부식을 방지하기 위해 물의 경도 또는 과도한 산도를 처리해야 할 수도 있다.

도시 또는 공공 시스템에서 물을 공급하는 경우 건물부지에 도달할 때까지 공급되는 물의 양이나 수질을 직접 제어할 수 없다. 공공 상수도 시스템을 사용할 수 없는 경우 우물 또는 빗물 저장 탱크가 필요하다.

원천water source이 충분히 깊으면 우물물은 일반적으로 순수하고 시원하며 변색이나 맛 또는 냄새 문제가 없다. 우물을 가동하기 전에 지역 보건부에서 샘플의 박테리아 및 화학 물질을 확인해야 한다.

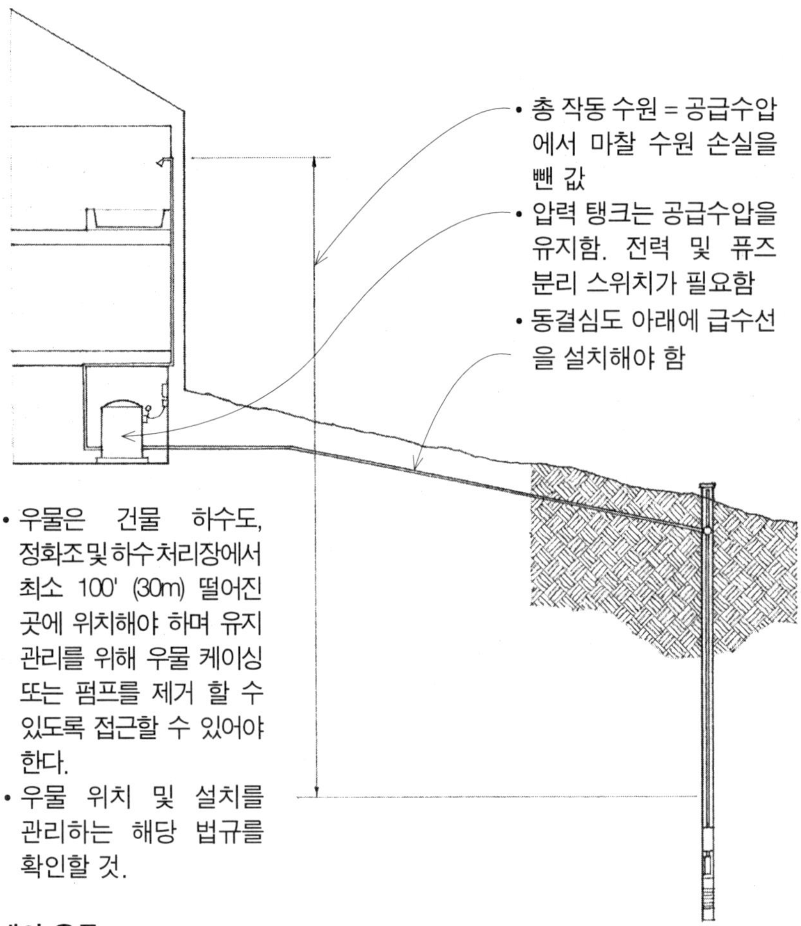

개인 우물

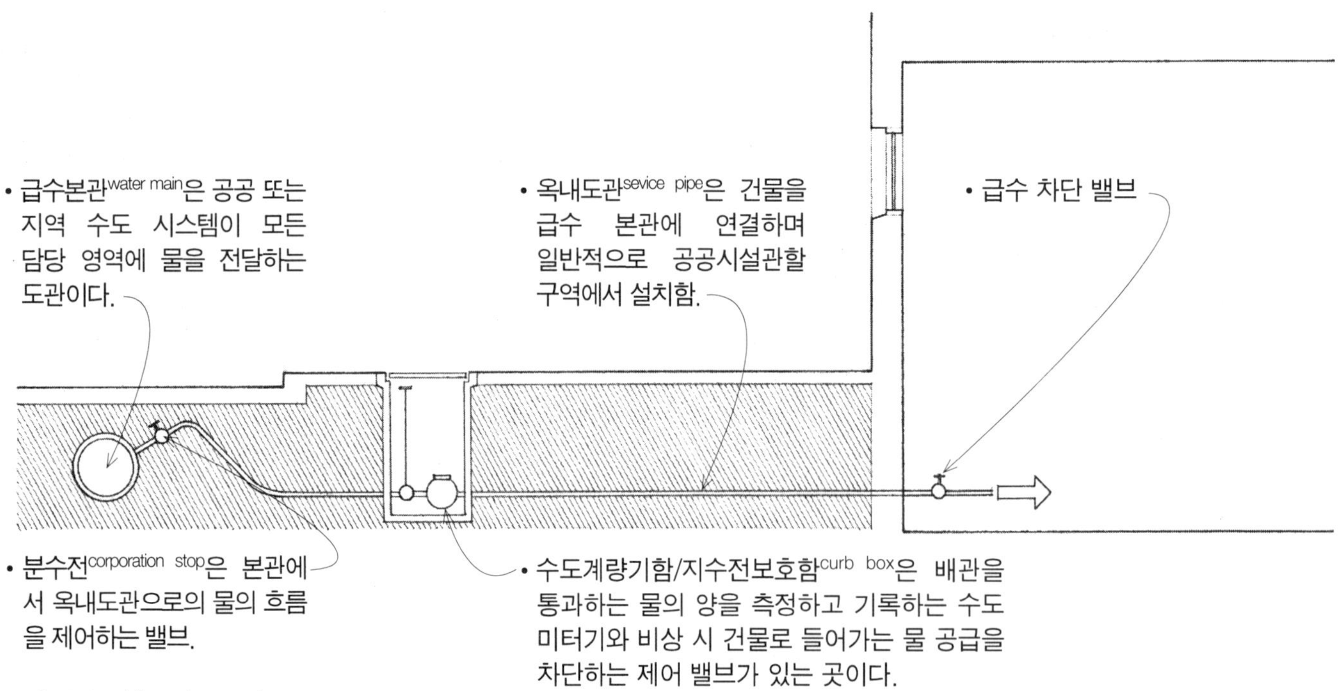

공설 급수public water supply

CSI 마스터포맷 33 10 00: 수처리 설비
CSI 마스터포맷 33 11 00: 지하 원천

급수 시스템은 압력으로 작동한다. 급수 시스템의 압력은 물이 파이프와 내부시설을 통해 흐를 때 수직 이동 및 마찰로 인한 압력 손실을 흡수할 수 있을 만큼 충분히 커야 하며 각 배관 설비의 압력 조건에 맞아야 한다. 공공수도시스템public water system은 일반적으로 약 50psi (345kPa)의 물을 공급한다. 이 압력은 대부분의 개인 우물 시스템에 대한 대략적인 상한이다.

물이 50psi (345kPa)로 공급되는 경우 최대 6층 높이의 저층 건물에 대해 상향분배가 가능하다. 높은 건물의 경우 또는 적절하게 물을 공급하기에 상수도 압력이 불충분한 경우, 중력 하향 공급을 위해 물을 높은 곳 또는 옥상 저장탱크로 끌어올린다. 이 물의 일부는 종종 화재 방지 시스템을 대비하는데 사용한다.

작동을 원활하게 하도록 각 설비에 충분한 압력이 있어야 한다. 설비에 필요한 압력은 5~30psi (35~207kPa)이다. 압력이 너무 높은 것도, 낮은 것도 바람직하지 않다. 따라서 급수관의 크기는 공급수압 간의 차이를 사용하여 수직 리프트 또는 유압 마찰로 인한 압력 손실과 각 설비에 필요한 압력을 허용한다. 공급 압력이 너무 높으면 감압기 또는 조절기를 배관 설비에 설치할 수 있다.

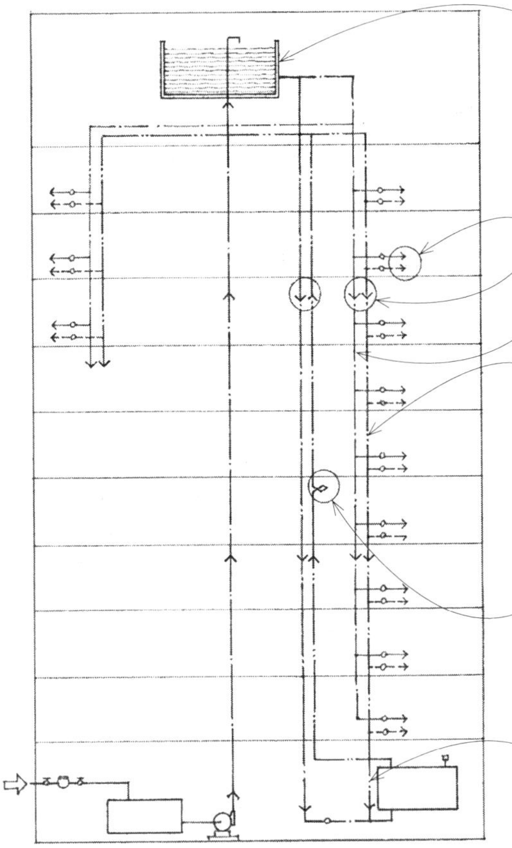

- 중력 하향 방식은 급수 시스템 전체에 적절한 공급 압력을 유지하기에 충분한 높이로 수원을 설정한다.
- 분기관/지선branch lines
- 수직도관risers
- 냉수 공급관
- 온수 공급관; 뜨거운 물은 자연적인 상승작용으로 순환된다. 길이가 긴 저층 건물에서는 온수 순환 및 분배를 위해 펌프가 필요할 수 있다.
- 신축 벤드expansion bend는 긴 온수 배관에서 열팽창이 발생하는 것을 흡수한다.
- 복관 시스템의 난방기 또는 저장 탱크로 가는 온수 회수 도관

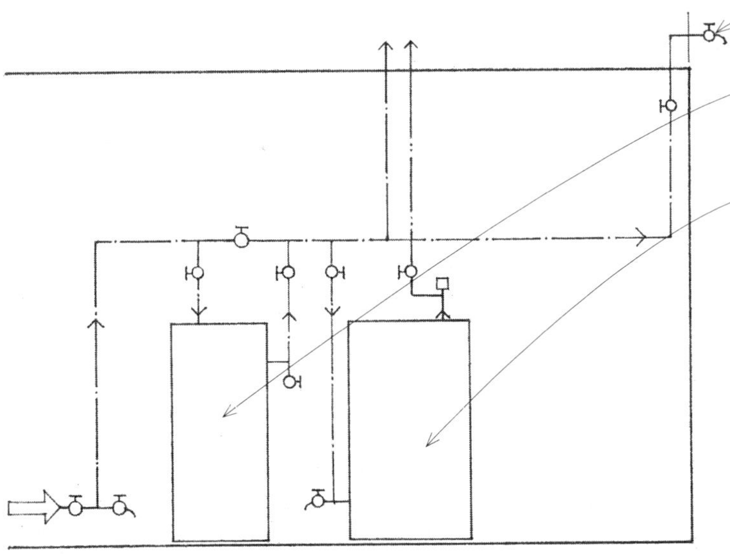

- 상향공급방식은 압축공기의 압력을 받아 급수 본관 또는 밀폐된 저장 탱크에서 물을 분배한다.

- 외부 호스 수도꼭지exterior hose bibbs는 추운 기후에서 얼지 않도록 해야 함.
- 연수기는 이온 교환을 통해 경수에서 칼슘 및 마그네슘염을 제거한다. 경수는 파이프를 막고 보일러를 부식시키며, 비누의 거품작용을 억제할 수 있음.
- 급탕장치/온수기는 전기 또는 가스기기(CSI 22 33 00 및 22 34 00)로 물을 120°F~140°F(49°C~60°C)의 온도로 가열하고 사용을 위해 저장한다. 모든 급탕장치/온수기에는 안전 감압 밸브가 필요하다.
- 대규모 설치 및 광범위한 설비를 그룹화할 때는 온수 저장 탱크가 필요할 수 있다.
- 일반 온수기의 대안으로 사용 시점에 물을 가열하는 순간 온수 방식이 있다. 이러한 방식은 에너지 효율이 높으며 저장 탱크를 위한 공간이 필요하지 않지만 천연 가스 난방기용 배기구가 필요하다.
- 세 번째 대안으로 맑은 날이 많은 기후에서 가정의 일반적인 온수 수요를 충족시킬 수 있는 태양열 난방 방식이 있다. 온화한 기후에서 태양열 난방은 표준 온수 방식에 의해 지원되는 예열 시스템의 역할을 효과적으로 수행할 수 있다.

CSI 마스터포맷 22 00 00: 배관
CSI 마스터포맷 22 11 00: 시설 급수 분배

• 유압 마찰로 인한 압력 손실은 급수관의 직경, 물의 유하거리, 물이 통과하는 밸브, 티 및 L 자형 부품의 수에 따라 달라진다. 전달거리는 짧고, 곧고, 가능한 한 직접적이어야 한다.

모든 설비에 필요한 최대 압력
[5~30 psi (35~207 kPa)]
\+ 수도계량기water meter를 통한 압력 손실
\+ 정수두static head 또는 수직 리프트로 인한 압력 손실
\+ 파이프 길이와 부품의 수압 마찰에 의한 압력 손실
= 공급 수압

개별 조건

설비 유형	설비 유닛 당 부하	최소 공급 파이프 in. (mm)
욕조	2~4	1/2 (13)
샤워헤드	2~4	1/2 (13)
세면대	1~2	3/8 혹은 1/2 (10 혹은 13)
대변기, 물탱크 유형	3~5	3/8 (10)
대변기, 물내림 밸브	6~10	1 (25)
소변기	5~10	1/2 혹은 3/4 (13 혹은 19)
주방 싱크	2~4	1/2 혹은 3/4 (13 혹은 19)
세탁기	2~4	1/2 (13)
세척실 싱크	3	1/2 (13)
호수 수도꼭지	2~4	1/2 (13)

총 추정 치수

총 부하 설비 유닛	총 치수 gpm(m^3/m)
10	8 (0.03)
20	14 (0.06)
40	25 (0.10)
60	32 (0.13)
80	38 (0.15)
100	44 (0.18)
120	48 (0.19)
140	53 (0.21)
160	55 (0.22)
200	65 (0.26)

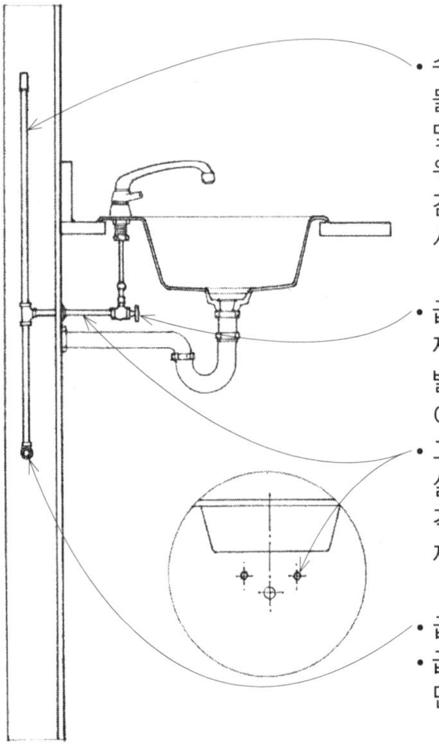

• 수격 현상water hammer은 파이프에서 움직이는 물의 양이 갑자기 차단될 때 발생할 수 있는 진동 및 두드리는 소음이다. 수격 현상을 방지하기 위해 분기관에 공기실air chamber을 설치한다. 갇힌 공기는 탄성적으로 압축되고 팽창하여 시스템의 물의 압력과 흐름을 균등하게 만든다.

• 급수 차단 밸브는 각 설비에서 물의 흐름을 제어한다. 수리 및 유지관리를 위해 추가 밸브를 설치하여 급수 시스템에서 하나 이상의 설비를 분리할 수 있다.

• 고정 장치 재고 확인; 적절한 시공 단계에서 설비 공급품을 정확하게 설치할 수 있도록 각 배관 설비의 대략적인 치수를 설비 제조업체와 확인하여야 함.

• 급수 분기관

• 급수관을 외벽에 설치해야 하는 경우 벽체 단열재의 따뜻한 면에 설치해야 한다.

급수관은 구리, 아연도금 강 또는 플라스틱으로 만들 수 있다. 구리 배관은 일반적으로 내식성, 강도, 낮은 마찰 손실 및 작은 외경 때문에 급수 라인에 사용한다. 플라스틱 파이프는 가볍고 쉽게 결합하며 마찰이 적고 부식되지 않지만 모든 유형이 식수 운반에 적합한 것은 아니다. 폴리 뷰틸렌(PB), 폴리에틸렌(PE), 폴리 염화 비닐(PVC) 및 염소화 폴리 염화 비닐(CPVC) 파이프는 냉수 공급선에 사용될 수 있고, PB 및 CPVC만 온수 급수에 적합하다.

엥겔법 가교 폴리에틸렌(PEX-A)관은 냉수 및 온수 모두에 적합하다. 유연하고 부식 및 미네랄 축적에 영향을 받지 않으며, 온수 라인에서 더 많은 열을 유지하고 냉수 라인의 응축에 강하며 물 소음을 줄여 준다.

송수관의 규격은 설치한 배관 설비의 수와 유형, 유압 마찰 및 정수두로 인한 압력 손실에 따라 다르다. 각 설비 유형마다 여러 개의 설비 유닛이 붙어 있으며, 건물의 총 설비 유닛 수에 따라 분당 갤런(gpm) 단위의 수요가 산정된다. 모든 설비 유닛이 동시에 사용되는 것은 아니라고 가정하기 때문에 총 수요는 설비 유닛의 총 부하에 정비례하지는 않는다.

급수 시스템은 일반적으로 바닥과 벽의 건축 공간에 큰 어려움 없이 적용할 수 있다. 이는 건물 구조와, 급수시스템과 평행하되 부피가 더 큰 오수배출 시스템과 같은 기타 시스템과 조화를 이루어야 한다.

급수관은 수직으로 모든 층에서, 수평으로 6'~10'(1830~3050)마다 지지해야 한다. 배수를 위해 조절 가능한 행거를 사용하여 수평 방향으로 적절한 경사도를 확보할 수 있다.

냉수 파이프는 따뜻한 주변 공기에서 열이 유입되는 것을 방지하기 위해 단열해야 한다. 온수 파이프 역시 열손실에 대비해 단열해야 하며 평행한 냉수 파이프와 6인치(150) 이상 가까워서는 안 된다.

매우 추운 기후에서는 외벽과 난방이 되지 않은 건물의 수도관이 얼거나 파열될 수 있다. 배수 수도꼭지를 시스템의 낮은 지점에 설치하여 배수되도록 해야 한다.

화재 경보 시스템은 화재 감지 시스템에 의해 자동으로 경보를 울리도록 건물에 설치된다. 화재 감지 시스템은 온도 조절기와 같은 열 센서 또는 연소 부산물로 작동되는 연기 감지기로 구성될 수 있다. 대부분의 관할 지역에서는 거주지 및 호텔/모텔 단위에 연기 감지기를 설치해야 한다. 열 및 연기 감지기의 유형과 배치에 대한 권장 사항은 미국 방화 협회National Fire Protection Association (NFPA)의 생명 안전 규범Life Safety Code을 참조해야 한다.

공공 안전이 문제가 되는 대형 상업용 혹은 기관 건물의 건축법에는 종종 화재 스프링클러 시스템이 필요하다. 일부 법규에서는 승인된 스프링클러 시스템이 설치된 경우 바닥 면적을 늘릴 수 있으며, 일부 관할권에서는 다세대 주택에도 화재 스프링클러 시스템을 설치해야 한다.

화재 스프링클러 시스템은 천장 내부 또는 아래에 있는 도관으로 구성되며 적절한 급수 설비에 연결되며 특정 온도에서 자동으로 열리는 밸브 또는 스프링클러 헤드와 함께 제공된다. 스프링클러 시스템의 두 가지 주요 유형은 습식 파이프 시스템과 건식 파이프 시스템이다.

- 습식파이프wet-pipe 방식에는 화재발생 시 자동으로 열리는 스프링클러 헤드를 통해 즉각적이고 지속적인 배출을 제공할 수 있는 충분한 압력의 물이 준비되어 있음.
- 건식파이프dry-pipe 방식에는 화재발생 시 스프링클러 헤드가 열릴 때 방출되는 압축 공기가 준비되어 있어 물이 파이프를 통해 열린 노즐 밖으로 흘러나갈 수 있음. 건식 배관 시스템은 배관이 동결되는 곳에 사용됨.
- 준비작동식preaction은 스프링클러 헤드에 있는 것보다 화재 감지에 더 민감한 밸브에 의해 물 흐름이 제어되는 건식 파이프 스프링클러 방식이다. 준비작동식은 우발적인 작동으로 귀중품들이 손상될 수 있을 때 사용한다.
- 일제살수식deluge은 스프링클러 헤드가 항상 열려 있으며 열, 연기 또는 화염 감지 장치에 의해 작동되는 밸브가 물 흐름을 제어한다.

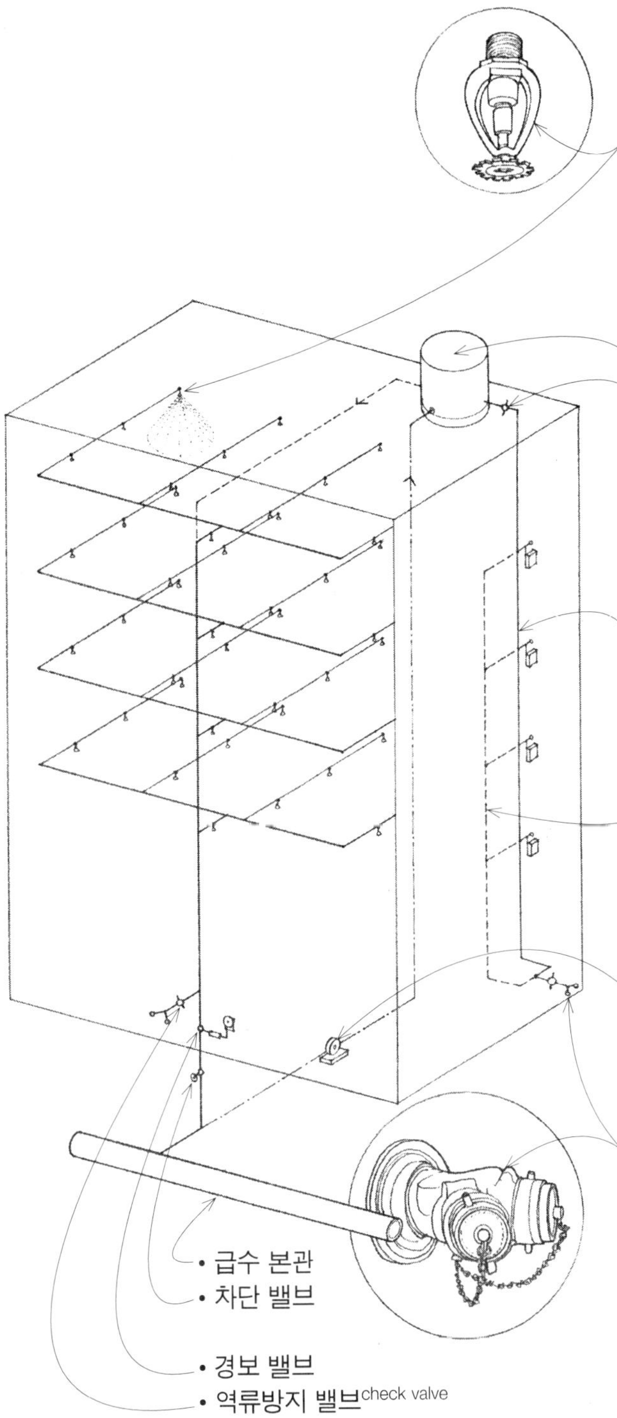

- 스프링클러 헤드는 물의 흐름 또는 스프레이를 분산하기 위한 노즐로, 일반적으로 미리 설정된 온도에서 녹는 가용성 링크에 의해 제어됨.
- 물 저장 탱크
- 역류방지 밸브가 물을 한쪽으로만 흐르도록 한다.
- 급수탑은 모든 층에 소방 호스를 공급하기 위해 건물을 통해 수직으로 연장되는 수도관이다.
- 습식 급수탑에는 압력을 받는 물이 들어 있어 건물이용자가 긴급하게 사용할 수 있도록 소방 호스가 장착되어 있다.
- 건식 급수탑에는 물이 차있지 않고 소방서에서 소방 호스를 소화전 또는 펌프 트럭에 연결하는 데 사용됨.
- 소방펌프는 시스템의 압력이 미리 설정된 값 아래로 떨어질 때 급수탑 또는 스프링클러 시스템에 필요한 수압을 제공한다.
- Y자형 소방용 급수구siamese pipe fitting는 건물 외부의 지면 가까이에 설치되어 소방서가 물을 급수탑 또는 스프링클러 시스템으로 보낼 수 있는 두 개 이상의 연결부를 제공한다.

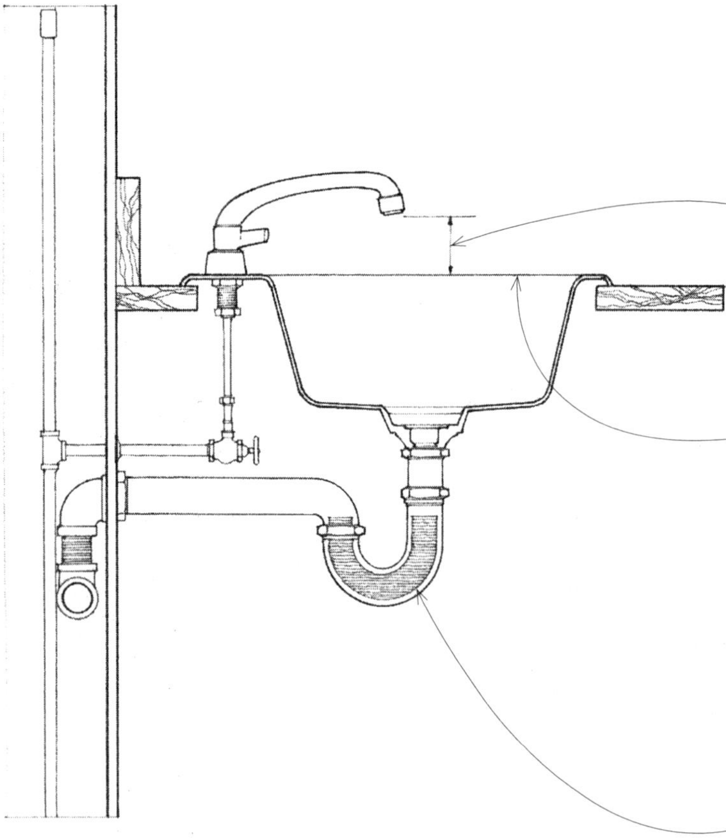

배관 설비는 공급 시스템에서 물을 받고 액체 폐기물을 오수 배출 시스템으로 배출한다. 고밀도이며 매끄럽고 비흡수성 재질이어야 하며 오염표면이 숨겨져 있으면 안 된다. 일부 건축법은 수자원을 보존하기 위해 물 절약 설비와 밸브의 사용을 의무화하고 있다.

- 토수구 간격/에어 갭은 수도꼭지의 주둥이 또는 급수관의 배출구와 물 저장 공간의 수면 사이의 수직 거리이다. 배관의 음압으로 인해 사용되거나 오염된 물이 배관 설비에서 음용수를 공급하는 배관으로 역류하는 것을 방지하기 위해 에어 갭이 필요하다.
- 넘침면flood level은 물이 배관 설비의 가장자리를 넘치는 높이이다.

트랩

배관 설비에 있어서 오수 처리sanitary drains의 필수 요소는 폐수가 남아 있는 배수관의 U자형 또는 S 자형 부분인 트랩traps이다. 여기에 남아있는 폐수는 하수 또는 폐수가 흘러가는 것에 영향을 주지 않으면서 하수 가스가 올라오는 것을 막아주는 역할을 한다.

- 물로 막은 트랩

LEED WE 크레딧 2:
실내용수 사용량 절감

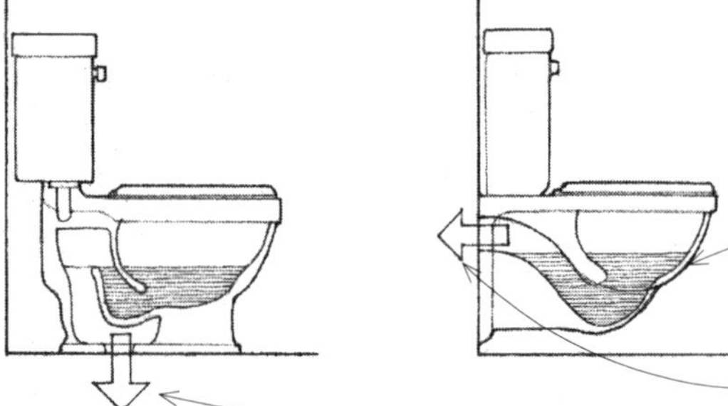

- 모든 배관 설비에는 트랩이 필요하다.
- 설비에는 주기적으로 트랩을 씻기고 이물질이 쌓이는 것을 막기 위해 충분한 양의 물이 흘러야 한다.
- 수세식 변기 안에 설치된 트랩
- 벽체 고정 수세식 변기를 위한 벽 배수관
- 다른 방식의 수세식 변기 설치를 위한 바닥 배수관

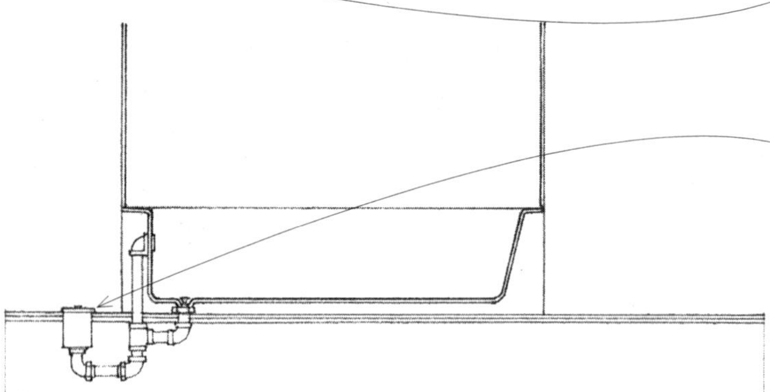

- 드럼 트랩은 바닥에 묻혀 있고 덮개를 열어 접근할 수 있는 원통형 트랩으로, 일반적으로 욕조의 배수 라인에 설치한다.
- 일반적인 배관 설비 규격은 9.27 참조.

급수 시스템은 각 배관 설비에서 끝나게 된다. 물은 사용된 뒤에는 오수 배출 시스템으로 들어간다. 이 배수 시스템의 주요 목적은 폐수와 유기물을 가능한 한 빨리 처리하는 것이다.

오수는 중력에 의해 배출되기 때문에 때문에 배관은 압력을 받는 급수관보다 훨씬 크다. 배수관[drainage lines]는 시스템에서의 위치와 제공되는 총 설비 수 및 유형에 따라 크기가 결정된다. 허용되는 파이프 재료, 규격, 수평 전달 길이와 경사, 허용되는 회전수 및 유형에 대한 제한은 항상 배관 규정[plumbing code]을 참조해야 한다.

배수관은 주철이나 플라스틱으로 만들 수 있다. 주철[cast iron]은 배수 배관의 전통적인 재료로, 커플링이음관 또는 플러그/파이프 마개와 이음관의 소재로 쓸 수 있다. 배수관에 적합한 두 가지 유형의 플라스틱 파이프는 폴리 염화 비닐 (PVC)과 아크릴로니트릴-부타디엔-스티렌 (ABS)이다. 일부 건축법은 또한 아연도금 연철 또는 강철의 사용을 허용한다.

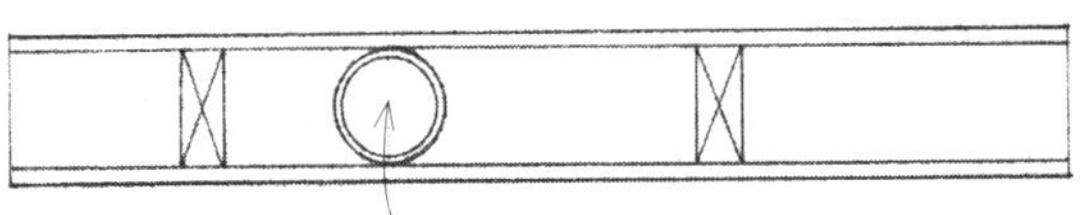

4" (100) 샛기둥 벽체
- 직경 커플링 이음의 주철 또는 플라스틱 파이프
- 2"(51) 직경 플러그 막음 주철 파이프

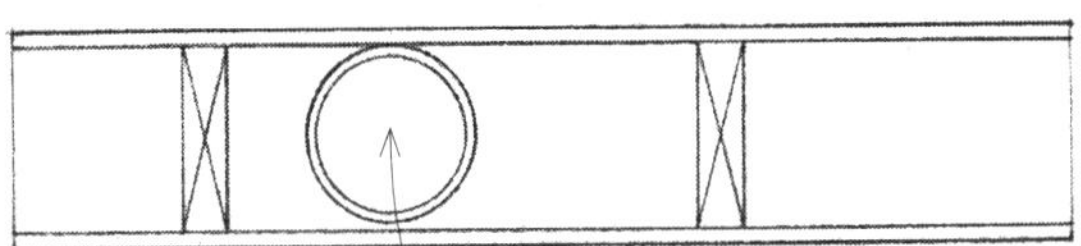

6"(150) 샛기둥 벽체
- 5"(125) 직경 커플링 이음의 주철 또는 플라스틱 파이프
- 3"(75) 직경 벨 스피곳 주철 파이프

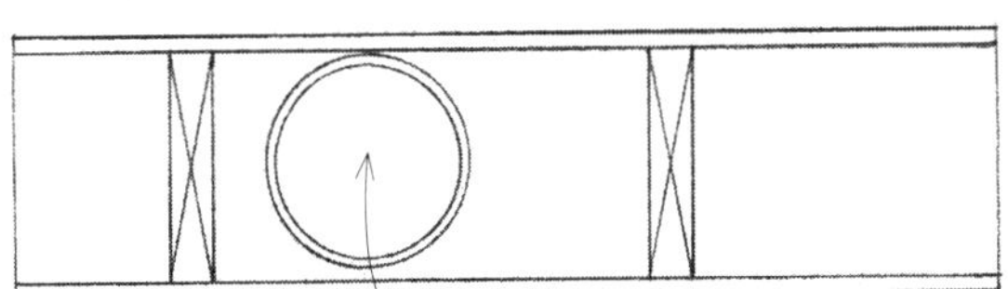

8"(205) 샛기둥 벽체
- 6"(150) 직경 커플링 이음의 주철 또는 플라스틱 파이프
- 5"(125) 직경 플러그의 주철 파이프

파이프 최대 규격

- 설비 뒤의 배관 또는 방수처리 벽체는 분기관, 재고 현황, 공기실을 고려하여 충분히 두껍게 만들어야 한다.

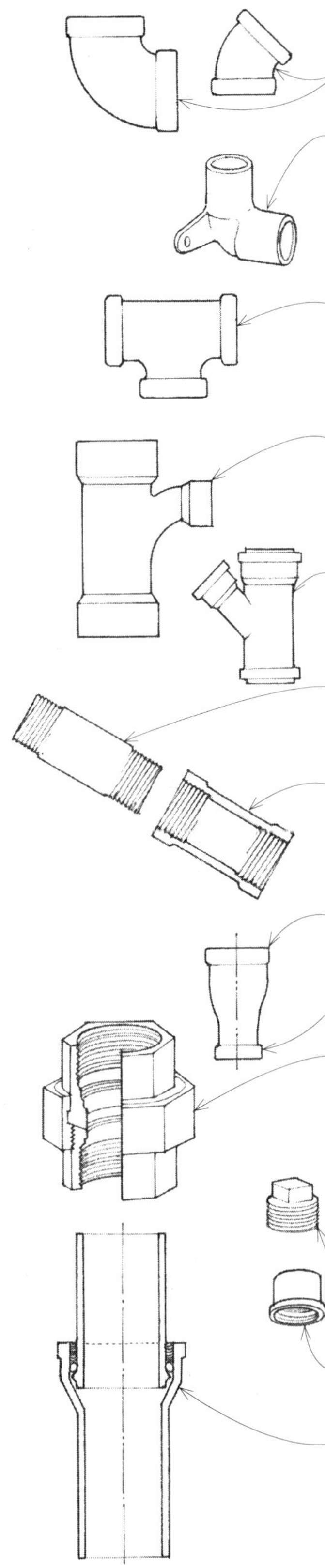

- 엘보 이음관은 일반적으로 45° 또는 90° 각도로 구부러져 있다.
- 드롭 엘보/하향 엘보 이음관에는 벽이나 장선에 부착하기 위한 귀가 있다.
- 클로젯 벤드/변기 벤드는 대변기 바로 아래에 설치되는 90° 오물용 관이음쇠다.
- 티는 3 방향 이음을 만들기 위한 T자 모양의 파이프 부품이다.
- 드롭 티/하향 티에는 벽이나 장선에 부착하기 위한 귀가 있다.
- 배수 T관은 90° 전환 부분에서 약간의 곡선으로 되어있어 분기 파이프의 흐름을 메인 방향으로 전달함.
- Y관은 일반적으로 45° 각도로 주 파이프와 분기 파이프를 연결하기 위한 Y자형 파이프 부품이다.
- 니플 이음관은 짧은 길이의 파이 프로 각 끝에 나사산이 있으며 커플링이나 기타 파이프를 연결 하는 데 사용한다.
- 커플링이음관은 각 끝 내부에 나사산이 있는 짧은 길이의 파이프로, 동일한 직경의 두 파이프를 연결하는 데 사용한다.
- 인크리저 관/점대관은 한쪽 끝에서 직경이 커지는 커플링이음관이다.
- 리듀서는 한쪽 끝에서 직경이 줄어드는 커플링이음관이다.
- 유니온은 둘 다 돌릴 수 없는 두 개의 파이프를 연결함. 연결 파이프의 끝부분이 조여지는 끝쪽 내부에 나사산이 있는 두 개의 파이프와 외부에 나사산이 있는 중간 부품으로 이루어져 있어 돌려서 두 파이프를 연결할 수 있는 구조이다.
- 플러그는 파이프 끝을 닫기 위한, 외부에 나사산이 있는 부품이다.
- 캡은 파이프 끝을 닫기 위한, 내부에 나사산이 있는 부품이다.
- 벨 스피곳 파이프 이음은 한 파이프의 끝(스피곳)을 다른 파이프의 확장 된 끝(벨)에 끼우고 코킹 화합물 또는 압축 가능한 링으로 밀봉하여 만들어 진다.

파이프 부품들

CSI 마스터포맷 33 30 00: 오수거

오수 배출 시스템의 배치는 고형물 퇴적 및 막힘을 방지하기 위해 가능한 한 직선으로 단순하게 구성해야 한다. 파이프가 막힌 경우 쉽게 청소할 수 있도록 청소구멍이 있어야 한다.

- 배수 분기관은 하나 이상의 설비를 오수 또는 배수 수직관에 연결한다.
- 가로 배수관은 최대 직경 75 파이프의 경우 피트 당 1/8"(1:100), 3"(75) ø 보다 큰 파이프의 경우 1/4"(1:50)의 경사가 있어야 한다.
- 고정 배수관은 배관 설비의 트랩에서 오수나 배수 수직관이 있는 지점까지 이어진다.
- 오수 수직관은 수세식 변기와 소변기의 오물을 건물 배수구 또는 건물 하수도로 운반한다.
- 배수 수직관waste stack은 변기류 이외의 배관 설비에서 나오는 오물을 운반한다.
- 수직관에서는 구부림 최소
- 분기관의 간격은 층 높이에 해당하는 오수나 배수 수직관의 길이를 의미하지만 한 층에서 수평 분기 배수관이 연결되는 8'(2440) 이상이어야 한다.
- 외기 취입구fresh-air inlet는 건물 트랩 혹은 이전에 건물 배수관에 연결된 건물의 배수 시스템으로 신선 한 공기를 유입함.
- 건물 하수도building sewer는 건물 배수를 공공 하수도 또는 개인 처리 시설에 연결한다.

- 지붕배기관/환기통은 오수 및 배수 수직관에서 수직관에 연결된 가장 높은 수평 배수구 위로 연장된 부분이다. 지붕 표면 위로 12" (305) 이상 연장되고 수직 표면에서 이격되며, 채광창과 지붕창에서 이격되어야 한다.

배기관/통기관

배기 시스템은 정화조 가스가 외부로 빠져 나가도록 하고 배수 시스템에 신선한 공기 흐름을 공급하여 사이펀 작용과 배압back pressure으로부터 봉수/트랩 씰trap seal 3)을 보호한다.

- 비상용/도피 통기관relief vent은 첫 번째 설비와 오수 및 배수 수직관 사이의 환기통을 수평 배수관에 연결하여 배수와 통기 시스템 사이에 공기 순환을 제공함.
- 루프 통기관은 루프를 뒤로 돌려 환기통 대신 수직 통풍구로 연결하는 순환 통풍구이다.
- 공용 통기관은 동일한 높이에 연결된 두 개의 설비 배수구에 부착된다.
- 환기통vent stack은 부분에서든 공기 순환을 제공하기 위해 설치된 수직 환기구이다.
- 분기 통기관은 하나 이상의 환기구를 환기통이나 수직 통풍구와 연결한다.
- 연속 통기관은 연결되는 배수 라인의 연속으로 이어져 형성된다.
- 배부 통기관back vent 트랩의 하수구 쪽에 설치된다.
- 회로 통기관circut vent은 두 개 이상의 트랩에 연결되고 수평 분기의 마지막 설비 연결 앞에서 환기통까지 연장된다.
- 습식 통기관은 오수 및 배수 파이프와 통풍구 역할을 동시에 하는 대형 파이프임.
- 청소 구멍

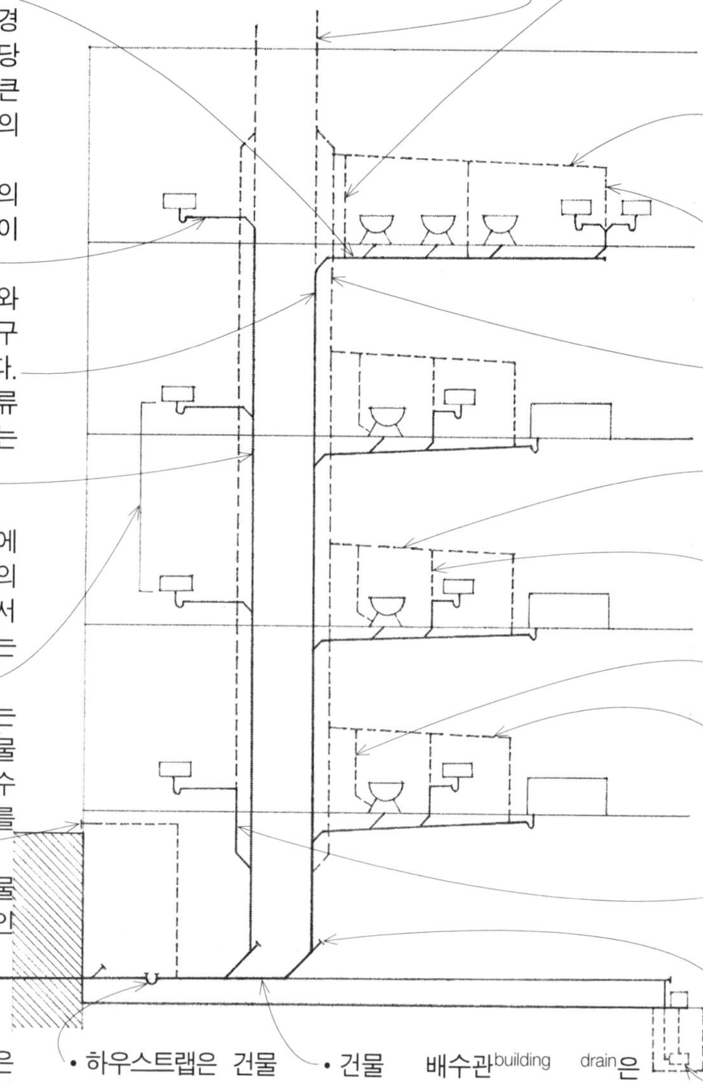

- 오수거sanitary sewer는 빗물은 제외하고 배관 설비의 하수만 전달한다. 우수거는 지붕과 포장된 표면 에서 배수된 빗물을 전달한다. 합류식 하수도은 하수와 빗물 을 모두 운반한다.
- 하우스트랩은 건물 하수도에서 건물의 배수 시스템으로 하수 가스가 나가는 것을 방지하기 위해 배수구에 설치한다. 모든 배관 규정에서 설치를 요구하는 것은 아니다.
- 건물 배수관building drain은 건물 벽 내부의 오수 및 배수 수직관에서 배출을 받아 중력에 의해 건물 하수도로 전달하는 배수 시스템의 가장 낮은 부분이다.
- 우수 횡주관building storm drain은 2) 빗물 또는 유사한 배출물만 건물 우수거로 전달하며, 이는 다시 공공 우수거, 합류식 하수도 또는 기타 처리지점으로 이어진다.
- 배수조 펌프sump pump는 배수조에서 모인 액체를 제거한다. 도로 하수도 아래에 있는 설비에 필요하다.

CSI 마스터포맷 33 31 00: 오수 처리 배관

2) 우수를 받는 수직관에서 내려오는 빗물을 받는 가로방향의 관.
3) 배수관 트랩 안쪽에 고인 물

오수거는 일반적으로 배관 설비에서 공공시설로 하수를 전달하여 처리 및 폐기한다. 이것이 불가능한 경우 사설 하수 처리 시스템이 필요하다. 오수거의 유형과 크기는 제공되는 설비의 수량과 여과 테스트에 의해 결정된 오물의 침투성에 따라 다르다. 하수 처리 시스템은 위생설비 기술자가 계획하고, 사용 전에 위생국의 승인 및 검사를 받아야 한다. 상세 규정 및 요구 사항은 건축 및 보건 규정을 참조해야 한다.

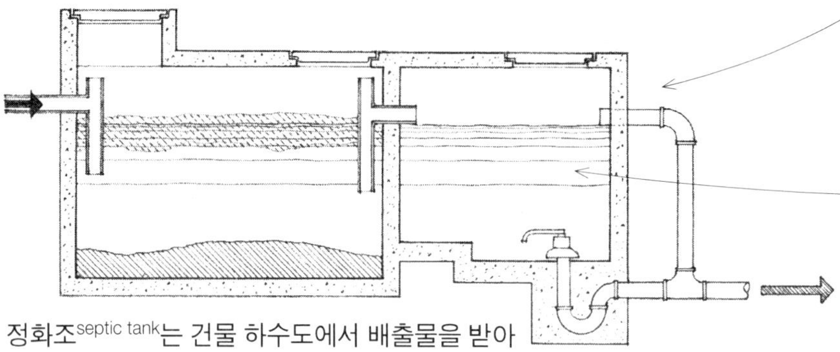

정화조septic tank는 건물 하수도에서 배출물을 받아 혐기성균에 의해 분해 및 정제된 고체 유기물을 분리하고 정화된 액체를 배출하여 최종 처리를 하기 위한 덮개가 있는 수밀한 탱크이다.

약 70% 정제된 액체 유출물은 다음 시스템 중 하나로 흐를 수 있다.

- 배수지drainfield는 정화조의 유출물이 주변 토양으로 스며들거나 침출 될 수 있는 흡수 트렌치 배열을 포함하는 열린 공간이다.
- 구멍이 뚫린 조적 또는 콘크리트 벽으로 늘어선 침투구seepage pit는 흡수성 토양의 최고 수위가 피트 바닥에서 최소 2'(610) 아래에 있을 때 배수지 대신 사용되기도 함
- 침투처리 방식subsurface infiltration은 등급이 매겨진 자갈로 둘러싸인 분배 파이프, 깨끗하고 거친 중간 모래층 및 여과된 폐수를 배출하기 위한 지하 배수 시스템으로 구성된다. 모래 필터sand filter는 다른 시스템을 사용할 수 없는 경우에만 사용해야 한다.

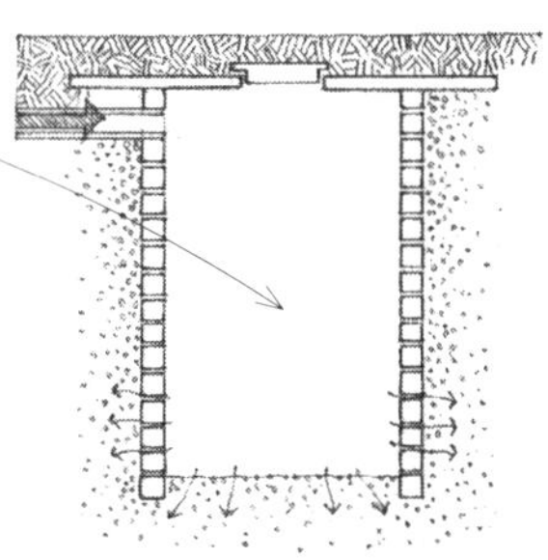

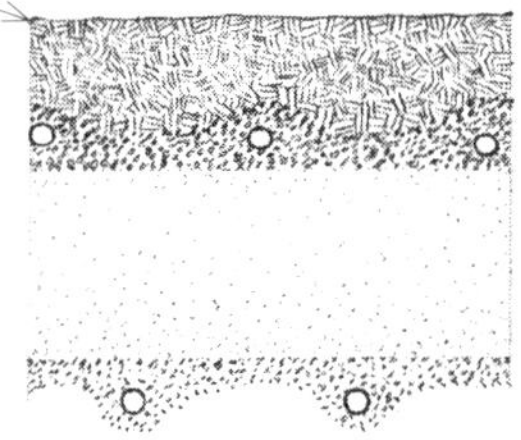

- 중수graywater는 세면대, 욕조, 샤워기 및 식기 세척기에서 나오는 폐수를 말하며, 화장실 물 내리기 및 관개 등의 용도로 재활용할 수 있다. 현재까지 중수 재사용을 허용하는 법규 조항을 채택한 지자체는 거의 없다. 중수 시스템은 물 효율적인 설비를 지정하고 조경에 사용하기 위해 수조 및 저수지에서 빗물 및 표면 유수를 모으는 것과 같은 다른 물 관리 전략과 함께 사용해야 한다.

LEED WE 크레딧 2: 혁신적인 폐수 기술

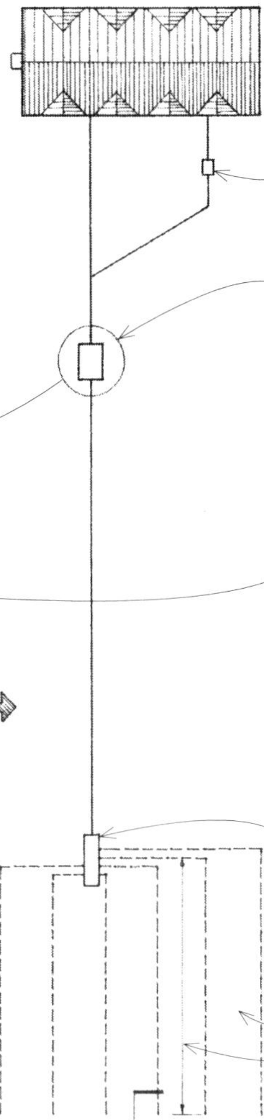

4) 배수관 내 녹은 기름이 내벽에 굳어서 부착되는 것을 막기 위한 트랩

건물의 전기 시스템은 조명, 난방, 전기 장비 및 가전제품의 작동에 전력을 공급한다. 이 시스템은 안전하고 안정적이며 효과적으로 작동하기 위해 건축 및 전기 법규에 따라 설치해야한다. 모든 전기 장비는 UL[Underwriters' Laboratories] 표준을 충족해야 한다. 전기 시스템의 설계 및 설치에 대한 세부 요구 사항은 관련 전기 규정을 참조해야한다.

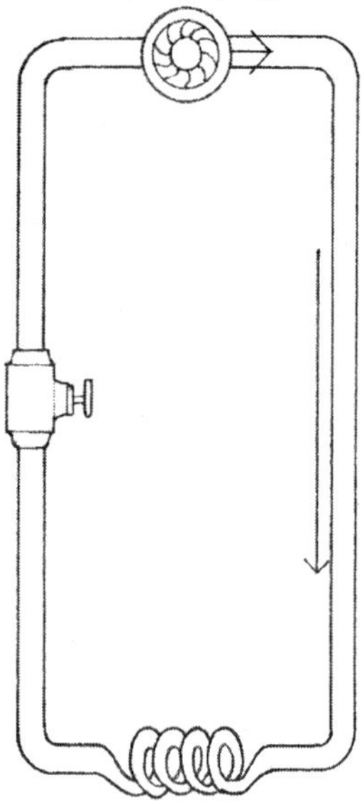

용수 순환에 비유한 전기 회로

전기 에너지는 회로에서 두 지점 간의 전하 차이로 인해 도체를 통해 흐른다.

- 볼트(V)는 기전력의 SI 단위로, 지점 간에 소비되는 전력이 1와트[watt]와 같을 때 1암페어[ampere]의 정전류를 전달하는 도체의 두 지점 사이의 전위차로 정의한다.
- 암페어(A)는 전류의 기본 SI 단위로, 초당 1쿨롱[coulomb]의 흐름 또는 1옴[ohm]의 저항에 적용되는 1볼트에 의해 생성되는 정상 전류에 해당한다.
- 와트(W)는 초당 1줄[joule] 또는 1볼트의 전위차를 가로질러 흐르는 1암페어의 전류로 표시되는 전력과 동일한 SI 단위 전력이다.
- 옴은 1볼트의 전위차가 1암페어의 전류를 생성하는 도체의 저항과 동일한 전기 저항의 SI 단위. 기호 : Ω

전력은 일반적으로 전력 공급 회사에서 건물에 공급한다. 아래의 개략도는 건물의 부하 요구 사항에 따라 공공 전기 공급 업체에서 제공 할 수 있는 여러 전압 시스템을 보여준다. 대규모 설치는 자체 변압기를 사용하여보다 경제적이고 높은 공급 전압[supply voltage]에서 서비스 전압[service voltage]로 강하 할 수 있다. 비상구 조명, 경보 시스템, 엘리베이터, 전화 시스템, 소방펌프 및 병원의 의료 장비에 비상 전력을 공급하려면 발전기 세트가 필요할 수 있다.

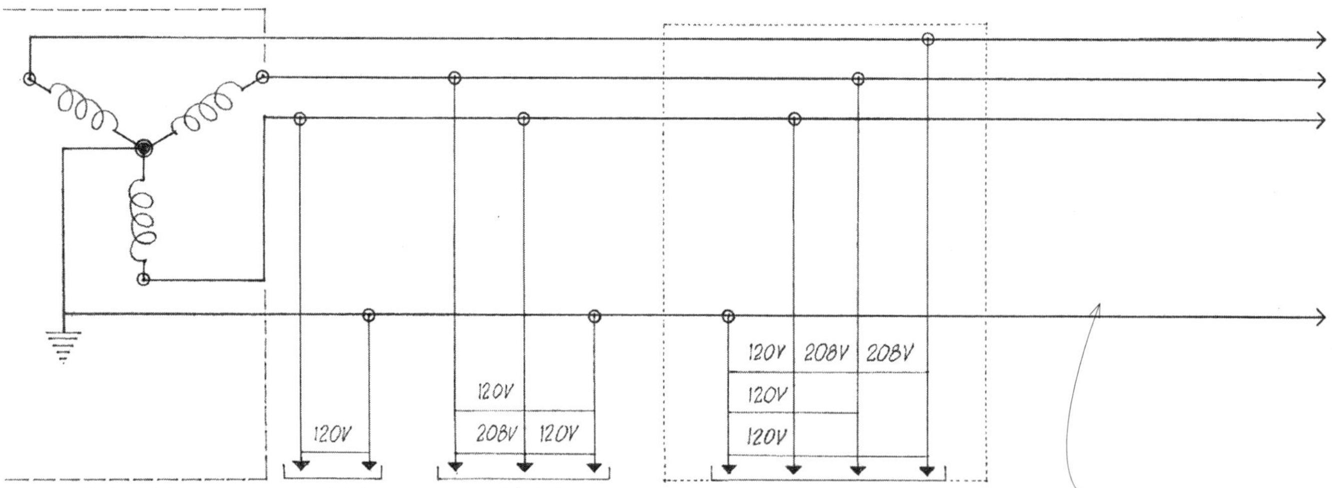

- 전력 공급 업체의 변압기
- 120V, 단상, 2선
- 120/208V, 단상, 3선
- 120/240V, 단상, 3선 공급 방식이 주거용으로 더 일반적임
- 120/208V, 3상, 4선
- 이 서비스는 더 높은 전압을 필요로 하는 가장 큰 설비를 제외한 모든 설비에서 사용 가능
- 중성점 접지
- 모든 전기 시스템은 충격 및 전기 화재로부터 보호하기 위해 접지되어야함

CSI 마스터포맷 33 70 00: 공공 전기 공급시설

전기 공급 업체는 서비스 가용성을 확인하고 서비스 연결 및 계량기의 위치를 조정하기 위해 계획 단계 중에 건물에 대한 예상 총 전기 부하 요구사항을 알아야 한다.

서비스 연결service connection은 상공 또는 지하에 있을 수 있다. 가공송전overhead service은[5] 비용이 저렴하고 유지 보수를 위해 쉽게 접근 할 수 있으며 장기간에 걸쳐 고전압을 전달할 수 있다. 지중송전underground service은 더 비싸지만 도시 지역과 같이 부하 밀도load-density가 높은 상황에서 사용한다. 송전 케이블은 은 보호 및 향후 교체를 위해 관로 또는 레이스웨이raceways에[6] 설치된다. 직통 매설 케이블은 주거용 서비스 연결에 사용할 수 있다.

- 변압기transformer는 중대형 건물에서 높은 공급 전압에서 서비스 전압으로 강하하는데 사용됨. 비용, 유지 보수, 소음 및 열 문제를 줄이기 위해 변압기를 실외 패드에 배치 가능. 건물 내에 있는 경우는 오일로 채워진 변압기에는 2개의 출입구가 있고 개폐기 실에 인접하며 통풍이 잘되는 내화 등급의 실이 필요함
- 중소형 건물에 사용되는 건식dry-type변압기는 차단스위치 및 개폐기와 함께 단위 변전소에 배치 가능
- 서비스 스위치service switch는 비상 전원 시스템을 제외하고 건물의 전체 전기 시스템에 대한 주 차단기이다.
- 서비스 장비에는 건물에 대한 전력 공급을 제어하고 보호하기 위한 주 차단스위치main disconnect switch와 보조 스위치secondary switches, 퓨즈 및 회로 차단기circuit breakers가 포함되며, 인입선 입구 근처 개폐기어실에 있음.
- 주 배전반main switchboard은 다수의 전기 회로를 제어, 분배 및 보호하기 위한 스위치, 과전류 장치overcurrent devices, 계량기 및 모선도체busbars가 장착 된 패널이다. 전압 강하를 최소화하고 배선의 경제성을 얻기 위해 가능한 한 서비스 연결부에 가깝게 위치해야 한다.

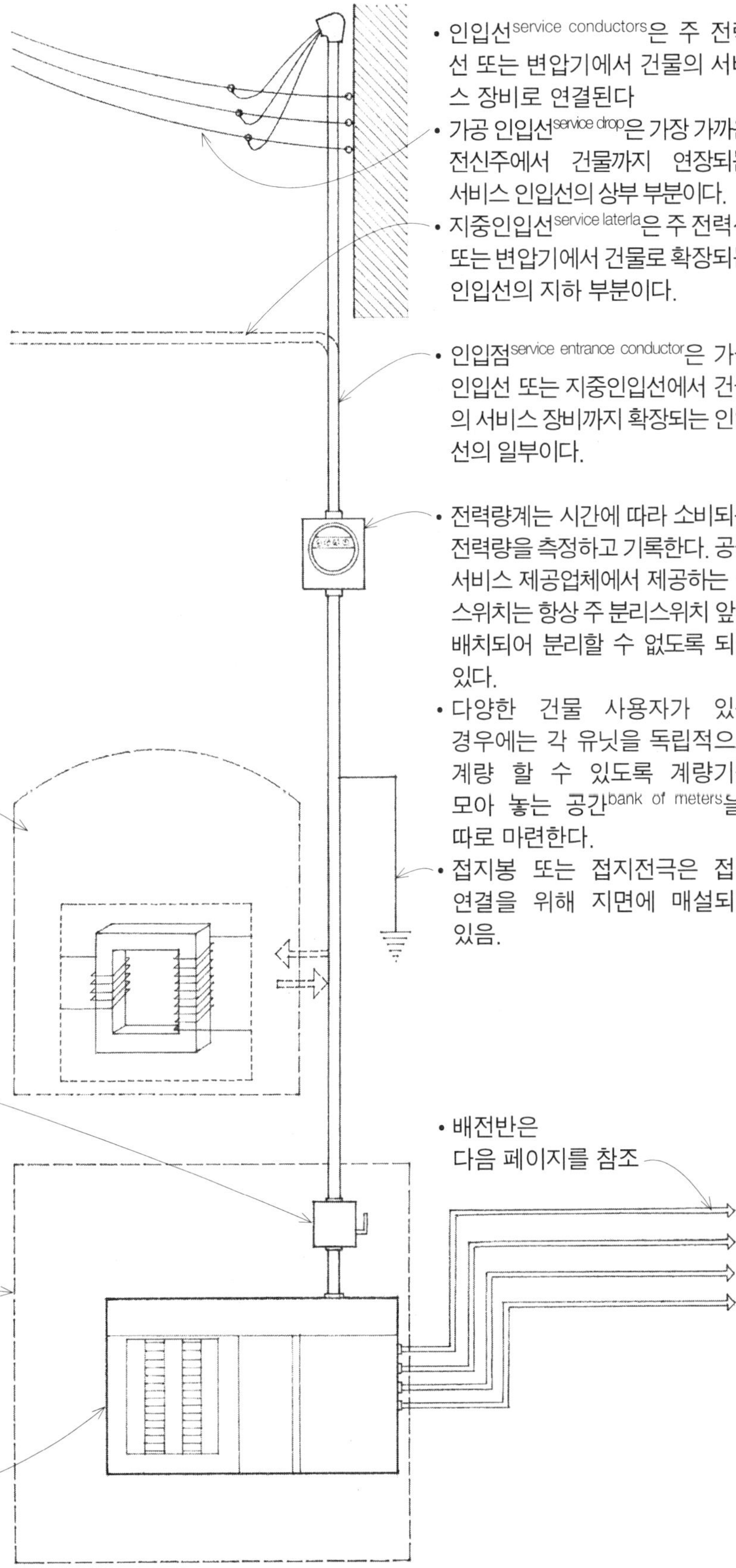

- 인입선service conductors은 주 전력선 또는 변압기에서 건물의 서비스 장비로 연결된다
- 가공 인입선service drop은 가장 가까운 전신주에서 건물까지 연장되는 서비스 인입선의 상부 부분이다.
- 지중인입선service laterla은 주 전력선 또는 변압기에서 건물로 확장되는 인입선의 지하 부분이다.
- 인입점service entrance conductor은 가공 인입선 또는 지중인입선에서 건물의 서비스 장비까지 확장되는 인입선의 일부이다.
- 전력량계는 시간에 따라 소비되는 전력량을 측정하고 기록한다. 공공 서비스 제공업체에서 제공하는 이 스위치는 항상 주 분리스위치 앞에 배치되어 분리할 수 없도록 되어 있다.
- 다양한 건물 사용자가 있는 경우에는 각 유닛을 독립적으로 계량 할 수 있도록 계량기를 모아 놓는 공간bank of meters을[7] 따로 마련한다.
- 접지봉 또는 접지전극은 접지 연결을 위해 지면에 매설되어 있음.
- 배전반은 다음 페이지를 참조

[5] 전봇대와 가은 지상 지지물에 설치된 전선으로 전기를 공급하는 것.
[6] 전선이나 케이블을 넣기 위한 목적으로 만든 채널 부재
[7] 많은 경우 계량기실을 운영한다

CSI 마스터포맷 26 05 26: 전기 시스템의 접지 및 결합

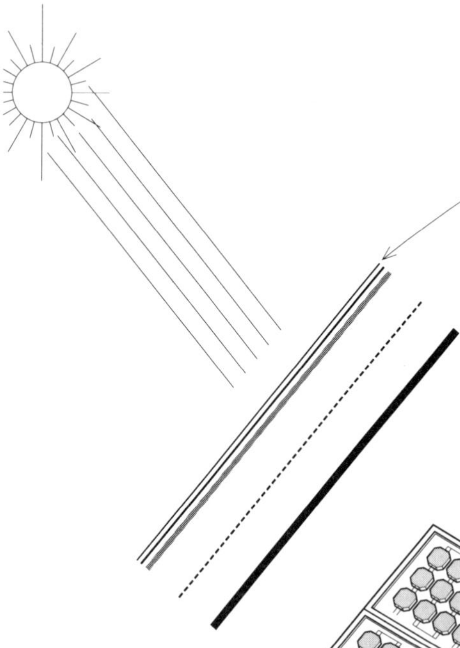

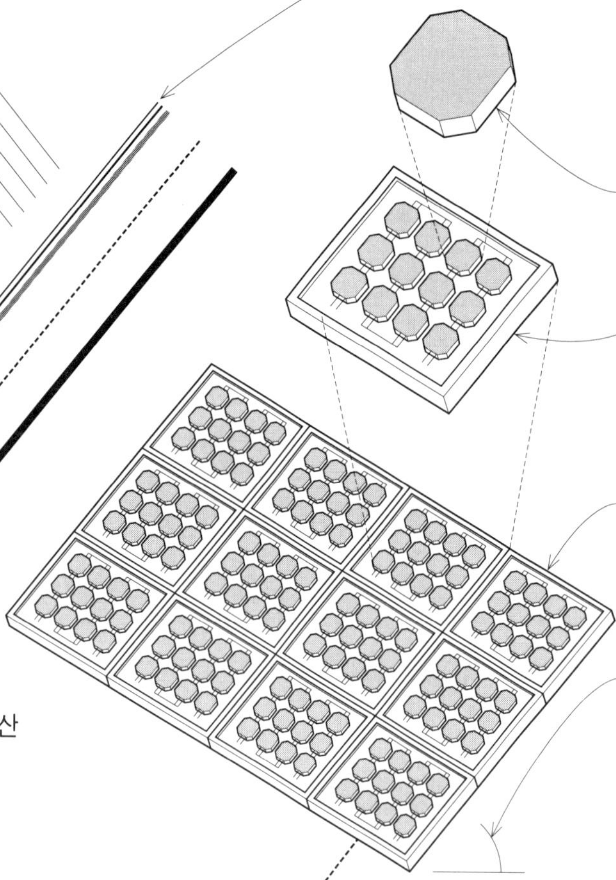

태양광 발전 기술

태양광발전photovoltaic(PV) 기술은 태양 복사 에너지(광자)를 전기(전압)로 직접 변환한다. 생성된 전기는 직류(DC)로 배터리 시스템에 저장되거나 상업용 및 주거용 건물에서 사용하기 위해 교류(AC)로 변환된다. 대규모 전기 제공업체 또는 산업용도의 경우 수백 개의 태양열 패널이 상호 연결되어 대형 공급업체 규모의 PV 시스템을 형성한다.

- 태양 전지라고도 하는 태양광 전지는 두 가지 유형의 반도체 물질의 접합부에서 빛이나 기타 복사 에너지가 입사되어 기전력이 생성될 때 태양 에너지를 전기 에너지로 변환하는 고체 장치이다.
- 보호 구조물 내에 집어넣은 태양광발전 모듈 또는 태양광 패널에서 같은 열에 있는 셀끼리는 특정 전압을 얻기 위해 직렬로 연결되고, 열과 열 사이는 원하는 양의 전류를 제공하기 위해 병렬로 연결한다.
- 태양광 전지판은 일반적으로 옥상에 장착되고 전기 연결된 여러 태양광 모듈로 구성되어 상업 및 주거용 건물에서 필요한 양의 전기를 생성 및 공급한다.
- 태양광 모듈은 연중 최대의 태양 에너지를 흡수할 수 있도록 가능한 한 해당 지역의 위도와 가까운 각도로 기울어진다.

LEED EA 크레딧 5 :
재생 가능한 에너지 생산

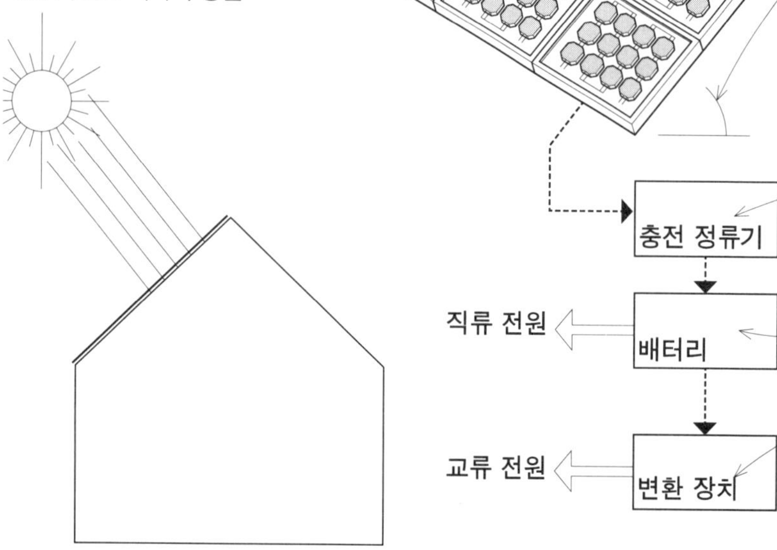

- 충전 정류기charge controller는 배터리의 과충전 또는 과도한 방전을 방지한다.
- 배터리는 에너지를 저장하고 직류를 제공한다.
- 변환기inverter는 태양광 모듈에서 공급하는 직류를 교류로 변환한다.
- 광전지 배열의 출력은 일반적으로 와트watt 또는 킬로와트kilowatt 단위로 측정한다.
- 전력 요금인하 제도net metering는 고객이 수요를 초과하여 전기를 생산할 때 청구기간 동안 소비를 상쇄할 수 있도록 하여 재생 가능 에너지 생성 기술에 대한 투자를 촉진하는 일부 전력공급업체의 정책이다.

건물 일체형 태양광전지(BIPV)

2세대 박막 태양 전지는 비정질 실리콘 또는 카드뮴cadmium 텔루라이드telluride와 같은 비실리콘 물질로 만들어진다. 유연성으로 인해 박막 태양 전지는 건물의 지붕, 벽 또는 창에 주 또는 보조 전력 공급원으로 통합될 수 있으며 종종 기존 건축 자재를 대체한다. 이들은 유연한 지붕 멤브레인membrane과 일체화 될 수 있고, 지붕널이나 타일로 모양을 만들고 사용하거나, 커튼월 시스템의 구성 요소로 사용하거나, 채광창에 사용할 수 있다.

CSI 마스터포맷 48 14 13: 태양 에너지 수집 장치

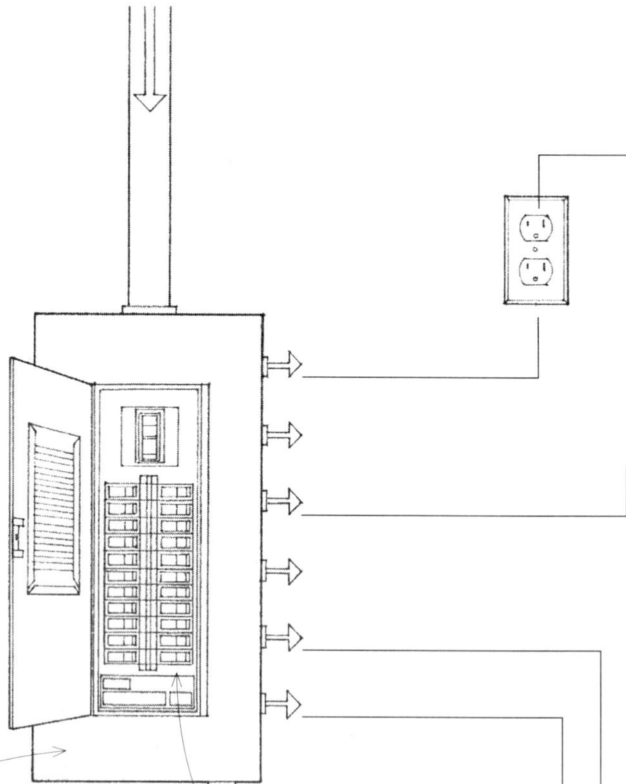

건물의 다양한 영역에 대한 전력 요구 사항이 결정되면 사용 지점에 전력을 분배하기 위해 배선 회로를 배치해야 한다.

- 분기 회로branch circuits는 회로를 보호하는 최종 과전류 장치에서 회로가 제공하는 콘센트까지 확장되는 전기 시스템의 일부이다. 각 분기 회로는 전달해야 하는 부하의 양에 따라 크기가 결정된다. 용량의 약 20%가 유연성, 확장 및 안전을 위해 확보되어 있고, 과도한 전압 강하를 방지하려면 분기 회로의 길이가 30m를 초과하지 않아야 한다.

- 범용 회로general purpose circuits는 조명 및 가전제품의 여러 콘센트에 전류를 공급한다.

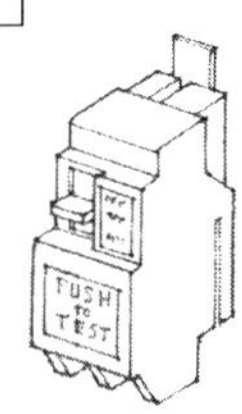

- 욕실과 같이 습한 장소의 콘센트receptacle는 누전차단기(GFI)로 보호해야한다. GFI는 접지사고로 인한 전류를 감지하고 손상이나 부상이 발생하기 전에 즉시 전원을 차단하는 회로 차단기이다. 이 보호 기능은 GFI 콘센트 또는 서비스 패널의 GFI 차단기에 의해 제공된다.

- 배전반은 전기 시스템에서 여러 유사한 분기 회로를 제어, 분배 및 보호한다. 대형 건물에서는 회로의 부하 끝에 가까운 전기실에 배전반이 있다. 주택이나 소규모 설치에서는 스위치 보드와 결합되어 서비스 패널을 형성한다.

- 회로 차단기circuit breaker는 과도한 전류가 회로 장치를 손상시키거나 화재를 일으키는 것을 방지하기 위해 전기회로를 자동으로 차단하는 스위치이다. 회로 차단기는 구성 요소를 교체하지 않고 다시 닫아 재사용할 수 있다.

- 전기기구 회로는 전자제품용으로 특별히 고안된 하나 이상의 콘센트에 전류를 공급한다.
- 전용분기회로는 단일 전기 장비에만 전류를 공급한다.

- 조명기구 및 전기로 작동되는 제품 및 장비에 대한 부하 요구 사항load requirements은 제조업체에서 지정한 것을 따른다. 그러나 범용 회로의 설계 부하는 회로에서 제공하는 콘센트의 수와 사용 방법에 따라 다르다. 유의사항은 전기 규정을 참조.

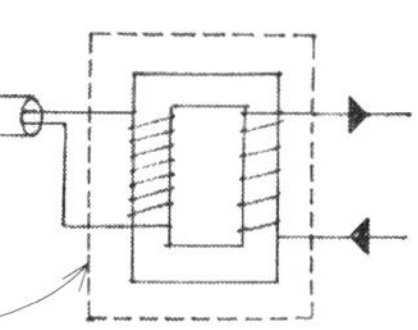

- 저전압 회로는 정상 라인 전압에서 강압 변압기에 의해 공급되는 50v 미만의 교류 전류를 전달한다. 이 회로는 주거용 시스템에서 초인종, 인터콤, 난방 및 냉방 시스템, 원격 조명 설비를 제어하는 데 사용한다. 저전압 배선에는 보호 레이스웨이가 필요하지 않다.
- 저전압 전환은 모든 전환이 발생할 수 있는 중앙 제어 지점이 필요할 때 사용한다. 저전력 스위치는 서비스 콘센트에서 실제 전환을 수행하는 계전기relays를 제어한다.

- 전화, 케이블, 인터콤, 보안 또는 화재 경보 시스템의 음향 및 신호 장비에는 별도의 배선 회로가 필요하다.
- 전화 시스템은 공사 중 콘센트를 배치하고 배선해야 한다. 대규모 설치에는 전기 시스템과 유사한 서비스 연결지점과 종단함terminal enclosures, 수직 공간riser spaces 등이 필요하다. 대형 시스템은 일반적으로 통신 회사에서 설계, 제공 및 설치한다.
- 케이블 TV 시스템은 실외 안테나 또는 위성방송 수신 안테나satellite dish, 케이블 회사 또는 폐쇄 회로 시스템으로부터 신호를 수신할 수 있다. 여러 개의 아웃렛이 필요한 경우 증폭기 역할을 하는 120V 아웃렛이 제공된다. 비금속 도체 궤도의 동축 케이블은 증폭된 신호를 여러 콘센트로 전송한다.

CSI 마스터포맷 26 10 00 : 중전압 배전
CSI 마스터포맷 26 18 00 : 중전압 회로 보호 장치 전류의 흐름에 거의 저항하지 않는 금속은 좋은 전도체이며, 구리를 가장 많이 사용한다. 다양한 형태의 도체(와이어, 케이블 및 모선 busbar)은 안전 전류 전달 용량safe current-carrying capacity과 절연체의 최대 작동 온도에 따라 크기가 달라지는데 규격은 다음에 따라 다르다.

- 전압 등급
- 도체의 수와 크기
- 절연 유형

도체는 다른 도체 또는 금속과의 접촉을 방지하고 열, 습기 및 부식으로부터 보호하기 위해 절연체로 덮여 있다. 고무, 플라스틱, 도자기 및 유리와 같이 전류 흐름에 대한 저항이 높은 재료는 일반적으로 전기 배선 및 연결을 절연하기 위해 사용한다.

전선관conduit은 전선 및 케이블을 지탱하고 물리적 손상 및 부식으로부터 보호한다. 금속 전선관은 또한 배선을 위한 연속 접지 보호를 한다. 내화 구조의 경우 단단한 금속 전선관, 전기 금속 튜브 또는 유연한 금속 전선관을 사용할 수 있다. 프레임 구조의 경우에는 금속 피복 또는 비금속 피복 케이블이 사용한다. 플라스틱 튜브 및 전선관은 지하 배선에 가장 일반적으로 사용한다.

전선관은 상대적으로 작아서 대부분의 시공 방식에 쉽게 적용 할 수 있다. 전선관은 잘 지지해야 하고 가능하면 직접 배치해야 한다. 법규는 일반적으로 전선관에서 접합부분이나 콘센트 상자 사이에 있을 수 있는 굴곡의 수와 반경을 제한한다. 경로 충돌을 방지하려면 건물의 설비 및 배관 시스템과의 조정이 필요하다.

전기 전도체는 종종 사무실 건물의 전원, 신호 및 전화 콘센트를 유연하게 배치 할 수 있도록 강재 셀룰러 데크cellular steel deck의 레이스웨이 내부로 지나간다. 평각도체 케이블flat conductor cable 시스템은 카펫 타일 바로 아래에 설치할 수도 있다.

노출 설치exposed installations의 경우 특수 전선관, 레이스웨이, 홈통troughs 및 이음부속 fittings를 사용할 수 있다. 노출된 설비 시스템과 마찬가지로 배치는 공간의 물리적 요소와 시각적으로 조화를 이루어야 한다.

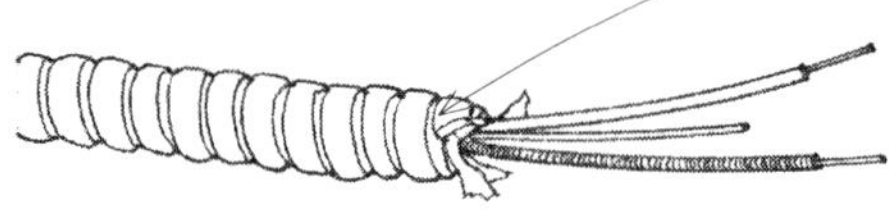

- BX 케이블이라고도 하는 외장 케이블은 나선형으로 감긴 유연한 금속 래핑으로 보호되는 두 개 이상의 절연 도체로 구성된다.

- 로맥스Romex 케이블이라고도 하는 비금속 피복 케이블은 비금속, 내습성, 난연성 피복으로 둘러싸인 두 개 이상의 절연 도체로 구성된다.
- 미네랄 절연 케이블mineral-insulated cable은 고도로 압축된 절연 내화 미네랄에 내장된 하나 이상의 도체가 있는 관형 구리 피복으로 구성된다.

- 금속 전선관은 잠금 너트와 부싱bushings를[8] 나삿니가 있는 허브에 직접 조여서 결합하는 강관이다. 두께가 두껍다.

- 전기 금속 튜브는 압축 또는 고정 나사 이음쇠로 연결된 얇은 벽의 강관이다.

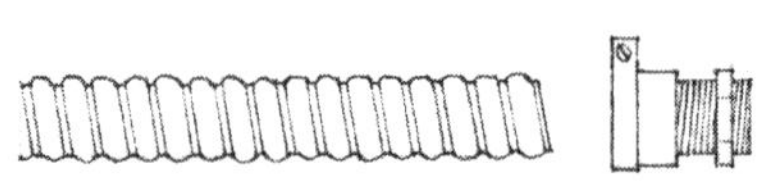

- 가요성 금속 전선관flexible metal conduit은 나선형으로 감겨있다. 모터 또는 진동장비를 연결하는데 쓴다.

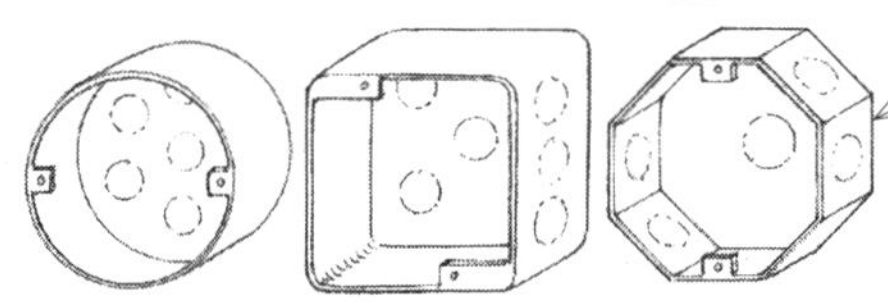

- 접속 배선함junction boxes은 전기 회로를 연결하거나 분기할 때 함께 결합된 전선 또는 케이블을 수용하고 보호하기 위한 상자이다.

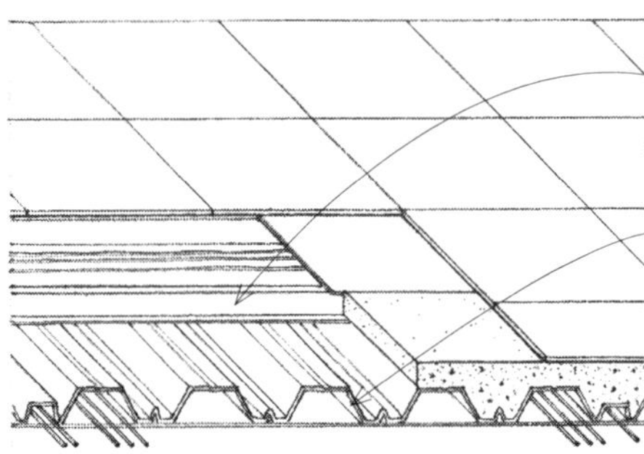

- 레이스웨이와 수직인 트렌치 상부
- 바닥 콘센트는 미리 설정된 모듈에 위치
- 강재 셀룰러 데크 바닥

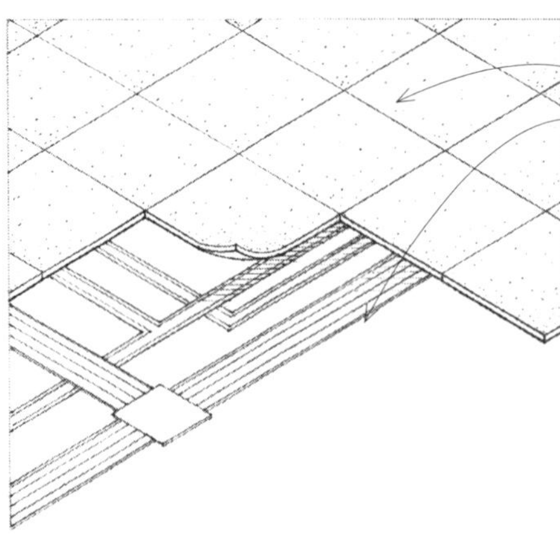

- 바닥 카펫타일
- 낮은 단면의 콘센트가 있는 1~3 회로 평각도체 케이블

CSI 마스터포맷 26 05 00 : 전기에 대한 일반적인 작업 결정사항

8) 지름이 서로 다른 배관을 연결하는 부품

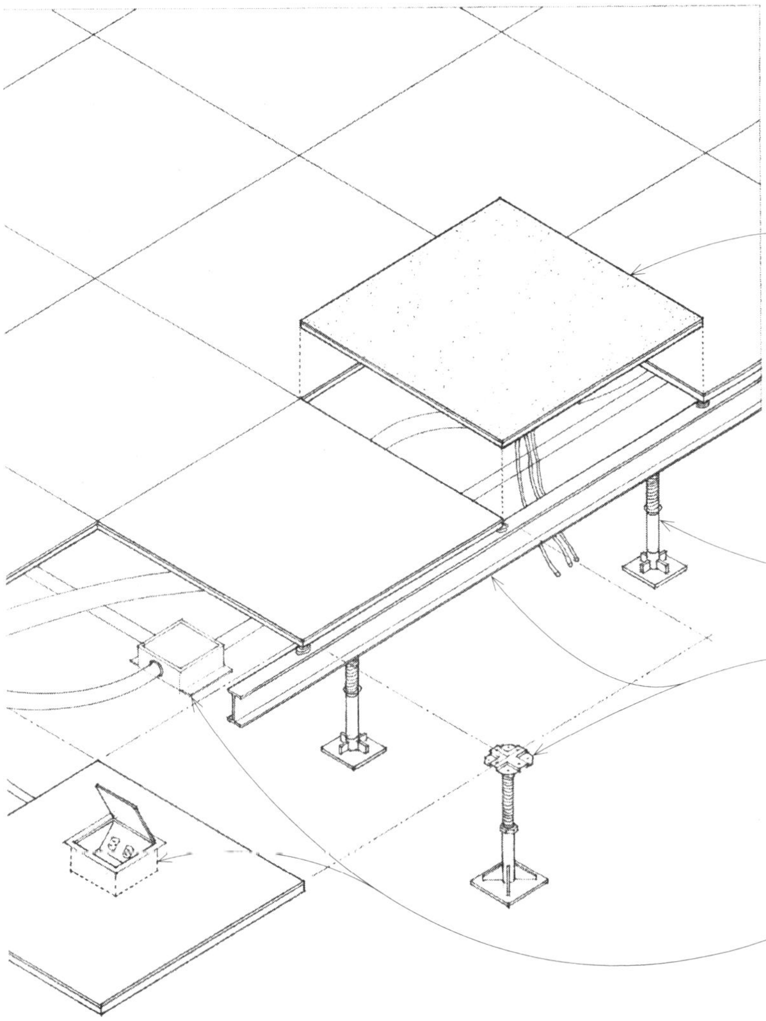

액세스 플로어 시스템은 일반적으로 사무실 공간, 병원, 실험실, 컴퓨터 실, 텔레비전 및 통신 센터에서 사용되어 책상, 워크스테이션 및 장비 배치에 대한 접근성과 유연성을 제공한다. 모듈식 배선 시스템을 사용하여 장비를 상당히 쉽게 이동하고 다시 연결할 수 있다.

- 아래 공간에 자유롭게 접근할 수 있도록 조절 가능한 받침대와 분리 및 교체 가능한 바닥 패널로 구성됨. 바닥 패널은 일반적으로 24" 또는 600mm 정사각형이며 강재, 알루미늄, 강철이나 알루미늄으로 둘러싼 목재 코어 또는 경량 철근 콘크리트로 구성한다. 패널은 카펫 타일, 비닐 타일 또는 고압 플라스틱 접합재로 마감할 수 있음. 화재 등급 및 정전기 방지 제어 피복재도 사용할 수 있다.
- 받침대는 마감된 바닥 높이를 12"~30"(305~455)까지 조정가능하다. 최소 마감 바닥 높이는 8"(203) 정도.
- 스트링거stringer를[9] 사용하는 시스템은 스트링거 없는 시스템보다 횡적 안정성이 더 크다. 횡적 안정성에 대한 건축 법규 요구 사항을 충족하기 위해 지진 받침대를 사용할 수 있다.
- 설계 하중 범위는 250~625 psf (1220~3050kg/㎡)이지만 더 무거운 하중을 수용하기 위해 최대 1125 psf (5490kg/㎡)까지 사용할 수 있다.
- 바닥아래 공간은 컴퓨터, 보안 및 통신 시스템용 전기 전선관, 접속 배선함 및 케이블 설치에 사용한다.

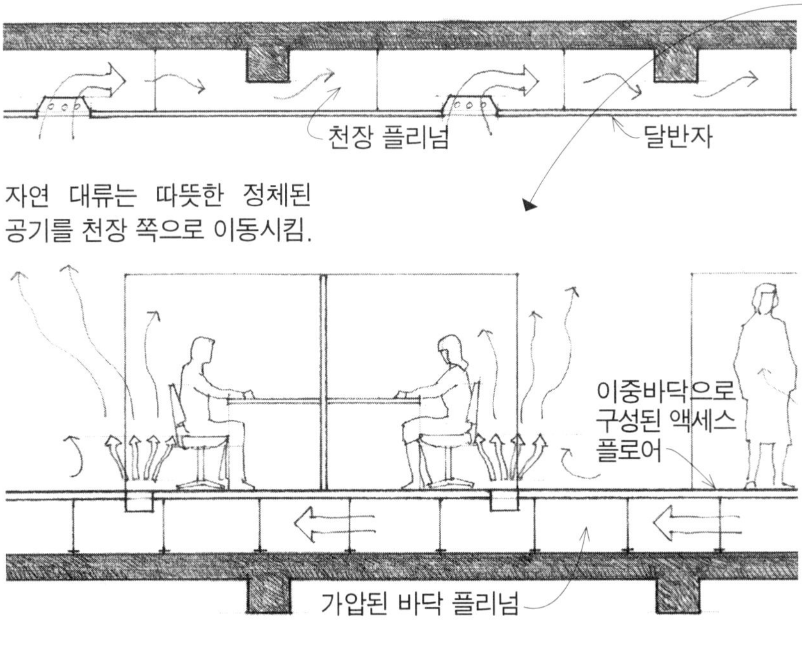

- 이 공간을 HVAC 시스템의 공급 공기를 분배하기 위한 플리넘plenum용도로[10] 사용하게 되면 천장 플리넘은 귀환 공기에만 사용할 수 있다. 이러한 방식으로 차가운 공급 공기를 따뜻한 귀환 공기와 분리하면 에너지 소비를 줄일 수 있다. 서비스 공간의 전체 높이를 낮추면 신축 공사의 바닥에서 바닥까지의 높이도 줄어든다.

- 설치 세부 사항 및 램프와 계단과 같은 사용 가능한 보조물에 대해서는 제조업체에 문의.

9) 바닥 구조를 지지하는 수평부재
10) 난방로와 온풍 분배장치를 연결하는 관

조명 설비, 벽스위치 및 실내 콘센트는 전기 시스템에서 가장 눈에 잘 띄는 부분이다. 스위치와 콘센트는 편리한 접근이 가능하도록 위치해야 하며 가시적인 표면의 패턴으로 설치되어야 한다. 이러한 장치의 벽판은 금속, 플라스틱 또는 유리로 만들어지며 다양한 색상과 마감이 가능하다.

범용 회로의 설계 부하는 회로가 제공하는 콘센트 수와 사용 방법에 따라 다르다. 실내 콘센트의 필요한 수와 간격을 계산하려면 전기 규정을 참조해야 한다.

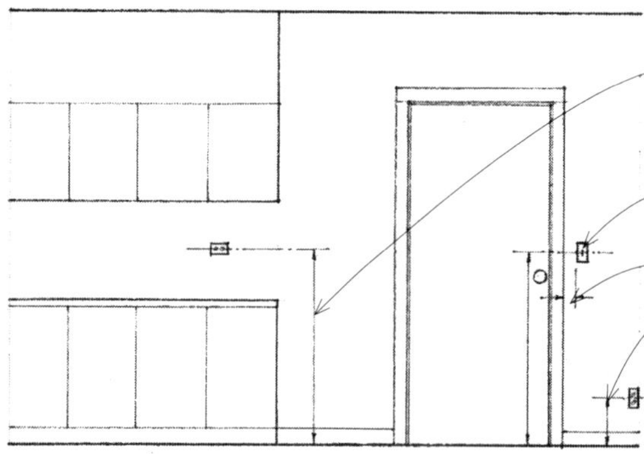

- 조리대/상판 위 콘센트 : 4' 0"(1220), 장애인 접근성을 위해서는 3' 6"(1220)
- 도어 손잡이 쪽 스위치 : 장애인 접근성을 위해 최대 4' 0"(1220)
- 최소 $2^1/_2$"(64)
- 바닥 위 콘센트 : 12"(305), 장애인 접근성을 위해서는 18"(455)

스위치와 콘센트의 높이

주거용
- 생활공간의 벽을 따라 12'(3660)마다 콘센트 1개
- 주방의 조리대를 따라 4'(1220)마다 콘센트 1개
- 욕실에 GFI 보호 콘센트 1 개

사무용
- 벽을 따라 10'(3050)마다 콘센트 1 개 또는
- 처음 400sf (37 m^2)까지는 바닥 면적 40sf (3.7 m^2)마다 1개의 콘센트 및 이후 100sf (9.3 m^2)마다 1개의 콘센트

실내 콘센트의 수

스위치

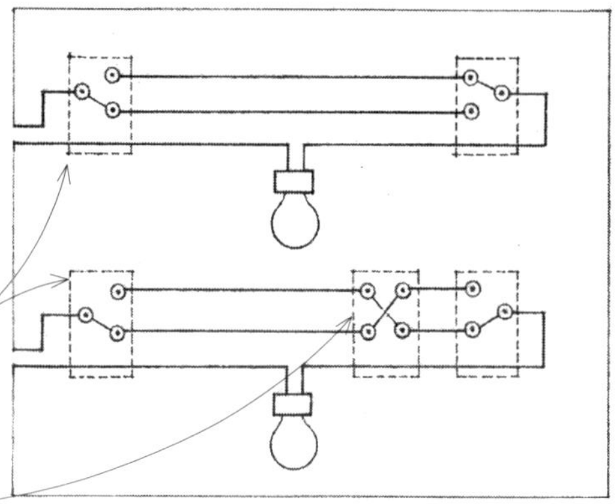

- 토글스위치에는 작은 호를 통해 이동하고 접점이 전기 회로를 열거나 닫도록 하는 레버 또는 손잡이가 있다.
- 3로 스위치는 두 위치에서 조명을 제어하기 위해 다른 스위치와 함께 사용되는 단극 쌍투dsingle pole, ouble-throw 스위치이다.[11]
- 4로 스위치는 2개의 3로 스위치와 함께 사용되어 3개의 위치에서 조명을 제어한다.
- 조광기dimmer는 공간 분포에 큰 영향을 미치지 않으면서 전등의 강도를 조절하기 위한 가변 저항기 또는 유사한 장치이다.

콘센트

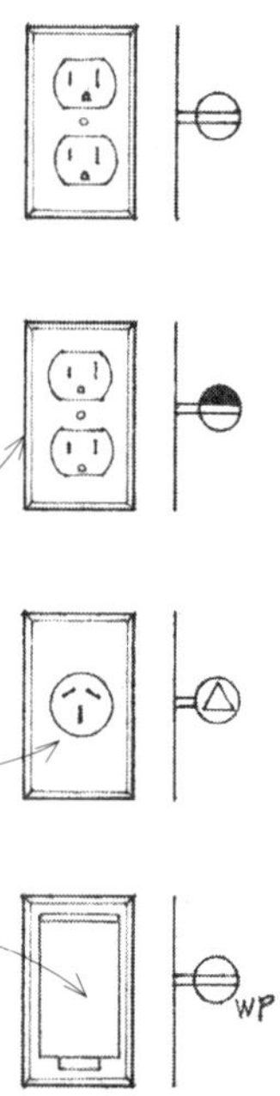

- 실내 콘센트라고도 하는 이중 콘센트는 일반적으로 벽에 장착되고 휴대용 램프 또는 가전제품을 위한 하나 이상의 콘센트를 수용한다.
- 분할 배선 콘센트에는 항상 전원이 공급되는 하나의 콘센트와 벽스위치로 제어되는 두 번째 콘센트가 있다.
- 특정 유형의 기기에 사용하도록 설계된 특수 콘센트는 분극화되고 특정 구성을 가지므로 해당 기기의 부착물만 콘센트에 맞음
- 실외 콘센트에는 방수 덮개가 있어야함
- 모든 물기가 있는 콘센트는 누전 차단기(GFI)로 보호해야 함.

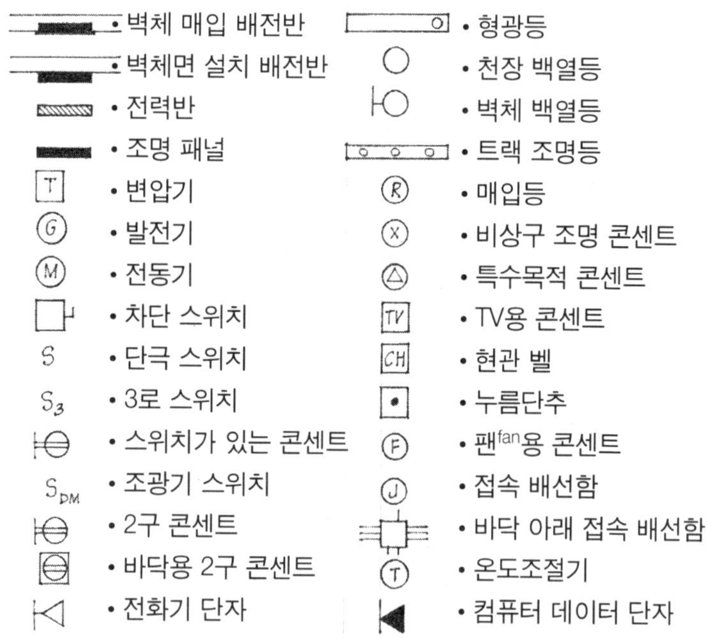

일반적 전기 평면 기호

11) 단극 스위치는 단상 2선식 전로의 한줄 전선만을 개폐하는 소형 스위치를 말하며, 쌍투 스위치는 1조의 가동 접점과 2조의 고정 접점으로 구성되며, 가동 접점을 어디에 접속하느냐에 따라 연결이 전환되는 스위치이다. 2곳에서 1개의 점등을 점멸시킬 때도 쓸 수 있다.

빛은 육안으로 인식할 수 있는 전자기파로 약 370~800nm 범위의 파장을 가지며 초당 186,281 마일 (299,972km/초)의 속도로 전달된다. 모든 방향으로 균등하게 방사되며 광원에서 발산을 시작하여 더 넓은 영역에 퍼지고, 퍼짐에 따라 강도도 감소한다.

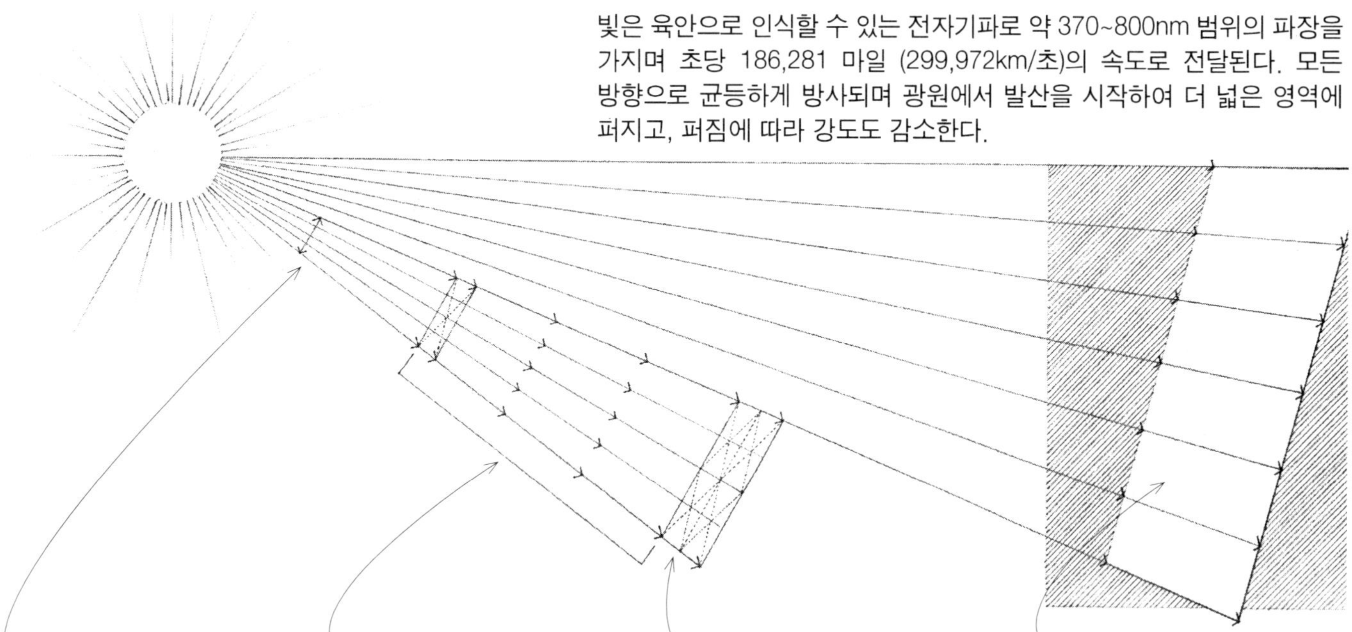

- 광도luminous intensity는 광원으로부터 각 단위 입체 당 방출되는 빛의 흐름으로 단위는 칸델라로 표시된다.
- 칸델라candelas는 광도의 기본 SI 단위로, 주파수 540×10^{12} 헤르츠의 단색 방사선을 방출하고 스테라디안steradian 당 $^1/_{683}$ 와트의 방사 강도를 갖는 광원의 광도와 같다.
- 스테라디안steradian은 구의 반지름의 제곱과 같은 표면의 영역을 대체하는 구의 중심에 있는 입체각solid angle이다.

- 광속luminous flux은 단위 시간당 가시광선의 흐름 속도를 의미하며, 루멘으로 표시된다.
- 루멘lumen은 광속의 SI 단위로, 강도가 1칸델라인 균일한 점광원에 의해 1스테라디안의 입체각으로 방출되는 빛과 같다.

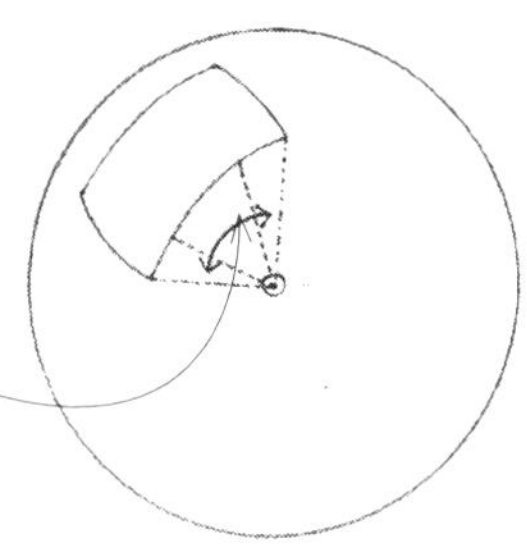

- 역제곱 법칙inverse square law은 점광원에 의해 표면에 생성된 조명도는 광원에서 표면까지의 거리의 제곱만큼 역으로 변한다는 것을 말한다.
- 람베르트Lambert 법칙이라고도 하는 코사인 법칙에 따르면 점광원에 의해 표면에 생성된 조명도는 입사각의 코사인에 비례함.

- 조명도illumination는 빛이 비춰진 표면의 특정 지점에 떨어지는 빛의 강도로 단위 면적당 입사되는 광도와 같으며 단위 면적당 루멘lumen으로 표시된다.
- 룩스lux는 조명도의 SI 단위로 제곱미터 당 1루멘과 같다.
- 피트 촉광foot-candle은 1칸델라candela의 균일한 점광원에서 1피트 떨어진 표면의 조명도 단위이며, 제곱 피트 당 1루멘 입사와 같다.

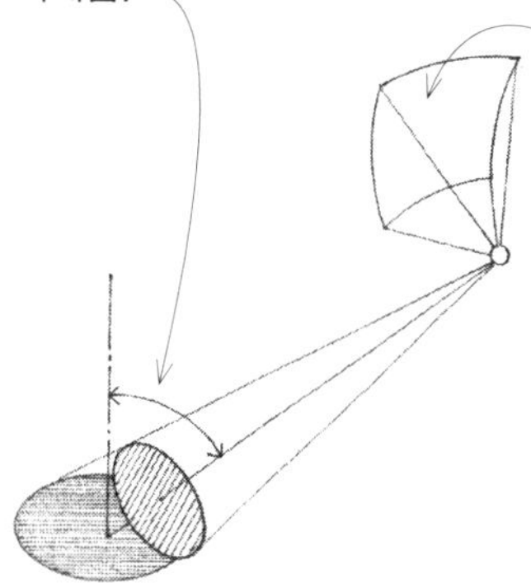

- 반사 법칙law of reflection은 빛이 매끄러운 표면에서 반사될 때 입사각이 반사각과 같고, 입사 광선, 반사 광선 및 표면에 대한 법선이 모두 동일한 면에 있다는 원리이다.

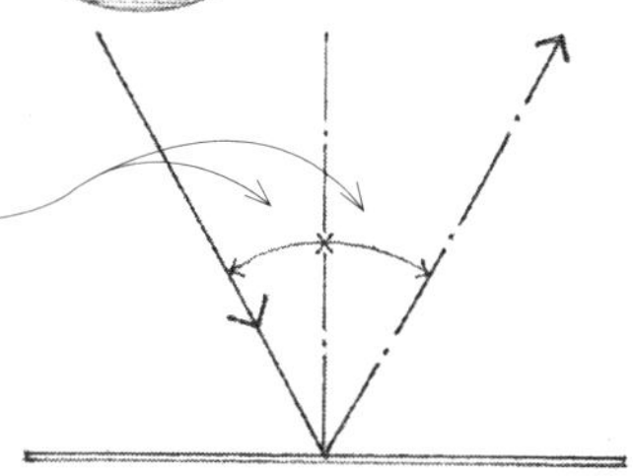

- 굴절각도angle of refraction는 굴절된 광선이 발생 지점에서 두 매체 사이의 경계면에 법선으로 만드는 각도이다.

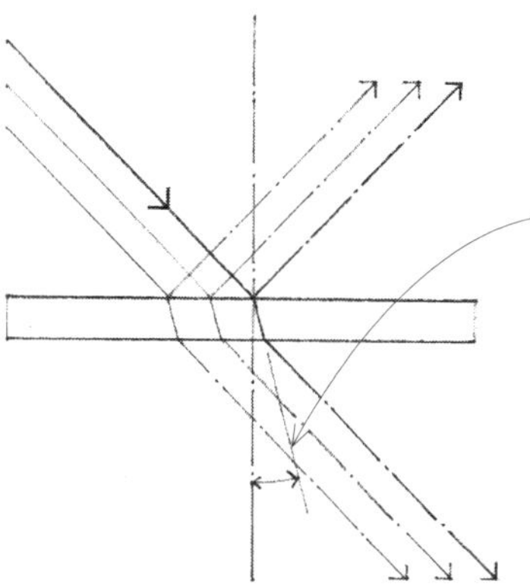

- 반사율reflectance은 표면의 총 입사에 대한 표면에서 반사된 방사의 비율이다.
- 흡수율absorptance은 표면의 총 입사에 대한 표면에 흡수된 방사의 비율이다.
- 투과율transmittance은 물체를 통과하여 나오는 복사의 총 입사에 대한 비율로, 1에서 흡수율을 뺀 값과 같음.

11.38 빛과 시야

빛은 공간에 있는 물체의 모양, 질감 및 색상을 눈에 보여준다. 빛의 경로에 있는 물체는 표면에 닿는 빛을 반사, 흡수 또는 통과시킨다. 휘도[luminance]는 광원 또는 빛을 받은 표면의 밝기를 정량적으로 측정한 것으로, 해당 방향에서 본 광원 또는 빛을 받은 표면의 단위 영역 당 광도와 같다.

- 람베르트[lambert]는 제곱센티미터 당 0.32 칸델라[candela]와 같은 휘도 또는 밝기 단위이다.
- 풋 람베르트[foot-lambert]는 제곱피트 당 0.32칸델라와 같은 휘도 또는 밝기의 단위이다.
- 밝기[brightness]는 색상과 질감의 영향을 받는다. 동일한 양의 조명을 받더라도 광택이 있는 밝은 색상의 표면은 어둡거나 무광택이거나 거친 질감의 표면보다 더 많은 빛을 반사한다.

밝기[brightness]는 관찰자가 휘도의 차이를 구별할 수 있는 감각이며, 물체의 밝기에 따라 시력[visual acuity]가 증가한다. 이때 또 중요한 것은 보이는 물체의 휘도와 배경의 휘도 비율인데, 모양과 형태를 식별하려면 어느 정도의 대비[contrast] 또는 밝기 비율[brightness ratio]이 필요하다. 대비는 모양과 윤곽을 구분해야 하는 시각적 작업에 특히 중요한데, 질감과 상세사항의 구별이 필요한 경우 눈이 장면의 평균 밝기에 자동으로 조정되기 때문에 대비를 줄이는 것이 바람직하다. 대비 또는 밝기 비율이 너무 높으면 글레어/눈부심이 발생할 수 있다.

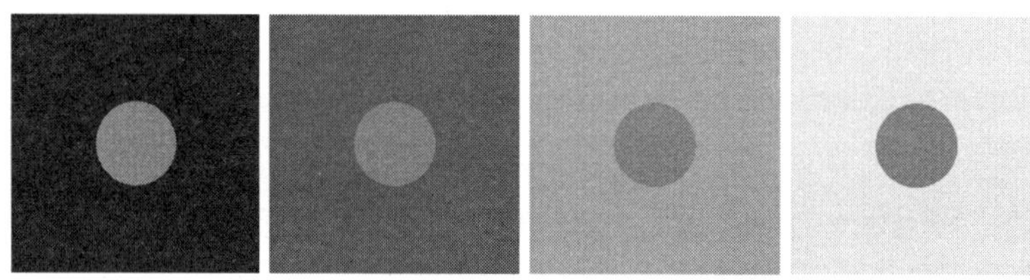

글레어[glare]는 눈이 불쾌감, 불편함 또는 가시성 상실을 유발하게 하는, 눈이 적응할 수 있는 휘도보다 훨씬 큰 밝기에 의해 생성되는 감각이다. 글레어에는 직접과 반사 두 가지 유형이 있다.

- 직접 글레어[direct glare]는 높은 밝기 비율 또는 불충분하게 차폐된 광원으로 인해 발생된다.
- 글레어를 제어하거나 최소화하기 위해서는 가려진 조명기구를 사용하여 불빛이 직접적으로 시야에 들어오는 것을 차단하고, 산광기[diffuser] 또는 밝기 수준을 낮추는 렌즈가 있는 조명기구를 사용할 수 있다.

- 반사 또는 간접 글레어[indirect glare]는 시야 내에서 광원의 정반사로 인해 발생한다.
- 반사로 인한 눈부심의 유형 중 하나는 베일링[veiling] 반사인데, 이는 작업 표면에서 발생하며 세부사항을 보는 데 필요한 대비를 줄여준다.
- 베일링 반사를 방지하려면 입사광선이 관찰자로부터 반사되는 방향으로 광원이 위치하도록 할 것.

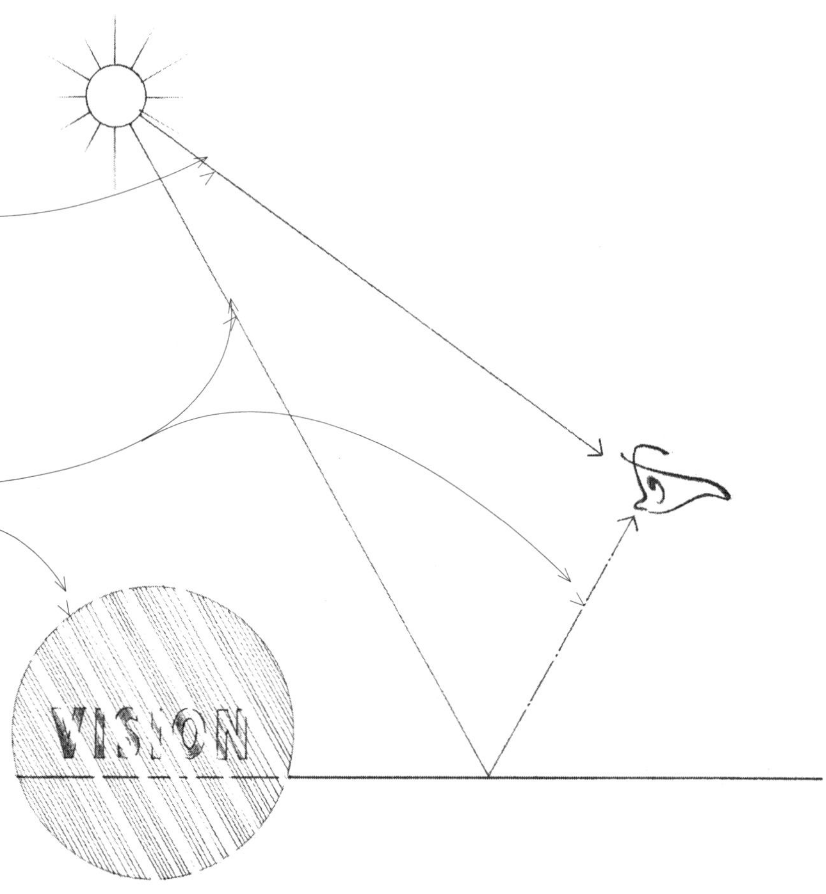

• 전구는 필라멘트의 증발을 지연시키기 위해 일반적으로 아르곤과 질소로 구성된 불활성 가스 혼합물로 채워진 백열등의 유리 덮개이다. 그 모양은 문자로 분류하고 그 뒤에 램프 직경을 8분의 1인치로 나타내는 숫자가 이어진다.

• 필라멘트
• 전체 최대 길이
• 광중심길이(LCL)
• 전구 베이스

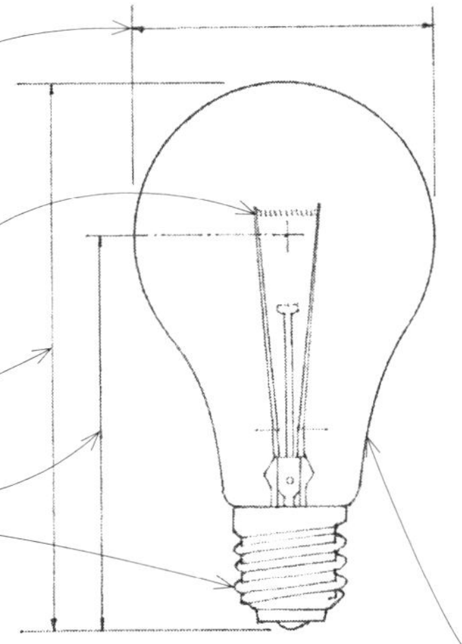

• 광원효율efficacy은 램프가 전력을 광속으로 변환하는 효과를 측정한 것으로, 전력 입력에 대해 방출되는 플럭스의 비율과 같으며 와트 당 루멘으로 표시된다.
• 정격수명rated life은 통제된 조건에서 대표 그룹의 실험실 테스트를 기반으로 한 특정 유형의 램프의 평균 수명이다.
• 장수명램프extended-service lamps는 일반 등급의 기존 값보다 에너지 소비를 줄이고 수명을 연장하도록 설계된 램프이다.
• 3방향 램프는 2개의 필라멘트가 있는 백열등으로 연속 3도의 조명으로 전환 할 수 있다.

• T전구:텅스텐-할로겐램프용 관형 석영 전구
• TB 전구 : A 전구와 모양이 비슷하지만 각진 텅스텐-할로겐램프용 석영 전구

• MR전구:텅스텐-할로겐램프용 다면적 반사 전구로, 원하는 빛 확산을 위해 개별 세그먼트로 배열 된 고광택 반사기가 있다.

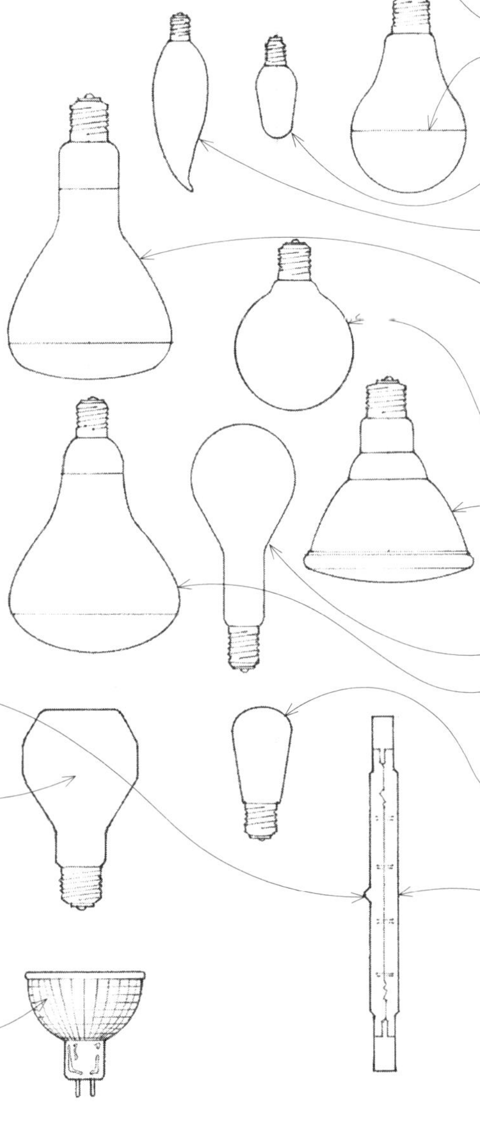

인공조명artificial light은 가공된 요소에 의해 생성되는 자연광이다. 생성되는 빛의 양과 질은 사용되는 램프의 유형에 따라 다르다. 빛은 램프를 유지하고 에너지를 공급하는 덮개housing에 의해 추가로 변형된다. 인공광원에는 백열등, 형광등 및 고휘도방전(HID) 램프의 세 가지 주요 유형이 있다. 램프 크기, 전력량, 루멘 출력 및 평균 수명에 대한 정확한 최신 데이터는 램프 제조업체에 문의가 필용하다.

백열등

백열등incandescent lamps에는 전류의 흐름에 의해 고온 가열될 때 빛을 발하는 필라멘트가 들어있다. 점광원이 있고 효율이 낮으나, 색상을 잘 표현하고 조광기로 밝기를 조절하기 쉽다.

• A 전구 : 일반 백열등으로 표준적인 둥근 모양
• A/SB 전구 : 눈부심을 줄이기 위해 전구 베이스 반대편에 반구형 반사 은색 둥근 부분이 있는 전구
• C 전구 : 저전력, 장식용 백열등 용 원뿔형 전구
• CA 전구 : 저전력, 장식용 백열등 원추형 전구
• ER 전구 : 백열등 용 타원형 반사 전구로, 빛을 모아 광원 앞 일정 거리에서 분산된 패턴으로 방향을 바꾸는 정밀하게 만들어진 내부 반사판이 있다.
• G 전구 : 백열등 용 구 형태의 전구, 노출 사용 시 밝기가 낮다.
• PAR 전구 : 백열등이나 HID 램프 용 포물선 같은 곡선 모양의 알루미늄 반사판 전구, 정밀하게 만들어진 내부 반사판과 원하는 빛 확산을 위한 렌즈 전면이 있다.
• PS 전구 : 대형 백열등 용 배 형태의 전구
• R 전구 : 백열등이나 HID램프 용 반사경 전구, 내부 반사 코팅이 되어있고 원하는 빛 확산을 위해 유리 전면이 투명하거나 흐림.
• S 전구 : 저전력 장식용 백열등 용 직선형 면 형태의 전구

• 텅스텐-할로겐tungsten-halogen램프에는 텅스텐 필라멘트와 소량의 할로겐이 들어 있는 석영 전구가 있어 가열시 증발하고 증발된 텅스텐 입자를 필라멘트에 다시 증착한다.
• IR 램프는 적외선 에너지를 필라멘트로 다시 반사하여 램프 효율을 높이고 방사된 광선의 복사열을 줄이기 위해 적외선 이색성 코팅을 한 텅스텐-할로겐램프이다.

방전등은 가스가 충전되어 있는 유리 전구에서 전극 사이의 전기 방전으로 빛을 생성한다. 두 가지 주요 유형으로 형광등과 다양한 고휘도 방전등이 있다.

형광등

형광등fluorescent lamps은 튜브 내부를 코팅하는 형광체의 형광에 의해 빛이 생성되는 관형태의 저 방전 램프이다. 형광등에는 수은이 포함되어 있으므로 재활용 시 특별한 취급이 필요하다. 사용되는 수은의 양은 계속해서 줄어들고 있으며 T5 램프는 이제 수은 함량이 낮다.

형광등은 백열등보다 더 효율적이며 수명이 길다 (6,000-24,000시간 이상). 열이 거의 발생하지 않으며 다양한 유형과 와트가 있다. 일반적인 길이는 T5 6" (150) 4와트에서 T12 8' (2440) 125와트 까지 있다. 형광등은 램프를 통과하는 전류를 조절하기 위해 안정기가 필요하다. 일부 램프는 핀 고정 베이스이고 다른 램프는 나사 고정 베이스이다.

- 안정기ballast는 형광등 또는 고강도 방전등을 통과하는 전류를 원하는 일정한 값으로 유지한다.
- 예열 램프preheat lamp는 회로를 시작 전압으로 열기 전에 음극을 예열하기 위해 별도의 스타터가 필요함.
- 속점등rapid-start 형광등은 음극의 연속 가열을 위해 저전압 권선이 있는 안정기와 함께 작동하도록 설계되어 예열 램프보다 더 빠르게 점등된다.
- 순시 점등 램프instant-start lamps는 음극을 예열하지 않고 아크arc를 직접 시작하기 위해 고전압 변압기가 있는 안정기와 함께 작동하도록 설계된다.
- 고출력 램프high-output lamps는 800밀리암페어milliampere의 전류에서 작동하도록 설계된 속점등 형광등으로, 그 결과 램프 단위 길이 당 광속이 증가한다.
- 초고출력 램프는 1500밀리암페어의 전류에서 작동하도록 설계되어 램프의 단위 길이 당 광속이 증가한다.

컴팩트 형광등은 단일, 이중 또는 U자형 튜브가 있는 다양한 작고 향상된 효율의 형광등 중 하나이며 많은 경우 백열등 소켓을 장착하기 위한 어댑터와 함께 사용한다.

- 5~80와트가 있음.
- 높은 효율성(일반적으로 와트 당 60~72 루멘).
- 색 연출이 좋음.
- 매우 긴 수명 (6,000~15,000시간).
- 관형 혹은 나선형.
- 백열등을 직접 교체할 수 있도록 내장형 안정기와 돌려 끼우는 방식의 베이스로 된 많은 제품이 있음.

- T 전구 : 형광등 및 HID 램프 용 관형 전구
- 표준 T12 램프는 이제 더 작고 효율적인 T8 및 T5 램프로 대체되고 있음.

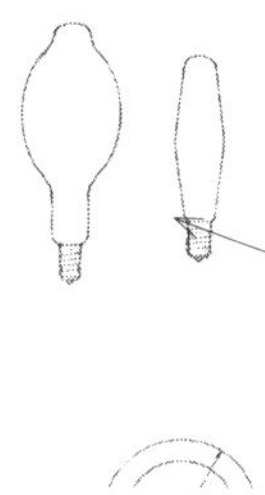

- 원형 램프 : 원형 조명 기구용 도넛모양 형광등
- 8 1/4"(210) 22W
- 12"(305) 32W
- 16"(405) 40W

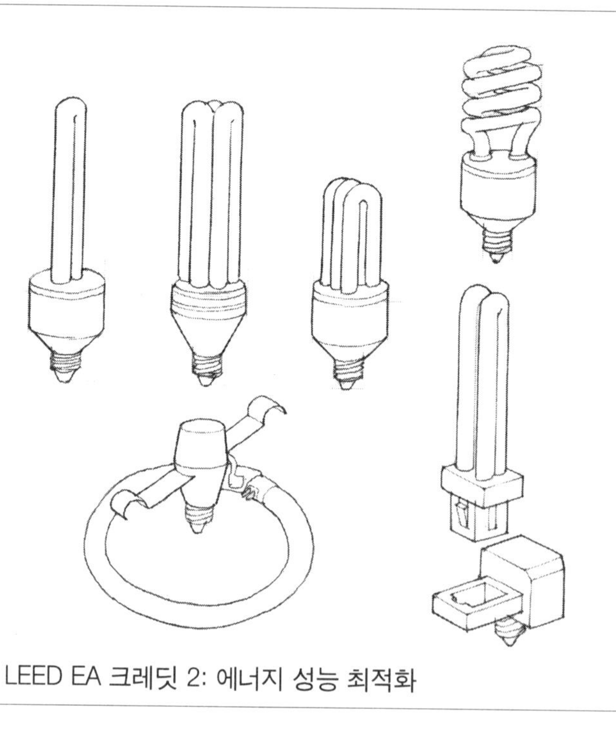

LEED EA 크레딧 2: 에너지 성능 최적화

CSI 마스터포맷 26 51 16 : 형광등 실내조명

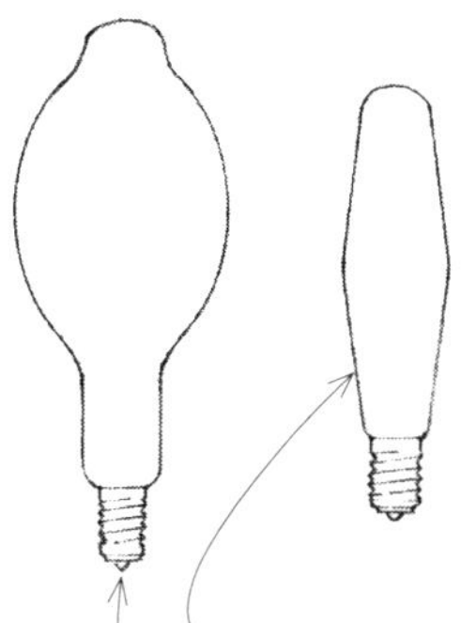

- E 전구 : HID 램프 용 타원형 전구
- BT 전구 : HID 램프 용 불룩한 관형 전구
- HID 램프는 B 및 T 모양으로도 있음.

CSI 마스터포맷 26 51 23 : HID 실내 조명

고휘도 방전등

고휘도 방전등(HID)은 밀폐된 유리 전구의 금속 증기를 통해 방전되어 상당한 양의 빛이 생성되는 방전등이다. HID 램프는 백열등의 형태와 형광등의 효능을 결합되어 있다.

- 수은등은 수은 증기의 방전을 통해 빛을 생성한다.
- 메탈 핼라이드metal-halide 램프는 구조상 수은등과 유사하지만 더 많은 빛을 생성하고 색 표현을 향상시키기 위해 다양한 메탈 핼라이드가 첨가된 아크arc 튜브가 있다.
- 고압 나트륨(HPS) 램프는 나트륨 증기의 전기 방전을 통해 광범위한 황금빛 백색광을 생성함.

다양한 광원의 연색평가지수(CRI)

CRI	광원
100	Noon 태양광; 일반적인 주광
93	500-와트 백열등
89	차가운 백색 디럭스 형광등
78	따뜻한 백색 디럭스 형광등
62	차가운 백색 형광등
52	따뜻한 백색 형광등

상관 색온도 (CCT)

켈빈의 CCT	광원
2700	백열등
3000	할로겐
2700 - 6500	형광등
3000 - 4000	금속 할로겐화물
2800 - 6000	LED
5500 - 7500	주광

빛과 색

인공광의 분광 분포spectral distribution는 램프의 종류에 따라 다르다. 예를 들어, 백열등은 황백색 빛을 생성하고 차가운 백색 형광등은 청백색 빛을 생성한다. 광원의 스펙트럼 분포가 중요한데, 이는 특정 파장의 색상이 누락되면 해당 색상이 반사될 수 없고 그 빛에 의해 조명을 받는 표면에서 누락된 것처럼 보이기 때문이다.

- 연색 평가 지수color rendering index(CRI)는 유사한 색온도의 기준 광원과 비교할 때 전기 램프가 색을 정확하게 표현하는 능력을 측정 한 것이다. 3200°K의 색온도에서 작동하는 텅스텐 램프, 색온도 4800°K의 정오 때의 태양광, 색온도 7000°K의 평균 주광은 모두 100의 지수를 가지며 완벽하게 색상을 표현하는 것으로 간주된다.
- 분광 분포 곡선spectral distribution curves는 특정 광원의 각 파장에서 복사 에너지를 표시한다.

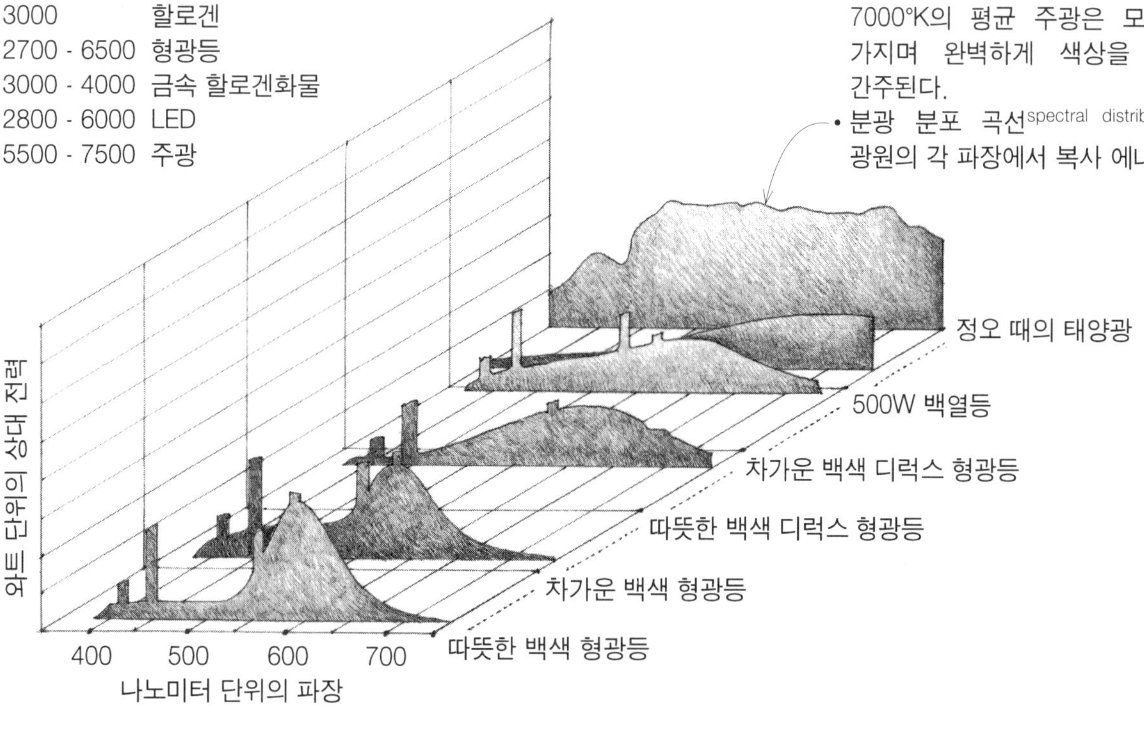

광섬유

광섬유 조명의 광학 유리 또는 플라스틱 섬유는 코어 내부에서 지그재그 패턴으로 광선을 앞뒤로 반사하여 한쪽 끝에서 다른 끝으로 빛을 전달한다. 각각의 직경이 작은 섬유는 투명한 외피로 보호되고 다른 섬유와 결합되어 유연한 다발로 만들어진다.

일반적인 광섬유 조명 시스템에는 다음과 같이 이루어져 있다:

- 색상환이 있는 투광기
- 텅스텐-할로겐 또는 메탈 핼라이드 광원
- 광섬유 장치
- 광섬유 다발과 부속품

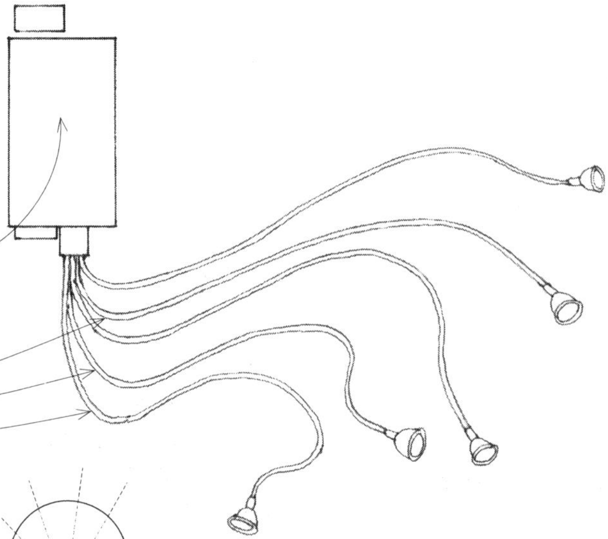

발광 다이오드(LED)

발광다이오드Light-Emitting Diode(LED)는 열을 거의 방출하지 않으며 에너지 효율이 높다. LED는 일반적으로 수명이 약 10년으로 매우 길다. 조명으로 고출력 백색광 LED가 사용한다. 진동과 온도에 민감하지 않고 충격에 강하며 수은이 들어있지 않다. 작은 $^1/_8$"(3.2) 램프를 더 큰 그룹으로 결합하여 색상을 혼합하고 조명을 높일 수 있다. LED는 직류DC 전압에서 작동하며, 이는 조명기기 내에서 교류AC 전압으로 변환된다.

LED는 주거용 및 상업용 조명 모두에 사용한다. 조명을 집중 조명으로 설계할 수 있으며 작업 조명에 널리 사용한다. LED 다운 라이트, 계단 조명 및 출구 표지판에도 사용할 수 있다.

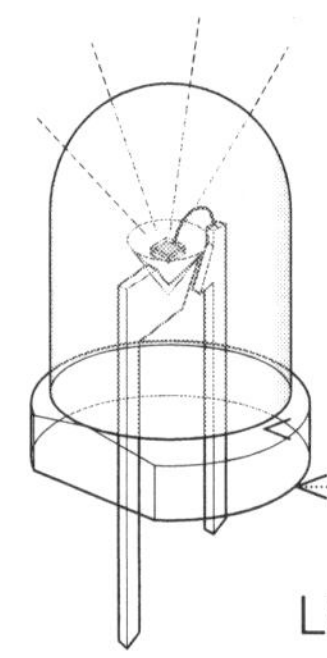

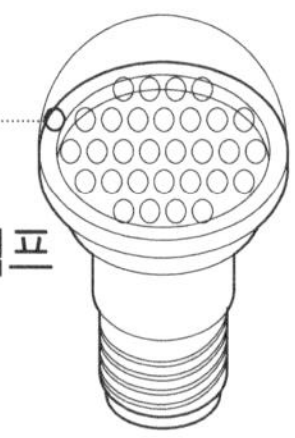

LED 램프

LEED EA 크레딧 2 : 에너지 성능 최적화

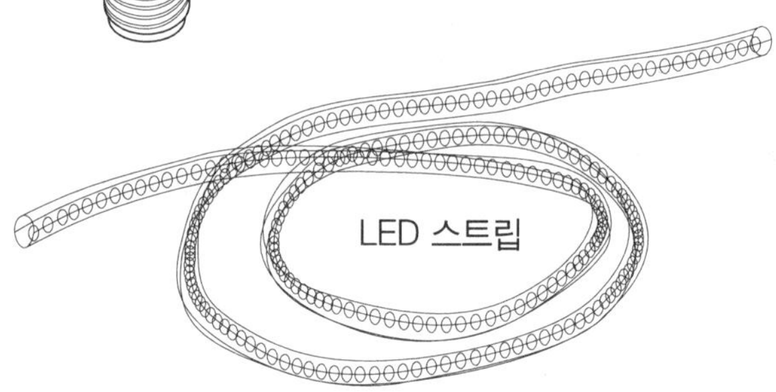

LED 스트립

CSI 마스터포맷 26 51 19: LED 실내 조명

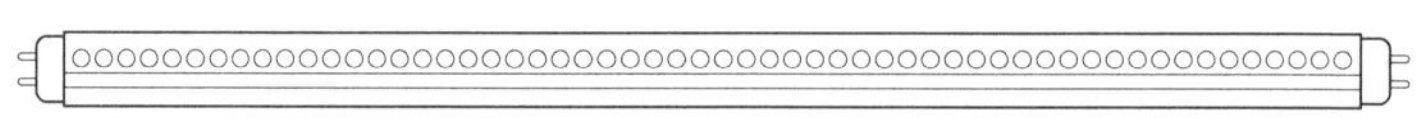

LED 튜브

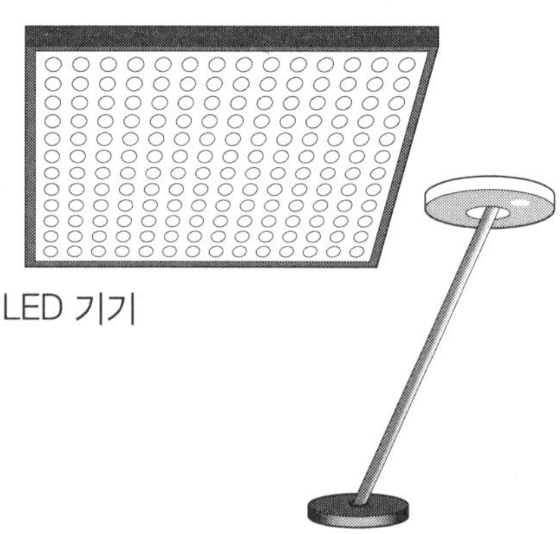

LED 기기

LED 계단 조명

일반적으로 조명 설비라고도 하는 조명기구는 램프를 배치 및 보호하고, 램프를 전원에 연결하고, 빛을 분배하는 데 필요한 모든 부품과 배선이 포함된 하나 이상의 전기 램프로 구성된다.

- 리플렉터는 램프에서 방출되는 빛의 분포를 제어한다.
- 포물선형 리플렉터는 광원의 위치에 따라 광원에서 나오는 광선을 확산, 초점 또는 시준(평행하게)한다.
- 타원형 리플렉터는 광원의 광선을 집중한다.

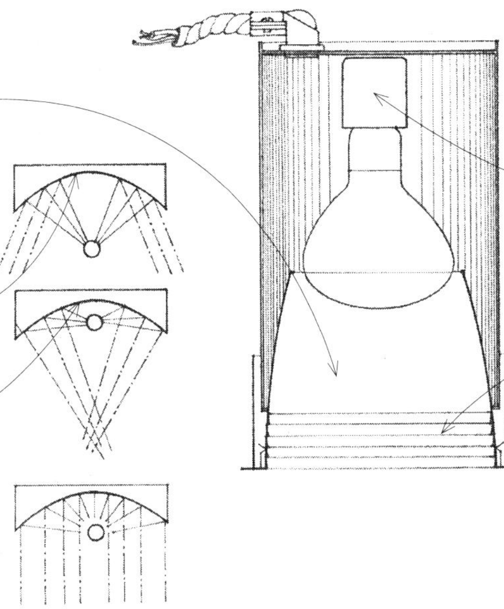

- 램프 소켓lamp holder는 램프를 기계적으로 받쳐주고 전기적 접촉을 할 수 있도록 한다.
- 릿지 배플Ridged baffle에는 조리개에서 광원의 밝기를 줄이기 위한 일련의 원형 리지(이랑)가 있다.

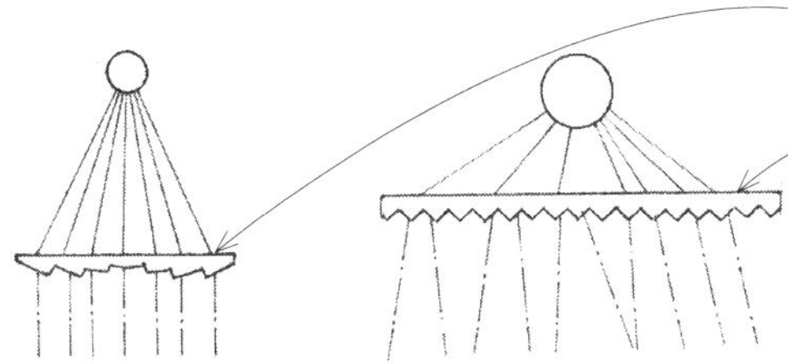

- 유리 또는 플라스틱 렌즈에는 두 개의 반대쪽 표면이 있으며 둘 중 하나 또는 둘 모두가 곡선형이다. 조명기구에서 방출된 빛을 집중, 분산 또는 시준 하는데 사용한다.
- 프레넬fresnel 렌즈에는 작은 광원의 빛을 집중시키기 위한 동심원의 분광 홈이 있다.
- 프리즘 렌즈는 광원에서 나오는 광선의 방향을 바꾸는 평행 프리즘이 있는 다중 표면을 가지고 있다.

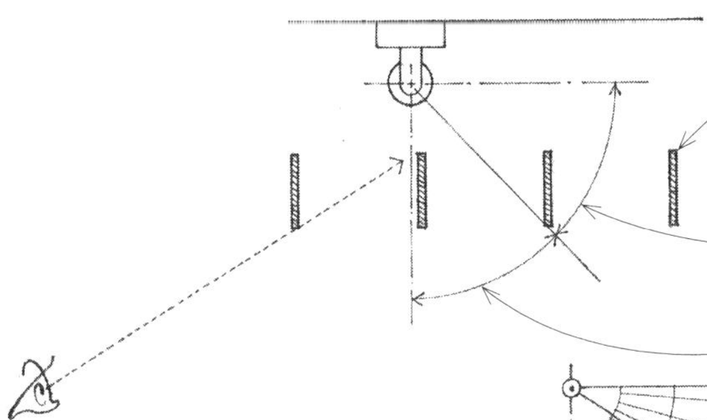

- 배플baffle은 특정 각도에서 광원을 차단하기 위한 루버 장치이다. 일련의 평행한 얇은 판으로 구성되거나 격자형 패턴을 형성할 수 있다.
- 차폐각도shielding angle는 빛의 중심을 통과하는 수평선과 램프가 처음으로 보이는 시선 사이의 각도이다.
- 차단 각도cutoff angle는 수직 축과 램프가 처음으로 보이는 시선 사이의 각도이다.

- 직접 글레어 문제를 측정하기 위해 시각 만족도 확률 계수를 개발하였다. 조명 시스템이 직접 눈부심을 유발하지 않을 가능성을 측정하며, 시각적으로 가장 불편한 자리에 위치했을 때 시각적 편안함을 경험할 것으로 예상되는 사람들의 비율로 표시한다.

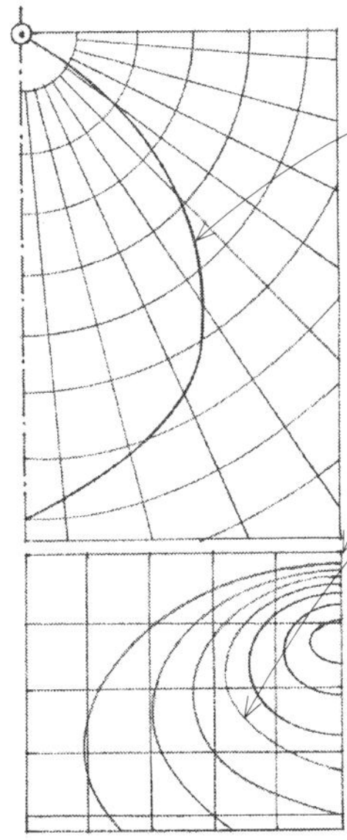

- 광도분포곡선candlepower distribution curve은 대칭 광원의 경우 단일 평면에서 측정된 광원의 중심에서 지정된 방향으로 램프, 조명기구 또는 창에서 방출되는 광도의 극좌표이며 평행, 수직, 때때로 비대칭 광원의 경우 45° 평면이다.
- ISO 도표는 램프 또는 조명기구에 의해 표면에 생성되는 조명 패턴을 나타낸다.
- I등조도선isolux line은 조명의 높이가 동일한 표면의 모든 점을 통과하는 선이다. 조명이 피트 촉광foot-candle로 표현되면 isofoot-candle line이라고 부른다.
- 조명기구 효율luminaire efficiency는 조명기구에서 방출되는 광속 대 조명기구의 램프에서 방출되는 총 광속의 비율이다.

조명 시스템의 주요 목적은 시각적 작업 수행에 충분한 조명을 제공하는 것이다. 특정 작업에 권장되는 조명 수준은 공급할 빛의 양에 대해서만 정의하고 있다. 이 빛의 양이 어떻게 공급되는지에 따라 공간이 어떻게 드러나거나 물체가 어떻게 보이는지가 달라진다.

산광diffused light은 넓거나 여러 개인 광원과 반사 표면에서 방사된다. 평평하고 비교적 균일한 조명은 대비와 그림자를 최소화하여 질감 읽기를 어렵게 만들 수 있다.

반면에 직사광directional light은 조명이 비친 물체의 표면에 그림자와 밝기 변화를 생성하여 모양, 형태 및 질감에 대한 인식을 향상시킨다.

확산 조명은 일반 시야에 유용하지만 단조로울 수 있다. 일부 직사광은 시각적 강조를 제공하고, 휘도에 변화를 주고, 작업 표면을 밝게 함으로써 이러한 둔함을 완화하는 데 도움이 될 수 있다. 특히 다양한 작업을 수행해야 하는 경우 확산 조명과 방향 조명을 혼합하는 것이 바람직하고 유익하다.

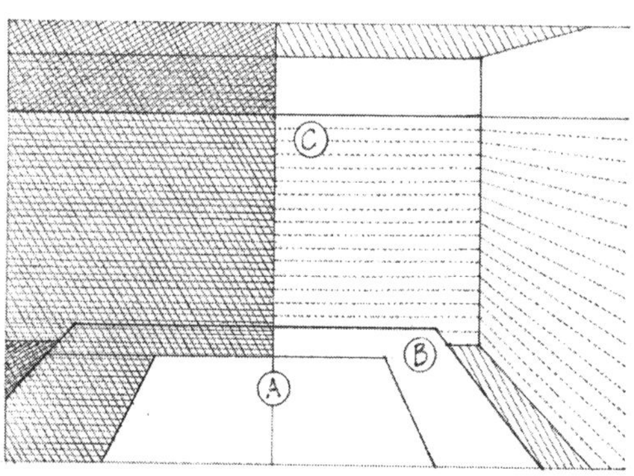

- 시각적 작업 영역(A)과 인접한 배경(B) 사이의 최대 권장 밝기 비율은 3:1이다.
- 주변 영역(C)은 시각적 작업 영역(A)의 밝기의 1/5에서 5배 범위여야 한다.

밝기 비율

권장 조명 수준

작업 난이도	피트-촉광	Lux
가벼움 (식사용)	20	215
일상 (독서용)	50	538
보통 (도면작성용)	100	1076
어려움 (재봉용)	200	2152
격심 (수술용)	>400	>4034

조명기구는 수평면 위와 아래에서 방출되는 빛의 비율에 따라 분류될 수 있다. 특정 조명기구의 실제 빛 분배는 사용되는 램프, 렌즈 및 리플렉터, 덮개housing의 유형에 따라 결정된다. 광도분포 곡선에 대해서는 조명기구 제조업체에 문의가 필요하다.

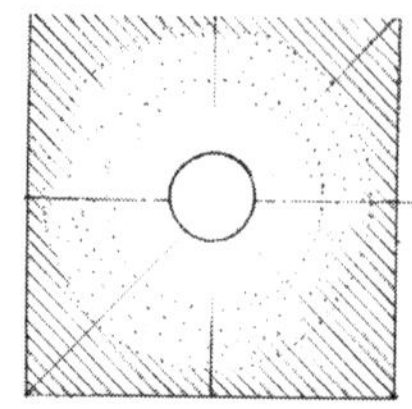

일반 확산

- 40% 에서 60%
- 40% 에서 60%

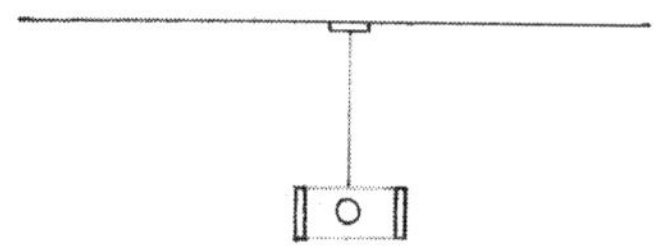

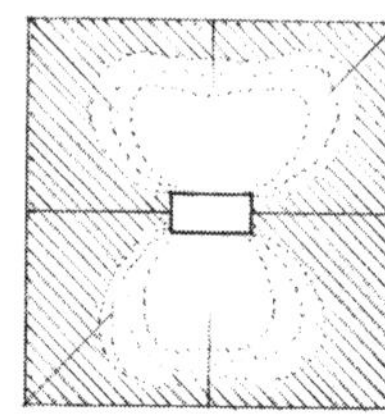

직접 - 간접

- 40% 에서 60%
- 40% 에서 60%

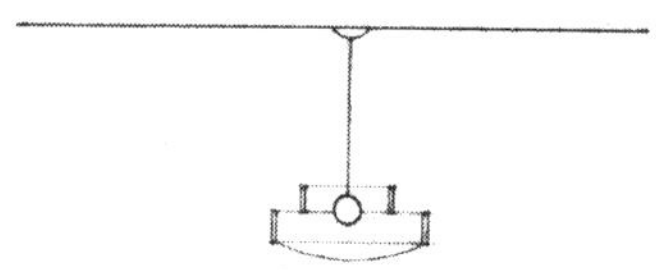

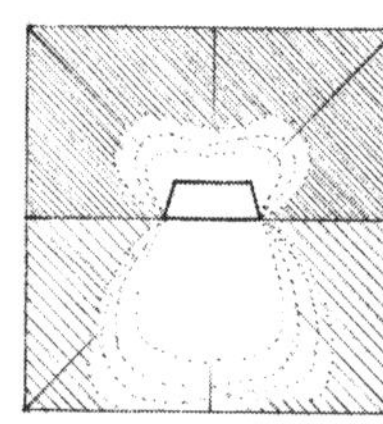

반직접

- 10% 에서 40%
- 60% 에서 90%

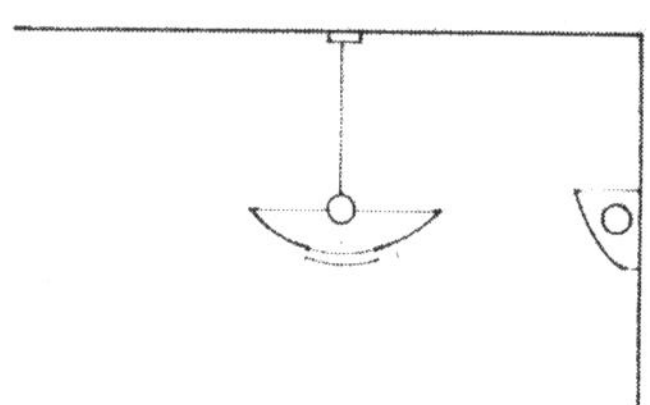

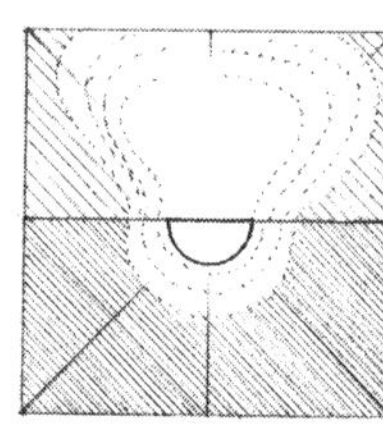

간접

- 60% 에서 90%
- 10% 에서 40%

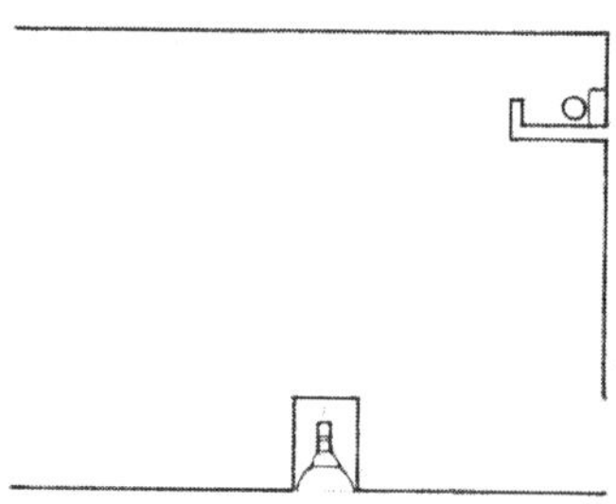

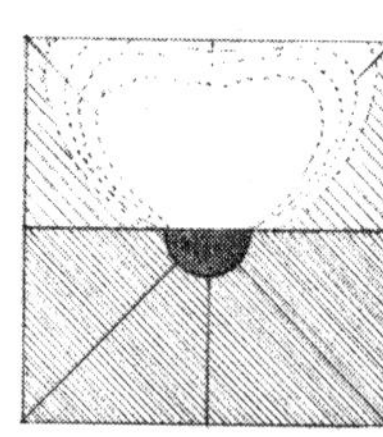

간접

- 90% 에서 100%
- 0% 에서 10%

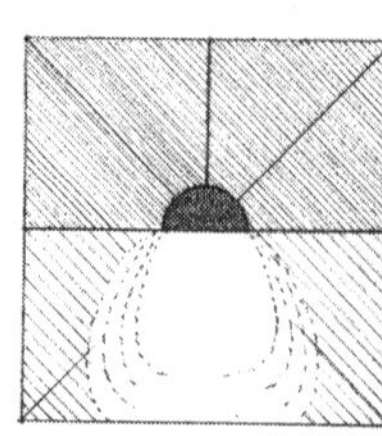

직접

- 0% 에서 10%
- 90% 에서 100%

CSI 마스터포맷 26 51 00: 실내조명

자연채광 기반 자동 조도제어

자연 채광 기반 조도제어daylight harvesting은 광센서를 사용하여 주광 수준을 감지하고 전기 조명의 출력 수준을 자동으로 조정하여 공간에 필요한 또는 권장 수준의 조명을 생성함으로써 에너지 소비를 줄이는 조명 제어 방법이다. 창문의 주광이 충분한 경우 조명 제어 시스템은 자동으로 전기 조명의 전체 또는 일부를 끄거나 조명을 어둡게 할 수 있으며, 일광이 미리 설정된 수준 이하로 떨어지면 즉시 조명을 다시 활성화 할 수 있다. 자연채광 기반 조도제어는 자동 켜짐/꺼짐 제어를 위해 점유 센서와 통합되어 에너지를 더욱 절약할 수 있을 뿐 아니라 거주자가 조명 수준을 조정할 수 있도록 수동 보조 장치를 사용할 수 있다. 일부 제어 시스템은 상부고정 기기에 설치된 서로 다른 색상의 개별 LED 램프의 강도에 변화를 주어 빛의 색상 균형을 조절할 수도 있다

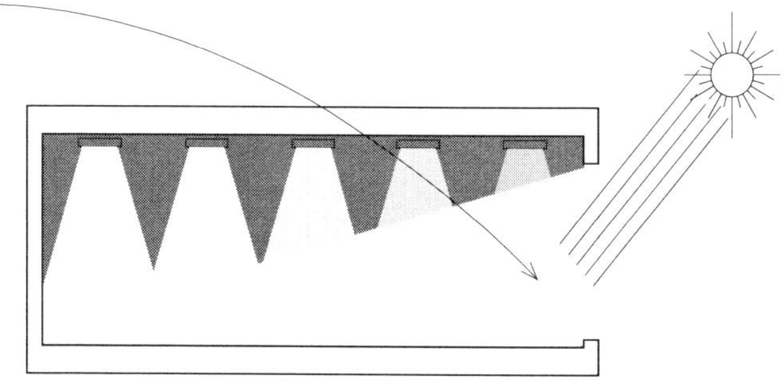

2단 스위치

2단 스위치bi-level switching은 꺼짐 기능 없이 공간에 두 가지 수준의 조명 전력을 제공하는 조명 제어 시스템이다. 전환 시스템은 조명기구, 대체 조명기구 또는 대체 조명 회로의 대체 안정기 또는 램프를 다음과 같은 수단으로 독립적으로 제어 할 수 있다 - 사용 가능한 자연채광에서 광 레벨을 감지하는 광센서; 사용자 존재를 감지하는 점유 센서; 시간 기반 제어판; 또는 거주자나 시설 운영자가 제어 할 수 있는 수동 스위치. 미국의 많은 에너지 법규는 특정 시설의 밀폐된 공간에서 2단 스위치 전환과 같은 조명 수준 감소 제어를 규정하고 있다.

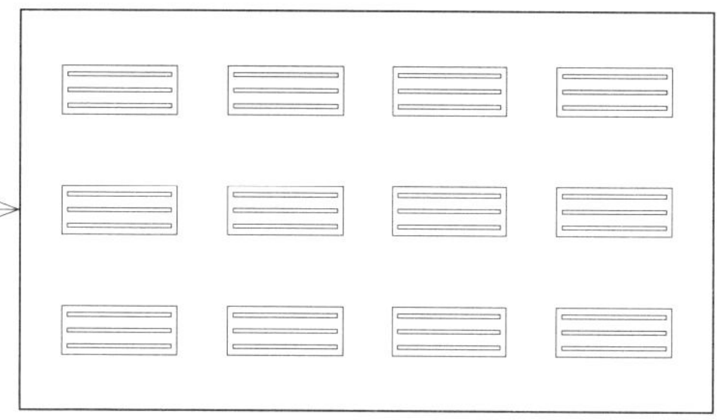

100% 밝기

다단 스위치

단일 조명기구에 있는 여러 개의 램프를 서로 독립적으로 켜고 끌 수 있는 이단 스위치의 형태로, 작업에 적합한 빛의 균일한 분포를 유지하면서 전체 출력과 제로 조명 사이에 한두 단계로 조절할 수 있도록 한다. 예를 들어, 분할 안정기 배선이 있는 일련의 3개 램프 조명기는 100%(모든 램프 켜짐), 66%(각 조명기에 2개 램프 켜짐), 33%(각 조명기에 1개 램프 켜짐), 0%(모든 램프 소등)의 네 가지 조명 단계로 조절할 수 있다. 다단 스위치는 조명을 더 유연하게 사용할 수 있고 이단 스위치보다 급격한 밝기 변화가 적다.

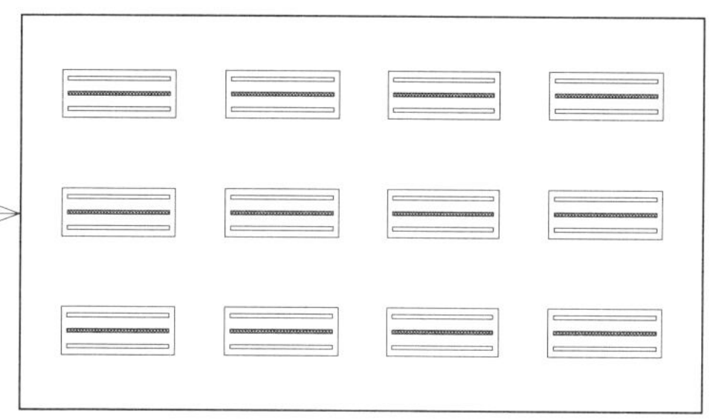

66% 밝기

연속 조광

연속 조광은 조명 단계 센서가 감지하는 가용 채광의 양에 비례하여 전기 램프 및 설비의 출력을 변조하여 공간에 원하는 또는 권장 수준의 조명을 유지하는 조명 제어 방법이다. 연속 조광 방식은 2단 및 다단 전환 시스템에 의해 생성되는 조도의 갑작스러운 변화를 최소화한다.

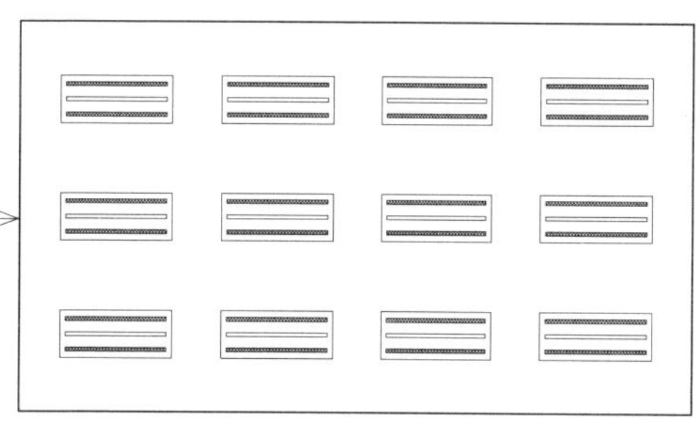

33% 밝기

점유 제어

점유 제어occupancy controls는 동작 또는 점유센서를 사용하여 사람의 활동이 감지되면 조명을 켜고 공간이 비워지면 조명을 끄는 자동 조명제어 시스템이다. 점유센서는 벽에 장착된 조명 스위치를 대체하거나 원격으로 장착 할 수 있으며, 중단 스위치로 사용하면 일반 스위치로 유지되어 공간에 사람이 있는 경우에도 조명을 꺼둘 수 있다.

• 빛의 확산은 광도가 최대 기준 강도의 명시된 백분율과 동일한 지점에서 광도 분곡선과 교차하는 광선의 각도이다.

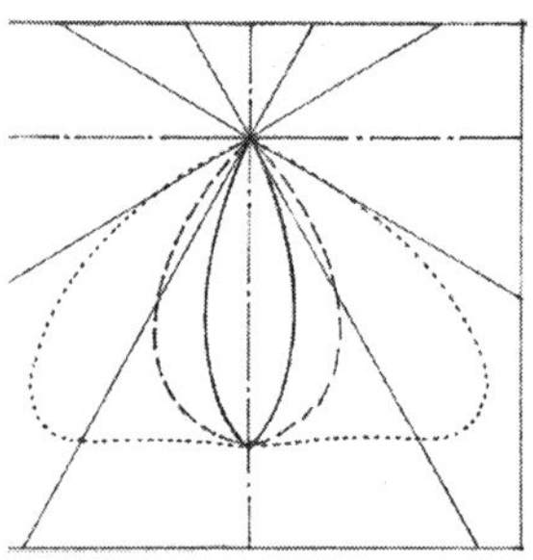

간격 기준은 장착 높이를 기준으로 표면 또는 영역의 균일한 조명을 위해 조명기구를 어느 정도 간격으로 설치할 수 있는지 결정하는 공식이다.

• 간격 기준 (SC) = 간격 (S) / 장착 높이 (MH)

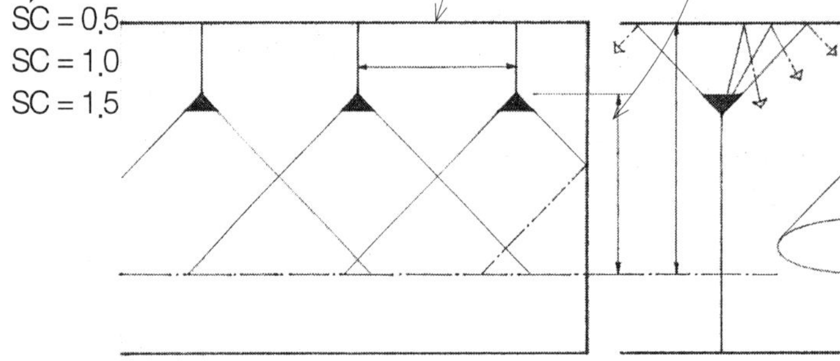

• S/MH 비율은 조명기구 제조업체에서 계산하여 제공한다.

축점조명법point method은 역제곱 법칙과 코사인 법칙에 근거하여 어느 각도에서나 포인트 광원에 의해 표면에 생성 된 조명을 계산하는 절차이다.

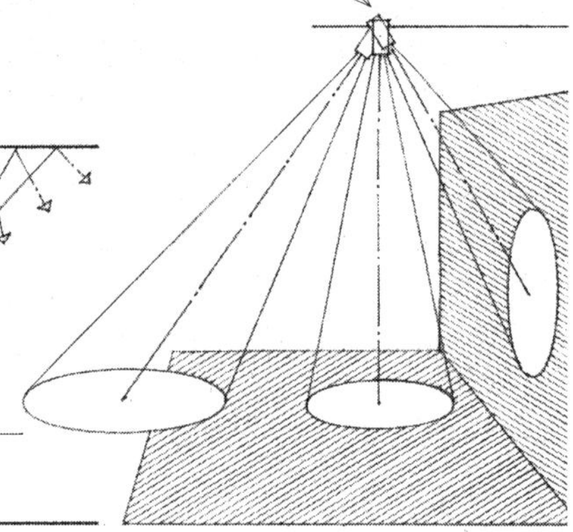

• 천장 중공ceiling cavity은 천장과 매달린 조명 기구의 수평면, 그리고 이 두 평면 사이의 벽면으로 형성된다.
• 실 공간/실 중공room cavity은 조명 기구의 수평면과 작업 평면, 그리고 이 두 평면 사이의 벽면으로 형성 된다.
• 바닥 중공floor cavity은 작업 평면과 바닥, 그리고 이 두 평면 사이의 벽 표면에 의해 형성된다.

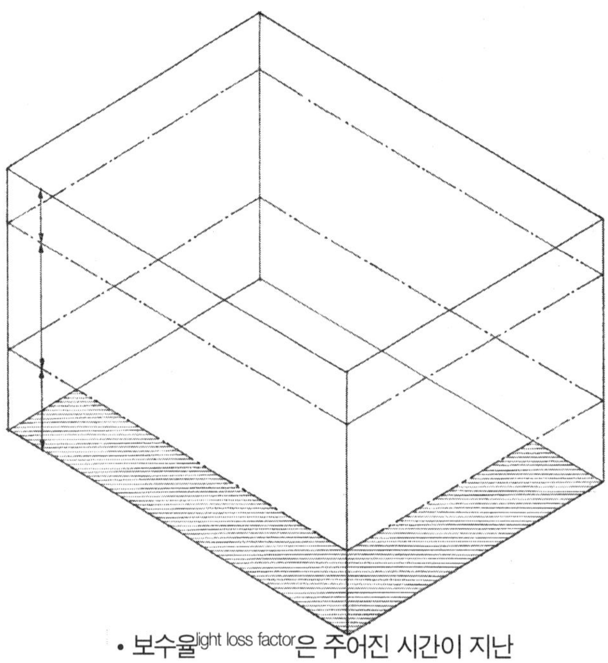

• 실 공간 비율room cavity ratio은 활용 계수를 결정하기 위해 실내 공간의 치수에서 파생된 단일 지수임.
• 조명률coefficient of utilization(CU)은 실내공간의 비율과 표면의 반사율을 고려하여 조명기구의 총 루멘 출력에 대한 지정된 작업면에 도달하는 광속의 비율이다.

• 보수율light loss factor은 주어진 시간이 지난 후 주어진 조건에서 조명 시스템이 제공하는 유효 조명을 계산하는 데 사용되는 여러 요소 중 하나임.
• 복구가능 보수율(RLLF)은 램프 교체 또는 유지 관리를 통해 복구 할 수 있음.

구역공간법zonal cavity method이라고도 하는 광속법lumen method은 직접 및 반사 광속을 모두 고려하여 작업 평면에 균일한 수준의 조명을 제공하는 데 필요한 램프, 조명기구 또는 창의 수와 유형을 결정하는 절차이다.

• 작업면work plane은 작업이 수행되고 조명이 지정 및 측정되는 수평 평면으로, 일반적으로 바닥에서 30"(762) 위에 있다고 가정한다.

• 램프 루멘 감가상각Lamp lumen depreciation(LLD)은 작동 수명 동안 램프의 발광 출력 감소를 나타내며 초기 램프 루멘의 백분율로 표시된다.
• 조명기구 먼지 감가상각luminaire dirt depreciation은 조명기구 표면에 먼지가 쌓여 조명기구의 발광 출력이 감소하는 것을 나타내며, 새롭거나 깨끗할 때에 비한 조명기구의 조명 비율로 표현된다.
• 실내 표면 먼지 감가상각room surface dirt depreciation은 실내 표면에 먼지가 쌓여서 반사광이 감소하는 것을 나타내며, 깨끗할 때 표면에서 반사되는 빛에 대한 백분율로 표현됨.
• 복구 불가능한 보수율Nonrecoverable light loss factor (NRLLF)은 온도, 전압 강하 또는 급등, 안정기 변화 및 파티션 높이의 영향을 고려한 여러 영구 보수율 계수 중 하나이다.

• 평균 유지 조도 = $\dfrac{\text{초기 램프 루멘* × CU × RLLF × NRLLF}}{\text{작업 영역}}$

초기 램프 루멘 = 램프 당 루멘 × 조명기구 당 램프

LEED EQ 크레딧 6: 실내조명

12
재료관련 참고 사항

12.02 건축 재료

• 응력 : 단면적 단위당 힘의 단위로 표현 된 외부 힘에 대한 탄성체의 내부 저항 또는 반응.

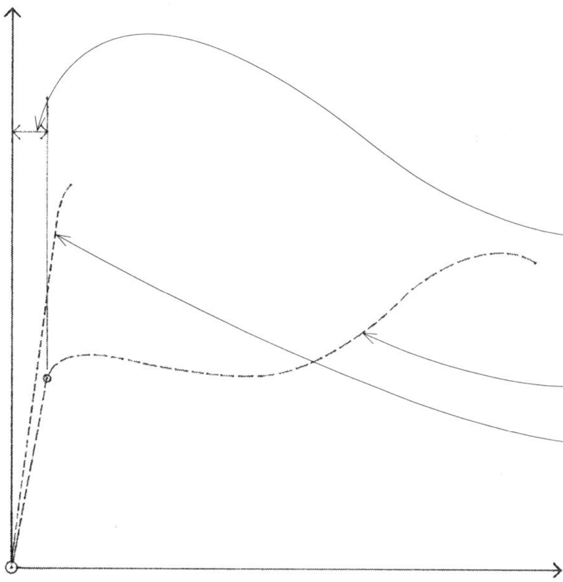

• 변형: 가해진 힘의 작용에 따른 몸체의 변형으로, 크기 또는 모양의 변화와 응력을 받는 요소의 원래 크기 또는 모양의 비율과 동일함

이 장은 건축 재료의 주요한 종류, 물리적 특성 및 건축공사에서의 용도에 대한 설명이다. 건축 재료를 선택하고 사용하는 기준은 다음과 같다.

- 각 재료는 강도, 탄성 및 강성의 성질이 다르다. 가장 효과적인 구조 재료는 탄성과 강성을 결합한 것이다.
- 탄성elasticity은 응력을 가한 상태에서 휨bending, 신장stretch 또는 압축compression상태에서 변형되고 적용된 응력이 제거될 때 원래 모양으로 되돌아 갈 수 있는 능력. 모든 재료는 영구적으로 변형되거나 파손될 수 있는 탄성 한계를 가지고 있다.
- 실제로 파손되기 전에 소성 변형이 일어나는 재료를 연성재ductile이라고 함
- 반면 취성 재료brittle materials는 탄성 한계가 낮고 가시적 변형이 작은 하중에서 파열된다. 취성 재료는 연성 재료보다 강도가 낮기 때문에 구조적 목적에 부적합하다.
- 강성stiffness은 탄성체가 변형에 저항하는 정도를 측정한 것. 물체의 강성은 재료의 탄성뿐만 아니라 구조적 형태에 따라 달라지며 하중 받는 상태에서의 스팬과 처짐의 관계를 고려할 때 중요한 요소이다.[1]

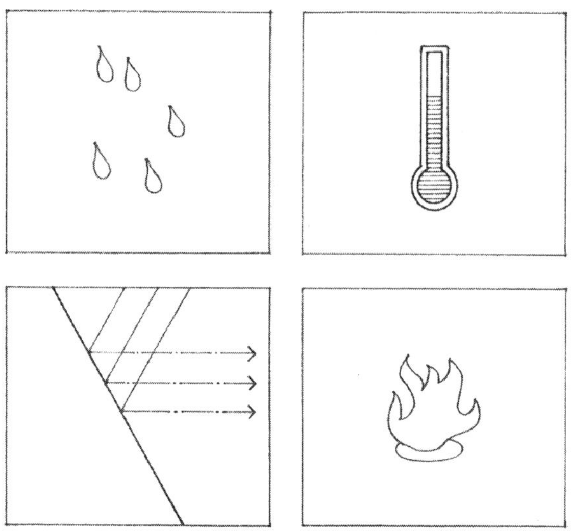

- 온도 및 수분 함량의 변화에 반응하는 재료의 치수 안정성dimensional stability은 다른 재료와 결합하거나 세밀하게 구성되는 방식에 영향을 미친다.
- 날씨에 노출되거나 습한 환경에서 사용될 때 물과 수증기에 대한 재료의 저항은 중요한 고려사항이다.
- 건물의 외장을 구성할 때 재료의 열전도율thermal conductivity 또는 재료 저항을 계산해야 함.

- 실내 마감을 할 때 재료의 가시광선 및 복사열의 투과율, 반사율과 흡수율을 평가해야 한다.
- 료의 밀도 또는 경도hardness에 따라 내마모성과 사용 내구성 및 유지관리 비용이 결정된다.

- 연소성이 낮고, 화재에 강하며, 연기 및 독성 가스를 생성하지 않는 재료의 특성은 구조 부재 또는 내부 마감재로 사용하기 전에 확인해야 한다.

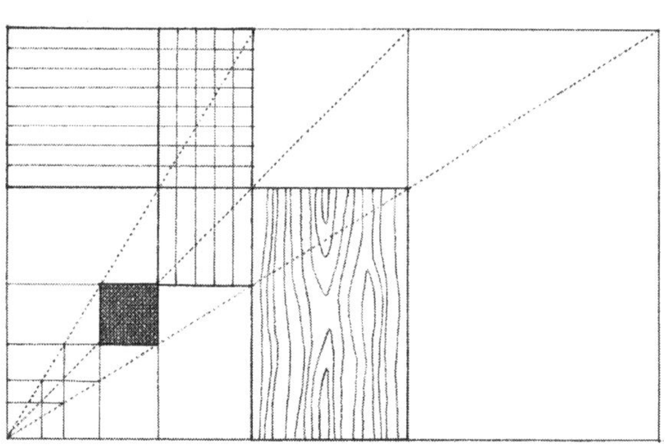

- 재료의 색상, 질감 및 크기는 전체 디자인 계획에 맞는지 평가 시 고려해야 한다.
- 많은 건축 자재는 표준화된 형태와 크기로 제조되나 각 자재의 치수는 제조업체마다 약간씩 다를 수 있다. 건물의 계획 및 설계 단계에서 검증이 되면 시공 중 불필요한 재료 절단 또는 낭비를 최소화할 수 있다.

1) 흔히 rigidity도 강성으로 번역된다. 정확히는 rigidity는 탄성계수와 단면 2차 모멘트에 의한 관계로 설명되는데 stiffness는 여기에 부재의 물리적 길이 측면이 반영되는 개념이다. 즉 stiffness는 특정 형태를 가진 대상의 rigidity로 볼 수 있다.

건축 재료의 평가는 기능, 경제 및 미적 측면을 넘어서서 선택 및 사용 시 환경에 미치는 영향 평가를 포함해야 한다. 생애주기 평가life-cycle assessment에는 원료의 추출 및 가공, 완제품의 사용 시점까지의 제조, 포장 및 운송, 사용 시 유지관리, 재활용 및 재사용 가능성 그리고 최종 처리final disposal까지 포함된다. 이 평가 프로세스는 투입, 생애주기 목록 및 산출물의 3가지 구성 요소로 이루어진다.

- 내재에너지embodied energy에는 재료의 생애주기 동안 소비되는 모든 에너지가 포함된다.
- 자세한 내용은 미국건축가협회American Institute of Architects의 프로젝트인 환경자원 안내서를 참조

건축 재료의 내재에너지

재료	에너지 함량 Btu/lb.*
모래 & 자갈	18
목재	185
경량 콘크리트	940
석보 보드	1830
벽돌	2200
시멘트	4100
유리	11,100
플라스틱	18,500
강재	19,200
납	25,900
구리	29,600
알루미늄	103,500

*1 Btu/lb = 2. 326 kJ/kg

투입

- 원재료
- 에너지
- 물

원재료의 취득

- 추출, 채광 또는 수확 과정에서 건강과 환경에 어떤 영향을 미치는가?
- 재료는 재생 가능한가? 불가능한가?
- 재생 불가능한 자원에는 금속 및 기타 광물이 포함됨
- 목재와 같은 재생 가능 자원은 갱신 속도가 다양하고, 그들의 수확 속도는 그들의 성장 속도를 초과해서는 안 됨

가공, 제조 및 포장

- 재료 또는 제품을 가공, 제조 및 포장 하는데 얼마나 많은 에너지와 물이 필요한가?

운송 및 유통

- 재료 또는 제품을 지역 또는 현지에서 이용 가능한가? 아니면 먼 거리로 운송해야 하는가?

시공, 사용 및 유지관리

- 재료가 의도한 기능을 효율적이고 효과적으로 수행하는가?
- 재료는 건물의 실내 공기질과 에너지 소비에 어떤 영향을 주는가?
- 재료 또는 제품의 내구성은 어느 정도인가? 유지 관리에 필요한 비용은 어느 정도인가?
- 재료의 유용한 수명은 얼마인가?

폐기, 재활용 및 재사용

- 재사용 가능한 제품
  +
- 재료 또는 제품의 제조 및 사용으로 인해 발생하는 폐기물과 독성 부산물은 얼마나 되나?

산출물

- 수인성 폐수
- 대기 배출
- 고체 폐기물
- 기타 환경 방출물

생애주기 목록

건축 재료의 선택을 평가하는 것은 간단한 공식으로 확신을 갖고 정확하고 확실한 답변을 얻을 수 없는 복잡한 문제이다. 예를 들어, 에너지 함량이 높은 재료를 적게 사용하면 저에너지 재료를 더 많이 사용하는 것보다 에너지와 자원을 절약하는데 더 효과적일 수 있다. 오래 지속되고 유지관리가 덜 필요하거나 재활용 및 재사용이 가능한 고에너지 재료를 사용하는 것이 저에너지 재료를 사용하는 것보다 더 필요할 수 있다.

감소, 재사용 및 재활용은 지속 가능성 목표를 달성하는데 가장 효과적인 전략이다.

- 보다 효율적인 배치 및 공간 사용으로 건물 크기를 축소
- 건축 폐기물 감소. LEED® MR 크레딧 5 : 건설 및 철거 폐기물 관리
- 원료를 보다 효율적으로 사용하는 제품을 지정. LEED MR 크레딧 3 : 건물의 제품 공개 및 최적화-원재료의 조달
- 부족한 자원으로 풍부한 자원을 대체. LEED MR 크레딧 4 : 건축 제품 공개 및 최적화-재료 성분
- 철거된 건물의 건축자재 재사용. LEED MR 크레딧 1 : 건물 생애주기 영향 감소
- 새로운 용도로 기존 건물을 개축. LEED MR 크레딧 1 : 건물 생애주기 영향 감소
- 오래된 제품을 재활용. LEED MR 크레딧 1 : 건물 생애주기 영향 감소

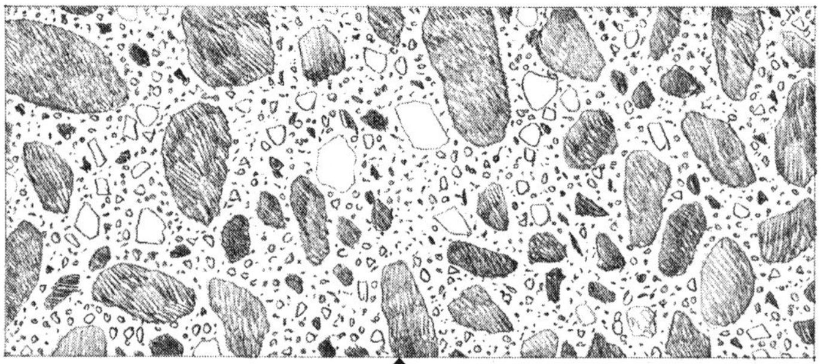

콘크리트는 시멘트와 다양한 광물mineral 골재를 충분한 물과 혼합되어 시멘트가 전체 덩어리를 굳으면서 형성한다. 콘크리트는 본질적으로 압축력이 강하지만 인장 및 전단 응력을 대응하기 위해 철근 보강이 필요하며, 다양한 표면 마감과 질감을 갖고 있으며 거의 모든 형태로 만들어질 수 있다. 또한 콘크리트 구조물은 비교적 비용이 저렴하고 내화성이 우수하다. 콘크리트 작업은 무게(일반 철근 콘크리트의 경우 150pcf (2400kg/㎥)와 경화와 양생 이전에 필요한 거푸집forming 또는 성형공정molding process 모두를 포함한다.

시멘트

- 포틀랜드 시멘트는 회전 가마에서 점토와 석회석의 혼합물을 연소시키고 용재 덩어리를 매우 미세한 분말로 분쇄함으로써 생성된 수경 시멘트이다.

- 유형 I 일반 포틀랜드 시멘트는 다른 유형의 구별되는 특성이 없는 건축물에 사용한다.
- 유형 II 중용 포틀랜드 시멘트는 대형 부두 및 큰 옹벽 시공에서와 같이 중 황산염 작용에 대한 내성이 요구되거나 열 축적으로 손상 될 수 있는 건축물에 사용한다.
- 유형 III 조강 포틀랜드 시멘트는 일반 포틀랜드 시멘트보다 더 빨리 경화되고 강도를 얻게 된다. 거푸집의 조기 제거가 필요한 경우 또는 저온으로부터 양생 시간을 줄이기 위해 추운 날씨에 사용한다.
- 유형 IV 저열 포틀랜드 시멘트는 일반 포틀랜드 시멘트보다 수화열이 적음. 중력 댐과 같이 열 축척으로 손상을 줄 수 있는 대규모 콘크리트 구조물의 건설에 사용됨
- 유형 V 내황산염 포틀랜드 시멘트는 심한 황산염 작용에 대한 내성이 필요한 곳에 사용한다.
- 공기 연행 포틀랜드 시멘트는 제조 동안 소량의 공기 연행 제가 추가된 유형 I 형, 유형 II 또는 유형 III 포틀랜드 시멘트이며 끝에 A가 추가되어 표기된다.

물

- 콘크리트 혼합에 사용되는 물은 유기 물질, 점토 및 염 성분이 없어야 하며, 일반적인 기준은 식수로 적합해야 한다는 것이다.
- 시멘트 페이스트는 콘크리트 혼합물에서 골재 입자를 코팅, 경화 및 결합시키기 위한 시멘트와 물의 혼합물이다.

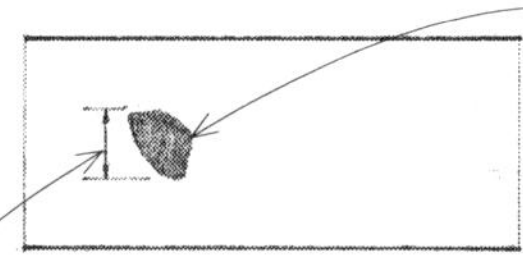

- 골재 최대 크기 : 슬래브 깊이의 1/3, 벽두께의 1/5 또는 보강철근 사이 또는 철근과 거푸집 사이의 빈 공간의 3/4.

경량 콘크리트

- 팽창혈암 또는 점판암 골재로 만들어진 구조용 경량 콘크리트는 단위 중량이 85~115 pcf (1362~1840 kg/㎥)이며 일반 콘크리트와 비슷한 압축 강도를 갖고 있다.
- 펄라이트 골재 또는 발포제로 만들어진 단열 콘크리트는 60pcf (960kg/㎥) 미만의 단위 중량과 낮은 열전도율을 갖고 있다.

골재

- 골재는 콘크리트를 만들기 위해 시멘트 페이스트에 모래와 자갈과 같은 다양한 비활성 광물 재료를 추가한 것이다. 골재는 콘크리트 부피의 60~80%를 차지하며 강화된 콘크리트의 강도, 무게 및 내화성에 영향을 끼친다. 골재는 단단하고, 치수가 안정적이어야 하며, 입자를 함께 묶는 시멘트 역할을 막을 수 있는 점토, 미사 및 유기 물질이 없는 것이어야 한다.
- 세골재fine aggregate는 입자 크기가 1/4"(6)보다 작은 모래로 구성된다.
- 조골재coarse aggregate는 입자 크기가 1/4"(6)보다 큰 쇄석, 자갈 또는 고로 슬래그slag로 구성된다.
- 철근 콘크리트에서 조골재의 최대 크기는 단면의 크기와 철근 간격에 의해 제한된다.

혼화제

혼화제는 콘크리트 혼합물에 첨가되어 그 특성 또는 경화된 생성물의 특성을 변경시킬 수 있다.

- 공기 연행제air-entraining agents는 콘크리트 혼합물에 미세한 구형 기포를 분산시켜 가공성을 높이고, 동결-융해 주기에 의해 유발된 균열, 제빙 화학물질로 생성되는 스케일링에 대한 경화물의 저항성을 향상시키며 경량 및 단열 콘크리트를 생산하는데 많이 사용한다.
- 촉진제accelerators는 콘크리트 혼합의 세팅 및 경화를 빠르게 해주고, 지연제는 혼합과 타설 작업에 더 많은 시간을 허용하기 위해 콘크리트 혼합의 세팅을 느리게 한다.
- 표면 활성제surface-active agents, 또는 계면 활성제surfactant는 콘크리트 혼합물에서 혼합수의 표면 장력을 감소시켜 물의 습윤 및 침투 작용을 촉진시키거나 혼합물 내의 다른 첨가제의 유화 및 분산에 도움을 준다.
- 감수제water-reducing agent 또는 초성능 감수제superplasticizers는 콘크리트 또는 모르타르 혼합물 가공성에 요구되는 필요한 혼합수의 양을 감소시킨다. 이러한 방식으로 물-시멘트 비율을 낮추면 일반적으로 강도가 증가하는 경향이 있다.
- 착색제Coloring agents는 색을 변경하거나 조절하기 위해 콘크리트 혼합물에 첨가되는 색소 또는 염료임

물-시멘트 비율

물-시멘트 비율water-cement ratio은 콘크리트 혼합물의 단위 부피에서 물과 시멘트를 혼합하는 비율로, 시멘트 자루 당 물이 10진수 또는 갤런gallon으로 표시된다. 물-시멘트 비율은 경화된 콘크리트의 강도, 내구성 및 수밀성watertightness을 조절한다. 시카고 루이스 연구소Lewis Institute의 실험에서 1919년 D. A. Abrams가 공식화 한 에이브럼스 법칙Abrams' law의 법칙에 따르면 콘크리트의 압축강도는 물-시멘트 비에 반비례한다. 너무 많은 물을 사용하면 콘크리트 혼합물이 경화 후 약하고 다공성이 된다. 너무 적은 물을 사용하면 혼합물이 조밀해 지지만 타설과 작업이 어려워진다. 대부분의 배합에서 물 시멘트 비율은 0.45에서 0.60 사이여야 한다.

콘크리트는 일반적으로 타설 후 28일 이내에 발생하는 압축 강도로 결정된다(고강도 콘크리트의 경우 7일).

- 슬럼프시험slump test은 슬럼프 원뿔에 타설 후 원뿔을 들어 올린 후 규정에 따라 시험편의 슬럼프를 인치 단위로 측정하여 혼합된 콘크리트의 밀도와 작업성을 결정하는 방법이다.
- 콘크리트 배합의 압축 강도를 결정하기 위한 시험은 유압 프레스를 사용하여 직경 6"(150) 및 높이 12"(305)의 공시체test cylinder가 파단fracture 전 축 방향 압력의 최대 하중을 측정한다.

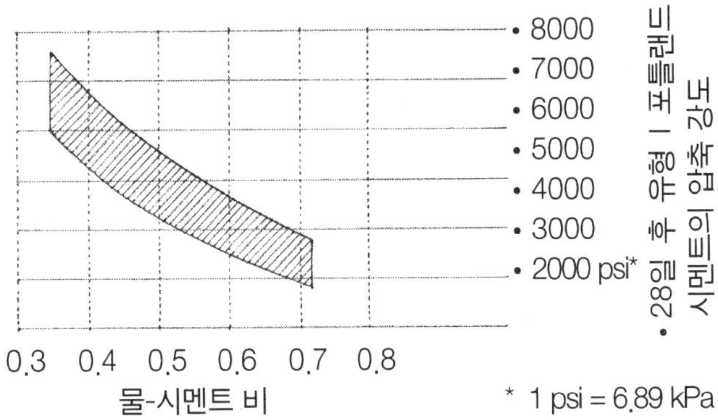

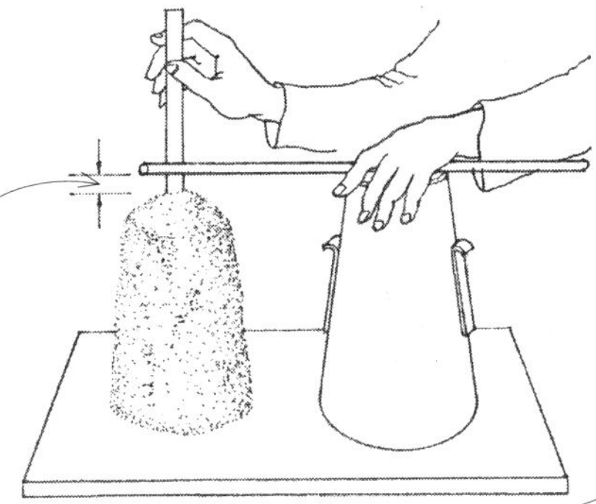

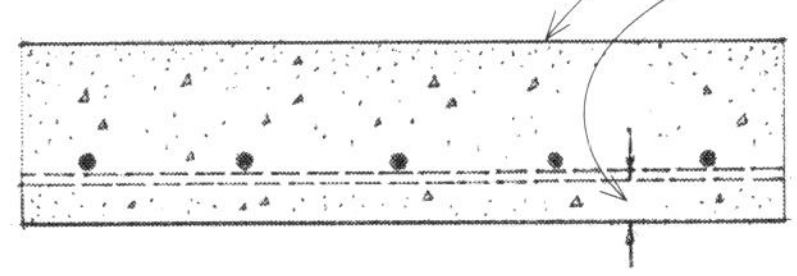

- 철근콘크리트 슬래브
- #5 바 이하의 경우 3/4"(19) 최소; 외부에 노출될 때 최소 1 1/2"(38); #6 이상인 경우 최소 2"(51)
- 다른 콘크리트 부재에서 철근 보강의 최소 적용 범위는 확대 기초의 경우 3.08, 콘크리트 보의 경우 4.04, 콘크리트 기둥의 경우 5.04 및 콘크리트 벽체의 경우 5.06을 참조

- 철근은 주변 콘크리트에 의해 부식 및 화재로부터 보호되어야 한다. 피복 및 간격에 대한 최소 요구 사항은 콘크리트의 노출 및 사용된 굵은 골재 및 강철의 크기에 따라 철근 콘크리트에 대한 미국 콘크리트 학회American Concrete Institute(ACI) 건축 규정에 의해 지정된다.

철근 보강

콘크리트는 인장에 상대적으로 약하기 때문에 콘크리트 부재 또는 구조물의 인장, 전단 및 압축 응력을 흡수하기 위해 철근steel bar, 강연선strands 또는 강선wire으로 구성된 보강이 필요하다. 이러한 보강은 수직 및 수평 요소를 묶고 개구부 주위의 가장자리를 보강하고 수축 균열을 최소화하며 열의 팽창 및 수축을 조절한다. 모든 보강은 자격을 갖춘 구조 기술자가 설계해야 한다.

- 철근은 리브rib 또는 기타 변형을 한 열간 압연된hot-rolled 단면을 통해 콘크리트에 대한 기계적 결합을 향상시킴. 철근 바 번호는 1/8 인치 단위의 직경을 나타내고 예를 들어 #5 막대의 직경은 5/8"(16)이다.
- 용접된 와이어 패브릭은 모든 교차 지점에서 함께 용접된 강선 또는 철근 격자로 구성된다. 패브릭은 일반적으로 슬래브에 온도 보강을 제공하는데 사용되지만 더 무거운 게이지를 사용하여 콘크리트 벽을 보강 할 수도 있다. 패브릭은 격자의 크기(인치)로 표시되고 그 뒤에 와이어 게이지 또는 단면적을 나타내는 숫자가 표시된다. 일반적인 크기는 3.18을 참조

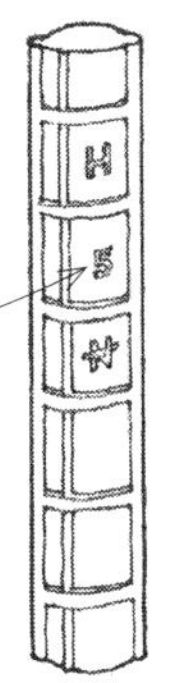

ASTM 철근 보강 기준

철근 크기	공칭 치수		
	직경[2)] inches (mm)	횡단 면적 sq. in. (mm²)	무게 plf (N/m)
#3	0.375 (10)	0.11 (71)	0.38 (5.5)
#4	0.50 (13)	0.20 (129)	0.67 (9.7)
#5	0.625 (16)	0.31 (200)	1.04 (15.2)
#6	0.75 (19)	0.44 (284)	1.50 (21.9)
#7	0.875 (22)	0.60 (387)	2.04 (29.8)
#8	1.00 (25)	0.79 (510)	2.67 (39.0)
#9	1.125 (29)	1.00 (645)	3.40 (49.6)
#10	1.25 (32)	1.27 (819)	4.30 (62.8)

2) 국내에서는 철근 호칭으로 직경의 mm 환산값을 쓴다.(D10, D13, D16...)

- 건축용 벽돌builidng brick이라고도 불리는 보통벽돌common brick은 일반적인 건축 목적으로 만들어졌으며 색상과 질감을 위한 특별한 처리가 없다.
- 치장 벽돌은 벽체 마감을 위한 특수 점토로 만들어지며 종종 원하는 색상과 표면 질감을 생성하도록 처리된다.

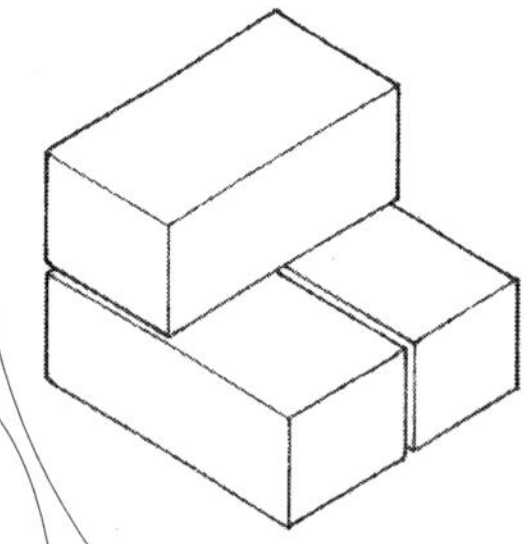

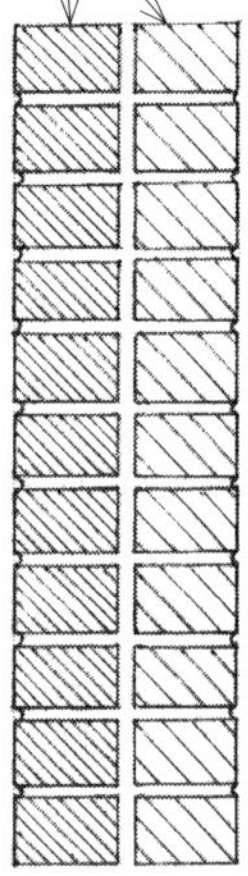

벽돌 유형

- 벽돌 종류는 치장 벽돌 유닛에서 허용되는 크기, 색상, 부서짐 및 변형의 허용 가능한 범위를 지정
- FBX는 최소 크기 변화, 좁은 색상 범위 및 높은 수준의 기계적 완벽성이 요구되는 경우 사용하기에 적합한 치장 벽돌
- FBS는 FBX 종류보다 넓은 색상 범위와 더 큰 크기 변화가 허용되는 경우 사용하기에 적합한 치장 벽돌
- FBA는 개별 유닛의 크기, 색상 및 질감의 불균일함을 이용하여 특정 효과가 필요한 경우 사용하기에 적합한 치장 벽돌
- 백화는 물질 내에서 가용성 염의 침출 및 결정화에 의해 노출된 벽돌 또는 콘크리트 표면에 형성되는 백색의 분말 침착물이다. 최선의 대책은 수분 흡수를 줄이는 것이다.

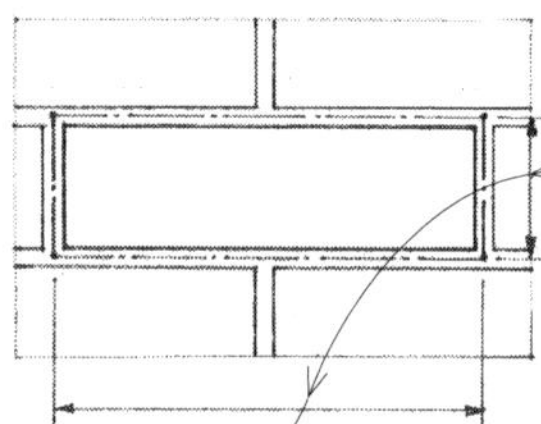

벽돌 유닛	공칭 치수 두께 × 높이 × 길이 inches	 mm	모듈 층 inches	 mm
모듈	$4\times2\frac{2}{3}\times8$	100×68×205	3C = 8	205
노르만	$4\times2\frac{2}{3}\times12$	100×68×305	3C = 8	205
엔지니어/공학	$4\times3\frac{1}{5}\times8$	100×81×205	5C = 16	405
노르웨이	$4\times3\frac{1}{5}\times12$	100×81×305	5C = 16	405
로마	4×2×12	100×51×305	2C = 4	100
유틸리티	4×4×12	100×100×305	1C = 4	100

- 모듈 벽돌 층은 5.26을, 벽돌 쌓기 패턴은 5.27을 참조

벽돌은 일반적으로 접착제로 모르타르를 사용하여 벽돌, 석재 또는 콘크리트 블록과 같은 다양한 천연 또는 제조 제품 단위로 건축하는 것을 말한다. 벽돌 유닛의 모듈 측면(즉, 균일 한 크기와 비례 관계)은 이 장에서 논의된 대부분의 다른 건축 자재와 구별된다. 벽돌 유닛은 압축에서 구조적으로 가장 효과적이기 때문에 전체 벽돌 덩어리가 하나의 개체로 작용하는 방식으로 벽돌 유닛을 쌓아야 한다.

벽돌

벽돌은 점토의 석조 유닛이며 직사각형 틀에 채워 가마에서 소성하거나 햇볕에 건조하여 경화한다.

- 연니법은 수분 함량이 20% 내지 30% 인 비교적 습식 점토를 성형함으로써 벽돌을 만드는 것을 말한다.
- 샌드스트럭 벽돌은 연니법에서 벽돌 형틀 안쪽을 모래로 발라 벽돌의 탈거를 용이하게 하고 무광택 질감의 표면을 형성한다.
- 워터스트럭 벽돌은 연니법에서 물로 벽돌 형틀 안쪽을 물로 적셔 벽돌의 탈거를 용이하게 하고 매끄럽고 조밀한 표면을 형성한다.
- 경니법은 형틀에 의해 수분 함량이 12%~15%인 뻣뻣하지만 유동적인 점토를 압출하고 소성 전에 와이어로 돌출부를 길이로 절단하여 벽돌과 구조 타일을 형성하는 것을 말한다.
- 건식 고압 성형법은 고압에서 수분 함량이 5%~7%인 비교적 건조한 점토를 성형하여 날카로운 모서리와 매끈한 표면을 갖는 벽돌을 형성하는 것을 말한다.

- 벽돌 유닛의 실제 치수는 제조공정 중 수축으로 인해 다르다. 표에 주어진 공칭 치수에는 모르타르 이음의 두께가 포함되며 $\frac{1}{4}$"에서 $\frac{1}{2}$"(6에서 13)까지 다양하다.

벽돌의 등급

- 벽돌의 등급은 풍화에 노출될 때 벽돌 유닛의 내구성을 나타낸다. 미국은 매년 겨울 강우량과 연간 냉동 주기일수에 따라 심각하고 온화하며 무시할 수 있는 세 개의 기후 지역으로 나눠진다. 벽돌은 압축 강도, 최대 수분 흡수 및 최대 포화 계수에 따라 각 지역에서 사용하도록 등급을 매긴다.
- SW는 지면과 만나거나 동결 온도 이하에서 물이 스며들기 쉬운 표면에 사용될 때와 같이 심한 풍화에 노출 적합한 벽돌이며 2500psi (17,235kPa)의 최소 압축 강도를 보인다.
- MW는 영하의 온도에서 물이 스며들지 않는 표면의 등급 이상으로 사용될 때와 같이 적당한 풍화에 노출 적합한 벽돌이며 2200psi (15,167kPa)의 최소 압축 강도를 보인다.
- NW는 뒷받침용 또는 실내용으로 사용될 때와 같이 무시할 수 있는 풍화에 노출하기에 적합한 벽돌이며 1250psi (8618kPa)의 최소 압축 강도를 보인다.
- 벽돌 벽의 허용 압축 응력은 벽돌 유닛, 모르타르 및 제작 기술의 품질이 다를 수 있으므로 여기에 주어진 값보다 훨씬 작으며, 이 값에 대해서는 5.15의 표를 참조

CSI 마스터포맷 04 21 00: 점토 조적 유닛

콘크리트 조적

콘크리트 조적 유닛(CMU)는 포틀랜드 시멘트, 미세 골재 및 물로 미리 주조되어 다양한 건축 조건을 충족시키기 위해 다양한 형태로 만들어진다. 이러한 유형의 사용가능 여부는 지역 및 제조업체에 따라 다르다.

- 종종 시멘트 블록으로 잘못 지칭되는 콘크리트 블록은 600~1500psi (4137~10,342 kPa)의 압축 강도를 갖는 중공 콘크리트 조적 유닛이다.
- 일반 중량normal-weight 블록은 125pcf (2000kg/m^3) 이상의 콘크리트로 만든다.
- 중간 중량medium-weight 블록은 105~125pcf (1680~ 2000kg/m^3)의 콘크리트 무게로 만든다.
- 경량 블록은 무게가 105pcf (1680kg/m^3) 이하인 콘크리트로 만든다.

CMU 등급

- N등급은 습기 또는 날씨에 노출되는 벽에서 등급의 아래위 모두 사용하기에 적합한 내력 콘크리트 조적 유닛. N등급 유닛은 압축 강도가 800~1500psi (5516~10,342kPa)이다.
- S등급은 내후성 코팅이 있는 외벽 또는 습기나 날씨에 노출되지 않은 벽 등급 이상으로 사용하도록 제한되어 있는 내력 콘크리트 조적 유닛. S등급 장치의 압축 강도는 600~1000psi (4137~6895kPa)이다.

CMU 유형

- 유형 I은 균열을 일으킬 수 있는 건조 수축을 최소화하기 위해 지정된 수분 함량으로 제조된 콘크리트 조적 유닛
- 유형 II는 지정된 한계 수분 함량으로 제조되지 않은 콘크리트 조적 유닛

- 콘크리트 벽돌은 일반적으로 모듈식 점토 벽돌과 크기는 동일하거나 길이를 12"(305) 로 할 수도 있는 단단한 직사각형 콘크리트 벽돌 유닛. 콘크리트 벽돌 유닛은 2000~3000psi (13,790~20,685kPa)의 압축 강도를 갖고 있다.

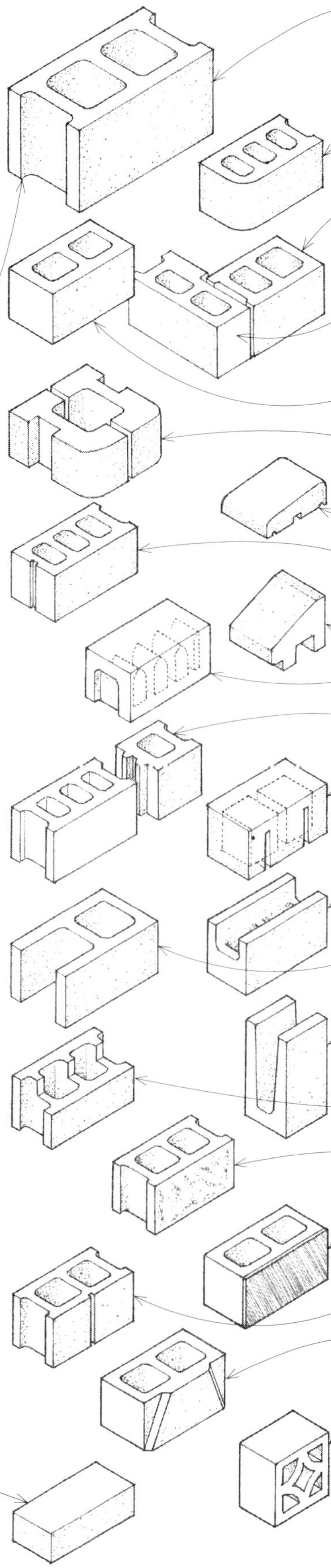

- 스트레처stretcher 블록은 2개 또는 3개의 코어와 8"×8"×16"(205×205×405); 4", 6 ", 10" 및 12"(100, 150, 255 및 305) 폭 단위의 사용 가능한 공칭 치수가 있다.
- 둥근 모서리용bullnose 블록에는 하나 이상의 둥근 외부 모서리가 있다.
- 모서리 블록에는 벽의 끝 또는 모서리를 구성하는 데 사용하기 위한 단단한 끝 면이 있다.
- 한마구리 평블록은 6인치, 10인치 및 1인치 (150, 255 및 305) 벽 모서리에 사용되어 전체 길이 및 절반 길이의 단위 모양으로 수평 쌓기를 유지한다.
- 이중 모서리 블록은 양단을 충실하게 채운 것으로 조적 기둥을 만드는데 사용한다.
- 벽기둥pilaster 블록은 그 자체로 또는 철근 배근된 조적 기둥을 만드는데 사용한다.
- 두겁coping 블록은 조적 벽의 상단 또는 마감을 구성하는데 사용한다.
- 창틀 또는 선틀 블록에는 문 또는 창틀의 선틀을 설치하기 위한 가장자리 홈 또는 은촉홈이 있다.
- 창턱 블록은 턱에서 빗물을 밖으로 흘려보내야 함
- 캡 블록은 기초 벽의 마감 과정에서 축받이 표면으로 사용하기 위한 견고한 상단을 가지고 있음
- 조절 줄눈control-joint 블록은 수직의 조절 줄눈을 구성하는 데 사용됨
- 흡음 조적 유닛에는 견고한 상단과 홈이 난 면, 때로는 섬유질 충전물이 있어 흡음력을 향상시킴
- 일체형 바닥 블록/기초보 블록에는 그라우트에 철근을 매립하기 위한 오목한 부분이 있다.
- A 블록open-end blocks에는 수직 강철 보강재를 그라우트에 매립할 수 있도록 한쪽 끝이 개방되어 있다.
- U블록/상인방 블록은 그라우트에 철근 배근을 설치할 수 있는 U자형 단면을 가지고 있다.
- 헤더블록은 시공된 벽돌 벽의 마구리쌓기를 수용하기 위해 한쪽면의 일부가 제거되어 있다.
- 분할면 블록은 경화 후 기계에 의해 길이 방향으로 분할되어 거친 질감의 면을 생성한다.
- 면처리faced 블록에는 특수 세라믹, 유약 처리 또는 광택 처리된 면이 있다.
- 홈새김scored 블록에는 파낸 줄눈 효과를 위해 하나 이상의 수직 홈이 있다.
- 그늘shadow 블록에는 비스듬히 잘려 안으로 들어간 패턴이 있는 면이 있다.
- 특히 열대지방 건축에 사용되는 스크린 블록에는 공기를 흡수하고 햇빛을 차단하기 위한 가로 방향의 개구부 장식 패턴이 있음

- W자 모양wide flange
- S자 모양 (미국 기준)
- C자 모양 (미국 기준 채널)

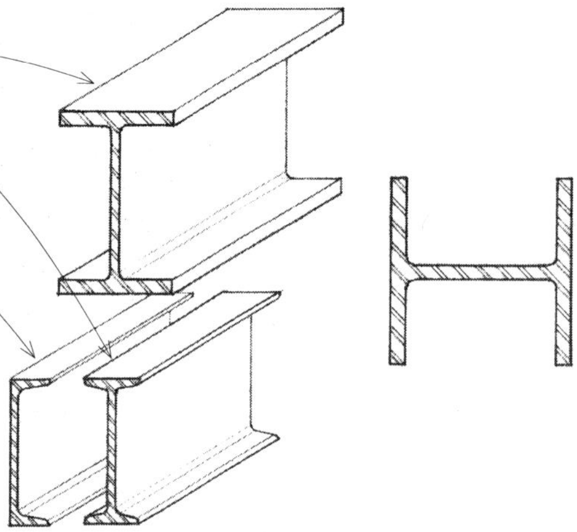

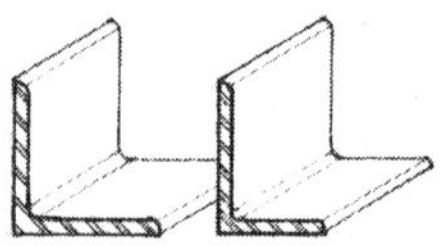

- L자 모양 (동일 또는 비동일한 다리 각)

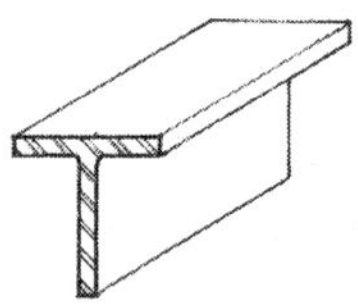

- WT자 모양 (W자 모양에서 잘라낸 구조용 T자)

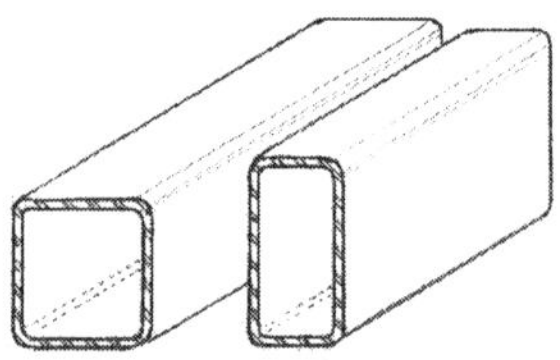

- 구조용 튜브 (정사각형 또는 직사각형)

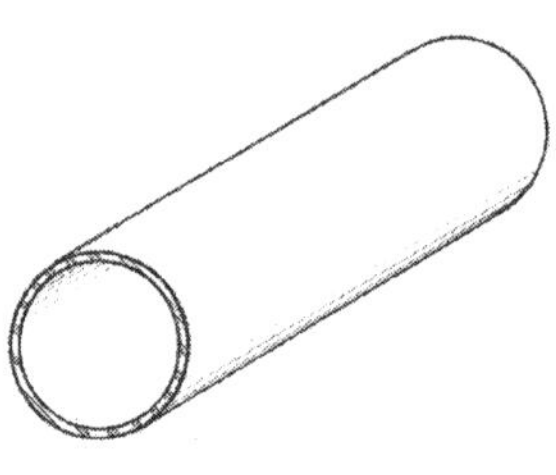

- 구조용 튜브 (원형관)

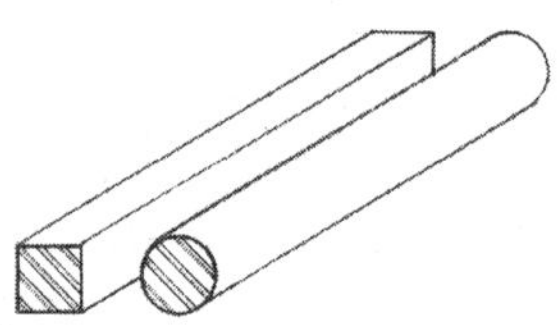

- 막대 (정사각형, 원형, 판형)

강재 형상

- 규격과 무게의 전체 목록을 보려면 미국 강구조 협회(AISC) 강재 건설 매뉴얼을 참조

강재는 주철보다 적고 단철보다 많은 탄소 함량을 가지며, 조합 및 열처리에 따라 변하는 강도, 경도 및 탄성의 품질을 갖는 다양한 철 기반 합금을 지칭한다. 강철은 가볍고 무거운 구조 프레임뿐만 아니라 창문, 문, 하드웨어 및 고정자재와 같은 광범위한 건축 제품에 사용한다. 강철은 구조 재료로서 높은 강도와 강성을 탄성과 결합한 재료이다. 부피 대비 무게로 측정하면 아마도 가장 저렴한 저비용 재료가 될 것이다. 불연성 물질로 분류되었지만 강철은 연성이 되어 1000°F (538°C) 이상의 온도에서 강도가 떨어진다. 내화구조가 필요한 건물에 사용될 경우 구조용 강철은 내화성 재료로 코팅, 피복 또는 밀폐되어야 한다(A.12 참조). 일반적으로 부식되기 때문에 강철은 산화 방지를 위해 페인트, 아연 도금 또는 화학적 처리가 필요하다.

- 연강soft steel은 0.15~0.25%의 탄소를 함유하는 저탄소강
- 중강medium steel은 0.25~ 0.45%의 탄소를 함유하는 탄소강이며, 대부분의 구조용 강재는 중탄소강임. ASTM A36은 36,000 psi (248,220 kPa)의 항복점을 가진 가장 일반적인 강도 등급임
- 경강hard steel은 0.45~0.85%의 탄소를 함유하는 고탄소강
- 스프링강spring steel은 0.85~1.8%의 탄소를 함유한 고탄소강

- 탄소강carbon steel은 탄소, 망간, 인, 황 및 실리콘과 같은 잔류 원소가 조절되는 비합금강이다. 탄소 함량이 증가하면 강의 강도와 경도는 증가하지만 연성과 용접성은 감소한다.

- 스테인레스강은 최소 12% 크롬을 함유하고 때로는 부식에 대한 저항력을 높이기 위해 추가 합금 성분으로 니켈, 망간 또는 몰리브덴을 함유함
- 고강도 저합금강은 강도, 연성 및 내식성을 향상시키기 위해 특별히 개발된 화학 혼합으로 2% 미만의 합금을 포함하는 저탄소강임. ASTM A572는 50,000psi (344,750kPa)의 항복점을 가진 가장 일반적인 강도 등급임
- 내후성강은 대기 중 비나 습기에 노출될 때 산화 피막을 형성하는 고강도 저합금강이며, 이 코팅은 모재에 단단히 부착되어 더 이상 부식되지 않도록 보호함. 내후성강을 사용하는 구조물은 빗물로 인해 소량의 산화물이 인접한 물질에 묻지 않도록 정밀하게 시공되어야 함
- 텅스텐강은 고온에서 경도와 열 보유율을 높이기 위해 10~20% 텅스텐을 함유 한 합금강임

- 합금강alloy steel은 크롬, 코발트, 구리, 망간, 몰리브덴, 니켈, 텅스텐 또는 바나듐과 같은 다양한 원소가 특정 물리적 또는 화학적 특성을 얻기에 충분한 양으로 첨가된 탄소강을 의미한다.

건물 건설에 사용되는 기타 철금속은 다음과 같음:

- 탄소 2.0~4.5% 및 실리콘 0.5~3%를 함유하는 단단하고 부서지기 쉬운 난연성 철 기반 주철은 모래 주형에 주조하고 배관, 그레이팅 및 장식물과 같은 많은 건축 제품을 만들기 위해 가공됨
- 탄소 함량을 흑연으로 변환하거나 완전히 제거하여 만든 가단성 주철
- 가단성이 있으며 비교적 쉽게 단조 및 용접되는 연철은 약 0.2%의 탄소와 소량의 균일하게 분포 된 슬래그가 포함되어 있는 섬유질 구조를 갖고 있음
- 아연도금 철은 녹을 방지하기 위해 아연으로 코팅됨

비철금속에는 철이 포함되지 않는다. 알루미늄, 구리 및 납은 건축 시 일반적으로 사용되는 비철금속이다.

알루미늄aluminum은 연성, 가단성, 은백색의 금속 원소로 많은 경질의 경합금을 형성하는 데 사용한다. 부식에 대한 자연적인 저항은 표면에 형성된 투명 산화막 때문이다. 이 산화막은 양극 산화 처리로 알려진 전기 화학 처리를 통해 내식성을 높이기 위한 목적으로 두껍게 할 수 있다. 양극 산화 공정이 진행되는 동안, 자연적으로 빛을 반사하는 알루미늄의 표면은 여러 가지 따뜻하고 밝은 색상으로 염색할 수 있다. 전식 작용을 방지하기 위해 알루미늄이 다른 금속과 접촉하지 않도록 주의해야 한다. 또한, 습식 콘크리트, 모르타르 및 석고와 같은 알칼리성 물질로부터 격리되어야 한다.

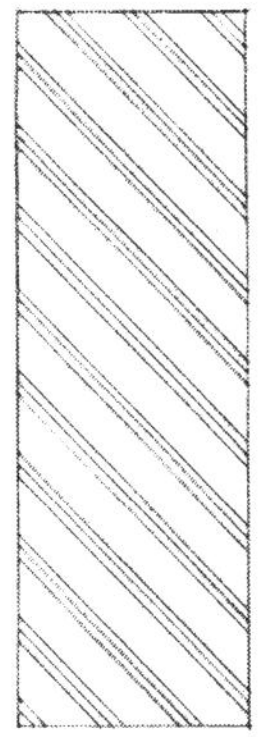

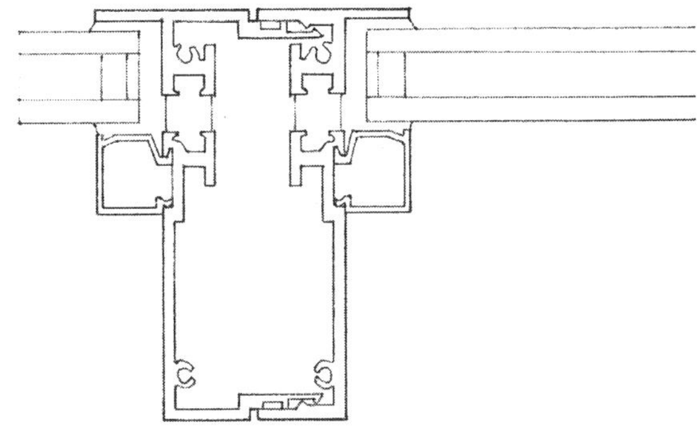

알루미늄은 창문, 문, 지붕, 굽도리 널, 장식 및 하드웨어와 같은 보조적 건축 요소의 압출 및 판 형태로 널리 사용한다. 구조용 프레임에 사용하기 위해 고강도 알루미늄 합금은 구조용 강철과 유사한 모양으로 제공된다. 알루미늄 단면은 용접, 접착제 또는 장치로 고정할 수 있다.

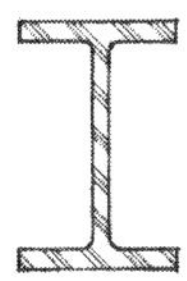

구리copper는 연성, 가단성 금속 요소로 전기 배선, 수도 배관 및 합금 시 청동 및 황동으로 널리 사용한다. 색상과 내부식성이 뛰어나 지붕 및 굽도리 널 소재로 우수하다. 그러나 구리는 알루미늄, 강철, 스테인리스강 및 아연을 부식시켜 구리 또는 엄선된 황동 부품으로만 고정, 부착 또는 지지해야 한다. 습기가 있는 상태에서 붉은 삼나무와 접촉하면 구리가 조기에 손상될 수 있다.

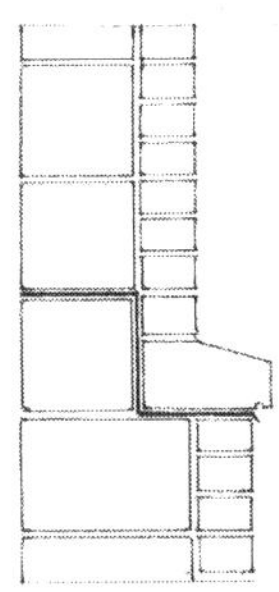

황동brass은 창, 난간, 장식 및 마감 하드웨어에 사용되는 구리와 아연으로 구성된 다양한 합금을 말한다. 일반적으로 황동 합금은 조형용 청동처럼 청동을 포함하여 불린다.

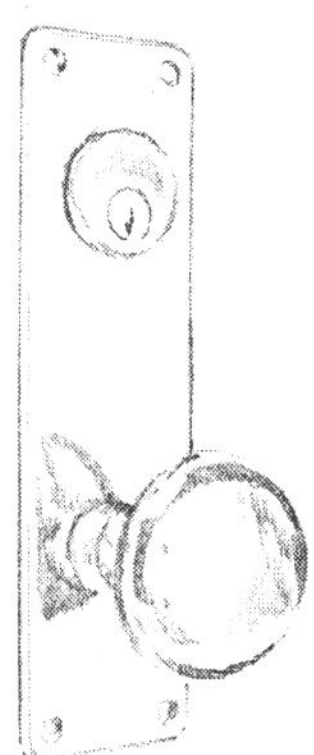

납lead은 굽도리 널, 차음 및 방사선 차폐에 사용되는 무겁고 부드럽고 가단성 있는 푸른 회색 금속 요소이다. 납은 일반적인 금속 중 가장 무겁지만 유연성이 있고 평탄하지 않은 표면에 적용하는 것이 바람직하다. 납에서 나오는 가루나 증기는 독성이 있다.

전식 작용

전류가 흐르기에 충분한 수분이 존재하는 경우 2개의 다른 종류의 금속 간에 전식 작용galvanic action이 발생할 수 있다. 이 전류는 한 금속을 부식시키면서 다른 금속을 도금하는 경향이 있다. 전지 작용의 심각도는 두 금속이 전위 순열 표에서 얼마나 멀리 떨어져 있는지에 따라 다르다.

- 금, 백금 — 불활성이 가장 높은 음극 (+)
- 티타늄
- 은
- 스테인리스강
- 청동
- 구리
- 황동
- 니켈
- 주석
- 납
- 주철
- 연강
- 알루미늄, 2024 T4
- 카드뮴
- 알루미늄, 1100
- 아연 — 불활성이 가장 낮은 양극 (-)
- 마그네슘

• 전류는 양에서 음으로 흐름

이온화 계열

- 이온화 계열은 불활성이 가장 높은 것에서 가장 낮은 것까지 순서대로 금속을 나열한다.
- 금과 은과 같은 귀금속은 무기산에 의해 공기와 용액에서 가열될 때 산화에 저항한다.
- 목록에서 더 아래에 있는 금속이 전류가 흐르기에 충분한 수분이 존재할 때 부식된다.
- 목록에서 떨어져 있는 금속일수록 불활성이 낮은 것이 부식에 더 민감함

석재는 무기질의 집합체 또는 화합물이며, 각 무기질은 무기 화학 물질로 구성된다. 건축 재료로 사용되기 위해서는 석재의 품질이 다음과 같아야 한다.

- 강도[strength]: 대부분의 유형의 석재는 압축 강도가 충분하나 석재의 전단 강도는 일반적으로 압축 강도의 $^1/_{10}$ 정도임
- 경도[hardness]: 바닥재, 포장재 및 계단 디딤판에 석재를 사용할 경우 경도가 중요함
- 내구성[durability]: 외부 석재 작업에는 비, 바람, 열 및 동결작용의 내후성이 필요함
- 작업성[workability] : 석재의 경도와 결의 질감은 채석, 절단 및 성형이 가능해야 함
- 밀도[density]: 돌의 다공성은 동결 작용 및 얼룩을 견딜 수 있는 능력에 영향을 미침
- 모양[appearance]: 모양 요소에는 색, 결 및 질감이 포함됨

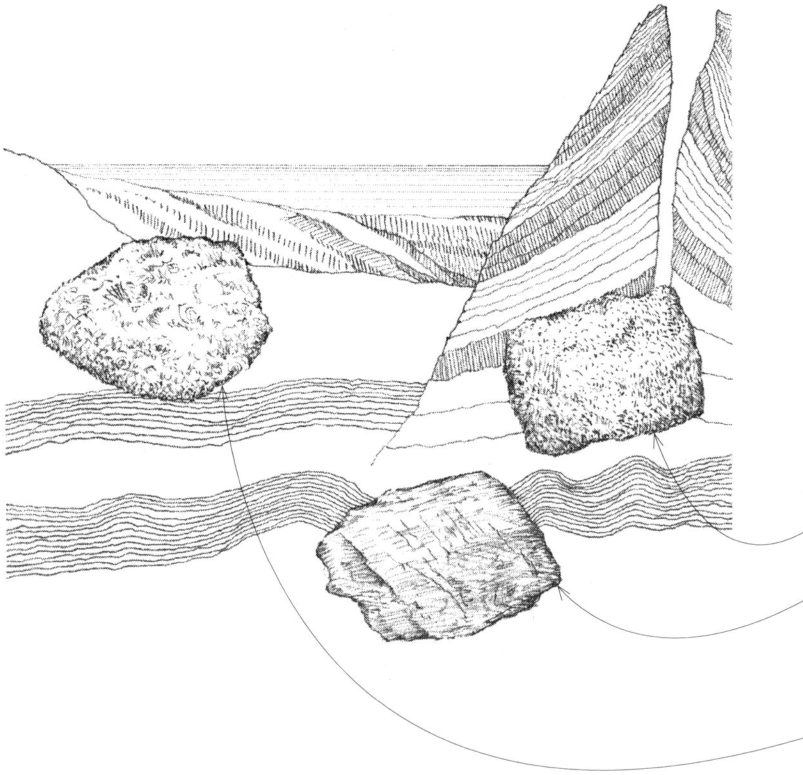

석재는 지질학적 기원에 따라 다음과 같은 유형으로 분류 될 수 있다.

- 화강암, 흑요석 및 공작석과 같은 화성암은 녹은 마그마의 결정화에 의해 형성됨
- 대리석 및 점판암과 같은 변성암은 특히 암석이 단단하고 결정화 될 때 열과 압력과 같은 자연적인 작용으로 인해 구조, 질감 또는 혼합성분이 변화한 것들이다.
- 석회석, 사암 및 셰일/혈암과 같은 퇴적암은 빙하작용에 의한 퇴적물의 퇴적에 의해 형성된 것.

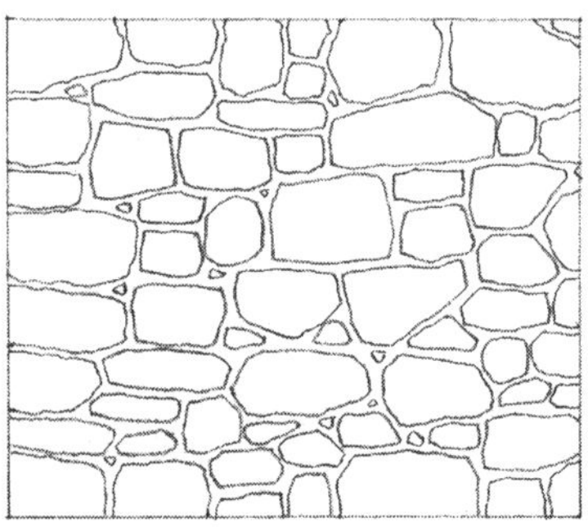

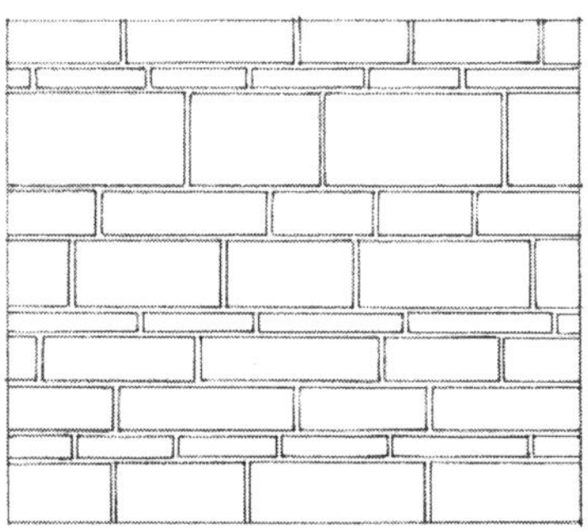

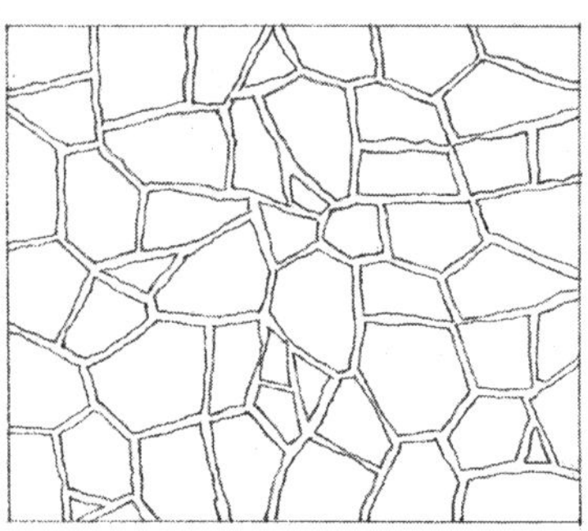

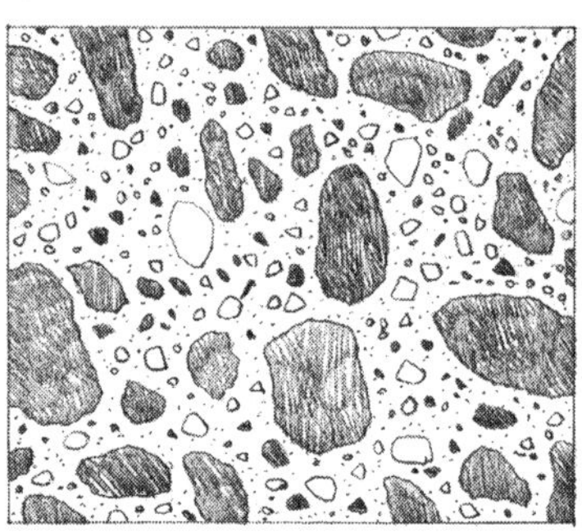

내력벽 재료로서 석재는 모듈식 조적과 유사하다. 석조 조적은 반드시 크기가 균일하지는 않지만 모르타르를 바르고 압축하여 시공한다. 거의 모든 석재는 급격한 온도 변화에 의해 악영향을 받으므로 높은 수준의 내화성이 필요한 곳에 사용해서는 안 된다.

석재는 다음과 같은 형태로 건축에 사용한다.

- 잡석은 벽 노출에 가능한 면이 하나 이상 있으며 거친 파편으로 구성됨
- 규격 석재[dimension stone]는 지정된 두께와 너비가 2'(610)이상으로 채석 후 사각형으로 만들어져 벽 패널, 처마 장식, 두겁, 상인방 및 바닥재에 일반적으로 사용됨
- 판석[flagstone]은 바닥 및 수평 표면 처리에 사용되는 평평한 석판을 의미함
- 쇄석은 콘크리트 제품에서 골재로 사용됨

- 석조 조적의 종류에 대해서는 5.33을 참조

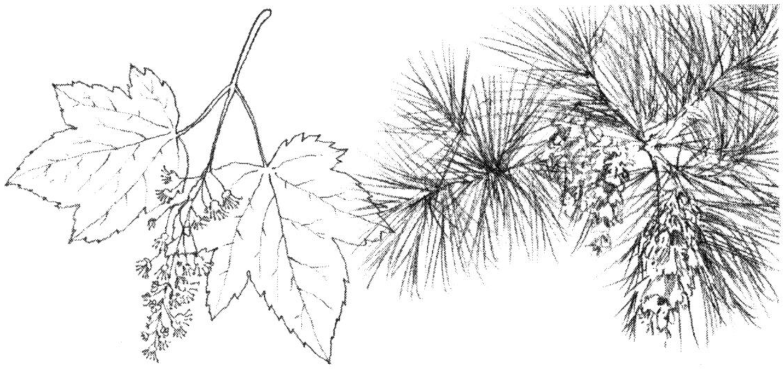

건축 자재로서 목재는 견고하고 내구성이 뛰어나고 가벼우며 다루기가 쉽다. 또한, 자연의 아름다움을 갖고 있으며 색상과 촉감이 따뜻하다. 목재의 지속적인 공급확보를 위해 보존 조치가 필요하지만 여전히 다양한 형태로 건축에 사용되고 있다.

목재를 구분하는 등급은 크게 연목과 견목이다. 이 등급은 나무의 실제 경도, 부드러움 또는 강도를 설명하는 것은 아니다. 연목은 일반 건축에 사용되는 소나무, 전나무, 솔송나무 및 가문비나무와 같은 다양한 상록 원추형 나무로 만든 목재이다. 견목은 일반적으로 바닥재, 패널, 가구 및 실내 장식에 사용되는 체리나무, 단풍나무 또는 참나무와 같은 넓은 잎이 달린 화목류의 나무로 만든 목재이다.

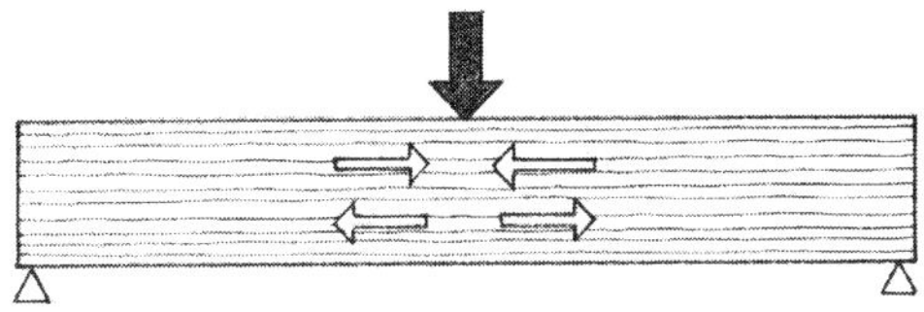

나무가 자라는 방식은 나무의 강도, 팽창 민감성, 수축률 및 절연재insulator로서[3]의 효과에 영향을 준다. 나무의 성장은 또한 건물의 구조와 외피를 형성하기 위한 제재목을 결합하는 방법에 영향을 미친다.

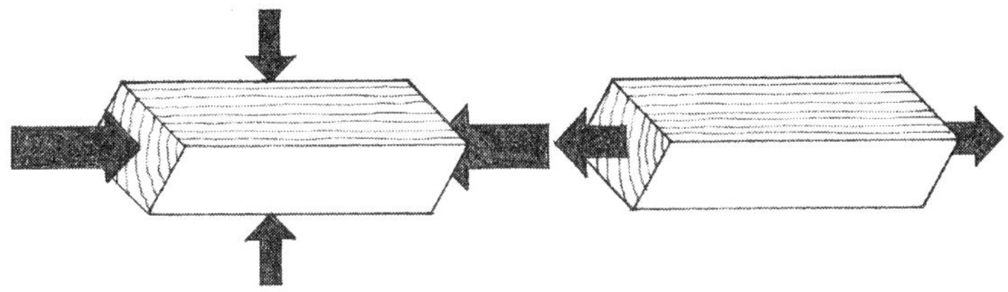

결 방향grain direction은 목재를 구조재로 사용하는 주요 결정 요인이다. 결에 평행한 방향으로 목재를 처리하는 것이 인장력과 압축력 측면에서 가장 좋다. 일반적으로 목재는 결과 평행할 경우 인장력보다 압축력이 $^{1}/_{3}$ 더 강하다. 결에 수직인 허용 압축력은 평행한 허용압축력의 $^{1}/_{5}$~$^{1}/_{2}$에 불과하다. 목재가 갈라지는 것은 결에 수직으로 걸리는 인장력 때문이다. 목재의 전단 강도는 나뭇결과 평행한 것보다는 결에 수직으로 거슬러 갈 수록 커진다. 그러므로 수직 전단보다 수평 전단에 더욱 민감한 재료이다.

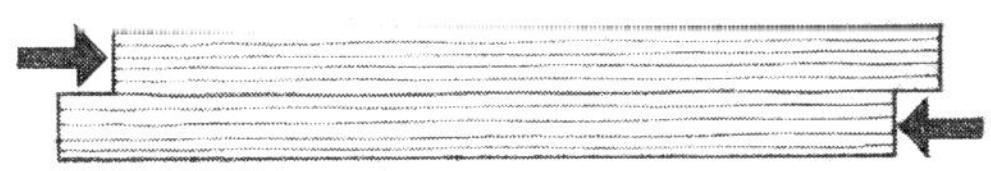

통나무에서 목재를 자르는 방식은 강도뿐만 아니라 외관에도 영향을 미친다. 널결제재법plainsawing은 네모난 통나무를 일정한 간격으로 다음과 같은 납작한 결을 가진 판을 만든다.
- 눈에 띄는 다양한 결 모양이 있을 수 있음
- 비틀어지거나 굴곡을 갖거나 내구성이 고르지 않을 수 있음
- 파면목리raised grain를[4] 가질 수 있음
- 두께가 줄어들고 폭이 넓어짐

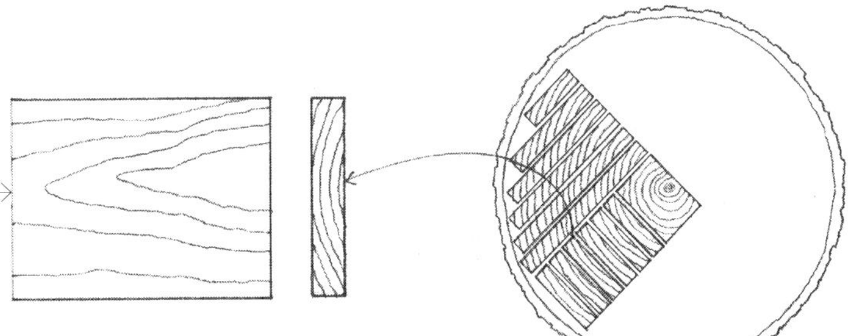

네 조각 켜기quartersawing는 대략 나이테와 직각으로 절단하여 곧은결 또는 정목목리/수직결을 가진다:
- 많은 결 모양이 생성됨
- 파면목리의 정도가 덜하다. 뒤틀림이 적으며 내구성이 균일함
- 폭보다는 두께가 더 많이 수축 팽창함
- 표면할렬surface checks의 영향이 적음
- 재단 후 폐기물이 많고 가격이 높음.

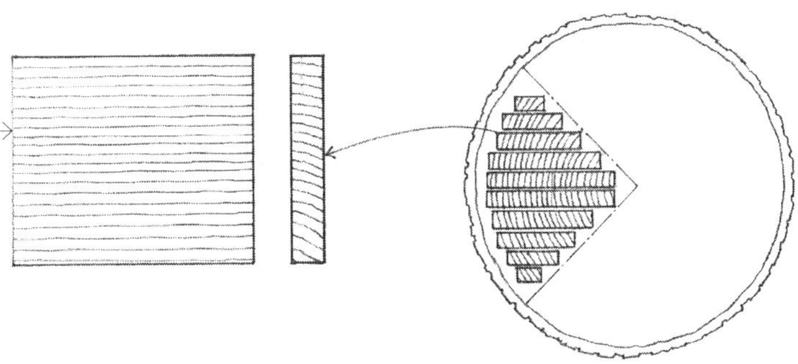

3) 단열과 차음 성능을 포함
4) 표면이 거친 나이테, 연한 춘재부와 단단한 추재부가 다른 수축을 보이면서 파도형상의 단면을 보인다.

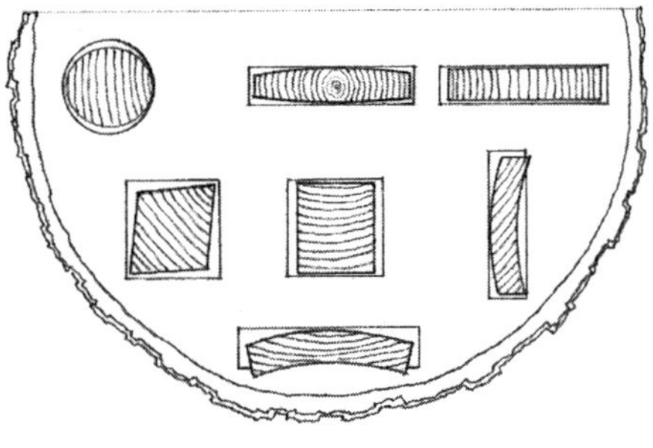

목재의 강도, 안정성 및 곰팡이, 부패 및 곤충에 대한 내성을 높이기 위해 열, 공기 순환 및 습도의 제어 조건에서 자연 건조 또는 인공 건조로 수분 함량을 줄인다. 수분 함량의 변화를 막기 위해 목재를 완전히 밀봉하는 것은 불가능하다. 약 30%의 수분 함량 아래에서 목재는 수분을 흡수하여 팽창하고 수분을 잃으면서 수축한다. 축소 및 팽창 가능성은 소규모 및 대규모 작업에서 목재 이음을 설계하고 시공 할 때 항상 고려해야 한다.

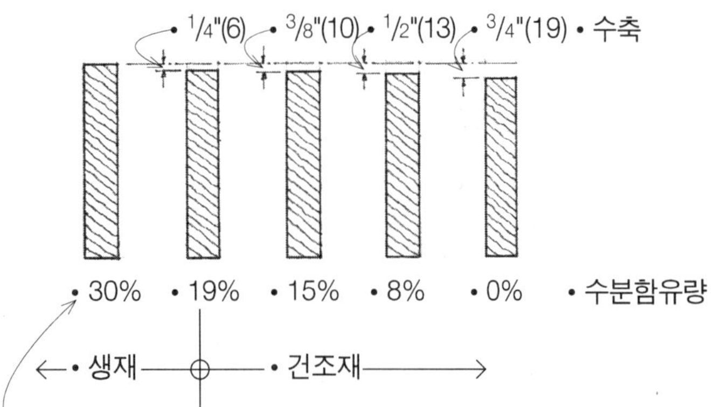

• 섬유 포화점(fiber saturation point)은 세포벽이 완전히 포화되는 단계이지만, 일반적으로 사용되는 목재 종류에서 세포의 공동은 25~32% 범위의 수분 함량을 갖고 있다. 추가 건조는 수축과 일반적으로 목재의 강도, 강성 및 밀도를 증가시킨다.

나뭇결의 접선 방향수축률은 일반적으로 방사 방향 수축률의 두 배이다. 수직 결을 가진 목재는 균일하게 줄어드는 반면 통나무 둘레 근처의 판목 절단은 중심에서 멀어질수록 면을 가르는 굴곡이 생긴다. 목재의 열팽창은 일반적으로 수분 함량의 변화로 인한 부피 변화보다 훨씬 작기 때문에 수분 함량이 주요 제어 요소이다.

목재는 수분 함량이 20% 미만일 때 부식에 강하다. 이 수분 함량 수준 이하로 설치 및 유지하면 목재는 일반적으로 썩지 않는다. 부패를 일으키는 곰팡이에 자연적으로 내성이 있는 종에는 미국 삼나무, 향나무, 낙엽송, 아카시아나무, 검은 호두나무가 포함된다. 곤충에 강한 종에는 미국 삼나무, 연필향나무 및 낙엽송이 포함된다.

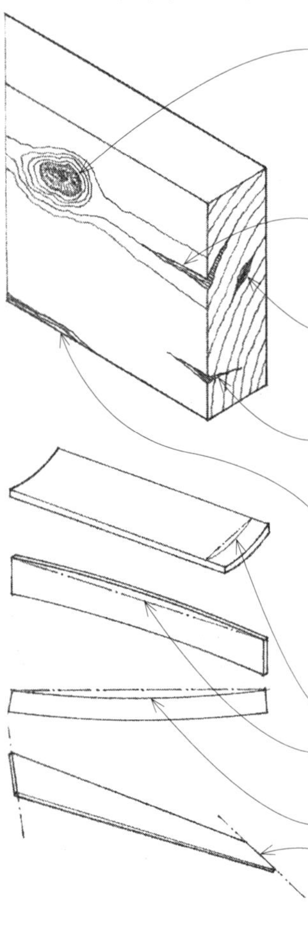

• 옹이는 나뭇가지가 나무의 줄기와 합류 할 때 발생하는 딱딱한 나무의 마디임이며, 톱질된 목재에서 원형의 불규칙한 결의 모양으로 나타난다. 목재의 구조 등급에서 옹이는 크기와 위치에 의해 사용이 제한된다.
• 갈림(shake)은 나무에 가해지는 압력에 의해 목재의 결을 따라, 일반적으로 나이테 사이가 분리된 것을 말한다.
• 수지낭(pitch pocket)은 연질 또는 연성 수지를 포함하거나 한 번 포함한 연목의 나이테에 뚜렷한 개구부이다
• 파열(check)은 계절의 변화 속에서 고르지 않거나 빠른 수축으로 인해 나이테에서 목재가 세로로 분리된 것을 말한다.
• 죽각(wane)은 모서리나 가장자리에 나무 껍질이 있거나 나무가 없는 부분이다.
• 뒤틀림(warping)은 일반적으로 계절의 변화 속에서 불규칙적인 건조 또는 수분 함량의 변화로 인해 발생한다.
• 너비굽음(cup)은 목재면을 가로지르는 굴곡
• 길이굽음(bow)는 목재길이에 따른 굴곡
• 측면굽음(crook)은 가장자리를 따라 생긴 굴곡
• 비틀림(twist)은 나무 조각의 가장자리를 반대 방향으로 돌아가며 발생

방부 처리를 통해 목재를 부패 및 곤충으로부터 추가로 보호할 수 있다. 이 중 특히 목재가 지면과 접촉할 때에는 압력 처리가 가장 효과적이다. 방부제는 세 가지 유형이 있다.

- 수성 방부제는 목재를 깨끗하게 유지하고 무취이며 쉽게 칠할 수 있다. 날씨에 노출되었을 때 방부제가 녹아나오지 않는다.
  - AWPB (미국 목재 보존국)
  - LP-2 (LP-22은 지면접촉용)
- 유성 방부제는 목재를 착색할 수도 있지만 처리된 목재는 페인트칠이 가능하다. 펜타클로로페놀(pentachlorophenol)은 독성이 매우 높다.
  - AWPB LP-3 (LP-33은 지면접촉용)
- 크레오소트(creosote)처리는 나무를 착색하고 유성 표면으로 만든다. 악취가 오래간다. 특히 해양 및 해수 설치용으로 사용한다.
  - AWPB LP-5 (LP-55는 지면접촉용)

결함(defects)은 목재의 등급, 모양 및 사용에 영향을 준다. 또한 개수, 크기 및 위치에 따라 목재의 강도에 영향을 줄 수 있다. 결함에는 옹이, 갈림 및 수지낭과 같은 목재의 자연적 특성뿐만 아니라 파열 및 뒤틀림과 같은 제조과정의 결함도 포함된다.

견목은 다양한 용도와 재생산 목적으로 사용하기 때문에 견목의 등급은 특정 등급과 크기에 맞춰 자를 수 있도록 흠이 없고 사용성이 있는 목재의 양에 따라 결정된다. 연목은 다음과 같이 분류된다.

- 야드 제제목/야드 럼버yard lumber: 판, 규격치수의 재목 및 목재를 포함한 일반적인 건축 목적을 위한 연목 제재목
  - 판재board: 두께가 2"(51) 미만, 2"(51) 이상인 경우 강도보다는 외관 등급이 있으며 사이딩, 바탕바닥, 실내 트림으로 사용한다.
  - 규격 제재목dimension lumber: 2~4"(51~100) 두께 및 2"(51) 이상 너비, 외관보다는 강도에 기반하여 등급부여, 일반 건축에 사용
    - 장선 및 부판planks: 2~4"(51~100) 두께 및 4"(100) 이상의 너비로 주로 좁은 면에는 장선 또는 넓은 면에는 부판으로 힘을 받게 될 때 휨강도와 관련하여 등급을 매긴다.
    - 경골 구조: 2~4"(51~100) 두께 및 2~4"(51~100) 너비, 고강도 값이 필요하지 않은 경우에 사용
    - 데크 : 2~4"(51~100) 두께 및 4"(100) 이상 너비, 주로 넓은 면에 하중을 가할 때 휨강도와 관련하여 등급을 매긴다.
  - 구조용 목재structural lumber : 육안검사를 통해 또는 기계적으로 강도 및 용도에 따라 등급이 매겨진 규격제재목
    - 보 및 세로보stringer: 최소 5"(125) 두께 및 두께보다 너비가 2"(51) 이상, 좁은 면에 하중을 가했을 때 휨강도와 관련하여 주로 등급을 매긴다.
    - 기둥 및 재목: 5"×5"(125×125) 이상 및 두께보다 너비가 2"(51) 이하, 주로 축 방향 하중을 전달하는 기둥으로 사용하기 위해 등급을 매긴다.
  - 재목timber: 최소 치수가 5"(125) 이상, 강도 및 서비스 용이성 등급이 매겨지며 종종 녹색 상태의 가공 전 상태로 보관한다.[5]
- 공장 제재목factory and shop lumber: 주로 문, 창문 및 목공작업의 추가 제조를 위해 제재 또는 선택되며, 특정 크기 및 품질의 절단을 할 수 있는 사용 가능한 목재의 양에 따라 등급을 매긴다.

제재목lumber은 종과 등급으로 구분된다. 각 제재목은 구조적 강도와 외관에 따라 등급이 매겨진다. 구조용 제재목은 강도, 모양 또는 사용성에 영향을 미치는 품질 감소 특징에 따라 숙련된 검사관이 시각적으로 등급을 매기거나 시험편test specimen을 구부리거나 굽힘에 대한 저항을 측정하고 탄성 계수를 계산하며 전자식으로 옹이의 영향, 나뭇결의 경사, 밀도 및 수분 함량과 같은 요인을 고려하여 적절한 응력 등급을 계산한다.

- 각 제재목에는 지정된 응력 등급, 원산지, 제조 시 수분 함량, 종 또는 종의 그룹 및 등급 부여 기관을 나타내는 등급 표시가 있다.
- 응력 등급stress grade은 등급 기관에 의해 종 또는 종 그룹에 대해 일련의 기본 값과 해당 탄성 계수가 설정되는 구조적 제재목의 등급을 말한다.

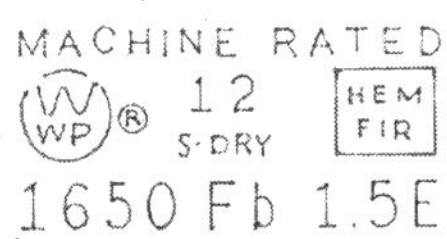

- 설계 값design value: = 사용 크기 및 조건과 관련된 요인에 따라 기본 값을 수정하여 얻은 종 및 등급의 구조 제재목에 허용되는 모든 단위 응력
- 기본 값base value : 구조용 제재목의 다양한 종과 등급을 부여하는 기관에 의해 정해진 휨, 결에 수직 및 평행 압축, 결에 평행 한 장력, 수평 전단 및 상응하는 탄성 계수에 대한 허용 단위 응력 ×
- 기본 값은 먼저 크기와 사용 조건에 맞게 조정해야 한다. 크기조정 값은 반복 부재 및 단기 하중을 받는 부재의 경우 증가하고 수분 함량이 19%를 초과하는 부재의 경우 감소한다.

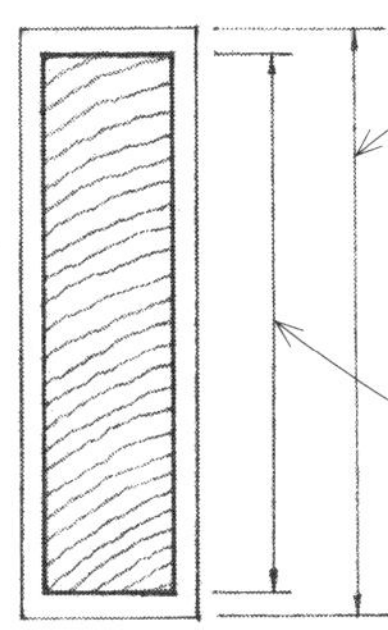

- 제재목은 보드 피트board feet로 측정됨; 1보드 풋board foot은 공칭 치수가 12"(305) 정사각형 및 1"(25) 두께인 조각의 부피와 같음
- 공칭 치수nominal dimension는 건조 및 표면 처리 전 목재의 치수로, 크기 및 계산량을 정하는데 편의를 위해 사용됨. 공칭 치수는 항상 인치 표시(")없이 표기됨
- 실 치수dressed sizes는 표면 처리 후 제재목의 실제 치수이며 공칭치수에서 $3/8$"~$3/4$"(10~19) 작음
- 실 치수:
  - 공칭 치수가 2" (51)까지는 $1/4$"(6)을 뺀다.
  - 공칭 치수가 2~6"(51~150)에서는 $1/2$"(13)을 뺀다.
  - 공칭 치수가 6"(150)보다 클 때 $3/4$"(19)를 뺀다.
- 제재목은 일반적으로 6'에서 24'(1830에서 7315)까지 길이가 2'(610)의 배수로 제공된다.

4) 사용관례를 따라 일반적으로는 목재, 제제목으로 번역하였으며 lumber와 구분의 필요가 있을 경우에 한해 재목으로 번역하였다.

목재 패널 제품

목재 패널 제품은 수축 또는 팽창에 덜 민감하고 설치 시 더 적은 노동력이 요구되며, 단단한 목재 제품보다 목재 자원을 더 효율적으로 사용할 수 있다. 다음은 목재 패널 제품의 주요 유형이다.

- 경간 등급span rating은 3개 이상의 지지대에 걸쳐 긴 치수로 된 구조용 목재 패널의 최대 권장 중심 간 간격을 인치 단위로 지정한다.
- 노출 내구성exposure durability는 약화 또는 뒤틀림 없이 날씨나 습기에 대한 노출을 견딜 수 있는 기능에 따라 목재 패널 제품을 분류한다.
- 외부 등급: 벽널 또는 기타 항상 외부에 노출되는 용도로 사용하기 위해 방수 접착층으로 제작된 구조용 목재 패널
- 노출 1 등급: 반복적인 습윤에 노출된 보호 구조물에 사용하기 위해 외부용 접착제로 제작된 구조용 목재 패널
- 노출 2등급: 최소한의 습윤 조건으로 완전히 보호된 건축에 사용하기 위해 중간 접착제로 제작된 구조용 목재 패널

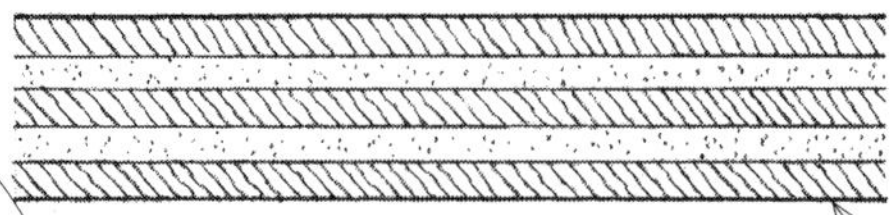

- 패널 등급panel grade은 목재 패널 제품의 의도된 용도 또는 합판 등급을 나타낸다.

- 단판 등급은 성장 특성과 제조 과정에서 수행할 수 있는 수리 횟수 및 크기 측면에서 합판의 외관을 정함
- N등급: 모든 심재 또는 모든 변재의 부드러운 연목 무늬목으로 일부 잘 표시나지 않게 수리된 부분이 있으며 결함이 없음
- A등급: 나뭇결과 평행하도록 흠이 없고 수리된 횟수가 제한적이고 매끈하며 도색 가능한 연목 합판
- B등급: 원형 수리, 단단한 옹이 및 작은 갈라짐이 허용되는 단단한 표면의 연목 단판
- C등급: 크기가 제한적인 옹이 또는 단단한 옹이가 있거나, 합성재나 목재 수리, 패널의 강도를 손상시키지 않는 변색 및 샌딩 결함이 있는 연목 단판
- C-플러그등급: 더 작은 옹이 및 옹이구멍, 일부 결이 깨짐 및 합성 수리synthetic repairs가 있는 개선된 C급 연목 단판
- D등급: 큰 옹이 및 옹이구멍, 수지낭 및 폭이 줄어드는 갈라짐이 있는 연목 단판

- 공학 등급engineered grade은 패널 면에 수직 하중에 대해 비교적 높은 전단강도를 가지며 피복, 속바닥 또는 상자형 대들보 및 응력 외피 패널 제조에 사용됨

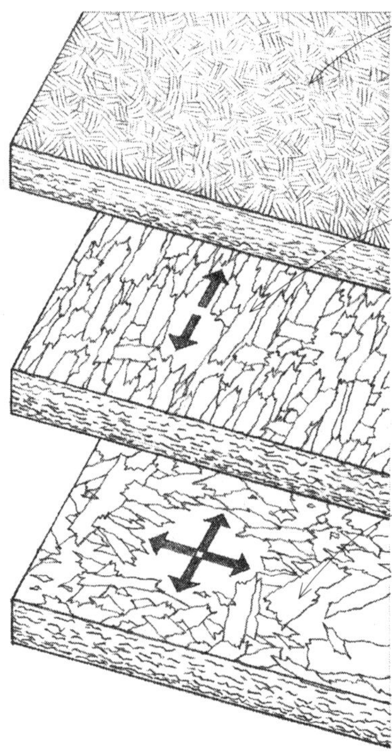

- 합판은 일반적으로 서로 직각을 이루고 중앙 겹을 중심으로 대칭을 이루는 인접한 겹의 결을 맞추어 열과 압력으로 목재 단판을 함께 접착하여 만든다.
- 등급 스탬프gradestamp는 미국합판협회American Plywood Association(APA)의 상표이며, 구조용 목재 패널 제품 뒷면에 각인되어 패널 등급, 두께, 스팬 등급, 노출 내구성 분류, 공장 번호 및 NBR(National Research Board) 보고서 번호를 식별한다.

- 고밀도 오버레이(HDO)는 콘크리트 거푸집, 캐비닛 및 조리대countertop에 사용되는 부드럽고 단단하며 내마모성 표면을 제공하는 수지섬유 피복을 양면에 댄 외부등급 목재패널이다.
- 중밀도 오버레이(MDO)는 한쪽 또는 양쪽에 페놀 또는 멜라민 수지 피복이 있는 외부 목재 패널로, 도장을 위한 매끄러운 바닥을 제공한다.
- 특수 패널은 사이딩 또는 패널로 사용하기 위한 홈이 있거나 또는 거칠게 톱질된 합판과 같은 다양한 목재 패널 제품을 말한다.
- 파티클 보드particleboard는 작은 나무 입자를 열과 압력으로 접착하여 만든 목재 패널 제품으로, 일반적으로 장식 패널 및 캐비닛의 핵심 재료로 사용되며 바닥의 밑깔개로 사용한다.
- 배향성 스트랜드 보드oriented strandboard(OSB)는 덮개 및 바탕바닥재로 사용되는 목재 패널 제품으로, 방수 접착제를 사용하여 열과 압력으로 길고 얇은 목재 가닥의 층을 접착하여 만든다. 표면 스트랜드(가닥)는 패널의 장축에 평행하게 정렬되어 패널이 길이를 따라 더 강해짐.
- 웨이퍼보드waferboard는 방수 접착제로 열과 압력에 의해 접착된 크고 얇은 나무 조각으로 구성된 패널 제품이다. 웨이퍼wafer의 평면은 일반적으로 패널 평면에 평행하게 배향되지만 입자 방향은 무작위이므로 패널 평면의 모든 방향에서 패널의 강도와 강성이 거의 동일하다.

대형 목재mass timber는 벽, 바닥 및 지붕 공사에 대형 원목 패널을 사용하는 다양한 목재 제품을 말한다. 상대적인 강도와 치수 안정성으로 인해 많은 응용 분야에서 강철, 콘크리트 및 석조물에 대한 저탄소 대안으로 활용된다. 벽, 바닥 및 지붕으로 독립적으로 사용될 수 있으며, 다른 목재 시스템과 함께 또는 강철 또는 콘크리트로 된 하이브리드 구조로도 사용 가능하다.

대형 목재 제품의 장점은 다음과 같다.
- 목재는 대체자원인 화석 연료 집약적 재료보다 탄소 발생량이 더 적으며 재생가능하고 지속 가능한 자원이다.
- 대형 목재 패널은 이전에는 강철 또는 콘크리트에 요구되었던 높이와 스팬이 가능하다.
- 조립제작 및 패널화를 통해 더 적은 운임과 더 적은 노동력으로 프로젝트를 더 빠르게 수행가능하다.
- 강철이나 콘크리트보다 무게가 가벼우므로 더 작은 기초와 낮은 내진성이 요구된다.
- 실내공간에서 구조적 요소를 노출한 채로 남겨둘 수 있다.
- 자연적인 내화성을 가지고 있다. 이는 목재가 타면서 발생하는 숯의 단열층 때문이다. 목재의 부피가 클수록 점화에 더 잘 견딘다.

대형 목재 제품군의 제품은 다음과 같다.

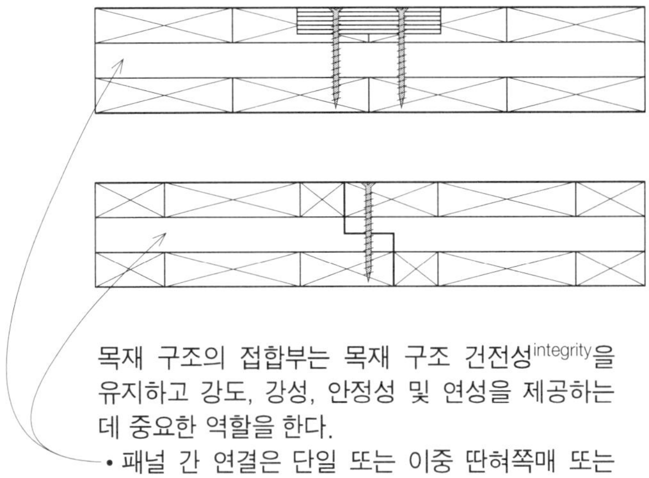

목재 구조의 접합부는 목재 구조 건전성integrity을 유지하고 강도, 강성, 안정성 및 연성을 제공하는 데 중요한 역할을 한다.
- 패널 간 연결은 단일 또는 이중 딴혀쪽매 또는 반턱이음을 통해 가능함
- 금속 브래킷, 꺾쇠 및 플레이트는 벽에서 바닥 또는 지붕 접점으로 그리고 벽에서 벽으로 교차하는 힘을 전달하는 데 사용됨.

교차 집성재

교차 집성재Cross-Laminated Timber (CLT)는 3겹, 5겹 또는 7겹의 목재로 구성된 조립식 엔지니어 목재 제품으로 서로 직각으로 배향되고 압력을 가해 접착제로 접착된 구조 패널이다.
- 폭 2'~10'(610~2440) 및 최대 길이는 60'(18,290)
- 두께는 3'~12"(75~305)
- 2방향 경간 지지 가능
- 합판덮개는 구조격막으로 사용하기 위해 강도를 추가함
- 일체형 원목, 적층목 또는 구조용 합성목으로 지지대 구성 가능
- 아랫면은 천장마감으로 노출한 채로 사용할 때가 많음

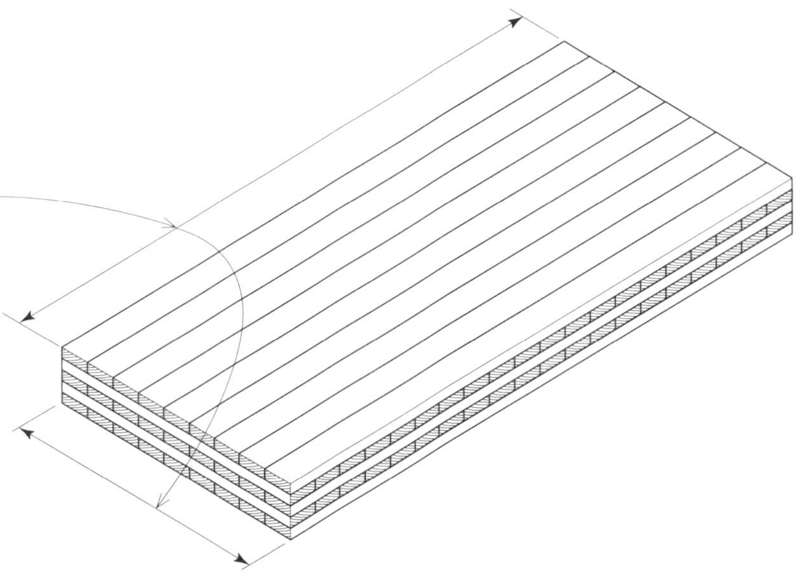

2018년 국제 건축 규정(IBC)는 ANSI/APA PRG-320: '교차집성재에 대한 성능등급 표준'에 따라 제조 된 CLT 제품을 인정한다. CLT 패널은 최소 두께, 연결에 대한 특정 치수 요구 사항을 충족하고 은폐된 공간 없이 건축한 경우 유형 IV (중목구조) 건물에 사용하도록 규정되어 있다.

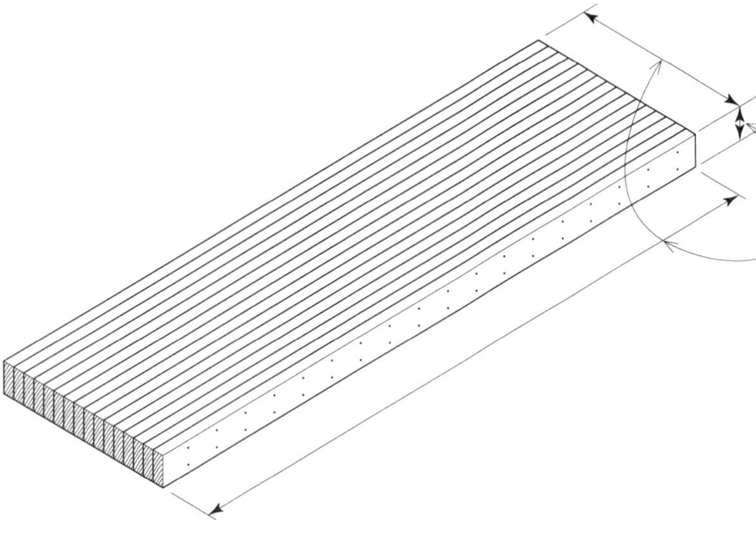

못고정 집성재

못고정 집성재nail-laminated timber(NLT)는 가장자리에 2x 치수의 목재를 적층하고 더 큰 구조 요소를 생성하기 위해 못이나 나사로 고정하여 만든다.

- 두께는 3¹/2"~12"(90~305)
- 최대 폭 12'(3660) 및 길이 100'(30480) ; 운송 및 설치 제약에 의해서만 크기를 제한한다.
- 비표준 패널 시스템이지만 기본 재료에는 AWPA 등급 규칙이 적용된다.
- 표준 치수 목재는 현장 조립 가능
- 창고 및 경공업 건물에 오랫동안 사용되었다.
- 수직 또는 평행하게 적층하여 다양한 곡면 가능
- 수분 함량의 변화에 따라 목재 결에 수직으로 팽창 및 수축을 허용하기 위한 세심한 주의가 필요.

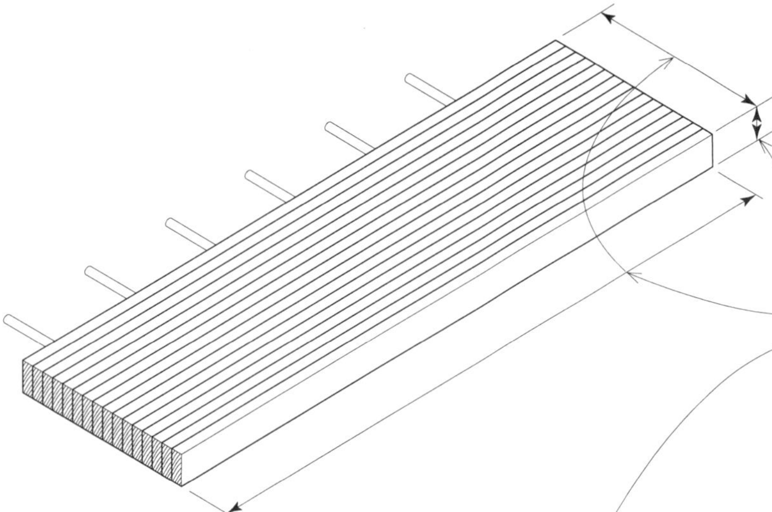

꽂임촉 고정 집성재

꽂임촉 고정 집성재dowel-laminated timber(DLT)는 NLT와 같이 가장자리에 2× 치수의 목재를 배치하고 목재 꽂임촉과 함께 마찰 결합으로 만든다.

- 두께는 3¹/2"~14"(90~355)
- 최대 폭 12'(3660) 및 길이 60'(18290)
- 불연성 섬유 단열재를 사용하는 흡읍 성능을 가진 단면형태를 포함하여 다양한 형태 사용 가능
- 패널 상단에 여러 층의 합판을 적용하여 2방향 경간지지 가능
- 목재 콘크리트 합성 기술은 구조 성능을 최적화하고 층간 음향 분리를 개선한다.
- IBC는 아직 DLT 패널의 사용을 다루지 않으며 이를 사용하려면 사안별로 관할 당국의 승인이 필요

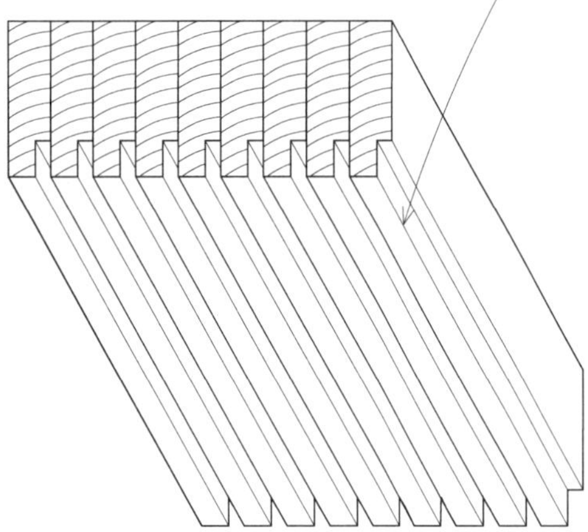

집성목재glulam, 평행 스트랜드 목재(PSL) 및 단판적층재(LVL)에 대한 설명은 4.35를 참조하고, 바닥 및 지붕 패널로 사용되는 경우 집성목재는 대형 목재 제품군의 일부로 간주되며 GLT라고도 한다.

플라스틱은 대부분 열가소성 수지 또는 고분자량의 열경화성 중합체이며 물체, 얇은 판 또는 가는 실로 성형, 압출 또는 인발할 수 있는 수많은 합성 또는 천연 유기 재료 중 하나이다. 플라스틱은 견고하고 탄력적이며 가볍고 부식 및 습기에 강하다. 또한 많은 플라스틱은 호흡기에 유해한 가스를 방출하고 태우면 유독 가스를 방출한다.

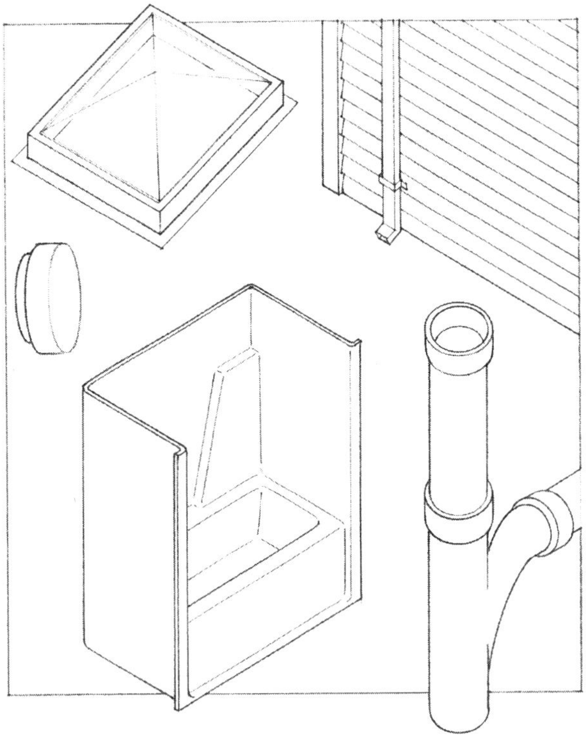

다양한 특성을 가진 많은 유형의 플라스틱이 있지만 두 가지 기본 범주로 나눌 수 있다.

- 열경화성 플라스틱은 유연한 단계를 거치지만 일단 양생단계를 거치거나 굳게 되면 영구적으로 단단해지며 재가열로 다시 부드러워질 수 없다.
- 열가소성 수지는 고유한 특성의 변화 없이 가열될 때 연화되거나 녹을 수 있으며 냉각되면 다시 경화될 수 있다.

아래 표에는 시공에 일반적으로 사용되는 플라스틱과 그 주요 용도가 나열되어 있다.

열경화성 플라스틱	용도
에폭시 (EP)	접착제 및 표면 코팅제
멜라민 (MF)	고압 라미네이트, 성형제품, 접착제, 코팅제
페놀 (PF)	전기 부품, 라미네이트, 폼 단열재, 접착제, 코팅제
폴리에스터	유리섬유 강화 플라스틱, 채광창, 배관 설비, 필름
폴리우레탄 (UP)	폼 단열재, 실란트, 접착제, 코팅제
실리콘 (SI)	방수, 윤활제, 접착제, 합성 고무

열가소성 수지	용도
아크릴로니트릴 부타디엔 스티렌 (ABS)	파이프 및 파이프 이음, 문 하드웨어
아크릴 (폴리메틸메타크릴레이트-PMMA)	유약, 접착제, 코킹, 라텍스 페인트
셀룰로오스 (셀룰로오스 아세테이트-부티레이트-CAB)	파이프 및 파이프 이음, 접착제
나일론 (폴리아미드-PA)	합성섬유 및 실, 하드웨어
폴리카보네이트 (PC)	안전 유리, 조명기구, 하드웨어
폴리에틸렌 (PE)	방습재, 습기 차단재, 전기 절연재
폴리프로필렌 (PP)	파이프 이음, 전기 절연재, 카펫 섬유
폴리스티렌 (PS)	조명기구, 폼 단열재
비닐 (폴리염화비닐 -PVC)	바닥재, 벽면재, 홈통, 창틀, 단열재, 배관

CSI 마스터포맷 06 50 00 : 구조용 플라스틱
CSI 마스터포맷 06 60 00 : 플라스틱 제작

유리는 실리카를 용제 및 안정제와 함께 용융시켜 결정화 없이 단단한 상태로 냉각되는 덩어리로 만들어진다. 단단하고 부서지기 쉬운 화학적 불활성 물질이며 다양한 형태의 건물 건설에 사용한다. 발포유리 또는 해면상 유리는 경질 방습 단열재로 사용한다. 유리 섬유는 직물 및 재료 강화에 사용한다. 방적 형태에서 유리 섬유는 유리솜을 형성하여 방음재 및 단열재에 사용한다. 유리블록은 빛 투과, 눈부심 및 일사를 제어하는 데 사용한다. 그러나 유리는 건물의 창문, 창틀 및 채광창 개구부를 유리로 설치하는데 가장 일반적으로 사용한다.

평면 유리의 세 가지 주요 유형은 다음과 같다.

- 판유리sheet glass는 용광로에서 녹인 유리를 뽑거나(압연한 판유리) 원통을 형성하여 세로로 분할 한 후 평평하게(원통 유리) 제작한다. 불로 연마된 표면은 완벽하게 평행하지 않아 시야가 약간 왜곡된다. 왜곡을 최소화하기 위해서는 수평으로 진행되는 파형 뒤틀림 조정wave distortion running 작업을 추가해야 한다.
- 후판유리plate glass는 용융된 유리를 판으로 압연하여 이후에 냉각 후 연마하여 형성됨. 후판유리는 선명하고 왜곡되지 않은 시야를 제공한다.
- 플로트유리는 용융된 주석 표면에 용융 유리를 붓고 천천히 식혀서 제조한다. 결과적으로 평평하고 평행한 표면은 왜곡을 최소화하고 연마를 할 필요가 없다. 플로트 유리는 후판유리의 후속 제품이며 평면 유리 생산의 대부분을 차지한다.

다른 유형의 유리는 다음과 같다.

- 서냉유리annealed glass는 내부 응력을 완화하기 위해 천천히 냉각한다.
- 열강화유리heat-strengthened glass는 재가열 및 급냉 과정에 의해 부분적으로 강화된 서냉유리이다. 열강화유리는 동일한 두께의 서냉유리보다 약 두 배의 강도를 가지고 있다.
- 강화유리tempered glass는 연화점 바로 아래로 재가열 된 후 급속 냉각되어 유리의 표면과 가장자리에 압축 응력과 내부의 인장 응력을 유발하는 서냉유리이다. 강화유리는 서냉유리보다 충격 및 열응력에 대한 저항력이 3~5배 높지만 제작 후에는 변경할 수 없으며 파손 시 상대적으로 위험하지 않은 자갈 크기의 입자로 부서진다.
- 접합유리laminated glass 또는 안전유리는 열과 압력을 받아 유리가 파손된 경우 파편을 떨어지지 않도록 만든 유리로, 폴리비닐 부티랄 수지의 중간층에 접착된 두 개 이상의 평면 유리로 구성한다. 보안 유리는 뛰어난 인장 및 충격 강도를 가진 접합 유리이다.
- 망입유리는 파손 또는 과도한 열 발생 시 산산이 부서지는 것을 방지하기 위해 내부에 사각형 또는 다이아몬드 철망이 내장된 평면 또는 패턴 유리이다. 망입유리는 안전용 유리 재료로 간주되며 방화문과 창문의 유리로 사용될 수 있다.
- 형판 유리patterned glass는 압연 공정에서 형성된 선형 또는 기하학적 표면 패턴을 가지고 있어 시야를 가리거나 빛을 확산시킨다.
- 불투명 유리는 시야를 가리기 위해 한쪽 또는 양쪽에 산 부식 또는 모래 분사 처리가 되어 있다. 두 공정 모두 유리를 약화시키고 청소하기 어렵게 만든다.
- 스팬드럴 유리는 강화유리 또는 열강화유리의 내부 표면에 세라믹 유리원료를 용융하여 생성되는 커튼월 구성에서 구조적 요소를 숨기는 불투명 유리이다.

- 단열 유리insulating glass는 단열을 제공하고 결로를 방지하기 위해 밀폐된 공기층으로 분리된 두 장 이상의 유리판으로 구성된다. 유리 모서리는 3/16"(5) 공간이 있고 금속 모서리에는 1/4" 또는 1/2"(6 또는 13) 공간이 있다.

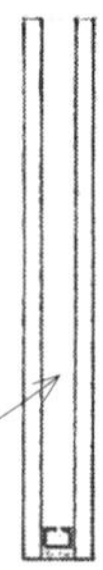

- 착색유리tinted glass 또는 흡열유리heat-absorbing glass에는 복사열과 가시광선의 일부를 흡수하는 화학적 혼합물이 있다. 산화철은 유리에 옅은 청록색 색조를, 코발트 산화물 및 니켈은 회색 색조를, 셀레늄은 청동 색조를 주입한다.

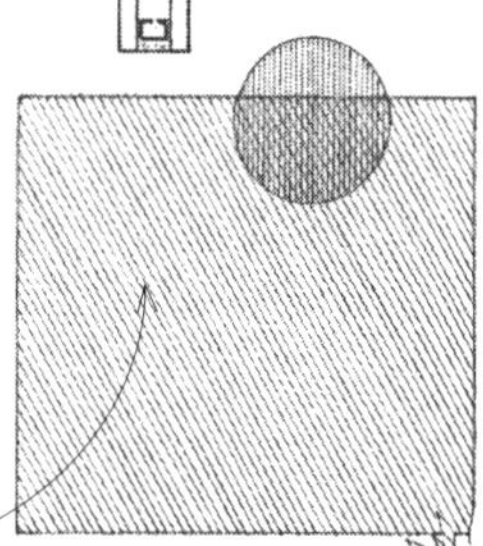

- 반사유리reflective glass에는 얇고 반투명한 금속 코팅이 있어 빛의 일부와 빛을 복사열을 반사한다. 코팅은 단일 유리의 한 표면, 적층 유리의 겹 사이 또는 절연 유리의 외부 또는 내부 표면에 적용될 수 있다.

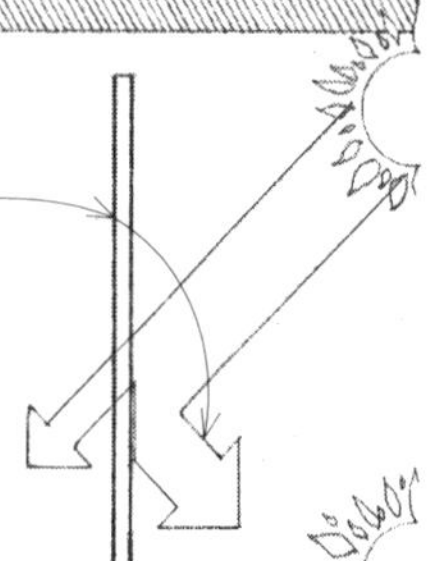

- 로이유리low-e는 유리 자체 혹은 단열유리의 밀폐 공기층에 부착한 투명한 플라스틱 필름 위에 low-e 코팅을 증착하여 만든다. 더 긴 파장의 복사열은 선택적으로 반사하고 가시광선은 투과한다.

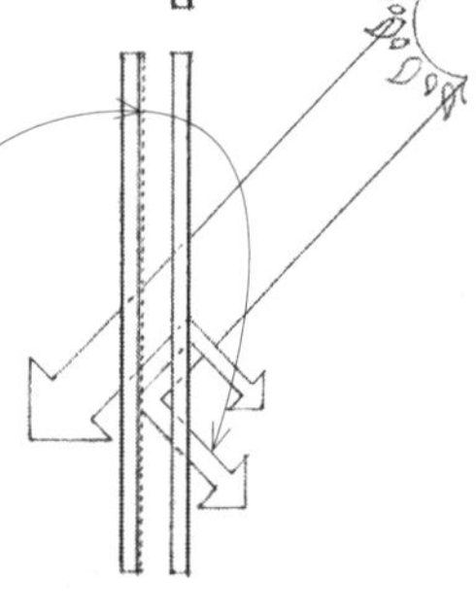

CSI 마스터포맷 08 81 00: 유리 설치

유리 제품	종류	공칭두께 inch(mm)	최대면적 inches	(mm)	무게 psf*
판유리	AA, A, B	SS 3/32 (2.4)	60×60	(1525×1525)	1.22
		DS 1/8 (3.2)	60×80	(1525×2030)	1.63
플로트유리 또는 후판유리	거울	1/4 (6.4)	75 sf	(7 m²)	3.28
	창유리	1/8 (3.2)	74×120	(1880×3050)	1.64
		1/4 (6.4)	128×204	(3250×5180)	3.28
두꺼운 플로트유리 또는 후판유리	창유리	5/16 (7.9)	124×200	(3150×5080)	4.10
		3/8 (9.5)	124×200	(3150×5080)	4.92
		1/2 (12.7)	120×200	(3050×5080)	6.54
		5/8 (15.9)	120×200	(3050×5080)	8.17
		3/4 (19.1)	115×200	(2920×5080)	9.18
		7/8 (22.2)	115×200	(2920×5080)	11.45
형판유리	다양한	1/8 (3.2)	60×132	(1525×3355)	1.60
	패턴	7/32 (5.6)	60×132	(1525×3355)	2.40
철망유리	광택 메시	1/4 (6.4)	60×144	(1525×3660)	3.50
	패턴 메시	1/4 (6.4)	60×144	(1525×3660)	3.50
	평행 철망	7/32 (5.6)	54×120	(1370×3050)	2.82
		1/4 (6.4)	60×144	(1525×3660)	3.50
		3/8 (9.5)	60×144	(1525×3660)	4.45
접합유리	(2) 1/8" 플로트	1/4 (6.4)	72×120	(1830×3050)	3.30
	두꺼운 플로트	3/8 (9.5)	72×120	(1830×3050)	4.80
		1/2 (12.7)	72×120	(1830×3050)	6.35
		5/8 (15.9)	72×120	(1830×3050)	8.00
착색유리	청동색	1/8 (3.2)	35 sf	(3 m²)	1.64
		3/16 (4.8)	120×144	(3050×3660)	2.45
		1/4 (6.4)	128×204	(3250×5180)	3.27
		3/8 (9.5)	124×200	(3150×5080)	4.90
		1/2 (12.7)	120×200	(3050×5080)	6.54
	회색	1/8 (3.2)	35 sf	(3 m²)	1.64
		3/16 (4.8)	120×144	(3050×3660)	2.45
		1/4 (6.4)	128×204	(3250×5180)	3.27
		3/8 (9.5)	124×200	(3150×5080)	4.90
		1/2 (12.7)	120×200	(3050×5080)	6.54
단열유리	유리 모서리 유닛				
(2) 3/32" 판유리	3/16" 공기층	3/8 (9.5)	10 sf	(0.9 m²)	2.40
(2) 1/8" 판유리	3/16" 공기층	7/16 (11.1)	24 sf	(2.2 m²)	3.20
	금속 모서리 유닛				
(2) 1/8"	1/4" 공기층	1/2 (12.7)	22 sf	(2.0 m²)	3.27
판, 후판, 플로트유리	1/2" 공기층	3/4 (19.1)	22 sf	(2.0 m²)	3.27
(2) 3/16"	1/4" 공기층	5/8 (15.9)	34 sf	(3.2 m²)	4.90
판 또는 플로트유리	1/2" 공기층	7/8 (22.2)	42 sf	(3.8 m²)	4.90
(2) 1/4"	1/4" 공기층	3/4 (19.1)	50 sf	(4.6 m²)	6.54
후판 또는 플로트유리	1/2" 공기층	1 (25.4)	70 sf	(6.5 m²)	6.54

*1 psf = 47.88 Pa

- 유리 제조업체에 최대 크기를 확인할 것.
- 형판유리나 망입유리를 제외하고 1/8" (3.2) 이상의 유리는 강화처리 가능. 강화 유리는 단열 또는 접합유리 조합으로 혼합할 수도 있다.
- 반사 코팅은 플로트유리, 판유리, 강화유리, 접합유리 또는 단열유리에 적용할 수 있다.

(착색유리)
- 태양 에너지 투과율이 35%~75% 감소
- 가시광선 투과율이 32%~72% 감소

(단열유리)
- R-값 = 1.61
- R-값 = 1.61
- R-값 = 1.72
- R-값 = 2.04
- 1/2"(12.7) 공기층 및 로이 코팅이 있는 장치에 대한 R-값 :
  e = 0.20, R = 3.13
  e = 0.40, R = 2.63
  e = 0.60, R = 2.33

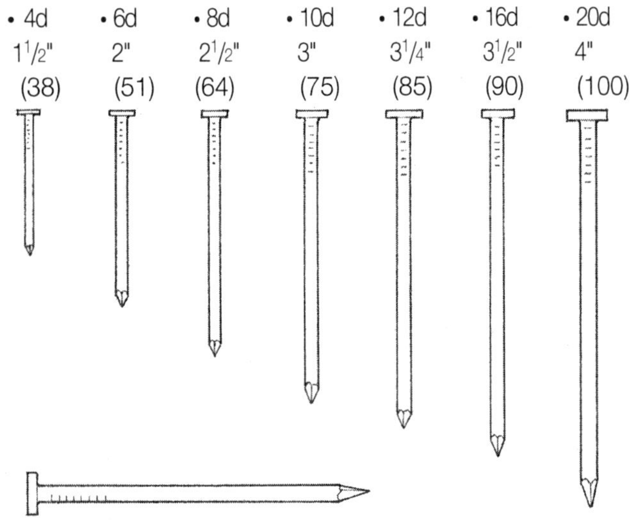

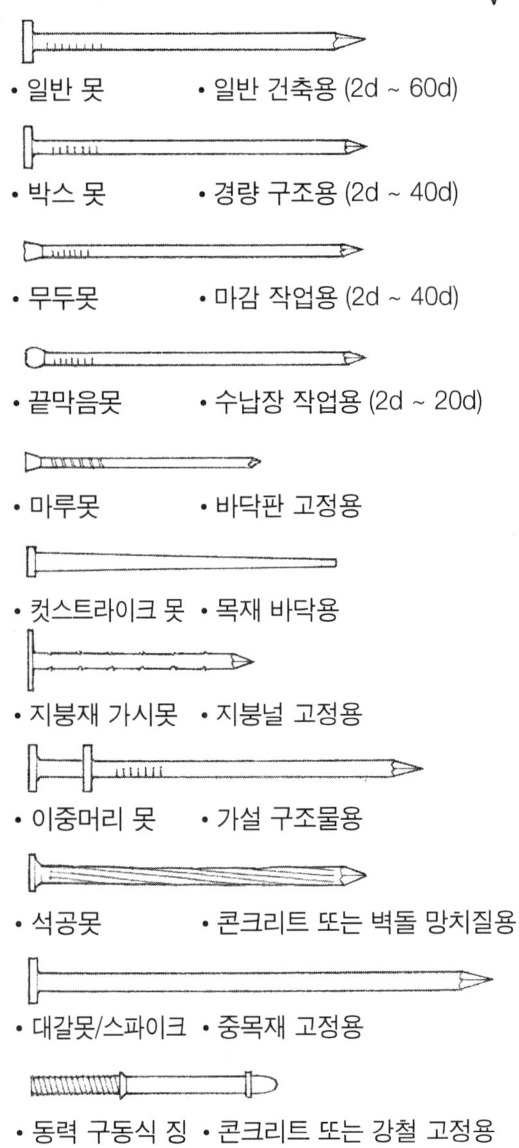

못은 한쪽 끝이 뾰족하고 다른 쪽 끝이 넓고 평평하여 나무나 기타 건축 자재에 망치질하여 고정하는 직선의 가느다란 금속 조각이다.

재료

- 못은 일반적으로 연강이지만 알루미늄, 구리, 황동, 아연 또는 스테인리스강으로 할 때도 있다.
- 강화된 고탄소강 못은 조적 작업에서 강도를 높이기 위해 사용한다.
- 사용되는 금속 종류는 고정력 손실을 피하고 재료의 얼룩을 방지하기 위해 고정되는 재료와 같이 써도 문제가 없는 것이어야 한다.

몸통의 길이와 지름

- 못의 길이는 페니(d)라는 용어로 정의한다.
- 못의 길이는 2d, 길이 약 1"(25)에서 60d, 길이 약 6"(150)까지 다양하다.
- 못의 길이는 고정되는 재료의 약 3배 두께로 한다.
- 무거운 작업에는 큰 직경의 못을 사용하고 마감 작업에는 더 가벼운 못을 사용한다. 견목에는 침엽수 보다 더 얇은 못을 사용한다.

몸통의 형태

- 더 큰 파지 강도를 위해 못의 몸통은 톱니 모양, 가시 모양, 나사산, 홈이 있거나 비틀린 형태가 있음
- 못의 몸통은 수축에 대한 저항력을 높이기 위해 시멘트 코팅하거나, 내식성을 위해 아연 코팅 할 수 있음.

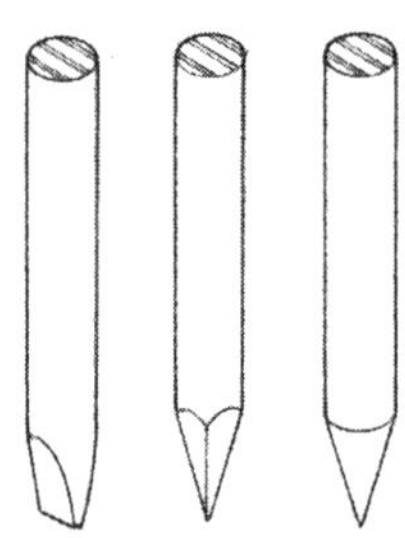

못머리

- 납작머리는 가장 많은 접촉 영역을 제공하며 머리 노출이 허용되는 경우에 사용한다.
- 끝막음못의 대가리는 몸통보다 약간 더 크며 점점 가늘어지는 형태 또는 컵 모양이다.
- 이중머리 못은 가설공사 및 콘크리트 거푸집 공사에서 쉽게 제거하기 위한 목적으로 쓴다.

못끝

- 대부분의 못에는 다이아몬드 형태의 끝을 가짐
- 날카로운 뾰족한 못은 고정력이 더 크지만 일부 나무가 갈라지는 경향이 있음. 쉽게 쪼개지는 목재에는 무딘 끝을 사용해야한다.

동력 구동식 패스너

- 압축기로 구동되는 공압식 네일러(못박이기계) nailer 및 스테이플러stapler는 목재, 강철 또는 콘크리트에 재료를 고정 할 수 있음
- 동력 구동식 고정 장치fastener는 화약 충전을 사용하여 다양한 징stud을 콘크리트 또는 강철에 박는다.

나사

나사는 점점 가늘어지며 나선형 나사산을 갖는 몸통과 일자형 구멍을 갖고 있는 헤드로 구성된 금속 고정재로, 스크루 드라이버처럼 돌려서 나무 등에 박도록 설계되었다. 나사산이 있는 몸통으로 인해 나사는 못보다 더 큰 파주 강도를 가지며 쉽게 제거 할 수 있다. 인치 당 나사산 수가 많을수록 파지 강도가 높아진다. 나사는 용도, 머리 유형, 재질, 길이 및 직경에 따라 분류된다.

- 재질 : 강철, 황동, 알루미늄, 청동, 스테인리스강
- 길이: 1/2"~6"(13~150)
- 직경 : 최대 24 게이지

나무 나사의 길이는 결합되는 판을 합한 두께보다 약 1/8"(3) 작아야 하며 나사 길이의 1/2 ~ 2/3이 바탕 재료를 관통해야 한다. 일반적으로 가는 나사산의 나사는 견목에 사용하는 반면 거친 나사산의 나사는 침엽수에 쓴다.

나사 구멍은 미리 뚫어야 하며 나사산의 아래쪽 직경과 같아야 한다. 자동 태핑tapping 나사와 건식 벽체용 나사와 같은 일부 나사는 설치 시 해당 암나사를 두드리도록 설계되었다.

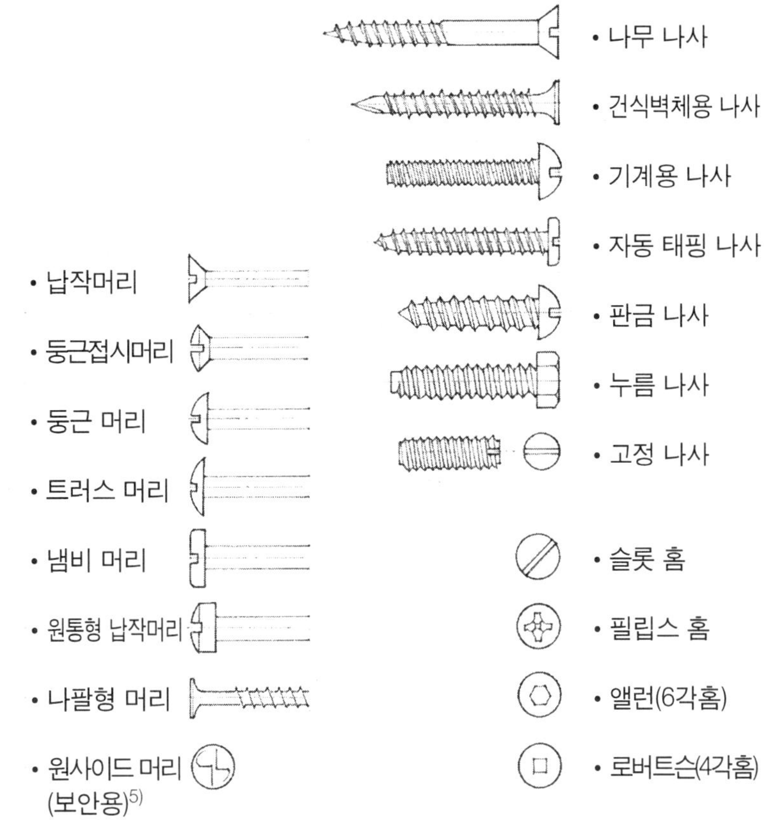

볼트

볼트는 일반적으로 한쪽 끝에 머리가 있고 조립할 부품의 구멍을 통해 삽입되고 결합 너트로 고정되도록 설계된 나사산 금속 핀 또는 막대이다. 조임 중에 헤드에 접근 할 수 없는 경우 캐리지 볼트가 사용한다. 랙 볼트 또는 나사는 너트를 배치 할 수 없거나 조인트를 완전히 관통하기 위해 예외적으로 긴 볼트가 필요한 영역에서 사용한다.

- 길이 : 3/4"~30"(75~760)
- 직경 : 1/4"~1 1/4"(6~32)

- 와셔는 금속, 고무 또는 플라스틱으로 만든 구멍이 뚫린 원반으로, 너트 또는 볼트의 머리 아래 또는 조인트에서 압력을 분산하고, 누출을 방지하고, 마찰을 완화하거나, 호환되지 않는 재료를 절연하는 데 사용한다.
- 풀림방지 와셔lock washer는 너트가 느슨해지지 않도록 특별히 제작된다.
- 하중계기 와셔load-indicating washers에는 볼트를 조일 때 점진적으로 평평해지는 작은 돌출부가 있으며, 머리 또는 너트와 와셔 사이의 간격은 볼트의 장력을 나타낸다.

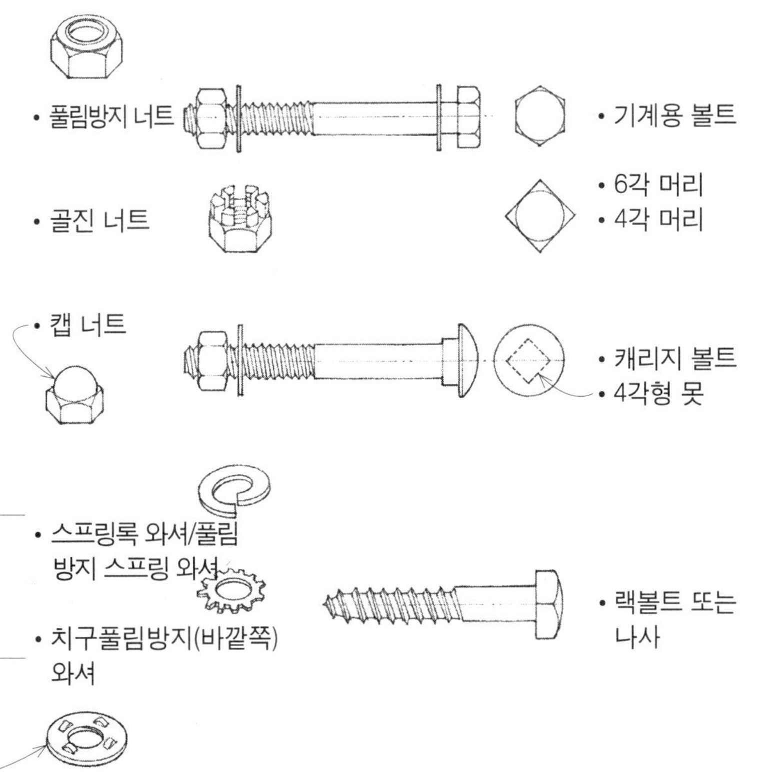

5) 특수한 형태의 렌치로 조이고 풀 수 있는 머리 종류 중 하나. 그림에서 보이는 것은 원사이드 혹은 원웨이라고 불리는 종류의 것이다.

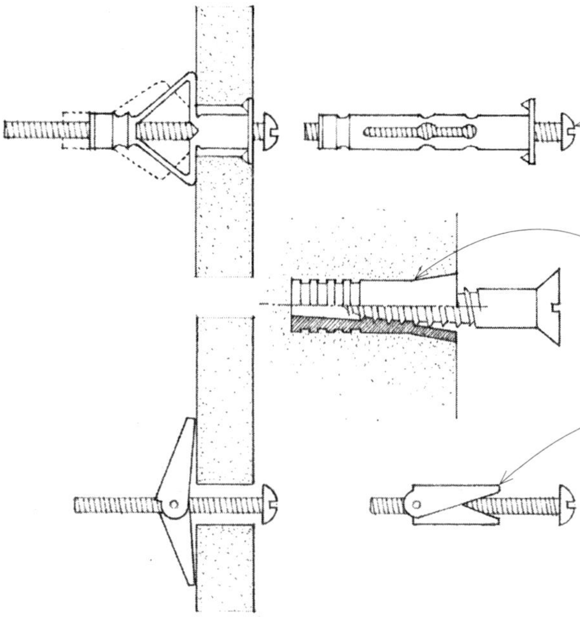

- 확장 볼트expansion bolt는 벽돌이나 콘크리트에 뚫은 구멍의 측면과 맞물리도록 기계적으로 확장되는 분할 케이싱이 있는 앵커 볼트이다.
- 몰리Molly는 분할된 슬리브 모양의 덮개 나사산이 있는 확장 볼트 브랜드의 상표로, 볼트를 돌리면 덮개의 끝이 함께 당겨지고 측면이 펼쳐져 벽돌이나 중공벽의 내부 표면에 뚫린 구멍과 맞물리게 된다.
- 확장 실드shield는 미리 뚫린 구멍에 삽입된 납 또는 플라스틱 슬리브로 볼트나 나사를 조여 확장된다.

- 토글toggle 볼트는 재료를 석고, 석고보드 및 기타 얇은 벽 재료에 고정하는 데 사용한다. 미리 뚫린 구멍을 통과 할 때 스프링에 대해 닫히고 중공벽의 내부 표면과 맞물리기 위해 나올 때 열리는 두 개의 경첩 날개가 있다.[6)]

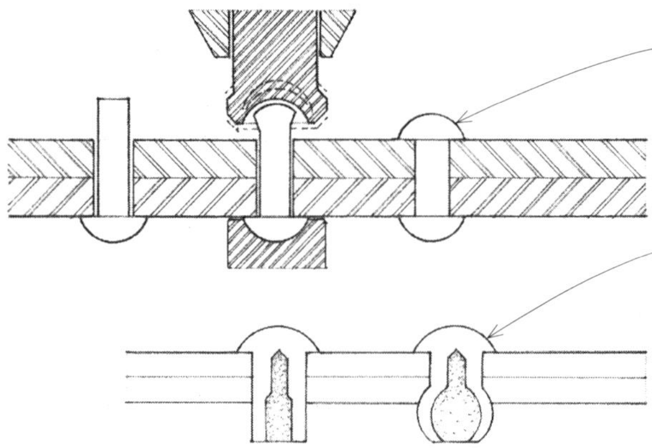

- 리벳rivet은 머리가 있는 몸통을 각 조각의 구멍을 통해 통과시키고 평평한 끝을 두드려 두 번째 머리를 형성하여 두 개 이상의 구조용 강철 부재를 영구적으로 결합하는 데 사용되는 금속 핀이다. 리벳의 사용은 더 많은 노동력이 요구되어 볼트 체결 또는 용접 기술로 대체되었다.
- 연결이 한쪽에서만 접근 할 수 있을 때 사용되는 폭발 리벳explosive rivets에는 망치로 머리를 치면 구멍의 먼 쪽에 있는 몸통이 확장되도록 하기 위해 폭발성 물질을 충전한 몸통이 있다.

일반적인 유형의 접착제:
- 동물성 접착제 또는 생선 아교는 주로 온도와 습도가 크게 변하지 않는 실내용이며, 열이나 습기에 노출되면 접착력이 떨어질 수 있다.
- 목공용 접착제 또는 폴리비닐 접착제는 빠르게 경화되고 얼룩이 생기지 않으며 약간의 탄력이 있다.
- 에폭시 수지는 매우 강하며 다공성 및 비다공성 재료를 모두 보호하는 데 사용할 수 있으며, 일부 플라스틱을 녹일 수도 있다. 다른 접착제와 달리 에폭시 접착제는 저온 및 습한 조건에서 경화된다.
- 레조르신 수지는 강하고 방수인 접착면을 형성하여 실외 사용에 적합하지만, 가연성이 있고 색이 어두워 페인트 안에서 비쳐 보일 수 있다.
- 접촉형 접착제는 접촉 시 결합을 형성하므로 클램핑이 필요하지 않다. 일반적으로 플라스틱 접합재와 같은 대형 시트 재료를 고정하는 데 사용한다.

접착제

접착제는 두 재료의 표면을 함께 고정하는 데 사용한다. 다양한 종류의 접착제를 사용할 수 있으며, 대부분은 특정 재료 및 특정 조건에서 사용하도록 맞춤 제작되었다. 이들은 고체, 액체, 분말 또는 필름의 형태로 만들 수 있으며 일부는 접착 특성을 활성화하기 위해 촉매가 필요하다. 접착제 사용 시 항상 제조업체의 권장 사항을 따라야한다. 접착제 선택 시 고려해야 할 중요한 사항은 다음과 같다.
- 강도: 접착제는 일반적으로 인장 및 전단 응력에 대해 가장 강하고, 절단 또는 분할 응력에 대해 가장 취약하다.
- 양생 및 경화 시간: 접착 후 즉시부터 최대 며칠까지 다양한 경화시간을 요구한다.
- 경화 온도 범위: 일부 접착제는 실온에서 경화되는 반면 다른 접착제는 고온에서 건조해야 한다.
- 접착 방법: 일부 접착제는 접촉시 접착되는 반면 다른 접착제는 클램핑 또는 더 높은 압력이 필요하다.
- 특성: 접착제는 물, 열, 햇빛 및 화학 물질에 대하여 다양한 내성과 노후화 특성을 가지고 있다.

6) 그림에서 보이는 종류는 스프링 윙이다. 이 외에도 tumble, rivet tumble 등의 방식이 쓰인다.

코팅의 목적은 코팅된 표면을 보호, 보존 하거나 시각적으로 향상시키는 것이며, 주요 코팅 유형은 페인트, 스테인stain 및 바니시varnish이다.

도장

페인트는 액체 용제에 현탁해 놓은 고체 색소의 혼합물 이며 보호 및 장식을 위해 표면에 얇고 (일반적으로는) 불투명한 코팅으로 적용한다.

- 프라이머는 페인트 또는 바니시의 후속 코팅의 접착력을 향상시키기 위해 표면에 적용되는 밑칠이다.
- 실러는 페인트 또는 바니시의 후속 코팅의 흡수를 감소시키거나 마감 도장을 통한 번짐을 방지하기 위해 표면에 적용되는 밑칠이다.

- 유성페인트는 산화되고 굳어지는 건성유를 사용하며 얇은 층으로 공기에 노출 될 때 단단한 탄성 필름을 형성한다.
- 알키드 페인트는 화학적으로 변형된 콩 또는 아마인유와 같은 알키드 수지를 접합재로 사용한다.
- 라텍스 페인트는 유제에서 물이 증발함에 따라 결합하는 아크릴 수지를 접합재로 사용한다.
- 에폭시 페인트에는 마모, 부식 및 화학 물질에 대한 내성을 높이기 위한 접합재로 에폭시 수지를 사용한다.
- 방청페인트rust-inhibiting paints와 프라이머는 금속 표면의 부식을 방지하거나 줄이기 위해 부식방지 안료를 추가하여 특별히 제조한 것이다.
- 연소지연 페인트/방화도료fire-retardant paints는 가연성 물질의 화염 확산을 줄이기 위해 실리콘, 폴리 염화 비닐 또는 기타 물질로 특별히 제조한 것이다.
- 팽창성 방화 도료intumescent coatings는 화재의 열에 노출 될 때 팽창하여 화염 확산과 연소를 지연시키는 불활성 폼의 두꺼운 단열층을 형성한다.
- 내열 페인트는 고온에 견딜 수 있도록 실리콘 수지로 특별히 제조한 것이다.

- 안료pigment: 코팅에 색상과 불투명도를 부여하기 위해 액체 용제에 현탁된 미세하게 분쇄 된 불용성 물질.

+

- 전색제vehicle: 일관성, 접착력, 광택 및 내구성을 제어하기 위해 표면에 도포하기 전에 안료를 분산시키는 액체.

- 결합재는 건조 과정에서 안료 입자를 점착성 필름으로 결합시키는 페인트 용제의 비휘발성 성분이다.
- 용제/솔벤트 또는 희석제/시너는 붓, 롤러 또는 스프레이로 도포 할 때 원하는 일관성을 보장하는 페인트 용제의 휘발성 성분이다.

스테인

스테인은 액체에 현탁된 염료 또는 염료 용액으로, 나뭇결을 가리지 않고 목재 표면에 침투하여 색을 칠하기 위해 적용한다.

- 침투성 스테인penetrating stains은 목재 표면에 스며든 후 표면에 매우 얇은 막을 생성한다.
- 물 스테인water stain은 액체에 염료를 녹여 만든 침투성 스테인이다.
- 알코올성 스테인spirit stain은 알코올이나 알코올성 염료를 녹여 만든 침투성 스테인이다.

- 착색 또는 불투명 스테인은 목재 표면의 결과 질감을 가릴 수 있는 안료가 포함된 오일스테인이다.
- 오일스테인은 건성유drying oil 또는 오일 바니시 액체에 염료를 용해하거나 안료를 현탁하여 만든다.

바니시

바니시는 오일 (오일 바니시) 또는 알코올 (알코올성 바니시)에 용해된 수지로 구성된 액체로, 펴서 건조하면 단단하고 광택이 있으며 일반적으로 투명한 코팅을 형성한다.

- 스파spar 또는 마린marine 바니시는 내구성이 있는 수지와 아마인 또는 동유로 만든 내구성 및 내후성이 있는 바니시.
- 폴리우레탄 바니시는 같은 이름의 플라스틱 수지로 만든 매우 단단하고 내마모성 및 내화학성이 있는 바니시.
- 래커는 고광택 필름을 형성하기 위해 증발에 의해 건조되는 용매에 용해된 니트로셀룰로오스 또는 기타 셀룰로오스 유도체로 구성된 다양한 투명 또는 유색 합성 코팅을 말한다.
- 셸락shellac은 정제된 랙lac [7] 조각을 변성 알코올에 녹여 만든 알코올성 바니시이다.

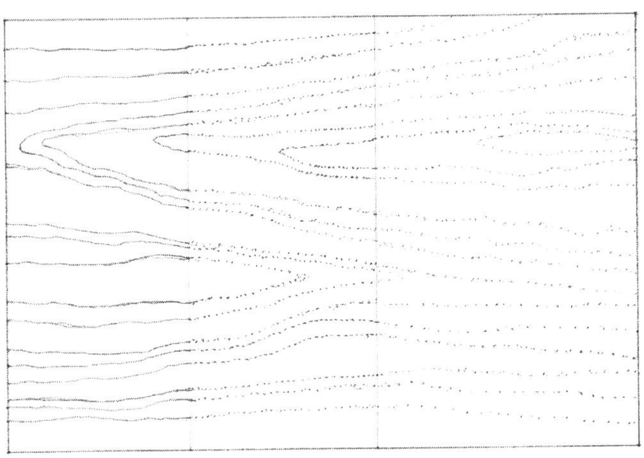

7) 랙깍지 진디 종류가 내는 끈적한 탁한 노란색의 분비물을 굳힌 것.

페인트 또는 기타 코팅이 가해지는 모든 재료는 코팅을 표면에 접착하고 코팅 수명을 최대화하기 위해 적절히 준비하며 프라이머 도막을 선행해야 한다. 일반적으로 칠면은 건조하고 먼지, 기름, 습기 및 곰팡이와 같은 오염 물질이 없어야 한다. 다음은 다양한 재료에 대한 권장 사항이다.

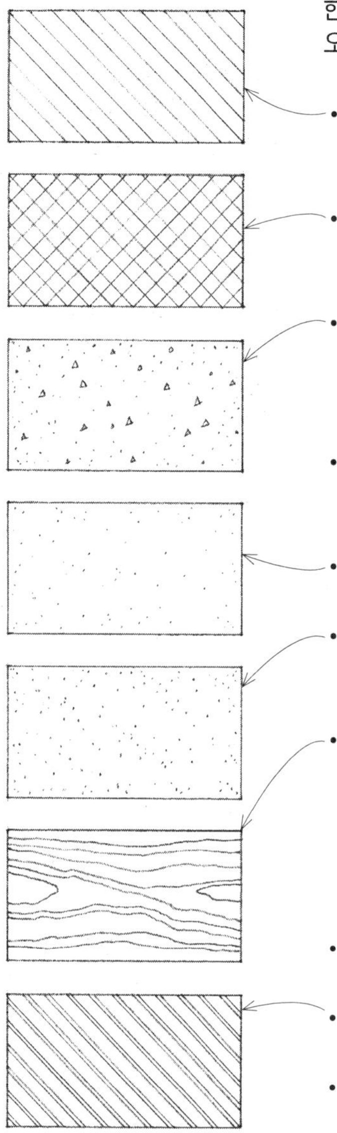

- 벽돌 표면에는 먼지, 약한 모르타르, 백화 및 기타 이물질이 있게 마련이다. 쇠솔질, 공기압 또는 스팀으로 청소하여 제거한다. 라텍스 프라이머 실러 또는 투명한 실리콘 발수제로 밀봉한다.
- 콘크리트 조적은 완전히 건조하고 먼지가 없어야하며 모르타르가 약하거나 과하면 안 된다. 거친 표면의 음향 값이 중요하지 않을 경우 다공성 표면은 블록 충전제 또는 시멘트 그라우트 프라이머가 필요할 수 있다.
- 콘크리트 표면은 잘 경화된 상태에서 먼지, 박리제 및 경화 화합물이 없어야 한다. 다공성 표면에는 블록 충전제 또는 시멘트 그라우트 프라이머가 필요할 수 있다. 그라우트 표면을 라텍스, 알키드 또는 오일 프라이머 실러로 프라이머 도막을 형성한다. 콘크리트 표면을 투명한 실리콘 발수제로 밀봉할 수도 있다.
- 콘크리트 바닥에는 먼지, 왁스, 그리스 및 기름이 없어야 하며 코팅의 접착력을 향상시키기 위해 염산 용액으로 내식작업을 해야 한다. 프라임 도막은 내알칼리성 코팅으로 해야 한다.
- 석고보드 표면은 깨끗하고 건조해야 하며 종이 표면의 섬유가 도장면에서 도드라지지 않도록 라텍스 프라이머 실러를 사용해야 한다.
- 플라스터 및 스투코 표면은 완전히 건조되고 경화되어야함. 라텍스, 알키드 또는 오일 프라이머 실러로 프라이머 도막을 진행한다. 굳지 않은 플라스터는 내알칼리성 코팅으로 프라이머 도막을 해야 한다.
- 목재는 깨끗하고 잘 건조되어야 한다. 옹이와 송진 얼룩은 프라이머 도막 전에 사포질과 충전으로 매끈하게 만들어 놓는다. 도장 할 표면은 목재의 수분 함량을 안정화하고 후속 도장의 흡수를 방지하기 위해 프라이머 도막작업을 하거나 밀봉한다. 얼룩 및 일부 페인트는 자체 프라이머 도막층을 형성할 수 있다. 모든 못 구멍, 균열 및 기타 작은 구멍은 프라임 도막 후에 밀봉해야 한다.
- 오래된 페인트 표면은 사포질하거나 세제 용액으로 깨끗이 세척하여 건조시켜야 한다.
- 철금속 표면에는 녹, 이물질이 없어야 함. 용제 또는 쇠솔질, 샌드블라스팅, 불꽃청소 또는 산으로 세척해야 한다. 녹 방지 프라이머를 쓴다.
- 아연도금 된 철은 용제 또는 화학 세척으로 그리스, 잔류물 및 부식을 모두 제거해야 한다. 산화 아연 또는 포틀랜드 시멘트 페인트로 프라임 도막 해야 함. 풍화 처리된 경우 아연도금 된 철은 철 금속으로 간주할 것.

필요한 표면 처리 및 프라이머 도막 외에도 코팅 선택 시 고려해야 할 다른 사항은 다음과 같다.

- 코팅이 적용되는 표면과의 호환성
- 적용 방법 및 필요한 건조 시간
- 사용 조건 및 물, 열, 햇빛, 온도 변화, 곰팡이, 화학 물질 및 물리적 마모에 대한 내성
- 유해한 휘발성 유기 화합물의 방출 가능성

A
부록

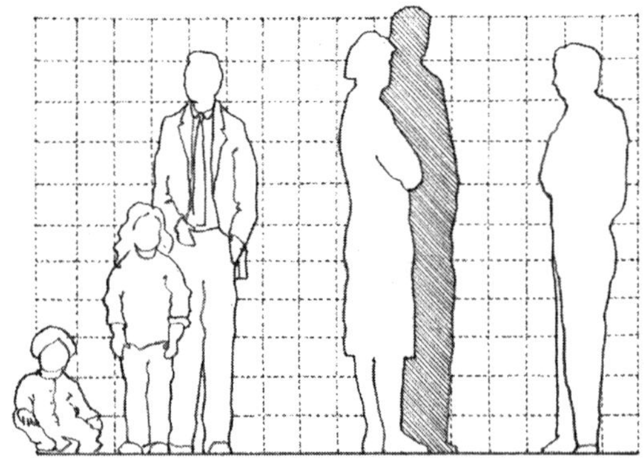

인간의 신체 치수body dimensions와, 우리가 움직이고 공간을 인식하는 방식은 건물의 규모, 비율 및 공간 배치를 결정하는 주요한 결정 인자prime determinants이다. 우리 몸을 구성하는 부위의 치수는 우리가 움직이면서-가령 선반 위 물건을 향해 손을 뻗거나, 테이블에 앉거나, 계단을 내려가고, 다른 사람들과 상호작용하면서-필요한 치수와 차이가 있다는 점에 유의해야 한다. 이러한 기능 치수functional dimensions는 활동의 성격과 사회적 상황에 따라 달라진다.

여기서 보는 것과 같은 치수 표와 도해를 이용할 때에는 항상 주의를 기울여야 한다. 이것들은 평균적인 측정을 기반으로 하고 있으며, 특정 사용자 요구를 충족하려면 조정이 필요할 수 있다. 남성과 여성, 연령대와 인종은 물론 개인별 차이에 따라 치수규범에서 지정된 것과는 다른 수치를 보인다.

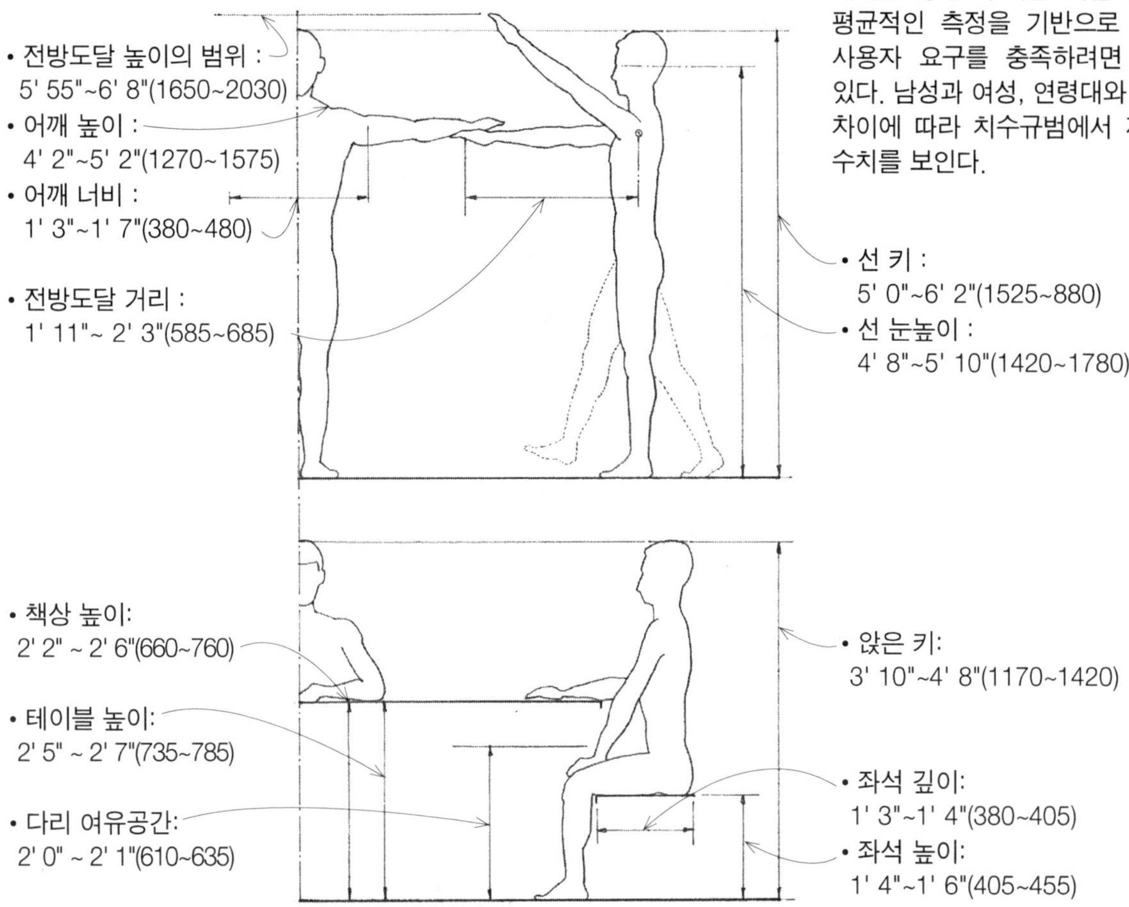

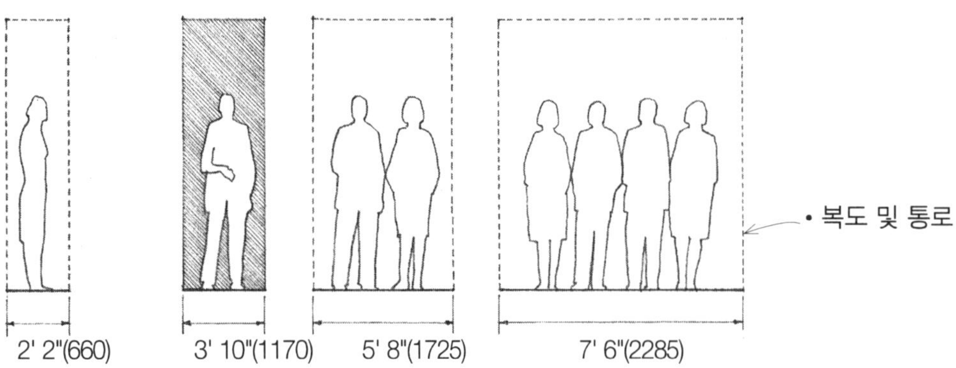

1990년 미국 장애인법Americans with Disabilities Act (ADA)은 신체장애 및 특정 정신장애가 있는 사람이 건물을 쉽게 이용할 수 있도록 요구하는 연방 민권 제정법federal civil-rights legislation이다. ADA 접근성 지침ADA Accessibility Guidelines(2010년 접근성 설계에 대한 ADA 표준)은 독립 연방기관인 미국 접근성 위원회U.S. Access Board에서 유지 관리하며, 규정은 미국 법무부U.S. Department of Justice에서 관리한다. 연방 시설은 건축 장애물 법Architectural Barriers Act (ABA)을 따라 발행된 표준을 준수해야 한다. 마지막 개정에서 접근성 위원회는 ADA 지침과 ABA 대상의 시설 지침을 조율하여 ADA-ABA 접근성 지침으로 발표했다. 관련 제정법에는 1988년 연방 공정주택법Federal Fair Housing Act (FFHA) of 1988이 있다. 이 법에 포함된 주택 및 도시개발부Department of Housing and Urban Development (HUD) 규정에는 4개 이상의 주거유닛이 있는 주거단지의 경우 장애인 이용을 위해 필요한 조정사항을 요구하는 내용을 포함하고 있다.

해당 시설은 휠체어를 타거나 주 보행통로ambulatory에 접근하는 사람 모두에게 접근 가능해야 한다.

- 접근 가능한 경로는 최대 경사 1:20의 보행면, 차로에 표시된 건널목, 접근 가능한 요소에 있는 순 바닥 공간, 접근 통로, 경사로, 연석 경사로및 엘리베이터로 구성된다.
- 바닥 표면은 단단하고 안정적이며, 미끄럼 방지 조치가 되어야 한다.
- 바닥 높이 변화를 피하고 계단을 활용 한다.
- 필요한 곳에만 경사로를 설치한다.

해당 시설은 시각장애인이 식별 가능해야 한다.

- 계단이나 위험한 개구부hazardous opening를 표시하기 위해, 돋움 처리된 글자, 음성으로 전달되는 경고신호, 질감이 있는 표면을 사용할 것.

해당 시설의 사용이 가능해야 한다.

- 편안한 이동을 위해 적절한 동선공간이 있어야 한다.
- 모든 공공시설에는 장애인이 사용하도록 설계된 비품fixtures이 있어야 한다.

ADA 접근성 지침 중 기타 건물 요소 또는 구성 요소에 대한 내용은 다음을 참조할 것.

- 차량 주차 : 1.33
- 문 : 8.03
- 문 하드웨어 : 8.17, 8.19, 8.20
- 문지방: 8.21
- 창문: 8.22
- 계단 및 경사로 : 9.05
- 엘리베이터 : 9.16
- 주방 : 9.22 - 9.23
- 화장실 및 목욕 시설 : 9.26, 9.28
- 카펫 설치 : 10.21

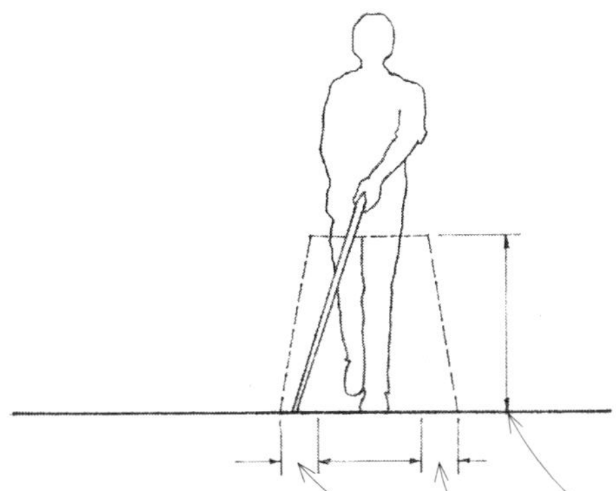

- 지팡이 범위 : 양쪽에서 최소 6"(150), 높이 27"(685)

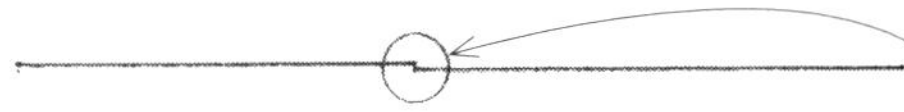

- 바닥의 수직 높이 차이는 1/4"(6) 까지
- 1/4"~1/2"(6~13) 사이에서의 높이 변경은 1 : 2이하로 조성된 경사로 기울지게 하여 연결한다.
- 1/2"(13)보다 큰 높이변화는 경사로를 설치해야 한다.

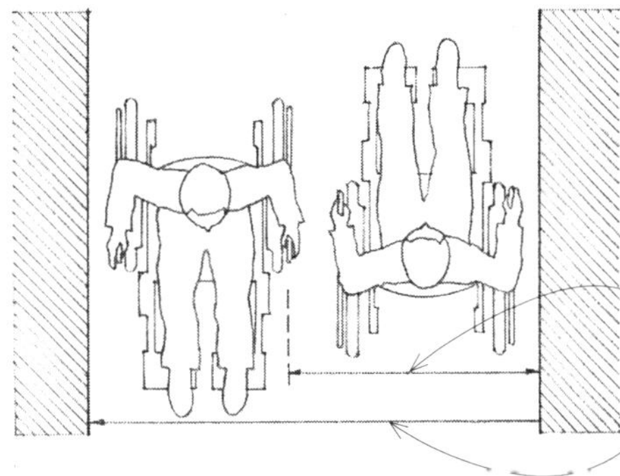

- 통로의 최소 순폭 36"(915)
- 휠체어 두 대가 통과할 수 있는 최소 순폭 60"(1525)

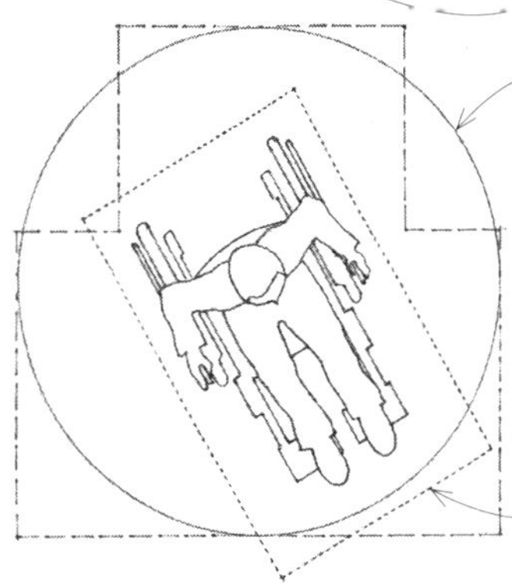

- 최소 60"(1525)의 순직경을 가진 회전 공간, 또는 너비가 36"(915) 이상이고 길이가 60"(1525) 이상인 T자형 공간을 두어 휠체어가 회전할 수 있도록 한다.
- 30"x 48"(760 x 1220)의 순 바닥공간을 두어 물거에 대한 전방 또는 평행 접근을 가능하게 한다.

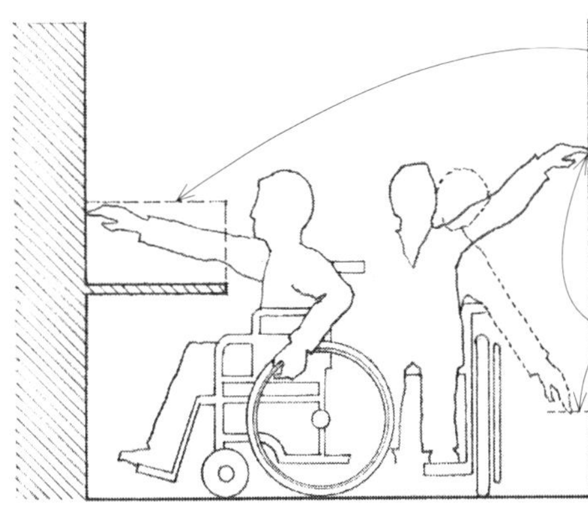

- 20"(510) 깊이까지는 최대 도달 높이는 48"(1220); 도달 깊이가 20"~25"(510~635)인 경우 최대 도달 높이 44"(1120)
- 측면 바닥 위 도달 높이의 범위 최대 54"(1370) 및 최소 15"(380)

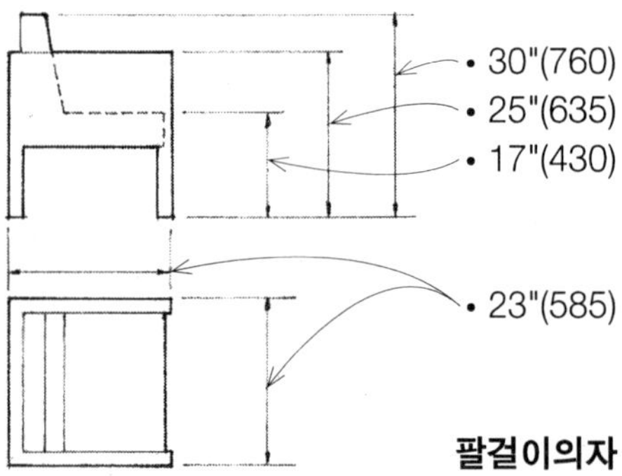

팔걸이의자 (안락의자)

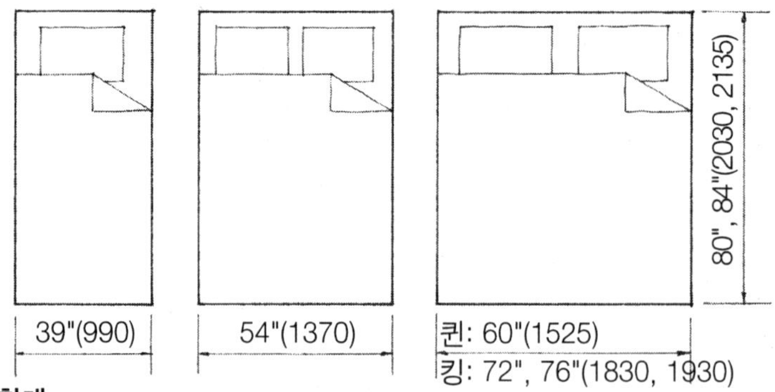

침대

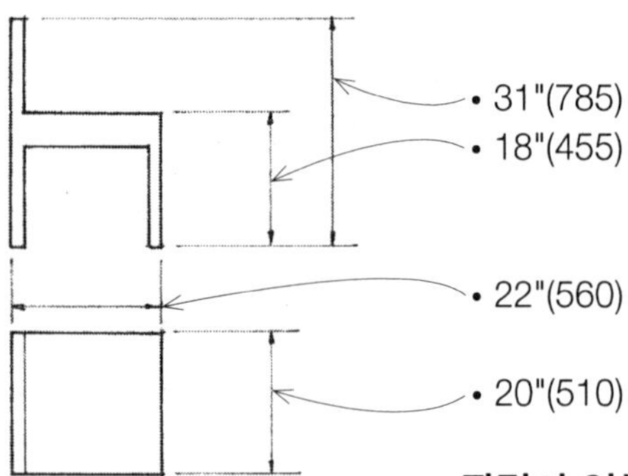

팔걸이 없는 의자 (사이드체어)

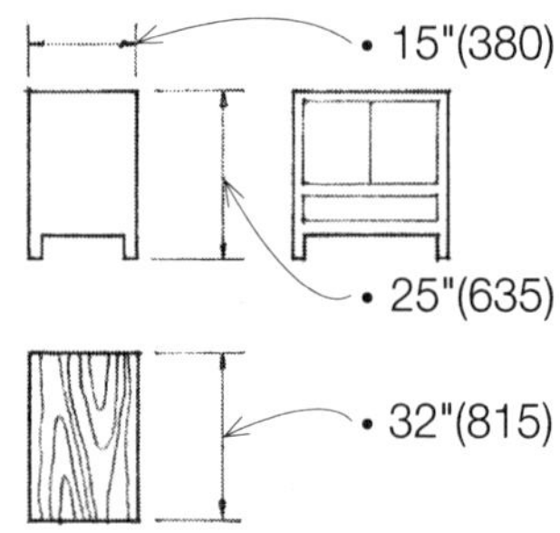

협탁night tables

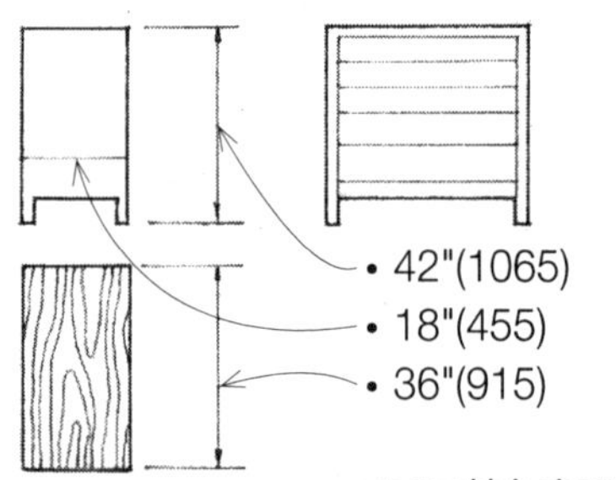

서랍장high chests

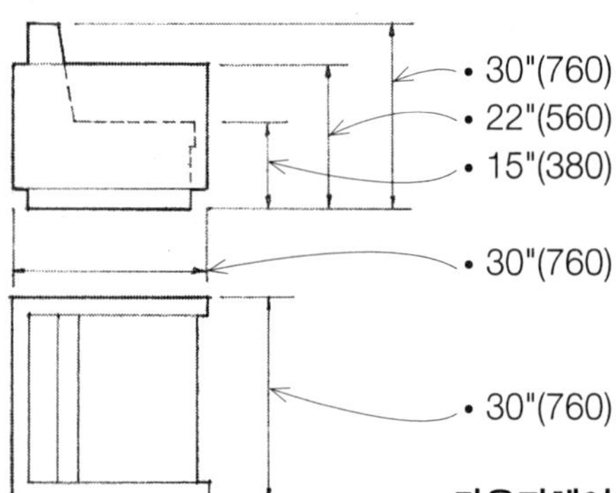

라운지체어

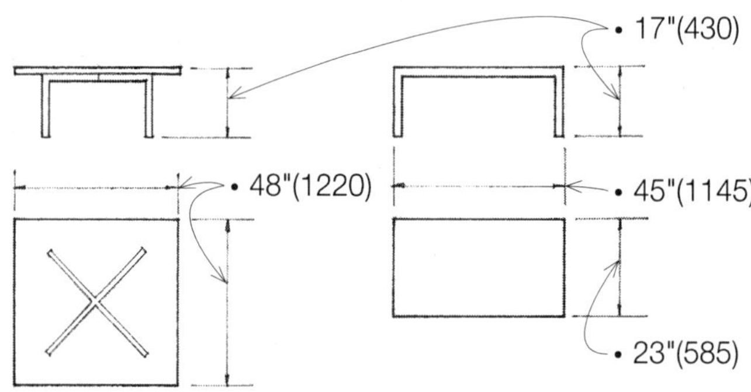

낮은 탁자low table[1]

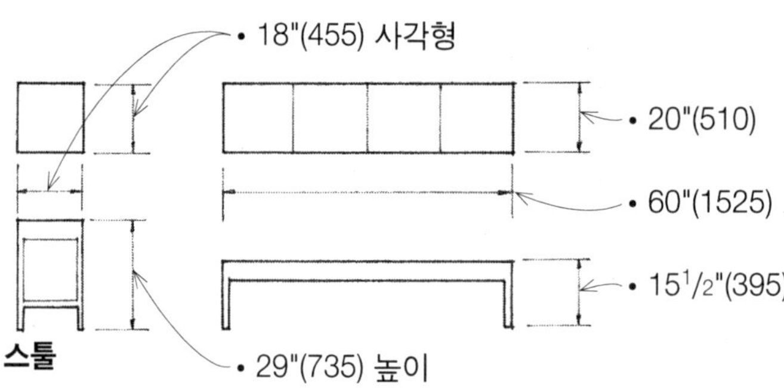

스툴

벤치

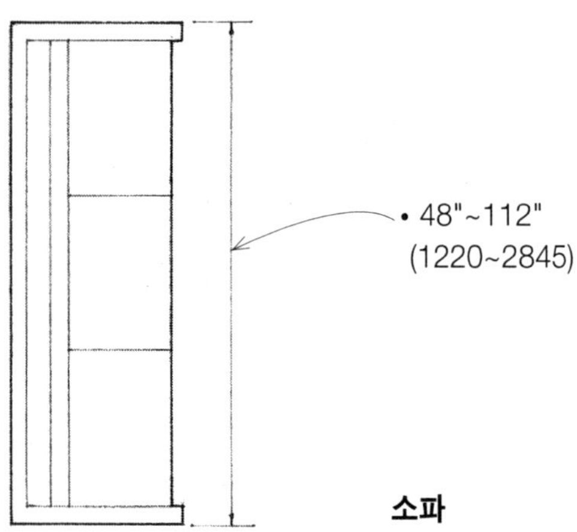

소파

1) 소파 테이블, 커피 테이블, 소파 측면에 두는 사이드 테이블에 대한 총칭.

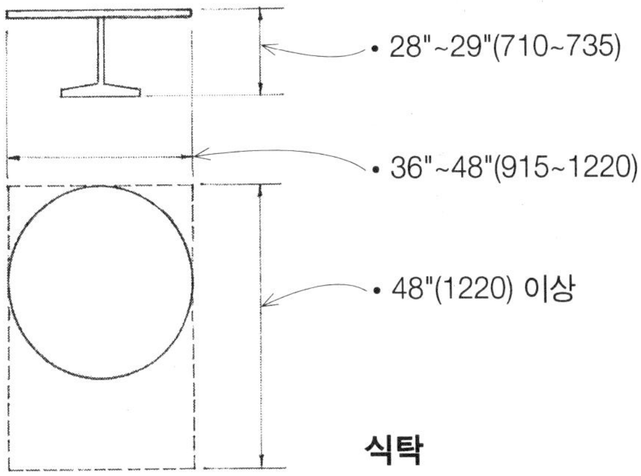

식탁

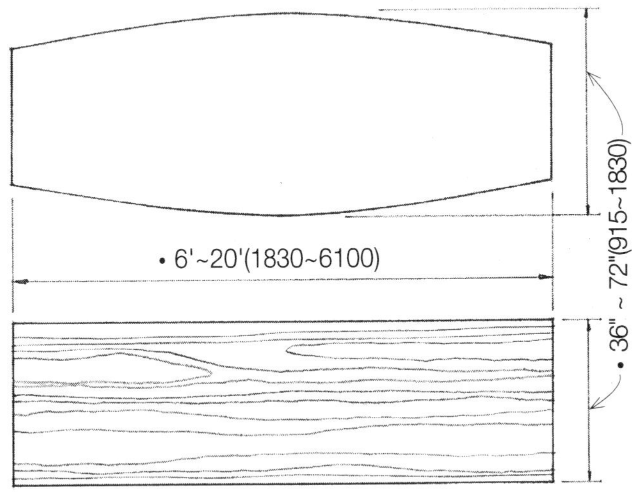

회의실 탁자

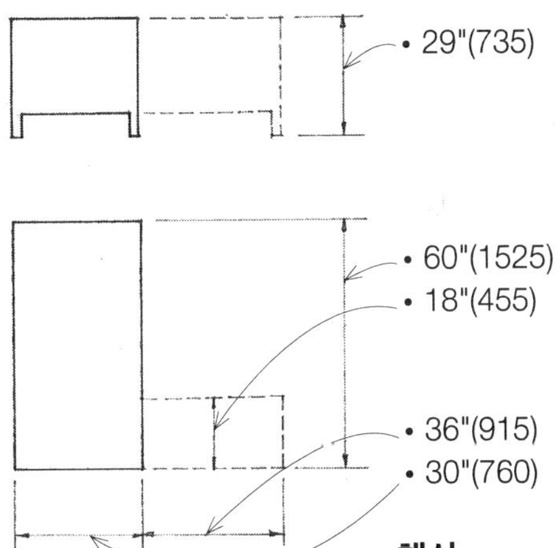

책상

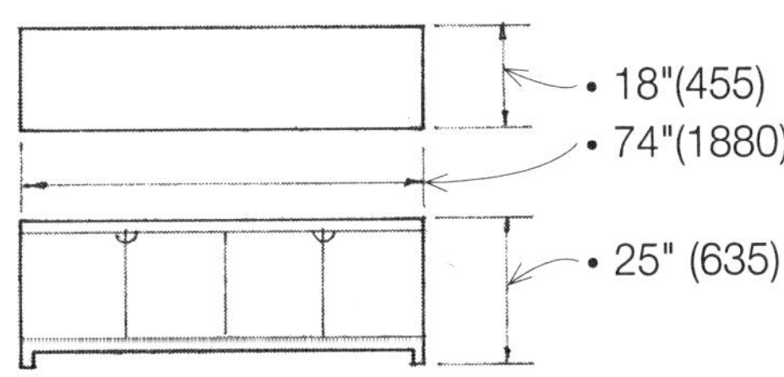

찬장credenza 2)

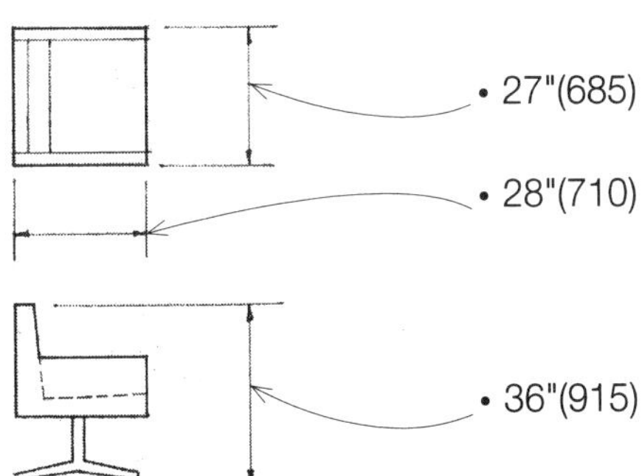

회전의자

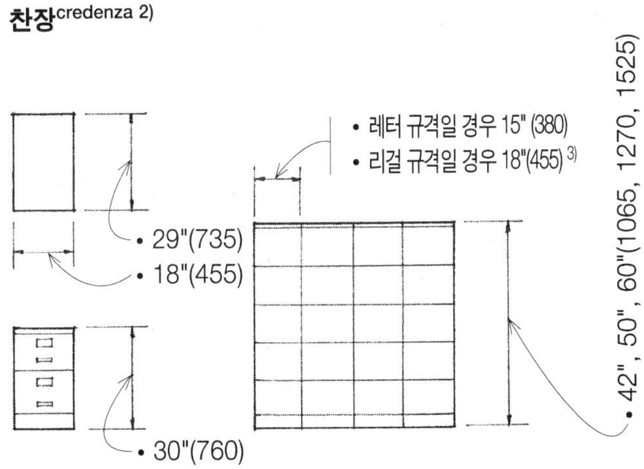

문서 보관함

- 모든 치수는 일반적인 것이다. 특정 가구 치수에 대해서는 가구 제조업체에 확인할 것.
- 가구는 공간을 규정하는 요소로 사용하거나, 동선 경로 를 규정하거나, 매입형으로 제작되거나 오브제로 설정할 수 있다.
- 선택 인자에는 기능, 편안함, 크기, 색상, 스타일이 포함된다.

2) 르네상스 시대의 식기 진열장, 또는 가톨릭에서의 제구대(credence)/제기 탁자를 의미하나 오늘날에서는 고급 찬장 또는 서류나 사무용품을 넣는 캐비닛 정도로 해석할 수 있다.

3) 레터 규격 $8^1/_2$" × 11"(215.9 × 279.4), 리걸 규격 $8^1/_2$" × 14"(215.9 × 355.6)

최소 등분포하중(psf*)
*1 psf = 47.88 Pa

집회 시설
- 고정식 좌석이 있는 극장 60
- 이동식 좌석이 있는 강당 및 체육관 . 100
- 복도 및 로비 100
- 무대 150

도서관
- 열람실 60
- 서가 150

업무시설
- 사무실 공간. 80
- 로비 100

주거시설
- 개인 주택 40
- 아파트 유닛, 호텔 객실 40
- 공용실 100
- 복도 60

학교
- 교실 40
- 복도 100

보도 및 차도 250

계단, 화재 대피, 출구 100

보관창고
- 경량 125
- 중량 250

제조시설 125

매장
- 소매 : 1층. 100
- 위층 75

지붕 하중
최소값, 풍하중 또는 지진 하중을 포함하지 않는 상태 . 20
옥상정원 100

- 건물 설계 과정에서 추정된 활하중 값은 의도된 용도 또는 활동에 의해 생성될 것으로 예상하는 최대값이어야 한다. 주차장과 같은 일부 경우에는 집중하중을 우선한다.
- 어떤 경우에도 건축법에 따른 활하중 요구사항을 확인해야 한다.

재료의 평균무게(pcf*)
*1 pcf = 16 kg/m^3

토양, 모래 및 자갈
- 신더(석탄재-골재용). 45
- 점토(습윤상태). 110
- 점토(건조상태). 63
- 흙(건조, 푸석푸석한 상태). 76
- 흙(촉촉하고 다진상태) 96
- 모래와 자갈(건조하며 푸석푸석한 상태). . 105
- 모래와 자갈 (젖은 상태) 120

목재
- 삼목 22
- 더글라스 전나무 32
- 북미산 솔송. 29
- 단풍나무. 42
- 참나무(북가시나무/졸참나무) 41
- 참나무(떡갈나무) 46
- 남부소나무 29
- 미국삼나무(적삼목) 26
- 스프루스. 27

금속
- 알루미늄. 165
- 단동 546
- 조상용 청동. 509
- 구리 556
- 주철 450
- 연철 485
- 납. 710
- 니켈 565
- 스테인리스강. 510
- 압연강 490
- 주석 459
- 아연 440

콘크리트
- 석재 골재, 무근 144
- 석재 골재, 철근보강. 150
- 신더 100
- 경량골재(팽창 셰일). 105
- 경량골재(펄라이트) . . . . .35 - 50

석재
- 화강암 175
- 석회암 165
- 대리석 165
- 사암 147
- 점판암(슬레이트) 175

물
- 최대밀도@ 4°C 62
- 얼음 56
- 눈. 8

재료의 평균 무게 (psf*)
*1 psf = 47.88 Pa

벽과 칸막이
- 벽돌(두께 4"(100)) 35
- 콘크리트 조적 유닛
  석재 및 자갈 골재 포함
  4"(100) 34
  6"(150) 50
  8"(205) 58
  12"(305) 90
  경량 골재 포함
  4"(100) 22
  6"(150) 31
  8"(205) 38
  12"(305) 55
- 유리블록4"(100) 18
- 석고보드 1/2"(51) 2
- 금속라스 0.5
- 석고보드를 덧댄 금속 샛기둥 6
- 플라스터1"(25)
  석고 플라스터 10
  석고 플라스터 5
- 합판 1/2"(13) 1.5
- 석재
  화강암4"(100) 59
  석회암 6"(150) 55
  대리석 1"(25) 13
  사암 4"(100) 49
  점판암(슬레이트) 1"(25) 14
- 자기질 타일 2.5
  벽채용 채유타일 3
- 구조용 점토 타일
  4"(100) 18
  6"(150) 28
  8"(205) 34
- 양쪽에 석고보드를 덧댄
  2×4 목재 샛기둥 8

단열재
- 연질/포상 단열재(인치당) 0.3
- 섬유판 2
- 폼보드/발포 플라스틱 보드(인치당) 0.2
- 충전 단열재 0.5
- 현장 주입 2
- 경질 0.8

유리
- 12.19 참조

재료의 평균 무게 (psf*)
*1 psf = 47.88 Pa

바닥 및 지붕 시공
- 철근 콘크리트 (인치당)
  석재 골재 12.5
  펄라이트 골재 . . . . 6 - 10
  무근 콘크리트 (인치당)
  석재 골재 12
  경량골재 . . . . 3 - 9
- 프리캐스트 콘크리트
  6"(150) 중공 코어, 석재 골재 40
  6"(150) 중공 코어, 경량 골재 30
  2"(51) 신더 콘크리트 부판 15
  2"(51) 석고 부판 12
- 강재 데크 . . . . 2 - 4

지붕재
- 조립식, 5겹 펠트 및 자갈 6
- 구리 또는 주석 2
- 파형 철판 2
- 파형 유리섬유 0.5
- 모넬 메탈 1.5
- 지붕널
  복합 3
  슬레이트 10
  목재 2
- 타일
  콘크리트 타일 16
  점토 타일 14

천장재
- 3/4"(19) 흡음타일 1
- 흡음 플라스터 또는 석고라스 10
- 채널 달반자 1

바닥 마감
- 시멘트 마감1"(25) 12
- 대리석 30
- 테라초1"(25) 13
- 목재
  견목재 25/32"(20) 4
  연목재 3/4"(19) 4.5
  목재 블록 3"(75) 15
- 비닐 타일 1.33

 미터법 환산계수

계수	십진수	표현 접두사	기호
십억	10^9	Giga	G
백만	10^6	Mega	M
천	10^3	Kilo	k
백	10^2	Hecto	h
십	10	Deka	da
십분의 일	10^{-1}	Deci	d
백분의 일	10^{-2}	Centi	c
천분의 일	10^{-3}	Milli	m
백만분의 일	10^{-6}	Micro	μ

일반적으로 미터법으로 더 많이 알려진 국제 단위계International System of Units (SI)는 미터, 그램, 초, 암페어, 켈빈 및 칸델라를 길이, 질량, 시간, 전류, 온도, 광도의 기본량fundamental quantity에 대한 기본 단위basic unit로 사용하는 물리적 단위 방식이다. 이 방식은 국제적으로 통용되며, 개별 단위들은 응집력 있게 서로 같이 쓰인다.

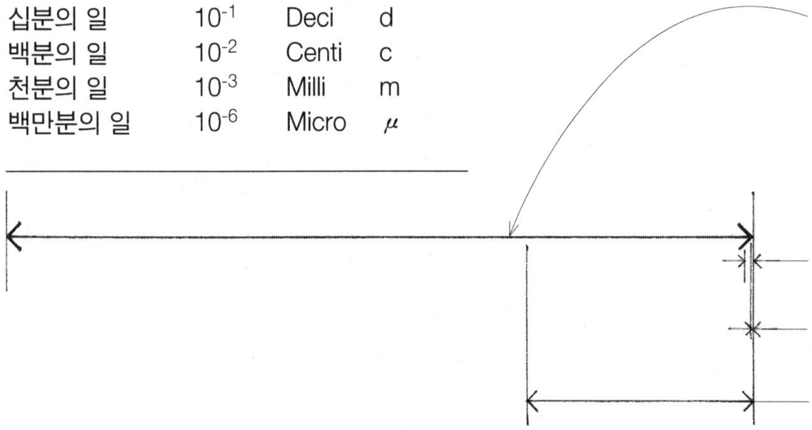

- 1 미터는 미터법의 기본 길이 단위로 39.37 인치에 해당한다. 애초에는 적도에서 극점까지 거리의 십만 분의 1로 정의되었으나, 나중에는 파리 근교에 있는 국제도량형국International Bureau of Weights and Measures에 보존된 백금 이리듐 막대의 두 선 사이의 거리로 정의되었으며, 현재는 빛이 진공에서 1초간 이동하는 거리의 $^1/_{299,972,458}$로 정의된다.
- 1 센티미터는 $^1/_{100}$ 미터 또는 0.3937 인치와 같다. 건설 분야에서 쓰지 않는 것을 권장한다.
- 1 밀리미터는 $^1/_{1000}$ 미터 또는 0.03937 인치와 같다.
- 1 피트는 12인치로, 304.8 밀리미터와 같다.

측정	야드파운드법	미터법	기호	환산계수 4)
길이	마일	킬로미터	km	1 mile = 1.609 km
	야드	미터	m	1 yard = 0.9144 m = 914.4 mm
	피트	미터	m	1 foot = 0.3408 m = 304.8 mm
		밀리미터	mm	1 foot = 304.8 mm
	인치	밀리미터	mm	1 inch = 25.4 mm
넓이	평방마일	제곱킬로미터	km^2	1 sq mile = 2.590 km^2
		헥타르	ha	1 sq mile = 259.0 ha (1 ha = 10,000 m^2)
	에이커	헥타르	ha	1 acre = 0.4047 ha
		제곱미터	m^2	1 acre = 4046.9 m^2
	평방 야드	제곱미터	m^2	1 sq yard = 0.8361 m^2
	평방 피트	제곱미터	m^2	1 sq foot = 0.0929 m^2
		제곱센티미터	cm^2	1 sq foot = 929.03 cm^2
	평방 인치	제곱센티미터	cm^2	1 sq inch = 6.452 cm^2
부피	입방 야드	세제곱미터	m^3	1 cu yard = 0.7646 m^3
	입방 피트	세제곱미터	m^3	1 cu foot = 0.02832 m^3
		리터	liter	1 cu foot = 28.32 liters (1000 liters = 1 m^3)
		세제곱 데시미터	dm^3	1 cu foot = 28.32 dm^3 (1 liter = 1 dm^3)
	입방 인치	세제곱 밀리미터	mm^3	1 cu inch = 16,390 mm^3
		세제곱 밀리미터	cm^3	1 cu inch = 16.39 cm^3
		밀리리터	ml	1 cu inch = 16.39 ml
		리터	liter	1 cu inch = 0.01639 liter

4) 표준어 표기에 따라 square와 cubic에 대한 동일어에 대한 표기를 구분하였다. 표준어에는 야드파운드법에 제곱 및 세제곱 표현을 적용하지 않는 한편, 미터법에서는 입방 센티미터와 입방 킬로미터가 확인되지 않기 때문이다. 이에 따라 파운드법에서는 평방, 입방으로 미터법에서는 제곱, 세제곱으로 나누어 표기하였다.

측정	야드파운드법	미터법	기호	환산계수
질량	톤	킬로그램	kg	1 ton = 1016.05 kg
	킬로파운드kp(1000 lb)	미터 톤 (1000 kg)	kg	1 kip = 453.59 kg
	파운드	킬로그램	kg	1 lb = 0.4536 kg
	온스	그램	g	1 oz = 28.35 g
길이당	파운드/피트	킬로그램/미터	kg/m	1 plf = 1.488 kg/m
면적당	파운드/평방피트	킬로그램/제곱미터	kg/m^2	1 psf = 4.882 kg/m^2
질량 밀도	파운드/입방피트	킬로그램/세제곱미터	kg/m^3	1 pcf = 16018 kg/m^3
용량	쿼트quart	리터	liter	1 qt = 1.137 liter
	파인트pint	리터	liter	1 pt = 0.568 liter
	액량온스	세제곱센티미터	cm^3	1 fl oz = 28.413 cm^3
힘	파운드	뉴턴	N	1 lb = 4.488 N
				1 N = kg m/s^2
길이당	파운드/피트	뉴턴/미터	N/m	1 plf = 14.594 N/m
압력	파운드/평방피트	파스칼	Pa	1 psf = 47.88 Pa
				1 Pa = N/m^2
	파운드/평방인치	킬로파스칼	kPa	1 psi = 6.894 kPa
모멘트	피트-파운드	뉴턴-미터	Nm	1 ft-lb = 1.356 Nm
일	파운드-피트	킬로그램미터	kg m	1 lb-ft = 0.138 kg m
관성	파운드-평방피트	킬로그램-제곱미터	kg m^2	1 lb-ft^2 = 0.042 kg m^3
속도	마일/시	킬로미터/시	km/h	1 mph = 1.609 km/h
	피트/분	미터/분	m/min	1 fpm = 0.3408 m/min
	피트/초	미터/초	m/s	1 fps = 0.3408 m/s
부피흐름률	입방피트/분	리터/초	liter/s	1 ft^3/min = 0.4791 liter/s
	입방피트/초	세제곱미터/초	m^3/s	1 ft^3/sec = 0.02832 m^3/s
	입방인치/초	밀리리터/초	ml/s	1 in^3/sec = 16.39 ml/s
온도	°화씨	섭씨	°c	t°C = 5/9 (t °F-32)
	°화씨	섭씨	°c	1°F = 0.5556 °C
열량	영국열량 단위(Btu)	줄	J	1 Btu = 1055 J
		킬로줄	kJ	1 Btu = 1.055 kJ
열류	Btu/시	와트	W	1 Btu/hr = 0.2931 w
열 컨덕턴스	Btu • in/sf • hr • degF	와트/제곱미터 • 섭씨	w/m^2°C	1 Btu/ft^2 • hr • °F = 5.678 w/m^2 • °C
열 전도저항	ft^2 • h • degF/Btu	제곱미터 • 섭씨/와트	m^2°C/W	1 ft^2 • h • °F/Btu = 0.176 m^2 • °C/W
냉동톤	톤	와트	W	1 ton = 3519 W
일률	마력	와트	W	1 hp = 745.7 W
		킬로와트	kW	1 hp = 0.7457 kW
광도	칸델라	칸델라	cd	광도에 대한 기본 SI 단위
광속	루멘	루멘	lm	1 lm = cd 스테라디안
조도	피트측광	럭스	lx	1 FC = 10.76 lx
	루멘 / 평방피트	럭스	lx	1 lm/ft^2 = 10.76 lux
휘도	풋 람베르트	칸델라/제곱미터	cd/m^2	1 fL = 3.426 cd/m^2

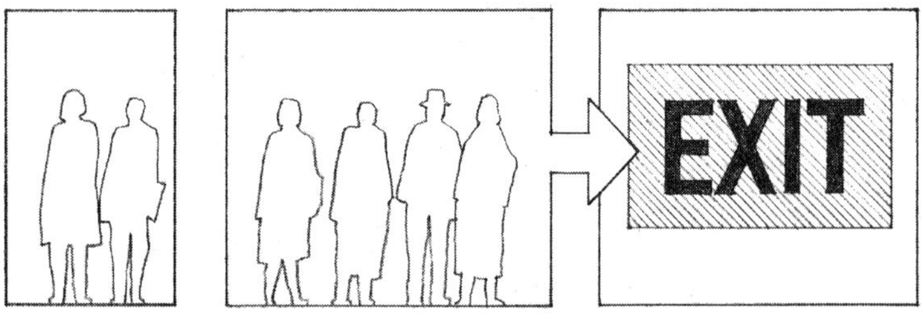

• 인원 부하occupant load는 특정 시간에 건물 전체 또는 일부를 점요하는 총 인원의 수이다. 해당 용도에 허용된 거주자 1인당 사용하는 해당 바닥면적(평방피트)으로 표현된다. 건축법은 건물에 필요한 출구의 수와 너비를 설정하기 위해 인원 부하를 사용한다.

건축법은 피난에 대해 다음과 같이 지정하고 있다.

- 건물의 위치, 용도 및 거주자, 그리고 크기(층당 높이 및 면적)에 따라 건물에 필요한 재료 및 구조의 내화등급에 대해서는 2.08-2.09를 참조.
- 특정 용도 및 거주자에 필요한 화재경보기, 스프링클러 및 기타 보호 시스템; 11.25 참조
- 화재 발생시 건물 거주자에게 필요한 탈출 수단. 탈출 수단을 통해 건물의 어느 지점에서든 피난 장소로 이어지는 보호된 출구에 안전하고 적절하게 접근할 수 있다. 탈출 시스템에는 출구 접근로, 출구, 출구 밖 해산의 세 가지 구성 요소가 있다.

이러한 요구사항은 화재의 확산을 제어하고 건물의 구조가 약화되어 위험해지기 전에, 화재가 발생한 건물의 거주자가 안전하게 빠져 나갈 수 있도록 충분한 시간을 벌기 위한 것이다. 특정 요구사항은 건축법을 참조할 것.

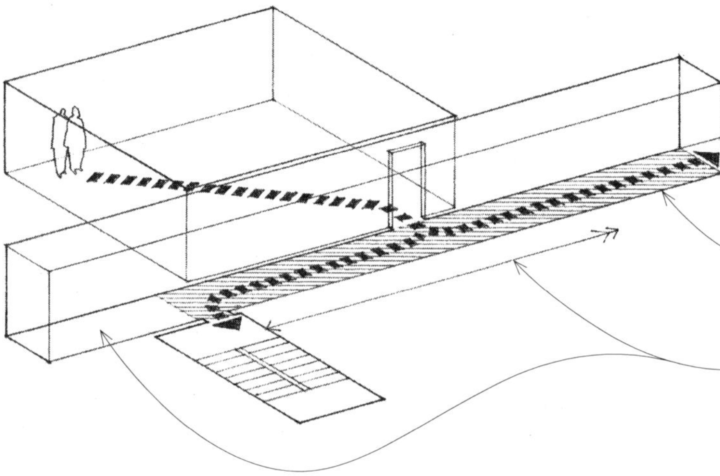

출구 접근로

출구로 이어지는 경로 또는 통로는 가능한 직접적이고, 문의 개폐 등과 같은 돌출물에 의해 방해받지 않아야 하며, 조명이 잘 작동되어야 한다.

- 건축법은 건물의 용도, 사용자 및 화재 위험 정도에 따라 출구까지의 최대 이동 거리를 지정한다.
- 또한, 건축법은 출구가 두 곳 이상 필요한 경우, 출구 사이의 최소 거리를 지정하고, 막다른 복도의 길이를 제한한다. 대부분, 하나의 출구가 막힌 상황에서 안전상 여유를 확보하기 위해 최소 두 곳의 출구를 둔다.
- 건물에서 안전하게 탈출할 수 있는 출구 경로Exit path는 정전시 비상 조명emergency lighting으로 밝혀야 한다.
- 출구는 빛나는 표지판으로 명확하게 식별되어야 한다.

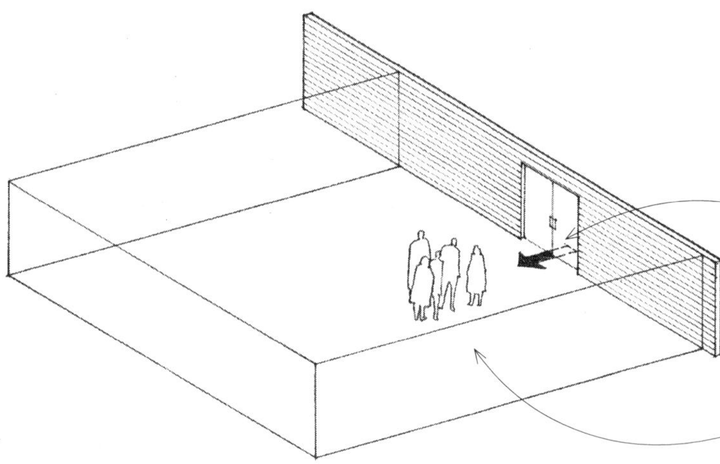

- 수평 출구는 거주자 분리occupancy separation를 위해 필요한 요구사항에 맞춰 세운 벽체와, 자동으로 닫히는 방화문automatic-closing fire door으로 보호받는 통로이다. 수평 출구는 같은 건물 또는 인접 건물에서 가장 비슷한 높이에 있는 피난 지역으로 연결된다.
- 피난 지역area of refuge은 대피가 이뤄지는 지역에서 나오는 화염과 연기로부터 안전하다

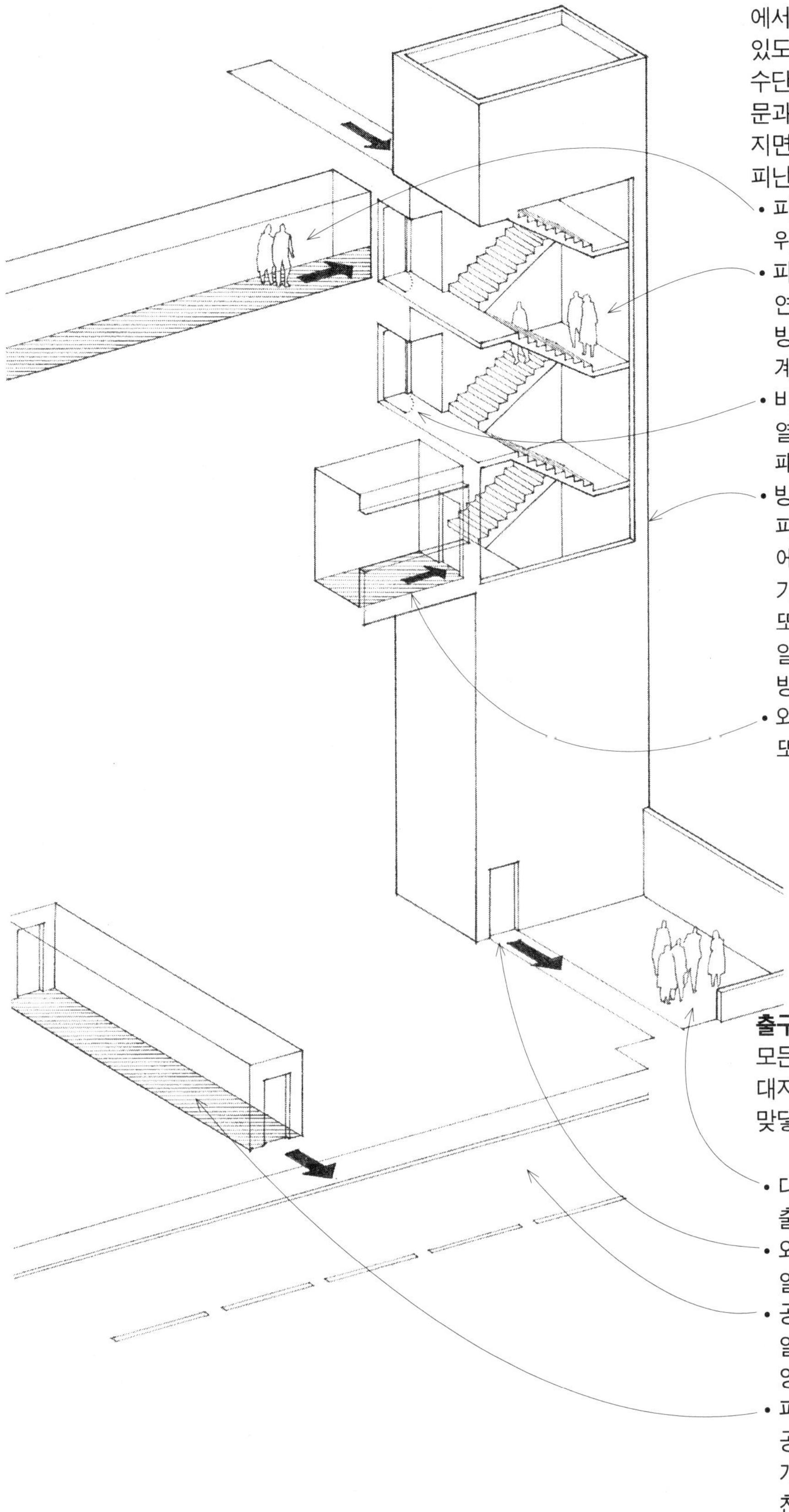

출구

출구는 화재 발생시 건물 거주자가 출구 접근로에서부터 출구 밖 해산에 이르기까지 대피할 수 있도록 도와주는 화재 방어용의 폐쇄적인 대피 수단이다. 지면과 닿아 있는 1층에서 출구는 단순히 문과 복도에서 외부로 직접 열리는 문일 수 있다. 지면과 닿지 않은 그 위나 아래층에서는 일반적으로 피난계단exit stairway으로 구성된 출구가 필요하다.

- 피난용 복도exit corridor는 필요한 출구 역할을 하기 위해 내화성 구조의 벽으로 둘러싸야 한다.
- 피난계단은 피난 통로, 대지내 대피공간, 공도로 연결되며, 출구 이동 방향으로 열리는 자체 폐쇄식 방화문이 달려 있고, 내화구조로 둘러싸여 있다. 계단 치수 및 요구사항은 9.04-9.05를 참조할 것.
- 비상구는 출구 이동 방향으로 여닫이 형식으로 열리고, 탈출 수단에 접근하게 해준다. 보통은 패닉 바(피난용 장치)가 장착된다.
- 방연 인클로저는 내화성 구조의 벽으로 둘러싸인 피난계단실의 차폐 구조를 말한다. 방연 인클로저에서 현관 또는 개방형 외부 발코니로 접근이 가능하고, 연기와 열의 침투를 제한하기 위해 자연적 또는 기계적 수단을 이용하여 환기한다. 건축법은 일반적으로 고층 건물에서 하나 이상의 출구 계단을 방연 인클로저로 할 것을 요구한다.
- 외부 출구 발코니는 건물 벽에서 돌출된 계단 참 또는 현관이며 필수적인 탈출 수단 역할을 한다.

출구 밖 해산

모든 출구는 건물 외부의 안전한 피난 장소, 가령 대지 내 대피공간 또는 지상의 공도와 같은 장소에 맞닿아 피난 인원을 배출할 수 있어야 한다.

- 대지 내 피난 장소는 하나 이상의 필수적인 출구를 위해 제공되는 안마당 또는 뜰이다.
- 외부 출구는 대지 내 피난장소 또는 공도로 직접 열리는 비상구이다.
- 공도는 거리, 골목 또는 이와 유사한 형태로, 하늘이 열려 있고, 일반 공공의 통행 및 사용이 자유롭도록 양도, 전용 또는 영구적으로 할당한 토지이다.
- 피난 통로는 필요한 출구 또는 대지 내 피난장소를 공도와 연결하는 출구로, 필요한 출구 외에는 개구부가 없이, 피난 통로를 구성하는 벽, 바닥 및 천장은 필요한 만큼의 내화구조로 둘러싸여 있다.

내화성 재료, 조합 및 구조에는 용도에 따라 요구되는 내화 등급이 있다. 이 내화 등급은 표준 시간-온도 곡선에 따라 전체 크기 시편을 온도에 적용하고 재료 또는 조합이 붕괴하거나, 화염 또는 뜨거운 가스의 통과를 허용하거나 화재가 있는 쪽에서 지정된 온도를 초과하는 개구부를 키우지 않고 화재 노출을 견딜 수 있는 시간을 설정하여 결정된다. 따라서 내화 구조는 재료의 가연성을 줄이고 화재 확산을 제어하는 것을 모두 포함한다.

방화에 사용되는 재료는 인화성이 있으며 분해 없이 매우 높은 온도를 견딜 수 있어야 한다. 또한, 화재로 인해 발생하는 열로부터 보호된 재료를 절연하기 위해 열전도율이 낮아야 한다. 이러한 재료에는 종종 경량 골재, 석고 또는 질석 석고, 석고 벽체 및 다양한 광물 섬유 제품이 있는 콘크리트가 포함된다.

이 페이지와 다음 페이지에는 다양한 건축 조합에 대한 내화 등급 시공 사례가 있다. 자세한 사양은 UL(Underwriters 'Laboratories, Inc.) 재료 목록 또는 관련 건축법을 참조해야 한다. 주요 건물 구성 요소에 대한 내화 등급 요구 사항 표는 2.08을 참조할 것.

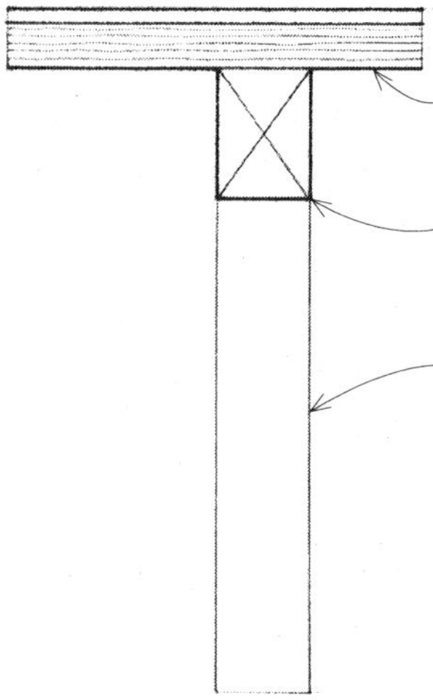

- 1"(25) 제혀쪽매 바닥 또는 최소 3"(75) 두께의 목재 판자 위에 1/2"(13) 합판
- 바닥 들보의 경우 최소 6×10; 지붕 들보 및 트러스 부재의 경우 최소 4×6
- 바닥 하중을 지지하는 기둥의 경우 최소 8×8; 지붕 하중만 지원하는 기둥의 경우 최소 6×6
- 목재는 가연성을 줄이기 위해 화학적 처리 가능

중목(유형 IV) 구조

- 2.08을 참조

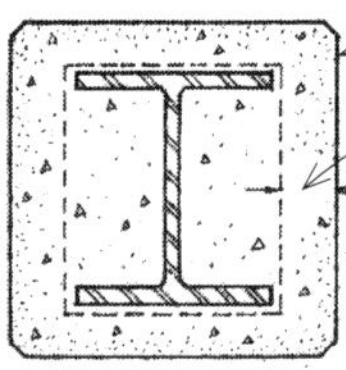

- 철근 콘크리트
- 콘크리트 덮개의 두께와 강재 부재의 크기가 내화 등급을 결정함

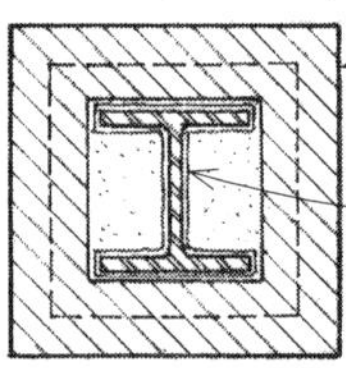

- 벽돌 및 모르타르로 채워진 점토 또는 셰일shale 벽돌
- 결속을 막기 위한 방수지

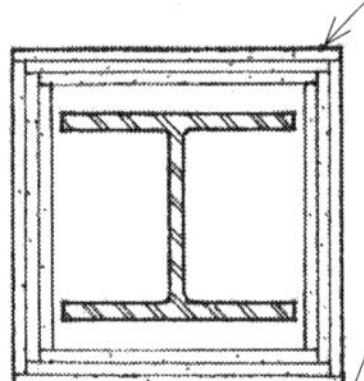

- 금속 또는 석고 라스에 여러 층의 석고 보드 또는 펄라이트 또는 질석 석고 플라스터

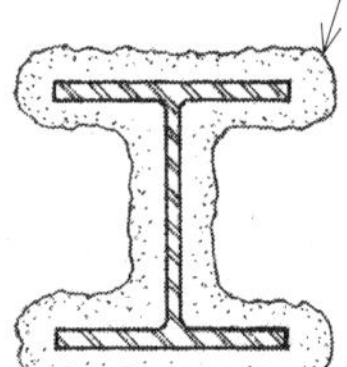

- 내화 뿜칠은 석고 플라스터, 무기물 결합제가 있는 광물 섬유 또는 염화 산화마그네슘 시멘트의 혼합물로, 공압을 이용한 스프레이 건으로 화재의 열에 대한 열 차단벽을 제공함

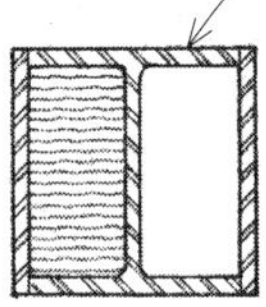

- 액체로 채워진 기둥은 내화성을 높이기 위해 물로 채워진 속이 빈 구조용 강재 기둥이다. 화염에 노출되면 물이 열을 흡수하고 대류에 의해 상승하여 열을 제거하고 저장 탱크 또는 도시 수도관에서 더 차가운 물로 대체됨

구조용 강재

- 구조용 강재는 화재의 고온에 의해 약화 될 수 있으므로 특정 유형의 건축에 적합하도록 보호가 필요하다.

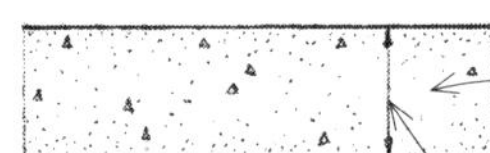

- 견고한 철근 콘크리트
- 6 1/2"(165) 4시간 등급
- 6"(150) 3시간 등급
- 5"(125) 2시간 등급
- 3 1/2"(90) 1시간 등급

- 견고한 벽돌 조적
- 8"(205) 4시간 등급
- 6"(150) 2시간 등급
- 4"(100) 1시간 등급

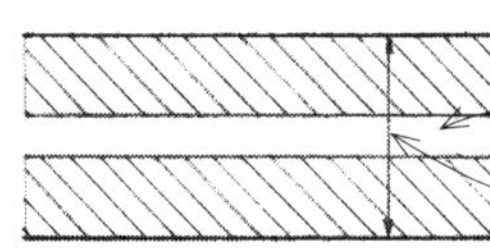

- 중공 벽돌벽
- 10"(255) 4시간 등급

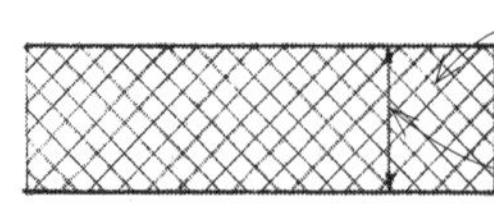

- 콘크리트 조적벽
- 8"(205) 2-4 시간 등급
- 6"(150) 1 1/2 시간 등급
- 4"(100) 1시간 등급

콘크리트와 조적벽

- 포틀랜드 시멘트 또는 석고 플라스터 코팅으로 모든 조적벽의 등급을 높일 수 있다.

바닥과 지붕

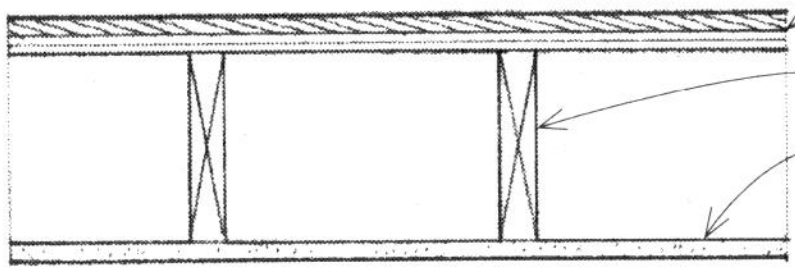

- 이중 목재 바닥
- 16"(405) 간격의 목재 장선
- 1/2"(13) X-타입 석고 보드 또는 5/8"(16) 금속 라스 위 석고 플라스터

1시간 등급

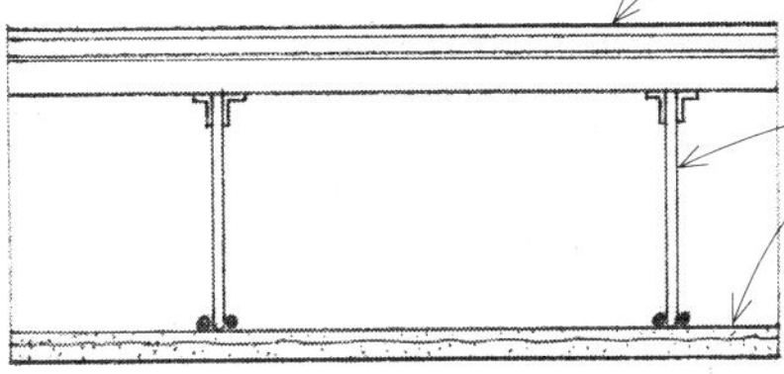

- 목재 섬유 단열판 및 1 1/2"(38) 강재 지붕 데크 위의 내화성 지붕
- 강재 장선
- 3/4"(19) 금속 라스 위 석고 플라스터

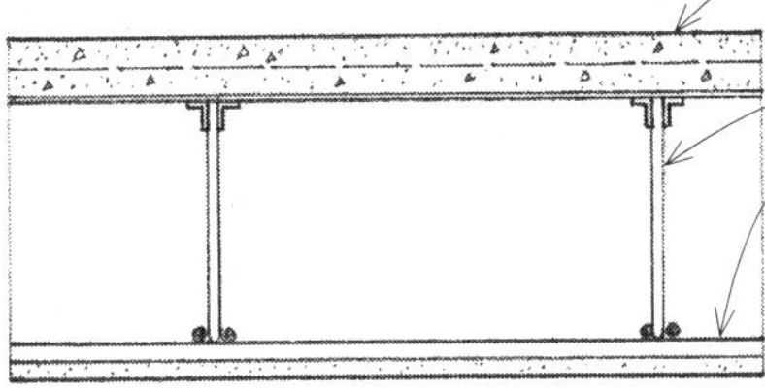

- 강제 거푸집 유닛 위 2"(51) 철근 콘크리트 슬래브
- 강재 장선
- 3/4"(19) 냉간 압연 채널에 부착된 3/8"(10) 천공 석고 라스 위 5/8"(16) X-타입 석고 보드 또는 펄라이트 플라스터

2시간 등급

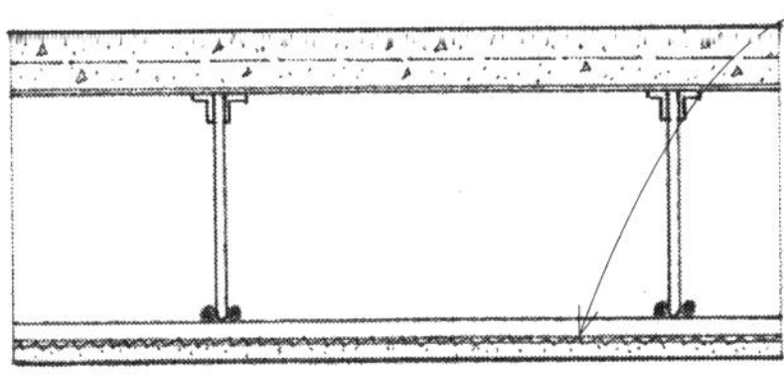

- 위와 유사하지만 금속 라스 위에 2 1/2"(64) 슬래브 및 3/4"(19) 질석 석고 플라스터

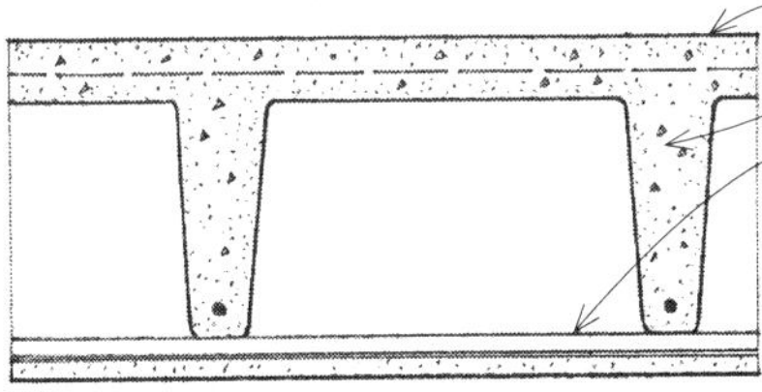

- 3"(75) 슬래브
- 철근 콘크리트 장선
- 12"(305) 간격으로 3/4"(19) 냉간 압연 채널에 부착 된 금속 라스 위 1"(25) 질석 석고 플라스터

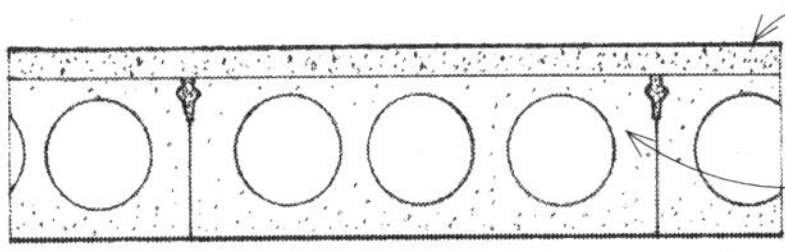

- 1 1/2"(38) 모래 자갈 콘크리트 토핑
- 모든 이음부가 채워진 8"(205) 프리 캐스트 콘크리트 슬래브

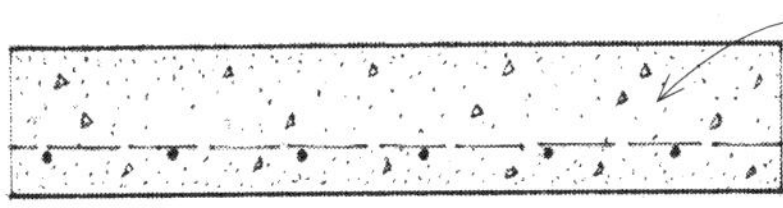

- 6 1/2"(165) 일반 콘크리트 슬래브 또는 5"(125) 경량 골재 콘크리트 슬래브

4시간 등급

바닥과 지붕

벽과 칸막이

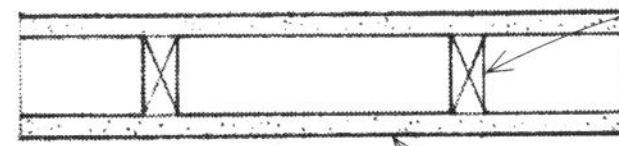

- 16"(405) 간격의 2×4 샛기둥
- 금속 라스 위 5/8"(16) 석고 플라스터 또는 1/2"(13) 일반 석고 보드 또는 각 면에 5/8"(16) X-타입 석고 보드

- 6"(405) 간격의 2 1/2"(64) 강제 샛기둥
- 금속 라스에 5/8"(16) 석고 플라스터 또는 각 면에 5/8"(16) X-타입 석고 보드

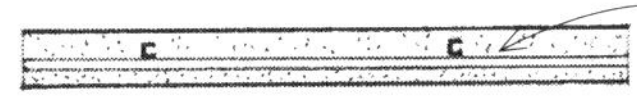

- 3/4"(19) 채널과 3/8"(10) 석고 라스가 있는 2"(51) 견고한 석고 플라스터 벽체

1시간 등급

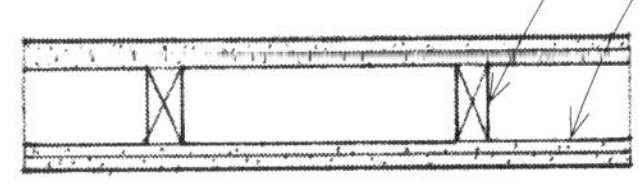

- 16"(405) 간격의 2×4 샛기둥
- 금속 라스에 7/8"(22) 깨끗한 목재 섬유 석고 플라스터 또는 각 면에 2겹의 5/8"(16) X-타입 석고 보드

- 16" 또는 24"(405 또는 610) 간격의 강재 샛기둥
- 3/8"(10) 천공 석고 라스에 3/4"(19) 펄라이트 석고 플라스터 또는 각 면에 2겹의 1/2"(13) X-타입 석고 보드

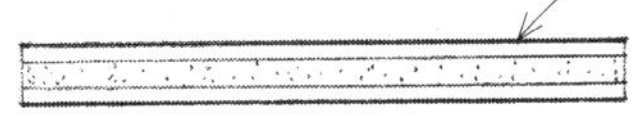

- 1"(25) 석고 코어 보드의 각 면에 2"(51) 견고한 석고 플라스터 벽체 또는 1/2"(13) X-타입 석고 보드

2시간 등급

벽과 칸막이

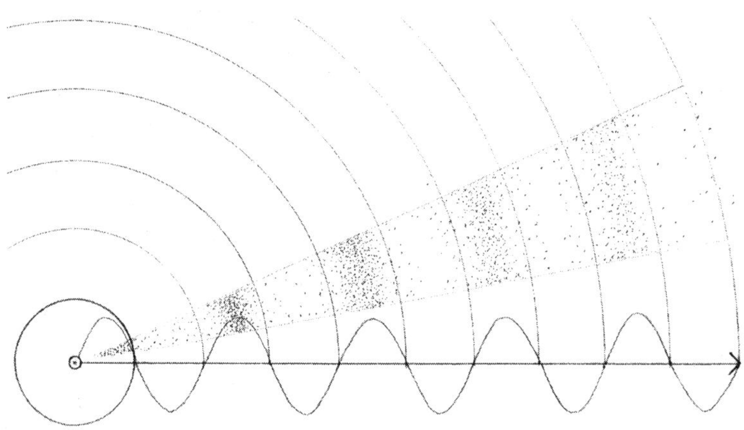

음향은 소리의 생성, 제어, 전송, 수신 및 효과를 다루는 물리학의 한 분야이다. 소리는 공기 또는 다른 매체를 통해 종 방향 압력 파동으로 전달되는 기계적 복사 에너지에 의해 청각 기관에서 자극되는 감각으로 정의될 수 있다.

- 음파는 공기의 종 방향 압력 파동 또는 가청 감각을 생성하는 탄성 매체
- 소리는 해수면에서 초당 약 1087' (0.3 km)의 속도로 공기를 통해, 초당 약 4500' (1.4 km)의 속도로 물을 통해, 초당 약 11,700' (3.6 km)의 속도로 목재를 통해, 약 18,000' (5.5 km)의 속도로 강재를 통해 전달됨

- 등청감곡선은 청취자 그룹에 의해 서로 다른 주파수의 소리가 동등하게 큰 것으로 판단되는 음압 레벨을 나타내는 곡선

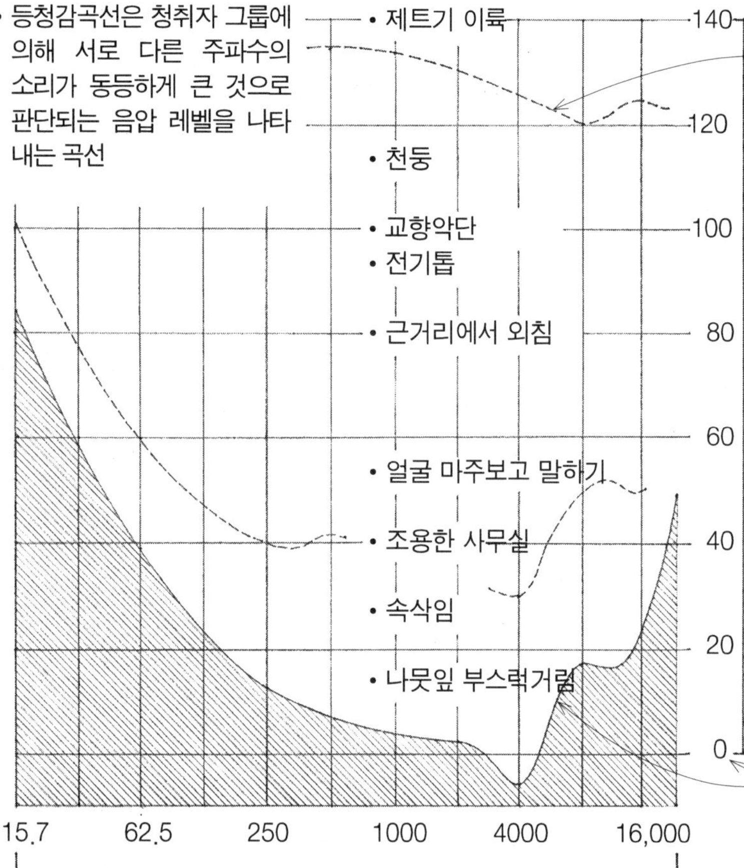

- 통증 임계는 인간의 귀에 통증을 유발할 수 있을 만큼 충분히 높은 소리 강도 수준으로, 일반적으로 약 130 dB임
- 데시벨 (dB)은 소리의 상대적인 압력 또는 강도를 최소 지각 할 수 있는 소리의 경우 0 부터 평균 통증 임계값의 경우 약 130까지 균일한 척도로 표현하는 단위. 데시벨 측정은 음압 또는 강도의 증가가 강도의 연속적인 변화 간의 비율이 일정하게 유지될 때 동일한 것으로 인식되기 때문에 대수 계산을 기반으로 함. 따라서 두 음원의 데시벨 레벨은 수학적으로 추가할 수 없음. 예를 들어 120dB가 아닌 60dB + 60dB = 63dB임
- 청력 임계값은 청각 감각을 자극할 수 있는 최소 음압으로 보통 20 마이크로 파스칼 또는 0 dB
- 오디오 주파수는 정상적인 사람의 귀에 들리는 15Hz ~ 20,000Hz의 주파수 범위임. 헤르츠 (Hz)는 주파수의 SI 단위로, 초당 1 사이클과 동일하다.

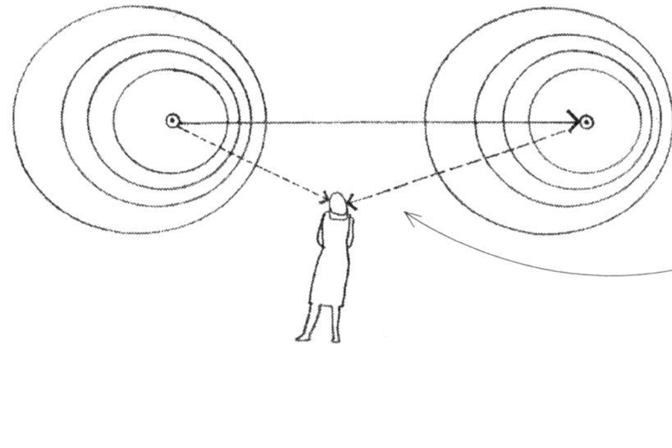

- 도플러doppler 효과는 음원과 청취자가 서로에 대해 상대적으로 움직일 때 발생하는 주파수의 명백한 변화이며, 음원과 청취자가 서로 접근하면 주파수가 증가하고 멀어지면 감소한다.

음향 디자인은 음성 또는 음악 소리의 뚜렷한 청각에 필요한 음향 환경을 구축하기 위해 밀폐된 공간을 계획, 구성, 마감 및 가구 배치를 진행하는 것이다.

• 반사 표면은 입사 음이 반사되는 비흡수성 표면으로 공간에서 소리의 방향을 바꾸는 데 사용됨. 효과를 얻으려면 반사면은 반사되는 소리의 가장 낮은 주파수의 파장과 같거나 더 큰 최소 치수를 가져야함

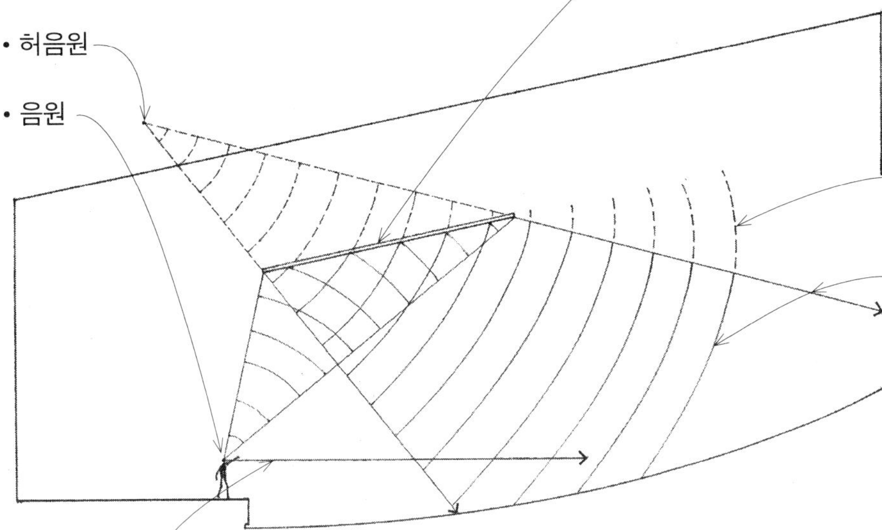

• 회절음은 경로에 있는 장애물 주변의 회절에 의해 구부러진 공기 중 음파

• 반사음은 입사각과 동일한 각도로 표면에 부딪힌 후 흡수되지 않은 공기 중의 소리가 되돌아오는 것

• 공기 중 소리는 음원에서 청취자에게 직접 전달됨. 방에서 인간의 귀는 반사된 소리를 듣기 전에 항상 직접적인 소리를 들음. 직접음이 강도를 잃으면 반사음의 중요성이 커짐

• 감쇠는 음파의 단위 면적당 에너지 또는 압력의 감소로, 음원으로부터의 거리가 3차원으로 흡수, 산란 또는 확산되어 증가함에 따라 발생함

• 잔향은 음원이 중지된 후 음향의 다중반사로 인해 폐쇄 된 공간 내에서 지속되는 것. 잔향 시간은 밀폐된 공간에서 만들어지는 소리가 60dB 만큼 감소하는 데 필요한 시간(초).

• 공명은 공진하는 진동에 의해 생성되는 소리의 강화 및 연장이며, 인접한 신체에서 정확히 같은 주기의 진동에 의해 한 신체에 유도되는 진동이다.

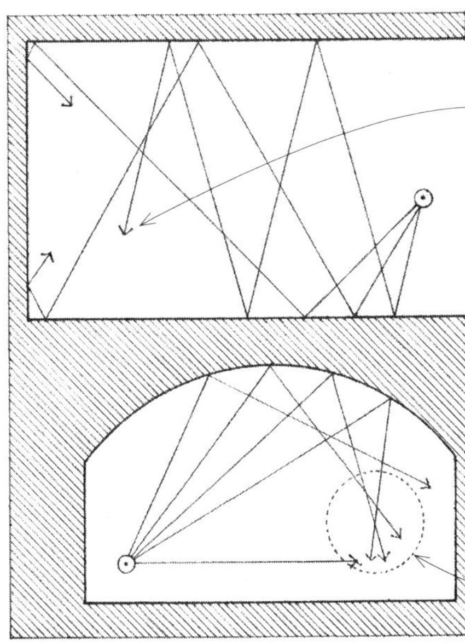

• 에코는 방해하는 표면에서 나오는 음파의 반사에 의해 생성되는 소리의 반복으로, 음원과 구별되는 것으로 인식될 만큼 충분히 크고 늦게 수신됨. 에코는 평행한 표면이 60'(18 m) 이상 떨어져있을 때 발생할 수 있음

• 플러터flutter는 두 개의 평행 한 표면 사이에서 음파가 앞뒤로 반사되어 발생하는 빠른 연속 에코이며, 각 반사 사이에 충분한 시간이 있어 청취자가 별도의 개별 신호를 인식할 수 있음

• 포커싱focusing은 오목한 표면에서 반사된 음파의 수렴

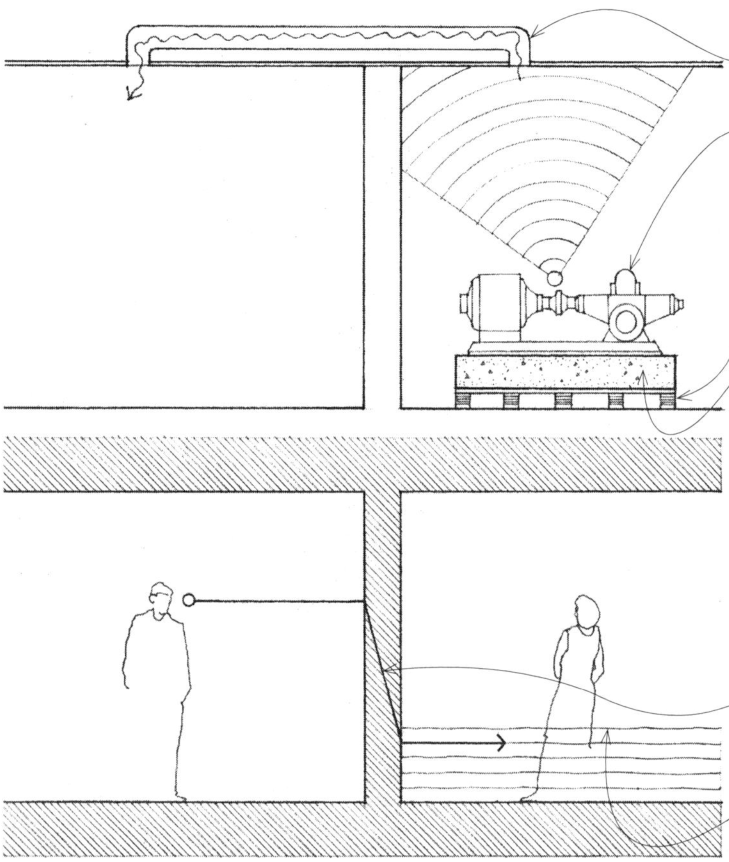

소음은 원치 않거나 성가시거나 불협화음이거나 청각을 방해하는 소리이다. 가능하면 원치 않는 소음을 음원에서 제어해야 한다.

- 플리넘plenum공간을 통해 그리고 덕트나 배관과 같은 상호 연결 구조를 따라 소리를 전달하는 측면의 경로를 차단함
- 낮은 손sone 등급을 다둘 수 있는 기계 장비를 선택함. 손sone은 강도가 40dB 인 1000Hz 기준 사운드와 동일한 크기의 주관적인 단위.
- 탄력 있는 마운팅mounting과 유연한 벨로우즈bellow를 사용하여 건물 구조에서 장비 진동을 분리하고 시스템을 공급하여 진동 및 소음이 구조로 전달되는 것을 줄여줌
- 관성 블록은 진동 기계장비를 위한 무거운 콘크리트 기반으로, 진동 차단기와 함께 장비의 부피를 늘리고 진동 이동 가능성을 줄이는 데 사용됨

소음 감소

한 공간에서 다른 공간으로 필요한 소음 수준 감소는 음원의 수준과 청취자가 수용할 수 있는 소리의 방해 수준에 따라 다르다. 공간에서 지각되거나 명백한 소음 수준은 다음에 따라 달라진다.

- 벽, 바닥 및 천장 공사를 통한 투과 손실;
- 수용 공간의 흡수 특성;

- 차폐 또는 배경 소리의 수준으로, 존재하는 다른 소리의 가청 임계값을 높임
- 배경 소음 또는 주변 소리는 보통 환경에 존재하는 소리로, 일반적으로 외부 및 내부 음원에서 나오는 소리의 합성물로 청취자가 뚜렷하게 식별 할 수 없음

- 백색소음은 특정 대역의 모든 주파수에 대해 동일한 강도를 갖는 변하지 않고 눈에 잘 띄지 않는 소리로, 원하지 않는 소리를 가리거나 제거하는 데 사용됨

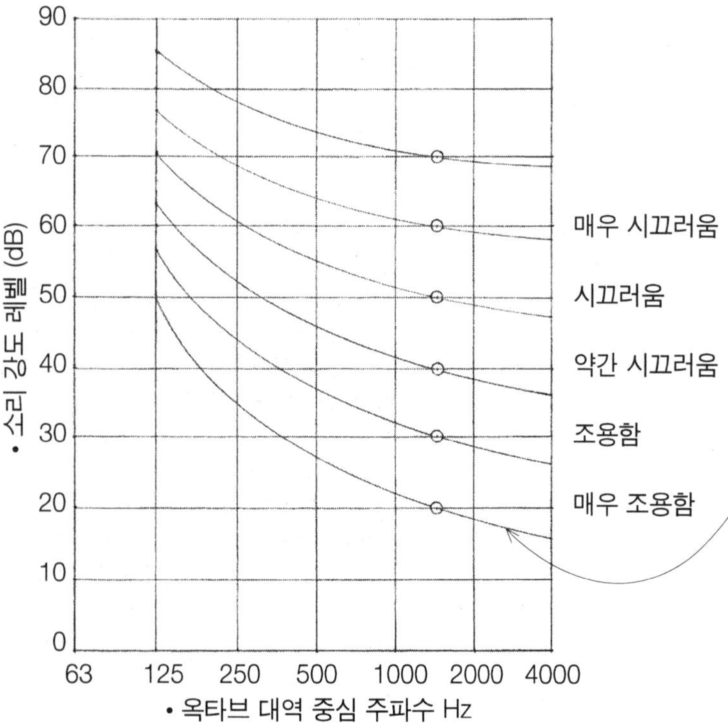

- 소음 한계 곡선은 다양한 환경에서 초과해서는 안 되는 배경 소음에 대한 주파수 범위의 음압 수준을 나타내는 일련의 곡선 중 하나. 인간의 귀가 이 주파수 영역의 소리에 덜 민감하기 때문에 더 낮은 주파수에서 더 높은 소음 수준이 허용됨

투과 손실

- 투과 손실(TL)은 모든 $^1/_3$ 옥타브 대역에서 테스트할 때 재료 또는 조합을 통과 할 때 소음 강도가 감소하는 것과 동일한, 공기 중 소리의 전달을 방지하는 건축 자재 또는 시공 조합의 성능을 측정한 것이며 125 ~ 4000Hz의 중심 주파수를 데시벨로 표시
- 평균 TL은 9개의 테스트 주파수에서 TL 값의 평균과 동일한 공기 중 소리의 전달을 방지하는 건축 자재 또는 시공 조합의 성능에 대한 단일 수치 등급

- STC(Sound Transmission Class)는 건축 자재 또는 시공 조합의 성능에 대한 단일 수치 등급으로, 재료 또는 조합에 대한 실험실 TL 테스트 곡선을 표준 주파수 곡선과 비교하여 파생됨. STC 등급이 높을수록 재료 또는 구조의 방음 값이 커짐. 열린 출입구는 STC 등급이 10이며, 일반 건축물은 STC 등급이 30에서 60까지인데 60 이상의 STC 등급을 위해서는 특별한 시공이 필요함

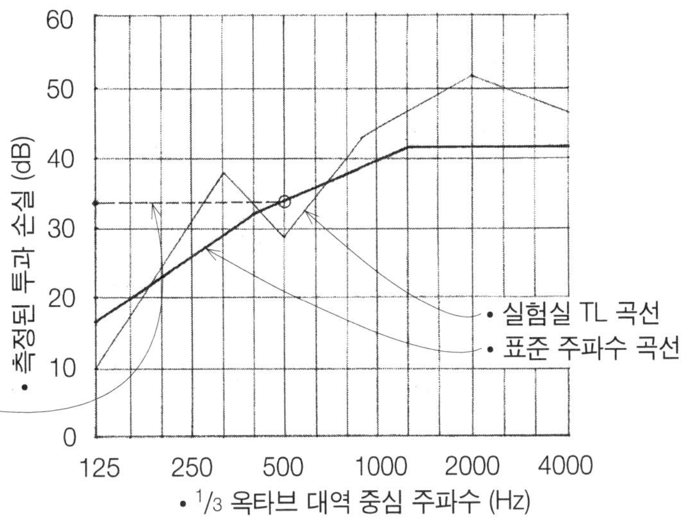

층, 질량 및 흡수 용량의 세 가지 요소는 시공 조합의 TL 등급을 향상시킨다.

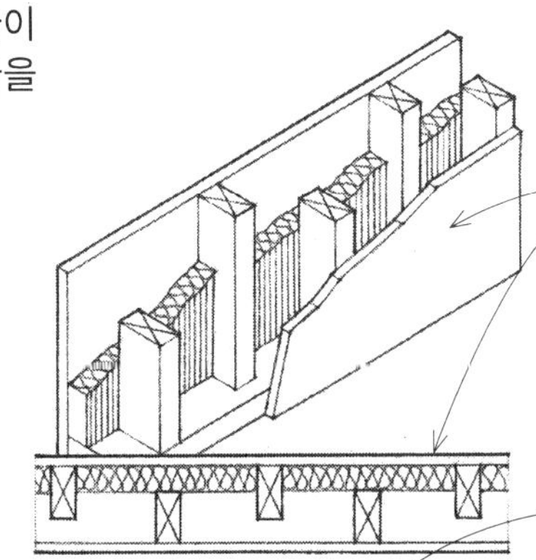

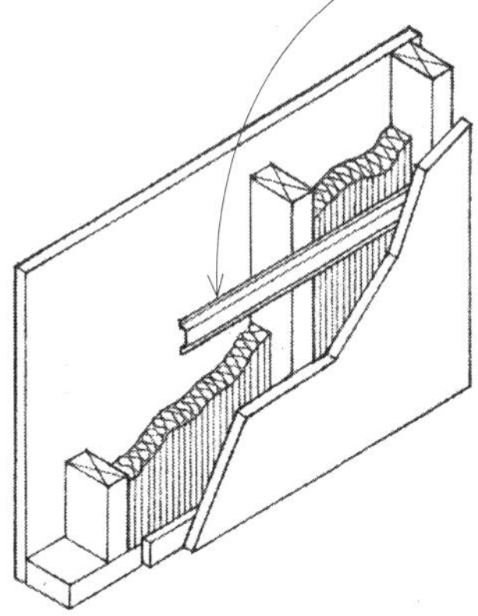

- 방 사이의 소리 전달을 줄이기 위한 엇갈린 모양의 샛기둥 벽체는 지그재그 방식으로 배열된 두 개의 분리 된 샛기둥 열루 구성되어 있으며 벽체의 반대쪽 면을 지지하며 때로는 유리 섬유 단열재가 사이에 있음
- 탄력 있는 마운팅mounting은 탄성 채널 및 클립과 같은 유연한 지지대 또는 부착 시스템으로, 진동 운동 및 관련 소음을 지지구조물에 전달하지 않고 실내 표면이 정상적으로 진동할 수 있도록 함
- 공기층은 투과 손실을 증가시킨다.
- 방음의 연속성을 유지하기 위해 벽과 바닥의 파이프 관통부 및 기타 개구부와 틈을 밀봉해야함

- 음향 질량은 전달 매체의 관성과 탄성에 의한 소리 전달에 저항함. 일반적으로 몸체가 무겁고 밀도가 높을수록 소리 전달에 대한 저항력이 커짐
- 흡수율은 재료가 흡수 한 주파수에서 입사 음 에너지sound energy의 일부와 동일한 특정 주파수에서 소리를 흡수할 때 재료의 효율성을 측정 한 것

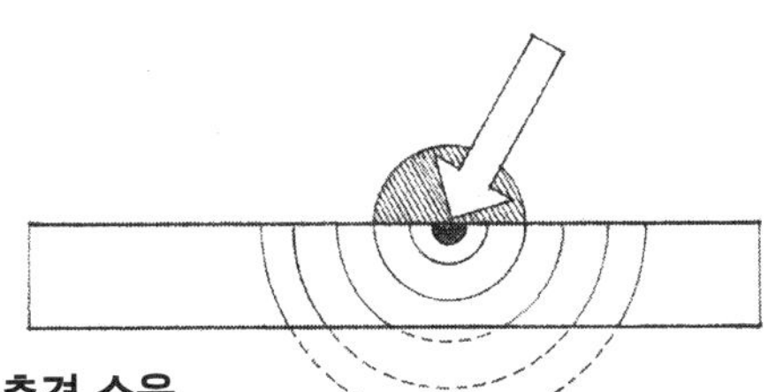

충격 소음

충격 소음은 발자국이나 가구 이동과 같은 물리적 충격에 의해 생성되는 구조에 의한 소리이다.

- 충격 소음 차단 등급 (IIC)은 충격 소음의 전달을 방지하는 바닥 천장 구조의 성능에 대한 단일 등급. IIC 등급이 높을수록 충격 소음 차단 구조가 더 효과적임. IIC 등급은 이전에 사용 된 INR(Impact Noise Rating)을 대체하며 주어진 구조에 대한 INR 등급 + 51dB와 거의 같음.

A.18 재료의 그래픽 기호

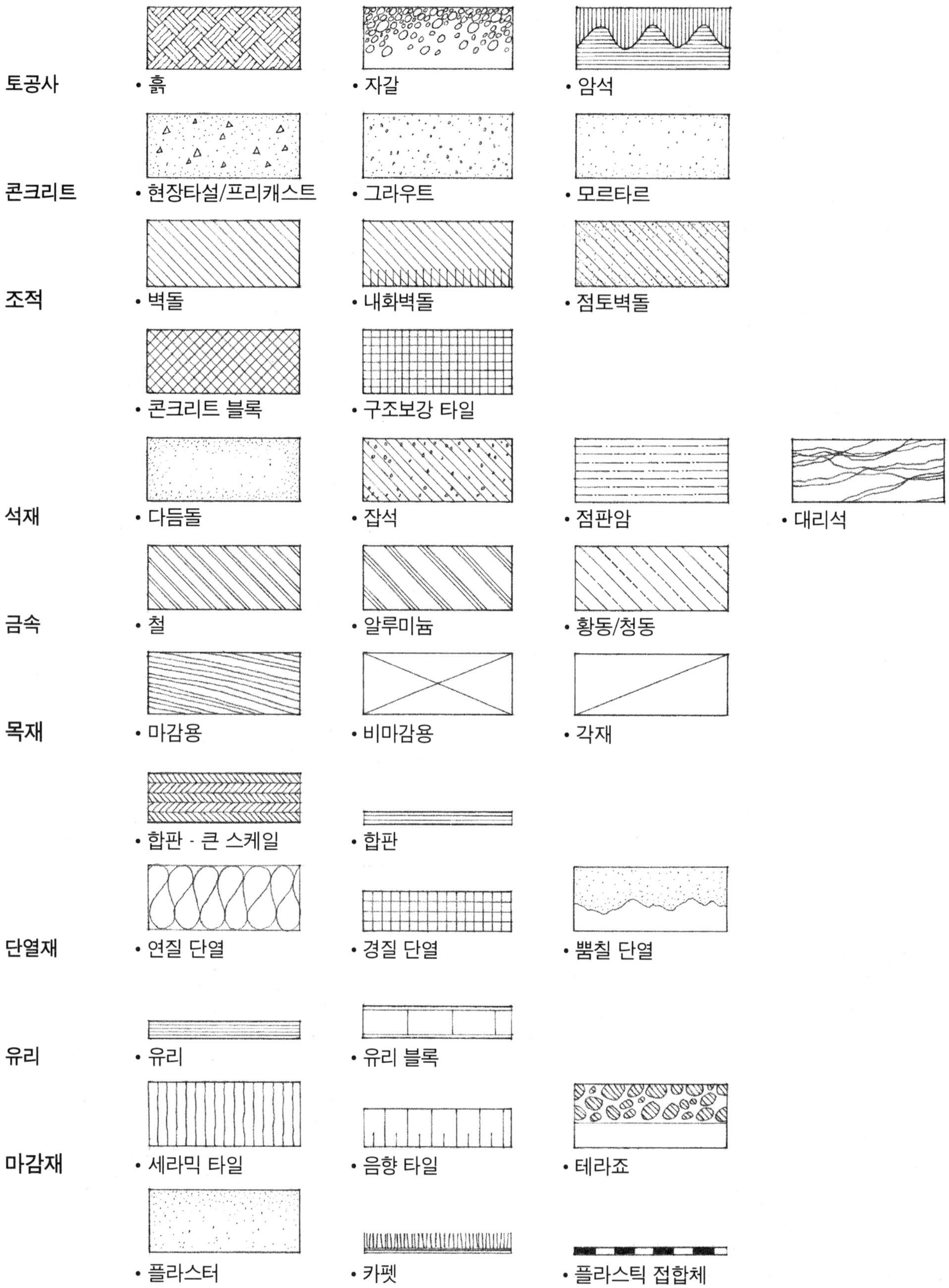

CSI(Construction Specifications Institute)는 건설 요구 사항, 제품 및 시공에 대한 정보를 표준화하고 건축가, 계약자, 지정자 및 공급 업체 간의 소통을 용이하도록 마스터포맷 MasterFormat®을 만들었다. 마스터포맷MasterFormat®은 북미에서 상업용 설계 및 건설 프로젝트를 위해 가장 널리 채택된 시방서 작성 표준이다.

CSI의 자매 조직인 CSC (Construction Specifications Canada)와 함께 CSI는 2004년에 1995년판의 5 자리 숫자보다 더 많은 유연성과 확장 공간을 제공하기 위해 6자리 숫자 체계를 채택한 마스터포맷MasterFormat®의 새 버전을 발표했다. 또한 2004 년판은 건물 정보 모델링 (BIM), 생애주기 비용, 오염, 개선 및 유지 보수 문제와 같은 건설 산업의 혁신과 증가하는 복잡성을 반영하기 위해 16 장에서 50 장으로 증가했다. 업데이트는 2010, 2012 및 2016년에 이루어졌다.

마스터포맷MasterFormat®은 섹션 번호 및 주제 제목의 마스터 목록을 조달 및 계약 요구 사항 그룹 (00 장)과 시방서 그룹의 두 가지로 구성되며, 시방서 그룹은 5 개의 하위 그룹으로 추가로 세분화 된다.

- 일반 요구 사항 하위 그룹 : 01 장
- 시설 건설 하위 그룹 : 02 ~19 장
- 시설 서비스 하위 그룹 : 20 ~ 29 장
- 부지 및 기반시설 하위 그룹 : 30 ~ 39 장
- 운영 장비 하위 그룹 : 40 ~ 49 장

총 50 개의 레벨 1 제목 또는 장이 있으며, 그 중 일부는 향후 사용을 위해 비워두었다. 각 장에는 번호와 제목으로 정의 된 섹션으로 구성되며 범위와 정도에 따라 레벨로 정렬됨

시방서 그룹

시설 공사 하위 그룹

4장 - 조적공사

- 첫 번째 숫자 쌍은 절 또는 레벨 1을 나타냄
- 두 번째 숫자 쌍은 레벨 2를 나타냄
- 세 번째 숫자 쌍은 레벨 3을 나타냄

04 21 13.13: **벽돌 단판 조적공사**

- 세부 사항이 추가 분류 수준에 적합할 경우 추가 숫자 쌍 끝 앞에 점이 추가됨

조달 및 계약 요건 그룹

00 장 - 조달 및 계약 요건

00 10 00 권유 사항
00 20 00 조달 지침
00 30 00 이용 가능한 정보
00 40 00 조달 양식 및 추가 자료
00 50 00 계약 양식 및 추가 자료
00 60 00 프로젝트 양식
00 70 00 계약 조건
00 80 00 지정된 내용 없음
00 90 00 수정, 설명 및 변경

시방서 그룹

일반 요구 사항 하위 그룹

01 장 - 일반 요구 사항

01 00 00 일반적인 요구 사항
01 10 00 요약
01 20 00 가격 및 지불 절차
01 30 00 관리 요구 사항
01 40 00 품질 요구 사항
01 50 00 임시 시설 및 통제
01 60 00 제품 요구 사항
01 70 00 수행 및 종결 요구 사항
01 80 00 성능 요구 사항
01 90 00 생활 주기 활동

시설물 시공 하위 그룹

02 장 - 기존 조건

02 00 00 기존 조건
02 10 00 지정된 내용 없음
02 20 00 평가
02 30 00 지질 조사
02 40 00 철거 및 구조물 이동
02 50 00 부지 개선
02 60 00 부지 내 오염물질 제거
02 70 00 수질 개선
02 80 00 시설 개선
02 90 00 지정된 내용 없음

03 장 - 콘크리트

03 00 00 콘크리트
03 10 00 콘크리트 거푸집작업 및 부속품
03 20 00 콘크리트 철근 보강
03 30 00 현장타설 콘크리트
03 40 00 프리캐스트 콘크리트
03 50 00 타설용 데크와 밑깔개
03 60 00 그라우팅
03 70 00 매스 콘크리트
03 80 00 콘크리트 절단 및 구멍뚫기
03 90 00 지정된 내용 없음

04 장 - 조적
04 00 00 조적
04 10 00 지정된 내용 없음
04 20 00 조적 유닛
04 30 00 지정된 내용 없음
04 40 00 석재 조립체 구성
04 50 00 내화 벽돌
04 60 00 부식 방지 벽돌
04 70 00 공장 제조된 벽돌
04 80 00 지정된 내용 없음
04 90 00 지정된 내용 없음

05 장 - 금속
05 00 00 금속
05 10 00 구조용 금속 프레임
05 20 00 금속 장선
05 30 00 금속 데크
05 40 00 냉간 압연 금속의 골조 작업
05 50 00 금속 제작
05 60 00 지정된 내용 없음
05 70 00 장식용 금속
05 80 00 지정된 내용 없음
05 90 00 지정된 내용 없음

06 장 - 목재, 플라스틱과 합성재
06 00 00 목재, 플라스틱과 합성재
06 10 00 바탕 목공사
06 20 00 마감 목공사
06 30 00 정된 내용 없음
06 40 00 건축 목공사
06 50 00 구조용 플라스틱
06 60 00 플라스틱 제작
06 70 00 구조용 합성재
06 80 00 합성재 제작
06 90 00 정된 내용 없음

07 장 - 단열 및 방수
07 00 00 단열 및 방수
07 10 00 방습 및 방수
07 20 00 단열
07 25 00 외주부 보호막
07 30 00 급경사 지붕
07 40 00 지붕과 외벽 패널
07 50 00 막 지붕재
07 60 00 비 막이 마감 및 판금
07 70 00 지붕 및 벽체의 특수 부재 및 기타 부재
07 80 00 방화 및 방연
07 90 00 접합부 보호

08 장 - 개구부
08 00 00 개구부
08 10 00 문과 프레임
08 20 00 지정된 내용 없음
08 30 00 특수 문과 프레임
08 40 00 출입구, 상가 정면부와 커튼월
08 50 00 창문
08 60 00 지붕 창 및 채광창
08 70 00 하드웨어
08 80 00 유리 외부마감
08 90 00 루버 및 환기구

09 장 - 마감재
09 00 00 마감재
09 10 00 지정된 내용 없음
09 20 00 플라스터 및 석고 보드
09 30 00 타일
09 40 00 지정된 내용 없음
09 50 00 천장재
09 60 00 바닥재
09 70 00 벽체 마감재
09 80 00 음향 처리
09 90 00 도장 및 코팅

10 장 - 전문 공사
10 00 00 전문 공사
10 10 00 정보 전문 공사
10 20 00 수장 전문 공사
10 30 00 벽난로 및 난로
10 40 00 안전 전문 공사
10 50 00 수장고 전문 공사
10 60 00 지정된 내용 없음
10 70 00 외장 전문 공사
10 80 00 기타 전문 공사
10 90 00 지정된 내용 없음

11 장 - 설비
11 00 00 설비
11 10 00 차량 및 보행자 설비
11 20 00 상용 설비
11 30 00 주거용 설비
11 40 00 주방 설비
11 50 00 교육 및 과학 설비
11 60 00 엔터테인먼트 및 레크리에이션 장비
11 70 00 의료 장비
11 80 00 시설 관리 및 운영 장비
11 90 00 기타 장비

12 장 - 가구 비치
12 00 00 가구 비치
12 10 00 예술용
12 20 00 창 마감용
12 30 00 장
12 40 00 가구 비치 및 부자재
12 50 00 제작된 가구
12 60 00 다인용 좌석
12 70 00 지정된 내용 없음
12 80 00 지정된 내용 없음
12 90 00 기타 가구 비치

13 장 - 특수 공사
13 00 00 특수 공사
13 10 00 특수 시설 부품
13 20 00 특수 용도의 실
13 30 00 특수 구조물
13 40 00 통합 공사
13 50 00 특수 계측
13 60 00 지정된 내용 없음
13 70 00 지정된 내용 없음
13 80 00 지정된 내용 없음
13 90 00 지정된 내용 없음

14 장 - 운반 설비
14 00 00 운반 설비
14 10 00 요리 운반용 승강기
14 20 00 엘리베이터
14 30 00 에스컬레이터 및 무빙 워크
14 40 00 리프트
14 50 00 지정된 내용 없음
14 60 00 지정된 내용 없음
14 70 00 전차대
14 80 00 비계
14 90 00 기타 운반 설비

15 - 19 장 예비용

시설 서비스 하위 그룹
20 장 - 예비용
21 장 - 화재 진압
21 00 00 화재 진압
21 10 00 수성 화재 진압 시스템
21 20 00 소화 시스템
21 30 00 소방 펌프
21 40 00 화재 진압용 물탱크
21 50 00 지정된 내용 없음
21 60 00 지정된 내용 없음
21 70 00 지정된 내용 없음
21 80 00 지정된 내용 없음
21 90 00 지정된 내용 없음

22 장 - 배관 공사
22 00 00 배관 공사
22 10 00 배관 파이프
22 20 00 지정된 내용 없음
22 30 00 배관 설비
22 40 00 배관 설비(장치)
22 50 00 수영장 및 분수 배관 시스템
22 60 00 실험실 및 의료 시설용 가스 및 진공 시스템
22 70 00 - 22 90 00 지정된 내용 없음

23 장 - 난방, 환기 및 에어컨 (HVAC)
23 00 00 난방, 환기 및 에어컨 (HVAC)
23 10 00 시설 연료 시스템
23 20 00 HVAC 배관 및 펌프
23 30 00 HVAC 공기 분배
23 40 00 HVAC 공기 정화 장치
23 50 00 중앙 난방 장비
23 60 00 중앙 냉각 장비
23 70 00 중앙 HVAC 장비
23 80 00 분산형 HVAC 장비
23 90 00 지정된 내용 없음

24 장 - 예비용

25 장 - 통합 자동화
25 00 00 통합 자동화
25 10 00 통합 자동화 네트워크 장비
25 20 00 지정된 내용 없음
25 30 00 통합 자동화 계측 및 단말기 장치
25 40 00 지정된 내용 없음
25 50 00 통합 자동화 시설 제어
25 60 00 지정된 내용 없음
25 70 00 지정된 내용 없음
25 80 00 지정된 내용 없음
25 90 00 통합 자동화 제어 순서

26 장 - 전기 공사
26 00 00 전기 공사
26 10 00 중전압 배전
26 20 00 저전압 배전
26 30 00 시설 전력 생성 및 저장 장비
26 40 00 전기 보호 장비
26 50 00 전등
26 60 00 지정된 내용 없음
26 70 00 지정된 내용 없음
26 80 00 지정된 내용 없음
26 90 00 지정된 내용 없음

27 장 - 통신 공사
27 00 00 통신 공사
27 10 00 통합 배선
27 20 00 데이터 통신
27 30 00 음성 통신
27 40 00 오디오-비디오 통신
27 50 00 분산 통신 및 모니터링 시스템
27 60 00 - 27 90 00 지정된 내용 없음

28 장 - 전자 안전 및 보안
28 00 00 전자 안전 및 보안
28 10 00 접근 제어
28 20 00 비디오 감시
28 30 00 보안 감지, 경보 및 모니터링
28 40 00 생명 안전
28 50 00 전문 시스템
28 60 00 지정된 내용 없음
28 70 00 지정된 내용 없음
28 80 00 지정된 내용 없음
28 90 00 지정된 내용 없음

29 장 - 예비용

부지 및 기반시설 하위 그룹
30 장 - 예비용
31 장 - 토목공사
31 00 00 토목공사
31 10 00 부지 정리
31 20 00 흙 운반
31 30 00 토공사 방법
31 40 00 흙막이 및 언더피닝/밑이음
31 50 00 굴착부 지지와 보호
31 60 00 특수 기초 및 하중지지 요소
31 70 00 터널 뚫기 및 채광
31 80 00 지정된 내용 없음
31 90 00 지정된 내용 없음

32 장 - 외부 공간 개선 공사
32 00 00 외부 공간 개선 공사
32 10 00 기층, 자갈 다짐 및 포장
32 20 00 지정된 내용 없음
32 30 00 부지 개선
32 40 00 지정된 내용 없음
32 50 00 지정된 내용 없음
32 60 00 지정된 내용 없음
32 70 00 습지대
32 80 00 관개
32 90 00 식재

33 장 - 시설물
33 00 00 시설물
33 10 00 수도 시설
33 20 00 지정된 내용 없음
33 30 00 위생 하수도
33 40 00 우수 설비
33 50 00 탄화수소 시설
33 60 00 순환수 및 증기 에너지 시설
33 70 00 공공 전기 공급 시설
33 80 00 통신 시설
33 90 00 지정된 내용 없음

34 장 - 교통
34 00 00 교통
34 10 00 이동용 미끄럼 홈/철도
34 20 00 견인력
34 30 00 지정된 내용 없음
34 40 00 교통 신호 및 제어 장비
34 50 00 교통 요금 수집 장비
34 60 00 지정된 내용 없음
34 70 00 교통 건설 및 장비
34 80 00 다리
34 90 00 지정된 내용 없음

35 장 - 수로 및 해양 건설
35 00 00 수로 및 해양 건설
35 10 00 수로 및 해양 신호 및 제어 장비
35 20 00 수로 및 해양 건설 및 장비
35 30 00 해안 건설
35 40 00 수로 건설 및 장비
35 50 00 해양 건설 및 장비
35 60 00 지정된 내용 없음
35 70 00 댐 건설 및 장비
35 80 00 지정된 내용 없음
35 90 00 지정된 내용 없음
36 - 39 장 예비용

운영 장비 하위 그룹
40 장 - 운영 상호 연결
40 00 00 운영 상호 연결
40 10 00 가스 및 증기 처리 배관 및 덕트
40 20 00 액체 처리 배관
40 30 00 고체 및 혼합 재료 배관 및 활송 장치
40 40 00 운영 배관 및 장비 보호
40 50 00 지정된 내용 없음
40 60 00 운영 제어 및 통합 관리 시스템
40 70 00 운영 시스템용 계측
40 80 00 운영 시스템 시운전
40 90 00 주요 제어 장치

41 장 - 자재 가공 및 취급 장비

41 00 00 자재 가공 및 취급 장비
41 10 00 대량 자재 가공 장비
41 20 00 개별 자재 취급 장비
41 30 00 제조 장비
41 40 00 용기에 담기 및 포장
41 50 00 자재 보관
41 60 00 이동식 생산 장비
41 70 00 지정된 내용 없음
41 80 00 지정된 내용 없음
41 90 00 지정된 내용 없음

42 장 - 가열, 냉각 및 건조 처리 장비

42 00 00 가열, 냉각 및 건조 처리 장비
42 10 00 가열 처리 장비
42 20 00 냉각 처리 장비
42 30 00 건조 처리 장비
42 40 00 지정된 내용 없음
42 50 00 지정된 내용 없음
42 60 00 지정된 내용 없음
42 70 00 지정된 내용 없음
42 80 00 지정된 내용 없음
42 90 00 지정된 내용 없음

43 장 - 가스 및 액체 처리, 정제 및 저장 처리 장비

43 00 00 가스 및 액체 처리, 정제 및 저장 처리 장비
43 10 00 가스 취급 장비
43 20 00 액체 취급 장비
43 30 00 가스 및 액체 정화 장비
43 40 00 가스 및 액체 저장
43 50 00 지정된 내용 없음
43 60 00 지정된 내용 없음
43 70 00 지정된 내용 없음
43 80 00 지정된 내용 없음
43 90 00 지정된 내용 없음

44 장 - 오염 및 폐기물 관리 장비

44 00 00 오염 및 폐기물 관리 장비
44 10 00 대기 오염 관리
44 20 00 소음 공해 관리
44 40 00 수처리 장비
44 50 00 고형 폐기물 관리
44 60 00 폐열 처리 장비
44 70 00 지정된 내용 없음
44 80 00 지정된 내용 없음
44 90 00 지정된 내용 없음

45 장 - 산업별 제조 장비

45 00 00 산업별 제조 장비
45 20 00 사용자 정의 직물 및 의류 제조 장비
45 30 00 사용자 정의 석유 및 석탄 제품 제조 장비
45 40 00 사용자 정의 가공 금속 제품 제조 장비
45 50 00 사용자 정의 가구 및 관련 제품 제조 장비
45 60 00 지정된 내용 없음
45 70 00 지정된 내용 없음
45 80 00 지정된 내용 없음
45 90 00 지정된 내용 없음

46 장 - 물 및 폐수 장비

46 00 00 물 및 폐수 장비
46 10 00 지정된 내용 없음
46 20 00 물 및 폐수 예비 처리 장비
46 30 00 물 및 폐수 화학 물질 공급 장비
46 40 00 물 및 폐수 정화 및 혼합 장비
46 50 00 물 및 폐수 2 차 처리 장비
46 60 00 물 및 폐수 고급 처리 장비
46 70 00 물 및 폐수 잔여 물 처리 및 처리
46 80 00 지정된 내용 없음
46 90 00 지정된 내용 없음

47 장 - 예비용

48 장 - 전기 발전

48 00 00 발전
48 10 00 발전 설비
48 20 00 지정된 내용 없음
48 30 00 열병합 발전
48 40 00 지정된 내용 없음
48 50 00 지정된 내용 없음
48 60 00 지정된 내용 없음
48 70 00 발전 테스트
48 80 00 지정된 내용 없음
48 90 00 지정된 내용 없음

49 장 -예비용

유니포맷UniFormat™(ASTM표준 E1557)은 계획, 프로그래밍, 설계, 시공, 운영 및 폐기를 포함하는 건물 수명 주기 전(全) 단계에서 건물에 대한 기술description, 경제적 분석, 건물의 관리에 대한 일관적 참조사항을 제공한다. 유니포맷은 "설계 사양, 시공방법 또는 사용재료에 상관없이, 주어진 기능을 수행하는 대부분 건물에 공통으로 적용되는 주요 구성요소"로 정의되는 요소의 분류형식을 기반으로 한다. 기능적인 건물 요소의 예로는 기초, 상부구조, 계단 배관이 있다. 따라서 유니포맷은 마스터 포맷과 다르다; 마스터 포맷은 건물의 시공, 작동, 유지관리와 관련된 자재 및 작업에 대한 세부 수량 산출을 위한 제품 및 건축자재에 기반을 두는 분류체계이므로, 유니포맷은 마스터 포맷을 보완하는 개념으로 이해해야 한다.

유니포맷의 조직 구조는 두 가지를 가정하고 있다. 첫 번째는 기획단계의 설계 정보가-건축자재나 제품보다는-기능적 건축 요소에 의해 더 효과적으로 전달된다는 것. 두 번째는 요소에 기반한 분류체계가 기술적 배경이 없는 건축주와 다른 이들에게는 더 이해하기 쉽다는 것. 그 결과 기능적 요소에 대한 이해하기 쉽고 일관성 있는 분류체계를 이용하여 디자인 프로세스의 초기 단계에서 필요 비용 정보에 대한 평가가 가능하며, 프로젝트 초기 단계에서 대안설계 결정을 위한 경제적 분석을 보다 빠르고 정확하게 수행할 수 있다.

유니포맷은 알파뉴메릭 지정방식[5)]을 이용하여 건물 요소를 3가지 위계적 레벨로 분류한다. 레벨 1에 해당하는 그룹은 7개이다:

- 그룹 A : 하부 구조
- 그룹 B : 외장
- 그룹 C : 실내
- 그룹 D 부대설비
- 그룹 E : 건축설비 및 비품
- 그룹 F : 특수시공 및 철거
- 그룹 G : 부지작업 및 부지설비

각각의 주요 그룹 요소는 레벨 2 그룹 요소 (B10, B20…) 및 레벨 3 개별 요소 (B1010, B1020, B2010, B2020…)로 분류된다. 레벨 4는 개별 요소를 더 작은 하위 요소 (B1011, B1012, B1013…)로 나누기 위해 제안된다.

건물 요소에 대한 유니포맷 분류 (ASTM 표준 E1557)

레벨 1 : 그룹	레벨 2 : 그룹 요소	레벨 3 : 개별 요소
A. 구조	A10 기초	A1010 표준기초
		A1020 특정유형의 기초
	A20 지반차폐구조물	A2010 지반차폐구조물 벽제
	A40 지면슬래브	A4010 표준 지면슬래브
		A4020 구조용 지면
		A4030 슬래브 트렌치
		A4040 피트와 기저부
		A4090 지면슬래브 보조 구성품
	A60 물과 가스에 대한 완화조치	A6010 건물의 지하배수
		A6020 기체폐기물 완화조치
	A90 하부구조 관련 작업	A9010 하부구조 발굴
		A9020 시공상의 탈수
		A9030 굴착토 지지
		A9040 토양 처리
B. 외장	B10 상부구조	B1010 바닥시공
		B1020 지붕시공
		B1080 계단
	B20 외부 수직 차폐물	B2010 외벽
		B2020 외부와 접하는 창문
		B2050 외부 출입문 및 환기 그릴
		B2070 외부 루버 및 환기구
		B2080 외벽 부속품
		B2090 외벽 전문부
	B30 외부 수평 차폐물	B3010 지붕재
		B3020 지붕 부속품
		B3040 통행량을 감당하는 수평 차폐물
		B3060 수평 개구부
		B3080 오버헤드 외부 차폐물

5) 영문+숫자 조합 분류지정 방식

건물 요소에 대한 유니포맷 분류 (ASTM 표준 E1557)

레벨 1 : 그룹	레벨 2 : 그룹 요소	레벨 3 : 개별 요소
C. 실내	C10 실내 시공	C1010 실내 칸막이벽
		C1020 실내 창문
		C1030 실내용 문
		C1040 실내 환기그릴 및 대문
		C1060 돋음바닥(이중바닥) 시공
		C1070 달반자 시공
		C1090 내부 전문부재
	C20 실내 마감	C2010 벽체 마감
		C2020 실내 조립
		C2030 바닥
		C2040 계단마감
		C2050 천장마감
		C2090 실내마감 일정
D. 부대설비	D10 이송	D1010 수직 이송 방식
		D1030 수평 이송
		D1050 물품하역
		D1080 운용가능한 접근 방식
	D20 배관	D2010 가정용수 분배
		D2020 위생설비의 배수
		D2030 건물 지원 배관 시스템
		D2050 일반 업무용 급수 압축공기
		D2060 공정 지원 배관 시스템
	D30 난방, 환기 및 공기조절(HVAC)	D3010 시설의 연료계통 장치
		D3020 난방 시스템
		D3030 냉방 시스템
		D3050 공기조화 분배 시스템
		D3060 환기
		D3070 특수목적 HVAC 시스템
	D40 방화	D4010 화재 진압
		D4030 방화 전문 부재
	D50 전기	D5010 시설 전력발전
		D5020 전기 공급 및 분배
		D5030 일반복적의 전력
		D5040 조명
		D5080 기타 전기 시스템
	D60 통신설비	D6010 데이터 통신
		D6020 음성 통신
		D6030 시청각 통신
		D6060 분산 통신 및 모니터링
		D6090 통신 보조 구성요소
	D70 전자장비를 이용한 안전 및 보안	D7010 접근성 제어 및 침입 감지
		D7030 전자 장비를 이용한 감시
		D7050 감지 및 경보
		D7070 전자장비를 이용한 모니터링과 제어
		D7090 전자장비를 이용한 안전 보안을 위한 보조 구성요소
	D80통합 자동화	D8010 통합 자동화 시설 제어

건물 요소에 대한 유니포맷 분류 (ASTM 표준 E1557)

레벨 1 : 그룹	레벨 2 : 그룹 요소	레벨 3 : 개별 요소
E. 건축장비 및 비품	E10 설비	E1010 차량 및 보행자를 위한 설비
		E1030 상업용 장비
		E1040 기관용도의 장비
		E1060 주거용 장비
		E1070 오락과 레크리에이션 장비
		E1090 기타 장비
	E20 비품	E2010 고정비품
		E2050 이동식 비품
F. 특수 시공 및 철거		
	F10 특수 시공	F1010 통합 시공
		F1020 특수 구조
		F1030 특수 기능 시공
		F1050 특수시설 구성요소
		F1060 운동 및 레크리에이션 특수 시공
		F1080 특수 기기 장치
	F20 시설개선	F2010 위험재료 개선
	F30 철거	F3010 구조 철거
		F3030 선택적 철거
		F3050 구조부 이동
F. 건물 부지 작업	G10 부지 준비	G1010 부지 정리
		G1020 부지 요소 철거
		G1030 부지 요소 재배
		G1050 부지 수정
		G1070 부지 토공사
	G20 부지 개량	G2010 도로
		G2020 주차장
		G2030 보행자를 위한 광장과 보행로
		G2040 비행장
		G2050 운동, 레크리에이션 운동장 지역
		G2060 부지 개발
		G2080 조경
	G30 액체 및 가스처리 부지설비	G3010 수처리 설비
		G3020 위생 설비 하수 설비
		G3030 빗물 배수 설비
		G3050 부지 에너지 분배
		G3060 부지 연료 분배
		G3090 액체 및 가스 처리 부지설비 보조 구성요소
	G40 부지 전기설비 개선	G4010 부지 전기 배분
		G4050 부지 조명
	G50 부지 통신설비	G5010 부지 통신 시스템
	G90 기타 부지 시공	G9010 터널
Z. 일반 조건	Z10 일반 요구사항	
	Z70 세금, 허가, 보험 및 채권	
	Z90 수수료 및 긴급사태1	

LEED® 4판
신축과 대대적 리노베이션의 경우

통합 과정

IP 크레딧 1 1

위치 및 교통 **가능 점수 : 16**

LT 크레딧 1 근린개발지를 위한 LEED 16
LT 크레딧 2 민감한 토지 보호 1
LT 크레딧 3 우선 순위 부지 2
LT 크레딧 4 주변 밀도 및 다양한 용도 5
LT 크레딧 5 양질의 교통수단 연계성 5
LT 크레딧 6 자전거 관련 시설 1
LT 크레딧 7 주차공간 감소 1
LT 크레딧 8 친환경 차량 1

지속 가능한 현장 **가능 점수 : 10**

SS 선행조건 1 필요한 시공 활동 오염 방지 활동 완비
SS 크레딧 1 부지 평가 1
SS 크레딧 2 부지 개발 - 서식지 보호 또는 복원 2
SS 크레딧 3 공공용지 1
SS 크레딧 4 우수 관리 3
SS 크레딧 5 열섬 저감 2
SS 크레딧 6 빛 공해 저감 1

수자원 효율성 **가능 점수: 11**

WE 선행조건 1 필요한 실외용수 사용 절감
WE 선행조건 2 필요한 실내용수 사용 절감
WE 선행조건 3 필요한 건물 수준의 물 계량
WE 크레딧 1 실외용수 사용량 절감 2
WE 크레딧 2 실내용수 사용량 절감 6
WE 크레딧 3 냉각탑 용수 사용량 2
WE 크레딧 4 물 계량 1

에너지 및 대기 **가능 점수: 33**

EA 선행조건 1 필요한 기본 커미셔닝 및 검증
EA 선행조건 2 최소 에너지 성능 확보
EA 선행조건 3 건물 수준 에너지 계량
EA 선행조건 4 기본 냉매 관리 필요
EA 크레딧 1 향상된 커미셔닝 6
EA 크레딧 2 에너지 성능 최적화 18
EA 크레딧 3 고성능 에너지 계량 1
EA 크레딧 4 수요 대응 2
EA 크레딧 5 재생 가능 에너지 생산 3
EA 크레딧 6 향상된 냉매 관리 1
EA 크레딧 7 친환경 전력 및 탄소발생 상쇄 2

재료 및 자원 **가능 점수 13**

MR 선행조건 1 재활용품 보관 및 수집 장소 확보
MR 선행조건 2 건설 및 철거 폐기물 관리 계획 수립
MR 크레딧 1 건물 생애주기 충격 감소 5
MR 크레딧 2 건물 제품 공개 및 최적화
- 친환경 제품 신고서 2
MR 크레딧 3 건물 제품 공개 및 최적화 - 원자재 조달 2
MR 크레딧 4 건물 제품 공개 및 최적화- 재료 성분 2
MR 크레딧 5 건설 및 철거 폐기물 관리 2

실내 환경의 질 **가능점수 16**

EQ 선행조건 1 필요한 최소 실내 공기질 성능
EQ 선행조건 2 필요한 친환경적 흡연 연기 통제
EQ 크레딧 1 실내 공기질 향상 전략 2
EQ 크레딧2 유해물질 저방출 재료 3
EQ 크레딧 3 시공중 실내 공기질 관리계획 1
EQ 크레딧 4 실내 공기질 평가 2
EQ 크레딧 5 열쾌적성 1
EQ 크레딧 6 실내조명 2
EQ 크레딧 7 주광 3
EQ 크레딧 8 우수한 조망 1
EQ 크레딧 9 음향성능 1

혁신기법 **가능 점수: 6**

IN 크레딧 1 혁신 기법 5
IN 크레딧 2 LEED 인증 전문가 1

지역 우선순위 **가능 점수:4**

RP 크레딧 1 지역 우선 순위 : 특정 크레딧 1
RP 크레딧 2 지역 우선 순위 : 특정 크레딧 1
RP 크레딧 3 지역 우선 순위 : 특정 크레딧 1
RP 크레딧 4 지역 우선 순위 : 특정 크레딧 1

총 가능 점수 110

LEED 인증을 받으려면 건물 프로젝트가 특정 전체 조건과 벤치 마크 또는 각 범주 내의 크레딧을 충족해야 한다. 프로젝트는 달성한 크레딧 수에 따라 인증[Certified], 실버, 골도, 플래티넘 인증을 획득하게 된다.

- 인증40 - 49 점
- 실버 50 - 59 점
- 골드 60 - 79 점
- 플래티넘 80 - 110 점

관련 전문가 및 무역 협회

American Institute of Architects
www.aia.org

American Institute of Building Design
www.abid.org

American Society of Civil Engineers
www.asce.org

American Society of Interior Designers
www.asid.org

American Society of Landscape Architects
www.asla.org

Architecture 2030
www.architecture2030.org

Associated General Contractors of America
www.agc.org

BRE Group
www.bre.co.uk

Canadian Construction Association
www.cca-acc.com

Construction Management Association of America
www.cmaanet.org

Construction Specifications Canada
www.csc-dcc.ca

Construction Specifications Institute
www.csinet.org

Dodge Data & Analytics
www.construction.com

Green Building Initiative
www.thegbi.org

Home Innovation Research Labs
www.homeinnovation.com

National Council of Architectural Registration Boards
www.ncarb.org

National Institute of Building Sciences
www.nibs.org

National Society of Professional Engineers
www.nspe.org

Royal Architectural Institute of Canada
www.raic.org

Society of American Registered Architects
www.sara-national.org

Structural Engineers Association of California
www.seaoc.org

Urban Land Institute
www.uli.org

U.S. Government Printing Office
www.gpo.gov

U.S. Department of Energy
www.eere.energy.gov

U.S. Department of Housing and Urban Development
www.portal.hud.gov

U.S. Department of Justice
2010 ADA Standards for Accessible Design
www.ada.gov

U.S. Department of Labor
Occupational Safety and Health Administration
www.osha.gov

U.S. Environmental Protection Agency
www.epa.gov

U.S. Green Building Council
www.usgbc.org

CSI 부문 03 • 콘크리트

American Concrete Institute
www.concrete.org

American Society for Concrete Contractors
www.ascconline.org

Architectural Precast Association
www.archprecast.org

Cement Association of Canada
www.cement.ca

Concrete Reinforcing Steel Institute
www.crsi.org

National Precast Concrete Association
www.precast.org

Portland Cement Association
www.cement.org

Post-Tensioning Institute
www.post-tensioning.org

Precast/Prestressed Concrete Institute
www.pci.org

Wire Reinforcement Institute
www.wirereinforcementinstitute.org

CSI 부문 04 • 조적조

Brick Industry Association
www.gobrick.com

Expanded Shale, Clay and Slate Institute
www.escsi.org

Indiana Limestone Institute of America
www.iliai.com

International Masonry Institute
www.imiweb.org

Natural Stone Institute
www.naturalstoneinstitute.org

Masonry Institute of America
www.masonryinstitute.org

National Concrete Masonry Association
www.ncma.org

CSI 부문 05 · 금속

Aluminum Association
www.aluminum.org

American Institute of Steel Construction
www.aisc.org

American Iron and Steel Institute
www.steel.org

American Welding Society
www.aws.org

Cold-Formed Steel Engineers Institute
www.cfsei.org

Copper Development Association
www.copper.org

National Association of Architectural Metal Manufacturers
www.naamm.org

Specialty Steel Industry of North America
www.ssina.com

Steel Deck Institute
www.sdi.org

Steel Joist Institute
www.steeljoist.org

Zinc International Association
www.zinc.org

CSI 부문 06 · 목재, 플라스틱 및 복합재료

American Forest & Paper Association
www.afandpa.org

American Institute of Timber Construction
www.aitc-glulam.org

American Plywood Association
www.apawood.org

American Wood Council
www.awc.org

American Wood Protection Association
www.awpa.com

Architectural Woodwork Institute
www.awinet.org

Canadian Wood Council
www.cwc.ca

Ceiba Foundation for Tropical Conservation
www.ceiba.org

Composite Panel Association
www.compositepanel.org

Forest Stewardship Council
www.us.fsc.org

National Hardwood Lumber Association
www.nhla.com

Northeastern Lumber Manufacturers Association
www.nelma.org

Plastics Industry Association
www.plasticsindustry.org

Southern Forest Products Association
www.sfpa.org

Structural Building Components Association
www.sbcindustry.com

USDA Forest Products Laboratory
www.fpl.fs.fed.us

Western Red Cedar Lumber Association
www.realcedar.com

Western Wood Products Association
www.wwpa.org

CSI 부문 07 · 열과 수분으로부터의 보호

Adhesive and Sealant Council
www.ascouncil.org

Asphalt Roofing Manufacturers Association
www.asphaltroofing.org

Cellulose Insulation Manufacturers Association
www.cellulose.org

EIFS Industry Members Association
www.eima.com

International Institute of Building Enclosure Consultants
www.rci-online.org

National Roofing Contractors Association
www.nrca.net

North American Insulation Manufacturers Association
www.insulationinstitute.org

Perlite Institute
www.perlite.org

Polyisocyanurate Insulation Manufacturers Association
www.polyiso.org

Structural Insulated Panel Association
www.sips.org

Stucco Manufacturers Association
www.stuccomfgassoc.com

Vermiculite Association
www.vermiculite.org

CSI 부문 08 · 개구부

American Architectural Manufacturers Association
www.aamanet.org

Builders Hardware Manufacturers Association
www.buildershardware.com

Door and Hardware Institute
www.dhi.org

National Fenestration Rating Council
www.nfrc.org

National Glass Association
www.glass.org

Steel Door Institute
www.steeldoor.org

Steel Window Institute
www.steelwindows.com

Window & Door Manufacturers Association
www.wdma.com

CSI 부문 09 • 마감재

American Coatings Association
www.paint.org

American Hardwood Information Center
www.hardwoodinfo.com

Association of the Wall and Ceiling Industry
www.awci.org

Carpet and Rug Institute
www.carpet-rug.com

Ceilings & Interior Systems Construction Association
www.cisca.org

Ceramic Tile Distributors Association
www.ctdahome.org

Decorative Hardwoods Association
www.decorativehardwoods.org

Gypsum Association
www.gypsum.org

Maple Flooring Manufacturers Association
www.maplefloor.org

National Council of Acoustical Consultants
www.ncac.com

National Terrazzo & Mosaic Association
www.ntma.com

National Wood Flooring Association
www.nwfa.org

Painting Contractors Association
www.pdca.org

Porcelain Enamel Institute
www.porcelainenamel.com

Resilient Floor Covering Institute
www.rfci.com

Terrazzo Tile & Marble Association of Canada
www.ttmac.com

Tile Council of North America
www.tcnatile.com

Vinyl Institute
www.vinylinfo.org

Wallcoverings Association
www.wallcoverings.org

CSI 부문 10 • 전문재료

Kitchen Cabinet Manufacturers Association
www.kcma.org

National Kitchen + Bath Association
www.nkba.org

CSI 부문 11 • 건축설비

American Society of Safety Professionals
www.asse.org

Association of Home Appliance Manufacturers
www.aham.org

Commercial Food Equipment Service Association
www.cfesa.com

National Waste & Recycling Association
www.wasterecycling.org

Solid Waste Association of North America
www.swana.org

CSI 부문 12 • 비품(가구)

American Society of Furniture Designers
www.asfd.com

Business and Institutional Furniture Manufacturers Association
www.bifma.org

Home Furnishings Association
www.myhfa.org

Industrial Fabrics Association International
www.ifai.com

International Furnishings and Design Association
www.ifda.com

International Interior Design Association
www.iida.org

Specialty Steel Industry of North America
www.ssina.com

CSI 부문 13 • 특수한 시공

American Fire Sprinkler Association
www.firesprinkler.org

Fire Suppression Systems Association
www.fssa.net

Metal Building Manufacturers Association
www.mbma.com

Modular Building Institute
www.modular.org

National Fire Protection Association
www.nfpa.org

Steel Construction Institute
www.steel-sci.com

CSI 부문 14 • 이송 시스템

Conveyor Equipment Manufacturers Association
www.cemanet.org

Material Handling Institute
www.mhia.org

NAESA International
www.naesai.org

National Elevator Industry
www.nationalelevatorindustry.org

National Association of Elevator Contractors
www.naec.org

CSI 부문 23 • 난방, 환기 및 공조 (HVAC)

American Gas Association
www.aga.org

American Society of Heating, Refrigeration, and Air-Conditioning Engineers
www.ashrae.org

American Society of Mechanical Engineers
www.asme.org

Home Ventilating Institute
www.hvi.org

CSI 부문 26 • 전기설비

Illuminating Engineering Society
www.ies.org

International Association of Lighting Designers
www.iald.org

National Electrical Manufacturers Association
www.nema.org

CSI 부문 32 • 외부공간 개량

American Concrete Pavement Association
www.acpa.org

American Concrete Pipe Association
www.concretepipe.org

American Society of Sanitary Engineering
www.asse-plumbing.org

Asphalt Institute
www.asphaltinstitute.org

Asphalt Recycling & Reclaiming Association
www.arra.org

Construction & Demolition Recycling Association
www.cdrecycling.org

Deep Foundations Institute
www.dfi.org

International Association of Foundation Drilling
www.adsc-iafd.com

Plumbing & Drainage Institute
www.pdionline.org

모델 코드엔 표준에 대한 후원 조직

American National Standards Institute
www.ansi.org

American Society for Testing and Materials
www.astm.org

American Society of Safety Engineers
www.asse.org

International Association of Plumbing and Mechanical Officials
www.iapmo.org

International Code Council
www.iccsafe.org

International Organization for Standardization
www.iso.org

National Institute of Standards and Technology
www.nist.gov

National Research Council Canada
https://nrc.canada.ca/en/

Underwriters' Laboratories
www.ul.com

Allen, Edward. Fundamentals of *Building Construction*, 6th ed. John Wiley & Sons, 2013.

Allen, Edward, and Joseph Iano. *The Architect's Studio Companion: Rules of Thumb for Preliminary Design*, 6th ed. John Wiley & Sons, 2017.

Allen, Edward, and Patrick Rand. *Architectural Detailing: Function, Constructibility*, Aesthetics, 3rd ed. John Wiley & Sons, 2016.[1)]

Ambrose, James. *Simplified Design of Building Structures*, 3rd ed. John Wiley & Sons, 1997.

Ambrose, James. *Simplified Design of Masonry Structures*. John Wiley & Sons, 1997.

Ambrose, James, and Harry Parker. *Simplified Design of Wood Structures*, 6th ed. John Wiley & Sons, 2009.

Ambrose, James, and Patrick Tripeny. *Building Structures*, 3rd ed. John Wiley & Sons, 2011.

Ambrose, James, and Patrick Tripeny. *Simplified Design of Concrete Structures*, 8th ed. John Wiley & Sons, 2007.

Ambrose, James, and Patrick Tripeny. *Simplified Design of Steel Structures*, 8th ed. John Wiley & Sons, 2007.

Ambrose, James, and Patrick Tripeny. *Simplified Engineering for Architects and Builders*, 12th ed. John Wiley & Sons, 2016.

American Concrete Institute. *Building Code Requirements for Structural Concrete*. ACI, 2014.

American Institute of Architects, Dennis J. Hall, Editor. *Architectural Graphic Standards*, 12th ed. John Wiley & Sons, 2016.[2)]

American Institute of *Timber Construction. Timber Construction Manual*, 6th ed. John Wiley & Sons, 2013.

American Society of Heating, Refrigeration, and Air-Conditioning Engineers. *ASHRAE GreenGuide: Design, Construction, and Operation of Sustainable Buildings*, 5th ed. ASHRAE, 2018.

Ballast, David Kent. *Handbook of Construction Tolerances*, 2nd ed. John Wiley & Sons, 2007.

Barrie, Donald S., and Boyd C. Paulson. *Professional Construction Management*, 3rd ed. McGraw-Hill, 2001.

Bockrath, Joseph T. *Contracts and the Legal Environment for Engineers and Architects*, 7th ed. McGraw-Hill, 2013.

Cavanaugh, William J., Gregory C. Tocci, and Joseph A. Wilkes, editors. *Architectural Acoustics: Principles and Practice*, 2nd ed. John Wiley & Sons, 2009.

Ching, Francis D. K. *Architectural Graphics*, 6th ed. John Wiley & Sons, 2015.[3)]

Ching, Francis D. K. *Architecture: Form, Space, & Order*, 4th ed. John Wiley & Sons, 2015.[4)]

Ching, Francis D. K. *A Visual Dictionary of Architecture*, 2nd ed. John Wiley & Sons, 2011.[5)]

Ching, Francis D. K., Barry Onouye, and Doug Zuberbuhler. *Building Structures Illustrated*: Patterns, Systems, and Design, 2nd ed. John Wiley & Sons, 2014.

Ching, Francis D. K., and Steven R. Winkel. *Building Codes Illustrated: A Guide to Understanding the 2018 International Building Code*, 6th ed. John Wiley & Sons, 2018.

Curran, Mary Ann, Ed. *Life Cycle Assessment Handbook: A Guide for Environmentally Sustainable Products*. John Wiley & Sons, 2012.

Dilaura, David, Kevin Houser, Richard Mistrick, and Gary Steffy, Eds. *The Lighting Handbook*, 10th ed. Illuminating Engineering Society, 2011.

Dykstra, Alison. *Construction Project Management: A Complete Introduction*. Kirshner Publishing, 2012.

Grondzik, Walter T., and Alison G. Kwok. *Mechanical and Electrical Equipment for Buildings*, 13th ed. John Wiley & Sons, 2019.

Harrington, Gregory E, P.E., and Kristin Bigda, P.E. NFPA 101: *Life Safety Code Handbook 2018*. National Fire Protection Association, 2018.

International Code Council. 2018 *International Building Code*. International Code Council, 2018.

International Code Council. 2018 *International Energy Conservation Code*. International Code

Council, 2018.
International Code Council. *2018 International Fire Code. International Code* Council, 2018.
International Code Council. *2018 International Green Construction Code*. International Code Council, 2018.
International Code Council. *2018 International Mechanical Code*. International Code Council, 2018.
International Code Council. *2018 International Plumbing Code*. International Code Council, 2018.
International Code Council. *2018 International Residential Code for One- and Two-Family Dwellings*. International Code Council, 2018.
Johnston, David W. *Formwork for Concrete*, 8th ed. American Concrete Institute, 2014.
Masonry Institute of America. *Reinforced Masonry Engineering Handbook*, 8th ed. Masonry Institute of America, 2017.
Masonry Society. *Masonry Designers Guide*, 8th edition. Masonry Society, 2013.
PCI Handbook Committee. *PCI Design Handbook: Precast and Prestressed Concrete*, 8th ed. Prestressed Concrete Institute, 2017.
National Roofing Contractors Association. *NRCA Roofing Manual*, 2019 Boxed Set. NRCA, 2019.
O'Brien, James, and Fredric L. Plotnick. *CPM in Construction Management*, 8th ed. McGraw-Hill, 2016.
Onouye, Barry, and Kevin Kane. *Statics and Strength of Materials for Architecture and Building Construction*, 4th ed. Pearson, 2012.
Patterson, James. *Simplified Design for Building Fire Safety*. John Wiley & Sons, 1993.
Reynolds, Donald E., and R.S. Means Staff. *Residential & Light Commercial Construction Standards*, 3rd ed. R.S. Means, 2008.
Schodek, Daniel L., and Martin Bechtold. *Structures*, 7th ed. Pearson, 2014.
Scott, James G. *Architectural Building Codes: A Graphic Reference*. John Wiley & Sons, 1997.
Simmons, H. Leslie. *Olin's Construction: Principles, Materials, and Methods*, 9th ed. John Wiley & Sons, 2012.
Wakita, Osamu A., Nagy R. Bakhoum, and Richard M. Linde. *Professional Practice of Architectural Working Drawings*, 5th ed. John Wiley & Sons, 2017.
Williams, Alan. *Seismic and Wind Forces: Structural Design Examples*, 5th ed. International Code Council, 2018.

1) 안준석 번역, 건축디테일 방법론, 1판. 기문당, 2013.
2) 건축 그래픽 스탠다드, 1판, 엠지에이치북스, 2019 (원서 12판)
3) 계소라 번역, 건축 제도, 1판, 아키그램, 2005 (원서 3판)
4) 황희준, 남수현, 김주현 번역, 건축의 형태공간, 규범, 2판. 국제, 2016 (원서 4판)
5) 강병희 외 43명 번역, 건축디자인 시각 사전, 1판. 국제 2008(원서 1판)

ㅌ

이근택
경북대학교 건축학부 정교수. 영남대학교 건축공학과를 졸업하고 영남대학교 건축공학과 석사 학위와 박사학위(1995.02)를 취득하였다. Bill Risebero의 『Modern Architecture and Design/근대건축과 디자인』, 기문당, 1990과 Brent C. Brolin의 『Architecture in Context/맥락적 건축』, 세진사, 1996을 공동으로 번역하였다.

김훈
경북대학교 건축학부 부교수. 고려대학교 건축공학과를 졸업하고 서울대학교 건축학과에서 석사 및 박사학위를 취득했다. 비욘드스페이스 디자인 건축사사무소와 t.a.g에서 실무를 했다. 한국의 근대성과 건축의 변화에 관심이 있으며, 최근에는 건축 현상학과 젠더 이슈의 공간적 재현에 대한 작업을 진행하고 있다. 「미술관을 위한 일곱 가지 픽션(2011)」에 작가로 참여하고, 『건축과 감각(2013)』, 『건축 개념의 네 가지 기둥(2017)』 등의 저서를 번역하였다.

이광현
경일대학교 건축학부 조교수. 경북대학교 건축공학과를 졸업하고 University of Oregon에서 석사와 고려대학교에서 박사학위를 취득했다. 미국과 한국의 설계사무소와 삼성물산에서 실무를 하였고, 한국건축사와 미국건축사 자격을 갖고 있다. 최근에는 고령친화도시에 관한 연구와 스마트 축소 도시재생에 관한 연구를 진행하고 있다.

건축시공 도해집(건축가라면 알아야 할)
Building Construction Illustrated

:: 2021년 1월 11일 1쇄 발행
:: 2022년 2월 10일 2쇄 발행
:: 저자 | Francis D. K. Ching
:: 역자 | 김훈 · 이광현 · 이근택

:: 발행인 | 김기현
:: 발행처 | Spacetime · 시공문화사
:: 등록 | 1993.3.12 제 1-1493
:: 인쇄 | 에코프린트
:: 제본 | (주) 아이앤북
:: 용지 | (주) 대림지업사

:: 03733 서울시 서대문구 독립문공원길 13 극동프라자 5층
:: 전화 02-3147-1212 · 2323 | 팩스 02-3147-2626
:: spacetime@korea.com | www.spacetime.co.kr
:: ISBN 978-89-5592-441-1

정가 32,000원